1 MONTH OF
FREE
READING

at
www.ForgottenBooks.com

By purchasing this book you are eligible for one month membership to ForgottenBooks.com, giving you unlimited access to our entire collection of over 1,000,000 titles via our web site and mobile apps.

To claim your free month visit:
www.forgottenbooks.com/free489902

ISBN 978-0-656-78273-4
PIBN 10489902

Dr. J. Fricks

Physikalische Technik

ober

Anleitung zu Experimentalvorträgen

sowie zur

Selbstherstellung einfacher Demonstrationsapparate

———

Zweiter Band — Erste Abteilung

Dr. J. Fricks

Physikalische Technik

oder

Anleitung zu Experimentalvorträgen

sowie zur

Selbstherstellung einfacher Demonstrationsapparate

Siebente

vollkommen umgearbeitete und stark vermehrte Auflage

von

Dr. Otto Lehmann

Professor der Physik an der technischen Hochschule in Karlsruhe

---

In zwei Bänden

Zweiter Band Erste Abteilung

Mit 1443 in den Text eingedruckten Abbildungen und drei Tafeln

---

Braunschweig

Druck und Verlag von Friedrich Vieweg und Sohn

1907

Published July 15, 1907.
Privilege of Copyright in the United States reserved under the Act
approved March 3, 1905 by Friedr. Vieweg & Sohn, Braunschweig,
Germany.

Vorrede.

Bereits vor längerer Zeit habe ich darauf hingewiesen[1]), daß ein erheblicher Teil der Schwierigkeiten, welchen der erste Unterricht in Physik be-
gegnet, bedingt ist durch die bunte Mannigfaltigkeit der praktisch angewandten
Maße, die Zweideutigkeit des Wortes Gewicht und die Verwendung des Kilo-
grammes sowohl als Kraft-, wie als Masseneinheit, neben der zum Kilogramm als Krafteinheit gehörigen[2]) technischen Masseneinheit 9,81 kg, welcher
später Fr. Emde den Namen „Hyl“ gegeben hat[3]) (f. Bd. I$_{(3)}$, S. 1597).
Diese Masseneinheit, das Hyl, ist ebenso wie die technische Krafteinheit, d. h.
die Schwere eines Kilogrammstückes, vom Orte abhängig, wo man sich befindet, und demgemäß werden alle die Zahlen, welche sich auf die Masseneinheit beziehen, wie z. B. die Größe der Verbrennungswärme, ebenfalls vom
Orte abhängig, es wird z. B. ganz unmöglich, physikalische Tabellen der Konstanten aufzustellen, welche für jeden Ort Geltung haben. Das von den
Ingenieuren vor 100 Jahren eingeführte und bis heute festgehaltene Meter-
Hyl-Sekundensystem ist mit anderen Worten kein absolutes Maßsystem und
für wissenschaftliche Zwecke durchaus unbrauchbar. Eine Änderung ist nichtsdestoweniger in absehbarer Zeit nicht zu erwarten, weil das wissenschaftliche
CGS-System für die Praxis nicht taugt und weil der Vorstand des Vereins
deutscher Ingenieure beschlossen hat, in dieser Angelegenheit keine weiteren
Schritte zu tun[4]).

Da nun der Physiker einerseits den Bedürfnissen der Praxis entgegen-
kommen muß, andererseits ein absolutes Maßsystem nicht entbehren kann,
habe ich bisher das technische Meter-Hyl-Sekundensystem und das absolute
Centimeter-Gramm-Sekundensystem nebeneinander benutzt und gedenke dies
auch im folgenden zu tun.

Hierbei entsteht nun aber nicht nur die vorerwähnte zeitraubende Komplikation, daß jede Rechnung doppelt auszuführen ist, sondern man kann
noch weiter dagegen geltend machen, daß weder das eine noch das andere
System den gesetzlichen Bestimmungen entspricht. Nach dem Gesetz ist
die Einheit der Länge das Meter, die Einheit der Masse das Kilogramm,

---

[1]) Verhandl. des Karlsruher naturw. Vereins 13, 365, 1900 und im Auszug Z. 10,
77, 1897. — [2]) O. Lehmann, Elektrizität und Licht, Braunschweig 1895, S. 7, Anmerk.
— [3]) Fr. Emde, Elektrotechn. Zeitschr. 25, 441, 1904. — [4]) Zeitschr. d. Vereins deutsch.
Ingen. Nr. 8, v. 24. Febr. 1906.

die Einheit der Zeit die Sekunde. Hiernach ist die Einheit der Geschwindig=
keit 1 m/sec, die Einheit der Kraft diejenige, welche der Masse 1 kg die
Beschleunigung 1 m/sec pro sec erteilt, d. h. die Decimegadyne, die Ein=
heit der Arbeit die Arbeit von 1 Decimegadyne pro Meter = 1 Joule, die
Einheit des Effekts = 1 Joule pro Sekunde = 1 Watt. Dieses gesetzliche[1])
Meter=Kilogramm=Sekundensystem ist ein absolutes und entspricht in gleicher
Weise den Bedürfnissen des Physikers wie denjenigen des Technikers; dem
Lehrer bringt seine ausschließliche Verwendung großen Vorteil durch Zeit=
ersparnis. Ich habe es in neuester Zeit angesichts der Unmöglichkeit, in
der zugemessenen Unterrichtszeit den Lehrstoff anders als durch solche Ver=
einfachung im Gebrauch der Maßeinheiten bewältigen zu können, konsequent in
meinen Vorlesungen zur Anwendung gebracht und war durchaus von dem
Ergebnis befriedigt[2]). Da 1 Decimegadyne = 1/g Kilogrammgewicht ist, so
kann man von dem technischen System sehr leicht zu dem gesetzlichen übergehen.
Beispielsweise ist die Kraft, mit welcher die Elektrizitätsmenge Q_1 Coulomb
die Menge Q_2 Coulomb im Abstand r Meter beeinflußt, $= \dfrac{9.10^9}{g} \cdot \dfrac{m_1 \cdot m_2}{r^2}$ Kilo=
gramm im technischen System; im gesetzlichen $= 9 . 10^9 \cdot \dfrac{m_1 \cdot m_2}{r^2}$ Decimegadynen,
b. h. man hat nur das g im Nenner zu der Benennung Kilogramm zu ziehen
und statt 1/g Kilogramm die Bezeichnung Decimegadyne zu setzen.

In Anbetracht dieser leichten Umrechnung ist im folgenden nur kurz das
Resultat jeder Rechnung in den absoluten gesetzlichen Einheiten angegeben,
die Rechnung selbst aber wie bisher in dem nicht absoluten technischen
Maß ausgeführt. Sollte letzteres von den Ingenieuren aufgegeben werden,
so braucht man bei den Rechnungen nur überall statt 1/g Kilogramm 1 Deci=
megadyne zu setzen, statt 1/g Kilogrammeter 1 Joule, statt 1/g Kilogramm=
meter pro Sekunde 1 Watt.

Natürlich können bezüglich der Wahl eines Maßsystems außer der Zeit=
ersparnis im Unterricht auch noch zahlreiche andere Gesichtspunkte in Betracht
kommen. So empfiehlt neuerdings Fr. Embe[3]) als Grundeinheiten: Meter,
Sekunde und Tonnenmasse, weil hierzu die in der Technik übliche Leistungs=
einheit, das Kilowatt, gehört, d. h. die Arbeit von 1 Kilojoule pro Sekunde.
Dieses absolute System hätte vor dem „gesetzlichen" noch den weiteren Vorzug
größerer Konsequenz, da dem Meter als Längeneinheit die Masse von 1 cbm
Wasser, d. h. 1 Tonne, entspricht, worauf schon in Bd. I(3), S. 659, Anmerk.,
hingewiesen wurde.

Eine so tiefgreifende, die bestehende gesetzliche Definition der Masse außer
Acht lassende Änderung würde allerdings wohl nur dann einzuführen sein,

[1]) Siehe den Schluß der Vorrede S. VIII. — [2]) Siehe O. Lehmann, Die wichtigsten
Begriffe und Gesetze der Physik, Berlin 1907, Springer. (Ein von mir verfaßter „Leitfaden
der Physik", welcher sich streng an diese Einheiten hält und zugleich ein Leitfaden für die
Benutzung des vorliegenden Werkes „Frids physikalische Technik" im Unterricht ist, er=
scheint in nächster Zeit im Verlage von Friedr. Vieweg u. Sohn, Braunschweig. —
[3]) Fr. Embe, „Technisches und absolutes Maß", Elektrotechn. Zeitschr. 27, 302, 1906.

wenn gleichzeitig auch andere Mängel des herrschenden Maßsystems beseitigt, dasselbe also von Grund aus abgeändert werden könnte. So wäre vor allem wohl zu erwägen, ob nicht ein absolut reproduzierbares Maßsystem, wie es Planck ersonnen hat (s. Bd. I$_{(3)}$, S. 641, Anmerk.), gewählt werden sollte. Ferner kann man mit Rücksicht auf Vereinfachung der Formeln der theoretischen Physik dafür sorgen, daß der Faktor 4π nur da auftritt, wo Kugelflächen vorkommen, die Lichtgeschwindigkeit nur da, wo elektrische und magnetische Größen zusammentreffen, und die Kraftlinien so konstruieren, daß jede von einer elektrischen bezw. magnetischen Masseneinheit ausgeht.

Für das Meter-Sekunden-Tonnenmassen-System wären dann (nach Fr. Emde) die für die Technik geeigneten Einheiten: 9,4 Coulomb bezw. Ampere; 106,3 Volt; 11,3 Ohm bezw. Henry; 0,0884 Farad; 0,0282 Weber ($=2,82 . 10^6$ CGS); 35,5 Gauß u. s. w.

Coulombs Gesetz für Elektrizität wird:

$$K = \frac{10^{10}}{4\pi} \cdot \frac{Q \cdot Q'}{r^2} = H \cdot Q'.$$

Darin bedeutet 10^{-10} die elektrische Kapazität eines Kubikmeters Luft (ihre Dielektrizitätskonstante) und $1/2 . 10^{-10} . H^2$ die Dichte der elektrischen Energie an jedem Punkte eines von Luft erfüllten (oder leeren) Raumes[1] in Kilojoule pro Kubikmeter.

Das Coulombsche Gesetz für Magnetismus wird:

$$K = \frac{10^2}{4\pi} \cdot \frac{m \cdot m'}{r^2} = H \cdot m',$$

dabei ist 10^{-2} die magnetische Permeabilität von einem Kubikmeter Luft oder 10^2 sein magnetischer Widerstand (die Kraftlinien parallel einer Kante vorausgesetzt), und die Dichte der magnetischen Energie beträgt $1/2 . 10^{-2} . H^2$ Kilojoule pro Kubikmeter[2].

Die Maxwellschen Grundgleichungen erhalten die Form:

$$E = -\frac{1}{300} \cdot s \cdot \frac{d\Phi}{dt}$$

und

$$M = \frac{1}{300} \cdot \left(Z . i + \frac{d\Psi}{dt}\right),$$

wenn

E = elektrisches Linienintegral	i = elektrischer Leitungsstrom
M = magnetisches Linienintegral	s = Windungszahl
Φ = magnetischer Induktionsfluß	Z = Drahtzahl
Ψ = elektrischer Verschiebungsfluß	t = Zeit.

Die Lichtgeschwindigkeit ist $3 . 10^8$ m/sec. Ferner sind: Die Einheit für den magnetischen Induktionsfluß $0,355 . 10^8$ CGS, für das magnetische Linien-

---

[1] In einem Kubikmeter Luft läßt sich etwa 1 Joule elektrische Energie im Maximum aufspeichern, d. h. ehe Entladung erfolgt. — [2] Bei einer Induktion von 5000 CGS sind in einem Kubikmeter Luft etwa 100 Kilojoule magnetische Energie aufgespeichert.

integral 0,355.10⁴ CGS, für den magnetischen Widerstand 10⁻⁴ CGS und für die magnetische Induktion 0,355.10⁴ CGS.

Einfacher werden die Formeln, wenn man den in der Enzyklopädie der mathematischen Wissenschaften gemachten Vorschlag annimmt, nach welchem die beiden Coulombschen Gesetze zu schreiben wären:

$$K = \frac{Q \cdot Q'}{4\,\pi \cdot r^2} = H \cdot Q' \quad \text{bezw.} \quad K = \frac{m \cdot m'}{4\,\pi \cdot r^2} = H \cdot m'.$$

Die Energiedichte wird dann $\frac{1}{2} H^2$ Kilojoule pro Kubikmeter. Die elektrischen Einheiten werden: 0,94.10⁻⁴ Coulomb bezw. Ampere, 1,063.10⁷ Volt, 1,13.10¹¹ Ohm bezw. Henry, 0,884.10⁻¹¹ Farad, und die magnetischen für die Menge: 2,82.10⁵ CGS, Induktionsfluß 0,355.10⁷ CGS, Linienintegral 0,355.10⁵ CGS, Widerstand 10⁻² CGS, Induktion 0,355.10⁸ CGS, Feldstärke 0,355.10⁸ CGS. Die Maxwellschen Gleichungen nehmen, wenn $c = 3.10^8$ m/sec die Lichtgeschwindigkeit bedeutet, die Form an:

$$E = -\frac{1}{c} \cdot s \cdot \frac{d\Phi}{dt}$$

bezw.

$$M = \frac{1}{c}\left(Z i + \frac{d\Psi}{dt}\right).$$

Diese verschiedenen Vorschläge lassen erkennen, daß die Frage, welche Maßeinheiten die zweckmäßigsten für den physikalischen Unterricht sind, keineswegs einfach zu lösen ist. Vorläufig wird man sich an diejenigen halten müssen, welche das Gesetz vorschreibt, und eine Änderung dürfte nur möglich sein durch Abänderung der gesetzlichen Bestimmungen auf Grund einer internationalen Übereinkunft zwischen den zur Regelung des Maßsystems eingesetzten Kommissionen, wobei die Bedürfnisse von Wissenschaft und Technik in gleicher Weise zu berücksichtigen wären. Im allgemeinen scheint aber zurzeit die Ansicht vorzuherrschen, daß eine solche Verständigung überhaupt unmöglich ist, daß sich kein Maßsystem finden läßt, welches für alle Zweige der Wissenschaft und Technik mit gleichem Vorteil verwendbar wäre. Aus diesem Grunde habe ich im vorliegenden Bande die früheren Einheiten beibehalten und, wie bemerkt, nur insofern eine Änderung eintreten lassen, als den technischen Maßen jeweils auch der Wert im absoluten Meter-Kilogramm-Sekundensystem beigefügt wurde, welches der Kürze halber aus den oben angegebenen Gründen als „gesetzliches" bezeichnet wurde zum Unterschied von dem „physikalischen" absoluten CGS-System, obschon in Wirklichkeit ein gesetzliches System bisher nicht existiert, sondern nur eine Anzahl gesetzlicher Einheiten. Die Unmöglichkeit, eine andere kurze und doch charakteristische Bezeichnung zu finden, mag die kleine Ungenauigkeit entschuldigen.

Karlsruhe, 29. Mai 1907.

O. Lehmann.

Inhaltsverzeichnis des zweiten Bandes.

Erste Abteilung.

Zweiter Teil.
Anleitung zu physikalischen Demonstrationen.
(Fortsetzung.)

Dreizehntes Kapitel.

Vierzehntes Kapitel.

Fünfzehntes Kapitel.

Sechzehntes Kapitel.

Anleitung zu physikalischen Demonstrationen.

(Fortsetzung.)

Dreizehntes Kapitel.

Elektrostatik.

1. Fundamentalversuche[1]). Die älteste Erfahrung über das Auftreten elektrischer Kräfte ist die Anziehung, welche Bernstein auf Wolle, an der er sich gerieben hat, ausübt. Gilbert fand später, daß auch Siegellack und andere Körper statt Bernstein benutzt werden können.

Ich demonstriere die Erscheinung mittels eines vermutlich von G. Wiedemann herrührenden Apparates. Eine Scheibe von Pyroxylinpapier, welche über einen dünnen Rahmen von Fischbein gespannt ist, wird bifilar an langen Seidenfäden aufgehängt. Als Reibzeug dient eine mit Seide überzogene Pappscheibe von gleicher Größe an isolierendem Griff. Reibt man beide aneinander, so tritt kräftige Anziehung auf.

Reibt man eine zweite der ersten gleiche Papierscheibe und nähert sie derselben, so erfolgt Abstoßung.

Nach Hagenbach haften Pyroxylinpapier und gewöhnliches trockenes Papier beim Reiben infolge der Elektrisierung sehr fest aneinander, da sie entgegengesetzt elektrisch werden.

Gewöhnliches Schreibpapier wird nach Kleiber (3. 14, 33, 1901) im gut getrockneten (warmen) Zustande durch Reiben mit verschiedenen Stoffen sehr stark elektrisch. Man braucht es nur ein Paar Sekunden auf die heiße Ofenplatte zu legen oder mit einem heißen Bügeleisen auf Papierunterlage zu bügeln. Soll es negativ werden, so nimmt man es mit der einen Hand von der heißen Platte weg und läßt es ein paarmal zwischen Daumen und Zeigefinger der andern

---

[1]) Da die eingeführten elektrischen Maße auf den magnetischen beruhen, so könnte es zweckmäßig scheinen, statt mit Elektrizität mit Magnetismus zu beginnen und alsdann unter Hinweis auf die Erscheinungen des sogenannten Rotationsmagnetismus (Bildung von Wirbelströmen) sofort auf die Erzeugung von elektrischen Strömen durch Induktion infolge der Bewegung von Magnetstäben in der Nähe dicker Leiter aus Kupfer, sowie die elektrische Kraftübertragung auf diesem Wege einzugehen. Durch Einschieben eines kräftigen Magnetstabes in die Sekundärspule eines Ruhmkorff könnte man auch Divergenz von Elektroskopblättchen hervorbringen und so einen Übergang zur Elektrostatik gewinnen. Der historische Weg scheint mir aber den Vorzug zu verdienen, schon deshalb, weil die experimentellen Demonstrationen mit wesentlich geringeren Schwierigkeiten verbunden sind.

rasch hindurchgleiten. Soll es positiv werden, so läßt man es auf der Ofenplatte und streicht einigemal mit einem Radiergummi darüber hin. An trockenen Tagen hält die Elektrisierung ein bis zwei Stunden an.

Die Anziehung zwischen den aneinander geriebenen Körpern setzt das Vorhandensein potentieller Energie voraus, welche nicht aus Nichts entstanden sein kann. In solchen Fällen kann somit der früher aufgestellte Satz, daß durch Reibung die Bewegungsenergie vollständig in Wärme umgesetzt wird, nicht richtig sein. Solche potentielle elektrische Energie tritt nicht nur zwischen den direkt aneinander geriebenen Körpern auf, sondern überhaupt zwischen geriebenen Körpern. Die Wirkung ist aber nicht immer eine anziehende.

Nimmt man schwarzen Seidenstoff und weißes Papier, so hat man ein Analogon von Symmers Beobachtung[1], welche zur Unterscheidung der zwei Elektrizitäten geführt hat. Sehr gut geeignet zu dem Versuch sind auch weiße Porzellanröhren (glasiert) und schwarze Ebonitstäbe (poliert) von 75 cm Länge und 2 cm Dicke. Zur Demonstration der gegenseitigen Wirkung wird einer derselben in einem Schiffchen (Fig. 534, Bd. I$_{(1)}$, S. 259) an einer ungedrehten (geklöppelten) Seidenschnur an der Decke aufgehängt.

Die Annahme der Existenz der Elektrizität beruht auf dem Bestreben, die Kraftwirkungen zu begreifen, was, wie in Bd. I$_{(2)}$, S. 632 gezeigt, nur möglich ist, wenn wir uns als Kraftträger ein Individuum oder eine Anzahl von solchen vorstellen können. Man nimmt deshalb an, daß die Kraftwirkung ausgehe (oder sich so verhalte, als ob sie ausgehe) von Elektrizitätsatomen (Elektronen), welche die Teile einer unsichtbaren und unwägbaren (imponderablen) Materie bilden, in ähnlicher Weise, wie die gewöhnlichen Atome die Bestandteile der gewöhnlichen wägbaren Materie oder wahren Masse bilden.

Fig. 1.

Gemäß der Auffassung von Symmer gibt es zweierlei solche Elektronen, die als Glas- und Harzelektrizität unterschieden werden.

Zum Reiben von Ebonit oder Siegellack dient entweder ein wollener Lappen oder ein Fuchsschwanz bezw. ein Katzenfell (Fig. 1 K, 5). Letztere werden zum Schutz gegen Motten in einer dicht schließenden Schachtel aufbewahrt, in welcher einige Kampferstücke enthalten sind. Zum Reiben von Porzellan- oder Glasröhren (aus Blei- oder Flintglas) benutzt man Seidenzeug- oder Lederlappen mit etwas Talg oder Knochenöl und Amalgam eingerieben.

Die Seidenzeuglappen werden mehrfach genommen, und zwar in solcher Dicke, daß die Feuchtigkeit der Hände bei heißer Witterung nicht durchdringen kann.

Nach einer brieflichen Mitteilung des Herrn Dr. A. Weiß in Hildburghausen kann mit Vorteil der Belag alter Quecksilberspiegel verwendet werden, und zwar wurde dieses Zinn-Quecksilberamalgam in allen Fällen viel besser befunden als das gebräuchliche. An Stelle von Talg sei Vaselin zu empfehlen. Das übliche, insbesondere bei Elektrisiermaschinen verwendete Kienmayersche Amalgam besteht aus 1 Tl. Quecksilber und 2 Tln. Zink bis 2 Tln. Quecksilber und 1 Tl. Zink. Man

---

[1] Anziehung eines weißen und eines damit geriebenen schwarzen seidenen Strumpfes, Abstoßung zwischen zwei gleichfarbigen.

ſchmilzt zuerſt das Zinn in einem heſſiſchen Tiegel und ſetzt dann ſtückweiſe das Zink zu; zuletzt kommt das Queckſilber. Letzteres wird vorher erhitzt und unter beſtändigem Umrühren mittels eines tönernen Pfeifenſtieles langſam zugeſetzt, während der Tiegel ſchon vom Feuer genommen iſt. Man kann indeſſen auch alle drei Teile direkt zuſammenbringen und erhitzen; bei mäßiger Hitze findet die Löſung ſtatt. Unter fortwährendem Umrühren gießt man dann die Maſſe langſam in Waſſer. Man erhält das Amalgam auf dieſe Weiſe gekörnt und kann es auf Papier mit einem Hammer fein reiben. Es wird getrocknet und in einem wohl verſchloſſenen Gefäße verwahrt. Friſch gepulvertes wirkt immer beſſer, denn es oxydiert ſich mit der Zeit auf der Oberfläche und das Oxyd hindert ſeine Wirkung.

Man ſoll auch ein gutes Amalgam erhalten, wenn man gleiche Teile Zink-feilſpäne und Queckſilber unter Petroleumbedeckung zuſammenreibt; wenn die Ver-einigung fertig iſt, wird durch Ausdrücken in einem Leinwandbeutelchen das übrige Queckſilber und das Petroleum entfernt. Die anfangs weiche Maſſe wird ſpäter hart und kann gepulvert werden.

Fig. 2.

Will man friſches Amalgam auftragen, ſo muß das alte vorher mit einem ſtumpfen Meſſer abgeſchabt werden; das Leder wird ſodann mäßig mit Fett beſtrichen und das Amalgam mit dem Meſſer darauf möglichſt gleichförmig verteilt, indem man es aufſtreicht. Beſſer iſt es, das fein zerriebene Amalgam geradezu auf das Leder zu ſchütten,

Fig. 3.

dann das Reibzeug über Papier umzukehren und darauf herum zu reiben. Es bleibt ſo gerade das nötige Amalgam hängen. Ein aus Wollenzeug zuſammen-gerollter und mit Faden feſtgebundener Cylinder von 3 bis 6 cm Durchmeſſer dient mit einer ſeiner Grundflächen vorzüglich zum Aufreiben des Amalgams. Das Amalgam muß nach dem Auftragen nicht notwendig Metallglanz annehmen.

Hagenbach (1872) benutzt einen nach Art einer Magnetnadel auf eine Spitze aufgeſetzten Ebonitſtab. Wird das eine Ende deſſelben gerieben und ihm ein anderer geriebener Ebonitſtab (Siegellackſtange) genähert, ſo tritt Abſtoßung ein; nähert man dagegen eine geriebene Glasröhre (Porzellanröhre), ſo erfolgt Anziehung. Der Apparat iſt ſehr empfindlich[1]) (Fig. 3 Lb, 4).

G. Wiedemann zieht Scheiben vor und gebraucht als Reibzeug eine runde, etwa 6 cm breite, einerſeits mit einem Leder belegte Holzſcheibe an einem Siegellack-griff. Das Leder wird, wie gewöhnlich, amalgamiert und dann die Scheibe auf einer gleich großen, runden, gleichfalls mit Griff verſehenen Glasſcheibe gerieben. Beide werden dadurch elektriſch, und zwar entgegengeſetzt, was ihre Wirkung auf

---

¹) Ein iſolierbares Stativ mit drehbarem Halter (Fig. 2) nach Meutzner liefert G. Lorenz in Chemnitz zu 3,50 Mk.

bereits elektrisch gemachte, an einer gewöhnlichen Wage oder einer Federwage auf=
gehängte andere Scheiben zeigt.

Ebenso verfährt man mit einer Ebonitscheibe und einer mit Wollenzeug über=
zogenen Holzplatte.

Man kann auch die Scheiben (A, G, Fig. 4) an den Enden eines auf einer
Spitze drehbaren horizontalen Stabes befestigen. Durch Annähern einer anderen

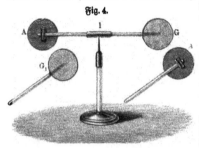

Fig. 4.

daran geriebenen Scheibe (A_1, G_1)
wird dann der Stab abgelenkt, und,
falls man die letztere Scheibe ent=
sprechend verschiebt, so daß der Ab=
stand derselbe bleibt, in ununter=
brochene, je nach dem Abstand raschere
oder langsamere Drehung versetzt
(S, 25).

Wie sehr hinsichtlich der Fähig=
keit, durch Reiben elektrisch zu werden,
die Oberfläche eines Glases von Ein=
fluß ist, läßt sich erkennen, wenn
man die eine Hälfte einer Glasstange matt schleift, was auf jedem gewöhnlichen
Schleifsteine bald geschehen ist. Eine solche Glasstange wird, wenn sie z. B. mit
Wollenzeug gerieben wird, auf der matten Seite positiv, auf der glatten negativ
elektrisch; jede Stelle muß aber einzeln gerieben werden; reibt man die ganze
Stange, so erhält man meistens keine Elektrizität. Der Versuch scheint aber von
mancherlei zufälligen Umständen abhängig und ist nie sicher.

Auch durch Reiben mit Kautschuk=Kollodium[1]) wird (nach Guthrie, 1881)
Glas negativ elektrisch.

Siegellack wird (nach Greiß) positiv elektrisch, wenn man dasselbe mit Kork
oder Zunder reibt.

Horngummi wird durch Streichen mit amalgamiertem Leder oder Messing
positiv; nach Hagenbach (1872) auch durch Reiben mit Schießbaumwolle.

Versucht man Fetzen von Kollodium, erhalten durch Zerreißen eines be=
schädigten Kollodiumballons[2]), in ein Becherglas hineinzubringen, so erweist sich
dies als unmöglich, da die nachfolgenden Blättchen von den vorhergehenden ab=
gestoßen und von der Hand angezogen werden. Schon die Berührung mit der
Hand reicht aus, sie stark elektrisch zu machen (bei günstigem Wetter). Scharf ge=
trocknetes Kasein und manche andere organische Präparate werden beim Zerreiben
im Porzellanmörser so stark elektrisch, daß sie ähnliches Verhalten zeigen.

Nach Kolbe wird Speckstein beim Reiben wohl am stärksten negativ elektrisch
zeigt aber auffallend gute Leitungsfähigkeit. Er ist in natürlichem Zustande leicht zu
bearbeiten und kann durch Glühen hart gemacht werden.

[1]) Um einen Ballon aus Kautschuk=Kollodium herzustellen, gießt man in einen Glas=
ballon etwas Kollodiumlösung, die man durch Drehen der Flasche gleichmäßig auf der
Innenwand ausbreitet. Das Überschüssige gießt man wieder aus. Nach dem Trocknen
wird Kautschuklösung eingebracht und in gleicher Weise ausgebreitet, hierauf wieder
Kollodium, dann wieder Kautschuk u. s. f., etwa fünfmal. Um die so gebildete Kautschuk=
Kollodiumflasche aus dem Glasballon zu entfernen, löst man zunächst den Hals ab und
gießt zwischen ihn und die Glaswand etwas angesäuertes Wasser. Der Ballon läßt sich
dann leicht herausziehen. — Vgl. Rebenstorff, Bd. I(2), S. 979.

Um die Abstoßung gleichartig elektrischer Körper und die Anziehung ungleich=
artig elektrischer in voller Reinheit zu demonstrieren, müßte man Körper verwenden,
in welchen keine Influenz möglich ist, da durch die von jedem der beiden Körper
im anderen erzeugte Influenzelektrizität neue Kräfte hinzukommen. Isolatoren sind
aus diesem Grunde Leitern vorzuziehen. Indes auch diese sind nicht alle gleich
verwendbar, da bei einigen eine Scheidung der Elektrizität in der Weise möglich
ist, als ob sie nicht ganz rein wären, sondern einen fremden, mehr oder weniger
leitenden Körper in Form eines feinen Pulvers eingeschlossen enthielten (Isolatoren,
welche Rückstandsbildung zeigen) und auch bei denjenigen, die sich nicht so verhalten,
andere Kräfte hinzukommen infolge der Verschiedenheit ihrer Dielektrizitätskonstante
von der der Luft.

Isolatoren, welche annähernd gleiche Dielektrizitätskonstante wie Luft haben,
sind lufterfüllte Blasen aus sehr dünnem isolierendem Stoff.   Solche haben noch

den weiteren Vorzug, daß sie sehr leicht sind und
deshalb schon durch geringe Kräfte stark beein=
flußt werden. Häufig verwendet man darum
zwei an langen Seidenfäden aufgehängte Ballons
aus Kollobium; sie werden elektrisch, wenn man
sie nur ein paarmal durch die trockene Hand
zieht, müssen aber Jahr für Jahr neu gemacht
werden, da sie zerfallen. Ähnlich ist es mit Ballons
aus Gummi, auch diese schrumpfen bald ein [1]).

Fig. 5.

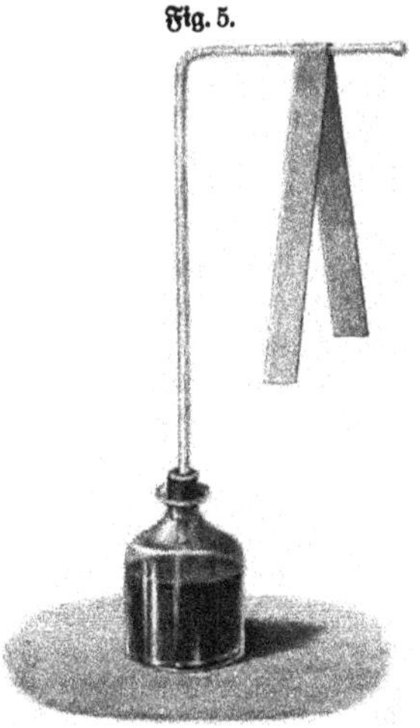

2. Erkennung der Elektrizität. Das
Prinzip, welches den vorigen Versuchen zugrunde
liegt, kann in verschiedener Weise zur Erkennung
des Vorhandenseins von Elektrizität und ihrer
Art verwendet werden. Beispielsweise wurde in
früheren Zeiten hierzu ein auf isolierendem Stativ
befestigtes geriebenes Katzenhaar (Katzenhaar=
elektroskop) verwendet.

Kießling (1885) empfiehlt einen Streifen
Pergamentpapier, welcher an einem vertikal
stehenden, aus einer Glasröhre gebogenen Galgen befestigt und beim Gebrauch mit
den (trockenen) Fingerspitzen gestrichen wird (Fig. 5). Er ist dann stark negativ
elektrisch, wird also von geriebenem Glas angezogen, von geriebenem Harz abgestoßen.

Oberbeck (8. 5, 254, 1894) benutzt einen Streifen von Kautschukpapier,
wie es in jeder Apotheke vorrätig ist, von 1 m Länge und 10 cm Breite. Derselbe
wird in der Mitte festgeklemmt, so daß die beiden Teile frei nebeneinander herunter=
hängen. Mit der Hand gerieben divergieren sie wie die Blätter eines Elektroskops.

Böhnländer (8. 14, 167, 1901) empfiehlt zwei Zeitungen, welche an die
warme Wand neben den Ofen gehalten und mit der Hand oder einem Tuch ge=
rieben und sodann mit einer Kante zusammengehalten werden.

Schreibt man nach Douliot (1878) mit einer Feder (ohne Tinte), mit einem
Stückchen Holz, einem Wischer u. dgl. auf eine zuvor mit Hilfe einer Flamme

---

[1]) Über Kautschuk=Kollobiumballons f. S. 4, Anm. 1.

sorgfältig von Elektrizität befreite Ebonitplatte und bestäubt sie dann mit Mennige=
Schwefelpulver, so kommen die unsichtbaren Schriftzüge sehr deutlich durch An=
haften des Pulvers zum Vorschein. Hierzu wird ein Pulverglas mit fein ge=
pulverter Mennige und Schwefel gefüllt und mit einem Stück Gazezeug überbunden.
Beim Schütteln wird der Schwefel negativ, die Mennige positiv elektrisch. Streut
man also das Pulver durch das Gazezeug, welches dabei als Sieb dient, auf einen
elektrischen Körper, so bleibt je nach der Art der Elektrisierung entweder das rote
oder das gelbe Pulver haften. Man kann so auf die einfachste Weise Spuren von
Elektrisierung und deren Natur nachweisen. Zweckmäßig wird auch statt des
Pulverglases ein kleiner Blasebalg verwendet, durch welchen das Pulver kräftiger
durch das Sieb durchgetrieben wird als beim einfachen Schütteln [1]). Über ein
Dreipulvergemisch, welches bessere Resultate ergibt, siehe bei Pyroelektrizität.

3. **Leitung der Elektrizität.** Zur Entdeckung, daß sich die beiden elektrischen
Materien von dem Orte, wo sie entstanden sind, fortbewegen können, führte ein
Versuch von Gray, welcher sich auch zur Demonstration eignet. In ein Glasrohr [2])
wurde mittels eines Korkes ein am Ende mit einer Kugel versehener Messingdraht
eingesteckt und nun das Glasrohr gerieben. Es zeigte sich, daß auch die Kugel
elektrisch war, obschon sie nicht gerieben wurde.

Das Agens, welches die elektrische Kraft ausübt, die Elektrizität, muß also die
Eigenschaft haben, unter passenden Bedingungen zu strömen, wie eine Flüssigkeit;
die Elektrizität muß ein Fluidum sein [3]).

Zur genaueren Demonstration der Ausbreitung der Elektrizität, z. B. auf
einer (schlecht isolierenden) Glasplatte, kann Lichtenbergs Mennige=Schwefel=
pulver (s. § 2) dienen.

Die Ableitung der Elektrizität zur Erde zeigt man durch Benutzung einer an
einem isolierenden Glas= oder Ebonitgriff befestigten Messingröhre, welche mit einem
Stück Pelz geschlagen wird. Faßt man sie so, daß die Hand mit der Röhre nicht
in Berührung kommt, so erweist sie sich nach dem Reiben elektrisch, geschieht aber
ersteres, so bleibt sie vollkommen unelektrisch.

Am einfachsten ist der Nachweis mittels eines Elektroskops, dessen Blättchen
alsbald divergieren, wenn man den Knopf mit einem Fuchsschwanz reibt, und beim
Berühren mit dem Finger wieder zusammenfallen.

4. **Elektroskope.** Für die meisten Versuche verwende ich sehr primitive Papier=
elektroskope ohne Gehäuse nach Fig. 6 und 7. Sie bestehen aus einem durch eine
Hartgummistange gesteckten Messingstäbchen mit Knopf, an dessen unterem Ende
etwa 1 cm breite und 10 cm lange Streifen von weißem, mit Chlorcalciumlösung
getränktem Seidenpapier auf die von Kolbe angegebene Art an Ösen aus feinem
Draht, welche an den Stab angebunden werden, befestigt sind. Das Ende des Papier=
streifens wird zur Verminderung der Reibung ausgeschnitten (Fig. 8), längs der

---

[1]) Mechaniker F. Maier in Straßburg i. E., Krämerg. 10, liefert solche Bestäuber
(nach Kundt) zu 7 Mk. — [2]) Dasselbe darf an dem betreffenden Ende nicht sehr gut
isolieren, wohl aber am andern, wo es gehalten wird. — [3]) Ebenso wie aus den Diffusions=
erscheinungen und der Wärmeleitung auf Bewegungszustände der Moleküle geschlossen
wurde, kann man aus dem Wandern der Elektronen auf verborgene Bewegungs=
zustände als eigentliches Wesen der elektrischen Erscheinungen schließen (Hertz).

Linie umgebogen (nicht gebrochen) und nach dem Überschieben über den Draht zur
Schleife zusammengeklebt.

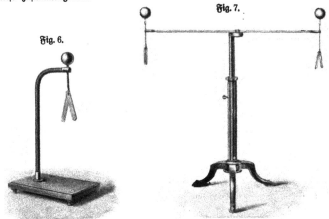

Fig. 7.

Fig. 6.

Kolbe (1888) selbst benutzt Streifen von farbigem Seidenpapier und befestigt
sie nicht am Ende des Messingstabes, sondern (wie schon Exner) in einer Höhe,
die ihrer eigenen Länge gleichkommt, so daß sie zwei einfache
Pendel darstellen, die von dem zwischen ihnen befindlichen Stabe
abgestoßen werden (Fig. 9).

Fig. 8.

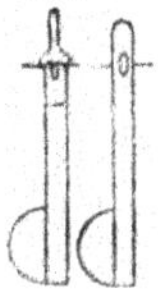

Die halbkreisförmigen Flügel am unteren Ende werden rechtwinkelig umgeknickt und dienen dazu, die Bewegung der Streifen
weithin sichtbar zu machen. Das untere Ende des Stabes wird
von einer kleinen Kugel gebildet, um die Ausströmung der Elektrizität zu vermindern. Die Länge der Streifen beträgt 35 mm, die
Breite 3,5 mm. Das Gefäß muß so weit sein, daß die Streifen
bei größter Divergenz noch 5 bis 10 mm von der Gefäßwand
abstehen.

Fig. 9.

v. Beetz (1870) verwendet als Hülle des Elektroskops einen
vorn und hinten durch planparallele Glasplatten verschlossenen
cylindrischen Ring aus Messingblech. Dadurch wird es möglich,
die Divergenz der Goldblättchen mit Hilfe des Projektionsapparates
objektiv zu machen (Fig. 9).

Um hierbei die entladende Wirkung ultravioletter Strahlen
zu beseitigen, versieht Hurmuzescu (3. 8, 167, 1895) das Pro-
jektionselektroskop mit roten Scheiben. Donle (3. 18, 338, 1905)
entwirft ein Schattenbild mit einem Mikroskopspiegel hinter und
über dem Elektroskop bei seitlich stehender Projektionslampe, so
daß Elektroskop und Bild gleichzeitig gesehen werden und die
Lampe nicht stört. Das Gehäuse des Elektroskops muß ein
möglichst guter Leiter sein, da natürlich der Ausschlag der Blättchen abhängig ist
von der Anhäufung von Elektrizität auf dem Gehäuse, welches entweder mit der

Erde oder mit dem anderen Pol der Elektrizitätsquelle verbunden .wird. Zu=
weilen wird zu diesem Zweck das Gefäß innen oder (weniger gut) außen mit
Stanniolstreifen beklebt, welche mit der Erde in Verbindung stehen (E, 18 bis 30).

Kolbe benutzte bei einzelnen Versuchen mit Erfolg als Gefäß eine Glocke aus
gut leitendem Glase, welche unten mit einem Boden aus Messingblech versehen
wurde. Zeigen sich doch störende Ladungen, so können diese durch Anhauchen der
Glocke im Innern und Abreiben mit einem feuchten
Lappen außen unschädlich gemacht werden.

Fig. 10.

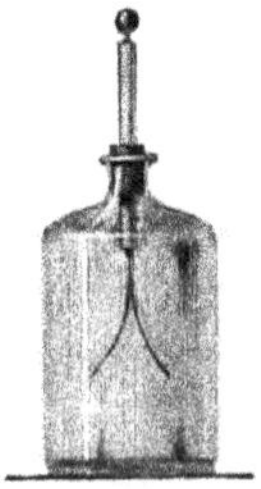

Fig. 11.

Strohhalm= und Goldblattelektroskope werden
am einfachsten aus einem Glase mit engem Halse gemacht
(Fig. 10 und 11 E, 15). Die Glasröhre, welche den
leitenden Draht enthält, muß gut isolieren und wird
dann durch einen Kork gesteckt. Besser verwendet man
an Stelle der Glasröhre eine Ebonitröhre oder einen
dicken Schellackpfropf. Gut ist es, wenn von den Seiten
Stanniolstreifen innerhalb des Glases bis über die Öff=
nung heraufgehen, um die anschlagenden Blättchen zu
entladen, auch wird dadurch der Apparat empfindlicher;
allein bei enghalsigen Gläsern ist dieses schwer herzustellen.

Statt wirklicher Strohhalme nimmt man gewöhnlich
das oberste feinste Ende von zarten Grashalmen. Bei
sehr zarten steckt man das Ende eines zu einem Häkchen
umgebogenen feinen Silberdrahtes in die Höhlung des
Halmes gerade hinein, bei stärkeren Grashalmen kann
man das Ende des Häkchens durch den Halm quer durch=
stechen und dann umbiegen.

Auch Stückchen von Binsenmark können statt der
Strohhalme gebraucht werden; sie sind weniger empfind=
lich als Goldblättchen und empfindlicher als Strohhalme;
sie werden, wie letztere, an feinen Drahthäkchen aufgehängt,
wozu das Ende des Leitungsdrahtes zwei Löcher haben muß.

Goldstreifen läßt man vom Buchbinder schneiden[1])
und an das keilförmige Ende des Leitungsdrahtes an=
kleben, sie werden wie die Strohhalme 4 bis 6 cm lang
und 3 bis 5 mm breit genommen. Etwas stärkeres Gold
ist wohl für die meisten Fälle wünschenswert und darum
Zwischgold (aus Gold= und Silberplatten) zu empfehlen.

Besonders häufig werden in neuerer Zeit Blättchen aus Aluminium an=
gewandt, da solche infolge ihres geringen Gewichtes sehr breit und lang und daher
weithin sichtbar gemacht werden können. Kolbe empfiehlt die Aufhängung an
Öfen wie Fig. 8.

Gold= und Aluminiumblättchen muß man so kurz nehmen, daß sie die Wände
des Glases nicht berühren können, weil es schwer hält, sie von denselben loszu=
bringen; selbst, wenn man die Glasröhre mit dem Leitungsdrahte sacht heraus=
zieht, geht es nicht immer ohne Zerreißung ab. Überhaupt darf man empfindliche

---

[1]) Oder schneidet sie zwischen Papier mit der Schere. Siehe auch Bd. I (1), S. 607, e.

Elektrometer nie starker elektrischer Spannung aussetzen und muß sie durchweg sehr vorsichtig behandeln. Man kann sich ja sehr leicht mehrere Goldblattelektrometer, aus schwereren Blättchen, aus Zwischgold — oder Elektrometer aus Stanniol — machen, um Instrumente für jeden Zweck zu haben.

In jedem Falle muß der Stab oben in eine Schraube endigen, um nach Belieben eine kleine Kugel von etwa 1 cm Durchmesser oder Kondensatorplatten aufschrauben zu können.

Nach Weinhold empfiehlt es sich, den Stab nicht direkt in Ebonit einzusetzen, sondern in eine etwas längere Röhre aus Bernstein.

Smith (1883) befestigt den Stiel des Elektroskops in einer etwa 4 mm dicken und 8 mm großen Ebonitplatte, in welcher ein spiralförmiger Sägeschnitt angebracht ist, so daß sie einen spiralförmig gewundenen Stab darstellt. Diese Platte wird unterhalb des Flaschenhalses angebracht, der Stiel also ganz frei durch den Hals hindurch geführt, wodurch auch die zuweilen sehr störenden Erscheinungen der Rückstandsbildung vermieden werden. Bei stärkerer Spannung ladet sich nämlich der einerseits an den leitenden Flaschenhals, andererseits an den Stab angrenzende Isolator wie eine Leidener Flasche und nimmt nach Entladung von selbst wieder Ladung an.

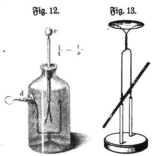

Fig. 12. Fig. 13.

Bei dem Goldblattelektrometer von Andriessen (Fig. 12) ist in eine Seitenwand des parallelepipedischen oder runden Glasgefäßes ein etwa 5 mm weites Loch gebohrt, durch welches ein dreimal rechtwinkelig gebogener, bei a wohl abgerundeter Messingdraht a, b, c, d von 2 bis 3 mm Dicke eingeschoben wird. Er ist bei d in ein einige Centimeter dickes, abgedrehtes Stückchen Holz eingekittet, welches seinerseits auf die Seitenwand und in die Öffnung gekittet wird und dazu dient, dem Drahte seine Stellung zu sichern. Man könnte auch, wie Fig. 12 zeigt, ein Röhrchen von Messing an ein rundes Blech löten, in dieses eine Glasröhre und in diese den Draht kitten, wodurch der Apparat sauberer wird.

Benoist (Z. 9, 290, 1896) benutzt ein Elektroskop mit drei Goldblättchen.

Busch (Z. 10, 247, 1897) empfiehlt das in Fig. 13 dargestellte Gabelelektroskop, bestehend aus einer in Hartgummi oder Paraffin eingesetzten senkrechten Drahtgabel, deren Arme einen Abstand von etwa 1 cm haben, und einem leichten Papierröhrchen, welches sich in der Mitte um eine horizontale feine Stahlnadel drehen kann[1]). (Vgl. auch S. 24, Fig. 45.)

J. Fischer (Z. 15, 291, 1902) empfiehlt eine ähnliche Form[2]), Fig. 14. Die bewegliche Nadel ist ein Strohhalm.

Weiler (Z. 16, 158, 1903) verwendet einen kontrafilar (Fig. 15) oder bifilar (Fig. 16) innerhalb einer Drahtgabel aufgehängten Strohhalm (S, Fig. 15 und 16).

---

[1]) Busch, 100 einfache Versuche zur Ableitung elektrischer Grundgesetze; Münster i. W., Aschendorff. Das Instrument ist zu beziehen von Müller-Meiswinkel in Essen an der Ruhr. — [2]) Zu beziehen von J. Kettner, Mechaniker der deutschen Technischen Hochschule in Prag.

Für stärkere Spannungen dient Henleys Quadrantelektroskop (Fig. 17 und 18 E, 7,50).

Am einfachsten wird dasselbe aus einem runden hölzernen Stabe (Fig. 17) verfertigt, an welchem man einen elfenbeinernen Bogen befestigt, von dem ein Quadrant etwa von 5 zu 5 Graden geteilt ist. Der Mittelpunkt der Teilung befindet sich

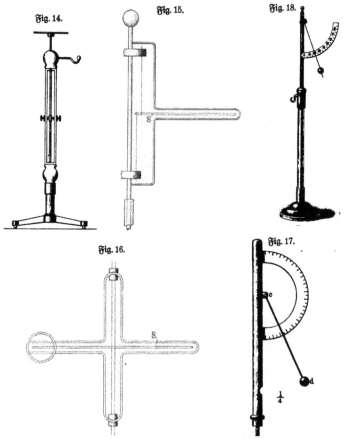

Fig. 14.

Fig. 15.

Fig. 18.

Fig. 16.

Fig. 17.

bei c, wo das kleine Pendel cd leicht beweglich aufgehängt ist. Elfenbeinerne Platten, woraus man solche Bogen schneiden kann, bekommt man bei den Kammmachern. Die Teilung wird mit einer Radiernadel etwas tief eingerissen und dann mit Tusche geschwärzt; überflüssige Schwärze schabt man mit Glas wieder weg. Der Bogen wird erst eingesetzt, wenn der Träger des Pendels sich an Ort und Stelle befindet; diesen Träger macht man aus einem Stückchen Messing so, wie Fig. 19 in natürlicher Größe zeigt, oder man biegt auch nur ein Stückchen Messingblech zum vorderen Teil um und schraubt dasselbe mit einer kleinen eisernen Schraube fest. Das Pendel besteht aus einem dünnen Streifchen Fischbein oder Holz, welches man da, wo die stählerne Achse (Stricknadelende) durchgeht, etwas breiter läßt, oder auch aus einem mehr oder weniger feinen Drahte; ebenso wird die Kugel d, je nach der Stärke der Elektrizitätsquelle, aus Holundermark, Kork oder Metall gemacht. Unterhalb wird in den Stab ein messingener Stift eingeschlagen, der bis auf Pendellänge hinaufreicht; hier wird das Holz eingeschnitten, so daß die Kugel d und der Stift in Berührung kommen, wenn das Pendel in Ruhe ist. Mittels des Stiftes wird das Instrument in einen Fuß eingeschraubt (Fig. 18 E, 7,50).

Auch Holundermarkpendelchen, wie Fig. 20 Lb, 2, finden zuweilen Verwendung.

Holundermark erhält man nur im Winter aus den einjährigen Trieben des Holunders (Sambucus nigra), indem man das Holz mit einem guten Messer streifenweise herunterspaltet. Man kann das Mark auch durch Herausdrücken erhalten, allein es bekommt seine lockere Struktur nicht mehr ganz, wenn man es auch sogleich wieder streckt. Die Kugeln werden mit einem scharfen Messer geschnitten und zuletzt zwischen beiden Händen gerollt.

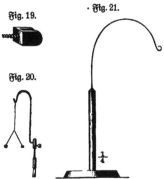

Fig. 19.

· Fig. 21.

Fig. 20.

Statt Holundermark findet auch das Mark von Helianthus tuberosus, welche Pflanze in manchen Gegenden angebaut wird und ein weit besseres, nämlich leichteres Mark liefert, als der Holunder, Anwendung. Es wird auf die gleiche Weise behandelt.

Man befestigt die Kügelchen an 10 bis 15 cm langen leinenen Fäden, indem man diese geradezu mit einer Nadel durchführt, sodann auf die Gegenseite einen Knoten macht, und diesen durch etwas stärkeres Anziehen, nachdem der Fadenrest knapp abgeschnitten ist, in das Kügelchen hineinzieht. Die Leinwandfäden müssen sehr fein sein, da sie sonst durch das Gewicht der Kügelchen nicht gestreckt werden; man nimmt dazu sogenannten Spitzenfaden. Übrigens kann man auch sehr feinen Draht verwenden.

Zum Aufhängen kann ein gebogener Draht dienen, wie Fig. 21, welcher mit Siegellack in eine isolierende Glasröhre eingekittet ist, die in einem hölzernen Fuße steckt. Damit dieser gehörig fest stehe, wird unterhalb eine ringförmige Vertiefung eingedreht und diese mit Blei ausgegossen.

Statt der Glasröhre kann auch einfacher eine Paraffin- oder Stearinkerze in einem Porzellanleuchter gebraucht werden. Auch kann man ein gut isolierendes Fläschchen halb mit Sand oder Feilspänen füllen und den Draht in den Stöpsel stecken.

Geschäfer (Z. 14, 92, 1901) benutzt ein Elektroskop mit 4 oder 6 Pendelchen, so daß die Ausschläge von allen Seiten gesehen werden können. Die Pendel divergieren wie die Strahlen einer Dolde und nehmen gleiche Abstände voneinander an.

L. und A. Boltzmann (Phyf. Zeitfchr. 6, 2, 1905) empfehlen zwei fchwerere und zwei leichtere Blättchen in gleicher Ebene divergierend.

Fig. 23.

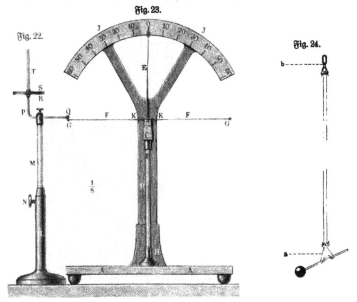

Fig. 22.

Fig. 24.

Alle erwähnten Instrumente haben den Nachteil, daß ihre Angaben von einem auch nur mäßig großen Auditorium nicht mehr zugleich gesehen werden können.

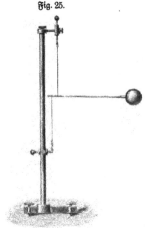

Fig. 25.

Um diesem abzuhelfen, hat Karl fein in Fig. 22 und 23 abgebildetes Tangenten=Elektrometer konstruiert. Auf einem Brette AA, Fig. 23, steht die Glasfäule B, welche oben die messingene Schere C trägt; diese hat die Pfannen für die Achse des kleinen messingenen Wagbalkens KK, welche in feine Regulierschrauben ausläuft und an zwei etwas starken Glasfäden FF die Holunder=markkugeln GG trägt. Oben trägt der Wag=balken den leichten Zeiger E, der vor dem Kreis=bogen JJ spielt, welcher mittels des hölzernen Trägers HII ebenfalls auf AA steht. Unter=halb zwischen der Schere C hat der Wagbalken noch ein verschraubbares Gewicht zur Regulierung der Empfindlichkeit. Will man das Elektrometer mit dem Kondensator gebrauchen, so kann man dazu das Gestell Fig. 22 verwenden. M ist eine in dem hölzernen Fuße L verstellbare Glasstange, welche in einem Hartgummiknopfe den Messing=

draht PQ mit dem Multiplikator RS trägt; der Knopf Q wird mit der Kugel G in Berührung gebracht. Der Gebrauch bedarf wohl keiner besonderen Anweisung.

Andere weithin ſichtbar wirkende Elektroſkope ſind ferner das Bifilarelektroſkop nach v. Beetz, Fig. 24, bei welchem eine Holundermarktkugel, die man zunächſt etwas elektriſch macht, an einem Schellack- oder Hartgummiſtab a bei b bifilar aufgehängt iſt (Edelmann, 7), und das elektriſche Horizontalpendel von Weinhold (nach dem Zöllnerſchen Horizontalpendel konſtruiert), Fig. 25 (S, 25).

5. Jſolierende Stative. Da die ſchlechte Jſolation gläſerner Stative haupt-ſächlich bedingt iſt durch die Feuchtigkeitsſchicht auf der Oberfläche des Glaſes, be-feſtigt Mascart ſolche gläſerne Träger in einer Art Flaſche, auf deren Boden ſich eine Schicht Schwefelſäure befindet, und zwar ſo, daß ſie völlig frei, ohne irgendwo zu berühren, durch den Flaſchenhals hindurch gehen. Am einfachſten wird die Glasſtange am Boden der Flaſche bei der Verfertigung der letzteren angeſchmolzen.

Ein ſeitlicher Tubulus mit Glasſtöpſel er-möglicht, die Flaſche zu füllen, Fig. 26.

Fig. 26.

de Fonvielle (1885) ſchlägt vor, den Glasſtab auf eine elektriſche Glühlampe auf-zuſchmelzen, wobei durch die Wärme der letzteren die Feuchtigkeit entfernt wird.

Seibel (1886) empfiehlt, gläſerne Stützen vor dem Gebrauch 10 Minuten lang in deſtilliertes Waſſer zu legen und dann mit reinem Fließpapier abzutrocknen. Sie iſolieren dann, da die durch Löſung des Glaſes ent-ſtandene dünne Schicht Salzlöſung beſeitigt iſt, für einige Zeit ausgezeichnet, wie auch Himſtedt (1886) gefunden hat. Nach ſechs bis acht Tagen beginnen ſie wieder zu leiten, müſſen alſo dann aufs neue abgewaſchen werden.

Dauerhaft hilft das Überziehen mit geſchmolzenem Paraffin oder Schellack-auflöſung nach dem Abwaſchen, doch darf der Überzug nur dünn ſein und das Glas muß vorher erwärmt werden, gerade ſo, wie man beim Firniſſen der Metalle verfährt.

Weſentlich iſt auch, daß der Alkohol, in welchem der Schellack aufgelöſt wurde, keinen erheblichen Waſſergehalt hatte. Zweckmäßiger ſind deshalb unter Umſtänden Lacke, die nicht mit Alkohol, ſondern ſolchen Löſungsmitteln hergeſtellt wurden, die ſich nicht mit Waſſer miſchen. Der Elektralack der Elektralackfabrik in Bruchſal dürfte ſich wohl beſonders gut eignen (vgl. Jſolierlacke, Bd. I(1), S. 545).

Nach Warburg kann man Glas auf elektrolytiſchem Wege mit einem vorzüglich und dauernd iſolierenden Überzug von Kieſelſäure verſehen. (Siehe bei Elektrolyſe.)

Meiſt genügt indes Flintglas als Jſolator. Beſſer ſind Schwefel, Bern-ſtein und Quarzglas von W. C. Heräus in Hanau und Dr. Siebert u. Kühn in Kaſſel.

Auch glaſiertes Porzellan leiſtet oft ſehr gute Dienſte an Stelle von Glas; ferner finden Ebonit und Hartparaffin vielfache Verwendung (ſiehe auch Bd. I(1), S. 537).

Für ſchwere Gegenſtände dient der Jſolierſchemel (vgl. Bd. I(1), S. 275). In vielen Fällen genügt es, ein Stück Brett auf Hartparaffinplatten zu legen,

wie man solche in jeder Materialienhandlung erhält, eventuell auf Hartgummistücke oder Porzellanisolatoren, wie sie zu elektrotechnischen Zwecken verwendet
werden. Fig. 27 zeigt einen primitiven durch Benutzung von Champagnerflaschen
hergestellten Isolierschemel, Fig. 28 einen von üblicher Form. Bequemer sind in
manchen Fällen solche Schemel mit nur drei Füßen (K, 7).

Fig. 27.   **Fig. 28.**

       6. Elektrisierung von Metallen und Flüssigkeiten. Gilbert glaubte, Metalle
könnten durch Reibung nicht elektrisch gemacht werden. Grund war aber lediglich
die Ableitung zur Erde. Ein Metallstab mit Ebonitgriff kann durch Schlagen mit
dem Fuchsschwanz leicht elektrisch gemacht werden, ebenso der Metallknopf eines
Elektroskops.

       Quecksilber, in welches eine vertikal stehende Porzellanscheibe halb eingesenkt
ist, wird beim Umdrehen der letzteren stark negativ elektrisch, die Scheibe selbst
positiv. Bei dem bekannten Luftpumpenversuch, der als Quecksilberregen bezeichnet wird (vgl. Bd. I$_{(2)}$, S. 948), wird das Quecksilber ebenfalls stark elektrisch,
wenn der Apparat gut trocken ist, ebenso beim Filtrieren durch sämisches Leder,
welches unten an einem 45 cm langen eisernen Rohre befestigt ist. Im letzteren
Falle wird es (nach Dechant 1884) positiv elektrisch und zwar um so stärker,
je feiner die Poren des Leders sind.

       Aus gleichem Grunde wie Metalle werden auch andere Leiter nicht elektrisch,
wenn sie mit der Erde in Verbindung stehen, z. B. der menschliche Körper. Stellt
man sich aber auf einen Isolierschemel und berührt mit der Hand ein Elektroskop,
so kann man leicht nachweisen, daß auch der menschliche Körper elektrisch gemacht
werden kann, indem man einen von einem Gehilfen geriebenen Porzellan- oder
Ebonitstab berührt.

       Nach Beseke kann man auch zeigen, daß Menschen durch Reiben und Schlagen
elektrisiert werden können. Zwei Personen stellen sich auf gut isolierende Schemel
oder Ebonitplatten [1]), so daß sie sich berühren können. Gibt nun die eine der
anderen einen leichten Schlag mit der Hand auf den Rock, so sind sie beide entgegengesetzt elektrisch geworden, wie durch Elektroskope demonstriert werden kann.
Bei stärkerem Schlagen nehmen sie so starke Ladungen an, daß man kräftige
Funken aus ihnen ziehen kann. Um die Art der Elektrizität zu erkennen, ladet
man die Elektroskope zunächst durch Reiben des Knopfes negativ.

       Bei trockenem Wetter reicht schon das Gehen auf dicken Teppichen aus, die
Haare zum Sträuben zu bringen.

       Andere Fälle unerwarteter Elektrizitätserregung sind folgende:

       Feste Kohlensäure, beim Ausströmen von flüssiger Kohlensäure in dem aus
Ebonit verfertigten Apparate von Ducretet entstehend, erzeugt durch Reibung
kräftige Funken.

---

[1]) Zu beziehen von Wesselhöft in Halle zu 7 Mk.

Hamelbeck[1]) beobachtete starke Elektrisierung von Safrol beim Filtrieren desselben durch ein gewöhnliches Faltenfilter auf Weißblechtrichter. Auffallend reichliche Elektrizitätsmengen bilden sich beim Schwenken trockener Tücher in wasserfreiem Benzin und besonders beim Herausziehen. In chemischen Waschanstalten muß das Benzin durch Zusatz von Magnesiaseife leitend gemacht werden, um die Entstehung von Funken zu vermeiden, durch welche sonst das Benzin in Brand gesetzt würde.

In großem Maßstabe wurden solche Benzinbrände vorgeführt von dem Entdecker ihrer Ursache Dr. M. Richter gelegentlich eines Vortrages (12. 2. 1904) in Karlsruhe. Aus einem offenen eisernen Gefäß mit mehr als 100 Liter Benzin wurde ein Stück Zeug nach mehrmaligem Hin- und Herschwenken herausgezogen. Im Dunkeln zeigte es sich bedeckt mit glänzenden Funken, welche ein prasselndes Geräusch verursachten. Ehe es ganz herausgezogen war, fing dann plötzlich die ganze Masse Feuer, welches aber sofort durch Aufsetzen eines Deckels und Überdecken eines Asbesttuches erstickt wurde. Natürlich kann man den Versuch auch im Kleinen ausführen und die Elektrizität durch das Elektroskop nachweisen. Er gelingt am besten im Winter bei großer Trockenheit.

Nach Elster und Geitel (1887) erzeugt eine mittels eines Zerstäubers hervorgebrachte Wolke von Ätherstaub deutlich Elektrizität; unter geeigneten Umständen auch Wasserstaub.

„Bläst man mittels eines Zerstäubers Wasserstaub durch ein 3 cm langes und 1 cm weites stark erhitztes Messingrohr (man führt dasselbe zweckmäßig durch einen Metallschirm und hält es durch eine Gebläseflamme auf hoher Temperatur), so gibt eine in passender Entfernung von der Röhre hinter dem Schirme aufgestellte isolierte Metallscheibe Fünkchen bis zu 1 mm Länge."

Unter den Körpern gewöhnlicher Temperatur, die im Wasserstaub eines Zerstäubers deutliche Elektrisierung zeigen, stehen obenan die Blätter gewisser Pflanzen, die durch Ausscheidung von Wachs an ihrer Oberfläche einen von Wasser nicht benetzbaren Überzug herstellen. In ausgezeichneter Weise wirken die Blätter von Tropaeolum majus, Caladium antiquorum, sowie sämtlicher Tulpenarten, überhaupt junge Blätter verschiedener Pflanzenspezies. Führt man ein solches mit dem Goldblattelektroskop leitend verbundenes Blatt in die Wasserstaubwolke des Zerstäubers ein (etwa 4 bis 6 cm von der Öffnung), so daß die Tröpfchen rasch über dasselbe hinweggleiten, so fahren die Goldblättchen energisch auseinander. Die Elektrizität erweist sich als negativ. Leitet man das Blatt zur Erde ab und fängt die von ihm reflektierten Tröpfchen mittels einer isolierten, mit dem Elektroskop verbundenen Metallplatte auf, so erhält man eine positive Ladung.

„Der Versuch läßt sich in der Weise noch auffallender gestalten, daß man eine ganze Pflanze (am besten eignet sich hierzu wohl Caladium antiquorum) isoliert aufstellt und über eine frische Blattfläche derselben den Wasserstaub gleiten läßt. Wendet man hierbei die Vorsichtsmaßregel an, über die Mündung desselben einen zur Erde abgeleiteten Stanniolring mittels eines durchbohrten Korkes aufzuschieben (wodurch man die Influenz der elektrisch gewordenen Pflanze auf die Ausströmungsöffnung sehr vermindert), so gelingt es leicht, kleine Funken aus der Pflanze zu ziehen und ein Holundermarkpendel in Bewegung zu setzen."

---

[1]) Hamelbeck, Chemiker-Zeitung 23, 128, 1899.

In gleicher Weise entsteht die Elektrizität bei ausströmendem Dampf. Um die Wirkung im Kleinen zu zeigen, ist jeder kleine Dampfkessel geeignet, welchen man auf einen Isolierschemel stellen kann. Man läßt den Dampf durch ein etwa 1 m langes Bleirohr, in welches man einen Holzpfropf mit einfach durchbohrter

Fig. 29.

Öffnung von 1½ mm Weite befestigt hat, gegen ein nicht isoliertes Gitter aus dünnem Messingdraht in etwa 3 dm Entfernung ausströmen. Das Bleirohr wird mit nasser Leinwand dick umwickelt. Selbst bei den später zu beschreibenden ganz kleinen Dimensionen und einem Überdruck von 3 bis 4 Atmosphären gibt ein solcher Kessel reichlich kleine Funken. Die Wirkung wird noch erhöht, wenn man auf die innere Seite des Pfropfes zwei Messingplatten a b, Fig. 29, so aufschraubt, daß der Dampf den Weg in der Richtung des Pfeiles zwischen denselben hindurch nehmen muß. Ist der Dampfkessel nicht isoliert, so kann man den Dampf gegen ein isoliertes Gitter ausströmen lassen, welches sodann die entgegengesetzte Elektrizität von jener gibt, welche der Kessel zeigen würde.

7. **Ladungsteilung.** Daß bei Übertragung der Elektrizität auf einen anderen Körper der erste ein entsprechendes Quantum Elektrizität verliert, kann man mit Hilfe zweier gleicher Elektroskope demonstrieren (Fig. 30), welche durch Auflegen eines Messingstabes mit isolierendem Griff verbunden werden, nachdem zuvor das eine durch Reiben des Knopfes mit einem großen Haarpinsel u. dergl. elektrisch gemacht

Fig. 31.

war. Die Elektrizität geht nun auch auf das zweite Elektroskop über und beide zeigen gleiche Ausschläge.

Das **Probescheibchen**, welches Verwendung findet, wenn man die Elektrisierung eines Körpers untersuchen will, der selbst zu stark elektrisch

Fig. 30.

ist, als daß er mit dem Elektrometer verbunden werden könnte, ist ein Scheibchen aus dünnem Blech, Rauschgold oder Goldpapier von einem Centimeter Durchmesser (Fig. 31), welches in seiner Mitte an ein dünnes, gut isolierendes und noch mit Siegellack gefirnißtes Glasstäbchen von nur etwa 3 mm Dicke angekittet ist; noch besser ist ein Schellackstäbchen von gleicher Dicke, die

Länge muß etwa 12 bis 18 cm betragen; auch ein Streifchen von grünem Fensterglase dient hier sehr gut, sowie man anstatt des Scheibchens auch eine kleine Metallkugel oder eine abgeschliffene Kupfermünze anwenden kann. Mit diesem Scheibchen berührt man den zu prüfenden Körper und teilt die dem Scheibchen mitgeteilte Elektrizität dann dem vorher durch den Finger entladenen Knopfe des Elektrometers mit. Sollte der Ausschlag zu klein sein, so kann man die Mitteilung eine bestimmte Anzahl Male wiederholen.

8. **Elektrizitätsmenge.** Zur schematischen Erläuterung des Prinzips der absoluten Messung von Elektrizitätsmengen benutze ich die große (hydrostatische) Demonstrationswage, an deren kürzere Wagschale ein kugelförmiger Konduktor aus Zinkblech von 30 cm Durchmesser mittels eines Ebonithakens angehängt und tariert wird. Ein zweiter gleich großer Konduktor (Standkugel) auf isolierendem Stativ von veränderlicher Höhe wird darunter geschoben, beide werden, während sie durch

einen steifen Draht mit isolierendem Griff verbunden sind, mittels geriebener Porzellanröhren oder Ebonitstäbe geladen, sodann die Wage freigegeben und die sich geltend
machende abstoßende Kraft durch Auflegen
von Gewichtstücken auf die kurze Wagschale
kompensiert. (Fig. 32.)

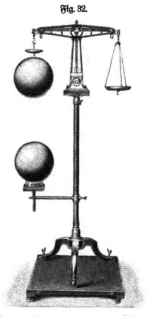

Fig. 32.

Außer der Standkugel muß man noch
eine zweite ganz gleiche haben, um eine gegebene Elektrizitätsmenge teilen zu können.
Teilt man nämlich der einen Kugel eine
gewisse Elektrizitätsmenge mit und berührt
nun damit die zweite unelektrische, so besitzt jetzt jede Kugel die Hälfte der früheren
Elektrizitätsmenge. Entladet man die eine
wieder und bringt sie nochmals mit der
anderen in Berührung, so bleibt noch $1/4$ der
Elektrizitätsmenge. Halbiert man die Menge
der Elektrizität auf der Standkugel, so ist
theoretisch die Abstoßung nur noch die Hälfte
der früheren, bringt man die Ladung auf
$1/4$, so ist nur noch $1/4$ des früheren Zusatz-
gewichtes nötig.

Um nachzuweisen, daß sich die Kraft umgekehrt proportional dem Quadrat des Abstandes der Kugeln ändert, wäre die Höhe der
Standkugel zu ändern. Als Abstand ist dabei
der Abstand der Kugelmittelpunkte (Schwer-
punkte) zu nehmen.

Wegen der störenden Influenzwirkungen hat der Versuch natürlich nur schematischen Wert, er eignet sich aber sehr gut, den Begriff der elektrischen Kraft klar-
zustellen, und die Ausführung von Präzisionsmessungen ist nicht Sache des Unterrichts.

Sind also allgemein zwei Mengen Elektrizität m_1 und m_2 gegeben im Abstande r, so ist die Kraft K, mit welcher sie sich beeinflussen:

$$K = a \cdot \frac{m_1 \cdot m_2}{r^2}.$$

Für $m_1 = m_2 = m$ wird

$$K = a \cdot \frac{m^2}{r^2},$$

oder

$$m = r \sqrt{\frac{K}{a}}.$$

Die Zahl, durch welche die Größe einer gegebenen Elektrizitätsmenge bestimmt
wird, somit die Konstante a, richtet sich natürlich nach der gewählten Maßeinheit.
Man könnte nun ebenso wie bei Festsetzung der Einheiten für Länge, Gewicht u. s. w.
eine willkürlich gewählte Elektrizitätsmenge, z. B. diejenige, welche ein Stab aus
Quarzglas von 1 dcm Länge und 1 qcm Dicke beim Reiben mit amalgamiertem
Leder im Maximum annimmt, als Einheit festsetzen, indes läßt sich schwer eine
solche stets leicht in genau gleicher Größe reproduzierbare Einheit auffinden, andern-

teils würde dadurch die Konstante a einen für die Rechnung unbequemen Wert bekommen.

Zweckmäßiger ist es, die Einheit so festzusetzen, daß die Konstante a einen möglichst bequemen Wert annimmt, z. B. den Wert 1. Würde man aber dabei als Einheit zur Kraftmessung das Kilogramm wählen, so würde derselbe Fehler begangen werden, wie bei Wahl des Kilogramms als Krafteinheit, d. h. die Größe der so festgesetzten Einheit der Elektrizitätsmenge wäre für jeden Ort der Erde eine andere, man hätte keine überall verwendbare Einheit.

Man legt deshalb bei Feststellung der Definition als Krafteinheit die Dyne zugrunde und bezeichnet als elektrostatische CGS-Einheit der Elektrizitätsmenge diejenige Elektrizitätsmenge, welche auf eine gleich große, im Abstande 1 cm die Kraft 1 Dyne ausübt. Der Ausdruck des Coulombschen Gesetzes wird bei Wahl dieser Einheit:

$$K = \frac{m_1 \cdot m_2}{r^2} \text{ Dynen,}$$

oder falls r den Abstand in Metern bedeutet und K die Kraft in Kilogrammen:

$$K = \frac{m_1 \cdot m_2}{r^2} \cdot \frac{1}{g \cdot 10^5 \cdot 10^4} = \frac{1}{10^9 \cdot g} \cdot \frac{m_1 \cdot m_2}{r^2} \text{ Kilogramm.}$$

Zwei gleiche Massen m beeinflussen sich mit der Kraft $K = \left(\frac{m}{r}\right)^2$ Dynen, es ist also $m = r\sqrt{K}$. Die Dimension von K ist cm. g. sec^{-2}, also die Dimension der elektrostatisch gemessenen Elektrizitätsmenge: cm$^{3/2}$ g$^{1/2}$ sec^{-1}.

Aus später zu erörternden Gründen gebraucht man nun zu technischen Messungen nicht die elektrostatische CGS-Einheit, sondern eine 3 Milliarden mal so große Einheit, welche als Coulomb bezeichnet wird. Es ist also:

$$1 \text{ Coulomb} = 3 \cdot 10^9 \text{ CGS}_{es},$$
$$\text{oder} \quad 1 \text{ CGS}_{es} = 1/3 \cdot 10^{-9} \text{ Coulomb}$$
$$= 1/3 \text{ Millimikrocoulomb.}$$

Die Kraft zwischen zwei Coulomb in 1 m Abstand ergibt sich, wenn wir in obiger Formel setzen $m_1 = m_2 = 3 \cdot 10^9$ CGS und $r = 1$. Dann wird $K = \frac{9 \cdot 10^9}{g}$ Kilogramm, d. h. die Kraft zwischen zwei Coulomb in 1 m Abstand beträgt nahezu eine Milliarde Kilogramm, nämlich $3 \cdot 10^{14}$ Dynen oder $9 \cdot 10^9$ Decimegadynen. Somit lautet das Coulombsche Gesetz:

a) Technisch: $K = \frac{9 \cdot 10^9}{g} \cdot \frac{m_1 \cdot m_2}{r^2}$ Kilogramm,

b) Gesetzlich: $K = 9 \cdot 10^9 \cdot \frac{m_1 \cdot m_2}{r^2}$ Decimegadynen [1]),

worin $m_1 m_2$ gemessen in Coulomb, r gemessen in Metern zu denken ist;

c) Physikalisch: $K = \frac{m_1 \cdot m_2}{r^2}$ Dynen,

worin m_1 und m_2 in elektrostatischen Einheiten und r in Centimetern ausgedrückt sind.

Außer der elektrostatischen Einheit gebraucht man ferner noch die elektromagnetische = 10 Coulomb = $3 \cdot 10^{10}$ elektrostatische Einheiten. Bedeuten m_1

---

[1]) Siehe Vorwort.

und m_2 die Ladungen in diesen elektromagnetischen Einheiten (CGS₀₁), r den Abstand in Centimetern, so ist

$$K = 9.10^{20} \cdot \frac{m_1 \cdot m_2}{r^2} \text{ Dynen.}$$

Um bei Ausführung der Messung einigermaßen genaue Resultate zu erhalten, muß man möglichst kleine Konduktoren in möglichst großem Abstand benutzen. Hierzu ist aber die gewöhnliche Wage nicht genügend empfindlich.

Coulomb benutzte die Drehwage. Man verfertigt dieselbe am einfachsten aus einem weißen, möglichst weiten Glascylinder, über dessen isolierende Eigenschaft man sich dadurch Gewißheit verschafft, daß man die elektrische Nadel mit nicht isoliertem Stative daraufsetzt und beobachtet, wie lange sie bei trockenem Wetter elektrisch bleibt. Auf das Glas richtet man einen hölzernen Deckel (Fig. 33), der auf demselben mäßig fest steckt und in der Mitte eine Öffnung hat, in welche eine 40 bis 50 cm lange und 2 bis 3 cm weite Glasröhre gekittet wird, welche oben eben geschliffen ist. Auch diese erhält einen aufsteckbaren Deckel von Holz, der in der Mitte eine Öffnung für einen kleinen Kork hat, durch welchen ein Messingstift auf= und niedergeschoben werden kann, an welchem ein sehr feiner Silberdraht befestigt ist.

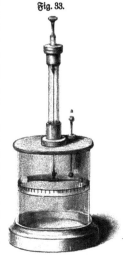

Fig. 33.

An diesem Silberdraht nun befestigt man unten durch Ankleben einen dünnen horizontalen Schellackfaden, den man sich leicht in gleichförmiger Dicke durch Ausziehen eines durch und durch erwärmten Stückchens Schellack verschaffen kann. In einer dem Halbmesser des Glases entsprechenden Entfernung vom Aufhängepunkte klebt man ein Holundermarkkügelchen oder ein Scheibchen aus Rauschgold von etwa 4 bis 5 mm Durchmesser so an den Schellackfaden, daß seine Ebene vertikal zu stehen kommt. Gerade dem Silberdraht gegenüber kann man noch ein kurzes Stückchen Schellack vertikal anbringen, damit der Schwerpunkt des Ganzen etwas weiter nach unten kommt, und sodann beide Arme des Schellackhebels dadurch ins Gleichgewicht setzen, daß man anfänglich den leeren etwas länger läßt, und den Überschuß durch ein genähertes Licht in ein Knöpfchen schmilzt; wäre dieses zu schwer, so darf man nur noch mehr zurückschmelzen. Zweckmäßiger ist es, eine Papierscheibe als Gegengewicht anzubringen, da diese als Windfahne dient und der Hebel dadurch eher zur Ruhe kommt. In dem Deckel des Glases muß sich eine Öffnung befinden von etwa 1 cm Durchmesser, durch welche man die ebenfalls an einem Schellackstäbchen befestigte Standkugel in die Nähe der beweglichen Kugel bringt.

Das Stäbchen hat oberhalb eine kleine Scheibe, mit der man es auf die Öffnung im Deckel aufsetzen kann. Die Abstoßung mißt man auf einem rings um das Glas gelebten, in 360 Grade geteilten Streifen Papier. Auch die obere Fassung der Glasröhre erhält eine Kreisteilung, der Messingstift einen durch Reibung feststeckenden Zeiger.

Zuerst zeigt man, daß die Kraft umgekehrt proportional ist der Entfernung, indem man zunächst die Kugeln durch Torsion des Drahtes auf einen bestimmten Abstand, z. B. 12°, bringt. Um sie nun auf den Abstand 6° zu bringen, ist eine

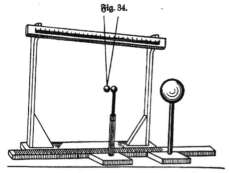

Fig. 34.

viermal so große Torsion nötig, für den Abstand 4° eine neunmal so große.

Sodann ändert man, wie oben S. 16 beschrieben, durch Ladungsteilung die Elektrizitätsmengen.

Bequemer als die Dreh= wage ist für Demonstration die Zeigerwage, bei wel= cher, wie S. 688 (Bd. I(a), gezeigt, ein auf schiefer Ebene von zu= bezw. ab= nehmender Neigung sich bewegendes Gewicht (Pendel) die zu messende Kraft kompensiert. Ein der= artiger Apparat wurde zuerst von Obstreil angegeben.

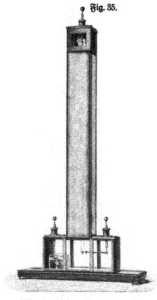

Fig. 35.

Alfred M. Mayer (1890) ver= wendet ein großes elektrisches Pendel, bestehend aus einer gut vergoldeten Korkkugel von 1 cm Radius, welche an zwei 3 bis 4 m langen Kokonfäden an der Decke des Zimmers aufgehängt ist, so daß sie wie Fig. 34 vor einer Skala, welche den Ausschlagwinkel angibt, hin= und herpendeln kann. (Eventuell lassen sich Kugel und Skala objektiv darstellen.) Der Kugel wird ganz wie bei der Drehwage eine auf einem Schellackstab isolierte Standkugel genähert und die Anziehung oder Abstoßung aus dem Ablenkungswinkel berechnet. Sei w das Gewicht der Kugel, p das des Fadens, α der Ablenkungswinkel, so ist die ab= stoßende Kraft $= (w + \frac{1}{2} p) \sin \alpha$. Zur Messung des Abstandes der Kugeln dient ein auf der Tischfläche liegender Maßstab.

Eine verbesserte Form des Appa= rates [1] beschreibt Noack (8. 6, 224, 1893) (Fig. 35).

Mittels dieses Apparates kann man ferner leicht die Ladung einer Kugel finden. Sei zunächst die Standkugel ebenfalls 1 cm groß und werde dieselbe mit

---

[1] Zu beziehen von Wilhelm Schmidt in Gießen, Goethestr. 35; auch Lb, 55, K, 60.

dem Pendel in Berührung gebracht, so daß beide gleich große Elektrizitätsmengen m enthalten, dann ist die Abstoßungskraft

$$K = \frac{9 . 10^9}{g} \cdot \frac{m^2}{r^2} \text{ Kilogramm,}$$

somit

a) Technisch: $m = \sqrt{\dfrac{K . g . r^2}{9 . 10^9}}$ Coulomb,

b) Gesetzlich: $m = \sqrt{\dfrac{K . r^2}{9 . 10^9}}$ Coulomb,

c) Physikalisch: $m = \sqrt{K . r^2} \text{ CGS}_{es}$,

wenn K gemessen ist in Dynen, r in Centimetern.

Benutzt man ferner eine Standkugel von größerem Radius A, so ist, wenn m_1 die Ladung der beweglichen, m_2 die der festen Kugel bedeutet,

$$K = \frac{9 . 10^9}{g} \cdot \frac{m_1 . m_2}{r^2} \text{ Kilogramm,}$$

somit

$$m_2 = \frac{K . g . r^2}{9 . 10^9 . m_1} \text{ Coulomb.}$$

Penkmayer (E. 15, 209, 1902) benutzt ein Kompensationsverfahren (Null-methode, Fig. 36) [1]. Er kompensiert die Wirkung der Standkugel auf die beweg-

Fig. 36.

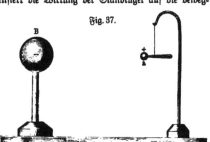

Fig. 37.

liche Kugel durch die einer zweiten von entgegengesetzter Seite her wirkende Stand-kugel. In diesem Fall kommt die bewegliche Kugel mitten zwischen den beiden festen zur Ruhe. Ersetzt man die eine der letzteren durch zwei, so nähert sich die beweg-liche Kugel der einfachen und man kann aus den Abständen leicht das Gesetz ableiten.

Im Prinzip entspricht die Methode der des Tangentenelektrometers Fig. 23 (S. 12). Ebenso kann auch das Prinzip der Bifilarwage Fig. 24 (S. 12), sowie das der Kontrafilarwage Fig. 25 (S. 12) Anwendung finden. Da es bei Vorlesungen nicht auf besondere Genauigkeit ankommt, scheint mir indes die gewöhnliche Wage (Fig. 32), eventuell die Federwage, den Vorzug zu verdienen, da sie die Kraftwirkung mit viel größerer Anschaulichkeit messen lassen und von früheren Versuchen her bekannte Instrumente sind.

Von der Richtigkeit des Satzes der Abnahme umgekehrt mit dem Quadrat der Entfernung kann man sich auch durch die Oszillation eines elektrischen

---

[1] Zu beziehen von Leppin u. Masche, Berlin SO., Engelufer 17.

Pendels in der Nähe eines großen kugelförmigen Konduktors (Fig. 37) überzeugen. Bezeichnet T die Schwingungsdauer des kleinen elektrischen Pendels für
eine bestimmte Entfernung vom Konduktor, so findet sich beim 2, 3, 4...fachen
Abstande vom Mittelpunkt der Kugel die Schwingungsdauer $= 2\,T,\ 3\,T,\ 4\,T \ldots$,
woraus nach dem Pendelgesetz folgt, daß die auf das Pendel wirkende Kraft mit
dem Quadrate der Entfernung vom Kugelzentrum umgekehrt proportional ist.

9. Neutralisation entgegengesetzter Elektrizitäten. Werden zwei Elektroskope
(eventuell mit verschiedenfarbigen Streifen, rot und grün) entgegengesetzt geladen
und sodann die Knöpfe in Berührung gebracht (Fig. 30, S. 16), so fallen die Streifen
zusammen, während sich bei gleichartiger Elektrisierung die Divergenz nicht ändert,
daher die Bezeichnung positive und negative Elektrizität.

Ob nun bei der Neutralisation entgegengesetzter Elektrizitäten eine gegenseitige
Vernichtung derselben stattfindet oder einfach eine Vermischung, läßt sich ohne
weiteres nicht entscheiden, da auch im zweiten Fall wegen der Superposition der
Kraftwirkungen die resultierende Kraft gleich Null sein muß.

Fig. 39.

Fig. 38.

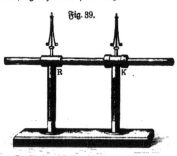

10. Franklins Gesetz. Versucht man auf dem Isolierschemel stehend sich
selbst zu elektrisieren, indem man etwa einen Porzellanstab reibt und damit den
Arm bestreicht, so wird man bei Prüfung mittels des Papierelektroskops, indem
man den Knopf desselben mit der Hand berührt, keinen Erfolg beobachten können,
während ein sehr kräftiger Ausschlag entsteht, wenn man sich in gleicher Weise
durch einen auf dem Boden stehenden Gehilfen elektrisieren läßt. Bei Erzeugung der
Elektrizität durch Reibung entstehen also stets beide Elektrizitäten in gleicher
Menge, so daß, wenn sie auf denselben Körper übertragen werden, vollkommene
Neutralisation eintreten muß.

Einen Apparat zu gleichem Zweck zeigt Fig. 38 S, 6; eine Stabelektrisiermaschine, bei welcher man die Menge der erzeugten Elektrizitäten durch Elektroskop-
ausschläge beurteilen kann (nach Grimsehl, S. 15, 284, 1902), Fig. 39. Der
Ebonitstab E reibt sich in der einen Hülse K am Katzenfell, in der anderen R
wird ihm durch Rauschgold die Elektrizität entzogen[1]), falls man absieht von der
Spitzenwirkung allerdings nur, wenn er schlecht isoliert.

---

[1]) Zu beziehen von A. Krüß, Hamburg, Adolfsbrücke 7, zu 28 Mk. Die Spitzenwirkung wird erst im Kapitel „Elektrische Entladungen" besprochen.

11. Influenz. Stellt man sich nun vor, was hiernach zulässig ist, daß in jedem unelektrischen Körper beide Elektrizitäten in gleicher Menge vorhanden seien, so muß bei Annäherung eines elektrischen Körpers Scheidung derselben eintreten.

Die als elektrische Influenz bezeichneten Erscheinungen sprechen in der Tat für diese Auffassung.

Ich benutze zu den Versuchen zwei große Papierelektroskope ohne Gehäuse, welche an den beiden Enden einer horizontal auf einem Stativ befestigten isolierenden Glasstange angebracht sind (Fig. 7, S. 7). Sie werden zunächst durch Auflegen eines mit Ebonitgriff versehenen steifen Drahtes verbunden und eine geriebene Ebonitstange genähert. Sodann wird erst der Draht, dann die Ebonitstange. entfernt. Fig. 40 K, 28, zeigt denselben Versuch bei Anwendung von Elektroskopen mit Gehäuse. Natür-

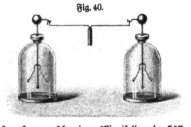

Fig. 40.

lich sind nur solche Elektroskope zu gebrauchen, welche eine völlig isolierende Hülle besitzen, da anderenfalls durch Influenz in der Hülle Störungen verursacht werden.

Emsmann hat die folgende ohne alle Kosten herzustellende und den einfachsten Anforderungen genügende Vorrichtung angegeben. Zwei Blättchen von Gold- oder Silberpapier von der Form wie Fig. 41 sind mit der Metallseite gegeneinander gelegt und in der Mitte durch einen kleinen darum gelegten Siegellackwulst aneinander befestigt; sie werden mit der flachen Seite auf ein isolierendes Medizinglas gelegt. Nähert man nun eine geriebene Siegellack- oder Glasstange, so gehen sie mit entgegengesetzten Elektrizitäten auseinander.

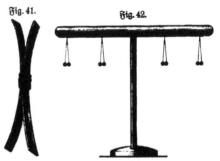

Fig. 41. Fig. 42.

Eine andere sehr einfache und sehr zu empfehlende Methode besteht darin, den influenzierten Körper mit Schwefelmennigepulver zu bestäuben, wobei dann das negative Ende rot, das positive gelb wird.

Man kann auch eine Holundermarkkugel an seidenem Faden, der man vorher Elektrizität mitteilt, dem im Zustande der Verteilung befindlichen Konduktor an verschiedenen Stellen nähern, wobei dann entweder Anziehung oder Abstoßung eintritt.

Ein seit alter Zeit gebräuchlicher Apparat ist der Verteilungskonduktor Fig. 42, bestehend aus einer Messingröhre mit angelöteten halbkugelförmigen Endstücken auf isolierendem Stativ. Die angehängten Holundermarkkügelchen an Leinenfäden dienen als Elektroskope, um die Scheidung der Elektrizitäten bei Annäherung eines geladenen Körpers zu erkennen.

Fig. 43.   Fig. 44.

Fig. 45.

Fig. 46.

Fig. 47.

Fig. 48.

Fig. 49.

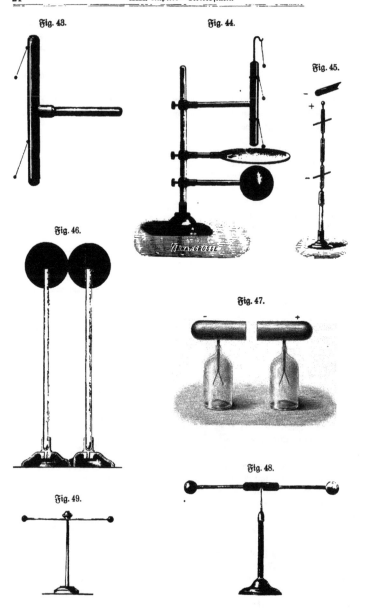

Durch Annähern einer geriebenen Glas= oder Siegellackstange kann man leicht zeigen, daß die Pendel verschiedene Elektrisierung besitzen.

Da diejenigen Pendel, welche in der Nähe des elektrischen Körpers sind, von diesem stark angezogen werden, so muß man die geriebene Glasröhre oder überhaupt den elektrischen Körper dem Ende des Verteilungskonduktors von oben her nähern oder man kann auch dem Konduktor eine senkrechte Lage geben und nur je ein Pendel anwenden, wie Fig. 43 zeigt, wo ein Harztuchen die Verteilung bewirkt. Diese Vorrichtung gibt indes schlechte Resultate, da das obere Pendel weiter vom Ende entfernt ist als das untere. Bei der Konstruktion Fig. 44 E, 22,50 ist dieser Fehler vermieden.

Man darf auch die Verteilung nie zu stark wirken lassen, weil sonst leicht eine teil= weise Mitteilung oder Ausströmen der einen Elektrizität Täuschungen veranlassen könnte.

Eine zwischen den elektrischen Körper und den Verteilungskonduktor gestellte dünne Glasplatte (Fig. 44) schützt vor Täuschung, vermindert aber die Wirkung.

Wesselhöft in Halle konstruiert den Apparat in Form eines vertikal stehenden isolierten Metallstabes mit drei übereinander befindlichen Schlitzen, in deren jedem ein Strohhalm um eine horizontale Achse (wie eine Inklinationsnadel) drehbar ist. Beim Annähern eines elektrischen Körpers von oben stellen sich der obere und untere horizontal, der mittlere bleibt vertikal (Fig. 45).

Nimmt man zwei Verteilungskonduktoren wie Fig. 42, so kann man sie als einen aneinander stellen, und während sie im Zustande der Verteilung sind, durch einen Ruck trennen, worauf jeder nur einerlei Elektrizität zeigt, was nicht der Fall ist, wenn sie getrennt hintereinander stehen.

Weinhold benutzt zwei große messingene Hohlkugeln auf isolierenden Stativen (Fig. 46 E, 30 [1]). Es genügen übrigens auch kleine, an isolierenden Griffen be= festigte Metallkugeln, die man in gegenseitiger Berührung einem elektrischen Körper nähert und dann wieder trennt und davon entfernt. Man kann auch die Konduktoren als Elektroskope ausbilden, wie Fig. 47 Lb, 27 [2]).

Krebs (1879) demonstriert die Erscheinung an einem nach Art einer Magnet= nadel auf eine Spitze aufgesetzten Metallstab, der in der Mitte durch ein isolieren= des Zwischenstück unterbrochen ist (Fig. 48 E, 15). Durch Aufsetzen eines Metall= bügels mit isolierendem Griff können die beiden Hälften während der Verteilung durch Annähern eines elektrischen Körpers in leitende Verbindung gebracht und dann noch während der Einwirkung des elektrisierten Körpers getrennt werden. Das Vorhandensein der beiden Influenzelektrizitäten wird nachgewiesen wie gewöhnlich.

Stöhrer empfiehlt zwei in Kugeln endigende elektrische Nadeln (Fig. 49 E. 7,50), welche zunächst in Kontakt stehen und während der Influenz außer Ver= bindung gesetzt werden. Durch Annähern eines elektrischen Körpers kann man dann leicht erkennen, daß sie entgegengesetzt elektrisch sind.

12. Erkennung der Art der Elektrizität durch Influenz. Sobald man einen elektrischen Körper einem empfindlichen Elektrometer nähert, zeigt es Elektrizität an, und zwar dieselbe, welche der elektrische Körper selbst besitzt, da diese in das untere

---

[1]) Fig. 46 und 47 nach Weinhold, Physikal. Demonstrationen, 4. Aufl., Leipzig 1905, Quandt u. Händel. — [2]) Über die Ausführung des Versuches mittels einer aus Schellackfaden und Holundermark gefertigten elektrischen Nadel und zwei Kartoffeln als Konduktoren siehe R. Olzmann, Prakt. Physik 4, 61.

Ende zurückgedrängt wurde. Mit der Entfernung des elektriſchen Körpers verlieren ſich auch die Anzeichen von Elektrizität wieder.

Hat man das Elektrometer durch Reiben des Knopfes negativ elektriſch gemacht, und nähert eine geriebene Glasſtange, ſo fallen die Blättchen zuſammen, eine

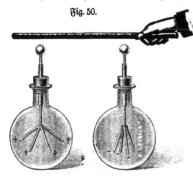

Fig. 50.

geriebene Siegellackſtange dagegen vergrößert die Divergenz. Umgekehrt verhält ſich ein poſitives Elektrometer (Fig. 50 Lb, 8).

13. Elektriſierung durch Inſluenz. Verbindet man den influenzierten Körper leitend mit der Erde (Ableitung, Erdung), ſo iſt die Erdkugel der entferntere Konduktor, welcher die gleichnamige Elektrizität aufnimmt.

Wird alſo ein Konduktor während der Verteilung ableitend berührt, es iſt gleichgültig, an welcher Stelle, ſo zeigt er auf ſeiner ganzen Länge, aber am ſtärkſten in der Nähe des verteilenden Körpers, die dieſem entgegengeſetzte Elektrizität; wird die Ableitung aufgehoben und dann erſt der verteilende Körper entfernt, ſo iſt die früher gebundene Elektrizität auf die ganze Länge verteilt.

Wird z. B. der Knopf eines Elektrometers ableitend berührt, während es ſich im Zuſtande der Verteilung befindet, ſo verlieren ſich alle Zeichen der Elektrizität; hebt man aber die Ableitung wieder auf, ehe der elektriſche Körper entfernt wird, ſo zeigt das Elektrometer nach der Entfernung des letzteren die entgegengeſetzte Elektrizität.

Sehr auffällig iſt die Inſluenzwirkung einer geriebenen Siegellackſtange auf einen Springbrunnen. Sobald man dieſelbe dem Strahl nähert, zerteilt ſich dieſer infolge der Abſtoßung der Teilchen in zahlreiche Tröpfchen, die divergierend auseinander gehen, das Entfernen der Stange ſtellt den Strahl wieder her. Zur Erzeugung des Springbrunnens kann eventuell ein Heronsball (Bd. I$_{(2)}$, S. 986) mit leitendem Gefäß dienen.

14. Die Anziehung unelektriſcher Körper. Die elektriſche Nadel kann man einfach auf folgende Weiſe herſtellen. ff, Fig. 51, iſt ein hölzernes Füßchen von etwa 4 bis 6 cm Durchmeſſer, in welches die gut iſolierende Glasröhre g geſteckt iſt; in letztere wird mittels Siegellack oberhalb eine feine Nähnadel n geſteckt, auf welcher ſich die elektriſche Nadel drehen ſoll. Will man die Nadel im nicht iſolierten Zuſtande gebrauchen, ſo darf man nur ein dünnes, am Ende hakenförmig gebogenes Drähtchen, das etwas länger iſt als die Glasröhre g, an die Nadel n hängen. Die elektriſche Nadel ſelbſt kann aus einem einfachen Meſſingdrahte von etwa 2 mm Dicke und 6 cm Länge beſtehen, in deſſen Mitte man eine koniſche Vertiefung faſt durchbohrt, die man mit einem koniſchen Stückchen Holz und Schmirgel ausſchleift. Die Enden der Nadel werden nach dem Äquilibrieren abgerundet. Leichter und beweglicher wird die Nadel, wenn man das Hütchen für

Fig. 51.

fich aus Meffing macht und dann diametral gegenüberftehend zwei etwas größere
Stecknadeln mit den Spitzen an dasfelbe lötet. In diefem Falle kann man das
Hütchen auf der Drehbank fertig machen und es daher auch forgfältiger und beffer
ausfchleifen.

Man erhält übrigens fchon ein fehr leicht bewegliches Hütchen, wenn man ein
Stückchen Meffingblech von 2 bis 3 mm Breite und 0,5 mm Dicke biegt, wie Fig. 52,
und dann in die Mitte desfelben mittels der Kernfpitze eine kleine Bertiefung ein=
fchlägt, wie diefes auch bei den Magnetnadeln öfter gefchieht. Die Nadeln werden
hier angelötet.

Ein fehr primitiver Berfuch kann derart ausgeführt werden, daß man eine
gewöhnliche Tonpfeife auf dem Rande eines Weinglafes balanziert und nun ein
anderes Weinglas, welches durch Reiben mit dem Rockärmel elektrifch gemacht ift,
nähert.

Kleiber (3. 14, 33, 1901) benutzt ftatt der elektrifchen Nadeln ein Fibibus=
elektroftop, welches dadurch hergeftellt wird, daß in einen Stearinkerzenreft, der fich

in einem Leuchter befindet, eine Strick=
nadel vertikal ftehend eingefchmolzen
und fodann auf deren Spitze ein zu=
fammengekniffener Papierfibibus (etwa
30 cm lang und 2 cm breit) wie eine
Magnetnadel aufgefetzt ift. Wird der
Papierftreifen geladen, fo macht fich
Anziehung und Abftoßung elektrifcher
Körper fchon auf 50 cm Diftanz merklich.

Am einfachften benutzt man
Holundermarkkügelchen oder Papier=
fchnitzel (Fig. 53 K, 5). Zum Aufhängen

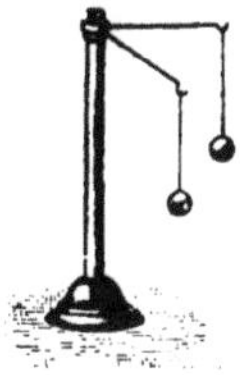

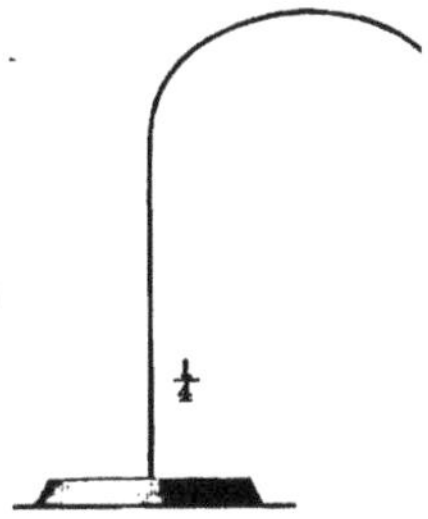

Fig. 52.　　　　Fig. 54.

Fig. 53.

kann man fich einfach eines in einem Fuß befeftigten, oben weit umgebogenen
Drahtes bedienen, wie Fig. 54. Beffer wird der Berfuch in der Ferne fichtbar,
wenn man ftatt der Holundermarkkügelchen hohle Ballons aus Seidenpapier
oder Cylinder aus Goldpapier macht, und fie wie jene aufhängt. Dr. Houbek u.
Hervert in Prag liefern elektrifche Pendel aus bronzierten Hohlkugeln aus Leim,
welche ähnlich wie Seifenblafen aus zähflüffigem Leim geblafen find (Preis 2 fl.).

Sehr hübfch geftaltet fich der Berfuch mit einem längeren Stückchen Binfen=
mark, welches an einem langen Kokonfaden aufgehängt ift, oder mit einem Büfchel
kürzerer Binfenmarkftückchen, deren jedes an einem kürzeren Kokonfaden hängt und
welches felbft wieder an einem langen Faden befeftigt ift (elektrifche Spinne,
f. a. § 20, S. 43).

Weiler (3. 8, 368, 1895) empfiehlt an Stelle von Sonnenblumen= oder
Holundermark den Buchenfchwamm oder Zunderpilz im getrockneten Zuftande. Die
Maffe ift rein weiß, läßt fich leicht mechanifch bearbeiten und kann in fauftgroßen
Stücken erhalten werden.

Auf Ebonitunterlage ift die Anziehung von Holundermarkftückchen geringer,
als auf metallifcher Unterlage; ifolierende Pulver (Schwefel=) werden weniger ftark
angezogen, als metallifche (Bronze, Magnefiumpulver).

Newtons Berfuch. Mit einem mit Mufivgold präparierten Lederkiffen
wird der Deckel eines Glaskäftchens, in dem fich Holunder= und Sonnenblumen=

markfiguren, Püppchen mit beweglichen Gliedmaßen, Schlangen, Kugeln u. f. w. befinden, gerieben, worauf die Figuren alsbald in springende, tanzende und rollende Bewegung geraten, sich gegenseitig zu verfolgen scheinen u. bergl. [1]).

Grobe Fehler können bei einer Wägung dadurch entstehen, daß die Scheiben des Glaskastens frisch geputzt und dadurch elektrisch gemacht wurden; ebenso bei elektrometrischen Messungen u. f. w.

Eine auf kreisförmigen messingenen Schienen bewegliche Messingkugel kann man mit einer elektrisierten Stange im Kreise herumführen.

Läßt man (nach du Fay) ein Blatt echtes Schlaggold in die Luft fliegen und nähert eine geriebene Porzellan- oder Glasröhre, so wird es zunächst angezogen, aber sofort wieder abgestoßen und man kann es nun vermöge der Abstoßung beliebig lange in allen Richtungen in der Luft herumtreiben.

15. Der Elektrophor. Zur Demonstration des Prinzips verwendet man zweckmäßig einen Elektrophor, dessen Deckel aus zwei Metallscheiben besteht,

Fig. 56.

Fig. 55.

die sich beim Abheben auf etwa 30 cm voneinander trennen, aber durch drei Seidenschnüre zusammengehalten werden, so daß man direkt nachweisen kann, daß die obere Hälfte des Deckels gleichartig elektrisch ist, wie der Kuchen [2]), die untere entgegengesetzt. (Fig. 55.)

Guttapercha als Elektrophormasse hat ihren Ruf nicht lange bewahrt, sie wird bröckelig, das Guttapercha-Papier zerfällt in Fetzchen, und ein daraus gefertigter Elektrophor gibt schon vorher mit der Zeit immer weniger Elektrizität, ja unter Umständen sogar positive. Dagegen ist Hartkautschuk ein vorzügliches Material für Elektrophore; man erhält mit Scheiben von etwa 20 bis 30 cm Durchmesser — die Dicke beträgt etwa 5 bis 10 mm — schon sehr gute Wirkung, selbst bei feuchter Witterung und durch bloßes Reiben mit der Hand. Hat die Wirksamkeit nachgelassen, so kann sie leicht durch Abwaschen mit reinem Wasser (eventuell zuerst Seifenwasser) und Trocknen in der Wärme wieder hergestellt werden [3]).

Was die Größe des Elektrophors betrifft, so muß man hierin nicht zu weit gehen, ein Elektrophor von 3 bis 5 dm wird allen billigen Anforderungen entsprechen. Man kann aus einem Elektrophor von etwa 9 cm mit einem Teller von 6 cm Fünkchen von 1 cm Länge erhalten.

Der Deckel des Elektrophors erhält einen um etwa 6 bis 10 cm kleineren Durchmesser als der Kuchen. Er wird entweder aus einer wohl geebneten Metallplatte (dickes Zink ist wohl am billigsten hierzu) gemacht, an welche ein aufwärts

---

[1]) In dieser Form wird der Apparat unter der Benennung Ano-Kato zum Preise von 2 Mk. von J. C. Schlösser in Königsberg i. Pr. geliefert. — [2]) Gewöhnlich aus einer in eine leitende Form gegossenen Harzmasse bestehend (f. S. 31). — [3]) Die Form wird hier durch eine Stanniolbelegung auf der Unterseite ersetzt.

gekrümmter Rand gelötet wird, oder aus einer Hohlscheibe oder hölzernen Scheibe von der Dicke eines Centimeters, deren Rand wohlabgerundet und geglättet ist; das Holz muß gehörig trocken sein und wird mit Stanniol überzogen. Am einfachsten versieht man den Deckel mit drei seidenen Schnüren, um ihn isoliert von dem Kuchen abzuheben; bequemer ist ein Ebonitgriff, Fig. 56 (E, 7,75 bis 30).

Um den Elektrophor elektrisch zu machen, peitscht man ihn mit einem Fuchsschwanze oder einem Katzenfelle, dessen vier Fußzipfel man in die Hand nimmt und es bei jedem Schlage über den Kuchen wegführt: im Winter müssen jedoch Pelz und Elektrophor vor dem Gebrauche erwärmt werden, sonst müht man sich vergeblich ab, denselben elektrisch zu machen. Ob der Kuchen hinlänglich elektrisch ist, erkennt man daran, wenn er gegen den Knöchel kleine Funken gibt. Der Deckel wird sowohl beim Aufsetzen als beim Abheben mit dem Kuchen parallel gehalten und nach dem Aufsetzen mit der Hand berührt, wobei man einen kleinen Funken erhält. Berührt man Form und Deckel zugleich mit Daumen und Zeigefinger, so empfindet man einen elektrischen Schlag; gleiches findet statt, wenn man den einen Finger an die Form setzt und mit dem anderen den Funken aus dem aufgehobenen Deckel empfängt.

Um sich das Berühren nach dem Aufsetzen des Deckels zu sparen kann an der Form eine Zunge aus Zinnfolie befestigt werden, welche am Rande auf den Kuchen übergreift, so daß durch dieselbe ohne weiteres der Deckel mit der Form in Verbindung gebracht wird [1]).

Fig. 57.

Den jeweiligen elektrischen Zustand des Deckels kann man dadurch erkennen, daß man ihn einem Elektroskope nähert, welchem durch Reiben des Knopfes oder in anderer Weise (durch Influenz) bereits Elektrizität mitgeteilt wurde. Schon bei großer Entfernung beobachtet man eine Einwirkung.

Wenn man statt des oberen Knopfes des Goldblattelektrometers Fig. 10 (S. 8) die Kondensatorplatte aufschraubt und einen kleinen Harzkuchen darauf legt, der einen um etwa 3 cm größeren Durchmesser hat, und nun den Kuchen nur ganz leise mit einem Zipfel des Katzenfells klopft, so divergieren die Goldblättchen, und man kann nun dadurch, daß man dem unteren Knopfe, welcher mit dem gebogenen Drahte verbunden ist, die geriebene Siegellackstange nähert, die Art der Elektrizität erkennen. Benutzt man dann als Deckel die zweite mit dem isolierenden Griffe

---

[1]) Kleine und doch recht wirksame Ebonit-Elektrophore dieser Art konstruiert der Mechaniker J. E. Schlösser in Königsberg i. Pr. Der Deckel besteht aus zwei tellerförmig gedrückten, mit ihren Rändern zusammengelöteten Zinkscheiben. In der Mitte ist ein etwa 13 cm langer Handgriff von Ebonit eingeschraubt. Zum Schutze gegen Oxydation und um ihm ein besseres Aussehen zu geben, ist der Deckel vernickelt (Fig. 57 K, 18). Zeitweise muß der Griff durch Abreiben oder Abwaschen wieder gereinigt werden. (Preis 18 Mk. mit Nebenapparaten.)

versehene Kondensatorplatte und berührt die Kondensatorplatte, so fallen die Goldblätter zusammen, divergieren aber wieder, wenn man den Harzkuchen abhebt oder
den Deckel aufsetzt. Berührt man die Platte nicht und setzt den Deckel auf, so
fallen die Goldblätter zusammen. Den elektrischen Zustand des Deckels weist man
dadurch nach, daß man seine Elektrizität entweder durch ein Probescheibchen auf
ein zweites Elektrometer überträgt, oder ihn durch einen Draht, der durch eine
Siegellackstange isoliert ist, mit diesem verbindet.

Bloch (1885) konstruierte zur Demonstration einen kleinen Elektrophor, bestehend aus einer Glasplatte und einem Deckel aus Kupfer an einem isolierenden
Stiel. Man braucht nur den Deckel etwas an der Glasplatte hin- und herzuschieben,
wobei man ihn direkt mit den Fingern faßt, und alsdann an dem Stiel aufzu-
heben, um einen Funken zu erhalten.

Nach Kolbe [1] empfiehlt sich, die zum Elektrophor gebrauchte Ebonitplatte mit
Glaspapier matt zu schleifen, nicht nur, weil hierdurch die oxydierte, leitende oberste
Schicht entfernt wird, sondern weil matte Flächen stärker negativ elektrisch werden.
Schmirgelpapier darf nicht benutzt werden, da es die Oberfläche leitend macht.

Nach Rebenstorff (Z. 13, 31, 1900) ladet man, um mühelos eine möglichst
große Leistung des Elektrophors zu erzielen, den Elektrophor wie eine Franklinsche
Tafel von der Influenzmaschine aus, indem man den auf dem Tische liegenden
Teller zur Erde ableitet und dem in die Mitte gesetzten Deckel mit dem Auslader
negative Elektrizität zuführt. Den Deckel rückt man mehrmals im Kreise herum,
damit die Platte an verschiedenen Stellen wirklich berührt wird. Nachdem mehrere
an dem Deckelrande hin- und herspringende Entladungen stattgefunden haben, hebt
man den gewöhnlich merklich festgehaltenen Deckel empor, wobei meistens eine
fernere Entladung eintritt.

Böhmländer (Z. 14, 167, 1901) konstruierte einen primitiven Elektrophor
aus Zeitungspapierblättern, welche in der oben beschriebenen Weise elektrisiert
wurden und aufeinandergelegt den Kuchen eines gewöhnlichen Elektrophors ersetzten.

Geschöfer (Z. 12, 186, 1899) beschreibt einen Elektrophor, welcher beide
Arten Elektrizität zu erzeugen gestattet [2]. Er besteht aus einer auf der Unterseite
mit einem ziemlich starken und festhaftenden Überzuge von Schellack bestehenden Glasplatte, welche zunächst durch Abreiben der Oberseite mit absolutem Alkohol und
durch Überreiben mit einem Cylinder aus gutem grauem Gummi (5 cm hoch, 5 cm
dick) oder einem recht großen Gummipfropfen unter sanftem Druck positiv elektrisch
gemacht wird. Wird nun der Deckel aufgesetzt, ableitend berührt und abgehoben,
so erhält man kräftige Funken von 4 bis 5 cm Länge. Ebenso große Funken erhält
man aber mit der entgegengesetzten Elektrizität, wenn man die Platte umdreht und
die bereits von selbst entstandene negative Elektrisierung der Schellackoberfläche durch
einige schräg geführte Schläge mit dem Fuchsschwanz verstärkt [3].

Einen großen Elektrophor fertigt man sich am besten selbst an und ver-
fährt dabei auf folgende Weise. Die Form wird entweder von Holz oder von
Blech gemacht; im ersteren Falle wird um ein wohlabgerundetes und getrocknetes
Brett von festem Holze (etwa 1 bis 1½ cm dick) eine hölzerne Zarge genagelt,

---

[1] Kolbe, Einführung in die Elektrizitätslehre 1904, S. 72. — [2] Die Bezeichnung
„Doppelelektrophor" ist nicht geeignet, da Lichtenbergs Doppelelektrophor — siehe
Gehlers phys. Wörterbuch II, 852 — eine ganz andere Einrichtung besitzt. — [3] Zu be-
ziehen von Fr. Tießen, Mechaniker, Breslau, Adalbertstr. 16, zu 14 Mk.

welche ben Boden um 6 bis 9 mm überragt, unb hierauf bas Ganze mit unechtem Goldpapier ober Stanniol allseitig überzogen. Blecherne Formen find viel leichter Verbiegungen ausgesetzt als hölzerne unb dehnen sich auch burch bie Wärme mehr aus, woburch ber Kuchen balb Risse nach allen Richtungen erhält. Holz leibet besonbers von ber Feuchtigkeit, namentlich in ber Richtung senkrecht zu ben Fasern, bagegen kann man basselbe aber größtenteils schützen burch gehöriges Ausbörren unb Bestreichen mit heißem Ölfirnis; es wirft sich wohl bei dieser Behandlung etwas, wird aber bann nochmals mit bem Hobel gerichtet unb wieder gefirnißt.

Die Harzmasse besteht hauptsächlich aus Schellack, bem man Terpentin unb Wachs, Harz, Kolophonium u. f. w. beisetzt, um ihn weniger spröbe zu machen. Dieser Zweck wird vollkommen erreicht burch eine Mischung von 5 Schellack, 1 Terpentin unb 1 Wachs, unb würde wahrscheinlich auch erreicht werden burch 5 bis 10 Schellack unb 1 Terpentin. Gewiß ist, baß bas obige Verhältnis eine gehörig feste, nicht spröbe unb sehr elektrische Masse gibt, ohne baß beßwegen behauptet werden soll, sie sei die beste.

Zu bem Schmelzen nimmt man ein neues irbenes Geschirr ober auch eine messingene Pfanne, unb setzt zuerst bie leichtflüssigeren Bestandteile, Terpentin unb Wachs, über mäßigem, ringsum gleichem Feuer in Fluß; erst bann setzt man nach unb nach unter Verstärkung bes Feuers unb fleißigem Umrühren ben Schellack zu, wobei man immer erst abwartet, bis baß schon Zugesetzte größtenteils geschmolzen unb ber Rest wenigstens breiig weich geworden ist. Setzt man nämlich reinen Schellack lange ber Hitze aus, so verwandelt er sich leicht in eine fernerhin fast unschmelzbare Masse. Wenn bie ganze Masse flüssig geworden, nimmt man ben Topf vom Feuer unb läßt ihn kurze Zeit ruhig stehen.

Vor bem Gusse muß bie Form gehörig eben gestellt unb etwas erwärmt werden, bamit bie Masse nicht zu schnell erkaltet. Die Form wird eben voll gegossen. Blasen werden babei auf ber Oberfläche nicht leicht vermieden, allein sie finden sich boch meist nur am Ranbe herum unb werden baburch unschädlich gemacht, baß man burch ein barüber gehaltenes glühendes Eisen dieselben schmilzt, woburch ihr hervorstehender Teil verschwindet, unb sie nur noch ein Grübchen mit nach innen abgerundetem Ranbe bilden. Diese Stellen schaden nur baburch, baß sie zur Wirkung bes Elektrophors weniger beitragen, als wenn sie eine ebene Fläche bildeten. Statt bie Blasen wieder zu schmelzen, kann man obige Masse auch mit einem scharfen Instrumente eben schneiden, was sie sehr gut verträgt.

Solche Elektrophore bekommen wegen ber ungleichen Ausbehnung ber Form unb ber Masse sehr balb Risse, unb zwar bie hölzernen parallel mit ben Holzfasern, blecherne nach allen Richtungen. So lange diese Risse nicht gar zu zahlreich finb, verminbern sie wohl bie Wirkung, machen aber bas Instrument nicht unbrauchbar. Wird indessen zuletzt bie Wirkung zu schwach, so muß man bie Masse umschmelzen, was burch ein etwas größeres glühendes Stück Eisen geschehen kann, welches in ber Entfernung von etwa 3 cm über bem Kuchen herumgeführt wird. Ein zu einer Pflugschar bestimmtes Stück ist bazu sehr bequem. Sonst befestigt man auch ein Stück Eisenblech, bas größer ist als bie Form, in ber gleichen Entfernung von 3 cm über bem Elektrophor unb legt glühende Kohlen barauf; hierbei muß man sich aber namentlich vor ber Asche hüten, welche bie Fläche verunreinigt.

Bei bem Umschmelzen bilden sich häufig wieder frische Blasen, welche, wie schon angegeben, entfernt werden.

Diese Übelstände lassen sich vermeiden, wenn man den Harzkuchen frei und ohne Form hat; beim Gebrauche wird er dann nur auf ein sehr ebenes Brett, das mit Stanniol überzogen ist, gelegt. Um solche Kuchen zu gießen, legt man nur eine Form mit Papier aus und gießt die Masse hinein, oder gießt auf ein dünnes fettgemachtes Blech mit Papierrand. Beide Seiten derselben werden nachher mit Sand und Wasser auf einer Stein= oder Glasplatte eben geschliffen, wozu man zuletzt feineren Sand nimmt. Man kann dieselben, wenn man will, mittels eines mit Filz bezogenen Brettchens mit Tripel und Wasser polieren, was aber für die Wirkung ganz unnötig ist. Der Rand kann mit dem Messer und der Feile ab= gerundet werden. Die Blasen kann man hier wegschleifen, allein auch dieses ist überflüssige Arbeit, man nimmt die reinere Seite, welche beim Gusse unten war, beim Gebrauche als die obere. Nur dann, wenn man darauf sehen will, daß der Elektrophor, selbst bei aufliegendem Deckel, seine Elektrizität recht lange — viele Wochen lang — behalte, muß man auf vollkommenes Ebensein und möglichste Politur der Harzmasse hinarbeiten. Hat man übrigens auf eine ebene glatte Blech= platte gegossen, so bedarf der Kuchen nur der Reinigung am Rande.

Bei der Aufbewahrung muß ein solcher Kuchen auf seinem Brette horizontal liegen bleiben, weil er sich in der Sommerwärme durch sein eigenes Gewicht biegen könnte.

Die Herstellung eines sehr großen Elektrophors von etwa 1 m Durchmesser, welcher am besten dauernd auf einem besonderen rollbaren Tische verbleibt, empfiehlt sich deshalb, weil damit deutlich zur Anschauung gebracht werden kann, daß zum Abheben des Deckels, d. h. zur Erzeugung der Ladung, eine erhebliche mechanische Arbeit nötig ist. Diese Arbeit kann zurückgewonnen werden durch Vorrichtungen, welche Bewegung durch elektrische Kräfte erzeugen, z. B. Glockenspiel, Puppen= tanz u. s. w. Zur Demonstration dieser Kraftübertragung empfiehlt es sich aber, den Elektrophor bequemer einzurichten, d. h. für Kurbelbetrieb, ihn in eine Elektrophormaschine oder Influenzmaschine zu verwandeln.

Ich benutze zu diesem Zwecke einen kleinen Wassermotor mit Kurbel. Von letzterer ist eine Schnur über eine Rolle an der Zimmerdecke geführt, an welcher der Elektrophordeckel hängt. Beim Heben berührt derselbe eine an isoliertem Stativ herabhängende Kette, welche mit einem Elektroskop oder Papierbüschel in Verbindung steht. Zur Ableitung dient eine Metallzunge am Rande des Elektrophors.

16. Die Elektrophormaschinen (unselbständigen Influenzmaschinen). Das Prinzip dieser Maschinen ist durch den gewöhnlichen Elektrophor gegeben, wenn man

Fig. 58.

diesen (nach Bertin) so konstruiert denkt, daß er durch Rotation in Tätigkeit gesetzt werden kann (Fig. 58). A ist der negativ elektrische Kuchen des Elektrophors[1], B der Deckel, J eine Drahtbürste, die die negative Elektrizität dem Kon= duktor N zuführt, während positive sich auf dem Deckel an= sammelt. Dieser ist auf einem drehbaren Glascylinder be=

---

[1] Als Elektrophorkuchen benutzt Bertsch (1868) eine ge= riebene Hartgummischeibe. Holtz verwandte eine Papierbelegung, welche durch eine kleine Reibungsmaschine beständig elektrisch gehalten wurde. Carré läßt die als Elektrophor wirkende Scheibe ebenfalls rotieren und dabei gegen ein Stück Pelz streifen, so daß sie immer elektrisch bleibt.

festigt. Kommt er nun bei der Drehung in Berührung mit der Bürste H, so gibt er seine positive Elektrizität an diese ab und kommt unelektrisch wieder in seine Anfangslage. Von H strömt die positive Elektrizität nach P und vereinigt sich unter Funkenbildung mit der negativen auf N.

Ergiebiger wird diese Influenzmaschine erster Art (mit festem Feld), wenn man zwei (entgegengesetzt elektrische) Elektrophorkuchen und entsprechend zwei Elektrophordeckel benutzt, die sich jeweils diametral gegenüberstehen (Fig. 59).

Die Fig. 60 a und b zeigen dieselbe Anordnung mit der Abänderung, daß sowohl Kuchen wie Deckel auf Glasscheiben angebracht sind. Am einfachsten werden beide als Stanniolbelegungen ausgeführt, oder besser die als Kuchen dienenden als Papierbelege. Letztere müssen natür- lich zunächst mit einer geriebenen Porzellan= bezw. Ebonit= stange entgegengesetzt elektrisch gemacht werden.

Fig. 59.

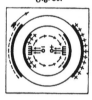

Um bei gleicher Drehungsgeschwindigkeit mehr Elektrizität zu erhalten, kann man die Zahl der Deckel vermehren, wie Fig. 61 andeutet. Ob die Scheibe mit den Elektrophordeckeln sich dreht, oder die mit den Kuchen, ist natürlich gleichgültig, da es nur auf die relative Bewegung ankommt. Man kann auch beide mit gleicher Geschwindigkeit in entgegengesetzter Richtung sich drehen lassen. Macht man die Zahl der Kuchen derjenigen der Deckel gleich, so wird die Leistung noch mehr vergrößert. Die beiden Scheiben werden dabei vollkommen

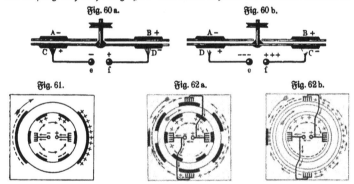

Fig. 60 a.   Fig. 60 b.

Fig. 61.   Fig. 62 a.   Fig. 62 b.

identisch, so daß man die mit den Konduktoren verbundenen Metallpinsel auf der einen oder anderen schleifen lassen kann.

Es ist auch klar, daß die nicht mit den Pinseln in Kontakt stehenden Deckel, da sie entgegengesetzt geladen sind, ebenso wie die Kuchen influenzierend auf die andere Scheibe wirken können, so daß man auch von dieser Elektrizität entnehmen kann durch ein Pinselpaar, welches gegen das erste um 90° versetzt ist. Hierdurch entsteht die sogenannte Influenzmaschine zweiter Art oder Doppelrotations= maschine von Holz [1] (Fig. 62 a).

---

[1] W. Holz, Pogg. Ann. 130, 128 und 168, 1867; Poggendorf, Pogg. Ann. 136, 171, 1869; 150, 1, 1873; Musäus, Pogg. Ann. 143, 285, 1871; W. Holz, S. 17, 193, 1904. Bei Fig. 62 b vertritt die Glasfläche die Deckel und Kuchen.

Die Erregung dieser Maschinen geschieht durch eine vorübergehend genäherte, in den Fig. 62 a und b links angedeutete geriebene Ebonitplatte. Die äußere Scheibe dreht sich entgegengesetzt wie der Uhrzeiger, die innere in gleichem Sinne. Der Weg der positiven Elektrizität wird jeweils durch die kleinen Pfeile bezeichnet.

17. Das Multiplikations-(Dynamo-)Prinzip. Dieses bereits von Lichtenberg (1778) angewandte, aber lange Zeit hindurch nicht in seiner hohen Bedeutung erkannte Prinzip bildet den Grundstein der modernen Elektrotechnik. Zuerst haben Barley[1]) und gleichzeitig W. Thomson (1860) dasselbe zur Konstruktion einer Influenzmaschine verwandt und bald darauf Barley und gleichzeitig Werner Siemens (1866) zur Konstruktion einer Dynamomaschine. Die Influenzmaschine hat freilich erst ihre eigentliche Bedeutung erlangt durch Hinzuziehung der Holtzschen Methode der Ladung von Isolatoren (vgl. Fig. 62b) und Verwendung von

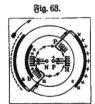

Fig. 63.

Papierbelegen (1865), und ebenso die Dynamomaschine durch Hinzuziehung des Grammeschen Ringes (1871), immerhin darf man aber wohl behaupten, daß wir in erster Linie diesem Prinzip die außerordentlich mächtige Wirkung der neueren Elektrizitätserzeuger verdanken.

Zur Erläuterung des Prinzips kann die in Fig. 63 gegebene Zeichnung dienen, welche schematisch einen Lichtenbergschen Doppelelektrophor für rotierende Bewegung eingerichtet darstellt.

Eine Papierbelegung a auf einer feststehenden Glasscheibe steht gegenüber der Metallbelegung b auf einer rotierenden Glasscheibe. Man teilt zunächst der Belegung a eine Spur negativer Elektrizität mit, b wird dann positiv und der Konduktor N negativ. Kommt nun b an der Bürste p vorüber, so gibt es an diese

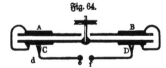

Fig. 64.

seine nunmehr freie und deshalb hochgespannte Elektrizität ab, die Belegung c wird also stärker positiv, als a negativ ist. Kommt nun b vor c und in Kontakt mit der dort befindlichen ableitenden Bürste H, so tritt wieder Influenz ein, positive Elektrizität

geht in den Konduktor P und negative sammelt sich auf b, die nun, wenn b weiter schreitet, frei wird, hohe Spannung annimmt und deshalb beim Passieren der Bürste n von dieser aufgenommen und auf die Belegung a übertragen wird. Diese ist also nunmehr stärker negativ als anfänglich und durch Wiederholung des Spiels der Maschine wächst die Spannung immer mehr und mehr an, bis sie schließlich ein durch die Mängel der Isolation bedingtes Maximum erreicht. In gleichem Maße wächst auch die Spannung auf der gegenüberliegenden Belegung c. Diese Verdichtung der Elektrizität ist charakteristisch für solche Maschinen, weshalb sie auch Kondensatormaschinen heißen.

Vollkommener wird natürlich die Wirkung, wenn man wie bei Fig. 59 (S. 33) zwei Elektrophordeckel verwendet, wie dies in Fig. 64 für eine Scheibenmaschine dargestellt ist.

Die Platten A und B heißen auch Kollektorplatten oder Polarisatoren, C und D Kondensatorplatten.

---

[1]) Auf anderem Gebiete, nämlich dem der Luftverflüssigung, hat zuerst W. Siemens (1857) das Prinzip als Gegenstromprinzip angewendet. (Siehe Bd. I(3), S. 1525.)

Die Ströme positiver Elektrizität sind wie bei den früheren Figuren durch Pfeile angedeutet. Sie teilen sich in zwei verschiedene Arten, nämlich starke in sich geschlossene Ströme, durch starke Pfeile wiedergegeben, und schwache, welche nach Erreichung der maximalen Ladung der Belegungen fast verschwinden und nicht geschlossen sind, sondern in

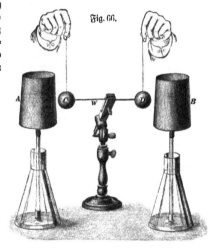

Fig. 66.

Fig. 65.   Fig. 65 a.

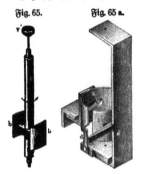

den Belegungen endigen, resp. als dielektrische Verschiebung sich fortsetzen und nur durch diese sich schließen. Sie sind demgemäß durch schwach gezeichnete Pfeile angedeutet.

Zur Demonstration benutze ich die in Fig. 7 (S. 7) dargestellten Papierelektroskope, deren Knöpfe durch Becher aus Drahtnetz ersetzt werden. Einer dieser Becher wird mit der geriebenen Porzellanstange schwach geladen. Nun bringt man als Elektrophorbeckel eine am Ebonitgriff befestigte Messingkugel hinein mit der Vorsicht, nirgendwo anzustoßen, berührt dieselbe ableitend, bringt sie alsdann in den anderen Becher, so daß dieser die Elektrizität aufnimmt, benutzt nun diesen Becher als Kuchen und die Kugel als Deckel, überträgt die nach ableitender Berührung entstandene Influenzelektrizität auf den ersten Becher, indem man diesen mit

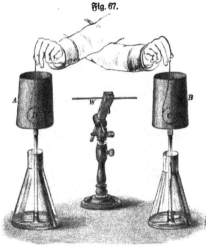

Fig. 67.

der Kugel innen berührt und wiederholt nun alle diese Operationen u. s. w. Die Elektroskope divergieren immer mehr und durch Prüfung mit der geriebenen Porzellanstange kann man leicht nachweisen, daß sie entgegengesetzte Elektrizität besitzen.

3*

Eine Cylindermaſchine dieſer Art iſt der Füllapparat (Replenisher) von
W. Thomſon (1855), dazu beſtimmt, die Ladung von Konduktoren (Elektrometern)
auf einfache Weiſe zu erhöhen oder zu erniedrigen (Fig. 65 und 65 a).

Die Elektrophordeckel *bb* ſind an einer Achſe aus Ebonit befeſtigt (Fig. 65).
Die Metallpinſel ſind erſetzt durch die Federn *cc* (Fig. 65 a), welche durch Öffnungen
der als Kuchen dienenden Halbcylinder aus Meſſing vorragen. Sie ſind nicht mit Konduktoren verbunden, ſondern miteinander, da nicht beabſichtigt wird, dieſe Influenzelektrizität zu gebrauchen. Die Halbcylinder dagegen ſtehen z. B. mit Knopf und Gehäuſe eines geladenen Elektroſkops in Verbindung und die Spannungsdifferenz wird
dadurch erhöht, daß die Elektrophordeckel bei der Drehung an Federn anſtreifen, die
mit den Halbcylindern verbunden ſind, gemäß Fig. 64. Entgegengeſetzte Drehung bedingt natürlich Schwächung der Ladung der Halbcylinder und damit des Elektroſkops.

Ayrton empfiehlt zur Demonſtration des Prinzips von Thomſons Replenisher
die in den Figuren 66 und 67 dargeſtellte Verſuchsanordnung. *A* und *B* ſind
zwei auf Mascartſchen iſolierenden Stativen befeſtigte entgegengeſetzt elektriſche
Metallbecher, *C* und *D* zwei an iſolierenden Fäden gehaltene Metallkugeln, welche
bei der erſten Figur durch den Draht *W* (welcher aber entbehrlich iſt) in Verbindung
ſtehen und daher durch Influenz entgegengeſetzte Elektrizität enthalten. Bringt
man ſie nun, wie die andere Figur zeigt, über Kreuz in das Innere der Becher,
ſo geben ſie dort ihre Elektrizität
ab und man kann ſo durch
Wiederholung des Verſuches die
Elektriſierung der Becher beliebig
verſtärken.

Fig. 69.

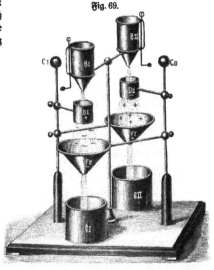

Fig. 68.

18. Die Waſſerinfluenzmaſchine. Intereſſant und leicht ſelbſt herzuſtellen
iſt die Waſſerinfluenzmaſchine von W. Thomſon[1] (Fig. 69). Die Konſtruktion
derſelben iſt ſehr überſichtlich und die Wirkung ſicher, ſoweit ſie nicht durch umher-
ſpritzende Waſſertröpfchen geſtört wird. Um letzterem Übelſtande vorzubeugen, ver-

---

[1] Eine Waſſerinfluenzmaſchine nach Fig. 68 liefern Meiſer u. Mertig in Dresden N.,
Kurfürſtenſtr. 27, zu 36 Mk.

wendet Benecke nicht Wasser, sondern Sand zum Betriebe. Um die Maschine in Tätigkeit zu setzen, teilt man einem der beiden Konduktoren, etwa C_i, positive Elektrizität mit und läßt den Sand aus den beiden Gefäßen B_i und B_{II} auslaufen. Da D_i positiv ist, so ladet sich der aus B_i ausfließende Sand negativ elektrisch und gibt diese Elektrizität an den Trichter F_{II} ab, von welchem aus sie in den Konduktor C_{II} und die Hülse D_{II} gelangt, die nun den aus B_{II} ausströmenden Sand positiv macht, so daß der Trichter F_i und damit der Konduktor C_i ebenfalls positive Elektrizität erhalten. Letzterer wird also stärker elektrisch als zu Anfang und dies um so mehr bis zu einer gewissen Grenze, je länger die Maschine wirkt. Diese Grenze liegt allerdings nicht sehr hoch und man kann also die Maschine keineswegs wie die vorigen zur Erzeugung großer Funken verwenden, dagegen wird die zunehmende Elektrisierung sehr schön sichtbar durch die immer zunehmende Divergenz der austretenden Sandstrahlen. Sowie die Maschine entladen wird, fallen sie alsbald wieder zusammen, d. h. der Sand bildet einen zusammenhängenden Strahl (E, 50).

Schmauß (3. 15, 86, 1902) fand, daß man eine Thomsonsche Wasserinfluenzmaschine selbst erregend machen kann, wenn man den Wasserstrahl in der einen Büchse auf eine Metallplatte, in der andern auf eine Schellackplatte fallen läßt. Nach Lenards Untersuchungen wird das auf Metall oder Holz auffallende Wasser positiv, das auf Schellack auffallende negativ elektrisch. Die Potentialdifferenz steigt dann ganz von selbst, so daß Fünkchen bis zu 1 cm Länge zu erhalten sind. Da nicht nur das Wasser elektrisch wird, sondern die Luft die entgegengesetzte Elektrizität annimmt, muß man durch gute Ventilation innerhalb der Büchsen die elektrisch gewordene Luft entfernen.

19. Die Kondensatormaschinen (selbständigen Influenzmaschinen). Die Fig. 70 stellt das Prinzip von W. Thomsons elektrischer Mühle (1860) dar, welche sich von der Konstruktion Fig. 61 hauptsächlich dadurch unterscheidet, daß die Metallpinsel nicht direkt auf den Belegungen, sondern auf mit denselben verbundenen Kontaktstäben auf der Achse schleifen, ähnlich wie die Bürsten auf dem Kollektor einer Dynamomaschine.

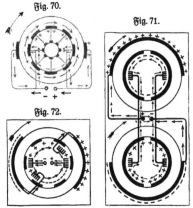

Fig. 70.

Fig. 71.

Fig. 72.

Die älteste Töplersche Influenzmaschine, welche gleichzeitig mit der Holtzschen Maschine (1865) veröffentlicht, indes durch spätere Konstruktionen überholt wurde, also nur theoretisches Interesse besitzt, ist schematisch in Fig. 71 dargestellt, das Schema der neueren Konstruktion in Fig. 72. Eine Maschine der letzteren Art zeigt Fig. 73. Eine Anzahl von Kondensatorscheibchen mit Kontaktknöpfen sind auf eine rotierende Glasscheibe aufgekittet, die Kollektorplatten sind Papierbelege auf einer (in der Figur hinter der rotierenden Scheibe befestigten) festen

Scheibe. Von diesen Belegungen greifen metallene Bügel auf die Vorderseite der rotierenden Scheibe über, welche dort in Pinsel aus feinen Metalldrähten endigen. Da die Pinsel die Knöpfe der Kondensatorscheibchen berühren, erfolgt die Abnahme der Elektrizität sehr leicht, und da sie sich auch am Glase reiben, wenn die Scheibe gedreht wird, so entsteht eine Spur von Elektrizität, welche auf die Belegungen übertritt und genügt, die Maschine nach einigen weiteren Umdrehungen auf das Maximum der Wirkung zu bringen. Die Maschine hat also den bedeutenden Vorzug, daß keine künstliche Erregung nötig ist, daß sie sich vielmehr ganz von selbst erregt [1]).

Die Selbsterregung der Maschine wird dadurch wesentlich befördert, daß man die Konduktoren zunächst zusammenschiebt, so daß die auf den Konduktoren sich ansammelnden störenden entgegengesetzten Elektrizitäten entfernt werden. Zu gleichem

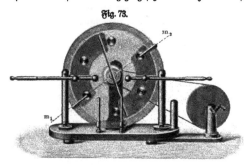

Fig. 73.

Zweck kann man den schrägen „Hilfskonduktor" in horizontale Stellung drehen, so daß er einen Nebenschluß zu den Konduktoren bildet. Soll die Maschine, nachdem sie sich erregt hat, in voller Stärke wirken, so muß der Hilfskonduktor entfernt oder in senkrechte Stellung gebracht werden. Dann kommt aber leicht vor, daß die Maschine plötzlich versagt oder ihre Pole wechselt. Zweckmäßiger gibt man deshalb dem Hilfskonduktor die gezeichnete schräge Lage.

Die Glasscheiben der Influenzmaschine werden in der Regel gefirnißt, um bessere Isolation des Glases zu bewirken. Besser ist es, wenn das Glas ohne Firnis genügend isoliert, denn die Lackschicht ist nicht sehr dauerhaft, wird mit der Zeit rissig und sowohl durch die chemische Wirkung des Ozons, wie auch durch das Abreiben beim Reinigen der Maschine beschädigt. Borchardt (1883) empfiehlt zur Erneuerung unbrauchbar gewordener Lackierungen folgendes Verfahren. Die Scheiben werden ein bis zwei Tage lang in kaltes Wasser eingelegt, bis sich der Lack durch Abschaben und Abreiben leicht beseitigen läßt. Die Papierbelege werden dabei natürlich ebenfalls zerstört und müssen dann durch neue ersetzt werden. Man wählt dazu feinstes Postpapier, welches man durch eine möglichst dünne Leimschicht befestigt. Das Glas muß dabei sorgfältig rein gehalten werden. Die Kanten der Papierbelege müssen dem Glase ganz sicher anliegen. Um alsdann die neue Lackschicht aufzutragen, hängt man die Scheiben in der Nähe des warmen Ofens auf, etwa so, daß man auf einen Tisch in der Nähe des Ofens ein Beil auflegt, so

---

[1]) Die erste Töplersche Influenzmaschine ist beschrieben in Pogg. Ann. 125. 469, 1865, die erste Holtzsche ebenda 126, 157, 1865. Siehe auch Z. 18, 140, 1905. Die Maschinen sind zu beziehen von J. R. Voß, Mechaniker, Berlin NO. 18, Pallisadenstr. 20, einfache von 26 bis 62 cm Durchmesser zu 29 bis 285 Mt., von 26 bis 90 cm zu 60 bis 525 Mt.

daß der Stiel wenig über die Tischkante vorragt und nun die Scheibe mit der zentralen Öffnung an dieses vorragende Ende des Stieles anhängt. Man läßt so die Scheibe etwas mehr als handwarm werden. Hierauf faßt man sie an den Rändern der Öffnung und trägt mittels eines weichen breiten Pinsels möglichst gleichmäßig und dünn den Lack auf, so daß jede Stelle der Scheibe nur einmal überstrichen wird. Dicke Lackschichten isolieren nicht besser als dünne. Der Lack wird hergestellt aus 40 Tln. Schellack, 60 Tln. absolutem Alkohol und 6 Tln. venetianischem Terpentin. Es ist dabei gleichgültig, ob man gebleichten oder ungebleichten Schellack verwendet[1]).

Die Influenzmaschinen sind außerordentlich empfindlich gegen Staub. Derselbe wird von den elektrischen Glasscheiben kräftig angezogen, ebenso wie auch die feinen Kohleteilchen des Rauches von Lampen, und infolgedessen stellt sich bald ein Überzug her, der die Wirkung der Maschine unmöglich macht, wenn dieselbe nicht in einem, den Staub abhaltenden Glaskasten eingeschlossen ist oder häufig gereinigt wird. Diese Staubschichten sind um so schädlicher, je größer der Feuchtigkeitsgehalt der Luft ist, da dieselben zum großen Teil aus hygroskopischen Substanzen bestehen. Häufig versagt deshalb eine Maschine im kalten Zimmer, die im geheizten noch recht gute Wirkungen gibt. Am sichersten beseitigt man diesen Einfluß der Feuchtigkeit dadurch, daß man die Maschine

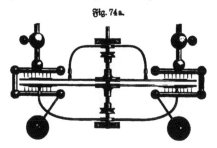

Fig. 74a.

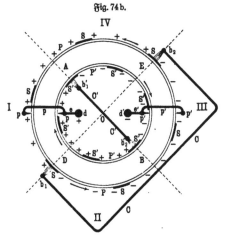

Fig. 74b.

wärmer hält als die Umgebung, entweder indem man sie für einige Zeit an einen von der Sonne bestrahlten Ort oder in die Nähe des Ofens (nicht allzunahe) setzt oder indem man einen besonderen Heizapparat anbringt, z. B. eine heiße Platte unter der Maschine, von welcher warme Luft aufsteigt oder noch einfacher Gas- oder Petroleumlampen mit Cylindern aus Eisenblech, welche ihre strahlende Wärme gegen die Papierbelegungen aussenden. Antolik (1883) hält

---

[1]) Besonders gut isolieren soll der Elektralack der Deutschen Elektralackfabrik Bruchsal (Baden). Derselbe darf nicht unter der Einwirkung von Licht- und Wärmestrahlen getrocknet werden, da er sonst infolge chemischer Veränderung rauh wird.

ſolche Trockenlampen überhaupt für zweckmäßiger als die erſtgenannten Methoden, die der Maſchine nicht ſehr zuträglich ſind. Er gibt der Trockenlampe die Form eines hohlen Blechſchirmes, der im Innern durch einen Bunſenſchen

Fig. 75.

Brenner erhitzt wird (zu be- ziehen von Borchardt in Hannover, 20 Mk.). Auch ein gewöhnlicher Argandſcher Gasbrenner oder eine größere Petroleumlampe ſind ſchon von Vorteil.

Um die Scheiben von Staub zu reinigen, nimmt man ſie aus der Maſchine heraus, legt ſie auf eine ebene weiche Unterlage und wäſcht ſie mit Schwamm und Seife, darauf mit reinem Waſſer gut ab. Schließlich ſpült man mit Regenwaſſer oder deſtilliertem Waſſer und läßt, am beſten im warmen Zimmer, trocknen.

Die Papierbelege werden dabei nicht abgewaſchen, ſondern zuvor mit einem reinen Tuche abgewiſcht. Sind dieſelben gut gefirnißt, ſo leiden ſie übrigens durch das Abwaſchen nicht.

Fig. 76.

Wenn die Ebonitteile der Maſchine nicht mehr genügend iſolieren, ſo werden ſie mit etwas Petroleum abgerieben, ebenſo auch die Holzteile. Man hat zum Abreiben des Ebonits auch eine Miſchung von Schlämmkreide und Petroleum empfohlen, doch dürfte dieſe nur dann nötig ſein, wenn die Oberfläche des Ebonits durch langſame Oxydation des Schwefels zu Schwefelſäure ſchon ſtark angegriffen iſt.

Die bei den Maschinen meist angebrachten Leidener Flaschen können entfernt werden und sind erst für später zu besprechende Versuche nötig.

Fig. 77.

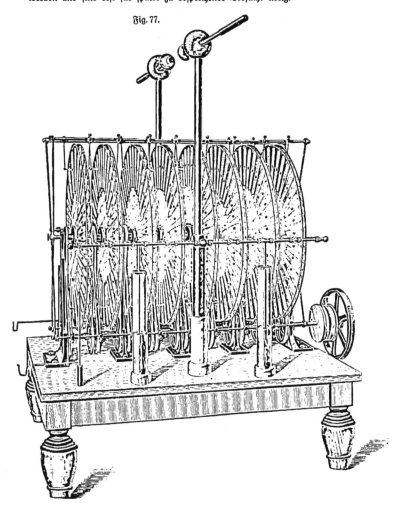

An Stelle von Metallpinseln finden teilweise auch Saugerspitzen zur Aufnahme der Elektrizität Anwendung. Da diese erst im Kapitel „Entladung" besprochen werden können, findet sich speziell die Beschreibung der großen mehrplattigen Hochdruckinfluenzmaschine erst dort.

Auch die Holtzsche Maschine zweiter Art kann zu einer selbständigen und selbsterregenden gemacht werden, wenn man sie so einrichtet wie die Fig. 74 a[1]) und b (Lb, 190) zeigen[2]).

Wommelsdorf (3. 16, 95, 1903 und Physik. Zeitschr. 5, 792, 1904) be= schreibt eine sehr wirksame mehrplattige Influenzmaschine (Kondensatormaschine) mit Ebonitscheiben[3]). Die Elektrophor=

Fig. 78.

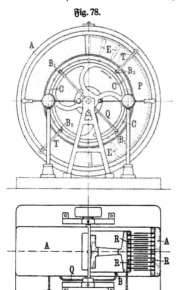

beckel EE (Fig. 78 und 79) (nicht unter 30) haben wie bei der Wimshurstmaschine die Form schmaler Sektoren, sind aber nicht einfach auf die rotierenden Scheiben auf= geklebt, sondern zwischen zwei Scheiben SS eingeschlossen und mit Kontaktknöpfen CC verbunden, auf welchen die Bürsten B_1 eines Querkonduktors Q schleifen. Die Nabe dieser rotierenden Scheiben (Anker= scheiben) ist für alle gemeinsam und hat die Form eines nach Art einer Riemen= scheibe gebildeten drehbaren Ebonitcylinders. Durch Ebonitringe R (Fig. 79) werden die Ankerscheiben in festen Entfernungen von= einander gehalten. Die Elektrophorkuchen

Fig. 79.

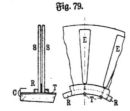

(Papierbelegungen) P (Fig. 78) sind ebenfalls zwischen je zwei Ebonitscheiben ein= geschlossen und durch einen auf der äußeren Cylinderfläche A hinlaufenden Metall=

[1]) Nach Ganot, Traité élém. de Physique, Paris 1894, Hachette, Bd. II, S. 909, Fig. 778. — [2]) P. J. Kipp u. Zonen in Delft (Holland) liefern solche sogenannte Wims= hurstsche Elektrisiermaschinen von 20 bis 46 cm Scheibendurchmesser zu 38 bis 600 Mk. Die Scheiben bestehen aus Hartgummi. Experimentierkästen mit Influenzmaschine liefern Gebr. Mittelstraß, Magdeburg, Breiter Weg 38, zu 13,50 bis 40 Mk.; Ferdinand Groß, Stuttgart, Olgastr. 50, zu 20 bis 25 Mk., Meiser u. Mertig, Dresden N. (mit Übungsbuch) u. a. Über eine neuere Wimshurstmaschine siehe auch Pidgeon, Beibl. 23, 428, 1899; F. Ernecke in Berlin liefert die Wimshurstmaschine mit zwei entgegengesetzt rotierenden Scheiben von 25 cm Durchmesser als „Parva=In= fluenzmaschine" mit Eisengestell (Fig. 75), zu 45 Mk., mit Holzkasten zu 40 Mk., eine kleine Maschine mit Ebonitscheiben nach Fig. 76 zu 17,50 bis 22 Mk. Maschinen mit mehreren Scheiben für große Leistungen nach Fig. 77 sind zu beziehen von J. Robert Voß, Berlin, bei 8, 12, 16 Scheiben von 52 bis 90 cm Durchmesser, zu bezw. 425 bis 1060, 650 bis 1350 und 800 bis 1800 Mk. Ferner liefert Influenzmaschinen Alfred Wehrsen, Berlin SO 16, Brückenstr. 10b. Über Wechselstrominfluenz= maschinen siehe 3. 17, 37, 1904. — [3]) Solche Scheiben haben den Vorzug geringerer Zerbrechlichkeit, indes den Nachteil, daß sie durch die reichliche Bildung von Ozon nach und nach zerstört werden.

ſtreifen mit zwei Bürſtenträgern T verbunden, deren Bürſten B_2 die Kollektorknöpfe unter 90° zu den vorigen Bürſten ſtreifen[1]).

Eine weitere Verbeſſerung dieſer Maſchine beſteht darin, daß in die Leitungen zu den Elektrophorkuchen (desgleichen in den Hilfskonduktor) variable Widerſtände eingeſchaltet werden können, ſo daß ſich die Papierbelegungen durch Metallbelegungen erſetzen laſſen, was den Vorzug bietet, daß ſich die Maſchine leichter ſelbſt erregt, vorausgeſetzt, daß der eingeſchaltete Widerſtand = 0 iſt. Nach dem Anlaſſen der Maſchine wird dann Widerſtand eingeſchaltet, bis die Funkenlänge ein Maximum wird.

Wie bereits Holtz gefunden hat, werden, falls hohe Spannungen erzeugt werden ſollen, zweckmäßiger einzelne Pinſel durch Spitzen erſetzt. Die vollſtändige Behandlung der Influenzmaſchine kann deshalb erſt im Kapitel „Entladungen" gegeben werden.

Fig. 81.　　　　　　　　　　　Fig. 82.

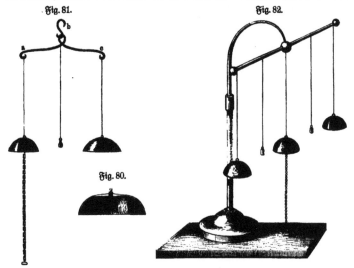

Fig. 80.

20. Verſuche über Erzeugung von Bewegung durch Elektrizität. 1) Die elektriſche Spinne (ſ. a. S. 27). An einem langen Seidenfaden hängt man eine Korkkugel, allenfalls auch mit ein paar ſpinnenfußartigen Anſätzen, dem Konduktor gegenüber auf; auf die entgegengeſetzte Seite hält man die flache Hand oder eine Metallplatte. Die Kugel wird anfangs vom Konduktor angezogen, dann gegen die Hand abgeſtoßen, wieder angezogen u. ſ. w.

Hängt man ein ſchweres metallenes Gewicht an einem Seidenfaden zwiſchen zwei entgegengeſetzt elektriſchen Konduktoren auf, ſo pendelt es regelmäßig hin und her. (Schwalbe 1886.)

2) Das elektriſche Glockenſpiel. Am einfachſten erhält man ein ſolches aus zwei Uhrglocken, in deren Aufſtecklöcher man Holzpfröpfe paßt; durch dieſe Pfröpfchen ſteckt man einen Draht, der unten und oben knapp am Holze zum Ringe

_____

[1]) Siehe auch Wommelsdorf, Phyſ. Zeitſchr. 6, 177, 1905. Die Maſchine kann von der Firma Land- und Seekabelwerke, A.-G., in Köln-Nippes bezogen werden.

umgebogen wird (Fig. 80). Zwei solche Glocken werden an einem wie in Fig. 81 gebogenen starken Drahte *abc* aufgehängt, die eine an Seide, die andere an einem dünnen Drahte; zwischen beiden hängt an Seide ein metallener kleiner Klöpfel, wie er sich aus jedem dickköpfigen Nagel machen läßt; die an Seide aufgehängte Glocke bekommt eine Ableitung auf den Boden, und das Ganze wird durch den Haken bei *b* geradezu an den Konduktor gehängt. Hat man mehr Mittel oder Zeit, so kann man das Glockenspiel auf einem besonderen durch Glas isolierten Gestelle anbringen, wie in Fig. 82, und auch die Glöckchen abdrehen und firnissen. Daß man die Glöckchen, wenn man kann, zusammenstimmend wählt, versteht sich wohl von selbst.

3) Der Korkkugeltanz. Kork- oder, für schwächere Maschinen, Holundermarkkugeln werden auf eine Metallplatte gelegt, der am Konduktor eine zweite runde gegenüber hängt (Fig. 83). Es ist gut, wenn letztere etwas dick ist; man kann sie sich auch aus einer rund gedrehten, am Rande wohl geglätteten hölzernen Scheibe machen, die man mittels Kleister recht glatt mit Stanniol überzieht, oder auch aus starker Pappe. Ich verwende solche bis 1 m Durchmesser. Ebenso kann man aus Papier oder ausgehöhltem Holundermark

Fig. 85.

Fig. 83.   Fig. 84.

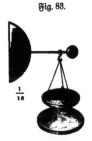 

$\frac{1}{16}$

geschnittene, oben und unten spitz endigende Figuren dazwischen legen; doch dürfen in letzterem Falle die Platten nicht viel über die Figurenlänge voneinander abstehen (Fig. 84 Lb, 15). Daß man sie mit Wasserfarben nach Belieben bemalen könne, darf wohl nicht erst angeführt werden. Die lockere Kohle, welche sich beim Verbrennen von Emserpastillen bildet (Pharaoschlange, Bd. I(2), S. 1159), eignet sich auch gut; desgleichen Zunder. Gewöhnlich benutze ich kleine geschlossene Cylinderchen aus Seidenpapier, die man sich leicht über einer Schablone zusammenkleben kann.

Legt man Holundermarkkugeln zwischen die beiden Platten, so fliegen dieselben schnell auseinander; es ist daher besser, sie in einen gut isolierenden, oben und unten offenen weiten Glascylinder einzuschließen, dem man oben und unten einen Deckel von mit Stanniol überzogener Pappe gibt, auf welchen man die Kette vom Konduktor herabhängen läßt (Fig. 85), doch bleiben hier die Kugeln bald am Glase hängen. Nimmt man Streusand in das Gefäß oder zwischen die Platten, so erhält man elektrischen Sandwirbel.

Wird Tabaksrauch auf einem Tische unter einer Metallplatte ausgebreitet und nun diese elektrisch gemacht, so ordnet er sich (nach Bettin) zu Figuren, die an die Formen der Cirruswolken erinnern.

4) Der elektriſche Schirm. Die Abſtoßung gleichnamiger Elektrizität kann man auch ſo zeigen, daß man auf dem Konduktor, oder einem iſolierten Geſtelle, einen Draht von etwa 20 bis 30 cm Höhe aufſtellt, und auf dieſen oben eine mit Stanniol bekleidete Pappſcheibe von 3 bis 5 cm Durchmeſſer ſteckt, an welche man abwechſelnd weiße und farbige, 5 bis 8 mm breite Streifen von Seidenpapier klebt, welche etwas kürzer ſind, als der Draht (Fig. 86). Kann man den Draht nicht auf den Konduktor ſtecken, ſo gibt jede grüne Flaſche ein iſolierendes Geſtell, auf deren Kork der Draht geſteckt und durch einen Draht mit dem Konduktor verbunden wird. Die Streifen ſtellen ſich wie ein Schirm auseinander, wenn die Maſchine gedreht wird. Statt einer einzigen Reihe von Papierſtreifen kann man beſſer einen ganzen Büſchel ſolcher anwenden.

Bei Anwendung zweier ſolcher Papierbüſchel, welche mit den beiden Konduktoren der Elektriſiermaſchine in Verbindung ſtehen, kann man die ungleiche Spannung an beiden Konduktoren demonſtrieren, ſowie die Verdoppelung der Spannung an einem Konduktor bei Ableitung des anderen.

Statt der Papierſtreifen können bei einer kräftigen Maſchine viele Bogen Seidenpapier benutzt werden, welche man an zwei von den Konduktoren ausgehende, im ganzen Auditorium iſoliert (an Seidenſchnüren aufgehängte) herumgeführte Drahtleitungen anhängt.

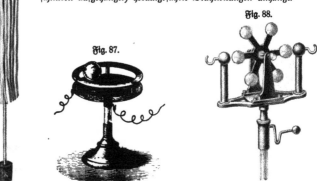

Fig. 86.

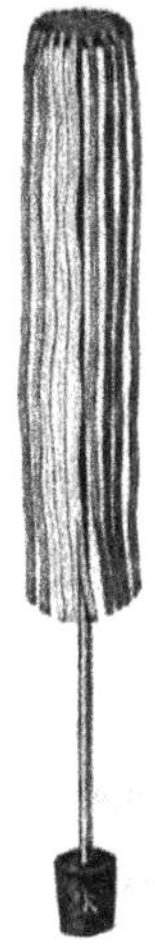

Fig. 88.

Fig. 87.

5) Elektriſcher Kugellauf. Auf einem iſolierenden Stativ iſt horizontal eine kreisförmige Spiegelglasſcheibe befeſtigt. Parallel zu derſelben einige Centimeter darüber iſt auf drei Säulchen ein Meſſingring von gleichem äußerem Durchmeſſer angebracht. Auf der Glasſcheibe ſelbſt befindet ſich ein Stanniolring von etwas kleinerem Durchmeſſer, von welchem aus ſymmetriſch verteilt drei Streifen zum Zentrum verlaufen und dort mit einer am Stativ unterhalb der Scheibe angebrachten Klemmſchraube in Verbindung ſtehen. Setzt man die beiden Ringe mit den Konduktoren einer Elektriſiermaſchine in Verbindung, und bringt nun eine hohle Glaskugel auf, welche beide Ringe berührt, ſo beginnt dieſelbe nach ſchwachem Anſtoß alsbald raſch im Kreiſe umzulaufen, ſo lange die Maſchine wirkt (Fig. 87) [1].

---

[1] Zu beziehen von Dr. Houdek u. Hervert in Prag zu 12 bis 15 fl.

6) Franklins sich selbst bewegendes Rad [1]). Einen kleinen Kugelmotor nach Stöhrer zeigt Fig. 88 (S. 4). Meiser u. Mertig in Dresden N., Kurfürstenstr. 27, liefern einen ähnlichen kleinen Motor, bestehend aus sechs an einer Achse durch Hartgummistäbchen gehaltenen Messingkugeln, welche zwischen zwei feststehenden Konduktoren rotieren, zu 5,25 Mk.

21. Potentielle Energie einer elektrischen Masse. In der Nähe einer elektrischen Masse m_1 (Fig. 89) befinde sich eine andere ungleichartige elektrische Masse m im Abstande r_1 Meter. Dieselbe werde in der Richtung von r_1 um eine kleine Strecke von m_1 entfernt, etwa bis zum Abstand r_1', d. h. um die Strecke $r_1' - r_1$. Die hierzu erforderliche Arbeit ist das Produkt dieser Verschiebung mit der Kraft, welche

Fig. 89.

sich aus dem Coulombschen Gesetze ergibt, also gleich $a \cdot \frac{m_1}{r_1^2} \cdot m \, (r_1' - r_1)$ Kilogrammeter. Ebenso findet sich für eine weitere Verschiebung bis zum Abstand r_1'' die Arbeit $a \cdot \frac{m_1}{r_1'^2} \cdot m \, (r_1'' - r_1')$ u. s. w. Für eine Verschiebung bis ins Unendliche oder in solche Entfernung, in welcher die elektrische Kraft unmerklich wird, ergibt sich somit als Gesamtarbeit:

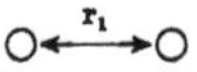

$$A = a \cdot m_1 \cdot m \cdot \left(\frac{r_1' - r_1}{r_1^2} + \frac{r_1'' - r_1'}{r_1'^2} + \cdots \right).$$

Nun ist annähernd $r_1^2 = r_1 \cdot r_1'$ $\quad r_1'^2 = r_1' \cdot r_1''$ u. s. w., also:

$$A = a \cdot m_1 \cdot m \left(\frac{r_1' - r_1}{r_1 \cdot r_1'} + \frac{r_1'' - r_1'}{r_1' \cdot r_1''} + \cdots \right)$$

$$= a \cdot m_1 \cdot m \left(\frac{1}{r_1} - \frac{1}{r_1'} + \frac{1}{r_1'} - \frac{1}{r_1''} + \cdots \right)$$

$$= a \cdot m_1 \cdot m \cdot \frac{1}{r_1} = a \cdot \frac{m_1}{r_1} \cdot m \quad \text{Kilogrammeter.}$$

Ebenso groß findet sich die Arbeit, wenn die Konduktoren gleichnamig elektrisch sind und einander aus unendlicher Entfernung bis zum Abstand r_1 genähert werden. Diese Arbeit ist das Maß der potentiellen Energie, welche die beiden Konduktoren vermöge ihrer gegenseitigen Lage besitzen, die wieder in Form mechanischer Arbeit zurückgewonnen werden kann, wenn man sie ihrer gegenseitigen Abstoßung folgen und dabei ein Gewicht heben oder irgend einen Mechanismus betreiben läßt.

Ein analoger Fall der Gravitationsenergie wurde schon a. S. 1259, Bd. I (2), behandelt.

Was hinsichtlich der Niveau- und Kraftlinien im Falle der Gravitationserscheinungen gesagt wurde, gilt mutatis mutandis ohne weiteres auch auf elektrischem Gebiete. Es wird sich empfehlen, um eine Übersicht der Verteilung der Energiewerte in einem elektrischen Felde zu erhalten, die geometrischen Orte derjenigen Punkte aufzusuchen, für welche die potentielle Energie denselben Wert hat, die Niveaulinien, oder, wenn man den ganzen Raum betrachtet, die Niveauflächen; die Kraftlinien durchschneiden sie senkrecht [2]).

Wie groß die potentielle Energie von m in unendlicher Entfernung ist, mag unentschieden bleiben. Sie sei Π. Läßt man m der von m_1 ausgeübten An-

---

[1]) Siehe O. Lehmann, Elektrische Lichterscheinungen, Halle 1898, S. 67, Anmerk. 1. — [2]) Siehe auch Holzmüller, Einführung in die Theorie der isogonalen Verwandtschaften, Leipzig 1882, und Das Potential und seine Anwendung, Leipzig 1898.

ziehung folgen, so geht von dieser Energie Π ein Teil verloren, und ist m wieder im Abstande r_1 angelangt, so ist gerade soviel verloren, als die zuvor geleistete Arbeit betrug, sie ist also jetzt nicht mehr Π, sondern

$$P = \Pi - a \cdot \frac{m_1 m}{r_1} \text{ Kilogrammeter.}$$

Wäre die Wirkung von m_1 auf m eine abstoßende, so würde man umgekehrt bei der Entfernung ins Unendliche die Arbeitsmenge

$$a \cdot \frac{m_1 m}{r_1}$$

gewinnen, man müßte dagegen denselben Betrag an Arbeit aufwenden, um den Körper aus dem Unendlichen wieder in die Entfernung r_1 von m_1 zu bringen, es hätte also dann die potentielle Energie den Wert:

$$\Pi + a \cdot \frac{m_1 m}{r_1} \text{ Kilogrammeter.}$$

Die Kenntnis des Wertes Π ist für unsere Zwecke nicht nötig, da es sich stets nur um Differenzen von Energiemengen desselben Körpers handelt, wobei die Größe Π stets wegfällt. Man kann sie daher unbeschadet der Richtigkeit der weiteren Folgerungen $= 0$ setzen, obschon es infolgedessen nötig wird, von negativer Energie zu sprechen, was eigentlich keinen Sinn hat.

Im Falle der Attraktion ist dann: $P = -a \cdot \frac{m_1 m}{r_1}$,

„   „   „   Repulsion   „   „ $P = +a \cdot \frac{m_1 m}{r_1}$.

Ist nur der eine wirkende Punkt m_1 vorhanden, so hat die potentielle Energie für alle Punkte denselben Wert, für welche r_1 gleich ist, d. h. die Flächen gleicher potentieller Energie sind konzentrische Kugelflächen und die Kraftlinien die Radien dieser Kugelflächen, was ohne weiteres richtig erscheint, da ja die Kraft zwischen zwei magnetischen Massen stets in deren Verbindungslinie wirkt.

Komplizierter gestalten sich Niveau- und Kraftlinien, im Falle die Masse m der Wirkung zweier anderer Massen m_1 und m_2 ausgesetzt ist. Algebraisch läßt sich allerdings der Betrag der potentiellen Energie auch in diesem Falle ohne weiteres hinschreiben, denn wie bekannt, stören sich zwei Kräfte in ihren Wirkungen gegenseitig nicht, es wird also auch die vom Punkte m_1 herrührende potentielle Energie durch das Hinzutreten des Punktes m_2 keine Änderung erfahren und die von letzterer herrührende Energie $a \cdot \frac{m_2 m}{r_2}$ wird ebenso in keiner Weise durch die Anwesenheit des Punktes m_1 beeinträchtigt werden. Somit ist in diesem Falle der Gesamtbetrag der potentiellen Energie:

$$P = a \left(\frac{m_1}{r_1} + \frac{m_2}{r_2} \right) m \text{ Kilogrammeter.}$$

Zur Konstruktion der Niveaulinien konstruiert man zunächst die Niveaulinien, welche allein von der Masse m_1 herrühren, sodann die von m_2 herrührenden, und schreibt nun an alle Schnittpunkte der beiden Kreisscharen die Zahlen, welche sich durch Summation der den jeweils sich durchschneidenden Niveaulinien entsprechenden Energiebeträge ergeben, und verbindet sodann alle diejenigen Schnittpunkte miteinander, für welche die so gefundenen Zahlen dieselben sind.

Die obere Hälfte von Fig. 2230 (Bd. I(3), S. 726) zeigt diese Konstruktion für entgegengesetzte, die untere für gleichnamige gleich große Massen. Es ist nicht zu verkennen, daß zwischen den Fig. 2231, 2229 (Bd. I(3), S. 725 f.) und 2230 eine auffallende Analogie besteht, und die Übereinstimmung könnte eine vollkommene sein, wenn die Form der Berge beziehungsweise der Vertiefung bei den Fig. 2231 und 2229 dem vorliegenden Fall entsprechend gewählt worden wäre.

Für mehr als zwei wirkende Massen ergibt sich ebenso

$$P = a\left(\frac{m_1}{r_1} + \frac{m_2}{r_2} + \frac{m_3}{r_3} + \cdots\right) \cdot m \ \text{Kilogrammeter},$$

wobei die Massen je nach dem Sinn ihrer Elektrisierung positiv oder negativ zu nehmen sind.

Bezeichnet man den Ausdruck in der Klammer — man nennt ihn das elektrische Potential — der Kürze halber durch V, so wird:

$$P = a \cdot V \cdot m \qquad \text{oder}$$

a) Technisch: $P = \dfrac{9.10^9}{g} \cdot V \cdot m$ Kilogrammeter   oder

b) Gesetzlich: $P = 9.10^9 \cdot V \cdot m$ Joule,

wobei m in Coulomb, r in Metern zu messen ist, oder

c) Physikalisch: $P = V \cdot m$ Erg,

worin m in CGS_{es} und r in Centimetern auszudrücken ist.

Die Dimension des elektrostatisch gemessenen Potentials V ist, da es sich als Quotient einer Elektrizitätsmenge und einer Länge berechnet: $cm^{1/2} g^{1/2} sec^{-1}$. Mißt man m in elektromagnetischen Einheiten, r in Centimetern, so wird

$$P = 9.10^{20} \cdot V \cdot m \ \text{Erg}.$$

Der Ausdruck $9.10^{20} \cdot V$ wird aus später zu erörternden Gründen das elektromagnetisch gemessene Potential genannt. Die Einheit dieses Potentials ist $= 3.10^{10}$ elektrostatischen Einheiten.

Die potentielle Energie von 1 Coulomb ist nach der Formel $b = 9 .10^9 \cdot V$. Man nennt sie die elektrische Spannung gemessen in Volt, der üblichen praktischen Einheit.

Setzt man $9.10^9 \cdot V = E$, so wird

$$P = \frac{1}{g} \cdot E \cdot m \ \text{Kilogrammeter} = E \cdot m \ \text{Joule}$$

oder die Spannung an der Stelle, wo sich die elektrische Masse m befindet, ist

a) Technisch: $E = \dfrac{g \cdot P}{m}$ Volt,

b) Gesetzlich: $E = \dfrac{P}{m}$ Volt.

An einer Stelle des elektrischen Feldes herrscht also die Spannung 1 Volt, wenn dort 1 Coulomb fortgetrieben wird mit solcher Kraft, daß im ganzen die Arbeit $1/g$ Kilogrammeter $= 1$ Joule gewonnen werden kann. Ist nur eine wirkende Masse m_1 vorhanden, so ist gesetzlich: $E = 9.10^9 \cdot m_1/r_1$ Volt, und wäre $m_1 = 1$ Coulomb, so wäre die Spannung im Abstand $r_1 = 9.10^9$ Meter gerade 1 Volt, im Abstand 1 Meter 9 Milliarden Volt. Ferner ist:

c) Physikalisch: $E = V$, bezw. $= 9.10^{20} \cdot V$,

denn die Spannung ist hier die potentielle Energie von 1 CGS in Erg, also gleich dem elektrostatisch bezw. elektromagnetisch gemessenen Potential. Zwischen den verschiedenen Einheiten bestehen folgende Beziehungen: Die elektrostatische Einheit der Spannung = 300 Volt[1]) und 1 Volt = 10^8 elektromagnetische Einheiten oder $1\ CGS_{el} = 1$ Centimikrovolt[2]).

Es empfiehlt sich, um den Begriff der elektrischen Spannung möglichst klar zu stellen, für einen bestimmten Fall — z. B. die Elektrizitätsmengen + 36 und — 36 Mikrocoulomb — im Abstand 1 Meter die Niveaulinien von 1000 zu 1000 Volt zu zeichnen.

Die Kraftlinien erhält man einfach, indem man Kurven zieht, welche die Niveaulinien allenthalben senkrecht durchschneiden, beginnend mit geradlinigen Strahlen, welche in gleichen Abständen von den elektrischen Punkten ausgehen.

22. Darstellung der Kraftlinien.

Kleine leitende Partikelchen erhalten in einem elektrischen Felde durch Influenz an beiden Enden entgegengesetzte Pole und drehen sich, wenn beweglich (z. B. in einer isolierenden Flüssigkeit schwimmend) so, daß ihre Längsrichtung dem Verlauf der Kraftlinien entspricht, ebenso wie dies bei einer elektrischen Nadel (Fig. 51, S. 26) der Fall ist. Ferner reihen sie sich infolge der anziehenden Wirkung ihrer entgegengesetzten Pole zu Fäden aneinander, die den Verlauf der Kraftlinien deutlich erkennen lassen.

Perrin (1889) verwendet zur Darstellung der elektrostatischen Kraftlinien 2 bis 3 mm lang geschnittene Hanffasern, welche mittels eines sehr feinen Metallsiebes auf eine Glasplatte gleichmäßig aufgestreut werden. Um sie beweglich zu machen, wird die Glasplatte durch Klopfen erschüttert.

Kolbe macht auf ein (1891) in englischen Zeitschriften beschriebenes Verfahren aufmerksam. Die Konduktoren werden in Terpentinöl eingesenkt, in welchem Kriställchen von schwefelsaurem Chinin suspendiert sind.

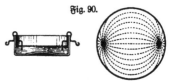

Fig. 90.

Dieselben reihen sich zu Fäden aneinander, entsprechend dem Verlauf der Kraftlinien. Das Gelingen des Versuches ist abhängig von dem Feuchtigkeitsgehalt des Chininsulfats. Dasselbe darf erst kurz vor dem Versuch in das Terpentinöl gebracht werden. Unter Anwendung eines parallelepipedischen Glastroges (Fig. 90 E, 2,50) läßt sich der Versuch mittels des Projektionsapparates objektiv darstellen.

Zur Darstellung der elektrischen Kraftlinien in Luft gibt Bourdréaux (B. 12, 289, 1899) folgende Anweisung. Die Glasplatte, auf die die Pulver ausgestreut werden, muß genau horizontal stehen, ganz homogen und vollkommen nichtleitend sein. Sie wird daher am besten erwärmt und auf vier Klötze von Paraffin gestellt. Die das Feld erzeugenden Konduktoren werden auf der unteren oder oberen Seite der Glasplatte befestigt und durch dünne Drähte mit den Polen einer Influenzmaschine verbunden, welche nur langsam gedreht wird. Streut man nun ein Pulver eines Halbleiters auf die Glasplatte und klopft ein wenig auf diese, so zeigen sich die elektrischen Kraftlinien sofort. Metallpulver eignen sich nicht, da sie

---

[1]) Denn pro $1/3 . 10^{-9}$ Coulomb beträgt die Energie 10^{-7} Decimegabynen, also pro 1 Coulomb 300 Decimegabynen. — [2]) Denn pro 10 Coulomb ist die Energie 10^{-7} Decimegabynen, also für 1 Coulomb 10^{-8}.

zu lebhaft angezogen und abgestoßen werden. Besonders gute Resultate ergab Di=
amidophenol in kleinen Nadeln von 2 bis 3 mm Länge kristallisiert, doch waren
auch Kork, Holundermark, Zucker und andere Substanzen brauchbar. Mit Firnis
lassen sich die erhaltenen Figuren fixieren.

Sebbig (8. 17, 38, 1904) benutzt zur Darstellung der elektrischen Kraftlinien
Glycin, welches durch ein Musselinbeutelchen in ganz reines wasserfreies farbloses
Terpentinöl, welches sich in einer gut isolierenden Glasschale befindet, eingestreut
wird. Zwischen Kugel oder plattenförmigen Elektroden erhält man sehr deutlich
den Verlauf der Kraftlinien, doch darf das Feld nicht zu kräftig sein.

Auch durch Suspension von feinem Kohlenpulver in geschmolzenem Paraffin
lassen sich nach Sebbig die Kraftlinien herstellen. Als Schale kann hier eine
einfache Glasplatte dienen, deren Mitte man erwärmt hält, so daß das Paraffin

Fig. 91.

während des Versuches flüssig bleibt. Sobald es
erstarrt, bleiben die Kraftlinien fixiert. Die dünne
Schicht läßt sich projizieren und photographisch
vervielfältigen.

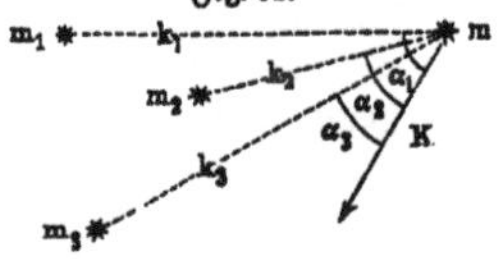

23. Feldintensität. Durch die Kraftlinien ist
die Richtung des Feldes, d. h. die Richtung der auf
positive Elektrizität ausgeübten elektrischen Kraft an allen Stellen des elektrischen
Feldes gegeben. Ihre Größe ergibt sich durch Summation der Einzelkräfte nach
dem Gesetz vom Parallelogramm oder Polygon der Kräfte. Beispielsweise ist die
Kraft K, welcher die elektrische Masse m (Fig. 91) unterliegt, infolge der Anwesen=
heit der Massen m_1, m_2, $m_3 \ldots$

$$= k_1 . \cos\alpha_1 + k_2 . \cos\alpha_2 + k_3 . \cos\alpha_3 + \cdots$$

oder

$$K = a\left(\frac{m_1}{r_1^2} \cdot \cos\alpha_1 + \frac{m_2}{r_2^2} \cdot \cos\alpha_2 + \frac{m_3}{r_3^2} \cos\alpha_3 + \cdots\right) \cdot m = a \cdot H \cdot m,$$

wenn der Kürze halber der in der Klammer stehende Ausdruck mit H bezeichnet
wird.

H wird gleich K, wenn $m = \frac{1}{a}$ ist, d. h. H ist die Kraft in Kilogrammen,
welche auf eine Masse von $\frac{1}{a}$ Coulomb, d. h. $\frac{g}{9 \cdot 10^9}$ Coulomb oder g/9 Millimikro=
coulomb ausgeübt wird. Denkt man sich diese Masse an die verschiedenen Stellen
des elektrischen Feldes gebracht, so geben die gefundenen oder berechneten Werte
von H ein deutliches Bild der Verteilung der elektrischen Kraft. H heißt deshalb
die Feldintensität. Bei Anwendung des absoluten elektrostatischen CGS=Systems
ist $a = 1$, somit die Feldintensität die Kraft auf 1 CGS₍ₑₛ₎ in Dynen. Demnach ist:

a) Technisch: $K = \frac{9 . 10^9}{g} \cdot H \cdot m$ Kilogramm,

worin H die Feldintensität in Kilogramm pro g/9 Millimikrocoulomb und m die
Elektrizitätsmenge in Coulomb bedeuten;

b) Gesetzlich: $K = 9 . 10^9 . H . m$ Decimegadynen,

wenn H die Feldstärke in Decimegadynen pro ⅑ Millimikrocoulomb, m die Menge
in Coulomb,

c) Physikalisch: $K = H . m$ Dynen,

wenn H die Feldintenſität in Dynen pro 1 CGS$_{em}$ und m die Elektrizitätsmenge in CGS$_{em}$ bedeuten. Die Dimenſion dieſer Feldſtärke iſt cm$^{-\frac{1}{2}}$ g$^{\frac{1}{2}}$ sec^{-1}.

Unter der Feldintenſität in elektromagnetiſchem Maß iſt zu verſtehen die Kraft in Dynen auf $\frac{1}{9.10^{20}}$ CGS$_{el}$ $= \frac{1}{3.10^{10}}$ CGS$_{es}$. Dieſe Feldſtärke iſt alſo 3.10^{10} mal kleiner als die elektroſtatiſche, d. h. die elektromagnetiſche CGS-Einheit der Feldſtärke iſt 3.10^{10} mal größer als die elektroſtatiſche. Die Kraft beſtimmt ſich wieder nach der Formel $K = H.m$ Dynen, wobei H die elektromagnetiſch gemeſſene Feldſtärke und m die Elektrizitätsmenge in elektromagnetiſchen CGS-Einheiten (10 Coulomb) bedeuten.

24. Feldintenſität und Potential. Wird die elektriſche Maſſe m im elektriſchen Felde verſchoben, ſo daß ihre potentielle Energie um dP wächſt, ſo muß dabei eine entſprechende Arbeit geleiſtet werden. Findet die Verſchiebung in der Richtung der Kraftlinien um ds ſtatt und iſt die Größe der Kraft $= K$, ſo muß ſein: $K.ds = -dP$, wobei das $-$Zeichen vorgeſetzt iſt, weil K entgegengeſetzte Richtung hat wie ds. Bei ſchiefer Verſchiebungsrichtung iſt ds für dasſelbe dP größer, K aber ebenſoviel kleiner, ſo daß allgemein

$$K = - \frac{dP}{ds} \text{ Kilogramm}$$

geſetzt werden kann. Nun iſt $P = a.V.m$ Kilogrammeter, alſo

$$K = - a \cdot \frac{dV}{ds} \cdot m = - \frac{9.10^9}{g} \cdot \frac{dV}{ds} \cdot m \text{ Kilogramm}$$

Da $K = a.H.m$ Kilogramm, hat man auch

$$H = - \frac{dV}{ds} \text{ Kilogramm pro } g/9 \text{ Millimikrocoulomb.}$$

Im abſoluten elektroſtatiſchen CGS-Syſtem iſt einfacher, da $a = 1$:

$$K = - \frac{dV}{ds} \cdot m \text{ Dynen,}$$

wenn dV/ds das Potentialgefälle in CGS$_{es}$ und m die Elektrizitätsmenge in CGS$_{es}$. Gleiches gilt für das elektromagnetiſche Syſtem, wenn die Buchſtaben elektromagnetiſch gemeſſene Größen bedeuten.

Bei Verwendung des praktiſchen Maßes für die Spannung iſt zu berückſichtigen, daß $E = 9.10^9.V$ Volt bedeutet. Man hat alſo, abgeſehen vom Vorzeichen:

a) Techniſch: $K = \frac{1}{g} \cdot \frac{dE}{ds} \cdot m$ Kilogramm, und $H = \frac{1}{9.10^9} \cdot \frac{dE}{ds}$,

wenn das Potential auf der Strecke ds Meter in der Kraftrichtung um $-dE$ Volt zu=, d. h. um dE Volt abnimmt.

b) Geſetzlich: $K = \frac{dE}{ds} \cdot m$ Decimegadynen und $H = \frac{1}{9.10^9} \cdot \frac{dE}{ds}$.

Hiernach kann man alſo die Feldſtärke auch in Volt pro Meter meſſen.

c) Phyſikaliſch: $K = \frac{dV}{ds} \cdot m$ Dynen,

wenn Potentialgefälle und Elektrizitätsmenge in CGS$_{es}$-Einheiten gemeſſen ſind.

4*

Die Arbeit bei Verschiebung um ds ist:

    a) Technisch: $K.ds = \dfrac{1}{g}.dE.m$ Kilogrammeter,

    b) Gesetzlich: $K.ds = dE.m$ Joule,

    c) Physikalisch: $K.ds = dV.m$ Erg.

Zwischen Potential und Feldstärke besteht die Beziehung: $V = \int\limits_0^s H.ds$, d. h. das Potential, oder im CGS-System auch die Spannung ist das Linienintegral der Feldstärke. Dies ist die genaue Definition der elektrischen Spannung.

Zur Klarstellung der Bedeutung dieser Formeln kann man für verschiedene Punkte des Feldes, für welches zuvor die Niveau- und Kraftlinien konstruiert worden waren, die Größe der Kraft auf eine kleine Kugel mit bestimmter Ladung berechnen, sowie die Arbeit, welche erforderlich ist, die Kugel irgendwie in dem Felde zu verschieben. Dabei wäre insbesondere darauf hinzuweisen, daß nur Anfangs- und Endlage von Bedeutung sind, der Weg der Verschiebung dagegen keinen Einfluß hat.

Letzteres ist nur zutreffend, wenn, wie hier angenommen, die betrachteten Körper ruhen und kein variables magnetisches Feld vorhanden ist. Beispielsweise wäre das Linienintegral zwischen den Klemmen eines Transformators keineswegs vom Integrationsweg unabhängig, die Spannung kann also nicht als Potentialdifferenz aufgefaßt werden [1]).

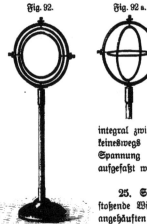

Fig. 92.   Fig. 92a.

25. Spannung auf einem Konduktor. Die abstoßende Wirkung, welche die auf einem Konduktor angehäuften Elektrizitätsteilchen aufeinander ausüben, zeigt sich besonders gut bei dem Cardanischen Ringsystem (Fig. 92 E, 12). Werden die Ringe parallel gestellt und nun elektrisch geladen, so bläht sich alsbald das System auf, so daß die Ringe senkrecht zueinander stehen (Fig. 92a). Das System ist durch die elektrische Ladung, die man ihm mitgeteilt hat, in einen gewissen Spannungszustand versetzt, der auf derselben Kraftwirkung beruht, welche Anlaß gibt, von der Spannung an irgend einer Stelle des elektrischen Feldes zu sprechen. Sie findet ebenso wie diese ihren zahlenmäßigen Ausdruck in dem elektrischen Potential, welches auf dem Konduktor herrscht.

26. Konstanz der Spannung. Man kann aus der dargelegten Beziehung zwischen Kraft und Spannung ohne weiteres erkennen, daß das Potential an allen Stellen eines Konduktors, welche Form derselbe auch haben mag, auf der Oberfläche sowohl wie im Innern dasselbe sein muß, sobald Gleichgewicht eingetreten ist.

---

[1]) Siehe F. Emde, Zeitschr. f. Elektrotechnik 23, Heft 50, 1905.

Wäre es nämlich nicht der Fall, so wären Kräfte entsprechend den Potentialdifferenzen vorhanden, die im Widerspruch mit der Voraussetzung fortwährende Bewegung der Elektrizität veranlassen müßten, da man sich in jedem Punkte gleiche Mengen der beiden entgegengesetzten Elektrizitäten angehäuft denken kann (§ 9, S. 22).

Verbindet man den Konduktor leitend mit einem Elektroskop, so muß auch auf diesem dieselbe Spannung herrschen. Hier kommt sie aber deutlich zum Ausdruck durch die Divergenz der Blättchen, welche durch die-

Fig. 93.

selbe Kraft hervorgebracht wird, welche die elektrische Spannung bedingt. Ein Elektroskop kann deshalb dazu dienen, die Konstanz der Spannung bei beliebiger Gestaltung des Konduktors, z. B. wie Fig. 93 Lb, 18 (nach Kolbe, 1889) nachzuweisen.

Der aus Blech oder mit Stanniol beklebter Pappe hergestellte cylindrische Konduktor von 10 cm Durchmesser und 15 cm Länge, an dessen einem Ende ein Kegel von 10 cm Höhe aufgelötet, an dessen anderem Ende ein ebenso großer Hohlkegel eingesetzt ist, wird schwach geladen, indem man einen elektrischen Glasstab einmal nahe vor der Spitze vorüberführt. Ein dünner, weicher Leitungsdraht von 1½ bis 2 m Länge, der zu einer Spirale aufgewickelt ist, hat an dem einen Ende eine Öse, welche an dem Haken des Leitungsdrahtes am Elektroskop befestigt wird, das andere Ende trägt einen isolierenden Griff aus Ebonit oder Siegellack. Berührt man mit diesem Ende den Konduktor, so zeigt das Elektrometer einen gewissen Ausschlag, der sich nicht ändert, wenn das Ende über die Oberfläche des Konduktors hingleitet, auch wenn es Stellen des Hohlkegels berührt.

27. Anhäufung der Elektrizität an der Oberfläche. Ist die Spannung auf einem Konduktor konstant geworden, so müssen sich alle Elektrizitätsteilchen (Elektronen) auf der Oberfläche befinden, denn vermöge ihrer gegenseitigen Abstoßungskraft müssen sie sich soweit wie möglich voneinander entfernen.

Zum Nachweise dieses Satzes hat man verschiedene Apparate. Der eine besteht aus einer leitenden Kugel, über welche zwei ebenfalls leitende, mit isolierenden Handgriffen versehene Halbkugeln passen, die aber innerhalb mindestens 2 cm mehr Durchmesser haben als die Kugel, welche letztere entweder an einem Glasfläbchen isoliert ist, oder an einem Seidenfaden hängt, wofür die Halbkugeln Öffnungen haben (Fig. 94). Man macht entweder die Kugeln vorher elektrisch, bevor man die Halbkugeln daran legt, oder erst nachher; in beiden Fällen zieht man die Halbkugeln, nachdem man sie mit der inneren Kugel in Berührung gebracht und dann wieder so bewegt hat, daß die innere Kugel nirgends die Halbkugeln berührt, an ihren Handgriffen wieder weg, indem man sie in gerader Richtung mit einem Ruck auseinander zieht. Nur die Halbkugeln sind nachher elektrisch. Der Versuch ist aber keiner von jenen, über deren Gelingen man sicher sein kann, wenn auch die Isolierung gut ist, weil man so leicht beim Abnehmen der Kugelschalen an die innere Kugel anstößt. Bei der Ausführung Fig. 95 (E, 2b) sind deshalb Führungen für die Halbkugeln angebracht.

Fig. 94.

Nach K. L. Bauer (1885) wird der Apparat zweckmäßig in folgender Art abgeändert. Eine kreisförmige Messingscheibe wird getragen von einem isolierenden Fuß. Darauf liegt eine etwas kleinere Hartgummischeibe, auf dieser eine messingene Halbkugel mit noch kleinerem Durchmesser. Diese wird geladen mit Hilfe einer am

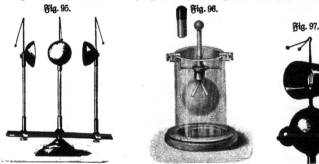

Fig. 95.   Fig. 96.

Fig. 97.

Ebonitgriff befestigten, mit Fuchsschwanz gepeitschten Talkplatte und endlich über das Ganze eine hohle messingene Halbkugel am Ebonitgriff gestürzt, welche durch eine

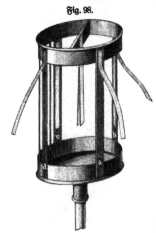

Fig. 98.

federnde, in das Innere hineinragende Spitze durch Drücken auf den Ebonitknopf in Kontakt gesetzt werden kann. Nachdem der Kontakt wieder aufgehoben, hebt man die hohle Halbkugel ab, entladet rasch die Messingscheibe und prüft nun die darauf liegende ursprünglich elektrisierte Halbkugel. Sie hat ihre Elektrizität völlig verloren [1]).

Mach zeigt die Anhäufung der Elektrizität an der Oberfläche dadurch, daß er ein Elektroskop (mit genügend schwerem Fuß aus Blei) in ein Glasgefäß einstellt und dieses mit Wasser füllt, bis nur noch der Hals des Elektroskops hervorragt. Nähert man nun einen elektrischen Körper, so divergieren die Goldblättchen noch, wenn auch schwächer, wie unter gewöhnlichen Umständen. Setzt man nun aber über Knopf und Hals des Elektroskops einen umgestürzten Becher aus Metall, welcher bis in das Wasser hineinragt, so bringen selbst sehr stark elektrisierte Körper keinen Ausschlag mehr hervor, derselbe tritt aber alsbald wieder ein, sobald die metallene Kappe entfernt wird (E, 30, Fig. 96).

Schön sieht man die Erscheinung, wenn man einen etwa 20 bis 25 cm langen und 10 bis 12 cm weiten, beiderseits offenen Cylinder aus Blech oder aus mit Stanniol überzogener Pappe, wie in Fig. 97, mittels eines Metallstäbchens auf den Konduktor einer Elektrisiermaschine steckt, während an einem zweiten Stäbchen

---

[1]) Der Apparat ist zu beziehen von C. Sickler (Scheurer) in Karlsruhe.

und in dem Cylinder Holundermarktkugeln aufgehängt sind. Wird der Konduktor elektrisch, so divergieren die äußeren Kugeln (W, 7,50).

Eine andere Vorrichtung zu gleichem Zwecke zeigt Fig. 98. Zwei Blechreifen, der eine mit Boden, der andere mit Durchmesserleiste, sind durch vier Blechstreifen verbunden, und an jedem Streifen befindet sich innen und außen ein leichter, oben

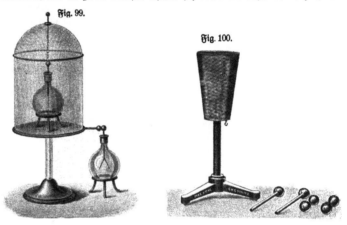

Fig. 99.

Fig. 100.

angeklebter Papierstreifen und zwei derselben an der Durchmesserleiste, außerdem sind zwischen je zwei Blechstreifen vier bis sechs starke Drähte angelötet, von welchen die Figur zwei zeigt; wird der Apparat elektrisch, so werden nur die außerhalb befindlichen Streifen abgestoßen (W, 10).

Auch ein isoliert aufgehängter mittelgroßer Vogel-käfig aus Draht kann nach Terquem so verwendet werden; ein darin befindlicher Vogel verspürt nichts davon, wenn man Funken auszieht.

Fig. 101.

Fig. 102.

Holtz (1876) stellt ein kleines primitives Elektroskop mit Holundermarktkügelchen auf einen Metallteller, bedeckt diesen mit einer Glocke aus Drahtnetz, wie solche billig im Handel zu bekommen sind, und verbindet nun das Ganze mit einem Pol der Influenzmaschine. Man kann daraus Funken ziehen, ohne daß die Kügelchen des Elektroskops divergieren.

Ich verwende einen Apparat von größeren Dimensionen ähnlich Fig. 99 Lb, 27. An dem Deckel hängt ein Elektroskop ohne Gehäuse. Wird der Deckel durch eine über Rollen an der Decke geführte isolierende Schnur in die Höhe gezogen, wobei er durch eine Kette mit dem Cylinder in Verbindung bleibt, so divergieren die Blättchen, fallen aber wieder zusammen, sobald er heruntergelassen wird.

Faraday setzt einen hohlen Cylinder aus Drahttuch von etwa 6 cm Weite und 2 dm Höhe auf ein isolierendes Gestell und elektrisiert denselben. Mit dem Probescheibchen kann man zeigen, daß er nur außerhalb elektrisch ist (Fig. 100 K, 18). Ebenso kann man einen spitzigen Sack aus Musselin an einem metallenen Ring auf ein isolierendes Gestell bringen (Fig. 101), denselben elektrisieren und wieder durch das Probescheibchen zeigen, daß er nur außen elektrisch ist. Kehrt man den Sack mittels eines in der Spitze befestigten Seidenfadens um, so ist er wieder nur außen elektrisch (Wesselhöft in Halle, 6 Mt.).

Eine zweckmäßige Methode der isolierenden Befestigung besteht darin, daß man die Ansatzstelle des Trägers, wie Fig. 102 im Durchschnitt zeigt, in das Innere des Konduktors verlegt, da sich dort je nach der Größe der Öffnung wenig oder gar keine Elektrizität befindet.

28. Spannung auf einer Kugel. Da bei einer solchen die Abstände aller Elektrizitätsatome, welche die Ladung Q Coulomb bilden, von dem Mittelpunkte gleich dem Radius (R Meter) sind, so nimmt für diesen Punkt die Summe

$$V = \frac{m_1}{r_1} + \frac{m_2}{r_2} + \frac{m_3}{r_3} + \cdots$$

den einfachen Wert $\frac{Q}{R}$ an, somit wird

$$E = 9.10^9 . V = 9.10^9 . \frac{Q}{R} \text{ Volt.}$$

Dies ist aber nicht nur Spannung im Mittelpunkt, sondern auf der Kugel überhaupt, da ja das Potential in und auf einem Konduktor überall dasselbe sein muß.

In elektrostatischen CGS-Einheiten ist die Spannung einfacher $= Q/R$, wenn Q die Ladung in CGS$_{es}$ und R den Radius in Centimeter bedeutet. Im elektromagnetischen CGS-System ist die Spannung

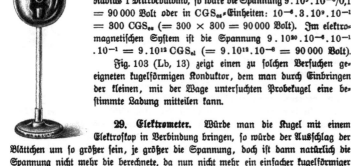

Fig. 103.

9.10^{20}. Q/R, wenn Q und R in elektromagnetischen Einheiten gemessen sind.

Da Q, wie oben (S. 17) besprochen, mittels der Wage bestimmt werden kann, so läßt sich der Wert der Spannung nach diesen Formeln in einfacher Weise ermitteln.

Wäre beispielsweise die Ladung einer Kugel von 0,1 m Radius 1 Mikrocoulomb, so wäre die Spannung 9.10^9.10^{-6}/0,1 = 90 000 Volt oder in CGS$_{es}$-Einheiten: 10^{-6}.3.10^9.10^{-1} = 300 CGS$_{es}$ (= 300 × 300 = 90000 Volt). Im elektromagnetischen System ist die Spannung 9.10^{20}.10^{-6} .10^{-1} = 9.10^{12} CGS$_{el}$ (= 9.10^{12}.10^{-8} = 90 000 Volt).

Fig. 103 (Lb, 13) zeigt einen zu solchen Versuchen geeigneten kugelförmigen Konduktor, dem man durch Einbringen der kleinen, mit der Wage untersuchten Probekugel eine bestimmte Ladung mitteilen kann.

29. Elektrometer. Würde man die Kugel mit einem Elektroskop in Verbindung bringen, so würde der Ausschlag der Blättchen um so größer sein, je größer die Spannung, doch ist dann natürlich die Spannung nicht mehr die berechnete, da nun nicht mehr ein einfacher kugelförmiger

Leiter vorliegt, insofern auch das Elektroskop einen Teil des Leiters bildet. Dennoch kann man auf diesem Wege das Elektroskop eichen und in ein sogen. Elektro-meter oder elektrostatisches Voltmeter [1]) verwandeln, indem man es nach Anleitung von Fig. 104 mit einem Gradbogen aus Elfenbein, Glimmer, Glas u. s. w. ver-sieht, welcher den Ausschlag der Blättchen zu messen ge-stattet, und indem man sodann den Wert der einzelnen Teilstriche in Volt derart bestimmt, daß man ermittelt, wie stark das Instrument geladen werden muß, damit sich bei Herstellung der Verbindung mit der Kugel der Ausschlag der Blättchen nicht ändert. In diesem Fall muß die Spannung des Elektrometers der der Kugel gleich sein, und da man letztere kennt, kann man nun die entsprechende Zahl Volt an die Skala anschreiben.

Fig. 104.

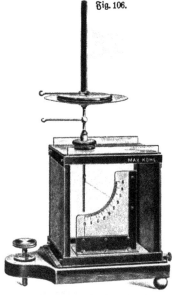

Hat man so den Wert eines Teilstriches bestimmt, so lassen sich leicht die Werte der übrigen finden. Bringt man nämlich abermals die in gleicher Weise geladene Probekugel so in die große Kugel hinein, daß auf der Innenseite Berührung eintritt, so wird die Ladung der Kugeloberfläche verdoppelt und damit die Spannung.

Nach § 28, S. 56 ist nämlich $V = \dfrac{m_1}{r_1} + \dfrac{m_2}{r_2}$

$+ \dfrac{m_3}{r_3} + \cdots$ Wenn man also alle m ver-doppelt und verdreifacht, d. h. wenn man

Fig. 106.

Fig. 105.

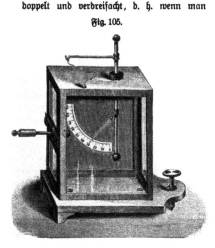

der Kugel die doppelte oder dreifache Ladung Q mitteilt, so wird dadurch auch das Potential V und die Spannung $E = 9 . 10^9 . V$ verdoppelt, bzw. verdreifacht.

---

[1]) Über elektrostatische Voltmeter für technische Zwecke siehe Elektrotechn. Zeitschr. 26, 269, 1905.

Anstatt dieselbe Kugel immer wieder zu laden, kann man gleichzeitig 2, 3, 4 ... in gleicher Weise geladene Kugeln mittels eines isolierenden Griffs einwerfen und erhält so die 2, 3, 4 ... fache Spannung.

Fig. 107.

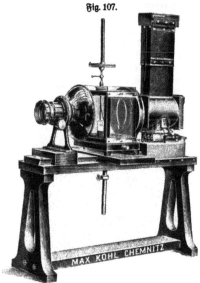

Ein für Demonstrationen besonders bequemes Elektrometer ist das von Kolbe, in Fig. 105 für subjektive Beobachtung, in Fig. 106 K, 60 für Projektion und in Fig. 107 K, 65 mit einem kleinen Projektionsapparat vereinigt, dargestellt. Es ist hier nur ein Aluminiumblättchen verwendet, welches sich um ein Gelenk drehen kann und von dem festen Stab des Elektroskops abgestoßen wird. Das Gehäuse ist leitend und mit einer Klammer versehen, um es erden oder mit dem entgegengesetzten Pol verbinden zu können[1]).

Fig. 108 zeigt eine ähnliche, indes weniger zweckmäßige Konstruktion von Szymanski, bei welcher Ausschläge bis 180° erhalten werden können.

Fig. 108.

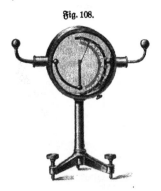

Fig. 109.

Eine andere Abänderung nach Grimsehl (3. 16, 7, 1903) zeigt Fig. 109. Bereits eine Spannung von nur 2 Volt bringt einen deutlichen Ausschlag hervor,

---

[1]) Um bei Projektion die entladende Wirkung der Lampe (deren Flamme ähnlich wie eine Spitze wirkt) zu vermindern, empfiehlt Kolbe (1892), einen Schirm aus Drahtnetz anzubringen, welcher den Lampencylinder etwa 15 cm überragt.

doch ist im Gegensatz zur vorigen Form das Meßbereich gering. Es hat den Vorzug, daß Ausschlag und Spannung proportional sind, was durch Annäherung eines
beweglichen Blechstreifens an das Aluminiumblatt bewirkt wird. Auch die Empfindlichkeit kann durch Einstellung dieses Blechstreifens reguliert werden. Steht er z. B.
auf 30°, so entspricht jeder Grad Ausschlag einer Spannung von 10 Volt. Um
vollkommene Isolierung zu erhalten, ist der Ebonitpfropf aus zwei Hälften zusammengesetzt, so daß er sich leicht durch einen anderen ersetzen läßt. Daß die
Isolation nach einiger Zeit abnimmt, rührt nämlich her von einer Veränderung
der Oberfläche des Stopfens durch Licht und Staub, die sich aber durch gründliche
Waschung mit Wasser und Seife unter Benutzung einer kräftigen Bürste wieder beseitigen läßt. Es sind deshalb dem Instrument zwei Stopfen beigegeben, die ab-

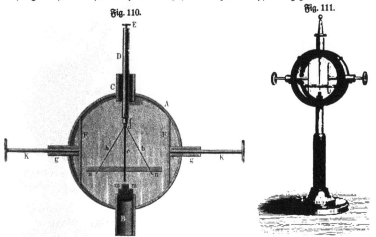

Fig. 110.　　　　　　　　　　　　Fig. 111.

wechselnd gebraucht werden und von welchen der nicht benutzte vor Staub und
Licht geschützt aufbewahrt wird [1]).

Ein Vorläufer der genannten Elektrometerformen ist das Elektroskop von
Exner (1887), welches den Vorzug hat, leicht transportabel zu sein (Fig. 110).
Zwischen den beiden Aluminiumblättchen ist ein etwa dreimal so breiter Kupferstreifen c angebracht, welcher dieselben hindert, jemals in Berührung zu kommen,
und ferner ist rechts und links davon je eine verschiebbare Platte F in das Elektro-
skopgehäuse eingesetzt, welche vorgeschoben werden können, bis sie an die Ansätze a a
des Elektroskopstieles und m m eines unten befestigten Zapfens anstoßen. Die
Blättchen sind dann zwischen c und F F derart eingeschlossen, daß man das Elektroskop ohne alle Vorsicht transportieren und es doch im gewünschten Augenblicke einfach durch Zurückziehen der Platten F bis zur Berührung mit dem Gehäuse rasch
gebrauchsfähig machen kann. Das Gehäuse ist beiderseits durch eine planparallele
Glasplatte verschlossen und eine Papierskala ermöglicht die Messung des Ausschlages,
nachdem man sie zuvor mittels einer Batterie von 200 kleinen Elementen und

[1]) Das Instrument ist zu beziehen von A. Krüß, Hamburg, Adolfsbrücke 7, zu
70 Mk.

eines Kondensators geeicht hat[1]). Fig. 111 E, 42 zeigt das vollständige Instrument.

Sehr empfehlenswert sind die Elektrometer nach F. Braun (1887). Sie enthalten einen feststehenden und einen beweglichen Metallstreifen, welcher letztere auf einer darunter befindlichen Gradeinteilung direkt die Spannung in Volt ablesen läßt. Der bewegliche Streifen besteht aus Aluminium und dreht sich um Spitzen. Der Schwerpunkt des Streifens befindet sich nahe bei der Drehachse und der feststehende Leiter wirkt auf beide Hälften des beweglichen (Fig. 112). Das Gehäuse besteht größtenteils aus Metall. Die neuere Form (Fig. 113 Lb, 52) gleicht

Fig. 112.

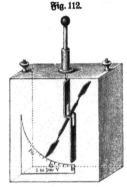

Fig. 113.

äußerlich den Beetzschen Elektroskopen für Projektion, doch müssen bei genaueren Messungen Zinkdeckel unter die Glasplatten geschoben werden, um das Gehäuse möglichst metallisch zu schließen[2]).

Fig. 114.

Ein Mangel der Instrumente besteht in der zu geringen Dicke der Isolierschicht zwischen Stab und Hülse, welche große Kapazität bedingt und ein sehr störendes Residuum, das sich in der Weise geltend macht, daß das entladene Elektroskop allmählich von selbst wieder Spannung annimmt. Indem man die Hülse entfernt und den Stab etwa an einer aufgeschraubten Ebonitstange befestigt, so daß er frei durch die Öffnung des Gehäuses hindurchgeht (Fig. 114), kann man den Übelstand leicht beseitigen.

Das Sinuselektrometer. Ein gutes Elektrometer ist das in Fig. 115 in vereinfachter Gestalt abgebildete, welches von Dellmann angegeben wurde. Ein gut isolierendes Trinkglas von $1/2$ Liter Inhalt wird mit einem hölzernen Fuße und gleichem Deckel versehen; letzterer bleibt abnehmbar und erhält in der Mitte eine Öffnung, um eine Glasröhre einzukitten, in welche oberhalb abermals ein kleiner hölzerner Deckel paßt, durch den ein Messingstift geführt ist. An diesen Messingstift ist ein einfacher — oder nach den Zwecken auch mehrfacher — Seidenfaden geklebt, der unterhalb eine 4 cm lange Nadel von feinstem Drahte trägt.

---

[1]) Geeichte Instrumente dieser Art liefern H. Schorz, Mechaniker in Wien V, Kleine Neugasse 13, und Günther u. Tegetmeyer, Werkstatt für wissenschaftliche und technische Präzisionsinstrumente in Braunschweig. — [2]) E. Albrecht, Universitätsmechaniker in Tübingen, liefert die Instrumente bis 1500, 3500 und 10 000 Volt geeicht zu 28 bis 45 Mt.

Seitwärts wird in das Glas etwa 3 cm vom Boden ein Loch gebohrt und hier ein hölzernes oder messingenes Futter angekittet, durch welches eine Glasröhre führt. In diese Glasröhre ist durch Korkscheiben der Zuleiter $a\,b\,d$ befestigt, er besteht außerhalb aus einem starken Messingdraht, der aufwärts gebogen ist und in eine Schraube endigt, um nach Belieben einen Knopf oder einen Kondensator aufschrauben zu können; innerhalb des Glases ist an den Draht ein 2 mm breiter, dünner, überall abgerundeter und geglätteter Messingstreifen vertikal mit Zinn eingelötet, welcher bis auf etwa 1 cm die gegenüberstehende Glaswand erreicht, und in der Mitte des Glases doppelt gebogen ist, wie Fig. 115 und 116 zeigen. Das Instrument kommt auf ein Brett mit Stellschrauben, wenn nicht der Fuß selbst schon solche enthält,

Fig. 115.   Fig. 116.

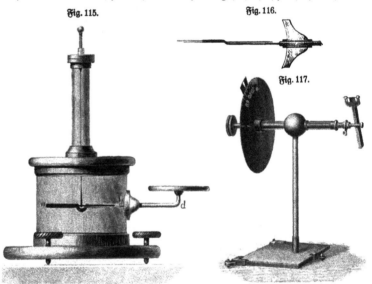

Fig. 117.

und wird so gerichtet, daß der Faden in die Mitte der Ausbiegung des Messingstreifens reicht, und die Nadel die in Fig. 116 angedeutete Stellung hat. Durch Drehung des Stiftes wird bewirkt, daß die Elastizität des Fadens die Nadel gerade noch mit dem Messingstreifen in Berührung erhält. Man zieht zu dem Ende den Träger des Fadens in die Höhe, so daß die Nadel sich frei drehen kann, richtet dann durch Drehen des Trägers ihre Ruhelage so, daß sie die eben angegebene Bedingung erfüllt, und senkt danach die Nadel wieder. Teilt man nun dem Zuleiter Elektrizität mit, so teilt dieser dieselbe auch der Nadel mit und letztere wird sobann abgestoßen.

Schweboff (3. 5, 235, 1892) macht den Stab mit dem beweglichen Blättchen nur um eine horizontale Achse drehbar (Fig. 117) und dreht nach der Ladung diese Achse so lange, bis die elektrische Abstoßung durch das Gewicht des Blättchens gerade kompensiert wird. Die Anordnung hat den Vorteil, daß die Kapazität des Instrumentes immer dieselbe ist.

Über Quadrantenelektrometer siehe Bd. I$_{(1)}$, S. 140 und 608 [1]).

30. Elektrische Sonden. Wird ein isolierter Leiter in ein elektrisches Feld gebracht, so kann in dem Raume, welchen er nun einnimmt, das Potential nicht mehr die früheren Werte behalten, es werden sich vielmehr nach den Stellen höheren Potentials negativ, nach denen niederen Potentials positiv elektrische Moleküle bewegen, bis dadurch in und auf dem Leiter allenthalben das Potential dasselbe geworden ist — Influenz.

Die Niveaufläche, welche mitten durch den Leiter, z. B. die Kugel (Fig. 118) hindurchgeht, erhält gewissermaßen eine Anschwellung, welche die Kugel in sich aufnimmt, die benachbarten erhalten entsprechende Ausbiegungen.

Fig. 118.

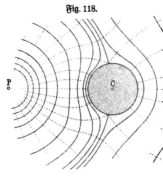

Wäre C eine Glaskugel und würde nun etwa durch Erhitzung mittels eines Brennspiegels allmählich leitend gemacht, so würde sich die Scheidung der Elektrizitäten allmählich vollziehen.

Eine Hohlkugel aus Metall wirkt wie eine Vollkugel.

Bei der Darstellung der Kraftlinien nach Sebbig (s. S. 50) läßt ein zwischen die Elektroden gebrachter Metallring das Einbiegen der Kraftlinien und die Schirmwirkung des Metalls deutlich erkennen; im Gegensatz dazu läßt ein Hartgummiring das Kraftlinienbild unverändert.

In ein elektrisches Feld bringe man eine Probekugel vom Radius r, welche durch einen sehr dünnen Draht mit dem entfernt stehenden Elektroskop verbunden ist. Die Probekugel nehme $-Q$, das Elektroskop $+Q$ Coulomb durch Influenz auf. Das Potential des Feldes am Orte der Probekugel sei ursprünglich P gewesen.

Nun ist es $P - \dfrac{Q}{r}$. Das Potential des Elektroskops ist, wenn R der Radius

seiner Kugel, $= +\dfrac{Q}{R}$. Da beide durch den Draht zu einem Leiter verbunden

sind, ist $P - \dfrac{Q}{r} = \dfrac{Q}{R}$, somit $Q = \dfrac{P \cdot r\,R}{r+R}$. Das gemessene Potential $\dfrac{Q}{R} = P$

$\cdot \dfrac{r}{r+R}$ ist also ein Bruchteil von P.

Um in rascher Folge verschiedene Stellen des Feldes prüfen zu können, bringe ich die Probekugel am Ende eines Drahtes an, welcher gut isoliert durch ein langes Glasrohr geführt ist. Dieses wird an einem Stativ befestigt, so daß man ihm leicht beliebige Neigung geben und dasselbe drehen kann. Das Stativ ist außerdem fahrbar [2]).

31. Messung hoher Spannungen. Wird der Konduktor, welcher das elektrische Feld erzeugt, auf n fache Spannung gebracht, so wird an jeder Stelle des

[1]) Quarzfäden können durch Kathodenzerstäubung leitend gemacht werden, siehe Bestelmeyer, Zeitschr. f. Instrumentenkunde 25, 339, 1905. — [2]) G. O. Lehmann, Ann. d. Phyf. 6, 661, 1901.

Feldes die Spannung ebenfalls *n* mal so groß, demgemäß auch die von einem daselbst befindlichen isolierten Elektrometer angezeigte. Sei nun dieses Elektrometer
geeicht bis 1000 Volt, und wird es in solche Lage gebracht, daß es bei 10 000 Volt
Spannung auf dem Konduktor gerade 100 Volt zeigt, so wird einer Konduktor-
spannung von 100 000 Volt ein Ausschlag von 1000 Volt entsprechen[1]). Die
Ausführung solcher Messungen wird indes durch Ausströmungen der Elektrizität
sehr erschwert[2]).

32. Tropfenkollektor. Nimmt man die entgegengesetzte Influenzelektrizität
auf der Kugel *C* (Fig. 118) fort, so wird dort das früher vorhandene Potential
wieder hergestellt, und da es in der ganzen Kugel konstant sein muß, erscheint diese
nun als Anschwellung der tangierenden Niveaufläche, wie Fig. 120 zeigt. Ersetzt
man also die Probekugel der mit einem Elektrometer verbundenen Sonde durch einen
Trichter, aus welchem Wasser, Quecksilber oder dergleichen heraustropft, so zeigt

Fig. 119.   Fig. 120.

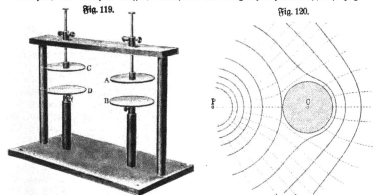

schließlich das Elektroskop das wahre Potential an, denn jeder Tropfen nimmt einen
Teil der angehäuften Elektrizität mit sich fort. Einen solchen Tropfenkollektor
kann man sich aus einem isoliert aufgestellten, etwa durch Siegellackstücke gehaltenen,
auf einen Ring gesetzten Glastrichter bilden, dessen Öffnung man durch Wachs so
weit verstopft hat, daß das Wasser nur tropfenweise ausfließen kann. Er wird
durch einen dünnen Kupferdraht mit einem großen Papierelektroskop verbunden,
eine geriebene Glasröhre in die Nähe gebracht und diese nach einiger Zeit wieder
entfernt. Es zeigt sich dann ein dauernder Ausschlag, der allmählich wieder verschwindet, indem die fallenden Tropfen die Elektrizität fortnehmen[3]).

33. Potentielle Energie geladener Konduktoren. Die Kenntnis der elektrischen Spannung auf einem Konduktor ermöglicht auch, die darin aufgespeicherte

---

[1]) O. Lehmann, Wied. Ann. 47, 429, 1892. — [2]) Einen Doppelkondensator zur
Messung von Wechselspannungen bis zu 12 000 Volt mittels Quadrantenelektrometers
(Fig. 119) liefert das physikalisch-mechanische Institut Prof. Dr. Edelmanns in München
zu 98 Mk. Die Platten *B D* werden mit der Hochspannungsleitung *A C* mit dem Elektrometer verbunden und der Abstand so reguliert, daß der Ausschlag passende Größe erhält.
— [3]) Über einen rasch wirkenden Wasserkollektor unter Benutzung eines Zerstäubers s.
Smirnow, Z. 18, 39, 1905.

elektrische (potentielle) Energie zu berechnen. Daß solche Energie in dem Konduktor aufgespeichert sein muß, geht ohne weiteres daraus hervor, daß die Elektrizitäts= teilchen sich gegenseitig abstoßen, daß man also, um sie auf der Oberfläche des Konduktors zusammenzubringen, einen Widerstand überwinden muß wie beim Zu=

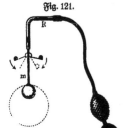

Fig. 121.

sammenpressen einer Spiralfeder, wobei schließlich die geleistete Arbeit in der Feder aufgespeichert ist als Energie elektrischer Spannung.

Die Änderung der elektrischen Spannung beim Zusammendrängen oder Auseinanderrücken der Elek= trizitätsteilchen (Elektronen) kann deutlich zur An= schauung gebracht werden mittels eines expandierbaren Konduktors, etwa einer Seifenblase, welcher mit einem Elektroskop verbunden ist (Fig. 121). Ladet man die Blase und bläst sie mittels des Gebläses auf, so fallen die Elektroskopblättchen zusammen, spreizen sich aber wieder, wenn die Blase zusammenschrumpft. Man kann den Wechsel beliebig oft wiederholen.

Ein anderes Experiment, welches gleiches zeigt, ist das elektrische Rouleau. An einem metallenen Cylinder *mn* (Fig. 122), an welchem beiderseits Rinnen an=

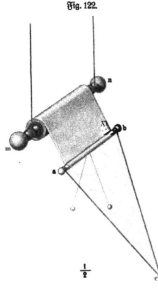

Fig. 122.

gedreht sind, ist ein 5 bis 6 dcm breiter Streifen echten Goldpapiers von der Länge eines Bogens angeklebt. Das andere Ende des Streifens ist um ein Stück eines Glas= stabes *ab* befestigt, an welchen die beiden Enden einer etwa 6 dcm langen Seiden= schnur *c* geknüpft sind, und trägt zugleich zwei Holundermarkkügelchen an leinenen Fäden. Die Enden des Cylinders sind an Seidenschnüren aufgehängt. Wird nun der Goldpapierstreifen um den Cylinder auf= gewickelt und dann, während dieser an den Schnüren in der einen Hand gehalten wird, mit der anderen Hand an der Schnur *c* gezogen, so muß sich der Cylinder an seinen Schnüren in die Höhe wickeln, sowie sich der Goldpapierstreifen abwickelt; läßt der Zug nach, so sinkt der Cylinder *mn* durch sein Gewicht und das Goldpapier wickelt sich wieder auf. Geschieht dieses, wäh= rend der Cylinder elektrisch ist, so nimmt die Divergenz des Holundermark=Elektro= meters ab, wie der Goldpapierstreifen ab= gezogen wird, weil dadurch die Oberfläche

vergrößert wird; umgekehrt wächst sie wieder, wenn man das Goldpapier sich wieder aufwickeln läßt.

Die Fig. 123a und b Lb. 15 zeigen einen nach Art eines Perspektivs aus= ziehbaren Konduktor zu gleichem Zwecke.

Fr. Schütz (3. **16**, 159, 1903) empfiehlt zu diesem Versuch die bekannten cylindrischen Papierlaternen, die sich zusammenklappen lassen. Der Boden wird zur Versteifung auf ein kreisförmiges Brettchen geleimt und dieses mittels zwei Siegellackstangen auf einem Fußbrett befestigt und in der Mitte mit zwei Holundermarkpendeln versehen. An zwei diametralen Punkten des oberen Randes, welchen man mit Bleiblech beschwert von genügender Stärke, um die Laternen zusammenzudrücken, knüpft man die Enden eines Zigarrenbandes (Fig. 124). Um das Divergieren des Pendels in der Ebene der Isolierfüße zu erzwingen, ist es gut, einen U-förmigen Leiter aus 2 cm breitem Blech zu schneiden und ihn zwischen den Füßen auf das Grundbrett zu schrauben. Der Apparat eignet sich auch zur Projektion.

Fig. 123 b.

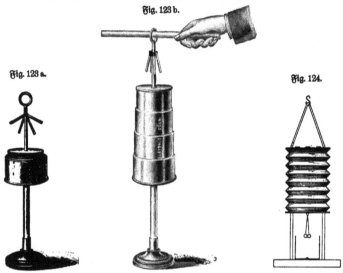

Fig. 123 a.

Fig. 124.

Man ersieht aus diesen Versuchen klar, welcher Unterschied zwischen Elektrizität und elektrischer Energie besteht. Die Elektrizitätsmenge bleibt stets dieselbe, die elektrische Energie aber wird größer oder kleiner und kann gleich Null werden, wenn wir die Oberfläche des elektrischen Körpers unendlich groß machen, ganz ebenso wie ein Stück Materie dieselbe Masse hat, ob es hoch oder tief liegt, die potentielle Energie aber in jedem Falle eine andere ist.

Ladet man den Balg, so sucht er sich so weit wie möglich aufzublähen, indem die innere potentielle Energie so klein wie möglich zu werden sucht, wie allgemein Gleichgewicht überall, wo potentielle Energie in Betracht kommt, dann eintritt, wenn die potentielle Energie ein Minimum geworden ist.

Um den weit aufgeblähten Balg auf sein normales Volum zusammenzudrücken, muß man Arbeit aufwenden, und diese Arbeit ist dann aufgespeichert als potentielle Energie der elektrischen Ladung.

Nach dem früher Gesagten läßt sich dieselbe leicht berechnen. Die Ladung Q Coulomb bestehe aus getrennten Elektrizitätsteilchen von bezw. m_1 m_2 m_3 ...

Coulomb. Jedes dieser Teilchen besitzt infolge davon, daß es sich in der Nähe der anderen befindet, eine potentielle Energie, die sich nach § 21 (S. 46) berechnet zu bezw. $a . Vm_2$, $a . Vm_3$ u. s. w. Man könnte nun denken, die Summe

$$P = a . Vm_1 + a . Vm_2 + a . Vm_3 + \cdots$$

sei die gesamte potentielle Energie aller Elektrizitätsteilchen im Leiter. Dies ist aber nicht genau richtig, denn wenn zwei elektrische Massen a und b sich abstoßen, so ist die potentielle Energie von a in bezug auf b nichts anderes als die potentielle Energie von b auf a. Würde man also alle solche Energien zusammenzählen, so hätte man nicht die wahre potentielle Energie des Systems ab, sondern das Doppelte derselben. Somit ist also die gesamte elektrische Energie im Leiter

$$P = \frac{1}{2}(a . Vm_1 + a . Vm_2 + a . Vm_3 + \cdots)$$

$$= \frac{1}{2} a V(m_1 + m_2 + m_3 + \cdots)$$

$$= \frac{1}{2} a V . Q \text{ Kilogrammeter.}$$

Nun ist $a = \dfrac{9 . 10^9}{g}$, somit die Energie $P = \dfrac{1}{2} \cdot \dfrac{9 . 10^9}{g} V . Q$ oder

a) Technisch: $P = \dfrac{1}{2} \cdot \dfrac{1}{g} \cdot EQ$ Kilogrammeter,

wenn $E = 9 . 10^9 . V$, die Spannung der Elektrizität auf dem Konduktor in Volt bedeutet. Ebensoviel Arbeit muß man auch aufwenden, um den Konduktor mit Q Coulomb zu laden. Ferner folgt:

$$E = \frac{2 g P}{Q} \text{ Volt.}$$

Setzt man also $P = 1$ und $Q = 2 g$, so wird $E = 1$, ebenso wenn $P = \dfrac{1}{2 g} Q$ gesetzt wird. Ein Volt ist somit diejenige Spannung, die erzeugt wird, wenn man elektrische Moleküle im Gesamtbetrage von 1 Coulomb so nahe zusammen= schiebt, daß hierzu die Arbeit $\dfrac{1}{2 g}$ Kilogrammeter gebraucht wird, oder es ist die Spannung auf einem Konduktor, der mit 1 Coulomb geladen ist und die potentielle Energie $\dfrac{1}{2 g}$ besitzt, d. h. dessen Entladung eine mechanische Arbeit von $\dfrac{1}{2 g}$ Kilo= grammetern zu leisten vermag, z. B. durch Anziehung entgegengesetzt elektrischer Körperchen, durch die er entladen wird.

b) Gesetzlich: $P = \dfrac{1}{2} \cdot E \cdot Q$ Joule bei E Volt und Q Coulomb.

Bei Anwendung der CGS=Einheiten bleiben die Betrachtungen dieselben. Man hat, da $a = 1$

c) Physikalisch: $P = \dfrac{1}{2} \cdot V \cdot Q$ Erg,

wenn V das Potential in CGS_{es} und Q die Ladung in CGS_{es} bedeuten.

Gleiches gilt bei Anwendung der elektromagnetischen CGS=Einheiten.

34. Ladungsarbeit. Bohn (8. 15, 27, 1902) macht darauf aufmerksam, daß leicht zu zeigen ist, daß mechanische Arbeit erfordert wird, um den Elektrophor= deckel zu laden. Er hängt zu diesem Zwecke den Deckel an einer Wage auf (Fig. 125 nach Tyndall, Lb, 6, ohne Wage). Bei einem solchen Versuch waren 45 g nötig, um den Deckel abzureißen vor dem Ableiten; nachher konnte er erst durch 110 g ab= gerissen werden. Um größere Wirkungen zu erhalten, benutze ich einen Elektrophor von

1 m Durchmesser, dessen Deckel an einer über Rollen geführten Schnur hängt, deren anderes Ende durch einen mittels eines Wassermotors be= triebenen Kurbelmecha= nismus auf= und ab= gezogen wird. In der höchsten Stellung kommt der Deckel mit einer von der Decke herabhängen= den zur Erde abgeleiteten Kette in Berührung und gibt an diese seine Elek= trizität ab. Schaltet man ein Übertragungsdyna= mometer zwischen Motor und Kurbelmechanismus ein, oder bestimmt die Arbeitsleistung des Mo=

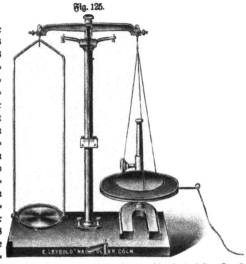

Fig. 125.

tors aus der zur Erzielung einer bestimmten Umdrehungszahl erforderlichen Druck= höhe des Wassers, so ergibt sich, daß der Arbeitsverbrauch ein wesentlich größerer ist, wenn der Deckel seine Elektrizität an die Kette abgeben kann, als wenn dies nicht der Fall ist.

Wäre eine genaue Messung der Arbeit möglich, so könnte man geradezu den Versuch benutzen zur Berechnung der erzeugten Spannung und zur Eichung von Elektrometern, wobei freilich die Bestimmung von Q erhebliche Schwierigkeiten be= reitet[1]). Gleiches gilt für die Influenzmaschinen. Die Schwierigkeit läßt sich be= seitigen durch Ermittelung der Kapazität.

35. Kapazität. Das Potential ist als Summe aller Quotienten $\frac{m}{r}$ direkt proportional zur gesamten elektrischen Masse, d. h. zur Ladung des Konduktors. Eine gewisse Ladung des Konduktors wird gerade die Spannung 1 Volt hervor= rufen. Wie groß diese Ladung ist, hängt von der Beschaffenheit des betreffenden Konduktors ab, von seiner Fähigkeit, Elektrizität aufzuspeichern. Man nennt die

---

[1]) Auch beim Reiben eines Glasstabes bestimmt sich die zur Erzeugung der Ladung Q bei der Spannung E aufzuwendende mechanische Arbeit nach derselben Formel, hier wird aber ein weitaus größerer Teil von Arbeit außerdem zur Erzeugung der Reibungs= wärme erfordert, so daß sich der Versuch zu quantitativen Bestimmungen nicht eignet.

Anzahl Coulomb, welche der Kondensator bei 1 Volt Spannung aufnimmt, die Kapazität desselben. Die Einheit der Kapazität nennt man **Farad**. Ein Konduktor hat C Farad, heißt also, er enthält bei 1 Volt Spannung C Coulomb, und seine Ladung Q wäre bei E Volt Spannung $C.E.$ Coulomb.

Für eine Kugel läßt sich die Kapazität leicht berechnen; denn nach § 28 (S. 56) ist für diese die Spannung $E = 9.10^9 . Q/R$ Volt, wenn R den Radius in Metern bedeutet, somit $Q = \dfrac{R}{9.10^9} . E$ Coulomb und die Ladung für $E = 1$ Volt, d. h. die Kapazität:

$$C = \frac{R}{9.10^9} \text{ Farad.}$$

Beispielsweise ist die Kapazität der Erdkugel, deren Radius $= \dfrac{40\,000\,000}{2\pi}$. $= 6363.10^3$ m beträgt, 707.10^{-6} Farad. Eine Kugel, welche gerade 1 Farad Kapazität haben sollte, müßte einen Radius von $9\,000\,000\,000$ m, d. h. etwa 700 mal so großen Durchmesser als die Erde haben.

Die Kapazität einer Kugel von 0,1 m Radius wäre $^1/_{90}$ Millimikrofarad, wenn man, wie üblich, ein Milliontel Farad als Mikrofarad bezeichnet.

Verbindet man mit einem Elektroskop nacheinander Hohlkugeln, deren Radien im Verhältnis $1:2:3\ldots$ stehen, und ladet diese durch Einbringen einer geladenen Probekugel jeweils so, daß der Ausschlag des Elektroskops dieselbe Größe erhält, so zeigt sich, daß im zweiten Falle die Probekugel zweimal, im dritten dreimal eingebracht werden muß u. s. w., daß also die Kapazitäten den Radien proportional sind.

Im elektrostatischen CGS-System hat ein Konduktor die Einheit der Kapazität, wenn er bei der Ladung mit 1 CGS die Spannung 1 CGS besitzt.

Da nun die elektrostatische CGS-Einheit der Elektrizitätsmenge $= \dfrac{1}{3.10^9}$ Coulomb und die elektrostatische CGS-Einheit der Spannung $= 300$ Volt ist, so beträgt die Kapazität eines Kondensators, welche im elektrostatischen Maße 1 CGS ist, $\dfrac{1}{3.10^9.300} = \dfrac{1}{9.10^{11}}$ Farad. Somit ist ein Farad $= 9.10^{11}$ elektrostatischen CGS-Einheiten.

Die Dimensionen der elektrostatischen CGS-Einheit sind cm^1, g^0, sec^0, d. h. die Einheit entspricht der Länge von 1 cm und man nennt sie deshalb häufig geradezu 1 cm.

Beispielsweise wäre die Kapazität der Kugel, da die Spannung $E = Q/R$ CGS$_{es}$ (Q und R elektrostatisch gemessen) oder $Q = R.E$ CGS$_{es}$

$$C = R \text{ CGS}_{es} \text{ oder } R \text{ Centimeter.}$$

Die Kapazität 1 cm $= 1{,}11$ Milliontel Mikrofarad.

Im elektromagnetischen System ist $E = 9.10^{20} . Q/R$ (Q und R elektrostatisch gemessen) oder $Q = \dfrac{R}{9.10^{20}} . E$, somit

$$C = R/9.10^{20} \text{ CGS}_{el}.$$

Wie man sieht, ist die elektromagnetisch gemessene Kapazität 9.10^{20} mal kleiner als die elektrostatisch gemessene, d. h. die elektromagnetische Einheit ist 9.10^{20} mal größer als die elektrostatische. Man hat also 1 CGS$_{el}$ $= 9.10^{20}$ CGS$_{es}$ $= 10^9$ Farad $= 10^{15}$ Mikrofarad.

Die Kapazität einer Kugel ist hiernach:

a) **Technisch:** $\quad C = \dfrac{R}{9 \cdot 10^9}$ Farad, R in Metern gemessen.

b) **Gesetzlich:** Ebenso.

c) **Physikalisch:** $C = R\ \text{CGS}_{el}$ oder cm, R in Centimetern gemessen, oder $C = R/9 \cdot 10^{20}\ \text{CGS}_{el}$.

Wie a. S. 67 angedeutet, könnte man von der Formel Gebrauch machen zur Eichung eines Elektrometers. Es sei ein großer kugelförmiger Konduktor mit dem Elektrometer in Verbindung und werde durch eine Influenzmaschine, die durch ein finkendes Gewicht mittels einer Schnurtrommel getrieben wird, geladen. Nach § 38 (S. 66) beträgt die Ladungsarbeit $\dfrac{1}{2}\dfrac{1}{g} \cdot Q \cdot E\ \text{kgm}$. Ist das Gewicht p durch s m heruntergesunken, so beträgt die Arbeit $p \cdot {}_{\text{kgm}}$. Kann man also die Reibungswiderstände vernachlässigen, so muß sein:

$$ p \cdot s = \frac{1}{2\,g} \cdot Q \cdot E = \frac{1}{2\,g}\,C \cdot E^2 = \frac{1}{2\,g}\,\frac{R}{9 \cdot 10^9} \cdot E^2, $$

somit:

$$ E = \sqrt{\frac{p \cdot s \cdot 2\,g \cdot 9 \cdot 10^9}{R}}\ \text{Volt}. $$

Genaue Bestimmungen lassen sich natürlich der verschiedenen Verluste wegen auf diese Weise nicht durchführen.

Aus der bekannten Kapazität einer Kugel läßt sich auch die eines beliebigen Konduktors finden durch Ladungsteilung. Ist die Kapazität der Kugel C, ihre Spannung E und sinkt nach Verbindung mit dem ungeladenen Konduktor von der Kapazität x die Spannung auf e, so ist:

$$ C \cdot E = (C + x)\,e \quad \text{oder} \quad x = C(E/e - 1). $$

36. Elektrische Flächendichte ist die Elektrizitätsmenge, die sich auf der Oberfläche eines elektrisch geladenen Leiters auf der Flächeneinheit befände, falls die Verteilung der Ladung eine gleichmäßige wäre. Bei einem kugelförmigen Konduktor ist letzteres aus Symmetriegründen der Fall. Ist also die Ladung $= Q$, der Radius $= R$, somit die Oberfläche $4\pi R^2$, so ist die Dichte h:

a) **Technisch:** $\quad h = \dfrac{Q}{4\pi R^2}$ Coulomb pro Quadratmeter, wenn Q die Ladung in Coulomb und R den Radius in Metern gemessen bedeuten.

b) **Gesetzlich:** Ebenso.

c) **Physikalisch:** $h = \dfrac{Q}{4\pi R^2}\ \text{CGS}_{el}$ pro Quadratcentimeter, wenn Q in CGS_{el} und R in Centimetern gemessen ist. (Dimension: $cm^{-1/2}$, $g^{-1/2}$, sec^{-1}.)

Im elektromagnetischen System ist die elektrische Flächendichte 1 CGS, wenn pro Quadratcentimeter die Elektrizitätsmenge 1 CGS ($=$ 10 Coulomb) angehäuft ist.

Seien nun zwei Kugeln mit den Radien R und r und den Ladungen Q und q gegeben, so sind deren Potentiale $\dfrac{Q}{R}$ und $\dfrac{q}{r}$. Verbindet man beide durch einen sehr dünnen Draht, welcher keine merkliche Menge Elektrizität aufnimmt, so ordnet sich die Ladung so an, daß das Potential konstant wird, also $\dfrac{Q'}{R} = \dfrac{q'}{r}$, wenn Q' und q'

die neuen Ladungen bedeuten und $Q' + q' = Q + q$. Daraus folgt das neue Potential
$$= (Q + q) \frac{1}{R + r}.$$

Ist R sehr groß, z. B. die eine Kugel die ganze Erde, so wird der Ausdruck
$= \frac{Q}{R}$, d. h. bei Verbindung einer Kugel mit der Erde (Ableitung) nimmt sie ebenfalls das Potential der Erde an, welches $= 0$ gesetzt werden kann.

Für die Ladungen der beiden Kugeln ergibt sich

$$q' = (Q + q) \frac{r}{R + r} \qquad\qquad Q' = (Q + q) \frac{R}{R + r},$$

somit für die Dichten:

$$\frac{Q + q}{4 \pi r (R + r)} \qquad \text{und} \qquad \frac{Q + q}{4 \pi R (R + r)}.$$

Während also auf einer einzigen Kugel die Elektrizität sich gleichmäßig verteilt,
ist dies bei zwei ungleichen miteinander verbundenen Kugeln nicht der Fall, die

Fig. 126.   Fig. 127.

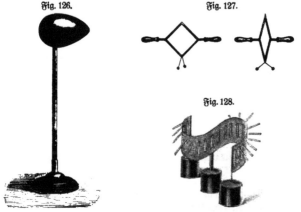

Fig. 128.

Dichten verhalten sich vielmehr umgekehrt wie die Radien, d. h. auf der Kugel,
deren Oberfläche stärker gekrümmt ist, sammelt sich mehr Elektrizität an.

Dieser Satz, daß die Dichte wächst mit der Krümmung, gilt für jeden beliebigen
Konduktor, z. B. den in Fig. 126 (E, 24) dargestellten, wie man leicht mittels eines
Probescheibchens (§ 7, S. 16) nachweisen kann.

Kolbe (1889) benutzt den in Fig. 93 (S. 53) dargestellten Konduktor. Derselbe
wird vermittelst eines geriebenen Glasstabes oder des Elektrophors so lange geladen,
bis die Elektrizität unter leisem Zischen aus der Spitze abzufließen beginnt. (Dadurch
erhält man bei bald aufeinanderfolgenden Versuchen recht konstante Ladungen.) Ein
etwa 20 cm langes Stäbchen aus Ebonit trägt an dem einen Ende eine Schraube,
zu welcher einige vernickelte Messingkugeln (3 mm, 5 mm, 10 mm Durchmesser)
passen. Berührt man mit einer solchen Probierkugel den geladenen Konduktor an
verschiedenen Stellen und überträgt die Elektrizität auf das Elektrometer, so zeigt
dieses verschiedene Ausschläge. Besonders interessant erscheint es den Schülern, daß
an der tiefsten Stelle des Hohlkegels die Dichte $= 0$ ist.

Mach (1870) stellt aus Pappe, die mit Stanniol überzogen ist, ein beiderseits offenes Prisma (Fig. 127) her, welches an zwei gegenüberstehenden Kanten mit Handgriffen versehen ist, wodurch es sich plattdrücken oder =ziehen läßt. Hierbei ändern sich die Kantenwinkel nahezu um 180°; indem man somit an den unteren bei horizontal gehaltenem Prisma ein Paar Holundermarkkügelchen anhängt, kann man die Divergenz derselben durch Deformation des Prismas beträchtlich vergrößern oder verkleinern.

Vandervliet benutzt ein auf isolierenden Stützen befestigtes rechteckiges Draht= netz (Fig. 128) mit angeklebten Papierstreifen, bei welchem, wenn es im geladenen Zustande verbogen wird, jeweils die auf der konvexen Seite befindlichen Papier= streifen abgestoßen werden, während die anderen schlaff herunterhängen [1]).

Wesselhöft in Halle liefert einen um die Mitte zwischen zwei Spitzen dreh= baren Doppelkonus, dessen eine Hälfte schlank, die andere stumpf ist und welchem beiderseits Elektroskope gegenüberstehen. Die der schlanken Spitze gegenüberstehenden Pendel divergieren bei der Ladung jeweils stärker, wenn man den Körper ab= wechselnd in die eine oder entgegengesetzte Lage zwischen den beiden Elektroskopen dreht (Preis 20 Mk.).

Um zu zeigen, daß eine neue Ladung auf einem bereits geladenen Konduktor sich ebenso ausbreitet, als ob die frühere Ladung nicht vorhanden wäre, empfiehlt Noack (1893), mittels des Probescheibchens die Dichtigkeitsunterschiede an Flächen, Kanten und Ecken eines Blechwürfels zunächst bei schwacher, dann bei stärkerer Ladung zu demonstrieren.

37. Kraftlinienzahl, Dichte und Feldstärke.
Ebenso wie bei gravitierenden Massen kann man die auf einer Kugel angehäuften elektrischen Teilchen in ihrem Schwerpunkt, dem Kugelmittelpunkt, konzentriert denken. Ist also die Ladung Q Coulomb, so ist die Wirkung auf einen im Abstand r befindlichen mit m Coulomb geladenen Punkt

$$K = a \cdot \frac{Q}{r^2} \cdot m \ \text{kg},$$

wenn $a = 9 . 10^9/g$ bedeutet.

Ist $r = R$, d. h. gleich dem Kugelradius, so wird

$$K = a \cdot \frac{Q}{R^2} \cdot m.$$

Nun ist $h = \frac{Q}{4 \pi R^2}$, also $\frac{Q}{R^2} = 4 \pi h$ und

$$K = a . 4 \pi h . m.$$

Ist $m = {}^1/a$, so wird K gleich der Feldintensität H, also

$$H = 4 \pi h.$$

Unmittelbar an der Kugeloberfläche ist also die Feldintensität das 4π =fache der Flächendichte.

Diese kann man nun durch Zeichnung zur Anschauung bringen, indem man die Kugeloberfläche derart in Felder einteilt, daß auf jedes Feld die Elektrizitäts= menge $^1/_4 \pi$ Coulomb entfällt. Die Anzahl solcher Felder pro Quadratmeter ist

---

[1]) Der Apparat ist (nach Rosenberg und Kolbe modifiziert, 1891) zu beziehen von Seybolds Nachf. in Köln zum Preise von 12 Mk.

dann 4π mal ſo groß als die Anzahl Coulomb pro Quadratmeter, d. h. ſie iſt $4\pi h$ und man kann ſagen: „Die Feldintenſität an der Kugeloberfläche iſt gleich der Anzahl Felder pro Quadratmeter.“

Zieht man nun von allen Punkten am Umfang eines ſolchen Flächenſtücks Kraftlinien, in dieſem Falle die Verlängerungen der Kugelradien, ſo entſtehen ſog.

Fig. 129.

Kraftröhren. Die Zahl derſelben, die in der Entfernung $2R$ durch 1 qm hindurchgehen, iſt nur $1/4$ derjenigen an der Kugeloberfläche. Ebenſo iſt dieſe Zahl im Abſtand $3R$, $4R \ldots$ u. ſ. w. nur $1/9$, $1/16 \ldots$ Gleiches gilt auch für die Feldintenſität. Man kann alſo allgemein ſagen, die Feldintenſität an einer beliebigen Stelle des Raumes iſt gleich der Anzahl Kraftröhren, die durch 1 qm der zu den Kraftlinien ſenkrechten Fläche (Niveaufläche) hindurchgehen.

Zur Veranſchaulichung des Satzes benutze ich ein Modell aus Draht (Fig. 3499, Bd. I(a), S. 1373), welches zeigt, daß die Kraftröhren entſprechend dem Quadrat des Radius ſich ausbreiten, ferner eine Kugel mit Einteilung in gleiche, abwechſelnd weiß und ſchwarz gefärbte Felder und eine ſolche, bei

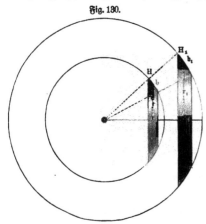

Fig. 130.

welcher durch eingeſteckte Drähte die Kraftröhren angedeutet ſind, nebſt einem Quadrat aus Draht zum Abzählen derſelben.

Man kann auch nur auf jedem Flächenſtück eine Kraftlinie errichten, ſo daß alſo an der Baſis jeder Kraftlinie die Elektrizitätsmenge $1/4 \pi$ Coulomb vorhanden iſt, und den Satz ſo ausſprechen: „Die Feldintenſität iſt gleich der Zahl der Kraftlinien pro Quadratmeter Niveaufläche.“ Dieſe Art der Auswahl einzelner Kraftlinien aus der unendlich großen Zahl bietet, wie man ſieht, den großen Vorteil, daß das Kraftlinienſyſtem nicht nur ein Bild der Richtung, ſondern durch die mehr oder minder große Dichtigkeit, in welcher ſich die Linien zuſammendrängen, auch ein Maß für die Größe der Kraft an jeder Stelle des elektriſchen Feldes gibt.

Die Einteilung kann man ſo ausführen, wie in Fig. 129 dargeſtellt iſt. Man konſtruiert einen Durchmeſſer, teilt dieſen in etwa 10 gleiche Teile, zieht Ebenen ſenkrecht zum Durchmeſſer durch die Teilpunkte, welche die Kugeloberfläche in 10 gleich große Zonen einteilen, und legt ſodann durch den Durchmeſſer 16 Meridiane, welche jede Zone wieder in 16 gleiche Unterabteilungen zerſchneiden. So iſt die

Kugel in 160 gleich große Flächenelemente zerteilt; ist somit ihre Ladung beispielsweise $\frac{160}{4\pi}$ Coulomb, so befände sich auf jedem der erhaltenen Flächenstücke, wie
gewünscht, gerade $\frac{1}{4\pi}$ Coulomb. In gleicher Weise denkt man sich sämtliche die
Kugel umgebenden, ebenfalls kugelförmigen Niveauflächen eingeteilt. Man betrachtet
nun eine Zone einer solchen, welche von der Achse um r m absteht, Fig. 130,
d. h. den Durchmesser $2r$ hat. Der Inhalt derselben ist $2\pi r.b$, wenn b das aus
der Figur ersichtliche Bogenstück bedeutet, pro Quadratmeter ist also, da 16 Kraftlinien durch die Zone hindurchgehen, die Zahl der Kraftlinien $\frac{16}{2\pi r.b}$. Dies ist
aber nach S. 72 die Feldintensität, somit ist:

$$H = \frac{16}{2\pi r.b}.$$

Ebenso ist für eine zweite Zone vom Durchmesser $2r_1$:

$$H_1 = \frac{16}{2\pi r_1.b_1},$$

somit

$$H_1 : H = rb : r_1 b_1,$$

d. h. die Feldintensitäten verhalten sich umgekehrt wie die Produkte des Abstandes
der Kraftfäden von der Achse mit der Dicke derselben.

Nimmt man nun einen zweiten kugelförmigen Konduktor mit gleich starker
Ladung hinzu und versteht man unter H_1 die Feldintensität auf einer Zone der

Fig. 131.

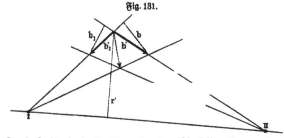

zweiten Kugel, so ist ebenso $H_1 : H = rb : r_1 b_1$. Die beiden Zonen mögen ferner
denselben Abstand r' von der Achse haben, Fig. 131, dann ist $H_1 : H = b : b_1$,
d. h. die von den beiden Konduktoren an der betreffenden Stelle hervorgebrachten
Feldintensitäten und somit auch die Kräfte auf einen dahin gebrachten elektrischen
Punkt verhalten sich umgekehrt wie die Dicken der beiden Zonen. Da nun aber
weiter $b : b_1 = b' : b_1'$, kann man auch sagen, die Kräfte verhalten sich wie die Ab-
schnitte b' und b_1'. Konstruiert man somit nach dem Gesetz vom Parallelogramm
der Kräfte die Resultierende, so wird dieselbe je nach dem Sinne der Kräfte, wie
in Fig. 131 angedeutet, die eine oder andere Diagonale des von den sich schneiden-
den Kraftlinien gebildeten Parallelogramms. Um folglich das System der Kraftlinien für zwei elektrische Punkte zu finden, konstruiert man zunächst, den Zonen
entsprechend, die Strahlenbüschel für die einzelnen als kugelförmige Konduktoren
gedachten Punkte und zieht sodann, ähnlich wie bei Konstruktion der Niveaulinien

durch die Schnittpunkte die Diagonalen. Je nachdem man das eine oder andere System der Diagonalen wählt, erhält man die Kraftlinien für zwei gleichnamig oder zwei entgegengesetzt elektrische Punkte.

Ebenso kann das System der Kraftlinien für drei und mehr Punkte gefunden werden, indem man zunächst, wie eben, zwei Systeme kombiniert und dann mit dem resultierenden eines der übrigen.

Ein homogenes Feld kann man sich durch einen unendlich fernen Punkt erzeugt denken. Die Kugel verwandelt sich in eine Ebene senkrecht zu den Kraftlinien. Eine derselben wählen wir als Achse. Um den Durchschnitt derselben mit der Ebene konstruiert man in dieser, den Zonen entsprechend, Ringe von gleichem Flächeninhalt, d. h. mit Radien, welche sich verhalten wie $1 : \sqrt{2} : \sqrt{3} : \sqrt{4} \ldots$ und teilt diese durch 16 Radien in je 16 gleiche Stücke. Jedem solchen Stück entspricht dann eine Kraftlinie. Im Durchschnitt, d. h. in einer durch die Achse gehenden Ebene, erhält man ein System von parallelen Linien. Kombiniert man es mit dem einem Punkte entsprechenden Strahlenbüschel, so erhält man die Darstellung des durch einen Pol im homogenen Felde hervorgerufenen Kraftliniensystems u. s. w. In ähnlicher Weise sind die verschiedenen hierher gehörigen Figuren der Tafeln I und II entstanden.

Im CGS-System gehen von jeder CGS-Einheit 4π Kraftlinien aus und ihre Anzahl pro Quadratcentimeter Niveaufläche gibt die Feldstärke. Im elektrostatischen System ist die Kraftliniendimension $cm^{-\frac{1}{2}} g^{\frac{1}{2}} sec^{-1}$.

38. Nicht kugelförmige Konduktoren.

Die Berechnung der Flächendichte gestaltet sich am einfachsten bei einem ellipsoidischen Konduktor.

Es möge zu diesem Zwecke angenommen werden, die Elektrizität sei in Form einer Schicht von meßbarer Dicke und allenthalben gleicher Raumdichte ϱ auf dem Konduktor ausgebreitet, so daß die

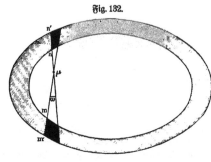
Fig. 132.

Verschiedenheiten der Flächendichte h (d. h. der auf 1 qm angehäuften Elektrizitätsmenge) durch verschiedene Höhe der Schicht zum Ausdruck kommen. Man kann dann fragen, welche Form die Oberfläche dieser elektrischen Schicht haben muß. Es läßt sich leicht zeigen, daß sie die Form eines dem Konduktor ähnlichen Ellipsoids haben muß, d. h. eines solchen, dessen Achsen ein bestimmtes Multiplum, etwa das $(1 + \alpha)$ fache derjenigen des anderen sind. Fig. 132 stelle die von den beiden Ellipsoiden begrenzte elektrische Schicht dar.

Nimmt man an, es befinde sich ein elektrisches Teilchen von der Masse μ Coulomb irgendwo im Innern dieser Schicht, so muß, wenn die Dicke der Schicht wirklich allenthalben richtig bemessen ist, die resultierende Kraft auf dieses Teilchen $= 0$ sein, da im Innern eines geladenen Konduktors nach § 26 (S. 52) die Kraft stets $= 0$ ist. Konstruiert man durch μ, wie in der Figur angedeutet, einen Doppelkegel vom körperlichen Winkel ω, welcher aus der ellipsoidischen Schale zwei entsprechende Stücke ausschneidet, so wird, wenn die Wirkung von je zwei solchen Stücken sich gegenseitig aufhebt, wie auch der Doppelkegel konstruiert sein mag, die Gesamtwirkung auf $\mu = 0$ sein, wie sie es sein muß. Läßt sich also eine Fläche finden, für welche diese Bedingung erfüllt ist, so ist sie die richtige Oberfläche der elektrischen Schicht. Jedes der beiden Schalenstücke läßt sich aus einzelnen Schichten zusammengesetzt denken, deren Größe $= r^2 . \omega$ ist, wenn r den Abstand von μ bedeutet. Ist dr die Dicke einer solchen Schicht, so ist die darin enthaltene Elektrizitätsmenge, da mit ϱ die Raumdichte, d. h. die Menge Elektrizität in 1 obm, bezeichnet wurde, $= r^2 . \omega . dr . \varrho$, somit die Kraft, die sie auf μ ausübt,

$$= a . \frac{\mu . r^2 . \omega . dr . \varrho}{r^2} = a . \mu . \omega . \varrho . dr \text{ Kilogramm.}$$

Die Gesamtwirkung der beiden Schichten, in welcher r von n bis n', beziehungsweise von m bis m' variiert, beträgt demgemäß

$$a \int_n^{n'} \mu . \omega . \varrho . dr - a \int_m^{m'} \mu . \omega . \varrho . dr$$

somit ist
$$= a . \mu . \omega . \varrho (n' - n) - a . \mu . \omega . \varrho (m' - m) = 0,$$

$$n' - n = m' - m.$$

Es wäre also nunmehr zu zeigen, daß diese Bedingung tatsächlich erfüllt ist, wenn die Oberfläche der elektrischen Schicht ein dem Konduktor ähnliches Ellipsoid ist. Die Gleichung der Konduktoroberfläche sei

$$\frac{x^2}{a^2} + \frac{y^2}{b^2} + \frac{z^2}{c^2} = 1,$$

demgemäß diejenige des äußeren Ellipsoids

$$\frac{x^2}{a^2 (1 + \alpha)^2} + \frac{y^2}{b^2 (1 + \alpha)^2} + \frac{z^2}{c^2 (1 + \alpha)^2} = 1.$$

Da die Endpunkte von n und m auf der Konduktoroberfläche liegen, so müssen ihre Koordinaten der Gleichung derselben genügen, ebenso die Koordinaten der Endpunkte von n' und m' derjenigen des äußeren Ellipsoids.

Sind u, v, w die Richtungskosinus von n, so sind die Koordinaten des Endpunktes

von n: $x + n u$ $y + n v$ $z + n w$,
„ m: $x - m u$ $y - m v$ $z - m w$,
„ n': $x + n' u$ $y + n' v$ $z + n' w$,
„ m': $x - m' u$ $y - m' v$ $z - m' w$,

somit müssen die Gleichungen bestehen

$$\frac{(x + n u)^2}{a^2} + \frac{(y + n v)^2}{b^2} + \frac{(z + n w)^2}{c^2} = 1,$$

$$\frac{(x - m u)^2}{a^2} + \frac{(y - m v)^2}{b^2} + \frac{(z - m w)^2}{c^2} = 1,$$

$$\frac{(x + n' u)^2}{a^2 (1 + \alpha)^2} + \frac{(y + n' v)^2}{b^2 (1 + \alpha)^2} + \frac{(z + n' w)^2}{c^2 (1 + \alpha)^2} = 1,$$

$$\frac{(x - m' u)^2}{a^2 (1 + \alpha)^2} + \frac{(y - m' v)^2}{b^2 (1 + \alpha)^2} + \frac{(z - m' w)^2}{c^2 (1 + \alpha)^2} = 1.$$

Durch Subtraktion der ersten beiden Gleichungen und Division durch $(n + m)$ ergibt sich

$$\frac{2\,x\,u}{a^2} + \frac{2\,y\,v}{b^2} + \frac{2\,z\,w}{c^2} + (n - m)\left(\frac{u^2}{a^2} + \frac{v^2}{b^2} + \frac{w^2}{c^2}\right) = 0,$$

ebenso folgt aus den beiden letzten, wenn außerdem mit $(1 + \alpha)^2$ multipliziert wird,

$$\frac{2\,x\,u}{a^2} + \frac{2\,y\,v}{b^2} + \frac{2\,z\,w}{c^2} + (n' - m')\left(\frac{u^2}{a^2} + \frac{v^2}{b^2} + \frac{w^2}{c^2}\right) = 0.$$

Diese beiden Ergebnisse sind nur dann miteinander verträglich, wenn

$$n' - m' = n - m$$

oder

$$n' - n = m' - m,$$

was zu beweisen war.

Der gesamte Inhalt der ellipsoidischen Schale ist

$$\frac{4\pi}{3}\,abc\,(1 + \alpha)^3 - \frac{4\pi}{3}\,abc = \frac{4\pi}{3}\,abc\,[(1 + \alpha)^3 - 1] = 4\,\pi\,abc\,\alpha,$$

somit die gesamte Menge Elektrizität

$$Q = 4\,\pi\,abc\,\alpha\,.\,\varrho \ \text{Coulomb}.$$

Nennt man σ ein Flächenstück auf der Oberfläche des Konduktors und e die darauf befindliche Elektrizitätsmenge, so ist die Flächendichte

$$h = \frac{e}{\sigma} \ \text{Coulomb pro Quadratmeter}.$$

Die Raumdichte ϱ erhält man, indem man die Elektrizitätsmenge e dividiert durch den Rauminhalt, welchen sie einnimmt. Letzterer ist σmal der Höhe der Belegung über σ, und diese Höhe wieder erhält man, indem man an σ und das darüber befindliche Flächenstück des äußeren Ellipsoids Tangentialebenen legt und deren Abstand mißt, indem man vom Mittelpunkte aus Senkrechte p und p' darauf fällt und die Differenz $p' - p$ bildet. Da das äußere Ellipsoid dem inneren ähnlich ist, folgt: $p' = p\,(1 + \alpha)$, somit $p' - p = p\alpha$, das Volumen von $e = \sigma\,.\,p\,\alpha$ und

$$\varrho = \frac{e}{\sigma\,.\,p\,.\,\alpha} \ \text{Coulomb pro Cubikmeter},$$

also:

$$\varrho = \frac{h\,.\,\sigma}{\sigma\,.\,p\,\alpha} = \frac{h}{p\,\alpha}$$

und

$$Q = 4\,\pi\,abc\,.\,\frac{h}{p} \ \text{Coulomb},$$

oder

$$h = \frac{Q}{4\,\pi\,abc}\,.\,p \ \text{Coulomb pro Quadratmeter}.$$

Dies ist die gesuchte Flächendichte der Elektrizität auf einem ellipsoidischen Konduktor.

Wäre z. B. $a = b = c = p = R$, d. h. wäre das Ellipsoid eine Kugel vom Radius R, so würde

$$h = \frac{Q}{4\,\pi\,.\,R^2},$$

was sich übrigens auch schon ohne weiteres ergibt, da der Symmetrie halber die Verteilung eine gleichförmige, somit die Dichte = Ladung dividiert durch Kugeloberfläche sein muß.

Verteilung auf einer elliptischen Platte. Wäre $c = 0$, d. h. wäre der Konduktor eine Platte von elliptischer Form mit den Halbachsen a und b, so wäre, da

$$p = \frac{1}{\sqrt{\dfrac{x^2}{a^4} + \dfrac{y^2}{b^4} + \dfrac{z^2}{c^4}}}$$

oder, weil gemäß der Gleichung des Ellipsoids

$$\frac{z^2}{c^2} = 1 - \frac{x^2}{a^2} - \frac{y^2}{b^2}$$

$$p = \frac{1}{\sqrt{\dfrac{x^2}{a^4} + \dfrac{y^2}{b^4} + \dfrac{1}{c^2}\left(1 + \dfrac{x^2}{a^2} + \dfrac{y^2}{b^2}\right)}},$$

also

$$\frac{p}{c} = \frac{1}{\sqrt{c^2 \cdot \dfrac{x^2}{a^4} + c^2 \cdot \dfrac{y^2}{b^4} + \left(1 - \dfrac{x^2}{a^2} + \dfrac{y^2}{b^2}\right)}},$$

somit für $c = 0$

$$\frac{p}{c} = \frac{1}{\sqrt{1 - \dfrac{x^2}{a^2} - \dfrac{y^2}{b^2}}}$$

und

$$h = \frac{Q}{4\pi ab} \cdot \frac{1}{\sqrt{1 - \dfrac{x^2}{a^2} - \dfrac{y^2}{b^2}}}.$$

Verteilung auf einer Kreisscheibe. Für $a = b$ wird

$$h = \frac{Q}{4\pi a^2} \cdot \frac{1}{\sqrt{1 - \dfrac{x^2 + y^2}{a^2}}}$$

oder, weil $x^2 + y^2 = r^2$,

$$h = \frac{Q}{4\pi a^2} \cdot \frac{1}{\sqrt{a^2 - r^2}}.$$

Beispielsweise ist im Zentrum, d. h. für $r = 0$:

$$h = \frac{Q}{4\pi a^2},$$

am Rande, d. h. für $r = a$,

$$h = \infty.$$

Die Kapazität einer kreisförmigen Scheibe ergibt sich durch folgende Betrachtung. Die Flächendichte ist nach vorigem, wenn R der Radius der Scheibe,

$$h = \frac{Q}{4\pi R \sqrt{R^2 - r^2}}.$$

Auf einem ringförmigen Stück der oberen Seite von den Radien r und $r + dr$, dessen Fläche $= 2\pi r . dr$ ist, befinden sich somit

$$2\pi r . dr \cdot \frac{Q}{4\pi R \sqrt{R^2 - r^2}} \text{ Coulomb.}$$

Ebensoviel befinden sich auch auf dem entsprechenden ringförmigen Stück auf der Unterseite der Platte. Beide zusammen erzeugen im Mittelpunkte das Potential

$$dV = \frac{Q \cdot dr}{R\sqrt{R^2 - r^2}},$$

somit ist das gesamte Potential im Mittelpunkte, und da es auf der Scheibe überall denselben Wert hat, für die ganze Scheibe

$$V = \int_0^R dV = \frac{Q}{R}\int_0^R \frac{dr}{\sqrt{R^2-r^2}} = \frac{Q}{R}\left(arc.sin\,\frac{r}{R}\right)_0^R = \frac{\pi\,Q}{2\,R}.$$

Nun ist

$$C = \frac{Q}{E} = \frac{Q}{9 \cdot 10^9 \cdot V},$$

somit

$$C = \frac{2}{9 \cdot 10^9 \cdot \pi}\,R = \frac{0{,}637 \cdot R}{9 \cdot 10^9}\ \text{Farad.}$$

Es ist also die Kapazität einer Kreisscheibe etwas mehr als die Hälfte der Kapazität einer Kugel von gleichem Radius.

Kapazität eines geraden Kreiscylinders. Es sei die Länge L des Cylinders sehr groß gegen den Querschnittsradius R, wie es bei einem drahtförmigen Körper der Fall ist, es sei ferner l der Abstand von der Mitte und dl der Abstand zweier sehr nahen Querschnitte. Ist h die Flächendichte, so ist auf dem zwischen den beiden nahen Querschnitten liegenden ringförmigen Stück des Cylindermantels die Menge $2\pi R \cdot dl \cdot h$ Coulomb enthalten. Dieselbe erzeugt in der Mitte des Cylinders das Potential

$$dV = \frac{2\,\pi\,R \cdot dl \cdot h}{\sqrt{l^2 + R^2}}.$$

Das gesamte Potential im Mittelpunkte, und folglich auf dem ganzen Cylinder, ist demnach

$$V = 2\int_0^{\frac{L}{2}} dV = 4\,\pi\,Rh\int_0^{\frac{L}{2}} \frac{dl}{\sqrt{l^2 + R^2}}$$

$$= 4\,\pi\,Rh\left[log\,nat\,(l + \sqrt{l^2 + R^2})\right]_0^{\frac{L}{2}}$$

$$= 4\,\pi\,Rh\left[log\,nat\left(\frac{L}{2} + \sqrt{\frac{L^2}{4}}\right) - log\,nat\,\sqrt{R^2}\right],$$

oder, da R gegen L vernachlässigt werden kann,

$$V = 4\,\pi\,Rh\,log\,nat\,\frac{L}{R}.$$

Weil nun bei der großen Länge des Körpers die Verteilung der Elektrizität als eine gleichförmige auf der ganzen Oberfläche betrachtet werden kann, ist

$$h = \frac{Q}{2\,\pi\,R \cdot L},$$

also

$$V = \frac{2\,Q}{L}\,log\,nat\,\frac{L}{R}$$

und

$$C = \frac{Q}{9 \cdot 10^9 \cdot V} = \frac{L}{9 \cdot 10^9\,2\,log\,nat\,\frac{L}{R}}\ \text{Farad.}$$

39. Feldintenſität und Kraftlinien. Es ſei ab (Fig. 138) ein Stück der Oberfläche eines elektriſch geladenen Konduktors, cd ein dazu paralleles Flächenſtück, welches von der ab entſprechenden Kraftröhre auf der unendlich nahen Niveaufläche ausgeſchnitten wird, und σ ein Element deſſelben.

Da die Feldintenſität die Kraft auf die Elektrizitätsmenge $1/a$ iſt, bringt man dieſe Menge Coulomb auf σ. Die Kraft, welche dieſelbe erfährt von der Maſſe m Coulomb auf ab, beträgt m/r^2 Kilogramm und die zu σ normale Komponente dieſer Kraft iſt, wenn α den Winkel zwiſchen Kraftrichtung und der Normalen zu σ bedeutet:

Fig. 138.

$$n = m \cdot cos\,\alpha/r^2.$$

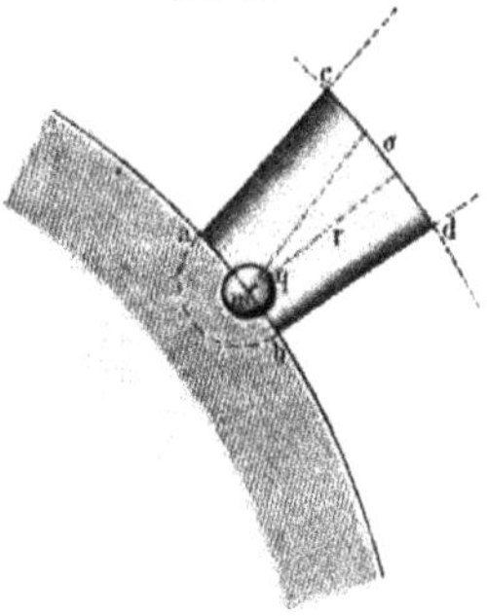

Somit iſt auch

$$n \cdot \sigma = m \cdot \frac{\sigma \cdot cos\,\alpha}{r^2} = m \cdot q,$$

falls die Projektion von σ auf die um ein Elektrizitätsteilchen m von ab beſchriebene Einheitskugel mit q bezeichnet wird. Man denke ſich nun die Kraftröhre durch eine beliebige Fläche im Innern des Konduktors zu einer geſchloſſenen Fläche ergänzt und bilde für alle Elemente σ dieſer geſchloſſenen Fläche die analogen Gleichungen. Dieſelben ſind: $n_1\,\sigma_1 = m \cdot q_1$, $n_2\,\sigma_2 = m \cdot q_2$ u. ſ. w., alſo $n\sigma + n_1\,\sigma_1 + n_2\,\sigma_2 + \cdots = m\,(q_1 + q_2 + q_3 \ldots)$. Nun bilden aber die q die geſamte Oberfläche der Einheitskugel, welche $= 4\,\pi$ iſt, ſomit iſt:

$$n\sigma + n_1\,\sigma_1 + n_2\,\sigma_2 + \cdots = m \cdot 4\,\pi \quad \text{oder} \quad \Sigma\,n\,\sigma = m \cdot 4\,\pi.$$

Die von einem Elektrizitätsteilchen m', welches außerhalb der Kraftröhre liegt, auf σ ausgeübte Normalkraft ſei $= f$, und die Projektion von σ auf die Einheitskugel $= q'$, dann iſt analog $f\sigma = m'q'$. Nun ſchneiden die Projektionsſtrahlen von f auf der geſchloſſenen Fläche noch ein zweites Element S aus, deſſen Projektion auf die Einheitskugel ebenfalls q' iſt. Während aber die Kraft f nach dem Innern der Fläche gerichtet iſt, hat die Kraft φ auf dieſes Element S die Richtung nach außen, iſt alſo negativ. Im übrigen hat man analog $\varphi S' = - m' \cdot q'$.

Bildet man, wie oben, für die Elemente der geſchloſſenen Fläche die Gleichungen, ſo erhält man

$$f\sigma + \varphi S + f_1\,\sigma_1 + \varphi_1\,S_1 + f_2\,\sigma_2 + \varphi_2\,S_2 + \cdots = 0 \quad \text{oder} \quad \Sigma f\sigma = 0.$$

Außer dem Elektrizitätsteilchen (Elektron) m befinden ſich nun noch viele andere Elektronen $(m_1, m_2 \ldots)$ innerhalb der geſchloſſenen Fläche. Für jedes gelten analoge Gleichungen wie

$$\Sigma n\,\sigma = 4\,\pi \cdot m$$
$$\Sigma n'\,\sigma' = 4\,\pi \cdot m_1$$
$$\Sigma n''\,\sigma'' = 4\,\pi \cdot m_2$$
$$\cdots \cdots \cdots$$

Ebenſo erhält man für die anderen Elektronen $(m_1', m_2' \ldots)$ außerhalb der geſchloſſenen Fläche weitere Gleichungen von der Form

$$\Sigma f\,\sigma = 0$$
$$\Sigma f'\,\sigma' = 0$$
$$\Sigma f''\,\sigma'' = 0$$

Abbiert man sämtliche Gleichungen, so folgt

$$\Sigma (n\sigma + f\sigma) = 4\pi (m + m_1 + m_2 + \cdots) = 4\pi M,$$

wenn M die ganze Ladung von ab. Es ist auch $\Sigma f\sigma = 0$, ebenso sind alle $n.\sigma$ für die Röhrenwand $ac.bd = 0$, da senkrecht zu einer Kraftlinie die Kraft Null ist, sowie für die Fläche im Innern des Konduktors. Es bleiben nur die $n\sigma$ auf cd. Da, wegen der Kleinheit von cd, n als konstant angenommen werden kann, so ist $\Sigma n\sigma = n.\Sigma\sigma = n.F$, wenn F die Fläche von cd bedeutet, somit $n.F = 4\pi M$ und

$$n = \frac{4\pi M}{F}$$

ober

$$H = 4\pi h \text{ Kilogramm pro } g/9 \text{ Millimikrocoulomb},$$

da n nichts anderes als die Feldintensität H und M/F die Flächendichte h ist.

Hieraus ergibt sich zunächst der Beweis, daß man, wie bereits a. S. 71 angenommen, die Ladung einer Kugel in ihrem Mittelpunkte konzentriert denken kann.

Eine punktförmige Masse von m Coulomb befinde sich in der Nähe der Kugeloberfläche. Nach obigem ist $n = a.4\pi h.m$ Kilogramm, nun ist $h = \dfrac{Q}{4\pi r^2}$, somit $n = \dfrac{a.Q.m}{r^2}$ Kilogramm, d. h. die Kraft, welche irgend eine elektrische Masse m

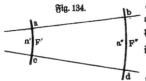

Fig. 134.

an der Kugeloberfläche erfährt, ist dieselbe, als ob die ganze Ladung Q der Kugel im Mittelpunkte derselben konzentriert wäre (denn dann ist die Kraft ebenfalls $\dfrac{a.Q.m}{r^2}$).

Dasselbe gilt für beliebige Punkte außerhalb der Kugel. Sei $abcd$, Fig. 134, ein Stück einer Kraftröhre, begrenzt von den Flächen $ac = F'$ und $bd = F''$, dann folgt, wenn man hierauf den gefundenen Satz:

$$\Sigma (n\sigma + f\sigma) = 4\pi M$$

anwendet, da $M = 0$ und die Kraft längs ac konstant $= n'$, längs bd konstant $= n''$ ist:

$$F'n - F''.n'' = 0,$$

ober

$$\frac{n''}{n'} = \frac{F'}{F''}.$$

Nun ist aber $\dfrac{F'}{F''} = \dfrac{r'^2}{r''^2}$, wenn r' und r'' die Entfernungen vom Kugelmittelpunkte bedeuten, somit $\dfrac{n''}{n'} = \dfrac{r'^2}{r''^2}$, d. h. die Kräfte verhalten sich umgekehrt wie die Quadrate der Entfernungen, also ganz, wie wenn die Ladung Q im Mittelpunkte konzentriert wäre.

Da die Beziehung $F'n' - F''n'' = 0$ oder $nF = n'F'$ („der Kraftfluß ist konstant") allgemein gilt, so ist an einer beliebigen Stelle eines elektrischen Feldes, da n' die Kraft auf 1 Coulomb, H' die Feldintensität, d. h. die Kraft auf $\dfrac{1}{a}$ Coulomb:

$$H' = \frac{n'}{a} = \frac{n}{a} \cdot \frac{F}{F'} = H \cdot \frac{F}{F'}.$$

Die Zahl der Kraftlinien, welche von F ausgehen, ist, da auf 1 qm $4\pi h$ Kraftlinien entfallen: $F.4\pi h$. Bezeichnet man entsprechend die Zahl der Kraftlinien, welche durch 1 qm der Fläche F' hindurchgehen, mit h', so ist die Zahl der Kraftlinien, welche durch F' hindurchgehen, $F'.4\pi h'$. Da nun beide Flächenstücke von einer Kraftröhre[1]) begrenzt sind, muß sein:

$$F.h = F'.h',$$

somit

$$\frac{F}{F'} = \frac{h'}{h}$$

und

$$H' = H \cdot \frac{h'}{h} = \frac{n}{a} \cdot \frac{h'}{h} = \frac{4\pi h.h'}{h} = 4\pi h',$$

d. h. an einer beliebigen Stelle des Feldes ist die Feldintensität gleich der Zahl der Kraftlinien, welche durch ein Quadratmeter der dort gezogenen Niveaufläche hindurchgehen.

Zur Demonstration benutze ich eine Kiste, in welche nach außen frei endigend steife Eisendrähte eingesteckt sind, welche die Kraftlinien darstellen, und ein Quadrat aus steifem Draht, welches darüber geschoben werden kann.

Fig. 135.

Fig. 136.

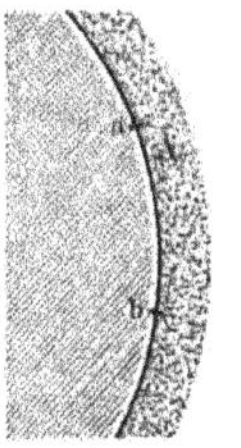

40. Elektrische Spannkraft. Ein Elektrizitätsteilchen, welches sich sehr nahe der Oberfläche innerhalb eines Konduktors befindet, erleidet, wie jedes Elektrizitätsteilchen innerhalb des Konduktors, keine Abstoßung, für ein solches ist $n = 0$; sowie es die Oberfläche des Konduktors durchschreitet, wächst nun aber n plötzlich auf $a.4\pi h.m$. Daß hierbei plötzliche Zunahme eintritt, ist unwahrscheinlich. Man nimmt an, daß die Elektrizitätsteilchen auf der Oberfläche des Leiters nicht eine unendlich dünne Schicht bilden, sondern eine solche von endlicher, wenn auch nicht meßbarer Dicke, und zwar, daß sich diese Schicht von Elektrizitätsteilchen nicht innerhalb des Leiters, sondern innerhalb des Dielektrikums befinde. In vorstehender Fig. 136 ist diese Schicht stark vergrößert gezeichnet. Befindet sich die elektrische Masse m Coulomb bei A, d. h. innerhalb der elektrischen Schicht, so ist die darauf wirkende Kraft weder $= 0$ noch $= a.4\pi h.m$, denn sie ist die Differenz der Wirkung der Teilchen auf der einen und anderen Seite einer durch A gezogenen Niveaufläche, also $= a \cdot \dfrac{y}{x} \cdot 4\pi h.m$, wenn man sich die elektrische Schicht aus x

---

[1]) Die Fig. 135 stellt eine von dem Konduktor ausgehende Kraftröhre dar. Die Flächenstücke, auf welchen sich je $1/4\pi$ Coulomb (vgl. S. 71 ff.) befindet, sind abwechselnd schwarz und weiß gezeichnet.

getrennten Lagen parallel den Niveauflächen zusammengesetzt denkt, unter welchen diejenige, welche den Punkt A enthält, die $y$te ist, von der Konduktoroberfläche an gerechnet, und wenn man außerdem als annähernd richtig annimmt, daß die Kraft mit der Entfernung von der Konduktoroberfläche ab bis zur äußersten ($x$ten) elektrischen Schicht proportional wachse [1].

Ist die betrachtete elektrische Masse eines der Elektrizitätsteilchen der Schicht selbst von der Masse m Coulomb, so ist die Kraft, die es erleidet, ebenso $\frac{a \cdot m \cdot y}{x} \cdot 4\pi h$ Kilogramm. Denkt man sich nun alle Elektrizitätsteilchen in der Niveaufläche durch m über ab fest miteinander verbunden zu einer starren Schicht, so ist die Kraft, mit der sich diese Schicht vom Konduktor zu entfernen strebt, falls darin z Teilchen vorhanden sind, $= z \cdot \frac{a \cdot m \cdot y}{x} \cdot 4\pi h$. Denkt man sich endlich alle solche Teilchen, deren Zahl $= x$ ist, zu einer Schale verbunden, so ist der elektrische Druck, dem diese unterworfen ist, $= \sum\limits_{y=1}^{y=x} z \cdot \frac{a \cdot m \cdot y}{x} \cdot 4\pi h$, worin z und m im einfachsten Falle als konstant angenommen werden können. Dann ist der elektrische Druck

$$= z \cdot a \cdot m \cdot 4\pi h \cdot \sum \frac{y}{x} = z \cdot a \cdot m \cdot 4\pi h \left(\frac{1}{x} + \frac{2}{x} + \frac{3}{x} + \cdots \frac{x}{x} \right) = z \cdot a \cdot m \cdot 4\pi h \frac{x}{2}$$

Kilogramm. Nun ist $z \cdot m \cdot x$ die ganze elektrische Masse der Schale $= h \cdot F$, somit der elektrische Druck auf das Flächenelement $F = a \cdot 2\pi h^2 \cdot F$ und der elektrische Druck für die Flächeneinheit, die elektrische Spannkraft N:

a) Technisch: $N = a \cdot 2\pi h^2$ Kilogramm pro Quadratmeter, wenn $a = 9 \cdot 10^9 / y$ und h die Anzahl Coulomb pro Quadratmeter.

b) Gesetzlich: $N = 9 \cdot 10^9 \cdot 2\pi h^2$ Decimegadynen pro Quadratmeter.

c) Physikalisch: $N = 2\pi h^2$ Dynen pro Quadratcentimeter, wenn h die Dichte in CGS_{es} bedeutet.

Die elektrische Spannkraft ist hiernach an den verschiedenen Stellen der Oberfläche eines Konduktors verschieden, und zwar proportional dem Quadrate der elektrischen Dichte. Um sich eine klare Vorstellung von der Bedeutung dieser Größe zu machen, kann man sich wie in Fig. 121 (S. 64) eine Seifenblase denken, welche elektrisch gemacht wird. Dieselbe sucht sich infolge des elektrischen Druckes zu vergrößern, und zwar so, daß man pro Quadratmeter einen Druck von $a \cdot 2\pi h^2$ Kilogrammen von außen aufwenden müßte, um die Expansion unmöglich zu machen. Wäre der Radius der Kugel $= a$, die Ladung Q, somit die Dichte $h = \frac{Q}{4\pi a^2}$, so wäre die elektrische Spannkraft

$$N = \frac{2a \cdot \pi Q^2}{16 \cdot \pi^2 \cdot a^4} = \frac{a \cdot Q^2}{8\pi \cdot a^4} \text{ Kilogramm,}$$

d. h. die Spannkraft, welche auf jeden Quadratmeter der Oberfläche wirkt, ist umgekehrt proportional der vierten Potenz des Radius, nimmt also ungemein rasch ab, wenn sich die Kugel vergrößert, und ebenso außerordentlich rasch zu, wenn sie sich verkleinert.

---

[1] Eine von dieser Annahme unabhängige Ableitung siehe Mascart u. Joubert, Lehrbuch der Elektrizität und des Magnetismus, deutsch von Levy, Berlin 1886, Springer, Bd. I, S. 29.

Zur experimentellen Messung der elektrischen Spannkraft könnte man die Seifen-blase mit einem empfindlichen Manometer in Verbindung bringen.

Sind zwei Kugeln von ungleich großen Radien a_1 und a_2 gegeben, deren Ladungen Q_1 und Q_2 sind, so ist $V_1 = \dfrac{Q_1}{a_1}$ und $V_2 = \dfrac{Q_2}{a_2}$. Die Potentiale sind gleich, wenn $\dfrac{Q_1}{a_1} = \dfrac{Q_2}{a_2}$, d. h. wenn sich die Ladungen verhalten wie die Radien.

Die Dichten sind dann $h_1 = \dfrac{Q_1}{4\,\pi\,a_1^2}$ und $h_2 = \dfrac{Q_2}{4\,\pi\,a_2^2}$, also $h_1 : h_2 = a_2 : a_1$, d. h. sie verhalten sich umgekehrt wie die Radien, sind also nicht gleich. Ebenso ver-halten sich die Kräfte auf 1 Coulomb an der Oberfläche. Die elektrischen Spann-kräfte

$$N_1 : N_2 = \frac{a \cdot Q_1^2}{8\,\pi\,a_1^4} : \frac{a \cdot Q_2^2}{8\,\pi\,a_2^4} = a_2^2 : a_1^2$$

verhalten sich umgekehrt wie die Quadrate der Radien. Denkt man sich nun diese Kugeln durch einen dünnen Draht, der keine merkliche Menge Elektrizität in sich aufnehmen kann, in Verbindung gesetzt, so bleibt alles ungeändert, denn die Poten-tiale der Kugeln sind gleich, somit kann keine Strömung der Elektrizität eintreten. Wären die Potentiale ungleich, so würde Strömung eintreten, bis sie gleich sind. In jedem Falle verhalten sich also die Spannkräfte auf zwei miteinander verbun-denen Kugeln mit ungleichen Radien umgekehrt wie die Quadrate der Radien. Hieraus ist klar ersichtlich, daß, wenn auch die elektrische Spannung (das Potential) an allen Punkten eines Leiters dieselbe ist, dennoch die Spannkraft an verschiedenen Punkten verschiedene Werte hat, um so größere, je kleiner der Krümmungsradius.

Sie darf auch nicht verwechselt werden mit der elektrischen Kraft, die sich aus dem Potentialgefälle ergibt oder der Feldintensität. Diese ist:

$$H = 4\,\pi\,h = \frac{d\,V}{d\,s} = \frac{1}{9.10^6} \cdot \frac{d\,E}{d\,s} \quad \text{Kilogramm pro } g/9 \text{ Millimikrocoulomb.}$$

Die elektrische Spannkraft sucht die Elektronen aus oder richtiger von dem Konduktor in die Luft hinauszustoßen, was aber nicht möglich ist, da sie die Konduktoroberfläche nicht verlassen können, insofern die Luft isoliert.

Versuche, welche die Wirkung der elektrischen Spannkraft zur Anschauung bringen, sind folgende:

Verbindet man den Konduktor der Elektrisiermaschine mit einer Schale, welche Goldflitter und rotes Pulver enthält, so entsteht der elektrische Goldregen[1].

Elektrisiertes Wasser. Aus einem mit dem Konduktor der Elektrisier-maschine leitend verbundenen Gefäß tropft Wasser langsam aus, so lange die Maschine nicht funktioniert, fließt aber in anhaltendem Strom aus, sobald es elek-trisiert wird.

Eine Nutzanwendung ist Thomsons Heberschreibapparat, bei welchem in gleicher Weise Tinte zum Auslaufen aus einem beweglichen Heber gegen einen durch Uhrwerk fortbewegten Papierstreifen genötigt wird, so daß die Bewegungen, die dem Heber z. B. durch einen schwingenden Körper mitgeteilt werden, als Wellenlinien aufgezeichnet werden und zwar ohne Einfluß der bei Anwendung einer Schreibspitze störenden Reibung.

---

[1] Zu beziehen von Meiser u. Mertig, Dresden-N, Kurfürstenstr. 27.

Wird ein metallener Heronsball mit dem einen Konduktor einer Elektrisier=
maschine verbunden, so steigt der Wasserstrahl zunächst senkrecht auf, wird die
Maschine aber gedreht, so sprühen die Wasserteilchen nach allen Richtungen aus=
einander, was besonders deutlich hervortritt, wenn man den Wasserstrahl vor
dunkelem Hintergrunde elektrisch beleuchtet und dem Wasser etwas Mastixlösung
oder Fluorescin hinzufügt.

Setzt man eine kleine Metallkugel mit der Elektrisiermaschine in Verbindung
und hängt einen Siegellacktropfen daran (nachdem sie hinreichend erwärmt wurde),
so wird das Siegellack zu feinen Fäden ausgesponnen.

Faraday[1]) elektrisierte Gummiwasser in Terpentinöl: „Als das Stabende
mit einem daran hängenden Tropfen von Gummiwasser in der Flüssigkeit elek=

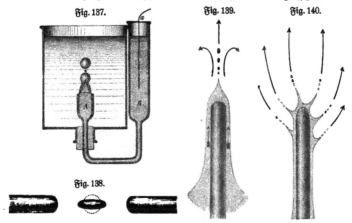

Fig. 137.   Fig. 139.   Fig. 140.

Fig. 138.

trisiert wurde, zerteilte sich das Gummiwasser alsbald in feine Fäden und zerstreute
sich rasch durch das Terpentinöl."

Füllt man nach B. und F. Bourne ein Gefäß unten mit Rizinusöl, darüber
mit Petroleum und senkt in jedes der Öle eine mit den Polen eines Hochspannungs=
transformators verbundene Platte ein, so sucht das System seine Kapazität zu ver=
mehren, d. h. die Oberfläche des Rizinusöls wölbt sich zu einer Kuppe.

Ähnliches beobachtet man bei der in Fig. 137 abgebildeten Vorrichtung[2]). A B
ist ein U=förmig gekrümmtes, mit Wasser gefülltes Glasrohr, dessen eines Ende A
von einem weiteren Glasgefäß umgeben ist, welches eine Mischung von Benzol
mit Schwefelkohlenstoff von gleichem spezifischen Gewicht wie Wasser enthält. Führt
man nun dem Wasser durch den Draht a Elektrizität zu, etwa von einer Elektrisier=
maschine, so sieht man alsbald die Wasseroberfläche im Schenkel A sich nach oben
wölben, kegelförmig werden und dann einen Tropfen abschnüren, welchem bald ein
zweiter, dritter u. s. w. folgt.

Beobachtet man unter dem Mikroskop einen Tropfen [von geschmolzenem
Schwefel in heißem Terpentinöl zwischen entgegengesetzt elektrisierten Elektroden, so

[1]) Faraday, Experimentaluntersuchungen, S. 449, § 1571 und S. 455, § 1593. —
[2]) Nach O. Lehmann, Molekularphysik 1, Leipzig 1888, W. Engelmann, S. 825.

nimmt derselbe eine ellipsoidische Form an, wie Fig. 138 andeutet, solange die Elektrisierung der Elektroden anhält. Werden diese in rascher Folge ge- und entladen, so sieht man in gleichem Takte den Tropfen sich ausdehnen und wieder kugelförmig zusammenziehen.

Umgibt der geschmolzene Schwefel eine Elektrode wie bei Fig. 139, so spitzt sich die Masse zu und die Spitze sendet fortwährend feine Tröpfchen aus. Bei kräftiger Ladung können sich auch, wie Fig. 140 zeigt, mehrere Spitzen ausbilden.

Faraday hat nachgewiesen, daß „absolute Ladung“, d. h. Anhäufung nur einer Elektrizitätsart, unmöglich ist. Von jeder elektrischen Ladung gehen Kraftlinien aus und da, wo sie endigen, befindet sich stets genau gleichviel von der andern Elektrizitätsart. Die Kraftwirkungen kommen nach seiner Ansicht dadurch zustande, daß die Kraftfäden (Bd. I$_{(3)}$, S. 668, 740, 1261) die beiden entgegengesetzten Elektrizitäten, an welchen sie angeheftet sind, wie gespannte elastische Fäden einander zu nähern suchen. Außer diesem Zug in der Längsrichtung üben sie einen Druck senkrecht zu dieser aufeinander aus, welcher

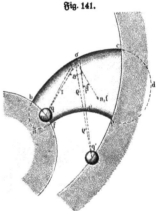

Fig. 141.

$$\frac{9 \cdot 10^9 \cdot H^2}{8\pi \cdot g}$$ Kilogrammeter pro Quadratmeter

beträgt, d. h. ebensoviel als die Energie pro Kubikmeter in Kilogrammetern (S. 104). Die durch die Kraftfäden verbundenen Ladungen heißen „korrespondierende“.

41. Korrespondierende Flächenelemente.

Es seien bf und ce (Fig. 141) zwei metallene Körper, von denen der erste elektrisch geladen ist, der zweite durch Influenz Elektrizität besitzt. Speziell kann angenommen werden, bf sei eine elektrisch geladene Kugel, welche sich im Innern einer kugelförmig oder anders geformten metallischen Hülle ce befindet, ohne deren Wandungen zu berühren. Ebenso wie bei einzelnen Massen kann man auch hier senkrecht zu den Niveauflächen Kraftlinien ziehen. bc und fe seien zwei solche oder richtiger die Durchschnitte einer aus Kraftlinien bestehenden Röhre, welche die Flächenstücke bf und ec miteinander verbindet (vgl. auch Fig. 135, S. 81). Man nennt solche Flächenstücke korrespondierende, die Röhre: Kraftröhre. Es werden nun dieselben Betrachtungen angestellt wie oben (S. 79) bei Fig. 133.

m, m_1, m_2 u. s. w. sind die Elektrizitätsteilchen (Elektronen) auf den Oberflächenelementen bf und ec. Die Ladungen dieser seien M_1 und M_2, dann ist

$$m + m_1 + m_2 + \cdots = M_1 + M_2,$$

also

$$\Sigma(n\sigma + f\sigma) = a \cdot 4\pi \cdot (M_1 + M_2).$$

Man ändert nun die Ordnung der Summation so ab, daß alle Produkte, welche das gleiche Flächenelement enthalten, zusammenkommen, und setzt jeweils die gemeinschaftlichen Faktoren heraus:

$$\sigma \Sigma(n + f) + \sigma_1 \Sigma(n_1 + f_1) + \sigma_2 \Sigma(n_2 + f_2) + \cdots = a \cdot 4\pi \cdot (M_1 + M_2).$$

Die $\Sigma(n + f)$ sind die resultierenden Normalkräfte auf der Oberfläche der Kraftröhre und der Flächen baf und cde im Innern der Leiter. Nun sind aber, wie früher (Bd. I$_{(2)}$, S. 725) bemerkt, alle Kraftkomponenten senkrecht zu Kraft= linien $= 0$, ebensowenig können im Gleichgewichtszustande im Innern von Leitern Kräfte existieren, also sind alle $\Sigma(n + f) = 0$, somit

$$0 = a \cdot 4\pi\,(M_1 + M_2) \text{ oder } M_1 = -M_2,$$

d. h. auf korrespondierenden Elementen der Oberflächen zweier Leiter, oder auf den Flächenstücken, auf welchen eine Kraftröhre endigt, sind stets gleiche und entgegen= gesetzte Elektrizitätsmengen vorhanden.

Es empfiehlt sich, als Konsequenz dieses Satzes nachzuweisen, daß in der Nähe eines geladenen Konduktors auf der Tischfläche oder den Wänden des Zimmers tatsächlich entgegengesetzte Elektrizität angehäuft ist, was leicht mittels des Probe= scheibchens und eines Elektroskops geschehen kann.

Eine weitere Konsequenz des Satzes ist, daß eine elektrisierte Kugel, in ein geschlossenes metallenes Gefäß eingebracht, auf der Innenseite und folglich auch auf

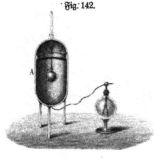

· Fig. 142.

der Außenseite genau ebensoviel Elektrizität influenziert, als sie selbst besitzt. Es ist dabei ganz gleichgültig, wo sich die elektrisierte Kugel im Innern befindet.

Faraday (1832) hat dies durch folgen= den Versuch, Fig. 142, nachgewiesen. Ein blecherner Kessel steht auf isolierenden Füßen und kann durch einen Deckel mit isolierendem Griff verschlossen werden. An der Innenseite des Deckels sind mehrere Haken angebracht, an welchen man mittels eines Seidenfadens eine elektrisierte Kugel aufhängen kann. An irgend einer Stelle ist der Kessel mit einem Elektroskop verbunden. Es zeigt sich, daß die Divergenz der Goldblättchen ganz unabhängig davon ist, an welchem Haken man die Kugel aufhängt. Es würde sich auch nichts ändern, wenn man die Kugel größer oder kleiner machte, auch nicht, wenn man sie sich derart aufblähen ließe, daß sie den ganzen Hohlraum des Ge= fäßes ausfüllte. Dann aber lägen allenthalben positive und negative Moleküle dicht nebeneinander, müßten sich also, da sie gleiche Quantitäten haben, in ihren Wirkungen völlig kompensieren, das Gefäß verhielte sich so, als ob es nur die äußere Ladung hätte, die der Ladung der Kugel genau gleich ist. So muß es sich also unter allen Umständen verhalten, auch wenn die Kugel nur ganz klein ist, eben weil man sich diese ohne Störung der Wirkung beliebig vergrößert oder ver= kleinert denken kann.

J. Moutier (1881) ersetzt direkt den Knopf des Elektroskops durch einen cylin= drischen Metallbecher, wodurch die Vorrichtung übersichtlicher wird. Man ladet n gleich große Körper bis zu gleicher Stärke und bringt dann erst einen, dann zwei zugleich ..., schließlich alle n zugleich ein und notiert jeweils die Ausschläge. Es ist leicht einzusehen, daß die so erhaltenen Potentialwerte im Verhältnis $1:2:3\ldots$ stehen müssen. Es ist nämlich $V = \dfrac{m_1}{r_1} + \dfrac{m_2}{r_2} + \dfrac{m_3}{r_3} + \cdots$ Wenn man also alle m verdoppelt oder verdreifacht, d. h. wenn man dem betreffenden Leiter (Metallbecher,

Draht und Elektroskop) die doppelte oder dreifache Ladung Q mitteilt, so wird dadurch auch die Spannung (das Potential) V verdoppelt, beziehungsweise verdreifacht.

Bei Ausführung des Versuches benutze ich als Metallbecher einen Käfig aus
feinem Drahtnetz, welcher gestattet, die eingebrachten Kugeln zu sehen. Letztere sind an-
gebohrt und werden bei der Ladung auf einen Ebonitgriff gesteckt, auf welchem sie nur
lose aufsitzen, so daß sie nach der Ladung ohne weiteres eingeworfen werden können.

Bringt man bei dem Versuche nicht n Kugeln zugleich in den Metallbecher des
Elektroskops, sondern ladet dieselbe Kugel n mal nacheinander, nachdem man sie je-

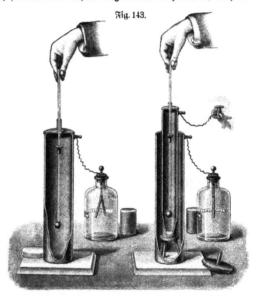

Fig. 143.

weils mit der Innenseite des Bechers in Berührung gebracht hat, wobei ihre Ladung
vollständig auf die Außenseite des Bechers übergeht, so erhält man aus gleichen
Gründen Potentialwerte, die im Verhältnis $1 : 2 : 3 \ldots$ stehen.

Hieraus ergibt sich auch die Schirmwirkung eines zur Erde abgeleiteten, den
elektrisierten oder auch einen influenzierten Körper umgebenden leitenden Gefäßes
(Pappschachtel innen mit Stanniol überzogen, Korb aus Drahtnetz u. s. w.). Einen
Apparat zur Demonstration dieser Schirmwirkung zeigt Fig. 143 [1]) Lb, 45.

42. Duplikatoren. Bennet verfährt wie folgt. Zwei Goldblattelektroskope
mit Kondensator (§ 47, S. 106; es ist dabei nur eine Kondensatorplatte nötig)
werden nebeneinander gestellt. Man ladet zuerst die Kollektorplatte des einen, etwa
des linken Elektroskops, setzt die Kondensatorplatte auf, berührt sie ableitend und
bringt sie auf die Kollektorplatte des zweiten Elektroskops. Nun berührt man

---

[1]) Nach Ganot, Traité élém. de Physique, Paris 1894, Hachette, Bd. II, S. 875,
Fig. 750.

letztere ableitend, hebt die Kondensatorplatte weg und verbindet die Kollektorplatten beider Elektroskope durch einen an einem isolierenden Griff befestigten Metallstab. Dadurch wird die elektrische Spannung auf dem ersten Elektroskop, wie durch die stärkere Divergenz der Goldblättchen zu erkennen ist, größer. Wiederholt man die Manipulation, so wächst die Spannung auf beiden Elektroskopen immer mehr an. Nicholson und Belli haben den Apparat zum Drehen mit Kurbel eingerichtet, wodurch die Manipulationen beschleunigt und die Verluste vermindert werden [1]).

Einfacher sind die bereits auf S. 36 besprochenen Duplikatoren nach dem Prinzip von Thomsons Replenisher und der Wasserinfluenzmaschine [2]).

43. Kapazität von Kondensatoren. Ein Kondensator unterscheidet sich von einem gewöhnlichen Konduktor dadurch, daß die leitende Fläche, an welcher die Kraftlinien endigen, nicht sehr weit entfernt ist von derjenigen, von welcher sie ausgehen.

Sei beispielsweise eine leitende, mit Q Coulomb geladene Kugel vom Radius R_1 umgeben von einer zweiten, mit der Erde in Verbindung stehenden konzentrischen leitenden Kugel vom Radius R_2, so befinden sich auf letzterer nach § 41 (S. 85 f.) — Q Coulomb.

Wäre nur die innere Kugel vorhanden, so wäre das Potential im Zentrum, somit auch auf der ganzen inneren Kugel $= \dfrac{Q}{R_1}$. Wäre nur die äußere Kugel vorhanden, so wäre es $\dfrac{Q}{R_2}$, sind also beide zugleich vorhanden, so ist es

$$V = \frac{Q}{R_1} - \frac{Q}{R_2} = Q\,\frac{R_2 - R_1}{R_1 R_2}.$$

Sei die Dicke der Isolierschicht $R_2 - R_1 = \delta$, so wird

$$V = Q \cdot \frac{\delta}{R_1 R_2},$$

somit ist die Kapazität eines kugelförmigen Kondensators

$$C = \frac{Q}{E} = \frac{Q}{9 . 10^9\,V} = \frac{R_1 . R_2}{9 . 10^9 . \delta}\ \text{Farad}.$$

Sei die Oberfläche der Kugel $4\pi R_1^2 = F$, so ist auch

$$C = \frac{R_1^2\left(1 + \dfrac{\delta}{R_1}\right)}{9 . 10^9 . \delta} = \frac{F}{9 . 10^9 . 4\pi\delta}\left(1 + \frac{\delta}{R_1}\right).$$

Ist R_1 sehr groß, δ sehr klein, so wird

$$C = \frac{F}{9 . 10^9 . 4\pi\delta}\ \text{Farad}.$$

Ist die äußere Kugel geladen, die innere abgeleitet, so ist das Potential auf letzterer $= 0$, somit $0 = \dfrac{Q}{R_2} - \dfrac{Q'}{R_1}$, wenn Q' die durch Influenz erzeugte Ladung der inneren Kugel, welche in diesem Falle nicht $= Q$ ist, da ein Teil der Kraft-

---

[1]) Näheres über Duplikatoren findet man in Carls Rep. der Experimentalphysik 3, 211. — [2]) Wasserstrahlduplikatoren liefern Günther u. Tegetmeyer, Werkstatt f. Präzisionsmechanik in Braunschweig.

Linien von der äußeren Kugel nach außen, d. h. nach dem Erdboden oder den Wänden des Zimmers geht. Es folgt

$$Q' = Q \cdot \frac{R_1}{R_2}.$$

Das Potential auf der äußeren Kugel wird

$$V = \frac{Q}{R_2} - \frac{Q'}{R_2} = \frac{Q}{R_2} - \frac{Q}{R_2} \cdot \frac{R_1}{R_2} = Q \cdot \frac{\delta}{R_2^2},$$

somit

$$C = \frac{Q}{9.10^9 . V} = \frac{R_2^2}{9.10^9 . \delta} \text{ Farad},$$

oder

$$C = \frac{4 \pi R_2^2}{9.10^9 . 4 \pi \delta} = \frac{F}{9.10^9 . 4 \pi \delta} \text{ Farad}.$$

Für einen ebenen Kondensator, welcher als Teil eines unendlich großen kugelförmigen Kondensators betrachtet werden kann, muß dieselbe Formel gelten, denn die Kapazität der halben Kugel ist halb so groß als die der ganzen, und die Kapazität eines beliebigen Teiles findet man ebenso, indem man unter F den Flächeninhalt dieses Teiles versteht. Beispielsweise ergibt sich für einen aus zwei kreisförmigen Scheiben vom Radius R im Abstande δ gebildeten Kondensator:

a) **Technisch:** $\quad C = \dfrac{F}{9.10^9 . 4 \pi \delta} = \dfrac{\pi R^2}{9.10^9 . 4 \pi \delta} = \dfrac{R^2}{9.10^9 . 4 \delta} \text{ Farad},$

wenn F in Quadratmetern und δ und R in Metern gemessen sind.

b) **Gesetzlich:** Ebenso.

c) **Physikalisch:** $C = \dfrac{F}{4 \pi \delta} \text{ CGS}_{\text{el}} \text{ (cm)},$

wobei F in Quadratcentimetern, δ in Centimetern gemessen ist.

In elektromagnetischem Maße ist sie 9.10^{20} mal kleiner. Beispielsweise müßte ein Luftkondensator von 1 mm Plattenabstand, der die elektromagnetische Kapazität Eins hätte, eine Fläche von $4 \pi . 0,1 . 9 . 10^{20} = 113.10^{19}$ qcm, d. h. etwa 220 mal die Erdoberfläche haben.

Die Kapazität eines ebenen Kondensators, dessen Belegung im Verhältnis zur Dicke des Dielektrikums sehr groß ist, kann auch gefunden werden, wenn man bedenkt, daß zwischen den beiden Kondensatorplatten die Kraftlinien sich nicht ausbreiten können (abgesehen von den Rändern der Platten), sondern parallele, zu den beiden Platten senkrechte Linien sind, so daß nach dem Satze (§ 39, S. 80) $n F = n' F'$ die Feldstärke H überall denselben Wert

$$H = 4 \pi h \text{ Kilogramm}$$

haben muß, somit, da auch (§ 24, S. 51)

$$H = \frac{dV}{dx},$$

wenn V das Potential im Abstande x von der einen Platte, $\dfrac{dV}{dx}$ oder das Gefälle des Potentials überall dasselbe sein muß. Würde man den Abfall des Potentials von der einen auf das Potential V_0 geladenen bis zur anderen zur Erde abgeleiteten Platte (für welche also $V = 0$) graphisch darstellen, so ergäbe sich eine gerade Linie, deren Neigungswinkel die Tangente $\dfrac{dV}{dx}$ ergibt und welche die Hypotenuse eines Dreiecks bildet, dessen Ordinate V_0 und dessen Abscisse die Dicke der Zwischenschicht δ ist. Somit ist

$$\frac{dV}{dx} = \frac{V_0}{\delta},$$

und

$$H = \frac{V_0}{\delta} = 4\pi h,$$

woraus

$$h = \frac{V_0}{4\pi\delta},$$

und die Ladung $Q = h \cdot S$, wenn S der Flächeninhalt der Belegung

$$Q = \frac{V_0 \cdot S}{4\pi\delta}.$$

Ist $E = 9 \cdot 10^9 \cdot V_0$ die Spannung auf der geladenen Belegung in Volt, so folgt für die Kapazität

$$C = \frac{Q}{E} = \frac{S}{9 \cdot 10^9 \cdot 4\pi\delta} \text{ Farad.}$$

Beispielsweise ist also die Kapazität eines ringförmigen Kondensators vom Radius R, für welchen $S = \pi R^2$,

$$C = \frac{R^2}{9 \cdot 10^9 \cdot 4\delta} \text{ Farad.}$$

Für eine einfache Kreisscheibe war die Kapazität

$$C = \frac{2R}{9 \cdot 10^9 \cdot \pi} \text{ Farad.}$$

Durch Hinzufügung der zur Erde abgeleiteten parallelen Platte im Abstande δ ist somit die Kapazität vergrößert auf das $\frac{\pi R}{8\delta}$ fache.

Die Kapazität eines cylindrischen Kondensators ergibt sich aus dem oben (S. 78) gefundenen Ausdruck für das Potential auf einem cylindrischen Konduktor

$$V_1 = \frac{2Q}{L} \log nat \frac{L}{R_1}.$$

Nimmt man einen koaxialen zweiten, zur Erde abgeleiteten Cylinder vom Radius $R_2 = R_1 + \delta$ hinzu, so ist aus denselben Gründen, wie bei Umwandlung eines kugelförmigen Konduktors in einen kugelförmigen Kondensator, das Potential nur noch

$$V = \frac{2Q}{L} \log nat \frac{L}{R_1} - \frac{2Q}{L} \log nat \frac{L}{R_2} = \frac{2Q}{L} \log nat \frac{R_2}{R_1},$$

somit

$$C = \frac{Q}{L} = \frac{Q}{9 \cdot 10^9 \cdot V} = \frac{L}{9 \cdot 10^9 \cdot 2 \log nat \frac{R_2}{R_1}} \text{ Farad.}$$

Vergleicht man diesen Wert mit dem oben abgeleiteten für die Kapazität eines einfachen cylindrischen Konduktors, so zeigt sich, daß durch die Hinzufügung des äußeren abgeleiteten Cylinders die Kapazität vergrößert ist im Verhältnis

$$\frac{\log nat \frac{L}{R_2}}{\log nat \frac{R_2}{R_1}}.$$

Da die Oberfläche S der Belegung $= 2R_1\pi L$ und, wie sich durch Reihenentwicke-lung nachweisen läßt, annähernd $log\,nat\,\dfrac{R_2}{R_1} = \dfrac{\varrho}{R_1}$ ist, wird annähernd

$$C = \frac{S}{9\cdot 10^9\cdot 4\pi\delta}\ \text{Farad},$$

ebenso wie für einen großen kugelförmigen oder ebenen Kondensator.

Die Zunahme der Kapazität mit Vermin-derung des Plattenab-standes kann man am besten sehen an zwei verschiebbaren, mit Elek-troskopen verbundenen Metallplatten. Entfernt man die Platten von-einander, so werden die Ausschläge der Elektro-skope kleiner, und nähert man sie, so werden sie größer (Kondensator von F. Kohlrausch[1]).

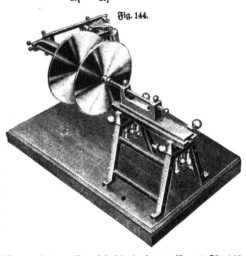

Fig. 144.

Die praktische Ausführung eines größeren Luftkondensators ist aus Fig. 145 zu ersehen. Zwischen vier Ebonitsäulen EEE sind, getrennt durch die Glas-stückchen FF, zahlreiche Glas-scheiben von etwa 30 cm Seiten-länge aufgeschichtet, von welchen abwechselnd die einen beider-seits ganz, die anderen nur bis 2 oder 3 cm vom Rande mit Stanniol belegt sind. Die ersteren stehen mit der auf dem Ebonitblock befestigten Klemme A durch Stanniolstreifen in Verbindung, die anderen ebenso

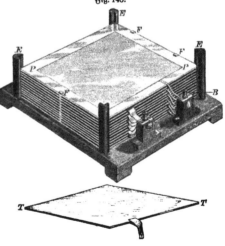

Fig. 145.

Fig. 146.

[1]) Einen Luftkondensator nach Fig. 144 liefert das physikalisch-mechanische Institut von Prof. Dr. Edelmann in München zu 275 Mk.

mit der Klemme B. Natürlich sind, wie für eine Platte TT unten angedeutet ist, beide Belegungen an denselben Stanniolstreifen angeschlossen [1]).

44. Absolutes Wageelektrometer von W. Thomson (1860). Es besteht aus zwei Kondensatorplatten, von welchen eine isoliert an einer Wage aufgehängt und tariert, die andere zur Erde abgeleitet ist. Erstere ist von einem sog. Schutzring umgeben (Fig. 147 Lb, 120), welcher in leitender Verbindung steht, damit zwischen der beweglichen und festen Platte die Kraftlinien parallel verlaufen, d. h. ein homogenes Feld entsteht. Die Intensität dieses Feldes ist nach § 37, S. 71 $H = 4\pi h$ und genügt der Gleichung $H . d\delta = dV$, somit ist $dV = 4\pi h . d\delta$ oder $V = 4\pi d . h$. Nach § 40 (S. 82) ist die auf die Fläche 1 qm wirkende elektrische

Fig. 147.

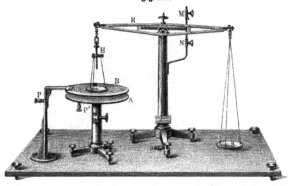

Spannkraft $= a . 2\pi h^2$. Auf die ganze bewegliche Scheibe von der Fläche πR^2 wirkt also die Kraft $a . 2\pi h^2 . \pi R^2 = K$ Kilogramm. Hieraus folgt

$$\pi^2 h^2 = \frac{K}{2 . a . R^2} \qquad \pi h = \frac{1}{R}\sqrt{\frac{K}{2a}},$$

somit ist

$$V = \frac{4\delta}{R}\sqrt{\frac{K}{2a}} \quad \text{oder} \quad V = \frac{\delta}{R}\sqrt{\frac{8K}{a}}.$$

Nun ist $E = V . 9 . 10^9$ und $a = \dfrac{9 . 10^9}{g}$, also

a) **Technisch:** $E = \dfrac{\delta}{R}\sqrt{72 . g . 10^9 . K}$ Volt, falls der Plattenabstand δ und der Scheibenradius R in Metern, K in Kilogramm gemessen sind.

b) **Gesetzlich:** $E = \dfrac{\delta}{R}\sqrt{72 . 10^9 . K}$ Volt, wenn δ und R Meter, K Decimegabynen bedeuten.

c) **Physikalisch:** $V = \dfrac{\delta}{R}\sqrt{8K}$ CGS, wenn δ und R in Centimetern, K in Dynen gemessen sind.

---

[1]) Einen Cylinderkondensator mit veränderlicher Kapazität (s. Z. 18, 291 1905) liefern Spindler u. Hoyer in Göttingen (Fig. 146).

Die Kraft K, mit welcher die bewegliche Platte angezogen wird, beträgt:

a) Techniſch: $\dfrac{E^2 . R^2}{\delta^2 . 72 . g . 10^9}$ Kilogramm.

b) Geſetzlich: $\dfrac{E^2 . R^2}{\delta^2 . 72 . 10^9}$ Decimegadynen.

c) Phyſikaliſch: $\dfrac{R^2 . V^2}{8 . \delta^2}$ Dynen.

Da

$$C = \frac{R^2}{4 \delta . 9 . 10^9} = \frac{Q}{E},$$

iſt auch

$$K = \frac{Q^2 . 16 . \delta^2 . 81 . 10^{18} . R^2}{\delta^2 . 9 . 10^9 . 72 . g . R^4} = \frac{Q^2 . 18 . 10^9}{g . R^2} \text{ Kilogramm.}$$

Wäre beiſpielsweiſe der Durchmeſſer der beweglichen Platte 0,6 m, der Abſtand der Platten 0,03 m und die Ladung einer derſelben $= \dfrac{1}{6\,000\,000}$ Coulomb, was einer Spannung von 2000 Volt entſpricht, ſo wäre

$$K = 0{,}000\,566\,\text{kg} = 0{,}566\,\text{g.}$$

Bei dem Wageelektrometer nach Kirchhoff verhindert ein Anſchlag der Wag-ſchale eine Senkung der Platte über die Ebene des Schutzringes, man legt Gewichte auf die andere Wagſchale, bis der Kontakt mit dem Anſchlag auf-hört (elektriſch geprüft). Bei der Thomſonſchen Konſtruktion kann δ geändert werden durch Höher- und Tieferſchrauben der unteren Platte. Die Wage iſt eine Federwage [1]).

Fig. 148 zeigt einen elek-troſtatiſchen Demonſtrations-ſpannungsmeſſer der Firma Hartmann u. Braun in Frankfurt a. M. (bis 500 oder 1000 Volt, Preis 160 Mk.).

Zwei Metallquadranten-paare mit nur geringem Platten-abſtand befinden ſich auf der Inſtrumentwand im Kreiſe

Fig. 148.

1:6

diagonal feſt angeordnet. Eine S-förmige Aluminiumſcheibe, die durch die Gegen-kraft einer flachen Spiralfeder in der Ruhelage außerhalb der beiden Quadranten-

---

[1]) Über ein nach dem Prinzip des Aräometers eingerichtetes abſolutes Elektrometer ſ. Zeitſchr. f. Inſtrumentenkunde 23, 29, 1903. Mach (1883) konſtruierte ein abſolutes Kugelelektrometer, beſtehend aus einer feſten und beweglichen Halbkugel, Bichat und Blondlot (1886) ein Cylinderelektrometer. O. Behm, Karlsruhe i. B., Hirſchſtr. 83, liefert Wageelektrometer als „Benzinfeuerwarner", welche die Elektriſierung des Benzins in chemiſchen Waſchanſtalten (vgl. S. 15) anzeigen und bei gefährlich hoher Spannung einen Kontakt ſchließen, wodurch ein Alarmapparat betätigt wird, zu 145 Mk.

paare gehalten wird, ist um eine mit Spitzen in Steinen gelagerte Achse, die zugleich den Zeiger trägt, in vertikaler Ebene drehbar angeordnet.

Fig. 149.

Fig. 150.

Wird nun einerseits der Aluminiumscheibe eine Ladung und andererseits den beiden Quadrantenpaaren eine der Scheibe entgegengesetzte Ladung zugeführt, so erfolgt eine Einziehung und somit eine Drehung der Scheibe in dem Zwischenraum zwischen die Quadrantenpaare' hinein und demgemäß ein Zeigerausschlag auf der Skala, der ein Maß für die Höhe der Spannung abgibt.

Ein die Aluminiumscheibe umgreifender permanenter Magnet sorgt für die Dämpfung des schwingenden Systems.

Die Ablenkung ist natürlich unabhängig von dem Sinn, das Instrument zeigt deshalb auch bei wechselnder Spannung richtig.

Dieselbe Firma liefert ferner: elektrostatische Voltmeter[1] nach Fig. 149 mit Meßbereichen von 60 bis 100 und 500 bis 1000 Volt zu 220 Mk. und nach Fig. 150 mit Meßbereichen von 900 bis 1500 Volt und 12000 bis 20000 Volt zu 85 bis 210 Mk.

Siemens u. Halske benutzen bei ihren elektrostatischen Voltmetern (Fig. 151) das in Fig. 152 dargestellte Prinzip[2], wobei ein Kolben sich in einem ringförmigen

[1] Derartige Multicellularvoltmeter, wie sie zuerst W. Thomson angegeben hat, sind gewissermaßen ein Aggregat einfacher Voltmeter. — [2] Deutsche Mechaniker-Zeitung 1901, S. 219.

Hohlkörper bewegt und durch eine Feder der elektrischen Anziehung das Gleichgewicht gehalten wird [1]).

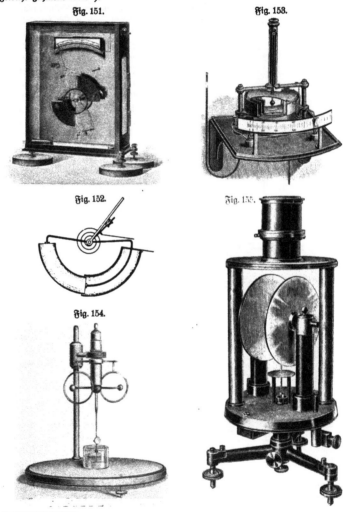

Fig. 151.

Fig. 153.

Fig. 152.

Fig. 155.

Fig. 154.

---

[1]) Ein elektrostatisches Voltmeter nach Fig. 153 bringt die Edison Manufacturing
Company in New York in zwei Größen bis zu 600 und 1150 Volt in den Handel. Ein
Spiegelelektrometer für hohe Spannungen nach Heydweiller (vgl. Zeitschr. f. Instru-
mentenkunde 12, 377, 1892) liefert W. Siedentopf, Universitätsmechaniter in Würzburg
(Fig. 154 Lb, 250), Meßbereich 3000 bis 27000 und 6000 bis 60000 Volt.

Bei den Plattenvoltmetern nach Ebert u. Hoffmann (Fig. 155 [1]) bewegt sich ein bifilar aufgehängtes Rotationsellipsoid aus Aluminium zwischen den Platten eines Luftkondensators, so daß es in der Nullage 45° gegen die Kraftlinienrichtung bildet. Die Wurzel des Ausschlages, der dadurch entsteht, daß es sich bei Ladung der Platten den Kraftlinien parallel zu stellen sucht, ist proportional der effektiven Spannung der Platten [2]).

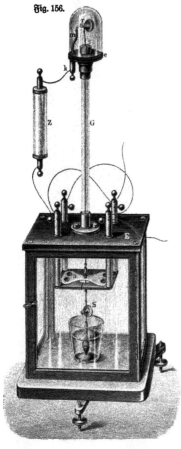

Fig. 156.

Thomsons Quadrantenelektrometer. Eine zur Demonstration desselben besonders geeignete Form, die ihm B. v. Lang gegeben hat, ist in Fig. 156 dargestellt. Auf dem aus Ebonit verfertigten Deckel E eines Glasgehäuses erhebt sich in der Mitte die Glasröhre G mit dem drehbaren Ebonitknopf e, welcher zur Abhaltung von Staub mit einer kleinen Glasglocke bedeckt ist. Unter dieser befindet sich der messingene Ständer m mit der Winde r, an welcher mittels eines durch den geschlitzten Ebonitpfropf s geführten feinen Platindrahtes [3]) eine 8-förmige Scheibe (Nadel, Lemniskate) a aus sehr dünnem Aluminium hängt. Sie spielt über vier Messingquadranten, welche durch kleine, an der Ebonitplatte befestigte Messingsäulchen getragen werden, die oben in Klemmschrauben endigen. Mit der Aluminiumscheibe fest verbunden ist entweder ein Zeiger, welcher auf einer Skala spielt, oder der Hohlspiegel S, welcher ermöglicht, die Bewegungen der Scheibe durch Reflexion eines Lichtstrahles objektiv zu machen. Unten an diesem hängt ein mit Quecksilber belastetes Glasgefäßchen, welches in ein Glas mit konzentrierter Schwefelsäure eintaucht, wodurch die Schwingungen gedämpft werden. Die Schwefelsäure hält außerdem den Raum trocken. Man kann beim Gebrauche den einen Pol eines geladenen Konden-

---

[1]) Zu beziehen von dem physikalisch-mechanischen Institut von Prof. Dr. Edelmann in München zu 490 Mk. — [2]) Ein elektrostatisches Voltmeter für sehr hohe Spannungen beschreibt Grau, Elektrotechn. Zeitschr. 26, 269, 1905. Es ermöglicht direkt Bestimmungen bis 100000 Volt. — [3]) Bei feineren Instrumenten ein versilberter Quarzfaden (s. Bd. I (1), S. 608). Die Versilberung kann durch Kathodenzerstäubung bewirkt werden.

fators (oder einer Zambonifchen Säule Z) mit der Scheibe a durch Vermittelung
der Klemmſchraube k verbinden. Der andere Pol wird mit den Klemmen von
zwei gegenüberſtehenden Quadranten verbunden, die übrigen beiden Quadranten mit
dem zu unterſuchenden Körper. Die Scheibe a dreht ſich dann je nach der Elektriſierung dieſes Körpers mehr oder weniger nach der Seite der mit der Säule verbundenen Quadranten (Quadrantſchaltung).

Fig. 157.

Fig. 158.

Bei der „Nadelſchaltung" werden die beiden Quadrantenpaare mit den
Polen des Kondenſators verbunden, die (zuvor abgeleitete) Nadel mit dem zu
meſſenden Körper oder Kondenſator (z. B. einem großen Luftkondenſator wie Fig. 145,
S. 91) wird mit einem Füllapparat (Fig 65, S. 35) und einem Elektrometer verſehen,
um etwaiges Nachlaſſen ſeiner Spannung beobachten und korrigieren zu können.
Man kann übrigens das Elektrometer auch ganz ohne Kondenſator verwenden,
falls nur höhere Spannungen zu meſſen ſind. Bei dieſer ſog. „Doppelſchaltung"
werden die Nadel und das eine Quadrantenpaar abgeleitet, das andere mit dem

zu unterſuchenden Körper verbunden. Die Spannung iſt dann proportional der Quadratwurzel aus dem Ausſchlag.

Fig. 157 (Lb, 250) zeigt die beſonders verbreitete Form der Ausführung nach Mascart. (Siehe auch Bd. I$_{(1)}$, S. 141 u. 609.)

Ich benutze zur Demonſtration des Prinzips ein ähnliches von dem techniſchen Aſſiſtenten des Karlsruher Inſtituts Herrn Laukiſch hergeſtelltes Inſtrument, bei

Fig. 159.

welchem die Quadranten in vertikaler Stellung auf einer Glasſcheibe befeſtigt ſind. Die Lemniskate dreht ſich um eine horizontale Achſe zwiſchen Spitzen und iſt mit einem Zeiger verſehen. Hierdurch wird die Komplikation der Spiegelablesung, welche erſt in einem ſpäteren Kapitel näher beſprochen werden kann, ver= mieden. Allerdings iſt das Inſtrument nur für größere Spannungen brauchbar [1]).

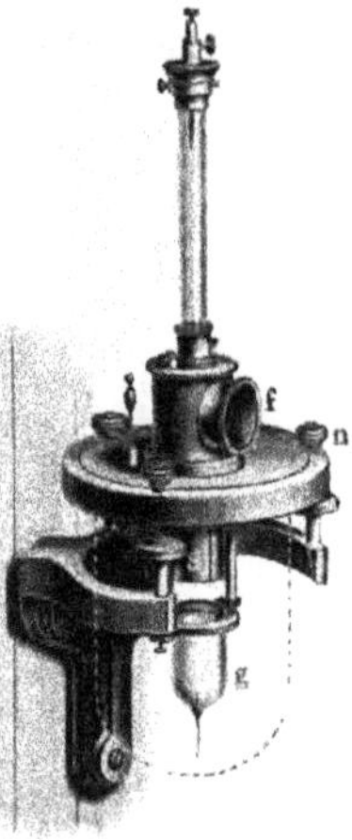

Edelmann gibt dem Quadrantenelektrometer die in Fig. 159 dargeſtellte Einrichtung. Die Quadranten s

Fig. 160.

bilden einen Cylindermantel und die Nadel beſteht entſprechend aus zwei einander gegenüberliegenden Cylinder= abſchnitten, die koaxial innerhalb des Quadrantencylinders ſchwingen. g iſt das Schwefelſäuregefäß, wel= chem durch eine kleine Batterie von 200 Elementen Elektrizität zugeführt wird. Durch eine leicht zu ent= fernende, in der Figur punktiert an=

gedeutete Glasglocke wird die äußere Luft abgehalten. Bei f iſt das Gehäuſe mit einem planparallelen Fenſter zur Beobachtung des Spiegels verſchloſſen. Er ruht mittels dreier Stellſchrauben nn auf einem kräftigen Wandkonſol aus Zinkguß [2]).

Bei Righis Elektrometer (Fig. 160) wird die Nadel infolge ihrer unſymme= triſchen Stellung zu den Ausſchnitten des Gehäuſes abgelenkt.

45. Elektriſierungskoeffizient und Dielektrizitätskonſtante. Iſt das Medium, in welchem ſich ein elektriſcher Konduktor befindet, nicht gasförmig (ſtreng genommen Vakuum), ſondern flüſſig oder feſt, ſo ſind die Kraftwirkungen inſofern anders, als ſich die Moleküle des Dielektrikums unter dem Einfluſſe der elektriſchen Influenz polariſieren.

Man kann ſich dieſe dielektriſche Polariſation in der Weiſe vorſtellen, daß jedes Molekül gleichviel entgegengeſetzt elektriſche bewegliche Elektronen enthält, die durch die elektriſche Kraft des Konduktors in ähnlicher Weiſe geſchieben werden,

---

[1]) Ein Quadrantenelektrometer in einfacher Ausführung (Fig. 158) liefern Leppin u. Maſche in Berlin SO., Engelufer 17, zu 25 bis 35 Mk. — [2]) Zu beziehen von Dr. Edelmann in München zu 250 Mk., Kommutator dazu 50 Mk., Ladungsbatterie 50 bis 65 Mk. Ein Spiegelelektrometer (Tripolarelektrometer) zur Meſſung von Spannungen von 50 Volt bis etwa 100 mm Schlagweite liefert Edelmann zu 250 Mk. H. Stieberitz in Dresden liefert ein aperiodiſches Quadrantenelektrometer nach Hallwachs (magnet= und nachwirkungsfrei, 1 Volt = 150 Skalenteile).

wie die Elektronen in einem metallischen Leiter, so daß jedes Molekül auf der dem Konduktor zugewandten Seite entgegengesetzt, auf der anderen gleichartig elektrisch wird[1]). Ein stabförmiger Isolator, in der Richtung einer Kraftlinie gehalten, zeigt demgemäß an dem dem elektrischen Körper zugewandten Ende einen entgegengesetzten, am anderen Ende einen gleichartigen Pol, ähnlich wie ein isolierter Leiter[2]), doch befindet sich Elektrizität nicht nur an den Enden wie bei diesem, sondern auch im Innern, da jedes Molekül elektrisch wird. Da indessen hier entgegengesetzte Elektrizitäten immer in. kleinem Abstande nebeneinander angehäuft sind, verschwindet die Wirkung der inneren Elektrizität nach außen.

Zu der wahren Ladung des Konduktors kommt also die nahe dabei befindliche entgegengesetzte Ladung des Dielektrikums hinzu, welche ihre Wirkung teilweise beeinträchtigt, so daß sich der Konduktor so verhält, als ob er eine scheinbare Ladung hätte, die gleich der Differenz beider ist. Diese heißt auch die freie Ladung, und entsprechend unterscheidet man auch zwischen wahrer und scheinbarer Flächendichte der Elektrizität.

Senkt man einen geladenen Konduktor etwa in Petroleum, so wird hiernach seine mittels des Elektrometers gemessene Spannung kleiner erscheinen als zuvor, wird aber, falls die Flüssigkeit vollkommen isolierend ist, sofort wieder den früheren Wert annehmen, wenn man den Konduktor herauszieht. Um ihn, während er von der Flüssigkeit umgeben ist, auf die gleiche Spannung zu laden wie in Luft, ist eine größere Elektrizitätsmenge erforderlich, d. h. die Kapazität ist in der Flüssigkeit größer als in der Luft. Das Verhältnis der beiden Kapazitätskonstanten nennt man Dielektrizitätskonstante. Beispielsweise ist für einen kugelförmigen Konduktor vom Radius R Meter, welcher sich in einem Dielektrikum von der Dielektrizitätskonstante η befindet, die Kapazität

$$C = \eta \cdot \frac{R}{9 \cdot 10^9} \text{ Farad.}$$

Gleiches gilt für alle Formen von Konduktoren und Kondensatoren, man muß den berechneten Wert der Kapazität noch mit der Dielektrizitätskonstante η multiplizieren, um den wahren Wert zu erhalten.

Beispiele von Dielektrizitätskonstanten sind:

Luft[3])	1,0006	Benzol	2,27	Glas	4—7
Paraffin	1,7—2,3	Guttapercha	2,5	Glimmer	4—8
Ebonit	2—3	Schellack	2,8—3,7	Alkohol	25
Petroleum	2,2	Quarz	4,5	Wasser	81

Beispielsweise ist für Guttapercha $\eta = 3,2$, somit die Kapazität eines langen cylindrischen Kondensators mit isolierender Schicht aus Guttapercha (Kabel)

$$\frac{3,2 \cdot L}{9 \cdot 10^9 \cdot 2 \cdot log \, nat \, \frac{R_2}{R_1}} \text{ Farad.}$$

---

[1]) Bei rasch wechselnder Ladung im einen und andern Sinne müßte dann die Stromwärme in den leitenden Partikelchen eine Erhitzung des Dielektrikums bewirken. Eine solche ist aber in nicht zu merklichem Maße zu beobachten. — [2]) Man kann hier auf den Unterschied aufmerksam machen, der zwischen der Lebhaftigkeit der Anziehung bei einem isolierenden und bei einem nicht isolierenden Kügelchen stattfindet. — [3]) Insofern die dielektrische Polarisation abhängig sein muß von der Größe der Moleküle und diese wieder in Beziehung steht zu der Konstanten b der van der Waalsschen Zustandsgleichung, scheint für Gase eine Beziehung der Dielektrizitätskonstanten zu den kritischen Daten zu bestehen, durch welche die Zustandsgleichung bestimmt ist.

Bringt man zwischen die Platten eines einfachen Luftkondensators eine Glas-, Ebonit- oder Schwefelplatte, so zeigt sich eine beträchtliche Abnahme des Ausschlages eines mit ersterem verbundenen Elektroskops. Beim Entfernen der Schwefelplatte wird der Ausschlag wieder der frühere.

R. Weber (1890) empfiehlt eine Leidener Flasche mit doppelten Wänden, zwischen welche verschiedene feste und flüssige Isolatoren gebracht werden können. Erstere lassen sich indes schlecht einbringen und letztere sind im allgemeinen nicht genügend isolierend, wodurch Anlaß zu Fehlschlüssen gegeben wird[1].

Ist nach Einbringen der festen Platte eine Abstandsvermehrung um e nötig, um die frühere Kapazität wieder herzustellen, und beträgt die Dicke der Platte d, so ist ihre Dielektrizitätskonstante[2]

$$\eta = d/(d - e).$$

Auf die Anziehung zwischen den benachbarten entgegengesetzt elektrischen Seiten der Moleküle führt man die Elektrostriktion zurück, die Erscheinung, daß das isolierende Medium das Bestreben hat, sich in der Richtung der elektrischen Kraftlinien zusammenzuziehen und quer dazu auszudehnen. Wird nach Röntgen (1879)

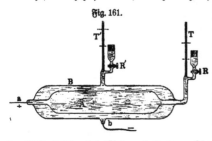

Fig. 161.

ein langer, breiter, etwas gespannter Kautschukstreifen auf beiden Flächen entgegengesetzt elektrisiert, zu welchem Zwecke man die beiden Seitenflächen durch Einpinseln mit Graphitpulver leitend machen könnte, so kann man Verlängerungen von mehr als $^1/_{80}$ der Streifenbreite beobachten. Fig. 161 Lb, 25 zeigt einen Apparat zur Beobachtung

der Elektrostriktion bei Glas nach Duter. Die beiden leitenden Flüssigkeiten in Aa und Bb werden entgegengesetzt elektrisiert, nachdem die Hähne R und R' geschlossen sind. Man sieht dann die Flüssigkeit in T sinken, in T' steigen. Entladet man, so verschwindet die Niveaudifferenz wieder bis auf einen kleinen Rest, der durch das Residuum (vgl. S. 103) bedingt ist[3].

Infolge der elektrischen Polarisation kommt also zur Ladung des Konduktors die entgegengesetzte Ladung im Dielektrikum hinzu, durch welche ihre Wirkung teilweise kompensiert wird. Während sich die Wirkung zwischen zwei Konduktoren in Luft (im Vakuum) einfach nach dem Coulombschen Gesetz berechnet, kommt in einer dielektrischen Flüssigkeit die scheinbare Verminderung der wahren Ladungen durch die dichtanliegenden Influenzladungen im Dielektrikum in Betracht[4]. Die Kraft ist infolgedessen nur:

---

[1] S. auch Garbasso, Beibl. 20, 705, 1896. — [2] Über Gordons Methode s. Kohlrausch, Prakt. Physik, S. 583. — [3] Für ein Gas beträgt die Druckänderung in CGS-Einheiten $(\eta - {}^1/_8\,\eta)\,H^2$, wenn η die Dielektrizitätskonstante und H die Feldintensität in CGS-Einheiten bedeutet. — [4] Über dieses erweiterte Coulombsche Gesetz, welches aussagt, daß die Kraft umgekehrt proportional ist der Dielektrizitätskonstante oder daß die Elektrizitätsmengen mit $\dfrac{1}{\sqrt{\eta}}$ zu multiplizieren sind, siehe auch Kuhfahl, Z. 12, 198, 1899.

a) **Technisch:** $K = 1/\eta \cdot \dfrac{9 \cdot 10^9}{g} \cdot \dfrac{m_1 \cdot m_2}{r^2}$ Kilogramm, falls m_1 und m_2

Coulomb bedeuten, r den Abstand in Metern.

b) **Gesetzlich:** $K = 1/\eta \cdot 9 \cdot 10^9 \cdot \dfrac{m_1 \cdot m_2}{r^2}$ Decimegadynen.

c) **Physikalisch:** $K = 1/\eta \cdot \dfrac{m_1 \cdot m_2}{r^2}$ Dynen, wenn m_1 und m_2 in CGS$_{el}$ gemessen sind, r in Centimetern.

Alfred M. Mayer hängt zum Nachweis die eine Kondensatorplatte (versilbertes Glimmerblatt von 16,5 cm Durchmesser) an einer Federwage (800 Windungen eines 0,012″ dicken Messingdrahtes) auf und bestimmt bei verschiedenen Isolatoren die Entfernung der zweiten Platte, bei welcher der Zug der Feder die elektrische Attraktion überwiegt.

Denkt man sich einen Schellackstab in der Richtung der Kraft in ein elektrisches Feld gebracht, so verdichten sich in ihm gewissermaßen die Kraftlinien, weil an seinen Enden durch Influenz neue Elektrizitätsmengen auftreten, deren Wirkung zu der der vorhandenen Massen hinzukommt. Diese durch Influenz erzeugte Elektrizitätsmenge ist der Feldintensität H proportional, d. h. sie beträgt für das Quadratmeter etwa $\varepsilon \cdot H$ Coulomb, wobei ε die Elektrifierungskonstante oder der Elektrifierungskoeffizient heißt. Da von 1 Coulomb 4π Kraftlinien ausgehen, ist die Zahl der neu entstandenen Kraftlinien $4\pi\varepsilon \cdot H$, und da schon H vorhanden waren, die gesamte Kraftlinienzahl für das Quadratmeter nunmehr

$$H + 4\pi\varepsilon \cdot H = (1 + 4\pi\varepsilon)H = \eta \cdot H,$$

also $\eta = 1 + 4\pi\varepsilon$ oder $\varepsilon = \dfrac{\eta - 1}{4\pi}$, wenn η die Dielektrizitätskonstante bedeutet.

Das Produkt $\eta \cdot H$ heißt elektrostatische Induktion.

Denkt man sich in dem Schellack eine sehr dünne Kraftröhre ausgehöhlt und darin beweglich die auf einen Punkt konzentrierte Elektrizitätsmenge $1/a$ Coulomb bezw. 1 CGS, so ist die auf dieselbe wirkende Kraft die Feldintensität oder elektrostatische Kraft. Höhlt man aber den Raum zwischen zwei sehr nahe befindlichen Niveauflächen aus, so ist die hier auf dieselbe bewegliche Elektrizitätsmenge ausgeübte Kraft die elektrostatische Induktion.

Sebbig (Z. 17, 38, 1904) demonstriert den Einfluß der Dielektrizitätskonstante auf den Verlauf der Kraftlinien durch das bereits oben (§ 30, S. 62) beschriebene Verfahren. Als Körper mit hoher Dielektrizitätskonstante wird eine Glaskugel mit Methylalkohol ($D = 32,6$) gefüllt benutzt. Durch wiederholtes Laden und Entladen eines eingetauchten Kondensators war zuvor der Methylalkohol so gut isolierend gemacht, daß seine Leitfähigkeit der der Suspension gleich war. Beim Einbringen der Glaskugel in das Feld sah man deutlich das Einbiegen der elektrischen Kraftlinien. Im Gegensatz dazu sah man bei Einführung einer Glaskugel, die mit einem Stoff von geringerer Dielektrizitätskonstante (Luft, $D = 1$) gefüllt war, das Ausbiegen der Kraftlinien. Die Versuche können auch durch Projektion sichtbar gemacht werden.

Bei konstanter Spannungsdifferenz ist die gegenseitige Kraftwirkung zweier Leiter proportional der Dielektrizitätskonstante des Dielektrikums, in welchem sie sich befinden. Beobachtet man also die Ausschläge eines passend eingerichteten Quadrantenelektrometers für Doppelschaltung einmal in Luft, dann in einem anderen Gase oder einer Flüssigkeit, so stehen dieselben im Verhältnis der Dielektrizitätskonstanten. Um Störung durch Leitung auszuschließen, läßt man die Spannung in rascher Folge zwischen + und — wechseln.

Einen kleinen Motor nach Arnd, beruhend auf der Einwirkung eines elektrostatischen Drehfeldes auf einen drehbaren Glaskörper, beschreibt W. Weiler, Z. 7, 1, 1894. Das Drehfeld wird erzeugt durch vier im Kreise stehende isolierte

Fig. 162.

Fig. 163.

Konduktoren, welchen mittels eines Doppelkommutators in rascher Folge abwechselnd positive und negative Elektrizität von einer Influenzmaschine zugeführt wird.

Fig. 164.

Fig. 162 zeigt den Apparat in primitiver Weise mittels vier Holtzscher Fußklemmen und eines Reagenzglases hergestellt [1]).

Puccianti[2]) läßt durch ein mit Watte gefülltes Glasrohr A, welches in eine Kapillare B ausläuft, kleine Luftblasen in Vaselinöl in einen planparallelen Trog eintreten. Die aufsteigenden Blasen gehen an einer Metallkugel P vorbei und werden von dieser abgestoßen, sobald sie elektrisch gemacht wird, unabhängig von dem Sinne der Elektrisierung (Fig. 164).

Ein Wasserstoffstrahl, welchen man zweckmäßig mittels einer elektrischen Lampe als Schattenbild auf einem weißen Schirme erscheinen läßt, wird von elektrischen Körpern abgestoßen, da sein Elektrisierungskoeffizient negativ ist; ein Kohlensäurestrahl wird umgekehrt angezogen[3]). Diese Versuche sind von besonderem Interesse, da sie das Analogon von Diamagnetismus und Paramagnetismus auf elektrischem Gebiete sind.

---

[1]) Leybolds Nachf. in Köln liefern den Doppelkommutator zu 89 Mk., den Apparat (Fig. 162) zu 26,50 Mk. Eine andere Form zeigt Fig. 163 E, 25. Siehe auch B. v. Lang, Sitzsber. d. Wien. Akad. 115 (2a), 212, 1906. — [2]) Nach Sebbig (Phys. Zeitschr. 6, 414, 1905) beruht die Abstoßung der Bläschen bei diesem Versuch nicht auf dem Unterschied der Dielektrizitätskonstanten, sondern auf der Verschiedenheit der Leitfähigkeiten von Luft und Öl, zum Teil auch auf Konvektionsströmen. Ein an einem Kokonfaden hängendes Ebonitstäbchen (Dielektr. = 2,2) stellt sich in Rizinusöl (Dielektr. = 4,8) zwischen Plattenelektroden äquatorial. — [3]) Mach und Jaumann, Leitf. d. Physik, S. 292.

Für kristallisierte Körper ist die Dielektrizitätskonstante nach verschiedenen Richtungen verschieden; eine Kugel, aus einem einheitlichen Kristall geschliffen, allseitig beweglich, in ein elektrisches Feld gebracht, stellt sich deshalb so ein, daß die Richtung der größten Dielektrizitätskonstante mit der Richtung der elektrischen Kraft übereinstimmt (Kristallelektrizität).

Grenzen zwei verschiedenartige Medien im elektrischen Felde aneinander, so erleiden die Kraftlinien an der Grenze eine Brechung, die von den Werten der Dielektrizitätskonstanten abhängig ist.

Insofern die Kraftlinien die Richtungen der Achsen der elektrisch polarisierten Moleküle umgeben, heißen sie auch Induktionslinien. Beispiele zeigen die Figuren Tafel I und II, wobei der Polarisationszustand durch Schattierung angedeutet ist.

Ist die Ladung an den Enden eines dielektrisch polarisierten Körpers $= \pm m$ Coulomb bezw. CGS, die Länge, d. h. die Entfernung dieser beiden Ladungen $= l$ Meter bezw. Centimeter, so ist das elektrische Moment (analog dem magnetischen) $= l.m$. Als spezifisches elektrisches Moment bezeichnet man das elektrische Moment für die Raumeinheit (cbm, ccm).

Die dielektrische Polarisation tritt in unmeßbar kurzer Zeit mit der elektrischen Kraft auf und verschwindet ebenso plötzlich mit dieser. Unter Umständen beobachtet man aber eine scheinbare Ausnahme, eine sog. dielektrische Nachwirkung, die dielektrische Polarisation scheint auch nach Aufhören der erzeugenden Kraft noch Bestand zu haben (elektrischer Rückstand, Residuum). Man kann die Platten des Kondensators von der dielektrischen Scheibe abnehmen, für sich entladen und wieder einsetzen, nichtsdestoweniger erscheint der Kondensator wieder geladen. Diese Erscheinung beruht auf einer schwachen Leitungsfähigkeit des betreffenden Dielektrikums (vgl. Maxwells Apparat, Bd. I$_{(2)}$, S. 818, Fig. 2393). Man nennt sie auch elektrische Absorption oder dielektrische (elektrostatische) Hysteresis. Kalkspat und andere Kristalle zeigen dieselbe nicht, wohl aber Bergkristall.

Spaltet man einen geladenen Glimmerkondensator in zwei gleich dicke Hälften und versieht die Spaltflächen mit neuen Belegungen, so hat man zwei Kondensatoren, von denen jeder die Hälfte der früheren Energie enthält.

Legt man bei Benutzung des Kondensatorelektroskops (§ 47, S. 104) eine Glimmerplatte zwischen die Kondensatorplatten und erteilt diesen starke Ladungen, so haftet die Elektrizität ebenso wie bei der zerlegbaren Leidener Flasche auf der Glimmerplatte. Dreht man diese um, so daß die obere Seite nach unten kommt, so erhält man den entgegengesetzten Ausschlag. Durch Behauchen oder Durchziehen durch eine Flamme, aus welcher sich Wasserdampf auf die Glimmerplatte niederschlägt, kann man diese scheinbar unelektrisch machen. In Wirklichkeit werden nur leitende Feuchtigkeitsschichten hergestellt, deren Influenzelektrizität die Wirkung der Elektrizität auf der Glimmerplatte kompensiert.

46. Der Sitz der elektrischen Energie. In einem mit Q Coulomb auf die Spannung E Volt geladenen Konduktor ist nach § 33 (S. 66) die Energiemenge

$$A = \frac{1}{2g} \cdot E \cdot Q \text{ Kilogrammeter}$$

aufgespeichert. Führt man in diese Formel die Kapazität ein, so folgt

$$A = \frac{C}{2g} E^2 \text{ Kilogrammeter,}$$

b. h. die Energie hängt wesentlich ab von der Dielektrizitätskonstante des den Konduktor umgebenden Mediums, also von dessen Beschaffenheit; aus welchem leitenden Material der Konduktor verfertigt ist, ist dagegen völlig gleichgültig, da eine davon abhängige Größe in der Formel nicht vorkommt; es ist sogar nach § 27 (S. 53) völlig gleichgültig, ob er hohl oder massiv ist.

Mit Recht schloß deshalb Faraday nach Erkenntnis dieser Tatsache, daß der Sitz der elektrischen Energie nicht der Konduktor, sondern das Medium außerhalb desselben ist. Wohl kann man in gewissem Sinne die Aufspeicherung der Elektrizität auf einem Konduktor in Vergleich ziehen mit der Aufspeicherung komprimierter Gase in einem Windkessel; die aufgespeicherte Menge Luft (Elektrizität) ist um so größer, je größer der Rauminhalt des Windkessels (die Kapazität des Konduktors) und je größer der angewandte Druck (die elektrische Spannung), allein für den Fall der Ansammlung des Gases ist es ganz gleichgültig, welches Medium den Kessel umgibt, aber sehr wesentlich, daß derselbe ursprünglich leer ist (s. Bd. I $_{(2)}$, S. 999, § 290); im Falle des Konduktors ist es gerade umgekehrt.

Zur Erzeugung der dielektrischen Polarisation in einem Isolator ist Arbeit erforderlich, welche als elektrische (potentielle) Energie in demselben aufgespeichert wird.

Ist l die Dicke des Dielektrikums eines ebenen Kondensators, F die belegte Fläche, Q die Ladung, E die Spannung, C die Kapazität und η die Dielektrizitätskonstante, so beträgt die Energie

$$P = \frac{1}{2g} \cdot E \cdot Q = \frac{1}{2g} \cdot \frac{Q^2}{C} = \frac{2\pi \cdot 9 \cdot 10^9}{g} \cdot \frac{1}{\eta} \cdot \frac{l}{F} \cdot Q^2 \text{ Kilogrammeter,}$$

oder, da $Q = F \cdot h = F \cdot H \cdot \frac{1}{4\pi}$, wenn man das Volumen mit v bezeichnet:

$$P = \frac{9 \cdot 10^9 \cdot v \cdot H^2}{8\pi \cdot g \cdot \eta} \text{ Kilogrammeter.}$$

Streicht man v, so gibt die Formel die elektrische Energie pro Kubikmeter. Diese ist also:

a) Technisch: $P = \frac{9}{8} \frac{10^9 \cdot H^2}{\pi \cdot g \cdot \eta}$ Kilogrammeter, worin H die Feldstärke in Kilogramm pro $g/9$ Millimikrocoulomb;

b) Gesetzlich: $P = \frac{9 \cdot 10^9 \cdot H^2}{8\pi \cdot \eta}$ Joule, wenn H die Feldstärke in Decimegabynen pro $1/9$ Millimikrocoulomb;

c) Physikalisch: $P = \frac{1}{8\pi\eta} \cdot H^2$ Erg, wobei H in CGS$_{ee}$ gemessen ist.

47. Kondensatorelektroskop.

Am bequemsten läßt sich das Prinzip dieses Apparates durch den Apparat Fig. 165 zeigen. Zwei runde Platten AB, EF von Metall und etwa 2 dm Durchmesser sind mit einem etwas dickeren abgerundeten Rande und gut isolierenden Glas- oder Siegellackgriffen, die eine auch mit einem hölzernen Fuße versehen; zwischen beide kommt eine dünne Glasplatte CD, die mindestens um 3 cm die Platten AB, EF überragt; sie braucht nicht abgerundet zu sein. Statt der Metallplatten kann man sich gut eben gedrehter und glatt geschliffener Holzplatten bedienen, die man schön glatt mit Stanniol überklebt, wodurch der Apparat sehr wohlfeil wird. Jede Platte wird mit einem Holundermark-Elektroskop versehen, welches abgenommen werden kann; zu dem Ende ist das obere an einem mit metallenem Füßchen versehenen Draht, das untere an einem Häkchen aufgehängt. Nimmt man nun *A B* an ihrem Glasstabe ab, läßt einen Funken darauf schlagen, und nähert sie der Glasplatte, während die Kügelchen divergieren, Fig. 166, so sinken ihre Kügelchen sehr nahe zusammen und die von *E F* divergieren; nimmt man *E F* ihre Elektrizität ab, so sinken auch die Kugeln von *A B* bis auf eine kaum merkliche Distanz zusammen. Wird *A B* wieder abgehoben, so diver-

gieren jetzt beide Kugelpaare. Leitet man, während *A B* auf der Glasplatte sitzt, mittels eines isolierten Drahtes neue Funken auf *A B*, so divergieren beide Kugelpaare abermals; man läßt nun Funken übergehen, so lange sie *A B* annimmt; berührt man dann *E F* ableitend, so

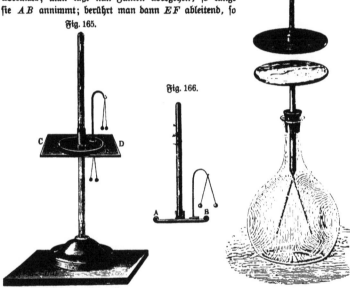

Fig. 167.

Fig. 165.

Fig. 166.

sinken die Kugeln zusammen, jedoch die oberen nicht mehr ganz; allein *A B* nimmt wieder neue Funken an u. s. w. Setzt man dann beide Platten durch einen Draht in Verbindung, so erhält man den verstärkten Funken; trennt man aber beide Platten und das Glas, berührt die Platten ableitend und setzt den Apparat zusammen, so ist derselbe doch noch geladen. Auch dann, wenn er ohne vorherige Trennung entladen wird, zeigt sich der Apparat nach kurzer Zeit von neuem, wenn auch viel schwächer, geladen. Es ist dieses der sogenannte Rückstand, der um so größer wird, je länger der Apparat geladen erhalten wird. Man nimmt zu dem Apparate eine dünne, recht ebene Glasplatte und darf darum und auch der Selbst= entladung wegen die Ladung nicht zu weit treiben [1]).

---

[1]) Einen großen Kondensator dieser Art kann man sich aus zwei Elektrophor= deckeln mit zwischengelegter Ebonitplatte herstellen. Der eine, in einem Stativ befestigte Elektrophordeckel wird mit einem großen Papierelektroskop ohne Gehäuse verbunden, der andere durch eine Kette zur Erde abgeleitet.

Gewöhnlich wird der Kondensator unmittelbar am Elektrometer angebracht. Am zweckmäßigsten ist es, ihn so einzurichten, daß man die eine Platte, die Basis, auf jedes der verschiedenen Elektrometer statt des Knopfes aufschrauben kann, Fig. 167. Man nimmt dazu Messingplatten von 3 mm Dicke — dünnere biegen sich schon beim Bearbeiten zu leicht — und 5 bis 6 cm Durchmesser.

Auf die eine Platte wird eine Hülse gelötet, um einen 1 dm langen Glasstab einzukitten, wenn man nicht etwa geradezu eine Siegellackstange anwenden will; die andere erhält nur eine Verdoppelung aufgelötet, in welche die auf alle Elektrometer passende Schraubenmutter geschnitten wird. Fig. 168 zeigt diese Platte nebst einem Stücke des Elektrometers. Die Platten werden eben abgedreht, und dann noch auf einer Spiegelplatte mit Smirgel geschliffen; sind sie nicht gut gedreht, so kann man zuerst Goldsand nehmen; zuletzt schleift man sie mit feinem Bimssteinpulver und Wasser auf der Drehbank, wodurch sie wieder metallisches Ansehen gewinnen und runden Strich erhalten. Der Rand wird auf der Drehbank abgerundet. Wenn solche Kondensatorplatten dünn sind, so sind sie nur schwer zu schleifen, weil sich der äußere Rand stets aufbiegt; solche Platten muß man daher für das Abdrehen und Schleifen auf ein Holzfutter kitten, welches mit ihnen von gleicher Größe ist; es dient beim Schleifen zugleich als Handhabe.

Fig. 168. Fig. 169.

Vorzügliche Sorgfalt muß auf die Firnisschicht verwendet werden. Auf der Drehbank geht das Firnissen ziemlich leicht, wenn man nur einen mäßig starken Überzug verlangt, der meistens genügt. Will man aber eine stärkere Firnisschicht, so verfährt man am zweckmäßigsten, wenn man die Platten vorher gar nicht oder nur ganz gelinde erwärmt, denn auf Platten, welche zum gewöhnlichen Firnissen warm genug sind, wird man nur schwer eine gleichmäßige dickere Firnisschicht auftragen können; man legt die Platten eben und bestreicht sie mit mäßig konzentrierter Schellacklösung, welche dabei Zeit gewinnt, sich von selbst gleichmäßig auf der Platte auszubreiten. Der Firnis nimmt nach dem Abtrocknen ebenfalls Glanz an. Man kann auf diesem Wege auch eine zweite Schicht auftragen, natürlich ohne dabei mit dem Pinsel die erste aufzureiben; ein feines Schwämmchen ist zum Firnissen überhaupt geeigneter als der Pinsel. Man muß den Firnis am Kondensator nie gar zu dünn machen. Auch Kollodium gibt einen guten Überzug für Kondensatorplatten; solche Platten bedürfen aber einer noch sorgfältigeren Aufbewahrung als die mit Schellack gefirnißten.

Will man auch den Rand und die obere Seite firnissen, so geschieht dieses vorher, und zwar wie gewöhnlich heiß auf der blanken Metallfläche. In diesem Falle muß aber in den Rand der Platte (besser an die Hülse am Griff) für Ab und Zuleitung ein Draht mit abgerundetem freiem Ende eingeschraubt werden, welcher nicht gefirnißt wird (Fig. 169). Es ist dann bequem, wenn beide Platten solche Drähte erhalten; sie brauchen nur 1 bis 2 mm dick zu sein. Solche Drähte sind darum empfehlenswert, weil man ihr Ende mit der Feile immer wieder rein

metallisch machen kann, was mit dem Rande· oder Rücken der Platten weniger der
Fall ist; auch beschmutzen sich diese bei der öfteren Berührung leicht, was dann
sowohl der Wirkung als dem Ansehen nachteilig ist. Die Drähte haben allerdings
den Nachteil, daß man an ihnen die Kondensatorplatten leicht verschiebt.

Ein guter Kondensator muß eine schwache Ladung bei gutem Wetter mindestens
zwölf Stunden lang halten.

Beim Abheben der oberen Platte muß man darauf sehen, daß dieses in mit
der unteren paralleler Lage geschieht.

Wenn die Firnisschicht eines Kondensators elektrisch geworden ist, so bleibt
dieselbe oft tagelang in diesem Zustande und veranlaßt arge Täuschungen. Man
kommt in solchem Falle beinahe am kürzesten weg, wenn man dieselbe einigemal
in einiger Entfernung über die Flamme einer messingenen Weingeistlampe wegführt, oder, sobald dieses nicht
helfen sollte, wenn man gerade·
zu den Firnis mit Weingeist
abwäscht und ihn neu aufträgt,
vorausgesetzt, daß man den
Kondensator sogleich gebrauchen
will; mit der Zeit verliert sich
der Übelstand freilich von selbst.
Ob der Kondensator schon
Ladung irgend einer Art hat,
bemerkt man daran, daß das
Elektrometer Elektrizität zeigt,
wenn man den Deckel ableitend
berührt und ihn dann wieder
abhebt. Man darf bei der
Anwendung des Kondensators
nie versäumen, diese Probe
vorher zu machen.

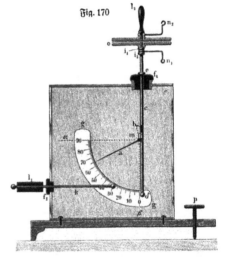
Fig. 170

Das Behauchen der
Firnis- oder Glimmerzwischen-
lage oder Bestreichen mit einer
Flamme beseitigt die Elektrisierung derselben nicht, sondern stellt eine Wasserhaut
her, welche entgegengesetzt elektrisch ist, und so scheinbar die isolierende Schicht
unelektrisch macht. Man kann dies leicht mit einem absichtlich elektrisch gemachten
Glimmerblatt zeigen, welches nach dem Behauchen das Elektroskop nicht beeinflußt.
Legt man aber die Kollektorplatte auf und bringt sie mit der Kondensatorplatte
für einen Moment in leitende Verbindung und hebt nun die Kollektorplatte wieder
ab, so zeigt das Elektroskop starke Divergenz. Wiederholt man den Versuch, indem
man das Glimmerblatt umkehrt, so zeigt das Elektroskop ebenso starke Divergenz
mit entgegengesetzter Elektrizität.

Guerout (1880) bringt den Kondensator auf einem Mascartschen isolierenden Stativ an und versieht die untere Platte mit einem seitlichen Arm mit Knopf,
an welchen direkt die Goldblättchen angehängt werden.

Grimsehl (Z. 16, 13, 1903) macht auf die verschiedenen Versuchsfehler bei
der Benutzung des Kondensatorelektroskops aufmerksam. Die Kondensatorplatte darf

nie mit der Fläche auf den Tisch gelegt werden, da die geringste Verschiebung die Lackschicht elektrisch macht und dieselbe verunreinigt oder beschädigt. Zum guten Gelingen der Versuche empfiehlt es sich stets, die Platten zuvor abzuschleifen und frisch zu lackieren. Um das Entstehen von Elektrizität durch Berührung des isolierenden Handgriffs zu verhindern, empfiehlt es sich, diesen an der betreffenden Stelle mit Stanniol zu umkleiden.

Fig. 170 zeigt das bereits auf S. 58, § 29 erwähnte Elektrometer von Kolbe mit Kondensator versehen.

In welchem Maße ein Kondensator Vergrößerung der Spannung bewirkt, ergibt folgende kleine Rechnung. Ist R der Radius der auf dem Elektroskop befestigten Kollektorplatte, so ist deren Kapazität (wenn man von der geringen Kapazität des Stieles und der Blättchen absieht) nach § 38 (S. 78)

$$C_1 = \frac{2 \cdot R}{9 \cdot 10^9 \cdot \pi} \text{ Farad.}$$

Wird die Kondensatorplatte aufgesetzt und zur Erde abgeleitet, so ist die Kapazität nach § 45 (S. 99)

$$C_2 = \frac{\eta \cdot R^2}{9 \cdot 10^9 \cdot 4\delta} \text{ Farad.}$$

Ist nun in beiden Fällen die auf der Kollektorplatte vorhandene Elektrizitätsmenge Q Coulomb und die Spannung im ersten Falle e_1 Volt und im zweiten e_2 Volt, so ist nach Definition der Kapazität

$$C_1 = \frac{Q}{e_1} \text{ und } C_2 = \frac{Q}{e_2},$$

somit

$$\frac{e_1}{e_2} = \frac{C_2}{C_1} = \frac{\eta \cdot R \cdot 9 \cdot 10^9 \cdot \pi}{9 \cdot 10^9 \cdot 4\delta \cdot 2} = \frac{\eta \cdot \pi \cdot R}{8\delta}$$

und

$$e_1 = e_2 \cdot \frac{\eta \cdot \pi \cdot R}{8\delta} \text{ Volt.}$$

Die Spannung e_1 nach Abheben der Kondensatorplatte ist also $\frac{\eta \cdot \pi \cdot R}{8\delta}$ mal größer als die vorher vorhandene.

48. Freie und gebundene Elektrizität. Die Spannung auf der inneren Belegung einer außen abgeleiteten kugelförmigen Leidener Flasche ist $V = \frac{Q}{R} - \frac{Q}{R'}$. Hieraus folgt

$$Q = RV + Q \cdot \frac{R}{R'},$$

d. h. die Ladung der inneren Kugel besteht aus zwei Teilen, demjenigen, den sie bei der gleichen Spannung V aufnehmen würde, wenn die äußere Belegung nicht vorhanden wäre, der sogenannten freien Elektrizität $R \cdot V$, und der gebundenen $Q \cdot R/R'$.

Würde man die innere Belegung ableiten, so würde $V = 0$, somit wäre nur noch die gebundene Elektrizität $Q \cdot R/R'$ vorhanden, die freie ist zur Erde abgeflossen. Infolgedessen tritt nun auf der äußeren Belegung eine Spannung auf, die von V um so weniger verschieden ist, je geringer die Dicke des Kondensators. Leitet man nun die äußere Belegung ab, so fließt wieder die freie Elektrizität zur Erde, die

Spannung wird hier Null, während auf der inneren Belegung Spannung auftritt u. s. w. Man könnte auch nur soviel von der freien Elektrizität abfließen lassen,
daß positive und negative Spannung gleich wären u. s. w. Für die Berechnung der
Kapazität maßgebend ist immer nur die Differenz der Spannungen.

Gleiches gilt für einen ebenen Kondensator, z. B. eine Franklinsche Tafel,
doch sind hier die Elektrizitätsmengen auf den beiden Belegungen nicht gleich,
sondern die abgeleitete enthält um so weniger, je größer die Dicke der Platte.

Die Franklinsche Tafel ist eine Glastafel, die auf beiden Seiten bis auf
einen Abstand von etwa 5 cm vom Rande mit Stanniol belegt ist. Sie wird
vertikal auf einen hölzernen Fuß gestellt (Fig. 171 und 172) und erhält beiderseits
Holundermarkkugeln an leinenen Fäden, welche mit etwas Wachs auf das Stanniol
geklebt werden.

Ist die Tafel (mit Hilfe des Elektrophors) geladen, so kann man abwechselnd
die eine und die andere Belegung berühren; jedesmal fällt das Pendel der berührten
Seite zurück bis an die Belegung und das andere entfernt sich.

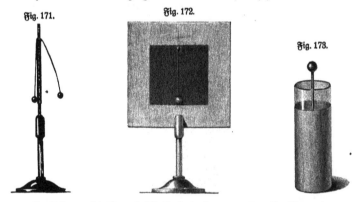

Fig. 171.   Fig. 172.   Fig. 173.

49. Leidener Flasche und Plattenkondensatoren. Um die Menge der von
einer Elektrisiermaschine gelieferten Elektrizität zu messen, kann man dieselbe in
einem Kondensator ansammeln, und mittels des Elektrometers die Spannung messen.
Die älteste Vorrichtung dieser Art ist die Kleistsche oder Leidener Flasche (Fig. 173).
Was die Größe betrifft, so bedarf man deren mehrere: eine ganz kleine, etwa von
12 bis 15 cm Höhe und 5 bis 7 cm Weite, eine größere von etwa 2 Liter Inhalt,
welche als Maßflasche hergerichtet wird, und eine oder mehrere beliebig große, außerdem solche für Versuche mit hoher Spannung. Geeignet sind z. B. Zuckergläser
aus grünem dickem Glase.

Hat man entsprechende Gläser gefunden, so muß man sie auf ihre Fähigkeit,
zu isolieren, prüfen. Man reibt sie zu dem Ende sorgfältig ab, stellt sie verkehrt
und bringt auf ihren Boden etwa das kleine Elektrometer der oberen Platte von
Fig. 165 (S. 105), teilt diesem Elektrizität mit und sieht zu, ob und wie lange die
Kugeln divergieren. Sicherer ist es, das Glas provisorisch in eine Flasche zu verwandeln, indem man außen einen Streifen unechtes Silberpapier herumwickelt,
diesen festbindet und reine Feilspäne, Hammerschlag oder auch Wasser einfüllt. Man

versucht nun, ob die Flasche Ladung annimmt. Besonders gut isolierende Gläser liefern Warmbrunn, Quilitz u. Co. in Berlin und Desaga in Heidelberg.

Wenn man eine größere belegte Oberfläche braucht, so erreicht man immer stärkere Wirkung, wenn diese auf einer Flasche ist, als wenn man dafür mehrere kleinere Flaschen zur Batterie verbindet, deren belegte Oberflächen zusammengenommen jener gleich sind. Verfertigt man aber mehrere größere Flaschen, so sind solche Gläser vorzuziehen, welche mehr hoch als weit sind, weil beim Zusammenstellen derselben zur Batterie dann auf der gleichen Grundfläche mehr belegte Glasfläche erhalten wird: Raumersparnis aber ist immer sehr zu berücksichtigen. Man muß solche Gläser aussuchen, welche möglichst gleich dickes und reines Glas haben: denn an den dünneren Stellen, oder wo sich Blasen vorfinden, werden die Flaschen leicht durch Selbstentladung zertrümmert — ein Ereignis, welches doch mitunter eintritt und um so mehr das Selbstanfertigen der Flaschen nötig macht. Gut ist es freilich, wenn das Glas bei diesen Flaschen dünn ist, nur darf man dieselben dann nie für solche Versuche verwenden, welche etwas höhere Spannung erfordern, sondern nur für solche, bei welchen es mehr auf die Quantität der Elektrizität ankommt, die man dann durch Vermehrung der belegten Oberfläche, d. h. der Flaschenzahl, erreicht. Flaschen für Versuche mit hoher Spannung müssen etwa 3 bis 5 mm dickes Glas und einen etwa 2 dm breiten unbelegten Rand haben.

Zum Aufkleben des Stanniols bedient man sich eines sehr gleichförmigen, leicht zerteilbaren Stärkekleisters. Der Kleister darf nur sehr dünn auf das Stanniol aufgetragen werden, und letzteres wird sodann auf das Glas gelegt, mit einem Papier bedeckt und durch dieses hindurch mittels eines zusammengeballten Stückes Zeug aufgerieben, so daß es glatt anliegt. Sollten dennoch Blasen bleiben, so rührt dieses von zusammengeschobener Stärke oder von Luft her; in beiden Fällen hilft ein kleiner Schnitt in die Blase und wiederholtes Anreiben. Da der Boden der Gläser gewöhnlich nach innen erhaben ist, so fängt man bei diesem an und schneidet dazu ein rundes Stück Stanniol, dem man am Rande Einschnitte gibt; man nimmt dasselbe so groß, daß es noch an die Seitenwand hinaufreicht. Diese letztere wird mit senkrechten, je nach der Größe der Flasche nicht über 6 bis 10 cm breiten Stanniolstreifen belegt. Erst wenn die Flasche innerhalb überzogen ist, beginnt man den äußeren Überzug; da hier der Boden vertieft ist, so spannt sich das Stanniol eben über die Vertiefung; man sucht denselben, nachdem die Ränder aufgerieben sind, durch sanftes Reiben mit einem Tuche nach und nach in die Vertiefung hinab zu treiben, welches gewöhnlich gelingt, wenn die Vertiefung nicht zu stark ist; etwa entstehende Risse müssen ausgeflickt werden. Ist der Überzug fertig, so stellt man die Flasche auf den Tisch und bezeichnet durch Einschnitte ringsum eine gleiche Höhe vom Boden; nach diesen Einschnitten schneidet man dann das Stanniol ringsum in gleicher Höhe mit einem Messer zuerst außen und nachher auch innen eben.

Nachdem die Flaschen mit Stanniol belegt sind, macht man für dieselben, wenn sie einzeln bleiben, ein Futter von Pappe, welches innen und außen mit Silberpapier überzogen ist und etwa bis auf $^1/_3$ oder $^1/_2$ der Höhe der Belegung reicht. Es dient sowohl zum Schutze der Belegung als des Glases, auch kann man gerade oberhalb dieses Futters einen Ring von dünnem, mehrfach herumgewundenem Messingdraht um die Flasche legen, der einerseits eine Hafte bildet für das Einhängen der Drähte, Ketten u. s. w. Zweckmäßig ist auch ein Teller aus Zinkblech mit angelötetem Kupferdraht, auf welchen die Flasche aufgestellt wird.

Zuletzt läßt man vom Dreher einen möglichst gut passenden Deckel von Holz verfertigen; oder man leimt zwei kreisförmige Scheiben aus dicker Pappe, von welchen die untere kleiner ist, aufeinander, so daß sie in die Öffnung des Glases passen. Durch den Deckel steckt man den zuleitenden Draht so, daß er bis nahe an den Boden reicht und befestigt ihn mittels Siegellack auf der einen Seite des Deckels. Man nimmt zu diesem Zuleiter Messingdraht von 3 mm Stärke, für sehr große Flaschen wohl auch Messingröhren von 5 bis 10 mm Durchmesser. Das äußere Ende erhält einen Knopf von 2 bis 5 cm Durchmesser, der auf den Draht geschraubt oder gelötet wird. Der Knopf ist hohl, und kann allenfalls vom Klempner aus Messingblech getrieben und scharf zusammengelötet werden. Zur Not kann man auch an den Draht in jedem Flintenkugelmodell eine Zinnkugel angießen. Der Mechanikus macht die Knöpfe aus zwei hohl gegossenen Halbkugeln und dreht sie rund. Das innere Ende der Röhre oder des Drahtes erhält ein Stück Tresse oder ein paar kurze Kettchen zur Verbindung mit dem inneren Belege und zur Schonung

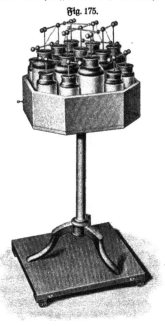

Fig. 175.

Fig. 174.

desselben. Bei der kleinen Flasche wird, einiger Versuche wegen, der Deckel aufgekittet, so wie bei der Laneschen Maßflasche. Das Aufkitten kann hier ganz einfach so geschehen, daß man Siegellacklösung wiederholt zwischen Deckel und Glas laufen läßt, nachdem vorher wenigstens der Rand des Deckels, wo er auf dem Glase aufsitzt, mit solcher Lösung dick angestrichen wurde.

Sollen mehrere Flaschen in eine Batterie vereinigt werden, so kommen sie in einen Kasten zu stehen, der sie gerade alle in gehöriger Ordnung fassen kann, und innen mit Stanniol bekleidet wird; ein mit diesem Stanniol verbundener Messingring wird außen angebracht. Die inneren Belegungen werden durch dicke Messingdrähte, welche von Kugel zu Kugel oder von Stange zu Stange gehen, verbunden; an ihren hakenförmig umgebogenen Rändern erhalten sie Knöpfe von der Größe einer Flintenkugel (Fig. 174; Fig. 175 zeigt den Kasten mit der Batterie auf besonderem Stativ).

Bequem sind solche Batterien, denn man kann eine willkürliche Zahl ihrer Flaschen am inneren Belege miteinander verbinden. Für Ladungen mit hoher Spannung sind sie aber deswegen nicht angenehm, weil hierbei manchmal eine Flasche durch Selbstentladung zertrümmert wird und man nicht immer wieder eine haben kann, welche gerade den Platz der zertrümmerten ausfüllt. Man hat aber in der Tat Batterien nicht nötig, es sind ja schnell eine Anzahl Flaschen zusammengestellt, und durch einen, sie alle umfassenden dicken weichen Blei- oder Kupferdraht äußerlich verbunden. Auf gute Verbindung der inneren Belegungen muß besonders gesehen werden. Die Verbindung mit dem Konduktor der Elektrisiermaschine kann durch hakenförmig umgebogene Messingstäbe (Fig. 176 [1]) bewirkt werden.

Ganz kleine Flaschen verfertigt man manchmal aus Medizingläsern; sie werden dann nur äußerlich mit Stanniol überzogen. Statt der inneren Belegung füllt man sie mit Feilspänen entweder ganz, oder man schüttet zuerst eine etwas dicke Gummilösung hinein, die man auf der inneren Seite bis zur verlangten Höhe aus-

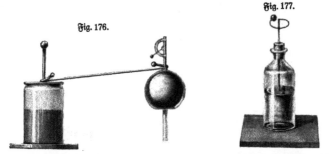

Fig. 176.   Fig. 177.

breitet, und dann erst die Feilspäne; was von den letzteren nicht angeklebt wird, schüttelt man nach dem Trocknen wieder heraus. Der Leitungsdraht wird in diesem Falle durch einen Kork gesteckt. Man kann den Leitungsdraht an solchen Fläschchen, wie in Fig. 177, krümmen. Nimmt man dann in die letzten drei Finger ein amalgamiertes Leder, um eine in der anderen Hand gehaltene Glasröhre zu reiben, während man ein solches Fläschchen zwischen Daumen und Zeigefinger so hält, daß die geriebene Glasröhre durch den Ring geht und an ihm streift, so kann man eine so kleine Flasche hinlänglich laden, um etwa Knallgas zu entzünden und einen kleinen Schlag zu erhalten. Zum Laden mit der Influenzmaschine leitet man den einen Konduktor ab und nähert den Knopf der in der Hand gehaltenen Flasche dem anderen.

Um die Selbstentladung an einer Flasche bequem zu zeigen, verfertigt man eine solche aus einem starken großen Opodeldokglase (1 Deciliter), welches bis an den Hals mit Stanniol belegt wird; Hals und Pfropf werden gut gefirnißt.

Wenn man in eine Glasröhre einen spiralförmig aufgewundenen Draht, dessen Windungen unter sich 5 bis 10 mm Abstand haben und die Wände der Röhre berühren, hineinsteckt, dessen oben herausragendes Ende in eine Metallkugel — an-

---

[1] Große Batterien liefert O. Leuner in Dresden-Strehlen. Kleine Flaschen sind an jeder Influenzmaschine angebracht.

gegossene Zinnkugel — endigt, so erhält man beim Reiben der Röhre aus der Kugel ziemlich kräftige Funken. Die Glasröhre muß — als Handhabe — noch etwa 20 cm länger sein als die Spirale.

Eine eigentümliche Form von Leidener Flaschen hat Jeblik (1882) vorgeschlagen. Er empfiehlt nämlich, hierzu einerseits zugeschmolzene Barometerröhren von 66 cm Länge und 10 bis 12 mm Durchmesser zu nehmen, dieselben bis zu halber Höhe mit feinen Eisenfeilspänen zu füllen und außen mit Stanniolbeleg zu versehen. Die unbelegten Stellen werden dann gefirnißt, ein ganzes Bündel solcher röhrenförmiger Flaschen in einen Glascylinder mit Metallboden und metallenem Deckel eingesetzt und der Deckel durch Drähte, welche in die Röhren bis zu den Eisenfeilspänen hineinreichen, zum gemeinsamen Knopf aller dieser Flaschen gemacht.

Hochspannungskondensatoren [1] bis 50 000 Volt für Dauerbetrieb nach Fig. 178 und 179, aus Röhrenflaschen bestehend, liefert die Erste Schweizerische Kondensatorenfabrik J. de Modzelewski in Freiburg (Schweiz).

Fig. 178. Fig. 179.

Dunker und Behm (Z. 13, 79, 1900) beschreiben eine große Flaschenbatterie, hergestellt aus großen Säureballons, die sich wegen ihrer hohen Isolationsfähigkeit hierzu gut eignen und nur 50 Pfg. das Stück kosten. Auf halber Höhe wurde in jeden ein Loch eingesprengt von genügender Größe, um mit dem Arm hinein gelangen und die Innenfläche mit Stanniol belegen zu können. Das Einsprengen geschah in der Weise, daß längs eines in sich zurücklaufenden Kreidestriches das Glas der Flasche mit der Stichflamme eines Lötrohres stark erhitzt und über die erhitzten Stellen dann plötzlich mit einem nassen Tuche gefahren wurde. Meist sprang das bezeichnete Glasstück dann ziemlich regelmäßig aus. Risse außerhalb der Linien wurden mit Siegellack verkittet. Solche Risse entstanden gelegentlich beim Sprengen, aber auch später infolge Durchschlagens von Funken.

Ob man mit freier positiver oder mit freier negativer Elektrizität ladet, ist natürlich gleichgültig; wenn die Maschine beide gibt, so wird man die reichlicher auftretende wählen, welche sehr oft die negative ist, da für diese einige Quellen des Verlustes nicht vorhanden sind, wie z. B. bei Reibungselektrisiermaschinen der Verlust, welcher auf dem Wege vom Reibzeuge zu dem Konduktor stattfindet.

Will man übrigens zu einem bestimmten Zwecke mit freier negativer Elektrizität laden und hat an der Maschine nur positive, so braucht man nur die Flasche beim Knopfe anzufassen und die freie positive Ladung in die äußere Belegung übergehen zu lassen, während man die Flasche am Knopfe frei in der Hand hält, oder auf einem Isolierschemel stehen hat und den Knopf ableitend berührt. Jedenfalls

---

[1] Siehe Mościcki, Elektrotechn. Zeitschr. 25, 527, 1904.

Fricks physikalische Technik. II.

stellt man sie nach geschehener Ladung auf den Isolierschemel, und faßt sie dann am äußeren Belege. Die Ladung wird dadurch zwar in etwas geschwächt, allein man hat nun bie auf dem inneren Belege freie negative Elektrizität, was z. B. für Hervorbringung Lichtenbergscher Figuren bequemer ist.

Zur Verbindung der Flaschen kann man weichen Kupfer- oder Bleidraht oder mit Guttapercha umpreßte Drähte verwenden, doch darf der Überzug nicht brüchig sein.

Ketten sind, wo tunlich, als Zwischenleiter zu vermeiden, weil durch ihre zahllosen Ecken und Spitzen zu viel Elektrizität verloren geht; besser sind biegsame Kupferdrähte von der Dicke eines Millimeters, bie man geradezu an ben betreffen- den Stellen umbindet. Nur um die äußere Belegung mit den Apparaten, durch welche die Entladung gehen soll, und biese mit dem Entlader zu verbinden, ebenso wo es sich um bloße Ableitung der Elektrizität handelt, kann man ohne Nachteil Ketten anwenden. Überall aber, wo die Elektrizität eine höhere Spannung annimmt, muß man Messingdrähte von 4 bis 5 mm Durchmesser, deren Enden wohl ab- gerundet und zu weiten Haken umgebogen werden, anwenden. Die ganzen Haken werden mit der Feile eben gezogen, mit Bimsstein und Smirgel geschliffen und stark mit Schellack gefirnißt.

Da, wo Ketten anwendbar sind, nimmt man dazu von den für die Uhren- gewichte gebräuchlichen, ganz einfachen und sehr wohlfeilen, nur wenig über den Preis des Messingdrahtes zu stehen kommenden Ketten, und versieht jedes Stück derselben beiderseits mit einem Haken aus etwas stärkerem Drahte. W. Holtz (3. 15, 159, 1902) empfiehlt Aluminiumketten.

50. Der Auslader. Als Auslader kann man am vorteilhaftesten die in Fig. 180 abgebildete Vorrichtung anwenden, wo die beiden mit Knöpfen versehenen Drähte bc und $b'c$ durch ein Gelenk in c verbunden sind und jeder einen beson-

Fig. 180.

deren isolierenden Handgriff hat, wodurch man also die Entfernung der beiden Knöpfe nach Belieben regulieren kann. Der Apparat muß so groß sein, daß er auch bei den größeren Flaschen ausreicht, wozu die einzelnen Arme etwa 3 dm lang sein müssen. Als Handgriffe m, m' nimmt man 10 bis 15 cm lange und 1 bis 2 cm dicke, grüne Glas- stäbe, welche eine kurze Messingfassung bekommen, bie an die Drähte angelötet wird. Wenn die beiden Arme nur einen isolierenden Griff beim Gelenke c haben, so ist bieses sehr unbequem, viel unbequemer, als wenn man sich der allereinfachsten Entlader bedient. Am einfachsten ist es nämlich, an einer

Fig. 181.   Fig. 182.

etwas starken Kette von Messingdraht, etwa wie die Ketten für die Uhrengewichte, einen Draht mit angegossener Kugel von Blei oder Zinn zu befestigen, der in eine Glasröhre eingeschlossen ist (Fig. 181). Die Kette wird dann am äußeren Belege angehängt und der Draht an der Glasröhre gehalten. Ebenso ist es zweckmäßig, einen längeren Draht von 2 mm Durchmesser mit zwei Glasröhren und Kugeln zu versehen, wie dieses Fig. 182 zeigt. Der Draht kann federhart sein.

Andere Ausladberformen zeigen die Fig. 183 E, 1,75; 184, E, 2,50 bis 3,50 und 185, E, 9.

Um zu zeigen, wie viel Energie in der Flasche aufgespeichert ist, verbindet man sie mit einem Glockenspiel. Einfacher wird der Knopf der Flasche durch eine Glocke ersetzt und an die Stelle der mittleren Glocke des Glockenspieles gebracht (Fig. 186 Lb, 16).

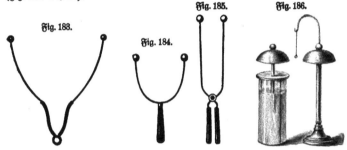

Fig. 183. Fig. 184. Fig. 185. Fig. 186.

Fig. 187[1]) Lb, 30 zeigt einen Apparat nach Lippmann zum Beweise, daß man durch die Entladung einer Leidener Flasche Bewegung erzeugen und durch die-

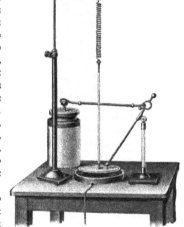

Fig. 187.

selbe mechanische Bewegung die Flasche laden kann. Die positiv geladene innere Belegung der Flasche wird mit dem an einer Spiralfeder 1/2 cm über dem Kuchen schwebenden Deckel eines Elektro-phors verbunden. Dieser wird ange-zogen, entladet sich an der Ableitung, wird von neuem angezogen u. s. w. Ist die Flasche entladen und bewegt man den Deckel in gleicher Weise, so kann man bald kräftige Funken herausziehen.

Um größere Kapazität zu erzielen, ist die Flaschenform wenig geeignet, man benutzt besser Franklinsche Tafeln, wie Fig. 188 E, 45 zeigt, durch Parallel-schaltung zu einem Plattenkondensator vereinigt.

Die Platten können horizontal auf-einandergelegt in Kästen untergebracht werden, wobei man die Zuleitungen ähnlich wie bei Fig. 145 (S. 91) gestaltet. Zweckmäßig läßt man aber zwischen den einzelnen Platten einen kleinen Zwischenraum, damit, falls eine Platte durch-schlagen wird, nicht auch zugleich alle anderen Platten durchschlagen werden. Man hat auch derartige Plattensätze in Kästen mit gut isolierendem Öl eingetaucht, um Ausströmung der Elektrizität aus den scharfen Plattenrändern zu verhindern (Öl-

---

[1]) Nach Ganot a. a. O. S. 915, Fig. 788.

Kondensatoren) oder sie ganz in Paraffin eingegossen, doch stehen die erzielten Vorteile nicht im Verhältnis zu der Unhandlichkeit solcher Apparate.

Für Kondensatoren von mehreren Mikrofarad Kapazität für Spannungen von etwa 2000 Volt verwendet man zweckmäßig statt der Glastafeln ungeleimtes Papier, welches man nach scharfem Trocknen mit heißem Paraffin durchtränkt. Letzteres wird in einer rechteckigen emaillierten Blechwanne (z. B. wie Fig. 3088, Bd. I (3), S. 1171) durch untergesetzte Brenner auf der richtigen Temperatur erhalten und die auf einer heißen Metallplatte dicht daneben aufgeschichteten Papierbogen einer nach dem anderen hindurchgezogen. Die Stanniolbogen läßt man abwechselnd auf der einen und anderen Seite mit ihrer ganzen Breite vorstehen und preßt sie unter Zwischenfügung von mit Stanniol umkleideten Pappstreifen fest zusammen, wie aus Fig. 189 zu ersehen. Auch hier läßt man zeitweise einen eventuell durch Pappdeckel

Fig. 188.

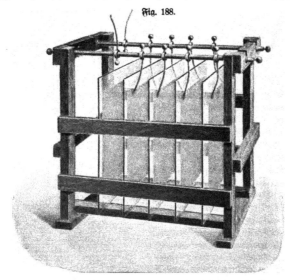

ausgefüllten Zwischenraum, um zu verhindern, daß Durchschlagen eines Blattes gleich zur Zerstörung des ganzen Kondensators führt und um das durchschlagene Blatt leicht herausfinden zu können. Zur Ausbesserung hat man nur nötig, die beschädigte Stelle mit einem Ausschlageisen zu entfernen und das Loch mit einem etwas größeren Stück Paraffinpapier zu überdecken. Solche selbsthergestellte Kondensatoren bis 20 Mikrofarad habe ich seit einer Reihe von Jahren in Gebrauch [1]).

---

[1]) Große Kondensatoren zu technischen Zwecken sind zu beziehen von Swinburne u. Co., Broom Hall Works, Teddington, England. Solche bis 3000 Volt liefert E. von Szvetics, Elektrotechn. Laboratorium, Budapest VII, Kerepesi ut 22, ferner Ruhmer, Phys. Laboratorium, Berlin SW. 48, Friedrichstr. 248, von 220 bis 3000 Volt, Preis pro Mikrofarad von 220 bis 1000 Volt 7,50 bis 30 Mk. Papierkondensatoren für geringe Spannungen nach Fig. 190 liefern Keiser u. Schmidt, Berlin, von 0,1 bis 20 Mikrofarad zu 35 bis 320 Mk.; solche in mehreren Abteilungen zu 90 bis 320 Mk.

Für geringe Spannungen werden gewöhnlich Glimmerkondensatoren (Fig. 191 Lb, 180 bis 270) gebraucht [1]).

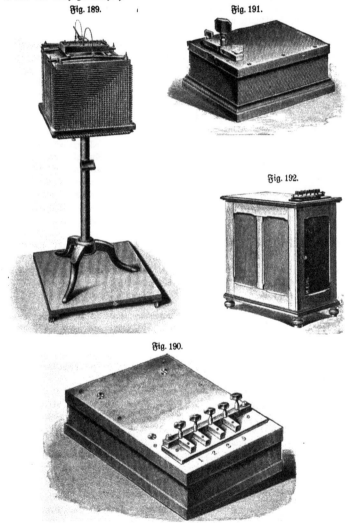

Fig. 189.

Fig. 191.

Fig. 192.

Fig. 190.

<hr />

[1]) Solche sind zu beziehen z. B. von dem physikalisch-mechanischen Institut von Prof. Dr. Edelmann, München (70 bis 1100 Mk.); Siemens u. Halske, Berlin W., Werner= werk; Gans und Goldschmidt, Berlin N., 24, Elsässerstraße 8; Keiser und Schmidt,

Die erwähnten Papierkondensatoren habe ich mit einer Stöpselvorrichtung ver=
sehen, wie aus Fig. 189 zu ersehen ist, welche ermöglicht, die Kapazität in weiten
Grenzen zu ändern. Zweckmäßiger wäre ein Kurbelumschalter. Oben auf dem
Deckel ist ein Ausschalter bezw. Kommutator angebracht.

51. Kaskadenbatterie. Eine Kaskadenbatterie wird bekanntlich erhalten, wenn
man die isoliert aufgestellten Flaschen hintereinander, d. h. so verbindet, daß jeweils
die äußere Belegung der einen mit der innern der nächsten kommuniziert (Fig. 193

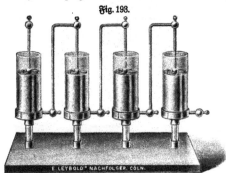

Fig. 193.

Lb, 50). Eine sehr wirk=
same Kaskadenbatterie,
welche nur wenig Raum
beansprucht, wird (nach
Töpler) dadurch er=
halten, daß man eine
Anzahl von cylindrischen
Leidener Flaschen, von
welchen jede etwas kleiner
als die vorhergehende,
ineinanderstellt. Natür=
lich erhält in diesem
Falle nur die innerste
Deckel und Knopf [1]).

Plattenkondensatoren in Kaskadenschaltung kann man verwenden, um hohe
Spannungen mittels eines Elektrometers für niedere Spannungen zu messen. Sind
z. B. zehn Tafeln hintereinander, so ist die Spannung an einer einzelnen $1/10$ der
Gesamtspannung oder umgekehrt letztere das Zehnfache der ersteren [2]).

52. Entladungswärme. Bei der Entladung eines Konduktors oder Konden=
sators geht die darin aufgespeicherte elektrische Energie verloren. An Stelle der=
selben tritt die Entladungswärme auf, welche man als Ursache der glänzenden
Lichterscheinung des Entladungsfunkens zu betrachten gewohnt ist, obschon bisher
der Nachweis fehlt, daß das Leuchten lediglich eine Folge der Temperaturerhöhung
des Gases ist.

Was die hierher gehörigen Versuche im allgemeinen betrifft, so ist zu bemerken,
daß der Erfolg in sehr vielen Fällen davon abhängt, daß man die Kugel des
Entladers der Kugel der Flasche rasch nähert, gleichsam einen Schlag da=
gegen führt; es ist diese Vorsicht um so zweckmäßiger, wenn die Kraft der Ladung
nur notdürftig für den beabsichtigten Versuch ausreicht.

Recht zweckmäßig ist der Auslader von Rieß (Fig. 194), bei welchem die eine
Elektrode auf einem Stativ steht, die andere um ein Scharnier leicht beweglich ist
und durch Anziehen eines Fadens auch aus größerer Entfernung rasch und sicher
mit der anderen in Berührung gebracht werden kann (Lb, 20).

Berlin (1 bis 20 Mikrofarad 35 bis 320 Mk.). Kondensatoren für Fernsprech= und Tele=
graphenzwecke liefert die Telephonfabrik E. Zwietusch u. Co., Berlin-Charlottenburg, Salz=
ufer 7. Fig. 192 K, 300 zeigt einen Kondensator von 20 Mikrofarad.

[1]) Derartige Cylinderbatterien von acht Flaschen sind zu beziehen von O. Leuner,
Dresden, zu 120 Mk. — [2]) Mit solchen Kondensatoren versehene statische Voltmeter für
Spannung von 25 bis 10 000 Volt liefert die Allgemeine Elektrizitätsgesellschaft in Berlin.

Der Apparat, in welchem die Entladung erfolgen soll, wird zweckmäßig zwischen die Elektroden des Henley'schen allgemeinen Ausladers gebracht, der in Fig. 195 abgebildet ist. Er besteht aus zwei auf einem Brettchen stehenden Säulchen, welche die Leitungsdrähte tragen, und einem dazwischen befindlichen verstellbaren Tischchen.

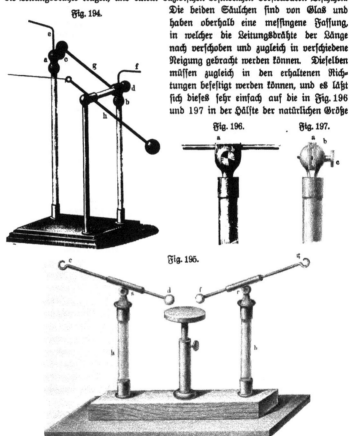

Fig. 194.

Die beiden Säulchen sind von Glas und haben oberhalb eine messingene Fassung, in welcher die Leitungsdrähte der Länge nach verschoben und zugleich in verschiedene Neigung gebracht werden können. Dieselben müssen zugleich in den erhaltenen Richtungen befestigt werden können, und es läßt sich dieses sehr einfach auf die in Fig. 196 und 197 in der Hälfte der natürlichen Größe

Fig. 196.   Fig. 197.

Fig. 195.

abgebildete Weise erreichen. Das Stück *aa*, in welchem der Draht verschoben wird, dreht sich um die Schraube *c* zwischen dem Knopfe *bb*; da sowohl *aa* als *bb* eingefägt sind, so wird durch Anziehen der Schraube *c* das ganze System in beliebiger Stellung befestigt. Die Enden der Drähte müssen nicht notwendig Kugeln haben, man kann ihr Ende auch nur gehörig abrunden; dagegen ist es für das Einspannen von dünnen Drähten sehr bequem, wenn sie, wie in Fig. 198, eine feine Öffnung haben, in welcher der Draht durch eine kleine Druckscheibe befestigt werden kann; die Ringe am anderen Ende können immer statt der Kugel dienen, wenn man die Drähte umgekehrt einsteckt. Das Tischchen braucht nicht isoliert zu sein, doch ist es für einige Versuche bequem, eine Glasplatte von der Größe des Tischchens zu haben. Ebenso ist es für einige Versuche bequem, wenn sein Stiel von Messing ist und durch die Platte des Tischchens hindurchreicht. Man schaltet diesen Auslader und den beweglichen Arm des Rießschen Stromschlüssels hintereinander in die Zuleitung zur geerdeten Belegung der Flaschenbatterie, damit man bei geöffnetem Stromschlüssel an dem Auslader gefahrlos hantieren kann.

Zu annähernder Bestimmung der Funkenwärme kann ein Luftthermometer mit Funkenstrecke im Innern des Gefäßes, das sog. **Kinnersleysche Thermometer,**

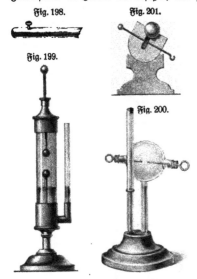

Fig. 198.   Fig. 201.

Fig. 199.

Fig. 200.

benutzt werden, doch eignet es sich mehr zu qualitativen als quantitativen Versuchen (Fig. 199 E, 20 und 200 [1]) Lb, 6). Hierzu sind aber auch einfachere Apparate verwendbar und mit größerem Vorteil, insofern sie die Erscheinungen auffälliger und aus größerer Entfernung sichtbar hervortreten lassen, namentlich der **elektrische Mörser.** Man bohrt in ein abgedrehtes Stückchen Buxholz oder Elfenbein, etwa wie es Fig. 201 in $1/3$ der natürlichen Größe vorstellt, ein Loch, welches oben halbkugelförmig erweitert wird, um eine darein passende kleine Kugel von Elfenbein, Holz, Kork, Holundermark aufzunehmen, welche lose darin sitzt, aber doch die Öffnung der Röhre da, wo sie aufsitzt, gut schließt. Zwei Leitungsdrähte von 2 bis 3 mm Dicke reichen bis in die Höhlung etwa in der Mitte der Länge derselben und werden mittels ihrer Ringe in die am einfachen Auslader und dem äußeren Belege befestigte Kette eingeschaltet. Die Kugel wird je nach ihrem Gewichte und der Stärke der elektrischen Ladung sehr lebhaft herausgeschleudert. Mit Holundermark gelingt dieser instruktive Versuch auch bei sehr mäßigen Apparaten.

Man kann auch einfach ein lose auf einem Brett liegendes Holzklötzchen verwenden, unter welchem man mittels in das Brett eingelassener Drähte Funken einer großen Batterie überschlagen läßt. Es wird durch den Luftdruck fortgeschleudert.

Papierdurchbohren. Einzelne Kartenblätter werden schon von sehr schwachen Flaschenfunken durchbrochen. Man legt nur das Kartenblatt an die äußere Belegung und hält die eine Kugel des Ausladers darauf, während man die andere dem Knopfe der Flasche nähert. Sollen mehrere Kartenblätter durchbohrt werden, so stellt man sie bequemer auf den Tisch des Hensleyschen Ausladers zwischen dessen beide Kugeln oder bindet sie vorher zusammen.

---

[1]) Nach Weinhold, phys. Demonstrat., Leipzig 1905, Quandt u. Händel.

Mit Hilfe einer wirksamen Influenzmaschine und einer guten Batterie von Leidener Flaschen kann man selbst sehr dicken Pappdeckel, ja sogar ein ganzes Buch durchschlagen. Die Löcher sind nach beiden Seiten aufgerissen infolge der heftigen Expansion der erhitzten Luft in den Poren des Papiers. Ich benutze hierzu zwei hintereinandergeschaltete Batterien wie Fig. 175, S. 111 in Verbindung mit der Hochdruckinfluenzmaschine (Bd. I(1), S. 121). Der Pappdeckel (etwa 3 mm dick) wird einfach zwischen die Elektroden der Maschine gehalten.

Bei Holz wird ebenso verfahren, doch ist es zweckmäßig, dasselbe auf beiden Seiten zu firnissen.

Mit einer großen Batterie lassen sich (nach Töpler) selbst in weite Messingröhren große Löcher schlagen, indem man unter Wasser Funken darauf überspringen läßt.

Imitation von Fulguriten kann man durch starke Entladungen nach Rollmann erhalten, wenn man den Boden eines Trinkglases in der Mitte durchbohrt und einen innen mit dem Boden eben abgeschnittenen Leitungsdraht einkittet; in das Glas werden nun gewaschene Schwefelblumen 30 bis 50 mm hoch eingefüllt und durch Aufstoßen des Glases festgerüttelt. Die

Fig. 202.

Schwefelblumen werden durch eine Glasplatte bedeckt, die den anderen innen ebenfalls eben abgeschnittenen Zuleiter enthält, der in einem isolierenden Deckel des Glases etwa noch eine Führung erhalten kann. Nach der Entladung kehrt man das Glas um und bringt durch schwache Erschütterung den Schwefel auf Papier, wobei man dann mehr oder weniger lange oft verästelte Röhrchen erhält, welche innerhalb Schmelzung zeigen.

Mittels einer großen Influenzmaschine lassen sich Papier und Holz direkt anzünden, wenn man die Funken einige Zeit auf dieselben Stellen treffen läßt.

Wickelt man mit pulverisiertem Kolophonium innig gemengte Baumwolle um den etwas langen Docht einer Wachskerze, so kann diese dadurch entzündet werden, wenn man sie auf das Tischchen zwischen beide Kugeln des Henleyschen Ausladers stellt.

Eine brennende, zwischen den Drähten des Ausladers befindliche Kerze wird durch den Schlag ausgelöscht; eine kurz vor der Entladung gelöschte aber durch einen sehr starken Schlag wieder entzündet.

Entzündung von Kolophonium. Man pulvert das Kolophonium fein und mengt es innig unter einen Wisch roher Baumwolle von der Größe einer großen Walnuß, indem man die Baumwolle in dem Pulver wiederholt umkehrt, nach allen Richtungen verzupft und wieder zusammenballt. Auf das Tischchen des allgemeinen Ausladers legt man dann eine flache Schale von Metall oder ein Blech, welches mit der äußeren Belegung verbunden wird; geht der metallene Stiel des Tischchens durch dieses, so braucht man nur die Kette von der äußeren Belegung am Stiele anzuhängen. Auf dieses Blech legt man die Baumwolle in mäßig lockerem Zustande und richtet die Kugel des einen Leitdrahtes am Auslader so, daß sie noch etwa 3 bis 6 mm von der Baumwolle absteht. Hat der Auslader an seinen Leitungsdrähten keine Kugeln, so schraubt man eine kleine Kugel mit gebogenem Stiele in den einen derselben, wie Fig. 202 zeigt; der gewöhnliche Auslader wird sodann mit seiner Kette an diesen Leitungsdraht gehängt und die Flasche so durch die Baumwolle entladen.

Nach Ohmann (Z. 11, 135, 1898) erhält man eine auffallende Zündwirkung, wenn man die Funken auf einen Magnetpol springen läßt, an dessen Pol ein Gemisch von Eisenpulver und Kaliumchlorat (18 g Fe, 3 g KClO$_3$) hängt. Die Mischung brennt in wenigen Augenblicken mit hellem Glanze ab. Es empfiehlt sich, um den Magneten zu schützen, ihn mit Asbestpapier zu umhüllen.

Um Schießpulver zu entzünden, kann man das Pulver lose auf das Tischchen des Ausladers schütten und den Schlag hindurchleiten; wendet man in diesem Falle keine nasse Schnur an, so wird das Pulver nur auseinander geworfen.

Besser bohrt man in ein Klötzchen von hartem Holze[1]) mit einem Zentrumbohrer ein Loch von 1 bis 1,5 cm Weite und 3 cm Tiefe, steckt durch kleinere Löcher zwei etwa 3 mm dicke, gut in die Löcher passende Messingdrähte hinein, welche etwa 5 mm Abstand erhalten (Fig. 203). Das Pulver wird lose eingeschüttet und ein Korkpfropf mäßig fest und unmittelbar darauf gesetzt. An den einen der Drähte bindet man einen 1 bis 1,5 dem langen, gut durchnäßten gewöhnlichen Bindfaden und erst an diesen die Kette des Ausladers, der andere Draht hat diese Unter-

Fig. 203.

brechung nicht nötig. Ohne diese Vorsicht gelingt der Versuch nur bei Anwendung sehr großer Elektrizitätsmengen.

Um Schießpulver zum Sprengen zu entzünden, wird in dasselbe eine kleine Patrone gesteckt, in welcher die beiden Drähte nur einen geringen Abstand haben — weniger als 1 mm. — Diese Patrone wird mit der von Barrentrapp angegebenen Mischung aus 1 Schwefelantimon und 2 chlorsaurem Kali gefüllt, der auch etwas Mehlpulver zugemischt werden kann. Man braucht hierfür nur eine ganz schwache Ladung und kann als Rückleitung selbst den feuchten Erdboden benutzen.

Beide Bestandteile müssen für sich fein zerrieben und nur durch leichtes Rühren mit einer weichen Substanz vermischt werden; man macht die Mischung auch nicht im Vorrat. Wollte man dieselbe in dem Klötzchen Fig. 203 anzünden, so genügt die Menge, wenn sie die Drahtenden bedeckt — Pfropf wird hier keiner aufgesetzt.

Schießbaumwolle wird auf dieselbe Weise behandelt, man hat dabei nur dafür zu sorgen, daß dieselbe auch zwischen die Drähte komme; sie bedarf übrigens kaum ¹/₄ der für Schießpulver erforderlichen Ladung, und der Versuch eignet sich für die allerschwächsten Maschinen.

Um Schießbaumwolle, Dynamit, Sprenggelatine u. s. w. zur Explosion zu bringen, sind mit Knallquecksilber gefüllte Zünder erforderlich.

Der elektrische Funken entzündet auch Weingeist, Schwefeläther, Petroleumäther u. s. w. Der Weingeist muß bei schwächeren Maschinen — Maschinen von nur 5 bis 6 cm Schlagweite und darunter — vorher erwärmt werden, oder man zündet denselben sonst an, läßt ihn ein wenig brennen und bläst ihn wieder aus[2]). Schwefeläther braucht auch bei schwächeren Maschinen nicht vorher erwärmt zu werden. Er wird in einer flachen Schale oder einem Eßlöffel gegen einen abwärts

---

[1]) Da unter Umständen das Holz zerspringen und Schaden anrichten kann, ist ein kleiner Mörser aus Metall vorzuziehen. — [2]) Ein sog. Blitzhäuschen, um die zündende Wirkung des Blitzes zu erklären, zeigt Fig. 204 Lb, 15, ein anderes Fig. 205 E, 38.

gerichteten Knopf des Konduktors oder gegen einen daran gehängten, etwas dicken, zu zwei Ringen umgebogenen Messingdraht gehalten (Fig. 206). Damit die Entzündung eintrete, muß der Funke durch ein explosibles Gemisch von Ätherdampf und Luft hindurchschlagen. In der Regel wiegt der Ätherdampf vor, will deshalb die Zündung nicht erfolgen, so bläst man den Ätherdampf schwach zur Seite. Besser ist es übrigens, eine runde flache Metallschale von etwa 6 cm Durchmesser mit Stiel zu verwenden, deren Rand um einen Draht umgebördelt ist, da die scharfen Ränder des Löffels schädlich sind. In die Mitte der Schale legt man einen flachen metallenen Knopf. Man kann den Versuch auch mittels eines Glastrichters, wie Fig. 207 zeigt, anstellen, indem man denselben mittels eines Korks verstopft, durch welchen man einen Draht steckt, der entweder beiderseits zum Haken umgebogen ist oder innerhalb eine Kugel trägt. Man verbraucht aber dabei etwas mehr Äther und er spritzt wegen der größeren Tiefe gern an den oberen Draht. Man kann auch den unteren Teil des Trichters mit Wasser füllen und nur über der Kugel eine Ätherschicht aufgießen. Den brennen-

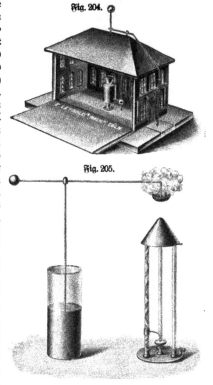

Fig. 204.

Fig. 205.

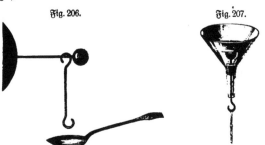

Fig. 206.

Fig. 207.

den Äther löscht man einfach durch Zudecken mit einer Blechscheibe oder Asbestpappe bezw. Asbesttuch.

Ohmann (a. a. O.) empfiehlt in ein halb mit Äther gefülltes Porzellanschälchen einen Streifen ausgeglühter Asbestpappe von 1 cm Breite zu stellen, so daß er 1 bis 2 cm über den Rand vorragt und einen Funken zwischen dem Knopf der Leidener Flasche und dem des Ausladers so überspringen zu lassen, daß er das überragende Ende trifft. Einfacher kann auch ein mit Äther getränkter an einem horizontal gespannten Drahte befestigter Wattebausch benutzt werden.

Ausströmendes Leuchtgas entzündet sich, wenn man den Funken in einiger Entfernung vom Brenner hindurchleitet. Man kann z. B., auf dem Isolierschemel stehend, mit dem Finger eine Gasflamme anzünden, wenn man sich durch einen Gehilfen mit der Elektrisiermaschine elektrisieren läßt.

Auch die Funken, welche sich durch Elektrisierung der Treibriemen infolge von Reibung an der eisernen Riemscheibe bilden, können explosible Gasgemische, mehl-, zucker- oder kohlenstaubhaltige Luft u. s. w. entzünden und hierdurch Brände verur

Fig. 208.

$\frac{1}{4} - \frac{1}{5}$

sachen. Die elektrischen Benzinbrände wurden bereits auf S. 15 erwähnt. Dr. Richter hat nachgewiesen, daß die in der Bronzepulverindustrie vorkommenden Explosionen auf Entzündung von Aluminiumstaub durch Funken infolge der Elektrisierung der benutzten Bürsten entstehen. Luftballons verbrannten früher vielfach beim Landen infolge Entzündung des Gases durch Funken zwischen Ballon und Erde.

Im Handel sind sog. elektrische Gasanzünder erhältlich, in deren Griff eine sehr kleine Influenzmaschine verborgen ist. Der kleine, durch einige Umdrehungen dieser Maschine erzeugte Funke genügt zum Anzünden einer Gasflamme.

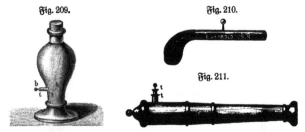

Fig. 209.   Fig. 210.

Fig. 211.

Früher benutzte man Elektrophorzündmaschinen, bestehend aus Wasserstoffentwickelungsapparat und kleinem Elektrophor, der beim Öffnen des Hahnes automatisch funktionierte und eine kleine Wasserstoffflamme entstehen ließ, an der ein Fidibus entzündet wurde.

Um Knallgas zu entzünden, bedient man sich eines metallenen Gefäßes, wie Fig. 208 oder 209, oder auch von der Form einer Pistole (Fig. 210) oder Kanone (Fig. 211). Letztere Form ist gegen das Zerspringen am meisten gesichert, allein auch bei dem Metallgefäß Fig. 208 reicht starkes Weißblech aus, wenn man das Gasvolumen nicht über $\frac{1}{4}$ Liter vergrößert. An das Gefäß wird außerhalb ein kurzes, etwa 5 bis 10 mm weites Röhrchen tt gekittet; der Draht, welcher durch das Glasröhrchen geht, wird beiderseits zu einem Ringe umgebogen und erhält innerhalb einen Abstand von ungefähr 1 mm vom Boden des Gefäßes. Man überzeugt sich durch Hineinsehen davon, ob wirklich Funken zwischen dem Drahte und dem Ge= fäße überschlagen, wenn man den äußeren Ring b mit dem Konduktor der Elektrisier= maschine in Berührung bringt, und erst dann kittet man alles mit Siegellack fest.

Um „Versager" zu vermeiden, die unnötigen Zeitaufwand verursachen, empfiehlt Rebenstorff (3. 12, 350, 1899), die Füllung in folgender Weise vorzunehmen. In ein größeres als Gasentwickelungsflasche vorgerichtetes Glasgefäß gießt man eine Bodenschicht nicht zu verdünnter Schwefelsäure und wirft kurz vor dem Auf= setzen des doppelt durchbohrten Korkes auf je 1 Liter des in der Flasche befind= liche Luftvolumens 1 g Zinkblech hinein (auf 0,1 g genau abgewogen). Während der in kürzester Frist erfolgenden Auflösung des Metalles bleibt die mit langem, herabhängendem Kautschukrohr versehene Gasableitungsröhre unverschlossen. Das für die Explosion wohlgeeignete Gasgemisch wird beim Laden der Pistole durch Wasser verdrängt, welches jedesmal in das Trichterrohr gegossen wird. Der Inhalt einer Literflasche reicht Fig. 212. für zahlreiche Schüsse aus, welche bei der Zuverlässigkeit der Ladung nur wenig Zeit erfordern, so daß man einen Vergleich über den Knall bei verschieden stark geschlossener, sowie bei offener Pistole anstellen kann.

Fig. 213.

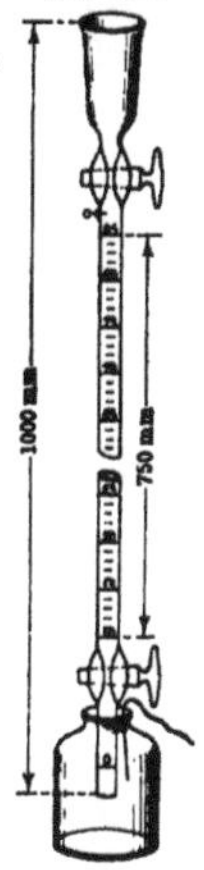

Das Eudiometer von Volta, zur Sauerstoffbestimmung der Luft bestimmt, ist ein einseitig geschlossenes starkes Glas= rohr (Fig. 212 Lb, 3 bis 5,50), welches sowohl nach Volumen wie nach Länge geteilt ist. Es wird mit der zu analysierenden trockenen Luft teilweise gefüllt, deren Volumen v_1, Druck p_1 und Temperatur t_1 gemessen, sodann fügt man trockenen Wasserstoff im Überschuß gegen den Sauerstoff hinzu und be= stimmt die neuen Werte v_2, p_2 und t_2. Nun preßt man das Rohr auf einen am Boden der Wanne befestigten Kork, läßt zwischen den zwei nahe an dem geschlossenen Ende einge= schmolzenen Platindrähten Funken überspringen und mißt dann die veränderten Werte v_3, p_3 und t_3. Sind die drei Tempe= raturen gleich, so ist das in der Volumeinheit enthaltene Sauerstoffvolumen [1]
$$= (v_2 p_2 - v_3 p_3) : v_1 p_1.$$

Wahrscheinlich erklären sich durch die starke Temperaturerhöhung und rasche Abkühlung beim Durchschlagen der Funken auch die häufig zu beobachtenden chemischen Änderungen. Eine andere Form des Apparates [2] zeigt Fig. 213 E, 25.

Schon Priestley hatte die Bildung von Salpetersäure beim Durchschlagen von Funken durch Luft bemerkt, aber erst Cavendish stellte darüber genaue Versuche an und ließ die gebildete Salpetersäure durch Kalilauge absorbieren.

Landolt läßt durch ein kleines, mit Kork verschlossenes Kölbchen, in dessen Bauch an entgegengesetzten Stellen Platindrähte als Elektroden eingeschmolzen sind, die Funken eines Induktionsapparates überspringen. Das Kölbchen wird auf einen Schirm projiziert und man sieht ihn sehr deutlich, wie allmählich der gasförmige Inhalt sich infolge der Bildung von Untersalpetersäure rötlichgelb färbt. Durch einen Luftstrom wird schließlich dieselbe wieder ausgetrieben. Um zu zeigen, daß Ammoniak=

---

[1] Korrektionen f. Kohlrausch, Praktische Physik; Bunsen, Gasometrische Methoden; Hempel, Gasanalytische Methoden. — [2] Nach Kolbe, (3. 6, 81, 1894).

gas beim Durchschlagen elektrischer Funken infolge der Zersetzung sein Volumen verdoppelt, benutzt Landolt ein für Projektion eingerichtetes Eudiometer, welches in Fig. 214 dargestellt ist. In den geschlossenen Schenkel links wird Ammoniakgas gefüllt und das als Absperrflüssigkeit dienende Quecksilber durch den unten angebrachten Hahn so weit abgelassen, daß es in beiden Schenkeln gleich hoch steht. Nach erfolgter Zersetzung wird das Quecksilber abermals auf gleiches Niveau gebracht.

Schmelzen von Eisendraht. Dieser Versuch wird bei schwächeren Apparaten immer nur dann gelingen, wenn man sich den Eisendraht viel dünner macht, als er gewöhnlich im Handel vorkommt[1]). Man legt zu dem Zwecke ein etwa 1 dcm langes Stück in Salpetersäure, so daß seine Enden beiderseits etwa 3 cm herausstehen und läßt dasselbe zu beliebiger Feinheit abätzen; man wäscht den Draht nachher mit vielem Wasser, trocknet ihn mit Fließpapier und befestigt seine noch dicken Enden in die Konduktoren des allgemeinen Ausladers. Es gehört aber auch dann noch eine gute Ladung dazu, wenn der Draht geschmolzen werden soll, doch geht es bei Maschinen von 4 bis 6 cm Schlagweite mit 40 bis 70 qdcm äußerer Belegung. Manche verwenden bei diesem Versuche Platindraht, um der Präparation des Eisendrahtes überhoben zu sein.

Fig. 214.

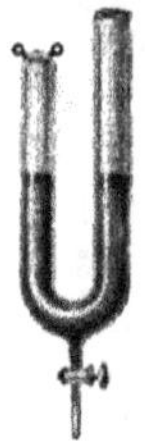

Sehr effektvoll werden diese Versuche bei Anwendung einer großen Batterie Leidener Flaschen in Verbindung mit der Hochdruckinfluenzmaschine. Ich benutze dazu eine Batterie von etwa 20 aus großen Säureballons nach dem Verfahren von Dunker und Behm (S. 113) hergestellten Flaschen. Ein etwa 30 cm langer feiner Silberdraht wird unter glänzender Lichterscheinung und betäubendem Knall verflüchtigt. Man spannt ihn zwischen zwei Stative, von denen das eine mit der abgeleiteten äußeren Belegung der Flaschen verbunden ist, das andere mit dem Stromschlüssel (Fig. 194, S. 119 und Bd. I(1), S. 293, Fig. 774), der die Verbindung zur inneren Belegung herstellt. Diese Anordnung hat den Vorteil, daß man einen neuen Draht einziehen kann, auch während die Flaschen geladen sind. Um Selbstentladung derselben und Beschädigung der Influenzmaschine zu verhindern, werden die Elektroden derselben einander so nahe gebracht, daß bei zu starker Spannung die Entladung dort stattfindet.

Wird der Silberdraht in einen elektrischen Mörser eingezogen, so wird die Kugel mit großer Kraft herausgeschleudert. Wird er zwischen zwei Holzstäbe geleimt, so wird der Stab zerrissen und zersplittert. Funken, die durch ein Gefäß mit Wasser schlagen, zertrümmern dasselbe u. s. w.

Verbrennen dünner Metallstreifen. Drähte anderer Art als solche von Eisen oder Platin zu schmelzen, kann man nur bei ziemlich mächtigen Maschinen und großen Batterien versuchen. Dagegen gibt ein etwa 1 mm breiter Streifen von ganz feinem Stanniol einen Versuch, der auch mit schwächeren Apparaten ausführbar ist. Ein solches Streifchen von 3 bis 5 cm Länge wird in die Leitstäbe des allgemeinen Ausladers befestigt und der Schlag durchgeleitet. Es verbrennt und die Dämpfe des Oxyds bilden leichte weiße Wölkchen. Ebenso kann der Metallüberzug auf Streifchen von echtem und unechtem Gold- und Silberpapier verbrannt werden; doch erfordert namentlich unechtes Goldpapier schon eine etwas stärkere Ladung. Wenn man die Streifen zwischen zwei weiße Papiere in die kleine Presse

---

[1]) Über Bezugsquellen von feinen Drähten s. Bd. I(1), S. 602, Anm. 4, Bd. I(2), S. 1597.

Fig. 215 legt, so daß ihre Enden zwischen den Papieren etwas hervorragen und auf das Stanniol der Presse reichen (siehe den folgenden Versuch), so hinterlassen sie farbige Striemen auf dem Papier. Ähnliche, nur breitere Striemen erhält man überhaupt, wenn man dünne Drähte über Papier in den Auslader spannt und sie durch den Schlag schmilzt, wobei sie immer auch zum größeren Teile verbrennen.

Gold auf Glas einschmelzen. Man läßt vom Buchbinder auf ein Streifchen ebenes Glas einen Streifen Gold, wie Fig. 216, auflegen. Man kann dies zwar selber auch auf die Weise machen, daß man das behauchte Glas auf den Rand eines Goldblattes legt und dann längs dem Rande des Glases mit einem etwas geballten, scharfen und recht reinen und trockenen Messer einen Schnitt macht; was hierdurch zu viel an Gold auf das Glas kommt, schabt man wieder weg. Das Glas wird sodann durch einen zweiten Glasstreifen bedeckt und zwischen zwei Filz=lappen, deren einer an beiden Enden mit Stanniol belegt ist, das bis zum Glase reicht, in die kleine Presse (Fig. 215) gebracht. Diese besteht aus zwei Brettchen mit zwei oder vier hölzernen Schrauben, welche zugleich als Füße bienen und deren Muttern in eines der Brettchen geschnitten sind.

An zwei gegenüberstehen=den Seiten des einen Brettchens ist ein Stan=niolstreifen a angeklebt, der etwas auf die innere Fläche hineinreicht und durch welchen eine Draht=hafte in das Brettchen geschlagen ist. Auf die Enden dieser Stanniol=streifen legt man die

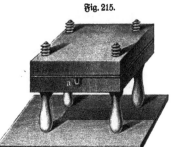

Fig. 215.   Fig. 216.

$\frac{1}{2}$

Filz= oder Tuchlappen mit den Glasstreifen und zieht die Schrauben ganz mäßig an. Mittels der beiden Haften wird der Apparat in die mit dem äußeren Belege ver=bundene Kette des gewöhnlichen einfachen Ausladers eingeschaltet. Die Gläser werden dabei meistens zerschmettert und der Goldpurpur zeigt sich auf dem Glase. Der Versuch bedarf keiner so starken Ladung wie die Entzündung des Schießpulvers.

Zertrümmern von versilberten Glasplatten. Wird eine Glasplatte dünn versilbert und der versilberten Fläche entlang der Entladungsschlag einer Batterie geleitet, so wird dieselbe, falls die Qualität der Elektrizität ausreichend war, nach den Beobachtungen von Billari (1882) ähnlich wie durch einen Hammer=schlag zertrümmert. Mit einem gewöhnlichen, mit Amalgam belegten Spiegel ge=lingt der Versuch nicht.

Ein hübscher Versuch ist auch die „Strahlenkette", eine lange Kette aus dünnen eisernen Gliedern mit Spitzen, durch welche man im Dunkeln den Ent=ladungsschlag einer großen Leidener Batterie hindurchgehen läßt. Von allen Kontakt=stellen sprühen dann Funken aus, diese nehmen aber an Zahl immer mehr ab, da nach und nach Verschweißen eintritt. Der Versuch kann deshalb zur Erklärung des Fritters oder Kohärers dienen.

Zu messenden Versuchen über die Entladungswärme dient das Rießsche Thermometer, richtiger Luftkalorimeter, Fig. 217. Ein durch die Entladung er=

hitzter dünner Platindraht in geschlossenem Gehäuse wie bei Fig. 218 (E, 30) überträgt seine Wärme auf die umgebende große Luftmasse, deren Erwärmung an der Skala abgelesen wird. Die Wärme ist nach § 730 (Bd. $I_{(3)}$, S. 1517) der 427ste Teil der zur Entladung gelangten Energiemenge in Kilogrammetern. Umgekehrt kann man das Rießsche Thermometer zur Bestimmung der Kapazität eines Kondensators gebrauchen. Wäre die Messung genügend genau, so könnte man dadurch die Eichung eines Elektrometers bewirken oder auch das Instrument selbst als Elektrometer eichen, also in ein kalorimetrisches Elektrometer umwandeln, oder man

Fig. 217.

Fig. 218.

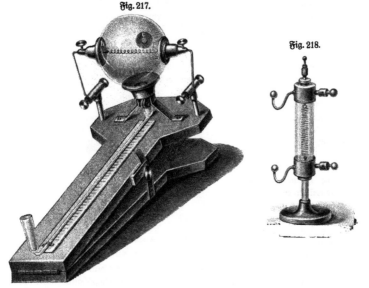

könnte es zur Bestimmung der Ladungsmenge verwenden, d. h. in einen kalorimetrischen Coulombzähler (Elektrizitätszähler) umwandeln.

Bei Ausführung des Versuches wird man finden, daß die Wärmemenge im allgemeinen außerordentlich klein ist, so daß es sich empfiehlt, zahlreiche Entladungen, etwa unter Verwendung eines Quecksilberstrahlunterbrechers, nacheinander stattfinden zu lassen und das Endergebnis durch die Zahl der Entladungen zu dividieren.

53. Pulsierende Ströme. Bei jeder Entladung wird der Schließungsdraht von der Elektrizitätsmenge durchflossen, welche vorher in der Flasche aufgespeichert war und zwar strömt von der positiven Belegung die Hälfte der dort aufgespeicherten Elektrizität zur negativen, die übrig bleibende andere Hälfte wird neutralisiert durch die von der negativen Seite herkommende eine Hälfte der entgegengesetzten Ladung, deren andere Hälfte umgekehrt neutralisiert wird durch die erste Hälfte der von der positiven Seite kommenden Elektrizitätsmenge [1].

---

[1] Dies ist nur gültig, wenn der Schließungsbogen ein metallischer Leiter ist. Benutzt man zu gleichem Versuche einen Entlader aus regulärem Jodsilber, so strömt aus der

Folgen sich nun die Entladungen in kurzen Zwischenräumen, so hat man in dem Leitungsdraht einen scheinbar andauernden, wenn auch in Wirklichkeit pulsierenden oder intermittierenden Strom, ähnlich wie beispielsweise durch eine Kolbenpumpe ein andauernder, wenn auch in seiner Stärke nicht völlig gleichmäßiger Wasserstrom in einer Wasserleitung hervorgebracht wird. Ähnlich wie hier bezeichnet man auch im Falle des elektrischen Stromes als Stromstärke die Menge der pro Sekunde durch jeden Querschnitt hindurchgehenden positiven (oder in entgegengesetzter Richtung sich bewegenden negativen) Elektrizität und nennt sie 1 Ampere, wenn sie gerade 1 Coulomb pro Sekunde beträgt, d. h. wenn die positive Elektrode pro Sekunde 1 Coulomb verliert, gleichgültig ob positive Elektrizität herausgeht oder negative hinein, oder ob beides gleichzeitig stattfindet. Bewegt sich also pro Sekunde durch jeden Querschnitt 1 Coulomb positiver Elektrizität in einer und 1 Coulomb negativer in der entgegengesetzten Richtung, so ist die Stromstärke 2 Ampere [1]).

54. Stromstärke. Der einfachste und nächstliegende Fall der Stromerzeugung ist der, daß man die Konduktoren einer Influenzmaschine durch einen Draht miteinander verbindet, wie Fig. 219 andeutet. Jeder Elektrophordeckel der Influenzmaschine gibt bei der Drehung der Scheibe im Sinne des Pfeils eine gewisse Elektrizitätsmenge Q Coulomb an den mit dem Konduktor verbundenen Metallpinsel ab, von dem Konduktor gelangt sie dann weiter durch den Draht zum anderen Konduktor (im einfachsten Falle die Erde) und von hier durch den

Fig. 219.

Metallpinsel wieder zur Scheibe. Ist die Influenzmaschine gestaltet wie Fig. 58 (S. 32), d. h. besitzt sie nur einen Elektrophorkuchen und geben pro Sekunde n Elektrophordeckel ihre Ladung an den Metallpinsel ab, so ist die Stromstärke $i = n \cdot Q$ Ampere. Besitzt dagegen die Influenzmaschine entsprechend Fig. 59 (S. 33) zwei Elektrophorkuchen, so geben in der gleichen Zeit ebensoviel negative Deckel ihre Ladung auf der anderen Seite ab, die Stromstärke ist somit $= 2 \cdot n \cdot Q$ Ampere.

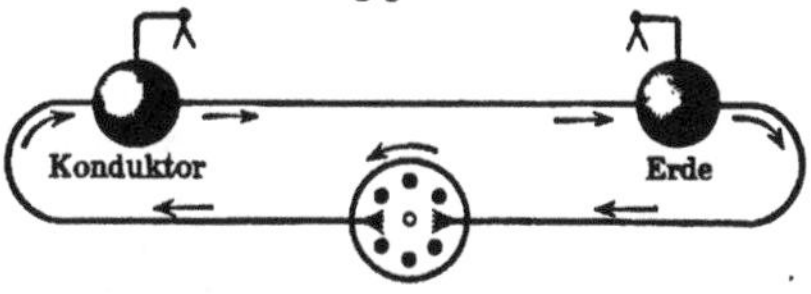

Ein anderes Beispiel der Erzeugung eines nahezu konstanten Stromes bietet ein elektrisches Pendel wie beim Glockenspiel (Fig. 220), wobei die pendelnde Kugel bei jedem Hin- und Hergang eine gewisse Menge Elektrizität von der positiven Belegung zur negativen überträgt. Fig. 221 (K, 27) zeigt eine ähnliche Anordnung nach Kolbe. Für messende Versuche eignet sich besonders das nach gleichem Prinzip wirkende Auslabeelektrometer oder Entladungselektrometer (Fig. 222 E, 20 [2]).

---

positiven Belegung die gesamte Ladung bis zur negativen und neutralisiert die dort vorhandene Elektrizitätsmenge. Würde man eine mit geschmolzenem Jodsilber gefüllte Glasröhre als Entlader benutzen, so würde nur etwa ¹/₃ der positiven Ladung von der Anode verbunden mit Silberionen abströmen. Der Rest würde neutralisiert werden durch die von der anderen Seite kommende negative Elektrizität. (Siehe O. Lehmann, Flüssige Kristalle, S. 261, Leipzig 1904.) Die Oszillationen bei geringem Widerstand des Schließungsdrahtes können erst nach Behandlung der Induktionserscheinungen besprochen werden.

[1]) Über Erklärung der metallischen Leitung durch Bewegung der Elektronen siehe H. A. Lorentz, Elektrotechn. Zeitschr. 26, 584, 1905. — [2]) Nach Weinhold, Demonstr.

Für weniger hohe Spannungen verwendet Lebedoer (1885) ein Goldblatt= elektrometer, in welchem sich eine mit dem einen Ende der Leitung verbundene Messingkugel befindet, an welche die Goldblättchen anschlagen, sobald die Divergenz eine bestimmte Größe erreicht hat. Der Knopf des Elektroskops steht mit dem

Fig. 220.

Fig. 221.

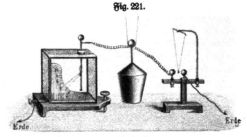

anderen Ende der Leitung in Verbindung. Für etwas stärkere Spannungen eignen sich Elektrometer mit Streifen von dünnem Aluminiumblech.

Fig. 222.

Braun benutzt das von ihm konstruierte Elektro= meter (Fig. 112, S. 60), indem er nach Fig. 223 einen gebogenen Metallstreifen in das Gehäuse setzt (vgl. § 29). Die Kapazität C_1 wird durch Vergleichung mit der Kapa= zität C_2 eines Plattenkondensators von bekannten Dimen= sionen bestimmt. Man ladet zu dem Ende das Elektro= meter, liest sein Potential E ab und verbindet es dann mit dem Kondensator, so daß sich seine Ladung Q jetzt auch diesem teilweise mitteilt, somit nur noch ein Teil q zurückbleibt; das Potential nimmt nun einen anderen Wert e an, den man wiederum abliest. Es ist dann:

$$C_1 = \frac{Q}{E} = \frac{q}{e} \qquad C_2 = \frac{Q-q}{e},$$

somit

$$Q = q \cdot \frac{E}{e} \qquad q = C_2 \cdot \frac{e}{E-e}$$

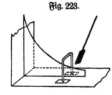

Fig. 223.

und

$$C_1 = \frac{e}{E-e} \cdot C_2.$$

Beispielsweise ergab sich für ein Instrument auf diese Weise die Kapazität $= 1,9 . 10^{-11}$ Farad. Es ent= lud sich, sobald sein Potential $= 340$ Volt war; bei jeder Entladung gab es also $1,9 . 340 . 10^{-11} = 65 . 10^{-10}$ Coulomb ab.

Die elektrostatische CGS=Einheit der Stromstärke ist die Stärke eines Stromes, bei welchem pro Sekunde 1 CGS (elektrostatisch) $= \frac{1}{3} . 10^9$ Coulomb durch jeden Querschnitt des Drahtes fließt. Sie ist somit $= \frac{1}{3 . 10^9} = 333 . 10^{-12}$ Ampere $= 333$ Milliontel Mikroampere. Ihre Dimension ist: cm$^{3/2}$ g$^{1/2}$ sec^{-2}.

Die elektromagnetische Einheit der Stromstärke ist ein Strom von 1 CGS$_{el}$, b. h. von 10 Coulomb pro Sekunde. Demgemäß ist 1 CGS$_{el}$ = 10 Ampere = 3.10^{10} CGS$_{es}$. Würde man also die Influenzmaschinenscheibe Fig. 219 mit solcher Geschwindigkeit drehen, daß pro Sekunde 1 CGS$_{es}$ in die Leitung eintreten würde, so wäre die Stromstärke 1 CGS$_{es}$, b. h. 333 Billiontel Ampere. Wollte man die Stromstärke 1 CGS$_{el}$ erhalten, so müßte man die Scheibe 3.10^{10}mal schneller drehen. Denkt man sich die Scheibe im ersten Falle ersetzt durch einen ringförmigen geriebenen Glasstab (analog der Stabelektrisiermaschine Fig. 39, S. 22), welcher pro Centimeter mit 1 CGS$_{es}$, b. h. $^1/_3$ Millimikrocoulomb geladen ist, so müßte er mit der Peripheriegeschwindigkeit von 1 cm/sec gedreht werden, um die Stromstärke 1 CGS$_{es}$ zu erhalten. Um die Stromstärke 1 CGS$_{el}$ zu bekommen, müßte aber seine Geschwindigkeit 3.10^{10} cm/sec sein (die Geschwindigkeit „v"). Man kann also sagen, das Verhältnis von 1 CGS$_{el}$:1 CGS$_{es}$ ist die Geschwindigkeit „v".

55. Stromarbeit. Man kann weiter fragen, welcher Effekt, b. h. wieviel Arbeit pro Sekunde ist erforderlich, um den Strom zu unterhalten und welche Arbeit kann der Strom leisten, z. B. durch Betrieb eines Elektromotors oder Erwärmung der Leitung.

Nach § 21 (S. 48) ist die Arbeit, welche notwendig ist, die Elektrizitätsmenge Q von einem Orte, wo die Spannung = 0 ist (wie für die Erde in Fig. 219 angenommen werden kann), nach einem anderen, wo sie e Volt beträgt, zu verbringen,

$$A = \frac{9.10^9}{g} \cdot V.Q = \frac{1}{g} \cdot e.Q \text{ Kilogrammeter.}$$

Da nun die pro Sekunde bewegte Elektrizitätsmenge i Coulomb beträgt, wenn die Stromstärke i Ampere ist, so folgt:

a) Technisch: $A = \frac{1}{g} \cdot e.i$ Kilogrammeter pro Sekunde = $\frac{1}{736} \cdot e.i$ Pferdestärken = $\frac{1}{427.g} \cdot ei$ Kalorien pro Sekunde.

b) Gesetzlich: $A = e.i$ Watt.

c) Physikalisch: $A = e.i$ Erg (= 10$^{-7}.e.i$ Watt = 1,020.10$^{-8}.ei$ kgm = 136.10$^{-13}.ei$ PS = 2,39.10^{-8} g-cal/sec), wenn e und i gemessen sind in CGS$_{es}$.

Im elektromagnetischen System wird ebenso $A = e.i$ Erg, denn da 1 CGS$_{el}$ 3.10^{10}mal kleiner als 1 CGS$_{es}$, ist die in CGS$_{el}$ gemessene Spannung e 3.10^{10}mal größer als die in CGS$_{es}$ gemessene. Umgekehrt ist für die Strommessung 1 CGS$_{el}$ 3.10^{10}mal größer als 1 CGS$_{es}$, somit der Wert von i in diesem System 3.10^{10}mal kleiner.

Die Größe der Konduktoren ist gleichgültig. Beide könnten z. B. ersetzt werden durch zwei Klemmschrauben, zwischen welche der sie verbindende Draht, sowie die Zuleitungsdrähte der Elektrizitätsquelle, etwa eine galvanische Säule, eingespannt sind. Man kann hier erinnern an das in Bd. I$_{(3)}$, S. 1407 bezüglich der Wirkung einer Zentrifugalpumpe gesagte. Bei dieser ist analog die erzeugte Niveaudifferenz von der Tourenzahl abhängig, dagegen unabhängig von der Größe der beiden Gefäße, obschon sich, wenn eines derselben sehr weit ist, in diesem das Niveau nicht merklich ändert.

Um klar zu machen, daß E die Spannungsdifferenz der Klemmen ist, hat man nur nötig, die eine zur Erde abzuleiten, so daß hier (die Erde selbst als unelektrisch

9*

angenommen) daß Potential 0 herrscht. Für diesen Fall gelten die Betrachtungen ohne weiteres. Denkt man sich nun weiter den Ableitungsdraht zur Erde abge= schnitten, so ändert sich nichts, denn es entstehen in der Säule stets beide Elektri= zitäten in gleicher Menge, somit fließt nach der Erde ebensoviel positive wie negative Elektrizität, d. h. gar keine, somit kann sich an der Strömung und auch an der Stromarbeit nichts ändern, wenn man die Ableitung beseitigt. Ebensowenig würde sich etwas ändern, wenn man das ganze System auf die Spannung $-\dfrac{E}{2}$ bringen würde, so daß auf der einen Klemme die Spannung $+\dfrac{E}{2}$, auf der anderen $-\dfrac{E}{2}$ wäre.

Es ist ferner unnötig, wie in Fig. 219 (S. 129), beide Klemmschrauben mit Elektrometern in Verbindung zu setzen, da nur die Differenz der Spannungen in Betracht kommt, so daß es genügt, die eine Klemme mit dem Knopf, die andere mit dem Gehäuse des Elektrometers zu verbinden.

Man kann auch definieren: Die elektrische Spannung 1 CGS ist zwischen den Enden eines Stromleiters vorhanden, wenn die Stromstärke 1 CGS und die Stromarbeit pro Sekunde 1 CGS (= 1 Erg) beträgt, oder: „Potential innerhalb eines vom Strome durchflossenen Leiters ist die Größe, deren Gefälle oder negativer Differentialquotient nach einer Richtung die in dieser Richtung auf die Elektrizitäts= menge 1 CGS ausgeübte Kraft ergibt" (vgl. § 24, S. 51).

Beträgt die Spannung eines Elektrophordeckels (Fig. 219) E Volt und besitzt die Influenzmaschine nur einen Elektrophortuchen, so ist die bei Ladung oder Entladung eines Elektrophordeckels geleistete bezw. gewonnene Arbeit nach § 33 (S. 66) $\dfrac{1}{2g} \cdot Q \cdot E$ Kilogrammeter, somit die Leistung pro Sekunde, d. h. für n Elektrophordeckel

$$A = \frac{n}{2g} \cdot Q \cdot E = \frac{i}{g} \cdot \frac{E}{2} \text{ Kilogrammeter.}$$

Die von dem Elektrometer angezeigte Spannung schwankt dabei fortwährend zwischen E und 0 Volt, d. h. bei genügend rascher Drehung der Scheibe zeigt das Elektrometer konstant die mittlere Spannung $e = E/2$, so daß sich auf diesem Wege ergibt:

$$A = \frac{1}{g} \cdot e \cdot i \text{ Kilogrammeter pro Sekunde.}$$

56. Widerstand. Dreht man bei dem Versuch Fig. 219 die Scheibe der Influenzmaschine immer schneller, so wächst nicht nur die Stromstärke, sondern auch die Spannungsdifferenz der Konduktoren. Man findet zwischen beiden die einfache, als das Ohmsche Gesetz bezeichnete Beziehung:

$$E = R \cdot J \text{ Volt} \quad \text{oder} \quad J = \frac{1}{R} \cdot E \text{ Ampere.}$$

Den Proportionalitätsfaktor $\dfrac{1}{R}$ nennt man die Leitungsfähigkeit oder Leitfähig= keit des betreffenden Drahtes, R den Widerstand nach Analogie eines Wasserstromes in enger Leitung, da hier die Intensität, d. h. die pro Stunde durch einen Quer= schnitt fließende Wassermenge J gleich ist dem Quotienten der Höhendifferenz des oberen und unteren Wasserspiegels E, dividiert durch den Widerstand der Leitung R.

Im technischen System ist der Widerstand = 1, wenn bei einer Spannung von 1 Volt zwischen Anfang und Ende des betreffenden Stromleiters die Stromstärke gerade 1 Ampere beträgt. Man nennt diese Widerstandseinheit Ohm. Sie ist der Widerstand einer Quecksilbersäule von 1,063 m Länge und 1 qmm Querschnitt bei 0°.

Um den Widerstand eines Drahtes in Ohm zu bestimmen, hat man nur einen Strom hindurchzuleiten, dessen Stärke J mittels des Amperemeters zu bestimmen und die Spannungsdifferenz E der Enden mittels des Voltmeters (Elektrometers). Es ist dann

$$R = \frac{E}{J} \text{ Ohm.}$$

Die elektrostatische CGS-Einheit des Widerstandes hat ein Draht dann, wenn er, bei der elektrostatisch gemessenen Spannungsdifferenz 1 CGS = 300 Volt zwischen seinen Enden, einen Strom von der Stärke 1 CGS (elektrostatisch) = $\frac{1}{3.10^9}$ Ampere führt. Somit ist 1 CGS elektrostatisch = 9.10^{11} Ohm. Die Dimension ist $\text{cm}^{-1}\ \text{g}^0\ \text{sec}$.

1 Ohm hat $1,111.10^{-12}$, ein Quecksilberwürfel von 1 cm Seite bei 0° hat $1,0453.10^{-16}$ elektrostatische Widerstandseinheiten.

Die elektromagnetische CGS-Einheit des Widerstandes hat ein Leiter, in welchem die Spannung 1 CGS$_{el}$ den Strom 1 CGS$_{el}$ erzeugt, d. h. die Spannung 10^{-8} Volt den Strom 10 Ampere. Hieraus folgt 1 CGS = 10^{-9} Ohm. Somit ist 1 Ohm = 10^9 elektromagnetischen CGS-Einheiten und 1 CGS$_{es}$ = 9.10^{20} CGS$_{el}$.

Um beispielsweise den Widerstand eines langen Brettes zu finden, kann man die Spannungsdifferenz zwischen den Enden durch ein angeschlossenes Elektrometer bestimmen und die Stromstärke durch ein elektrisches Pendel oder Ausladeelektrometer.

Ich benutze als elektrisches Pendel die anfangs gebrauchte Wage mit angehängtem kugelförmigem Konduktor aus Zinkblech (Fig. 32, S. 17), welcher, von der Standkugel angezogen, seine Elektrizität an diese abgibt und dann zurückschwingt. Die Ladung ergibt sich aus Kapazität und Spannung.

Braun bedient sich des oben S. 60 erwähnten Elektrometers. Wurde eine Leidener Flasche langsam durch einen Holzstab von etwa 2 m Länge und 1 cm Durchmesser entladen, mit dessen Enden je ein Elektrometer verbunden war, und führte man der Leidener Flasche so lange Elektrizität zu, bis in einer Sekunde eine Entladung stattfand, was eintrat, als die Leidener Flasche eine Spannung von 3000 Volt besaß, so betrug, wie hieraus folgt, die Stromstärke im Stabe 65.10^{-10} Ampere. Der Widerstand des Stabes ergibt sich hieraus

$$= \frac{3000}{65.10^{-10}} = 47.10^{10} \text{ Ohm.}$$

Der so gemessene Strom müßte etwa vier Jahre lang fließen, bis er so viel Elektrizität durch den Stab entsendet hätte, als ein Ampere in einer Sekunde transportiert. Wollte man den Widerstand dieses Holzstabes durch einen Quecksilberfaden von 1 qmm Querschnitt herstellen, so würde derselbe so lang sein, daß das Licht etwa eine halbe Stunde gebrauchen würde, um diese Strecke zu durchlaufen.

Zur Bestimmung des Widerstandes W kann auch die Entladungsdauer eines Kondensators von bekannter Kapazität c, d. h. die Zeit t, welche notwendig ist, bis die Spannung auf einen gewissen (den $p$ten) Bruchteil gesunken ist, benutzt werden, wenn die Belege des Kondensators durch den zu untersuchenden Widerstand verbunden werden. Es ist

$$t = c \cdot W \cdot \log nat \, p.$$

t kann mittels des Helmholtzschen Pendelunterbrechers [1]) bestimmt werden.

Wenn die Entladung eines gewöhnlichen Elektroskops durch die Berührung mit einem abgeleiteten Körper eine merkliche Zeit in Anspruch nimmt, so ist der Widerstand des Körpers mindestens auf die Ordnung 10^{10} Ohm zu schätzen.

57. Spezifischer Widerstand. Für die Abhängigkeit des Widerstandes von den Dimensionen des Leiters ergibt sich das einfache Gesetz: $R = s \cdot l/q$, wenn s eine Konstante, den spezifischen Widerstand, l die Länge des Leiters und q den Querschnitt bedeutet. Im physikalischen CGS-System ist der spezifische Widerstand $= 1$, wenn ein Stück des Leiters von 1 cm Länge und 1 qcm Querschnitt den Widerstand 1 CGS hat. Z. B. ist im elektromagnetischen CGS-System der spezifische Widerstand des Quecksilbers bei $0^0 = 94\,070$ qcm/sec. Rechnet man den Widerstand in Ohm, die Länge in Metern, den Querschnitt in Quadratmillimetern, so ist der spezifische Widerstand Hg $0^0 = 0,9407$ zu setzen.

Im technischen und im gesetzlichen System wäre der spezifische Widerstand der Widerstand eines Würfels von 1 m Seitenlänge. Er ist für:

Silber, geglüht	$= 1,50 \cdot 10^{-8}$	Ohm
Kupfer, geglüht	$= 1,65 \cdot 10^{-8}$	„
Aluminium, geglüht	$= 2,91 \cdot 10^{-8}$	„
Zink, komprimiert	$= 5,61 \cdot 10^{-8}$	„
Platin, geglüht	$= 9,03 \cdot 10^{-8}$	„
Eisen, geglüht	$= 9,73 \cdot 10^{-8}$	„
Nickel, geglüht	$= 12,40 \cdot 10^{-8}$	„
Zinn, komprimiert	$= 13,18 \cdot 10^{-8}$	„
Blei, komprimiert	$= 19,58 \cdot 10^{-8}$	„
Neusilber	$= 30,00 \cdot 10^{-8}$	„
Quecksilber	$= 94,34 \cdot 10^{-8}$	„
Carrés Kohle	$= 0,85 \cdot 10^{-6}$	„
Verdünnte Schwefelsäure (spez. Gew. $= 1,10$)	$= 7,62 \cdot 10^{-3}$	„
„ „ („ „ $= 1,30$)	$= 5,44 \cdot 10^{-3}$	„
„ „ („ „ $= 1,50$)	$= 15,60 \cdot 10^{-3}$	„
„ „ („ „ $= 1,70$)	$= 34,60 \cdot 10^{-3}$	„
Kupfervitriollösung (8 proz.)	$= 0,248$	„
„ (16 proz.)	$= 0,204$	„
Glimmer	$= 8,4 \cdot 10^{11}$	„
Guttapercha	$= 4,5 \cdot 10^{13}$	„
Paraffin	$= 3,4 \cdot 10^{14}$	„

Daß der Widerstand proportional der Länge wächst, kann man nach Kundt ohne weiteres sehen an einer Holzstange, über welche Seidenpapierstreifen als Elektroskope gehängt sind. An einem Ende divergieren die Streifen mit positiver, am anderen mit negativer Elektrizität. In der Mitte, wo sich der Indifferenzpunkt befindet, hängen sie schlaff herunter. Leitet man das eine Ende ab, so divergieren die Streifen am anderen doppelt so stark. Statt der Papierstreifen kann man auch zwei Gleitkontakte anbringen, welche mit einem Elektrometer verbunden

---

[1]) Zu beziehen von dem physikalisch-mechanischen Institut von Prof. Dr. Edelmann, München.

find. Je weiter man sie auseinanderschiebt, um so größer ist die von dem Elektrometer angezeigte Spannung.

Trouton (1886) verwendet zur Demonstration des Spannungsabfalles längs
eines Stromleiters eine sehr glatte Schnur, welche an den Enden mit den Polen
einer Influenzmaschine verbunden wird. Der Nachweis der Spannung geschieht
mittels des Elektroskops.

Grimsehl (H. 16, 10, 1903) benutzt zur Demonstration des Spannungsabfalles eine kräftige Hanfschnur von 5 m Länge, welche an beiden Enden an
Hartgummistücke befestigt ist. Sie wird durch Bindfaden, welcher an die Hartgummistücke angeknotet ist, horizontal in ungefähr 2 m Höhe über dem Boden aus-
gespannt. Die Enden werden mit einer kleinen Influenzmaschine verbunden. Als
Elektroskope dienen fünf Seidenpapierstreifen von 70 cm Länge und $1/_2$ bis 1 cm Breite,
die in der Mitte zusammengeknickt sind und nur einfach über die Schnur gehängt werden.
Die Konduktoren der Elektrisiermaschine werden mit Leidener Flaschen verbunden.

Zweckmäßig verwendet man auch
als Widerstände gewöhnliche Glasröhren, deren Widerstand allerdings
mit dem Feuchtigkeitsgehalt der Luft
veränderlich ist, da er durch die
Wasserhaut bedingt ist. Auch sog.
Spiegelwiderstände, d. h. sehr
dünne Metallschichten auf Glas aufgetragen, könnten Verwendung finden.

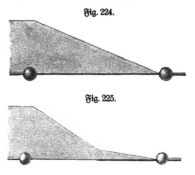

Fig. 224.

Fig. 225.

Die Fig. 224 stellt die Potentialverteilung für den einfachen Fall dar,
daß der eine Konduktor positiv elektrisch gehalten wird, während der
andere zur Erde abgeleitet ist.

Verwenden wir statt eines gleichmäßig beschaffenen Verbindungsdrahtes einen
aus zwei Stücken von verschiedener Leitungsfähigkeit zusammengesetzten, so ist der
Spannungsabfall längs der beiden Stücke verschieden, da die Stromintensität in
beiden die gleiche ist, die Spannungsdifferenz zwischen den Enden nach dem Ohmschen Gesetz aber gleich dem Produkte von Stromstärke mal Widerstand sein muß.
Der Potentialabfall würde sich also z. B. gestalten, wie Fig. 225 zeigt. Die Figur
gibt zugleich eine Darstellung des Prinzips von Vergleichung zweier Widerstände mittels des Elektrometers. Die beiden hintereinander geschalteten Widerstände verhalten sich der Größe nach wie die Spannungsdifferenzen ihrer Enden
(Substitutionsmethode).

Die Kompensationsmethode in Form der Wheatstoneschen Brücke zeige ich
mit zwei 4 m langen, 0,5 m breiten und 3 cm dicken, gleichmäßig beschaffenen
Brettern aus Tannenholz, welche an den Enden durch zwischengelegte leitende Stäbe,
welche gleichzeitig als Stromzuleitungen dienen, getrennt gehalten werden (Fig. 226).
Auf jedem läßt sich ein Gleitkontakt, bestehend aus einem mit dem Knopf des
Elektrometers verbundenen schweren Metallstab, verschieben. Das Gehäuse des
Elektrometers steht mit dem einen, der Knopf mit dem anderen in Verbindung.
Stehen die beiden Gleitkontakte gerade übereinander, so erfolgt Kompensation,
d. h. die Blättchen fallen zusammen; verschiebt man den einen oder anderen aus

dieser Stellung, so zeigt das Elektrometer einen Ausschlag. Durch Wahl verschiedener
Bretter ließe sich der Versuch variieren und falls man den spezifischen Widerstand
konstant setzen kann, nachweisen, daß wirklich der Widerstand proportional zur
Länge und umgekehrt proportional zum Querschnitt, da im Falle der Kompensation
die Spannungsdifferenzen der Gleitkontakte mit demselben Brettende übereinstimmen
müssen, so daß, wenn i_1 und i_2 die Stromstärken in beiden Brettern bedeuten und

Fig. 226.

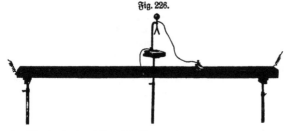

w_1, w_2 die Widerstände der beiden Abteilungen des ersten Brettes, w_3, w_4 die des
anderen, sein muß:

$$i_1 . w_1 = i_2 . w_3 \qquad \text{und} \qquad i_1 . w_2 = i_1 . w_4,$$

also
$$w_1 : w_2 = w_3 : w_4.$$

Ein gewöhnliches Elektroskop, wie es die Fig. 6 (S. 7) zeigt, ist nicht gut zu
verwenden. Zweckmäßiger ist ein Quadrantenelektrometer (vgl. S. 98), auch kann man
mit Vorteil statt der Bretter, welche, falls sie nicht sehr dick und gleichmäßig sind, in
der Regel störende Inhomogenitäten zeigen, Serien von Glühlampen benutzen.

Ist der Widerstand eines Leiters bekannt, so kann er in Verbindung
mit einem Elektrometer als Strommesser dienen, denn $i = e/w$. Eventuell
könnte man, wenn i und w bekannt sind, e bestimmen, da $e = i.w$.

Fig. 227 bis 230.

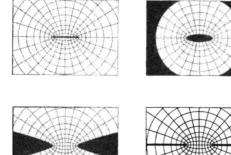

Durch das Ohm-
sche Gesetz kann auch
der Ausdruck für die
Arbeit des Stromes
umgeformt werden:

denn es ist $\frac{1}{g} . E . J$

$= \frac{1}{g} . J . R^2$, oder die

Wärmeentwickelung
durch den Strom pro

Sekunde $= \frac{1}{430 . g}$

$. J . R^2$. Dies ist das
Joulesche Gesetz.

**58. Niveau- und
Stromlinien.** Würde
man auf große Tafeln aus Pappdeckel Stanniolbeläge aufkleben als Elektroden und
durch eine Spitze mit isolierendem Griff, welche mit einem Elektrometer verbunden

ist, die Spannung für verschiedene Punkte ermitteln, so ließen sich die Linien gleicher Spannung oder Niveaulinien feststellen, zu welchen die Stromlinien überall senkrecht sind. Einreiben mit Graphit wäre zweckmäßiger als Stanniolbelag. Die Fig. 227 bis 230 zeigen einige Beispiele; mehr sind in den Tafeln wiedergegeben.

Würde man eine kreisrunde Tischplatte mit parallellaufenden Fasern oder eine ebenso beschaffene Tafel aus Schiefer in der Mitte mit dem einen Pol einer konstant wirkenden Influenzmaschine verbinden, am Rande durch einen umgelegten Metall=streifen mit dem anderen Pol, so könnte man auf gleiche Art nachweisen, daß in einem anisotropen Medium der Widerstand nach verschiedenen Richtungen ver=schieden ist, da als Niveaulinien nicht wie im Falle einer isotropen Platte Kreise, sondern Ellipsen erhalten werden.

Bei Kristallplatten kann man durch Bestäuben mit Mennige=Schwefelpulver dasselbe nachweisen.

<hr>

Vierzehntes Kapitel.

Galvanismus.

59. Der Fundamentalversuch. Zur Einleitung kann man auf die merk=würdige Erscheinung hinweisen, daß der Durchgang der Elektrizität durch den mensch=lichen oder tierischen Körper als „elektrischer Schlag" empfunden wird und Zuckungen, z. B. bei Froschschenkeln, hervorruft, daß ferner die „elektrischen Fische" solche elektrischen Schläge zu erteilen imstande sind und zur Erzeugung der Elektrizität ein besonderes Organ besitzen, dessen Einrichtung und Wirkung Volta durch sein „künstliches elektrisches Organ", die aus Metallplatten und feuchten Leitern zusammengesetzte Säule zu erklären versuchte. Wie sich später fand, erklärt sich bei diesem die Wirkung dadurch, daß aus dem Zink positive Elektronen durch die „Lösungstension" in die anliegende Flüssigkeit getrieben werden, wie der „Fundamentalversuch" beweist.

Auf die aus Zink verfertigte Kollektorplatte eines Elektroskops mit Konden=sator (vgl. S. 104 ff.) legt man eine dünne Glasscheibe von etwas größerem Durch=messer, auf welcher ein erhabener Rand aus Wachs angebracht ist. Mit Hilfe einer Dosenlibelle wird das Instrument so gestellt, daß die Glasplatte genau horizontal steht. Nun gießt man eine dünne Schicht verdünnter Schwefelsäure darauf und verbindet diese durch einen entsprechend kleinen, ganz aus Zink bestehenden Auslader mit gut isolierenden Griffen (aus Schellack) mit der Zinkplatte. Alsdann hebt man die Verbindung wieder auf und entfernt die Glasplatte, indem man sie an dem vorstehenden Rande faßt. Die Blättchen des Elektroskops zeigen nun starke negative Divergenz, die man durch Annähern einer geriebenen Glas= und Siegellack=stange nachweist.

Da das Zink ursprünglich unelektrisch war, folgt hieraus, daß bei der Auf=lösung desselben in der Schwefelsäure positiv elektrische Atome (Jonen) in die Säure hineingetrieben wurden (infolge der Lösungstension, vgl. Bd. I(2), S. 854), während die gleiche Menge negativer zurückgeblieben ist. Daß tatsächlich die Säure positiv geworden ist, kann man zeigen, indem man sie auf das Elektroskop influenzierend wirken läßt. Läßt sich das Elektroskop nicht horizontal stellen, so legt man auf die Glasscheibe ein Blatt Fließpapier und gießt nur soviel Säure auf, daß dieses gerade benetzt wird. Die Glasscheibe muß natürlich vorzüglich isolieren.

Der Versuch wird unter Verwendung von Kupfer statt Zink wiederholt. Dabei ergibt sich, entsprechend der geringen Lösungstension des Kupfers, welches von der verdünnten Schwefelsäure nicht aufgelöst wird, keine merkliche Spannung[1].

Grimsehl (§. 16, 15, 1903) befestigt die beiden Platten eines Zinkkupferelementes an den beiden Kondensatorplatten, so daß, wenn die obere aufgesetzt ist, beide in ein Gefäßchen mit stark verdünnter Schwefelsäure eintauchen.

Zum Nachweis der Spannungsreihe verwendet man, während ein Metall, z. B. Kupfer, stets beibehalten wird, nacheinander verschiedene andere Metalle als zweite Platte und konstatiert die Spannungsdifferenz an einem empfindlichen Quadrantenelektrometer. Mit Quecksilber, Gold, Platin erhält man wachsende Ausschläge nach der einen Richtung, mit Blei, Eisen, Kadmium, Zink, Magnesium nach der anderen, mit Kupfer keine.

60. Die galvanische Säule kann des historischen Interesses wegen und mit Rücksicht auf die Erklärung der Trockensäule nicht wohl entbehrt werden. Man wird sich jedoch bei der Anschaffung einer Säule auf kleine Platten beschränken können und wird bei der Zahl der Paare nicht über 50 bis 100 hinausgehen. Zum Nachweis der Spannung dient zweckmäßig das Quadrantenelektrometer.

Die einzelnen Platten werden mit der Schere aus etwa millimeterdickem Kupferbleche ausgeschnitten, mit dem Hammer eben gerichtet und mit der Feile vollends kreisrund gemacht; ebenso verfährt man mit Zinkplatten von dieser Stärke. Letztere sollten jedoch aus etwa 3 mm dickem Bleche gemacht werden, weil sie sich sowohl durch die Wirksamkeit der Säule als durch das öftere Putzen stärker abnutzen als die Kupferplatten. Zinkblech von dieser Dicke ist aber nicht mehr so mit der Blechschere zu schneiden wie das erwähnte Kupferblech; man verfährt daher am besten so, daß man das erforderliche Zinkblech in Quadrate einteilt, deren jedes etwa 3 mm mehr Seite hat als die Platten Durchmesser bekommen sollen. Die Teilungslinien werden mit einem Schabstahle scharf ausgezogen. Man bringt sodann an den Anfang einer solchen Linie einen Tropfen Quecksilber und fährt mit einem spitzig zugeschnittenen, in Salzsäure getauchten Hölzchen von dem Tropfen an die Linie langsam aus; das Quecksilber läuft dem Hölzchen leicht nach, amalgamiert das Zink und dieses wird auf der Teilungslinie dadurch so mürbe, daß man es nach einiger Zeit leicht brechen kann. Da man öfter in den Fall kommt, dickes Zinkblech zu schneiden, so ist dieses Verfahren vielfach von Nutzen. Die noch übrige Abrundung der Platten wird leicht ausgeführt, wenn man die Ecken zuerst mit dem Meißel abhaut und dann eine grobe, etwas weit aufgehauene Feile, wie man sie für Kupfer hat, anwendet.

---

[1] Der sog. „Voltaeffekt", d.h. das Auftreten einer Spannungsdifferenz bei Berührung von Zink und Kupfer, welcher in früherer Zeit die Einleitung zum Galvanismus bildete, ist, wie Exner zuerst nachgewiesen hat, lediglich durch die Wasserhaut auf den Metallen bedingt. Die Spannung ist deshalb in feuchter Luft dieselbe, wie wenn direkt Wasser zwischen die Platten gebracht wird, in scharf getrockneter, erwärmter Luft geht sie dagegen auf einige hundertstel Volt zurück. (Siehe auch Warburg, Sitzungsber. d. Berl. Akad. 16, 850, 1904.)

Kupfer- und Zinkplatten müssen nun zusammengelötet werden, da dieses sowohl für die Wirkung viel vorteilhafter ist als das bloße Aufeinanderlegen, als auch beim Putzen fast die halbe Arbeit erspart. Die Lötung muß aber durchweg geschehen und nicht bloß rings am Rande herum. Man kann dieses leicht selbst tun. Die Platten werden zu dem Ende mit der Feile und dem Schabstahle einerseits gereinigt, dann mit Kolophonium bestreut oder mit Lötwasser bestrichen, dann erwärmt und wenn ein Stückchen Klempnerlot darauf fließt, dieses mit dem Lötkolben oder auch mit einem Stückchen Messingdraht auf der Platte herum verteilt. Man kann dabei immer drei bis sechs solcher Platten auf einem Eisenbleche zugleich erhitzen, wobei man aber die Kupferplatten besonders behandelt, da diese etwas mehr Hitze erfordern. Sind auf diese Weise alle Platten verzinnt, so legt man ein Paar nach dem anderen, nachdem etwas Kolophonium aufgestreut ist, in gehöriger Lage zwischen eine kleine Zange (am besten eine kleine Schmiedezange), drückt sie und hält sie über das Feuer, bis das Lot fließt, was schnell erfolgt und wobei alles überflüssige Lot ausgedrückt wird. Zuletzt werden die Platten noch am Rande herum mit der Feile verputzt.

An einige der Paare lötet man am Rande kurze Kupferdrähte an oder läßt an einigen Kupfer- oder Zinkplatten kleine Ohren stehen; diese Paare werden beim Aufbauen in der Säule verteilt, um bequem an verschiedenen Stellen derselben mittels Klemmschrauben Leitungsdrähte anbringen zu können.

Als feuchten Zwischenleiter nimmt man Salmiak- oder Kochsalzlösung, oder auf $^1/_{20}$ verdünnte englische Schwefelsäure, und als Träger dieser Flüssigkeiten Scheiben von Wollentuch oder Pappe, deren Durchmesser um etwa 5 mm kleiner ist als jener der Scheiben. Mit Pappe erhält man im allgemeinen bessere Wirkung, da sie feuchter angewendet werden kann, weil sie sich nicht so sehr zusammendrücken läßt als Wollentuch und folglich die Flüssigkeit nicht so leicht aus ihr herausquillt. Letzteres darf überhaupt nicht in dem Grade stattfinden, daß die Flüssigkeit äußerlich an der Säule herabträufelt, und wenn man bemerkt, daß es irgendwo dahin kommen will, so entfernt man das Überflüssige mit Fließpapier. Man muß daher die Scheiben, nachdem sie von der Flüssigkeit durchdrungen sind, was bei Pappe etwa eine Stunde erfordert, soweit auspressen, daß der Druck der oberen Platten keine Flüssigkeit mehr auspressen kann; die oberen Scheiben können also feuchter angewendet werden als die unteren.

Tuchscheiben kann man nach einem Blechmuster mit der Schere ausschneiden, für Pappscheiben muß man wohl um so eher einen Durchschlag haben, als dieselben nach mehrmaligem Gebrauche durch die Säuren so mürbe gemacht werden, daß sie zerfallen. Tuchscheiben sind viel dauerhafter. Pappscheiben dürfen nicht aus umgearbeitetem Maschinenpapier bestehen, da dieses, weil es mit Harzseife geleimt ist, die Flüssigkeit beinahe gar nicht durchbringen läßt.

Um die Säule aufzubauen, kann man sich ein Gestell wie in Fig. 231 machen lassen, wo auf einem Stück Holz A drei Stäbe BBB senkrecht und in solcher Entfernung voneinander befestigt sind, daß die Platten gerade zwischen ihnen Platz haben. In jede der Säulen wird auf der inneren Seite eine Barometerröhre in eine Nute halb eingelegt und durch Siegellack befestigt, so daß die Platten nur mit dieser in Berührung kommen. Oberhalb werden die Stäbe durch ein rundes Brettchen CC zusammengehalten und durch hölzerne Schließen darin befestigt. In diesem Brettchen läuft eine hölzerne Schraube D, durch welche ein schwacher Druck auf die Säule ausgeübt werden kann. Fig. 232 zeigt die fertig zusammengestellte Säule.

Will oder kann man die Auslage für ein solches Gestell nicht machen, so läßt sich der Zweck auch so erreichen, daß man in ein beliebiges Klötzchen in gehöriger Entfernung drei Löcher bohrt und in diese drei Barometerröhren einkittet, welche dann aber durch ein Dreieck aus Messingdraht, wie Fig. 233, oben zusammengehalten werden. Der Druck zur Festhaltung des obersten Plattenpaares wird dann durch ein aufgelegtes Gewicht von etwa 200 bis 300 g hervorgebracht.

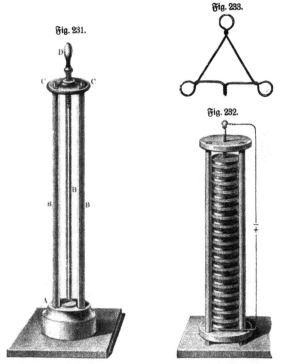

Fig. 231.

Fig. 233.

Fig. 232.

Soll die Säule aufgebaut werden, so legt man zuerst ein paar Glasscheiben auf den Fuß A, so daß dadurch eine Unterlage von etwa 1 bis 2 cm Höhe entsteht, oder man macht eine Siegellackscheibe von dieser Dicke und legt darauf ein Plattenpaar mit angelötetem Draht. Die vorher eingeweichten Scheiben drückt man selbst mit der Hand bis zu dem durch Erfahrung erlernten Grade aus und legt sie ein, während man die Plattenpaare durch einen anderen, der trockene Hände hat, in der gehörigen Ordnung einlegen läßt. Man könnte allerdings die Pappscheiben durch ein den nachfolgenden Plattenpaaren entsprechendes Gewicht auspressen; allein dieses ist umständlich und man erhält bald das erforderliche richtige Gefühl in der Hand; es handelt sich ja auch nicht um die größtmögliche Wirkung. Den Schluß macht immer wieder ein Plattenpaar mit angelötetem Draht, auf welches dann wieder einige Glas= und Harzscheiben kommen.

Nach dem Gebrauche nimmt man die Säule sogleich auseinander, breitet die Pappscheiben zum Trocknen aus und legt die Plattenpaare in Wasser, um sie gelegentlich, aber recht bald, ebenfalls zu puzen. Für die leztere Arbeit schlägt man in ein kleines Brettchen drei Drahtstifte so ein, daß gerade ein Plattenpaar zwischen ihnen Plaz hat und die Stifte nicht über dasselbe hervorragen; man fegt sie dann mittels eines Stückchens Holz mit Streusand und legt sie sogleich wieder in Wasser, bis alle gefegt sind; nachher erst fängt man mit dem Abtrocknen an, was recht sorgfältig geschehen muß. Die abgetrockneten Platten werden wieder in ihrem Gestelle aufgeschichtet, aber so, daß immer nur Kupfer auf Kupfer und Zink auf Zink zu liegen kommt, wodurch alles Rosten verhütet wird; die getrockneten Pappscheiben werden besonders aufbewahrt.

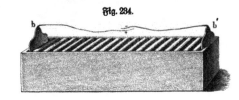

Fig. 234.

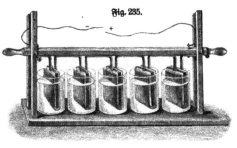

Fig. 235.

In älteren Kabinetten finden sich gewöhnlich zahlreiche Modifikationen der Voltaschen Säule, z. B. solche mit Glaszellen (Glasringen) statt Pappscheiben, mit großen quadratischen Platten für horizontale Aufstellung, Ketten nach Pulvermacher und Münch aus Kupfer= und Zinkdraht, Trogapparate (Fig. 234), Becherapparate (Fig. 235) u. s. w., welche man vorweisen kann, um zu zeigen, wie sich daraus allmählich die heutige Form der galvanischen Batterie entwickelt hat.

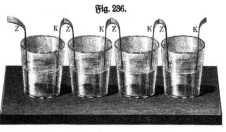

Fig. 236.

61. Spannungsversuche mit der Säule. Ist das Elektrometer empfindlich, so darf man nicht wohl über acht bis zwölf Plattenpaare steigen, auch wenn man die Fließpapierscheiben nur mit Speichel befeuchtet. Für 40 bis 50 Paare kann man schon ein empfindliches Strohhalmelektrometer anwenden. Zweckmäßiger nimmt man Trog= oder Becherapparate.

Voltas Becherapparat kann man sich herstellen, wenn man Kupfer= und Zinkstreifen von ein paar Centimeter Breite und etwa 15 cm Länge zusammennietet

wie in Fig. 236, oder durch Klemmschrauben zusammenschraubt oder sie zusammen-
lötet, dieselben wie in Fig. 236 zusammenbiegt und in Trinkgläser so einstellt, daß

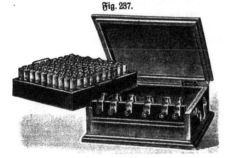

Fig. 237.

jedes Paar in zwei Gläser taucht; zuletzt hat man einer-seits einen ungepaarten Zink- und andererseits einen unge-paarten Kupferstreifen, an welche Kupferdrähte angelötet oder durch Klemmschrauben be-festigt werden. Der positive Pol ist immer auf der Kupferseite.

Eine Wasserbatterie[1] aus zahlreichen kleinen Kupfer-zinkelementen zeigt Fig. 238 Lb, 50.

Fig. 238.

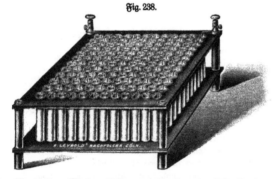

62. Die trockene Säule. Will man eine Zambonische Säule machen, um
daran die Erscheinungen der Spannung deutlich zeigen zu können, so füllt man
Scheibchen von etwa 1 bis 3 cm Durchmesser in eine innerhalb mit geschmolzenem

---

[1] Leppin u. Masche, Berlin SO., Engelufer 17, liefern eine Wasserbatterie von
100 Elementen nach Fig. 237 zu 50 Mk. Sie ist durch einen Deckel gegen Verstauben geschützt.
Die Klemmen sind an einer abnehmbaren Ebonitplatte befestigt, die Gläser in einen an
zwei Griffen herausnehmbaren Blecheinsatz mittels eines besonderen Isolierkitts eingegossen.
Durch den Blecheinsatz ist ein schnelles Füllen der Gläser ermöglicht, ohne daß Wasser in
den Holzkasten laufen kann. Von noch größerem Vorteil jedoch ist der Einsatz beim Entleeren der Batterie, da man nur eine Glasplatte oder dergleichen aufzulegen hat, um
ein Herausfallen der Kupfer- und Zinkstreifen zu verhindern, und dann den ganzen
Blechkasten umkehren kann. Die Gläschen werden am besten mit destilliertem Wasser gefüllt. Unter Zuhilfenahme einer Spritzflasche mit nicht zu großer Öffnung dauert das
Füllen nur wenige Minuten. Fließt ein wenig Wasser über, so schadet das nichts,
denn auf dem Isolierkitt kann es sich nicht ausbreiten und läßt sich leicht entfernen.
Sollte Wasser in den Holzkasten gelangen, so kann derselbe darunter nicht leiden, da er
innen entsprechend lackiert ist. Nach beendeter Füllung setzt man den Einsatz in den Holzkasten und hat lediglich die Hartgummileiste einzuschieben, um die Batterie gebrauchsfertig
zu haben.

Siegellack überzogene Glasröhre[1]), die auch nach diesem Überzug noch weit genug sein muß, um die Scheibchen leicht und ohne Anstreifen in dieselbe füllen zu können. Man kann übrigens solche Säulen noch wirksamer machen, wenn man nur Silberpapier nimmt und dieses auf der anderen Seite äußerst dünn mit einer aus dünnem Gummiwasser und sehr fein abgeriebenem und geschlämmtem Braunsteine bestehenden Farbe bestreicht. Streifen die Blättchen beim Hineinbringen, so wird die Röhre innerhalb mit einem feinen Metallanflug überzogen und die Säule fast wirkungslos.

Fassungen braucht die Röhre nicht zu haben; es genügt, sie mit recht trockenen Korkstöpseln zu verschließen, nachdem man auf die letzten Blättchen Messingbleche gelegt hat. Die Korkstöpsel werden vorher so durchbohrt, daß ein etwas dicker einerseits wohl abgerundeter Messingdraht gerade noch durchgeschoben werden kann. Die Reibung dieses Drahtes genügt, um die Scheibchen gehörig zusammengepreßt zu erhalten; überdies werden zuletzt die Korke mit Siegellack überzogen. Eine solche Säule gibt, wenn sie aus etwa 1000 Paaren besteht, schon an einem empfindlichen Strohhalm-Elektrometer einen Ausschlag. Wenn man nur ein bis zwei Dutzend solcher Blättchen aufeinander schichtet und mit Seide der Länge nach umbindet, so geben sie am Kondensator einen Ausschlag. Die Säule ist überhaupt sehr bequem, um die Wirkung des Kondensators zu demonstrieren, und man kann daran auch den Unterschied der Spannung an ihren Polen im isolierten und nicht isolierten Zustande zeigen. Baut man eine Säule von etwa 1000 Paaren offen auf einem Brettchen zwischen drei Glasstäbchen auf und bewirkt die Pressung durch zwei gekreuzte Seidenschnüre, welche durch das Brettchen gehen und unterhalb gebunden werden, so kann man von 100 zu 100 kleine Lappen vorstehen lassen und an diesen die allmählich wachsende Spannung zeigen.

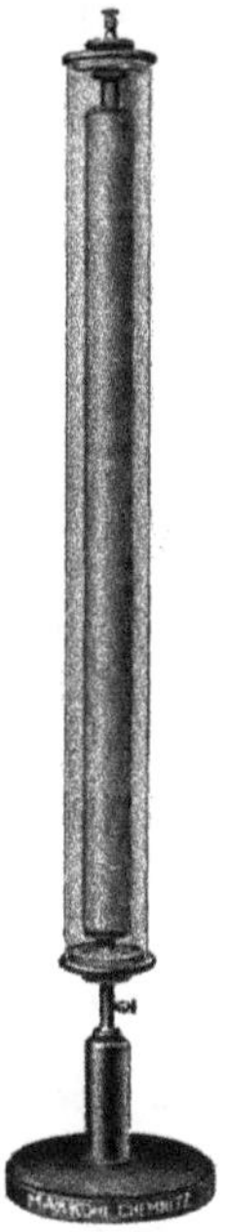

Fig. 239 (E, 27) zeigt eine zum Aufhängen vorgerichtete Säule ohne Glasröhre[2]), Fig. 240 (K, 24 bis 100) eine gewöhnliche Säule auf Stativ[2]).

Solche Säulen müssen in einem Stativ aufgehängt und an einem trockenen Orte vor Sonnenlicht geschützt aufbewahrt werden. Ich pflege sie in eine weite Flasche mit lose aufliegendem Deckel einzuhängen, wodurch zugleich Schutz gegen Staub erzielt wird. Dieser lagert sich vorherrschend gegenüber dem — Pol auf dem Glase ab. Vor dem Gebrauche werden die Schrauben angezogen, nach demselben wieder gelockert.

Fig. 239. Fig. 240.

---

[1]) Man erwärmt hierzu die Glasröhre von einem Ende aus und läßt das in kleinen Stückchen hineingelegte Siegellack darin schmelzen; es breitet sich leicht und sehr gleichförmig auf der inneren Seite der Röhre aus. Dies ist das sicherste Mittel, die Röhre gehörig isolierend zu machen; doch bleibt der Apparat schöner, wenn die Röhre an sich gut isoliert, und dann innerhalb nur mit gebleichtem Schellack gefirnißt wird, da man so die Blättchen selbst sehen kann. Palmieri (1883) empfiehlt, die Säule selbst mit einem Lacküberzug zu versehen. — [2]) Trockensäulen nach Elster u. Geitel, sowie nach Dolezalek-Nernst liefert Müller-Uri, Braunschweig, bei 6 bis 22 mm Scheibendurchmesser und 100 bis 150 mm Länge zu 15 bis 30 Mk.

63. Das Säulen-Elektrometer. Ein Bohnenbergersches Elektrometer mit
Gefäß kann man sich sehr leicht selbst herstellen. Man könnte ein Trinkglas von
½ Liter Inhalt nehmen und die Zambonischen Säulen im Deckel anbringen
(Fig. 241 E, 40); allein hier hängt dann auch das Goldblatt zwischen diesen,
klebt leicht an sie an und wird beim Losrütteln gar zu oft zerrissen. Allerdings
kann man statt eines Goldblattes wohl auch ein ganz schmales Streifchen von
feinem Stanniol, woran unten ein Scheibchen gelassen wird, oder Silberlahn, oder
Binsenmark nehmen, welche nicht so leicht verdorben werden und sich nicht so fest
anhängen, aber auch weniger empfindlich sind. Besser ist es immer, man nimmt
ein etwa 6 cm weites Lampenglas, wie Fig. 242 zeigt, zu welchem Deckel und Fuß
von Holz gedreht werden; der Fuß (Fig. 243) erhält in der Entfernung von 2 bis

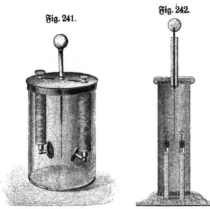

Fig. 241.   Fig. 242.   Fig. 243.

3 cm zwei Vertiefungen zu
den Glasröhren der Zam-
bonischen Säulen. Die
Vertiefungen verbindet man
durch einen Schlitz, um den
Boden beider durch ein zusammenhängendes Stan-
niolstreifchen belegen zu

können. Die Röhren werden unten offen gelassen, und mit den Papierstreifchen erst
gefüllt, wenn sie an Ort und Stelle eingekittet sind; da sie durch den Stanniolstreifen
im Boden zu einer Säule verbunden sind, so erhält man immer gleich starke Pole.
Die Glasröhren müssen in bezug auf ihr Isolierungsvermögen vorher sorgfältig
geprüft werden, und so weit sein, daß die Scheibchen sich darin nirgends ansperren.
Blättchen von 5 mm Durchmesser sind groß genug; man schlägt sie mittels eines
entsprechenden Durchschlages aus dem mittels Stärke zusammengekleisterten unechten
Gold- und Silberpapiere aus; läßt man das Papier durch den Buchbinder zu-
sammenkleistern, so muß man ihm empfehlen, nicht etwa mit Leim gemischte Stärke
zu nehmen, deren sich die Buchbinder öfter bedienen. Das obere Ende der Röhrchen
kann man durch einen sauber geschnittenen Kork schließen und einen Draht hindurch
stecken, der auf beiden Seiten zum Ringe umgebogen wird und auf die Papier-
scheibchen drückt; daß die hervorstehenden Enden gleich lang sein müssen, versteht
sich von selbst. Will man das obere Ende mit einer messingenen Fassung, welche
außen eine Schraube hat, versehen, um einen messingenen Deckel mit einem abgerundeten Knopfe darauf zu schrauben, so kann man einen harten Messingdraht
spiralig aufwickeln und in die Glasröhren stellen, um den Raum bis zu den Scheibchen
auszufüllen, wenn die Röhren nicht voll sind. Sind diese Drähte etwas länger
als der Raum, so üben sie zugleich einen Druck auf die Scheibchen aus.

Die weite Glasröhre wird in ihre Fassungen nicht eingekittet, sondern man beleimt sie, etwas weniger breit als die Fassung tief ist, mit Sammt oder auch nur mit Leinwand, um sie fest einstecken zu können. Die Scheibchen der Zambonischen Säulen legen sich sehr locker aufeinander und man kann daher mehr oder weniger davon in dieselben Röhren bringen, je nachdem man sie mittels der Polardrähte mehr oder weniger zusammenpreßt. Da-durch kann man auch die Stärke der Pole, mithin die Empfindlichkeit des Instru-mentes, nach Belieben herstellen, und es lassen sich bei den angegebenen Dimensionen die Pole leicht so stark machen, daß ein zwischen denselben hängender Stanniolstreifen sich längere Zeit als Pendel hin und her bewegt, was natür-lich für den Gebrauch des In-strumentes als Elektrometer nicht sein darf. Doch ist es gut, dieser Grenze selbst für das Goldblatt möglichst nahe zu rücken, wenn man ein sehr emp-findliches Instrument braucht.

Fig. 244.

Man hat statt einer ge-teilten auch eine ungeteilte liegende Säule angewendet und die beiden Polardrähte gegen die Mitte geführt. Diese Kon-struktion hat das Unbequeme, daß man entweder ein eigens geformtes Glas haben, oder ein solches aus Glasplatten zu-sammensetzen muß; Fig. 244 (E, 52) zeigt ein solches Instru-ment. Die Entfernung der Platten, und dadurch die Empfindlichkeit des Instrumentes, läßt sich hier leicht nach Belieben ändern.

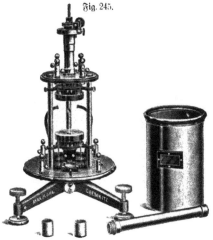

Fig. 245.

Ein Quadranten-Elektrometer mit Zambonischer Säule (Fig. 245 K, 280) konstruierten Dolezalek und Nernst [1]).

[1]) Zeitschr. f. Instrumentenk. **17**, 65, 1897.

Das Elektrometer besitzt keine Zuleitung zur Elektrometernadel, die Ladung der Doppelnadel erfolgt vielmehr durch eine kleine senkrecht aufgehängte trockene Säule aus Zinn-Bleisuperoxyd-Elementen, die 3 mm Durchmesser hat, 9 bis 10 cm lang ist und ein Gewicht von nur 1,5 g besitzt.

Ein Nachteil des Instrumentes ist der, daß die Wirksamkeit der kleinen Säule bald nachläßt und in etwa einem Jahre völlig erschöpft ist. Außerdem ist die starke Belastung des zur Aufhängung dienenden Quarzfadens sehr störend.

Bei dem neueren Instrumente von Dolezalek[1] (siehe S. 609, Bd. I₍₁₎) ist deshalb die Säule wie bei Fig. 156 (S. 96) von dem Instrumente getrennt und der Quarzfaden leitend gemacht. Man kann damit noch Zehntel eines Milliontel Volt messen und durch Bestimmung der Spannungsdifferenz an den Enden eines schlechten Leiters Ströme bis 10 Trilliontel Ampere[2].

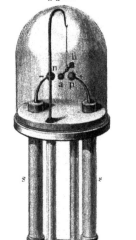

Fig. 246.

64. Elektrisches Pendel.

Wenn man zwei Zambonische Säulen von je 2000 Paaren aufbaut, sie auf ein Brett setzt und wie beim Bohnenbergerschen Elektrometer (S. 144) unterhalb durch einen Stanniolstreifen verbindet, so reichen sie zu einem sogenannten elektrischen Pendel aus. Fig. 246 zeigt ein solches. Die oberen Pole gehen durch ein rundes Brett, welches auf zwei Säulen ruht und an einem gebogenen Drahte mittels Seidenfaden das Pendel trägt. Letzteres besteht aus einer leichten hohlen Messingkugel a, welche an einem Glasstäbchen steckt; das Glasstäbchen ist an den Faden gebunden und eine zweite Kugel b hält der ersten das Gleichgewicht. Die Kugel a hängt im Ruhezustande zwischen den beiden Polen, und der Teil des Glasstäbchens, welcher zwischen ihr und dem Seidenfaden ist, muß so lang sein, daß die Kugel a beide Pole erreichen kann, wenn sie sich um den Faden als Achse dreht. Um den Luftzug abzuhalten, ist eine Glasglocke über das Pendel gestürzt. Gibt man dem Pendel einen Stoß, so geht es jahrelang fort, kommt wohl auch bei trockenem Wetter zum Stehen und fängt bei feuchtem wieder von selbst an, sich zu bewegen (Lb, 50).

Bei genügend kräftiger Säule kann man auch das Pendel in vertikaler Ebene auf einer feinen Schneide schwingen lassen, doch muß, ähnlich wie beim Reversionspendel (vgl. Bd. I₍₂₎, S. 1308), über dem Drehpunkt eine zweite Linse angebracht werden, welche die zur Ablenkung nötige Kraft möglichst vermindert.

Ein derartiges „elektrisches Perpetuum mobile" ist im Karlsruher Institut schon seit etwa 70 Jahren in, allerdings nach der Witterung, stark wechselnder Tätigkeit.

---

[1] Zeitschr. f. Instrumentenk. 21, 345, 1901. — [2] In einfacherer Ausführung zu beziehen von Barthels, Mechan. Werkstätten, Göttingen, zu 80 Mk. Siehe auch Z. 10, 33, 1897.

65. Tauchelemente. Für den gewöhnlichen Gebrauch im Unterrichte für kurz dauernde Versuche eignen sich am besten die von Bunsen angegebenen Chromsäure-Elemente, aus Kohlen- und Zinkplatten bestehend, welche in eine mit Schwefelsäure versetzte Lösung von Kalibichromat eintauchen. Gewöhnlich werden sie mit

Fig. 247.

Vorrichtung versehen, um die Platten rasch mehr oder weniger tief in die Glasgefäße eintauchen zu können oder dieselben ganz heraus zu ziehen, daher die Bezeichnung Tauchelement (vgl. Fig. 135 und 136, Bd. I(a), S. 77 und 78). Durch das Aufwinden der Batterie aus der Flüssigkeit erspart man ziemlich viel am Zink; man hat zugleich den Vorteil, daß man die Platten je nach der erforderlichen Wirkung beliebig tief eintauchen kann. Kurz nach dem Eintauchen gibt eine solche Säule immer stärkere Ströme, die aber bald auf das gewöhnliche Maß zurückkommen, worauf dieselbe für die Dauer einer halben Stunde einen kräftigen, ziemlich gleichen Strom liefert. Die Spannung eines offenen Elements beträgt etwa 2 Volt.

Ist der Strom zu schwach geworden, so zieht man die Platten für kurze Zeit in die Höhe und taucht sie dann von neuem ein.

Fig. 248.

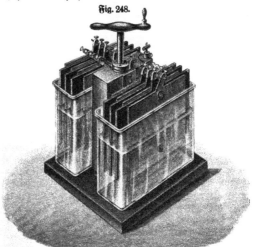

Einzelne Elemente erhalten die in Fig. 247 dargestellte Form. Eine Glasflasche mit Fuß und weitem Halse ist zum Teil mit der Chromsäurelösung gefüllt und oben durch einen abnehmbaren Deckel aus Holz oder Ebonit (eventuell mit Messingfassung) verschlossen. In der Mitte des Deckels befindet sich eine Messinghülse, welche mit einer der beiden daneben befindlichen Klemmschrauben in leitender Verbindung steht. Sie dient dem in einen Knopf a endigenden Messingstabe,

10*

welcher unten eine rechteckige amalgamierte Zinkplatte Z trägt, zur Führung, so daß die Zinkplatte durch Aufziehen oder Herunterlassen des Knopfes leicht aus der Flüssigkeit entfernt oder hineingesenkt werden kann. Eine seitliche Schraube ermöglicht, die Stange in beliebiger Stellung in der Hülse festzuklemmen. Parallel zur Zinkplatte sind an der Unterseite des Deckels zwei rechteckige Kohlenplatten KK

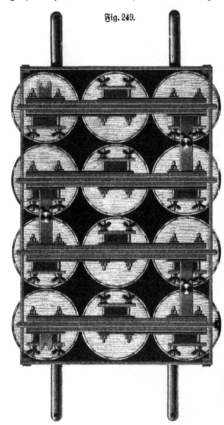

Fig. 249.

befestigt (in eine Messingfassung mit Blei vergossen), welche unter sich und mit der anderen Klemmschraube des Deckels in Verbindung stehen und beständig in die Lösung eintauchen [1]).

Eine andere Form, bei welcher zwei Elemente von sehr großer Oberfläche hintereinander geschaltet sind, zeigt Fig. 248. Es sind die drei Kohlenplatten in jeder Zelle unter sich verbunden und ebenso die vier Zinkplatten, so daß sie ebenso wirken, wie eine einzige Kohlen= bezw. Zinkplatte von entsprechend größerer Oberfläche.

Für stärkere Wirkungen, die eine Kombination vieler Elemente erfordern, eignet sich besonders die in Fig. 249 und 250 dargestellte Form. 12 Gläser von etwa 2 Liter Inhalt sind in drei Reihen hintereinander angeordnet. Die Kohlen= und Zinkplatten sind durch Schrauben mit Flügelmuttern an einem hölzernen Rahmen befestigt, der durch eine Winde aufgezogen oder je nach Bedürfnis mehr oder minder tief gesenkt werden kann. An die Zinkplatten sind Bügel von Kupferblech gelötet, welche in Kontakt mit den Kohlenplatten stehen und durch die Befestigungsschrauben fest angepreßt werden. Um eine Oxydation zu verhindern, wird zweckmäßig auf die Stellen, welche mit den Kohlen in Berührung sind, dünnes Platinblech aufgelötet.

Die Chromsäurelösung (für 40 Zellen) wird dadurch hergestellt, daß man 6,182 kg Kalibichromat pulverisiert und mit 6,282 Liter Schwefelsäurehydrat zu-

---

[1]) Keiser u. Schmidt, Berlin N., Johannisstr. 20, liefern Flaschenelemente von 16 bis 34 cm Höhe zu 4,50 bis 18 Mk.; Tauchbatterien mit 2 bis 16 Elementen zu 27 bis 120 Mk.

fammenreibt und dann unter Umrühren in dünnem Strahle 60,47 Liter Waffer zufetzt.

Bohn (1886) empfiehlt, zuerft das pulverifierte Kalibichromat in heißem Waffer zu löfen und dann erft die Schwefelfäure zuzufetzen.

Fig. 250.

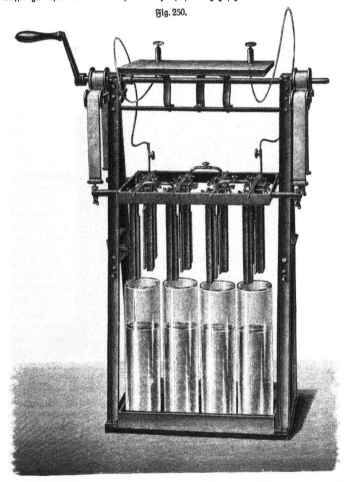

Der Billigkeit halber verwendet man nach Walter (1885) auch ftatt Kali- bichromat das Natriumfalz, nämlich eine Mifchung von 150 Gewichtsteilen doppelt- chromfaurem Natron, 250 Tln. Schwefelfäure und 250 bis 350 Tln. Waffer. Loifeau (1881) verwendet eine Mifchung von doppeltchromfaurem Kali und doppeltfchwefelfaurem Kali, da diefe Subftanzen in Pulverform gemifcht leicht transportiert werden können und beim Gebrauche nur in Wasser aufgelöst werden müssen.

Whittall (1887) empfiehlt als Erregerflüssigkeit eine Lösung von 1230 g Natriumbichromat in 5000 g Wasser, vermischt mit 1800 g Schwefelsäure (66°), in welcher 3 g übermangansaures Kali, 3 g schwefelsaure Magnesia und 6 g schwefelsaures Kali gelöst wurden. Soll die Flüssigkeit direkt durch Auflösen einer Salzmasse in Wasser hergestellt werden, so wäre erstere zu bereiten aus 1230 g Natriumbichromat, 125 g Chromsäure, 6 g schwefelsaurem Kali, 2 g übermangansaurem Kali und 1800 g Schwefelsäure. Beim Gebrauche wird dann diese Masse in 5000 g Wasser aufgelöst.

Fig. 251.

Vincent konstruierte ein Heber-Tauchelement, bei welchem sich die Flüssigkeit (125 g Natronbichromat, 180 g Schwefelsäure, 775 g Wasser) leicht erneuern läßt, da die am Boden befindliche schwerere, verbrauchte Lösung durch eine Art Heber abfließt, wenn oben durch einen Trichter neue Lösung nachgegossen wird.

Kolbe (Z. 7, 124, 1894) leitet, um den Strom der Tauchelemente konstant zu erhalten, solange derselbe geschlossen ist, Luft durch die Flüssigkeit, um diese umzurühren.

Ruffel (1878) läßt zwischen Kohle und Zink Chromsäurelösung durchfließen, welche von unten durch ein Rohr zunächst aufsteigt und dann abfließt.

Ebenso läßt Ponci (1879) zwischen Platten von amalgamiertem Zink und Kohle eine Lösung von 200 g Kaliumbichromat ($K_2Cr_2O_7$) in 2000 g Wasser und 1 Liter Salzsäure langsam durchlaufen.

C. Rammelsberg jun. (1886) trennt die Kohlen- und amalgamierten Zinkplatten durch Streifen von Glaswollenleinwand und läßt die durchsickernde Chromsäurelösung in eine Bleirinne abtropfen, von wo sie in eine Sammelflasche fällt. Wird die Batterie nicht mehr gebraucht, so wird der Hahn der Chromsäureleitung geschlossen und dafür ein Wasserhahn aufgedreht, so daß nunmehr Wasser zwischen den Platten durchfließt und dieselben reinigt. Die Batterie nimmt wenig Raum ein, wirkt sehr konstant, ist somit auch für lange dauernde Versuche zu gebrauchen und die Kosten sind gering [1].

v. Haßlinger (Z. 18, 160, 1905) treibt die Chromsäurelösung durch ein verzweigtes Röhrensystem unter Anwendung von Luftdruck in die einzelnen Zellen der Batterie. Um diese sodann automatisch zu isolieren, wird gleichzeitig Kohlenstofftetrachlorid eingepreßt, welches sich vermöge seines großen spezifischen Gewichtes auf den Boden senkt, die Verbindungsröhren erfüllt und genügend isoliert.

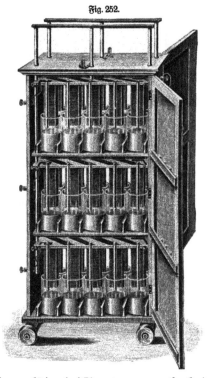

Fig. 252.

Eine bequem eingerichtete Chromsäure-Tauchbatterie von 30 Elementen ist nach Benecke in Fig. 252 dargestellt. Die Eintauch- bezw. Hebevorrichtung ist für die drei übereinander befindlichen Gruppen gemeinsam und besteht aus zwei Messingstangen, die durch die Decke und die Zwischenböden des Schränkchens hindurchgehen. Diese Stangen sind oberhalb der Schrankdecke durch eine Querstange verbunden, die ihrerseits in der Mitte noch einen dritten kurzen Stab trägt, welcher ebenfalls durch die Schrankdecke hindurchgeht und verschiedene Durchbohrungen besitzt, in welche die Nase eines auf der Decke befestigten Hebels durch eine Feder einschnappen kann.

Die Messingstangen tragen, den zugehörigen drei Elementengruppen entsprechend, Querstifte, auf welchen die Elektrodenbrettchen ruhen. Das ganze System kann also gehoben und gesenkt werden und durch die in die Durchbohrungen des Mittelstabes einfedernde Nase des Hebels in verschiedenen Stellungen festgehalten werden. Diese Durchbohrungen sind so gewählt, daß die Elektroden ganz aus der Flüssigkeit

---

[1] Chromsäure-Tauch-Batterien für medizinische Zwecke liefern als Spezialität Reiniger, Gebbert u. Schall in Erlangen. Speziell für starke Ströme geeignet ist die in Fig. 251 abgebildete, mit Stöpselumschalter, Rheostat und Galvanometer versehene. (Preis: mit 6 bis 8 Elementen 290 bis 310 Mk.)

gehoben, einen Centimeter tief, zur Hälfte oder ganz eintauchend gehalten werden können.

Die Elektrodenbrettchen sind an ihren Enden mit Metallösen versehen, welchen, wenn die Hebevorrichtung ganz in die Höhe gezogen ist, gerade Durchbohrungen in den Seitenwänden des Schrankes gegenüberstehen. Durch diese können Metallstifte, welche an Kettchen befestigt sind, hindurchgesteckt werden. Es kann also jede

Fig. 253.

Elementengruppe einzeln festgestellt werden, so daß die betreffenden Elektroden nicht in die Flüssigkeit tauchen, wenn die Hebevorrichtung herabgelassen wird. Die Batterie gestattet daher entweder alle 30 Elemente gleichzeitig, oder nur 25, 20, 15, 10 oder 5 derselben in Wirksamkeit zu setzen.

Ihre Dimensionen sind: Höhe des Schrankes 100 cm, Länge 52 cm, Breite 24 cm, Höhe der Kohlenplatten 16 cm, Breite 4 cm, Dicke 1 cm, Durchmesser der Zinkstäbe 1,1 cm, Abstand der Elektroden 4 cm, Flüssigkeitsquantum für ein Element $1/2$ Liter. Die Füllung der Batterie auf sauberste und leichteste Weise vornehmen zu können, dient der Glasballon Fig. 253 von etwa 20 Liter Inhalt, mit einem Eisenkorb versehen, der bequeme Handgriffe zum Transport besitzt. Der Ballon ist durch einen Gummistopfen geschlossen, durch welchen ein Heber und ein Anblaserohr hindurchführt. Der Heber ist mit Ausflußhahn versehen, der seinerseits eine Marke trägt, bis zu welcher die Batteriegläser zu füllen sind. Nachdem das nötige Quantum Flüssigkeit in dem Ballon bereitet ist, hat man nur nötig, den Heber bei offenem Hahne einmal durch das Anblaserohr anzublasen, um dann alle Gläser unter Benutzung des Hahnes schnell hintereinander füllen zu können, ohne auch nur einen Tropfen der Flüssigkeit zu verschütten.

66. Das Amalgamieren des Zinks geschieht einfach so, daß man in eine Tasse etwas verdünnte Schwefelsäure oder Salzsäure (etwa auf die Hälfte verdünnt) und Quecksilber nimmt, und die Säure nebst dem Quecksilber mittels einer kleinen Bürste oder eines an einen Stiel gebundenen Läppchens auf dem Zink ausbreitet. Wenn man schon einmal gebrauchte Zinkplatten frisch amalgamieren will, so braucht man sie nur in die gewöhnliche Ladungsflüssigkeit zu stellen und etwas Quecksilber dazu zu gießen, es breitet sich von selbst aus, oder man taucht dieselben zuerst in die Ladungsflüssigkeit, dann mit dem unteren Rande in Quecksilber und stellt sie nachher verkehrt; nach einiger Zeit hat sich das Quecksilber von selbst ausgebreitet; doch ist es zweckmäßig, die Platten nun wieder in die Säure zu tauchen; zeigen sich hier (durch Aufbrausen) schadhafte Stellen, so hilft man durch Reiben nach. Neue Platten sind auf ihrer Oberfläche immer etwas schmutzig, darum kann man sie nicht ebenso behandeln, oder es dauert wenigstens ziemlich lange, bis sie amalgamiert sind. Wenn die Platten eine Zeitlang ungebraucht stehen, so zieht sich das Quecksilber in Tröpfchen zusammen; es breitet sich aber sogleich wieder aus, wenn die Platten in die Ladungsflüssigkeit kommen.

Quecksilber, das einmal zu galvanischen Apparaten gebraucht wurde, muß besonders aufbewahrt werden, weil es zu keinen anderen Versuchen mehr brauchbar ist, ohne daß man es vorher wieder reinigt.

Wenn man 2 Tle. Quecksilber in 10 Tln. Königswasser löst und nachher noch 10 Tle. Salzsäure zusetzt, so erhält man eine Flüssigkeit, welche hineingetauchte Zinkplatten sehr rasch amalgamiert.

Oppermann empfiehlt eine Lösung von schwefelsaurem Quecksilberoxyd in verdünnter Schwefelsäure, zu welcher soviel konzentrierte wässerige Oxalsäure hinzugegeben wird, daß ein dünner weißgrauer Brei entsteht, dem man noch etwas Salmiak zusetzt. Diese Masse wird aufgepinselt, mit einem Lappen tüchtig gerieben und erst mit konzentrierter Schwefelsäure, sodann mit Wasser abgespült.

Fig. 254.

Fig. 255.

67. Verschiedene Elemente. Für elektrische Klingelanlagen und ähnliche Zwecke werden häufig Elemente nach Leclanché verwendet (vgl. auch Bb. I (1), S. 147 und 148), bei welchen als positiver Körper in einem porösen Gefäße ein grobes Pulver (kein Staub, es ist auszusieben) aus Pyrolusit und Gaskohle zu gleichen Teilen verwendet wird, worin eine Kohlenstange steht; als negatives Metall wird amalgamiertes Zink genommen, und zu diesem als Flüssigkeit eine gesättigte Salmiaklösung, die aber nur die halbe Höhe des Gemenges aus Braunstein und Kohle erreichen darf (Fig. 254 K, 3,50).

Bei einer anderen Form des Leclanché-Elements ist das Gemenge von Braunstein und Kohle unter Zusatz von etwas Schellack zu Kuchen gepreßt, deren je zwei durch Kautschukbänder an eine Kohlenplatte angeklammert werden. Der Toncylinder ist dann unnötig (Fig. 255 Lb, 3).

Die Spannung beträgt im stromlosen Zustande etwa 1,5 Volt, mit wachsender Stromstärke nimmt sie beträchtlich ab.

Bei dem Beutelelement von Siemens u. Halske, Fig. 256, welches ebenfalls mit Salmiaklösung gefüllt wird, ist der Depolarisator in einem die Elektrode umgebenden Beutel enthalten.

Um das Auskristallisieren von Salmiakelementen zu vermeiden, werden der Salmiaklösung 10- bis 15proz. Glycerin oder etwa halb soviel Zucker als Salmiak zugesetzt. Man stellt zunächst eine konzentrierte Lösung her und vermischt diese dann mit der dreifachen Menge reinem Wasser. Bei der Reinigung stellt man die Kohle nach dem Abwaschen 2 bis 3 Minuten in Salzsäure und spült sie dann nochmals mit Wasser. Manche Kohlen müssen durch Abfeilen oder Erhitzen gereinigt werden.

Für stärkere dauernde Ströme eignet sich das Cupronelement[1]) (Fig. 257 E, 6 bis 17,50), bei welchem die positive Platte mit Kupferoxyd bedeckt ist. Als

Fig. 256.

Flüssigkeit dient Natronlauge. Beim Stromdurchgang wird das Kupferoxyd zerstört, bildet sich aber wieder von selbst von neuem, wenn die Platte der Luft ausgesetzt wird. Zur gleichen Type Kupferoxyd-Zink-Alkali gehört das Wedekind-element[2]), welches nach Angabe der Firma unbegrenzt brauchbar bleibt, wenn es nach jeder Entladung durch Wärme regeneriert wird. Als Vorzüge werden ferner angegeben: Einfachheit in Ausführung und Handhabung, Unzerbrechlichkeit, Transportabilität (weil verschlossen), geringe Unterhaltungskosten (weil fast theoretischer Materialverbrauch) und hohe Stromentnahme.

Fig. 257.

Pollak konstruierte ein sogenanntes Regenerativelement[3]) aus Zink und Kohle in Salmiaklösung; die Kohle ist elektrolytisch mit Kupfer überzogen und erzeugt in ihrer Nähe eine Schicht von Kupferchloridlösung, welche beim Durchgang des Stromes zersetzt wird, indem sich wieder Kupfer auf der Kohle niederschlägt. Im Ruhezustande bildet sie sich von neuem.

[1]) Fabriziert von Umbreit u. Matthes, Leipzig-Pl. II. — [2]) Zu beziehen von Gustav Adolf Cohen, Hamburg (Elbe); Beschreibung s. Elektrot. Zeitschr. 27, 818, 1906. — [3]) Zu beziehen von G. Wehr, Berlin SW., Alte Jakobstraße 35.

Bei der Kette von Smee befindet sich zwischen zwei amalgamierten Zink=
platten in verdünnter Schwefelsäure eine Platte aus Silber oder Platin, welche
mit Platinschwarz überzogen ist. Letzteres geschieht in folgender Weise. Die
Platten werden erst gereinigt, Platinplatten durch Reiben mit Schmirgelpapier, Silber=
platten durch verdünnte Salpetersäure, durch beides wird die Oberfläche matt; die
Platten kommen nun in ein Gefäß mit verdünnter Schwefelsäure und etwas Platin=
chlorid; in das erste kommt noch ein zweites Gefäß aus porösem Ton mit ver=
dünnter Schwefelsäure und einer Zinkplatte. Sobald letztere mit der zu über=
ziehenden Platte verbunden wird, erfolgt die Ablagerung.

Maiche (1879) empfiehlt folgende Konstruktion: In ein cylindrisches Glas
wird eine Schicht von Quecksilber eingegossen, auf welcher Zinkstücke schwimmen.
In den aus Ebonit bestehenden Deckel ist eine Ebonitröhre eingesetzt, durch welche
ein Draht, der oben in eine Klemmschraube endigt, bis in das Quecksilber herunter
reicht. Die Ebonitröhre ist von einem porösen Toncylinder umgeben, in welchem
sich platinierte Kohlenstücke befinden, die durch einen Platindraht mit der anderen
Klemmschraube des Deckels verbunden sind. Die Füllung besteht aus Salmiak=
lösung (15 g auf 100 ccm), die sich bis 2 cm über den unteren Rand des Ton=
ringes erstreckt.

Bei dem Chlorsilberelement von Pincus befinden sich Silber, von Chlorsilber
umgeben, und Zink in verdünnter Schwefelsäure oder Kochsalzlösung. Die Span=
nung beträgt stromlos etwa $5/4$ Volt, bei Strom etwa 0,5 Volt

Fig. 258.

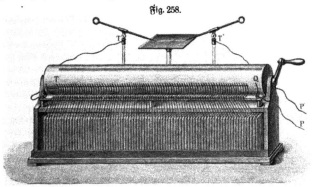

68. Rheostatische Maschine. Die Beziehung zwischen der galvanischen Elek=
trizität und der hochgespannten Elektrizität der Reibungs= und Influenzelektrisier=
maschinen wird in deutlichster Weise durch die bereits von W. Holtz[1] beschriebene
und später mit einigen Verbesserungen von Planté (1877) ausgeführte rheostatische
Maschine, Fig. 258, bewirkt. Dieselbe besteht aus einer großen Zahl Glimmer=
kondensatoren, d. h. mit Stanniol belegter Glimmerplatten (Franklinscher Tafeln),
deren Belege mit federnden Drähten in Verbindung stehen, die auf einer Hart=
gummiwalze schleifen. Auf dieser befinden sich diametral gegenüber metallene Längs=
streifen, welche mit der Batterie in Verbindung gesetzt werden. Berühren die Federn

[1] W. Holtz, Pogg. Ann. 155, 639, 1875.

diese Streifen, so sind die Kondensatoren nebeneinander geschaltet, d. h. alle Belege auf der einen Seite mit dem einen Batteriepol verbunden, alle auf der anderen Seite mit dem anderen, die Maschine wird also geladen. Dreht man nun die Walze um 90°, so kommen die Federn in Kontakt mit den Enden quer durch die Walze durchgeführter Kupferdrähte, welche die einander zugewandten Belege je zweier nebeneinander stehenden Kondensatoren verbinden und die äußersten mit den Kugeln eines Henleyschen Entladers. Die Kondensatoren sind hierdurch hintereinander verbunden, und man erhält dadurch von den beiden äußersten Belegen

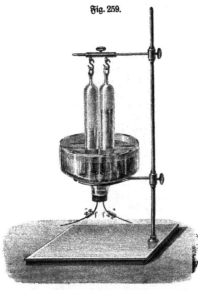

Fig. 259.

Elektrizität von hoher Spannung, aber nur geringer Quantität. Bei Anwendung von 30 Kondensatoren von je 3 qdm Oberfläche betrug die Funkenlänge 4 cm bei Benutzung einer ladenden Batterie von 800 Sekundärelementen. Durch eine Übersetzung kann die Walze in rascher Drehung gehalten und so ein fortdauernder Funkenstrom erzeugt werden.

69. Zersetzung von Wasser.
Einen großen Wasserzersetzungsapparat, welcher für längere Zeit einen konstanten Strom von Sauerstoff und Wasserstoff liefert, so daß man letzteren als Wasserstoffflamme brennen lassen kann, kann man sich aus einer größeren Glaswanne (Akkumulatorzelle) bilden, indem man Bleielektroden (z. B.

Bleiröhren, bis nahe zum Ende durch übergestreifte Kautschukschläuche isoliert) einführt, über welchen sich Glastrichter mit feiner Spitze befinden. Infolge des hohen Widerstandes wegen der kleinen Oberfläche der Elektroden kann der Strom einer elektrischen Lichtleitung zum Betriebe dienen. Aus gleichem Grunde tritt allmählich Erwärmung der Flüssigkeit ein, doch wirkt sie während der kurzen Dauer des Versuchs nicht störend.

Eine Form des Apparates für Versuche in kleinerem Maßstabe zeigt Fig. 259. Von einem etwas weiten Glastrichter A ist die Röhre bis auf 3 cm abgesprengt; der untere Rand wird dann an der Lampe etwas erweitert, um einen Kork fest einpassen zu können, durch welchen die Drähte mit den schmalen Platinblechen geführt werden, worauf man geschmolzenes Wachs auf den Kork gießt. Außerhalb werden an die Platindrähte stärkere Kupferdrähte gelötet. Der Trichter erhält eine Fassung von Holz, und ein Stativ trägt ihn und die Glasröhren h, o (W, 15 bis 12).

In das Glas kommt schwach angesäuertes Wasser, und mit diesem werden auch die Glasröhren gefüllt. Letztere nimmt man von gleicher Weite, um den Unterschieb der in jeder entwickelten Gasmenge sehen zu können. Um die Art der Gase noch näher nachzuweisen, läßt man die Glasröhren voll werden und nimmt dieselben mit dem Finger verschlossen heraus; der Wasserstoff wird angezündet und in den Sauerstoff steckt man einen glimmenden Span.

Will man die Gase für kurze Zeit in größerer Quantität erhalten, so kann man dies sehr einfach durch den in Fig. 260 abgebildeten Apparat erreichen. Eine Glasröhre von 1 bis $1\frac{1}{2}$ cm Weite wird wie mnp gebogen, sodann durch Korke, welche darein passen, die Glasröhrchen ab und die Platindrähte cd luftdicht durchgeführt (verkittet); an den Drähten cd befinden sich die schmalen Platinplatten ef (welche man auch zu anderen Versuchen braucht); letztere reichen bis beinahe in die Biegung der Glasröhre hinunter, und an
die Glasröhrchen ab werden mittels Kautschuk
andere passend gebogene
Glasröhrchen befestigt,
die unter zwei kleine —
ebenfalls grabuierte —
mit Wasser gefüllte und
in Wasser umgestürzte,
einerseits zugeschmolzene
Glasröhrchen, kurz in
einen kleinen pneumati-
schen Apparat führen.

Ein bequemes Gestell,
um solche gebogene Glas-
röhren zu befestigen, zeigt
Fig. 261. Noch besser wird
das geschlitzte Brett durch
einen in passende Klauen
endigenden U-förmig auf-
gebogenen Draht ersetzt
(Hofmann) (W, 12).

Statt der Platinbleche
kann man auch Eisen-
bleche verwenden, wobei aber als Flüssigkeit eine Lösung von 1 Gewichtsteil Ätzkali auf 9 Tle. Wasser genommen werden muß. Solche Eisenbleche kann man
spiralig umeinander herum aufwickeln und durch dazwischen geschobene Korkstückchen
getrennt erhalten, wodurch ihre Oberfläche sehr vergrößert wird, was auch die zersetzte Wassermenge vergrößert. Bei kräftigen Elementen kann man Terpentinöl auf
die Ätzkalilösung gießen, um das Blasenwerfen zu verhüten. Nimmt man Platin,
so darf kein schon zur Ladung eines Elementes gebrauchtes, also mit Zinksalz
verunreinigtes, gesäuertes Wasser dazu genommen werden, weil sonst der negative
Pol mit ausgeschiedenem metallischen Zink schwarz überzogen wird und sich hier
kein Gas ausscheidet. Sehr bequem sind die Apparate von A. W. Hofmann
(Fig. 262). Die U-Röhre AB ist auf einem eisernen Stativ mit Dreifuß befestigt
und an beiden Schenkeln durch Glashähne verschließbar. Das Wasser wird durch

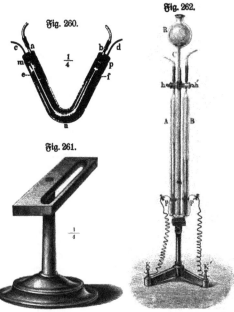

Fig. 260.

Fig. 262.

Fig. 261.

den Trichter BC, welcher unten an die Biegung des U-Rohres angelötet ist, eingegossen. Man öffnet die Hähne des U-Rohres, bis sich die Schenkel ganz damit
gefüllt haben. Die Elektroden p und p' sind an seitlich eingeschmolzenen Platindrähten befestigt und stehen mit den Klemmschrauben K und K' in Verbindung.
Leitet man den Strom hindurch, so drängt das sich entwickelnde Gas die Flüssigkeit in der Trichterröhre hinauf, öffnet man aber. den Hahn, so wird es selbst durch
den Druck der Wassersäule hinaus gedrängt, und man kann nun leicht zeigen, daß
an der negativen Elektrode ein brennbares Gas, Wasserstoff, entweicht, an der
positiven ein solches, welches einen glimmenden Span entflammt, also Sauerstoff
(W, 21 bis 24).

Teclu (Beibl. 28, 1073, 1904) verwendet zwei Röhren für den Wasserstoff,
so daß die Wasserstände in allen drei Röhren gleich bleiben.

Will man die beiden Gase nicht getrennt erhalten, so kann man den Apparat
Fig. 263 anwenden. Er besteht aus einem etwas großen sogenannten Opodeldokglase, welches mit einem Korkpfropfen versehen wird. Durch den Pfropf führt man

Fig. 263.

zwei mit Schellack überzogene oder in Glasröhrchen
eingekittete Kupferdrähte, an welche Platinbleche angelötet sind, und eine S-förmig gekrümmte Röhre
von Glas oder Metall, welche nur gerade durch den
Pfropf reicht. Man kann auch ein gerades Metall-
röhrchen einsetzen, was beim Einstecken des Pfropfes
weniger hindert, und ein gekrümmtes Glasrohr durch
Kautschuk daransetzen. Der Pfropf wird unterhalb,
sowie die Kupferdrähte, bis an die Platinbleche mit
Schellack überzogen und die Bleche werden einander
recht nahe gerückt. Das Glas wird mit schwach
angesäuertem Wasser gefüllt und der Pfropf sodann
hineingesetzt. Die Poldrähte werden an die hervorstehenden Enden der Kupferdrähte geschraubt. Besser
ist es, Platindrähte mittels Gold an die Platten zu

löten, und erst an die Platindrähte außerhalb des Pfropfes dickere Kupferdrähte, da
letztere trotz des Überzugs mit Schellack angegriffen werden, weil der Überzug eben
Risse bekommt. Man könnte auch das Platin mit Silber löten, aber mit Gold
gelötete Platten können in jede Säure gebracht werden.

Man muß zu diesen Versuchen immer mehrere, 6 bis 12, zur Säule verbundene Elemente nehmen, da das Wasser vielen Widerstand leistet, wenn man
reichlich Gas erhalten will, obwohl die Zersetzung schon mit zwei bis drei Elementen
beginnt. Man kann nun das entwickelte Gas über der pneumatischen Wanne auffangen, oder dasselbe in Seifenwasser leiten und die einzelnen Blasen, wenn sie
sich vom Röhrchen losgemacht haben, sogleich mit einem Spänchen anzünden. Ihr
Knall ist immer puffender, als der von sonst zusammengemengtem Knallgase in
gleicher Quantität. Zur Vorsicht soll man das Gasentwickelungsrohr aus dem
Seifenwasser herausheben, ehe man anzündet, weil sonst die Entzündung in das
Gefäß zurückschlagen und dasselbe zersprengen könnte. Man kann dann auch ein
ganzes Häufchen Blasen auf dem Seifenwasser verpuffen. Zweckmäßig öffnet man
zuvor den Mund, damit die Trommelfelle der Ohren nicht zu heftig eingetrieben
werden.

Grimſehl (Z. 16, 162, 1903) benutzt, um größere Gasmengen zu erhalten und Ströme von 110 Volt und 20 Ampere anwenden zu können, Batterien von Zerſetzungszellen nach Fig. 264, deren Elektroden *E* 6 mm dicke Bleidrähte ſind, welche von oben durch Gummiſtopfen in den Hals der unten ſchräg abgeſchnittenen, ſeitlich tubulierten, 5 cm weiten Elektrobenglocken *G* eingeführt ſind. Zehn ſolche

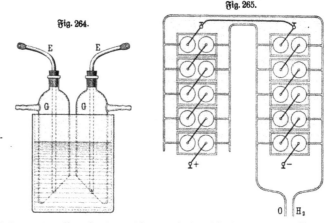

Fig. 264.

Fig. 265.

Zellen werden hintereinander geſchaltet und ſämtliche Röhren, welche Waſſerſtoff entwickeln, ſowie diejenigen, aus welchen der Sauerſtoff entweicht, durch eine ge= meinſame Leitung verbunden (Fig. 265). Man erhält pro Minute 2 Liter Knall= gas und kann den Apparat eine halbe Stunde betreiben, ohne daß die Er= wärmung eine ſchädliche Höhe erreicht. Die Gasleitung iſt aus Bleirohr her= geſtellt, da Gummiſchläuche infolge der ſtarken Ozonentwickelung bald zerfallen.

Roſenfeld (Z. 8, 365, 1895) benutzt zur volumetriſchen Elektrolyſe der Salzſäure ein bis zur Siedetempe= ratur erhitztes Gemiſch aus gleichen Raumteilen konzentrierter Salzſäure und Waſſer. Nur, wenn die Temperatur hinreichend hoch gehalten wird, erhält man wirklich gleiche Teile Chlor und Waſſerſtoff.

Fig. 266.

Bei Elektrolyſe in einem geſchloſſenen Gefäß ſteigt der Druck ſo hoch an, daß dieſes ſchließlich zerſpringt. Zur Demonſtration kann z. B. ein Glasrohr hinter engmaſchigen Drahtnetzen zerſprengt werden.

Zur objektiven Darſtellung der Waſſerzerſetzung benutzt Stöhrer eine elektrolytiſche Zelle (Fig. 266), beſtehend aus einem flachen Glastrog mit parallelen Wänden, der durch eine bis auf 1 cm Abſtand herabgehende Scheidewand in zwei Teile geteilt iſt. Die Elektroden werden von oben eingeführt.

Hier kann auch die Verwertung der Wasserzersetzung zur Zeichengebung bei Sömmerings Telegraph besprochen werden.

Interessant ist ferner die Aufhebung eines Siedeverzugs (vgl. Bd. I$_{(2)}$, S. 1091) durch Elektrolyse. Die Elektroden müssen schon zuvor eingebracht sein. Sowie der Strom geschlossen wird, erfolgt explosionsartiges Aufkochen, eventuell Zertrümmerung des Gefäßes.

70. Wasserzersetzung durch die Influenzmaschine. Man schmilzt dünne Platindrähte in die Enden zweier Haarröhrchen von Glas ein und schleift die hervorragenden Spitzen bis auf das Glas ab; die Glasröhren werden dann wie

Fig. 267.

in Fig. 267 gebogen und in einem Glase mit ausgekochtem, destilliertem, etwas angesäuertem Wasser auf irgend eine Art in der Lage befestigt, wie die Figur zeigt. Die Pole werden mit den Konduktoren einer kräftigen Influenzmaschine verbunden. An den Enden der Drähte zeigt sich Gasentwickelung; man muß aber stundenlang drehen, um meßbare Quantitäten zu erhalten. Man kann damit auch in sehr reinem Wasser Elektrolyse hervorrufen, was mit (wenigen) galvanischen Elementen nicht gelingt.

Ridout (1880) läßt die Gasentwickelung im Vakuum vor sich gehen, so daß große weithin sichtbare Gasblasen entstehen.

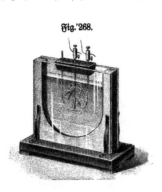

Fig. 268.

Fig. 269.

71. Elektrolyse von Salzen schwerer Metalle. Zur Demonstration der Zersetzung von Kupfervitriol verwende ich eine große gläserne Akkumulatorzelle. Als Anode dient ein Kupferblech, als Kathode ein gleich großes Platinblech. Bei Anwendung des zur Speisung der elektrischen Lampen dienenden Stromes kann die Entfernung beider Bleche sehr beträchtlich sein. Die Platinplatte überzieht sich rasch mit einer Kupferhaut, welche bei Umkehrung des Stromes wieder verschwindet.

Die Bildung von Kristallen kann man z. B. bei der Elektrolyse von verdünnter Bleizuckerlösung in dem Stöhrerschen Apparat (Fig. 268 E, 15) demonstrieren. Die Kathode ist der Bleidraht in der Mitte, die Anode ein ihn umgebender U-förmiger Bleidraht. Beim Wechsel der Stromrichtung schießen an letzterem die Kristalle an, während sie an erſterem verſchwinden. Bei geringer Strombichte bilden ſich die blätterartigen Kriſtalle der hexagonalen Mobifikation, bei großer die fadenförmigen Kriſtalle der regulären.

Lüpke empfiehlt Zinnchlorür, erhalten durch Löſen von 65 g Stanniol in Salzsäure unter Erwärmen, Abbampfen des Säureüberſchuſſes unb Verbünnen der Löſung mit Waſſer auf 1,5 Liter. Die Anode AA (Fig. 269 Lb, 15) beſteht aus Zinn unb die Stromstärke wird ſo reguliert, daß an der Kathode kein Waſſerstoff auftritt. Die Stromquelle muß minbeſtens 6 Volt Spannung haben. An der Kathode K ſcheiden ſich prächtig glänzende, ſich wiederholt verzweigende Zinnstreifen aus.

Um große Kriſtalle zu erhalten, überzieht man nach Stolba eine Platinſchale bis auf eine kleine Stelle außen am Boden mit Paraffin, füllt ſie mit verbünnter, nicht zu ſaurer Löſung von Zinnchlorür, ſetzt ſie nun auf ein amalgamiertes Zinkblech in eine größere Porzellanſchale unb füllt dieſe vorſichtig mit verbünnter Salzsäure (1:20), ſo daß über

Fig. 270.

dem Rande der Platinſchale die Flüſſigkeiten ſich berühren. In letzterer ſcheiden ſich dann lange Zinnkriſtalle aus.

Um die einzelnen Details bei der Elektrolyſe von Salzen, welche Metallbäume liefern, zu bemonſtrieren, verwendet man das Projektionsmikroſkop [1] mit Vorrichtung für Elektrolyſe (ſiehe Bd. I$_{(1)}$, S. 220 unb 614).

In vorſtehender Fig. 270 iſt ein Durchſchnitt des Objekttiſches mit den Hilfsvorrichtungen für Elektrolyſe gezeichnet. Ein Tropfen der zu elektrolyſierenden Flüſſigkeit wird auf den Objektträger D

Fig. 271.

gebracht unb mit dem flachen Uhrglaſe E, die konkave Seite nach oben gerichtet, bedeckt. Nun ſchiebt man von der Seite her die Elektroden e, e mit pfeilförmigen Spitzen [2] in den kapillaren Zwiſchenraum hinein bis auf etwa 10 mm Entfernung, wobei dann die anderen Enden in die flachen breiten Queckſilbernäpfe B, B eintauchen, welche iſoliert auf der geſchwärzten Metallplatte C befeſtigt ſind. Durch die gebogenen Drähte a, a ſtehen ſie in Verbindung mit zwei feſten Queckſilbernäpfen A, A, welche ſich an das Stativ des Mikroſkops anſchrauben laſſen unb mit den Polen einer Batterie aus mehreren kleinen Elementen oder auch unter Zwiſchenſchaltung eines variabelen Wiberſtanbes (bis 5000 Ohm) oder beſſer eines Abzweigrheoſtaten [3] (Bd. I$_{(1)}$, S. 56) mit den Klemmen der elektriſchen Lampe, welche zur Projektion bient, in Verbindung geſetzt werden. Die Platte C iſt innerhalb gewiſſer Grenzen ganz frei

---

[1] Neuerbings liefert die optiſche Werkſtätte von C. Zeiß in Jena ſolche Projektionsmikroſkope, welche auch zur ſubjektiven Beobachtung, ſowie zur Photographie gebraucht werden können. — [2] Die Elektroden werden zweckmäßig aus ſteifem, etwa 1 mm bickem Platindraht hergeſtellt, damit ſie ſich beim Putzen nicht verbiegen. Ich gebe ihnen neuerbings die Form Fig. 271, damit ſie weniger leicht umfallen. — [3] Den vom Mechaniker E. Felbhauſen in Aachen, Techn. Hochſchule, zu beziehenden Inſtrumenten wird ein ſolcher beigegeben.

(ebenso wie ein Objektträger) auf dem Objekttisch verschiebbar und ist in der Mitte mit einer hinreichend großen Öffnung versehen, um bei jeder Stellung genügend Licht zum Präparate zuzulassen.

Man schaltet in die Leitung einen Kommutator ein, um die gebildeten Metallbäume durch Umkehrung wieder verschwinden lassen zu können. Bei intensiveren Strömen reißen sich kleine Ästchen ab und kriechen gegen die Anode zu, indem sie am vorderen Ende wachsen, am hinteren sich auflösen, d. h. sich als Sekundärelektroden verhalten.

72. Sekundärelektroden. Befindet sich nämlich ein solches Metallstäbchen, wie Fig. 272 zeigt, frei zwischen den Elektroden, so erscheint das der Anode zugewandte Ende negativ elektrisch, das andere positiv; an ersterem wird sich also

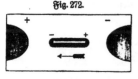

Fig. 272.

Fig. 273.

Fig. 274.

fortwährend neues Metall ansetzen, während umgekehrt das entgegengesetzte Ende sich auflöst; das Stäbchen schreitet scheinbar in der Richtung des Pfeils gegen die Anode zu weiter. Besitzt das betreffende Metall große Neigung zur Kristallbildung, so ist nicht allein die Richtung des stärksten Potentialgefälles maßgebend für die Verlängerung des Stäbchens, sondern die Wachstumsrichtungen der betreffenden Kristallform werden vorherrschend, so daß winkelförmige und hakenförmige Gestalten entstehen, welche in der Regel in fortwährendem Wechsel begriffen sind, da je nach der zufälligen Lage, welche das Metallstückchen erhält, bald diese, bald jene Richtung den Vorzug erhält. So drehte sich das in der Fig. 273 dargestellte Kriställchen in der Richtung des Pfeils aus der Anfangslage 3 durch 2 in die Lage 1, dabei gleichzeitig in der Richtung des großen Pfeils voranschreitend.

Die Geschwindigkeit der kriechenden Bewegung wächst natürlich mit der Stromstärke und kann so groß werden, daß man das Teilchen bei seiner Bewegung kaum mehr verfolgen kann. Befinden sich viele solche Zinnkriställchen in der Lösung — und bei so hohen Stromstärken reißen alle ausgeschiedenen Kriställchen bald spontan von der Kathode ab — so macht es den Eindruck, als ob ganze Schwärme von Fischen durch die Lösung schwimmen, welche bei Umkehr des Stromes plötzlich ebenfalls ihre Richtung umkehren.

Fig. 274 zeigt das Fortkriechen kleiner Silberkriställchen in geschmolzenem Jodsilber.

73. Elektrolytischer Motor von Arons (1892). Ein Hohlcylinder aus Kupfer ist um seine Achse drehbar in eine mit Kupfervitriollösung gefüllte Zersetzungszelle eingesetzt derart, daß er eine sekundäre Elektrode bildet. Er wird dann an der der Anode zugewandten Seite schwerer, an der anderen leichter und dreht sich also, worauf sich der Vorgang wiederholt. Das Gewicht des Hohlcylinders ist so bemessen, daß er in der Flüssigkeit schwebt. Der Versuch eignet sich auch für Projektion, indem man statt des Cylinders eine sehr leicht drehbare Scheibe in engem planparallelem Glastrog benutzt.

Fig. 275.

Fig. 276.

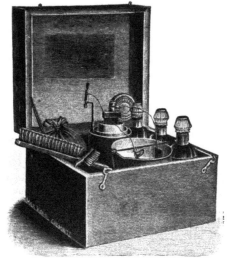

74. Galvanoplastik, Galvanostegie und galvanische Ätzung. Näheres hierüber wurde bereits in Bd. I(1) auf S. 545 bis 550 mitgeteilt. Die Fig. 275

Fig. 277.

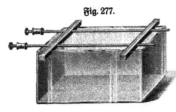

S, 22, und 276 K, 28, zeigen Kästen mit den nötigen Utensilien, Fig. 277 E, 22, und 278 Lb, 18 bis 70, Wannen [1]) zum Einhängen der Modelle u. s. w.

Zu erwähnen wäre insbesondere die Behandlung nicht metallisch leitender Formen, das Verkupfern von Gips= figuren, von Teilen von Pflanzen oder Tieren [2]), die Reinigung von Rohkupfer, Kupfergewinnung aus Kupfererz, die Herstellung von Klischees für den Buchdruck (Kopien von Holzschnitten in Kupfer), von Kupferstichplatten durch galvanische Ätzung [3]), die elektrolytische Fabrikation von Kupferdraht (durch spiraliges Zer= schneiden eines Kupfercylinders) u. s. w.

Fig. 278.

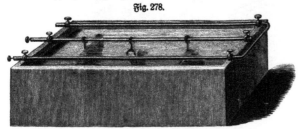

75. Elektrolyse geschmolzener Salze. Lüpke (3. 8, 12, 1894) empfiehlt zur Demonstration der Elektrolyse von Schmelzen Bleichlorid, welches unter einem

Fig. 279.

Abzug in einem Porzellantiegel ge= schmolzen und dann in einen Pfeifenkopf gebracht wird (Fig. 279), ferner die Darstellung von **Magnesium** aus Magnesiumkaliumchlorid [4]).

20 g Magnesiumchlorid, 7,5 g Kalium= chlorid und 3 g Ammoniumchlorid werden in Wasser gelöst, sodann in einer Platin= schale auf dem Wasserbade zur Trockne verdampft und hierauf über der Gebläseflamme schnell geschmolzen. Die er= haltene Schmelze gießt man in den Kopf einer vorher stark angewärmten Pfeife

---

[1]) Große Wannen aus Steinzeug, Gußeisen oder Holz für galvanoplastische Zwecke liefert Wilh. Pfanhauser, Berlin SW., Alte Jakobstr. 5, von 5 bis 360 Liter Inhalt zu 4 bis 100 Mk.; Tauchbatterien, Kratzbürsten, Poliervorrichtungen u. s. w. für galvano= plastische Arbeiten (Preis 28 bis 80 Mk.) liefert dieselbe Firma. — [2]) Galvanisches Metallpapier ist zu beziehen von der Galvanischen Metallpapierfabrik, Berlin N. — [3]) Maschinen für „Elektrogravüre", d. h. Ätzung von Stahlstempeln auf galvanischem Wege nach Rieder, liefert die Gesellschaft „Elektrogravüre", Leipzig=Sellerhausen. Über Herstellung sehr dünner Metalldrähte auf elektrolytischem Wege siehe H. Abraham, Zeitschr. f. Instrum. 25, 254, 1905. — [4]) Siehe auch Heumann=Kühling, Anleitung zum Experimentieren, Braunschweig 1904, S. 637.

aus rotem Ton, in deren Stiel eine Stricknadel als Kathode eingeſteckt iſt, während ein Kohleſtab als Anode dient. Sogleich nach Stromſchluß (5 bis 8 Amp.) wird die Maſſe mit einer dicken Schicht feinen Holzkohlenpulvers bedeckt. Nach 20 Minuten läßt man erkalten, zerſchlägt die Pfeife und iſoliert die Magneſiumkügelchen durch Abſchlämmen mit Alkohol in einer Reibſchale. (Darſtellung von Aluminium, Aluminiumbronze, Magneſium u. ſ. w. im Großen.)

Zur Darſtellung von Lithium verwendet man nach E. Fiſcher[1]) einen auf Dreifuß ſtehenden hohen Porzellantiegel *A*, in welchem ein inniges Gemenge von gleichen Teilen Kaliumchlorid und Lithiumchlorid geſchmolzen wird. Als Anode dient ein Kohlenſtab, als Kathode ein Eiſendraht, welcher von einem 18 mm weiten, oben loſe durch einen Kork verſchloſſenen Glasrohr umgeben iſt (Fig. 280). Nachdem etwa 10 Minuten lang ein Strom von

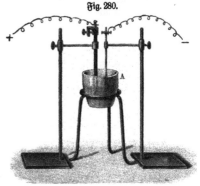

Fig. 280.

6 bis 10 Amp. hindurchgegangen iſt, unterbricht man dieſen, ſchiebt einen Eiſenlöffel unter das Glasrohr, hebt dieſes mit dem Draht heraus und läßt unter hochſiedendem Petroleum erkalten. Schließlich wird das darin angeſammelte Lithium durch Zerſchlagen des Glasrohrs bloßgelegt.

Zur Elektrolyſe von Ätzkali bringt man einige Stangen desſelben auf Queckſilber in eine Platinſchale, ſchmilzt durch Erhitzen mit einer kleinen Flamme, macht die Schale zur Kathode und ein eingeſenktes Platinblech zur Anode. Das entſtandene Amalgam wird mit Waſſer übergoſſen, worauf ſich Waſſerſtoff entwickelt.

76. Zerſetzung von Alkaliſalzlöſungen. Man nimmt eine beliebige heberförmig gebogene Glasröhre (Fig. 281) und füllt eine Löſung von Glauberſalz hinein, welche durch Lackmus violett gefärbt iſt. In jeden Schenkel der Röhre

Fig. 281.

legt man das Platinende eines Polardrahtes von einer Säule aus drei bis ſechs Elementen; ſchmale Platinbleche ſind hierzu beſonders zweckmäßig. Die Salzlöſung färbt ſich an dem poſitiven Pole rot und am negativen blau. Kehrt man dann die Pole um, ſo wechſelt auch die Färbung, nachdem ſie zuerſt in das frühere Violett zurückgekehrt war (E, 10). Guthrie (1879) ſetzt der Löſung Gelatine zu, ſo daß ſie gallertartig wird.

---

[1]) Siehe Heumann=Kühling, a. a. O., S. 617.

Bei Projektion setzt man entweder das Rohr (Fig. 281) in einen parallelepipedischen Glastrog mit Wasser, um die Strahlenbrechung zu vermindern, oder
benutzt eine Zelle wie Fig. 266 (S. 159). Geeignete Beispiele sind:

1) Die Zersetzung von sehr verdünnter Lösung von Jodkalium und etwas
Stärkekleister.

2) Die Zersetzung von schwacher Lösung von schwefelsaurem Natron, welche
durch Lackmustinktur gefärbt ist.

3) Bildung eines Niederschlages an der Grenze von Wasser und Chlormagnesiumlösung.

4) Zersetzung übereinander geschichteter Lösungen etwa von konzentrierter Lösung
von schwefelsaurem Natron und reinem Wasser (die Grenzzonen färben sich rot
bezw. blau).

5) Die Zersetzung übereinander geschichteter Lösungen von Jodkalium und konzentrierter Chlorzinklösung. (An den Trennungsflächen tritt keine sichtbare Änderung ein.)

Jodkalium kann man schon mit einem Element zersetzen. Der Versuch wird
so angestellt, daß man in ein gewöhnliches Trinkglas verdünnte Salpetersäure mit

Fig. 282.

etwas Schwefelsäure bringt und ein oberhalb umge-
bogenes amalgamiertes Zinkblech hineinstellt, auf dessen
umgebogenen Teil ein mit Jodkaliumlösung getränktes zu-
sammengelegtes Fließpapier gelegt wird. Taucht man
nun ein Platinblech mit angelötetem Platindrahte ebenfalls in die Säure und krümmt den Platindraht auf das
Fließpapier, wie in Fig. 282, so erscheint sogleich auf
dem Papiere ein brauner Fleck infolge der Jodausscheidung. Auch mittels der Influenzmaschine kann
man derartige Zersetzungen bewirken und hierdurch elektrolytische Bilder oder elektrochemische Figuren
erzeugen. Faraday bringt ein Stückchen mit Glauber-
salzlösung getränktes Fließpapier zwischen die Spitzen des Henleyschen Entladers
und färbt die der positiven Spitze zugewandte Seite mit Lackmus rot, die der
negativen zugewandte mit Curcuma gelb. Wird nun die Maschine in Tätigkeit gesetzt, so wird die erstere Seite rot, die andere braun.

Legt man eine dünne Glimmerplatte auf mit Jodkaliumlösung getränktes
Papier und auf die Glimmerplatte eine Münze, so entsteht, wenn man auf letztere
Funken überspringen läßt, auf dem Papier ein Abbild der Münze.

Zur Darstellung von Natrium-Amalgam schließt man den Trichter einer
Trichterröhre mit Pergamentpapier, bringt etwas Quecksilber in den Trichter, stellt
diesen umgekehrt in ein mit konzentrierter Kochsalzlösung gefülltes Gefäß, welches
eine Bogenlampenkohle als Elektrode enthält und führt dem Quecksilber den Strom
durch einen Eisendraht zu. Daß sich das Quecksilber in Amalgam verwandelt,
erkennt man an der Gasentwickelung beim Einbringen desselben in Wasser und
der blauen Färbung, welche dieses sodann auf Lackmuspapier hervorbringt[1].

Bei Herstellung von Ammonium-Amalgam ist das Pergamentpapier unnötig, man gießt das Quecksilber in ein Becherglas und bringt Salmiaklösung

---

[1] Schreber u. Springmann, Experimentierende Physik Bd. 2, S. 195.

darüber. Die Elektroden ſind dieſelben. Das Queckſilber bläht ſich ſtark auf und wird teigig.

77. **Polſucher.** In der Technik iſt es häufig von Wichtigkeit, raſch zu entſcheiden, welches der mit dem poſitiven oder negativen Pol verbundene Leitungsdraht iſt. Hierzu dienen Polſucher (ſiehe Bd. I$_{(1)}$, S. 41) und Polreagenzpapier, d. h. Filtrierpapier getränkt mit einer Löſung von Phenolphtaleïn in Alkohol und Salpeter in verdünntem Glycerin[1]). Dasſelbe wird angefeuchtet am negativen Drahte rot. Setzt man beiſpielsweiſe die Enden eines Kupfer- und Zinkſtückchens nahe nebeneinander darauf und bringt die anderen Enden in Berührung, ſo entſteht unter dem Kupfer ein roter Fleck, taucht man die Metalle aber in Schwefelſäure und bringt das Papier an die herausragenden Enden, ſo entſteht der rote Fleck am Zink.

Heilbrun (Z. 15, 288, 1902) demonſtriert die Wirkung des Polreagenzpapiers, indem er eine mindeſtens vierfache Schicht von ſolchem Papier benetzt zwiſchen die Klinge eines Meſſers und die Zinken einer Gabel legt. Je nach der Richtung des Stromes hinterläßt das Meſſer oder die Gabel ein rotes Abbild auf dem Papier.

78. **Elektriſche Färbung und Schrift** nach Goppelsröder wird erzielt z. B. wenn man als Kathode dienendes Metallblech auf ein mit Löſung von ſalzſaurem Anilin getränktes Stück Zeug oder Papier gelegt und nun ein mit dem poſitiven Pol verbundener Metallſtempel aufgeſetzt oder mit einer Metallſpitze geſchrieben wird. Der Stempel erzeugt durch Bildung von Anilinſchwarz einen ſchwarzen Abdruck, die Spitze ſchwarze Schrift. Umgekehrt können bei Verwendung paſſender Löſungen auf farbigem Stoff durch Wegätzen der Farbe weiße Bilder erzeugt werden.

Die Ausſcheidung des Anilinſchwarz an der Anode kann man leicht mittels des Projektionsmikroſkops demonſtrieren, indem man eine Löſung von etwa einem Tropfen Salzſäure in zwei Tropfen Anilin elektrolyſiert. Man erhält baumartig veräſtelte Gebilde (Dendriten)[2]).

Man kann hier auch die Verwendung ſolcher elektrolytiſcher Schrift beim Caſelliſchen Pantelegraphen an einem Modell demonſtrieren. Bei Delanys chemiſchem Telegraph werden Zeichen, die mittels eines perforierten Papierſtreifens gegeben werden, an der Empfangsſtation in Form von blauen Punkten auf einem mit Kaliumcyanürlöſung getränkten Papierſtreifen wiedergegeben.

79. **Paſſivität.** Wird blankes Eiſen oder Chrom der Einwirkung oxybierender Agenzien, wie rauchende Salpeterſäure, Chlor- oder Bromwaſſer, ausgeſetzt, ſo erleidet es eine unſichtbare Änderung ſeiner Oberfläche, die dadurch zum Ausbruck kommt, daß es von verdünnten Säuren nicht mehr angegriffen wird; es iſt, wie man ſagt, paſſiv geworden. Der Ausbruck iſt inſofern ungeeignet, als die Maſſe ſelbſt keine Veränderung erlitten hat, wie man leicht durch Abfeilen der Oberflächenſchicht konſtatieren kann oder durch Abätzen derſelben auf elektrolytiſchem Wege. Man bringt zu dieſem Zwecke ein Stück paſſives Chrom in 4prozentige Salzſäure in ein Becherglas vor dem Projektionsapparat, ſtellt ihm als Anode ein Platinblech

---

[1]) Wiltes Polreagenzpapier iſt zu beziehen von O. May, Elektrotechn. Geſchäft in Frankfurt a. M., das Heftchen zu 0,75 Mk. — [2]) Siehe O. Lehmann, Flüſſige Kriſtalle, Taf. 39, Fig. 8.

gegenüber und leitet einen Strom von 12 bis 14 Amp. hindurch[1]), so daß starke Wasserstoffentwickelung an dem Chrom stattfindet. Unterbricht man den Strom nach einigen Minuten, so dauert die Wasserstoffentwickelung fort, da das Chrom nunmehr aktiv geworden ist und sich in der verdünnten Salzsäure auflöst.

Wird ein Stück passives Chrom als Anode benutzt und ein Strom von 2 bis 3 Amp. hindurchgeschickt, so oxydiert es sich zu Chromsäure, wie an dem Auftreten gelber Schlieren erkannt werden kann und bleibt passiv. Aktives Chrom kann so durch stärkere Ströme passiv gemacht werden[2]).

Passivität zeigen außerdem: Nickel, Kobalt, Niob, Vanadin, Molybdän, Wolfram und Ruthenium[3]). Ursache ist vermutlich die Auflösung von Sauerstoff in dem Metall.

80. Chlorstickstoffexplosion. Wenn man die Polardrähte einer Bunsenschen Säule von sechs bis acht Elementen mit Platinplatten versieht und in eine sehr konzentrierte Salmiaklösung taucht (die positive Platte etwas schief), so entwickelt sich an der positiven Platte Chlorstickstoff. Ist nun die Salmiaklösung mit Terpentinöl bedeckt, so explodieren die kleinen gelben Tröpfchen des Chlorstickstoffs, sowie sie in das Terpentinöl aufsteigen, sehr lebhaft. Wenn die Flüssigkeit erwärmt ist, gelingt der Versuch besser. Auch durch direktes Sonnenlicht kann die Explosion hervorgerufen werden (vgl. auch Bd. I(a), S. 1207 ff.).

Fig. 283.

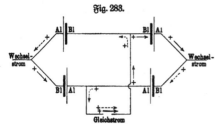

Gleichstrom

81. Gleichrichtzellen. Grätz[4]) fand, daß eine elektrolytische Zelle, in welcher das Aluminium die Anode ist, den Strom ganz bedeutend schwächt, während dieser ganz ungehindert durchgeht, wenn es Kathode ist. Die Gegenkraft vermag einer Spannung von 22 Volt das Gleichgewicht zu halten. Um den Durchgang eines Stromes von 66 Volt zu hindern, wären also drei hintereinander geschaltete Zellen nötig. Man kann auf diese Art Wechselstrom in intermittierenden Gleichstrom verwandeln. Verzweigt man die Wechselstromleitung in zwei solche Batterien von Zellen, aber mit entgegengesetzter Anordnung, so geht durch jede ein intermittierender Gleichstrom. Bringt man an das andere Ende der Zweigleitungen zwei ebensolche Batterien an und verbindet die Mitten zwischen den Batteriepaaren durch einen Draht (Fig. 283), so geht durch diesen Draht ein kontinuierlicher Gleichstrom[5]).

82. Elektrolytische Kondensatoren. Grisson u. Co., Hamburg, Dorotheenstraße 54, konstruieren nach gleichem Prinzip wie die Gleichrichter (s. Bd. I(a), S. 73, Fig. 126) elektrolytische Zellen, welche als Kondensatoren für Wechselstrom und Gleichstrom zu gebrauchen sind. Die Wirkung dieser, sowie der zuvor erwähnten

---

[1]) S. Heumann-Kühling, Anleitung zum Experimentieren, S. 752. — [2]) S. a. Bernoulli, Phys. Zeitschr. 5, 632, 1904. — [3]) S. Muthmann u. Fraunberger, Beibl. 29, 173, 1903. — [4]) Wied. Ann. 62, 323, 1897. — [5]) S. Ruhmer, Konstruktion, Bau und Betrieb von Funkeninduktoren, Leipzig 1904, Hachmeister u. Thal, S. 114.

Apparate beruht vermutlich auf der Bildung einer dünnen isolierenden Oxydschicht auf der Aluminiumelektrode.

83. Palladiumwafferstoff. Man überzieht eine Palladiumplatte, indem man sie als Kathode in eine Palladiumnitratlösung einsetzt, elektrolytisch mit Palladium-schwarz. Die Palladiumnitratlösung erhält man durch Lösen von 2 g Palladium in heißer konzentrierter Salpetersäure, Abdampfen der freien Säure und Verdünnen auf 100 ccm. Bei 1 Amp. Stromstärke hat sich in einer halben Stunde ein fest-haftender schwarzer Palladiumbeschlag gebildet[1].

Wird nun die so präparierte Platte als negative Elektrode bei der Wasser-zersetzung mit etwa vier Bunsenschen Elementen (0,8 bis 1 Amp.) verwendet und

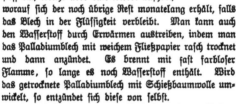

Fig. 284.

etwa eine Stunde lang der Strom hin-durchgeleitet, so ist sie mit Wasserstoff ge-sättigt. Man nimmt sie nun heraus, spült rasch mit Wasser ab und taucht sie in Äther oder absoluten Alkohol. Sofort tritt stürmische Entwickelung von Wasser-stoff ein, welche aber bald wieder aufhört, worauf sich der noch übrige Rest monatelang erhält, falls das Blech in der Flüssigkeit verbleibt. Man kann auch den Wasserstoff durch Erwärmen austreiben, indem man das Palladiumblech mit weichem Fließpapier rasch trocknet und dann anzündet. Es brennt mit fast farbloser Flamme, so lange es noch Wasserstoff enthält. Wird das getrocknete Palladiumblech mit Schießbaumwolle um-wickelt, so entzündet sich diese von selbst.

Um die Verlängerung des Palladiums bei der Wasser-stoffaufnahme zu zeigen, verwendet v. Babo den in Fig. 284 dargestellten Apparat. Auf eine Glasplatte von 30 cm Länge und 5 cm Breite sind in etwa 16 mm Abstand ein Platindraht *b c* und ein Palladiumdraht von etwa 1 mm Durchmesser aufgezogen, von welchen letzterer durch den Hebel *l r o f*, der zugleich als Zeiger dient, gespannt gehalten wird. Der Platindraht wird durch *a* mit dem positiven Pol der Batterie verbunden, der Palladiumdraht durch *d* mit dem negativen und nun das Ganze in einen Trog mit verdünnter Schwefelsäure eingetaucht. Man sieht alsbald den Zeiger sinken und bei Umkehrung des Stromes wieder steigen. H. Schiff (1885) ver-wendet einen Draht aus der Legierung von Palladium und Platin[2], zieht den-selben durch ein U-Rohr, welches mit 10 prozentiger bleifreier Schwefelsäure gefüllt wird, befestigt das eine Ende an einer Klemmschraube, das andere an dem Zeiger, setzt schließlich noch Platindrähte in beide Schenkel als Anoden ein und leitet den Strom durch.

Landolt projiziert die Erscheinung, indem er in einen Wasserzersetzungsapparat für Projektion als Kathode eine Spirale aus Palladiumdraht einsetzt (Fig. 285). Beim Durchgange des Stromes wickelt sich dieselbe auf, kehrt man die Strom-

---

[1] S. Heumann-Kühling, Anleitung zum Experimentieren, S. 174. — [2] Zu be-ziehen von G. Siebert, Platinraffinerie und Schmelze in Hanau am Main.

richtung um, so rollt sie sich wieder zusammen, besonders wenn man die innere Seite firnißt. Sehr auffällig ist auch, daß, während sich an dem Platinblech reichlich Sauerstoff entwickelt, an der Palladiumspirale zunächst kein Wasserstoff auftritt, sondern erst wenn dieselbe gesättigt ist und dann plötzlich. Bei Umkehr des Stromes

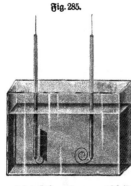

Fig. 285.

bleibt ebenso zunächst der Sauerstoff aus, da er zur Bindung des Wasserstoffs verbraucht wird. Auch eine cylindrische Spirale eignet sich zu dem Versuch.

84. Polarisation. Zwischen einem Metall und einem Elektrolyten, z. B. Zink und Zinkvitriollösung, besteht nach § 59 (S. 137) eine bestimmte Potentialdifferenz. Sucht man dieselbe zu vergrößern, dadurch, daß man das Zink stärker positiv elektrisch macht, so werden mehr positive Zinkionen in die Lösung wandern, bis die frühere Spannungsdifferenz wieder hergestellt ist. Würde man umgekehrt das Zink zur Kathode machen, so würde die Zahl der von ihm ausgehenden Jonen geringer werden und schließlich würden sich Zinkionen aus der Lösung daran ausscheiden, die Spannungsdifferenz würde aber wieder dieselbe bleiben, der Strom würde hindurchgehen wie durch einen Metalldraht.

Anders würde sich die Stromleitung gestalten bei Anwendung von Platinelektroden, welche keine Jonen auszusenden oder aufzunehmen vermögen. An der Anode würde sich eine elektrische Doppelschicht von positiven Platinmolekülen und negativen SO_4-Jonen bilden, an der Kathode würde die Ausscheidung von Zink das Auftreten einer Spannungsdifferenz bedingen, wie sie zwischen einer Zinkplatte und verdünnter Schwefelsäure besteben muß. Ebenso würde bei Elektrolyse von angesäuertem Wasser die Lösungstension des an der Platinkathode ausgeschiedenen Wasserstoffs, welche positive Jonen in die Lösung treibt, eine entgegengerichtete elektromotorische Kraft hervorrufen.

Das Auftreten dieser Gegenkraft bezeichnet man als Polarisation der Elektroden. Die Notwendigkeit derselben erkennt man am einfachsten bei der Anordnung Fig. 286. Ein mit Zinksulfatlösung gefülltes Kupferzinkelement (links) ist

Fig. 286.

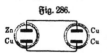

mit einer Zinksulfatzersetzungszelle mit Kupferelektroden (rechts) verbunden. Die mit der Zinkplatte verbundene Kupferplatte muß sich beim Stromdurchgang mit Zink bedecken, d. h. die Zersetzungszelle verwandelt sich in ein Element, welches gegen das erste geschaltet ist und dessen Wirkung kompensiert. Zinkelektroden in Zinksulfatlösung sind unpolarisierbare Elektroden.

Bereits eine Zinkschicht von 2,7 Milliontel Millimeter Dicke reicht aus, diese Gegenkraft zu erzeugen. Dient zur Elektrolyse ein Platinzinkelement, so wird offenbar nur so lange Strom hindurchgehen, bis diese Dicke der Zinkschicht erreicht ist, da dann die Polarisation die elektromotorische Kraft des Elements gerade kompensiert. Soll die Elektrolyse weiterschreiten, so müßte man zwei oder mehr Elemente hintereinanderschalten. Für die verschiedenen Metalle ist die Polarisation natürlich verschieden, entsprechend der Voltaschen Spannungsreihe.

Um die bei der Wasserzersetzung an den Platinplatten auftretende Polarisation zu zeigen, dient die in den Fig. 287 a und b abgebildete Wippe. Man verbindet zuerst die Quecksilbernäpfe 1 und 4 mit der Batterie, 2 und 3 mit dem Wasser-zersetzungsapparate und 5 und 8 mit dem Quadranten-Elektrometer. Liegt das Brettchen *B* zuerst auf der Seite 1, 2, 3, 4 von *A*, so findet die Wasserzersetzung statt, und die Platinplatten werden polarisiert; legt man aber die Wippe um, so wird die Verbindung mit der Kette aufgehoben, und es werden 5 und 6, 7 und 8 miteinander verbunden, wodurch die Platinplatten des Wasserzersetzungsapparates mit dem Elektrometer in Verbindung kommen und durch die Abweichung der Nadel Richtung und Stärke der vorhandenen Polarisation anzeigen.

Fr. C. G. Müller (8. 8, 166, 1895) ver-wendet einen Morse-Taster als Umschalter zur Demonstration des Polarisationsstromes. Wenn

Fig. 287 a.

Fig. 288.

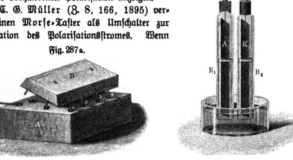

Fig. 287 b.

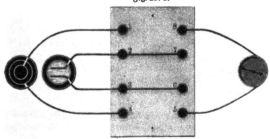

man schnell mit dem Schlüssel klopft, gibt der Sekundärstrom dauernde Ausschläge an einem Elektrometer mit Nebenschluß von hohem Widerstand. Der Erfolg bleibt auch bei einem Daniell als Primärelement nicht aus, obwohl Wasserzersetzung an Platinplatten nicht sichtbar wird. Dabei ist es lehrreich, auch in den Primär-stromkreis ein Elektrometer zu schalten. Besonders geeignet zur Demonstration der Polarisation ist Groves Gasbatterie[1]). Zum Nachweis des Stromes kann ein kleiner Wasserzersetzungsapparat für Projektion dienen.

[1]) Nach Fig. 288 zu beziehen von C Gundelach, Gehlberg i. Thür., zu 48 Mk. Ein einzelnes Gaselement, bestehend aus dreifach tubulierter Flasche, in deren äußere Hülse oben geschlossene Glasröhren mit langen, mit Platinmohr überzogenen Platinstreifen als Elektroden eingesetzt sind, liefern Warmbrunn, Quilitz u. Co. zu 10 Mk., eine Batterie von sechs Elementen zu 50 Mk.

Bei Ausscheidung von Sauerstoff und Wasserstoff an Platinplatten, gleichviel aus welcher Lösung, beträgt das Minimum der Polarisation, die sogenannte Zersetzungsspannung, 1,67 Volt [1]). Dieses Minimum wird beobachtet bei den kleinsten Werten der Stromstärke. Die Stromstärke J berechnet sich also nicht nach dem einfachen Ohmschen Gesetz, sondern nach der Formel

$$J = \frac{E-e}{R} \text{ Ampere},$$

wenn E elektromotorische Kraft, R Widerstand und e die elektromotorische Gegenkraft, Polarisation, bedeuten.

Letztere wächst mit der Stromstärke, etwa proportional dem Logarithmus derselben, steigt aber praktisch gewöhnlich nicht über 2,5 Volt für Säuren und Basen und 3,8 Volt für Salze der Sauerstoffsäuren (Polarisationsmaximum).

Natürlich reicht hiernach ein einzelnes Kupferzinkelement zur Wasserzersetzung nicht aus, seine elektromotorische Kraft ist unzureichend, die Lösungstension der + H-Jonen zu überwinden.

85. Elektrochemische Analyse. Leitet man Strom durch ein Gemisch verschiedener Lösungen und steigert dabei die Spannung von Null anfangend immer mehr, so wird sich zunächst das Metall mit geringster Polarisation ausscheiden müssen. Hält man die Spannung konstant auf dem Wert, welcher eben zur Ausscheidung genügt, so wird schließlich dieses Metall vollständig in reinem Zustande aus dem Gemisch ausgeschieden werden, so daß man imstande ist, durch Wägung seine Menge zu ermitteln. Steigert man nun die Spannung, bis das Metall mit nächst höherer Polarisations- oder Entladespannung ausfällt, so kann man in gleicher Weise auch dessen Menge ermitteln u. s. w. [2]).

86. Normalelektroden. Die kathodische und anodische Polarisation können getrennt gemessen werden, wenn man die Spannungsdifferenz der Kathode bezw. Anode gegen eine dritte und zwar nicht polarisierbare sogenannte Normalelektrode bestimmt. Als solche wird gewöhnlich Quecksilber unter Kalomel und 0,1-norm. KCl benutzt, indem man durch einen Heber Verbindung mit dem Polarisationsgefäß herstellt.

87. Akkumulatoren. Man stellt in gewöhnliche Cylindergläser Bleiplatten in verdünnte Schwefelsäure, ebenso wie bei Zusammenstellung einer einfachen Kupferzinkbatterie, und schaltet die einzelnen Elemente nebeneinander in den Stromkreis von zwei Chromsäuretauchelementen ein. Verbindet man nun nach einiger Zeit die geladenen Zellen hintereinander, so erhält man eine Batterie, die imstande ist, Wasser zu zersetzen.

Einfacher zeigt man an einem nur aus zwei großen, weit voneinander in einem Glastroge stehenden Tudor-Platten gebildeten Akkumulator die Ansammlung der Energie, indem man die zunächst völlig entladenen Platten für einen Moment mit der elektrischen Lichtleitung verbindet. Sie haben dann genug Energie aufgenommen, um für längere Zeit Wasser zu zersetzen (oder eine elektrische Klingel

---

[1]) Bei Groves Gaselement beträgt die Gegenkraft nur etwa 0,48 Volt. — [2]) Platinelektroden, bestehend aus 8 mm dicken Glasröhren, an welchen Streifen von Platinfolie befestigt sind, liefert W. C. Heraeus in Hanau a. M.

zu treiben). Die Fähigkeit verschwindet in kurzer Zeit, wenn man die Platten durch einen dicken Kupferdraht verbindet, d. h. entladet.

Die elektrische Energie wird beim Laden in chemische umgesetzt und diese verwandelt sich bei der Entladung wieder in elektrische zurück.

Der chemische Vorgang ist verwickelter Natur, man kann im einfachsten Fall sich vorstellen, daß Bleisulfat zersetzt wird, derart, daß sich an der Kathode Bleischwamm ausscheidet, an der Anode SO_4, welches mit dem Wasserstoff des Wassers wieder Schwefelsäure bildet, während dessen Sauerstoff die Anode oberflächlich zu Bleisuperoxyd oxydiert.

Bei der Entladung wird letzteres wieder reduziert, der Bleischwamm an der Kathode in Bleisulfat verwandelt.

Die ursprüngliche, nicht sehr dauerhafte Form des Plantéschen Sekundärelementes ist in Fig. 289 dargestellt. Zwei rechteckige, 0,6 m lange, 0,2 m breite und 1 mm dicke Bleiplatten werden unter Zwischenfügung von Kautschukstreifen von 1 cm Breite und ½ cm Dicke, wie die Figur zeigt, über einem Holzcylinder zu einer Spirale aufgerollt und dann der Holzcylinder wieder entfernt. Zum Ansetzen

Fig. 290.

Fig. 289.

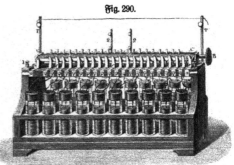

von Klemmschrauben erhält die eine Platte am inneren, die andere am äußeren Ende je einen Fortsatz aus Blei, welcher mit Blei angelötet wird. Um die Spiralen in ihrer Stellung zu erhalten, preßt man durch Erwärmen weich gemachte Kreuze aus Guttapercha auf und läßt diese durch Abkühlen wieder erhärten. Schließlich stellt man die Spiralen in einen Glascylinder, welcher mit verdünnter salpetersäurefreier (¹/₁₀ prozentiger) Schwefelsäure gefüllt ist, und bedeckt diesen mit einem Deckel aus Holz oder Hartgummi, durch welchen die Enden der Fortsätze der Bleiplatten durchdringen und dort in Klemmschrauben endigen¹).

Fig. 290 (K, 350) zeigt eine Batterie von Planté-Elementen mit Pachytrop. Die Platten von Faures Akkumulatoren enthalten Vertiefungen, die mit einem Brei von Bleioxyd und Schwefelsäure ausgefüllt werden. Über neuere Formen von Akkumulatoren siehe Bd. I₍₁₎; S. 67 bis 75.

Kleine Akkumulatorenzellen in gerippten Gläsern (Fig. 291 a, in deren Nuten die Platten ohne weiteres in der richtigen Stellung festsitzen, liefern²) die Union-Akku-

¹) Früher geliefert von den Pflüger-Akkumulatoren-Werken, A.-G., Berlin NW. 6, Luisenstr. 45. — ²) Preis bei 3, 4, 5,5, 7, 9, 18, 25, 38 Amperestunden bezw. 1,8, 2,4, 3,2, 3,6, 3,8, 6, 9, 12 Mk.

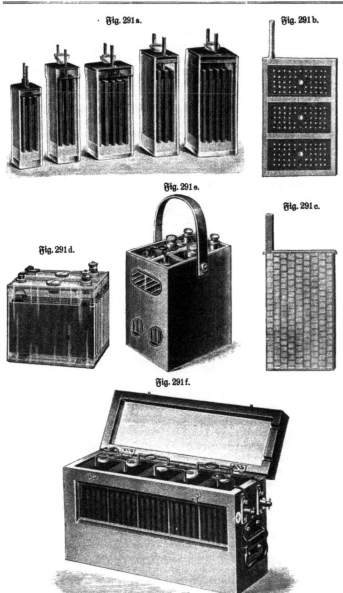

Fig. 291 a.

Fig. 291 b.

Fig. 291 e.

Fig. 291 c.

Fig. 291 d.

Fig. 291 f.

mulatoren-Werke Simple u. Co., Berlin SW. 13, Hollmannstr. 17; die positiven Platten sind „Masseplatten" (Fig. 291 b), die negativen „Gitterplatten" (Fig. 291 c) [1]).

Über das Laden von kleinen Akkumulatorenbatterien durch Grovesche Elemente siehe Rebenstorff, 3. 17, 282, 1904 [2]).

Über größere Akkumulatorenanlagen siehe Bb. I(1), S. 67, Bezugsquellen solcher S. 68, Anmerk. 4. Dort ist auch näheres über die Behandlung angegeben [3]).

Fig. 292.

Fig. 293.

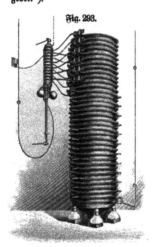

Über Batterien aus vielen kleinen Elementen zur Erzeugung hoher Spannung siehe ebb. S. 119 und 120. Zum Laden solcher Akkumulatoren dient ein

---

[1]) Dieselbe Firma liefert Zellen in Celluloidkästen (Fig. 291 d) mit 7,5 bis 37,5 Amperestunden zu 15 bis 30 Mk.; solche, die außerdem mit Blechkasten und Tragriemen versehen sind (Fig. 291 e), zu 17 bis 33 Mk.; fertig eingebaute Batterien in Eichenkästen (Fig. 291 f) von 4 bis 38 Amperestunden und 4 bis 12 Volt zu 9 bis 82,8 Mk. — [2]) Kleine Akkumulatoren, welche statt Trockenelementen gebraucht werden können, liefert „Glühwurm", Akkumulatoren-Gesellschaft (Georg Bruck) Berlin SW. 68, Alte Jakobstr. 24; transportable Akkumulatoren mit Trockenfüllung für Fahrradlaternen u. f. w. die Akkumulatoren-Werke Zinnemann u. Co., Berlin W., Friedrichstr. 59/60. Über Herstellung von Akkumulatoren mit gallertartiger Füllung siehe Beiblätter 18, 123, 1894; über Selbstanfertigung von Akkumulatoren W. Weiler, 3. 11, 284, 1898. — [3]) Die Akkumulatoren, welche ich seit 14 Jahren im ungestörten Betriebe habe, sind bezogen von der Akkumulatoren-Aktiengesellschaft in Hagen in Westfalen. Die Akkumulatoren-Werke Witten in Witten-Ruhr besorgen die Instandsetzung reparaturbedürftiger Batterien, sowie Auswechslung von Batterien jedes Systems. Außergewöhnliche Akkumulatoren für starke Ströme sind dargestellt in den Fig. 292 und 293. Die letztere stellt eine komplette Batterie für 65 Volt und 160 Amperestunden mit Zellenschalter dar, zu beziehen von den Akkumulatoren-Werken (System Tribelhorn) J. Grünfeld, Dohna bei Dresden. Die Höhe beträgt nur 2 m, der Durchmesser 0,51 m, die Montagedauer etwa zwei Stunden.

Pachytrop, welches gestattet, die Elemente in Serien von 36 Stück parallel zu schalten, um gewöhnlichen Lichtzentralenstrom (110 Volt) benutzen zu können [1]).

Zur Füllung der Akkumulatoren darf nur reine (nicht in Platin eingedampfte) verdünnte Schwefelsäure benutzt werden, welche von den Akkumulatorenfabriken geliefert wird.

Der Ladungszustand eines Akkumulators läßt sich am bequemsten nach der Säuredichte (mittels eines Aräometers zu ermitteln) bestimmen, da mit der Ladung dieselbe steigt, bei der Entladung fällt.

Im geladenen Zustande beträgt das spezifische Gewicht etwa 1,16, im ungeladenen 1,18. Zum Nachfüllen wird gewöhnlich 5 prozentige Säure benutzt.

Die Klemmenspannung einer Akkumulatorzelle ist bei normalem Strom etwa 2 Volt. Ist der Akkumulator nahezu erschöpft, so fällt sie rasch ab, und zwar sobald der Wert auf 1,85 Volt gesunken ist. Bei der Ladung steigt umgekehrt die Spannung erst ganz langsam und schließlich bei Beendigung der Ladung sehr rasch auf 2,5 bis 2,7 Volt.

Wird demnach eine Akkumulatorenbatterie geladen, so müssen, wenn die Stromstärke aufrecht erhalten werden und Ansteigen der Spannung verhindert werden soll, mittels eines geeigneten Umschalters (Zellenschalter) in zunehmendem Maße Zellen abgeschaltet werden. Umgekehrt müssen diese Zellen bei der Entladung zur Aufrechterhaltung der Spannung wieder zugeschaltet werden. Beide Umschalter werden gewöhnlich zu einem sogenannten Doppelzellenschalter vereinigt.

88. Die Elektrolyse in der Kette. Stellt man in ein großes, mit verdünnter Schwefelsäure gefülltes Becherglas parallel nebeneinander eine Kupferplatte und eine amalgamierte Zinkplatte, so bemerkt man zunächst keine Gasentwickelung. Bringt man nun aber die Platten durch Zusammenneigen entweder außerhalb oder innerhalb der Flüssigkeit an einer Stelle in Berührung, so daß ein geschlossener Strom entstehen muß, so erscheinen alsbald an der Kupferplatte reichliche Wasserstoffblasen, obschon sich nicht das Kupfer, sondern das Zink auflöst.

Der Versuch eignet sich auch zur Projektion, wobei man zweckmäßig die Platten mit Quecksilbernäpfen versieht und sie durch einen in diese gesetzten Bügel aus Kupferdraht verbindet.

Einen Bleibaum (Saturnbaum) erhält man durch Einhängen eines mit einigen Kupferdrahtstiften versehenen Zinkstückes in Lösung von Bleizucker; einen Silber-(Dianen-)baum durch Verwendung von Silbernitratlösung. Schon die gewöhnlichen Verunreinigungen des käuflichen Zinks (Kohlepartikelchen) sind ausreichend, die Kupferdrahtstifte zu ersetzen und Lokalströme hervorzurufen, welche die Bildung kristallinischer Metallniederschläge veranlassen. Auch durch Polreagenzpapier kann das Vorhandensein von Lokalströmen nachgewiesen werden.

89. Konstante Ketten. Braucht man für eine mehrere Stunden dauernde Arbeit einen gleichmäßigen und zugleich starken elektrischen Strom, so muß man sich der konstanten Ketten bedienen, bei welchen die beiden Metalle durch eine poröse

---

[1]) Dolezalek, Die Theorie des Bleiakkumulators, Halle 1901, Knapp; Heim, Die Akkumulatoren für stationäre elektrische Anlagen, Leipzig 1897, O. Leiner; Le Blanc, Lehrb. d. Elektrochemie; Haber, Grundriß d. techn. Elektrochemie, München 1898, Oldenbourg; Elbs, Die Akkumulatoren, 3. Aufl., Leipzig, 1901.

Scheidewand getrennt sind und jedes eine eigene Flüssigkeit erhält. Als Scheide=
wand kann eine einfache oder doppelte Schweins= oder Rinderblase oder Pergament=
papier dienen; doch haben dieselben mancherlei Unbequemlichkeiten und sind daher
jetzt von den porösen Tonzellen verdrängt.

Diese werden teils aus einer Porzellanmasse, teils aus Pfeifenton, teils aus
gewöhnlichem eisenfreien Ton unter Zusatz von gemahlenem Quarz gemacht. Die
Porzellanzellen sind allerdings sehr gut und zugleich auch stärker als die anderen,
aber teurer. Man muß hauptsächlich darauf sehen, daß sie gleichförmig und mög=
lichst dünn ausgearbeitet · sind [1]).

Gute Tonzellen müssen, wenn man Wasser darein gießt, in einer Minute
außerhalb ganz feucht werden; Zellen aus Pfeifenton werden schon in 20 bis
30 Sekunden feucht. Sie dürfen aber keine Risse haben, also das Wasser nicht
durchträufeln lassen.

Zu ihrer Erhaltung ist es durchaus nötig, daß sie nach jedesmaligem Gebrauche
ausgespült und etwa noch 24 Stunden lang in einen Kübel voll reinen Wassers ge=
legt werden; ohne diese Vorsicht werden sie bald mürbe und zerbrechen beim geringsten
Stoße. Ihre Form (Fig. 294) muß gut rund sein, damit die Flüssigkeit
zwischen ihnen und den Metallen durchweg eine gleich dünne Schicht
bilden kann. Die Größe richtet sich natürlich nach jener der Ele=
mente, welche gebaut werden sollen; doch läßt man dieselbe um
nicht mehr, als ihr oberhalb etwas verstärkter Rand beträgt, über
das äußere Metall hervorragen. Wendet man Kohlenplatten an,
so erhalten die Zellen eine parallelepipedische Form.

Fig. 294.

Beim Ansetzen eines Elementes wird zuerst die Schwefelsäure
eingefüllt, so daß sie die Tonzelle durchdringt. Sie muß $1/10$ bis
$1/6$ höher stehen als die schwerere Flüssigkeit in der Tonzelle [2]).

90. Die Kupfervitriolketten. Daniells Kette besteht aus Kupfer und Zink;
zum Kupfer kommt eine Kupfervitriollösung, zum Zink verdünnte Schwefelsäure.
Die Kupfervitriollösung darf gesättigt sein (spezifisches Gewicht etwa 1,2) und wird
erhalten durch Auflösen von 1 Tl. kristallisiertem Salz in 3 Tln. Wasser. Die
Schwefelsäure soll höchstens das spezifische Gewicht 1,06 haben und wird erhalten
durch Vermischen von 50 ccm konzentrierter Schwefelsäure mit 1 Liter Wasser. Die
Säure muß langsam und unter fortwährendem Rühren in das Wasser gegossen
werden. Sie darf weder Kupfer noch Salpetersäure enthalten. Das Kupfer kann
beliebig dünn genommen werden, da es durch die Tätigkeit der Kette selbst aus
dem zersetzten Kupfervitriol nach und nach verstärkt wird. Es ist gleichgültig, ob
man das Kupfer oder das Zink als äußeres Metall nimmt, also gleichgültig, welches
die größere Fläche hat. Man richtet sich daher hierin am besten danach, ob etwa
die ebenfalls noch vorhandenen Bunsenschen Ketten die Kohle als äußeres oder
inneres Glied haben, damit man dasselbe Zink zu beiden Ketten brauchen kann.
Bei Groveschen konstanten Ketten hat aus sehr nahe liegenden Gründen immer
das Zink die größere Fläche.

---

[1]) Besonders dauerhaft sind Tonzellen aus Pukallscher Masse (vgl. Beiblätter 18,
256, 1894). — [2]) Tonzellen liefern als Spezialität: Mulot u. Lorenz, Staffel bei Lim=
burg a. d. Lahn; Batteriegläser: Reyer u. Co., Glasfabrik, Kohlfurt; Platten, Cylinder
und Stäbe aus Zink, H. Wölting, Bochum.

Als Gefäß dient gewöhnlich ein Zuckerglas. Zink und Kupfer werden cylindrisch zusammengebogen, so daß beide den Wänden der cylindrischen Tonzelle möglichst nahe kommen. Das Zink muß dabei auf 60° bis 80° R erhitzt werden, besonders wenn es in die Tonzelle kommt, also in einen engen Cylinder zusammengebogen werden soll, weil es sonst beim Zusammenbiegen brechen würde; amalgamiert wird dasselbe dann zuletzt. Wenn man den Zinkcylinder auf der vom Kupfer abgekehrten Seite mit einem Firnis aus in Terpentinöl gelöstem Asphalt überzieht, so wird viel Zink gespart. Beide Bleche erhalten ein schmales Kupferblech angelötet, wie a (Fig. 295) zeigt, welches bei jedem Blech ein wenig über das Glas herausragen muß, um entweder die nötigen Leitungsdrähte an dasselbe schrauben, oder das Element mit anderen verbinden zu können. Das äußere Metall läßt man gewöhnlich um die Breite dieser Lötstelle, also etwa fingerbreit, über das Glas, und das innere eben so breit über die Tonzelle hervorragen. Fig. 296 zeigt ein solches

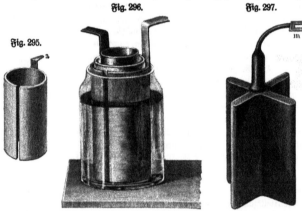

Fig. 296.   Fig. 297.

Fig. 295.

Element in seiner Zusammensetzung. Wird das Zink in die Tonzelle genommen, so nimmt man auch manchmal anstatt der Blechcylinder gegossene Stücke von der Form wie Fig. 297.

Da die gleichförmige Wirkung dieses Elementes von dem stets gesättigten Zustande der Kupfervitriollösung abhängt, so muß sich kristallinischer Kupfervitriol stets im Überfluß darin finden. Es genügt aber nicht, denselben hineinzulegen, weil sonst nur die am Boden befindliche Schicht der Lösung gesättigt ist; man muß den Vitriol in einem Florbeutelchen in den oberen Teil des Gefäßes hängen; auf diese Weise ist die Wirkung eines solchen Elementes sehr konstant, falls es an einem kühlen Orte steht. Die Spannung beträgt etwa 1,08 bis 1,12 Volt. Die Temperatur hat nur geringen Einfluß.

Bei längerem Gebrauche muß auch darauf gesehen werden, daß die Kupfervitriollösung immer ein wenig niedriger stehe als die Säure; die Masse der Kupfervitriollösung vermehrt sich aber immer, und man muß daher von Zeit zu Zeit mittels einer Pipette einen Teil derselben herausnehmen, oder durch einen Heber dafür sorgen, daß das Niveau konstant bleibt. Auch das schlammige Amalgam von Zink und einigen anderen als Verunreinigung des käuflichen Zinks darin enthaltenen Metallen muß man entfernen, wenn es sich etwa auf dem Boden des Gefäßes oder an den Wänden der Zelle ansetzen sollte. Sowohl der zu hohe Stand der Kupfervitriollösung, wodurch diese durch die Zelle tritt, als der Schlamm vermindern die Wirkung der Säule und zerstören die Zellen durch Kupferablagerung in den Poren derselben [1]).

Beim Meidingerschen Element sind diese Schwierigkeiten nicht vorhanden. Fig. 299 zeigt es in seiner wesentlichen Form. In das unten verengerte Glasgefäß *A* wird der Cylinder aus Zinkblech *Z* gesteckt, so daß er auf der Verenge-

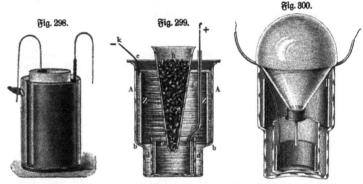

Fig. 298.　　　　Fig. 299.　　　　　　　Fig. 300.

rung *b* aufsitzt und sein Kupferdraht *k* durch eine Rinne des hölzernen Deckels herauskommt. In dem engeren Teile von *A* steht ein zweites kleineres, über die Verengerung heraufragendes Glasgefäß *dd*, in welchem ein hohler Kupfercylinder steht, dessen mit Guttapercha überzogener — eventuell in eine Glasröhre eingekitteter — Leitungsdraht in *f* durch einen Schlitz des Deckels herausgeführt ist. Im Deckel sitzt noch ein trichterförmiges, unten offenes Glasgefäß *h*. Zum Kupfer wird Kupfer-

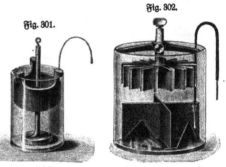

Fig. 301.　　　　　Fig. 302.

vitriollösung gegossen, bis *dd* voll ist, und dann wird das Glas *AA* vorsichtig mit einer Lösung von Bittersalz oder Zinkvitriol gefüllt. In *h* kommen Kupfervitriolkristalle, die man von Zeit zu Zeit wieder nachfüllt. Bei den neueren Formen ist der Trichter *h* oben geschlossen, d. h. durch eine mit der Mündung nach unten gekehrte Flasche ersetzt (Fig. 300 E, 2,75). Die Wirkung ist nur schwach,

---

[1]) Keiser u. Schmidt, Telegraphenbauanstalt in Berlin N., Johannisstr. 20, liefern Daniellsche Elemente von 10, 12,5, 19,5 und 25 cm Höhe zu bezw. 1,50, 2,25, 3,50, 6 Mk. Siemens u. Halske, Berlin, liefern solche Elemente nach Fig. 298 zu 3,1 Mk.

12*

aber sehr lange andauernd. Anstatt des Kupfers wird auch manchmal Blei genommen, welches sich indessen bald verkupfert [1]).

Eine Form des Daniellelementes, bei welchem, wie bei dem Meidingerelement, die Tonzelle vermieden ist, zeigen Fig. 301 (E, 2,75) und 302 [2]). (Vgl. auch Bd. I$_{(1)}$, S. 147 und 148.)

Sehr einfach ist Minottos Element. In einem Glas- oder Steinguttopf befindet sich zu unterst eine Kupferscheibe, auf welche eine Schicht von Kupfervitriolkristallen, hierauf ein Stück dünnen Kanevas, dann eine Schicht Sand, abermals ein Stück Kanevas und schließlich eine amalgamierte Zinkplatte mit Klemmschraube gesetzt wird. Schließlich wird Zinkvitriollösung eingegossen, bis die Zinkplatte damit bedeckt ist.

91. Trockenelemente. Aus gewöhnlichen Elementen erhält man solche durch Versetzen der Flüssigkeiten mit gebranntem Gips, wodurch ein bald erhärtender Brei entsteht, oder auch mit Kieselsäuregallerte.

Die meisten Trockenelemente haben den Fehler, daß sich mit der Zeit der Zinkcylinder mit nichtleitenden Krusten umgibt, wodurch die Stromintensität vermindert

Fig. 303.

wird. Dies ist nicht der Fall bei Gaßners Trockenelementen (zu beziehen von Carl Gigot in Frankfurt a. M.). Ein solches Element vermochte (nach Kittler) eine elektrische Klingel über 500 Stunden ununterbrochen in Tätigkeit zu halten. Die Klemmspannung beträgt 1,44 Volt, der innere Widerstand 0,30 Ohm, die Höhe 175 mm. (Vgl. auch Bd. I$_{(1)}$, S. 153.) Die äußere Form eines Trockenelementes zeigt Fig. 303 (Lb, 2 bis 3,5 [3]).

Besonders leistungsfähig ist Hellesens Element von Siemens u. Halske (vgl. Fig. 316, Bd. I$_{(1)}$, S. 153). Die Spannung im offenen Zustand beträgt etwa 1,5 Volt, nach 20 tägiger Entladung mit 0,10 Amp. 0,33 Volt. Es erholt sich nach dem Gebrauch rasch wieder. Die neueste Type T gab ein Jahr nach der Herstellung noch 12 Amp. Kurzschlußstrom. Diese zeigt auch nicht den zuweilen auftretenden Fehler, daß das Element aufgetrieben wird und der Elektrolyt austritt.

92. Die Salpetersäure-Ketten. Anstatt Kupfer enthält Groves Kette Platin und bei diesem als Ladungsflüssigkeit konzentrierte Salpetersäure (spezifisches Gewicht 1,8 bis 1,4), ist aber im übrigen angeordnet wie die Daniellsche Kette, und hat beim Zink ebenfalls auf etwa $^1/_{10}$ bis $^1/_5$ verdünnte Schwefelsäure. Braucht man sehr starke Ströme, so nimmt man die Schwefelsäure stärker, selbst nur zur Hälfte verdünnt; es kommt hierauf mehr an, als auf die Stärke der Salpetersäure. Diese Kette gibt unter allen Kombinationen für gleiche Größe den stärksten Strom, ist aber in der ersten Anschaffung teuer, doch nicht so teuer, als man glauben sollte, wenn man auch hier an das Selbstmachen geht. Man kann nämlich Platin in sehr dünnem Bleche dazu verwenden, da es sich ja nur um die Oberfläche handelt.

---

[1]) Verschiedene Modelle Meidingerscher Elemente liefern Keiser u. Schmidt, sowie Mix u. Genest, Aktiengesellschaft in Berlin SW., Neuenburgerstr. 14a, zu 1,80 bis 6 Mk. — [2]) Diese (amerikanische) Form ist zu beziehen von Siemens u. Halske, Berlin, zu 6,5 Mk. — [3]) Galvanische Elemente für Taschenlampen u. s. w. liefern Müller u. Schöne, Berlin, Görlitzer Ufer 34.

Solches legt man (nach Barrentrapp) ſehr zweckmäßig um ein Stück eines abgeſprengten Lampenglaſes, an welchem man zwei Einſchnürungen anbringt und hier das Blech mittels Platindraht anbindet. Der obere Draht wird ſogleich an einen dickeren Kupferdraht gelötet (Fig. 304). Da der Bindbraht nur dünn ſein kann und Platin ſchlecht leitet, ſo lötet man an ihn zuerſt mit Gold einen dickeren Draht und erſt an dieſen das Kupfer. Die Platinbleche werden von 50 bis 200 qcm genommen. Will man mehr

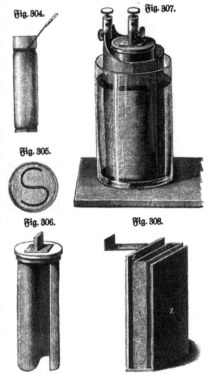

Fig. 304. Fig. 307.

Fig. 305.

Fig. 306. Fig. 308.

darauf verwenden, ſo macht man beſſer mehrere Elemente, die man dann, wie bei der Daniellſchen Kette, nach Belieben zu einem einzigen Element ober zur Säule kombinieren kann. Die Verbindung geſchieht entweder durch Kupfer= ſtreifen und Klemmſchrauben, wo= bei das S=förmig (Fig. 305) ge= ſtaltete Platinblech durch den Hartgummi= oder Porzellandeckel einen Fortſatz ſendet, der zwiſchen zwei ſtarke Kupferbleche geklemmt iſt (Fig. 306 u. 307). Zuverläſſiger, reinlicher und bequemer aber ver= wendet man Queckſilbernäpfe, wo= bei ſowohl die Zinkcylinder wie die Platinbleche ſolche erhalten und die Verbindung einfach durch eingeſetzte ⊓=förmige Drähte bewirkt wird. In dieſem Falle erhalten die Ton= zellen Deckel aus Glas.

Eine andere Form der Grove= ſchen Batterie zeigt Fig. 308. Die Zelle bildet hier einen parallel= epipediſchen Trog t, um welchen das Zink Z herumgebogen iſt. Das Platinblech wird dabei gerade ge= laſſen und ebenfalls in einen Deckel eingekittet. An das Zink lötet man auch hier einen zweimal rechtwinklig ge= bogenen Kupferſtreifen s, um daran ſogleich das Platin der folgenden Zelle anſchrauben zu können, auf welches zu dem Ende, auch wenn kein Deckel angewendet wird, dennoch ebenfalls eine Verſtärkung von Kupfer= oder Meſſingblech aufgenietet wird.

Nach dem Gebrauche eines ſolchen Elementes muß man die Tonzelle beſonders gut mit reinem Waſſer auslaugen. Das Platinblech wird nur abgeſpült und am zweckmäßigſten in ſeiner wieder getrockneten Tonzelle aufbewahrt. Auch das Zink braucht nur abgeſpült zu werden [1]).

[1]) Keiſer u. Schmidt liefern Groveſche Elemente mit Porzellandeckel, Größe der Platinplatte 16 × 8, 10 × 5 und 6 × 4 cm bezw. zu 21, 12,50 und 8 Mk.; mit Serpentin= deckel und Platinableitung nach Poggendorff zu 32, 22 und 15 Mk.

Nach Uelsmann (1881) soll Siliciumeisen mit 12 Proz. Siliciumgehalt ein vortrefflicher Ersatz für Platin in Elementen sein. Die Salpetersäure nimmt man dazu vom spezifischen Gewichte 1,2.

Die Bunsensche Zinkkohlenkette. Die Konstruktion derselben kommt mit jener der Groveschen Kette überein, nur wird das Platin durch Kohlencylinder

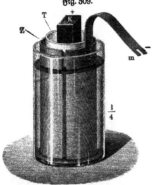

Fig. 309.

vertreten; die Ladung besteht ebenfalls aus mehr oder weniger verdünnter Schwefelsäure und konzentrierter Salpetersäure. Kohlenstäbe, Kohlencylinder oder Kohlenplatten bekommt man um billigen Preis in jeder Form und Größe [1]).

Ein sehr gutes Material für diese Verwendung ist auch die Kohle, welche sich im Innern der Gasretorten ansetzt und die man leicht aus zerbrochenen Retorten erhalten kann; dieselbe ist aber meist so hart, daß man sie ohne besondere Einrichtung nicht verarbeiten kann.

Wenn es nicht schon von dem Verkäufer geschehen ist, so taucht man den erhitzten oberen Teil der Kohlen, an welchem die Fortleitungsvorrichtungen befestigt werden sollen, in geschmolzenes Wachs, damit er später keine Salpetersäure aufnehme. Besser als Wachs wirkt Kolophonium; man läßt die Kohlen zwei Stunden lang darin stehen und nimmt sie erst heraus, wenn das Harz beim Erkalten zähe wird. In jedem Falle muß die Kohle wieder mit

Fig. 310.

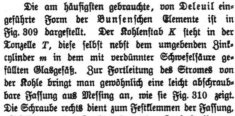

dem Messer oder der Raspel gereinigt werden, so daß unüberzogene Kohle an der Oberfläche erscheint.

Die am häufigsten gebrauchte, von Deleuil eingeführte Form der Bunsenschen Elemente ist in Fig. 309 dargestellt. Der Kohlenstab K steht in der Tonzelle T, diese selbst nebst dem umgebenden Zinkcylinder m in dem mit verdünnter Schwefelsäure gefüllten Glasgefäß. Zur Fortleitung des Stromes von der Kohle bringt man gewöhnlich eine leicht abschraubbare Fassung aus Messing an, wie sie Fig. 310 zeigt.

Die Schraube rechts dient zum Festklemmen der Fassung, die obere Flügelmutter zum Festklemmen des Drahtes bezw. des Kupferstreifens m des Zinkcylinders vom nächsten Elemente. Einfacher und zweckmäßiger ist es, statt dieser Fassung einen etwa 1 cm dicken Quecksilbernapf aus Kupfer zu verwenden, welcher in eine entsprechende konische Bohrung im Kopf des Kohlenstabes mit einiger Kraft eingedrückt wird. Diese Quecksilbernäpfe lassen sich nach dem Gebrauch der Säule leicht herausziehen und reinigen und sind sehr dauerhaft, während die messingenen Schraubzwingen häufig durch zu starkes Anziehen der Schrauben verbogen werden.

Ebenso werden dann auch die Zinkcylinder mit angenieteten Quecksilbernäpfen versehen. Die Verbindung zweier Elemente wird dadurch hergestellt, daß man in

[1]) Z. B. von Dr. Alb. Lessing, Fabrik galv. Kohlen, Nürnberg.

die betreffenden Queckſilbernäpfe einen Bügel von amalgamiertem Kupferdraht
einſetzt, wie dies ſchon bei der Groveſchen Batterie erwähnt wurde (S. 181).
In das Glasgefäß gießt man etwas Queckſilber, welches ſich beim Durchgang
des Stromes von ſelbſt auf dem Zinkcylinder ausbreitet und denſelben beſtändig

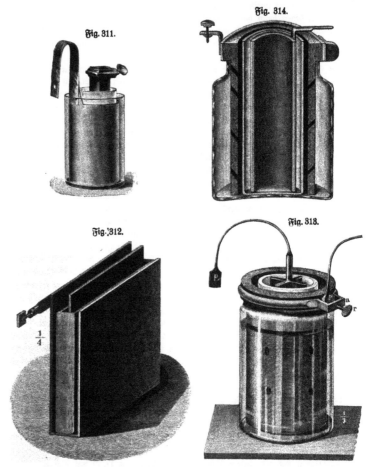

Fig. 311.

Fig. 314.

Fig. 312.

Fig. 313.

amalgamiert erhält. Beim Zuſammenſetzen des Elementes füllt man erſt die
Schwefelſäure ein, ſtellt nun die zunächſt noch trockene Tonzelle hinein und füllt
ſie nun erſt mit Salpeterſäure. So wird die Diffuſion der Salpeterſäure zum
Zink weſentlich erſchwert. Nach dem Gebrauch laugt man Kohlen und Tonzellen
längere Zeit in mehrmals gewechſeltem Waſſer aus. Selbſtverſtändlich dürfen
die Elemente nicht im Sammlungszimmer aufbewahrt werden, da durch die

sauren Dämpfe die übrigen Apparate bald rosten würden[1]). (Siehe auch Bd. I(1), S. 77.)

Die elektromotorische Kraft guter Grove- oder Bunsen-Elemente beträgt etwa 1,9 Volt, der innere Widerstand gebräuchlicher Größen zwischen 0,1 und 0,2 Ohm.

Dann und wann werden auch Kohlenzinkelemente von der Form, wie Fig. 312, gebraucht, bei denen dann die Kohlenplatte in die Tonzelle gesetzt wird.

Die ältere, heute nur noch selten gebrauchte Form der Bunsenschen Elemente ist in den Fig. 313 und 314 in perspektivischer Ansicht und im Durchschnitt dargestellt[2]).

Die Anschaffungskosten solcher Elemente sind bei gleicher Wirksamkeit bedeutend geringer als bei Groveschen Elementen. Allein die Kohlen verschlucken ein ziemliches Quantum Salpetersäure, welches beim nachherigen Auslaugen und Trocknen verloren geht; es beträgt wohl nahe $^1/_3$ der aufgewandten Säure. Hat man konzentrierte Säure angewendet, so kann man die Kohlen zuerst in ein wenig Wasser stellen und so noch eine stark verdünnte Säure auslaugen, welche noch anderweitig verwendbar ist, oder auch gebraucht werden kann, wenn man nur schwächere Ströme nötig hat. Von salpetrigsauren Dämpfen hat man bei beiden ungefähr gleichviel zu leiden. (Daß Tabakrauch, namentlich der Rauch von Zigarren, für den Experimentator diesen letzteren Übelstand vermindert, mag hier erwähnt werden.)

Braucht man die Batterie häufig und in kürzeren Zwischenräumen, so haben die Kohlen, wenn sie als äußeres Glied gebraucht werden, den Vorteil, daß man nur die Tonzellen zu entfernen hat, die Kohlen aber unbeschadet der Wirkung in der Salpetersäure stehen bleiben können, so daß man nur einen Glasscherben zum Zudecken nötig hat und keine Säure durch das Auslaugen und Trocknen verliert. Frisch ausgelaugte und getrocknete Kohlen haben zwar für den Anfang etwas stärkere Wirkung, kommen aber nach kürzerer Zeit auf ihr gewöhnliches Maß herunter.

Duchemin ersetzte, um länger dauernde Wirkung zu erhalten, bei der Bunsenschen Kette die Salpetersäure durch Eisenchlorid und die Schwefelsäure durch angesäuerte Kochsalzlösung. Die elektromotorische Kraft ist geringer und der wesentliche Widerstand größer als bei der üblichen Ladung. Munck wendet statt der Salpetersäure eine konzentrierte Lösung von saurem chromsaurem Kali an, dem $^1/_{10}$ bis $^1/_8$ konzentrierte Schwefelsäure zugesetzt wird. Pabst verwendet Kohle und Eisen in Eisenchlorid, Dun Kohle in übermangansaurem Kali, Zink in Ätznatron, Niaudet Kohle in Chlorkalklösung und Zink in Kochsalz[3]).

93. Normalelemente. Da es zu umständlich wäre, jedes Elektrometer mittels des absoluten Elektrometers zu kalibrieren, so nimmt man die elektromotorische Kraft eines bestimmten konstanten galvanischen Elementes, z. B. eines Daniell, zu Hilfe. Da 1 Volt = 0,893 × der elektromotorischen Kraft eines Daniell ist, so hat man

---

[1]) Keiser u. Schmidt liefern Elemente von 6, 8, 11, 12, 17, 21 und 27,5 cm Höhe des Kohlenstabes bezw. zu 1,75, 2,25, 3, 3,75, 5, 6 und 9 Mk. Siemens u. Halske, Berlin, liefern Bunsenelemente nach Fig. 311 zu 5,65 Mk. — [2]) Elemente von 11, 13, 17, 19, 21, 31 und 42 cm Höhe liefern Keiser u. Schmidt bezw. zu 3,25, 3,75, 4,50, 5,35, 6,50, 20 und 33 Mk. — [3]) Das Heil-Element von Umbreit u. Matthes, Leipzig-Plagwitz V$_B$, ist ein alkalisches Quecksilberoxydelement von 1,3 Volt Spannung. Bei 0,25 bis 0,5, 0,5 bis 1 und 1 bis 2 Amp. Strom und 7,5, 15 und 30 Amp. Strom-Kapazität beträgt der Preis 1,20, 2 und 3 Mk.

nur nötig, bie Spannung von 1, 2, 3... Daniellschen Elementen mit dem Elektrometer zu meſſen und den betreffenden Ausſchlag = 1, 2, 3... mal 0,893 Bolt
zu ſetzen.

Fig. 317.

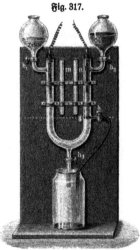

Fig. 315.

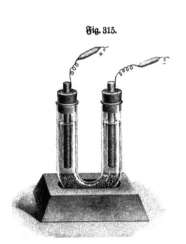

Fig. 316.

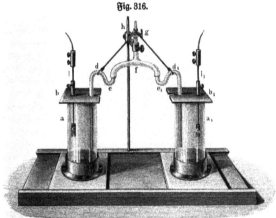

Da hierbei kein Strom zuſtande kommt, weil das Element offen benutzt wird,
ſo iſt der Widerſtand gleichgültig, die Verbindung der beiden Löſungen kann daher
ſtatt durch eine Tonzelle in anderer Weiſe bewirkt werden, welche eine gegenſeitige
Verunreinigung durch Vermiſchung tunlichſt ausſchließt. Die Fig. 315 (nach Kolbe;
K, 3,50), 316 (E, 45) und 317 (E, 33) zeigen drei verſchiedene Formen ſolcher
Normalbaniell.

Grotrian (S. 12, 245, 1899) verwendet statt der Glasröhren (Fig. 316) Streifen von Fließpapier, die einfach in dem Momente der Beobachtung mit dem Finger aneinandergedrückt werden.

Da die Spannung eines Daniell-Elementes nicht ganz konstant ist und von verschiebenen Nebenumständen abhängt, wird für genauere Versuche das Clark-Element benutzt, bestehend aus Zink in Zinkvitriol und Quecksilber in Quecksilber-oxydulsulfat. Diese Elemente können fertig gefüllt, und mit Beglaubigung seitens der physikalisch-technischen Reichsanstalt versehen, im Handel bezogen werden (Fig. 318 E, 40). Ihre elektromotorische Kraft ist 1,434 Volt bei 15° C[1].

Das Weston-Normalelement oder Cadmiumelement hat dieselbe Einrichtung, nur ist Zink durch Cadmium ersetzt; es hat eine elektromotorische Kraft von

Fig. 318.						Fig. 319.

1,019 Volt, welch letztere zwischen 3° C und 60° C als konstant erachtet werden kann. Die Glaszelle besteht aus zwei Reagenzröhren, welche durch eine dritte Röhre nach Art eines H verbunden sind. Die eine Reagenzröhre enthält Quecksilber oder amalgamiertes Platin, bedeckt mit einer Lage schwefelsauren Quecksilberoxyduls, welches die negative Elektrode bildet. Am Boden der anderen befindet sich Cadmium-Amalgam als Elektrode. Der obere Teil beider Röhren ist mit einer gesättigten Lösung von Cadmiumsulfat gefüllt. Damit aber die obere und untere Flüssigkeit sich nicht vermischen, ist die untere mit einem Stück sehr fein gewebter Musselin-Gaze überdeckt, dessen Rand nach unten umgebogen und mittels durchlochter Stopfen festgehalten wird. Der Kontakt mit den Polen wird durch zwei Drähte hergestellt, welche in das Glas eingeschmolzen und oben mit den isolierten Klemmen des Elementes verbunden sind. Das Glasgefäß, welches oben hermetisch verschlossen ist, ist in ein Stück Holz eingefügt, das in einem Metallgefäß mit Ebonitdeckel verschlossen ist; der Zwischenraum ist mit einer Mischung von Harz und Leinöl ausgefüllt (Fig. 319)[2].

---

[1] Normalelemente nach Clark liefern Hartmann u. Braun in Frankfurt a. M. zu 30 Mk. Quincke empfiehlt da, wo Kosten erspart werden sollen, sehr kleine Elemente, welche sich kettenförmig aneinander hängen lassen und von Desaga in Heidelberg zu beziehen sind. Über die Herstellung eines einfachen Goug-Elements, bestehend aus einem Reagenzglas mit Quecksilber, gelbem Quecksilberoxyd, Zinksulfatlösung, einem in eine unten geschlossene nur mit kleiner seitlicher Öffnung versehene Glasröhre eingesetzten Zinkstabe und einem in eine Glasröhre eingeschobenen in das Quecksilber eintauchenden Platindraht, siehe Schreber u. Springmann, Experiment. Physik, Bd. 2, S. 192. —
[2] Zu beziehen von der Weston Electrical Instrument Co., Spezialfabrik für elektrische Meßinstrumente, Berlin S., Ritterstr. 88. Eine Batterie von Cadmium-Normalelementen

Ein Element, welches bei 15⁰ gerade die Spannungsdifferenz 1 Volt zwischen seinen Klemmen hat, wird nach Carhart (1893) erhalten, wenn man für das Helmholtzsche Element Zink, Zinkchlorid, Kalomel, Quecksilber die Dichte der Zinkchloridlösung = 1,391 wählt.

94. Das Kapillarelektrometer. An der Grenzfläche zweier Elektrolyten oder eines Metalles und eines Elektrolyten oder auch zweier Metalle bildet sich eine sogenannte elektrische Doppelschicht (nach v. Helmholtz), d. h. eine Art Kondensator, dessen Belegungen entgegengesetzt geladene Jonen bilden und dessen Dicke der mittlere Abstand derselben ist. Aus der Kapazität dieses Kondensators läßt sich daher jener Abstand

Fig. 320.

berechnen. Es ergeben sich Zahlen zwischen 0,4 bis $0,8 . 10^{-6}$ mm, d. h. Abstände von gleicher Größenordnung wie andere molekulare Entfernungen.

An der Grenze von Quecksilber und Schwefelsäure und ähnlicher Kombinationen bedingt die gegenseitige Abstoßung der Jonen das Auftreten eines Widerstandes gegen die Wirkung der Oberflächenspannung, welche letztere die Oberfläche zu verkleinern sucht. Hierauf beruht z. B. die Einrichtung des Lippmannschen Kapillarelektrometers[1].

Weinhold demonstriert das Prinzip desselben mit Hilfe des Projektionsapparates an der in Fig. 321 dargestellten Vorrichtung. In einer kapillaren horizontalen Glasröhre mit auf

Fig. 321.

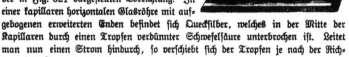

gebogenen erweiterten Enden befindet sich Quecksilber, welches in der Mitte der Kapillaren durch einen Tropfen verdünnter Schwefelsäure unterbrochen ist. Leitet man nun einen Strom hindurch, so verschiebt sich der Tropfen je nach der Richtung des Stromes (S, 8,50).

In seiner einfachsten Form besteht das Kapillarelektrometer aus einer U-förmigen Röhre, deren einer Schenkel kapillar verengt ist. Dieselbe wird mit Quecksilber halb

---

zur Eichung von Elektrometern u. s. w. nach Krüger (Fig. 320) liefern Spindler u. Hoyer in Göttingen zu 60 Mk. Siehe auch Jaeger, Die Normalelemente und ihre Anwendung in der elektrischen Meßtechnik, Halle 1902, Knapp.

[1] Vgl. aber auch Nernst, Theoretische Chemie, Stuttgart 1903, S. 703.

gefüllt und in dem kapillaren Schenkel Schwefelsäure über das Quecksilber geschichtet. Leitet man den Strom so hindurch, daß das Quecksilber negativ, die Schwefelsäure positiv wird, so wird die Kapillardepression des Quecksilbers größer, und man muß im weiteren Schenkel einen um so größeren Druck ausüben, um die Quecksilber- oberfläche wieder auf die frühere Höhe zurückzubringen, je größer die Spannungs- differenz ist.

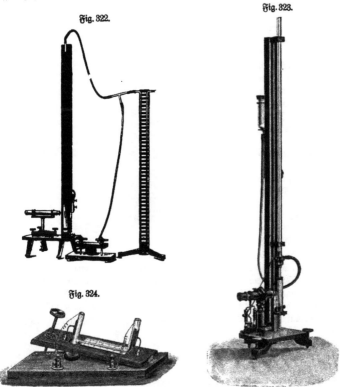

Fig. 322.

Fig. 323.

Fig. 324.

Lippmann fand, daß bis 0,95 Volt die Oberflächenspannung abnimmt, um alsdann wieder zuzunehmen. Das Kapillarelektrometer kann also nur zur Messung von Spannungen bis 0,95 Volt dienen.

Die Fig. 322 (K, 240) und 323 (Lb, 300) zeigen zwei verschiedene Aus- führungsformen. Eine Abänderung nach Ostwald ist in den Fig. 324 und 325 (E, 28) und 326 (K, 100) dargestellt. Die eine als Kathode dienende Queck- silbermasse ragt in die schräg ansteigende Kapillare hinein, welche ebenso wie der kleine sich anschließende Kolben mit 25 prozentiger wässeriger Schwefelsäure gefüllt ist. Die Quecksilbermasse im Kolben dient als Anode. Im unbenutzten Zustande müssen die beiden Quecksilbermassen stets miteinander metallisch verbunden sein, was z. B. durch einen Morsetaster bewirkt werden kann. Durch Drücken auf den Taster wird die Verbindung unterbrochen und statt dessen Verbindung mit der zu untersuchenden Stromquelle hergestellt. Zur Ablesung der Einstellung des Quecksilberfadens dient eine Lupe.

Mittels des Kapillarelektrometers läßt sich z. B. die elektromotorische Kraft der Polarisation, sowie die Änderung der Spannung inkonstanter Elemente mit der Zeit bestimmen.

95. Die Bewegung eines Quecksilbertropfens in verdünnter Schwefelsäure beim Durchleiten des Stromes macht Stöhrer objektiv mittels des kleinen in

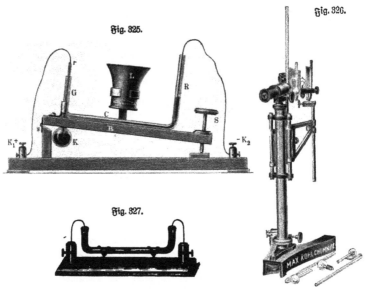

Fig. 326.

Fig. 325.

Fig. 327.

Fig. 327 abgebildeten Apparates. Der Tropfen befindet sich in einer horizontalen, mit schwefelsäurehaltigem Wasser gefüllten Röhre, deren Enden aufgebogen sind und die Poldrähte der Batterie aufnehmen (S. 6).

Pulsierender Quecksilbertropfen. In ein großes flaches Uhrglas, welches in einen flachen, mit Wasser gefüllten Glastrog auf den Apparat für Horizontalprojektion gesetzt ist, bringt man verdünnte Schwefelsäure und etwas doppeltchromsaures Kali, sowie einen etwa 2 cm großen Quecksilbertropfen. Bringt man nun ferner einen blanken Drahtstift hinein, so daß die Spitze das Quecksilber berührt, so schrickt dieses plötzlich infolge der durch den entstehenden Lokalstrom bewirkten Vergrößerung der Oberflächenspannung zusammen, kommt dadurch außer Kontakt mit der Spitze, nimmt infolge der oxydierenden Wirkung der Chromsäure die frühere Form wieder an, schrickt abermals zusammen u. s. w., so daß sich bald regelmäßige, stehende Wellen ausbilden, wobei der Tropfen gewöhnlich Dreieckform annimmt.

Luggin modifizierte den Versuch in der Art, daß er den Quecksilbertropfen in einen Trog mit ebenem Boden brachte, in dessen Mitte ein ebenfalls mit Queck- silber gefülltes U-Rohr mit weitem Gefäß am anderen Schenkel endigt. Der Tropfen kann dann aus diesem U-Rohr weiteres Quecksilber nachsaugen und hier- durch sehr beträchtliche Größenänderungen erfahren.

96. Der **Kapillarelektromotor** von Lippmann ist ein lediglich theoretisch interessanter Apparat, insofern bei demselben der elektrische Strom durch Elektrolyse, ohne aber dauernde Zersetzung hervorzubringen, mechanische Arbeit leistet. Zwei Bündel von Kapillarröhren, welche an den Enden eines Wagebalkens befestigt sind, tauchen in Gefäße, die halb mit Quecksilber, halb mit verdünnter Schwefelsäure gefüllt sind. Beim Durchgang des Stromes heben und senken sich diese Bündel in

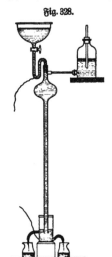
Fig. 328.

regelmäßigem Wechsel, indem durch einen Kommutator die Richtung des Stromes in gleichem Takte umgekehrt wird. Die wiegende Bewegung des Wagebalkens wird dann durch Pleuelstange, Kurbel und Schwungrad in eine drehende verwandelt [1]).

97. Kapillarelement. Dieser von **Debrun** (1880) konstruierte Apparat (Fig. 328) hat ganz die Einrichtung einer **Sprengel**schen Quecksilberluftpumpe, welche aber nicht Luft, sondern verdünnte Schwefelsäure saugt, so daß zwischen je zwei Quecksilbertropfen eine Schicht verdünnter Schwefelsäure eingeschlossen ist. Verbindet man nun das Zu- und Abflußgefäß des Quecksilbers durch einen Draht, so entsteht ein ziemlich starker Strom, welcher imstande ist, Wasser zu zersetzen. Die Fallröhre, welche Debrun benutzte, war 30 cm lang, oben 2,5 mm, unten 1 mm weit. Sie muß mindestens 20, höchstens 34 Quecksilber- tropfen fassen. Die elektromotorische Kraft war = 1,4 Volt, die Arbeit 0,5 kgm pro Sek. Die angesaugte Schwefel- säure strömt aus einer **Mariotte**schen Flasche zu, scheidet sich in dem Auffangegefäß vom Quecksilber und fließt getrennt von diesem ab.

Während mittels des Kapillarelektromotors Bewegungsenergie auf Kosten von elektrischer Energie erhalten wird, ist hier das umgekehrte der Fall.

98. Das Gesetz der elektrolytischen Wirkung. Die in jeder Minute frei werdende Knallgasmenge ist stets der Stromintensität proportional, und wenn man die Stromintensität in Ampere bestimmt, so findet sich, daß 1 Amp. immer 10,44 ccm Knallgas von 0° und 760 mm Druck entbindet. In einer Silberzersetzungszelle scheidet 1 Amp. pro Minute 67,1 mg Silber aus, aus einer Kupferlösung 19,69 mg Kupfer.

Zur Bestimmung der Stromstärke kann man den Strom pulsierend machen, etwa wie Fig. 329 andeutet. A ist eine galvanische Batterie (von etwa 70 Volt Spannung), B ein großer Papierkondensator (vgl. S. 116 und Fig. 189), C eine

---

[1]) Der Apparat ist zu beziehen von Mechaniker Jung in Heidelberg.

Zerſetzungszelle, *D* eine metalliſche Kurbel, welche durch ein Uhrwerk in raſche Rotation geſetzt werden kann und durch einen Draht mit der Belegung *c* des Kondenſators verbunden iſt, endlich *a* und *b* zwei Klemmſchrauben mit Kontaktfedern, an welche die Kurbel bei ihrer Bewegung abwechſelnd momentan anſtreift. Hat dieſelbe die punktiert angedeutete Stellung 1, ſo wird der Kondenſator durch die Batterie geladen, bei der Stellung 2 entladet ſich der Kondenſator durch die Zerſetzungszelle. Letztere iſt ein ſchmaler Trog mit planparallelen Wänden, welcher eventuell auf einen Schirm projiziert wird, und die Elektroden ſind feine, bis auf die Spitze in Glaskapillaren eingeſchmolzene Platindrähte. Man erkennt, ebenſo wie im vorigen Falle, daß die Zahl der pro Sekunde aufſteigenden Waſſerſtoffbläschen der Umdrehungszahl der Kurbel *D*, d. h. der Anzahl der Ladungen des Kondenſators, proportional iſt. Der Vergleich mit der durch einen bekannten Strom entwickelten Zahl Bläschen ergibt die Zahl der Coulomb.

Verwendet man zur Ladung des Kondenſators eine Batterie von 1000 kleinen Akkumulatoren, ſo iſt bei acht Mikrofarad Kapazität der Entladungsſtrom genügend ſtark, um ein gewöhnliches Knallgasvoltameter mit oben ſtark verengter Meßröhre zu benutzen.

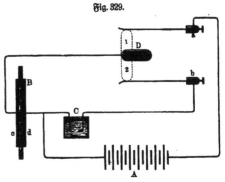

Fig. 329.

Man ſchaltet dann zweckmäßig vor das Voltameter eine Serie von 10 bis 20 Glühlampen als Widerſtand, um Zertrümmerung des Gefäßes durch Funkenbildung zu verhüten, zugleich in der Abſicht, durch den Grad des Glühens die Stromſtärke beurteilen zu können. Statt der Kurbel *D* kann auch ein Queckſilberſtrahl dienen.

99. Das Voltameter (Agometer). Wenn ſchon jeder Waſſerzerſetzungsapparat mehr oder minder bequem gleichzeitig als Voltameter dienen kann, ſo iſt doch die Anſchaffung eines beſonderen Waſſerzerſetzungsapparates, welcher ſpeziell für Strommeſſungen geeignet iſt, deshalb anzuraten, weil nach Obigem mittels desſelben leicht die Stromintenſität in Ampere gemeſſen werden kann[1]) und alle Galvanometer danach kalibriert werden müſſen, ebenſo wie man auch den Reduktionsfaktor der Tangentenbuſſole damit beſtimmt. Sehr bequem ſind die Inſtrumente nach Thury (Fig. 330[2]). Von den beiden auf dem runden Holzfuß befeſtigten Klemmſchrauben *a*, *b* gehen Drähte zu den beiden Platinelektroden im Innern der Flaſche. Eine derſelben, die negative, befindet ſich gerade in der Mitte unter der Öffnung des Meßrohres *g*, ſo daß ſich in dieſem der entwickelte Waſſerſtoff ſammelt. Durch das ſeitliche Röhrchen *f* ſteht das Gefäß in Verbindung mit der äußeren Atmoſphäre. Iſt das Meßrohr mit Waſſerſtoff gefüllt, ſo neigt man den Apparat, ſo daß die Öffnung

---

[1]) Vorausgeſetzt, daß die Spannung größer iſt als die Gegenkraft der Polariſation, welche etwa 3 Volt beträgt. — [2]) Zu beziehen von der Société pour la construction d'instruments de physique in Genf, Chemin Gourgas 5, zu 70 Fr.

von f auf der oberen Seite bleibt, bis sich das Meßrohr wieder mit Wasser gefüllt hat, und stellt es nun wieder gerade auf.

Kohlrausch (1886) gibt dem Voltameter für technische Zwecke die einfache in Fig. 331 dargestellte Form [1]). Als Elektrolyt dient 20 prozentige reine Schwefelsäure, die Elektroden sind blanke oder besser amalgamierte Platinbleche. Die Füllung der Meßröhre erfolgt, nachdem man durch den seitlichen Tubulus des Gefäßes die Schwefelsäure eingegossen hat, einfach durch Umkehren des Apparates. Während des Versuches muß natürlich der Stopfen des Tubulus entfernt werden.

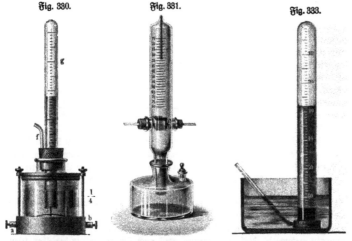

Fig. 332.

Ein oben in die Meßröhre eingeschmolzenes kleines Thermometer gestattet gleichzeitig, die Temperatur abzulesen.

Das Knallgas darf nicht bis zur Stromunterbrechung entwickelt werden, da sonst zuweilen Explosion eintritt.

Man kann sich auch leicht mittels einer geeichten Glasröhre ein Voltameter selbst herstellen. Die geeichte Glasröhre wird am besten an einem besonderen Stative befestigt. Man kann auch

Fig. 330.					Fig. 331.					Fig. 333.

einen in die Röhre passenden Kork, wie Fig. 332, zuschneiden und denselben in die Röhre stecken; durch den Einschnitt wird dann das Gas eingeleitet, wie Fig. 333 zeigt. Man läßt die eingeteilte Glasröhre oberhalb durch einen an besonderem Stative befestigten Drahtring gehen; sie kann so sehr leicht weggenommen und wieder an ihren Platz gebracht werden.

Recht bequem sind die A. W. Hofmannschen Apparate Fig. 262 (S. 157) und 334 (letzterer mit auswechselbaren Elektroden) und der ähnliche von Stöhrer in Leipzig konstruierte Apparat Fig. 335, welcher ebenfalls beide Gase aufzufangen gestattet und auch ermöglicht, den Druck außen und innen gleich zu machen, indem sich das Wasserreservoir ähnlich wie der Quecksilberbehälter einer Quecksilberluftpumpe heben und senken läßt. Durch einen unten angebrachten Hahn kann das Wasser,

---

[1]) Zu beziehen von Hartmann u. Braun, Frankfurt a. M., zu 70 Mk.

durch zwei Hähne oben an den Meßröhren das angesammelte Gas abgelassen werden[1]) (S, 40).

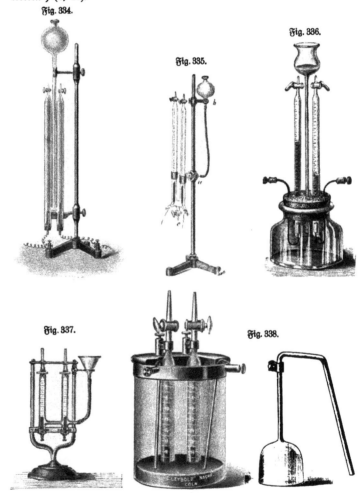

Fig. 334.

Fig. 335.

Fig. 336.

Fig. 337.

Fig. 338.

Andere Formen sind dargestellt in den Fig. 336 (E, 36), 337 (E, 30), 338 (Lb, 24) und 339 (Lb, 8). Letzteres ist ein für Projektion eingerichtetes Voltameter[2]).

---

[1]) Eine verbefferte Form diefes Voltameters beschreibt C. Brüggemann in Zeitschr. f. Instrumentenkunde 13, 417, 1893. — [2]) Über ein verbeffertes Voltameter (Fig. 340 Lb, 45) siehe Kolbe, 3. 14, 77, 1901; ferner Lorenz, Elektrochemisches Praktikum, Göttingen 1901, S. 12 und 21; G. Müller in Ilmenau i. Thür. liefert einfache Voltameter zu 12 Mk.

Aus dem bei der Temperatur t und dem Barometerstande b beobachteten Knallgasvolumen v pro Minute kann man die Stromstärke finden, nachdem man dasselbe auf 0° und 760 mm reduziert hat. Würde nämlich die Temperatur von dem Werte $273 + t^0$ (nach absoluter Skala) auf $273 + 0^0$ sinken, so würde nach dem Gay-Lussacschen Gesetze das Volumen von v zusammenschrumpfen auf $v \cdot \dfrac{273}{273 + t}$, und würde der Druck von dem Werte b auf den Wert 760 mm steigen, so würde es weiterhin zusammenschrumpfen auf

Fig. 340.

$v \cdot \dfrac{273}{273 + t} \cdot \dfrac{b}{760}$. Ist nun die Stärke des Stromes i Ampere, so muß dieses Volumen $= 10{,}44 \cdot i$ sein, also:

$$10{,}44 \cdot i = v \cdot \frac{273 \cdot b}{(273 + t) \cdot 760}$$

oder

$$i = v \cdot \frac{b}{\left(1 + \dfrac{1}{273} \cdot t\right) \cdot 760 \cdot 10{,}44} \quad \text{Amp.}\ [1].$$

Fig. 339.

Brebig u. Hahn richteten das Voltameter als Amperemeter zur beständigen Beobachtung der Stromstärke ein, indem sie das gebildete Knallgas durch eine

---

[1] In der Regel ist es nicht wohl möglich, das eingeschlossene Knallgas gerade auf Atmosphärendruck zu bringen, es wird vielmehr in dem Meßrohre noch eine Wassersäule stehen, welche dem Atmosphärendruck entgegenwirkt. Ist H die Höhe dieser Wassersäule in Millimetern, so wäre die Höhe einer entsprechenden Quecksilbersäule $\dfrac{H}{13{,}6}$, da Quecksilber 13,6 mal so schwer ist als Wasser. Der wahre Druck des Knallgases wäre also nicht b, sondern $b - \dfrac{H}{13{,}6}$. Ferner ist darauf Rücksicht zu nehmen, daß das eingeschlossene Gas zum Teil aus Wasserdampf besteht und der wirkliche Druck nach dem Daltonschen Gesetze gleich der Summe der Drucke von Knallgas und Wasserdampf ist. Nun ist die Tension des Wasserdampfes über verdünnter Schwefelsäure bei t^0 nahezu $= 0{,}9 \cdot t$ Milli-

Kapillarröhre (Fig. 341 Lb, 20) fortwährend abströmen ließen. Der von dem Manometer angezeigte Druck wird um so größer sein, je mehr sich gleichzeitig Knallgas bildet, so daß das Manometer direkt in Ampere geeicht werden kann. Das Instrument heißt **Amperemanometer** [1]).

Bei dem Kupfervoltameter dient als Elektrolyt eine Mischung von 3 Tln. konzentrierter Kupfervitriollösung mit 2 Tln. destilliertem Wasser, und die Größe

Fig. 342.

Fig. 341.

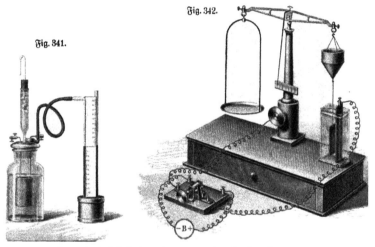

der aus Kupferblech bestehenden Elektroden wird so bemessen, daß auf 1 qdm Kathodenfläche nicht mehr als 2,5 bis 3 Amp. Stromstärke kommen. Beim Trocknen

meter Quecksilber, somit ist der Druck des Knallgases $+ t$ Millimeter $= b - \dfrac{H}{13,6}$, also der Druck des Knallgases selbst $= b - \dfrac{H}{13,6} - t$, demnach

$$i = \frac{v \cdot \left(b - \dfrac{H}{13,6} - 0,9 \cdot t \right)}{(1 + 0,0037 \cdot t) \cdot 760 \cdot 1044} \text{ Ampere.}$$

Endlich ist zu berücksichtigen, daß der bei der Temperatur $t°$ am Barometer abgelesene Barometerstand b nicht derselbe ist, wie bei $0°$, sondern infolge der im Vergleich zur thermischen Ausdehnung der Thermometerskala größeren thermischen Ausdehnung des Quecksilbers größer ist, und zwar im Verhältnis $(1 + a t)$, wobei $a = 0,00017$ oder $0,00016$, je nachdem die Skala auf Glas oder Messing angebracht ist. Somit ist die genaue Formel zur Ermittelung der Stromstärke

$$i = \frac{v \cdot \left(\dfrac{b}{1 + a t} - \dfrac{H}{13,6} - 0,9 \cdot t \right)}{(1 + 0,0037 \cdot t) \cdot 760 \cdot 10,44} \text{ Ampere.}$$

Würde man statt des Knallgases nur den Wasserstoff auffangen, so wäre $v = \dfrac{3}{2} \times$ Volum des Wasserstoffes, wie es z. B. bei Anwendung der in Fig. 330 (S. 192) dargestellten Zersetzungszelle geschieht. Letztere Methode ist vorzuziehen wegen der Absorption eines Teiles des entwickelten Knallgases (Sauerstoffes) im Wasser.

[1]) Brebig, Zeitschr. 14, 169, 1901 u. 15, 133, 1902; Physik. Zeitschr. 1, 561, 1900.

13*

darf das Kupfer nicht bis zum Glühen erhitzt werden, da es sich sonst oxydieren würde. 1 Amp. scheidet pro Sekunde 0,3281 mg Kupfer ab oder pro Minute 19,68 mg.

Soll die Intensität eines sehr starken Stromes gemessen werden, so kann man entsprechend viele gleichartig gebaute Kupfervoltameter parallel schalten in ähnlicher

Fig. 343.

Weise, wie galvanische Elemente, vorausgesetzt, daß man nicht einen genügend großen Stein-trog zur Verfügung hat, wie er für galvano-plastische Zwecke gebraucht wird.

Ein einfaches Kupfervoltameter für Demon-stration nach Art der zu galvanoplastischen Arbeiten benutzten Wagen zeigt Fig. 342[1]).

Verschiedene gebräuchliche Formen von Kupfer-voltametern sind dargestellt in den Fig. 343[2]) (E, 36), 344 (Lb, 190, K, 150), 345 (K, 27).

Ein Silbervoltameter (Fig. 346 E, 50) besteht einfach aus einem als negative Elektrode dienenden Silber- oder Platintiegel, welcher ab-gewogen und mit acht- bis zehnprozentiger Lösung von Silbernitrat in destilliertem Wasser gefüllt wird, und einem mit Leinwand umgebenen Silberstabe, welcher als positive Elektrode dient. (Das Leinwandsäckchen ist dazu bestimmt, das Herabfallen etwa von dem

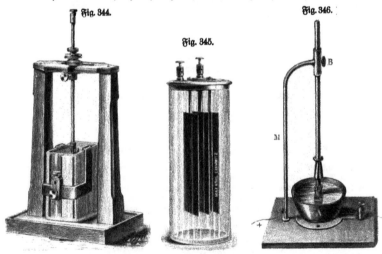

Fig. 344.   Fig. 345.   Fig. 346.

Silberstabe abgelöster Teilchen in den Tiegel zu verhindern, besser ist ein unter-gesetztes Glasschälchen.) Der Tiegel muß so groß sein, daß pro Quadratdecimeter

---

[1]) Nach Heumann-Kühling, Anleitung zum Experimentieren. — [2]) Zu beziehen von dem phys.-mech. Institut von Prof. Dr. Edelmann in München zu 30 Mk.

Wandfläche nicht mehr als 0,5 Amp. Strom hindurchgeht, da sonst das Silber sich nicht als gleichmäßiger Überzug ablagert. Nach dem Stromdurchgange wird der Tiegel mit destilliertem Wasser ausgewaschen, in der Wärme getrocknet und nach dem Erkalten abermals gewogen. Die Gewichtszunahme ergibt die Menge des ausgeschiedenen Silbers und damit die Stromstärke, denn nach den vorhandenen Messungen scheidet 1 Amp. pro Sekunde 1,118 mg (vergl. § 102, S. 200) oder pro Minute 67,1 mg Silber aus.

Bei dem Jodvoltameter wird 10- bis 15prozentige Lösung von Zinkjodid elektrolysiert zwischen einem amalgamierten, mit Pergamentpapier umhüllten Zinkstab als Kathode und einem Platinblech am Boden als Anode. Das ausgeschiedene Jod wird mit 0,1-normaler Lösung von Natriumthiosulfat titriert. 1 Coulomb entsprechen 0,1036 verbrauchte Kubikcentimeter dieser Lösung [1]).

100. Elektrolytische Coulombzähler. Aus der entwickelten Knallgasmenge kann man auch z. B. auf die von einer Elektrisiermaschine gelieferte Elektrizitätsmenge schließen. Wollte man also beispielsweise bestimmen, wieviel Elektrizität (in Coulomb) sich auf den beiden Konduktoren etwa bei einer Umdrehung der Scheibe anhäuft, so würde man messen, wieviel Knallgas sich bei einer bestimmten Zahl von Umdrehungen der Scheibe, welche mit n bezeichnet werden mag, ausscheidet. Da 1 Amp. pro Minute 10,44 ccm Knallgas zur Ausscheidung bringt,

also pro Sekunde $\frac{10,44}{60} = 0,174$ ccm, so entspricht dem Durchgange von 1 Coulomb

durch das Voltameter die Knallgasmenge 0,174 ccm von 0° und 760 mm Druck.

Dies bleibt richtig, wenn man auch eine andere Stromstärke i und eine andere Zeitdauer t nimmt; denn die Stromstärke i scheidet $0,174 . i$ Kubikcentimeter Knallgas pro Sekunde aus und entspricht dem Durchgange von i Coulomb, so daß also wieder auf 1 Coulomb 0,174 ccm kommen. Dauert der Strom statt 1 Sekunde t Sekunden an, so werden $0,174 . t$ Kubikcentimeter Knallgas gebildet, die durchgegangene Elektrizitätsmenge beträgt aber t Coulomb, also entsprechen wieder 1 Coulomb 0,174 ccm.

Sei nun die bei n Scheibenumdrehungen der Elektrisiermaschine ausgeschiedene Knallgasmenge v Kubikcentimeter, so ist zu schließen, daß $\frac{v}{0,174}$ Coulomb das

Voltameter passiert haben. Somit fördert eine Scheibenumdrehung $\frac{v}{0,174 . n}$ Coulomb

auf die Konduktoren und zwar derart, daß auf dem einen $\frac{v}{0,174 . n}$ Coulomb positive,

auf dem andern ebensoviele negative Elektrizität sich anhäuft.

Auch ein Silbervoltameter kann natürlich als Coulombzähler dienen. Da i Ampere pro Sekunde $i . 1,118$ mg Silber abscheiden, i Ampere aber dem Durchgang von i Coulomb pro Sekunde entsprechen, so folgt, daß, wenn sich im Silbervoltameter $i . 1,118$ mg Silber abgeschieden haben, i Coulomb durch dasselbe hindurch-

---

[1]) Als chemische Stromeinheit hat man auch den Strom bezeichnet, welcher in 1 Sekunde 1 Grammäquivalent eines Elektrolytes zersetzt oder 1 Grammäquivalent eines Jons (z. B. 8 g Sauerstoff, 1,008 g Wasserstoff oder 107,93 g Silber) ausscheidet. Diese Einheit ist gleich 9654 elektromagnetischen und gleich $290 . 10^{18}$ elektrostatischen (CGS)-Einheiten.

gegangen sind, und zwar nicht nur bei konstantem, sondern auch bei veränderlichem Strom. Für einen Moment dt ist nämlich die Silbermenge $d\mu = 1{,}118 . i . dt$ Milligramm, die hindurchgegangene Elektrizitätsmenge $dQ = i . dt$ Coulomb, also

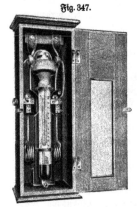

Fig. 347.

$$dQ = \frac{d\mu}{1{,}118}, \text{ somit auch } Q = \frac{\mu}{1{,}118} \text{ Coulomb.}$$

Um also die Ladung Q eines Konduktors oder Kondensators in Coulomb zu erfahren, hätte man denselben etwa durch ein Silbervoltameter zu entladen und die ausgeschiedene Silbermenge μ in Milligramm durch 1,118 zu dividieren. Ist dieselbe zu klein, so kann man die Entladung entsprechend vielmal vornehmen und die gefundene Silbermenge zunächst durch die Zahl der Entladungen dividieren.

Fig. 347 zeigt einen Elektrizitätszähler für Gleichstrom, genannt „Elektrolyt" [1], beruhend auf der Elektrolyse einer Lösung von Mercuronitrat. Die Platinkathode hat die Form eines Kegels und ist oben in der Erweiterung des Gefäßes angebracht, welche auch die ringförmige Quecksilberanode enthält. Das ausgeschiedene Quecksilber tropft in ein Meßrohr und wird jeweils, nachdem sich dieses gefüllt hat, nach dem Prinzip der intermittierenden Quelle

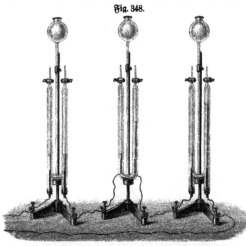

Fig. 348.

(Bd. I$_{(3)}$, S. 910) in ein tieferliegendes, ebenfalls geeichtes Sammelgefäß abgehebert. Hat sich auch dieses gefüllt, so muß das Quecksilber durch Umkippen des Apparates wieder in die Erweiterung oben zur Anode zurückgebracht werden.

101. Das zweite elektrolytische Gesetz. Während das erste Gesetz (vgl. § 98, S. 190) aussagt, daß die ausgeschiedene Menge eines Stoffes der durchgegangenen Elektrizitätsmenge proportional ist, sagt das zweite, ebenfalls von Faraday gefundene Gesetz aus, daß die durch dieselbe Elektrizitätsmenge, also etwa in hintereinandergeschalteten Zersetzungszellen ausgeschiedenen Mengen verschiedener Stoffe ihren chemischen Äquivalentgewichten proportional sind.

---

[1] Zu beziehen von Friedrich Lux, Ludwigshafen a. Rh.

Zum Nachweis dieser Tatsache kann man nach Hofmann drei Voltameter hintereinander schalten, in welchen bezw. Salzsäure, Wasser und Ammoniak zersetzt werden, wobei durch die Volumina der entwickelten Gasmengen das Gesetz direkt zum Ausdruck kommt (Fig. 348). Als Elektrode für Salzsäure dienen 6 mm dicke Graphitstäbe, die Säure wird unmittelbar vor dem Gebrauch durch Mischen von 200 g käuflicher reiner rauchender Salzsäure (spezifisches Gewicht 1,19) und 128 g Wasser hergestellt, noch warm in den Apparat eingefüllt und ein Strom von 0,6 bis 0,8 Amp. Stärke hindurchgeleitet. Zunächst läßt man den Strom eine Stunde[1] lang bei geöffneten Hähnen hindurchgehen, damit sich die Säure im Anodenschenkel vollständig mit Chlor sättigt, schließt dann die Hähne und sorgt durch Ablassen von Salzsäure dafür, daß kein Überdruck entsteht, welcher erhöhte Chlorabsorption bedingen würde. Nun bildet sich in beiden Schenkeln gleichviel Chlor und Wasserstoff.

Zur Elektrolyse des Ammoniaks dienen ebenfalls Graphitelektroden. Die Lösung wird hergestellt durch Vermischen von je 20 ccm 25 proz. Ammoniak (spez. Gew. 0,91) und 200 ccm kalt gesättigter Kochsalzlösung. Damit sich die Flüssigkeit mit Ammoniak sättige, läßt man den Strom (0,6 bis 0,7 Amp.) zunächst 1½ Stunden lang bei geöffneten Hähnen durchgehen. Schließt man dann die Hähne, so stehen die nach Ausschaltung des Stromes gemessenen Volumina der Gase im Verhältnis 1 : 3[2]. Die Mengen von Wasserstoff in den drei Apparaten sind dieselben. (Lb, 70.)

Um die Störungen durch den zunehmenden Druck zu vermeiden, macht L. Meyer das Gefäß wie bei einer Quecksilberluftpumpe beweglich. Ullrich (a. a. O.) bringt außerdem zur Verminderung des Einflusses der Absorption die Elektroden oben an und trennt die beiden Abteilungen durch eine dünne Gipswand.

Lüpke (3. 8, 20, 1894) empfiehlt zum Nachweis des Faradayschen Gesetzes eine Kaliumsilbercyanidlösung (200 g Wasser, 3 g Silbernitrat, 5 g Kaliumcyanid), eine Kupferchlorürlösung (3 g Kupferchlorür mit Wasser gewaschen, in Salzsäure gelöst und auf 200 ccm verdünnt), eine Kupfersulfatlösung (100 ccm gesättigte Lösung, 100 ccm Wasser, 15 ccm Salpetersäure) und schließlich eine Zinnchlorürlösung (1 g Stanniol in Salzsäure gelöst, abgedampft, 100 ccm Wasser und 100 ccm gesättigte Ammoniumbioxalatlösung zugesetzt). Nach der etwa 30 Minuten dauernden Elektrolyse werden die Kathodenbleche mit Wasser abgespült, mit Alkohol und Äther getrocknet und gewogen. Auf 1 mg Wasserstoff aus verdünnter Schwefelsäure (1 : 12) erhält man aus der Silberlösung 650 mg Silber, aus dem Kupferchlorid 380 mg Kupfer, aus dem Kupfersulfat 190 mg Kupfer und aus dem Zinnchlorür 170 mg Zinn.

102. Das elektrochemische Äquivalent eines Stoffes ist die durch die Einheit der Elektrizitätsmengen ausgeschiedene Masse[3], beispielsweise für Silber:

a) Technisch: $111,8 \cdot \dfrac{10^{-8}}{9,81} = 11,3 \cdot 10^{-8}$ Kgl pro Coulomb;

b) Gesetzlich: $111,8 \cdot 10^{-8}$ Kilogramm pro Coulomb;

c) Physikalisch: $0,01118$ g pro $1\,CGS_{el}$.

---

[1] Nach Ullrich (3. 18, 344, 1905) sind mehrere Stunden nötig, dagegen nur eine, wenn man ein Gemisch von 150 ccm konzentrierter Chlorcalciumlösung auf 10 ccm Salzsäure verwendet. — [2] Nach Neumann-Kühling, Anleitung zum Experimentieren. — [3] Das elektrochemische Äquivalent eines Jons ist also 1 CGS, wenn der Strom 1 CGS (10 Amp.) in der Zeit 1 CGS (1 Sekunde) die Masse 1 CGS (1 g) zur Ausscheidung bringt.

Gewöhnlich wird das elektrochemische Äquivalent in Milligramm pro Coulomb angegeben. In diesem Maß ist es für Silber = 1,118, für Wasserstoff = 0,01044 u. f. w. Nach dem zweiten elektrolytischen Gesetz stehen diese Zahlen im Verhältnis der chemischen Äquivalentgewichte, wie auch folgende Tabelle zeigt:

Stoff	Chemisches Äquivalent	Elektrochemisches Äquivalent
Wasserstoff	1,008	1 . 0,01044[1]) = 0,01044
Sauerstoff	8,00	8 . 0,01044 = 0,08287
Wasser	9,01	9,01 . 0,01044 = 0,0933
Silber	107,66	107,66 . 0,01044 = 1,118
Gold	196,8/3	196,8/3 . 0,01044 = 0,681
Kupfer (einwertig)	63,2	63,2 . 0,01044 = 0,656
Kupfer (zweiwertig)	63,2/2	63,2/2 . 0,01044 = 0,328
Nickel (zweiwertig)	58,6/2	58,6/2 . 0,01044 = 0,304
Nickel (dreiwertig)	58,6/3	58,6/3 . 0,01044 = 0,202
Platin (vierwertig)	194,4/4	194,4/4 . 0,01044 = 0,504
Zink (zweiwertig)	65,1/2	65,1/2 . 0,01044 = 0,338
Zinn (zweiwertig)	118,8/2	118,8/2 . 0,01044 = 0,617
Zinn (vierwertig)	118,8/4	118,8/4 . 0,01044 = 0,309
Blei (zweiwertig)	206,4/2	206,4/2 . 0,01044 = 1,071
Eisen (zweiwertig)	55,87/2	55,87/2 . 0,01044 = 0,29
Eisen (dreiwertig)	55,87/3	55,87/3 . 0,01044 = 0,193

1 g Silber, d. h. $\frac{1}{107,93}$ Grammäquivalente Silber werden ausgeschieden durch 894,5 Coulomb, somit 1 Grammäquivalent durch $894,5 \times 107,93 = 96\,540$ Coulomb (Amperesekunden). Die Elektrizitätsmenge 1 CGS$_{el}$ wird also befördert durch $1/9654 = 0,000\,103\,6$ Grammäquivalente.

103. Galvanoplastische Berechnungen. 1 Coulomb = 1 Ampere pro Sekunde scheidet 0,010 386 mg Wasserstoff aus, somit ein Strom von i Ampere stündlich $0,010386 . i . 3600 = 3714 . i$. Von einem Stoff mit dem chemischen Äquivalentgewicht α werden demnach in t Stunden ausgeschieden: $3714 . \alpha . i . t$ Milligramm.

Sollen also auf der Oberfläche eines Gegenstandes m Gramm Niederschlag erzeugt werden, so sind dazu erforderlich

$$t = \frac{m}{0,0374 . \alpha . i} \text{ Stunden.}$$

Ist s die Oberfläche des Körpers in Quadratdecimetern, d die Stromdichte[2]), d. h. die Anzahl Ampere, welche auf 1 qdcm kommen, folglich

$$i = s . d,$$

so wird

$$t = \frac{m}{0,0374 . \alpha . s . d} \text{ Stunden.}$$

Ist δ das spezifische Gewicht der niedergeschlagenen Substanz, D die Dicke der Schicht in Millimetern, also

---

[1]) Neuerdings 0,000 010 36 nach Kohlrausch. — [2]) Die Stromdichte beträgt 1 CGS, wenn auf 1 qcm Querschnitt die Stromstärke 1 CGS (= 10 Ampere) entfällt.

so folgt

$$m = 10 . \delta . s . D \ \text{Gramm},$$

$$D = \frac{m}{10 . \delta . s} \ \text{Millimeter},$$

und die Zeit zur Erzeugung eines Niederschlages von der Dicke D Millimeter

$$= \frac{D . \delta}{0,003\,74\, \alpha . d} \ \text{Stunden}.$$

Ist die Stromdichte größer an der Anode, so nennt man den Strom (in der Medizin) anobischen Strom, im entgegengesetzten Fall kathobischen Strom.

104. Wärmewirkungen der Säule. Um das Erglühen eines Stromleiters zu zeigen, genügt schon ein einziges Kupferzinkelement aus großen Platten. Man versieht es, wie Fig. 349 zeigt, mit einer an einen angelöteten Draht gesteckten Handhabe m und spannt zwischen Kupfer und Zink einen haarfeinen Platindraht pp ein. Der Platindraht wird glühend, so oft man das Element in die gewöhnliche Schwefel-

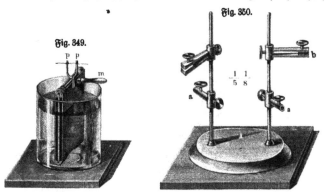

Fig. 349.

Fig. 350.

säure eintaucht, wenn der Platindraht sehr fein und nur etwa 1 bis 1,5 cm lang ist[1]). Ein Bunsensches Element leistet noch mehr. Will man längere und stärkere Drähte glühend machen, so ist es zweckmäßig, den zu einem solchen Versuche bestimmten Draht in die Klemmen b des in Fig. 350 dargestellten Stativs einzuschrauben, dessen Fußplatte A aus isolierender Substanz (Holz, Stein u. s. w.) besteht.

Durch den Strom einer großen Akkumulatorenbatterie oder durch Zentralenstrom kann man meterlange und 1 bis 2 mm dicke Drähte aus Platin, Eisen, Kupfer zu intensivem Glühen bringen. Dabei verwendet man natürlich getrennte hohe schwere Stative, die zweckmäßig gleichzeitig als Stromzuleitungen dienen. Platindraht läßt sich wegen seiner hohen Schmelztemperatur auf intensivste Glut bringen, Kupferdraht kann wegen seines geringen spezifischen Widerstandes bei derselben Stromquelle sehr lang genommen werden.

---

[1]) Bei Hares Spirale (Deflagrator) sind, um möglichst große Stromstärke, d. h. geringen inneren Widerstand zu erzielen, große Platten spiralig umeinander gewickelt, so daß sie in dem engen Raume des Gefäßes Platz finden und geringen Zwischenraum zwischen sich lassen. (Vgl. Fig. 289, S. 173.)

Besonders effektvoll ist das Glühendmachen eines etwa 3 mm dicken und 20 cm langen Kohlenstäbchens, dessen Enden in Fassungen eingespannt sind, die auf Queck=

Fig. 351.

silber schwimmen, um freie Ausdehnung des Stäbchens zu er= möglichen und dadurch Zerbrechen desselben zu verhüten. Es kann zu ungemein blendender Weißglut (3000 bis 4000°) erhitzt werden, wird dann aber butterartig weich, verbiegt sich und reißt ab.

Eine Vorrichtung zum Glühendmachen im Vakuum zeigt Fig. 351 (Lb, 40).

Die Erwärmung eines Leiters durch einen sehr schwachen Strom zeigt man am einfachsten mit Breguets Metall= thermometer (s. Bd. I$_{(2)}$, S. 1123, Fig. 3006), dessen Spirale mit einer in einen Quecksilbernapf eintauchenden Spitze versehen wird, so daß man den Strom durch sie hindurchleiten kann. Man kann auch in die Kugel und in die Röhre eines gewöhnlichen Quecksilberthermometers Platindrähte einschmelzen und, indem man den Strom hindurchleitet, den Quecksilberfaden erwärmen.

Parragh (1887) verwendet ein Elektrothermometer, bestehend aus einem feinen Messingdraht, welcher ähnlich wie das Haar bei einem Haarhygrometer einerseits befestigt, andererseits um eine Rolle gewickelt und mit einem Gewicht beschwert ist. Beim Durchleiten des Stromes dreht sich die Rolle infolge der thermischen Ausdehnung des Drahtes und durch einen Spiegel oder Zeiger wird die Drehung sichtbar gemacht.

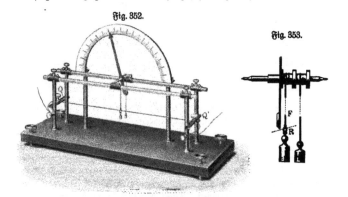

Fig. 352.

Fig. 353.

105. Hitzdrahtstrom= und Spannungsmesser. Ein Thermogalvanoskop nach Fig. 352 und 353 konstruierte Mayençon (Z. 7, 137, 1894). Die Wirkung beruht darauf, daß die Senkung des zwischen QQ' ausgespannten Drahtes, welcher durch den Ring R des Seidenfadens F (Fig. 353) geführt ist, eine Drehung des Zeigers hervorruft, um dessen Achse der Seidenfaden geschlungen ist[1]).

---

[1]) Über ein ähnliches Hitzdrahtgalvanometer von Grimsehl mit Nebenschlüssen siehe Z. 16, 282, 1903. Dasselbe ist zu beziehen von A. Krüß, Hamburg, Adolfsbrücke 7.

Da nach dem Ohmschen Gesetz $E = J.R$, kann, insoweit R (d. h. der Wider=
stand des Instrumentes) als konstant betrachtet werden kann, dasselbe auch als

Fig. 354.

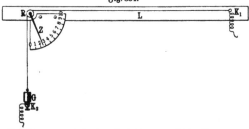

Spannungsmesser dienen, vorausgesetzt, daß die zu messende Spannung, z. B. einer
galvanischen Batterie, sich durch Anlegen des Instrumentes nicht ändert. Die Span=
nung einer Leidener Flasche
würde man dagegen damit nicht
messen können.

Kann (Z. 15, 286, 1902)
empfiehlt die in Fig. 354 dar=
gestellte Form (vgl. Fig. 355,
K, 25). Auf einer ungefähr
4 m langen Latte L, die mit
Holzzwingen an der Tafel
befestigt wird, wird, wie aus
der Figur zu ersehen, ein 0,5
bis 0,6 mm dicker Eisendraht
(Blumendraht) einerseits in
der Klemme K 1 eingespannt,
andererseits einmal über die
kleine Rolle R mit Zeiger
herumgeführt und mit einem
Gewicht G beschwert, das auch
eine Klemme K 2 trägt. Die
Größe der Ausschläge ist frap=
pierend und ebenso die Ge=
nauigkeit, mit der der Zeiger
sich für die gleiche Stromstärke
immer wieder auf den gleichen
Skalenstrich einstellt und nach
der Unterbrechung wieder auf
den Nullstrich zurückkehrt, so
daß selbst ein sehr großes
Auditorium dem Spiel mit

Fig. 355.

Fig. 356.

1:6

größter Leichtigkeit folgen kann. Wurde z. B. ein Strom von 2 Amp. durch den
Draht geschickt, so stellte sich der Zeiger auf 2,5, bei einer Steigerung auf 4 Amp.
auf den Strich 10, d. h. die Ausschläge sind ungefähr proportional dem Quadrat

Fig. 357.

1:6

Fig. 358.

Fig. 359.

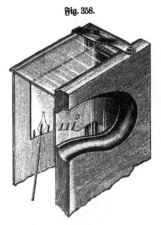

der Stromstärke. Eigentliche Hitzdrahtstrom= und Spannungsmesser für Demon=
stration liefert die Firma Hartmann u. Braun in Frankfurt a. M. (Fig. 356
bezw. 357).

Die durch Stromwärme verursachte Verlängerung bezw. Durchbiegung eines
kurzen, stromdurchflossenen Platinsilberdrahtes wird auf ein mit Spitzen in Steinen
drehbar gelagertes System mit Zeiger übertragen. Eine auf der Systemachse an=
gebrachte Aluminiumscheibe, die sich in einem starken von einem permanenten
Magneten hervorgerufenen Felde bewegt, erfährt eine wirksame Dämpfung, so daß
die Zeigereinstellung aperiodisch erfolgt.

Zum Schutz gegen Überlastung ist das Instrument mit einer Sicherung ver=
sehen. Es kann ohne weiteres sowohl für Gleichstrom, wie für Wechselstrom benutzt

Fig. 360.

werden und mit geeigneten Vorschalt= und Nebenschlußwiderständen für sehr große
Meßbereiche [1]).

Um dem Vortragenden zu ermöglichen, die Zeigerausschläge von seinem Platze
aus zu beobachten, ist die Rückwand des Gehäuses, wie Fig. 358 zeigt, durchbrochen [2]).

---

[1]) Preise: Strommesser für 5 bis 50 Amp. 175 bis 230 Mk., Spannungsmesser für
15 bis 150 Volt 185 bis 215 Mk. (Skalenlängen: 180, 250 und 330 mm [Sehne].) —
[2]) Dieselbe Firma liefert stationäre Strom= und Spannungsmesser für technische Zwecke
mit Meßbereichen von 0 bis 0,2 bis 0 bis 10000 Amp. zu 75 bis 1155 Mk. und von
0,2 bis 1 bis 1000 bis 5000 Volt zu 75 bis 350 Mk. (Fig. 359), ferner transportable Hitz=
drahtstrom= und Spannungsmesser nach Fig. 360 mit Meßbereichen von 0 bis 0,5 bis 0 bis
200 Amp. und 0,5 bis 3 bis 40 bis 260 Volt zu 110 bis 185 Mk., und kombinierte Strom=
und Spannungsmesser gleicher Art zu 245 bis 330 Mk.

106. Kalorische Elektrizitätszähler. Bei dem Elektrizitätszähler von Forbes (1887) wird der von einem erhitzten Leiter aufsteigende Luftstrom benutzt, ein kleines Flügelrad in Umdrehung zu setzen. F. J. Smith (1889) läßt durch die Stromwärme Öl in einem Schenkel eines vertikal stehenden U-förmigen Rohres erhitzen, so daß es in diesem höher steigt, als in dem anderen kalt gehaltenen Schenkel. Es ist dafür gesorgt, daß das Öl in dem ersteren Schenkel überläuft und in den zweiten hineintropft, wobei die Tropfen ein kleines Rad in Drehung versetzen.

107. Thermische Stromsicherungen. Um das Anwachsen der Stromstärke in einer Leitung über ein gewisses Maß zu hindern, schaltet man Schmelzdrähte (Bleisicherungen) ein, vgl. Bd. I$_{(1)}$, S. 60. Durch diese wird der Strom bei unzulässiger Stärke ganz unterbrochen. Man kann aber auch Vorrichtungen konstruieren, die unter Benutzung der thermischen Ausdehnung eines Drahtes nur schlechte Leiter einschalten, so daß der Strom nicht ganz unterbrochen wird.

108. Elektrisches Glassprengen. Ein an Handgriffen mit Klemmschrauben befestigter Eisendraht wird um das Glasrohr gelegt, auf elektrischem Wege glühend gemacht und rasch mit Wasser übergossen. Das Glasrohr erhält auf der abgeschreckten Stelle einen rund umlaufenden Sprung.

109. Sprengversuch. Um diesen Versuch im Kleinen anzustellen, nimmt man eine Glasröhre von etwa 1 cm Weite und 3 cm Länge, erweitert ihre Enden etwas an der Lampe und sucht gut passende Korkstöpselchen dazu aus. Durch das eine steckt man in möglichster Entfernung voneinander die bloßgelegten Enden zweier sonst gut übersponnener und gefirnißter Kupferdrähte, so daß sie etwa $^1/_2$ cm über den Pfropf hervorstehen, schabt sie hier rein und bindet einen feinen Eisen- oder Platindraht daran, der vorher mit Putzpapier gereinigt wurde. Man kann den Eisendraht nachher noch am Kupferdraht mit dem Kolben verlöten. Der Kork wird nun fest in die Glasröhre eingedrückt und sorgfältig verkittet. Die Röhre schüttet man so weit voll Jagdpulver, daß dieselbe nur noch Raum für den anderen Stöpsel hat, worauf man auch diesen einsteckt und verkittet, indem man ihn in geschmolzenes Harz taucht. Die wohl gefirnißten Drähte werden außerhalb der Patrone zusammengebunden und, so weit sie in das Wasser kommen sollen, nochmals umwickelt und nochmals gefirnißt. Damit der Firnis gehörig trocknet, sind diese Vorbereitungen mehrere Wochen vorher zu machen, ehe man zum Versuche schreitet. Man legt beim Versuche die Patrone in einen Kübel voll Wasser, den man mit einem Brette bedeckt, und leitet aus hinreichender Ferne durch die übersponnenen Drähte einen zur Schmelzung des Eisen- oder Platindrahtes hinreichend starken Strom. Man macht den Versuch am besten im Freien, in einem Hofe; hinter jedem Brette ist man vor Glassplittern oder Wasser sicher, auch wenn der Kübel nicht bedeckt wäre; der Kübel wird dabei beinahe nur auseinander gelegt. Soll der Versuch im Zimmer gemacht werden, so stellt man den Kübel mit dem Wasser in einen leeren, etwas größeren Kübel auf ein paar Stückchen Holz.

Basarow[1] stellt die Patrone her aus wasserdichtem, dick mit Fett bestrichenem, in mehreren Lagen übereinander gewickeltem Pergament oder Wachspapier, welches

---

[1] Heumann-Kühling, Anleitung zum Experimentieren, S. 590.

an guten Korkstopfen fest gebunden wird (Fig. 361). Vor dem Einfüllen der aus 3 g Pulver bestehenden Ladung überzeugt man sich davon, daß sich der Zündbraht in der Mitte befindet und beim Schließen des zu verwendenden Stromes auch wirklich ins Glühen kommt. Die Patrone wird, nachdem sie nochmals tüchtig mit Talg überzogen ist, auf den Boden eines mehrere Liter großen starken eisernen Mörsers versenkt, welcher mit Wasser angefüllt ist, und mit langen Zuleitungsdrähten versehen. Sobald der Strom geschlossen wird, erfolgt ein bumpfer Knall und ein Teil des Wassers wird bis zur Zimmerdecke emporgeschleubert.

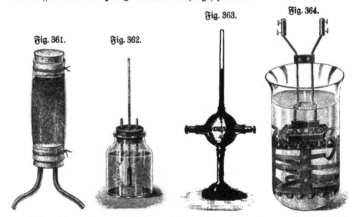

Fig. 363.

Fig. 364.

Fig. 361.   Fig. 362.

110. Stromwärme. Nach § 55 (S. 131; s. a. § 113, S. 209) beträgt dieselbe

$$\frac{1}{427}\cdot\frac{1}{g}\cdot E\cdot J\cdot t$$ Kalorien in t Sekunden bei E Bolt Spannung und J Ampere Stromstärke. Sind die letzteren Größen bekannt, so kann man z. B. das mechanische Wärmeäquivalent durch Messung der Stromwärme bestimmen.

Man könnte hierzu ein Kalorimeter verwenden, wie es Fig. 362 zeigt[1]. Dasselbe besteht aus einem Pulverglase, durch dessen Pfropfen ein Thermometer und zwei dicke Kupferbrähte geführt sind. Letztere werden mit den Polen einer galvanischen Batterie in Verbindung gesetzt. Ihre unteren Enden sind durch einen langen dünnen Platindraht verbunden, in welchem die Wärme erzeugt wird. Dieselbe geht sofort an das in dem Pulverglase befindliche Wasser über und ist aus der Wassermenge und der am Thermometer abgelesenen Temperaturerhöhung leicht zu berechnen, da zur Erwärmung von m Kilogramm Wasser um t^o Celsius $m \cdot t$ Kalorien nötig sind. Die Stromstärke bestimmt man durch ein eingeschaltetes Voltameter, die elektrische Spannung durch ein mit den Kupferbrähten verbundenes Elektrometer. Natürlich könnte man auch ein Eis- oder Dampfkalorimeter verwenden.

Stöhrer konstruiert einen kleinen Apparat, welcher gestattet, die Wärmeentwickelung objektiv barzustellen. Eine Platindrahtspirale ist in einer gläsernen Hohlkugel befestigt, und die durch seitliche Tubuli heraustretenden Enden sind mit

---

[1] Eine in Wasser getauchte Glühlampe ist nur dann geeignet, wenn das Wasser dunkel gefärbt wird, so daß es die Strahlungsenergie absorbiert. Siehe ferner § 137, S. 243.

Klemmschrauben zur Zuleitung des Stromes versehen. Oben besitzt die Kugel einen dritten Tubulus, in welchen eine Kapillarröhre eingeschliffen ist. Nachdem man die Kugel mit Wasser gefüllt und die Kapillarröhre eingesetzt hat, wird der Apparat in den Projektionsapparat eingesetzt und der Strom durchgeleitet. Man kann dann das Steigen des Wassers auf dem Schirm deutlich verfolgen. (S, 10; Fig. 363 E, 11.)

Ein Apparat zu Versuchen in größerem Maßstabe nach Ayrton ist dargestellt in Fig. 364 (Lb, 100). Der Stromleiter ist ein breiter Manganinstreifen.

Fr. C. G. Müller (3. 9, 162, 1896) benutzt zu gleichem Zwecke den Röhrenausdehnungsapparat (siehe Bd. I$_{(2)}$, S. 1118), da eine mit Wasser gefüllte Messingröhre gleichzeitig als Kalorimeter und Thermometer dienen kann.

111. Kalorimetrische Spannungs- und Strommesser. Da das mechanische Wärmeäquivalent bekannt ist, benutzt man zweckmäßig die Formel für die Stromwärme, um eine der Größen E oder J zu bestimmen oder andere Meßinstrumente zu eichen.

Fig. 365.

Die kalorimetrische Eichung eines Quadrantenelektrometers demonstriere ich mittels eines großen Kalorimeters aus Glas, in welchem sich eine Drahtspirale[1]) befindet, durch die ein Strom von 20 Amp. geleitet wird.

Zur Messung desselben dient ein Wasservoltameter von riesigen Dimensionen. Die 4 cm weiten Meßröhren, welche in einer Glaswanne stehen, sind etwa 2 m hoch. Der elektrische Strom wird durch Bleiröhren zugeleitet. Bequemer ist die Verwendung eines Hitzdrahtstrommessers.

112. Kalorimetrische Elektrizitätszähler. Da sich aus Stromstärke und Zeit die Elektrizitätsmenge ergibt, kann das elektrische Kalorimeter auch als Coulombzähler dienen[2]).

113. Kalorimetrische Widerstandsbestimmung. Mit Hilfe des Voltameters oder Hitzdrahtstrommessers ist es möglich, die Stromstärke in einem etwa von Akkumulatorenstrom durchflossenen Drahte genau zu ermitteln und ebenso die Spannungsdifferenz der Enden mittels des Quadranten- oder Kapillarelektrometers, somit kann durch gleichzeitige Ausführung dieser beiden Messungen ein weit genauerer Wert für den Widerstand von Leitern, insbesondere von Metalldrähten, gefunden werden, als nach den früher S. 133 behandelten Methoden.

Das Kalorimeter ermöglicht, diese Bestimmungen zu prüfen und noch genauere Resultate zu erzielen.

---

[1]) Eisendraht kann man in Wasser nicht gut gebrauchen, da derselbe beim Durchgang des Stromes das Wasser infolge Bildung von Rost trübt. — [2]) Ein elektrisches Kalorimeter zur Bestimmung von Sekundenampere bei Gleichwechselstrom nach Fig. 365 liefert das physik.=mechan. Institut von Prof. Dr. Edelmann, München, zu 126 Mk.

Da $R = E/J$ (vgl. S. 133), wird die Stromwärme

$$W = \frac{1}{427} \cdot \frac{1}{g} \cdot R \cdot J^2 \text{ Kalorien}$$

und

$$R = \frac{W.427.g}{J^2.t} = \frac{W.4190}{J^2.t} \text{ Ohm.}$$

Die Stromwärme ist also proportional dem Widerstande und dem Quadrat der Stromstärke.

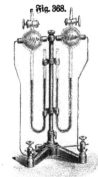

Fig. 368.

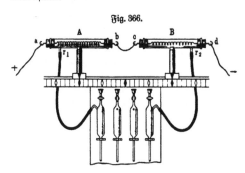

Fig. 366.

Obach (1882) demonstriert die verschiedene Wärmeentwickelung in verschiedenen Drähten durch den gleichen Strom, indem er einige derselben horizontal ausspannt und hintereinander von dem gleichen Strome durchfließen läßt. An jedem Draht ist ein Ring befestigt, dessen obere Hälfte aus Wachs, dessen untere Hälfte aus Draht mit angehängter Glasperle besteht. Sobald die Temperatur hinreichend steigt, um das Wachs zu schmelzen, fallen die Perlen herunter, beim einen Draht früher als beim anderen. Die Perlen fallen auf verschieden abgestimmte Glocken, um den Moment des Fallens hörbar zu machen. Auch die verschiedene Intensität des Glühens zeigt deutlich, daß die Stromwärme verschieden sein muß.

Kolbe[1] benutzt das Doppelthermoskop Fig. 366, um nachzuweisen, daß die Erwärmung der Länge eines Widerstandes proportional ist[2]).

Zwei Röhrenrezeptoren A und B (Fig. 366), deren dicke Zuleitungsdrähte a, b, c, d im Innern der Röhre durch feine Eisendrähte von 200 mm Länge bei

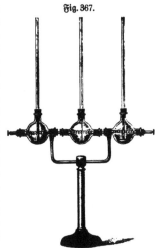

Fig. 367.

---

[1]) Siehe auch Looser, Zeitschr. 8, 300, 1895. — [2]) Die Fig. 367 (E, 25) und 368 (E, 36) zeigen hintereinander geschaltete gewöhnliche Wasser= bezw. Luftthermoskope zu gleichem Zweck.

A und von 100 mm Länge bei B verbunden sind, werden hintereinander geschaltet und die Röhrchen r_1 und r_2 mit den äußeren Schläuchen der Manometer verbunden. Läßt man den Strom einer Batterie von Elementen oder Akkumulatoren oder den Strom des Elektrizitätswerkes etwa eine Sekunde lang hindurchgehen, so verhalten sich die Ausschläge wie die Widerstände, also in diesem Falle wie 2 : 1.

Zur Stromschließung benutzt man die Stromschlußfallrinne, Fig. 369. Dieselbe gleicht im allgemeinen der bekannten Weberschen Fallrinne mit der Abänderung,

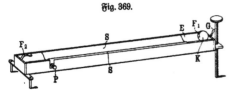

Fig. 369.

daß die rollende Kugel den Stromschluß besorgt. Die vernickelte Messingkugel K rollt anfangs längs 2 Ebonitstreifen E, dann längs 2 Kupferstreifen S, die mit 2 Preßklemmen P (in der Figur ist nur eine sichtbar) verbunden sind. Durch Druck auf den Griff G der Feder F_1 wird die Kugel frei. Eine zweite Feder F_2 arretiert sie wieder.

Durch Änderung des Neigungswinkels kann man die Dauer des Stromschlusses so regulieren, daß der Ausschlag bei dem einen Rezeptor eine ganze Anzahl Centimeter beträgt.

Nachdem nachgewiesen worden ist, daß die bei gleichen Stromstärken erzeugten Wärmemengen den Widerständen proportional sind, kann man Widerstandsvergleichungen mittels des Thermostops ausführen. Kolbe verfährt hierzu in folgender Weise.

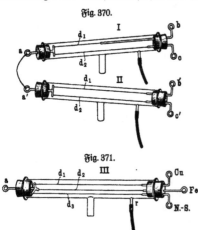

Fig. 370.

Fig. 371.

Zwei Röhrenrezeptoren I und II (Fig. 370) sind mit je zwei Drähten d_1 und d_2 ausgerüstet. An je einem Ende sind die Drähte miteinander verbunden und haben bei a und a' je einen gemeinsamen Zuleitungsdraht, während die anderen Enden bei b, c, b' und c' einzelne Zuleitungsdrähte haben. Auf diese Weise kann man die Drähte sowohl einzeln als auch parallel oder hintereinander geschaltet benutzen. In dem Rezeptor I ist der Draht d_1 100 mm, d_2 200 mm lang, in II sind beide Drähte 200 mm lang.

Bei gleich langen und gleich dicken Drähten aus verschiedenen Metallen dient als zu messender Widerstand der Röhrenrezeptor III (Fig. 371) mit drei Drähten aus Kupfer, Eisen und Neusilber von je 200 mm Länge, als Vergleichswiderstand ein Röhrenrezeptor von gleichem Widerstand wie der Eisendraht, also R_1 oder R_2 von Versuch Fig. 373 (a. f. S.) oder $I d_2$ bezw. $II d_1$ oder d_2 vom vorigen

Verſuch. Die Röhre III, ſowie der Vergleichswiderſtand werden hintereinander ge=
ſchaltet durch Verbindung der Drähte a. Den einen Poldraht verbindet man
bleibend mit dem anderen Ende des Vergleichswiderſtandes, mit dem anderen Pol=
draht berührt man auf eine Sekunde die Drähte Cu, Fe, NS, falls man es nicht
vorzieht, die Stromſchlußfallrinne (Fig. 369 a. v. S.) einzuſchalten.

Zur Widerſtandsvergleichung von gleich langen Eiſendrähten von verſchiedenem
Querſchnitt wird der Röhrenrezeptor IV (Fig. 372) mit drei Drähten von je
200 mm Länge ausgerüſtet, aber d_1 iſt einfach, d_2 doppelt, d_3 breifach, mit=
hin der Querſchnitt von $d_1 : d_2 : d_3 = 1:2:3$. Vergleichswiderſtand, Schal=
tung u. ſ. w. wie beim vorigen
Verſuch. Der Ausſchlag iſt pro=
portional dem Widerſtande, alſo wie
$1/_1 : 1/_2 : 1/_3 = 6 : 3 : 2$ [1]).

Fig. 372.

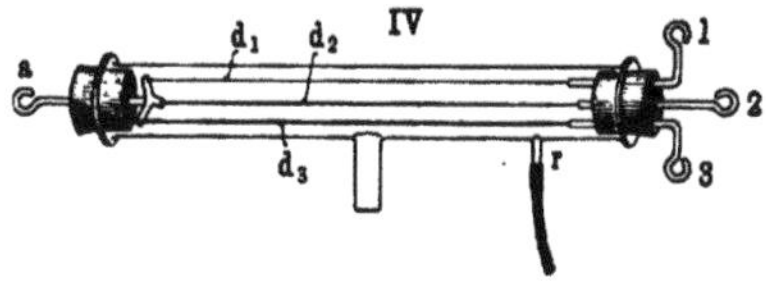

Sehr anſchaulich läßt ſich die
Leitungsfähigkeit von ſechs gleich
dicken und gleich langen Drähten
aus verſchiedenem Metall mit dieſem
Manometer zeigen. Zu dieſem Zweck
werden ſechs kurze Röhrenrezeptoren
geliefert mit Drähten aus Kupfer,
Meſſing, Silber, Neuſilber, Eiſen
und Platin, deren Anſatzrohr 60 mm
lang und durch einen Kork geführt
iſt, ſo daß die Rezeptoren in die
Dillen des Blechdampfgefäßes ein=
geſtellt werden können. Man ſchalte
die Drähte hintereinander und
verwende die Stromſchlußfallrinne.

Fig. 373.

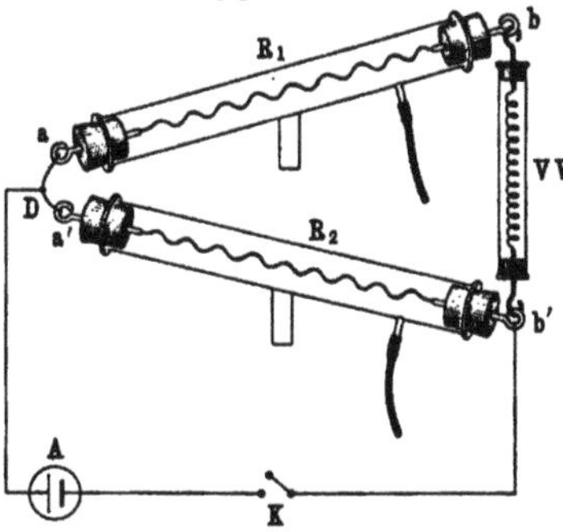

Zum Nachweis, daß die Er=
wärmung dem Quadrate der
Stromſtärke proportional iſt,
werden zwei Röhrenrezeptoren R_1 und R_2 von gleichem Widerſtande (je 200 mm
Eiſendraht), ein Vorſchaltewiderſtand VW (ebenfalls 200 mm Eiſendraht) und eine
konſtante Stromquelle A auf folgende Weiſe miteinander verbunden:

Die Röhrenrezeptoren R_1 und R_2 (Fig. 373) werden an einem Ende bei a
und a' durch einen kurzen dicken Kupferdraht D verbunden, während die anderen
Enden b und b' durch den Vorſchaltewiderſtand VW verbunden ſind.

Verbindet man D und b' mit den Poldrähten der Batterie A, wobei eine
Kontaktſtelle K offen oder dort die Stromſchlußfallrinne eingeſchaltet ſein muß,
ſo iſt der Widerſtand in dem einen Stromzweige D-R_1-VW-b' doppelt ſo groß,
als in dem anderen D-R_2-b', alſo das Verhältnis der Stromſtärken = 1:2.
Die betreffenden Ausſchläge ſind ſehr nahe = 1:4.

Nach Looſer=Lenz kann derſelbe Nachweis durch Dauerſchluß geführt werden.

---

[1]) Vorausſetzung zum Gelingen der Verſuche iſt, falls man die Rezeptoren einzeln
benutzen will, d. h. wenn man nur ein Manometer zur Verfügung hat, daß eine Elek=
trizitätsquelle von hoher Spannung mit großem Vorſchaltwiderſtand benutzt werde. Siehe
auch Grimſehl, Z. 15, 348, 1902.

In die zwei Glasrezeptoren R_1 und R_2 (Fig. 374) setzt man zwei Korke mit je zwei starken Kupferdrähten $a b$ und $c d$, die durch Spiralen von gleichlangen und gleichdicken Eisendrähten (je 200 mm) verbunden sind.

Man füllt beide Rezeptoren mit gleichen Mengen (20 bis 25 ccm) Spiritus und läßt die Eisendrähte ganz eintauchen. Die Theorie ist dieselbe wie beim

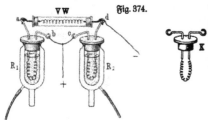

Fig. 374.

vorigen Versuch. Versuchsdauer, je nach der Batteriespannung, 10 bis 20 Minuten. Beim Auf=bewahren kommen die Korke (K, Fig. 374) mit den Drähten in passende Reagenzgläschen.

Zur genauen Messung eines Widerstandes dient ein gewöhn=liches Kalorimeter. Soll derselbe nicht in Ohm, sondern in elektro=magnetischen CGS=Einheiten bestimmt werden, so ist zu berücksichtigen, daß in einem Leiter von 1 CGS ($= 10^{-9}$ Ohm) der Strom 1 CGS ($= 10$ Amp.) die Arbeit 1 Erg $= 1/41\,900\,000$ Grammkalorien leistet.

Ist γ der Wasserwert von Gefäß + Thermometer + Widerstand, m die Wassermenge in Grammen, θ die Temperaturerhöhung in Celsiusgraden und t die Zeitdauer in Sekunden, so ist der gesuchte Widerstand

$$w = 41\,900\,000 \cdot \frac{(m + \gamma)\,\theta}{i^2\,t}\,\mathrm{CGS}.$$

114. Spezifischer Widerstand. Eine Tabelle ist bereits auf Seite 134 gegeben. Bei Anwendung des absoluten Maßes, d. h. der elektromagnetischen CGS=Einheiten, sind die Zahlen 10^{11} mal so groß zu nehmen, bei Anwendung des gewöhnlichen nicht auf 1 qm, sondern auf 1 qmm bezogenen 10^6 mal so groß. Beispielsweise ist der spezifische Widerstand von reinem Kupfer absolut $= 1720$, im gewöhnlichen Maß 0,0172. Ein Kupferdraht von 1 m Länge und d mm Durchmesser hat den Widerstand $0,022/d^2$ Ohm, 1 m Kupferdraht vom Gewicht p Gramm $0,15/p$ Ohm. Ein Würfel bestleitender Schwefelsäure von 1 cm Seite bei 18 Grad: 1,35 Ohm.

Zur Veranschaulichung des Begriffs kann man zeigen, daß bei gleicher Strom=stärke die Spannung dieselbe ist, wenn man einen Draht von zwei=, drei=, vier= ...fachem Querschnitt und zwei=, drei=, vier= ...facher Länge anwendet, sowie, daß sie auf $1/2$, $1/3$, $1/4$ ... sinkt, wenn nur der Querschnitt geändert wird, dagegen auf das zwei=, drei=, vier= ...fache steigt, wenn nur die Länge zunimmt.

Die verschiedene Leitungsfähigkeit der Metalle wird am anschaulichsten, wenn man sich einen Kupferdraht, einen Messingdraht, einen Eisendraht und einen Neu=silberdraht durch dasselbe Ziehloch ziehen läßt, und von ihnen gleich lange Stücke auf hölzerne Cylinder von 3 bis 4 cm Durchmesser und 6 bis 10 cm Länge wickelt, in deren Oberfläche Schraubengänge von etwa 3 mm Steigung geschnitten sind. Man verwendet hierzu am besten Birnbaumholz, das recht trocken ist, und läßt die fertigen Cylinder noch einige Zeit liegen, weil sonst die Drahtwindungen durch das Schwinden des Holzes bald locker werden. Die Enden der Drähte werden am einfachsten durch Löcher gesteckt, welche senkrecht zur Achse des Cylinders durch diesen gebohrt sind, und hier durch kleine Holzpflöcke befestigt; an die hervorragenden

Enden lötet man zur Schonung 2 bis 3 cm lange, dicke Kupferdrähte. Die Drähte müssen dünn (¹/₃ mm etwa) und gegen 3 m lang sein.

Fig. 375.

Ferner kann man, um den Begriff des spezifischen Widerstandes zu verdeutlichen, Drähte verschiedener Metalle von gleichem Widerstand (wenn zu lang, mehrfach hin= und hergebogen) auf ein weiß angestrichenes Brett heften (Fig. 375 K, 20).

Beispiele sind:

Eisendraht von 0,01 Ohm.

Durchmesser mm	0,5	1,0	1,5	2,0	2,5
Länge m	0,0196	0,0785	0,175	0,313	0,495
Durchmesser mm	3,0	3,5	4,0	4,5	5,0
Länge m	0,710	0,980	1,25	1,58	2,0

Kupferdraht von 0,01 Ohm.

Durchmesser mm	0,10	0,20	0,30	0,4	0,5
Länge m	0,0045	0,018	0,0405	0,072	0,1125
Durchmesser mm	0,6	0,7	0,8	0,9	1
Länge m	0,162	0,2205	0,288	0,3646	0,45
Durchmesser mm	2	3	4	5	6
Länge m	1,80	4,05	7,20	11,25	16,20

Von Interesse ist das verschiedene Verhalten von Legierungen (Mischkristallen), von chemischen Verbindungen und von mechanischen Gemengen (sog. eutektischen Legierungen) zweier Metalle. Mit Hilfe von Röntgenstrahlen läßt sich die Mikrostruktur dünner Schichten einigermaßen erkennen.

Fig. 376.

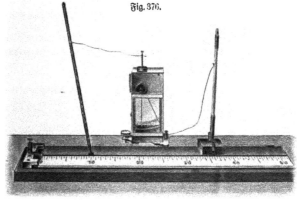

115. Messung hoher Spannungen. E. Voigt[1]) zeigt, daß man Spannungen bis 100000 Volt mit ein bis zwei Prozent Genauigkeit messen. kann mit Hilfe

¹) E. Voigt, Ann. d. Phys. 12, 385, 1903.

eines Stabes aus Ahornholz, welcher in Paraffin eingebettet ist. Mißt man die Spannungsdifferenz an einem Zehntel der Länge, so erhält man die ganze Spannungsdifferenz, indem man die gefundene mit 10 multipliziert.

Grimsehl (Z. 16, 11, 1903) demonstriert den Spannungsabfall an einem Bleistiftstrich auf einer Mattglasscheibe. Der Kontakt wird durch Pinsel aus Lamettafäden hergestellt. Zur Herstellung der Leitung dienen Brillantgarnfäden [1]).

Bohnert (Z. 16, 25, 1903) demonstriert den Spannungsabfall in einem stromdurchflossenen Eisendraht, welcher in Zickzackwindungen aufgespannt ist, mittels des Kolbeschen Projektionselektrometers (s. Fig. 106, S. 57). Die ganze Drahtlänge beträgt gegen 60 m, der Widerstand 175 Ohm, die Spannung 220 Volt [2]).

116. Eichung des Kapillarelektrometers. Sehr kleine Spannungen, z. B. die bei Berührung von Quecksilber und verdünnter Schwefelsäure, können ebenfalls nach dem gleichen Prinzip bestimmt werden, wenn man umgekehrt die Enden der Latte mit einem galvanischen Element und zwei Punkte derselben mit der Kombination von Quecksilber und Säure verbindet. Auf diese Weise kann man z. B. die Skala eines Kapillarelektrometers eichen [3]). Ferner kann man solche kleine Spannungen ohne geeichtes Elektrometer messen.

117. Substitutionsmethode durch Spannungsmessung. Bohnert (a. a. O.) macht darauf aufmerksam, daß man einen zu messenden Widerstand, z. B. den eines mit Wasser gefüllten Troges, in der Weise bestimmen kann, daß man denselben Strom hintereinander durch den Gefällsdraht und den Trog leitet und untersucht, welches Stück des ersteren an den Enden dieselbe Spannungsdifferenz ergibt, wie die beiden Elektroden des Troges. Ist der Widerstand des ganzen Gefällsdrahtes bekannt, so ergibt sich daraus ohne weiteres der des Stückes, also der des Troges.

118. Substitutionsmethode durch Strommessung. Eine rohe Vergleichung von Widerständen kann in der Weise ausgeführt werden, daß man eine Batterie von konstanter Spannung einmal durch den einen, dann durch den anderen Widerstand schließt und die Länge so reguliert, daß die mittels des Hitzdrahtstrommessers oder Voltameters bestimmte Stromstärke sich in beiden Fällen gleich erweist. Hat man einen Normalwiderstand (Rheostat, Rheochord [4]) von veränderlicher Länge zur Verfügung, wie Fig. 377 oder 378, so erhält man auf diese Weise den Widerstand des zu untersuchenden Drahtes direkt in Ohm [5]).

Bei dem Rheochord von Searle (Z. 17, 100, 1904) wird nicht der Kontakt verschoben, sondern der Draht selbst; zu diesem Zweck sind seine Enden durch eine seidene Schnur verbunden, so daß er wie ein Riemen über zwei Rollen gelegt

---

[1]) Der Apparat (Fig. 376) ist zu beziehen von A. Krüß, optisches Institut, Hamburg, Adolfbrücke 7, zu 37 Mk. — [2]) Nach Lorenz, Elektrochemisches Praktikum, Göttingen 1901, S. 152, eignet sich als Gefällsdraht besonders ein kreisförmiger Widerstand aus Manganindraht, z. B. von R. F. Beesenmeyer in Zürich zu beziehen (vgl. Fig. 796, Bd. I (1), S. 300). — [3]) Über ein empfindliches Goldblattelektrometer mit mikroskopischer Ablesung, wobei ein Volt 200 Skalenteile Ausschlag gibt, siehe Wilson, Zeitschr. f. Instrumentenkunde 23, 314, 1903. — [4]) Ein solches Rheochord mit weithin sichtbarer Teilung nach Fig. 377 ist zu beziehen von Hartmann u. Braun in Frankfurt a. M. Eine andere Form, bei welcher zwei gespannte Drähte durch einen Gleitkontakt miteinander verbunden werden, zeigt Fig. 378 (Lb, 60). — [5]) Allerdings nicht genau wegen der Widerstandsänderung durch die Stromwärme.

Fig. 377.

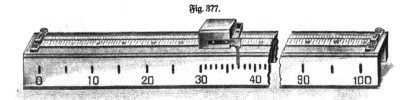

Fig. 378.

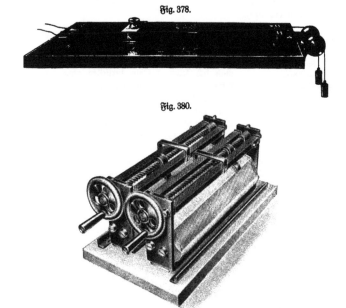

Fig. 380.

Fig. 379.

Fig. 381.

werden kann, von welchen die eine als Kontaktrolle dient. Um besseren Kontakt
herzustellen und auch der Einfachheit wegen, wird diese zweckmäßig durch ein gebogenes Glasrohr ersetzt, dessen Biegung mit Quecksilber gefüllt ist. Als Material
für den Draht eignet sich Platinoid.

Längere Drähte werden in Form einer Spirale auf einen mit schrauben-
förmiger Nut versehenen isolierenden Cylinder gewickelt und der Strom durch einen
Gleitkontakt zugeleitet (Fig. 379 E, 45). Dieser verschiebt sich beim Drehen der
Walze oder ist wie bei den Fig. 794 (Bd. I$_{(1)}$, S. 300) und 380 längs einer
Führung verschiebbar.

Fig. 381 zeigt eine neuere Art der Wheatstoneschen Rheostaten, bei welchem
das Auffedern des Drahtes bei falscher Drehung der Walzen durch angebrachte
Sperräder vermieden ist (L, 70 [1]).

119. Einzel-Normalwiderstände. Um bequem Widerstandsmessungen ausführen zu können, muß man Drähte von 1, 2, 3 ... Ohm oder wenigstens 1, 10,
100, 1000 ... Ohm vorrätig halten. Wollte
man sich selbst 1 Ohm herstellen ohne Bestimmung der Volt und Ampere, so kann man
dies gemäß der Erfahrung, daß eine Quecksilbersäule von 1 qmm Querschnitt und 1,063 m
Länge bei 0° gerade den Widerstand von 1 Ohm
besitzt. Eine solche Quecksilbersäule kann man
sich durch Einfüllen von Quecksilber in ein

Fig. 382.

enges Glasrohr selbst herstellen. Natürlich wird man nicht gerade die gewünschte
Länge und den angegebenen Querschnitt erhalten. Wäre erstere l Meter, der Querschnitt q Millimeter, so wäre der Widerstand der Quecksilbersäule $\dfrac{l}{1,0608 \cdot q}$ Ohm.

Fig. 383.

Fig. 384.

Um größere Widerstände herzustellen, spannt man den Draht einfach in Zickzackwindungen auf ein Brett, in welches zwei parallele Reihen gleich weit abstehen-
der Nägel eingeschlagen werden.

---

[1]) Widerstände mit Gleitkontakt, der mit Kurbel bewegt wird, nach Fig. 380, liefert
Max Goergen, München X, zu 75 Mk.

Fig. 382 (E, 18 bis 30) und 383 (Lb, 58 bis 95) zeigen je ein Normalohm für genaue Messungen [1]).

120. Widerstandssätze (Rheostaten). Fig. 385 zeigt drei Vergleichswiderstände für Demonstrationszwecke [2]). Der kleinste von 0,1 Ohm besteht aus drei Schleifen von Kupfer, ein anderer von 1 Ohm aus einer Schleife von Neusilber, der dritte von 10 bezw. 2 × 5 Ohm aus 10 Schleifen desselben Materials; sämtliche

Fig. 385.

Fig. 386.

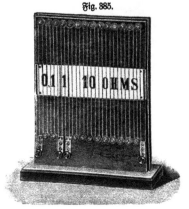

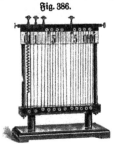

Drähte sind von gleicher Dicke, so daß einerseits der Unterschied der Leitungsfähigkeit beider Materialien, andererseits das Verhältnis von Länge und Widerstand direkt zu demonstrieren ist. Fig. 386 (K, 35) zeigt einen ähnlichen Rheostaten. Vgl. auch Bd. $I_{(1)}$, S. 55.

Fr. C. G. Müller (Z. 10, 12, 1897) verwendet einen Trommelrheostaten nach Fig. 387 (K, 125), bei welchem die relative Länge des eingeschalteten Stückes leicht nach dem bloßen Augenschein beurteilt werden kann. Er besteht aus einem 15 m langen, 1,25 m starken

Fig. 387.

[1]) Solche Normalwiderstände liefern z. B. Siemens u. Halske, Berlin; Hartmann u. Braun, Frankfurt a. M. (Normalwiderstände von 1 Ohm bis 100 000 Ohm kosten 45 bis 100 Mark; ein Normalwiderstand von 0,001 Ohm 220 Mk.); Otto Wolf, Berlin SW., Alexandrinenstr. 14; Keiser u. Schmidt, Berlin; Land- und Seekabelwerke, Köln a./Rh.-Nippes (z. B. für Stromstärken bis 5000 Amp. nach Fig. 384 von 0,001 Ohm zu 300 Mk., von 0,0001 Ohm zu 350 Mk.). — [2]) Zu beziehen von Hartmann u. Braun in Frankfurt a. M. zu 25 Mk.

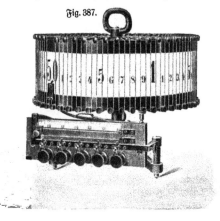

Manganindraht, welcher in 50 Windungen von 14 cm Höhe auf eine drehbare Holztrommel von 33 cm Durchmesser gewickelt ist. Darunter befindet sich ein Rheochord, um Bruchteile eines $^1/_{10}$ Ohms zuschalten zu können, außerdem einige Widerstandsrollen, um das Meßbereich auch nach oben beliebig ausdehnen zu können. Ohne diese beträgt der Widerstand 5 Ohm.

Fig. 388.

Zweckmäßig wickelt man Normalwiderstände auf Rollen, doch nicht nach Art eines Solenoides, da sie in diesem Falle unbeabsichtigte Induktionswirkungen und magnetische Wirkungen auf die Galvanometernadel ausüben könnten, sondern zwei Drähte nebeneinander, welche so verbunden sind, daß sie vom Strome in entgegengesetzten Richtungen durchflossen werden, somit keine Wirkung nach außen ausüben, da sich die Wirkungen gegenseitig kompensieren (Bifilarwickelung). Allerdings verhalten sich dabei die beiden Drähte wie die Belegungen einer Leidener Flasche, so daß infolge der Kapazität andere Störungen auftreten können.

Fig. 389.

Dies ist nicht der Fall bei Chaperons Wickelung, wobei jede folgende Lage im entgegengesetzten Sinne aufgewickelt wird wie die vorhergehende.

Einfach ist die von Eisenlohr[1]) angegebene Widerstandssäule, s. Fig. 388. Sie besteht aus einem Holzcylinder, zu welchem entweder mit Ölfirnis getränktes Holz oder Mahagoniholz genommen wird, in welchen eine Anzahl Rinnen, am besten 9, eingedreht sind, deren Breiten nicht gerade wie die Zahlen 1 bis 9 wachsen müssen, da man dieselben ungleich tief machen kann. Die dazwischen stehenbleibenden Holzwände werden mit messingenen Ringen belegt, und eine kleine, aber etwas dicke messingene Brücke, die sich unter einer Schraube dreht, kann von einem Ringe zum anderen gelegt werden, wie die Figur zeigt; diese Brücken müssen ein wenig

[1]) Von W. Eisenlohr, von 1840 bis 1865 Professor der Physik am Polytechnikum in Karlsruhe, wurden zuerst Widerstandssätze hergestellt, die Säule hat also historische Bedeutung.

gebogen fein, fo baß fie fich fpannen, wenn fie auf ben nächften Ring gefchoben werben. In biefe Rinnen wicelt man nun überfponnenen Draht von befanntem Wiberftanbe, am beften fo, baß ber fürzefte bie angenommene Wiberftanbseinheit einmal ober eine ganze Anzahl mal enthält, was oben auf ber Säule notiert wirb. Die Drahtlängen, welche in bie einzelnen Rinnen fommen, wachfen wie bie Zahlen 1 bis 9; jeber Draht ift mit ben Enben an feine zwei nächften Ringe verlötet, unb ber oberfte Ring fteht mit ber Klemmfchraube a, ber unterfte mit b in Ver- binbung. Wirb biefe Säule mittels ber Klemmfchrauben a unb b in einen Strom eingefchaltet, fo burchläuft biefer nur bie Brücen, beren Wiberftanb unbebeutenb ift; wirb aber eine Brücbe gelöft, wie 5 in Fig. 388, fo muß ber Strom auch noch ben zwifchenliegenben Draht burchlaufen (W, 20 bis 60).

Bei ben Siemensfchen Stöpfelrheoftaten (Fig. 389 [1]), bie heute allgemeine Anwenbung finben, werben bie Wiberftanbsrollen nicht burch Febern, fonbern burch fonifche Stöpfel aus Mefling mit ifolierenbem Griff verbunben, was wefentlich bequemer unb zuverläffiger ift. Die Enben ber zu verbinbenben Drahtrollen ftehen in Verbinbung mit bicen Mefflingflötzchen, welche fehr bicht nebeneinanber ftehen

Fig. 390.

Fig. 391.

unb an einer Stelle ber Fuge bem Stöpfel entfprechenb ausgehöhlt finb, fo baß bie Fuge burch Einfetzen bes Stöpfels überbrücht wirb. Natürlich muß ber Stöpfel ganz genau einpaffen unb bei gelinbem Drucbe fofort zuverläfflig feftfitzen. Um bies zu erreichen, ftellt man bie beiben Klötzchen burch Auseinanberfägen aus einem einzigen Stüce her. Man bohrt in biefes Stüc, nachbem es äußerlich bearbeitet unb mit Schraubenlöchern zum Einfetzen ber Befeftigungsfchrauben verfehen ift, an ber Stelle, wo ber Stöpfel eingefetzt werben foll, ein Loch, welches man bem Stöpfel entfprechenb mittels einer fpeziell für biefen Zwecb hergeftellten Fraife fonifch ausreibt. Sobann fchleift man ben Stöpfel ähnlich wie einen Hahnzapfen möglichft gut mittels Schmirgel in bie Bohrung ein. Zunächft wirb nun bas Stüc an bie Stelle, wo es angebracht werben foll, angefchraubt unb, nachbem man fich überzeugt hat, baß es vollfommen gut fitzt, wieber losgenommen unb quer burch bie Bohrung in zwei Teile zerfägt. (Vgl. übrigens auch Bb. I (1), S. 298.) Werben nun biefe Teile wieber aufgefchraubt, fo paßt ber Stöpfel in bie burchfägte Bohrung noch ebenfogut wie zuvor [2].

---

[1]) Zu beziehen von Siemens u. Halsfe, Wernerwerf, Berlin-Nonnenbamm. —
[2]) Das phyf.-mech. Inftitut von Prof. Dr. Ebelmann in München liefert Rheoftaten ver- fchiebenfter Arten, z. B. Präzifionsrheoftaten aus Manganin, alle Rollen bifilar gewicelt

Fig. 392 (E, 60 bis 70) zeigt einen einfachen Stöpselrheostaten für Schulzwecke nach Edelmann, Fig. 393 die innere Einrichtung eines Präzisions-Stöpselwiderstandes von Georg Beck u. Co., Berlin NO., Georgenkirchstr. 64 (Preis 40 bis

Fig. 392.

250 Mk.). Präzisionswiderstände von 0,1 bis 200 000 Ohm liefern Keiser u. Schmidt, Berlin N. 24, Johannisstraße 20 (Preis 75 bis 420 Mk.), die Land- und Seekabelwerke, Köln a. Rh. = Nippes (nach Fig. 394, 130 bis 310 Mk., einfache Stöpselwiderstände 38 bis 240 Mk.), die European Weston Electrical Instrument Co., Berlin S 42, Ritterstr. 88 (Fig. 395, gegen Staub und Licht geschützt[1]), Preis 240 bis 300 Mk.) u. a.

Fig. 393.   Fig. 394.

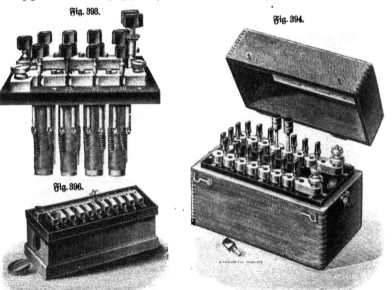

Fig. 396.

Fig. 396 (E, 90 bis 120) zeigt einen Dekadenwiderstand 10×01 Ohm. Diese 10 gleichen Widerstände können durch Einsetzen eines einzigen Stöpsels summiert werden.

(Fig. 390) und jede Spule getrennt angeschlossen, außerdem Stöpselübergangswiderstand durch einen dicken Draht (Fig. 391) auf 0,005 Ohm ergänzt.

[1]) Die Löcher sind durchgebohrt, so daß der sich abschleifende Metallstaub in den Kasten fällt. Der Ebonit verliert durch Licht sein Isolationsvermögen, die Kontaktklötze befinden sich deshalb auf der Unterseite des Deckels.

Fig. 395.

Fig. 397.

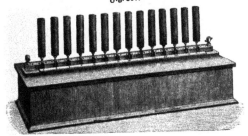

Fig. 398.

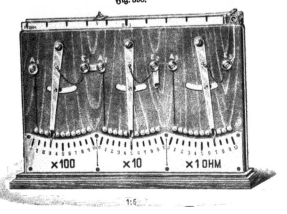

Fig. 400.

Fig. 403.

Fig. 402.

1:4

Fig. 399.

Fig. 401.

Fig. 405.

Fig. 404.

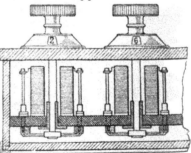

Bei Fig. 397 (Dekadenwiderſtände für ſehr hohe Spannungen [1]) bilden je zwei Stöpſel, verbunden durch ein hochiſoliertes Kabelſtück mit hohen Hartgummigriffen, die Verbindung zwiſchen der gemeinſamen Schiene und den einzelnen Lamellen. Die Wickelung iſt reichlich unterteilt, um Überſchlagen zu verhindern.

Fig. 406.

Fig. 398 zeigt einen Kurbelrheoſtaten für Schulzwecke [2]), beſtehend aus drei Dekaden von 10×1, 10×10 und 10×100 Ohm, zuſammen alſo 1110 Ohm, welche in Hintereinanderſchaltung oder auch nach Löſung der Verbindungsſtücke $E_1 A_2$, bezw. $E_2 A_3$ in einzelnen Dekaden für ſich, etwa in verſchiedenen Stromkreiſen benutzt werden können. - Die von vorne und von rückwärts zu handhabende und abzuleſende Kurbel dient gleichzeitig als Widerſtandszeiger. Die induktionsfrei gewickelten Widerſtände ſind auf der Rückſeite des Apparates in leicht überſehbarer Weiſe offen angeordnet.

Ein einfacher Kurbelwiderſtand in Kaſtenform iſt dargeſtellt in Fig. 399 (S, 55). Dabei muß aber darauf aufmerkſam gemacht werden, daß Achſenkontakte unzuverläſſig ſind [3]).

121. Kompenſationsmethode nach Du Bois-Reymond. Würde man bei dem Verſuche § 57, Fig. 224 (S. 135), in die Leitung ein galvaniſches Element ein-

---

[1]) Edelmann, München, Preis 145 bis 200 Mk. — [2]) Zu beziehen von Hartmann u. Braun, Frankfurt a. M. (Preis 85 Mk.). — [3]) Kurbelwiderſtände mit genauer Juſtierung von 0,1 bis 160 000 Ohm nach Fig. 400 ſind zu beziehen von Siemens u. Halske, Wernerwerk, Berlin-Nonnendamm (ſ. Z. 9, 299, 1896); Keiſer u. Schmidt, Berlin u. a. Dekaden-Kurbelrheoſtate nach Fig. 401 (210 Mk.) liefert das Inſtitut von Prof. Edelmann, München. Eine neuere Form nach Fig. 402 und 403 wird fabriziert von Hartmann u. Braun, Frankfurt a. M. Die Einzelwiderſtände dieſer Rheoſtaten ſind aus dünnen Metallbändern oder Drähten hergeſtellt, welche auf eine Glimmerplatte aufgewunden werden. Man erhält dadurch ſehr gute Abkühlungsverhältniſſe und hat keine Störungen durch Selbſtinduktion zu befürchten. Jeder Widerſtand verträgt eine Beanſpruchung bis zu 10 Watt und erfährt dabei eine Temperaturerhöhung bis etwa 100° C. Die Widerſtandsänderung bleibt jedoch unter 1 Proz. Es werden Dekaden von $10 \times 0,1$; 10×1; 10×10; 10×100 und 10×1000 Ohm hergeſtellt, die jede für ſich in Metallkaſten montiert und durch eine um eine horizontale Achſe drehbare Kurbel zu ſchalten ſind (Preis 70 bis 325 Mk.).

Bei den Dekadenwiderſtänden der Weſton Co. (Fig. 404 und 405) ſind die Kontakte verdeckt und die Hartgummiteile gegen Licht geſchützt (Preis 170 bis 550 Mk.).

Präziſions-Schieberwiderſtände nach Fig. 406 ſind zu beziehen von den Land- und Seekabelwerken, Köln a. Rh.-Nippes, zu 100 bis 355 Mk.

schalten, so würde, je nachdem die positive oder negative Klemme des Elementes dem + Konduktor zugekehrt ist, die Potentialverteilung sich gestalten wie Fig. 407 oder wie Fig. 408.

Den entsprechenden Fall bei einer Wasserleitung würde man erhalten, wenn man in die Leitung eine Centrifugalpumpe einschalten würde, welche mit konstanter

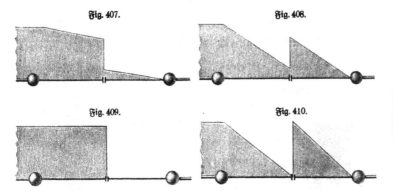

Fig. 407.   Fig. 408.

Fig. 409.   Fig. 410.

Tourenzahl getrieben wird, so daß sie eine bestimmte Druckdifferenz im einen oder anderen Sinne erzeugt.

Arbeitet die Pumpe bezw. die elektromotorische Kraft des Elementes dem Spannungsabfall zwischen den Konduktoren entgegen und ist die hervorgebrachte

Fig. 411.

Druckdifferenz gerade derjenigen zwischen den beiden Behältern bezw. Konduktoren gleich, so kann der Strom durch die Leitung überhaupt nicht mehr zustande kommen und die Potentialverteilung ist die in Fig. 409 dargestellte. Ist aber das Entgegengesetzte der Fall, so wird die Stromstärke doppelt so groß, da nun die Spannungsdifferenz für jede Hälfte des Leiters, wie Fig. 410 zeigt, verdoppelt ist.

Schließt man ein galvanisches Element durch einen Draht, dessen Widerstand klein ist gegen den inneren Widerstand des Elementes, und nimmt man an, daß nur an der Kontaktstelle zwischen Zink und Flüssigkeit eine elektromotorische Kraft auftrete, während das Kupfer oder die Kohle nur dazu diene, den Strom aus der Flüssigkeit aufzunehmen, so ist die Verteilung der Potentialwerte derart, wie Fig. 411 zeigt.

Nimmt man an, der Draht habe pro Längeneinheit dieselbe Leitungsfähigkeit wie die Säure, so fällt die Einknickung der Kurve fort, der Potentialabfall ist in der Säure derselbe wie im Draht. Für drei hintereinander geschaltete Elemente wäre dann der Verlauf der Potentialkurve der in Fig. 412 dargestellte.

Bringt man nun einen Nebenschluß zu einem Teile des Schließungsdrahtes an, in welchem sich ein galvanisches Element befindet, welches eine der Spannungsdifferenz der Abzweigstellen entgegengesetzt gerichtete elektromotorische Kraft hat, und ändert man die eine Abzweigstelle so lange, bis der Strom im Nebenschluß gerade verschwindet, so wird die Potentialverteilung dargestellt durch Fig. 413.

Bezeichnet man die elektromotorische Kraft des Elementes mit e, den Widerstand des Schließungsdrahtes zwischen den Abzweigstellen mit r und die Stromintensität in demselben mit i, so ist, da $e =$ der Spannungsdifferenz zwischen den Abzweigstellen:

$$e = i \cdot r;$$

man ist also imstande, die elektromotorische Kraft des Elementes zu finden, und zwar ohne daß das Element selbst Strom erzeugt. Sind umgekehrt e und i oder e und r bekannt, so kann r bezw. i gefunden werden.

Fig. 412.   Fig. 413.

Zur Bestimmung einer elektromotorischen Kraft nach diesem Kompensationsverfahren benutzt man einen langen Konstantandraht mit Schleifkontakt, welcher an die Pole eines konstanten Elementes oder einer Batterie von solchen angeschlossen wird. Das zu untersuchende Element bringt man unter Zwischenschaltung eines Quadranten- oder Kapillarelektrometers in Verbindung mit dem einen Ende des Drahtes und mit dem Schleifkontakte und verschiebt letzteren so lange, bis das Elektrometer die

Fig. 414.

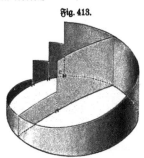

Spannung 0 zeigt, was natürlich voraussetzt, daß die Elemente so angeschlossen sind, daß sie entgegengesetzt auf das Elektrometer wirken. Die gesuchte elektromotorische Kraft verhält sich dann zu der bekannten, wie die abgegrenzte Drahtlänge zur ganzen. Man schließt den Strom nur momentan mit Hilfe eines Doppelschlüssels (Fig. 414 E, 24), durch welchen zuerst der Strom des bekannten und dann der des zu untersuchenden Elementes geschlossen wird.

Vor das Normalelement wird anfänglich ein sehr großer Widerstand gesetzt, bis annähernde Kompensation erreicht ist, damit es nicht durch zu starken Strom beschädigt wird.

Um etwa die Spannung einer Akkumulatorenbatterie zu ermitteln, schließt man dieselbe durch einen bekannten Widerstand, z. B. 100 Ohm, von dem ein Teil als blanker Meßdraht ausgeführt ist. Auf diesem sind zwei Schleifkontakte verstellbar, zwischen welche man ein Normalelement und ein Elektrometer so schaltet, daß das Normalelement seinen positiven Pol dem positiven Pol der Akkumulatorenbatterie zuführt. Verschiebt man nun die Kontakte auf dem Schleifdrahte so lange, bis das Elektrometer keinen Ausschlag mehr zeigt, so ist die Spannungsdifferenz zwischen den beiden Kontaktstellen des Meßdrahtes gleich der des Normalelementes, man kann also hieraus und aus dem Widerstande jenes Drahtstückes die Stromstärke berechnen und somit, da der Gesamtwiderstand der Leitung 100 Ohm beträgt, auch die zu messende Spannung [1]).

Fig. 415.

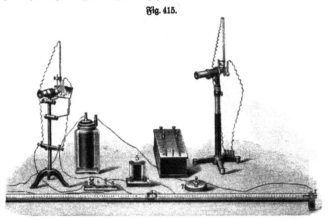

Fig. 416.　　　　　　　　　　　　　　　Fig. 417.

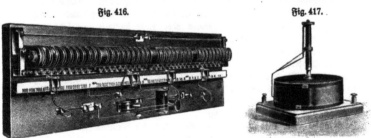

122. Die Meßbrücke nach Wheatstone. a und b (Fig. 418) seien die Enden der Poldrähte eines galvanischen Elementes oder einer Säule, ac möge ein Widerstand $= 1$ Ohm sein, bc der zu untersuchende Widerstand, adb ein Platindraht von etwa 1 m Länge und $^1/_2$ mm Dicke, cd ein beliebiger Draht, in welchen ein Elektrometer oder ein Hitzdrahtstrommesser eingeschaltet ist [2]). Man verschiebe nun den

---

[1]) Einen Apparat nach Ostwald (Fig. 415) zur Bestimmung elektromotorischer Kräfte nach dem Kompensationsverfahren mit dem Kapillarelektrometer liefern E. Stöhrer u. Sohn, Leipzig (Preis des Elektrometers 40 bis 80 Mk.); einen Schulkompensator nach Fig. 416 das phys.-mech. Institut von Prof. Dr. Edelmann, München, zu 240 Mk.; Gefällbrahtwiderstände nach Coehn (Fig. 417) die Elektrizitätsgesellschaft Gebr. Ruhstrat, Göttingen, zu 35 bis 45 Mk. — [2]) S. Bd. I (2), S. 1404. Die wirkliche Ausführung des Versuchs deutet Fig. 419 (aus Wiedemann u. Ebert, Physikalisches Praktikum, 5. Aufl., S. 419) an.

Fig. 418.

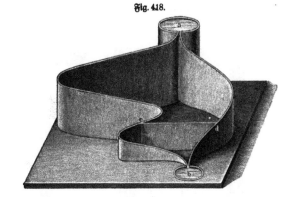

Fig. 419.

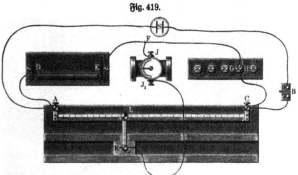

Kontakt d auf ab so lange, bis der Brückenstrom verschwindet, d. h. das Elektro=
meter auf 0 weist. Sei J_1 die Stromstärke in acb, J_2 diejenige in adb, so ist
wegen Gleichheit der Potentialdifferenz zwischen a, c und a, d: $J_1 . \overline{ac} = J_2 . \overline{ad}$;
ferner, wegen Gleichheit der Potential=
differenz zwischen c, b und d, b: $J_1 . \overline{cb}$
$= J_2 . \overline{db}$. Die Division dieser zwei Glei=
chungen ergibt die Proportion: $\dfrac{ac}{cb} = \dfrac{ad}{db}$,
woraus, da $ac = 1$ Ohm sein soll,
$cb = \dfrac{db}{ad}$ Ohm. Man hat also nur die
Längen bd und ad zu messen und zu
dividieren, um den Widerstand des zu
untersuchenden Drahtes in Ohm zu finden.
So kann man sich leicht Widerstände von
$2, 3 \ldots$ oder $10, 100 \ldots$ Ohm her=
stellen, um damit, wieder mit Hilfe der

Fig. 420.

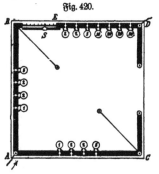

15*

Wheatstoneſchen Brücke, andere vergleichen zu können, indem man ſie anſtelle von 1 Ohm einſetzt[1]).

Fig. 421.   Fig. 422.

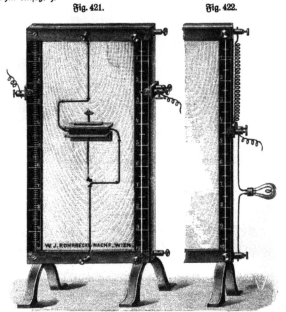

Fig. 423.

123. Leitfähigkeit von Flüſſigkeiten. Bei Meſſung derſelben ſtört die Polariſation. Man kann die Schwierigkeit umgehen, indem man zwei Beſtimmungen

---

[1]) Eine überſichtliche Form der Wheatstoneſchen Brücke, Fig. 420, iſt zu beziehen von Wilhelm Schmidt in Gießen zu 60 Mk. (die beigeſetzten Zahlen bedeuten Widerſtände in Ohm). Ein Modell nach Hartl, Fig. 421 und 422, liefern W. J. Rohrbecks Nachf., Wien I, Kärntnerſtraße 59, zu 80 Kronen (das Galvanometer müßte hier durch einen Hitzdrahtſtrommeſſer erſetzt werden); ein ſolches nach Spies (Z. 12, 78, 1899) Ernecke, Berlin, zu 48 Mk. Hartmann u. Braun in Frankfurt a. M. liefern den in Fig. 377 (S. 215) dargeſtellten Meßdraht für Demonſtration zu 30 Mk. Eine einfache Drahtbrücke iſt dargeſtellt in Fig. 423 (E, 115).

macht, einmal bei kleinem, dann bei großem Elektrodenabstand. Bei Subtraktion erhält man den Widerstand einer Säule, deren Länge gleich der Differenz der beiden Abstände ist.

Um solche Messungen zu machen, könnte man in einem 12 bis 15 cm langen Brettchen AA, Fig. 424, eine prismatische Rinne anbringen, die man mit Glas-

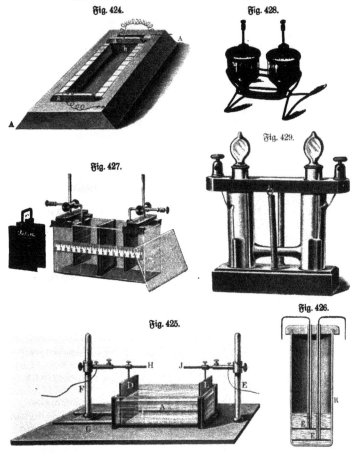

Fig. 424.

Fig. 428.

Fig. 427.

Fig. 429.

Fig. 426.

Fig. 425.

platten mittels Siegellack ausfüttert; in diese Rinne kommen zwei Brettchen aa, deren übergreifende Ränder zugleich als Index auf der neben der Rinne angebrachten Skala dienen. Jedes dieser Brettchen hat ein Platinblech b, an das ein spiralig gewundener Kupferdraht gelötet ist, dessen Ende durch Drahthaften auf das Brettchen befestigt und durch Klemmschrauben in den Strom geschaltet wird. In die Rinne kommt dann die Flüssigkeit.

Zweckmäßiger ist ein Glastrog[1]) wie Fig. 425 (E, 45) oder eine Röhre wie Fig. 426 (E, 54). Bei letzterer sind die Stiele der Elektrodenplatten in Glasröhren eingeschlossen, der der unteren durchdringt die obere Platte.

Fig. 427 (K, 40) zeigt einen Glastrog mit größerer Scheidewand zur Bestimmung des **inneren Widerstandes eines galvanischen Elementes**. Man kann denselben vergrößern ohne Änderung der elektromotorischen Kraft des Elementes, indem man die Platten in größeren Abstand bringt, kann also diese eliminieren auf gleiche Weise wie die Polarisation bei den Zersetzungszellen Fig. 424 (S. 229).

Andere Formen von Widerstandsgefäßen sind dargestellt in den Fig. 428 (Lb, 70) und 429 (K, 30). Vgl. auch Bd. I$_{(1)}$, S. 303, Fig. 803.

Bei Benutzung solcher kann man die Störung durch die Polarisation vermeiden, indem man Wechselstrom von hoher Wechselzahl verwendet, der etwa durch einen schnell rotierenden Kommutator aus Gleichstrom erzeugt wird. Als Strommesser dient dabei ein Hitzdrahtgalvanometer oder -elektrometer. Man füllt das Gefäß zunächst mit einer Flüssigkeit von bekannter Leitfähigkeit, dann mit der zu untersuchenden und bestimmt das Verhältnis der beiden Widerstände.

124. Abhängigkeit des Widerstandes von der Temperatur. Um die starke Veränderlichkeit des Widerstandes mit der Temperatur zu zeigen, kann man eine Drahtspirale in ein Glasgefäß mit kaltem Wasser (oder besser Petroleum) einbringen, und ihren Widerstand mit der Wheatstoneschen Brücke messen, d. h. den Kontakt so einstellen, daß das Hitzdrahtgalvanometer oder Elektrometer auf Null kommt. Bringt man nun statt kaltem warmes Wasser in das Gefäß, so ist das Gleichgewicht sofort gestört und man muß den Kontakt von neuem verschieben, um es wieder herzustellen.

Einfacher schließt man einen Stromkreis durch ein Demonstrationsgalvanometer (Hitzdrahtinstrument) und erhitzt einen Teil des Leitungsdrahtes, am besten einen dünnen, zu einer Schleife gebogenen Platindraht, durch eine untergesetzte Lampe zum Glühen. Steht niedrig gespannter Starkstrom zur Verfügung (siehe Bd. I$_{(1)}$, S. 116), so kann man die Abnahme der Stromstärke bei einem dicken Eisendraht infolge der durch den Strom selbst hervorgerufenen Wärme nachweisen.

Besonders auffallend zeigt man die Abnahme des Widerstandes bei der Abkühlung in folgender Weise. Zwei U-förmige Platindrähte werden in demselben Stromkreis eingeschaltet und der Strom (durch Einschalten von Widerständen u. s. w.) so reguliert, daß sie schwach rot glühen. Taucht man nun den einen Draht in Wasser, so kommt der andere zur Weißglut.

Es empfiehlt sich auch, die Abnahme des Widerstandes bei Flüssigkeiten und Kohle zu demonstrieren. In letzterem Falle benutzt man zweckmäßig eine große Glühlampe, oder eine Anzahl parallel geschalteter kleiner, und bestimmt den Widerstand aus Stromstärke und Klemmenspannung.

Sehr interessant ist das Erglühen eines großen Stückes Holzkohle beim Aufsetzen von mit isolierenden Griffen versehenen Elektroden, welche an eine Leitung von etwa 100 Volt Spannung angeschlossen sind. Zunächst verhält sich die Kohle als Isolator, wird sie aber an einer Stelle erhitzt, indem man die Elektroden vor-

---

[1]) Säurefeste Steinzeugwannen für galvanische Zwecke liefert die Badische Tonröhren- und Steinzeugwarenfabrik in Friedrichsfeld (Baden).

übergehend zusammenbringt, so kann man biese balb so weit auseinanderziehen, baß das ganze Stück erglüht.

Merkelbach (Z. 15, 95, 1902) zeigt die Widerstandsabnahme eines Kohlen-fabens bezw. eines bünnen Platinbrahtes, indem er bieselben burch einen Teclu-brenner mit Schlißaufsaß glühend macht.

125. Temperaturkoeffizient eines Leiters ist die Zunahme des Widerstandes eines Leiters von 1 Ohm bei Temperaturerhöhung um 1°. Ist berselbe = α, ber Widerstand bei 0° $= W_0$, bei $t° = W$, so ist $W = W_0 (1 + \alpha t)$. Im allgemeinen ist $\alpha = 1/273$, ber Widerstand müßte also eigentlich beim absoluten Nullpunkt verschwinben.

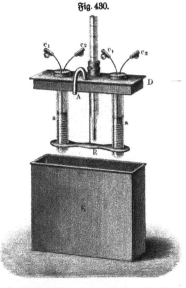

Fig. 430.

Zu messenben Versuchen kann man einen langen Draht ober eine Draht-spirale in einer Glasröhre ober einer Serie aneinanber angefügter Glas-röhren burch bie Warmwasserleitung (vgl. Bb. I (1), S. 137) auf verschiebene Temperaturen erhißen. Begnügt man sich mit einer Temperatur, so reicht bie Dampfleitung (vgl. ebb. S. 36) aus [1]).

Fig. 430 (E, 40) zeigt einen Apparat von E. Wiebemann unb Ebert, wobei zwei gleiche Wiber-stänbe mit verschiebenen Temperatur-koeffizienten burch Einsenken in bas-selbe Heizbab auf gleiche Temperatur erwärmt werben. Natürlich wirb baburch bas Gleichgewicht ber Brücke gestört.

Bei ber Temperatur bes flüssigen Wasserstoffes haben Golb unb Platin noch 3 Proz., Silber 4 Proz. unb Eisen 12 Proz. bes anfänglichen Widerstandes. Bei Bestimmung ber Leitfähigkeit von Flüssigkeiten nötigt bie beträchtliche Ab-hängigkeit bes Widerstandes von ber Temperatur, bie Widerstandsgefäße in einen Thermostaten einzusetzen. (Fig. 3840, Bb. I (3), S. 1566, K, 55.)

Fig. 431.

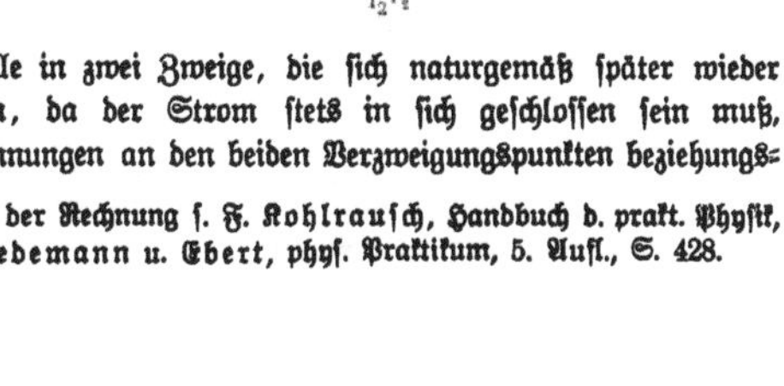

126. Stromverzwei-gung. Spaltet sich eine Stromleitung an einer Stelle in zwei Zweige, bie sich naturgemäß später wieber irgenbwo vereinigen müssen, ba ber Strom stets in sich geschlossen sein muß, Fig. 431, unb sind bie Spannungen an ben beiben Verzweigungspunkten beziehungs=

---

[1]) Über bie Ausführung ber Rechnung s. F. Kohlrausch, Handbuch b. prakt. Physik, 10. Aufl., S. 107, unb E. Wiebemann u. Ebert, phys. Praktikum, 5. Aufl., S. 428.

weise E und e, so folgt nach dem Ohmschen Gesetz, wenn die Widerstände der beiden Zweige mit r_1 und r_2, die Stromstärken in denselben mit i_1 und i_2 bezeichnet werden:

somit
$$E - e = i_1 r_1 \text{ und } E - e = i_2 r_2,$$
$$i_1 r_1 = i_2 r_2.$$

Da ferner die beiden Ströme i_1 und i_2 durch Spaltung des Stromes i entstehen, ist
$$i_1 + i_2 = i.$$

Bezeichnet man nun den gemeinsamen Widerstand der beiden Zweige, d. h. den Widerstand eines Leiters, der dem Durchgang des Stromes i denselben Widerstand entgegensetzen würde, wie die beiden tatsächlich vorhandenen Zweige, mit r, so ist

somit
$$E - e = i.r,$$
$$(i_1 + i_2)\, r = \left(i_1 + \frac{i_1 r_1}{r_2}\right) r = i_1 r_1$$

oder
$$r = \frac{r_1 r_2}{r_1 + r_2}$$

oder
$$\frac{1}{r} = \frac{1}{r_1} + \frac{1}{r_2},$$

d. h. das Reziproke des gemeinschaftlichen Widerstandes ist gleich der Summe der Reziproken der einzelnen Widerstände.

Fig. 432.

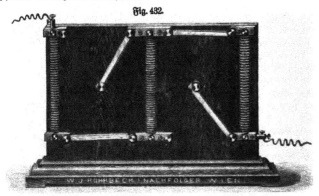

Das Gesetz läßt sich leicht auf beliebig viele Zweige ausdehnen, es lautet dann:
$$\frac{1}{r} = \frac{1}{r_1} + \frac{1}{r_2} + \frac{1}{r_3} + \cdots$$

Das Reziproke eines Widerstandes ist die Leitungsfähigkeit; der Satz kann also einfacher so ausgesprochen werden: Die Leitungsfähigkeit einer Gruppe parallel geschalteter Zweigströme ist gleich der Summe der einzelnen Leitungsfähigkeiten[1].

---

[1] Einen Apparat zur Demonstration der Gesetze der Stromverzweigung durch hinter- und nebeneinander geschaltete Leiter nach Hartl, Fig. 432, liefern W. J. Rohrbecks Nachf., Wien I, Kärntnerstr. 59, für 110 Kronen.

Da Parallelſchaltung von Leitern, z. B. von Glühlampen, häufig vorkommt hat man auch zur Bezeichnung der Einheit der Leitungsfähigkeit ein beſonderes Wort vorgeſchlagen, nämlich das Wort Mho. Demgemäß hat beiſpielsweiſe ein Leiter von $\frac{1}{100}$ Ohm Widerſtand die Leitungsfähigkeit 100 Mho.

Von dem Geſetz der Stromverzweigung macht man z. B. Gebrauch zur Herſtellung kleiner Widerſtände durch Nebeneinanderſchaltung größerer, ſowie zu kleinen Abänderungen eines gegebenen Widerſtandes, indem man einen großen Widerſtand als Nebenſchluß dazu anbringt.

Von beſonderer Wichtigkeit iſt die Verwertung zur Erweiterung des Meßbereiches von Hitzdrahtſtrommeſſern. Wird beiſpielsweiſe ein Nebenſchluß angelegt, deſſen Widerſtand $^1/_9$ desjenigen des Strommeſſers iſt, ſo wird dieſer nur von $^1/_{10}$ der früheren Stromſtärke durchfloſſen, man kann alſo damit zehnmal ſo große Ströme meſſen.

Auf der Stromverzweigung beruht ferner auch die Verwendung von Hitzdrahtſtrommeſſern als Spannungsmeſſer unter ſolchen Umſtänden, wenn durch die Abzweigung des Stromes die zu meſſende Spannung nicht geändert wird. Die Stromſtärke iſt nach dem Ohmſchen Geſetz der Spannungsdifferenz an den Abzweigſtellen- proportional, falls der Widerſtand des Inſtrumentes als konſtant betrachtet werden kann. Durch Vorſchaltwiderſtände kann man das Meßbereich erweitern, denn wird dadurch die Stromſtärke auf $^1/_{10}$ herabgemindert, ſo kann man mit demſelben Inſtrument zehnmal ſo große Spannungen meſſen.

127. Der Tachytrop. Die Elemente einer Batterie werden je nach den Erfolgen, welche man erzielen will, auf verſchiedene Weiſe verbunden, indem man dieſelben bald zu einer Säule von ſo viel Paaren, als man deren verwendet, bald zu einer aus weniger, aber größeren Paaren (Gruppen), bald zu einem einzigen Paare vereinigt. Es richtet ſich dies hauptſächlich nach dem äußeren Widerſtande, wie das Ohmſche Geſetz lehrt.

Es mögen n Gruppen von je m parallel geſchalteten Elementen hintereinander geſchaltet werden, Fig. 433. Sei ferner R der äußere Widerſtand, r der innere Widerſtand eines Elementes, E die elektromotoriſche Kraft eines Elementes und i die Stromſtärke, ſo iſt:

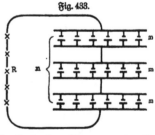

Fig. 433.

$$i = \frac{n \cdot E}{R + n \cdot \frac{r}{m}} \text{ Ampere.}$$

Bezeichnet man mit c die Geſamtzahl der Elemente, ſo iſt $c = n \cdot m$, ſomit

$$i = \frac{E}{\frac{R}{n} + n \cdot \frac{r}{c}}.$$

Der Ausdruck wird ein Maximum, wenn $\frac{R}{n} + n \cdot \frac{r}{c}$ ein Minimum ist. Dies ist aber der Fall, wenn

$$\frac{d\left(\frac{R}{n} + n \cdot \frac{r}{c}\right)}{dn} = 0 \qquad \text{oder} \qquad -\frac{R}{n^2} + \frac{r}{c} = 0,$$

woraus

$$n = \sqrt{\frac{c \cdot R}{r}}$$

oder wenn $n \cdot \frac{r}{m} = R$, d. h. wenn der innere Widerstand der Batterie gleich dem äußeren Widerstande ist.

Will man aus allen Elementen eine Säule bauen, so ist es zweck-

Fig. 435.

Fig. 434.

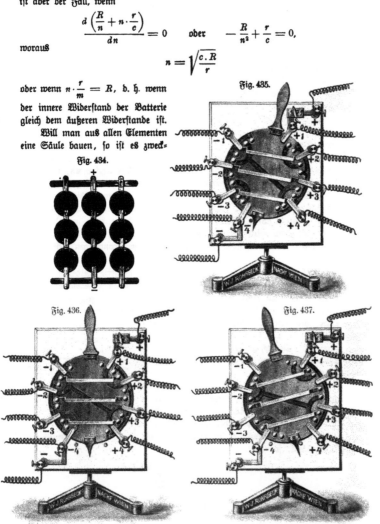

Fig. 436.

Fig. 437.

mäßig, die Elemente im Halbkreise herumzustellen, um beide Pole auf derselben Seite zu haben, sonst ordnet man dieselben immer reihenweise, so daß diejenigen, welche ein größeres Element vorstellen, nebeneinander, die die Säule bildenden

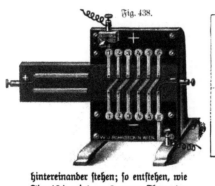

Fig. 438.

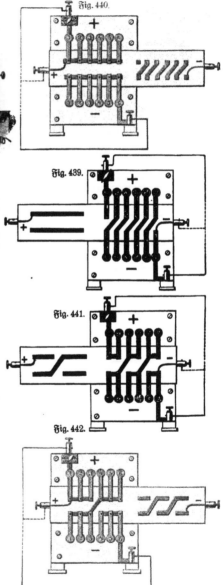

Fig. 440.

Fig. 439.

Fig. 441.

Fig. 442.

hintereinander ſtehen; ſo entſtehen, wie Fig. 434 zeigt, aus neun Elementen drei Säulen von je drei Elementen, deren Zinkpole an einen, und deren Kupferpole an einen anderen Streifen von Kupferblech angeſchraubt werden, und jeder Streifen erhält noch eine Klemmſchraube wie Fig. 752 (Bd. I(1), S. 289) zur Befeſtigung der Leitungs= drähte. Man hat jetzt eine Säule aus drei dreimal ſo großen Elementen. Wollte man alle neun Elemente zu einem verbinden, ſo kämen ſie eben in eine Reihe zu ſtehen, und zwei Kupfer= ſtreifen würden alle Zink= und alle Kupferpole zu je einem verbinden. Man kann allerdings dieſe Verbin= dungen unter Umſtänden auch ein= facher zuſtande bringen, die angegebene Art aber iſt für den Unterricht die überſichtlichſte. Alle dieſe Umſtellungen erfordern viel Zeit, wenn während des Verſuches eine Änderung vorgenommen werden ſoll; man hat darum die ver= ſchiedenen Formen von Pachytropen[1]) erſonnen, welche bereits früher be= ſchrieben wurden. (Bd. I(1), S. 72.)

---

[1]) Pachytrope (Batteriewähler) für Demonſtration nach Hartl (Fig. 435 bis 437) liefern W. J. Rohrbeds Nachf., Wien I, Kärntnerſtr. 59, zu 52 Kronen. Dieſelbe Firma liefert ein Schieberpachy= trop nach Hartl, Fig. 438 bis 442, zu 64 Kronen.

Das Pachytrop Fig. 443 (K, 125 bis 175) dient dazu, vier Gruppen von Elementen oder Akkumulatorenzellen je nach Bedarf auf breierlei Weise zu schalten:

Fig. 443.

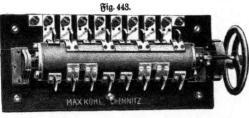

1) alle vier hintereinander (20 Ampere), 2) zwei Gruppen parallel (40 Ampere), 3) alle vier parallel (80 Ampere). Die größere Form ist für 4 × 80 Ampere bestimmt [1]).

128. Mehrleitersysteme. Ähnlich wie bei Gruppierung galvanischer Elemente oder Akkumulatorenzellen zu einer größeren Batterie kann man bei gleichzeitigem

Fig. 444.

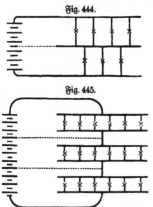

Fig. 445.

Betrieb zahlreicher Apparate, z. B. von Heizapparaten, burch dieselbe Stromquelle fragen: wie muß die gegebene Zahl von Apparaten in die Stromleitung eingeschaltet werden [2]), damit die Anordnung möglichst günstig wird? Damit ist nicht gemeint, in welchem Falle die Stromstärke möglichst groß wird, denn bies tritt allgemein bann ein, wenn ber innere Widerstand ber Elektrizitätsquelle gleich bem gesamten äußeren Widerstanbe ist, sondern in welchem Falle der Energieverlust in der Leitung am geringsten ausfällt, in Anbetracht bessen, baß der Energieverbrauch jebes Apparates ein bestimmter, unveränberlicher ist.

Es sei wieber die Anordnung berart, baß die Gesamtzahl c in n hintereinander geschaltete Gruppen von m parallelen Apparaten zerfällt, also $c = n.m$. Sei ferner ber Stromverbrauch eines Apparates $= i$, ber Widerstand ber äußeren Leitung $= R$, so ist ber Energieverlust in ber Leitung

$$= \frac{1}{g} \cdot E \cdot J = \frac{1}{g} R J^2 = \frac{1}{g} R \cdot m^2 \cdot i^2 \text{ Kilogrammeter.}$$

Dies wird bei gegebenem R ein Minimum für $m = 1$, b. h. wenn sämtliche Apparate hintereinander geschaltet sinb.

Dieser Serienschaltung steht aber nun entgegen, baß die erforderliche Spannung ber Stromquelle $= n.e$ wird, wenn e die Spannung ist, welche ein einzelner Apparat nötig hat, so baß z. B. bei $e = 100$ Volt bereits bei 30 Apparaten die Spannung 3000 Volt sein müßte.

Man wenbet beshalb speziell bei Glühlampen wenigstens Serienschaltung von Gruppen an, z. B. bas Dreileitersystem (Fig. 444) oder bas Fünfleitersystem (Fig. 445), so benannt, weil praktisch die Zahl ber Lampen in jeder Gruppe nicht

---

[1]) Starkstrompachytrope nach Fig. 3889 (Bb. I(2), S. 1592) liefert Max Goergen, München. — [2]) Einen Apparat zur raschen Änderung von Parallelschaltung in Hintereinanberschaltung bei Glühlampen beschreibt Heitmann, Z. 17, 216, 1904.

groß sein kann und deshalb die punktiert angedeuteten Ausgleichsleitungen nötig sind. An Modelleitungen mit Glühlampen kann man die wirkliche Verteilung des Stromes anschaulich machen.

Hier würde sich weiter anschließen die Besprechung des Energieverlustes in Leitungen, des günstigsten Leitungsquerschnittes oder Spannungsverlustes, des günstigsten Ortes der Stromquelle im Leitungsnetz u. s. w.

129. Kirchhoffs Sätze. Die erste Kirchhoffsche Formel ergibt sich aus dem Satze, daß ein elektrischer Strom immer in sich geschlossen sein muß, daß also zu einem Knotenpunkte des Netzes ebensoviel Elektrizität zufließen, wie von ihm fort= strömen muß, oder daß die algebraische Summe der Intensitäten der dort zusammen= treffenden Ströme = 0 sein muß, zuströmende positiv, wegströmende negativ ge= rechnet, oder

$$\Sigma i = 0.$$

Der zweite Kirchhoffsche Satz ist eine Erweiterung des Ohmschen Gesetzes.

Fig. 446 stelle den Potentialverlauf längs einer Masche des Netzes und der sich daran anschließenden Leitungen dar. Geht man von irgend einem Punkte dieser Masche aus und geht ihr entlang, so nimmt das Potential bald zu, bald ab, bald rasch, bald langsam, gewöhnlich stetig, öfters aber auch plötzlich, wenn man nämlich auf eine Stelle trifft, wo eine elektromotorische Kraft wirkt; wenn man aber schließlich wieder am Aus= gangspunkte anlangt, findet man dort dasselbe Potential vor, wie anfänglich. Ganz wie im Falle eines einzel= nen in sich geschlossenen Elementes die plötzliche Zu=

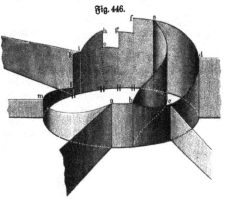

Fig. 446.

nahme des Potentials an der Berührungsstelle von Säure und Zink e, vermindert um die stetige Zunahme der ganzen Leitung $i \cdot r$, d. h. $e - ir = 0$ gibt, so muß auch bei unserer Netzmasche die Summe der plötzlichen Potentialzunahmen (Ab= nahme negativ gerechnet), vermindert um die algebraische Summe der stetigen Zu= nahme, Null ergeben, also

$$\Sigma e - \Sigma ir = 0$$

sein. Dies ist der zweite Kirchhoffsche Satz.

Die beiden Sätze sind in allen Fällen ausreichend, die Aufgabe der Berechnung des Netzes zu lösen, allerdings nicht auf die bequemste Weise. Ein anderes Mittel bietet der Satz von der Superposition elektrischer Ströme, d. h. der Satz, daß der von einer Stromquelle erzeugte Strom nicht gestört wird durch die An= wesenheit anderer Stromquellen und der resultierende Strom an jeder Stelle sich ergibt durch algebraische Addition der von den einzelnen Stromquellen herrührenden Teilströme (Helmholtz).

130. Strom- und Niveaulinien. Verbreitet sich der Strom in einem ausgedehnten Körper, wie z. B. bei der Telegraphie in der Erdschicht zwischen zwei
Stationen, so ist die Berechnung des Widerstandes komplizierter als bei Drähten,
deren Querschnitt der Strom gleichmäßig ausfüllt.

Den einfachsten Fall bildet eine leitende Platte, z. B. Stanniol auf Glas,
welcher man mittels zweier Elektroden den Strom zuführt. Es ist dann zunächst
nötig, zu berechnen, welche Wege der Strom in der Platte einschlägt.

Da nach dem Ohmschen Gesetze die Stromintensität gleich Potentialdifferenz
dividiert durch den Widerstand, somit an jedem Punkte der Platte die Stromintensität pro Quadratmeter Querschnitt, d. h. die Stromdichte gleich dem Potentialgefälle ist, erhält man ein übersichtliches Bild der Stromverteilung, wenn man die
Linien oder Flächen gleichen Potentials oder gleicher Spannung (Niveaulinien)
zieht. Die dazu senkrechten Kurven sind die Stromlinien. Die Elektrizitätsteilchen bewegen sich stets entlang diesen Linien und die gleiche Elektrizitätsmenge,
die am Anfang einer Stromröhre (analog Kraftröhre) eintritt, kommt auch am
anderen Ende wieder heraus [1]).

Um die Stromlinien sichtbar zu machen, kann man auf den in Bd. I_(1), S. 221
(Fig. 438) beschriebenen Objektträger des Projektionsmikroskops für elektrische Zwecke
einen Tropfen verdünnter Milch aufbringen und nun die Ströme eines kleinen
Induktionsapparates durchleiten. Die Milchkügelchen ordnen sich dann in die Stromlinien an [2]).

Mach (1870) bringt die Art und Weise der Ausbreitung eines Stromes in
einer dünnen Metallplatte dadurch zur Anschauung, daß er ein Stück Blattsilber auf
eine Hartgummiplatte legt, mit einem dünnen Firnis aus einer Lösung von Wachs
in Äther überzieht und nach dem Verdunsten des Äthers durch senkrecht aufgesetzte
Drähte den Strom durchleitet. Der Wachsüberzug schmilzt dann innerhalb eines
Gebietes, das annähernd von einer Niveaulinie begrenzt ist. Nach Richarz eignet

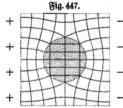

Fig. 447.

sich zu gleichem Zwecke besser ein Anstrich mit
Thermoskopfarbe, etwa Quecksilberkupferjodid (vgl.
Bd. I_(2), S. 1187).

Benutzt man eine aus zwei verschiedenen
Metallen zusammengesetzte Platte, so kann man auf
diese Weise die Brechung der Strom- und
Niveaulinien beobachten.

Die Niveauflächen sind senkrecht zu den Stromlinien, solange das durchströmte Medium allent-
halben gleiches Leitungsvermögen besitzt. Ist dies nicht der Fall, so ergeben sich
mehr oder minder große Abweichungen von der senkrechten Durchkreuzung.

---

[1]) Analoges gilt auch für Ströme inkompressibler Flüssigkeiten in porösen Körpern,
z. B. Sand, denn in diesem Falle ist die Intensität des Wasserstromes pro Quadratmeter
Querschnitt an jeder Stelle proportional dem Gefälle des Druckes. Bezüglich der näheren
Ausführung der Rechnungen sei verwiesen auf Holzmüller, Theorie der isogonalen
Verwandtschaften. Einige Figuren, welche den Verlauf der Stromlinien für verschiedene
Form, Zahl und Anordnung der Elektroden darstellen, sind auf Tafel II enthalten.
W. Holtz (Ann. d. Phys. 20, 591, 1906) benutzt einen halben Bogen unechtes Silberpapier,
setzt spitze Elektroden auf und läßt auf diese die Funken einer Influenzmaschine übergehen.
Die Stromlinien erscheinen dann als Funkenreihen. — [2]) O. Lehmann, Zeitschr. f.
Kristallographie 1, 477, 1877.

Bringt man z. B. in ein stromdurchflossenes Medium einen Körper von besserer Leitungsfähigkeit, so ziehen sich die Stromlinien, wie Fig. 447 andeutet, in ihn hinein, während die Niveauflächen nahezu daraus verdrängt werden. Für den umgekehrten Fall, d. h. wenn der Körper schlechter leitet als die Umgebung, werden die Stromlinien herausgetrieben und die Niveauflächen rücken näher zusammen. Die Fig. 447 stellt auch diesen Fall dar, wenn man Strom- und Niveaulinien vertauscht. In beiden Fällen findet an der Grenze des Körpers eine scharfe Brechung sowohl der Stromlinien, wie der Niveauflächen statt. Ist nun der Körper von dem umgebenden Medium nicht durch eine scharfe Grenze geschieden (man denke z. B. an eine Schliere), so wird sich der Verlauf der Linien und Flächen nur in der Weise ändern, daß sie ebenfalls nicht scharf gebrochen werden, aber an keiner Stelle der Mischzone senkrecht zueinander stehen wie in einem homogenen Medium.

131. Ausbreitungswiderstand. Ein besonders einfacher Fall der Stromausbreitung ist der Stromdurchgang durch einen Hohlcylinder in radialer Richtung, z. B. durch die Säure eines galvanischen Elementes. Ein anderer hierher gehöriger Fall ist die Ausbreitung des Stromes aus einem Draht in eine größere leitende Masse, z. B. Quecksilber oder feuchte Erde, wie bei Ableitungen (Erdungen).

Fig. 448.

Ist r der Halbmesser des Drahtquerschnittes, σ der spezifische Widerstand des Drahtes, σ₁ der der großen Masse, so beträgt der Ausbreitungswiderstand soviel, als ob der Draht um $0{,}80 \cdot r \cdot \sigma_1/\sigma$ länger wäre.

Ein veränderlicher Ausbreitungswiderstand ist bei den Flüssigkeitsausschaltern vorhanden. Man kann hier ferner hinweisen auf den Stromweg bei Erdrückleitung, Parasitströme (vagabundierende Ströme), Erdschlußprüfung, Fehlerbestimmung bei Kabeln u. s. w.

132. Flüssigkeitsausschalter. Sehr oft bedient man sich tropfbarer Flüssigkeiten, z. B. einer Zinkvitriollösung, um Widerstände in einen Strom einzuschalten und seine Wirkung zu schwächen. Man verwendet dazu Glasröhren, deren Boden aus einer Zinkplatte besteht, welcher eine zweite solche Platte, die an einem durch Kork laufenden Drahte befestigt ist, gegenüber steht; auf dem Drahte gibt eine Skala den Abstand der Platten an. Klemmschrauben dienen zum Einschalten, und es ist aller Widerstand der Flüssigkeit ausgeschlossen, wenn sich beide Platten berühren. Vgl. ferner Fig. 768, Bd. I (1), S. 292 und Fig. 773, ebb. S. 293.

Flüssigkeitswiderstände zum Anlassen von Elektromotoren, bei welchen eine plattenförmige Elektrode langsam in einen Trog mit Sodalösung eingetaucht oder beim Unterbrechen des Stromes herausgezogen wird (Fig. 448), liefern Voigt u. Häffner in Bockenheim für 50 bis 300 Amp. zu 90 bis 210 Mk.

Siemens u. Halske konstruieren zur Unterbrechung starker Ströme einen Strom-unterbrecher, bei welchem ein Metallgefäß mit siebartig durchlöchertem Boden aus einem anderen mit leitender Flüssigkeit gefüllten Gefäße herausgehoben wird. Der Strom kann dann zunächst noch durch die herabströmenden Flüssigkeitsfäden gehen, die aber an Zahl immer mehr abnehmen, so daß eine ganz allmähliche Unterbrechung stattfindet.

133. Isolationswiderstände. Die Isolierschicht eines Kabels bildet einen Hohl-cylinder einer schlecht leitenden Substanz, welche wenig, aber immerhin merklich Strom durchläßt. Um den Widerstand und damit die Stärke des hindurchgehenden Stromes zu finden, denkt man sich dieselbe in konaxiale, dünne cylindrische Schichten von der Dicke dr zerlegt.

Der Widerstand einer solchen Schicht vom Querschnittsradius r und der Länge l ist nach dem Ohmschen Gesetz

$$d\varrho = \frac{s \cdot dr}{2\pi r \cdot l} \text{ Ohm,}$$

wenn s der spezifische Widerstand des Isoliermaterials ist. Denn denkt man sich die cylindrische Schicht aufgeschnitten und geebnet, so repräsentiert sie einen Leiter vom Querschnitt $2\pi r \cdot l$ und der Länge dr.

Somit ist der gesamte Widerstand, wenn r_1 den inneren, r_2 den äußeren Radius des Querschnittes bedeutet:

$$\varrho = \int_{r_1}^{r_2} \frac{s \cdot dr}{2\pi r \cdot l} = \frac{s}{2\pi l} \int_{r_1}^{r_2} \frac{dr}{r}$$

oder

$$\varrho = \frac{s}{2\pi l} \log nat \frac{r_2}{r_1} \text{ Ohm,}$$

vorausgesetzt, daß die Längen in Metern und der spezifische Widerstand in Ohm pro Kubikmeter gemessen sind.

134. Anisotrope Körper. Mit Hilfe von Thermoskopfarbe könnte man an einer Schieferplatte den Einfluß der Anisotropie auf den Verlauf der Strom- und Niveau-linien untersuchen. Letztere können auch durch Aufsuchen der Stellen gleicher Spannung mittels des Elektrometers konstruiert werden. Gleiches gilt für Kristallplatten.

135. Regulierwiderstände. Verschiedene Ausführungsformen von Regulier-widerständen wurden bereits in Bd. I₍₁₎, S. 54 und 298 besprochen.

Als Widerstandsmaterialien werden häufig verwendet Legierungen von Kupfer mit Nickel und Zink (Nickelin), insbesondere die Legierung mit 40 Proz. Nickel (Konstantan) und Patentnickel von Basse u. Selve in Altena (75 Cu, 25 Ni), Rheotan (von Dr. Geitners Argentanfabrik, F. A. Lange in Auerhammer bei Aue in Sachsen), Mangankupfer und Manganin (10 bis 30 Proz. Mangan, 90 bis 70 Proz. Kupfer) von der Isabellenhütte bei Dillenburg, ferner Kruppin von Fr. Krupp in Essen u. a.[1]).

---

[1]) Bottomley (1885) empfahl das Platinoid, eine von Martino angegebene Legierung aus Nickel, Zink, Kupfer und Wolfram, welche einen etwa 1¼mal so großen spezifischen Widerstand hat als Neusilber. Der Temperaturkoeffizient dieser Legierung ist zwischen 0 und 100° 0,0209 bis 0,022 Proz. für 1°C.

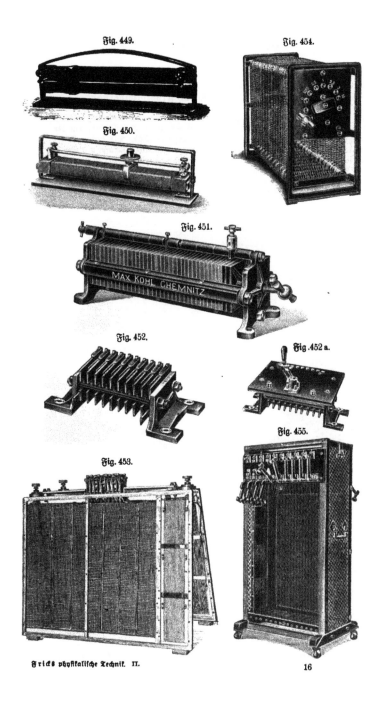

Fig. 449.

Fig. 454.

Fig. 450.

Fig. 451.

MAX KOHL CHEMNITZ

Fig. 452.

Fig. 452 a.

Fig. 455.

Fig. 453.

Hohe Widerstände, bestehend aus Steingutstäben mit eingebautem Überzug von Platinsilicium, sind zu haben bei W. C. Heräus in Hanau. Dieselben halten Glühhitze dauernd aus [1]). (Vgl. auch § 143, S. 248, Kryptolwiderstände.)

[1]) Die Fig. 449 und 450 zeigen Schieberwiderstände der Elektrizitätsgesellschaft Gebr. Ruhstrat in Göttingen; Fig. 794, Bd. I(1), S. 300 einen Parallelrheostaten der Gebr. Fentloff, Frankfurt a. M., Schweizerstraße (Preis 36 Mk.). Die beiden Wickelungen der letzteren Apparate endigen einmal getrennt in den beiden Klemmen a und b, welche von dem Gestell isoliert sind, vereinigen sich dagegen gemeinschaftlich in der festen Klemme c. Diese Anordnung gestattet nun, daß man bei Anwendung der Klemmen a und c oder b und c die Hälfte des Gesamtwiderstandes zur Verfügung hat, bei Anwendung der beiden isolierten Klemmen a und b dagegen den ganzen Widerstand induktionsfrei

Fig. 456.

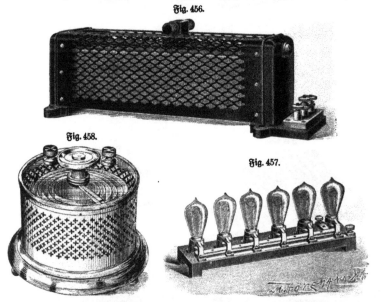

Fig. 458.

Fig. 457.

benutzen kann. Wenn man die beiden isolierten Klemmen durch die in Fig. 794 (a. a. O.) abgebildete Parallelschiene d kurzschließt, so kann der Rheostat für die doppelte Belastung beansprucht werden, da dann beide Wickelungen parallel geschaltet sind. — Fig. 451 (K, 88 bis 240) ist ein Kohlenplattenwiderstand für 20 bis 80 Amp., regulierbar von 0,05 bis 2,5 bezw. 0,01 bis 8 Ohm. Graphitwiderstände nach Fig. 452 liefert „Lychnos", Gesellsch. f. elektrische Industrie m. b. H., Berlin W. 50, Augsburgerstr. 90; leicht transportable Belastungs= und Regulierwiderstände für Meßzwecke M. Goergen, München, Ablzreiterstraße 15, von 140 Mk. an (Fig. 453). Als Widerstandsmaterial ist Konstantan verflochten mit Asbestschnüren gewählt. Fig. 454 zeigt einen Belastungswiderstand derselben Firma für 1,1 Kilowatt, Stromabstufungen 0,15; 0,5; 1,0; 2,5; 5 und 10 Amp., Preis 70 Mk., Fig. 455 einen Belastungszustand für 2 Kilowatt, Preis 280 Mk. Ein ähnlich gebauter für 1000 bezw. 2000 Amp. kostet 420 bezw. 500 Mk. Regulierwiderstände zum Stellen liefern auch Gans u. Goldschmidt, Berlin N., Elsasserstr. 8. Fig. 456 stellt einen Doppelgleitwiderstand von Hans Boas, Berlin O., Krautstr. 52 dar, mit Einrichtung zur Reihen= und Parallelschaltung der Widerstandsplatten für 500 Watt Belastung mit

136. Automatische Stromregulatoren. William Siemens benutzte die thermische Ausdehnung eines Drahtes zum Einschalten von Widerständen. Nach diesem Prinzip läßt sich also ein automatisch wirkender Stromregulator konstruieren, der die Stromstärke oder Spannung auf gleicher Höhe hält.

Eine intermittierend leuchtende Glühlampe erhält man nach Lübke (Z. 19, 29, 1906), indem man in die Leitung einen Metalldoppelstab (vgl. Bd. I$_{(2)}$, S. 1122, Fig. 3003) einschaltet, welcher durch seine Krümmung infolge der Stromwärme einen Kontakt öffnet.

137. Stromkalorimeter nach Pfaundler (Fig. 459 Lb, 200). Die Temperatur, welche eine bestimmte Gewichtsmenge einer Flüssigkeit beim Erhitzen durch einen stromdurchflossenen Draht annimmt, ist um so höher als die, welche die gleiche Menge Wasser unter gleichen Umständen annimmt, als ihre spezifische Wärme kleiner ist als die des Wassers. Indem man also denselben Strom hintereinander durch zwei gleiche Platindrähte leitet, die sich in zwei gleichen Kalorimetern befinden, von welchen das eine die Untersuchungsflüssigkeit, das andere Wasser enthält, kann man nach dem Verhältnis der Temperaturerhöhungen die spezifische Wärme der ersteren ermitteln. Statt Platindraht wird Platinsilberdraht benutzt, dessen Widerstand sich weniger mit der Temperatur ändert. Die Anfangstemperaturen sollen ebensoviel unter der Zimmertemperatur liegen, wie die Endtemperaturen darüber. Bei genaueren Versuchen müssen auch die Wasserwerte der beiden Kalorimeter w und w' berücksichtigt werden. Sind die Flüssigkeitsmengen m und m', die spezifischen Wärmen c und c', die Temperaturerhöhungen $\tau - t$ und $\tau' - t'$, so ist $(cm + w):(c'm' + w') = (\tau' - t'):(\tau - t)$, woraus sich leicht z. B. c berechnen läßt.

Auch mit einem Kalorimeter läßt sich die spezifische Wärme bestimmen, wenn der Drahtwiderstand bekannt ist. Ein Strom von i Ampere entwickelt in einem Leiter von r Ohm in zwei Sekunden die Wärmemenge $0,239 . i^2 . r . 2$ Grammkalorien. Diese muß gleich sein $c . m . t$, wenn t die Temperaturerhöhung, also:

$$c = 0,239 \cdot \frac{i^2 . r . 2}{m\,t} \cdot$$

Widerständen von 300 bis 2 Ohm. E. Schniewindt, Neuenrade in Westfalen, liefert induktionsfreie Widerstandsbänder aus Rheostatindraht für 1 bis 12 Amp. Belastung und 400 bis 4,2 Ohm Widerstand pro Meter zu 1,80 bis 2,60 Mk. pro Meter. Schieferwiderstände sind zu beziehen von Keiser u. Schmidt, Berlin; Lampenrheostaten (Fig. 457) von Ernecke, Berlin (35 Mk., siehe auch Heim, Zeitschr. 8, 199, 1895; vgl. ferner Bd. I$_{(1)}$, S. 302, Fig. 802). M. Goergen, München X., liefert den in Fig. 458 dargestellten Spannungsregulator bis max. 1000 Volt und Belastungen bis max. 0,8 Amp. Sehr hohe Widerstände stellt man sich nach Hittorf zweckmäßig aus Lösung von Jodcadmium in Amylalkohol mit Cadmiumelektroden her. Andere Formen von hohen Widerständen wurden schon auf S. 303 (Bd. I$_{(1)}$) besprochen. Über Graphitwiderstände, bestehend aus mit Graphit bestrichenen Ebonitstreifen bis 1 Million Ohm und mehr siehe Lorenz, Elektrochemisches Praktikum, Göttingen 1901, S. 142. Nach Köpsel (1906) können gleichmäßig veränderliche hohe Widerstände (und Selbstinduktionen) aus mit Metalldraht umwickelten Darmsaiten hergestellt werden. Kurbelrheostaten aus solchen Widerständen liefert G. A. Schulze, Fabrik techn. Meßinstrumente, Charlottenburg. Glimmerplattenwiderstände, bestehend aus mit Widerstandsdraht umwickelten 1 mm dicken rechteckigen Glimmerplatten sind zu beziehen von Gebr. Ruhstrat, Göttingen, für 0,3 bis 0,05 Amp., die Platte von 150 bis 100000 Ohm zu 2,50 bis 30 Mk.

16*

Auch Schmelz-[1]) und Verdampfungswärme können auf elektrischem Wege bestimmt werden. Beispielsweise kann man zur Bestimmung der Verdampfungs- wärme in eine abgewogene Menge der Flüssigkeit eine Glühlampe einbringen, bis zur Siedetemperatur durch umgeleiteten Dampf derselben Flüssigkeit erhitzen bei

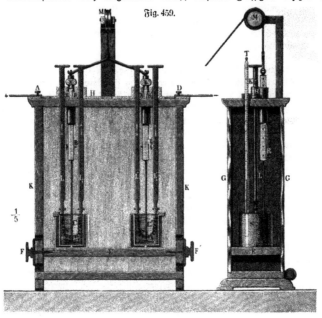

Fig. 459.

geschlossenem Gefäß, und nun nach Öffnen Strom durch die Glühlampe leiten. Ist σ die Verdampfungswärme, m die verdampfte Menge in Grammen, und t die Zeit, so ist

$$\sigma = 0{,}239 \cdot \frac{i^2 r t}{m} \text{ Grammkalorien.}$$

138. Bestimmung der Wärmeleitung (und Strahlung). Die Enden eines Metallstabes, der gegen Wärmeabgabe möglichst geschützt ist, befinden sich in Bädern von konstanter Temperatur. Leitet man einen Strom hindurch, so steigt die Tem- peratur der Mitte. Wie nun aus der Differenz der Temperaturen der Wärme- leitungskoeffizient abgeleitet werden kann, findet man in F. Kohlrausch, Praktische Physik, 9. Aufl., S. 196.

Zur Demonstration der verschiedenen Erwärmung desselben Drahtes in ver- schiedenen Gasen spannt C. v. Than zwischen den oberen Enden zweier vertikal nebeneinander angebrachter Metallstäbe einen Bügel aus dünnem Platindraht und erhitzt diesen durch einen galvanischen·Strom, der durch die beiden vertikalen Stäbe

---

[1]) Siehe auch Smith, Das elektrische Kalorimeter zur Bestimmung der Schmelz- wärme des Eises, Zeitschr. f. Instrumentenkunde 24, 86, 1904.

zugeleitet wird, zum Glühen. Stülpt man nun eine mit Wasserstoff oder Leuchtgas gefüllte Glasglocke über die Vorrichtung, so entzündet sich wohl der Wasserstoff, der Draht wird aber dunkel.

Zweckmäßiger bringt man zuerst, bevor der Strom durchgeleitet wird, die Glocke über den Apparat und füllt dieselbe mit Leuchtgas, welches man einfach von unten durch einen Kautschukschlauch ein-

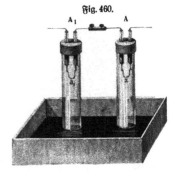

Fig. 460.

leitet. Schließt man nun den Strom, so bleibt der Draht dunkel, nimmt man die Glocke weg, so glüht er.

Fig. 460 (Lb, 13) zeigt eine andere Art der Ausführung [1]).

Slaby (Z. 11, 85, 1898) zeigt, daß ein von Strom durchflossener transversal schwingender Platindraht nur an den Knotenpunkten glüht, da er an den Schwingungsbäuchen durch die Luftbewegung abgekühlt wird. Umgekehrt können bei feststehendem Draht stehende Luftschwingungen, z. B. in einer Orgelpfeife (Fig. 462 E, 45) nachgewiesen werden. In der Mitte der Pfeife wird eine Membran zum Schutz gegen Strömungen der Luft angebracht.

Fig. 461.

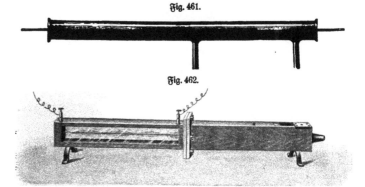

Fig. 462.

139. Elektrische Thermostaten. Kohlrausch (1865) heizt den zu erwärmenden Raum mittels eines elektrisch erwärmten Platindrahtes. Derselbe Strom passiert nun aber gleichzeitig die Spirale eines Metallthermometers und setzt dadurch einen an Stelle des Zeigers angebrachten Hebel in Bewegung, welcher, je nach dem Sinne der Drehung, zwei in eine leitende Flüssigkeit eintauchende Elektroden, zwischen welchen der Strom ebenfalls passiert, einander nähert oder voneinander entfernt. Wird die Spirale zu warm, so wird die Entfernung der Platten und damit der Widerstand vergrößert, der Strom also geschwächt, wird sie zu kalt, so wird durch die umgekehrte Bewegung der Strom verstärkt.

---

[1]) Einen Apparat nach Fig. 461 liefert G. Lorenz in Chemnitz zu 7 Mk.

Bei Versuchen über das Dichtigkeitsmaximum des Wassers wandte Exner (1878) einen Apparat an, bei welchem um ein Gefäß mit Flüssigkeit, deren Temperatur konstant erhalten werden sollte, eine Drahtspirale herumgewunden war, welche durch den galvanischen Strom erhitzt werden konnte. Rings herum war der Apparat von einer durch Eis auf 0° gehaltenen Hülle umgeben. Ließ man nun einen konstanten Strom durch die Spirale hindurchgehen, so konnte man kon-

Fig. 463.

Fig. 469.

Fig. 464.

Fig. 465.

Fig. 466.

Fig. 467.

Fig. 468.

Fig. 468 a.

stante Temperaturen zwischen 0° und 10° erhalten, bei welchen sich der (mittels des Fernrohres beobachtete) Thermometerstand nicht merklich änderte.

Zur Erzielung höherer Temperaturen eignen sich nach Kohlrausch bis 600° Konstantandraht, der auf Tonrohre, z. B. Cylinder für galvanische Elemente, gewickelt ist, bis 1200° Nickeldraht auf Porzellan oder Schamotte, höher hinauf Platiniridium. Zur Isolierung der Windungen, die gegen das Ende der Heizspule hin dichter angeordnet werden, dient ein Brei von Schamottemehl mit Wasser, welcher nach dem Trocknen hart gebrannt wird.

Bei neueren elektrischen Ofen von W. C. Heräus in Hanau, Fig. 463 (Preis 80 Mk.) dient zur Erzeugung der Wärme Platinfolie von 0,007 mm Stärke, welche in Windungen, die 2 bis 3 mm Zwischenraum zwischen sich lassen, um ein Porzellanrohr gewickelt ist[1]). Außer solchen Röhrenöfen liefert die Firma auch Tiegelöfen, bei welchen der Heizdraht ganz in Chamotte eingebettet ist. (Stromverbrauch 2,5 Amp. bei 110 Volt, Preis 40 Mk.)

Fig. 469 (K, 15) zeigt die Anwendung elektrischer Heizung zur Demonstration der Sublimation des Eises im Vakuum nach Weinhold.

Die Anwendung elektrischer Heizung für ein Geisermodell beschreibt W. Boltmann, Z. 18, 158, 1905. Der Apparat gebraucht 7 Amp. bei 60 Volt, wobei alle fünf Minuten ein Ausbruch erfolgt.

140. Das Meldometer von Joly[2]) ist ein Apparat zur Bestimmung von Schmelzpunkten, bestehend aus einem 10 cm langen, 1 mm breiten Platinband, welches elektrisch erhitzt wird. Durch Aufbringen kleiner Partikelchen von Substanzen mit bekanntem Schmelzpunkt und Beobachtung der Verlängerung des Streifens kann man eine Eichung vornehmen, so daß man nach der beim Schmelzen von Partikelchen der zu untersuchenden Substanz eintretenden Verlängerung die Schmelztemperatur jeder beliebigen Substanz ermitteln kann.

Fig. 470.

Fig. 471.

141. Glühen an Kontaktstellen. Die bedeutende Erhitzung von Kontaktstellen mit großem Widerstande kann man am einfachsten zeigen, indem man zugespitzte Eisendrähte mit isolierenden Griffen und Klemmen zur Stromleitung (Fig. 470 Lb, 4) in Kontakt bringt. Denselben Versuch kann man mit Kupfer- und Zinkstäben demonstrieren.

Gores Kugel. Wird eine hohle Metallkugel auf zwei horizontale metallene Schienen gelegt, welche mit den Polen einer Säule in Verbindung stehen, und schwach angestoßen, so rollt sie in dieser Richtung weiter. Bilden die Schienen konzentrische Kreise, so dauert die Rotation so lange, als der Strom durchfließt. (Fig. 471 E, 25.)

142. Elektrisches Schweißen. Zur Demonstration benutze ich zwei 2 bis 3 cm dicke Eisenstäbe, welche in hohen eisernen Stativen befestigt sind und einfach durch

---

[1]) Einen elektrischen Spiralofen zum Anschluß an Spannungen von 65, 110 und 220 Volt für Temperaturen bis gegen 3000° liefert die Elektrizitätsgesellschaft Gebr. Ruhstrat, Göttingen. Elektrische Öfen nach Borchers: W. Schuen, Aachen; Graphitheizkörper „Sychnos", Gesellsch. f. elektrische Industrie, Berlin W. 50, Augsburgerstr. 30; elektrische Öfen für Betrieb und Versuche C. Schniewindt, Neuenrode i. Westfalen; elektrische Heiz- und Kochapparate die Gesellschaft „Elektra", Wädensweil und Lindau i. B. Die Fig. 464 bis 467 zeigen verschiedene als Öfen zur Heizung bewohnter Räume dienende Heizkörper dieser Firma. Elektrisch heizbare Kochapparate liefern ferner Muende in Berlin NW., Luisenstr. 59 (Fig. 468, 28 bis 98 Mk.), H. Hummel u. Helberger, Elektrotechn. Institut München-Thalkirchen, Münchenerstr. 50 u. a. Vgl. auch Bd. I (1), S. 279. — [2]) Joly, Wied. Ann. 56, 353, 1895.

deren Gewicht gegeneinander gedrückt werden. Als Stromquelle dienen sechs große Akkumulatorenzellen, welche einen Strom von 2000 bis 3000 Amp. erzeugen, der den Eisenstäben durch starke Kupferseile zugeleitet wird. Alsbald nach Stromschluß sieht man die Kontaktstelle erglühen und in kurzer Zeit steigert sich die Hitze bis zur Weißglut, so daß sich die gegeneinandergedrückten Enden der Eisenstäbe wie weiches Wachs deformieren und vereinigen. Oxydation kann man durch Borax oder ein anderes Schweißpulver hindern. Zweckmäßig stellt man vor den Apparat eine große Glasscheibe, da, insbesondere bei Erschütterung der Stative, starkes Funkensprühen eintreten kann. Ein besonderer Apparat ist in Bd. I$_{(1)}$, S. 459 (Fig. 1416) abgebildet.

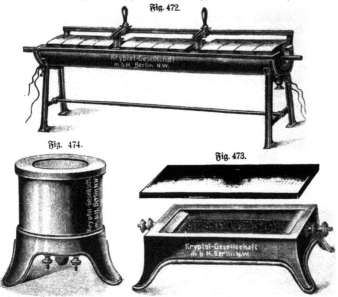

Fig. 472.

Fig. 474.

Fig. 473.

143. Kryptolheizung. Die als Kryptol bezeichnete Widerstandsmasse besteht aus Graphit, Carborundum und Ton. Schüttet man sie auf feuerfestes Material und leitet genügend starken Strom hindurch, so wird sie alsbald glühend und man kann beliebige Körper darin erhitzen wie in glühenden Kohlen[1]).

In ähnlicher Weise wird die Stromwärme verwertet bei der Herstellung von Carborundum (Siliciumkarbid) aus Kohle und Sand (vgl. Bd. I$_{(1)}$, S. 395), von Calciumkarbid aus Kohle und Kalk und bei der Herstellung von Aluminium aus Tonerde und Kohle.

---

[1]) Zu beziehen von der Kryptol-Gesellschaft in Bremen, Stephanikirchenweide 18/19. Beispielsweise wird sie benutzt zur Erhitzung von Röhren bei chemischen Versuchen, speziell für organische Elementaranalyse (Fig. 472). Es können damit sämtliche Temperaturen bis zu 2000° erzielt werden. (Preis des Ofens 60 bis 75 Mk.) Fig. 473 zeigt eine Kryptol-Heizplatte zum Kochen in Glas- und Emailgefäßen (Preis 22 bis 77 Mk.) und Fig. 474 einen Heizapparat für Kochflaschen, Bechergläser u. s. w. (35 Mk.). 1 kg Kryptol kostet 3 Mk.; es wird auch in gebrauchsfertigen Patronen geliefert.

144. Stromwärme in Elektrolyten. Loofer (3. 8, 300, 1895) zeigt dieselbe mittels des Differentialthermoskops. Um den Unterschied der Wärmeerzeugung bei polarisierbaren und nicht polarisierbaren Elektroden nachzuweisen, bringt man in die beiden Kapseln gleiche Mengen einer konzentrierten Kupferlösung und läßt in die erste Platinelektroden, in die zweite genau gleiche Kupferelektroden oder verkupferte Platinelektroden tauchen. Geht derselbe Strom durch beide Zellen, so erhält man in der ersteren weit mehr Wärme, entsprechend der Tatsache, daß der Energieverlust, den eine Strom liefernde Batterie durch die Vorgänge in der Zersetzungszelle erleidet, größer ist als die Zersetzungswärme der betreffenden Verbindung, weshalb in der Zelle mit Platinelektroden überschüssige Wärme auftreten muß.

Bose[1] betrachtet die Ströme in einem elektrolytischen Glühkörper (Nernststift) als sogenannte Reststrome[2]), ähnlich den Helmholtzschen Konvektionsstrome, welche dadurch bedingt sind, daß das an der einen Elektrode frei gewordene Gas zu der anderen diffundiert und dort als Polarisator dient. Durch Gleichstrom würde man eine ziemlich schnelle Zerstörung des Stiftes zu erwarten haben, denn da das Gewicht des Oxyds bei einem normal mit 0,9 Amp. beanspruchten Stifte nur 0,1 g beträgt, welche Menge rund 300 Coulomb zur Zerlegung erfordert, so würde nach etwa 5 Minuten die gesamte Substanz des Stiftes elektrolytische Zerlegung erfahren haben. In Wirklichkeit kann ein solcher Glühkörper dagegen hunderte von Stunden mit Gleichstrom brennen[3]). Wahrscheinlich findet deshalb nur eine Verschiebung der Sauerstoffionen statt. Der an der Anode frei gewordene Sauerstoff diffundiert im Inneren des Stiftes zur Kathode zurück, um daselbst das dort abgeschiedene Metall wieder zu oxydieren. Auch der Luftsauerstoff befördert den Vorgang und erhöht die Lebensdauer des Stiftes im Vergleich zu derjenigen im Vakuum. Im letzteren wird der Stift dunkelgrau oder schwarz, infolge ausgeschiedener Metallteilchen[4]).

Leitet man Hochspannungsstrom über eine Gipsplatte, so bildet sich ein hellleuchtender Streifen, den man durch allmähliches Auseinanderziehen der Elektroden bedeutend verlängern und beliebig krümmen kann (Luma).

Man hat auch mit Erfolg versucht, auf elektrischem Wege Glas zu schmelzen.

145. Wirkungsgrad. Man versteht darunter bei einer galvanischen Batterie das Verhältnis der in der Leitung auftretenden nutzbaren Stromarbeit $= \frac{1}{g} \cdot e \cdot J$, wenn e die Klemmenspannung, zur gesamten Stromarbeit $\frac{1}{g} \cdot E \cdot J$. Es ist also

$$\eta = \frac{e \cdot J}{E \cdot J} = \frac{r \cdot J^2}{(R+r) \cdot J^2} = \frac{r}{R+r},$$

wenn r den Widerstand der äußeren Leitung bezeichnet, R den inneren Widerstand der Batterie.

Bei Akkumulatoren ist der Wirkungsgrad das Verhältnis der nutzbaren Stromarbeit zu der Ladungsarbeit.

---

[1]) Bose, Ann. d. Phys. 9, 164, 1902. — [2]) Nernst, Zeitschr. f. Elektrochemie 6, 41, 1899. — [3]) Siehe auch O. Lehmann, „Eine nichtmetallische, metallisch leitende Flüssigkeit", Zeitschr. f. Kristallogr. 12, 410, 1887. — [4]) Einen Demonstrationsapparat für das Glühen von Nernststäbchen liefert Müller-Uri in Braunschweig zu 7 Mk.

Bezeichnet E die elektromotorische Kraft einer Akkumulatorenbatterie, e_1 die Klemmenspannung während der Ladung, e_2 dieselbe während der Entladung, r den inneren Widerstand und i die Stromstärke, so ist

$$e_1 = E + ri$$
$$e_2 = E - ri.$$

Bleiben E, r und i während der Ladung und Entladung nahe gleich, so kann man setzen $e_2 = e_1 - 2ri$, somit wäre die zur Ladung pro Sekunde verbrauchte Arbeit

$= \dfrac{1}{g} e_1 i$, und die bei der Entladung wieder nutzbar zurückerhaltene Arbeit

$= \dfrac{1}{g} e_2 . i = \dfrac{1}{g} (e_1 i - 2ri^2)$, also der Wirkungsgrad:

$$\gamma = \frac{\dfrac{1}{g} e_1 i}{\dfrac{1}{g} e_2 i} = 1 - \frac{2ri}{e_1},$$

vorausgesetzt, daß man von Verlusten durch chemische Vorgänge, welche nicht zur Aufspeicherung oder Bildung des Stromes beitragen, absieht.

Zur genauen Bestimmung des Wirkungsgrades mißt man die bei der Ladung aufgenommenen und die bei der Entladung abgegebenen Wattstunden und bildet das Verhältnis der letzteren zu ersteren. Die Ladung betrachtet man als beendet, wenn sich stärkere Gasblasen bilden, die Entladung, wenn die Spannung auf 1,85 Bolt gesunken ist.

Der Wirkungsgrad einer Akkumulatorenbatterie findet sich gewöhnlich = 77 bis 83 Proz. Durch die Aufspeicherung der Energie tritt also ein Verlust von etwa 20 Proz. ein, der bei Elektrizitätswerken unwesentlich ist, weil er nur den Verbrauch an Brennmaterial erhöht, während die weit größeren übrigen Auslagen (Zins und Amortisation, Gehälter und Löhne) nicht wesentlich steigen.

Als Kapazität eines Akkumulators bezeichnet man die bei der Entladung ermittelte Größe der Amperestunden (1 Amperestunde = 3600 Coulomb). Nach dem Faradayschen Gesetz müßte dieselbe gleich der bei der Ladung aufgenommenen Elektrizitätsmenge sein, beträgt aber praktisch nur etwa 90 bis 97 Proz. derselben.

Das Daniellsche Element gehört ebenso wie der Akkumulator zur Klasse der unpolarisierbaren oder umkehrbaren (reversibeln) Elemente, da die Änderungen, die beim Stromdurchgang entstehen, wieder rückgängig werden (Zink wird ausgeschieden, Kupfer löst sich), wenn der Strom in umgekehrter Richtung hindurchgeleitet wird. Es funktioniert dann geradezu als Akkumulator. Nur solche umkehrbaren Elemente arbeiten rationell, d. h. mit größtem Nutzeffekt; die nicht umkehrbaren (irreversibeln) oder polarisierbaren sind dagegen vergleichbar schlecht gebauten Dampfmaschinen mit undicht schließenden Ventilen und ähnlichen Fehlern.

146. Wärme des Lichtbogens. Von den Öffnungsfunken, welche Trockenelemente zu erzeugen vermögen, hat man auch Gebrauch gemacht zur Konstruktion einfacher Zündmaschinen, bei welchen durch diesen Funken ein Benzinlämpchen angezündet wird.

Von besonderem Effekt ist die Demonstration, daß die Kohlenspitzen bei Bildung des elektrischen Lichtbogens selbst unter Wasser weißglühend werden. Man versieht die Kohlenstäbe mit hölzernen Handgriffen. Das Wasser kann in einem großen Becherglas enthalten sein.

Einen kleinen elektrischen Lichtbogenschmelzofen zeigt Fig. 475 (L, 65[1]). Derselbe kann z. B. benutzt werden zur Darstellung von Calciumkarbid.

Etwa 60 g gebrannter, ungelöschter Kalk (Ätzkalk) wird pulverisiert und mit etwa 30 g zerkleinertem Koks vermengt. Statt des gebrannten Kalkes kann auch Kreide oder gewöhnlicher Kalkstein in entsprechend größerer Menge verwendet werden, da das Brennen im Schmelzofen vor sich geht.

Den Schmelzofen stellt man auf ein Stück Asbestpappe, um die Wärmeübertragung auf den Tisch zu verringern, verbindet ihn mit der Hauptleitung und stellt die Kohle derartig ein, daß sie den Boden des Tiegels berührt, wenn die Triebbewegung die tiefste Stellung erreicht hat, wobei zu berücksichtigen ist, daß man mittels des Kohlehalters die Kohle soweit heben kann, um nach beendeter Schmelzung den Tiegel aus seiner Fassung entfernen zu können. Dann schüttet man ein wenig von dem Gemenge in den Tiegel und schaltet den Strom, etwa 20 Amp., ein.

Zu erwähnen wäre auch das elektrische Lötverfahren von Bernados. Das Werkstück wird mit dem positiven, die als Lötkolben dienende Kohlenspitze mit dem negativen Pol verbunden. Man kann auch umgekehrt eine Eisenelektrode als positiven Pol verwenden und das abtropfende Metall ähnlich wie Siegellack in die Fuge einträufeln lassen, doch stört hierbei die Oxydation und die Fuge wird nicht genügend heiß.

Fig. 475.

Mit Vorteil kann ferner der Lichtbogen statt der Säge oder des Meißels verwendet werden zur Zerstörung alter Eisenkonstruktionen.

Wasserofen. Von besonderem Interesse ist die Wärmewirkung der Entladung bei dem elektrischen Schweißverfahren von Hoho u. Lagrange. In einer Wasserzersetzungszelle wird das glühend zu machende Eisenstück als Kathode einer sehr großen Anode gegenübergestellt. Die Spannung des Stromes wird so hoch gesteigert, daß sich das Eisenstück mit einer zusammenhängenden Wasserstoffschicht umgibt, durch welche der Strom in Form leuchtender Entladung, d. h. als Lichtbogen, hindurchgeht. Daß hierdurch die Kathode glühend werden kann, läßt sich schon bei der gewöhnlich für elektrische Beleuchtung gebrauchten Spannung zeigen.

Elektrisches Gravieren auf Glas kann in der Weise ausgeführt werden, daß man die zu gravierende Platte mit konzentrierter Salpeterlösung überzieht und an den einen Pol einer vielplattigen Batterie ansetzt, während der andere mit einem dünnen Schreibstift aus Platin verbunden wird.

147. Elektromotorische Kraft galvanischer Elemente. Die elektrische Energie, welche ein galvanisches Element erzeugt, entsteht auf Kosten von chemischer Energie, indem sich z. B. Zink mit Schwefelsäure zu Zinkvitriol verbindet. Unter gewöhnlichen Umständen würde diese chemische Energie sich in Wärme verwandeln,

---

[1]) Elektrische Öfen verschiedener Art liefern die Deutsche Gold- und Silberscheideanstalt Frankfurt; Muencke, Berlin N W. (70 bis 2175 Mk.); Vereinigte Fabriken für Laboratoriumsbedarf Berlin N. 4 (55 bis 340 Mk.); Fr. Hugershoff, Leipzig (Fig. 476, 210 Mk.); Max Kohl, Chemnitz (Fig. 477, 240 bis 670 Mk.) u. a. Die Fig. 478 stellt eine ältere besonders einfache Konstruktion dar, zu beziehen von Leybolds Nachf., Köln, für 65 Mk.

Fig. 476.

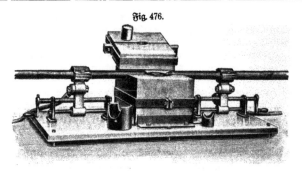

Fig. 477.

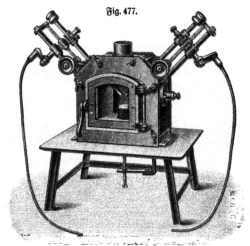

Fig. 478.

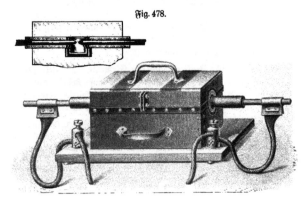

in die sogenannte Verbrennungs- oder Verbindungswärme. Nimmt man der Einfachheit halber zunächst an, es komme die gesamte chemische Energie, im Falle die Vereinigung der Körper unter Vermittelung eines galvanischen Stromes, d. h. in einem galvanischen Element, sich vollzieht, als elektrische Stromarbeit zum Vorschein[1]), dann müßte diese Stromarbeit in Kilogrammetern $= \frac{1}{g} \cdot E \cdot J =$ der Verbrennungswärme für die erforderliche Menge Zink sein. Letztere ist äquivalent der durch den Strom J an der Zinkplatte des Elementes in einer Sekunde ausgeschiedenen Sauerstoffmenge, beträgt also 0,3412 . J Milligramm. Nun beträgt nach Heß die Verbindungswärme von 65 g Zink mit der erforderlichen Menge von Schwefelsäure unter Entbindung von freiem Wasserstoff 40,3 Kal., somit diejenige von 1 mg $\frac{40,3}{65\,000}$ Kal., also ist die verbrauchte chemische Energie

$$= 0,3412 \cdot \frac{40,3}{65\,000} \cdot J \text{ Kal.} = 430 . 0,3412 \cdot \frac{40,3}{65\,000} \cdot J \text{ Kilogrammeter.}$$

Dieselbe muß $= \frac{1}{g} \cdot E \cdot J$ sein, wenn E die elektromotorische Kraft des Elementes und $g = 9,81$, somit ist:

$$E = \frac{430 . 9,81 . 0,3412 . 40,3}{65\,000} = 0,89 \text{ Volt.}$$

Im vorliegenden Falle stimmt diese berechnete elektromotorische Kraft mit der zu beobachtenden fast vollkommen überein. Daß die Übereinstimmung nicht immer gut ist, beruht vor allem darauf, daß die gemachte Voraussetzung, die elektrische Stromarbeit entspreche genau der verbrauchten chemischen Energie, nicht genau richtig ist. Wenn man verschiedene galvanische Elemente in dieser Hinsicht prüft, so zeigt sich, daß sich einzelne beim Durchgang des Stromes etwas erwärmen, d. h., daß die chemische Energie nur teilweise in Stromarbeit umgesetzt wird, bei anderen tritt umgekehrt Abkühlung ein, d. h. es wird ähnlich wie bei Expansion eines Gases oder Diffusion einer sich lösenden Flüssigkeit auch ein Teil der vorhandenen Wärme in Arbeit umgesetzt, man muß also diese abgegebene oder hinzukommende Wärme beim Ansatz obiger Formel in Rechnung ziehen[2]).

Ein anderes Beispiel, in welchem obige Annahme, die W. Thomsonsche Regel, zutrifft, ist das Daniellelement. Die elektromotorische Kraft desselben beträgt 1,1 Volt $= 1,1 . 10^8$ CGS. Bei Auflösung von 1 Grammäquivalent Zink ist die transportierte Elektrizitätsmenge $= 96\,540$ Coulomb $= 9654$ CGS$_{el}$. Da nun die

---

[1]) Würde in einem galvanischen Element die chemische Energie wirklich zunächst in Wärme übergehen und die elektrische Energie erst aus dieser Wärme entstehen, so könnte man natürlich dem zweiten Hauptsatz der mechanischen Wärmetheorie gemäß nicht annehmen, daß die Wärme vollständig in elektrische Energie übergehen könne, die ihrerseits vollständig in mechanische Arbeit umgesetzt werden kann, also dieser äquivalent ist. Tatsächlich geht die chemische Energie direkt in die elektrische über und der vollständigen Umwandlung steht nichts entgegen, ebenso wie bei einem sinkenden Gewicht die potentielle Energie sich vollständig in mechanische Arbeit umsetzt. Die Ausnutzung der chemischen Energie der Kohle zum Betrieb von thermodynamischen Maschinen ist deshalb eine durchaus unrationelle, da man auf diesem Wege nur einen kleinen Bruchteil der chemischen Energie als Arbeit erhalten kann. Leider ist es bisher nicht gelungen, die Kohle in einem galvanischen Element als wirksame Masse zu verwenden und so ihre ganze Energie in Arbeit umzusetzen. — [2]) Vgl. weiter unten „Konzentrationsketten" (§ 162, S. 276).

Arbeit eines Stromes von e CGS Spannung und i CGS Stärke in t Sekunden, d. h. beim Transport der Elektrizitätsmenge, $i.t$ CGS $= e.i.t$ Erg ist, so ist sie im vorliegenden Fall $1,1 . 10^8 . 9654 = 106 . 10^{10}$ Erg. Die gleichzeitige Auf= lösung von 1 Grammäquivalent Zink zu Zinkvitriol und Abscheidung von 1 Gramm= äquivalent Kupfer aus Kupfervitriol bedingt die Wärmetönung 25 060 Gramm= kalorien $= 25 060 . 41 900 000 = 105 . 10^{10}$ Erg, d. h. die Wärme wird vollständig in Stromarbeit umgesetzt. In allen derartigen Fällen, in welchen die chemische Energie (entsprechend einer Wärmetönung von Q Grammkalorien pro Grammäquivalent) vollständig in elektrische Energie umgesetzt wird, muß also die Stromarbeit $e . 9654$ Erg $= 41 900 000 . Q$ oder $e = 4340 . Q$ CGS $= 0,000 043 4 Q$ Volt sein.

Stellt man sich verschiedene Daniellelemente her, welche außen Zink in Zink= nitratlösung (47,4 g im Liter) enthalten, innen eines der folgenden Metalle: Cad= mium in Cadmiumnitrat (59,1 g pro Liter), Blei in Bleinitrat (82,5 g pro Liter),

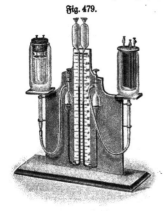
Fig. 479.

Kupfer in Kupfernitrat (46,9 g pro Liter), Silber in Silbernitrat (85 g pro Liter), Magnesium in Magnesiumnitrat (37,1 g pro Liter), so beobachtet man an einem empfindlichen Quadrantenelektrometer den größten Ausschlag bei Silber, dann folgen Kupfer, Blei und Cadmium. Einen ent= gegengesetzten Ausschlag gibt Magnesium[1]).

148. Stromwärme im Element. Wird ein Element durch einen kurzen dicken Draht geschlossen, so kommt fast die ganze Stromarbeit als Stromwärme im Ele= ment zum Vorschein. Zum Nachweis kann nach Looser und Kolbe das Doppelthermo= stop dienen (Fig. 479[2]). Bei der gezeich= neten Anordnung wird das in dem einen Rezeptor befindliche Element durch einen dünnen Draht von hohem Widerstande im anderen geschlossen. Die Stromwärme tritt natürlich vorwiegend dort auf. Bringt man aber in beide Rezeptoren gleiche Elemente und schließt das eine kurz, das andere nicht, so zeigt das geschlossene nach fünf bis sechs Minuten stärkere Erwärmung an.

Am besten eignen sich Kohlen= und amalgamierte Zinkstäbe in Chromsäure= lösung, die man direkt in die Rezeptoren eingießt. Ehe man das eine Element schließt, wartet man etwa fünf Minuten, bis die Temperatur konstant ist.

Schütz (Z. 16, 93, 1903) zeigt den Mehrverbrauch von Zink im geschlossenen Element, indem er die Zinkplatten zweier Elemente an die Enden eines Wagebalkens hängt und den Strom des einen Elementes schließt.

149. Temperaturkoeffizient eines Elementes. Kühlt sich ein umkehrbares Element beim Stromdurchgang ab, d. h. verwandelt es mehr Wärme in elektrische Energie als der Wärmetönung der chemischen Reaktion entspricht, so muß ihm pro Grammäquivalent, um die Temperatur τ konstant zu halten, die Wärmemenge

---

[1]) Siehe Heumann=Kühling, Anleitung zum Experimentieren, S. 119. — [2]) Zu beziehen von E. Gundelach in Gehlberg zu 48 Mk.

$9654 . e — Q$ Erg zugeführt werden. Erhitzt sich das Element, d. h. erzeugt die Reaktion überschüssige Wärme, die nicht in elektrische umgesetzt wird, so müßte ihm der Wärmebetrag $Q — 9654 . e$ Erg entzogen werden.

Man kann nun einen Carnotschen Kreisprozeß herstellen, indem man bei einer anderen Temperatur τ' den chemischen Prozeß durch einen entgegengesetzten Strom rückgängig macht. Die dazu verbrauchte Arbeit sei $9654 . e'$, d. h. e' sei die elektromotorische Kraft bei der Temperatur τ', somit der Temperaturkoeffizient $(e — e') : (\tau — \tau')$. Nach dem zweiten Hauptsatz ist nun:

$$9654 \, (e — e') : (9654 . e — Q) = (\tau — \tau') : \tau,$$

somit

$$\frac{e — e'}{\tau — \tau'} = \frac{1}{\tau} \left(e — \frac{Q}{9654} \right),$$

d. h. der Temperaturkoeffizient ist gleich Null, wenn die chemische Energie vollständig umgesetzt wird.

150. Jonen und Elektronen. Nach Faradays elektrolytischen Gesetzen ist der Durchgang von Elektrizität durch einen Elektrolyten stets mit der Ausscheidung von Jonen verbunden. Es können also die Elektrizitätsteilchen (Elektronen) sich nicht frei bewegen wie in einem metallischen Leiter, sondern sie sind an materielle Atome gebunden. Ein Jon ist die Verbindung eines Atoms mit einem oder mehreren Elektronen, je nachdem es einwertig oder mehrwertig ist, wie zuerst Helmholtz sich vorgestellt hat.

Die alte Grotthußsche Theorie nahm an, daß die beiden Bestandteile eines neutralen Moleküls entgegengesetzt elektrisch seien und durch die elektrische Kraft des Feldes zwischen den beiden Elektroden nach entgegengesetzten Richtungen getrieben und bei genügend hoher Spannung schließlich auseinandergerissen würden. Der Umstand, daß auch die geringste Spannung ausreicht, einen Strom in einem Elektrolyten hervorzurufen, wenigstens so lange, bis durch die wachsende Gegenkraft der Polarisation seine Entstehung gehindert wird, war nun unverträglich mit jener alten Theorie und führte Clausius zu der Annahme, daß einzelne Moleküle, etwa infolge ihrer gegenseitigen Zusammenstöße, bereits vor dem Durchgang des Stromes gespalten seien, so daß sie der Kraft des Feldes folgen können, auch wenn diese nicht ausreicht, ihre gegenseitige Anziehung zu überwinden. Wie bedeutend diese ist, läßt sich aus den von der kinetischen Gastheorie gelieferten Angaben über die Dimensionen der Moleküle annähernd berechnen. Ein Strom von 1 Amp. entbindet pro Sekunde 0,01 mg Wasserstoff und 0,08 mg Sauerstoff. Es ist also anzunehmen, daß die 0,01 mg Wasserstoffatome $1/2$ Coulomb positiver Elektrizität nach dem negativen Pole transportiert haben, während gleichzeitig $1/2$ Coulomb negativer Elektrizität durch die 0,8 mg Sauerstoffionen nach dem positiven Pole transportiert worden ist. Nach den Resultaten der kinetischen Gastheorie würde 1 mg Wasserstoff etwa 200 Trillionen Moleküle, jedes bestehend aus zwei Atomen, enthalten, also im ganzen $400 . 10^{18}$ Atome. Hieraus würde folgen, daß ein einzelnes Wasserstoffatom die Elektrizitätsmenge

$$Q = \frac{1}{2 . 400 . 10^{16}} = 1{,}25 . 10^{-19} \text{ Coulomb}$$

zu transportieren vermag. Man nennt diese Menge das Elementarquantum [1].

---

[1] Genauer ist nach F. Richarz (Sitzungsber. b. bayer. Akad. 24, Heft 1, 1894) das Elementarquantum $= 0{,}434 . 10^{-19}$ Coulomb. M. Planck, Ann. d. Phys. 4, 562, 1901 zieht den Wert $1{,}56 . 10^{-19}$ Coulomb vor, wobei angenommen ist, daß 1 Coulomb von $6{,}42 . 10^{18}$ Atomen transportiert wird.

Dieselbe Größe für das Elementarquantum ergibt sich für jedes andere einwertige Atom. Ein zweiwertiges Atom, wie z. B. ein Sauerstoffatom, vermag dagegen die doppelte Elektrizitätsmenge, d. h. $2,5 . 10^{-19}$ Coulomb, zu übertragen, ein dreiwertiges die dreifache, allgemein ein n-wertiges die Menge

$$n . 1,25 . 10^{-19} \text{ Coulomb.}$$

Diese Ladungen der elektrischen Atome, welche für den Durchgang des Stromes — der eben nur in der Abgabe dieser Ladungen an die Elektroden besteht — maßgebend sind, nennt man die Valenzladungen der Jonen.

Um zwei elektrische Massen m_1 und m_2 Coulomb im Abstand r Meter auseinander zu reißen, ist nach den §§ 21 (S. 48) u. 33 (S. 66) eine Arbeit

$$P = \frac{9 . 10^9}{g} . \frac{m_1 . m_2}{r} \text{ Kilogrammeter}$$

erforderlich, somit im Falle zweier Wasserstoffatome

$$P = \frac{9 . 10^9 . 1,56^2 . 10^{-38}}{9,81 . 1,4 . 10^{-10}} = 1,59 . 10^{-20} \text{ Kilogrammeter,}$$

wenn man den Radius eines der kugelförmig gedachten Moleküle gemäß den Resultaten der kinetischen Gastheorie zu $0,7 . 10^{-10}$ m, somit den Abstand der Zentren zu $1,4 . 10^{-10}$ m annimmt und die Ladung zu $1,56 . 10^{-19}$ Coulomb.

Zur Dissociation von 1 mg $= 200 . 10^{18}$ H$_2$-Molekülen wäre hiernach eine Arbeit von 3 kgm $= 0,07$ Kalorien notwendig und für 1 g 70 Kalorien.

Nach den Bestimmungen von E. Wiedemann ergibt sich experimentell als oberer Grenzwert für diese Dissociationswärme 128,8 Kalorien, so daß wenigstens die Größenordnung in befriedigender Weise stimmt und der Schluß berechtigt erscheint, daß „die chemischen Affinitätskräfte wesentlich elektrischer Natur sind, hervorgebracht durch die elektrostatischen Kräfte, welche die Ladungen an den Valenzstellen aufeinander ausüben" [1]).

Die Anziehungskraft zwischen zwei Atomen ergibt sich, wenn man deren Abstand $= 3 . 10^{-9}$ m setzt:

$$K = \frac{9 . 10^9}{g} . \frac{0,156^2 . 10^{-36}}{9 . 10^{-18}} = 2,47 . 10^{-12} \text{ Kilogramm.}$$

Im Fall der Berührung eines Sauerstoff- und Wasserstoffatoms, wenn man den Radius eines Sauerstoffatoms zu $8 . 10^{-11}$ m annimmt, wäre die Kraft

$$K = \frac{9 . 10^9}{g} . \frac{0,156^2 . 10^{-36}}{11^2 . 10^{-22}}$$

$$= \frac{9 . 0,156^2}{9,81 . 11^2} . 10^{-5} = 1,84 . 10^{-9} \text{ Kilogramm} = 0,00184 \text{ Milligramm.}$$

Weil 1 Wasserstoffatom $\frac{10^{-6}}{280 . 10^{18}}$ Kilogramm wiegt, also die Masse $\frac{1}{280 . 9,81 . 10^{24}}$ hat, würde diese Kraft einem solchen Atom die Beschleunigung

$$1,84 . 10^{-9} . 280 . 9,81 . 10^{24} = 5,1 . 10^{18} \text{ m}$$

erteilen, in Worten 5,1 Trillionen Meter oder 5,1 Milliarden Kilometer pro Sekunde [2]). Im Gaszustande beträgt die mittlere Molekulargeschwindigkeit der Wasser-

---

[1]) Bei endothermen Reaktionen, die sich insbesondere in hohen Temperaturen vollziehen, wird aber die Arbeit unter Entbindung von Wärme geleistet. — [2]) Siehe O. Lehmann, Die elektr. Lichterscheinungen oder Entladungen. Halle 1898, W. Knapp, S. 115.

stoffmoleküle nur etwa 1,8 km pro Sekunde. Einzelne Moleküle haben wohl eine beträchtlich höhere Geschwindigkeit, sie wird aber nicht ausreichend sein, um durch Stoßwirkung Spaltung der Moleküle hervorzurufen, und in Übereinstimmung damit verhalten sich die Gase als Isolatoren.

Man kann fragen, wie viel Volt müßte die Elektrodenspannung E betragen, damit die Zersetzung eintritt? Ist der Abstand der Elektroden l Meter, so ist das Spannungsgefälle zwischen denselben E/l, somit die Kraft auf eine elektrische Masse von Q Coulomb

$$K = 1/g . E/l . Q \text{ Kilogramm.}$$

Setzt man $l = 1$, $Q = 1{,}56 . 10^{-19}$ und $K = 1{,}84 . 10^{-9}$, so folgt:

$$E = \frac{1{,}84 . 10^{-9} . 9{,}81}{1{,}56 . 10^{-19}} = 0{,}116 . 10^{12} \text{ Volt,}$$

d. h. die Elektrodenspannung müßte bei 1 m Abstand rund 100 000 Millionen Volt betragen, damit die entgegengesetzt elektrischen Atome durch die Kraft des Feldes voneinander getrennt werden.

In Flüssigkeiten wird die Anziehungskraft durch deren hohe Dielektrizitätskonstante erheblich vermindert (vgl. § 45, S. 99). Insbesondere hat das Wasser infolge seiner abnorm hohen Dielektrizitätskonstante außerordentlich große dissoziierende Kraft, so daß speziell wässerige Lösungen von Salzen und ähnlichen chemischen Verbindungen relativ starke elektrolytische Dissociation, d. h. Zerspaltung zahlreicher Moleküle in Jonen zeigen, wie zuerst Arrhenius durch Molekulargewichtsbestimmung auf Grund der Messung des osmotischen Druckes durch Siedepunktserhöhung, Gefrierpunktserniedrigung u. s. w. (siehe Bd. I(3), S. 1545) nachgewiesen hat. Die Jonen vereinigen sich immerfort wieder, während neue Moleküle in entsprechender Anzahl zerfallen, so daß das Verhältnis der dissoziierten oder aktiven Moleküle zur Gesamtzahl, der sogenannte Dissociationskoeffizient, konstant bleibt und sich nur mit Temperatur und Druck und etwaigen fremden Beimischungen (Lösungsmitteln) ändert. Daß man von dieser Elektrisierung nichts bemerkt, erklärt sich leicht dadurch, daß sowohl die Zahl, wie die Ladung der entgegengesetzt elektrischen Atome dieselbe ist, so daß die Wirkungen nach außen sich kompensieren oder sämtliche Kraftlinien im Inneren des Elektrolyten verlaufen (gebundene Elektrizität).

Absolut reines Wasser ist fast gar nicht dissociiert, also nahezu ein Isolator. Erst durch Salz und Säurezusatz wird es leitend. Immerhin finden sich auch in dem reinsten Wasser Wasserstoff und HydroxylJonen.

Um zu zeigen, daß reines Wasser schlecht leitet, benutzt Landolt eine für Projektion eingerichtete Zersetzungszelle und schaltet in den Stromkreis einen Strommesser ein. Man kann leicht die Stromstärke so wählen, daß, wenn die Zelle mit reinem Wasser gefüllt wird, dieser anscheinend nicht in Tätigkeit kommt, aber sofort Ausschlag gibt, wenn einige Tropfen Schwefelsäure zugefügt werden.

151. Molekulare Leitfähigkeit. Da das Leitungsvermögen von Elektrolyten (speziell von Lösungen) durch die Zahl leitender (dissociierter) Moleküle bestimmt ist, empfiehlt es sich, dasselbe zum Molekulargewicht in Beziehung zu bringen. Der Widerstand einer Flüssigkeitssäule von l Meter Länge und q Quadratmeter Querschnitt beträgt, wenn s der spezifische Widerstand (§ 57, S. 134) $s . \dfrac{l}{q}$ Ohm, somit das

Leitungsvermögen $\frac{1}{s} \cdot \frac{q}{l}$ Mho. Eine Flüssigkeitssäule von 1 m Länge und 1 qm Querschnitt hat hiernach das spezifische Leitungsvermögen $\varkappa = 1/s$ Mho. Sei nun die Äquivalent- oder Molekularkonzentration der Lösung, d. h. die Anzahl Hyl-Moleküle (soviel Hyl[1]) als das Molekulargewicht beträgt) pro Kubikmeter $= \eta$, so würde, sehr verdünnten Zustand der Lösung vorausgesetzt, das spezifische Leitvermögen einer solchen Lösung, die nur ein Hyl-Molekül pro Kubikmeter enthält, $= \varkappa/\eta$ sein. Dieses spezifische Leitvermögen ist das Äquivalentleitvermögen oder die molekulare Leitfähigkeit, gemessen im technischen System.

Beispielsweise ist das Molekulargewicht von Kupfervitriol ($CuSO_4$), da $Cu = 63$, $S = 32$ und $O = 16$, wenn $H = 1$ gesetzt wird:

$$63 + 32 + 4 \times 16 = 159.$$

Der spezifische Widerstand 8 prozentiger Kupfervitriollösung ist $s = 0{,}248$ Ohm pro Kubikmeter, somit das Leitvermögen $1/0{,}248$ Mho pro Kubikmeter.

Ein Kubikmeter der Lösung wiegt 1052 kg, enthält also $1052 \cdot \dfrac{8}{100} = 84{,}16$ kg $= 8{,}6$ Hyl $CuSO_4$, somit ist das molekulare Leitvermögen $= 159/8{,}6 . 1/0{,}248$ $= 75$ Mho pro Hyl-Molekül im Kubikmeter.

Im absoluten System beträgt der Widerstand einer Flüssigkeitssäule von l Centimeter Länge und q Quadratcentimeter Querschnitt, wenn s der spezifische Widerstand ist, $s.l/q$ CGS$_{el}$, somit das Leitungsvermögen $q/s.l$, das Äquivalentleitvermögen ist also $\Delta = q/s.l.\eta$, wenn η die Äquivalentkonzentration, d. h. die Anzahl Mol (Grammoleküle) pro Kubikcentimeter bedeutet.

Der spezifische Widerstand 8 prozentiger Kupfervitriollösung ist $0{,}248 . 10^{11}$ CGS$_{el}$, die Äquivalentkonzentration, da 1 ccm $1{,}052$ g wiegt, also $0{,}084\,16$ g $CuSO_4$ enthält, $\eta = 0{,}084\,16/159$, somit das Leitungsvermögen

$$\Delta = \frac{159}{0{,}248.10^{11}.0{,}084\,16} = 0{,}76.10^{-7}.$$

Wie man sieht, ist weder das technische noch das absolute System besonders geeignet. Gewöhnlich nimmt man deshalb als Einheit des Leitungsvermögens das eines Körpers, dessen Centimeterwürfel den Widerstand ein Ohm hat, als Maß der Äquivalentkonzentration die Anzahl Grammäquivalente pro Kubikcentimeter. So ist der Widerstand obiger Kupfervitriollösung 24,8 Ohm pro Kubikcentimeter, die Molekularkonzentration 0,084 16/159, also die molekulare Leitfähigkeit

$$\Delta = 159/24{,}8 . 0{,}084\,16 = 761.$$

Beispiele einiger solcher molekularen Leitfähigkeiten für wässerige Salzlösungen bei 18° sind:

$\eta \times 1000$	KCl	NaCl	KNO_3	HCl	$\frac{1}{2} H_2SO_4$
0,0001	129,1	108,1	125,5	—	—
0,001	127,3	106,5	123,6	377	361
0,01	122,4	102,0	118,2	370	308
0,1	112,0	92,0	104,8	351	225
1	98,3	74,3	80,5	301	198

[1]) Selbstverständlich wird kein Physiker Massen in Hyl messen. Es geschieht dies hier nur, um die Unbrauchbarkeit des technischen Systems möglichst klar zu machen.

Da die Leitfähigkeit der Anzahl freier Jonen, also, wenn α den Diſſociations=
grad bezeichnet, dem Produkte $\alpha \cdot \eta$ proportional iſt, kann man ſetzen $\varLambda = K \cdot \alpha$.
Für unendliche Verdünnung wird $\alpha = 1$, also $\varLambda_\infty = K$ oder $\alpha = \varLambda / \varLambda_\infty$, d. h.
man kann den Diſſociationsgrad durch die Leitfähigkeit beſtimmen.
So findet ſich z. B. für KCl für $\eta = 0,001$, $\alpha = 0,748$, $\eta = 0,00001$,
$\alpha = 0,934$, $\eta = 0,000001$, $\alpha = 0,973$, $\eta = 0,0000001$, $\alpha = 0,987$. Für
ſchlechte Leiter gilt bis zu mäßiger Verdünnung $\alpha^2/(1 - \alpha) = c/\eta$ oder $\varLambda^2/(\varLambda_\infty - \varLambda)$
$= C/\eta$, wo c die Diſſociationskonſtante und $C = c \cdot \varLambda_\infty$ iſt. 1 mg eines Salzes, in
einem Liter Waſſer gelöſt, bewirkt eine Erhöhung des Leitvermögens von der Ord=
nung 10^{-6} [1]).

Arrhenius iſt zuerſt auf den Gedanken gekommen, die Theorie durch Molekular=
gewichtsbeſtimmungen nach der Methode der Gefrierpunktserniedrigung und Siede=
punktserhöhung, durch welche Diſſociation einer Subſtanz ſich quantitativ ermitteln
läßt, zu prüfen und hat dieſelbe beſtätigt gefunden. Ebenſo hat ſich gezeigt, daß
die auf Grund des ſo ermittelten Diſſociationskoeffizienten berechnete Leitfähigkeit
mit der beobachteten übereinſtimmt.

Man kann ferner erwarten, daß eine ſolche Löſung auf irgend einen Stoff um
ſo leichter einwirken wird, oder die Reaktion ſich um ſo raſcher vollziehen, alſo die
Reaktionsgeſchwindigkeit (§ 208, Bd. $I_{(3)}$, S. 875) oder chemiſche Affinität
um ſo größer ſein wird, in je höherem Maße die Moleküle des Salzes bereits
diſſociiert ſind. Auch in dieſer Hinſicht hat die Erfahrung die Ergebniſſe der Theorie
beſtätigt, es iſt ſomit der aus dem elektriſchen Leitvermögen berechnete Diſſociations=
grad zugleich ein Maß für die Größe der chemiſchen Affinität.

Auch die Giftigkeit, z. B. von Queckſilberſalzen, deren desinfizierende Wirkungen,
die Fällung (Ausflockung, Agglutination) von kolloidalen Löſungen, feinen Sus=
penſionen, Bakterienanſchwemmungen u. ſ. w. durch Salzlöſungen ſtehen mit dem
Jonengehalt in Zuſammenhang, da die Jonen fremde Stoffe anzuziehen und daraus
ſichtbare Komplexe (Molionen) zu bilden vermögen. In beſter Übereinſtimmung mit
der Theorie ſteht ferner die Tatſache, daß die Neutraliſationswärme verdünnter
Löſungen unabhängig iſt von der Natur von Säure und Baſe, da dieſe diſſociiert
bleiben und nur die überſchüſſigen Waſſerſtoff= und Hydroxylionen ſich verbinden.

Durch Diffuſion laſſen ſich die Zerſetzungsprodukte der elektrolytiſchen Diſſociation
nicht wie die der gewöhnlichen Diſſociation in merkbarer Weiſe voneinander trennen.
Hierzu wäre es nötig, die bei der Diffuſion entſtehenden elektroſtatiſchen Ladungen
zu entfernen, was nur möglich iſt bei der Elektrolyſe. Die Wirkung des Stromes
beſteht gerade darin, daß die bereits freien elektriſch geladenen Atome ſich ent=
ſprechend der von dem elektriſchen Felde auf ſie ausgeübten Kraft nach entgegen=
geſetzten Richtungen bewegen, bis ſie an den Elektroden zur Ausſcheidung gelangen
und ſich zu unelektriſchen Molekülen zuſammenſetzen.

152. Wanderung der Jonen. Kupfervitriol, $CuSO_4$, beſteht, da die Atom=
gewichte von Cu, S, O bezw. 63,4, 31,98 und 15,96 ſind, aus 63,4 Tln. Kupfer
und 95,82 Tln. SO_4, wenn das Geſamtatom 159,22 Tle. beträgt. Sei nun der
Strom ſo lange durch eine Kupfervitriollöſung hindurchgeleitet worden, bis 159,22 mg
des Salzes zerſetzt worden ſind; wo iſt alsdann in der Flüſſigkeit dieſe Salzmenge

---

[1]) Apparate zu genauer Beſtimmung liefert Fr. Köhler, Univerſitätsmechaniker,
Leipzig=R.

verfchwunden? Verteilt fich der Verluft gleichmäßig auf die ganze Löfung oder findet er fich an den Elektroden und an beiden gleich oder in welchem Verhältnis geteilt?

Um diefe Fragen zu beantworten, entnahm Hittorf bei derartigen Unterfuchungen Proben an verfchiedenen Stellen der Flüffigkeit und ftellte deren Gehalt an Salz durch Analyfen feft[1]). Es ergab fich, daß Änderungen nur an den Elektroden eintreten, und zwar·hat man nach der Elektrolyfe

an der Kathode:	an der Anode:
weniger . . . . . $^2/_3$. 159,22 mg CuSO$_4$	weniger . . . . . $^1/_3$. 159,22 mg CuSO$_4$
mehr . . . . 63,4 „ Cu	mehr . . . . 95,82 „ SO$_4$.

Die letzteren neu hinzugekommenen Mengen find die elektrolytifchen Ausfcheidungsprodukte an den Elektroden.

Zufammengerechnet ergibt fich als Änderung

an der Kathode:	an der Anode:
mehr . . . . $^1/_3$. 65,4 mg Cu	mehr . . . . $^2/_3$. 95,82 mg SO$_4$
weniger . . . . . . $^2/_3$. 95,82 „ SO$_4$	weniger . . . . . . $^1/_3$. 65,4 „ Cu .

An der Anode find alfo $^1/_3$. 65,4 = 21,8 mg Kupfer verfchwunden und ebenfoviel an der Kathode hinzugekommen. Zu gleicher Zeit find an der Kathode $^2/_3$. 95,82 = 63,88 mg SO$_4$ verfchwunden und zur Anode hinübergewandert.

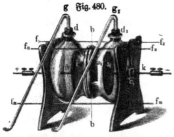

g Fig. 480. g₁

Man fieht hieraus, daß die Flüffigkeit zwifchen den Elektroden beim Durchgange des Stromes von zwei Scharen von Jonen durchwandert wird, pofitiven Cu-Jonen, welche der Kathode, und negativen SO$_4$-Jonen, welche der Anode zuftreben. Ihre Gefchwindigkeiten verhalten fich wie $^1/_3$: $^2/_3$, alfo wie 1 : 2. Die rafcher fich bewegenden Jonen find die SO$_4$-Jonen, die langfamer fortfchreitenden die Cu-Jonen.

Befteht die Anode aus Kupfer, fo verbinden fich die dort zur Ausfcheidung kommenden 95,82 mg SO$_4$ mit der entfprechenden Kupfermenge zu 159,22 mg . CuSO$_4$. Nun verfchwindet dafelbft gleichzeitig nur ein Drittel diefer Menge durch Zerfetzung, es tritt alfo ein Zuwachs der Konzentration der Löfung um $^2/_3$. 159,22 mg . CuSO$_4$ ein. Man nennt die Erfcheinung „Überführung".

Zur Demonftration benutze ich horizontale Kupferelektroden in Kupfervitriol, welche übereinander in einen fchmalen Glastrog eingefetzt find. Die Konzentrationsänderungen zeigen fich bei Projektion durch entfprechende Schlierenbildung, namentlich auffallend bei wiederholter Umkehrung der Stromrichtung.

Die quantitative Unterfuchung der Überführungserfcheinungen ermöglicht die Unterfcheidung primärer und fekundärer Aktionen. Beifpielsweife fcheidet fich bei der Elektrolyfe einer Löfung von Cyanfilber in Cyankalium an der Kathode

---

[1]) Man muß dazu nach Hittorf die Zerfetzungszelle durch ein größeres Diaphragma in mindeftens zwei Teile teilen und den Inhalt jeder Abteilung nach dem Durchgang des Stromes für fich analyfieren. (Fig. 480 Lb, 55.) Über Herftellung dauerhafter elektrolytifcher Diaphragmen fiehe Beiblätter 18, 586, 1894.

Silber aus. Die Untersuchung der gesamten Stoffänderungen an der Kathode ergibt aber, daß dort nur Kalium hinzugekommen ist, somit das Silber sekundär durch das Kalium gefällt sein muß. Richtiger sagt man, es kommen nicht diejenigen Jonen zur Ausscheidung, die zur Elektrode hingewandert sind, sondern diejenigen, die ihre Ladung am leichtesten abgeben. In dem genannten Beispiele ist Kalium gewandert, es sind aber auch (infolge der elektrolytischen Dissociation) Silberionen vorhanden, welche ihre Ladung leichter abgeben, d. h. geringere galvanische Polarisation (Zersetzungsspannung) ergeben und darum entladen werden, während die Kaliumionen elektrisch durch die übrig bleibenden zuvor mit dem Silber verbundenen Reste neutralisiert werden.

Das Verhältnis der durch einen Querschnitt gewanderten Menge eines Jons zur gesamten zersetzten Menge, also z. B. für Kupfer die Zahl $^1/_3$, heißt die Überführungszahl des betreffenden Jons.

Ist allgemein die Überführungszahl des Anions n, die des Kations also $1 - n$, so ist das Verhältnis der Wanderungsgeschwindigkeiten des Kations U und des Anions V

$$U : V = (1 - n) : n.$$

Führt man die Rechnung aus, so ergibt sich (nach F. Kohlrausch) für stark verdünnte Lösungen, daß bei gleichem Potentialgefälle jedem Jon im Wasser eine ganz bestimmte Wanderungsgeschwindigkeit zukommt, gleichviel welche sonstigen Jonen in der Lösung vorhanden sein mögen.

153. Jonengeschwindigkeiten. Ein Würfel von 1 cm Seitenlänge habe den Widerstand s Ohm, wenn die oben benutzten Einheiten beibehalten werden. Bringt man zwei gegenüberliegende Seiten auf die Spannungsdifferenz 1 Volt, so ist die Stromstärke $^1/_s$ Ampere. Ist nun U die Geschwindigkeit in Centimeter/Sekunden, mit welcher sich das Kation verschiebt, V die Geschwindigkeit des Anions, so gehen, da sich η Grammoleküle in dem Kubikcentimeter befinden, und ein Coulomb, falls w die Wertigkeit bedeutet, von $\dfrac{1}{w \cdot 96\,540 \cdot {}^1/_2}$, speziell, falls $w = 1$ ist, von 0,000 020 72 Grammolekülen transportiert wird [1]), pro Sekunde von der Anode fort $U \cdot \eta / 0{,}000\,020\,72$ Coulomb, zu ihr hin $V \cdot \eta / 0{,}000\,020\,72$ Coulomb. Die Stromstärke muß somit sein $(U + V) \cdot \eta / 0{,}000\,020\,72 = {}^1/_s$ Ampere, da der Querschnitt $q = 1$ und die Länge $l = 1$. Man hat also:

$$U + V = 0{,}000\,020\,72 / s \cdot \eta.$$

Wenn n die Überführungszahl des Anions, wird ferner, da die spezifische Äquivalentleitfähigkeit $\varLambda$, d. h. die Leitfähigkeit, wenn nur 1 Grammäquivalent in 1 ccm enthalten ist, $= {}^1/_s \cdot \eta$ ist, $U = (1 - n) \cdot 0{,}000\,020\,72 \cdot \varLambda$ cm/sec und $V = n \cdot 0{,}000\,020\,72 \, \varLambda$ cm/sec. Die Produkte $(1 - n) \cdot \varLambda$ und $n \cdot \varLambda$ heißen die „Beweglichkeiten der Jonen".

Beträgt die Wertigkeit w und ist der Spannungsabfall $\varSigma$ Volt auf l cm, so wird $U + V = \dfrac{\varSigma}{l} \cdot \dfrac{1}{s \cdot \eta} \cdot \dfrac{1}{w \cdot 96\,540 \cdot {}^1/_2}$ und $\varLambda = (U + V) \cdot w \cdot 96\,540 \cdot {}^1/_2$.

Nach § 151, S. 258 ist für 8 proz. Kupfervitriollösung $\varLambda = 761$ und nach § 152, s. oben, $U : V = 2 : 1$ oder $V = {}^1/_2 U$, somit $U + V = {}^3/_2 U = 761 \cdot {}^1/_2 \cdot {}^2/_{96\,540}$ und $U = 0{,}005\,44$ cm pro Sek., $V = 0{,}002\,72$ cm pro Sek.

---

[1]) Die Summe der transportierten Elektrizitätsmenge und der (gleichgroßen) Ladung der infolge der entgegengesetzten Jonenwanderung an der Elektrode zurückgebliebenen freien Jonen beträgt 96 540 Coulomb, somit die transportierte Menge $96\,540 \cdot {}^1/_2$.

Trotz dieser geringen Geschwindigkeit ist die treibende Kraft sehr groß. Sie ist nach § 24, S. 51

$$K = \frac{9 \cdot 10^9}{g} \cdot \frac{dV}{ds} \cdot m = \frac{1}{g} \cdot \frac{E}{l} \cdot m,$$

also für 1 Grammäquivalent, b. h. für $m = 2.96540 \cdot \frac{1}{2}$, bei 100 Volt Spannungsdifferenz pro Meter $K = \frac{1}{9,81} \cdot 100 \cdot 2.96540 \cdot \frac{1}{2} = 950000$ kg auf 63 g Kupferionen.

Fig. 481.

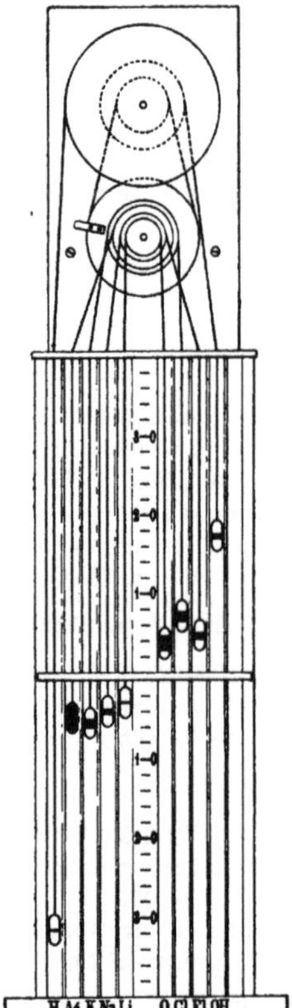

Die Berechnung ergibt ebenso folgende Werte der Jonengeschwindigkeiten bei dem Spannungsabfall von 1 Volt pro Centimeter in Centimetern pro Stunde:

H	K	N H₄	Na	Ag
10,8	2,05	1,98	1,26	1,66
O H	Cl	J	N O₃	C₂H₃O₂
5,6	2,12	2,19	1,91	1,04

Die Geschwindigkeit der Jonen ist unabhängig von der Anwesenheit anderer Jonen, so daß die Leitfähigkeit einer Mischung, falls nicht Bildung komplexer Jonen eintritt, sich einfach durch Abdition ergibt, auch ist $\varLambda = \varLambda_a + \varLambda_k$, wenn $\varLambda_a$ und $\varLambda_k$ die Leitfähigkeiten für das Anion und Kation bedeuten.

Schwerlösliche Salze, wie sie im Trinkwasser enthalten sind, können als vollständig dissoziiert betrachtet werden, man kann deshalb aus der Leitfähigkeit auf deren Menge schließen, b. h. eine chemische Analyse des Wassers durch elektrische Widerstandsbestimmung ausführen. Aus gleichem Grunde kann man durch Messung der Leitfähigkeit auch die Löslichkeit bestimmen.

Ein Modell zur Veranschaulichung der Wanderung und Ausscheidung der Jonen beschreibt E. Müller[1]). In zwei übereinander befindlichen Räumen verschieben sich in entgegengesetzter Richtung Klötzchen, welche Jonen darstellen und durch Rollen verschiedene Geschwindigkeit erhalten.

Ein anderes Modell, bei welchem die durch Metallcylinderchen dargestellten, etwa ihrem Massenverhältnis entsprechend bezeichneten Jonen sich in vertikalen Rinnen eines 50 cm hohen und 18 cm breiten Brettes, Fig. 481, verschieben lassen, beschreibt F. Kohlrausch[2]). Die Fäden, an welchen die Cylinderchen hängen, sind um Scheiben von verschiedenem Durchmesser geschlungen, entsprechend den Wanderungsgeschwindigkeiten, so daß sich beim Drehen der Scheiben die Metallionen heben, während sich die Säureionen senken. Die obere Drehachse trägt eine Scheibe von 128 mm und eine (punktierte) von 70 mm Durchmesser, was

---

[1]) E. Müller, Zeitschr. f. Elektrochem. 6, 589, 1900. — [2]) F. Kohlrausch, Zeitschr. f. phys. Chem. 34, 559, 1900.

ben Wanderungsgeſchwindigkeiten von Waſſerſtoff (320) und Hydroxyl (175) entſpricht. Sonſtige Jonenbeweglichkeiten ſind ſo erheblich kleiner, daß durch Trans-
miſſion zwiſchen Rollen von 40 und 90 mm Durchmeſſer die Geſchwindigkeit auf ⁴/₉
rebuziert werden mußte. An dieſer langſamer ſich brehenden Achſe ſind Rollen von
58,5, 39 und 30,8 mm Durchmeſſer angebracht für bezw. K und Cl, Na und Fl, Li
und C₂H₃O₂. Die Fäden werden ſo abgeglichen, daß die Jonen in einer mittleren
markierten Lage gleich hoch hängen [1].

Davon, daß wirklich die Jonengeſchwindigkeit ben berechneten Wert beſitzt,
kann man ſich in einigen Fällen burch direkten Verſuch (nach Lobge 1887) überzeugen. Man bringe in eine Glasröhre Gelatine in drei Abteilungen, welche bezw.
HCl, NaOH und NaCl enthalten.

Die mittlere NaOH enthaltende Abteilung ſei durch Zuſatz von Phenolphtaleïn
rot gefärbt. Es ſind bann die nachſtehend angebeuteten Jonenreihen vorhanden:

$$+\left|\begin{array}{cccc} Cl & Cl & Cl & Cl \\ H & H & H & H \end{array}\right| \boxed{\begin{array}{cccccccc} OH & OH & OH & OH & OH & OH & OH & OH \\ Na & Na & Na & Na & Na & Na & Na & Na \end{array}} \left| \begin{array}{cccc} Cl & Cl & Cl & Cl \\ Na & Na & Na & Na \end{array}\right|-$$

Nachdem der Strom einige Zeit hindurchgegangen, iſt die Anordnung folgende:

$$+\left|\begin{array}{cccc} Cl & Cl & Cl & Cl \\ & H & H & H \end{array} \begin{array}{cc} OH & OH \\ & H \end{array} \begin{array}{cc} OH & OH \\ H & \end{array}\right| \boxed{\begin{array}{cccc} OH & OH & OH & OH \\ Na & Na & Na & Na \end{array}} \left|\begin{array}{cc} Cl & Cl \\ Na & Na \end{array} \right. \left| \begin{array}{cc} Cl & Cl \\ Na & Na & Na & Na & Na & Na \end{array}\right|-$$

Demgemäß iſt die Säule der NaOH enthaltenben roten Löſung beiberſeits
kürzer geworden, benn weber das auf der einen Seite entſtanbene HOH noch das
auf der anberen Seite gebilbete NaCl bringen bie rote Färbung bes Phenolphtaleïns
hervor. Die Geſchwindigkeit,
mit welcher die farbloſen Jonen
von ben Elektroben her gegen
die Mitte vorſchreiten, gibt alſo
bireft die Jonengeſchwindigkeit.

Lüpke (8. 8, 82, 1894)
benutzt ein 8 mm weites, 40 cm
langes, an beiden Enben abwärts gebogenes und in Gefäße
mit Elektroben eingeſetztes Glasrohr [2]. Die Röhre wird gefüllt

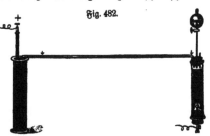

Fig. 482.

mit einer Löſung von 10 g Gelatine in 140 g Waſſer, welcher 7 g Ätznatron und
einige Tropfen Phenolphtaleïnlöſung zugeſetzt wurden, bis zu beutlicher Roſafärbung.
Nachdem die Löſung erſtarrt iſt, ſetzt man die Röhre in die beiden Gefäße ein,
beren eines mit einer Löſung von Kupferchlorid gefüllt und nach gänzlicher Ver-
brängung der Luft luftbicht abgeſchloſſen wird, damit nicht die Gelatine unter
Einwirkung bes Stromes aus der Röhre teilweiſe herausgebrängt wird. Das andere
Gefäß, in welchem ſich die aus Gaskohle gefertigte Anode befindet, wird mit verbünnter Salzſäure gefüllt. Beim Stromburchgang bringt von dieſem Gefäße aus
Waſſerſtoff in der Röhre vor, vom anderen Ende Chlor. Zunächſt muß man aber
ben Apparat mindeſtens 25 Stunden ſich ſelbſt überlaſſen, da infolge Diffuſion der
beiben Flüſſigkeiten in bie Gelatine letztere entfärbt wird. Schließt man alsbann

---

[1] Der Apparat iſt zu beziehen von Bornhäuſer, Mechaniker in Charlottenburg.
— [2] Ein Apparat nach Fig. 482 für bieſen Verſuch iſt zu beziehen von E. Gunbelach
in Gehlberg i. Thüringen.

neun Akkumulatorenzellen an die Elektrobenzellen an, so schreitet die Entfärbung ungleich schneller vor, nämlich in zwei Stunden von + Fig. 482 aus, um 8 cm, von — aus um ungefähr 0,5 cm. Nach zehn Stunden ist nur noch die dunkel gezeichnete Strecke rot gefärbt. Von der Anode her nahm also in dieser Zeit die Entfärbung um 18,8 cm, von der Kathode her um 3,7 cm zu. Sie beruht darauf, daß die von der Anode kommenden Wasserstoffionen mit dem Hydroxyl der in der Gelatine vorhandenen Base Wasser bilden und die frei gewordenen Natriumatome sich auf Kosten benachbarter Ätznatronmolekeln wieder zu Ätznatron ergänzen. Die

Fig. 483.

hierdurch frei gewordenen Natriumatome verhalten sich ebenso, bis sie durch die vom Kathodenende anrückenden Chlorionen gebunden werden. Somit wird in dem Maße, als die Ionen wandern, beiderseits das Alkali dem Phenolphtaleïn entzogen. Der Versuch lehrt also, daß das Wasserstoffion ungefähr fünfmal so schnell nach der Kathode vorrückt, als das Chlorion nach der Anode.

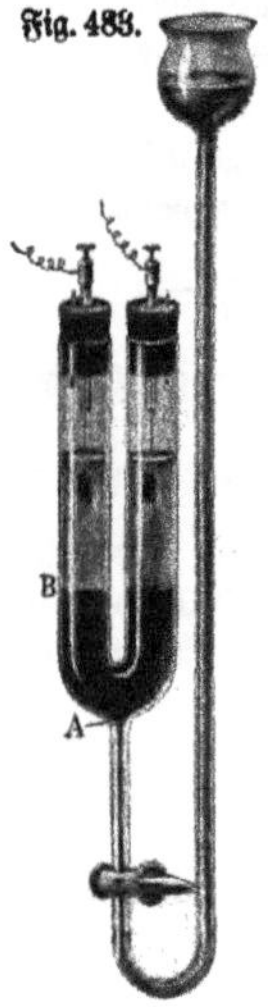

Nernst[1]) demonstriert die Ionenwanderung durch folgenden Versuch[2]):

Man füllt in den Trichter des Apparates Fig. 483[3]) verdünnte Kaliumpermanganatlösung (etwa 0,5 g MnO_4K im Liter), die man durch Zusatz von 5 g Harnstoff auf je 100 ccm etwas spezifisch schwerer gemacht hat, bis sie das Ende der Kapillare an der Biegung A erreicht, und schließt den Hahn. Sobann füllt man in das U-Rohr Kaliumnitratlösung (etwa 0,3 g KNO_3 im Liter) und läßt durch vorsichtiges Öffnen des Hahnes die Permanganatlösung bis B aufsteigen. Leitet man nun einen Strom von 0,3 bis 0,4 Ampere hindurch, so beginnt das Niveau der Permanganatlösung im Anodenschenkel langsam anzusteigen und im Kathodenschenkel zu fallen. Nach und nach werden freilich die Grenzen durch Diffusion verwischt. Immerhin kann man nach einigen Minuten den Niveauunterschied auch aus der Entfernung sehen.

Ein anderes speziell für Projektion geeignetes Beispiel ist Gelatine mit doppeltchromsaurem Kali mit übergeschichteter Kupfervitriollösung im U-Rohr.

Von Interesse ist auch die Entstehung von Niederschlägen an der Grenze zweier Elektrolyten, z. B. von Wasser und wässeriger Chlormagnesiumlösung.

154. Elektrische Diffusion. Das Fortschreiten von Höfen von den Elektroden aus gegen die Mitte, wie bei dem Versuche von Lodge (S. 263), beobachtet man auch bei Anwendung einer einzigen Lösung, falls Strömungen durch Zusatz von Gelatine verhindert werden. Es hat darin seinen Grund, daß durch die Elektrolyse ganz von selbst die Lösung an den beiden Elektroden verändert wird, somit drei verschiedene hintereinander geschaltete Lösungen entstehen, wie sie bei dem erwähnten Versuche künstlich zusammengestellt werden. Ich habe diese Erscheinungen elektrische Diffusion genannt, da sie mir noch nicht in allen Punkten genügend aufgeklärt erscheinen[4]). Sie können leicht mittels des Projektionsmikroskops objektiv gemacht werden, machen sich aber auch durch Änderung des Gesamtwiderstandes bemerklich.

---

[1]) Nernst, Zeitschr. f. Elektrochem. 3, 308, 1897. — [2]) Nach Heumann-Kühling, Anleitung zum Experimentieren, S. 117. — [3]) Zu beziehen von Gundelach, Gehlberg, zu 9 Mk. — [4]) O. Lehmann, Zeitschr. f. phys. Chemie 14, 301, 1894.

Schon gewöhnliches Wasser mit Zusatz von etwas flüssiger Tusche[1]) zeigt die Erscheinung. Die Elektroden werden mit einer Stromquelle von etwa 70 Volt Spannung verbunden.

Man sieht unter solchen Umständen folgendes: Beide Elektroden umgeben sich mit Höfen, die Anode mit einem dunkelgrauen, scharf umgrenzten, die Kathode mit einem blaßgrauen mit dunklem Saum, wie Fig. 484 zeigt.

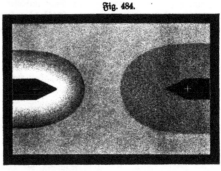

Fig. 484.

Beide Höfe nehmen rasch an Größe zu, der positive aber wesentlich schneller als der negative, so daß sie schließlich in der Nähe der Kathode zusammentreffen. Sobald dies geschieht, bildet sich an der Grenze sofort gegen die Anode zu ein schwarzer Niederschlag von Tusche, gegen die Kathode hin dagegen klärt sich die Flüssigkeit auf, wodurch neben dem schwarzen Niederschlag eine völlig farblose Zone entsteht, welche in heftige wellenförmige Bewegung gerät, während der übrige Teil der Flüssigkeit nach wie vor in völliger Ruhe verharrt.

Faßt man während der Ausbreitung der Höfe einzelne suspendierte Partikelchen näher ins Auge, so verraten sie nicht die geringste Bewegung, nur in dem Augenblick, in welchem die Grenze eines Hofes über sie hinwegschreitet, erfolgt eine Art Zuckung, als ob sie sich etwas gegen den Hof hinbewegten oder davon entfernten.

Versetzt man die flüssige Tusche mit Glycerin, so erhält man ein Präparat, welches

Fig. 485.   Fig. 486.

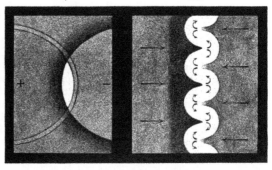

sich zur Beobachtung noch wesentlich besser eignet als das wässerige, da die Zähflüssigkeit des Glycerins alle störenden Bewegungen der Flüssigkeit hindert.

Der positive Hof erscheint nicht merklich dunkler als die umgebende Flüssigkeit und ist nur durch einen schmalen hellen Saum kenntlich. Der negative Hof hat einen dunkeln, innen scharf begrenzten, außen verwaschenen Saum. Beim Zu-

---

[1]) Ich benutze die unter der Bezeichnung Liquid-chinese-ink von E. Wolff u. Sohn in kleinen Fläschchen käufliche Tusche, welche genügend mit Wasser verdünnt wird, um ein unter dem Mikroskop hellgrau erscheinendes Präparat zu erhalten.

sammentreffen der Höfe wird der betreffende Teil des negativen Saumes tief=
schwarz, während der überdeckte Teil des positiven Hofes völlig entfärbt wird, wie
Fig. 485 zeigt.

Bei weiter fortgesetzter Überdeckung der Höfe wiederholen sich diese Erscheinun=
gen jeweils da, wo sich die Säume durchschneiden, so daß schließlich, wie Fig. 486
zeigt, eine gegen die Kathode hin von einem farblosen Saum begrenzte Anhäufung
von Tusche entsteht. Die angrenzenden Flüssigkeiten stören den geradlinigen Verlauf
dieser Anhäufung, indem sie in der Richtung der geraden Pfeile in ziemlich regel=
mäßigen Abständen Einbuchtungen erzeugen, und, wie bei konvektiver Leitung vor=
dringend, Wirbelbewegungen erregen. Die Bildung des Tuscheniederschlages erfolgt
etwa $^1/_4$ der ganzen Elektrodendistanz von der Kathode entfernt.

Noch auffallender gestaltet sich der Versuch bei Verwendung von Gelatine an
Stelle des Glycerins und von Anilinfarbstoffen statt der Tusche.

1) Bordeauxrot. In wässeriger Lösung geht von der Anode ein scharf
begrenzter violetter Hof aus, von der Kathode ein ziegelroter ohne scharfe Grenze.
Beim Zusammentreffen bilden sich sehr schöne regelmäßige Wellen, nach der Kathode
zu farblos, nach der Anode zu dunkelrot, einen Niederschlag absetzend.

Prachtvoll gestaltet sich der Versuch, wenn die Lösung durch Zusatz von
Gelatine verdickt wird. Die Umgrenzungen der Höfe sind in diesem Falle an
beiden Elektroden scharf, in dem positiven zeigt sich ein feiner blauer Niederschlag,
der negative ist ziegelrot. Beim Zusammentreffen bildet sich ein sehr dunkler
Niederschlag in Wellenform mit farblosem Saume gegen die Kathode zu.

2) Kongorot. In wässeriger Lösung ist der positive Hof von einem dichten
blauen Niederschlag erfüllt und scharf abgegrenzt, der negative Hof unsichtbar.
Beim Zusammentreffen entsteht ein blauvioletter Niederschlag mit farblosem Saum.
Ähnlich gestaltet sich die Erscheinung bei Anwendung von Glycerin als Lösungs=
mittel, ferner bei Zusatz von Zucker. oder Gelatine zur wässerigen Lösung. Die
Konzentration der Lösung darf nicht beträchtlich sein.

Werden Glycerin und Zucker gleichzeitig zugesetzt, so werden die Konturen des
positiven Hofes vielfach eingebuchtet und die zur Erzeugung gleicher Ausbreitungs=
geschwindigkeit erforderliche Spannung wächst bedeutend an. Es lassen sich Lösungen
von solcher Zähigkeit herstellen, daß erst bei 10 000 Volt Spannung die Höfe
merklich voranschreiten. Dabei rücken die Einbuchtungen der Umrisse so nahe an=
einander, während gleichzeitig ihre Tiefe zunimmt, daß der sonst zusammenhängende
Hof gegen den Rand hin in zahlreiche schmale Streifen ausgefranzt erscheint.

3) Tropäolin. In der mit Gelatine versetzten wässerigen Lösung zeigt sich
dicht an der Anode zunächst eine farblose, sodann eine violette und schließlich eine
scharf begrenzte gelbe Zone, die Kathode ist umgeben von einer farblosen Zone, an
welche sich eine nach außen verschwommene rotgelbe anschließt.

Ein Versuch zur Erklärung der Erscheinungen ist folgender[1]):

Es möge die Lösung beispielsweise ein einfaches Salz, etwa K_2SO_4, enthalten.
Durch Elektrolyse bildet sich an der Kathode $2KHO$, an der Anode H_2SO_4.
Diese Ausscheidungsprodukte sind aber selbst Elektrolyten, werden somit alsbald
derart zersetzt, daß H_2 gegen die Kathode wandert, $2HO$ gegen die Anode,

---

[1]) F. Kohlrausch u. Heydweiller, Wied. Ann. 54, 392, 1895 und E. Warburg,
Ebenda S. 396, 1895. Dagegen Coehn, Zeitschr. f. Elektrochem. 4, 63, 1897 und Picton
u. Linder, Ebenda S. 141.

während die ausgeschiedenen Jonen 2 K und S O₄ aufs neue wieder 2 KHO und H₂ S O₄ bilden. Die zur Kathode wandernden H₂-Jonen treffen zusammen mit den aus der Zerlegung des K₂ S O₄ hervorgehenden S O₄-Jonen und bilden damit H₂ S O₄, ebenso bilden die 2 HO- mit den K₂-Jonen 2 KHO an der Kathode. Um die Anode herum wird sich somit ein mit Schwefelsäure erfülltes Gebiet („Hof") ausbreiten, mit derselben Geschwindigkeit, mit welcher die Jonen wandern, während umgekehrt von der Kathode ein mit Kalilauge erfüllter Hof sich ausbreitet. Schließlich werden beide Höfe mitten zwischen den Elektroden zusammentreffen, wo sich dann K₂ S O₄ zurückbildet.

Da die Höfe anderes Leitungsvermögen, weil andere Zusammensetzung besitzen als die übrige Flüssigkeit, muß sich an ihrer Grenze freie Elektrizität anhäufen, wie z. B. an der Oberfläche einer in Wasser eintauchenden Metallelektrode, und diese Elektrizität kann der Natur der Elektrolyten entsprechend nur in angehäuften freien Jonen vorhanden sein.

Hiernach erklären sich auch die von Becquerel, Kühne (1860), E. Dubois-Reymond (1860), Liesegang (1896) u. a. beobachteten eigentümlichen Erscheinungen beim Stromdurchgang durch Eiweiß, Gallerten u. s. w.[1]).

Ein Eiweißcylinder z. B. erhält eine Anschwellung an der negativen, eine Zusammenschnürung an der positiven Elektrode. Ein Muskel zeigt wellenartige, rasch gegen die Kathode fortschreitende Verdickungen, eine Tonmasse trocknet am positiven Pol aus und nimmt unter Umständen schieferige Struktur an u. s. w.[2]).

155. Wirkung auf Menschen und Tiere. Vermutlich beruhen auf den Erscheinungen der elektrischen Diffusion auch die physiologischen Wirkungen des Stromes. Hierher gehörige Versuche sind:

1) Wenn man den Körper eines auf dem Isolierschemel stehenden Menschen mit dem Konduktor einer Influenzmaschine verbindet, was am besten dadurch geschieht, daß man ihn einen 3 bis 6 dm langen und 5 mm dicken Messingdraht, der beiderseits zum Haken umgekrümmt ist, auf den Konduktor legen läßt, und ihm einen abgeleiteten Leiter nähert, so daß ein Funke überspringt, so empfindet er einen Schlag.

2) Will man den Schlag durch eine Reihe von Menschen leiten, so gibt man dem letzten die mit der äußeren Belegung einer Leidener Flasche verbundene Kette in die Hand und läßt den ersten mittels eines in eine Kugel endigenden Drahtes den Knopf berühren, während alle untereinander mit irgend einem Teile des Körpers, am besten mit den Händen, in Berührung sind. Die Kette am äußeren Belege muß überflüssig lang sein, damit die Flasche nicht etwa herunter gerissen wird. Je größer die Zahl der Personen ist, desto stärker muß die Ladung sein. Die Wirkung nimmt indessen gegen die Mitte der Reihe hin doch etwas ab, weil ein Teil der Ladung durch den Boden geht. Deswegen muß man sich auch hüten, dem inneren Belege oder den damit verbundenen Teilen einer stark geladenen Flasche zu nahe zu kommen, wenn man nur durch ein kurzes Stück des Fußbodens vom äußeren Belege getrennt ist. Die Wirkung des Schlages auf die Menschen ist je nach deren Individualität außerordentlich ungleich, auch muß man wenigstens die

---

[1]) Vgl. auch O. Lehmann, Elektrochem. Zeitschr. 1, Heft 4, 1894. — [2]) Vgl. auch R. Hermann, Pflügers Arch. f. Phys. 67, 240, 1897. Auch das Gerben auf elektrischem Wege (Eindringen des Gerbstoffes in Häute) gehört vermutlich hierher.

Wirkung einer gewissen Ladung auf sich selbst kennen, ehe man sie auf andere anwendet, da man sonst unangenehme Folgen herbeiführen könnte. Übrigens hat man nur zu oft unfreiwillig Gelegenheit, Erfahrungen derart zu machen, und es ist also nur bei solchen Maschinen und Flaschen, deren Kraft man nicht kennt, besondere Vorsicht zu empfehlen.

Fig. 487.

3) Für die Erklärung der Wirkung der galvanischen Zitterapparate und ihren Zusammenhang mit der physiologischen Wirkung der Leidener Flasche ist auch folgender Versuch interessant. Man stellt die Knöpfe der Influenzmaschine so, daß sie nur sehr wenig ($\frac{1}{3}$ und $\frac{1}{2}$ mm) voneinander abstehen, und setzt die Person, welche den Schlag erhalten soll, oder eine ganze Reihe von Personen einerseits mit dem äußeren Beleg der Flasche, andererseits mit einem in geringer Entfernung vom Knopfe der Flasche befestigten Ausladen in Verbindung. Eine einzelne Entladung wird kaum empfunden; dreht man aber die Maschine fort, so folgen sich in äußerst kurzer Zeit nacheinander zahlreiche Entladungen, und die Empfindung wird sehr unangenehm.

4) Die physiologischen Wirkungen galvanischer Elektrizität bei einem einzelnen Plattenpaar kann man zeigen, indem man den Strom eines solchen Paares durch irgend

Fig. 488.

einen Zweig des fünften Nervenpaares, das mit den Sehnerven kommuniziert, leitet. Am bequemsten ist hierzu ein gestieltes Plattenpaar aus Zink und Kupfer von höchstens 3 cm Durchmesser (Fig. 487); das Kupfer kann der Reinlichkeit wegen stark galvanisch versilbert werden. Diese Platten werden zwischen Kinnladen und Wangen in den Mund genommen, so daß sie mit ihrer Fläche an den beiden Kinnladen beiderseits außerhalb anliegen, und bei geschlossenem Munde die Stiele der Platten miteinander in Berührung gebracht. Bei jeder Berührung sieht man einen schwachen Blitz, besonders wenn man die Augen geschlossen hält.

5) Dieselben Platten können auch dazu dienen, den bekannten eigentümlichen Geschmack auf der Zunge hervorzurufen, wenn man die eine derselben auf, die andere unter die Zunge bringt und die Stiele sodann in Berührung setzt.

Nach Trotter[1]) geben ein Stahlmesser und eine Silbergabel, in eine Orange gesteckt, einen starken Strom.

6) Legt man auf ein Zinkblech ein kleines Kupferblech oder eine Silbermünze und auf diese einen Blutegel, so sucht dieser fortzukriechen, fährt aber jedesmal zurück, sowie er mit der Zinkplatte in Berührung kommt.

7) Der Froschversuch. Man schneidet mit einer guten Schere oder mit einem Messer einen Frosch, nachdem er durch einen Schlag auf den Kopf getötet wurde, mitten entzwei, entfernt mit der Schere die Reste der Eingeweide von der hinteren Hälfte und streift die Haut ab; die von dem unteren Ende der Wirbelsäule heraustretenden Nervenfäden zeigen sich sehr deutlich und werden nun mit einem scharfen Federmesser noch von dem umgebenden Zellgewebe befreit (Fig. 488). Unter die Nerven schiebt man dann ein rein gemachtes Streifchen von

---

[1]) Trotter, Beibl. 21, 136, 1897.

Messingblech und legt das Präparat auf eine Glasscheibe; die Zuckungen erfolgen, so oft man das erwähnte Blech und die Schenkelmuskeln mit einem gebogenen Eisendraht oder Zinkstreifen berührt. Man kann auch einen messingenen Haken unter den Nerven durchschieben und das Präparat — am besten an einem Seidenfaden — aufhängen. Von historischem Interesse ist auch das Zucken der Froschschenkel infolge Rückschlags bei den Funkenentladungen einer Elektrisiermaschine.

8) Die Wirkung einer galvanischen Säule auf den Menschen wird bei 10 bis 12 Paaren schon merklich und bei 50 bis 60 schon sehr empfindlich, besonders wenn man die Hände mit angesäuertem Wasser benetzt und metallene Handgriffe, wie Fig. 489, faßt, um mit den ein paar Centimeter langen daran gelöteten dicken Drähten die Pole zu berühren. Leitet man von den Polen kommende Drähte in zwei Schüsseln mit angesäuertem Wasser, so kann man die Hände hier eintauchen und dadurch die Kette schließen. In diesem Falle ist es zweckmäßig, an den von den Polen kommenden Drähten Bleche von etwa 40 qcm anzuschrauben und diese in die Flüssigkeit zu tauchen, damit die Berührungsfläche größer wird. (Ketten von Pulvermacher, Münch u. s. w.)

Fig. 489.

Zweckmäßig schaltet man einen Ausschalter ein, da, falls der Strom zu stark ist, die Hände die Handgriffe nicht mehr loslassen können. Starke Ströme[1]) können auch Schrecklähmungen herbeiführen, so daß es nötig wird, künstliche Atmung bis zum Wiedereintritt der natürlichen zu unterhalten (Elektrische Hinrichtung). Nach dem Gebrauch der Ärzte nennt man den Strom kathobisch, wenn die Strombichte an der Kathode groß ist, anobisch im entgegengesetzten Fall. Die physiologischen Wirkungen kathobischer und anobischer Ströme sollen verschieden sein.

9) Fische in stromdurchflossenem Wasser stellen sich der Richtung des elektrischen Stromes parallel und kehren sich um, wenn der Strom kommutiert wird.

156. Das Blitzrad. Die Wirkung ganz schwacher Erschütterungen wird bis zur Unerträglichkeit gesteigert, wenn dieselben sehr rasch nacheinander folgen. Es muß hierzu der Strom rasch nacheinander geöffnet und geschlossen werden. Man kann dieses sehr einfach dadurch erreichen, daß man den von dem einen Pole kommenden Draht an eine Holzfeile anschraubt und den vom anderen Pole kommenden Draht über die Feile wegführt.

Fig. 490.

Regelmäßiger werden die Unterbrechungen und die Schnelligkeit ihrer Aufeinanderfolge willkürlicher, wenn man ein Blitzrad wie Fig. 490 in den Strom einschaltet.

---

[1]) Die Spannung der offenen Säule ist nicht maßgebend. Die Spannung von 500000 Volt bei einer Influenzmaschine ist unschädlich, weil sie auf wenige Volt sinkt, wenn der Strom geschlossen wird.

157. Elektrische Konvektion. Auf den durch die elektrische Diffusion hervor-gerufenen Widerstandsänderungen, d. h. der Erniedrigung des Widerstandes in den Höfen, welche Anhäufung von Elektrizität an deren Oberfläche bedingt, insofern sie gewissermaßen Verlängerungen der Elektroden darstellen, beruht vermutlich die Er-scheinung der elektrischen Konvektion in schlechtleitenden Flüssigkeiten.

Auch bei gut leitenden Flüssigkeiten zeigen sich übrigens konvektive Strömungen, wenn die Spannung hinreichend erhöht wird, doch tritt dann bald an Stelle der Elektrolyse und Konvektion die disruptive Entladung.

Beispielsweise zeigt Fig. 491 die Erscheinungen zwischen mikroskopischen Elek-troden in Bleinitratlösung bei Anwendung eines Stromes einer Influenzmaschine, wenn durch Einschaltung immer größerer Funkenstrecken in den Schließungskreis die momentane Stromstärke bei der Entladung und damit die Spannungsdifferenz zwischen den Elektroden successive erhöht wird.

Bei I erfolgt die Leitung noch elektrolytisch. Bei höherer Spannung werden die an der Kathode ausgeschiedenen Bleikriställchen durch elektrostatische Wirkung schon in dem Moment ihrer Bildung abgestoßen und bewegen sich in der Flüssigkeit, an

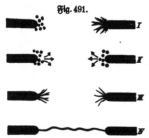
Fig. 491.

einem Ende wachsend, am anderen sich auf-lösend, fort, bis sie in dem säurereichen Gebiet an der Anode verschwinden. Bei II erfolgt die Leitung konvektiv, die Stromstärke ist nicht mehr ausreichend, sichtbare Bleikriställchen an der Kathode hervorzubringen, dagegen sieht man infolge Erhitzung der Flüssigkeit Dampfbläschen entstehen. Bei III erstrecken sich von den Elek-troden aus büschelförmige Funken in die Flüssig-keit, und bei IV verbindet ein einziger Funken die beiden Elektroden.

Faraday (1839) schreibt über die Konvektion: „In dichten isolierenden Dielektricis zeigen die Strömungserscheinungen eine bedeutende mechanische Kraft. Bringt man z. B. wohlrektifiziertes und filtriertes Terpentinöl in ein Glasgefäß und taucht an verschiedenen Punkten zwei Drähte darin ein, von denen der eine mit der Elektrisiermaschine und der andere mit dem Ableitungssystem verbunden wird, und setzt man nun die Maschine in Tätigkeit, so wird die Flüssigkeit in ihrer ganzen Masse in heftige Bewegung geraten, während sie zugleich zwei, drei oder vier Zoll am Maschinendraht aufsteigt und von ihm in Strahlen in die Luft schießt."

Die Fig. 492 u. 493 suchen eine Vorstellung von der durch die Konvektion bedingten Änderung des elektrischen Feldes zu geben. Die Fig. 492 zeigt das System der Kraft- und Niveaulinien in der Nähe der Spitze vor der Entladung, die obere Hälfte von Fig. 493 während und die untere Hälfte kurze Zeit nach der-selben, wenn die elektrisierte Flüssigkeitsschicht den Kraftlinien folgend bereits etwas von der Spitze sich entfernt hat.

Bereits Faraday macht weiter darauf aufmerksam, daß die Erscheinung bei positiver und negativer Elektrizität verschieden ist.

De Waha zeigt dies sehr schön in der Art (Fig. 494), daß er von unten in eine Glasschale Drähte als Elektroden einführt, welche bis zu gleicher Höhe senkrecht aufsteigen, und nun Flüssigkeit einfüllt, so daß dieselben eben davon bedeckt werden.

Fig. 492.

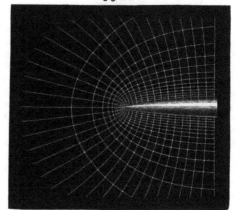

Fig. 493.

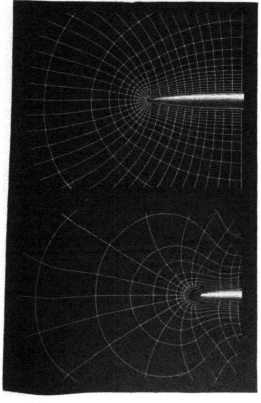

Leitet man nun den elektrischen Strom hindurch, so bildet sich an der positiven
Elektrode ein kleiner Springbrunnen, an der negativen eine trichterförmige Vertiefung.

Fig. 494.

Fig. 495 zeigt, wie sich die Erscheinungen bei Beobachtung unter
dem Mikroskop darbieten, wobei die Strömungen (in der Richtung
der Pfeile) entweder durch Schlieren oder weit besser durch die Bewegung feiner Staubkörnchen in der Flüssigkeit wahrzunehmen sind.
Auch hier findet man öfters, daß, wie Fig. 496 zeigt, die konvektive
Strömung sich nur an einem Pol ausbildet, während der andere die
abgestoßene Flüssigkeit einfach an sich anzieht.

Dauert die Zufuhr der Elektrizität an, so bildet sich allmählich
eine stationäre Bewegung aus, welche im wesentlichen der beschriebenen
gleicht, indeß derart sich davon unterscheidet, daß sich die einzelnen
Schlingen der Strömungslinien in geschlossene längliche Wirbel verwandeln, indem
mechanische Übertragung der Elektrizität auf einzelne kurze Strecken durch Leitung
ersetzt wird (Fig. 497).

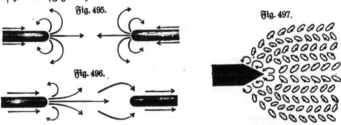

Fig. 495.

Fig. 497.

Fig. 496.

Die ganze, zwischen Objektträger und Deckglas befindliche Flüssigkeitsschicht
zerfällt, abgesehen von den den Elektroden dicht anliegenden Wirbeln, in ein
System länglicher Wirbel, welche die Kraftlinien unter etwa 45° schneiden und
abwechselnd nach der einen und anderen Seite gerichtet sind, so daß sie sich gegenseitig unter nahezu rechten Winkeln treffen.

Am besten lassen sich diese Wirbel zur Anschauung bringen bei Acetal, welchem
zur Erkennung der Strömungslinien fein zerteiltes Berlinerblau[1]) beigemischt ist.
Zur Erzeugung des Stromes dient am einfachsten eine Influenzmaschine, welche so
in Drehung gehalten wird, daß sie etwa 10000 Volt Spannung liefert. Die Farbstoffteilchen sammeln sich dann im Innern der Wirbel, so daß diese als dunkelblaue,
scharf begrenzte Streifen in der farblosen Flüssigkeit erscheinen.

Zu erwähnen wäre noch die Leitung von Flüssigkeiten (Quecksilber, Salz-
lösungen) in der Nähe des kritischen Punktes und über demselben, d. h. im
Gaszustand; die Entstehung von Metallnebeln in geschmolzenen Salzen[2]), die
Elektrolyse mit Wechselstrom, Zwitterelemente u. s. w.

158. Elektrische Sedimentation (Kataphorese). Befinden sich fein zerteilte
Pulver in der Flüssigkeit, so sieht man beim Durchgang des Stromes eine stetige

---

[1]) Sogenannte Tuschierfarbe, in Tuben zu beziehen von Th. Günzberg in Würzburg. (Siehe O. Lehmann, Die elektrischen Lichterscheinungen, Halle 1898, S. 65.) —
[2]) Siehe R. Lorenz, Die Elektrolyse geschmolzener Salze, Halle 1905, Knapp, (2),
S. 40 u. 78.

Wanderung des Pulvers nach einer Richtung und schließlich Anhäufung an einer Elektrode, gewöhnlich der positiven.

Die Erscheinungen lassen sich mittels des Projektionsmikroskops sehr schön objektiv machen.

Bei Anwendung von Berlinerblau in Acetal beispielsweise sammeln sich nach und nach an der positiven Elektrode lange Fäden aus aneinander gereihten Farbstoffteilchen. Noch besser zeigen dies schwarze Ölfarbe oder Tusche, Cadmiumgelb und zahlreiche andere Farben. Sehr hübsch gestaltet sich der Versuch bei Florentiner- lack (von Th. Günzberg in Würzburg), in welchem sich größere hellrote Körnchen vorfinden, welche sich nach Schluß des Stromes sofort zu Ketten aneinander reihen und rasch der Anode zustreben, die feineren braunvioletten Teilchen zur Seite drängend.

Eine Störung wird verursacht durch die Leitungsfähigkeit der Pulver, welche bedingt, daß sich die Enden jedes Farbstoffteilchens als sekundäre Elektroden verhalten, von welchen selbst wieder Flüssigkeitsströmungen ausgehen. In der Regel treten aber da und dort Stockungen ein, welche zu einer Anhäufung von Teilchen führen, die als sekundäre Elektroden am einen Ende die benachbarten Teilchen anziehen, am entgegengesetzten abstoßen. Jedes solche Häufchen zeigt gegen die Anode hin einen scharf abgegrenzten, von einem hellen Hof umgebenen Kopf, gegen die Kathode zu einen in beständiger wellenförmiger Bewegung befindlichen diffus endigenden Schweif, wie in Fig. 498 (speziell für den Fall von in Acetal zerteiltem Berlinerblau) dargestellt ist [1]).

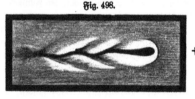

Fig. 498.

Sind zahlreiche derartige Gebilde vorhanden, von denen sich außerdem die meisten als Ganzes fortbewegen, so erscheint die Flüssigkeit wie mit kleinen fischartigen lebenden Wesen erfüllt. Wird die Richtung des Stromes umgekehrt, so wenden auch sofort diese Fischchen ihre Köpfe nach der entgegengesetzten Seite.

Neben diesen Fischchen finden sich gewöhnlich (besonders bei Tusche) noch einzelne größere Partikelchen, welche sich mit rasender Geschwindigkeit um ihre Achse drehen und infolge dessen als genau runde Flecke erscheinen. Die kreisende Bewegung ist ganz wie bei dem als „elektrischer Tourbillon" [2]) bekannten Spielzeug dadurch bedingt, daß das isolierende Teilchen, welches auf den den Elektroden zugewandten Seiten gleichartige Elektrizität aufgenommen hat, das Bestreben hat, sich um 180° zu drehen, wobei sich die Elektrisierung umkehrt, somit ein neuer Antrieb zur Drehung erfolgt u. s. w. [3]).

---

[1]) Die Wellen entstehen wahrscheinlich durch Bildung neuer Sekundärpole an den Seiten. Durch die erzeugten Strömungen wird das lockere Gebilde derart deformiert, daß die neuen Pole kontinuierlich gegen das Schweifende fortrücken und dort verschwinden. — [2]) Dasselbe ist wohl aus dem von Franklin erfundenen „sich selbst bewegenden Rade" hervorgegangen. Es war dies eine horizontal drehbare sternförmige Franklinsche Tafel, deren obere Belegung am Rande in vier vorspringende Knöpfchen sich fortsetzte, welche bei der Drehung die Elektrizität an fünf im Kreise herumgesetzte, mit der unteren Belegung in Verbindung stehende Metallknöpfchen abgaben (siehe Cuthbertson, Abh. v. d. Elektr. Leipzig 1786, S. 64); ferner oben S. 46, § 20 (6). — [3]) O. Lehmann, Zeitschr. f. phys. Chem. 14, 301, 1894. Vgl. auch G. Quincke, Wied. Ann. 59, 481, 1896 und 62, 12, 1897, ferner L. Boltzmann, Wied. Ann. 60, 399, 1896.

Eine ähnliche eigentümliche Rotationserscheinung wurde von W. Holtz (1880) beobachtet, als in ein cylindrisches Glas mit dünnem Boden mitten auf letzteren ein zugespitzter Zuleiter gestellt, sodann 15 mm hoch Terpentinöl eingefüllt, nun gleichmäßig Zinnober eingestreut und sodann die Maschine gedreht wurde.

„Es erscheint plötzlich, von der Spitze auslaufend, in radialer Richtung ein kleiner Faden, 1 bis 2 mm dick, aus zusammengeballten Zinnoberteilchen bestehend, und dieser Faden rotiert nun um die Spitze, sich bis zu einem gewissen Grade verstärkend, so langsam, daß man seine Bewegung ohne Mühe verfolgen kann . . Findet ein solcher Faden irgend einen Widerstand, sei es in der Beschaffenheit des Glases, sei es in einer größeren Anhäufung von Zinnoberteilchen, so kehrt er in seiner Bewegung entweder um oder geht ruckweise über derselben fort. Zuweilen bilden sich auch gleichzeitig mehrere Fäden an verschiedenen Stellen, und ist ihre Bewegung dann eine entgegengerichtete, so gehen sie bei ihrer Begegnung ineinander auf [1]."

In allen Fällen ist, wie bemerkt (falls die Spannung nicht zu hoch gewählt wird), das Endresultat die Ansammlung der suspendierten Partikelchen an einer Elektrode, eine Erscheinung, die vielleicht in manchen Fällen, z. B. bei zähen öligen Flüssigkeiten, dazu Verwendung finden könnte, einen vorhandenen suspendierten Niederschlag in einfacher Weise von der Flüssigkeit zu trennen und damit auch die Flüssigkeit zu reinigen.

Nach Quincke (1861) und v. Helmholtz (1879) können die beobachteten Wanderungen von Flüssigkeiten und suspendierten Körperchen beim Durchgang eines Stromes alle darauf zurückgeführt werden, daß an der Grenze von Flüssigkeit und festem Körper eine elektromotorische Kraft auftritt, welche beide Körper entgegengesetzt elektrisch macht.

Reitlinger und Kraus (1863) fanden, daß Kork und Schwefelteilchen in Terpentinöl in entgegengesetztem Sinne wandern, nämlich Kork zur Kathode, Schwefel zur Anode.

Sehr zahlreiche Versuche in dieser Art hat später W. Holtz (1880) ausgeführt. Die Flüssigkeit befand sich in einer flachen Glasschale, in welche zwei vertikale Elektroden eintauchten. Gewöhnlich stieg an letzteren die Flüssigkeit infolge elektrischer Anziehung etwas empor, doch in ungleicher Weise. Das Pulver bedeckte anfänglich den Boden gleichmäßig und ordnete sich dann zu verschiedenartigen Figuren. Einige Beispiele sind:

Fig. 499.

Schwefelantimon in Petroleum. „Es klebt stark fast nur am +-Pol. Neben ziemlich markierten Kurven tritt ein eigentümliches Phänomen auf, ein sporadisches Zusammenballen kleinerer Massen und ein ruckweises Fortrutschen der so gebildeten Klumpen, wodurch auf der dunkleren Grundfläche hellere, eigentümlich gewundene Straßen entstehen (Fig. 499). In der Nähe der Elektrode nimmt diese Bewegung einen entschieden rotatorischen Charakter an, ohne daß sie jedoch eine bestimmte Drehungsrichtung manifestiert. Bevorzugte Hebung der Flüssigkeit erfolgt am —-Pol."

Schwefel und Kohle in Schwefeläther. „Stark bevorzugte Hebung der Flüssigkeit am —-Pol. Schwefel klebt fast nur am +-Pol. Kohle klebt fast nur

---

[1] Vgl. auch Heydweiller, Verh. d. phys. Ges. Berlin 16, 32, 1896.

am —-Pol. Sehr feine, über den ganzen Boden des Gefäßes verbreitete Kurven (Fig. 500) aber nur bei sehr geringer Menge des Pulvers und bei äußerst langsamer Drehung (der Maschine)."

Schwefelantimon in Schwefeläther. „Klebt nur am +-Pol. . . . Es entstehen weder Kurven, noch jene eigentümlichen Bewegungen sich zusammenballender Massen. Nahe der Oberfläche der Flüssigkeit werden

Fig. 500.

scheinbar immer neue Partikelchen nach dem positiven Leiter gezogen, während gleichzeitig an dessen unterstem Ende eine Ablösung der bereits haftenden erfolgt. Letztere bilden eine sich nach dem —-Pol erweiternde Wolke, welche diesen jedoch nicht berührt, so daß sich im Umkreise desselben eine fast klare Flüssigkeit befindet. Zugleich findet eine verstärkte Hebung dieser an selbigem Pole statt.

In nahem Zusammenhang mit der konvektiven Entladung steht auch die Fortführung von Flüssigkeiten längs den Gefäßwänden beim Durchgang eines Stromes, welche, wenn das Gefäß aus zahlreichen Röhren, d. h. einer porösen Masse besteht, in sogenannte elektrische Osmose übergeht.

159. Die elektrische Endosmose. Am einfachsten dient hierzu der kleine von Stöhrer konstruierte, in Fig. 501 dargestellte Apparat, zur Projektion der Erscheinung bestimmt. Er besteht aus einer horizontalen, an beiden Enden durch Kautschukstopfen verschlossenen Glasröhre, in welcher sich zwei Kupferelektroden gegenüberstehen. Zwischen diesen befindet sich eine poröse Scheidewand. Oben auf die beiden Abteilungen der Glasröhre lassen sich trichter

Fig. 502.

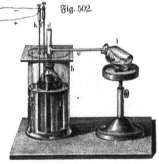

Fig. 501.

artig erweiterte Steigröhrchen einsetzen. So lange kein Strom durch die Flüssigkeit geht, steht dieselbe in beiden Röhrchen gleich hoch, sobald aber der Strom passiert, tritt eine Niveaudifferenz ein. Als Flüssigkeit dient Kupfervitriollösung. (S, 7,50.)

Einen Apparat für direkte Beobachtung in größerem Maßstabe zeigt Fig. 502 (Lb, 27).

160. Diaphragmenströme und Strömungsströme. Wenn man bei dem Versuch Fig. 501 das Wasser künstlich durch die poröse Platte hindurchtreibt und die Elektroden mit einem empfindlichen Elektrometer verbindet, so zeigt dieses eine Spannungsdifferenz der beiden Abteilungen an, ein Hitzdrahtstrommesser würde (theoretisch) einen Strom anzeigen, allerdings von äußerst geringer Stärke. Gleiches gilt für das Durchströmen von Wasser und andern Flüssigkeiten durch eine Kapillar

röhre. Die Spannungsbifferenz steigt so lange an, bis der durch die Leitungsfähigkeit des Wassers bedingte Verlust gleich ist dem in derselben Zeit erfolgenden
Zuwachs.

161. Elektrostenolyse. F. Braun[1]) beobachtete, daß, wenn man eine Zersetzungszelle durch eine Glasscheidewand, in welcher sich ein Sprung befindet, teilt,
der Sprung beim Durchgang des Stromes, falls dieser eine gewisse Stärke über-
steigt, sich wie eine metallische Elektrode verhält. Er nennt diese Erscheinung
Elektrostenolyse. Nach Coehn ist die Erscheinung dadurch bedingt, daß sich bei
Berührung zweier Dielektrika der Stoff mit höherer Dielektrizitätskonstante positiv
gegen den Stoff mit niedriger Dielektrizitätskonstante ladet. Beispielsweise wird
Wasser entsprechend seiner hohen Dielektrizitätskonstante bei der Berührung mit allen
Stoffen positiv.

162. Konzentrationsketten. Ersetzt man beim Daniellschen Element das
Zink durch Kupfer und die verdünnte Schwefelsäure durch verdünnte Kupfervitriollösung, so entsteht ebenfalls ein Strom. Vermöge des Konzentrationsgefälles entsteht nämlich ein Diffusionsstrom durch die Tonzelle von der konzentrierten Kupfervitriollösung zur verdünnten. Die positiven Kupferionen wandern aber langsamer
als die SO_4-Jonen, so daß die verdünnte Lösung immer stärker negativ wird, die
konzentrierte immer stärker positiv, bis die hierdurch bedingte elektrische Kraft die
schneller wandernden SO_4-Jonen so stark zurücktreibt, daß sie nicht mehr rascher
vorankommen, als die durch dieselbe Kraft beschleunigten Cu-Jonen. Es stellt sich
somit eine konstante Potentialdifferenz zwischen den beiden Lösungen, also auch
zwischen den beiden Kupferplatten her, die sich, wie Helmholtz[2]) gezeigt hat, mit
großer Genauigkeit berechnen läßt.

Schließt man den Strom, so ist die Stromarbeit in t Sekunden $1/g . e . i . t$
Kilogrammeter $= 1/g . e . Q$, wenn Q die durchgegangene Elektrizitätsmenge in
Coulomb bedeutet. Läßt man den Strom so lange fließen, daß gerade 1 Gramm-
äquivalent Kupfer am einen Pol aufgelöst, am andern niedergeschlagen wird, so ist
$Q = 2.96540$ Coulomb (§ 153, S. 261), also die Stromarbeit $= 2 g . e . 96540$ Kilo-
grammeter. Diese Arbeit wird vom osmotischen Druck geleistet, welcher die Kupfer-
ionen von Stellen höherer Konzentration zu solchen niederer Konzentration treibt.
Ist dieser Druck p Kilogramm pro Quadratmeter, der Querschnitt der Flüssigkeits-
säule q Quadratmeter und die Verschiebung der Jonen ds Meter, so beträgt die
Arbeit des osmotischen Druckes $p . q . s = p . dv$ Kilogrammeter, wenn dv das
Volumen $q . s$ in Kubikmetern bedeutet. Nun ist der osmotische Druck identisch mit
dem Gasdruck der gelösten Substanz bei gleicher Konzentration, d. h. bei gleicher
Menge in der Volumeneinheit. Für diesen gilt aber das Boyle-Gay-Lussac'sche
Gesetz: $p . v = R . \tau$, wenn R die Gaskonstante und τ die absolute Temperatur ist.
Erstere ist pro Grammolekül, Kubikmeter und Kilogramm pro Quadratmeter $= 0,849$,
denn 1 Grammolekül erfüllt bei 1 Atm. und 0^0 den Raum 0,0819 Liter $= 0,0819$
. 10^{-3} cbm und bei 1 kg pro Quadratmeter den Raum $0,0819 . 10334 = 0,849$ cbm.
Somit ist $p . v = 0,849 . \tau$. Eine Änderung des osmotischen Druckes um dp be-

---

[1]) F. Braun, Wied. Ann. 42, 450; 44, 473, 1891. — [2]) Helmholtz, Wied. Ann. 3,
201, 1878.

bingt eine Änderung der elektromotorischen Kraft um de, derart, daß $2/g \cdot 96540 \cdot de$ $= p \cdot dv = R \cdot \tau \cdot dp/p$, woraus folgt:

$$e = g/2 \cdot 96540 \cdot 0{,}849 \cdot \tau \cdot \ln p_2/p_1,$$

wenn p_1 und p_2 die osmotischen Drucke der beiden Lösungen sind. Diese verhalten sich aber wie deren Konzentrationen c_1 und c_2, also ist

$$e = 9{,}81/2 \cdot 96540 \cdot 0{,}849 \cdot \tau \cdot \ln c_2/c_1$$

oder, da $\ln = 2{,}303 \cdot \log$,

$$e = 9{,}81/2 \cdot 96540 \cdot 0{,}849 \cdot 2{,}303 \cdot \tau \cdot \log c_2/c_1 = 0{,}000099 \cdot \tau \cdot \log c_2/c_1 \text{ Volt.}$$

Z. B. für 18^0 und $c_2/c_1 = 10$ bezw. 100 wird $e = 0{,}029$ bezw. $0{,}058$ Volt. Für ein einwertiges Metall würde es $0{,}058$ bezw. $0{,}116$ Volt.

Fig. 503.

Zwischen zwei verdünnten Lösungen des gleichen einwertigen Metalls, welche die Konzentrationen η_1 und η_2 und die Jonengeschwindigkeiten besitzen, entsteht eine Spannungsdifferenz

$$= \frac{u - v}{u + v} \cdot R \cdot \tau \cdot \ln \eta_2/\eta_1 \text{ CGS.}$$

Fig. 504.

Ähnlich ergibt sich auch die elektromotorische Kraft an der Grenze zweier verschiedener Elektrolyte [1].

Der Apparat Fig. 504 [2] ist speziell zur Untersuchung von Oxydations- und Reduktionsketten bestimmt, welche zusammengesetzt sind nach dem Schema:

Pt-Oxydationsmittel | indifferente Lösung | Reduktionsmittel-Pt.

163. Theorie der Berührungselektrizität nach Nernst. Die beim Eintauchen von Zink in verdünnte Schwefelsäure auftretende elektromotorische Kraft wurde oben S. 137, § 59 durch den elektrolytischen Lösungsdruck erklärt, welchem der osmotische Druck der bereits in die Lösung aufgenommenen Jonen entgegenwirkt. Bei der Auflösung von Zink gehen zunächst Zinkionen in Lösung, welche positive Elektrizität mit sich nehmen, während negative auf der Oberfläche des Metalls zurückbleibt. Letztere wirkt anziehend auf die positiven Jonen in der Lösung und hält sie, entgegen der Wirkung des Lösungsdruckes, zurück, bis schließlich die Zahl der pro Sekunde in die Lösung eintretenden und der in das Metall zurückkehrenden Jonen gleich geworden ist.

Ist der osmotische Druck der in Lösung befindlichen Jonen, wie z. B. bei Kupfer in Kupfervitriollösung, viel größer als der Lösungsdruck, so werden pro Sekunde mehr Jonen zur Ausscheidung kommen als in Lösung gehen, es wird also das Metall wachsen, dabei aber mehr und mehr positive Elektrizität aufnehmen, bis die Abstoßung der positiv geladenen Jonen die Wirkung des osmotischen Druckes gerade kompensiert.

In beiden Fällen tritt somit nach Herstellung einer bestimmten Spannungsdifferenz zwischen Metall und Lösung Gleichgewicht ein, und zwar wird dasselbe in

[1] Fig. 503 zeigt einen Apparat zum Nachweis, zu beziehen von Gundelach, Gehlberg i. Thür., zu 9,60 Mk. — [2] Zu beziehen von Gundelach zu 23 Mk.

Anbetracht der außerordentlich großen Ladungen der Jonen sehr rasch eintreten, jedenfalls ehe eine sichtbare Menge Metall aufgelöst oder aus der Lösung niedergeschlagen worden ist.

Verbindet man nun die beiden Metalle und Lösungen zu einem Daniellschen Element, so neutralisiert die negative Elektrizität des Zinks die positive des Kupfers, die Auflösung des Zinks und die Fällung des Kupfers werden also nie ein Ende nehmen können, so lange die Materialien reichen, und man muß einen konstanten Strom erhalten, wie er tatsächlich beobachtet wird. Die Rechnung ist ganz dieselbe wie bei den Konzentrationsketten, soll aber in etwas abgeänderter Form hier nochmals gegeben werden.

Nach den vorliegenden Zahlenwerten[1]) beträgt der Lösungsdruck von Zink $3,2.10^{25}$ Atmosphären, der des Kupfers $1,8.10^{-18}$ Atmosphären. Nach § 147, S. 254 ist die Stromarbeit bei Auflösung von einem Grammäquivalent eines w wertigen Metalls $e.w.9654 = 41\,900\,000 . Q$ Bolt, wenn Q die Wärmetönung in Grammkalorien bedeutet. Der osmotische Druck der Jonen sei dabei p CGS. Wäre er $p + dp$, d. h. wäre die Konzentration der Zinkionen in der Zinksulfatlösung entsprechend größer, so müßte zur Überwindung desselben eine entsprechend größere Arbeit $(e + de).w.9654$ Erg geleistet werden. Die Mehrarbeit $w.9654.de$

muß nach Bd. I$_{(x)}$, S. 1545 $= p.dv = R.\tau.\dfrac{dp}{P}$ sein, somit $w.9654.e = R.\tau$

$.ln\,P/p$. Da für $P = p$, $e = o$ wird, so ist die Integrationskonstante P einfach die elektrolytische Lösungstension. Bezeichnet C die ihr entsprechende Jonenkonzentration, c die dem Drucke p entsprechende Konzentration, so ist

$$e = \frac{R}{w.9654} \cdot \tau \cdot ln\ C/c\,\mathrm{CGS_{el}}.$$

R ist die Gaskonstante $= 83\,100\,000$ pro Grammolekül, somit

$$e = 1/w.8608.\tau.ln\,C/c.$$

Da $1\,\mathrm{CGS_{el}} = 10^{-8}$ Bolt und $ln = 2,303.log$, so wird

$$e = 1/w.8608.10^{-8}.2,303.\tau.log\,C/c = 1/w.0,000198.\tau.log\,C/c\ \text{Bolt}.$$

164. Tierische Elektrizität. Es ist schon lange bekannt, daß es Fische gibt, welche elektrische Schläge hervorbringen können; unter diesen sind der Zitterrochen und der Zitteraal die ausgezeichnetsten. Beim Menschen beobachtet man Muskel- und Nervenströme, indes nur von sehr geringer Stärke.

165. Elektrolytische Konvektion (Reststrom) ist die Erscheinung, daß trotz der Polarisation mit unzureichenden elektromotorischen Kräften dauernd ein Strom in einem Elektrolyten unterhalten werden kann infolge Entfernung der die Polarisation bedingenden Schichten durch Diffusion, chemische Wirkungen u. s. w.

166. Elektrolyse gemischter Lösungen. Aus einem Gemenge von Jodkalium und Chlorkalium scheidet sich an der Anode zunächst ausschließlich Jod aus, obwohl die Wanderung eines Jons unabhängig von der Gegenwart anderer Jonen stattfindet (Satz von F. Kohlrausch) und die Wanderungsgeschwindigkeiten von Chlor und Jod nahe gleich sind. Es geschieht dies deshalb, weil Jod schon bei geringerer

¹) Siehe Ostwald, Lehrb. d. allgemeinen Chem. II, 1, 904.

Spannungsdifferenz zur Ausscheidung gebracht wird als Chlor, ein geringeres „Entladungspotential" hat als dieses[1]).

Erst nachdem nahezu alles Jod ausgeschieden, beginnt die Abscheidung von Chlor, wobei gleichzeitig die Spannungsdifferenz auf den dem Chlor entsprechenden höheren Wert ansteigt. Man kann also durch passende Regulierung der Spannung aus einem Gemenge verschiedener Stoffe die Bestandteile elektrolytisch isolieren und so die Elektrolyse zu chemischen Analysen verwerten.

Fig. 505.

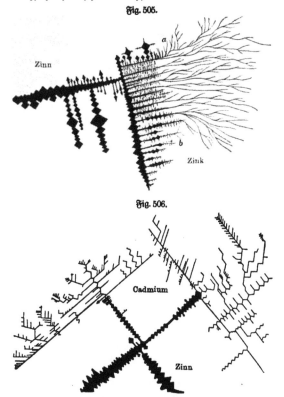

Fig. 506.

Von großem Einfluß ist dabei auch die Stromstärke (Stromdichte), denn je rascher die Ausscheidung z. B. der Jodionen stattfindet, um so schwieriger werden sie durch Diffusion aus den benachbarten Schichten ersetzt werden können, so daß sich schließlich gleichzeitig auch Chlorionen ausscheiden. Ebenso kann man durch passende Regulierung der Stromdichte aus Mischungen von Kupfer- und Zinksalzen Messingniederschläge erzielen.

---

[1]) Zur Berechnung des Entladungspotentials dienen dieselben Formeln wie zur Bestimmung der elektromotorischen Kraft, da beide Größen identisch sind. (Vgl. § 84 S. 170.)

Aus gemischten Lösungen von Zinn und Zink, Fig. 505, oder Zinn und Cadmium, Fig. 506, können sich beide Metalle nebeneinander in Kristallen ausscheiden,
und öfters setzen sich die Kristalle des einen Metalls regelmäßig orientiert an die
des anderen[1]).

Es ist daraus zu schließen, daß sich an eine Zinkelektrode leichter Zinn, an
eine Zinkelektrode leichter Zink ansetzt, und daß die Ausscheidung so vor sich geht,

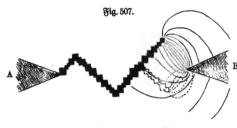

Fig. 507.

als ob die Jonen sich
nicht unmittelbar an
die Elektroden an-
setzten, sondern zu-
nächst zu elektrisch
neutralen Molekülen
vereinigten, welche
gelöst bleiben und
erst nach Überschrei-
tung des Sättigungs-
punktes auskristallisieren, wie jede andere gelöste kristallisierbare
Substanz[2]).

Die Kristalle werden sich allerdings nicht ungehindert ausbilden können, sondern
in Skelettform und zickzackförmigen Gestalten erscheinen, da, wie Fig. 507 andeutet,
die Stromlinien nach Ausbildung eines leitenden Kristalles nicht mehr direkt von
der Kathode (A) zur Anode (B) gehen, sondern sich an den Spitzen des wachsenden
Kristalles zusammendrängen und diesen vorwiegend Substanz zuführen.

167. **Allotrope Modifikationen.** Ein Spezialfall, welcher sich hieran schließt,
ist der, daß ein Metall in zwei verschiedenen Modifikationen existiert, so daß die

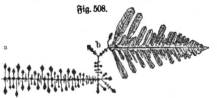

Fig. 508.

Lösung beide Modifika-
tionen nebeneinander ent-
halten wird. Ebenso wie
in anderen Fällen wird
alsdann die Geschwindig-
keit der Ausfällung, d. h.
die Stromdichte, maß-
gebend dafür sein, welche
Modifikation sich wirklich ausscheidet. So scheidet sich Blei bei großer Stromdichte
als reguläres, bei geringer als hexagonales Metall aus[3]) (Fig. 508).

168. **Elektrolyse von festem Jodsilber.** Bringt man einen Kristall der
regulären Modifikation von Jodsilber AgJ zwischen zwei stabförmige Silberelektroden

[1]) O. Lehmann, Zeitschr. f. phys. Chem. 4, 527, 1889. Bei den Figuren ist auf
der einen Seite vorherrschend die eine, auf der anderen vorwiegend die andere Lösung
zu denken, dazwischen stetige Übergänge. — [2]) Dies läßt sich übrigens erwarten, wenn die
an der Kathode anlangenden Metallionen, nachdem sie gleichartig elektrisch geworden sind,
von der Kathode abgestoßen werden und in der Lösung mit den herankommenden entgegengesetzt elektrischen Metallionen sich zu elektrisch neutralen Molekülen vereinigen.
Siehe auch Le Blanc, Lehrb. der Elektrochemie. O. Leiner, Leipzig 1896. — [3]) Vgl.
O. Lehmann, Zeitschr. f. Kristallogr. 17, 278, 1889. In Fig. 169 ist ab die reguläre, gewöhnlich fadenförmige, bc die hexagonale, gewöhnlich blättrige Modifikation.

a, b, Fig. 509, welche mit leichtem Drucke gegen denselben angepreßt werden, so verkürzt sich die Anode infolge der Ausscheidung von Jod, welches mit dem Silber Jodsilber bildet, ohne aus dem Kristall herauszutreten, während die Kathode infolge der Anlagerung von Silber aus dem Kristall länger wird, und zwar um ebensoviel, als die Anode sich verkürzt hat, so daß also nach einiger Zeit die Stellung der Elektroden etwa die in Fig. 510 dargestellte wäre. Wie man sieht, ist das Silber in unsichtbarer Weise durch den durchsichtigen Kristall hindurchgewandert, d. h. es hat sich in Atome aufgelöst und diese sind, der Richtung des positiven Stromes folgend (weil selbst positiv elektrisch) von Molekül zu Molekül sprungweise fortgewandert und haben sich schließlich an der Kathode unter Abgabe ihrer Elektri-

Fig. 509.　　　　　　　　　　　　　Fig. 510.

sierung wieder zu Molekülen vereinigt und an die Kathode angelagert. Die Jodatome umgekehrt haben ihre Stellungen beibehalten und dadurch den Bestand des Kristalles gesichert, so daß man den Jodsilberkristall während des Stromdurchganges auffassen muß als ein festes Gerippe von (negativ elektrischen) Jodatomen, in dessen Zwischenräumen sich (positiv elektrische) Silberatome (vorwiegend in der Richtung des positiven Stromes) frei herum bewegen.

Mittels des Projektionsmikroskops läßt sich der Vorgang demonstrieren, doch muß das Objektiv durch eine geeignete Vorrichtung, z. B. eine von Wasser durchflossene, dasselbe umgebende doppelwandige Hülse oder einen starken Luftstrom gegen zu starke Erwärmung geschützt werden, da die reguläre Modifikation des Jodsilbers nur bei Temperaturen über 146° existieren kann[1]).

169. Die Elektrolyse des Glases nach Warburg kann an einem Reagenzglas demonstriert werden, welches zum Teil mit Quecksilber gefüllt und in ein heizbares Gefäß mit natriumhaltigem Quecksilber eingesetzt wird. Das innere Quecksilber dient als Kathode und nimmt das aus dem Glase sich ausscheidende Natrium auf, das äußere dient als Anode und gibt an die aus dem Glase sich ausscheidende Kieselsäure Natrium ab, so daß die zersetzte Glasmenge fortdauernd regeneriert wird. Das Reagenzglas bleibt infolgedessen ganz unverändert, dagegen wandert allmählich immer mehr Natrium in das innere Quecksilber, und bei genügend langem Durchgang des Stromes kann letzteres in ein bei gewöhnlicher Temperatur festes Amalgam übergeführt werden.

Von besonderem Wert für manche Versuche dürfte es sein, daß man durch Elektrolyse leicht eine gläserne Stütze, z. B. ein reagenzglasförmiges Glasrohr durch Überziehen mit einer dünnen Kieselsäureschicht ausgezeichnet isolierend machen kann. Ich lasse deshalb die von Warburg (1884) hierzu gegebene Anweisung wörtlich folgen:

„Das mit einem passenden Kork versehene, gut gereinigte Glas wird dort, wo die Schicht abgelagert werden soll, vor der nicht leuchtenden Glasbläserlampe erhitzt, bis eben die Flamme sich gelb zu färben beginnt, und noch warm in bestilliertes

---

[1]) O. Lehmann, Molekularphysik 1, 226

Quecksilber eingesetzt, das in einem weiteren Glasrohr enthalten ist. ... Nachdem eine passende Quecksilbermenge in das innere Glas eingefüllt ist, wird der Strom von 15 wenig gefüllten Bunsenschen Elementen bei einer Temperatur von 300 bis 320⁰ von außen nach innen, je nach der Dicke der Gläser verschiedene Zeit lang durchgeleitet, für dünne Gläser von $^1/_3$ mm Wandstärke habe ich 15 Minuten hinreichend gefunden. Gläser von $1^3/_4$ mm Wandstärke fand ich, nachdem $1^1/_2$ Stunden hindurch der Strom gewirkt hatte, sehr gut isolierend.

Damit die Schicht das Glas möglichst gleichförmig überzieht, ist es gut, nach Stromschluß das innere Rohr mehrmals aus dem Quecksilber herauszuheben und wieder einzusetzen, um anhaftende Gasblasen zu entfernen. Man findet, daß zuerst dabei die Ablenkung eines eingeschalteten Galvanometers sich vergrößert, hernach nicht mehr. Ebenso ist es gut, mit dem Gefäß des in das innere Glas eingesetzten Thermometers an der inneren Glaswand mehrmals hin- und herzufahren. Das Quecksilber des äußeren Rohres wird gegen Oxydbildung vor jedem neuen Experiment durch einen Glastrichter filtriert. Es ist endlich zu empfehlen, den Kork von dem am unteren Teil isolierend gemachten Rohr über den oberen Teil hin abzustreifen."

Elektrolytische Durchbohrung des Glases tritt, wie ich beobachtet habe[1]), ein, wenn Glas beiderseits an geschmolzenes Jodsilber angrenzt und Ströme von wechselnder Richtung hindurchgeleitet werden.

170. Der Rückstand. Je öfter eine Leidener Flasche nacheinander geladen oder je länger sie geladen erhalten wird, desto größer wird der Rückstand und desto vorsichtiger muß man vermeiden, nach der Entladung gleichzeitig die äußere Belegung und den Knopf zu berühren. Selbst wenn der erhaltene Schlag nur schwach wäre, könnte er doch Unheil eintreten, indem er unvermutet kommt und man beim unwillkürlichen Zusammenschrecken leicht die Flasche selbst oder einen anderen Apparat umstößt und zertrümmert. Zur Erklärung des Rückstandes (nach Maxwell) kann man sich das Glas zusammengesetzt denken aus einem vollkommenen Isolator, in welchen kleine Partikelchen eines sehr schlechten Leiters eingelagert sind. In letzteren wird ganz allmählich Scheidung der Elektrizität eintreten, während die Flasche geladen ist. Wird sie entladen, so tritt ebenso langsam Wiedervereinigung der geschiedenen Elektrizitäten ein und dadurch wird auf den Belegungen neue Ladung erzeugt. Diese erschwert den Fortgang der Wiedervereinigung. Erst wenn sie weggenommen wird, schreitet diese weiter, es entsteht ein zweiter schwächerer Rückstand u. s. w. (Vgl. Bd. I$_{(x)}$, S. 818.)

171. Die scheinbare Verschiebung von Kristallen im Schmelzfluß. Die Wanderung der Silberionen in einem Jodsilberkristall erfolgt anscheinend mit derselben Geschwindigkeit, wie in geschmolzenem Jodsilber. In letzterem wandern aber auch die Jodatome (nach entgegengesetzter Richtung) und bilden nicht wie im Kristall ein starres Gerüst. Die Folge davon ist, daß, wenn man durch geschmolzenes Jodsilber, in welchem sich einzelne Jodsilberkristalle befinden, den Strom hindurchleitet, die letzteren sich scheinbar verschieben, indem sie an der der Kathode zugewandten Seite beständig wachsen, an der entgegengesetzten sich in gleichem Maße auflösen. Verengt sich an einer Stelle der Querschnitt des geschmolzenen Jodsilbers (etwa

---

[1]) O. Lehmann, Wied. Ann. 38, 402, 1889.

zwischen zwei Luftblasen), so drängt sich der Kristall, wie die Fig. 511 a bis d andeuten, scheinbar durch den Engpaß hindurch, indem er sich zu einem Faden aus-

Fig. 511.

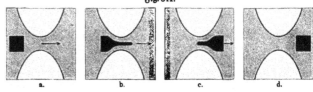

a.　　b.　　c.　　d.

streckt und dann wieder auf normale Form zusammenzieht; in Wirklichkeit findet indes nur an der engeren Stelle infolge der größeren Stromdichtigkeit ein rascheres Wachsen statt, welches wieder aufhört, wenn der Kristall durch die verengte Stelle hindurchgewandert ist.

Fig. 512.

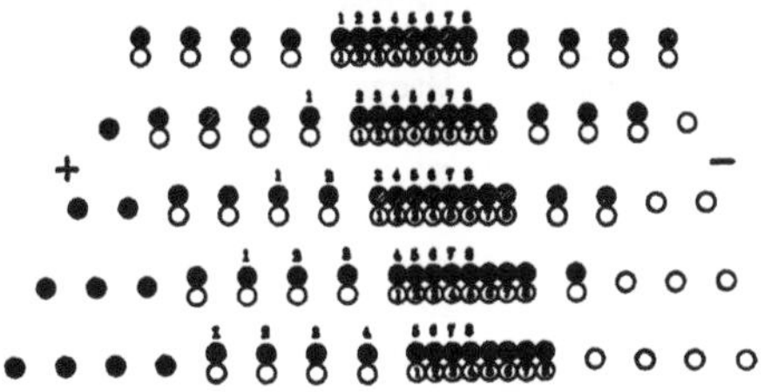

Die Erklärung der scheinbaren Verschiebung vom Standpunkte der Molekulartheorie gibt die Fig. 512. Rechts und links sind die Elektroden zu denken. Jede folgende Horizontalreihe stellt dieselbe Reihe Jonen einen Moment später dar. Die numerierten engstehenden Kreise in der Mitte der ersten Reihe deuten den Jodsilberkristall vor dem Durchgange des Stromes an, die schraffierten Kreise die Jodionen, welche beim Durchgange des Stromes, wie aus den folgenden Reihen ersichtlich ist, im Kristall, nicht aber in der Lösung stehen bleiben, die nicht schraffierten die wandernden Silberionen[1]).

Fig. 513.

172. Voltas Fundamentalversuch. Die von Volta beobachtete Spannungsdifferenz bei Berührung zweier Metalle ist (vgl. S. 188) hauptsächlich durch Einwirkung der umgebenden Luft, eventuell des darin enthaltenen Wasserdampfes auf die Metalle bedingt. Indes gibt es auch eine wirkliche, wenn auch nur äußerst geringe Kontaktkraft an der Grenze von Metallen. Zu diesen Versuchen benutzt man gewöhnlich zwei gleich große runde abgeschliffene' Platten, die eine aus Kupfer, die andere aus Zink, von welchen die eine, am besten die Kupferplatte, gefirnißt ist. Dieselbe muß sich statt des Knopfes auf ein Goldblattelektroskop aufschrauben lassen. Die Zinkplatte erhält einen isolierenden Griff (Fig. 513

Fig. 514.　　Fig. 515.

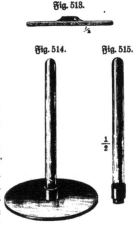

---

[1]) Möglicherweise kommen aber auch Temperaturänderungen infolge des Peltier-Phänomens in Frage, siehe O. Lehmann, Flüssige Kristalle, Leipzig 1904, S. 260.

bis 515) und wird als Kondensatordeckel auf die gefirnißte Kupferplatte gesetzt. Die Platten müssen aus etwa 3 mm dickem Blech bestehen.

Außer den Platten hat man noch einen kleinen, entweder ganz aus Kupfer oder ganz aus Zink verfertigten Auslader mit sehr gut isolierenden Griffen (Schellack= stäbchen) nötig.

Man setzt die Zinkplatte auf die Kupferplatte, so daß sie einen Kondensator bilden, dessen isolierende Schicht die Firnisschicht der Kupferplatte ist, welche man zuvor durch Bestreichen mit der Weingeistflamme von aller Elektrizität befreit hat. Selbstverständlich darf man auch nicht durch Hin= und Herrücken der Zinkplatte auf der Firnisschicht neue Elektrizität erzeugen, sondern muß sie so vorsichtig wie möglich aufsetzen. Nun berührt man beide Platten auf der Rückseite mittels des Entladers. Dadurch wird bewirkt, daß die Elektrizitäten, welche sich an der Berührungsstelle des kupfernen Entladers mit der Rückseite der Zinkplatte infolge der dort wirkenden

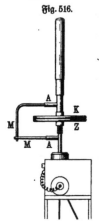

Fig. 516.

elektromotorischen Kraft bilden, sich in den beiden Konden= satorplatten anhäufen. Nimmt man nun den Deckel ab, so divergieren die Goldblättchen des Elektroskops mit negativer Elektrizität, wie man leicht durch Annähern einer geriebenen Glas= bezw. Siegellackstange zeigen kann.

Um nun zu zeigen, daß die Zinkplatte positiv ist, könnte man diese einem zweiten Elektroskop nähern, welches bereits eine positive Elektrisierung besitzt, falls man es nicht aus= reichend findet, daß beim Annähern der Zinkplatte an das negativ geladene Elektroskop mit der Kupferplatte die Gold= blättchen zusammensinken.

Der Nachweis, daß im absolut trockenen Raume die Spannung verschwindet, eignet sich nicht zur Demon= stration.

Man kann auch beide Kondensatorplatten firnissen, wodurch die Störungen infolge von Reibungselektrizität geringer werden, doch sind dann infolge der größeren Dicke der isolierenden Schicht die Wirkungen schwächer.

Grimsehl (S. 16, 17, 1903) gibt zur einwandfreien Ausführung des Volta= schen Fundamentalversuches folgende Anweisung:

Man setzt auf die Elektrometerstange die gut eben geschliffene und dünn lackierte Zinkplatte Z und schraubt in die isolierende Handhabe die ebenfalls gut eben geschliffene und dünn lackierte Kupferplatte K. Beide Stäbe sind, wie Fig. 516 zeigt, mit Ansätzen A versehen, in welche sich Messingstäbe M einschieben lassen, unten ein gerader, oben ein rechtwinklig gebogener. Die untere Platte ist auf dem Stab des Elektro= meters drehbar, man kann also beide aufeinander liegenden Platten mittels des Hartgummigriffes drehen, bis die Ansätze in Berührung kommen. Gleichzeitig berührt man mit einem in der Klemme des Elektrometergehäuses befestigten Draht mit isolierendem Griff einen der beiden Messingstäbe. Nachdem diese Verbindung wieder aufgehoben und durch Zurückdrehen der Platten auch die Berührung der Messing= stäbe wieder gelöst ist, hebt man die obere Platte ab. Reibung der sich berührenden Lackschichten, welche störende Spannungen hervorbringen kann, ist bei dieser Art der Ausführung des Versuches ausgeschlossen und mit absoluter Sicherheit erhält man (bei Verwendung des von Grimsehl angegebenen Elektrometers, vgl. S. 58,

Fig. 109) einen Ausschlag von 7 bis 10°, herrührend von der positiven Elektrizität des Zinks. Vertauscht man die Platten, so zeigt die Kupferplatte eine negative Spannung von fast derselben Höhe (nicht genau, weil das Elektrometergehäuse aus Messing besteht). Macht man denselben Versuch mit zwei anderen Metallplatten, z. B. Eisen unten und Zink oder Kupfer oben, so erhält man ein der Voltaschen Spannungsreihe entsprechendes Ergebnis, d. h. das Eisen erweist sich im ersten Falle negativ, beim zweiten positiv.

Die ersten Beobachtungen über Thermoelektrizität[1]) machte Ritter 1801, die Spannungsreihe entdeckte Seebeck (1821).

173. Thermoelektrizität. Bei der sehr geringen Größe der thermoelektrischen Kraft bei Metallen und der Schwierigkeit, in Vorlesungen mit hochempfindlichen Quadrantenelektrometern zu arbeiten, dürfte sich empfehlen, zunächst die Thermo-elektrizität von Schwefelmetallen (entdeckt von Cumming) zu demonstrieren. Becquerel (1827) beobachtete, daß ein mit Schwefelkupfer überzogener Kupfer-

Fig. 517.

draht, mit einem blanken in Kontakt gebracht, bei 200 bis 300° eine so hohe elektromotorische Kraft erzeugt, daß man imstande ist, mit Hilfe des Thermostromes Kupfervitriol, salpetersaures Silber u. s. w. zu zersetzen. Sie beträgt für Bleiglanz-Kupfer pro 100° etwa 0,1 Volt, für Kupfer-Schwefelkies 0,1666 Volt, für Bleischwefel-Buntkupfer 0,1818 Volt. Um diesen Strom nachzuweisen, nimmt Bec-querel eine Platte von Kupferkies von 19 bis 20 mm Breite, 11 bis 12 mm Dicke, 8 bis 12 cm Länge, gibt den Enden Fassungen von Neusilberblech und verbindet diese durch Neusilberdrähte mit einem Quadranten- oder Kapillarelektro-meter. Zur Erwärmung der einen Kontaktstelle ist an die betreffende Fassung ein Kupferstab angeschraubt, dessen freies Ende durch eine untergestellte Gasflamme erhitzt wird. Rasch erstarrtes geschmolzenes Schwefelkupfer muß durch längeres Erwärmen bei Dunkelrotglut in die gewöhnliche Modifikation übergeführt werden.

Bunsen gibt dem Apparate die in Fig. 517 dargestellte Form. Man bohrt in eine Platte aus Kupferkies zwei Löcher, in welche Kupferzapfen eingeschmirgelt werden, die mit den Fortleitungsdrähten verbunden sind; wegen der ungleichen Ausdehnung der Materialien müssen die Kupferzapfen nach dem Einschmirgeln einen Sägeschnitt erhalten. Die untere Verbindungsstelle stellt man in Wasser, oben kann man ziemlich stark erhitzen.

Fig. 518 (K, 15) zeigt ein einzelnes Thermoelement, Fig. 519 (K, 18) eine Kette von drei Elementen auf Stativ. Wie klein die zu erzielenden Spannungen sind, zeigt folgende Zusammenstellung (nach Kohlrausch) der für 1° Temperatur-differenz zu erwartenden elektromotorischen Kräfte in Mikrovolt: Wismut-Antimon 100; Konstantan-Eisen 53; Patentnickel-Eisen 45; Konstantan-Kupfer 40; Nickel-Eisen 32; Patentnickel-Platin 28; Neusilber-Eisen 25; Nickel-Kupfer 22; Platin-

---

[1]) Bezüglich der Entstehung der thermoelektrischen Kraft kann auf die Erklärung der Wärmeleitung durch Bewegung der Elektronen (Bd. I(2), § 755) hingewiesen werden (Drude, Lorenz), welche sich aus der Übereinstimmung mit der elektrischen Leitfähigkeit ergibt, und auf die Theorie der Konzentrationsketten (§ 162, S. 276).

Eisen 17; 10 prozentiges Rhodiumplatin-Platin 10.　Das Gesetz der Spannungs-reihe kann man nachweisen, indem man zuerst bei Anwendung einer bestimmten konstanten Wärmequelle den Ausschlag für ein Eisen-Kupferelement bestimmt und sodann ein Eisen-Platin-

Fig. 518.

Fig. 519.

Kupferelement verwendet, so daß beide Lötstellen des Platins erhitzt werden.

Erhitzt man ein Eisen-Kupfer-element mit der Gebläseflamme, so kann leicht die Umkehrung der elektromotorischen Kraft bei der Umwandlung des Eisens bestimmt werden.

Die Verwendung zur Tem-peraturmessung kann erst nach Besprechung des Multiplikators

erörtert werden, ebenso das Auftreten von Thermoelektrizität bei nur einem Metall, die Abhängigkeit von der Richtung bei Kristallen, die Thermoelektrizität bei Flüssigkeiten u. s. w.

174. Thermosäulen. Eine einfache für Demonstration geeignete Säule zeigt Fig. 520[1]. Unter den einfachen Metallen stehen Wismut und Antimon in der thermoelektrischen Spannungsreihe am weitesten voneinander ab, sie wurden des-

Fig. 520.

halb bei den Säulen von Nobili und Melloni (1830) angewendet. Wismut ist indes in der Nähe seines Schmelz-punktes (253°) äußerst brüchig, wahr-scheinlich infolge von Umwandlung in eine andere Modifikation.　Markus benutzte Neusilber und eine Legierung aus 12 Antimon und 5 Zink.　Die einzelnen Stäbe wurden dabei 15 bis 20 cm lang, 2 cm breit und für die Antimonlegierung auch 2 cm dick ge-nommen, während für das Neusilber eine Dicke von 2 mm ausreicht.　Man kann dabei die eine Reihe der Ver-

bindungsstellen bis zur dunkeln Glühhitze erwärmen.　Bei 20 Elementen (und einer Temperaturdifferenz von 0 bis beinahe Rotglühhitze) soll die elektromotorische Kraft ein Volt sein.

Viel wirksamer ist die Sternsäule von Noë.　Ihre sternförmig geordneten Elemente bestehen aus zwei Metallegierungen, von denen die negative dem Neusilber ähnlich und in Form von Draht gebracht ist, Fig. 521, die positive, eine Mischung von Antimon und Zink, in Form kurzer cylindrischer Stäbchen gegossen ist.　Von den Lötstellen gehen Kupferstifte gegen das Zentrum zu, welche durch die dort befindliche Flamme direkt erhitzt werden und die Wärme durch Leitung auf die

---

[1] Zu beziehen von Meiser u. Mertig, Dresden N., Kurfürstenstr. 27, zu 6,50 Mk.

Lötstellen übertragen. Eine Säule von 20 Elementen liefert einen Strom, der etwa dem eines Bunsenschen Elementes entspricht. Eine Säule von 25 Elementen hat eine elektromotorische Kraft von 2,06 Volt bei einem inneren Widerstande von nur 0,87 Ohm (3. s. Elektrotechn. 1884).

Für stärkere Wirkungen, also größere Zahl von Elementen erhält die Säule lange Form, d. h. die Elemente sind in zwei Reihen nebeneinander geordnet, so daß

sie die Heizstifte einander zu-
kehren. An den kalt zu halten-
den Lötstellen sind vertikale,
geschwärzte Metallbleche angebracht, Fig. 522, welche die
Wärme leicht an die Luft abgeben, ähnlich wie die zu
gleichem Zwecke an den stern-
förmigen Säulen angebrachten
Röhren. Um die beiden Reihen
hintereinander oder nebeneinander schalten zu können, ist
ein einfaches Pachytrop angebracht. Die Heizung geschieht
durch Gas mittels eines aus
zahlreichen kleinen Bunsen-
brennern zusammengesetzten
Heizapparates. Die elektro-
motorische Kraft einer Säule von 50 Elementen beträgt 4,321 Volt, der Widerstand in Ohm 0,778.

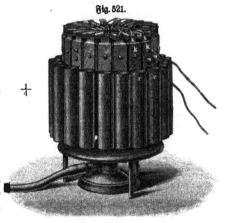

Fig. 521.

Die Elemente der Säule von Clamond (Fig. 523) bestehen aus Gußstücken einer Legierung von Zink und Antimon und aus verzinnten Eisenblechstreifen. Sie

Fig. 522.

sind in mehreren Ringen übereinander angeordnet und durch Asbest isoliert. Im Zentrum befindet sich ein Hohlcylinder aus Asbest und in diesem ein cylindrischer Gasbrenner aus Ton mit vielen kleinen Öffnungen. Durch einen Gasdruckregulator werden die Flämmchen stets auf gleicher Höhe erhalten. Wird der Apparat außer Gebrauch gesetzt, so bedeckt man ihn mit einem Deckel, damit der Toncylinder sich nicht allzurasch abkühle.

Meist gebraucht wird die Thermosäule von Gülcher (Fig. 127, Bd. I $_{(1)}$, S. 74). Die positiven Elektroden sind Röhren aus reinem Nickel, welche auf eine Schieferplatte aufgeſetzt ſind und zugleich als Brenner dienen. Die negativen Elektroden beſtehen aus Stäbchen einer antimonhaltigen Legierung, welche durch ein meſſingenes Zwiſchenſtück mit erſteren in Verbindung ſtehen. Die aus einer Speckſteinhülſe aus= tretenden Flämmchen erhitzen das Meſſingſtück. Die Verbindung zwiſchen den einzelnen Elementen iſt durch Kupferſtreifen bewirkt, welche zugleich zur Abkühlung dienen[1]).

Die meiſten Thermoſäulen leiden an dem Übelſtand, daß ihr Widerſtand zu groß und wechſelnd iſt, weil an den Lötſtellen mit der Zeit Übergangswiderſtände auftreten. Nach Heil (1906) tritt ferner eine merkwürdige Polariſation des poſi= tiven Körpers ein, inſofern er nach längerem Gebrauch bei der Berührung mit einem Konſtantandraht am Kaltende um etwa 30 Proz. mehr Potentialdifferenz zeigt, als am Warmende. Zur Vermeidung der Übergangswiderſtände vereinigt Heil das Nickel mit dem Antimon ohne Lot, eventuell nach vorheriger Verſilberung.

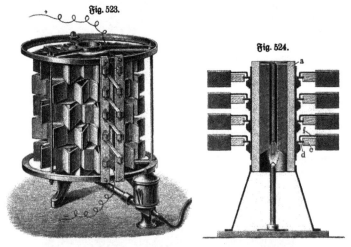

Fig. 523.

Fig. 524.

Bei der Heilſchen Thermoſäule „Thermotor"[2]) waren die Legierungen Konſtantan (60 Cu, 40 Ni) und Antimonzink (100 Sb, 57 Zn), welche bei 500° Temperatur= differenz 0,130 Volt Spannung geben, alſo bedeutend mehr als z. B. Konſtantan= Eiſen (0,04 Volt). Zur Wärmezuleitung diente ein an die Lötſtelle befeſtigtes Stückchen ſilberbelegtes Kupfer[3]). Die Säule wurde in zwei Formen gebaut, mit

---

[1]) Zu beziehen von Julius Pintſch, Berlin O., Andreasſtr. 72, in drei Größen von 0,75, 1,5 und 2 Volt Klemmenſpannung bei 3 Amp. Stromſtärke und 70, 130 und 170 Liter Gasverbrauch pro Stunde zu 85, 160 und 190 Mk. — [2]) Siehe Spies, Z. 17, 351, 1904. — [3]) Sie wurde geliefert von den elektrotechniſchen Werken in Darmſtadt, wird aber heute nicht mehr fabriziert. Verſchiedene Bezugsquellen von Thermoſäulen ſind: R. Bläns= dorf Nachf., Fabrik f. elektr. Apparate, Frankfurt a. M., Gutlenſtr. 15; Vereinigte Fabriken für Laboratoriumsbedarf, Berlin N., Chauſſeeſtr. 3; Carl Naucke, Mechaniker am phyſik. Inſtitut der Univerſität Halle a. S.=Fürſtental; Prof. Dr. M. Th. Edelmann, phyſik.= mechan. Inſtitut, München, Nymphenburgerſtr. 82; Warmbrunn, Quilitz u. Co., Glas= bläſerei u. mech. Werkſtätte, Berlin NW. 40, Haideſtr. 55—57. Thermoſäulen nach Rubens (ſiehe Bd. I(1), S. 612) liefern Keiſer u. Schmidt, Berlin, zu 66 Mk.

3 und 6 Volt Spannung und 0,75 bezw. 1,5 Ohm innerem Widerstand, so daß sie bei beiden bei Kurzschluß 4 Ampere Strom erzeugte. Der kleinere Apparat gestattete das Laden einzelner bezw. parallel geschalteter Akkumulatorenzellen mit 1,3 bis 1,5 Ampere. Eine Zelle von 20 Ampere=Stunden Kapazität ließ sich mit 1,5 cbm Gasverbrauch laden. Bei der neueren Form der Heilschen Thermosäule, „Dynaphor" genannt [1]), werden die Elemente von einem dickwandigen Heizkörper a (Fig. 524) getragen, welcher aus einer nicht oxydierbaren Legierung besteht und innen mit Längsrippen versehen ist. Sie sind von demselben durch Glimmer isoliert. Die Betriebswärme beträgt nur 300 bis 380°. Über die Verwendung der Thermosäulen zum Laden von Akkumulatoren siehe Bd. I$_{(1)}$, S. 75.

175. Wärmeübertragung durch Elektrizität. Unter den galvanischen Elementen sind theoretisch die „Umkehrelemente" die vollkommensten, d. h. diejenigen, welche sich, wie z. B. das Daniell=Element, auch umgekehrt als Akkumulatoren gebrauchen lassen. Bis zu gewissem Grade ist auch eine Thermosäule eine derartige umkehrbare Säule. Leitet man einen Strom von entgegengesetzter Richtung wie ihr eigener Strom hindurch, so erwärmen sich die Warmenden der Elemente, die andern kühlen sich ab, d. h. wenn man den Strom nach einiger Zeit unterbricht und die Säule in sich schließt, so erzeugt sie Strom wie ein Akkumulator.

Leitet man nach v. Quintus Icilius den Strom einer Thermosäule durch eine zweite, so wird in den Lötstellen der einen Seite Erwärmung, in denen der anderen Erkaltung stattfinden. Wird nun der ursprüngliche Strom unterbrochen, so wird die entstandene Temperaturdifferenz in einem anderen Leiter einen Thermostrom erzeugen. Zur bequemen Anstellung des Versuches dient die in Fig. 287 a (S. 171) gezeichnete einfache Nachbildung der Poggendorffschen Wippe. Das Grundbrettchen A derselben hat acht Quecksilbernäpfe, wovon 2 und 7, und 3 und 6 miteinander verbunden sind. Man verbindet nun 1 und 4 mit der ersten Säule, in welche Verbindung noch ein gewöhnlicher Kommutator und, wenn man will, ein Strommesser eingeschaltet werden; 2 und 3 werden mit der zweiten Säule, 5 und 8 ebenfalls mit einem Strommesser verbunden, wie Fig. 287 b (S. 171) schematisch zeigt. Das Brettchen B steht nun mittels Drahtstiften auf konischen Vertiefungen von A und trägt vier amalgamierte Kupferbügel, wodurch abwechselnd entweder die Näpfe 1 und 2, und 3 und 4, oder 5 und 6, und 7 und 8 verbunden werden können. Auf diese Art lassen sich Versuche über den Wirkungsgrad anstellen.

Nach Mach (1870) eignet sich zu dem Versuche besonders eine Markussche Thermosäule (S. 286), von welcher man die messingenen Klemmschrauben, die störend wirken, entfernt hat. Man kann die Temperaturdifferenz schon mit der Hand fühlen.

Nach v. Waltenhofen (1884) ist bei Anwendung einer Noëschen Thermosäule (S. 286) infolge des unsymmetrischen Aufbaues die Erscheinung sehr verwickelt, so daß nicht immer der beabsichtigte Effekt eintritt.

Sehr gut eignet sich dagegen nach Spies die Heilsche Thermosäule „Thermotor" (siehe S. 288), also wohl auch der „Dynaphor" (s. oben).

Das einfachste hierher gehörige Experiment ist das Peltiersche Kreuz, Fig. 525. Ein Antimonstab A A' ist mit einem Wismutstab W W' über Kreuz gelötet. Man

---

[1]) Zu beziehen von A. Schoeller, Frankfurt a. M. (Elektrotechn. Zeitschr. 27, 986, 1906).

verbindet A' und W' mit den Polen eines Elementes, W und A mit den Klemmen eines empfindlichen Hitzdrahtgalvanometers[1]). In die Leitung zum Galvanometer schaltet man einen Kommutator ein, derart, daß, so lange der Strom hindurchgeht (wenige Sekunden), W mit A und die Klemmen des Galvanometers unter sich verbunden sind. Sofort nach Unterbrechung des Stromes dreht man dann den Kommutator so, daß die in der Figur dargestellte Verbindung hergestellt wird (W, 12).

Fig. 525.

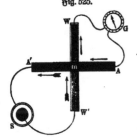

Lötet man ein Stäbchen aus Wismut und ein Stäbchen aus Spießglanz, jedes von etwa 20 bis 30 qmm Querschnitt, aneinander, und leitet einen Strom durch dieselben, so entsteht an der Lötstelle eine Temperaturerniedrigung, wenn der Strom vom Wismut zum Spießglanz geht; umgekehrt wird die Lötstelle erwärmt. Man muß die beiden Stäbchen, nachdem an jedes ein kurzer Kupferdraht behufs der weiteren Verbindung angelötet ist, luftdicht durch eine etwa 3 bis 4 cm weite Kugel von Glas leiten, an welche, wie beim Luftthermometer, eine Röhre angeschmolzen ist, Fig. 526. Bei dem Anlöten des Kupfers an Wismut muß jenes vorher mit Lot verzinnt werden, was auch vom Spießglanz gilt. Das Eintitten geschieht am besten durch wiederholtes Auftragen von dicker Siegellacklösung, da man die Stäbchen kaum so weit erwärmen kann, als zum Kitten mit Siegellack erforder-

Fig. 526.

lich ist. Mit Gips zu kitten, taugt nichts, da Gips zu porös ist. Man stellt nun die Röhre a in ein Glas mit ge-färbtem Wasser, erwärmt die Kugel b etwas mit der Hand, um Luftblasen auszutreiben und die Flüssigkeit in die Röhre aufsteigen zu lassen. Die Stelle, bis zu welcher die Flüssig-keit steigt, wird mit einem Faden bezeichnet und der Apparat an irgend einem Gestelle senkrecht befestigt. Mittels Klemm-schrauben leitet man nun einen Strom durch die Kugel b, welcher zuerst durch einen Kommutator geführt wurde, und man wird beim Umkehren rasche Änderung im Stande der Flüssigkeit bemerken. Ein einzelnes Daniellsches Element ist hierzu sehr bequem, da man nach Belieben, ohne irgend einen Teil des Apparates auszulösen, mehr Flüssigkeit in das Glas desselben geben oder durch eine Pipette davon herausnehmen kann, um diejenige Stromstärke zu bewirken, bei welcher die Wirkung am stärksten ist. Ein sehr starker Strom bewirkt nämlich in jeder Richtung eine Erwärmung des Leiters, und dann ist es bei dem eben be-schriebenen Apparat nicht gut möglich, die Temperaturänderungen der Lötstelle zu beobachten. Will man dem Apparate ein eigenes Gestell geben, an welchem die Röhre sich vor einer willkürlichen Skala befindet, so muß man darauf sehen, daß man die Kugel mit der Röhre leicht aus der Flüssigkeit herausheben könne, um sowohl sie als das Glas zu entleeren. Fig. 527 zeigt einen solchen Apparat mit Gestell, bei dem die Enden der Stäbe angelötete Klemmschrauben haben (W, 15).

_____

[1]) Ein solches Instrument konstruierte H. Hertz zum Nachweis elektrischer Wellen, siehe Zeitschr. f. Instrumentenk. 3, 17, 1883. Auch ein Kapillarelektrometer würde sich eignen.

Zweckmäßig ist es, wenn an die Kugel oben ein kleiner Glashahn angeschmolzen ist, so daß man das Füllen durch Aufsaugen bewirken kann. Stöhrer in Leipzig richtet den Apparat so ein, daß er als Ganzes projiciert werden kann. Besser projiciert man nur die Flüssigkeitssäule (wie bei Fig. 528 K, 33), wobei das Zimmer nur mäßig verdunkelt wird.

Der Versuch gelingt nur dann mit Sicherheit, wenn die Kugel möglichst klein ist, wie bei den Stöhrerschen Apparaten, oder wenn man, wie Weinhold, über die Lötstelle einen in Äther eintauchenden Docht legt, wobei sich dann die Ätherdampfspannung zum Luftdruck addiert. (Fig. 529 K, 13,50.)

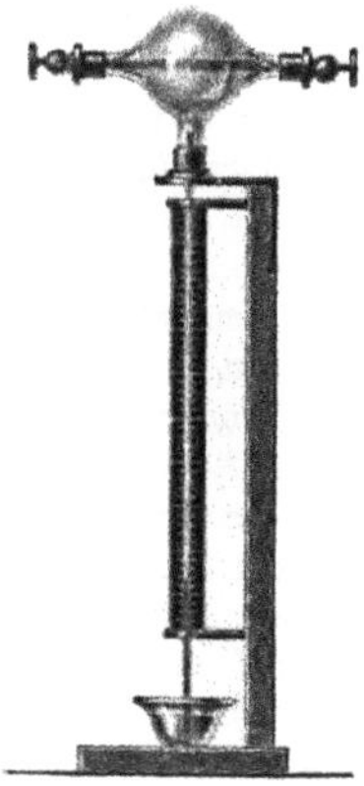

W. Holtz (1890) benutzt ein Luftthermometer, dessen Gefäß aus dünnem Metallblech verfertigt ist. Der Wismut-

Fig. 527.

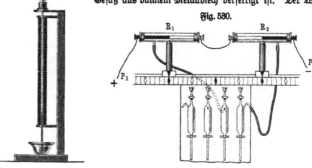

Fig. 530.

Fig. 528.

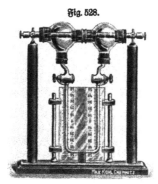

Fig. 529.

und Antimonstab sind parallel in geringer Entfernung voneinander auf die Wand dieses Metallgefäßes aufgelötet, so daß an die Stelle der einen Lötstelle zwei Lötungen (Wismut-Gefäßwand und Gefäßwand-Antimon) treten.

Schumann benutzt statt des einfachen Luftthermoskops ein Differentialthermometer, dessen beide Kugeln je ein Wismut-Antimonelement enthalten, welche man so miteinander verbindet, daß sie in entgegengesetzter Weise vom Strome durchflossen werden. Hierdurch wird die vom Strome überhaupt entwickelte Wärme einflußlos,

19*

es kommt nur die an den Lötstellen auftretende bezw. verschwindende zur Geltung und die Wirkungen in beiden Kugeln unterstützen sich (Fig. 528, K, 33).

Kolbe empfiehlt die Verwendung des Doppelthermoskops nach Fig. 530. Die Stromstärke beträgt 12 bis 15 Ampere.

Lehrreich ist dabei 1) die Umkehrung der Stromrichtung und 2) Gegenschaltung der Stäbe, so daß der Strom beiderseits in gleichem Sinne (z. B. vom Antimon zum Wismut) fließt.

176. Der Thomsoneffekt, das heißt die thermischen Effekte beim Durchgang eines Stromes durch die Grenzen verschieden warmer Teile desselben Metalls, kann nur erwähnt werden. Bei künstlichem Wismut beträgt die entwickelte Wärmemenge, wenn ein Strom von 10 Ampere von einem Querschnitt zu einem um 1^0 kühleren fließt, pro Sekunde $24{,}5 \times 10^{-6}$ Grammkalorien; für Quecksilber $- 6{,}9 \times 10^{-6}$, für Blei 0.

Fig. 531.

177. **Pyroelektrizität.** Turmalinkristalle haben gewöhnlich die Form dreiseitiger Säulen, deren beide Enden verschieden begrenzt sind. Das Ende, bei welchem die begrenzenden Rhomboederflächen sich gerade an die Säulenflächen anschließen, heißt das analoge, das andere, bei dem sie über den Kanten liegen, das antiloge. Hängt man einen Kristall an einem Seidenfaden zunächst in ein Luftbad von 120^0, sodann über den Knopf eines Elektroskops, so beobachtet man, daß beim Abkühlen das analoge Ende negativ, das antiloge positiv wird. Beim Erwärmen ist der Sinn der Elektrisierung umgekehrt. Daß die Ladung nicht erhalten bleibt, ist durch leitende Oberflächenschichten bedingt.

Zur Demonstration eignet sich namentlich der Nachweis durch Bestäuben mit Mennige-Schwefelpulver nach Kundt, welches durch ein feines Sieb von Baumwolle geschüttet wird. Beim Abkühlen wird das analoge Ende rot, das antiloge gelb [1].

Die Kristallplatten, die selbstverständlich sehr rein sein müssen, werden im Luftbade auf passende Temperatur erwärmt, dann einigemale durch eine Weingeistflamme gezogen, in einen kälteren Raum gebracht und, sobald die regelmäßige Abkühlung begonnen hat, bestäubt. Manche Kristalle sind aus zwei oder mehreren Individuen in Zwillingsstellung verwachsen. Solche zeigen natürlich entsprechende Störungen der Figuren.

Wird ein Turmalinkristall um t^0 erwärmt, so entsteht in der Richtung der Hauptachse ein elektrisches Moment, welches in elektrostatischen CGS-Einheiten pro Kubik-

---

[1] Einen besonderen Apparat zu diesem Versuch liefert R. Fueß, Steglitz bei Berlin nach Fig. 531. In dem als Wärmereservoir dienenden Messingkegel c steckt das Thermometer f. e ist eine Glimmerscheibe zum Schutz gegen Strahlung, d eine Hülse zur Aufnahme der Kristalle. Zum Bestäuben dient ein Gummiball mit kurzer Röhre, deren Öffnung mit Musselin geschlossen ist. Um das Pulvergemisch einfüllen zu können, ist die Röhre abnehmbar.

centimeter beträgt 1,22 . *t*. Davon rühren 0,24 . *t* lediglich von der Erwärmung her, der Rest ist Piezoelektrizität, bedingt durch die mit der Erwärmung verbundenen inneren Verschiebungen (Riecke).

Das Verhalten des Turmalins kann man auch sehr einfach nachweisen, wenn man ein Stückchen desselben, das, wenn auch sehr dünn, doch etwa 3 cm lang ist, in der Mitte an einem dünnen Seidenfaden aufhängt und dann durch ein in einer Entfernung von 1 bis 1½ cm darunter gehaltenes heißes Eisenblech erwärmt. Das Eisenblech selbst wird durch eine darunter gesetzte Weingeistlampe erhitzt. Mittels einer an ihrem Ende geriebenen Siegellackstange kann man die Natur der Elektrizität leicht erkennen. Sehr oft zeigt sich dabei der elektrische Zustand, der aufsteigenden Luftströme wegen, weniger auffallend während des Erwärmens; allein beim Erkalten ist die Erscheinung immer eine sehr entschiedene und deutliche; die Einwirkung der Siegellackstange zeigt sich schon in ziemlicher Entfernung.

178. Piezoelektrizität. Wird ein Turmalinkristall in der Richtung der Hauptachse gedehnt, so werden die Enden elektrisch wie bei Erwärmung, bei Kompression ebenso wie bei Abkühlung.

Bei Kompression mit der Kraft 1 kg beträgt die auf einer Endfläche auftretende Elektrizitätsmenge unabhängig von Länge und Querschnitt des Kristalls 0,057 elektrische CGS-Einheiten.

Wird nach Kundt eine zur Achse senkrecht geschliffene Quarzplatte in den Schraubstock eingespannt, gepreßt und während dessen mit Mennige-Schwefelpulver bestäubt, so bilden sich gelbe und rote Staubfiguren, da einzelne Teile der Platte positiv, andere negativ elektrisch werden und erstere den gelben Schwefel, die anderen die rote Mennige festhalten. Indem man die Kristallplatte auf ein mit Gummi bestrichenes Papier abdrückt, kann man die Figuren auf dem Papier fixieren. Selbstverständlich muß die Platte vor dem Versuche sorgfältig gereinigt und, um ihr etwa vorhandene Elektrizität zu nehmen, einigemale durch eine Weingeistflamme gezogen werden.

Nach J. und P. Curie werden die Kristalle, welche durch Druck elektrisch werden, auch beim Abkühlen oder Erwärmen elektrisch und zwar so, daß Abkühlung dieselbe Wirkung hervorbringt wie Kompression, Erwärmung wie Zug.

Kalkspat wird durch einen einige Sekunden lang fortgesetzten Druck zwischen den Fingern positiv elektrisch und behält diese Elektrizität sehr lange. Man zeigt dieses am einfachsten so, daß man ein Blechstreifchen von etwa 2 mm Breite, wie *a b c*, Fig. 532, biegt und bei *b* mit der Kernspitze eine kleine Vertiefung einschlägt. Bei *a* kittet man einen Schellackfaden *d e* an, der etwa die Dicke eines dünnen Bindfadens hat; auf das Ende dieses Fadens kittet man mit

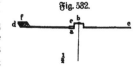

Fig. 532.

etwas Klebwachs ein kleines Stückchen Kalkspat und setzt den Apparat mit der Vertiefung bei *b* auf die Nadel des Stativchens Fig. 51 (S. 26). Das Gleichgewicht kann durch bei *c* angebrachtes Klebwachs leicht hergestellt werden, wenn man etwa zu viel von dem Bleche weggeschnitten hätte. Man drückt den Kalkspat, bevor man ihn auf die Spitze setzt, zwischen den Fingern, worauf er von einer geriebenen Glasstange lebhaft abgestoßen wird. Manche Kalkspatstücke gehen übrigens nicht so lebhaft als andere, besonders wenn sie nicht spiegelglatte Spaltflächen haben. Auch darf man eine stark elektrische Glasstange nicht nahe bringen, weil sonst die Wirkung der Verteilung stärker ist, als die Elektrizität des Kalkspats. Auf ähnliche Weise kann man auch mit anderen Kristallen verfahren.

179. Quarzelektrometer. J. und P. Curie benutzen als Elektrometer eine Kombination von zwei senkrecht zur elektrischen Achse geschnittenen, sehr dünnen rechteckigen Quarzplatten, deren längere Seite zur optischen Achse normal ist. Die eine von beiden wird umgekehrt und mit der ersten verkittet, sodann die äußeren Flächen bis auf einen schmalen Rand versilbert. Bei Herstellung einer Potentialdifferenz zwischen den beiden Silberbelegen krümmt sich die Platte, was durch Zeiger oder Spiegel sichtbar gemacht werden kann. Potentiale zwischen 0 und 600 Volt lassen sich auf 0,5 Volt genau ablesen. (Vgl. die Abbildung bei Radioaktivität.)

Fünfzehntes Kapitel.

Magnetismus.

180. Natürliche Magnete. Die galvanischen Batterien ermöglichen auch eine weitere Wirkung des elektrischen Stromes zu untersuchen, welche bei den Strömen der Elektrisiermaschine in kaum merklicher Weise hervortritt, die magnetische. Der Name Magnetismus rührt her von der Stadt Magnesia, in deren Nähe, wie bereits Thales (640 bis 550 v. Chr.) wußte, ein Eisenerz gefunden wird, welches eigentümliche Kräfte auf die Entfernung auszuüben vermag, ähnlich den elektrischen. Zwei Stücke von solchem Eisenerz ziehen sich an oder stoßen sich ab, doch nur an einzelnen Stellen (Pole)[1] und manche Stücke zeigen die Kraftwirkungen gar nicht, sie sind unmagnetisch. Der Magnetismus ist also eine Eigenschaft, die nicht dem Eisenerz an sich zukommt, sondern nur ein eigentümlicher Zustand desselben, vergleichbar dem elektrischen Zustande des geriebenen Bernsteins[2].

Um die Wirkungen zu zeigen, kann man, wie es auch im Altertum geschah, ein Stück Magneteisenerz auf einem Brettstück auf Wasser schwimmen lassen und ein zweites nähern. Man macht dabei gleichzeitig die Erfahrung, daß ein frei beweglicher Magnet mit einem Ende nach Norden weist. Dieses nennt man Nordpol, das andere Südpol.

Dieser magnetische Zustand des Magneteisenerzes kann z. B. durch starke elektrische Entladungen, wie Blitzschläge, hervorgebracht werden. Er zeigt sich übrigens auch bei anderen eisenartigen Gesteinen, sodann bei Gußeisen, insbesondere aber bei hartem Stahl. Bei Erregung des Magnetismus durch Flaschenentladungen zeigen sich eigentümliche Unregelmäßigkeiten, die sich durch die später zu besprechenden elektrischen Oszillationen erklären.

----

[1] Sind mehr als zwei Pole vorhanden, so nennt man die zwischen den äußersten liegenden „Folgepole" (s. a. S. 336). — [2] Magneteisen in Oktaedern und in derben Stücken bekommt man leicht, aber kräftige natürliche Magnete schon ziemlich schwer. Doch man kann sich hier leicht helfen; man braucht nur ein solches Stück Eisenerz zwischen den Polen eines kräftigen (Elektro=) Magneten liegen zu lassen, um demselben bald die gewünschte Kraft zu erteilen; die käuflichen mögen wohl oft so entstehen. (W, 16.)

181. Künstliche Magnete. Da die galvanischen Batterien ermöglichen, in einfacher Weise sehr starke Ströme zu erzeugen, so kann man sich leicht davon über= zeugen, daß der elektrische Strom nicht nur Magneteisensteine, sondern noch weit besser gehärteten Stahl magnetisch machen kann.

Ich benutze zu diesem Versuche zwei glasharte Stahlstäbe von 25 cm Länge und 2 cm Durchmesser, deren eines Ende rot angestrichen ist. Zunächst wird nach= gewiesen, daß dieselben unmagnetisch sind, indem man den einen horizontal in einen Drahtbügel einlegt, der an eine von der Decke herunterhängende ungedrehte Seiden= schnur angebunden ist, und den anderen mit dem einen oder anderen Ende in die Nähe bringt. Nun legt man die beiden Stäbe mit den roten Enden zusammen und bringt sie miteinander in das Innere einer großen Drahtrolle auf Stativ, wie sie

vielfach bei den späteren Versuchen Verwendung findet (vgl. Fig. 533). Zieht man sie nun heraus, und wiederholt den Versuch über die Kraftwirkung, so zeigt sich, daß sich gleichnamige Pole abstoßen, ungleichnamige anziehen.

Fig. 533.

Was das Härten des Stahls für diesen Versuch anbelangt, so wurde darüber schon in Bd. I(1), S. 460 einiges mitgeteilt, ebenso über geeignete Stahlsorten S. 460 und 380 Anm. Gewöhnlich wird Wolframstahl[1] verwendet (geeignetste Härtungstemperatur etwa 800°, Kirschrotglut) oder gewöhnlicher Gußstahl (Härtungstemperatur 900°[2]). Verwendet man gewöhnlichen Gußstahl, so darf derselbe nicht mehr als rotwarm werden und überhaupt nicht lange in der Glühhitze bleiben. Zu= nächst macht man ihn durch Ausglühen weich, nachdem man ihn zuvor mit Lehm umhüllt hat, und läßt ihn nach dem Schmieden am besten in dem erlöschenden Feuer allmählich erkalten. Kalt darf er nicht gehämmert werden, das Fertigmachen erfolgt lediglich durch Feilen.

Beim Härten wird der Stahl senkrecht, und wenn er hufeisenförmig ist, mit beiden Polen schnell in das Wasser getaucht; nebst der Vermeidung von kaltem Hämmern ist dies das einzige Mittel, um das Verziehen möglichst zu verhüten. Gewöhnlich fällt dabei der Glühspan ziemlich vollständig ab.

Der Stahl ist nun glashart, er würde zerbrechen, wenn er auf den Boden fiele. Um dies zu verhüten, läßt man ihn, nachdem er zuvor hell geschliffen wurde,

---

[1] Zu beziehen von Siecke u. Schulz, Berlin C., Neue Grünstraße 25b, u. F. Ernecke in Berlin. (Mangan= und Nickelstahl lassen sich nicht magnetisch machen.) Stahl für Magnete liefern Heinrich Remy in Hagen in Westfalen, J. A. Henckels, Solingen u. a. — [2] Nach Osmond ist harter Stahl aufzufassen als eine Mischung der in höherer Tem= peratur stabilen unmagnetisierbaren β=Modifikation des Eisens und der gewöhnlichen magnetisierbaren α=Modifikation. Erstere bedingt eine Art innerer Reibung, welche die Drehung der Moleküle erschwert und hierdurch die Erscheinungen der Koerzitivkraft und des permanenten Magnetismus hervorruft. Der Kohlenstoffgehalt des Stahls ist nur in= sofern von Einfluß, als er die Erhaltung der β=Modifikation in niederer Temperatur be= günstigt, d. h. die Rückverwandlung in die α=Modifikation erschwert.

über einem breiten, gut angeblasenen Kohlenfeuer langsam bis zur hafergelben Farbe anlaufen. Sollte das Feuer nicht gut genug brennen, so muß es durch Anfachen mit dem Federwisch oder einem Stücke Pappe zum besseren Brennen gebracht werden, aber nicht durch das Gebläse der Esse, weil hierdurch die Hitze ungleichförmig würde. Hat der Stahl die hafergelbe Farbe erlangt, so wird er zum zweiten Male in kaltem Wasser gelöscht. Ein Stück Stahl aber, das sich beim Härten so sehr verzogen hätte, daß man dasselbe nicht brauchen könnte, muß man blau anlaufen lassen; es verliert zwar hierbei an Koerzitivkraft, bleibt aber doch zu vielen Zwecken brauchbar, und man kann jetzt dasselbe mittels eines Hammers mit scharfer Bahn, wie Fig. 534, durch kurze mäßige Streiche nachrichten, worauf die Hammerstreiche weggeschliffen werden. Der Stahl wird dabei auf einen Amboß

Fig. 534. gelegt, und die Streiche werden dicht nebeneinander auf die konkave Seite geführt. Bei einiger Vorsicht gelingt dieses Richten selbst im hafergelben Zustande.

Gewöhnlich bezeichnet man schon vor dem Härten diejenige Seite, welche Nordpol werden soll, durch einen Feilstrich oder ein aufgestempeltes N; allein es läßt sich dies, wenn es vergessen worden wäre, auch nachher noch erreichen, wenn man den Buchstaben aufätzt. Man läßt zu diesem Zwecke auf der erwärmten Stelle etwas Wachs dünn verlaufen, zeichnet mit einer Nadel das gewünschte Zeichen hinein und setzt einen Tropfen etwas verdünnter Salpetersäure

Fig. 535.

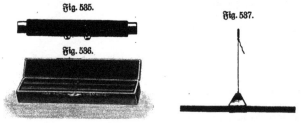

Fig. 536.

Fig. 537.

darauf. Das Zeichen wird in etwa fünf Minuten tief genug geätzt sein. Nachdem die Säure abgespült ist, wird der Stahl wieder erwärmt und das Wachs mit Fließpapier abgewischt.

Für Versuche in kleinerem Maßstabe werden zwei gehärtete Stahlstäbe von etwa 20 bis 25 cm Länge, 10 bis 12 mm Breite und 3 bis 4 mm Dicke nacheinander in eine ebensolange oder längere Glasröhre eingeschoben, welche ein oder mehrere Male mit dickem umsponnenem Kupferdraht umwickelt ist (Fig. 535 K, 16), der von einem kräftigen Strome durchflossen wird. Zweckmäßig läßt man den Strom nicht dauernd kreisen, sondern öffnet und schließt ihn mehrmals, solange der Stahlstab in der Röhre liegt.

Fig. 536 (K, 10 bis 18) zeigt ein Etui mit Magnetstäben, welche in der Mitte mit einer Öse zum Aufhängen versehen sind. Fehlt letztere, so kann man die Anziehung und Abstoßung ungleichnamiger bezw. gleichnamiger Pole zeigen, indem man den einen an mehreren ungedrehten Seidenfäden — wie sie als Rohseide verkauft werden — in einem Schiffchen von Papier, wie in Fig. 537, oder Messing (vgl. Fig. 558, S. 311) aufhängt, und den anderen das eine Mal mit dem markierten, das andere Mal mit dem nicht markierten Ende nähert.

Nach Alfred M. Mayer kann man die Anziehung und Abstoßung von magnetisch gemachten Nadeln dadurch zeigen, daß man sie durch runde Korkscheibchen
senkrecht durchsteckt und sie z. B. so, daß sie alle die markierten Pole nach unten

kehren, auf Wasser setzt. Nähert man
alsdann von oben einen starken Magnetpol,
so ordnen sich die kleinen schwimmenden
Scheibchen in bestimmte Gruppen, je nach
ihrer Anzahl. Vier z. B. bilden ein Quadrat oder einen dreieckigen Stern, fünf
ein Fünfeck oder einen viereckigen Stern
u. s. w. Durch Verwendung horizontal
schwimmender Nadeln oder dadurch, daß
man in ein Scheibchen mehrere Nadeln
teilweise in umgekehrter Stellung einsetzt,
kann man diese Experimente endlos variieren. (Fig. 538, nach Donath.)

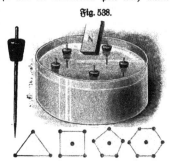

Fig. 538.

Wood[1] stellte sich ähnliche Systeme her durch auf Quecksilber schwimmende Magnetstäbchen. Ein altbekannter Versuch ist ferner der, daß man eine größere Zahl in gleicher
Lage magnetisierter Nähnadeln an feinen, durch das Öhr gezogenen Fäden in gleicher
Höhe aufhängt und zwar an demselben Haken. Infolge der gegenseitigen Abstoßung der gegenüberstehenden gleichen Pole können sie nicht zusammenkommen
sondern bleiben wie die elektrische Spinne (vgl. S. 43) gespreizt.

Auch durch den Entladungsstrom der Leidenerflasche kann man, wenigstens im
kleinen, Stahl magnetisch machen. Man umwickelt eine enge 5 bis 10 cm lange Glasröhre dicht mit feinem, gut übersponnenem Kupferdraht, den man auf der Röhre
noch firnißt; an die Enden lötet man dickere Drähte, die zu Haken umgebogen
werden. In die Glasröhre schiebt man ein gleichlanges Stück einer stählernen
Stricknadel, welche noch nicht magnetisch ist, und entladet eine mäßige Flasche durch
die um die Röhre gewickelte Spirale. Bei nicht zu starken Ladungen erhält die
Nadel ihren Nordpol da, wo er nach der Ampèreschen Hypothese sein soll. Bei
stärkeren Ladungen finden Abweichungen statt, die hier nicht zu erörtern sind.
Andere Abweichungen zeigen sich, wenn man die Nadeln statt in gläserne in
metallene Röhren bringt.

Es erscheint zweckmäßig, auch darauf aufmerksam zu machen, daß Stahlstäbe
schon bei der Annäherung an die große stromdurchflossene Drahtrolle (Fig. 533,
S. 295) magnetisch werden.

Aus gleichem Grunde muß man bei diesen Versuchen die Taschenuhr beiseite
legen, falls man nicht eine antimagnetische[2] besitzt, d. h. eine solche, welche an
Stelle einer stählernen Feder eine solche aus Palladium besitzt (s. Bd. I(1), S. 464,
Anmerkung 1).

---

[1] Wood, Phil. Mag. Juli 1898. — [2] Taschenuhren, welche von Magneten nicht
beeinflußt werden, sind zu beziehen von F. Schlesich in Frankfurt a. M., Roßmarkt 2,
und F. Seyfried in Nürnberg, Plobenhofstr. 3, antimagnetische Chronoskope für Minuten,
Sekunden und Fünftelsekunden von James Jaquet, Saint-Imier (Schweiz) zu 36 Franken
in Taschenuhrform. Antimagnetische Spiralfedern liefern Pfaff u. Schlander, Schram-
berg in Württemberg, Schwarzwald.

182. Koerzitivkraft. Aus denselben Gründen, die schon bei Besprechung des Kraftprinzips und der Atomtheorie, sowie der elektrischen Wirkungen erwähnt wurden, leitet das Bestreben, die magnetische Kraftwirkung zu begreifen, zu der Annahme, auch in dem Magnetstabe müsse ein verborgenes Wesen, der Magnetismus, vorhanden sein, welches die Kraft ausübt. Da aber unsere eigene Kraft nur durch Berührung wirken kann, so wundern wir uns, daß die magnetische Attraktion und Repulsion ohne Berührung der beiden Magnete auf größere Entfernung stattfinden kann, ja daß sie selbst dann noch in unveränderter Stärke eintritt, wenn wir etwa ein Brett oder eine Glasplatte dazwischen schieben, Körper, welche etwa für uns unsichtbare Organe oder Gliedmaßen des geheimnisvollen Trägers der Kraft (des Magnetismus) in ihrer Wirkung hindern müßten.

Große Analogie zeigt das Entstehen des Magnetismus mit der Elektrisierung eines Leiters durch Influenz. Ebenso wie man hier annimmt, daß der Leiter im unelektrischen Zustande beide elektrische Fluida in gleicher Menge enthalte, kann man auch bei einem unelektrischen Stahlstabe gleiche Mengen von positivem und negativem magnetischem Fluidum innig gemischt sich vorstellen und nun annehmen, daß sie durch Einwirkung des elektrischen Stromes voneinander geschieden werden[1]).

Ein wesentlicher Unterschied besteht aber darin, daß im Falle der elektrischen Influenz nach Beseitigung der influenzierenden Kraft alsbald Wiedervereinigung der geschiedenen Elektrizitäten eintritt, während im Fall des Magnetismus die Scheidung bestehen bleibt, anscheinend infolge einer Art von Reibungswiderstand, als welchen man die Koerzitivkraft auffassen kann. Dieselbe erweist sich für verschiedene Stahlsorten und verschiedene Grade der Härtung innerhalb weiter Grenzen verschieden und wird für weiches Eisen verschwindend klein.

Bei Anwendung der großen Drahtrolle läßt sich beim Annähern von weichen Eisenstäben leicht zeigen, wie diese in zunehmendem Maße beim Annähern an die Rolle magnetisch werden, aber beim Entfernen den Magnetismus wieder verlieren. Man bringt zu diesem Zwecke die beiden Eisenstäbe hintereinander in die Drahtrolle, so daß entgegengesetzte Pole aneinanderliegen und der eine Eisenstab den anderen trägt. Entfernt man sie aus der Mitte auf etwa 1 m Abstand, so wird die influenzierende Kraft so gering, daß der getragene Stab abfällt.

Für Versuche im kleinen leitet man, ebenso wie zuvor um Stahlstäbe, nun um Stäbe von weichem Eisen den Strom. Sie nehmen keinen (erheblichen) Magnetismus an. Nähert man aber, während sich ein Stab in der Spule befindet, einen Stahlmagneten, so tritt Anziehung bezw. Abstoßung ein, sie werden also temporär magnetisch.

Um das zu den Versuchen erforderliche weiche Eisen zu erhalten, nimmt man gutes Schmiedeeisen, besonders Holzkohleneisen, streckt es in die gewünschte Form und glüht die Stücke aus, nachdem man sie vorher mit Lehm umgeben hat. Sehr weich werden dieselben, wenn man sie im Kohlenfeuer bis zu dessen Erlöschen liegen läßt; das beste Verfahren besteht übrigens darin, daß man die Stahl- oder Eisenstäbe in Blechbüchsen steckt, die Zwischenräume mit feinem Sand ausfüllt, dann glüht und langsam erkalten läßt.

---

[1]) Den am Nordpol angehäuften Magnetismus nennt man positiven oder Nordmagnetismus, den anderen negativen oder Südmagnetismus.

183. Die magnetische Kraft. Das Verhalten zweier Magnetstäbe aufeinander ist nach Coulombs Versuchsergebnissen (1785 bis 1789) ein derartiges, als ob an ihren Enden, den Polen, „magnetische Massen" angehäuft wären, die sich anziehen oder abstoßen mit einer Kraft umgekehrt proportional ihrer Entfernung und direkt proportional ihrer Menge. Die Kraft wirkt abstoßend, wenn die beiden Massen gleiches Vorzeichen haben, anziehend, wenn sie ungleichnamig sind.

Wie ist es nun aber möglich, die Größe einer magnetischen Masse zu bestimmen, da man doch dieselbe weder greifen, noch sehen kann?

Das Mittel dazu bildet das Axiom, daß

Fig. 539.

n gleiche Magnetstäbe zusammen *n*mal soviel Magnetismus enthalten müssen als ein einzelner. Man kann sich das Verfahren klar machen an einem Apparat von der Einrichtung, wie sie in Fig. 539 dargestellt ist.

An einem Stativ aus unmagnetischem Material sind zwei lange Magnetstäbe *A* und *B* derart angebracht, daß *B* in vertikaler Stellung feststeht und *A* in einer durch den Schieber *a* regulierbaren Entfernung, ebenfalls senkrecht, darüber beweglich ist, indem er an einer über zwei Rollen geführten Schnur hängt, welche am anderen Ende durch ein gleich schweres Gegengewicht gespannt ist. Die Kraft zwischen *A* und *B* sei eine anziehende, man wird sie also mittels einer Federwage (Dynamometer) *b* kompensieren und messen können, indem man die Feder so anspannt, bis *A* gerade eben von dem Schieber *a* abgehoben wird. Statt der Federwage könnte übrigens auch eine gewöhnliche Wage dienen oder einfach ein über zwei Rollen geführter Faden (in Fig. 539 punktiert angedeutet), welcher am anderen Ende durch die erforderliche Zahl von Gewichten gespannt wird.

Indem man diesen Versuch bei verschiedenen mittels des Schiebers *a* regulierten Entfernungen ausführt, würde man zunächst den ersten Teil des Coulombschen Gesetzes bestätigen können, daß die Kraft zwischen den beiden Magnetpolen umgekehrt proportional ist der Entfernung derselben.

Nimmt man nun einen zweiten Magnetstab zu *B* hinzu, welcher, wie durch Prüfung seiner anziehenden Kraft zunächst festgestellt wird, ebenso wirkt wie *B*, also an seinen beiden Polen die gleiche magnetische Masse enthält, so enthält der aus beiden zusammengesetzte Stab offenbar doppelt soviel Magnetismus, wie vorher *B* allein. Ebenso könnte man durch Zusammenfügen von 3, 4 ... Stäben einen Lamellenmagneten von der 3, 4...fachen Polstärke erhalten.

Führt man nun mit diesen zusammengesetzten Stäben den Versuch aus, so zeigt sich, daß die verdoppelte Menge auch eine doppelt so große Kraft ausübt, ebenso die 3, 4 ... fache Menge die 3, 4 ... fache Kraft, d. h. die Wirkungen superponieren sich, jeder Magnetpol wirkt so, als ob die anderen nicht vorhanden wären. Anstatt die feststehende Masse zu vervielfachen, könnte man auch die bewegliche vergrößern durch Anwendung von 2, 3, 4 ... beweglichen Stäben, oder auch beide.

184. Die Einheit des Magnetismus. Die Kraft K, mit welcher zwei magnetische Massen m_1 und m_2 in der Entfernung r sich anziehen oder abstoßen, ist nach den besprochenen Versuchen $= a \, \frac{m_1 \cdot m_2}{r^2}$ Kilogramm, wobei a eine Zahl bedeutet, deren Größe davon abhängt, welche magnetische Masse man als Masse „eins" bezeichnet. (Coulomb 1784, Gauß und Weber 1833 [1]).

Man könnte als solche Einheit des Magnetismus etwa die Polstärke eines in bestimmter Weise hergestellten Magnetstabes wählen, also eines Normalmagneten, der ebenso wie das Normalmeter an einem sicheren Orte aufzubewahren wäre und nach welchem Kopien hergestellt werden könnten, ebenso wie man nach dem Normalkilogramm mit der Wage Kopien herstellen kann. Eine solche Einheit wäre aber, abgesehen von der Veränderlichkeit des sogenannten permanenten Magnetismus, schon deshalb unzweckmäßig, weil dann die Größe a einen für die Rechnung sehr unbequemen Wert annehmen könnte. Man wird zweckmäßiger die Einheit so wählen, daß a möglichst einfach wird.

Zwei gleiche Massen m wirken nach obiger Formel aufeinander mit der Kraft $K' = a \cdot \frac{m^2}{r^2}$. Somit ist

$$m = \sqrt{\frac{K' \cdot r^2}{a}}.$$

Die Masse m wird also $= 1$, wenn $K' \cdot r^2 = a$ ist.

Man könnte nun beispielsweise festsetzen: Einheit der magnetischen Masse ist diejenige, welche auf eine gleich große in der Entfernung 1 m die Kraft von 1 kg ausübt. Dann wäre $K' \cdot r^2 = 1 = a$, somit würde das Repulsions- und Attraktionsgesetz lauten:

$$K = \frac{m_1 \cdot m_2}{r^2} \text{ Kilogramm,}$$

wäre also durch den Fortfall von a wesentlich vereinfacht.

Dabei stellt sich nun aber eine wesentliche Schwierigkeit heraus. Die Menge Magnetismus ist eine Größe, die unmöglich vom Orte abhängen kann, an dem man sich befindet; ebenso kann die Kraft zwischen zwei solchen magnetischen Massen nicht vom Orte abhängen, wo man sich zufällig befindet, d. h. die linke Seite der Gleichung, die Größe K, hat, wenn überall mit derselben magnetischen Einheit gemessen wird, einen bestimmten, vom Orte unabhängigen Wert.

---

[1] Ich pflege hier Photographien der Begründer des elektrischen und magnetischen Maßsystems, zu welchen auch Sir W. Thomson (Lord Kelvin) und H. v. Helmholtz gehören, zu projizieren. Über den Bezug von Gipsbüsten siehe Bd. I (1), S. 18, Anm. 2. Porträts einzelner Physiker liefert auch die Verlagsbuchhandlung J. Ambr. Barth, Leipzig, Roßplatz 17.

Anders verhält es sich mit dem Gewichte eines Kilogrammstückes (oder einer beliebigen Zahl von Kilogrammstücken, z. B. der Zahl $\frac{m_1 \cdot m_2}{r^2}$), denn dies ist eine mit dem Orte sich ändernde Kraft.

Es kann nun unmöglich die auf der linken Seite der Gleichung stehende bestimmte Kraft K dem veränderlichen Werte auf der rechten Seite gleich sein, wenn nicht etwa die zur Messung des Magnetismus gewählte Einheit veränderlich ist, so daß m_1 und m_2, somit auch $\frac{m_1 \cdot m_2}{r^2}$, je nach dem Orte, wo sich die Magnete zufällig befinden, verschiedene Werte hätten.

Durch die getroffene Wahl wäre demnach eine Einheit der Polstärke festgesetzt, welche an jedem Orte ähnlich wie das Kilogramm einen anderen Wert hätte, d. h. diese Wahl wäre eine ebenso unzweckmäßige, wie die des Hyl (vgl. Bd. I (2), S. 1597, zu § 64) als Masseneinheit. Es müßte also nach einer anderen, unveränderlichen, für alle Orte gleichen Einheit Ausschau gehalten werden.

Zuerst wurde auf diese Schwierigkeiten hingewiesen von Gauß und Weber in Göttingen (1833), die um die gleiche Zeit, als sie den (elektromagnetischen) Telegraphen erfanden, wobei sie vielfachen Anlaß hatten, sich mit Magnetstäben zu beschäftigen, auch das absolute Maßsystem begründet haben, dessen Einheiten vom Orte unabhängig sind. Bereits auf S. 733 und 1597, Bd. I (2), wurde erläutert, daß die Schwierigkeiten, welche bei Benutzung des Kilogramms als Krafteinheiten auftreten, in Wegfall kommen, wenn man als Krafteinheit die Dyne oder Megadyne[1]) wählt. Als Längeneinheit wurde entsprechend das Centimeter gebraucht.

Es war

$$1 \text{ Kilogramm} = g \cdot 10^5 \text{ Dynen},$$

somit ist die Kraft zwischen zwei Magnetpolen in r Centimeter Abstand

$$K = a \cdot \frac{m_1 \cdot m_2}{r^2 \cdot 10^{-4}} \cdot g \cdot 10^5 = a^1 \cdot \frac{m_1 \cdot m_2}{r^2} \text{ Dynen.}$$

Man könnte nun die Einheit des Magnetismus etwa so definieren:

„Einheit des Magnetismus ist diejenige Menge Magnetismus, welche eine gleich große in der Entfernung von 1 cm mit der Kraft 1 Dyne abstößt oder anzieht", dann muß $a^1 = 1$ sein und das Repulsions- und Attraktionsgesetz würde lauten:

$$K = \frac{m_1 \cdot m_2}{r^2} \text{ Dynen.}$$

Die so festgestellte Einheit des Magnetismus ist die CGS-Einheit. Die Dimensionen der magnetischen Masse sind: $cm^{3/2} g^{1/2} sec^{-1}$.

Die CGS-Einheit ist nun aber für gewisse Zwecke zu klein, d. h. alle Zahlen würden überflüssig groß ausfallen. Clausius hat deshalb vorgeschlagen, eine 10^8 mal so große Einheit zu wählen, welche er Weber nennt[2]).

---

[1]) Um eine deutlichere Vorstellung von dem Werte der Megadyne zu geben, habe ich eine Reihe von Zusatzgewichten zu 1 kg in Form kreisrunder Messingblechscheiben von gleicher Dicke, aber verschiedenem Durchmesser herstellen lassen, welche zusammen mit 1 kg für verschiedene wichtigere Orte, z. B. Berlin, Äquator, Pol u. f. w., die Größe eines Gewichtsstückes darstellen, welches das Gewicht einer Megadyne hat. — [2]) Siehe Clausius, Wied. Ann. 16, 545, 1882.

Die Kraft, mit welcher ein Weber auf ein zweites Weber in 1 m Abstand wirkt, ist nach obiger Formel:

$$K = \frac{10^8 \cdot 10^8}{10^4} \text{ Dynen} = 10^{12} \cdot \frac{1}{g} \cdot 10^{-5} = \frac{10^7}{g} \text{ Kilogramm.}$$

Somit ist 1 Weber diejenige Menge Magnetismus, die eine gleich große im Abstande 1 Meter abstößt mit der Kraft $\frac{10^7}{g}$ Kilogramm = 10 Millionen Decimegadynen. Das Attraktionsgesetz lautet somit $\left(\text{da nun } a = \frac{10^7}{g}\right)$

a) **Technisch:** $\quad K = \frac{10^7}{g} \cdot \frac{m_1\, m_2}{r^2}$ Kilogramm,

wenn m_1 und m_2 Weber [1]) r Meter bedeuten.

Dabei bestimmt sich g aus der empirisch festgestellten Formel: $g = 9,806056 - 0,025028 \cdot \cos 2\,\lambda - 0,00000003 \cdot h$, wobei λ die geographische Breite des Ortes und h die Höhe über dem Meeresspiegel ist.

b) **Gesetzlich:** $\quad K = 10^7 \cdot \frac{m_1 \cdot m_2}{r^2}$ Decimegadynen,

m_1 und m_2 wieder in Webern, r in Metern gemessen.

c) **Physikalisch:** $\quad K = \frac{m_1 \cdot m_2}{r^2}$ Dynen,

m_1 und m_2 in CGS, r in Centimetern gemessen.

Die CGS-Einheit ist 10^{-8} Weber = 1 Centimikroweber.

185. Messung der Polstärke. Nach der soeben gefundenen Fundamentalformel ist es nunmehr möglich, die Menge Magnetismus, welche sich am Ende eines Magnetstabes angehäuft befindet, zu messen.

Nimmt man zunächst an, daß ein zweiter, genau gleicher Magnetstab gegeben sei — ob er wirklich gleich stark ist, läßt sich danach beurteilen, ob er unter gleichen Umständen dieselbe Anziehungskraft ausübt, wie der erste — so wird $m_1 = m_2 = m$, also

---

[1]) Der Vorteil der Wahl des Weber als magnetische Einheit tritt namentlich hervor bei den Formeln für die Induktionserscheinungen, welche dadurch die einfachste Gestalt annehmen. Im übrigen ist das Weber nicht besonders bequem, da es für praktische magnetische Messungen viel zu groß ist, so daß es keinen Eingang in die Praxis finden konnte. Um einen Begriff davon zu erhalten, wie groß die so gewählte magnetische Einheit ist, möge die Masse ein Weber auf ein zweites Weber im Abstande ein Meter einwirken. Die Kraft (K_1) ist dann:

$$K_1 = \frac{10^7}{g} \cdot \frac{1.1}{1} = \frac{10^7}{g} \text{ Kilogramm,}$$

d. h. die Kraft beträgt etwa 10^6 = 1 Million Kilogramm.

Man erkennt, daß Magnetpole, welche sich noch in ein Meter Entfernung mit der Kraft einer Million Kilogramm anziehen oder abstoßen sollen, ungeheuer stark sein müssen, außerordentlich viel stärker, als sie praktisch überhaupt hergestellt werden können. Aus diesem Grunde ist das Weber als Einheit unzweckmäßig, denn man hat es in der Technik immer nur mit kleinen Bruchteilen eines Weber zu tun. Immerhin kann man es, da es zu den übrigen von den Technikern gewählten Einheiten paßt, als technische Einheit bezeichnen, desgleichen, weil es zu den gesetzlichen Einheiten paßt, als gesetzliche, obschon es in Wirklichkeit nicht gesetzlich eingeführt ist.

a) Technisch: $K = \dfrac{10^7}{g} \cdot \dfrac{m^2}{r^2}$ Kilogramm und $m = \sqrt{\dfrac{Kgr^2}{10^7}}$ Weber.

b) Gesetzlich: $K = 10^7 \cdot \dfrac{m^2}{r^2}$ Decimegadynen und $m = \sqrt{\dfrac{K \cdot r^2}{10^7}}$ Weber.

c) Physikalisch: $K = \dfrac{m^2}{r^2}$ Dynen und $m = r\sqrt{K}$ Centimikroweber.

Stets findet man an beiden Enden eines Magnetstabes gleichviel Magnetismus.

Könnte man voraussetzen, der Magnetismus der Stäbe sei ganz in den Mitten ihrer Endflächen angehäuft, so wäre $r =$ der Distanz der Endflächen, und man hätte demnach nur noch die Kraft K in Kilogrammen zu messen und die Werte in die Formel einzusetzen.

Diese Annahme trifft nun allerdings nicht zu, indeß kann man einigermaßen eine Vorstellung über die Lage des Schwerpunktes der magnetischen Massen erhalten, wenn man eine kleine Magnetnadel, welche sich auf einer Spitze dreht, oder an einem Faden aufgehängt ist, einem Pol eines solchen Magnetstabes nähert, wobei sie sich, da der eine Pol angezogen, der andere abgestoßen wird, so lange dreht, bis sie gerade die Richtung auf den Pol hat. Diese Richtung wird sie beibehalten, wenn man sie um das Ende des Magnetstabes herumbewegt, so daß damit die Lage des Pols wenigstens schätzungsweise festgestellt werden kann.

Erfahrungsgemäß beträgt der Polabstand (die „reduzierte" oder „virtuelle" Länge des Magneten) durchschnittlich etwa ⅚ der Stablänge.

Wenn man sich das magnetische Fluidum aus einzelnen Atomen zusammengesetzt denkt, so ist ein magnetischer Pol das Analogon des Schwerpunktes bei einer schweren Masse. Es ist der Punkt, in welchem man sich die Wirkung sämtlicher magnetischer Teilchen konzentrirt denken kann, wenigstens für die Wirkung in die Ferne (Fernpol).

Um die Kraft K zu messen, bediene ich mich der bereits auf S. 17 erwähnten großen Wage auf Stativ, an welcher zunächst der eine Magnetstab aufgehängt und tarirt wird, worauf man den zweiten an einem Halter, der sich an dem Stativ verschieben läßt, darunter bringt, bis zu einem durch ein zwischengelegtes Breitchen bestimmten Abstand, und nun das erforderliche Zulagegewicht ermittelt, welches gerade eben ausreicht, den beweglichen Magnetstab abzureißen. (Vgl. Fig. 539, S. 299.)

Coulombs Drehwage, welche gewöhnlich zum Nachweis des Gesetzes benutzt wird, ist in § 8 (S. 19, Fig. 33) näher beschrieben. Man muß sich für den hier beabsichtigten Zweck in der Fig. 33 den Wagebalken und ebenso den Träger der Standkugel je durch einen Magneten ersetzt denken (E, 45 bis 110) (Fig. 540 K, 65.)

Ich benutze zur Ausführung des Versuches eine Drehwage, bestehend aus der an der Zimmerdecke befestigten, vom Experimentiertisch aus zu betätigenden Torsionsvorrichtung mit großer, weithin sichtbarer Teilung auf horizontaler Scheibe (f. Bd. 1(1), S. 17 und 253, Fig. 494), dem etwa 7 m langen Torsionsdraht aus Messing und der Vorrichtung zur Befestigung des Magnetstabes.

Dieser ist, um Störungen durch Wirkung des Erdmagnetismus auszuschließen, ein astatischer Stab, welcher aus zwei gleichen in entgegengesetzter Lage aneinandergesetzten Stäben besteht, welche somit als ein einziger Magnetstab mit einem Folgepol in der Mitte und zwei diesem entgegengesetzten unter sich gleichen Polen an den Enden aufgefaßt werden können.

Zur Bestimmung der Torsionselastizität wird zunächst statt des Magnetstabes ein Messingstab angehängt und die Schwingungsdauer bestimmt. Im Falle der

Stab bezüglich der Berechnung des Trägheitsmomentes als gerade Linie betrachtet werden kann, ist am Hebelarm 1 m angreifend zur Drehung um 1° nötig die Kraft $\dfrac{G \cdot D^2 \cdot \pi^3}{3 \cdot g \cdot T^2 \cdot 180}$ Kilogramm, wobei G das Gewicht des Stabes in Kilogrammen (vgl. Bd. I$_{(2)}$, S. 1318 unten), D die Länge in Metern, $g = 9{,}81$ und T die Schwingungsdauer in Sekunden bedeutet. Eventuell kann auch gezeigt werden, daß der aus der Schwingungsdauer berechnete Wert der Torsionskraft mit dem durch über Rollen geführte Fäden und angehängte Gewichte direkt gefundenen übereinstimmt.

Um nun die Magnetkraft zu messen, nähert man dem einen Stabende in der Richtung, in welcher es sich bewegen kann, etwa den gleichnamigen Pol eines langen Magnetstabes und kompensiert die Abstoßung durch Torsion des Drahtes. Da man aus dem Schwingungsversuch weiß, welcher Kraft diese Torsion entspricht, so hat man sofort die Größe der magnetischen Kraft in Kilogrammen [1]).

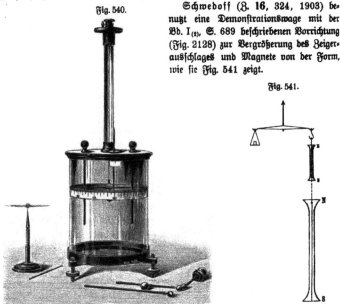

Fig. 540.

Fig. 541.

Schweboff (3. **16**, 324, 1903) benutzt eine Demonstrationswage mit der Bd. I$_{(2)}$, S. 689 beschriebenen Vorrichtung (Fig. 2128) zur Vergrößerung des Zeigerausschlages und Magnete von der Form, wie sie Fig. 541 zeigt.

Die eigentümliche Form bedingt, daß die Kraft wirklich von zwei Punkten ausgehend gedacht werden kann. Bei Ausführung des Versuchs wird zunächst ein Stab *ns* von 17,3 cm Länge tariert, die rechte Arretiergabel gehoben, bis sie den Hebelarm unterstützt, der Magnetstab *NS* von 34,4 cm Länge darunter gebracht und ein Pappstreifen zwischen die Pole geschoben. Nun wird der Knopf der Wage mit seinem Zeiger gedreht, bis die Nadel *iS*, Fig. 2128, a. a. O. S. 691, einen Ruck nach links

---

[1]) Eine Drehwage für absolute magnetische Messungen beschreibt Strecker (3. 9, 209, 1896).

erfährt und aus der Ablenkung des Zeigers die Kraft beſtimmt. Man wiederholt
ſodann den Verſuch bei anderem Abſtand der Pole und zeigt, daß das Coulombſche
Geſetz erfüllt iſt, was für Abſtände von 4 bis 10 cm genau zutrifft. Erſetzt
man nun *n s* durch einen Magneten von gleicher Beſchaffenheit wie *N S*, ſo ergeben
ſich die Polſtärken für die großen Stäbe zu 190 CGS, für den kleinen Stab zu
132,5.

Püning (Z. 10, 288, 1897) benutzt zum Nachweis des Coulombſchen
Geſetzes magnetiſierte Stricknadeln, deren eine wie eine Magnetnadel aufgehängt
und durch ein langes Haar mit einer Art Zeigerwage verbunden wird. Bei Annäherung eines Poles der zweiten Nadel ändert ſich der Ausſchlag der Zeigerwage,
deren Skala ſo eingerichtet iſt, daß man direkt die Kraft in Dynen ableſen kann
(Dynmeſſer). Der Magnetismus der Nadeln ergab ſich = 33 CGS-Einheiten,
bei 38 cm Länge und 15 g Gewicht.

Fig. 542.

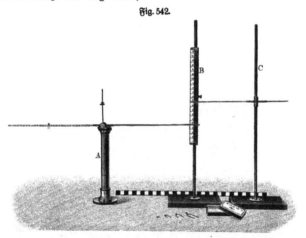

Zur Beſtimmung der Lage der Pole wird eine kleine Magnetnadel in die
Nähe gebracht und deren Ablenkung gemeſſen. Sodann wird die Stricknadel um
einen Punkt gedreht, wodurch ſich im allgemeinen natürlich die Ablenkung ändert.
Bei Drehung um den Pol tritt eine ſolche Änderung nicht ein, derſelbe kann alſo
durch Probieren nach dieſem Prinzip mit Genauigkeit ermittelt werden.

Grimſehl (Z. 16, 335, 1903) benutzt die in Fig. 542 dargeſtellte Polwage,
deren Wagebalken zur Hälfte aus einer magnetiſierten Stricknadel beſteht. Der in
einem Stativ befeſtigte Standmagnet iſt ebenfalls eine ſolche Stricknadel. Zum
Abwägen dienen Reitergewichte, welche auf den aus Meſſing gefertigten anderen
Arm des Wagebalkens aufgeſetzt werden. Zur Beſtimmung der Lage der Pole der
Stricknadeln wird das von Püning beſchriebene Verfahren benutzt. Der Abſtand
der Pole kann innerhalb der Grenzen 6 bis 15 cm variiert werden. Bei kleineren
Entfernungen wirkt die gegenſeitige Influenz der Pole ſtörend, bei größeren darf
die Wirkung des entfernteren Poles des Standmagneten nicht mehr vernachläſſigt
werden. Zur Magnetiſierung der Stricknadeln werden dieſelben gleichzeitig in eine

stromdurchflossene lange Magnetisierungsspirale gesteckt und der Strom dann allmählich auf 0 reduziert. Die Polstärke fand sich zu 20 CGS-Einheiten. Wesentlich
stärkere Wirkungen erhält man bei dem temporären Magnetismus des weichen Eisens,
wozu es natürlich notwendig ist, den Eisenstab während des Versuchs nach Anleitung von Fig. 543 (E, 20) in der Magnetisierungsspirale zu belassen.

Fig. 544 zeigt eine ähnliche Polwage nach Heyden (L, 60).

Ruoß (8. 19, 89, 1906) gibt der Zeigerwage vor der gewöhnlichen den Vorzug,
da sie raschere Ablesung ermöglicht [1]).

Bei Verwendung langer Elektromagnete zur Erzielung auffälliger Wirkungen
bei großer Zuhörerzahl ist wegen der außerordentlichen Größe der in Betracht

Fig. 543.   Fig. 544.

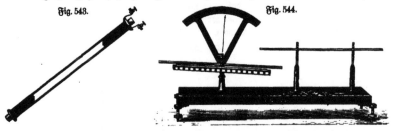

kommenden Kräfte die Verwendung der Wage weniger zu empfehlen. Ich benutze
hierzu das folgende Verfahren. Zwei stabförmige Elektromagnete von je 1,5 m
Länge und 0,05 m Eisenkerndurchmesser werden horizontal, wie Fig. 545 zeigt, an

Fig. 545.

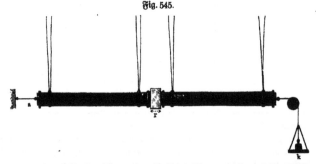

langen, von der Decke herabhängenden Messingdrähten, welche zugleich als Stromzuleitungen dienen[2]), mit den entgegengesetzten Polen einander zugewendet, aufgehängt. Das abgewandte Ende des einen ist durch einen starken Draht a an
einem Haken in der Mauer befestigt, das des anderen durch einen über eine leicht
bewegliche Rolle von großem Durchmesser geführten biegsamen Draht mit einer

---

[1]) Diese „magnetische Zeigerwage" ist zu beziehen von Meiser u. Mertig, physikal.-
techn. Werkstätten, Dresden N., Kurfürstenstr. 27. — [2]) Die Zuleitung zum beweglichen
Magneten würde auch man durch die von v. Helmholz (Wied. Ann. 14, 52, 1881) in
Vorschlag gebrachten 30 cm langen und 6 bis 7 cm breiten Rauschgoldstreifen bewirken
können, die sehr leicht beweglich sind und dem Strome trotzdem keinen erheblichen Widerstand entgegensetzen und sich infolge der großen Oberfläche nicht leicht erwärmen.

Wagſchale in Verbindung geſetzt, auf welche nach und nach ſoviel Gewichte aufgelegt werden, bis die Anziehungskraft der durch ein Brett von der Dicke r getrennt ge= haltenen Pole gerade kompenſiert wird. Es fand ſich dieſe Kraft $K = 18,75$ kg bei $r = 0,0126$ m, ſomit, da g für Karlsruhe $= 9,81$:

$$m = \sqrt{\frac{18,75 \times 9,81 \times 0,0126^2}{10^7}} = 0,484 \cdot 10^{-4} \text{ Weber.}$$

An jedem Ende dieſer verhältnismäßig ſehr großen Magnete befand ſich alſo nur die im Verhältnis zu unſerer Einheit ſehr kleine Menge Magnetismus: 0,0000484 Weber $= 4840$ CGS (Centimikroweber).

Hat man auf ſolche Art bei zwei gleichen Magnetſtäben die Menge Magnetis= mus beſtimmt, ſo ergibt ſich durch Meſſung der Anziehung derſelben auf einen be= liebigen dritten Stab leicht die Polſtärke M des letzteren, denn es iſt:

   a) Techniſch: $K = \frac{10^7}{g} \cdot \frac{m \cdot M}{r^2}$ Kilogramm, ſomit $M = \frac{K g r^2}{10^7 \cdot m}$ Weber.

   b) Geſetzlich: $K = 10^7 \cdot \frac{m \cdot M}{r^2}$ Decimegadynen, $M = \frac{K \cdot r^2}{10^7 \cdot m}$ Weber.

   c) Phyſikaliſch: $K = \frac{m \cdot M}{r^2}$ Dynen, ſomit $M = \frac{K \cdot r^2}{m}$ Centimikroweber.

Wäre z. B. $m = 180 \cdot 10^{-8}$ Weber, $r = 0,05$ m und $K = 0,0000215$ kg, ſo ergäbe ſich die geſuchte Polſtärke des dritten Magneten $= 0,000000001$ Weber.

Die Annahme, daß die magnetiſchen Maſſen in den Mitten der Endflächen der Stäbe konzentriert ſeien, iſt, wie erwähnt, tatſächlich unzuläſſig. Man muß für r die Summe $x + d + x = 2x + d$ einſetzen, wobei d die Diſtanz der beiden End= flächen, x den freilich zunächſt noch unbekannten Abſtand eines Poles von der Endfläche bedeutet. Durch einen zweiten gleichartigen Verſuch kann man den Wert von x beſtimmen. So erhielt man z. B. für die Abſtände 0,0126 und 0,022 m die Gleichungen:

$$18,75 = \frac{10^7}{9,81} \cdot \frac{m^2}{(0,0126 + 2x)^2} \text{ und } 8,85 = \frac{10^7}{9,81} \cdot \frac{m^2}{(0,022 + 2x)^2}.$$

Es ergibt ſich daraus:

$$m = 0,875 \cdot 10^{-4} \text{ Weber,} \quad x = 0,00391 \text{ m,}$$

d. h. die Polſtärke iſt in Wirklichkeit etwa doppelt ſo groß, wie durch die erſte un= genaue Rechnung gefunden, und die Pole befinden ſich gegen 4 mm tief unter der Endfläche.

Iſt dieſe Betrachtung richtig, ſo muß ein dritter Verſuch mit abermals geändertem Abſtande der Magnete das gleiche Reſultat ergeben. Es wurde gewählt $d = 0,0325$ m und es fand ſich $k = 5,25$ kg. Daraus folgt in Kombination mit dem erſten Verſuche: $x = 0,00488$ m, alſo nahezu 5 mm. Unſere Betrachtung kann alſo noch nicht ganz richtig ſein. Worauf der Fehler beruht, kann erſt nach Beſprechung der Influenz erörtert werden.

186. Erdmagnetismus. Hängt man einen Magnetſtab frei beweglich auf, ſo zeigt ſich, wie ſchon erwähnt, die eigentümliche Erſcheinung, daß er ziemlich genau die Richtung von Norden nach Süden annimmt, vorausgeſetzt, daß nicht in der Nähe liegende andere Magnete, magnetiſche Taſchenmeſſer, magnetiſche eiſerne Säulen im Zimmer u. dgl. die Wirkung hindern. Auch diese Erscheinung war schon in alten Zeiten bekannt[1]).

Die Einrichtung älterer Kompasse kann man veranschaulichen durch ein Magnetstäbchen, welches auf einem Uhrglase oder auf einem Brettstück auf Wasser in einer Schale mit benetztem Rande schwimmt[2]).

187. Magnetnadeln. Man bedarf derselben mehrere von verschiedener Länge, die jedoch nicht alle in gleichem Grade empfindlich zu sein brauchen. Ihre Anfertigung in guter Qualität wäre leicht, wenn das Aufhängen auf einer Spitze nicht Schwierigkeiten machte. Es sollte stets mittels eines in die Nadel befestigten Hütchens von Achat oder noch härterem Steine geschehen. Die Anfertigung dieser Hütchen erfordert aber besondere Übung und Einrichtung; man bezieht sie deshalb am besten fertig[3]).

Um ein solches gekauftes Hütchen einzusetzen, nimmt man ein Stückchen von dickem Messingdraht in ein Holzfutter auf die Drehbank, bohrt in dasselbe ein Loch, welches etwas enger ist, als das Loch in der Nadel, und tiefer, als die Nadel nebst dem Hütchen dick ist; dieses Loch wird dann etwa 1 mm tief so weit ausgedreht, daß das Hütchen gerade hineingedrückt werden kann, worauf man das Messing von

Fig. 546.　Fig. 547.

Fig. 548.

Fig. 549.

außen eben so weit, als das Hütchen hineinreicht, laubdünn abdreht. Das Hütchen wird nun hineingesetzt, und, da es immer auch äußerlich konisch ist, das Messing mit dem Polierstahl auf der Drehbank daran gedrückt und dadurch beide Stücke vereinigt, wie Fig. 546 vergrößert im Durchschnitte zeigt. Das Messing wird nun so dünn abgedreht, daß man die Nadel gerade noch daran stecken kann. Ist dieselbe wie Fig. 552, so braucht die Spitze der inneren konischen Aushöhlung nur wenig über die Nadel hervorzureichen; ist aber die Nadel aus Blech, wie Fig. 551, so muß man sie etwa 1 bis 2 mm hervorreichen lassen; in letzterem Falle ist es auch gut, der Fassung des Hütchens einen kleinen Ansatz zu geben, wie Fig. 546 vergrößert im Durchschnitte zeigt. Ist die Fassung von dem übrigen Messing abgestochen, so drückt man sie umgekehrt in ein Holzfutter und dreht die Öffnung derselben etwas trichterförmig aus, wie Fig. 547 für eine prismatische Nadel zeigt. Sollte das Achathütchen zu breit sein, um auf diese Weise durch die Öffnung der Nadel geschoben zu werden, so dreht man die Fassung wie Fig. 548, steckt sie von oben in die Nadel und befestigt sie dadurch, daß man ihre untere Öffnung durch eine konische stählerne Spitze auseinander treibt (Fig. 549), was übrigens auch bei den anderen geschehen kann[4]).

Gläserne Hütchen gewähren schon eine ziemliche Beweglichkeit. Man kann sich solche Hütchen dadurch verschaffen, daß man eine 3 mm weite Glasröhre über der Lampe

---

[1]) Einer aus dem Jahre 121 n. Chr. stammenden Nachricht zufolge haben die Chinesen bereits damals künstlich magnetisierte Stahlnadeln als Kompaß benutzt. — [2]) Früher ließ man Magnetnadeln eingeschlossen in Schilf, oder in einer fischartigen Figur oder einem Holzkreuz befestigt auf Wasser schwimmen. Die Chinesen gebrauchten bei Landreisen durch die Wüste eine auf einer Spitze drehbare Figur, in deren ausgestrecktem Arm ein Magnetstab verborgen war. — [3]) Z. B. von O. Naumann, Steinschleiferei, Glashütte i. Sachsen; Kunz und Wild, Steinschleiferei, Jdar, Rheinprovinz u. a. — [4]) Warmbrunn, Quilitz u. Co. liefern Magnetnadeln von 30 bis 110 mm Länge zu 0,80 bis 3,50 Mk.

auf eine kurze Strecke unter fleißigem Drehen erhitzt, dann auszieht und das Er=
hitzen bis zum Zuschmelzen der Öffnung fortsetzt. Am Gebläse gelingt es besser,
eine kurze Strecke zu erhitzen, da man eine Spitzflamme anwenden kann. Die Spitze
wird abgebrochen und nochmals erhitzt, bis die Höhlung die geeignete kurze konische
Form hat. Man sprengt dann die kurze Spitze nach der Anweisung Bd. I(1), S. 484
ab. Sie wird mittels Siegellack in die Öffnung der Magnetnadel eingekittet oder
in Messing gefaßt.

Für diejenigen Fälle, wo eine mäßige Empfindlichkeit genügt, und es sind bei
weitem die meisten, kann man sich ganz einfach auf folgende Art helfen: Man
biegt über die durchbohrte Mitte der Nadel einen einige Millimeter breiten Messing=
streifen, wie Fig. 550, und schlägt mit einer Kernspitze, die entweder schon längere
Zeit gebraucht wurde, oder der man auf der Drehbank mit einem feinen Steine
die rauhe Schärfe benommen hat, eine kleine Vertiefung in der Mitte der Durch=
bohrung auf das Blech, so tief nur, daß das Blech jedenfalls nicht bersten kann.

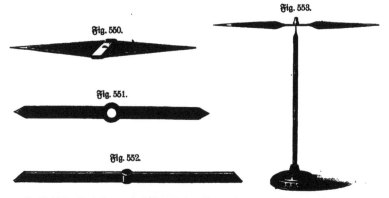

Fig. 550.

Fig. 551.

Fig. 552.

Fig. 553.

Es ist dieses Verfahren weit besser, als das Ausbrehen von messingenen oder stähler=
nen Hütchen, und unvergleichbar einfacher. Selbst unmittelbar auf die Magnet=
nadeln, wenn dieselben aus Uhrfedern gemacht sind, kann man auf Bleiunterlage
mit der Kernspitze eine Vertiefung schlagen, welche hinreichend ist, um der Nadel
eine stabile Aufhängung und große Beweglichkeit zu sichern, besonders wenn man
die Nadel in der Mitte etwa bis grau anlaufen läßt.

Die Magnetnadeln selber erhalten entweder die Figur einer langgezogenen
Raute oder eines langgestreckten Sechsecks mit einer mittleren Verstärkung, wie
Fig. 550 und 551, oder, nach Lamont, eines langgestreckten Parallelogramms.
Ebenso häufig haben sie die Form eines vierkantigen, an den Enden schief ab=
geschnittenen und zugeschärften Stäbchens (Fig. 552). Im ersteren Falle kann man
sie aus Stücken von starken Uhrfedern verfertigen, im letzteren Falle aus Gußstahl
schmieden, wobei ebenfalls in der Mitte eine Verstärkung bleibt, welche durchbohrt wird
und bestimmt ist, das Hütchen aufzunehmen. Für Demonstrationen eignet sich be=
sonders die Form Fig. 553 (Lb, mit Kompaß 10). In jedem Falle werden sie vor
dem Härten ganz rein gefeilt und geschliffen. Beim Härten solcher Nadeln legt man
dieselben am besten auf ein Eisenblech oder bindet sie an einen Draht, um sie zu

glühen, weil man sie beim Halten in einer Zange fast nie gleichförmig warm bringt, selbst wenn man auch letztere vorläufig erwärmt. Gewöhnlich läßt man blau an= laufen, was ebenfalls auf einem Bleche geschieht, und putzt dann das Blau auf der zum Südpol bestimmten Hälfte wieder weg.

Daß man schon bei dem Bearbeiten der Nadel die zum Südpol bestimmte Hälfte etwas schwerer läßt, ist bekannt; doch dürfte es im allgemeinen viel bequemer sein, nach dem Magnetisieren ein dünnes Messingblech, wie Fig. 554, um die Südhälfte der Nadel zu biegen und durch seine Verschiebung das Gleichgewicht herzustellen; es geht dies selbst bei rautenförmigen Nadeln an, wenngleich diese Form hierfür am allerwenigsten geeignet ist. Hier= bei würde dann die Nadel ganz symmetrisch gearbeitet, und man kann ihre Pole nach Belieben umkehren.

Fig. 554.

Als Spitzen zum Aufhängen der Magnetnadeln dienen für die gewöhnlichen Fälle feinspitzige Nähnadeln. Man dreht hierzu ein etwas von unten her vertieft geschlagenes Messingplättchen, das auf ein Holzfutter gekittet ist, von der oberen Seite und, ohne den Kitt zu lösen, auch die Standfläche am Rande der unteren Seite ab und bohrt in der Mitte ein die Nadel knapp durchlassendes Loch; von dieser bricht man das Öhr ab, glüht sie an dieser Stelle aus, treibt sie von unten durch das abgenommene Plättchen und vernietet sie etwas, während man sie zwischen Blei und Kupferblech im Schraubstock festhält. Übrigens erhält man recht brauch= bare Stative, wenn man von einem dicken Korkstöpsel eine Scheibe abschneidet, ein passendes Loch durch dieselbe macht und einen konischen Kork, wie in Fig. 555, hindurchsteckt; in letzteren steckt man dann die Nähnadel.

Fig. 555.

Soll die Magnetnadel sehr empfindlich werden, so muß man den Stift eigens aus Stahl anfertigen. Man feilt hierzu zuerst ein Stückchen Stahl zu und gibt ihm am stumpfen Ende einen Zapfen, der in das bereits gebohrte Loch einer Messingplatte paßt, welche zum Fuße bestimmt ist. Dieser Zapfen wird in den Fuß vernietet (obwohl es besser wäre, ihn mit einem Gewinde zu ver= sehen und in die Platte einzuschrauben). Die Platte wird vorher von der unteren Seite etwas vertieft und dann mit der Nadel so auf ein Holzfutter gekittet, daß die Nadel rund läuft. Die Platte wird nun, wie im vorhergehenden Falle, abgedreht und die Spitze mit der Feile, zuletzt mit der Schlichtfeile, fein gemacht, wobei man die mit Öl bestrichene Feile gegen die rasch umlaufende Spitze, wie beim gewöhnlichen Feilen, hin= und herführt. Ist die Nadel fein gespitzt, so nimmt man sie mit dem Plättchen von der Drehbank, oder schraubt sie aus, und härtet sie, wobei jedoch nur die Spitze glühend werden darf, wenn die Nadel vernietet ist. Sie wird nun wieder auf das Holzfutter gekittet, so daß die Nadel rund läuft, und die Spitze jetzt unter Bestreichen mit einem feinen Wetz= stein vollendet. Sie muß auch unter der Lupe noch als Spitze erscheinen. Für die meisten Fälle brauchen solche Magnetnadelstativchen nicht hoch zu sein. Fig. 556 zeigt eines in natürlicher Größe. Will man dieselben höher haben, so macht man den unteren Teil des Stiftes von Messing und schraubt erst in dieses das stählerne Ende.

In der Tasche getragene Bussolen zeigen häufig falsch, weil das Deckglas durch Reibung elektrisch geworden ist. Man beseitigt die Störung durch Behauchen.

Anstatt die Nadel auf eine Spitze zu hängen, kann man dieselbe für manche Zwecke auch an einem einfachen Kokonfaden in einem Glasgehäuse, wie Fig. 557, aufhängen. Die Nadel wird hierdurch sehr leicht beweglich; allein für jene Fälle, wo ein zweiter Magnet auf die Nadel wirkt, kann diese Einrichtung deswegen nicht gebraucht werden, weil die Nadel durch die Einwirkung des zweiten Magneten den Mittelpunkt der Teilung verläßt.

Zur Befestigung des Aufhängehakens kann ein Schiffchen aus Messing verwendet werden, wie Fig. 558 zeigt (vgl. auch S. 296, Fig. 537). Die Befestigung des Fadens am Haken geschieht nach Anleitung von Fig. 1973$_2$, Bd. I$_{(1)}$, S. 605, falls man einen einzelnen Faden verwendet. Ein Fadenbündel stellt man dadurch her, daß man einen langen Faden über zwei in geeignetem Abstand befestigte Glasstäbe wickelt und schließlich die beiden Enden zusammenbindet. Man erhält so ein in sich zurücklaufendes Bündel, welches man nach Anleitung von Fig. 1973$_1$ (a. a. O.) befestigt.

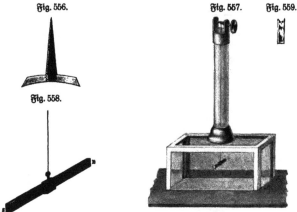

Fig. 556.   Fig. 557.   Fig. 559.

Fig. 558.

188. Die Bussole ist eine leicht bewegliche Magnetnadel über einem geteilten Kreise [1] in einem mit Glas gedeckten Kästchen. Für manche Versuche ist es notwendig, daß die Magnetnadel 5 cm nicht überschreite, besser aber nur 3 bis 4 cm betrage.

In diesen Fällen kann man parallel mit der Achse der Magnetnadel an jede Seite derselben einen dünnen Faden aus schwarzem Glase mit Wachs oder Schellacklösung auf dieselbe befestigen, wofür besonders die in Fig. 552, S. 309 abgebildete Form der Nadel geeignet ist, wenn man auf ihrem Rücken in jede Hälfte eine Rinne einfeilt, wie Fig. 559 im Durchschnitt und vergrößert zeigt. In diese Rinne legt man dann die Glasfäden. Der geteilte Kreis erhält 10 bis 12 cm Durchmesser. Man leimt zuerst das Papier auf ein etwa 12 bis 18 mm dickes Brettchen, zeichnet und teilt den Kreis. Die Spitze, auf der sich die Nadel bewegt, darf nur wenig über das Brettchen hervorragen, obwohl auch so noch beim Ablesen ein starker parallaktischer Fehler entstehen kann. Am besten füllt man die innere Kreisfläche mit einem

---

[1] Eine Magnetnadel mit 80 mm weitem versilbertem Horizontalkreis auf Mahagonifuß mit Glasglocke und Stellschrauben (nach August) liefern Warmbrunn, Quilitz u. Co. zu 12 bis 45 Mk. Dieselbe läßt sich sowohl zur Demonstration der Deklination wie der Inklination verwenden.

Spiegel aus, wonach dann stets in der Stellung abgelesen wird, wenn der Glasfaden und sein Bild einander decken. Natürlich muß der Spiegel im Zentrum für die Spitze durchbohrt sein. Ein niedriger Ring aus Pappe, auf welchen mittels eines schmalen Papierstreifens ein rundes reines Spiegelglas geklebt wird, dient im einfachsten Falle zugleich als Decke und Gehäuse. Wenn die Seiten des Brettchens ein Rechteck bilden, und die Mittellinie der Teilung mit einer Seite parallel ist, so ermöglicht eine solche Bussole auch die Bestimmung der Deklination, oder umgekehrt die Bestimmung des geographischen Meridians, wenn es sich nicht um größere Genauigkeit handelt [1]).

Soll die Spitze einer Bussole gut bleiben, so muß die Nadel jedesmal abgehoben werden, wenn sie nicht gebraucht wird; gewöhnlich bringt man hierfür eine

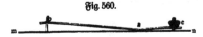
Fig. 560.

Vorrichtung an, welche das Wegnehmen des Glasdeckels nicht erfordert. Eine solche zeigt Fig. 560; sie besteht aus einem bei *a* gebogenen, etwa 2 mm breiten Messingfederchen *b a c*, welches beiderseits in ein durchbohrtes rundes Blättchen endigt. Bei *a* kommt es in einen kleinen Ausschnitt des

Fig. 561.

Fig. 563.

Fig. 562.

Fig. 564.

Fig. 562 a.

Gehäuses zu liegen; wird die Schraube bei *c* angezogen, so drückt das Blättchen *b* die Nadel gegen die Glasdecke der Bussole; öffnet man die Schraube *c*, so sinkt *b* durch sein eigenes Gewicht auf den Boden *m n* der Bussole. (Fig. 561 Lb, 11 bis 17.)

Um die Empfindlichkeit einer Magnetnadel zu prüfen, versetzt man dieselbe durch Annäherung eines Eisens in horizontale Schwingungen. Sie muß, wenn sie gut ist, durch allmählich kleiner werdende, zuletzt beinahe unmerkbar kleine Schwingungen in den Ruhestand zurückkehren. Man kann auch so verfahren, daß man ihre Ruhestellung entweder auf dem eingeteilten Kreise, oder durch eine vorgesteckte

---

[1]) Gelegentlich sei hier bemerkt, daß man bei dem Beobachten der Magnetnadeln keine Brille mit stählernem Gestell tragen darf.

feine Stecknadel, oder auf eine andere Weise — nur ohne Eisen — genau merkt,
sie dann durch Annäherung von Eisen in horizontaler Richtung ein wenig aus der
Ruhelage bringt, und das störende Eisen ganz langsam wieder entfernt; die Nadel
muß genau wieder in die alte Lage zurückkehren.

Einfache Formen der Buffole für Demonstrationen sind in den Fig. 562
(Lb, 10) und 563 (E, 16,50) dargestellt. Fig. 564 (Lb, 11 bis 18) zeigt einen
Schiffskompaß, der sich, abgesehen von der Carbanischen Aufhängung des Gehäuses,
von einer gewöhnlichen Buffole dadurch unterscheidet, daß auf der Magnetnadel eine
Windrose befestigt ist. Letzteres ist sehr wesentlich für den Gebrauch, da der
Schiffer an der Stellung des den Schiffsachsen parallelen Kreuzes auf dem Deckel
über der Windrose direkt die Richtung ersehen kann, in welcher das Schiff fährt,
was bei einer gewöhnlichen Buffole nicht möglich ist, wenigstens nicht ebenso einfach[1]).

Duboscq läßt die Magnetnadel über einer auf durchsichtigem Glas angebrachten Teilung spielen, so daß man die Bewegungen derselben mittels des
Horizontalprojektionsapparates leicht einer größeren Zuhörerzahl sichtbar machen kann.

189. Deklination der Magnetnadel. Um von der Richtung der Magnetnadel,
welche z. B. in Karlsruhe 12° nach Westen von der Nordsüdrichtung abweicht[2]),
eine deutliche Vorstellung zu geben, ist es sehr zweckmäßig, in dem Lehrzimmer
mittels aufgehängter Pendel die Mittagsebene zu bezeichnen. Man befestigt zu dem
Ende an der Decke etwa drei unverrückbare Eisen, an welchen die Pendel aufgehängt
werden, und an welchen ein scharfer Einschnitt die Stelle, über welcher der Faden
hängen muß, bezeichnet; als Pendel dienen dabei Bleikugeln an seidenen Fäden.
Bringt man nun auf einem rechtwinkelig gerichteten Brettchen eine leicht bewegliche,
etwas lange Magnetnadel an, und teilt den ihr entsprechenden Kreis von Hand in
ganze Grade, so daß der durch 0 gehende Durchmesser mit der Seite des Rechtecks
parallel geht, so ist es sehr leicht, diesen Durchmesser in die Ebene des astronomi-
schen Meridians zu bringen und die Abweichung nach Graden annähernd zu bestimmen. Durch welche Mittel aber eine Mittagslinie am einfachsten bestimmt
werden kann, hängt von der Lage des Zimmers ab, in welchem sie angebracht
werden soll.

Ist das Zimmer im Erdgeschosse, so stellt man im Freien einen Meßtisch so
auf, daß die ungefähre Richtung der Mittagslinie durch diesen und eine Fenster-
öffnung geht; dann bestimmt man auf der Meßtischplatte zur Zeit des Solstitiums
mittels des Gnomons oder eines durchbohrten Bleches durch korrespondierende
Sonnenhöhen eine Mittagslinie, legt an diese das Lineal des Meßtischaufsatzes, und
läßt hellfarbige Seidenfäden im Inneren des Zimmers so hängen, daß sie alle mit
dem senkrechten Faden im Fernrohre korrespondieren[3]).

190. Inklination der Magnetnadel. Zur Erläuterung der Inklination, d. h.
der Abweichung von der Horizontalrichtung, die z. B. in Karlsruhe 64° beträgt, kann
man folgenden Versuch vorausschicken, der auch noch in anderer Beziehung instruktiv ist.

---

[1]) Schiffskompasse liefert C. Bamberg, Friedenau b. Berlin, Kaiserallee 39 bis 41.
— [2]) Die langsamen Schwankungen erreichen etwa $\frac{1}{4}$ Grad. — [3]) Ein „Sonnenstands-
messer" nach Willig ist zu beziehen von Ackermanns Verlag, Weinheim (Baden). Derselbe ermöglicht insbesondere die Feststellung der Deklination der Magnetnadel, da er zugleich ein genauer Kompaß ist.

Man legt einen Magnetstab von etwa 3 dcm Länge horizontal und bindet ein magnetisch gemachtes, etwa 3 cm langes Stückchen einer Stricknadel an einen feinen Faden. Führt man nun die kleine Nadel über dem großen Stabe hin und her, so richtet sie sich bei jeder Lage des großen Magneten nach dessen Polen und steht über seiner Mitte wagerecht, während sich gegen die Enden hin immer der freundschaftliche Pol senkt. Besser zeigt sich der Versuch, wenn man durch einen ganz dünnen Korkstöpsel ein kurzes Stück einer magnetischen Stricknadel steckt und senkrecht zu dieser eine nicht magnetische, welche letztere dann in eine Gabel von

Fig. 566.　　　　　　　　　Fig. 565.

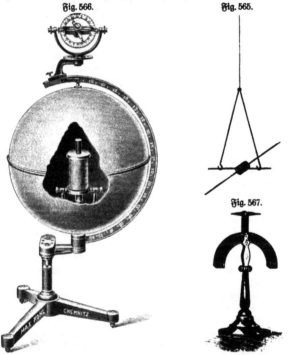

Fig. 567.

Draht, wie Fig. 565, gelegt und an einem ungedrehten Seidenfaden aufgehängt wird. Man schiebt die als Achse dienende Nadel dicht über der anderen durch den Kork und verschiebt letztere so lange, bis sie horizontal steht [1].

[1] Einen Apparat zur Veranschaulichung der Inklination, bestehend aus einer vertikalen Kreisscheibe mit Planiglobenkarte auf der Vorderseite und geradem Elektromagneten auf der Rückseite, um welche sich eine Inklinationsnadel herumführen läßt, beschreibt Rosenberg, Z. 9, 133, 1896. Er ist zu beziehen von Rohrbecks Nachf., Wien I, Kärntnerstraße 59. Einen besonders vollkommenen Demonstrationsapparat nach Zahlbruckner zeigt Fig. 566 (K, 160). Im Innern einer eisenfreien Hohlkugel befindet sich ein Elektromagnet. Die als Deklinatorium und Inklinatorium zu benutzende Magnetnadel läßt sich durch Verstellen des Schiebers und Drehen des Meridianbogens an verschiedene Stellen bringen. Einfacher ist der Apparat Fig. 567 (K, 20).

So wenig wie bei der Deklination kann bei der Inklination von genauer Bestimmung dieses Verhältnisses hier die Rede sein. Auch in diesem Falle handelt es sich beim Unterrichte nur um Darlegung des Faktums und um ungefähre Messung. Hierzu reicht eine 15 bis 20 cm lange Magnetnadel aus, durch deren Mitte eine beiderseits auf der Drehbank gespitzte und zwischen den Spitzen mit Schraubengängen versehene Achse geht (Fig. 568). Die Achse hat etwas Spielraum in der Nadel, und diese wird durch zwei Schraubenmuttern (Fig. 568), welche auf einer gleichen Achse wie die zugespitzte abgedreht wurden, auf der Achse befestigt. Um die Achse möglichst genau in den Schwerpunkt der Nadel zu bringen, verrückt man die Nadel mittels schwacher Schläge eines Stückchens Holz zwischen den schon ein wenig angezogenen Schraubenmuttern und versucht auf ihrem Gestelle, ob man das Gleichgewicht für jede Lage nahezu richtig erreicht hat. Diese Nadel wird auf ein Gestell, wie Fig. 569, gelegt, wo auf einem Brettchen eine messingene Gabel befestigt ist, deren oberes Ende Fig. 570 in natürlicher Größe zeigt. Es ist nämlich die innere obere Kante einer jeden Seite der Gabel cylindrisch so ausgefeilt und mit Schmirgel ausgeschliffen, daß die stählerne Achse der Magnetnadel gerade nur mit ihrer Spitze

Fig. 568.

Fig. 569.　　　　　Fig. 571.

Fig. 570.

auf diese Flächen gelegt werden kann, indem dieselben einen größeren Winkel mit der Horizontalen machen, als die Seitenlinie der kegelförmig zugespitzten Achse. Bei dieser Vorrichtung muß man die Drehungsebene der Achse in die Ebene des magnetischen Meridians bringen. Da man jedoch, wenn die Nadel einmal magnetisch gemacht ist, nicht mehr zeigen kann, daß sie vorher im Gleichgewicht war, so bleibt nichts anderes übrig, als die Pole der Nadel umzukehren und so zu zeigen, daß stets der Nordpol sich zur Erde neigt. (W, 7 bis 10.)

Fig. 571 (Lb, 42) zeigt einen Apparat, bei dem sich das Umkehren der Pole durch eine unter die Nadel gesetzte Magnetisierungsspule sehr leicht und beliebig oft bewerkstelligen läßt. Man bringt den Apparat in den magnetischen Meridian, beobachtet die Steigung der Magnetnadel, bringt sie dann in die Spule, schließt für kurze Zeit den Strom und hängt sie dann abermals auf. Die Neigung ist nun die entgegengesetzte wie zuvor.

Die hier verwendete Art der Aufhängung der Nadel in einer Gabel zeigt genauer Fig. 572. Die Gabel erhält bei *a* und *b* zwei Schrauben von Stahl wie Fig. 573, an deren Spitze eine kegelförmige Vertiefung sich befindet, die aber einem stumpferen Kegel angehört, als die kegelförmige Spitze der Achse, und im Grunde noch ausgebohrt ist, wie dies schon bei den Rollen (Bd. I(1), S. 310) erörtert wurde. Die beiden Schrauben werden so weit hineingedreht, daß die Spitzen der Achse im Grunde der Höhlungen liegen, ohne aber noch von den Schrauben gedrückt zu werden. Die Nadel stellt sich von selbst in den magnetischen Meridian. Der Apparat bedarf aber einer sehr sorgfältigen Arbeit [1]).

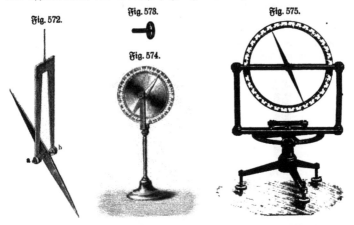

Fig. 572.   Fig. 573.   Fig. 574.   Fig. 575.

Wesentlich besser als mittels einer Magnetnadel läßt sich die Inklination nach Schumann mittels eines beweglich aufgehängten Elektromagneten demonstrieren. (Fig. 577 E, 45 bis 85.)

Ein cylinderförmiger Stab weichen Eisens ist wie ein Wagebalken auf Schneiden balancierbar. Die Schneiden sind von dem weichen Eisen durch Einlage von Hartgummi getrennt, und der Eisenkern selbst ist spiralförmig durch einen Kupferdraht in isolierender Hülle so umwunden, daß ein elektrischer Strom von der einen Schneide durch die spiralförmigen Windungen nach der anderen Schneide geleitet werden kann. Die Schneiden ruhen auf Stahllagern, in welche zwei Säulen auf einem Gestell, wie es Fig. 577 veranschaulicht, auslaufen. Eine Drahtleitung setzt die Stahllager mit Klemmen am Gestell in Verbindung, und in diese können Drähte eines Tauchelementes eingeführt werden.

---

[1]) Eine Inklinationsnadel mit Teilkreis nach Fig. 574 liefert F. Ernecke zu 18 Mk., ein Inklinatorium nach Fig. 575 zu 250 Mk. Ein Inklinatorium nach Meyerstein (Fig. 576) ist zu beziehen von Spindler u. Hoyer, Werkstätte für Präzisionsmechanik, Göttingen, zu 300 bis 390 Mk. Beim Gebrauch muß vor allem die Drehachse vertikal gestellt werden.

Man bringt den Apparat mit seiner Längsachse in den magnetischen Meridian und sucht dem mit Draht umwundenen Eisenkern mittels der angebrachten Justiergewichte ein empfindliches stabiles Gleichgewicht zu geben.

Nunmehr führt man die Drähte eines einzigen Tauchelementes in die Klemmen des Gestells. Alsbald senkt sich der Stab energisch mit seinem Nordpole nach unten und strebt der Inklinationsrichtung zu, schlägt über dieselbe hinaus und kommt in einer geneigten Lage zur Ruhe, welche durch das Gewicht des Eisenkerns und die richtende Kraft des Erdmagnetismus bedingt ist. Unterbricht man den Strom, so kehrt der Stab mit gleicher Energie in seine horizontale Anfangslage zurück.

Ich benutze einen größeren Apparat dieser Art, bei welchem der drehbare Magnet aufgehängt ist, so daß er sich auch um eine vertikale Achse drehen kann und sich somit selbsttätig in die Nordsüdrichtung einstellt. Die Bewegung bei Umkehrung des Stromes wird dann sehr auffällig, da nicht nur die Neigung sich ändert, sondern der Stab sich zugleich um 180° dreht [1].

Fig. 576.

Fig. 577.

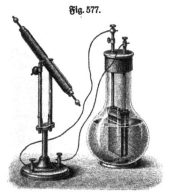

191. Anomaler Erdmagnetismus. Zwischen Obejan und Bielgorod wechselt in einem Umkreis von weniger als 1 km die magnetische Deklination von — 18° bis + 55°, die Inklination von 67° bis 82°, was vermutlich von Magneteisenerzlagern herrührt [2]. Auf dem Ilsenstein bei Ilsenburg im Harzgebiet befindet sich bei dem daselbst aufgerichteten Gedenkkreuz (für 1813/15) ebenfalls eine Stelle, an der die Magnetnadel abweicht und durch die Ostseite nach Süden springt; auch auf den Barenbergklippen bei Schierke weicht die Magnetnadel an einer durch ein eingemeißeltes Kreuz bezeichneten Stelle des Südostrandes der Klippe ab. In beiden Fällen handelt es sich um Granitblöcke, und die Ursache der Erscheinung ist vermutlich das Vorhandensein eingesprengten Magneteisensteins.

Genauere magnetische Beobachtungen müssen in eisenfreien Räumen ausgeführt werden. Selbstverständlich darf man dabei keine eisernen Gegenstände in der Tasche tragen, sogar eine stählerne Brille kann zu Täuschungen Anlaß geben,

---

[1] Über Einrichtung und Gebrauch eines Inklinatoriums siehe Kohlrausch, Prakt. Physik, 10. Aufl. S. 370. — [2] Siehe Prometheus 1900, S. 528.

ebenso das Hantieren von Arbeitern mit eisernen Werkzeugen außerhalb des Raumes u. s. w.

Sowohl Deklination wie Inklination ändern sich mit der Zeit, zuweilen, wenn auch nur in geringem Maße, plötzlich, was der Annahme widerspricht, daß sie lediglich bedingt seien durch magnetische Massen in der Erde. Das große spezifische Gewicht der Erde (vgl. Bd. I$_{(2)}$, S. 742) würde allerdings dafür sprechen, daß dieselbe im Inneren aus Meteoreisen besteht, doch kann nur eine Schale dieser Eisenmasse magnetisch sein, da im Erdinneren Glühhitze herrscht und über Rotglut das Eisen in die unmagnetisierbare Modifikation übergeht. Die mittlere jährliche Bewegung der Deklination beträgt — 0,09°, die der Inklination — 0,03°. Plötzliche Änderungen werden nach Humboldt als magnetische Stürme bezeichnet. Im Jahre 1903 wurde ein solcher beobachtet, bei welchem die Schwankungen 300 bis 500 mal so stark waren als die täglichen Schwankungen sonst und zwar von 7 Uhr morgens bis 9 Uhr abends. Selbst an den beiden folgenden Tagen zeigten sich noch erhebliche anormale Schwankungen.

192. Feldintensität. Die beschriebenen Untersuchungen führten zur Betrachtung eines Systems mehrerer wirkenden Massen. Unterliegt ein magnetischer Punkt von der Masse m Weber der Einwirkung eines Systems beliebig vieler Magnetpole m_1, m_2, m_3 ..., welche sich in den Entfernungen r_1, r_2, r_3 ... befinden, so ergibt sich die resultierende Kraft durch Summation der Einzelwirkungen k_1, k_2, k_3 ... nach dem Gesetz vom Polygon der Kräfte[1]). Ist K (Fig. 578) diese Resultierende, und sind α_1, α_2,

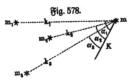

Fig. 578.

α_3 ... die Neigungswinkel der Kräfte k_1, k_2, k_3 ... gegen ihre Richtung, so muß die Summe der in diese Richtung fallenden Komponenten der Einzelkräfte $k_1 . cos \alpha_1 + k_2 cos \alpha_2 + k_3 cos \alpha_3 + \cdots$ der Kraft K gleich sein, oder, da nach dem Grundgesetz:

$$k_1 = a \cdot \frac{m_1 m}{r_1^2}, \quad k_2 = a \cdot \frac{m_2 m}{r_2^2}, \quad k_3 = a \cdot \frac{m_3 m}{r_3^2} \text{ u. s. w.,}$$

$$K = a \left(\frac{m_1}{r_1^2} cos \alpha_1 + \frac{m_2}{r_2^2} cos \alpha_2 + \frac{m_3}{r_3^2} cos \alpha_3 + \cdots \right) \cdot m.$$

Der Kürze halber wird der Ausdruck in der Klammer gleich H gesetzt, also geschrieben $K = a . H . m$, demnach ist:

     a) **Technisch:** $K = \dfrac{10^7}{g} \cdot H \cdot m$ Kilogramm,

     b) **Gesetzlich:** $K = 10^7 . H . m$ Decimegabynen,

     c) **Physikalisch:** $K = H . m$ Dynen.

Indem man für alle Punkte des magnetischen Feldes den Wert von H ermittelt, erhält man eine gute Übersicht über die Verteilung der magnetischen Kraft; man nennt deshalb die Größe H die „Intensität des magnetischen Feldes" an der betreffenden Stelle.

---

[1]) Über Berechnung der Wirkung eines Magnetstabes in erster und zweiter Hauptlage auf einen Magnetpol siehe Kohlrausch, Prakt. Physik, 9. Aufl., S. 552; über die Bestimmung magnetischer Momente mit der magnetischen Wage von Helmholz, ebenda S. 335; über die Messung des Polabstandes, ebenda, S. 388.

Bezüglich der Definition der Feldstärke H gilt also folgendes:

a) Technisch: H wird gleich K, wenn $m = \dfrac{1}{a}$, d. h. H ist die Kraft in Kilo-

grammen, welche auf einen Magnetpol von der Stärke $\dfrac{1}{a} = \dfrac{g}{10^7}$ Weber $= \dfrac{g}{10}$ Mikro-

weber ausgeübt wird.

b) Gesetzlich: H ist die Kraft auf ein Decimikroweber in Decimegadynen.

c) Physikalisch: H ist die Kraft in Dynen, welche auf einen Pol von der Stärke 1 Centimikroweber ausgeübt wird.

Diese absolute Einheit wird als Gauß bezeichnet. 1 Gauß ist also die Stärke eines Magnetfeldes, welches auf 1 Centimikroweber die Kraft einer Dyne ausübt[1]). (Dimensionen: $g^{-\frac{1}{2}}\,\mathrm{cm}^{-\frac{1}{2}}\,\mathrm{sec}^{-1}$.)

Als Beispiel für Messung einer Feldintensität eignet sich die Bestimmung der horizontalen Komponente der erdmagnetischen Kraft, welche die Drehung einer horizontal beweglichen Magnetnadel bedingt (Horizontalintensität des Erdmag-netismus genannt).

Einer der früher (§ 184) gebrauchten langen Elek-tromagnete (Fig. 545, S. 306) wird an einer dünnen, langen, geklöp-pelten (nicht gedrehten) Schnur so aufgehängt, daß er horizontal schwebt und senkrecht zum mag-netischen Meridian steht, welche Stellung durch zwei untergesetzte Zeiger aus Messing A und B angedeutet ist (Fig. 579).

Fig. 579.

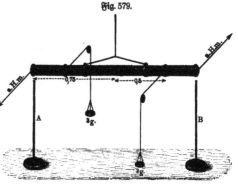

Nun leitet man durch die Windungen des Elektromagneten durch zwei sehr biegsame, in der Mitte befestigte Leitungsschnüre einen Strom von derselben Stärke (mittels eines Galvanometers kontrolliert), wie früher (vgl. S. 307) bei Bestimmung der Polstärke, wobei sich $m = 0{,}875 . 10^{-4}$ Weber ergeben hatte.

Ist H die gesuchte Horizontalintensität des Erdmagnetismus, so zieht nun an jedem Pole, d. h. an einem Hebelarme von 0,75 m (denn die Länge des Magnet-stabes = Poldistanz = 1,5 m), eine Kraft von

$$a . H . m = \frac{10^7}{g} . H . 0{,}875 . 10^{-4}\ \text{Kilogramm}.$$

Diese Kräfte suchen den Magnetstab in die Nordsüdrichtung zu drehen. Man ver-hindert dies, indem man zwei Fäden, welche 0,5 m vom Drehpunkte entfernt am Magneten befestigt und senkrecht zu diesem in entgegengesetzter Richtung zum Zuge der magnetischen Kraft über sehr leicht bewegliche kleine Rollen geführt sind, am

---

[1]) Da $g/10$ Mikroweber $= 10 . g$ Centimikroweber sind und $1\,\mathrm{kg} = g . 10^5$ Dynen, ist die Feldintensität $1\,\mathrm{kg}$ pro $g/10$ Mikroweber $= \dfrac{g . 10^5}{0 . g} = 10^4$ Gauß, erstere könnte man deshalb auch ein Dekakilogauß nennen.

Ende mit je 3 g = 0,003 kg belastet. Durch diese entgegengesetzten Kräfte, deren Größe durch vorhergehendes Probieren nach und nach ermittelt worden war, wird die Wirkung des Erdmagnetismus gerade kompensiert. Da Gleichgewicht stattfindet, müssen die beiden Drehmomente (Kraft × Hebelarm) gleich sein, man hat also:

$$2 \times 0,003 \times 0,5 = 2 \times \frac{10^7}{9,81} \cdot H.0,875.10^{-4}.0,75,$$

somit

a) Technisch: $H = \dfrac{2.0,003.0,5.9,81}{2.10^7.0,875.10^{-4}.0,75} = 0,2.10^{-4}$ Kilogramm pro $g/10$ Mikroweber. •

b) Gesetzlich: $H = 0,2.10^{-4}$ Decimegabynen pro Decimikroweber.

c) Physikalisch: $H = \dfrac{2.3.981.50}{2.8750.75} = 0,2$ Gauß.

Roack (Z. 15, 194, 1902) empfiehlt die von Kleiber angegebene Polwage in der in Fig. 580 (zu beziehen z. B. von Lb, 40) dargestellten Ausführung. Sie

Fig. 580.

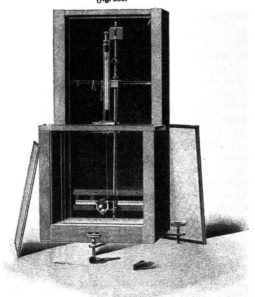

besteht aus einer sehr leichten Wage mit langem Zeiger, welche in der Richtung des magnetischen Meridians aufgestellt wird. Setzt man daneben eine Magnetnadel in der Ost=Westlage, so daß sie gegen den Zeiger der Wage drückt, so kann man diesen Druck durch Aufsetzen von Reitern messen und dadurch, falls die Polstärke der Nadel bekannt ist, die Horizontalintensität des Erdmagnetismus finden, oder wenigstens das Produkt $M.H$ (vgl. § 195), worauf man dann durch einen Ablenkungsverfuch noch den Quotienten $M:H$ zu bestimmen hat. In der Figur ist an Stelle der Magnetnadel ein Magnet von 10 cm Länge und 1,5 cm Durchmesser gefetzt, welcher in Trägern von Aluminium an einem Bündel Kokonfäden aufgehängt ist. Bei einem Versuch fand sich $M.H = 165,4$, $M:H = 5240$, und daraus $M = 931$ und $H = 0,178$ in CGS=Einheiten.

Grimsehl (3. 16, 337, 1903) benutzt den in Fig. 581 dargestellten Apparat, bestehend aus einem Spiegel B, auf welchen eine Reihe paralleler Linien gezogen find, parallel zum mag-

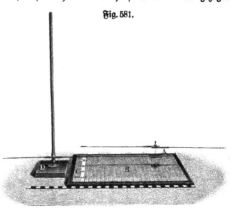

Fig. 581.

netischen Meridian, und außerdem eine Milli-meterteilung C, durch deren Nullpunkt eine Linie senkrecht zu den erften gezogen ist. Auf die Spitze A ift eine messingene Doppelhülse gestedt, in welche einer-seits eine magnetisierte Stridnadel und anderer-seits ein gleich schwerer Messingdraht gestedt wer-den. Der auf dem Sta-tiv D befestigte Stand-magnet ift eine magne-tische Stridnadel, deren Polstärke genau bestimmt ift. Ist dieselbe m, die auf dem Maßstabe abgelefene Entfernung r, so ergibt sich aus der Gleichung, wenn m_2 die Polstärke der beweglichen Nadel,

$$a.H.m_2 = a \frac{m_1.m_2}{r^2}, \quad H = \frac{m_1}{r^2}.$$

Beispielsweise ergab sich bei der Entfernung 11,3 cm an dem betrachteten Punkte $H = 0,15$. Für einen Punkt in der Nähe des Schulhaufes, im Freien, wurde gefunden $H = 0,188$.

193. Die Magnetnadel als Wage. Ift die Horizontalintensität an einem Orte bekannt und außerdem die Polstärke eines Magnetstabes, so hat man in diesem ein sehr feines Dynamometer zur Messung kleiner Kräfte, z. B. der Torsionselaftizität eines dünnen Drahtes. Hängt man nämlich den Magnetstab an diesem horizontal auf und dreht das obere Ende mittels eines Torsionsknopfes (vgl. Bd. $I_{(1)}$, S. 253, Fig. 494), so dreht sich der Magnetstab nicht um den gleichen Winkel mit, da der Erdmagnetismus entgegen wirkt. Aus der Größe des Ablenkungswinkels ergibt sich deshalb in einfacher Weise der Koeffizient der Torsionselaftizität des Drahtes.

Ich benutze zu dem Versuche den langen Elektromagneten Fig. 545 (S. 306), welcher an einem etwa 3 mm ftarken fteifen Messingdraht an der Torsionsvorrichtung (Bd. $I_{(1)}$, S. 17, Fig. 5) aufgehängt wird.

Das Verhältnis der elaftischen Direktionskraft d zur magnetischen D heißt das Torsionsverhältnis θ. Erteilt man dem Draht eine Torsion α (z. B. 360°, indem man den Magneten einmal herumdreht), so bildet die neue Einftellung des

Magneten mit der früheren einen Winkel φ, der sich aus der Gleichung $\theta = \varphi/(\alpha - \varphi)$ bestimmt [1]).

194. Das Sinuselektrometer. Ein anderes Beispiel derartiger Verwendung der erdmagnetischen Kraft ist das Sinuselektrometer. Anstatt die Torsion eines Seidenfadens zu benutzen, kann man die Nadel des Elektrometers, Fig. 115, S. 61, aus Stahldraht machen, welchen man magnetisiert. Das Instrument wird dann so konstruiert, daß sich das Glasgefäß mit d unabhängig von den anderen Teilen des Apparates um seine Achse drehen läßt. Es wird ebenfalls so aufgestellt, daß die Nadel den Messingstreifen nur gerade noch berührt, wenn dieselbe in der Ruhelage sich befindet.

Nun verbindet man d mit dem zu untersuchenden Körper, wodurch die Magnetnadel abgelenkt wird. Durch Drehen des Glasgefäßes bringt man hierauf den Messingstreifen in bestimmten Abstand, z. B. 10° von der Nadel, und notiert den an einer Kreisteilung auf der Fußplatte abzulesenden Winkel a, um welchen man das Glasgefäß gedreht hat. Wird ebenso für einen zweiten Körper ein Winkel b bestimmt, so verhalten sich die Potentiale der beiden Körper wie die Quadratwurzeln aus den Sinus von a und b. Bei der neueren Form, welche R. Kohlrausch dem Instrumente gegeben hat und der erwähnten Eigentümlichkeiten halber das Sinuselektrometer nennt, dreht sich die Magnetnadel auf einer Spitze. Die konstante Ablenkung erkennt man dabei an dem Koinzidieren des zweimal gespiegelten Bildes einer Marke der Nadel bei Betrachtung durch einen Spalt mit einem Punkte auf dem Spiegel.

195. Die Polstärkemessung nach Gauß ist ein Beispiel der Verwendung der Magnetnadel als Wage und Pendel. Hängt man einen Magnetstab im erdmagnetischen Felde horizontal auf und lenkt ihn möglichst, d. h. um 90°, aus der Ruhelage (der Nordsüdrichtung) ab, so ist die auf jeden Pol wirkende Kraft, wenn m die Polstärke und H die Horizontalintensität des Erdmagnetismus: $a.H.m$, also das Drehmoment, wenn L die Länge des Stabes, für einen Pol: $a.H.m \cdot \dfrac{L}{2}$, für beide Pole zusammen: $a.H.m.L$.

Dies ist das größte Drehmoment. Für einen anderen Ablenkungswinkel φ ist dasselbe $a.H.m.L.\sin\varphi$, es ist also, ebenso wie beim Pendel, die wirksame Komponente der Schwere, der Elongation proportional. Man kann somit die Formel für die Schwingungsdauer (Bd. I$_{(2)}$, S. 1317) ohne weiteres anwenden, indem man für $p.l$ das Produkt $a.H.m.L$ setzt. Demnach ist

$$T = 2\pi \sqrt{\frac{\Sigma \mu \varrho^2}{a.H.m.L}} \text{ Sekunden.}$$

Gewöhnlich setzt man das Produkt $m.L$, welches als „Moment des Magneten" bezeichnet wird (nicht zu verwechseln mit Drehmoment!) $= M^2$). Es folgt dann die erste Gaußsche Formel:

$$T = 2\pi \sqrt{\frac{\Sigma \mu \varrho^2}{a.M.H}}.$$

---

[1]) Siehe auch Kohlrausch, Handb. d. prakt. Physik, 9. Aufl., S. 339. — [2]) Im absoluten System ist die Einheit des magnetischen Momentes das eines Magnetstabes mit zwei Einheitspolen ±1 CGS im Abstand 1 cm. Die Dimensionen sind: cm$^{-3/2}$ g$^{-1/2}$ sec^{-1}.

Läßt sich das Trägheitsmoment $\Sigma \mu \varrho^2$ wegen komplizierter Form des Magnet=stabes nicht wie a. a. O. berechnen, so kann man es auch unter Benutzung dieser Formel experimentell bestimmen, indem man den Magnetstab zunächst allein schwingen läßt, die Schwingungsdauer bestimmt und dann nochmals, nachdem man rechts und links vom Aufhängepunkte im Abstande R zwei gleiche Gewichte von der Masse Q (Gewicht: Fallbeschleunigung) angehängt hat. Die Schwingungsdauer wird dadurch größer, nämlich

$$T' = 2 \pi \sqrt{\frac{\Sigma \mu \varrho^2 + 2 Q R^2}{a \cdot M \cdot H}}.$$

Durch Division der beiden Gleichungen folgt

$$\frac{T}{T'} = \sqrt{\frac{\Sigma \mu \varrho^2}{\Sigma \mu \varrho^2 + 2 Q R^2}},$$

woraus $\Sigma \mu \varrho^2$ als einzige Unbekannte leicht zu berechnen ist.

Die zweite Gaußsche Formel ergibt sich in folgender Weise:

Der Magnetstab $m\,m$ (Fig. 582) von der Länge l werde in die Nähe der Magnet=nadel $m'm'$ von der Länge l' gebracht, so daß die Verlängerung der Achse der letzteren in der Mitte des Magnetstabes senk=recht auftrifft [1]. Auf jeden Pol der Magnet=nadel wirkt dann eine abstoßende Kraft K_1 und eine anziehende K_2, deren Größe nach dem Coulombschen Gesetze sich bestimmt zu:

Fig. 582.

$$K_1 = a \cdot \frac{m \cdot m'}{r^2} \text{ und } K_2 = a \cdot \frac{m \cdot m'}{r^2},$$

wenn r den Abstand der Magnetnadel von den Stabenden bedeutet. Die Resultierende K der beiden Kräfte ergibt sich aus der Proportion

$$K : K_1 = l : r,$$

$$K = K_1 \cdot \frac{l}{r} = a \cdot \frac{m \cdot m'}{r^3} \cdot l = a \cdot \frac{M \cdot m'}{r^3}.$$

Die Wirkung der beiden Kräfte K ist eine Drehung der Magnetnadel um den Winkel φ, entgegen der Wirkung des Erdmagnetismus. Die Größe dieses Winkels φ ergibt sich aus der Bedingung, daß im Falle des Gleichgewichtes die beiden entgegengesetzt drehenden Momente gleich groß sein müssen. Von der Kraft K kommt in der abgelenkten Stellung der Magnetnadel nur die Komponente $K \cdot cos \, \varphi$ zur Geltung, deren Moment für einen Pol $K \cdot cos \, \varphi \cdot \dfrac{l'}{2}$, somit für beide Pole

$$K \cdot cos \, \varphi \cdot l' = a \cdot \frac{M \cdot m'}{r^3} \cdot cos \, \varphi \cdot l' = a \cdot \frac{M \cdot M'}{r^3} \cdot cos \, \varphi$$

beträgt, wenn das magnetische Moment der Magnetnadel mit M' bezeichnet wird.

---

[1] Man nennt dies die zweite Hauptlage. Die erste Hauptlage hat der Magnet dann, wenn er um 90° gedreht wird, so daß seine Achse die Verlängerung der=jenigen der Magnetnadel bildet. Das Drehmoment ist dann doppelt so groß.

Der Erdmagnetismus wirkt auf jeden Pol der Magnetnadel mit der Kraft $a.H.m'$, wovon nur die Komponente $a.H.m'.sin\,\varphi$ zur Geltung kommt (Fig. 583 und deren Drehmoment an einem Pol $a.H.m'.sin\,\varphi \cdot \dfrac{l'}{2}$, an beiden Polen zu-

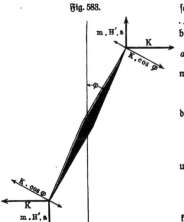

Fig. 583.

sammen $a.H.m'.sin\,\varphi.l' = a.H$ $.M'.sin\,\varphi$ beträgt. Die Gleichgewichts- bedingung lautet demnach

$$a \cdot \frac{M.M'}{r^3} \cdot \cos\varphi = a.H.M'.sin\,\varphi,$$

woraus folgt

$$\frac{M}{H} = r^3 . tang\,\varphi;$$

die zweite Gaußsche Formel.

Die beiden Formeln ergeben:

$$H = \frac{2\,\pi}{T} \cdot \sqrt{\frac{\Sigma\,m\varrho^2}{a\,r^3.tg\,\varphi}}$$

und

$$M = \frac{2\,\pi}{T} \cdot \sqrt{\frac{\Sigma\,m\varrho^2 . r^3 tg\,\varphi}{a}}.$$

Zur Ausführung des Versuches kann die in Fig. 584 und 585 (E, 120) dargestellte Vorrichtung dienen, bestehend aus einem Maßstabe mit der in der Mitte aufgesetzten Bussole und dem verschieb- baren Magnetstabe $n\,s$. Mit einem 1 dcm langen, 1 cm dicken und ebenso breiten

Fig. 584.

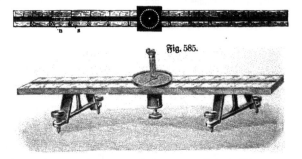

Fig. 585.

Magnetstabe wurden beispielsweise folgende zusammengehörige Werte von r (Ent- fernung der Mitte des Magnetstabes von der Mitte der Bussole) und $tang\,\varphi$ (Ab- lenkung der Bussolennadel) beobachtet:

r	φ	$tang\,\varphi$	$tang\,\varphi.r^3$
6 dm	2,1°	0,0867	7,93
5 „	3,8°	0,0664	8,05
4 „	7,2°	0,1263	8,08

Man sieht also, daß tatsächlich die Tangente des Ablenkungswinkels umgekehrt proportional ist der dritten Potenz des Abstandes, wie es die Formel verlangt [1]).

Fig. 586.

Die Demonstration der Schwingungsdauer eines aufgehängten Magneten bietet keine weiteren Schwierigkeiten, wohl aber die der Ablenkung des aufgehängten Magneten, da das Objektivmachen eines kleines Ausschlages und die Messung desselben eine umständliche Sache ist.

Fig. 587.

Ich verwende große Magnetstäbe (an ungedrehten Seidenschnüren an der Decke aufgehängt) und dämpfe deren Schwingungen, indem ich sie in ein Gefäß mit Wasser eintauchen lasse [2]).

Parragh (1887) schlägt vor, nicht die Ablenkung bei beliebiger Entfernung zu bestimmen, sondern umgekehrt die Entfernung, bei welcher die Ablenkung einen bestimmten Wert, etwa 45°, erreicht, d. h. bis der bewegliche Magnet an einen Anschlag anstößt. Statt des Anschlages kann man den Magneten

---

[1]) Über die Bestimmung der Feldstärke mit dem kompensierten Magnetometer nach W. Weber, sowie auf bifilarmagnetischem Wege und mittels Toeplers erdmagnetischer Wage, siehe Kohlrausch, Handb. b. prakt. Physik, 9. Aufl., S. 325. — [2]) Ein Ablenkungsmagnetometer nach Fig. 586 ist zu beziehen von Leppin und Masche, Berlin SO., Engelufer 17, zu 13,50 bis 21 Mk. Ein Vergleichsmagnetometer, bestehend aus einer an einem Seidenfaden hängenden kurzen Magnetnadel mit langem Aluminiumzeiger, Dämpfungsvorrichtung und Gehäuse nach Fig. 587 liefert dieselbe Firma zu 15 bis 27,50 Mk. — Aus dem Schulgalvanometer und dem Widerstandsdraht von Hartmann u. Braun in Frankfurt a. M. läßt sich durch Zufügen eines Schiebers (Preis 25 Mk.) nach Fig. 588 ebenfalls ein für magnetometrische Bestimmungen geeigneter Apparat zusammensetzen.

mit zwei unter 45° gegeneinander verdrehten Spiegeln versehen, die gewünschte Drehung ist dann erreicht, wenn ein Lichtstrahl vom zweiten Spiegel an dieselbe Stelle geworfen wird, wie vor der Drehung vom ersten.

Salcher (3. 3, 195, 1890) empfiehlt den in Fig. 589 (E, 45) dargestellten Apparat, bei welchem sowohl die Bussole, wie der ablenkende Magnet auf Rollen gesetzt sind, die durch eine umgelegte Schnur verbunden sind. Die erstere Rolle steht fest, so daß beim Drehen des Lineals die andere sich entsprechend drehen muß, wodurch man leicht den Übergang aus der ersten in die zweite Hauptlage herbei- führen kann. Dazwischen befindet sich eine Stellung, in der die Ablenkung = 0 ist.

Fig. 588.

Fig. 589.

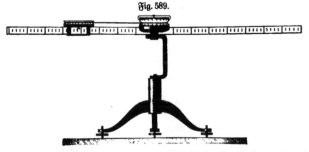

196. Die Abnahme der magnetischen Anziehung mit der Entfernung. Bringt man denselben schwingenden Magneten nacheinander in zwei magnetische Felder von verschiedener Intensität H_1 und H_2, so sind die Schwingungsdauern T_1 und T_2 verschieden, und zwar so, daß:

$$H_1 = \frac{4\,\pi^2}{a\,.\,M}\cdot\frac{\Sigma\,m\,\varrho^2}{T_1^2}, \qquad H_2 = \frac{4\,\pi^2}{a\,.\,M}\cdot\frac{\Sigma\,m\,\varrho^2}{T_1^2},$$

$$H_1 : H_2 = T_2^2 : T_2^2,$$

d. h. die Feldintensitäten verhalten sich umgekehrt wie die Quadrate der Schwin- gungsdauern.

F. W. Fischer (1885) bedient sich des in Fig. 590 (E, 33) abgebildeten Apparates. Auf einem Grundbrette $a\,b$ von 50 cm Länge und 8 cm Breite ist an einem Ende ein Ständer $b\,c$ von etwa 32 cm Höhe angebracht, an dessen 9 cm langem Arm $c\,d$ eine 132 mm lange und 3 mm dicke Magnetnadel aufgehängt ist, deren Mitte sich über einem bestimmten Punkte e des Grundbrettchens befindet, der eventuell dadurch bestimmt werden kann, daß man ein kleines Lot von der Mitte der Magnetnadel herabhängen läßt. Auf einem Schlitten f befindet sich ferner der 35 cm hohe und 35 mm breite Ständer g, welcher den 63 cm langen und 26 mm breiten Magnetstab h trägt. Dieser ist so in den Ständer eingelassen, daß er leicht herausgenommen werden kann. Man läßt nun die Magnetnadel $n\,s$ schwingen, zunächst in Abwesenheit des Magneten, dann unter Einwirkung desselben in verschiedenen Abständen (z. B. 13 und 26 cm). Bei einem Versuche machte die Nadel in der Minute im ersten Falle 13, im zweiten 40, im dritten 23 Schwingungen.

Da nur ein Pol des Magneten in Betracht kommt, so ist die von demselben herrührende Feldintensität, wenn m seine Stärke, r_1 bezw. r_2 der Abstand der

Fig. 590.

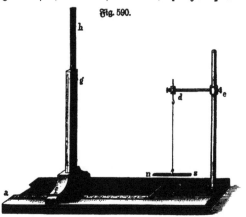

Magnetnadel: $\dfrac{m}{r_1^2}$ bezw. $\dfrac{m}{r_1^2}$. Dazu addiert sich die Feldintensität des Erdmagnetismus H', somit sind die beiden Feldstärken in Wirklichkeit: $\dfrac{m}{r_1^2} + H'$ und $\dfrac{m}{r_2^2} + H'$ und man hat folglich, da

$$T^2 = \frac{4\,\pi^2\,\Sigma\,\mu\,\varrho^2}{a.H.M},$$

oder, wenn der Kürze halber $\dfrac{4\,\pi^2\,\Sigma\,\mu\,\varrho^2}{a.M} = C$ gesetzt wird,

$$H = \frac{C}{T^2},$$

$$H' = 13^2.\,C;$$

also

$$\frac{m}{r_1^2} + H' = 40^2.\,C, \qquad \frac{m}{r_2^2} + H' = 23^2.\,C,$$

$$\frac{m}{r_1^2} = (40^2 - 13^2)\,C, \qquad \frac{m}{r^2} = (23^2 - 13^2)\,C,$$

und

$$\frac{m}{r_1^2} : \frac{m}{r_2^2} = 1431 : 360 = 4 : 1,$$

was tatsächlich zutrifft, da

$$r_2 : r_1 = 26 : 13 = 2 : 1.$$

Um zu zeigen, daß die Kraft mit der magnetischen Masse proportional wächst, könnte man in dem gleichen Apparate zu dem einen Magnetstabe einen zweiten möglichst gleichen hinzufügen, die Kräfte müßten dann doppelt so groß werden, bei Anwendung dreier Magnetstäbe dreimal so groß u. s. w.

Smith (1882) gestaltet den Magneten in Form eines rechten Winkels, dessen einer Schenkel in der Drehachse liegt. Durch ein Gegengewicht aus Messing kann man diesen Winkel balancieren.

Fig. 591.

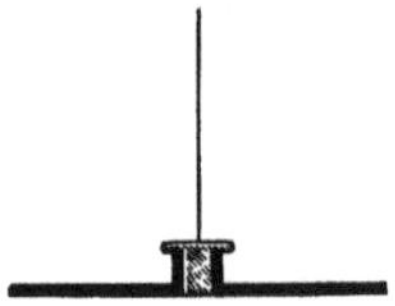

Ähnlich hat Meutzner (1885) obigen Apparat verbessert durch Anwendung einer astatischen Magnetnadel, wie sie Fig. 591 (Lb, 42) zeigt. Zwei Magnetnadeln von 5 cm Länge und 3 mm Dicke sind auf ⅔ der Länge rechtwinklig umgebogen und möglichst gleich stark magnetisiert und mit den umgebogenen Enden an einen Kork (oder eine Ebonithülse) befestigt. Man braucht hierbei weder bei der Aufstellung des Apparates, noch beim Versuche selbst auf den Erdmagnetismus Rücksicht zu nehmen. Als Abstand vom Magnetpol gilt der Abstand bis zur Mitte der Nadel. Einige Versuche ergaben folgende Zahlen:

Entfernungen	Verhältnis derselben	Schwingungs- zahlen	Verhältnis der Kräfte, d. h. Quadrat der Schwingungszahl
6 12 18	1 : 2 : 3	30 15$\frac{1}{2}$ 10	1 : $\frac{1}{4}$: $\frac{1}{9}$
7 14 21	1 : 2 : 3	27 13$\frac{1}{2}$ 8$\frac{1}{2}$	1 : $\frac{1}{4}$: $\frac{1}{9}$
8 16 24	1 : 2 : 3	23$\frac{1}{2}$ 11$\frac{1}{2}$ (7)	1 : $\frac{1}{4}$: ($\frac{1}{11}$)

Fig. 592.

Bei Entfernungen über 20 cm wird somit der Einfluß des oberen Magnetpols bereits merklich.

197. Variometer. Sowohl die Richtung wie die Stärke der erdmagnetischen Kraft erleiden sowohl langsame wie plötzliche Änderungen.

Zur Messung der Änderungen der Deklination dienen Magnetometer, wobei die kleinen Ablenkungen des aufgehängten Magneten in später zu besprechender Weise mit Fernrohr und gespiegelter Skala gemessen werden.

Zur Messung der Intensitätsschwankungen, die etwa $\frac{1}{2}$ Proz. betragen, werden die Intensitätsvariometer gebraucht, bei welchen ein horizontal drehbarer Magnet entweder durch einen gedrillten Draht oder durch gedrillte Bifilaraufhängung oder durch einen permanenten Magneten genötigt wird, sich senkrecht zur Richtung des magnetischen Meridians zu stellen. Auch hier erfolgt die Ablesung durch Fernrohr und Skala[1]).

---

[1]) Die mittlere jährliche Änderung der Horizontalintensität beträgt 0,00016 bis 0,00025 CGS.

Das Lokalvariometer von F. Kohlrausch, Fig. 592 (Lb, 225), dient dazu, die Horizontalintensität an zwei verschiedenen Orten zu vergleichen. Eine Magnetnadel wird durch einen horizontal drehbaren Magnetstab um 90° abgelenkt und der dafür erforderliche Drehungswinkel des Magnetstabes gemessen[1].

198. Temperaturkoeffizient eines Magneten. Genäue Messung der Polstärke eines Magneten bei verschiedenen Temperaturen ergibt, daß dieselbe nicht konstant ist, sondern beim Erwärmen abnimmt, beim Abkühlen sich wieder auf den früheren Wert vergrößert. Die relative Abnahme pro Grad heißt Temperaturkoeffizient. Bei guten Magneten ist er 0,0003 bis 0,001.

Fig. 593.

199. Influenz des Magnetismus. Die Erscheinung der elektrischen Influenz wurde so gedeutet, daß in einem unelektrischen Körper beide Fluida in gleicher Menge vorhanden seien und daß sie durch die Kraft des influenzierenden Körpers geschieden werden. Ebenso wurde oben (S. 298, § 182) die Magnetisierung eines Stahlstabes oder Eisenstabes durch Einwirkung des Stromes erklärt. Ist die Annahme richtig, so muß auch Scheidung der Magnetismen eintreten, wenn wir einen Eisenstab nicht einem Strom, sondern einem Magnetpol nähern, d. h. wenn wir ihn in ein magnetisches Feld bringen. Dies ist in der Tat der Fall und man bezeichnet die Erscheinung mit Rücksicht auf die Analogie mit elektrischer Influenz als mag= netische Influenz.

Fig. 594.

Für Versuche in kleinerem Maßstabe braucht man nebst reiner und etwas feiner Eisenfeile eine Anzahl Stäbchen aus weichem Eisen von ½ bis 3 mm Dicke und von 1 bis 5 cm Länge. Man macht dieselben aus gutem Eisendraht, feilt ihre Enden schwach konvex, glüht sie gut aus und schleift die Enden nachher auf einem Schleifsteine wieder rein.

a) Hängt man zwei 3 bis 6 cm lange Stückchen aus dünnem Drahte an Seiden= fäden nebeneinander auf und nähert ihnen einen Magneten, so stoßen sie sich der ganzen Länge nach ab.

b) Hängt man an den einen Pol eines Magneten ein weiches Eisenstäbchen, so ist dieses imstande, ein zweites kleineres und dieses ein drittes zu tragen u. s. w., je nach der Stärke des Magneten; schiebt man aber das oberste Stäbchen vom Magneten weg, so fallen bald auch die anderen auseinander. Macht man den= selben Versuch an den beiden Polen eines Hufeisenmagneten, so kann man auch

---

[1] Näheres siehe Kohlrausch, a. a. O., S. 333.

die Enden der beiden untersten noch getragenen Stäbchen unter sich in Berührung bringen und erhält so eine durch die Wirkung beider Pole getragene Kette (Fig. 593).

c) Daß die verteilende Wirkung schon vor der Berührung beginnt, zeigt man dadurch, daß man ein Eisenstäbchen auf irgend eine Weise lotrecht befestigt, ihm von oben einen Magnetpol nähert und sein unteres Ende in Eisenfeile taucht (Fig. 594).

d) Taucht man die gleichnamigen Pole zweier Magnetstäbe in Eisenfeile und nähert dieselben einander, so weichen die hervorstehenden Feilspänstrahlen gleichsam voreinander zurück; nimmt man aber hierzu die ungleichnamigen Pole, so greifen diese Strahlen gegeneinander wie die Arme eines Polypen gegen seine Beute.

Zur Demonstration in großem Maßstabe benutze ich einen der langen Elektromagnete (Fig. 545, S. 306), welcher an der Winde (Bd. I (1), S. 253) in vertikaler Stellung in die Höhe gezogen wird. Unter das freie Ende wird, von einem schweren Stativ gehalten, ein etwa 5 cm dicker und 30 cm langer Eisenstab gestellt, analog Fig. 594. Ist der Abstand genügend groß, so kann man mit einer Magnetnadel nachweisen, daß der Eisenstab gegenüber dem Magnetpol einen entgegengesetzten, unten einen gleichnamigen Pol erhält. Um die Erscheinung auf die Entfernung sichtbar zu machen, wird das eine Ende der Magnetnadel mit einer roten, das andere mit einer grünen Papierfahne versehen.

Man kann ferner, analog Fig. 593, an das untere Ende des Eisenstabes Eisenstäbchen von 1 bis 2 cm Dicke und 2 bis 10 cm Länge anhängen in um so größerer Zahl, je geringer der Abstand vom Magnetpol gewählt wird. Dabei erweist es sich als gleichgültig, ob sich Luft oder ein Brett, eine Glasscheibe u. s. w. zwischen Pol und Eisenstab befindet. Eine Eisenplatte dagegen übt eine Schirmwirkung aus, da sie selbst influenziert und hierdurch die Feldintensität geändert wird.

Ein anderer Influenzversuch in größerem Maßstab ist folgender:

Eine etwa 1 m lange, 5 cm dicke Eisenstange wird horizontal an einem schweren Stativ in der Mitte der Drahtrolle (Fig. 533, S. 295) befestigt, so daß die beiden Enden frei hervorragen. Fließt Strom durch die Rolle, so kann man an diese Enden große Büschel von langen Drahtstiften anhängen, welche aber sofort herunterfallen, wenn der Strom unterbrochen wird.

Meutzner (1885) verfährt wie folgt. Auf den Experimentiertisch wird ein kräftiger Hufeisenmagnet gelegt und seitlich davon in gleicher Höhe eine horizontale Magnetnadel in etwa 5 cm Entfernung aufgestellt. Wird nun zwischen dem Magnetpol und der Spitze der Magnetnadel, 2 cm von letzterer entfernt, ein 10 cm langes unmagnetisches Rundeisenstäbchen in vertikaler Stellung genähert, so entfernt sich die Magnetnadel aus ihrer Stellung. Der Versuch läßt sich unter Anwendung eines vertikalen Magneten und einer Inklinationsnadel auch objektiv machen.

200. Form der Stahlmagnete. Die übliche Hufeisenform der Magnete hat ihren Grund in dem Bestreben, die influenzierende Kraft im Anker möglichst auszunutzen, um große Zugkraft zu erzielen. Stäben gibt man gewöhnlich eine Dicke, welche nur $1/3$ bis $1/4$ der Breite beträgt, und macht sie nicht über 3 bis 4 dcm lang. Die hufeisen- oder stimmgabelförmigen Magnete erhalten im ganzen eine etwas größere Länge und manchmal werden die geraden Schenkel allein bis 3 dcm lang gemacht; doch sind sie dann auch 3 bis 6 cm breit. Die Pole solcher Magnete, diese mögen nun mehr hufeisenförmig, wie Fig. 595, oder mehr stimmgabelförmig, wie Fig. 596, gearbeitet sein, sollten, wenn man nicht besondere Absichten dabei hat, nicht um vieles mehr als die Breite der Schenkel voneinander abstehen.

Starke hufeisenförmige Magnete sind unbequem zu magnetifieren, und verziehen sich beim Härten sehr leicht. Größere Stahlstäbe läßt man sich am besten bei einem Feilenhauer härten, da dieser darauf eingerichtet ist, längere Stücke recht gleichförmig zu erwärmen, worauf eben bei der Härtung der Magnete, sowie beim nachherigen Anlassen derselben viel ankommt. (Vgl. auch Bd. I$_{(1)}$, S. 463 und S. 380 Anm. 2).

Fig. 596.

Fig. 595.

Fig. 597.

201. Aufbewahrung der Magnete. Sowohl bei hufeisenförmigen als geraden Stäben werden die Pole zur Aufbewahrung mit weichem Eisen verbunden. Bei geraden Stäben teilt man dieselben zu dem Zwecke in zwei gleiche Bündel, legt sie in einiger Entfernung parallel nebeneinander, so daß die ungleichnamigen Pole je auf derselben Seite liegen, und verbindet diese durch ein weiches Stück Eisen, wie Fig. 597 zeigt[1]).

Fig. 598.

Fig. 599.

Fig. 600.

Fig. 601.

Bei hufeisenförmigen Stäben führt dieses Stück den Namen Anker, und ist hier ge= wöhnlich in der Mitte durchbohrt, um einen Haken einhängen zu können, da der Magnet an einem solchen Stücke weichen Eisens viel mehr trägt als die beiden einzelnen Pole zu= sammen. Fig. 598 zeigt einen kleinen Magneten mit seinem Anker. Letzterer erhält gewöhnlich da, wo er die Pole berührt, eine cylindrisch sehr schwach konvexe Fläche, so daß er eigentlich die Pole nur in einer Linie berührt, doch aber denselben mit seiner ganzen Fläche unendlich nahe kommt; besser scheint auch hier eine eben geschliffene Fläche zu wirken. Der Anker muß verhältnismäßig dick sein, so daß er selbst, angelegt, an seiner unteren Seite nur eine sehr geringe Tragkraft besitzt. Um den Unterschied zwischen der Tragkraft der im Anker vereinigt wirkenden Pole und jener der einzelnen Pole zu zeigen, läßt man zwei gleiche Anker machen, wie die Fig. 599 bis 601 zeigen, wo= von aber der eine (Fig. 601) ein zwischen die Eisenteile gelötetes Stück Messing enthält.

---

[1]) Klemenčić (Ann. d. Phys. 6, 174, 1901) empfiehlt, Normalmagnete in Eisenbüchsen aufzubewahren.

Es ist nicht nötig, den Anker des Magneten stets mit Gewicht belastet zu haben, um den Magneten in gutem Zustande zu erhalten; es genügt, wenn der Anker vorgelegt ist. Rost und anhängende Eisenfeile hindern die innige Berührung des Ankers, wodurch die Tragkraft kleiner wird. Schon des Aussehens wegen reibt man aber die Magnete mit Fett ein, um sie vor Rost zu bewahren.

Um einen Magneten bei seiner Stärke zu erhalten, darf derselbe keinen Schlägen oder Erschütterungen ausgesetzt werden. Am schädlichsten wirkt Erwärmung; selbst wenn die Wärme nur 40° C erreicht, wird ihr Einfluß schon merklich.

S. P. Thompson macht darauf aufmerksam, daß vielfach die irrige Meinung verbreitet ist, daß plötzliches Abreißen des Ankers einem Magneten schade, während

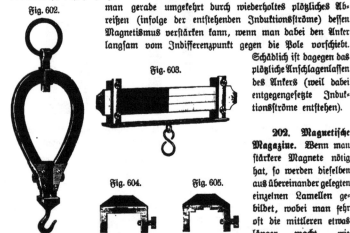

Fig. 602.

Fig. 603.

Fig. 604. Fig. 605.

man gerade umgekehrt durch wiederholtes plötzliches Ab= reißen (infolge der entstehenden Induktionsströme) dessen Magnetismus verstärken kann, wenn man dabei den Anker langsam vom Indifferenzpunkt gegen die Pole vorschiebt.

Schädlich ist dagegen das plötzliche Anschlagenlassen des Ankers (weil dabei entgegengesetzte Induk= tionsströme entstehen).

202. Magnetische Magazine. Wenn man stärkere Magnete nötig hat, so werden dieselben aus übereinander gelegten einzelnen Lamellen ge= bildet, wobei man sehr oft die mittleren etwas länger macht, wie Fig. 598 für einen hufeisenförmigen Magneten zeigt; doch dürften gleich lange und zusammen eben geschliffene Stäbe vorzuziehen sein. Jede Lamelle wird für sich magnetisiert, und sie werden entweder durch messingene Bänder oder Schrauben zu= sammengehalten. Manche legen dünne Messingbleche zwischen die einzelnen Lamellen, was aber weder die Erhaltung noch die Wirkung erhöht. Sollten sich einzelne beim Härten etwas verzogen haben, und man will oder kann sie nicht mehr ganz gerade richten, ohne sie zu weit zu erweichen, dann mag es wohl gut sein, an die Stelle der Bänder und Schrauben dünne Bleche zu legen, damit dadurch für die Ver= krümmung Platz gewonnen wird und die Schrauben doch fest angezogen werden können.

Es ist vorteilhaft, viele und verhältnismäßig dünne Lamellen — selbst nur ¹⁄₃₀ der Breite — zu verwenden (Fig. 602 K, 35). Man hat aus Lamellen Magnete konstruiert, welche das Zehnfache ihres Gewichts tragen.

Will man Stäbe zu solchen Magazinen vereinigen (Fig. 603 E, 20), so kann man sie entweder auch nur durch messingene Bänder vereinigen und etwa die mitt= leren auch hier etwas länger lassen, oder, was zweckmäßiger ist, ihre Enden durch vorgelegte Schuhe von weichem Eisen zusammenhalten. Im ersten Falle bindet man einfach die Stäbe durch Messingdraht zusammen und treibt unter letzteren an

paſſender Stelle Keile aus Meſſingblech, wodurch man eine gehörige Feſtigkeit erlangt und die Stäbe dennoch leicht auseinander nehmen kann. Will man aber die
zweckmäßigeren Schuhe anwenden, ſo zeigt Fig. 604 einen ſolchen für gleich lange,
und Fig. 605 einen ſolchen für ungleich lange Stäbe.

Man nennt ſolche Schuhe die Armatur des Magneten. Auch an hufeiſen-
förmigen zuſammengeſetzten Magneten bringt man ähnliche Schuhe an, ſie müſſen
dann aber ſehr gut aufgepaßt werden.

Grimſehl (Z. 16, 336, 1903) zeigt mittels ſeiner Polwage (Fig. 542, S. 305),
daß Influenz auch bei permanenten Magneten eintritt, ein Magnetpol alſo keine
unveränderliche Lage in Magneten beſitzt.

203. Armatur natürlicher Magnete. Natürliche Magnete legt man ganz in
Eiſenfeile[1]), um ihre Pole zu erkennen, und ſchleift an dieſe zwei parallele und zur
Mittellinie ſenkrechte Flächen; auch die übrigen Flächen des Magneten werden einiger-

Fig. 606. Fig. 607. Fig. 608. Fig. 609.

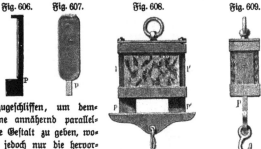

maßen zugeſchliffen, um demſelben eine annähernd parallel-
epipediſche Geſtalt zu geben, wobei man jedoch nur die hervor-
ſtehenden Teile entfernt. Auf die
Polflächen legt man zwei Eiſenplatten *l* von der Größe dieſer Flächen, welche beide
oben etwas umgebogen ſind, und ſich über den Magneten gleichſam anhaken
(Fig. 606 und 607), unten aber in zwei ſtärkere Eiſenzapfen *p* auslaufen, deren
untere Flächen in derſelben Horizontalen liegen, wenn die Polflächen des Magneten
vertikal ſind. Der Zapfen hat den Magneten zu tragen und muß alſo unter denſelben paſſen, wenn man ihn an den Platten aufhängen will. Beide Platten werden
durch ein meſſingenes oder ſonſt ein nichtmagnetiſches Band an den Magneten
befeſtigt und an die beiden Füße wird ein Anker gelegt. Soll der Magnet aufgehängt werden, ſo vereinigt man am beſten beide Eiſenplatten
durch ein Querſtück mit einem Ringe, wie Fig. 608 und 609.
(W, 20 bis 30.)

Fig. 610.

204. Anziehung von weichem Eiſen. Die Fernewirkung
eines Magnetpols auf weiches Eiſen kann man beiſpielsweiſe
zeigen, indem man letzteres auf einem Stück Holz ſchwimmen
läßt und hierdurch leicht beweglich macht[2]). (Fig. 610 K, 8.)

Man kann dieſe Fernewirkung vielfach zu phyſikaliſchen Zwecken nützlich verwerten, z. B. nach Lenard, um Gegenſtände in einer evakuierten Röhre zu ver-

---

[1]) Man bewahrt überhaupt reine Eiſenfeile für die magnetiſchen Zwecke beſonders
auf. — [2]) In jeder Spielwarenhandlung erhält man nach dieſem Prinzip eingerichtete
Spielzeuge.

schieben, ohne die Röhre zu öffnen, oder um die Stellung eines Schwimmers in einem undurchsichtigen Gefäß zu erfahren und dergleichen.

Champbell (1884) benutzt die magnetische Kraft, um die Drehung der Schwingungsebene eines Foucaultschen Pendels deutlich erkennbar zu machen. Er bringt statt der gewöhnlichen Spitze ein Stahlcylinderchen, das in einen Konus endigt, an. Dasselbe ist möglichst stark magnetisiert. Darunter stellt man eine

Fig. 611.

ähnlich einer Magnetnabel mittels eines Hütchens auf einer Spitze schwebende leichte Glasröhre auf, welche mit durch Wasserstoff reduziertem feinem Eisenpulver gefüllt ist. Dreht sich die Schwingungsebene des Pendels, so ändert sich auch die Richtung dieses Röhrchens. Um diese Änderung sichtbar zu machen, ist an einem Ende ein leichter Spiegel befestigt, der einen Lichtstrahl auf eine Skala reflektiert. Schon nach wenigen Minuten zeigt sich eine Verschiebung des Lichtindex.

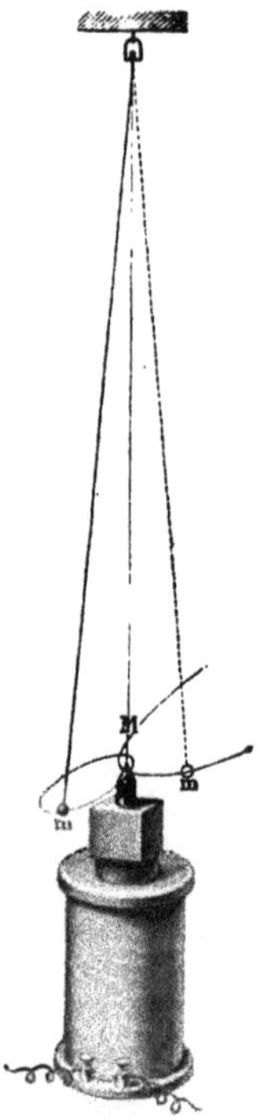

. Die Bewegungen von Eisen= oder Stahlkugeln auf einer horizontalen Glasplatte über einem Magnetpol (Salcher) oder ein langes konisches Pendel mit Eisenkugel (Mach) können dazu dienen, die Planetenbewegung nachzuahmen. Wesentlich vollkommener wirkt ein von Müller vorgeschlagener und von Tuma verbesserter Apparat, bei welchem ein langer in einen

Fig. 612.

Bambusstab auslaufender carbanisch auf= gehängter Elektromagnet mit einem Pol um den Pol eines großen Elektromagneten kreist (Fig. 611). Die beiden Pole werden zweckmäßig mit glänzenden Metallknöpfen umgeben, welche auch das Anhaften ver= hindern. Man kann mit der Vorrichtung elliptische, parabolische und hyperbolische Bahnen zeigen, letztere dann, wenn die Pole gleichnamig sind [1]).

Der magnetische Kreisel. Die Pole eines Hufeisenmagneten sind, wie aus Fig. 612 zu ersehen, mit ovalen Polschuhen versehen, auf welchen die eiserne Achse eines leichten messingenen Kreisels rollen kann. Versetzt man denselben in Um=

drehung, so rollt er vermöge der Trägheit und magnetischen Wirkung auf der vor= geschriebenen Bahn auf und ab, bis seine Energie erschöpft ist. (Lb, 27,50.)

205. Molekularmagnete. Wie bereits in Bd. I$_{(1)}$, S. 463, besprochen wurde, kann ein Stahlstab auch durch Streichen mit einem Magneten magnetisch gemacht werden. Auch dies ist eine Folge der Influenz. Auffallend kann aber erscheinen, daß schließlich nur an den Enden des Stabes Pole zum Vorschein kommen. In Wirklich= keit sind alle Teilchen des Stabes magnetisiert, jedes besitzt zwei Pole, die aneinander liegenden können aber, da sie sich in ihrer Wirkung nach außen aufheben, nicht zur

[1]) Siehe Höfler, Z. 13, 138, 1900 u. Lehrb. d. Physik 1904, S. 73.

Geltung kommen, so daß die Täuschung entsteht, es befinde sich nur an den Polen Magnetismus. Hiervon kann man sich leicht durch Zerbrechen eines glasharten Magnetstäbchens und Eintauchen der Bruchstücke in Eisenpulver überzeugen.

Man verwendet etwa 3 bis 4 mm dicken, glashart gemachten Stahldraht, welchen man an den Stellen, wo man ihn nach dem Magnetisieren durchbrechen will, etwas eingefeilt hat.

Jedes Stück ist wieder ein vollständiger Magnet, welcher seine entgegengesetzten Pole hat und bei abermaligem Zerbrechen wiederum einen vollständigen Magneten liefert, wie Fig. 613 anschaulich macht.

Da nun die fortgesetzte mechanische Zerteilung des Stahlstabes zu einzelnen Molekülen führen muß, so nimmt man an, daß jedes einzelne Molekül zwei entgegengesetzte Pole hat und daß in allen die gleichnamigen Pole nach der gleichen

Fig. 613.

Fig. 614.

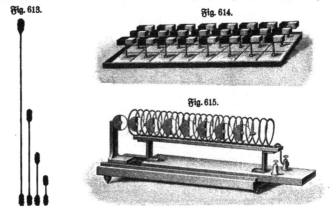

Fig. 615.

Seite gerichtet sind. Nach dieser Hypothese stellt Fig. 614 (E, 38) einen vollständig magnetisierten Stahl- oder Eisenstab dar.

Der Apparat Fig. 615 (E, 50) ermöglicht die Demonstration der Drehung der Molekularmagnete unter dem Einfluß eines stromdurchflossenen Solenoids.

De Waha (Z. 13, 320, 1900) macht übrigens darauf aufmerksam, daß, wenn man die beiden Teile eines zerbrochenen Magneten wieder aneinander kittet, der Magnet sich doch nicht mehr so verhält wie vor dem Zerbrechen.

Feilspäne hängen sich leicht in einer dicken Masse zwischen die Pole eines Hufeisenmagneten, besonders wenn man Ferrum alcoholisatum der Apotheker anwendet; man kann diese Masse wie Teig behandeln. Nimmt man so viel davon fort, daß der Rest ein etwa noch fingerbreites und halb so dickes Band bildet, glüht dieses mit einer Weingeistlampe, allenfalls unter Anwendung des Lötrohres, und läßt es am Magnet hängend erkalten, so kann der mittlere Teil als ein zusammenhängendes Stück weggenommen werden und hat die Eigenschaften eines Magneten. Am besten eignet sich zu diesem Versuche ein kräftiger Elektromagnet, insbesondere auch deswegen, weil man sich bei ihm vor zufälliger Erhitzung der Pole nicht zu hüten braucht, wenn nur die Seide des umwickelten Drahtes nicht Feuer fängt.

Bei Erschütterung reicht schon die erdmagnetische Kraft aus, permanenten Magnetismus hervorzurufen. Hält man eine gewöhnliche, etwa 1,5 m lange Eisenstange in der Richtung der Inklinationsnadel, nachdem man zuvor das untere Ende durch eine Marke (farbiges Papier) bezeichnet hat und gibt auf das obere Ende einige Hammerschläge, so erweist sich das markierte Ende als permanenter Nordpol, das andere als Südpol. Kehrt man nun die Stange um und erschüttert abermals, nachdem man sie in die Richtung der Magnetkraftlinien der Erde gebracht hat, so erweist sich nun das nicht markierte Ende als Nordpol. Man kann auf diese Weise den Magnetismus beliebig oft umkehren.

St. Meyer[1]) ersetzt die Hammerschläge durch Erzeugung von Longitudinalschwingungen oder auch Transversalschwingungen. Erstere werden durch Reiben

Fig. 616.

mit einem kolophonierten Lappen erregt, letztere durch Streichen mit einem Violinbogen. Dabei erweisen sich natürlich entsprechend der Lage von Knoten und Bäuchen verschiedene Stellen verschieden stark magnetisch.

Ein frisch magnetisierter Stahlstab verliert einen Teil seines Magnetismus zuerst rasch, später langsamer, insbesondere bei Erschütterungen. Durch stundenlanges Erhitzen in Wasserdampf kann das Erreichen des endgültigen Zustandes beschleunigt werden.

Leitet man Strom durch einen Stahldraht, so tritt kein Magnetismus hervor, da sich die magnetischen Moleküle zu Ringen um die Achse des Drahtes aneinanderreihen. Der Magnetismus tritt aber sofort an den Enden hervor, wenn man den Draht tordiert, da sich dann die Moleküle schräg stellen, wie Fig. 616 andeutet.

206. Magnetostriktion. Dieselbe entspricht ganz der Elektrostriktion. Es gehören dahin z. B. die Längenänderungen eines in einer langen Magnetisierungsspirale hängenden Eisendrahtes beim Schließen des Stromes, die Formänderungen magnetisierter Kugeln, die Messung der Feldintensität nach Quincke durch Änderung der Druckhöhe in einseitig beeinflußten mit magnetisierbarer Eisensalzlösung gefüllten Manometern u. s. w.

207. Folgepole. Wickelt man um einen zu magnetisierenden Stahlstab den Draht nicht in stets gleicher Richtung auf, sondern etwa die Hälfte davon entgegengesetzt, so entsteht auch in der Mitte ein Pol, ein sogenannter Folgepol. Bei 3, 4, 5 . . . . abwechselnd entgegengesetzt gewickelten Abteilungen erhält man 2, 3 4 . . . . Folgepole, die sich beim Eintauchen des Stabes in eine Schachtel mit kleinen Nägeln oder Feilspänen sofort verraten. Um die Folgepole dauernd zu erhalten, empfiehlt es sich, den Stab in einem eisernen Rohre (Gasrohr) aufzubewahren.

Durch Streichen verschafft man sich Stäbe mit Folgepunkten am sichersten, wenn man sie durch einen recht kräftigen Hufeisenmagneten — Elektromagnet — mittels des Doppelstrichs (Bd. I(1), S. 463) magnetisiert. Am besten eignen sich relativ lange Stäbe, z. B. Stricknadeln.

208. Elektromagnete kann man sich mit verhältnismäßig sehr geringen Kosten selbst herstellen. Als Kern eignet sich am besten Eisen, welches mit Holzkohlen ge-

¹) St. Meyer, Boltzmann-Festschrift S. 68, 1904.

frisch und unter dem Hammer gestreckt wurde, recht weiches und zartes Eisen. Man läßt einen geraden, hufeisenförmigen, etwa fingerdicken, 3 bis 4 dcm langen Stab von solchem Eisen machen, ihn mit einem Lehmüberzug im Holzkohlenfeuer ausglühen und in den absterbenden Kohlen allmählich abkühlen. Er wird mit dicht anliegenden Windungen von dickem, mit Seide oder Wolle umwickeltem Kupferdraht umgeben, wobei man nur des Aufhängens wegen den Bogen frei läßt, und gleich von einem Schenkel auf den anderen übergeht, die Windungen aber so fortsetzt, als hätte man über den Bogen weg in der gleichen Richtung fort gewunden. Eine einzige Lage von 2 bis 3 mm dickem Drahte genügt, um bei einer kräftigen Kette dem kleinen Magneten eine sehr bedeutende Tragkraft zu erteilen. Der Anker dazu wird wie bei gewöhnlichen Magneten gefertigt (Fig. 617).

Wollte man den Magnet für sehr starke Ströme und mehrere Zentner Tragkraft brauchen, so müßten aber auch mehrere Lagen von etwa 3 mm dickem Kupferdraht

Fig. 617.

Fig. 618.

angewendet werden. Man kann hierbei die Enden jeder Lage für sich mit Klemmschrauben versehen, um die Drähte nach Belieben kombinieren zu können. Das Aufwickeln des Drahtes auf einen hufeisenförmigen Magnet ist bei nur einiger Dicke des Drahtes schwer auszuführen; es ist daher am zweckmäßigsten, den Draht nicht unmittelbar auf die Schenkel des Magneten zu wickeln, sondern auf Spulen von dünnem Holze oder von Pappe mit 9 mm dicken Holzscheiben am Ende. Beim Aufwickeln müssen aber solche Spulen auf einen Holzcylinder gesteckt werden, weil sie sonst eingedrückt würden; zwischen jede Lage kommt ein Blatt Papier. Durch die eine der Holzscheiben führt man auch die Drahtenden heraus und läßt beide Scheiben zuletzt wieder so weit abdrehen, daß sie nur etwa 6 bis 10 mm über die Drahtwindungen vorstehen. Solche Spiralen können dann auch für sich zu anderen Zwecken gebraucht werden (Fig. 618). Wenn noch größere Dimensionen gewählt werden, windet man den für jeden Schenkel bestimmten Draht (bis zu 50 kg) auf drei bis vier verschiedene Spulen von etwa 10 bis 14 cm Höhe und versieht jede für sich mit Klemmschrauben. In einem solchen Falle erhält auch das Gestell statt der Füße Rollen. Bei so großen Apparaten ist der Öffnungsfunken sehr stark,

Fig. 620.

Fig. 619.

Fig. 622.

Fig. 621.

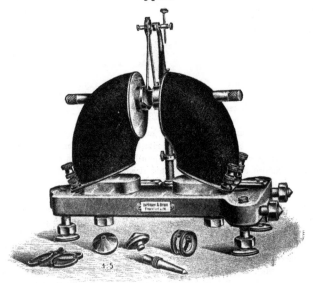

1 : 5

worauf namentlich bei der Konstruktion von Interruptoren und Kommutatoren Rücksicht zu nehmen ist. Ein dünner Nebenschluß unterdrückt übrigens die Funken.

Da das Biegen von so starkem Eisen mit 6 bis 10 cm Durchmesser, wenn es ohne Veränderung des Durchmessers geschehen soll, eine schwierige Arbeit ist, und ungleich dicke Schenkel die weitere Bearbeitung stören, so kann man auch zwei Stücke Rundeisen nehmen und sie auf der einen Seite durch ein viereckiges Stück Eisen mittels zweier starker Schrauben verbinden. Man erhält hierbei indessen nicht dieselbe Wirkung wie bei einem ganzen Eisen, auch bleibt das sorgfältige Zusammenpassen immer eine nur auf einer größeren Drehbank ausführbare Arbeit; jedenfalls muß das Verbindungsstück mindestens den gleichen Querschnitt haben, wie die Schenkel [1]).

Pol und Ankerfläche läßt man am besten abhobeln; es geht dann ganz leicht, sie noch vollends aufeinander eben zu schleifen.

Fig. 623.

Da sehr dicke Eisenstäbe aus bestem Schmiedeeisen unverhältnismäßig teuer sind, haben v. Feilitsch und Holz den Eisenkern aus 28 Streifen von 7 mm dickem besten Eisenblech hergestellt, welche im Feuer einzeln U-förmig gebogen und sorgfältig zusammengefügt wurden, so daß sie ein cylindrisches Hufeisen von 195 mm Durchmesser und 125 cm Höhe darstellten. Der Abstand der beiden Schenkel ist 596 mm, das Gewicht des ganzen Eisenkerns 628 kg, der Preis 500 Mk.; das Gewicht des aufgewickelten Drahtes = 275 kg.

Einen großen Elektromagneten mit Polschuhen zeigt Fig. 619 (K, 520), einen solchen Rühmkorffscher Konstruktion mit verstellbaren horizontalen Schenkeln Fig. 620 [2]).

[1]) Siehe Du Bois, Magnetische Kreise, deren Theorie und Anwendung, Berlin 1894, Springer. — [2]) Zu beziehen von dem phys.-mech. Institut von Prof. Dr. Edelmann, München, zu 425 Mk. Die Fig. 621 stellt einen Halbringelektromagneten nach H. du Bois dar, zu beziehen von Hartmann und Braun in Frankfurt a. M. Ein Stativ dazu, mittels dessen derselbe leicht sowohl in vertikaler wie horizontaler Richtung durch Schrauben verschoben werden kann (Fig. 622), beschreibt Dorn, deutsche Mechanikerzeitung, S. 73, 1904; es ist zu beziehen von Wegelin u. Hübner, Maschinenfabrik, Halle a. S., Merseburgerstr. Bei dem großen in Fig. 623 (K, 1500) dargestellten Halbringelektromagneten läßt sich die

22*

Der in Fig. 624 (K, 300) dargestellte Elektromagnet hat den Vorzug, daß die Schenkel aufrecht und horizontal verwendet werden können. Sie sind 170 mm lang und 60 mm dick.

Um die Kraft eines großen Elektromagneten wie Fig. 618 (S. 337) zu zeigen, benutze ich eine mehrere Meter lange Stange aus dickem Quadrateisen, welche mit einem Ende aufgelegt wird. Es wird nicht nur das Gewicht der Stange getragen, sondern es kann sich noch auf das Ende derselben eine Person aufsetzen. Dabei ist natürlich nötig, den Elektromagneten in geeigneter Weise am Boden zu befestigen oder durch einen am Gestell angebrachten Hebel Gegengewicht zu halten.

Ich habe mir diesen großen Hufeisenmagneten des Karlsruher Instituts ferner so vorgerichtet, daß er auch von dem Gestell befreit hängend benutzt werden kann [1]).

Wird er an einem Flaschenzuge aufgewunden, so kann man an die Pole zahl-reiche lange Ketten von 20 cm langen und 2 cm dicken Eisenstäbchen anhängen.

Fig. 624.

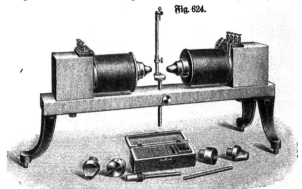

Nähert man den Polen von unten eine Kiste mit Eisenfeilspänen (etwa 20 kg), so wird mit einem Ruck die ganze Masse an die Pole hingezogen und bildet dort eine zusammenhängende plastische Masse, die man wie einen weichen Körper deformieren kann. Bei Unterbrechung des Stromes fällt ſie als loſes Pulver wieder in die Kiſte zurück.

209. Einfluß der Wärme. Hängt man ein Stückchen weiches Eiſen an einem 2 bis 3 dcm langen Platindrahte auf und nähert einen Magneten, ſo wird es angezogen. Erhitzt man es nun aber mittels der Gebläſelampe bis zum Glühen, ſo verliert es plötzlich die Fähigkeit, von dem Magneten angezogen zu werden, beim Erkalten erhält es ſie eben ſo plötzlich wieder. Vermutlich beruht die Erſcheinung auf einer Umwandlung des Eiſens in eine phyſikaliſch-iſomere (allotrope) Modifikation. Ähnliches kann man auch bei einem Stückchen Würfelnickel beobachten und auch bei Kobalt, doch bei letzterem erſt bei Weißglut.

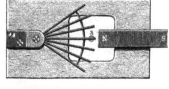

Fig. 625.

Macht man ein kleines gehärtetes Stahlſtäbchen magnetiſch und erhitzt es dann ebenſo zum Glühen, ſo erlangt es beim Abkühlen ſeinen Magnetismus nicht wieder. (Vgl. § 420 in Bd. I(2), S. 1137.)

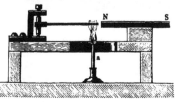

210. Thermomagnetiſcher Motor von Houſton und Thomſon (1879). Wird ein horizontaler Eiſenring, welcher um eine vertikale Achſe rotieren kann, zwiſchen zwei Magnetpolen aufgeſtellt und an einer Stelle erhitzt, ſo gerät er in Rotation. Mac Gee (1884) beſchreibt einen ähnlichen Apparat. Der Ring erhält 13 cm Durchmeſſer und iſt mittels einiger Stäbe von nicht magnetiſchem Metall an der Achſe befeſtigt. Es wirkt auf denſelben nur ein Magnetpol und der größere Teil des Ringes wird durch untergeſetzte Brenner bis zur Rotglut erhitzt, aber ſo, daß die erhitzte Stelle unſymmetriſch zum Magnetpol liegt. Ediſon (1887) bildet den Ring aus vertikal zur Fläche desſelben ſtehenden dünnen Eiſenröhren, welche durch hindurchziehende Gebläſeflammen in Glut verſetzt werden.

Fig. 626.

Ein einfaches Modell eines thermomagnetiſchen Motors, welches in Fig. 625 in Anſicht von oben und im Vertikaldurchſchnitt dargeſtellt iſt, hat W. B. Cooper in Philadelphia konſtruiert. Vor einem Pole des Magneten NS dreht ſich ein eiſernes Strahlenſegment, deſſen Strahlen der beſſeren Haltbarkeit wegen durch einen Bogen aus Kupferdraht miteinander in Verbindung geſetzt ſind. Dicht vor dem Pole wird dasſelbe durch einen untergeſetzten Bunſenbrenner *a* zum Glühen erhitzt, wodurch die Einwirkung des Magneten auf die betreffende Stelle geſchwächt und ſomit, da nun eine benachbarte ſtärker angezogen wird, Bewegung veranlaßt wird, die aber bald, nachdem sich die erste erhitzte Stelle wieder abgekühlt und die zweite erhitzt hat, wieder rückgängig wird. Die Bewegung des Segments ist also eine regelmäßig pendelnde. Man kann auch statt des Segments ein ganzes Rad und zwei Magnete einander biametral gegenüber anwenden. Die Strahlen werden zum Schutze gegen Oxydation mit einer Mischung von Borax, Glas und Kalk überzogen.

Smith (8. 5, 205, 1892) benutzt eine Nickelscheibe von 5 cm Durchmesser und 1 mm Stärke und zwei um 90° abstehende Magnetpole.

Ein Rad, dessen Kranz aus Nickeldraht hergestellt ist, ist ebenfalls zu gebrauchen. Fig. 626 (K, 40) zeigt eine andere Form des Apparates ohne Radkranz.

211. Paramagnetische Substanzen. Außer den genannten ferromagnetischen Substanzen Nickel und Kobalt gibt es noch andere, die die Eigenschaft in geringerem Maße zeigen, so daß sehr kräftige Magnete zum Nachweis erforderlich sind. Zweckmäßig benutzt man dabei Polschuhe wie Fig. 627.

Fig. 627.   Fig. 628.

Flüssigkeiten, z. B. Eisenchlorid, werden in Uhrgläsern, wie in Fig. 628, auf die Halbanker gestellt; pulverförmige Körper in dünne Glasröhrchen eingeschlossen.

Fig. 629.

Quincke benutzt ein mit Eisenchloridlösung gefülltes U-Rohr, dessen einer Schenkel in das Magnetfeld gebracht wird, zur Bestimmung der Feldintensität aus der entstehenden Niveaudifferenz (Steighöhenmethode).

Von besonderem Interesse ist die Demonstration, daß auch flüssiger Sauerstoff und demgemäß flüssige Luft paramagnetisch sind. Den Magnetismus des gasförmigen Sauerstoffs kann man nach Boys dadurch nachweisen, daß man eine mit Sauerstoff gefüllte Seifenblase zwischen zwei Drahtringe faßt, cylinderförmig auszieht und zwischen die Polschuhe bringt (Fig. 629). Beim Erregen des Magnetismus zerfällt sie in zwei Blasen, von welchen die eine (größere) am unteren, die andere (kleinere) am oberen Ringe hängt.

Weinhold bringt, um den Magnetismus von flüssiger Luft zu zeigen, aus einem mit einer Zange gefaßten Schälchen einige Kubikcentimeter davon auf Wasser in einen würfelförmigen Glastrog von 8 cm Seite, welcher auf einem Elektromagneten steht. So oft dieser erregt wird, taucht die flüssige Luft unter. Der Versuch wird projiziert. Das Anfrieren muß vermieden werden.

Setzt man auf einen großen Elektromagneten einen zugespitzten Eisenstab und bringt an diesen mittels eines Porzellanlöffels Ferrum alcoholisatum, so kann man ein büschelförmiges Aggregat des Eisenpulvers erhalten, welches sich leicht mittels eines Streichholzes anzünden läßt und lebhaft verbrennt, wenn man mit einem Blasebalg darauf bläst. Ursache ist indes weniger der Magnetismus des Sauerstoffs als die feine Zerteilung und Porosität des Aggregates.

Magnetische Bronzen. Von besonderem Interesse ist, daß Legierungen aus unmagnetischen Metallen wie Kupfer, Aluminium und Mangan stark paramagnetisch sein können, wie Heusler gefunden hat [1]. Umgekehrt ist Manganstahl so schwach

---

[1] Siehe E. Take, Ann. d. Phys. 20, 849, 1906.

magnetiſierbar, daß er ähnlich wie Meſſing zur Trennung von Magneten ver=
wendet werden kann. Zur Erklärung iſt zu berückſichtigen, daß bei Miſchung
mehrerer Stoffe Modifikationen ſtabil werden können, die unter gewöhnlichen Um=
ſtänden labil ſind oder überhaupt nicht auftreten.

212. Verſuche über Diamagnetismus. Zu den Verſuchen mit Wismut und
anderen feſten Körpern ſetzt man auf die Pole eines ſtarken Elektromagnets gut
auf dieſelben paſſende Eiſenſtücke, wie die in Fig. 630 abgebildeten; ſie ſind in
genau gleicher Höhe etwa 2 cm weit durchbohrt und können hier einen in der
Bohrung leicht verſchiebbaren, einerſeits zugeſpitzten Eiſencylinder aufnehmen; letzterer
läßt ſich durch eine Schraube feſtſtellen. Dadurch wird es möglich, die beiden
Magnetpole einander beliebig zu nähern. Die Magnetpole nebſt dieſen Eiſenſtücken
können durch ein aus Fenſterglas mittels Papierſtreifen zuſammengefügtes Käſtchen,
Fig. 631, bedeckt werden, für welches auf dem
die Magnetpole umgebenden Tiſchchen (Fig. 618,
S. 337) ein Streifen Sammet aufgeleimt iſt.
Der obere Deckel des Käſtchens iſt in der Mitte
durchbohrt, und mittels einer darauf gekitteten
Holzfaſſung läßt ſich über dieſe Öffnung eine

Fig. 631.

Fig. 630.

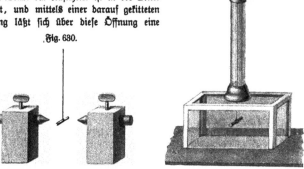

20 bis 25 cm hohe Glasröhre aufſtecken. Dieſe Glasröhre wird nicht eingekittet,
ſondern die untere ſowie die obere Faſſung werden nur mit Sammet gefüttert.
Die obere Faſſung hat zwei hervorſtehende Lappen, durch welche ein Nagel geſteckt
iſt. An dieſem Nagel wickelt ſich ein Seidenfaden, der unten ein Häkchen trägt, auf
und ab.

Die Gegenſtände, welche hier der Wirkung der Magnetpole ausgeſetzt werden
ſollen, werden an Kokonfäden gebunden, die etwa $1/2$ bis $2/3$ ſo lang ſind als die
Röhre. Man läßt den Haken herunter, bis er im Käſtchen ankommt, hängt dann
die zu prüfenden Körper mittels einer an ihrem Faden geknüpften Schlinge in den
Haken und wickelt ihn jetzt wieder auf. Durch geringe Verrückung des Käſtchens
wird man leicht die aufgehängten Körper in die gerade Linie zwiſchen den Pol=
ſpitzen bringen können, und durch Drehung der oberen Faſſung hat man es in
ſeiner Gewalt, die Gleichgewichtslage des zu prüfenden Körpers in beliebige Richtung
zu bringen. Die Polſpitzen müſſen jedenfalls ſo weit abſtehen, daß der zu prüfende
Körper auch eine axiale Lage zwiſchen ihnen einnehmen kann, ohne ſie zu berühren.
Die Körper werden bei dieſen Verſuchen in Form von etwa 2 bis 5 cm langen
Stäbchen angewendet, die entweder nur an die Kokonfäden geknüpft werden, oder

welche man durchbohrt und in der Bohrung aufknüpft, wonach dann später das
Gleichgewicht hergestellt wird. Man braucht zu diesen Versuchen außer Stäbchen aus
Kupfer, Eisen, Platin, Holz u. f. w. auch ein kleines Rhomboeder aus Kalkspat,
ein Stängelchen von Turmalin und vor allem ein Stäbchen und eine kleine Kugel
aus möglichst eisenfreiem Wismut [1]), doch ist selbst das gewöhnliche Wismut des

Fig. 632.

Handels brauchbar. Aus Wismut kann man leicht Stäbchen
erhalten, wenn man eine etwa 1 bis 3 mm weite Glasröhre in das geschmolzene Wismut steckt und nun das
Metall rasch auffaugt. Die Glasröhre wird dann zer-
brochen, wenn sie nicht infolge des Wachsens des Wismuts
nach dem Guß von selbst springt. Von einem solchen
Stängelchen wird auch ein kleines Stück genommen und
mit der Feile ein wenig der Kugelgestalt nahe gebracht, falls man nicht vorzieht,
einen Kugelgießer (Bd. I$_{(1)}$, S. 464, Fig. 1432) hierzu zu benutzen.

Die Versuche selbst erfordern einen kräftigen Strom, doch gelingt das Heraus-
stoßen der kleinen Wismutkugeln aus der Pollinie und die äquatoriale Stellung
des Wismutstäbchens schon bei Elektromagneten von nur einigen Zentnern Tragkraft; nur muß man beim Versuche mit dem Wismutkügelchen die Polspitzen so
weit einander nähern, daß das Kügelchen nur gerade noch zwischen ihnen hängt,
ohne sie zu berühren.

Übrigens können bei diesen Versuchen mancherlei Täuschungen unterlaufen,
welche zum Teil daher rühren, daß in dem Augenblick, in welchem die Kette ge-

Fig. 633.

schlossen wird, in den zwischen den Polen
aufgehängten Stäbchen ein momentaner Strom
induziert wird, so daß man stets die dauernde
Wirkung des Magnetismus abwarten muß.

Bequemer als das oben geschlossene
Kästchen ist ein oben offenes, wie Fig. 633
(E, 40). Ich pflege die Erscheinungen auf
einem Schirm objektiv darzustellen, in der
Art, daß das Licht einer elektrischen Lampe,
welche genügend weit entfernt ist, um nicht
durch den Magnetismus gestört zu werden,
durch einen Spiegel zwischen den Magnetschenkeln nach oben geworfen wird. An dem
Galgen, Fig. 633, ist eine Linse von großer
Brennweite befestigt, mit einem dünnen Draht
überspannt, an welchem der den Körper tragende

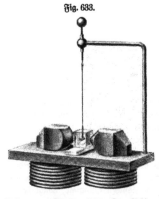

Faden angehängt wird. Der Schirm befindet sich an der Decke. Eventuell kann
das Licht durch einen zweiten Spiegel horizontal gerichtet werden.

Bringt man eine mit Eisenchloridlösung gefüllte geschlossene Glasröhre, welche
sich im Magnetfelde wie ein Eisenstab verhält, in ein Glasgefäß, welches mit Eisenchloridlösung von größerer Konzentration gefüllt ist, so stellt sie sich statt axial
(parallel der Verbindungslinie der Pole) äquatorial (senkrecht dazu). Die Erscheinung
erinnert an das Archimedische Prinzip, insofern z. B. ein Kork in Wasser schein-

---

[1]) Ein Kästchen mit Präparaten für diese Versuche zeigt Fig. 632 (K, 60).

bar von der Erde abgeſtoßen wird. Man kann auch ſagen, die Röhre bekomme
entgegengeſetzte Pole wie ein paramagnetiſcher Körper. Ebenſo erklärt man das
Verhalten der diamagnetiſchen Körper, indem man annimmt, daß das Vakuum einen
ſtärker paramagnetiſchen Körper, den Äther, enthalte.

Zur Demonſtration der ſcheinbaren Pole diamagnetiſcher Körper kann man
ein mit Magnetiſierungsſpule umgebenes Wismutſtäbchen zwiſchen vier abwechſelnd
entgegengeſetzte Magnetpole hängen, wie bei dem Apparat Fig. 634 (E, 165) (Dia=
magnetometer von W. Weber). Die erzeugten Pole ſind $1^1/_2$ Millionen mal
ſchwächer als die in einem Eiſenſtab unter gleichen Umſtänden auftretenden.

Sehr intereſſant iſt das biamagnetiſche Verhalten einer Flamme. Man bringt
eine brennende Stearinkerze unter die Polſchuhe, ſo daß die Flamme zwiſchen ben=

Fig. 634.

ſelben heraufbrennt. Erregt man nun den Magneten, ſo verkürzt ſich die Flamme
ſofort und behnt ſich äquatorial in die Breite aus, als ob ſie von den Polen weg=
geblaſen würde. Eine große Flamme von Äther auf Baumwolle teilt ſich in
zwei Flammen, ebenſo teilt ſich die Rauchſäule von brennendem Magneſium, wenn
ſie zwiſchen den Magnetpolen aufſteigt.

Auch bei einem Strom eines farbigen Gaſes läßt ſich eine ähnliche Wirkung
beobachten.

Manche an ſich unmagnetiſche oder diamagnetiſche Subſtanzen erſcheinen para=
magnetiſch infolge eines mehr oder minder großen Gehalts an Eiſen oder in=
folge von Lackierung mit eiſenhaltigem Lack. Iſt das Eiſen ungleichmäßig in der
Maſſe verteilt, ſo verhalten ſie ſich wie aniſotrope Körper, d. h. in einer beſtimmten
Richtung tritt der Magnetismus am ſtärkſten auf. Als Beiſpiel kann man Holz=
cylinder mit durchgeſteckten Nägeln benutzen.

213. Kristallmagnetismus. Kugeln aus Kristallen geschliffen verhalten sich ähnlich. Sie nehmen zwischen den Polen eine derartige Richtung an, daß sich ihre Symmetrieachse in die Richtung der Verbindungslinie der Pole begibt (positive Kristalle), z. B. Spat=

Fig. 635.

eisenstein, oder so, daß sie senkrecht dazu steht (negative). Von be= sonderem Interesse ist das Verhalten der flüssigen Kristalle im Magnet= felde [1]).

Die kugelförmigen Kristalltropfen von Para= azoxyanisol (vgl. Bd. I(2), S. 1114, § 398) drehen sich so, daß die Sym= metrieachse den Kraft= linien parallel wird, außerdem ändert sich ihre Struktur und zwar, wie aus optischen Erschei= nungen hervorgeht, der= art, daß alle Moleküle im Tropfen sich so drehen daß ihre Achsen die Richtung der Kraftlinien anzunehmen streben, was aber nur da vollkommen erreicht wird, wo keine starke Divergenz dieser Achsen vorhanden ist.

Die Erscheinung läßt sich objektiv machen und auch photographisch fixieren mittels des in Fig. 635 dargestellten Apparates, der im wesentlichen aus einem Projektions= mikroskop, einem starken Magneten und einer photographischen Kamera besteht.

214. Widerstandsänderung durch Magnetismus. Die auffällige Tatsache, daß sich der elektrische Widerstand von Wismut ändert, wenn dasselbe in ein mag= netisches Feld gebracht wird, zeigt man nach Lenard mit einer kleinen Spirale

Fig. 636.

aus Wismut (Fig. 636 Lb, 60), welche in eine Wheatstonesche Brückenkombina= tion eingesetzt wird. Auf diese Weise kann sehr bequem die Feldintensität be= stimmt werden, nachdem einmal der Apparat mit bekannten Feldstärken geeicht wurde.

[1]) Siehe O. Lehmann, Flüssige Kristalle, Leipzig 1904, S. 74 und Taf. 35 bis 37.

215. Thermomagnetischer Strom. Befindet sich eine Wismutplatte von quadratischer Form im magnetischen Felde senkrecht zu den Kraftlinien, und wird ihre eine Seite erwärmt, die gegenüberliegende abgekühlt, so zeigen die beiden anderen Seiten eine Spannungsdifferenz, welche als thermomagnetische bezeichnet wird und in einer geschlossenen Leitung den sogenannten thermomagnetischen Strom hervorruft. Der Versuch ist zur Demonstration wenig geeignet.

216. Galvanomagnetische Temperaturdifferenz. Läßt man umgekehrt durch die im Magnetfelde befindliche Wismutplatte einen galvanischen Strom hindurchfließen, durch zwei entgegengesetzte Seiten, so tritt bei den beiden anderen Seiten eine Temperaturdifferenz auf, welche als galvanomagnetische bezeichnet wird.

Außer diesen transversalen Effekten zeigen sich auch longitudinale; geht ein Wärmestrom durch eine Wismutplatte im Magnetfelde, so zeigt sich eine Spannungsdifferenz der erwärmten und abgekühlten Seite. Geht umgekehrt ein galvanischer Strom hindurch, so entsteht eine Temperaturdifferenz zwischen Ein und Ausgangsstelle. Die Erscheinungen sprechen für die Erklärung der Wärmeleitung durch Elektronenbewegung (s. Bd. I$_{(2)}$, S. 1557, § 755).

217. Halleffekt. Ein eigentümlicher Einfluß des Magnetismus zeigt sich bei elektrischen Strömen in dünnen Metallplatten (Blattgold, Wismut), das sogenannte HallPhänomen. Der Verlauf der Strom und Niveaulinien wird gestört in einer Weise, die von der Natur des Stoffes abhängt. Verlaufen die Stromlinien senkrecht zur Verbindungslinie der beiden Pole und verbindet man zwei gegenüberstehende Punkte der Platte, welche auf einer Niveaulinie liegen, also keine Spannungsdifferenz zeigen, mit den Quadrantenpaaren eines Quadrantenelektrometers, so tritt eine Spannungsdifferenz auf, sobald der Magnetismus erregt wird, im einen oder anderen Sinne, je nach der Natur der Substanz. Geringe fremde Beimischungen sind beim Wismut von großem Einfluß.

Des Coudres (Physs. Z. 2, 586, 1901) weist darauf hin, daß das Hallsche Phänomen auch dazu dienen kann, Wechselstrom in Gleichstrom umzuwandeln, indes nicht für praktische Zwecke.

218. Die potentielle Energie eines Magnetpoles. Die Kraft, welche ein feststehender Magnetpol oder ein magnetisches Feld auf einen beweglichen Magnetpol ausübt, kann man dazu benutzen, mechanische Arbeit zu leisten. Wieviel Kilogrammeter Arbeit kann nun im ganzen erhalten werden, wenn der bewegliche Magnetpol aus einer Entfernung, wo die magnetische Kraft noch keine merkliche Stärke besitzt, sich gegen den festen Pol hin bewegt, vorausgesetzt, daß die Kraft eine anziehende ist; mit anderen Worten, wie groß ist die potentielle Energie P des beweglichen Magnetpoles von der Stärke m Weber im Felde des feststehenden von der Stärke m' Weber im Abstande r' Meter?

Fig. 637.

Befindet sich der Pol in der Entfernung r' (Fig. 637), und wird in die nur sehr wenig größere Entfernung r_1' gebracht, also um $r_1' - r'$ verschoben, so liegt der Arbeitsverbrauch oder Wert der aufgespeicherten potentiellen Energie A_1 zwischen

$$a \cdot \frac{m' \cdot m}{r'^2} \cdot (r'_1 - r') \quad \text{Kilogrammeter}$$

und

$$a \cdot \frac{m' \cdot m}{r_1'^2} \cdot (r'_1 - r').$$

Es kann also gesetzt werden:

$$A_1 = a \cdot \frac{m' \cdot m}{r' \cdot r_1'} \cdot (r'_1 - r') = a \cdot m' \cdot m \left(\frac{1}{r'} - \frac{1}{r_1'} \right).$$

Für eine abermalige Verschiebung um $r'_2 - r'_1$ folgt analog

$$A = a \cdot m' \cdot m \left(\frac{1}{r_1'} - \frac{1}{r_2'} \right) \text{ u. s. w.}$$

Somit ist die gesamte aufgespeicherte Energie bei Verschiebung bis in eine Entfernung, wo die Kraft unmerklich wird:

$$A = a \cdot m' \cdot m \left(\frac{1}{r'} - \frac{1}{r_1'} + \frac{1}{r_1'} - \frac{1}{r_2'} + \cdots \right) = a \cdot m' \cdot m \cdot \frac{1}{r'},$$

weil der zuletzt übrig bleibende Summand wegen der Größe des Divisors verschwindend klein ist. Somit ist also die Arbeit, welche gewonnen werden kann, wenn sich der Pol m aus der großen Entfernung wieder in den Abstand r' gegen den festen Pol m heranbewegt:

$$P = a \cdot \frac{m'}{r'} \cdot m \quad \text{Kilogrammeter.}$$

Ebenso wie um eine gravitierende Masse kann man auch um eine magnetische Masse Flächen gleicher magnetischer Energie (Niveauflächen) beschreiben. Ist, wie angenommen, nur eine anziehende Masse vorhanden, so sind diese Flächen Kugelflächen, sind aber zwei oder mehr Massen vorhanden, so nehmen sie kompliziertere Form an.

Wie im Falle des elektrischen Feldes kann man für viele magnetische Massen den Ausdruck der potentiellen Energie finden, indem man die von den einzelnen Massen herrührenden Beträge summiert. Die Form der Niveaulinien für zwei Punkte zeigt die rechte Hälfte von Fig. 638 [1]). Am einfachsten wählt man die Polstärken $= 36$, die Abstände 30, 60, 90, 120 cm.

Wenn man eine solche Kurve etwa aus Holz ausschneidet, an dem Magneten befestigt, diesen auf den Tisch legt und eine eiserne Kugel an die Kurve bringt, so bewegt sich diese weder rechts noch links, weil bei einer Bewegung längs der Kurve keine Energieänderung und folglich auch keine Arbeitsleistung und keine Kraftwirkung eintreten kann (da sie eben Kurve gleicher Energie ist). Es kann also keine Kraftkomponente in der Richtung der Kurve geben, die magnetische Kraft ist somit senkrecht zur Kurve. Zieht man demnach ein System von Kurven, welche die Niveaulinien rechtwinklig durchschneiden, so erhält man die Kraftlinien, welche eine Übersicht darüber geben, welches die Richtung der magnetischen Kraft in jedem Punkte des magnetischen Feldes ist. (Fig. 638, linke Hälfte.)

Bezüglich der Kraftlinien läßt sich nachweisen [2]), daß, wenn man um die beiden Pole a, b mit gleichem Radius Kreise zieht (Fig. 639), diese durch gerade Linien ce

---

[1]) Siehe Pfaundler, Müller-Pouillets Lehrbuch der Physik, 9. Aufl., Bd. III, S. 74 ff. und Maxwell, Lehrbuch der Elektrizität und des Magnetismus, Bd. I, S. 179, deutsch von B. Weinstein, Berlin 1883, Springer. — [2]) Vgl. Mousson, Die Physik auf Grundlage der Erfahrung, 3. Aufl., Bd III, S. 22.

senkrecht zur magnetischen Achse schneidet und die Schnittpunkte jeder Linie mit den Polen verbindet, alsdann die so konstruierten Leitstrahlen (*ac*, *bd*) sich je in einem

Fig. 628.

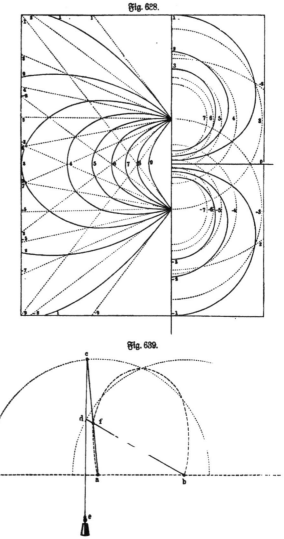

Fig. 639.

Punkte der durch den Schnittpunkt der beiden Kraftlinien gehenden Kreise treffen. Man erhält also so nach und nach alle Punkte der betreffenden Kraftlinie. Ebenso erhält man mit zwei weiteren Kreisen die einer zweiten u. f. f., kann sich also leicht die ganze Schar von Kraftlinien genau zeichnen.

Für drei Pole kann man die Niveau- und Kraftlinien konstruieren, indem man sie zunächst für zwei konstruiert und damit die des britten Poles kombiniert u. f. w. Die Figuren auf Tafel I und II zeigen einige so hergestellte Systeme magnetischer Kurven.

Die potentielle Energie P des Poles m im Felde dieser wirkenden Pole $m_1, m_2, m_3 \ldots$ in den Abständen $r_1, r_2, r_3 \ldots$ bestimmt sich durch die Gleichung

$$P = \Pi \pm \left(a \frac{m_1}{r_1} m + a \frac{m_2}{r_2} m + a \frac{m_3}{r_3} m + \cdots \right).$$

Setzt man $\Pi = 0$, was zulässig ist [1]), da man immer nur Differenzen zweier Energiemengen zu berücksichtigen hat, wobei sich Π weghebt, und vereinfacht die Summe, so folgt

$$P = \pm a \left(\frac{m_1}{r_1} + \frac{m_2}{r_2} + \frac{m_3}{r_3} + \cdots \right) m = a \cdot V \cdot m,$$

wenn

$$V = \frac{m_1}{r_1} + \frac{m_2}{r_2} + \frac{m_3}{r_3} + \cdots = \sum \frac{m}{r}.$$

Den mathematischen Ausbruck V nennt man das **magnetische Potential** der **Masse** m **im Felde der Massen** $m_1, m_2, m_3 \ldots$ Er ist das Maß für die potentielle Energie der Masse $\frac{1}{a}$ Weber, denn $P = V$, wenn $m = \frac{1}{a}$ Weber. Die Kurven gleicher potentieller Energie oder Niveaulinien (-flächen) sind selbstverständlich auch Kurven gleichen Potentials oder „Äquipotentialkurven“.

Hiernach ist:

a) Technisch:		$P = \pm \dfrac{10^7}{g} \cdot V \cdot m$ Kilogrammeter.

b) Gesetzlich:		$P = \pm 10^7 \cdot V \cdot m$ Joule.

c) Physikalisch:	$P = \pm V \cdot m$ Erg.

Das **magnetische Potential** ist 1 CGS, wenn die Verschiebung eines Magnetpoles von 1 CGS Stärke aus dem magnetischen Felde bis in unendliche Entfernung die Arbeit 1 CGS (1 Erg $= 1,02 . 10^{-8}$ Karlsruher Kilogrammeter) erfordert oder gewinnen läßt.

Zur Klarstellung des Begriffes der Kraftlinien habe ich für den großen Elektromagneten (Fig. 618, S. 337) den Verlauf derselben auf eine große Pappbeckelfläche (in der Ebene des Hufeisens, also vertikal stehend) gezeichnet. Führt man eine in einer Schere leicht drehbare Magnetnadel diese Kurven entlang, wenn der Magnet erregt ist, so bleibt sie stets in der Richtung der Tangente.

Um den Verlauf im Raume nachzuweisen, benutze ich eine allseitig bewegliche Nadel im cardanischen Ringsystem [2]).

---

[1]) Eigentlich ist es nicht zulässig, da alsdann die potentielle Energie negativen Wert annehmen könnte, eine Energie aber naturgemäß immer positiv sein muß. — [2]) Ein ähnlicher Kraftlinienanzeiger nach Fig. 640 ist zu beziehen von Hartmann u. Braun in Frankfurt a. M. zu 10 Mk. Einen Kraftlinienanzeiger, bestehend aus einer hohlen, in einer Flüssigkeit schwimmenden Magnetnadel, liefert H. Stiepel, elektrotechnische Fabrik in Reichenbach i. B.

Remna (8. 16, 89, 1903) weist den Verlauf der magnetischen Kraftlinien nach mittels eines durch carbanische Aufhängung allseitig beweglich gemachten, im indifferenten Gleichgewicht befindlichen langen dünnen Magnetstabes (Fig. 641). Die Wirkung des Beharrungsvermögens wird dadurch beseitigt, daß durch stärkeres Anziehen der Spitzen der carbanischen Aufhängung die Reibung entsprechend verstärkt wird.

Fig. 640.

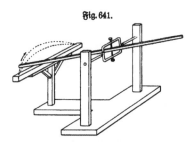

Fig. 641.

Bei dem Apparat von Kappert (Fig. 642 Lb, 48) ist ein stabförmiger Elektromagnet über einer mit Wasser gefüllten Glaswanne angebracht. Auf dem Wasser läßt man ein oder zwei Stabmagnete, welche vertikal durch eine hohle Blechdose gesteckt sind, schwimmen. Von den beiden Stabmagneten hat der eine den Nordpol, der andere den Südpol oben, und die beiden Schwimmer sind rot und weiß bemalt. Die unteren Pole dürfen bei der Länge der Stäbchen außer Betracht gelassen werden. Die Schwimmer sind so geformt, daß eine Adhäsion an der Glaswand nicht stattfindet, doch ist darauf zu achten, daß stets reines Wasser benutzt wird. Über dem Elektromagneten ist ein Rühmkorffscher Stromwender angeordnet mit zwei Polklemmen zur Zuführung des den Elektromagneten erregenden Stromes.

Bei Stromschluß stellen sich die oberen Pole der schwimmenden Magnete unter die entgegengesetzten Pole des Elektromag-

Fig. 642.

E. LEYBOLD' NACHFOLGER CÖLN.

neten. Kehrt man den Strom mittels des Stromwenders um, so wechseln die schwimmenden Pole ihre Plätze, und zwar bewegen sie sich dabei auf Kraftlinien von einem Pole des Elektromagneten zum anderen, in der Regel auf verschiedenen engen oder weiten Kurven. Schwimmt einmal ein Stäbchen direkt von einem Pol des Elektromagneten zum anderen, so neigt es sich, so daß auch wieder der obere Pol sich auf einer Kraftlinie bewegt.

Will man einen schwimmenden Pol zwingen, auf einer bestimmten Kurve fortzugehen, so kann man dieses bewirken durch einen schwachen Druck mittels eines schmalen Papierstreifens im Augenblick der Umkehrung des Stromes; so geht z. B. der Pol infolge eines Druckes in entgegengesetzter Richtung des Elektromagneten auf die „Unendlichkeit" zu, wird aber an der Wannenwand festgehalten.

Als Beispiel eines homogenen Feldes wäre das Erdfeld zu erwähnen, dessen Kraftlinien die Richtung der Inklinationsnadel haben. (Siehe auch Taf. I, Fig. 14 bis 17.)

219. Feilspänkurven. Siebt man auf einen glatt über den Magnetpolen ausgespannten Papierbogen Eisenfeilspäne und macht dann durch Erschütterung des

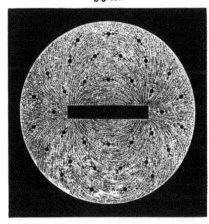

ben Papierbogen tragenden Rahmens die Spänchen beweglich, so stellt jedes gewissermaßen eine kleine Magnetnadel dar, welche beim Aufhüpfen infolge der Erschütterung sich in die Richtung der magnetischen Kraft einstellt. Die Spänchen ordnen sich also in Kurven, welche die Richtung der magnetischen Kraftlinien darstellen.

Bei Anwendung eines oder der beiden langen Elektromagnete, Fig. 545 (S. 306), oder eines großen Hufeisenmagneten kann man diese Kurven leicht herstellen, wenn man ein großes mit Papier überzogenes Zeichenbrett zum Aufstreuen der Feilspäne benutzt. Man kann dabei zeigen, daß der Verlauf mit dem durch Zeichnung ermittelten übereinstimmt, sowie auch mit der Richtung der Magnetnadel (Fig. 643 Lb, 17,50).

Einem größeren Auditorium läßt sich die Entstehung der Feilspänkurven nach Mayer (in Hoboken) demonstrieren mittels des Apparates für Horizontalprojektion. Auf die Rückseite einer quadratischen Glasplatte, welche auf den Objekttisch des Projektionsapparates gerade paßt, werden kleine Magnetstäbchen geklebt, von oben bestreut man die Platte mit Ferrum limatum, oder besser mit sehr fein gepulvertem Magneteisenstein, mittels eines Siebes aus feiner Leinwand. Erschüttert man die Platte, so ordnen sich die Eisenteilchen selbst und damit auch ihre Bilder auf dem Schirme zu den bekannten Kurven, Fig. 644 (S, 20).

Hierzu geeignete Glasplatten mit aufgeklebten Magneten zeigen die Fig. 645 (E, 70) und 646 (Lb, 17,50).

Töpler macht die Entstehung der Kurven dadurch objektiv, daß er in einem flachen vertikalen Glastrog mit parallelen Wänden, der mit zähem Glycerin gefüllt ist, feines Eisenpulver suspendiert und durch Umrühren möglichst gleichmäßig verteilt. Der Trog befindet sich zwischen den Polen eines Elektromagneten. Wird nun dieser erregt, so bilden sich die Kurven, und man kann die Entstehung auf dem Schirme verfolgen (Fig. 647 E, 22).

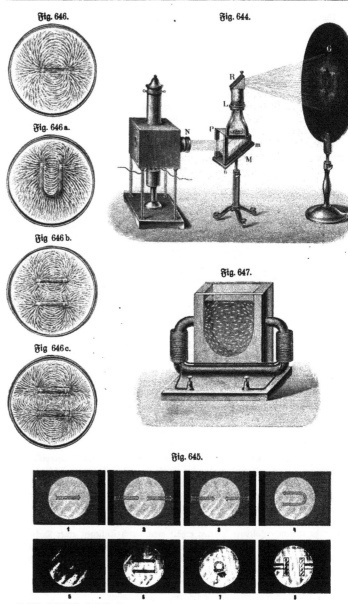

Fig. 646.

Fig. 644.

Fig. 646 a.

Fig 646 b.

Fig 646 c.

Fig. 647.

Fig. 645.

Um diese Kurven in kleinerem Maßstabe zu zeigen, legt man einen 20 bis 30 cm langen Magnetstab unter eine Glastafel, welche denselben überall um 6 bis 10 cm überragt, oder unter ein Papier, welches auf ein Rähmchen gespannt ist. Siebt man nun durch Flor Feilspäne auf der Platte umher und erschüttert dieselbe wiederholt und leise mit dem Finger, dann lagern sich die Eisenteilchen in die Richtung der Kraftlinien (Fig. 648).

Wenn man Papier nimmt, welches auf einen Rahmen gespannt und stark mit Wachs überzogen ist und während der Wirkung des Magneten von oben eine heiße Eisenplatte nähert, so fixiert das geschmolzene und wieder erkaltete Wachs die Feilspänkurven.

S. P. Thompson nimmt, um die Feilspänkurven zu fixieren, gummierte Glasplatten und übersprüht dieselben nach Bildung der Kurven mittels eines Zerstäubers mit einer dünnen Schicht Wasser. Noch besser erzeugt man die Kurven auf glattem, auf einer Glasplatte liegendem, mit Schellack gefirnißtem Papier und übersprüht

dieselben mit alkoholischer Schellacklösung. Man kann auch die Figuren sich zunächst auf einer reinen Glasplatte bilden lassen und dann ein mit Leim dünn bestrichenes und noch klebriges Papier dagegen andrücken. Das Eisenpulver bleibt dann daran haften.

Hoffmann (Z. 12, 153, 1899) benutzt zur Herstellung magnetischer Kraftlinienbilder für Projektionszwecke eine frisch mit Gelatine übergossene angewärmte Glasplatte, auf welche kurz vor dem Erstarren der Gelatine eine Emulsion feinsten Eisenpulvers in Wasser in feinem Sprühregen gesprengt wird. Die Platte wird bis zum Erstarren im Felde gelassen und sodann langsam getrocknet.

Reck und Hartwig (Z. 12, 154, 1899) suspendieren feinstes Eisenpulver in französischem Terpentinöl und blasen die Mischung unter fleißigem Schütteln mit Hilfe eines Zerstäubers auf eine genau horizontal gestellte, im magnetischen Felde befindliche Glasplatte mit der Vorsicht, daß weder die ersten, noch die letzten Flüssigkeitströpfchen die Platte treffen können. Das Terpentinöl trocknet rasch ein und hält das Eisenpulver genügend fest, um die Platten sofort zum Projicieren verwenden zu können. Haltbare Platten erhält man durch Auflegen einer Deckplatte, nachdem am Rande ein schmaler Papierstreifen aufgeklebt wurde, um Berühren mit den Eisenteilchen unmöglich zu machen. Leicht kann man auch auf photographischem Papier Kopien der Figuren herstellen.

Roack (Z. 15, 193, 1902) erzeugt die Feilspänkurven auf Eisenblaupapier, wobei sie sich ohne weiteres durch Belichtung fixieren lassen.

Nach Fényes (3. 8, 315, 1895) kann man magnetiſche Felder kopieren und durch Abgießen vervielfältigen mittels eines Breies aus Gips und feinem Eiſenpulver. Nach dem Erſtarren der Maſſe laſſen ſich darauf jederzeit die Kraftlinien mit Eiſenfeilſpänen reprobuzieren, da ſie permanenten Magnetismus annimmt.

220. Verteilung des Magnetismus. Aus dem Verlauf der Feilſpänkurven kann man auch annähernd die Lage der Pole eines Magneten ermitteln, ſowie die Dichtigkeit des Magnetismus an den einzelnen Stellen der Polflächen.

Fig. 649.

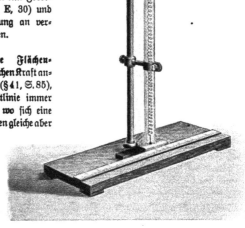

Auch die Büſchel von Nägeln oder Feilſpänen, die an einem Stabmagneten hängen bleiben, geben eine Überſicht der magnetiſchen Dichte und der Lage der Indifferenzſtelle in der Mitte. Zu genaueren Verſuchen kann man ein Eiſenſtückchen an eine Federwage hängen (Fig. 649 E, 30) und die Stärke der Anziehung an verſchiedenen Stellen meſſen.

221. Magnetiſche Flächendichte. Die bei der elektriſchen Kraft angeſtellten Betrachtungen (§ 41, S. 85), nach welchen eine Kraftlinie immer an einer Stelle endigt, wo ſich eine der am Anfang befindlichen gleiche aber entgegengeſetzte Maſſe befindet, gelten auch für den Fall des Magnetismus. An der Polfläche, an welcher die Kraftlinien endigen, iſt ſtets ebenſoviel Magnetismus entgegengeſetzter Art angehäuft, wie da, von wo ſie ausgehen (Geſetz der Erhaltung des Magnetismus). Es iſt nicht möglich, eine Art Magnetismus allein zu erhalten; wenn Magnetismus entſteht, entſtehen immer beide Fluida in gleichen Mengen.

Man kann weiter fragen nach der Dichte der Anhäufung. Hierunter iſt zu verſtehen (techniſch) die Anzahl Weber, die ſich pro Quadratmeter befinden. Die Einheit der magnetiſchen Flächendichte iſt:

a) Techniſch: 1 Weber pro Quadratmeter.
b) Geſetzlich: Ebenſo.
c) Phyſikaliſch: 1 CGS (= 10^{-8} Weber) pro Quadratcentimeter.

Die Dimenſionen ſind $cm^{-1/2} g^{1/2} sec^{-1}$.

222. Magnetiſche Kraftlinien. Die für die elektriſchen Kraftlinien gefundenen Reſultate laſſen ſich wegen Übereinſtimmung der Grundgeſetze der Kraftwirkung

23*

ohne weiteres auf die magnetischen übertragen. So gilt insbesondere auch der Satz für die Feldintensität (§ 39, s. S. 80)

$$H = 4\pi h,$$

b. h. konstruiert man die Kraftlinien so, daß sich an der Basis einer jeden $\frac{1}{4\pi}$ Weber befinden, so ist technisch und gesetzlich die Zahl der durch ein Quadratmeter Niveaufläche hindurchgehenden Kraftlinien gleich der Intensität des Feldes an der betreffenden Stelle.

Im physikalischen CGS=System ist ebenso $H = 4\pi h$ und von dem Pol $\pm m$ CGS· gehen $4\pi m$ positive bezw. negative Kraftlinien aus. Die Dimensionen sind: $\mathrm{cm}^{-\frac{1}{2}} \mathrm{g}^{-\frac{1}{2}} \sec^{-1}$. Die Einheitskraftlinie oder Einheit des magnetischen Flusses heißt auch 1 Maxwell.

223. Magnetische Permeabilität. Ein magnetisches Feld besitze die Intensität H an einer bestimmten Stelle. Bringt man dorthin ein weiches Eisen, so wird in diesem Magnetismus influenziert, und zwar mögen sich auf der Polfläche F m Weber anhäufen, folglich pro Quadratmeter $\frac{m}{F}$ Weber. Da von jedem Weber 4π Kraftlinien ausgehen, beträgt die Zahl der durch die Influenz pro Quadratmeter neu hinzugekommenen Kraftlinien $\frac{4\pi m}{F}$. Diese Zahl ist proportional zu H, und man schreibt:

$$\frac{4\pi m}{F} = 4\pi\varkappa . H \quad \text{oder} \quad \frac{m}{F} = \varkappa . H.$$

Hierbei heißt $\varkappa$ der Magnetisierungskoeffizient oder die magnetische Aufnahmefähigkeit (Susceptibilität). Die Gesamtzahl Kraftlinien pro Quadratmeter beträgt infolge der Influenz

$$H + \frac{4\pi m}{F} = H + 4\pi\varkappa H = (1 + 4\pi\varkappa) H = \mu H,$$

b. h. sie ist auf das μ=fache vergrößert worden. Die Zahl $\mu = (1 + 4\pi\varkappa)$ heißt der Koeffizient der magnetischen Durchlässigkeit (Permeabilität) und das Produkt $\mu . H$, b. h. die Kraftlinienzahl pro Quadratmeter im Eisen: die magnetische Induktion.

Nimmt die magnetisierende Kraft immer mehr zu, so nähert sich die magnetische Induktion einem Maximum — der Sättigung [1] —, und zwar nimmt man gewöhnlich an, daß im Maximum (technisch und gesetzlich) zwei Kraftlinien pro Quadratmeter erzeugt werden können, also $(\mu . H)_{max} = 2$ oder physikalisch 20 000 Kraftlinien pro Quadratcentimeter.

Ist l die Länge, M das magnetische Moment und v das Volumen des Magnetstabes, so ist

$$\varkappa = \frac{m}{F . H} = \frac{m . l}{F . l . H} = \frac{M}{v . H};$$

$J = M/v$ heißt spezifischer Magnetismus oder Magnetisierung.

Im absoluten System hat ein Magnet die Einheit der Magnetisierung, wenn sein Moment geteilt durch das Volumen gleich Eins ist. Die Dimensionen sind $\mathrm{cm}^{-\frac{1}{2}} \mathrm{g}^{-\frac{1}{2}} \sec^{-1}$.

---

[1] Man kann sich vorstellen, daß dann alle Molekularmagnete parallel gerichtet sind.

Gute, sehr dünne Stahlmagnete haben höchstens etwa 750 CGS auf 1 ccm (100 auf 1 g). Die überhaupt (in Elektromagneten) erreichbare Grenze beträgt etwa 1500 CGS auf 1 ccm (200 auf 1 g).

Die Susceptibilität $x = J/H$ ist Eins, wenn die magnetisierende Intensität Eins der Volumeneinheit des Körpers das magnetische Moment Eins mitteilt. Sie hat die Dimensionen Null, d. h. ist eine unbenannte Zahl. Zur Messung kann man ein Magnetometer benutzen und die Wirkung, welche die Spule für sich auf den beweglichen Magneten ausübt, kompensieren durch eine jenseits des Magnetometers aufgestellte vom gleichen Strom durchflossene zweite Spule[1].

Einige Beispiele von Magnetisierungskoeffizienten bei 18°, bezogen auf Vakuum $= 0$ in CGS sind: Wismut $- 16 . 10^{-6}$, Quecksilber $- 2 . 10^{-6}$, Kupfer $- 1,0 . 10^{-6}$, Zink $- 0,8 . 10^{-6}$, Wasser $- 0,755 . 10^{-6}$, Luft (1 Atm.) $+ 0,027$, Sauerstoff (1 Atm.) $+ 0,12 . 10^{-6}$, Platin $+ 25 . 10^{-6}$, Palladium $+ 55 . 10^{-6}$.

Fig. 650.

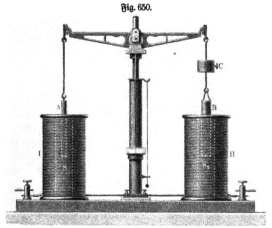

Für paramagnetische Stoffe ist der Magnetisierungskoeffizient x nicht wie für diamagnetische konstant, sondern wächst zunächst bis zu einem Maximum und nimmt dann wieder ab, um sich der Null zu nähern, da auch für eine unendlich große magnetisierende Kraft (Feldstärke) nur der Sättigungswert erzielt wird. Der Grenzwert beträgt in CGS-Einheiten für Schmiedeeisen 1700, für Gußeisen 1250, für Nickel 540.

Zur Demonstration der Sättigung kann die v. Waltenhofensche Wage dienen. Statt der Wagschalen werden an eine empfindliche Wage ein hohler und ein massiver Eisencylinder angehängt (Fig. 650; E, 125), welche in zwei gleiche Magnetisierungsspiralen eintauchen. Läßt man Strom von allmählich steigender Stärke durch die Spiralen fließen, so wird zunächst der hohle Kern stärker angezogen, plötzlich aber schlägt die Wage um und zeigt, daß nun der massive Kern stärker magnetisch wird, weil für den hohlen die Sättigung erreicht ist. Der massive Stab ist 13 cm lang und 1 cm dick, das Rohr 13 cm lang und mindestens 2 cm weit,

---

[1] Einen Apparat dieser Art nach Friese, speziell zur Untersuchung der Permeabilität von Eisenblechen, liefert das phys.-mech. Institut von Prof. Dr. Edelmann, München, zu 320 Mk.

jedoch von nur etwa 0,3 mm Wandstärke, so daß sein Gewicht fünf- bis achtmal leichter ist, als das des vollen Stabes. Durch ein darüber befestigtes Zusatzgewicht aus Messing wird die Gewichtsdifferenz ausgeglichen.

Die Einheit der Permeabilität $\mu = 1 + 4\pi\varkappa$ hat die Luft oder strenger das Vakuum. $1/\mu$ heißt magnetischer Widerstandskoeffizient des Körpers, $H.l$ die magnetomotorische Kraft und $l/(\mu.F)$ der magnetische Widerstand. Diese Bezeichnungen gründen sich auf die Analogie mit einem elektrischen Strom, für welchen das Ohmsche Gesetz gilt. Der Quotient magnetomotorische Kraft/magnetischer Widerstand ist die Stromstärke des magnetischen Flusses, $\mu.F.H$, d. h. die Kraftlinienzahl (der magnetische Induktionsfluß).

Im CGS-System ist für Schmiedeeisen, wenn

$H =$	1	2	3	5	10	15
$\mu =$	3710	3300	2760	2060	1300	942
$H =$	20	30	50	100	150	
$\mu =$	736	513	323	172	120.	

Für geglühten Stahlguß sind die Werte von μ etwas, aber nicht beträchtlich kleiner.

Induktion $(B = \mu.H)$ ist die Kraftlinienzahl pro Quadratcentimeter (Kraftliniendichte). Die Einheit heißt 1 Gauß, die Dimensionen sind $\text{cm}^{-\frac{1}{2}}\,\text{g}^{-\frac{1}{2}}\,\text{sec}^{-1}_{m}$.

Die magnetische Induktion beträgt, wenn

$H =$	50	60	80	100	150;
$B =$	16 140	16 440	16 800	17 200	17 950.

Beispielsweise würde ein horizontaler, nordsüdlich gelegener Eisenstab im erdmagnetischen Felde Pole annehmen, welche pro Quadratcentimeter $0,2 . 1700 = 340$ Centimikroweber Magnetismus aufweisen. (Vgl. auch S. 365.)

Die maximale Induktion (Sättigung) in weichem Eisen beträgt etwa 20 000 Kraftlinien pro Quadratcentimeter (Gauß).

Zur Bestimmung der Kraftlinienzahl dient im einfachsten Fall die Steighöhe magnetischer Flüssigkeiten nach Quincke. (Vgl. S. 342.)

Man füllt in eine U-förmige Röhre die Lösung eines Eisen-, Mangan- oder Nickelsalzes und bringt den einen Schenkel zwischen die Polschuhe. In diesem steigt die Flüssigkeit. Ist die Höhendifferenz in beiden Schenkeln $= h$ in Centimetern, s das spezifische Gewicht der Flüssigkeit, g die Fallbeschleunigung, $\varkappa$ ihr Magnetisierungskoeffizient, so ist die Feldstärke

$$H = \sqrt{2gsh/\varkappa}\ \text{Gauß}.$$

Beispielsweise ist für konzentrierte Eisenchloridlösung

$$H = 7000.\sqrt{h}\ \text{Gauß}.$$

224. Entmagnetisierende Intensität. Die eben ausgeführte Rechnung trifft nur zu für einen außerordentlich langen oder in sich zurücklaufenden Eisenstab (Fig. 651). Für einen kurzen ist sie deshalb nicht richtig, weil die an den Polen angehäuften Magnetismen selbst wieder ein magnetisches Feld erzeugen, welches die Wirkung des ursprünglich allein vorhandenen erdmagnetischen Feldes stört, also entmagnetisierend wirkt (Fig. 652 und 653). Infolgedessen ist die Verteilung des Magnetismus in dem Stabe statt durch H durch $H - P.J$ bestimmt, wobei P Entmagnetisierungsfaktor heißt, und infolge dieser Wirkung keine gleichmäßige. Nur im Falle eines Ellipsoids (Kugel) findet man im homogenen magnetischen Felde auch gleichförmige Magnetisierung an allen Stellen.

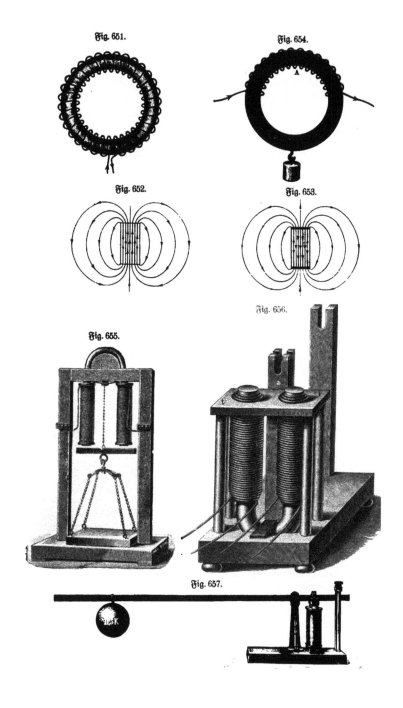

Fig. 651.

Fig. 654.

Fig. 652.

Fig. 653.

Fig. 656.

Fig. 655.

Fig. 657.

225. Die Anziehungskraft einer Polfläche auf die anliegende Ankerfläche ergibt sich in einfacher Weise aus den behandelten Formeln.

Die Feldintensität zwischen den beiden Flächen von A Quadratmetern Ausdehnung ist, wenn N die gesamte Kraftlinienzahl: $\dfrac{N}{A}$, somit die Kraft auf einen
zwischen den beiden Flächen befindlichen Pol von m Weber

$$= a \cdot H \cdot m = a \cdot \frac{N}{A} \cdot m = \frac{10^7}{g} \cdot \frac{N}{A} \cdot m \text{ Kilogramm.}$$

Diese Kraft rührt her vom Zusammenwirken der beiden entgegengesetzt magnetischen
Flächen, eine derselben allein würde also auf m Weber die Kraft $\dfrac{10^7}{2g} \cdot \dfrac{N}{A} \cdot m$ Kilogramm ausüben.

Ersetzt man m durch die magnetische Masse der anderen Fläche, so ergibt sich
die Kraft zwischen beiden Flächen, da an der Basis jeder Kraftlinie $\frac{1}{4}\pi$ Weber,
somit auf der ganzen Fläche $N/4\pi$ Weber sich befinden:

$$K = \frac{10^7}{2g} \cdot \frac{N}{A} \cdot \frac{N}{4\pi} = \frac{10^7 \cdot N^2}{8\pi \cdot g \cdot A} \text{ Kilogramm.}$$

Beispielsweise ist im Falle der in § 185, S. 306, Fig. 545 betrachteten Elektromagnete, da der Durchmesser des Eisenkernes $= 0{,}05$ m, also $A = \pi \cdot 0{,}025^2$ und
$m = 0{,}875 \cdot 10^{-4}$ Weber, also $N = 4\pi \cdot m = 4\pi \cdot 0{,}875 \cdot 10^{-4}$ und

$$K = \frac{10^7 \cdot (4\pi \cdot 0{,}875 \cdot 10^{-4})^2}{8\pi \cdot 9{,}81 \cdot \pi \cdot 0{,}025^2} = 25 \text{ kg,}$$

was mit der beobachteten Anziehungskraft ziemlich gut übereinstimmt. Umgekehrt
kann man aus der Formel schließen, daß

$$N = \sqrt{10^{-7} \cdot 8\pi \cdot g \cdot A \cdot K},$$

woraus sich im vorliegenden Falle, da $K = 25$ Kilogramm, ergibt

$$N = 0{,}001\,099,$$

oder bei Benutzung der CGS-Einheit des Magnetismus ($= 10^{-8}$ Weber)

$$N = 109\,900 \text{ Kraftlinien,}$$

was sich leichter aussprechen läßt als $\frac{1}{1000}$ Kraftlinie.

Die Formel gibt auch die Kraft, mit welcher ein Magnetpol ein Stück Eisen
anzieht, welches genügend groß ist, um alle Kraftlinien in sich aufzunehmen. Die
Kraft, mit welcher ein Hufeisenmagnet (Fig. 654) seinen Anker anzieht, ist natürlich doppelt so groß, da in diesem Falle zwei Pole wirksam sind.

Die günstigste Wirkung wird erzielt, wenn die entmagnetisierende Kraft (vgl.
§ 224) gleich Null ist, d. h. wenn die Wirkung der an den Polen angehäuften
magnetischen Massen vollkommen kompensiert wird durch die im Anker influenzierten,
wenn von dort keine Kraftlinien nach außen gehen (Kraftlinienstreuung),
sondern alle Kraftlinien im Eisen verlaufen, der magnetische Kreis ein geschlossener
und der magnetische Widerstand möglichst gering ist.

Elektromagnete, welche zur Bestimmung der Tragkraft vorgerichtet sind, zeigen
die Fig 655 (K, 35) und 656. Zu letzterem gehört noch ein auf die Pfannen
bei a mit einer Schneide aufzulegender Hebel mit Teilung und verstellbarem Gewicht
von 12 bis 25 kg. Die Säule b dient dazu, den Hebel zu unterstützen, wenn der
Anker losreißt. Der Magnet ist zum Teil in das Holz des Grundbrettes eingelassen

und durch ein starkes, unterhalb seiner Form angepaßtes Eisen und starke Holz-schrauben gehalten.

Eine andere Form der Ausführung zeigt Fig. 657 (K, 100).

Wenn es sich übrigens um größere Tragkräfte handelt (500 bis 600 und mehr Kilo), so ist das Gestell in Fig. 656 zu schwach und der Hebel wird zu lang, wenn er auch nur zehnmal übersetzt sein soll.

Um zu vermeiden, daß der Anker eines Elektromagneten beim Abreißen durch ein direkt angehängtes Gewicht etwas zerschlägt, verbindet ihn Grimsehl (Z. 8, 214, 1895) durch eine Kette mit dem Elektromagneten.

Besonders starke Wirkung besitzt der Topfmagnet von Romershausen (1850), Fig. 658. Ein cylindrischer Becher von weichem Eisen enthält im Inneren einen genau eingepaßten stabförmigen Elektromagneten, dessen Kern in den Boden des Bechers eingeschraubt ist. Der Rand des Cylinders erhält dann den entgegen-gesetzten Magnetismus wie das freie Ende des Eisenkernes. Man kann auch, doch weniger gut, den Cylinder durch eine Anzahl cylindrisch angeordneter Stäbe ersetzen, welche ebenso wie der Kern in die Bodenplatte eingeschraubt sind.

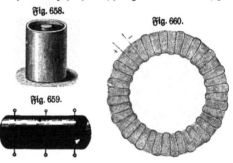

Fig. 658.

Fig. 660.

Fig. 659.

Ein anderer kräftig wirkender Magnet ist der von Joule, Fig. 659, be-stehend aus einem kurzen starkwandigen Eisencylin-der, von welchem ein Segment abgeschnitten ist. Der größere Teil ist der Länge nach mit Draht umwunden, stellt also einen sehr dicken Hufeisenelektromagneten dar, das Segment dient als Anker. Ein weiterer Magnet von Joule hat die Form eines Zahnrades (Kronrad), zwischen dessen Zähnen die Drähte in Schlangenwindungen durchgeführt sind, Fig. 660. Der Anker ist ein gleichgroßes Zahnrad, dessen Zähne in Nuten der Zähne des Elektromagneten eingreifen.

Chance (1877) bildet einen Elektromagneten dadurch, daß er ein Eisenstäbchen mit umsponnenem Draht umwindet, nun ringsherum parallel zum ersten so viel Eisenstäbchen anordnet, daß dieselben eine geschlossene Hülle bilden, hierauf wieder Draht, darauf wieder Eisenstäbchen u. s. w. Man könnte auch jedes einzelne Stäbchen mit Draht umwickeln und dann alle diese einzelnen Elektromagnete zu einem Bündel vereinigen oder eine Art Gewebe herstellen, bei welchem die Kette aus übersponnenem Kupferdraht, der Einschlag aus Eisendraht besteht. Diese Formen sind sonderbar, aber nicht vorteilhaft.

226. Magnetische Wage. Durch Ermittelung der Anziehungskraft eines Elektromagneten läßt sich auch die Permeabilität der betreffenden Eisensorte bestimmen, da sich, wie oben § 223 (S. 356 ff.) gezeigt, daraus die Kraftlinienzahl ergibt. Hierauf beruht die magnetische Wage von H. du Bois[1]) (Fig. 661).

---
[1]) Siehe H. du Bois, Zeitschr. f. Instrumentenkunde 20, 115, 1900.

Der zu untersuchende Eisenstab wird in kräftige Eisenbacken gespannt, nachdem eine Magnetisierungsspirale übergeschoben ist. Der Anker kann sich, wie Fig. 662 zeigt, um eine Schneide drehen, und die Differenz der Momente der Anziehungskräfte

Fig. 661.   Fig. 662.

wird durch ein Laufgewicht gemessen [1].

Ewings [2] magnetische Wage ist ebenfalls eine Art Schnellwage, mit welcher die zum Abreißen des Ankers an einem Hufeisenmagneten erforderliche Kraft gemessen wird.

227. Wahrer und scheinbarer Magnetismus. Faßt man einen Magnetstab auf als eine feste Verbindung zweier entgegengesetzter Pole, so könnte es scheinen, als ob im Innern der Stahlmasse die Richtung der Kraftlinien nicht dem äußeren Verlaufe entsprechen, sondern entgegengesetzt sein müßte, derart, daß jede vom + Pol durch die Luft zum — Pol laufende Kraftlinie dort endigt und dort zusammentrifft mit den Kraftlinien, die im Stahl von + Pol zum — Pol verlaufen. Man kann sich indes leicht davon überzeugen, daß dem nicht so ist, daß vielmehr im Stahl die Richtung entgegengesetzt ist, so daß die in der negativen Polfläche eintretenden Kraftlinien dort nicht endigen, sondern kontinuierlich weiter verlaufen bis zur positiven Polfläche und dort wieder in die Luft austreten, so daß also jede Kraftlinie eine in sich geschlossene Kurve darstellt. Es wird dies sofort ersichtlich, wenn man in der Stahlmasse eine kleine Höhlung angebracht und in dieser eine kleine Magnetnadel aufgestellt denkt. Da die Molekularmagnete alle die gleichen Pole nach der gleichen Richtung wenden, so sind die Wandungen der Höhle entgegengesetzt magnetisch, wie die in gleicher Richtung liegenden Pole, die Nadel muß sich also entgegengesetzt einstellen, wie wenn nur die beiden Pole vorhanden wären.

Der Umstand nun, daß die Kraftlinien in sich zurücklaufen, weist darauf hin, daß es magnetische Massen im eigentlichen Sinne des Wortes gar nicht gibt, sondern nur einen magnetischen Polarisationszustand, entsprechend dem dielektrischen Polarisationszustand S. 98, der durch die in sich geschlossenen Kraftlinien dargestellt wird. Gäbe es wahren Magnetismus, so müßten die Kraftlinien da endigen, wo solcher angehäuft ist, ebenso wie im Falle der Elektrizität (vgl. § 41, S. 85).

Befindet sich der Magnet nicht im Vakuum oder in Luft, sondern in einem anderen paramagnetischen Medium, etwa in flüssigem Sauerstoff, so würde an den

---

[1] Zu beziehen von Siemens u. Halske, Wernerwerk, Berlin-Nonnendamm. —
[2] Zeitschr. f. Instrumentenkunde 19, 222, 1899.

Polen durch Influenz im Sauerstoff entgegengesetzter Magnetismus entstehen, welcher deren Wirkung schwächt ähnlich wie im Fall der Anziehung elektrischer Körper in einem dielektrischen Medium. Analog wie in jenem Fall S. 99 ist deshalb die Kraft zwischen zwei Magnetpolen in einem magnetisierbaren Medium bestimmt durch die Formel:

$$K = \frac{1}{\mu} \cdot \frac{10^7}{g} \cdot \frac{m_1 \cdot m_2}{r^2} \text{ Kilogramm.}$$

Wäre z. B. dieses Medium konzentrierte Eisenchloridlösung, so wäre für die Per- meabilität μ der Wert 1,00056 einzusetzen, für gewöhnliches weiches Eisen wäre μ im Maximum 2000. Eine Schwächung der Wirkung kann man schon beobachten, wenn man eine Magnetnadel mit einem Ringe aus weichem Eisen umgibt. Man nennt dies die „Schirmwirkung" des Eisens.

Die magnetische Influenz ist übrigens nicht völlig analog der elektrischen, sie entspricht nämlich nicht der Influenz in Leitern, sondern derjenigen in Isolatoren. Demgemäß ist das Analogon der Abstoßung eines Wasserstoffstrahles durch einen elektrisierten Körper, bedingt durch die größere Dielektrizitätskonstante der Luft, die Abstoßung eines Wismutstückes durch einen Magneten; der Anziehung eines Kohlen- säurestrahles (mit größerer Dielektrizitätskonstante als Luft) entspricht die Anziehung von weichem Eisen. Einen der Influenz in Leitern analogen Fall gibt es im Ge- biete des Magnetismus nicht, ebensowenig ein Analogon eines elektrisch geladenen Konduktors, d. h. der sogenannten wahren Elektrizität.

Man könnte zwar durch Aneinanderfügen passend gestalteter magnetisierter Stahlstäbchen eine stählerne Hohlkugel zusammensetzen, deren äußere Oberfläche entgegengesetzt magnetisch wäre, wie die innere, so daß scheinbar anzunehmen wäre, ein im Inneren der Stahlmasse eingeschlossener Beobachter könnte eine ringsum gleichmäßig magnetisierte Kugel (den Hohlraum) vor sich zu haben glauben, von welcher Kraftlinien gegen die Wandung (die äußere Kugeloberfläche) gehen und dort ebenso wie im Falle eines elektrischen Körpers an Stellen endigen, wo sich ebenso- viel entgegengesetzter Magnetismus befindet, doch wird tatsächlich jedes Stäbchen in den benachbarten gleich viel entgegengesetzten Magnetismus influenzieren, so daß sich seine Kraftlinien durch die umgebende Stahlmasse schließen. Man kann also sagen: „Wahrer Magnetismus existiert nicht" [1]).

Das Hervortreten von Polen an einem influenzierten Eisenstück erklärt sich durch die Brechung der Kraftlinien infolge der größeren Permeabilität, welche aufgefaßt werden kann als Superposition des Feldes influenzierter Magnetismen.

228. Permanenter und remanenter Magnetismus. Trägt man die Kraft- linienzahl in ein Koordinatensystem als Ordinate ein, während die magnetisierende Kraft die Abscisse bildet, und ist anfänglich die Kraftlinienzahl Null, so steigt sie zu- nächst entsprechend dem Verlauf der sogenannten jungfräulichen Kurve oa (Fig. 663), deren Gestalt sich aus den Werten für die Permeabilität μ ergibt. Bei a möge die Sättigung erreicht sein. Bei abnehmender Stromstärke wird nun der Magnetismus Werte annehmen, welche durch die Kurve ab dargestellt sind, so daß für die magnetisierende Kraft $N = ob$ ist.

---

[1]) Die Erscheinungen des permanenten Magnetismus sind übrigens noch nicht völlig aufgeklärt.

Dieser durch *ob* seiner Größe nach bestimmte Magnetismus heißt remanenter Magnetismus. Er erreicht einen besonders hohen Grad bei geschlossenen, d. h. in sich zurücklaufenden oder mit dicht anliegendem Anker versehenen Elektromagneten.

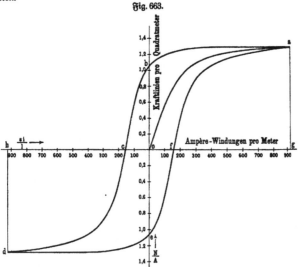

Fig. 663.

Sehr schön kann man mittels des Jouleschen Magneten[1]), Fig. 664, den remanenten Magnetismus demonstrieren, wenn die Ankerflächen mit großer

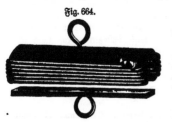

Fig. 664.

Sorgfalt auf die Polflächen aufgeschliffen sind, so daß, ähnlich wie bei Abhäsionsplatten, sich nur eine minimale Luftschicht dazwischen befindet. Legt man den Anker auf und bringt für einen Moment die Enden der Umwickelung mit der Stromquelle in Berührung, so läßt sich auch mit großer Gewalt der Anker nicht mehr abreißen. Hat man ihn aber (eventuell mittels eines Holzhammers) über die Polflächen abgeschoben und legt ihn aufs Neue an, so ist die Anziehungskraft vollständig verschwunden.

Erst für einen gewissen negativen Wert der magnetisierenden Kraft = *oc* (Fig. 663) wird $N = 0$, um sich dann bei fortgesetzter Abnahme dem maximalen negativen Werte $dh = -ag$ zu nähern. Nimmt nun die Stromstärke wieder zu, so durchläuft der Magnetismus, kurz gesprochen, die Kurve *defa*.

Diese negative Feldstärke, welche erforderlich ist, den remanenten Magnetismus zu beseitigen, gemessen durch die Strecke *oc* in der Fig. 663, ist die Koerzitivkraft.

---

[1]) Einen solchen Elektromagneten Fig. 664 liefert G. Lorenz in Chemnitz zu 20 M.

Für geschlossene Elektromagnete hat sie den Wert 0,8 für weiches Eisen, 0,97 für geglühten und 2,08 für ungeglühten Stahlguß. Die entsprechenden Werte der Induktion sind: 4000, 7100 und 9000. Weit größer sind die Werte für magnetisch hartes Eisen, z. B. beträgt die Koerzitivkraft für Gußeisen 11,9, Wolframstahl 27,5, Magnetstahl gehärtet 52,6; die entsprechenden Werte der Induktion sind: 4230, 9880 und 11700.

Vollständig heißt der Cyklus der Hysteresisschleife, wenn dabei der Grenzwert der Magnetisierung erreicht wird, wozu für weiches Eisen eine Feldstärke von 150 CGS, für harten Stahl eine solche von 300 CGS erforderlich ist.

Bei Feldern, deren Intensität kleiner als 4 CGS, zeigt sich die Hysteresis nicht, man kann deshalb diese Feldstärke als magnetische Elastizitätsgrenze bezeichnen. Da die Totalintensität des Erdmagnetismus nur etwa 0,4 Gauß beträgt, so ist derselbe nicht imstande (falls nicht Erschütterungen hinzukommen), permanenten Magnetismus zu erzeugen. Man zeigt dies am einfachsten mittels einer empfindlichen Magnetnadel und eines etwa 1 m langen, 2 bis 3 cm starken Stabes aus weichem Eisen, den man aber, nachdem er nochmals gut ausgeglüht wurde, nun zu nichts anderem gebrauchen darf, indem alle mechanische Behandlung des Eisens demselben einige Koerzitivkraft gibt. Da das Ausglühen einer solchen Stange umständlich ist, so bewahrt man sie womöglich in horizontaler ostwestlicher Lage auf. Man hält die Stange in die Richtung der Inklinationsnadel und nähert ihr eine kleine empfindliche Magnetnadel am oberen und am unteren Ende. Die Stange kehrt ihre Pole um, wenn man sie umkehrt.

Warburg (8. 14, 174, 1901) macht darauf aufmerksam, daß auch eine Deformationshysteresis, entdeckt von W. Thomson, existiert, die sich geltend macht, wenn man einen Eisendraht im Magnetfelde cyklisch veränderlicher Torsion unterwirft, ferner eine Temperaturhysteresis, entdeckt von J. Hopkinson, bei cyklischer Veränderung der Temperatur von Nickelstahl im magnetischen Felde. Man kann nach Warburg die Hysteresis auch als magnetisches Gedächtnis bezeichnen, insofern der magnetische Zustand des Eisens nicht nur von den tatsächlich wirkenden Kräften, sondern auch von benjenigen abhängt, die früher eingewirkt haben.

Macht man denselben Stahlstab unter Anwendung immer stärkerer Ströme magnetisch, so zeigt sich, daß auch der permanente Magnetismus nicht proportional der Stromstärke wächst, sondern sich bald einem Grenzwert nähert, der Sättigung, welche nicht überschritten werden kann. Bei sehr gestreckter Gestalt kann man auf das Gramm etwa 100 CGS-Einheiten permanenten Magnetismus erreichen, bei dem Verhältnis Länge : Dicke = 10 : 1 nur etwa 35.

229. Elektromagnetische Auslösung. Die außerordentliche Schnelligkeit, mit welcher ein Elektromagnet Magnetismus annimmt oder verliert, macht ihn besonders geeignet zur Konstruktion von Auslösungsmechanismen. So zeigt z. B. Fig. 665 (K, 26) eine Fallröhre nach Puluj, Fig. 666 (Lb, 350) eine Fallmaschine mit elektromagnetischer Auslösung.

Die Konstruktion einer solchen Fallmaschine nach Benecke besitzt zwei mit Sekundenzeigern versehene Uhrwerke, von welchen das eine selbsttätig arretiert wird, sobald das Zulagegewicht durch die Brücke abgenommen wird, das zweite in dem Augenblick, in welchem das Gewicht aufschlägt, nachdem es den abgegrenzten Fallraum durchmessen hat. (E, 485.)

Stroumbo (1881) verbindet die Auslösung des fallenden Körpers mit der des Pendels, so daß Körper und Pendel ihre Bewegung genau gleichzeitig beginnen. Er läßt außerdem das Pendel bei jedem Ausschwingen an Zungen schlagen, welche unter sich fest verbunden sind und einen Zeiger hin- und herschieben, an dessen Bewegungen man die Fallzeit beobachtet.

Bei dem Apparat Fig. 667[1]) halten zwei Elektromagnete mit Spitzen erstens die fallende Kugel K, zweitens den Pendelkörper P. Bei Stromöffnung beginnt die Kugel zu fallen, das Pendel zu schwingen. Die Kugel fällt dann gerade in den Pendelkörper hinein.

Fig. 666.

Fig. 665.   Fig. 667.

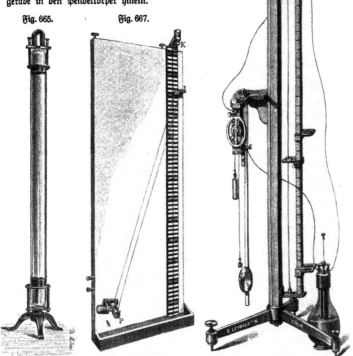

Sehr genaue Messung kleiner Zeiträume ermöglicht das Chronoskop von Hipp[2]) Fig. 668 (E, 350). Die Hemmung des 10 mal pro Sekunde umlaufenden Steigrades wird durch eine schwingende Feder bewirkt. Soll z. B. eine Fallzeit gemessen werden, so kann man sich des Apparates Fig. 669 (Lb, 125) bedienen.

---

[1]) Zu beziehen von dem phys.-mech. Institut von Prof. Dr. Edelmann in München zu 50 Mk. — [2]) Peyer, Favarger u. Comp., Neuchatel (Schweiz) zu 380 Mk.

Die eiserne Kugel wird durch einen Elektromagneten gehalten. Beim Öffnen des Stromes fällt sie herunter und gleichzeitig wird das bis dahin ruhende Zeigerwerk[1]) durch Wirkung eines Elektromagneten mit dem Räderwerk gekuppelt, aber wieder zur Ruhe gebracht, sobald die Kugel auf den Stoßkontakt unten aufschlägt und dadurch den Strom wieder schließt. Man kann nun ohne weiteres die Fallweite in Tausendstel Sekunden auf dem Ziffer-blatt ablesen.

Ebenso kann man Schußgeschwin-digkeiten messen, indem man z. B. vor einer Pistole einen hölzernen Ring an-bringt, über welchen der Leitungsdraht so geführt ist, daß er beim Abschießen von der Kugel zerrissen wird. Das Brett, auf welches diese alsbann auftrifft, schlägt gegen den Stoßkontakt und schließt hier-durch den Strom wieder.

Für eine Teschingkugel ergab sich[2]) eine Schußzeit von 0,060 Sekunden, wenn das Ziel 10,56 m entfernt war, woraus eine Geschwindigkeit von 176 m folgt. Größere Patronen und somit größere Ge-schwindigkeiten zu verwenden, ist nicht zu

Fig. 669.

Fig. 668.

empfehlen, da sich sonst Zerstörungen im Zimmer nicht vermeiden lassen. Das Ziel wird in einem Nebenzimmer aufgestellt, damit die etwa zurückprallende Kugel niemanden verletzt.

---

[1]) Die Räder befinden sich bereits in Lauf, da das Ingangsetzen derselben zu Beginn der Messung zuviel Zeit beanspruchen würde. — [2]) Siehe Johannesson, Z. 12, 127, 1899.

Ein neues Chronostop zum Messen kleiner Zeiten und seine Verwendung beschreibt W. Bahrdt (Z. 18, 129, 1905). Es besteht aus einem am Rande mit
Papier überzogenen Rade, welches in gleichmäßigem Umlauf erhalten wird. Die

Fig. 670.

Marken werden erzeugt durch auffallende spitze
Eisenkörper, welche zuvor von Elektromagneten gehalten wurden. Ein Millimeter auf dem Papierstreifen bedeutet ein Tausendstel Sekunde, wie z. B.
mittels eines frei fallenden Körpers kontrolliert
werden kann. Man kann damit z. B. die Fortpflanzungsgeschwindigkeit von Luftwellen bestimmen,
Geschoßgeschwindigkeiten, die Schwingungszahl einer
gespannten Saite u. s. w.

Bei den elektrischen Zeitzählern schaltet der
elektrische Strom beim Schließen und Öffnen selbsttätig ein Uhrwerk ein und aus, so daß man an
dem Zifferblatt ablesen kann, wie lange· der Strom benutzt wurde [1].

Eine besonders interessante elektromagnetische Auslösung findet bei den aus
der Ferne spielbaren, elektromagnetisch betriebenen Orgeln der Kirchenorgelfabrik
Voit in Durlach statt [2].

230. Elektrische Thermoregulatoren. Das elektrische Thermometer von
Maistre (1854) ist ein einfaches Quecksilberthermometer, in dessen Kugel ein Platindraht eingeschmolzen ist. Im oberen Teile des Thermometers befindet sich ein anderer
Platindraht, welcher im Inneren der Röhre bis auf einen gewissen Punkt hinab-
reicht, aber bei gewöhnlicher Temperatur das Quecksilber des Thermometers nicht
berührt. Diese beiden Drähte sind mit den Polen einer galvanischen Säule in
Verbindung, und in den Leitungsdraht ist außerdem ein größerer Elektromagnet
eingeschaltet, welcher, wenn der Strom hergestellt ist, Ventile öffnet, durch die dann
warme Luft oder Wasserdampf in das Zimmer oder in den Kessel gelangt, welche
geheizt werden sollen, oder auch der Zufluß des Leuchtgases zu der Heizvorrichtung
erleichtert wird.

Clerget (1854) und Pfaundler (1859) haben ähnliche Apparate konstruiert,
wobei Pfaundler ein Luftthermometer benutzt und den in die Thermometerröhre
hineinragenden Draht verschiebbar macht. Morin (1864) fügt in die Leitung ein
Läuterwerk ein, um einen Wärter herbeizurufen.

Scheibler (1867) vervollkommnete den mechanischen Teil des Apparates. In
einem gasdichten Metallkasten mit Gas-Zu- und Ableitungsröhre befindet sich ein
Elektromagnet mit Anker, welcher erstere verschließen kann. Bei angezogenem Anker
bezw. geschlossener Gaszuleitungsröhre strömt noch Gas aus einer kleinen Öffnung
derselben innerhalb des Kastens, die durch eine auf der Oberplatte des Kastens
befindliche Schraube mehr oder weniger geöffnet werden kann. (M, 25.) Später
hat Scheibler den Apparat noch etwas abgeändert [3].

Zabel (1867) machte den Apparat sowohl für Gas- wie für Spiritusflammen
brauchbar. Es kommen dabei zwei einander entgegen wirkende Elektromagnete zur

---

[1] Fig. 670 zeigt den Veritas-Zeitzähler der Firma Schiersteiner Metallwerk,
Berlin W 30. — [2] Die Firma fertigt auch ein Modell derselben. — [3] Siehe Beibl. 4,
294, 1880. Fig. 671 zeigt einen Thermoregulator mit derartiger elektrischer Auslösung.

Verwendung, die auf eine Gabel einwirken, durch welche ein Schirm zwischen Flamme und Bad eingeschaltet wird.

Springmühl (1871) läßt den vom Elektromagneten bewegten Hebel unter Vermittelung von Sperrzahn und Zahnrad die Drehung des Hahnes bewirken. Bellati (1884) läßt durch den Elektromagneten einen Ring über die Flamme schieben, welcher die Ausbreitung und somit auch die Wirkung derselben abschwächt. Martenson (1872) läßt den Hebel eine Flamme dem Thermostaten nähern oder davon ent-

Fig. 671.

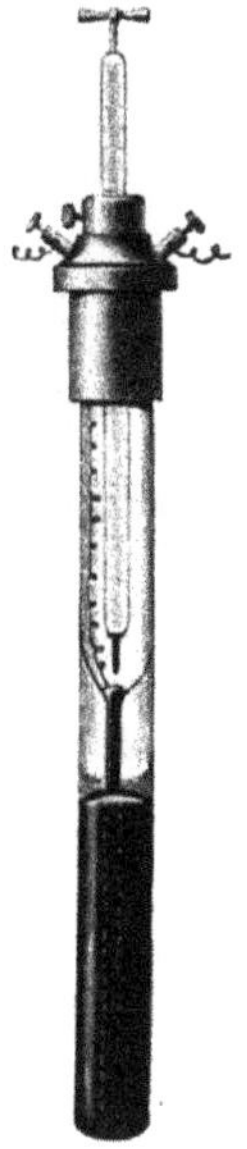

Fig. 673.

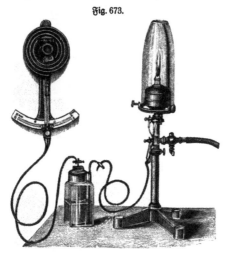

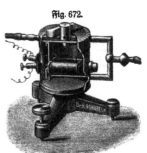

fernen; ebenso Regnard (1882). Brown (1879) benutzt ein Luftthermometer mit leicht siedender Flüssigkeit, wobei je nach der Dampftension der letzteren eine Quecksilbersäule in einem U=Rohr sich verschiebt. Durch die Biegung des U=Rohrs tritt der elektrische Strom ein, durch einen der Platindrähte, welche von oben in jeden Schenkel eingeführt sind, aus. Diese beiden Platindrähte leiten den Strom zu zwei Elektromagneten, welche, wenn erregt, den Hahn ın entgegengesetztem Sinne zu drehen suchen. Steigt das Quecksilber in dem offenen

Fig. 672.

(Fig. 672), zu beziehen von Dr. H. Rohrbeck, Berlin NW., Karlstr. 20, zu 30 Mk. Es ist ein Dampftensionsregulator, bei welchem die Schwankungen des äußeren Luftdruckes durch luftdichten Abschluß gegen die Atmosphäre unschädlich gemacht sind.

Fig. 673 zeigt einen von derselben Firma zu beziehenden elektromagnetischen Thermoregulator mit Metallkontaktthermometer und elektromagnetischer Regulierung der Gaszufuhr, Preis 80 Mk.

Schenkel, so daß dort Kontakt eintritt, so tritt derjenige Elektromagnet in Tätigkeit, welcher den Gaszufluß vermindert; sinkt dagegen das Quecksilber in diesem Schenkel und steigt im anderen bis zur Herstellung des Kontaktes, so tritt der andere Elektromagnet in Tätigkeit, welcher den Hahn zu öffnen sucht.

Fig. 674.   Fig. 675.

231. Telegraph. Des historischen Interesses halber kann hier zunächst Wheatstones Zeigertelegraph nebst Wecker demonstriert werden. Die Fig. 674 und 675

Fig. 676.

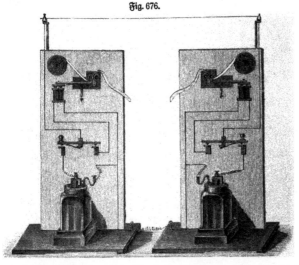

zeigen ein Modell der Geber= und der Empfangsstation (Lb, 120). Der Wecker ist eine gewöhnliche Weckeruhr, welche durch einen Elektromagneten ausgelöst wird.

Das Modell des Morse=Telegraphen für Elementarschulen, Fig. 676 (E, 110), besteht aus zwei genau gleich eingerichteten Stationen, welche durch lange Drähte miteinander verbunden werden. Alle Apparate einer Station sind auf einer vertikal ſtehenden ſchwarzen Tafel angeordnet, die Leitungsdrähte ſind mit hellfarbiger Baumwolle umſponnen, ſo daß ſie auch aus der Ferne deutlich geſehen werden können. Die Batterie jeder Station beſteht aus einem Leclanché=Element. Die

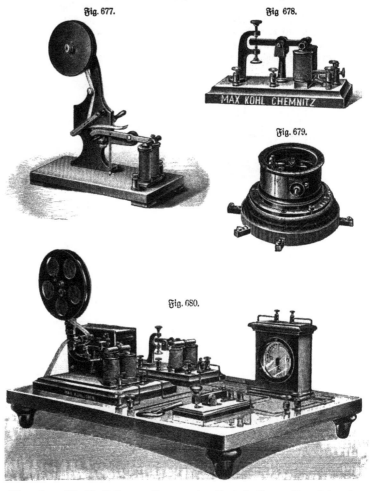

Fig. 677.

Fig 678.

Fig. 679.

Fig. 680.

Uhrwerke, welche die Rollen zur Bewegung des Papierſtreifens treiben, ſind auf der Rückſeite der Tafel angebracht, ſo daß der ſichtbare Teil des Apparates ſich möglichſt einfach geſtaltet.

Kann man mehr auf einen ſolchen Apparat verwenden, ſo iſt es ſehr ratſam, lieber einen zum wirklichen Dienſt beſtimmten Apparat anzuſchaffen, als ein Modell.

Von Telegraphenämtern sind zuweilen noch brauchbare ausrangierte Apparate zu billigem Preise zu erhalten[1]).

Für die Übersicht des Hin= und Hertelegraphierens, sowie der Stellung der Mittelstationen sind eigene Wandtafeln, an welchen nur der sogenannte Schlüssel beweglich zu sein braucht, beinahe unentbehrlich; die Fig. 681, 682 und 683 zeigen je drei oder vier solcher Wandtafeln mit beweglichem Schlüssel a, welche je zwei Endstationen und zwei Mittelstationen vorstellen. Fig. 681 und 682 zeigen den Fall, in welchem eine der Endstationen schreibt, und Fig. 683 den Fall, in welchem

Fig. 681.

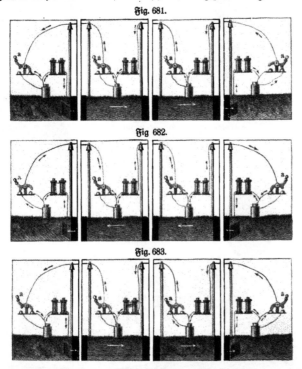

Fig 682.

Fig. 683.

eine Mittelstation schreibt. Die jedem dieser Fälle zugehörigen Pfeile der drei Wand= tafeln werden mit gleicher Farbe bemalt, so daß man auf jeder breierlei Pfeile hat. Es ist nicht nötig, daß die Wandtafeln mehr enthalten, als daß man darauf er= sehen kann, wie in jedem Falle durch Niederdrücken des Schlüssels ein Elektro-

---

[1]) Die Fig. 677 (K, 20) zeigt einfache Demonstrationsapparate, Fig. 678 (K, 40) ein Relais, Fig. 679 (Lb, 60) ein polarisiertes Relais, Fig. 680 (K, 160) eine ganze Station. — Neue vollkommene Apparate sind z. B. zu beziehen von Mix und Genest, Aktiengesellschaft, Telephon=, Telegraphen= und Blitzableiterfabrik, Berlin W., Bülowstr. 67. Papierrollen für Telegraphenapparate liefern C. Milchsack u. Co., Brohl a. Rh., Ver= einigte Bautzener Papierfabriken A.=G., Bautzen u. a.

magnet entsteht; wie die Kraft dieses Magneten zum Zeichengeben weiter verwendet ist, ist dann eine Sache, die durch besondere Zeichnungen oder wirkliche Apparate erläutert werden muß. Der bewegliche Schlüssel besteht hier ebenfalls nur aus Pappe und bewegt sich um einen Nagel, der hinten auf einem Bleche umgebogen ist.

Jedenfalls muß man auch das gebräuchliche Alphabet in großem Maßstabe mit dicken schwarzen Strichen auf eine Wandtafel zeichnen.

Bei dem Hughesschen Typendrucktelegraphen wird der Papierstreif gegen ein umlaufendes Typenrad gedrückt in dem Momente, wenn gerade der richtige Buchstabe über dem Papier steht. Die Einrichtung ist kompliziert.

Bei Beaudots Mehrfachtypendrucktelegraph werden mehrere Apparatsätze in gleichmäßigem, schnellem Wechsel mittels eines Verteilers an die Leitung gelegt [1]).

Fig. 684.

·232. **Elektrische Uhren.** Fig. 684 zeigt eine das Prinzip erläuternde Vorrichtung, welche einfach genug ist, um sie von jedem Uhrenmacher ausführen zu lassen. Der elektrische Strom wird durch einen am Sekundenrad der Normaluhr angebrachten

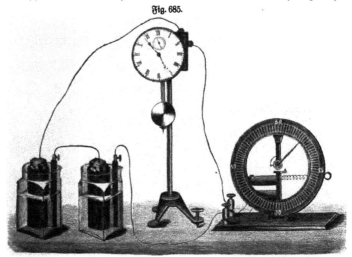

Fig. 685.

Stift, der über eine mit Platin belegte leichte Feder streift, alle Minuten auf kurze Zeit geschlossen, wodurch der Elektromagnet M den Anker r anzieht, an welchem der Haken h befestigt ist; dieser gleitet nun über einen der 60 Zähne

---

[1]) Über Schnelltelegraphen und Mehrfachtelegraphen s. E. Ruhmer, Neue physik.-elektr. Erscheinungen, Berlin 1902.

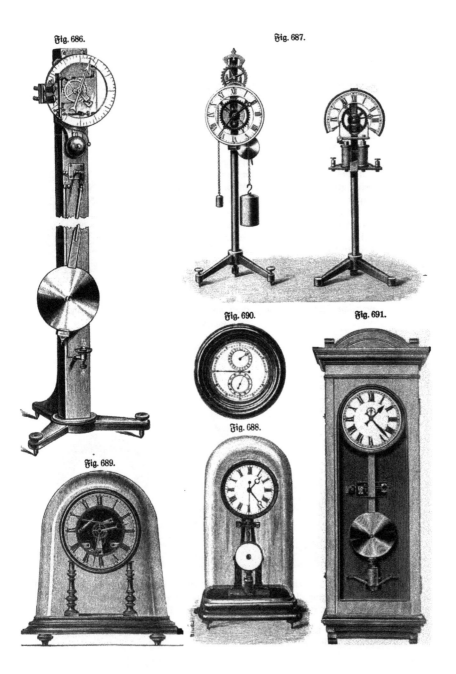

Fig. 686.

Fig. 687.

Fig. 690.

Fig. 691.

Fig. 688.

Fig. 689.

des Rabes a hinweg. Hört der Strom auf, so zieht die Spiralfeder s Anker und Haken zurück und das Rad a um einen Zahn vorwärts, welches also in einer Stunde einmal umläuft und auf die gewöhnliche Weise mit einem Stundenrad verbunden ist, die Hakenfeder k hindert das Rad a, rückwärts zu laufen, während h über einen Zahn gleitet [1]).

Einen Zeitmesser für den physikalischen Unterricht beschreibt K. Rosenberg (8. 18, 292, 1905). Er ist ein elektrisches Zifferblatt mit Vorrichtung, um den Zeiger nicht nur zur Ruhe bringen, sondern auch auf Null zurückspringen lassen zu können. Durch Ziehen an einem Kettchen kann ferner bewirkt werden, daß die Sekunden durch Schläge auf ein Glöckchen weithin hörbar markiert werden. Zum Betrieb dient ein Zweigstrom der Starkstromleitung zu den Glühlampen, welche das Zifferblatt beleuchten [2]).

233. Wagners Hammer zur Erzeugung intermittierender Ströme (1837). Der eine Poldraht der galvanischen Batterie, etwa der positive, wird in das Messing-

säulchen a, der andere in f eingeschraubt, während das eine Drahtende der zu speisenden äußeren Stromleitung bei d, das andere bei e eingeschraubt wird (Fig. 692). Der Strom geht nun von a durch einen in das Holz eingelassenen Messing-streifen zur Messingsäule b, dann durch die Platinspitze c auf ein Platinplättchen, welches auf die Messingfeder p aufgelötet ist, und dann herab bis d, um in die Stromleitung überzugehen. Aus der Strom-leitung gelangt dann der Strom

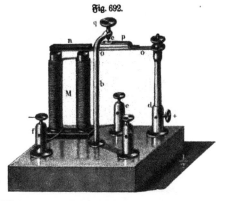

Fig. 692.

über das Säulchen e in die Windungen des Elektromagneten M und aus diesem zum Säulchen f, in welches der andere Pol der galvanischen Säule eingeschraubt ist.

Sobald der Strom die Windungen des Elektromagneten M durchläuft, wird dessen Eisenkern magnetisch, so daß er den eisernen Anker n anzieht, welcher auf dem einen Ende der messingenen Feder o befestigt ist; durch das Niederziehen des Ankers n wird auch p mit seinem Platinplättchen etwas niedergezogen und dadurch

---

[1]) Die Fig. 685 (Lb, 85) zeigt ein einfaches elektrisches Zifferblatt mit Normaluhr und Batterie, Fig. 686 (E, 140) ein elektrisches Zifferblatt, betätigt durch ein Sekundenpendel mit Quecksilberkontakt, Fig. 687 Modell einer Normaluhr und des dazugehörigen elektrischen Zifferblatts (L, 93); Fig. 688 (Lb, 180), Fig. 689 (Lb, 145) Normaluhren (erstere mit elektrischem Antrieb) und Fig. 690 die zugehörige sympathische Uhr (Lb, 70 bis 120). — Elektrische Uhren nach Fig. 691 liefern die Siemens-Schuckertwerke Berlin. Zum Betriebe genügen zwei gute Trockenelemente für 1¼ bis 2 Jahre. Dieselbe Firma liefert elektrische Zentraluhren, welche zum Betrieb einer Gruppe von Nebenuhren dienen können. (Vergl. auch Bd. I (1), S. 147, 627.) Besonders feine elektrische Uhren liefert Cl. Riefler, Fabrik mathematischer Instrumente, Nesselwang und München. — [2]) Zu beziehen von Uhrmacher Georg Svit, Wien IV, Marchettigasse 5, zu 170 Kronen.

die Berührung zwischen diesem Platinplättchen und der Platinspitze c aufgehoben, was dann auch eine Unterbrechung des Stromes in der Stromleitung und in den Windungen des Elektromagneten M zur Folge hat.

Mit den Unterbrechungen des Stromes verliert auch der Elektromagnet M seinen Magnetismus und die Kraft der Feder o zieht dann sogleich den Anker n wieder in die Höhe, wodurch zugleich auch die metallische Berührung bei c wieder hergestellt wird, so daß das eben beschriebene Spiel von neuem beginnt.

234. Die elektrische Klingel. Für eine größere Zuhörerzahl benutze ich ein etwa 50 cm hohes, sehr übersichtliches Modell des Wagnerschen Hammers, dessen Hammer an eine Glasglocke schlägt. Ein kleines gewöhnlicher Art zeigt Fig. 693.

Fig. 693.   Fig. 694.

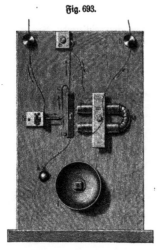

Der Strom tritt bei a ein und ein Draht ist unter die Klemmschraube a und das Messingstück h geklemmt; der Strom geht sodann durch die Schraube i und die Federn g und d in das Messingstück c; von dort durch einen Draht in die Spirale des kleinen Elektromagneten M und dann zurück nach b und der Kette. g und d sind Federn, und zwar ist g weicher als d, und die Schraube i ist so gestellt, daß, wenn der Anker f an den Stift n anschlägt, die Feder g etwas gebogen ist. Wird nun der Strom außerhalb des Apparates geschlossen, so wird der gegen den Magneten mit Papier belegte Anker angezogen; aber die Schraube i ist so gestellt, daß sie die Feder g erst verläßt, wenn der Anker f nahezu seinen ganzen Weg gemacht hat und der Hammer k an die Glocke ll anschlägt. Jetzt ist der Strom geöffnet. Der Anker wird durch die Feder d zurückgeführt und dadurch der Strom im Apparate wieder geschlossen. So lange der Strom also außerhalb geschlossen bleibt, erfolgt Schlag auf Schlag [1]).

---

[1]) Vergl. auch Dvorschak, Zeitschr. f. Instrum. 11, 423, 1891. Über Schaltungsschemata, Nebenschlußklingel u. s. w. siehe Bd. I (1), S. 148. — Fig. 694 (E, 15) zeigt Klingel. Element und Druckknopf auf einem Brett vereinigt. Bezugsquellen von elektrischen Klingeln

235. Fallscheiben. Bei den häufig gebrauchten Tableau-Anzeigern in Gast-höfen u. s. w. wird beim Schließen des Stromes einer elektrischen Klingel gleich-zeitig auf einer Tafel ein kleines Scheibchen sichtbar, welches die Nummer des Zimmers angibt, in welchem der Strom geschlossen wurde. Solche Fallscheibchen sind unter gewöhnlichen Umständen an den Anker eines kleinen Mag-neten angehalt. Wird der Strom geschlossen, der Anker also an den Magneten angezogen, so faßt der Haken nicht mehr in das Scheibchen, es klappt daher dem Zuge der Schwere folgend herunter. (Fig. 695 Lb, 15 und Bb. I (1), S. 151, Fig. 309.)

236. Automatische Signalapparate. In man-nigfacher Weise werden elek-trische Klingeln zu solchen verwendet, z. B. um zu melden, wenn die Uhr eine bestimmte Zeit zeigt, ein Thermometer eine bestimmte Temperatur, ein Mano-meter einen bestimmten Druck u. s. w. [1]). (Eisenbahn-, Feuerwehr-, Abstimmungs-, Zeit-Telegraphie.)

Fig. 697.

Fig. 695.   Fig. 696.

Das Bathorheometer ist ein Sphärometer, bei welchem der Kontakt der Schraube mit dem zu messenden Körper durch ein elektrisches Signal angezeigt wird.

Bei dem Bathometer von Siemens wurde die Änderung des Flüssigkeits-drucks in einem Gefäß infolge der Änderung der Schwerkraft über großer Wasser-tiefe durch ein Federmanometer mit elektrischem Kontakt angezeigt.

237. Elektromagnetische Stimmgabel. Ebenso wie den Hammer der elektri-schen Klingel kann man einen elastischen Stahlstab oder eine Stimmgabel mit Hilfe eines Elektromagneten in dauernde regelmäßige Schwingungen versetzen. Sehr vielfach gebraucht wird z. B. die in Fig 698 dargestellte Einrichtung einer elektro-magnetisch erregten Stimmgabel. Der Elektromagnet *B* ist zwischen den Zinken der Stimmgabel *A* auf einem Schlitten befestigt und läßt sich in der geeigneten Stellung festschrauben. Der Strom einer Säule fließt nun zunächst zur Klemm-

---

sind: Miz u. Genest, Berlin; J. G. Mehne, Schwenningen, württemberg. Schwarzwald; F. Groß, Stuttgart, Olgastr. 50; Groos u Graf, Berlin S.; Stöcker u. Co., Leipzig; F. Butzke u. Co., Berlin; C. u. E. Fein, Stuttgart; C. Th. Wagner, Wiesbaden u. a. Experimentierkästen für Elektrizität und Magnetismus liefert die Leipziger Lehr-mittelanstalt von Dr. O. Schneider, Leipzig, Windmühlenstr. 39.

[1]) Selbstschalteruhren mit Verstellbarkeit des Kontakts auf je 10, 15 oder 30 Minuten liefert Selbstschalter; G. m. b. H., Berlin SW., Friedrichstr. 16; Kontaktthermometer für elektrische Signale (Fig. 696 K, 15) sind zu beziehen von Müller-Uri in Braunschweig zu 6 bis 30 Mk., ferner von Alt, Eberhardt u. Jäger, Ilmenau in Thüringen (Fig. 697), Dr. Siebert u. Kühn in Kassel (2 bis 10 Kontakte zu 4,50 bis 25,25 Mk.) u. a. Über elektrische Manometer s. Zeitschr. f. phys. Chemie 42, 709, 1903.

schraube *D*, dann durch den Elektromagneten, hierauf zu dem Metallsäulchen *E*, von welchem die in eine Platte endigende Schraube *F* gehalten wird. An der dort befindlichen Stimmgabelzinke ist nun ein U-förmig gebogener Platindraht *G* befestigt, welcher die Platte gerade berührt, so daß der Strom durchgehen und durch die Zinke *A* und den Stiel der Stimmgabel wieder zur Säule zurückkehren kann.

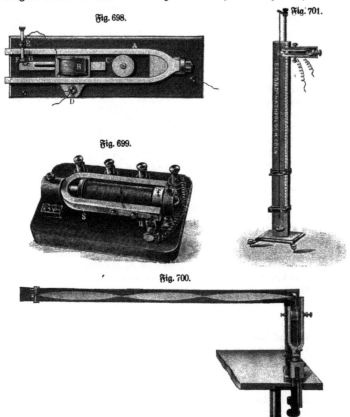

Fig. 698.

Fig. 699.

Fig. 701.

Fig. 700.

Nun werden aber durch den Elektromagneten die Zinken der Gabel zusammengezogen, infolgedessen der Strom unterbrochen, der Kontakt wieder hergestellt u. s. w. Fig. 699 zeigt eine neuere Konstruktion nach Uppenborn von Edelmann[1]).

Apparate, um mittels einer elektromagnetischen Stimmgabel Faden- bezw. Saitenschwingungen zu erregen, sind in den Fig. 700 (K, 110) und 701 (Lb, 200) dargestellt. Die Fig. 3421, Bd. I₍₂₎, S. 1338 zeigte einen ähnlichen Apparat, bei

¹) Über die Vorrichtungen zur Erzielung eines regelmäßigen Ganges s. S. P. Thompson, Proc. Roy. Soc. Lond. 8, [2], 72, 1886 und Dvorschak, a. a. O.

welchem die Stimmgabel durch einen Wagnerschen Hammer ersetzt ist. Man kann auch eine Saite in gleicher Weise wie eine Stimmgabel elektromagnetisch in Schwingung erhalten. (Elektrisches Klavier.)

Eine elektrische Klingel, Palsiphon genannt, welche nach dem Prinzip der elektromagnetischen Stimmgabeln eingerichtet ist und demgemäß einen anhaltenden musikalischen Ton gibt, beschreiben Guerre und Martin (3. 5, 36, 1891).

238. Chronoskope. Vibrations-Chronoskop von v. Beetz (1871). Eine Stimmgabel mit Schreibspitze ist auf einem Schlitten befestigt, der sich längs einer horizontalen metallenen Schiene verschieben läßt (Fig. 3462, Bd. I(3), S. 1358). Während dieser Verschiebung zeichnet die Stimmgabel auf eine berußte Fläche (verzinntes Eisenblech mit durch Alkanna tief rotgefärbtem Kollobium gefirnißt und dann über einer Terpentinölflamme berußt) die Schwingungen auf. Ein Registrier-

Fig. 702.

elektromagnet oder überschlagende Induktionsfunken markieren die Momente, deren Zeitunterschied (durch Zählung der zwischenliegenden Schwingungen) gemessen werden soll, indem sie auf der berußten Fläche durch Durchbrechung des Kollobiums feine weiße Punkte in der Wellenlinie erzeugen. Die Bestimmungen sind bis auf 0,0005 Sekunden genau [1].

Andere Ausführungsformen zeigen die Fig. 702 (E, 140 für Demonstration) und Fig. 703 [2]) (K, 1100). Zum Betriebe des Sekundenschreibers kann z. B. ein Sekundenpendel mit elektrischen Kontakten wie Fig. 704 (Lb, 140) dienen, oder die elektrische Uhr von Duboscq, Fig 705 (K, 275). Man kann den Chronographen zu denselben Messungen benutzen, wie sie oben (Fig. 668, S. 367) beim Chronoskop von Hipp angedeutet wurden.

---

[1]) Einen solchen Vibrationschronographen (Bd. I(3), S. 1358, Fig. 3462) liefert das physik.-mech. Institut von Prof. Dr. Edelmann in München zu 350 Mk. Auf die durch die Schraube fortbewegte berußte Trommel schreibt eine elektromagnetische Stimmgabel von 100 Schwingungen pro Sekunde, sowie ein Sekundenschreiber. — [2]) Zu beziehen von der Société Genévoise Genf, Plainpalais, Chemin Gourgas 5.

Schwendenwein (8. 5, 84, 1891) macht darauf aufmerksam, daß man auch einen gewöhnlichen Morseschreiber als Chronographen benutzen kann, indem man

Fig. 703.

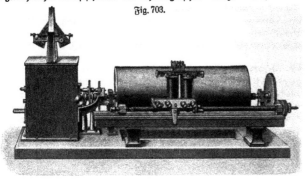

Fig. 704.　　　　　　　　　　　　　　Fig. 705.

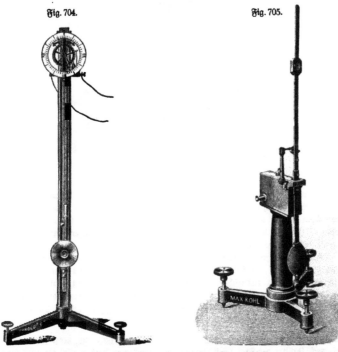

durch ein Uhrpendel in regelmäßigen Intervallen Stromschluß erzeugt und zu Anfang und zu Ende des Zeitraumes, dessen Dauer gemessen werden soll, einen Taster in einer Nebenleitung zwischen Batterie und Schreibapparat betätigt.

Béquié (1883) befestigt an der Achse der Rolle der Atwoodschen Fallmaschine eine leitende Spitze, welche bei jeder Drehung in ein Quecksilberbad eintaucht und dadurch einen Strom schließt, der einen Morse= (Telegraphen=) Apparat in Tätigkeit setzt und so die Verschiedenheit der Fall=
räume erkennen läßt[1]).

Fig. 706.

**239. Wechselstromklingeln, Dreh=
feldfernzeiger.** Bei dem polarisierten Läutewerk, welches sich zum Betrieb mit Wechselstrom eignet, dient als Anker ein permanenter Magnet, welcher sich um die Mitte drehen kann. (Fig. 706 Lb, 15.) Die beiden Schenkel sind so bewickelt, daß ihre Enden gleiche Pole aufweisen, somit je nach der Richtung des Stromes eine Drehung im einen oder anderen Sinne erfolgen muß. Den Wechselstrom kann man z. B. durch einen rotierenden Kommutator (Bd. I$_{(1)}$, S. 297) erzeugen. Die Klingel schlägt dann um so rascher, je rascher man denselben dreht.

Bei dem Drehfeld=Fernzeiger (Maschinentelegraph) von L. Weber[2]) be=
steht der Geber (Fig. 707, links) aus einer in sich zurücklaufenden Widerstands=

Fig. 707.

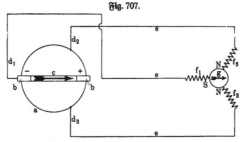

spirale a (in Fig. 708 ohne Gehäuse dargestellt), welcher mittels eines drehbaren Hebels c an zwei gegenüberliegenden Stellen durch die Zuleitungen b, b Strom zugeführt wird. An drei um 120° gegeneinander versetzten Stellen $d_1 d_2 d_3$ wird dieser Strom von der Widerstandsspule abgenommen und durch drei Leitungen e, e, e dem Empfänger (Fig. 707 rechts und Fig. 709 ohne Gehäuse) zugeführt. Dieser besteht aus drei (Paaren) Magnetspulen $f_1 f_2 f_3$, in deren magnetischem Felde ein mit einem Zeiger versehener Magnet g sich frei um eine Achse drehen kann. Die

---

[1]) Chronographen verschiedener Art sind zu beziehen von F. W. Baab, Fabrik elektrischer Wecker, Alzey (Rheinhessen); Spindler u. Hoyer, Göttingen, Walkemühlen=
straße 12; R. Fueß, Steglitz b. Berlin, Düntherstr. 7/8; H. Heele, Berlin, Grüner Weg 4 u. 104; F. L. Löbner, Uhrmacher und Mechaniker, Berlin W., Potsdamer=
straße 23; Phys.=mech. Institut von Prof. Dr. Edelmann, München, Nymphenburgerstr. 50; G. Zimmermann, Werkstatt für wissenschaftliche Instrumente, Gaschwitz b. Leipzig u. a.
— [2]) Zu beziehen von der Allgemeinen Elektrizitätsgesellschaft in Berlin.

Richtung des Magnetfeldes hängt derart von der Stellung des Hebels c ab, daß g stets die gleiche Stellung einnehmen muß, so daß man in gleicher Weise wie beim Zeigertelegraphen Zeichen geben kann und zwar im Prinzip 360 verschiedene, da die Einstellung auf 1° genau möglich ist. Hat z. B. der Geberhebel die in Fig. 707

Fig. 708.

gezeichnete Stellung, so verteilt sich der Strom derart, daß die beiden äußeren Spulen des Empfängers nach innen Nordpole erzeugen, während die mittlere Spule einen nach innen gerichteten Südpol erzeugt. Die Komponenten dieser drei Spulen

Fig. 709.

setzen sich also zu einem magnetischen Felde zusammen derart, daß g sich dem Geberhebel parallel stellen muß. Bei Drehung des letzteren um 180° kehren sich die Pole um, somit dreht sich auch g um 180° u. s. w. (Telethermometer).

240. **Frequenz- und Ferngeschwindigkeitsmesser.** Läßt man einen mit pulsierendem Gleichstrom, wie ihn eine elektromagnetische Stimmgabel liefert, gespeisten

Elektromagneten auf eine andere Stimmgabel einwirken, so wird diese nach dem Resonanzprinzip in starke Mitschwingung versetzt werden, wenn die beiden Schwingungsdauern gleich sind. Ebenso eine Stahlfeder. Von einer Serie von Stahlfedern verschiedener Länge wird also nur eine erregt werden, man kann somit, wenn etwa die Eigenschwingungsdauern dieser Federn angeschrieben sind, ohne weiteres die Zahl der Pulsationen (die Frequenz) des Stromes ablesen. Gleiches gilt, wenn der pulsierende Strom durch einen rotierenden Unterbrecher erzeugt wird, man ist also

Fig. 710.

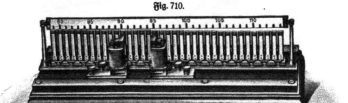

imstande, die Rotationsgeschwindigkeit desselben in jedem Momente abzulesen, man hat in dem Apparate ein Tachometer.

Bei dem elektro-akustischen Tonometer von Hartmann und Braun, Frankfurt a. M., Fig. 710, sind auf einem Holzbrett 36 skalenartig abgestimmte tönende Zungen geradlinig angeordnet, vor welchen in einer Schienenführung auf zwei getrennten Schlitten ein Magnetpaar verschoben werden kann. Anwendbar für

Fig. 711.

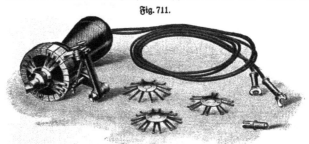

akustische Resonanzwirkung ist das Bereich zwischen 60 und 140 Polwechseln. Der Apparat wird normal für 75 bis 110 Polwechsel pro Sekunde ausgeführt[1]).

Mittels eines rotierenden Gleichstromunterbrechers, welcher wie ein gewöhnlicher Tourenzähler an eine rotierende Welle angedrückt werden kann (Fig. 711), kann man die Tourenzahl dieser Welle bestimmen. Um jederzeit die momentan herrschende Frequenz in einer Wechselstromleitung direkt ablesen zu können, dient der Apparat Fig. 712.

Ein ähnlicher Apparat, welcher zwei Frequenzmesser enthält, kann zur Beurteilung der Phasengleichheit oder des Synchronismus zweier Wechselstrommaschinen

[1]) Eine Beschreibung gibt Hartmann-Kempf in der Elektrotechn. Zeitschr. 25, 45, 1904.

dienen. Schaltet man nämlich den einen Teil des Magnetpaares an eine und den anderen Teil an eine zweite Wechselstromspannung, so treten sehr deutliche Schwebungen, d. h. Veränderungen in der Schwingungsgröße auf, solange die Wechsel-

Fig. 712.

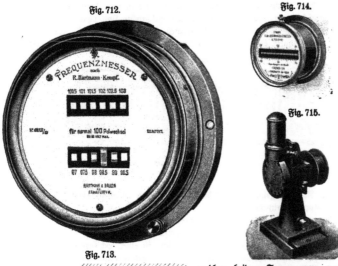

Fig. 714.

Fig. 715.

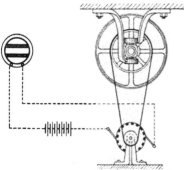

Fig. 713.

zahlen beider Spannungen noch nicht ganz gleich sind. Bei absolutem Synchronismus bleibt die Schwingungsweite unverändert und gleichzeitig kann man aus ihrer Größe auf die Phase beider Spannungen zueinander schließen. Ist die Schaltung so, daß die magnetischen Wirkungen beider Teile auf die Zunge sich addieren, wenn die Phasen gleich sind, so tritt ein Schwingungsmaximum auf. (Preis 250 Mk.)

Es werden auch Apparate mit 62 Zungen konstruiert.

Die Verwendung des Frequenzmessers als Geschwindigkeitsmesser ist in Fig. 713 angedeutet. Ähnlich ist Frahms Geschwindigkeitsmesser und Ferngeschwindigkeitsmesser Fig. 714 [1]) (s. a. Bd. I (2), S. 1856).

241. Das Tonrad von Paul la Cour (1878) (Fig. 716 E, 130). Wird in den Stromkreis eines Stimmgabelunterbrechers (§ 237) ein Elektromagnet eingeschaltet, zwischen dessen Polen ein gezacktes Rad aus weichem Eisen rotieren kann,

---

[1]) Zu beziehen von Fr. Lux in Ludwigshafen am Rhein. Die Einrichtung des Gebers (Fig. 715) ist indes eine andere. Es ist ein einfacher Wechselstromgenerator.

so wird jeweils, so oft der Strom geschlossen ist, einer der Zacken zwischen die Pole gezogen, darauf bewegt sich während der Unterbrechung des Stromes das Rad infolge seiner Trägheit etwas weiter, dann wird der folgende Zacken zwischen die Pole gezogen u. s. w., d. h., bei jeder Oszillation der Stimmgabel dreht sich das Rad um einen Zahn weiter. Es ist hierbei nötig, daß die Zähne des Rades so weit auseinander stehen und die Pole des Elektromagneten so klein seien, daß, währenddem ein Zahn sich zwischen den Polen befindet, eine merkliche Einwirkung derselben auf die anderen Zähne nicht stattfindet. La Cour gibt dem Rade horizontale Stellung und befestigt außerdem an gleicher Achse ein ringförmiges Gefäß mit Quecksilber. Letzteres vermehrt das Trägheitsmoment des Rades und wirkt zugleich als Dämpfer gegen etwaige kleine Unregelmäßigkeiten der Drehung, indem es dann sich relativ zum Gefäße verschiebt und durch Reibung die Bewegungsänderung auszugleichen strebt. Schaltet man in denselben Strom-

Fig. 717.

kreis zwei oder mehr phonische Räder, so drehen sich alle in gleicher Weise. Man kann so bei zwei entfernten Telegraphenstationen genau synchronische Drehungen erhalten[1]).

Fig. 716.

Solche synchrone Drehungen sind z. B. nötig bei Casellis Pantelegraph, welcher zur Übertragung von Zeichnungen durch elektrolytische Schrift dient. Eine neuere Form ist der Elektrograph von Palmer, Mills u. Dunlay (1901). Anstatt einem derartigen Apparat pulsierenden Gleichstrom zuzuführen, kann man auch Wechselstrom verwenden[2]).

242. Elektromotoren. Verbindet man das Zahnrad mit einem Stromunterbrecher, so verwandelt sich der unselbständige Motor in einen selbständigen, d. h. er erzeugt sich beim Einleiten von Gleichstrom selbst die zum Betriebe nötigen regelmäßigen Pulsationen der Stromstärke. Einen kleinen derartigen Elektromotor zeigt Fig. 718 (E, 35).

[1]) Siehe auch Himstedt, Wied. Ann. 22, 276, 1884 und Dvorschak, Zeitschr. f. Instrum. 11, 423, 1891. — [2]) Einen Synchronmotor nach Weinhold (Fig. 717), um in dem rotierenden Spiegel die Wechselstromkurven mit der Braunschen Röhre beobachten zu können, liefert G. Lorenz in Chemnitz zu 60 Mk.

Eine andere Anordnung (Trouvé) benutzt nur einen Elektromagneten, der in einem Ringe von weichem Eisen rotiert, Fig. 719. Der Eisenring ist auf seiner Innenseite mit wenigen sanft ansteigenden und rasch abfallenden Erhöhungen versehen,

Fig. 718.

Fig. 719.

welche der Elektromagnet gegen sich anzuziehen sucht, wodurch er den Ring in Rotation versetzt. (S, 45.)

Fig. 720.

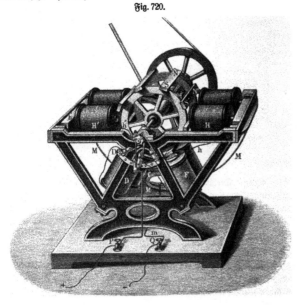

Der Motor von Fromment, Fig. 720, besteht aus vier in einem Kreisbogen angeordneten Elektromagneten, vor welchen ein Rad mit Querstäben rotiert.

Bei dem Motor von Martin Egger (1877), Fig. 721, werden vier Elektromagnete nacheinander durch den abwechselnd durchgehenden Strom magnetisch und ziehen je einen der vier am Wagebalken darüber aufgehängten Anker an. Durch die Wagebalken wird die Bewegung auf ein Schwungrad übertragen. Die einen

Fig. 721.

Enden sämtlicher Drahtwindungen münden in einer Klemme, in welche der eine Pol der galvanischen Kette einzuschalten ist. Die anderen führen zu je einer Feder des

Fig. 722.

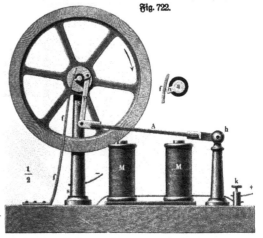

auf die Schwungradachse aufgesetzten Kommutators. Dieser besteht aus einem Kautschuk-cylinder, in welchen Segmente von Messingblech von der Breite der Federn und 90° Bogenlänge eingelassen sind, so daß sie alle zusammen den ganzen Kreis ausfüllen.

25*

Grüels Motor beruht darauf, daß ein schief auf die Pole eines Elektromagneten aufgesetzter Anker (Fig. 722) beim Durchgang des Stromes gerade gerichtet wird. (W, 37,50 bis 72,00.)

Eine sehr einfache Vorrichtung nach Ritschie, um mittels der Elektromagneten
eine kontinuierliche drehende Bewegung zu erhalten, zeigt Fig. 723. In ein Brett-

Fig. 723.

Fig. 724.

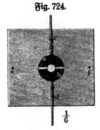

chen MN, welches Fig. 724 im Grundrisse zeigt, ist eine kreisförmige Rinne ab
gedreht, die durch eine etwa um 3 bis 6 mm niedrigere Scheidewand in zwei gleiche
Teile geteilt ist. Diese Scheidewand ist aus einer isolierenden Substanz und etwa
5 mm breit. Im Mittelpunkte der Rinne, auf dem stehengebliebenen Zapfen, wird

Fig. 725.

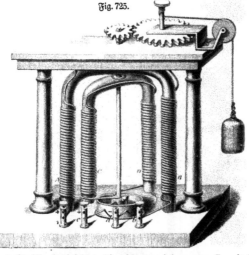

eine Spitze aus Stahldraht befestigt (eingeschlagen, indem man sie mit dem Feil-
kloben faßt und auf diesen schlägt). Ein rundes Stück weiches Eisen wird in der
Mitte beinahe ganz durchbohrt, um es wie eine Magnetnadel auf den Stahlstift zu
setzen, damit es sich frei drehen kann; es wird mit übersponnenem Kupferdrahte
umwickelt. Es genügt auch, das Eisen mit Seide zu umwickeln und den Drahtwindungen etwa 3 mm Abstand voneinander zu geben. Die zugespitzten Enden
des Drahtes werden unterhalb nach der Mitte zurück und dann senkrecht abwärts

gebogen, so daß sie in die Rinne reichen, aber nur so tief, um, ohne zu streifen, über die Scheidewand in der Rinne weggehen zu können; die amalgamierte Spitze der Drähte darf das Quecksilber beinahe nur streifen. In jede Hälfte der Rinne reicht ein auf das Brettchen befestigter Kupferdraht cd, der das darin befindliche Quecksilber mit einer einfachen galvanischen Kette verbindet. Quecksilber wird so viel eingegossen, daß es mit seinem erhabenen Rande höher steht als die Scheidewand, aber doch sich nicht über diese weg vereinigt. Auf zwei oben in ein Rechteck umgebogenen Drähten ef wird in geringer Entfernung über den kleinen Elektromagneten ein Magnetstab von ungefähr gleicher Länge mit diesem aufgestellt. Die Wirkungsweise des Apparates darf als bekannt vorausgesetzt werden.

Ein ähnlicher Apparat, der ohne große Kosten hergestellt werden kann, und die Leistung mechanischer Arbeit sehr anschaulich macht, ist in Fig. 725 abgebildet. Der Stahlmagnet ist durch einen Elektromagneten AB ersetzt. Letzterer ist durch bohrt und dient der Achse des beweglichen Elektromagneten CD als obere Führung; das untere Ende dieser Achse läuft in einer Pfanne, das obere trägt ein Zahnrad, welches in ein zweites Rad eingreift, auf dessen Achse sich der Faden des Gewichtes aufwickelt. Als Kommutator ist wieder das Quecksilbergefäß mit Scheidewand an gebracht. Die Klemmschrauben a, b stehen mit dem um AB gewickelten Drahte, c, d aber mit den beiden Abteilungen des Quecksilbergefäßes in Verbindung. Es

ist zweckmäßiger, zwei besondere Ströme anzuwenden, als den selben Strom durch beide Drähte zu leiten; in letzterem Falle müßte der Strom, wenn er bei a eintritt, bei c aus treten, und b würde mit d verbunden.

Einen anderen, etwas komplizierten Apparat für den gleichen Zweck zeigt Fig. 726. Es ist hier ein hufeisenförmiger Stahlmagnet durch ein Messing band vertikal auf ein Brettchen befestigt, und über seine Pole weg kann sich der Elektro magnet AB um eine stählerne Achse, welche mit ihrer unteren Spitze in einer Pfanne, mit ihrer oberen in einer Schraube läuft, drehen. An dieser Achse

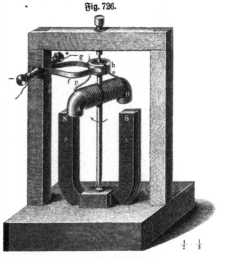

Fig. 726.

steckt eine kleine Walze von Holz, auf welcher zwei metallene Halbringe i, h befestigt sind, die beiderseits einen etwa 3 mm weiten Raum zwischen sich frei lassen; an jeden dieser Halbringe ist ein Drahtende des Elektromagneten gelötet. Die Linie durch die Zwischenräume steht senkrecht zur Achse des Elektromagneten. An dem hölzernen Gestelle befinden sich nun unter Klemmschrauben Metallfedern f, g, welche die Ringe mit den Polen einer Kette in Verbindung bringen und dadurch das Eisen AB magnetisch machen, bis es über den Polen des Stahlmagneten vorbei

geht; hier wird der Strom unterbrochen und umgekehrt wie bei dem Quecksilber=
kommutator.

Ein großes Modell ähnlich dem in Fig. 727 dargestellten setze ich aus einem
drehbaren stabförmigen Elektromagneten mit Kommutator und den beiden langen,

Fig. 729.   Fig. 728.   Fig. 727.

Fig. 731.

Fig. 733.

Fig. 732.

in § 185 beschriebenen Elektromagneten (Fig. 545, S. 306) her, welche letztere aufrecht
stehend in Stativen befestigt werden, so daß ihre oberen Pole den Magneten SN
ersetzen. Der drehbare Elektromagnet ist ebenfalls auf ein selbständiges Stativ
aufgesteckt und zwar drehbar wie die Vorrichtung Fig. 729.

Die Einrichtung des zweiteiligen Kommutators zeigt Fig. 728. Auf die Achse ist ein cylindrischer Holzkörper aufgesetzt, auf welchem zwei den beiden Quecksilbernäpfen in Fig. 723 u. 724 (S. 388) oder 729 entsprechende messingene Halbringe (Segmente) befestigt sind. Die Enden des beweglichen Leiters sind fest mit den Segmenten verlötet, während die in Federn auslaufenden Stromzuleitungsdrähte benselben nur lose anliegen. Nach einer halben Umdrehung der Achse kommt jede Feder auf das entgegengesetzte Segment wie zuvor. Der Strom durchfließt also den beweglichen Leiter in umgekehrter Richtung. (Polarmatur)[1].

Gibt man dem umlaufenden Elektromagneten Fig. 723 (S. 388) Hufeisenform, so entsteht ein Motor, wie er zuerst von Stöhrer konstruiert wurde (Fig. 731)[2], der den Übergang zu den Scheibenarmaturen herstellt.

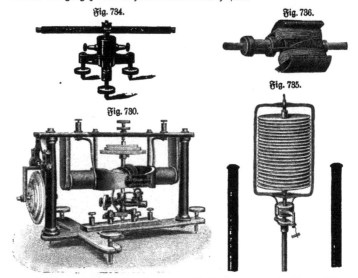

Fig. 734.

Fig. 736.

Fig. 735.

Fig. 730.

Schon der Erdmagnetismus vermag die Drehung eines drehbaren Elektromagneten mit Kommutator hervorzurufen. Zum Nachweis dient der Apparat Fig. 734 (Lb, 26). Derselbe beansprucht 2 Amp. bei zwei Bolt. Er wird so aufgestellt, daß die Scheidewand in den Quecksilbernäpfen der Ost=West=Richtung parallel ist.

Den Übergang von der Pol= zur Cylinderarmatur bildet die Konstruktion Fig. 735. Eine Cylinderarmatur einfachster Art zeigt Fig. 736 (Lb, 13).

---

[1] Einen Helmholtzschen Elektromotor nach Fig. 730 liefern Spindler u. Hoyer, Werkstätte für wissenschaftliche Präzisionsinstrumente in Göttingen, zu 275 Mk. Kleine Dreipolige Elektromotoren zum Betriebe von Zimmerspringbrunnen mit Aquarien u. f. w. liefern Umbreit u. Matthes, Leipzig=Plagwitz 13. Über Selbstherstellung eines primitiven Elektromotors siehe Wunder, Z. 19, 222, 1906. — [2] Die Form des Kommutators (Fig. 732 u. 733) ist hier eine eigentümliche, da die Maschine nicht in erster Linie als Motor, sondern als Stromerzeuger konstruiert ist und zwar zur Erzielung kräftiger physiologischer Wirkungen, die nicht durch den primären Strom, sondern durch die hochgespannten Extraströme hervorgerufen werden, wie später näher ausgeführt wird.

Modelle eines sogenannten Doppel-T-Anker-Motors [1]) zeigen Fig. 737 (K, 15), Fig. 738 (E, 38) und Fig. 739.

Wird zu dem einen beweglichen Elektromagneten ein zweiter, dazu senk-recht er hinzugefügt (Fig. 727 und 740), wodurch vier Kommutatorsegmente nötig

Fig. 737.

werden, so erweist sich die Drehungsgeschwindig-keit wesentlich gleichmäßiger, ähnlich wie bei zwei um 90⁰ versetzten Kurbeln. Ein technisch brauch-barer Motor dieser Art ist der Helios-Motor (Fig. 741), eigentlich für Wechselstrom bestimmt. Die analoge Ausführung gekreuzter Wickelungen bei der Cylinderarmatur deutet Fig. 742 an.

Um die Achse bequem durch die Spule durchstecken zu können, wird man dieselbe zweckmäßig halbieren, so daß also zwei parallele Spulen entstehen und somit an jedes Kommutatorsegment zwei Drahtenden angelötet sind, wie Fig. 743 schematisch andeutet, wobei die Spulen nur als einfache Drahtwindungen gedacht und, soweit sie nicht in der Ebene der Zeichnung verlaufen, punktiert gezeichnet sind.

Fig. 738.

Fig. 739.   Fig. 740.

Um bei Anwendung gekreuzter Spulen zu bewirken, daß der Strom beide durchfließt, hat man nur nötig, die Kommutatorsegmente mitten durchzuschneiden und die Enden der neuen Spule so anzulöten, als ob die erste nicht vorhanden wäre. Es entsteht so das Schema Fig. 744.

Noch vollkommenere Wirkung wird natürlich erzielt, wenn man zu diesem Spulenpaar ein zweites zufügt, welches gegen das erste um 45⁰ versetzt ist, was

¹) Siehe auch Zepf, Elektrischer Universalapparat, Freiburg i. B. 1902; Mertig, Anleitungsbuch zum Studium der Elektrotechnik, Meiser u. Mertig, Dresden.

wieder leicht durch Halbieren der Kommutatorsegmente zu erzielen ist, wie das Schema Fig. 745 zeigt. In dieser Weise kann man fortfahren, bis die Kommutatorsegmente zu klein werden, um sie abermals zu halbieren. Man erkennt auch leicht, daß die der größeren Deutlichkeit halber vollständig gezeichneten Drähte nicht

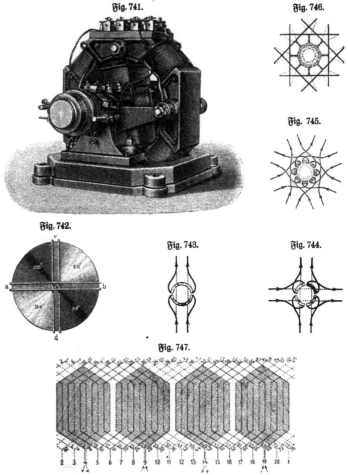

Fig. 741.

Fig. 746.

Fig. 745.

Fig. 742.

Fig. 743.

Fig. 744.

Fig. 747.

alle nötig sind, sondern daß die doppelten Zuleitungen zu den Kommutator= oder Kollektorsegmenten durch einfache ersetzt werden können, wie Fig. 746 für das Schema Fig. 745 andeutet. Endlich wird es unnötig sein, jede Drahtrolle auf einen besonderen Rahmen zu wickeln, man wird zweckmäßiger alle Windungen direkt auf den Eisenkern aufbringen, welcher eventuell zur Aufnahme derselben mit ent=

sprechenden Nuten versehen ist. Den so hergestellten Körper nennt man Cylinderarmatur (v. Hefner-Altenecksche Trommelarmatur).

Einige typische Formen sonstiger in der Technik gebräuchlicher Wickelungsarten
sind in Tafel III dargestellt.

Fig. 748.

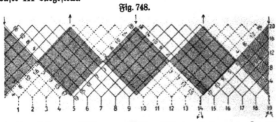

Um in komplizierteren Fällen von Ankerwickelungen eine gute Übersicht über
den Verlauf der Drähte zu erhalten, empfiehlt es sich (nach Fritzsche), die Wicke-

Fig. 749.

lung an einer Stelle aufgeschnitten und in einer
Ebene ausgebreitet zu denken.

Die Fig. 747 zeigt eine in dieser Weise aus-
gebreitete vierpolige Trommelarmatur, wobei
die vier schraffierten Flächen die Magnetpole bedeuten. Fig. 748 zeigt ebenfalls eine vierpolige,
sogenannte Rabankerwickelung von Fritzsche [1]).

Den genaueren Verlauf der Windungen zeige
ich an verschiedenen Trommeln aus weiß
überzogener Pappe, auf welchen die Win-
dungen aufgemalt sind, sowie an einer Zinkblechtrommel, welche mit Vorsprüngen
zum Einlegen der Windungen versehen ist, durch Umwickeln mit grün gefärbtem

Fig. 750.

Seile [2]). Die Kombination der magnetischen Felder bei gekreuzten Spulen wird durch
Tafeln veranschaulicht, bei welchen Nordmagnetismus durch rote, Südmagnetismus

---

[1]) Weiteres über Ankerwickelungen findet man in E. Arnold, Die Ankerwickelungen
der Gleichstromdynamomaschinen, 3. Aufl., Berlin 1899, Springer. — [2]) Verschiedene Modelle
von Trommelankern zeigen die Fig. 749 (K, 23); 750 (von G Lorenz in Chemnitz, Preis 25 Mk.)
und 751 (K, 60). Ein leicht zerlegbarer Elektromotor ist dargestellt in Fig. 752 (K, 120 bis 450).
Derselbe ist auch als Dynamomaschine für Gleich-, Wechsel- und Drehstrom zu gebrauchen.

Fig. 751.

Fig. 752.

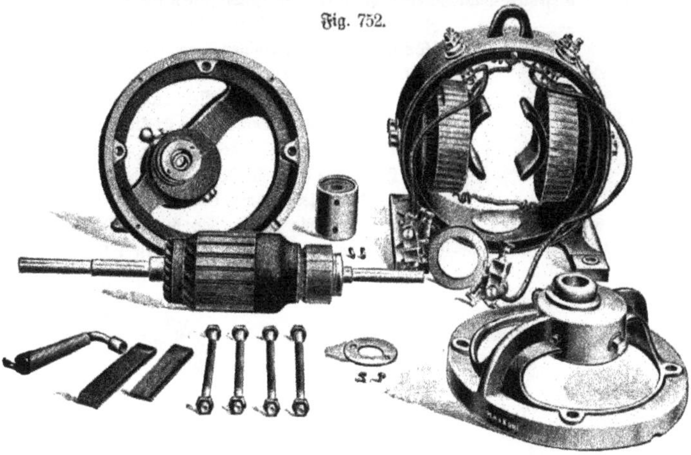

Fig. 753.

Fig. 754.

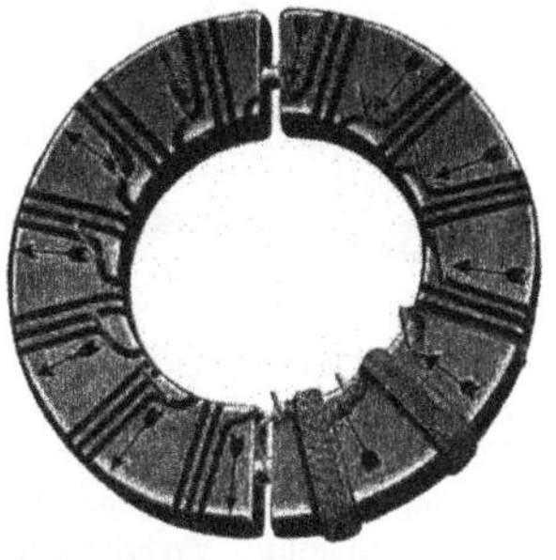

Fig. 755.

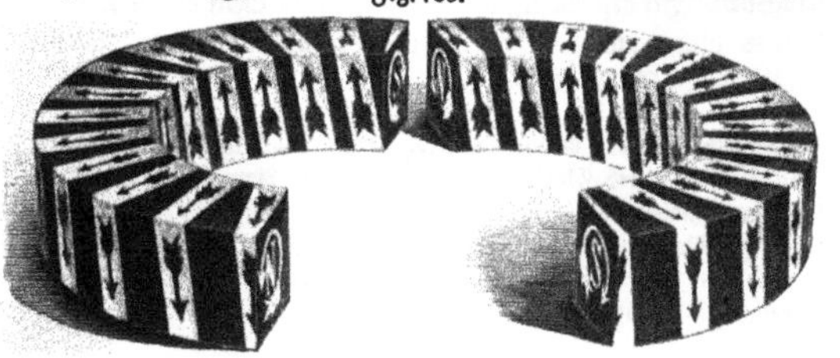

durch blaue Farbe angedeutet ist. An einem wirklichen Trommelanker, welcher durch eine mit Feilspänen bestreute Pappscheibe gesteckt ist, wird die Änderung der Lage der Pole bei der Wahl anderer Kollektorlamellen zur Stromzuführung demonstriert.

Denkt man sich den geraden, zuerst benutzten Elektromagneten nicht in der Drehachse befestigt, sondern seitlich davon, und bringt dazu, um die Symmetrie wieder herzustellen, einen zweiten auf der entgegengesetzten Seite der Drehachse an, so hat man den einfachsten Fall einer Ringarmatur. Kreuzt man damit ein zweites um 90° versetztes Paar, so entsteht bereits ein geschlossenes Viereck. Wird die

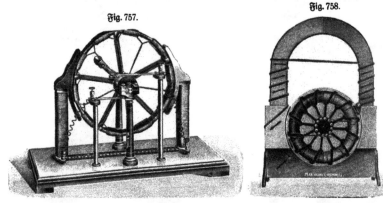

Fig. 756.

Zahl weiter vermehrt, so entsteht ein Polygon, welches schließlich zum kreisförmigen Ringe wird. Als Modell eines solchen Ringes benutze ich einen Grammeschen Ring von 60 cm Durchmesser, welcher ebenfalls leicht zwischen den beiden langen Elektromagneten in Umdrehung gebracht werden kann (Fig. 753) [1]).

Hammerl (3. 9, 33, 1896) benutzt zur Er- klärung des Gleichstrom- und Wechselstrommotors ein Modell, bestehend aus einer feststehenden Glasscheibe von 60 cm Durchmesser, auf welche schwarze Kartonscheiben mit Ausschnitten befestigt werden können, und

Fig. 757.

Fig. 758.

zwei konzentrischen beweglichen Scheiben, von welchen die vordere durchsichtige mit einer Kartonscheibe bedeckt ist, welche ein Bild des Grammeringes darstellt, so daß die Windungen durchsichtig bleiben. Auf die hintere Glasscheibe ist ein farbiger Ring eingebrannt, halb rot, halb blau, dazwischen farblos, um den magnetischen Zustand des Ringes anzugeben. In den Schlitz des Brettes, in welchem die stehende Glasscheibe befestigt ist, können blaue und rote Brettchen eingeschoben werden, welche die Pol- schuhe andeuten [2]) (Fig. 758 K, 40).

---

[1]) Verschiedene Modelle von Ringarmaturen zeigen die Fig. 754 (K, 16), 755 (K, 16), 756 (Lb, 16); ein Modell eines Elektromotors mit solcher Armatur Fig. 757 (K, 100). —
[2]) Das Modell ist zu beziehen von Lenoir und Forster, Wien IV., Waaggasse 5. Vier mechanisch bewegliche Wandtafeln zur Veranschaulichung der Dynamomaschine und der Elektromotoren nach Carl Freyer liefert die Leipziger Lehrmittelanstalt von Dr. Oscar Schneider, Leipzig, Windmühlenstr. 39.

Heß (Z. 12, 289, 1899) benutzt einen eisernen Ring, dessen Windungen durch ein kreisförmiges weißlackiertes Brettchen hindurchgezogen sind, welches um eine vertikale Achse zwischen Polschuhen rotiert. Durch Aufstreuen von Eisenpulver kann man den Kraftlinienverlauf bei dem im Betriebe befindlichen Motor beobachten, die Umlagerung der Eisenspäne während der Bewegung des Ringes, das Pulsieren der Kraftlinien u. s. w.

Fig. 759.   Fig. 760.   Fig. 761.

243. **Hauptschluß=, Nebenschluß= und Verbundmotoren.** Finden bei Elektro= motoren an Stelle der Stahlmagnete Elektromagnete Verwendung, so kann man entweder, wie Fig. 759 zeigt, denselben Strom, welcher den Anker umkreist, auch durch die Magnetschenkelspulen gehen lassen — in diesem Falle heißt der Motor

Fig. 762.

Hauptschlußmotor — oder man kann den Strom sich in zwei Teile verzweigen lassen, wie Fig. 760 andeutet, so daß der Hauptteil durch den Anker und nur ein kleiner Teil durch die Magnetwindungen geht — Nebenschlußmotor — oder man kann auch beide Systeme zugleich zur Anwendung bringen, Fig. 761, doch empfiehlt es sich dann, jede Wickelung auf einem besonderen Eisenkern — nicht, wie in der Figur, auf demselben — anzubringen. Im letzteren Falle heißt der Motor Verbundmotor. Der Nebenschlußmotor und in noch höherem Maße der Verbundmotor zeichnen sich gegenüber dem Hauptschlußmotor durch sehr gleichmäßige

Umbrehungsgeschwindigkeit bei wechselnder Belastung aus, dagegen vermögen sie starke Hindernisse (z. B. bei Verwendung zu Straßenbahnbetrieb) weniger gut zu überwinden [1]).

[1]) Leybolds Nachf. in Köln liefern die in Fig. 762 dargestellte Maschine nach Bolte, deren Anker (Fig. 763a u. b) sich leicht herausnehmen und auswechseln läßt,

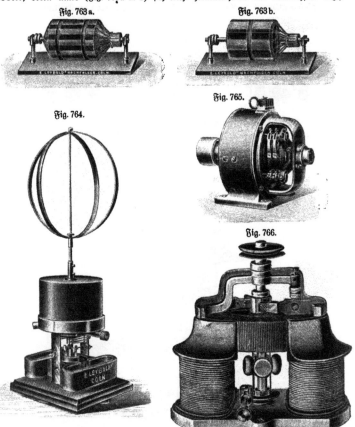

Fig. 763a.   Fig. 763b.

Fig. 764.

Fig. 765.

Fig. 766.

und deren Windungen durch Herstellung geeigneter Verbindungen zwischen den Klemmen verschieden geschaltet werden können, wie es für den Gebrauch als Hauptschluß- und Nebenschlußmaschine und mit besonderer Erregung nötig ist.

Die Magnetschenkel und der Anker sind mit nur wenig Draht bewickelt, bei der Wickelung ist aber darauf gesehen worden, daß ihr Verlauf gut verfolgt werden kann. Wenn das Modell als Elektromotor läuft, kommt der Anker in sehr rasche Rotation und ist imstande, das Triebrad mitzutreiben. Als Dynamo gibt das Modell einen hinreichend starken Strom, um ein Galvanoskop zum Ausschlag zu bringen. Dem Modell sind zwei Anker beigegeben und zwar ein Trommelanker, Fig. 763a, und ein Ringanker, Fig. 763b. Der Preis beträgt 175 Mk.

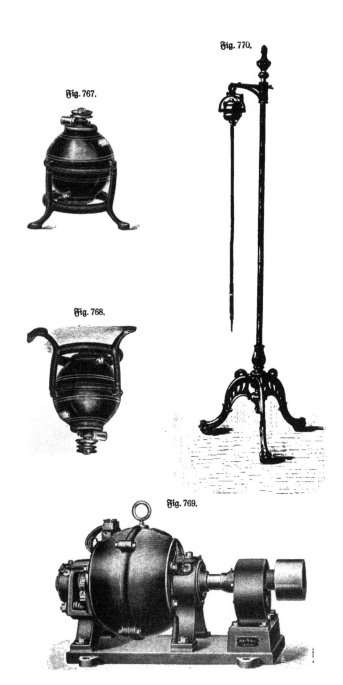

Fig. 767.

Fig. 768.

Fig. 769.

Fig. 770.

Zur Demonstration der Anwendung der Elektromotoren[1]) kann z. B. eine Kreis=
säge dienen, für sehr kleine Motoren ein Musikwerk (Symphonion, Helikon u. dergl.).

[1]) Fig. 764 (Lb, 227) zeigt eine magnetoelektrische Schwungmaschine direkt mit Wasser=
strahlturbine für 3½ Atm. gekuppelt. Einige Formen neuerer Elektromotoren für technische
Zwecke sind dargestellt in den Fig. 138, Bd. I(1), S. 79 und 765, zu beziehen von den
Siemens=Schuckertwerken, Berlin, erstere für kleine Leistungen, letztere bis zu 12 Pferde=
stärken. Fig. 766 stellt einen Präzisionselektromotor mit Fliehkraftregulator der Firma
Alfred Schoeller in Frankfurt a. M. dar, Preis 65 Mk.; Fig. 767 u. 768 in verschiedener
Anordnung einen ¹/₁₆ bis ¹/₆ PS leistenden Elektromotor der Bergmann=Elektromotoren=
und Dynamowerke, Berlin N., Oudenarderstr. 29, nahe Seestraße. Andere Bezugsquellen,
speziell für sehr kleine Elektromotoren, sind schon im Bd. I(1), S. 79 angegeben. Hinzu=

Fig. 771.

Fig. 772.

zufügen sind noch: Dr. Max Levy, Berlin N. 65; Reiniger, Gebbert u. Schall,
Erlangen; Keiser u. Schmidt, Berlin; Ferd. Groß, Stuttgart, Olgastr. 50; Max Kohl,
Chemnitz; A. Schäfer, Wittenberg; F. Ernecke, Berlin=Tempelhof, Ringbahnstr. 4; Mittel=
deutsche Elektrizitätswerke, Berlin SW., Lindenstr. 112; Conz, Elektrizitätsgesellschaft,
Hamburg 23 (Regulierung der Tourenzahl bis 1:4 nur durch Nebenschluß, das Auftreten
von Funken am Kollektor wird durch Wendepole verhindert); Felten u. Guilleaume=
Lahmeyerwerke (früher Lahmeyer u. Co.), Frankfurt a. M. u. a. Elektromotoren mit
Reduktionskuppelung nach Heuer zur Verminderung der Geschwindigkeit bis zu 65 Touren
pro Minute nach Fig. 769 liefert Paul Heuer, Leipzig, von ¾ PS bis 54 PS zu 390 bis
3350 Mk.; Kugellager=Elektromotoren die Elektrizitäts=Aktien=Gesellschaft vorm. W. Lah=
meyer u. Co., Frankfurt a. M. Für Zwecke, welche variable Richtung der Bewegung
erfordern, eignen sich die Elektromotoren mit biegsamer Welle, wie Fig. 770, zu beziehen
von den Siemens=Schuckert=Werken, Berlin, Askanischer Platz 3. Graphitische Kohlen=
bürsten von Fabius Henrion, Nancy, liefern Heid u. Co., Neustadt a. Haardt.

Als Modell einer elektrischen Eisenbahn[1]) benuße ich ein solches mit geraden Schienen, wobei der Wagen, am Ende angekommen, automatisch einen Kommutator umlegt und somit sofort wieder umkehrt, Fig. 771 (K, 40). Fig. 772 (K, 85) zeigt eine Ringbahn.

Hierher gehören ferner die Luftthermometer von Crafts (1878) und Weinhold, Fig. 773 (K, 400), wobei durch einen kleinen Elektromotor die Einstellung

Fig. 773.

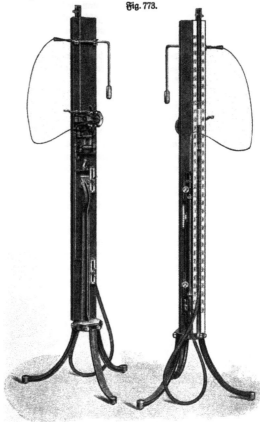

des beweglichen Quecksilbergefäßes selbsttätig besorgt wird, und ähnliche selbsttätige Apparate. Man könnte z. B. eine Wage konstruieren, welche selbsttätig so viel

Über elektrische Kleinmotoren und die Kraftübertragung durch biegsame Arbeitswellen siehe Prometheus 10, 167, 1899; über den Bau von Elektromotoren für Kleinbetrieb: Der Mechaniker 9, 256, 1901. Physikalische Musterbogen zur Selbstherstellung kleiner Elektromotoren liefert Hugo Peter, Verlagshandlung, Halle a. S., zu 3,60 Mk.
    [1]) Bezogen von O. Behm, Karlsruhe i. B., Hirschstr. 83.

Gewichte auflegt, bis Gleichgewicht herrscht, und zugleich die Zahl dieser Gewichte leicht ablesbar angibt und dergleichen.

Fig. 774.

Bei dem in Fig. 774 dargestellten Zeitzähler der Schierfteiner Metallwerke ist Federhaus und Feder des gewöhnlichen Zeitzählers (s. S. 368, Fig. 670) durch einen Elektromotor ersetzt, derart, daß derselbe unmittelbar am Steigrad angreift, der ganze Zähler, abgesehen vom Zählwerk, somit nur noch aus Motor und Gangregelung besteht. Die Funktion wird dadurch wesentlich genauer, der Zähler fängt bei Stromentnahme sofort an zu zählen und steht sofort wieder still, wenn der Stromkreis unterbrochen wird.

Bei dem Stromregulator von Gravier wird durch einen Elektromagneten ein Hebel mit Kontakt im einen oder anderen Sinne bewegt, welcher bewirkt, daß durch einen kleinen Elektromotor ein Strom im einen oder anderen Sinne durchgeleitet wird, so daß sich der Motor entsprechend im einen oder anderen Sinne dreht und durch Schraubenwirkung mehr oder weniger Widerstand einschaltet.

Bruger (8. 16, 49, 1903) macht darauf aufmerksam, daß man auch Elektromotoren konstruieren kann auf Grund der Widerstandsänderung von Wismutspiralen im Magnetfelde, doch haben solche lediglich theoretisches Interesse.

244. Wechselstrommotoren. Der Kommutator läßt sich von dem beweglichen Leiter trennen, derart, daß man statt der Kommutatorsegmente auf die Achse sogenannte Schleifringe aufsetzt, d. h. Messingringe, mit welchen die Enden der Spulendrähte in gleicher Weise verlötet sind, wie sonst mit den Kommutatorsegmenten.

Fig. 775.   Fig. 776.

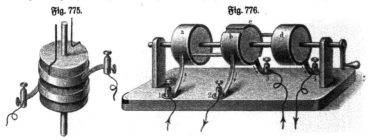

Beispielsweise würde der zweiteilige Kommutator, Fig. 728 (S. 390), durch ein Paar Schleifringe, wie es Fig. 775 zeigt, zu ersetzen sein. Den Schleifringen wird der Strom ebenso wie vorher den Kommutatorsegmenten durch schleifende Federn oder Bürsten zugeführt; indes nicht direkt von der Stromquelle, sondern unter Zwischenschaltung eines Kommutators, z. B. von der in Fig. 776 dargestellten Einrichtung.

Auf derselben Achse sitzen sowohl zwei Schleifringe a, d, wie zwei Kommutatorsegmente c, b. Erstere stehen durch die schleifenden Federn mit der Stromquelle in Verbindung, letztere mit den Schleifringen des elektrodynamischen Motors. Der durch die Klemmschrauben 1, 4 eintretende ursprüngliche, stets gleichgerichtete und daher als Gleichstrom bezeichnete Strom wird durch den Kommutator nach jeder halben Umdrehung in entgegengesetzter Richtung den Klemmen 2 und 3 zugeleitet; der von dort zu dem Motor weiterfließende Strom ist also, da er immerfort in rascher Folge seine Richtung wechselt, nicht mehr Gleichstrom, sondern Wechselstrom.

Leitet man durch einen gewöhnlichen Hauptschlußelektromotor Wechselstrom, so kommt er ebenfalls in Funktion, da die Umdrehungsrichtung nicht von der Richtung des eingeleiteten Stromes abhängig ist. Kehrt sich nämlich die Stromrichtung in den Magnetschenkelwindungen um, so geschieht dasselbe in den Ankerwindungen, da der Strom beide hintereinander durchläuft; die treibende Kraft behält also die frühere Richtung. Nimmt die Rotationsgeschwindigkeit immer mehr zu, so wird schließlich ein Punkt erreicht, bei welchem der den Anker durchlaufende Wechselstrom so rasch kommutiert wird, daß die Stromrichtung in den Ankerwindungen immer dieselbe ist, während sie in den Elektromagnetwindungen in normaler Weise sich fortwährend ändert. Dies tritt ein, wenn der Anker mit gleicher Geschwindigkeit — synchron — mit dem den Wechselstrom erzeugenden Kommutator umläuft. Der Motor funktioniert nunmehr als reiner Wechselstrom-

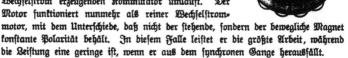

Fig. 777.

motor, mit dem Unterschiede, daß nicht der stehende, sondern der bewegliche Magnet konstante Polarität behält. In diesem Falle leistet er die größte Arbeit, während die Leistung eine geringe ist, wenn er aus dem synchronen Gange herausfällt.

Als Beispiel eines Wechselstrommotors kann z. B. ein Grammescher Ring wie Fig. 777 dienen, wenn man die beiden Kommutatorsegmente mit Schleifringen verbindet. Leitet man Strom ein, so bildet sich da, wo die beiden Windungshälften zusammenstoßen, ein Nord- und Südpol aus. Befindet sich der Ring zwischen feststehenden Polen, so wird er sich so einstellen, daß entgegengesetzte Pole einander gegenüberliegen. Wechselt nun der Strom seine Richtung, so ist der Ring genötigt, sich um 180° zu drehen. Wechselt der Strom abermals seine Richtung, so erfolgt nochmalige Drehung um 180° u. s. w.

Fig. 778.

Dasselbe wird der Fall sein, wenn man die äußeren Pole durch die Pole eines ins Innere des Ringes eingebrachten Magneten ersetzt (Innenpolmaschine). Hält man den Ring fest und macht den Magneten drehbar, so wird dieser in Drehung kommen.

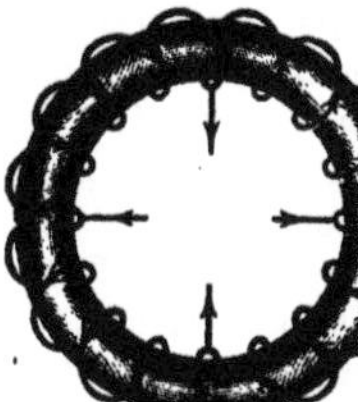

245. Drehstrommotoren. Leitet man in eine Ringarmatur, wie Fig. 778 [1] andeutet, durch zwei Paare von um 180° auseinanderstehenden Zuleitungen zwei um 90° in ihrer Phase verschobene Wechselströme ein, so wird im ersten Momente der Nordpol sich beispielsweise oben ausbilden, sodann um 90° etwa nach rechts weiterrücken, dann an den untersten Punkt, dann um 90° nach links, dann wieder an den obersten Punkt u. s. w., und mit derselben Geschwindigkeit rückt stets der um 180° von ihm abstehende Südpol nach. Man hat demnach innerhalb des eisernen Ringes, weil die magnetischen

---

[1] Die eingezeichneten Pfeile gelten nicht für diesen Fall.

Pole in gleichförmigem Umlauf begriffen sind, ein sogen. Drehfeld. (Vgl. § 239, S. 381.) Bringt man in das Innere des Ringes einen Magnetstab, welcher sich drehen kann (Fig. 779), so folgt derselbe der Bewegung der Pole im Eisenringe (Fig. 780 K, 50), kommt also in gleich rasche oder synchrone Drehung. Es genügt auch an Stelle eines Magnetstabes ein Stab aus weichem Eisen, da in diesem durch die umlaufenden Pole des Ringes von selbst die entgegengesetzten Magnetpole influenziert werden. (Vgl. auch Drehstromwassermotoren, Bd. I(2), S. 1432, Fig. 3628; Druckluftmotoren und Dampfmaschinen mit gekreuzten Kurbeln u. s. w.) Gleiches gilt für eine die ganze freie Fläche ausfüllende Scheibe.

Wie man hieraus sieht, ist es möglich, Drehstrommotoren herzustellen, deren rotierender Teil keine Drahtwindungen enthält, so daß die rascher Abnutzung unterliegenden Schleifringe oder Kollektorsegmente der gewöhnlichen Elektromotoren vermieden werden.

Zur Herstellung des Apparates Fig. 778 wickelt man nach Tesla[1]) Eisendraht von etwa 1 mm Dicke auf einer Holzspule, deren Endscheiben sich abschrauben lassen, zu einem Ring, wobei man durch Firnissen jeder Lage mit dickem Schellackfirnis

Fig. 779.

Fig. 780.

und Erhitzen bis zum Schmelzen des Schellacks dafür sorgt, daß die einzelnen Drahtlagen fest miteinander verkittet werden. Der Holzkern wird nach Abschrauben der Endscheiben entfernt, was sich leicht bewirken läßt, wenn derselbe nicht genau cylindrisch, sondern schwach konisch ist und die erste Drahtlage nicht direkt auf das Holz, sondern auf ein lose umgelegtes Papier gewickelt wurde. Man umwindet nun den Ring mit umsponnenem Kupferdraht, ähnlich wie einen Grammeschen Ring, und bringt dann an vier, um 90° voneinander entfernten Stellen der in sich zurücklaufenden Wickelung Zweigdrähte an, welche mit den vier Klemmen eines Doppelkommutators (Fig. 782 E, 50 oder einer Drehstrommaschine) verbunden werden. Legt man den Ring horizontal (Fig. 783 E, 95) und bedeckt ihn mit einer Glasscheibe, auf welche Eisenfeilspäne gestreut werden, so sieht man über diese, entsprechend dem Wandern der Pole im Eisenring, gewisser

---

[1]) Einen derartigen Ring für Dreiphasenstrom zeigt Fig. 781 (E, 33). Ein ähnliches Modell von großem Maßstabe (etwa 70 cm Durchmesser) benutze ich zur Demonstration der Rotation einer Eisenblechscheibe im magnetischen Drehfelde. Statt der Eisenscheibe kann auch eine Pappscheibe mit zahlreichen im Kreise angeordneten drehbaren Magnetnadeln eingesetzt werden, die alle rasch rotieren. Über Versuche mit Wechsel- und Drehfeldern siehe auch Johs. J. C. Müller, Z. 18, 21, 1905.

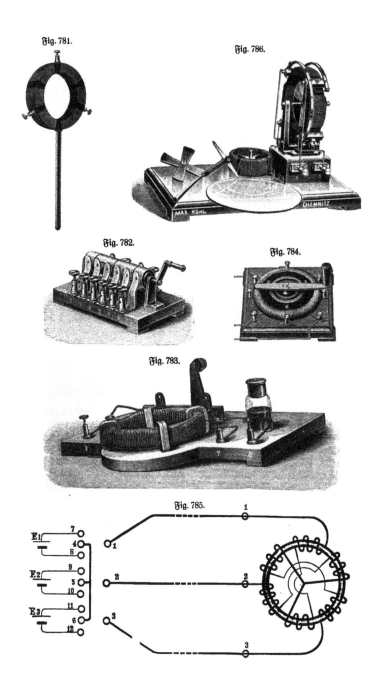

Fig. 781.

Fig. 786.

Fig. 782.

Fig. 784.

Fig. 783.

Fig. 785.

maßen eine Welle im Kreise herumlaufen, indem sie sich jeweils an der Stelle aufrichten, wo sich gerade ein Pol befindet. Bringt man eine in einer Schere drehbare Magnetnadel oder eine ebenso drehbare Eisenscheibe oder ein Kreuz aus weichem Eisen in die Nähe des Ringes, so rotieren dieselben, selbst noch bei erheb= lichem Abstand, mit großer Geschwindigkeit[1]) (Fig. 786 K, 60).

246. Ablenkung einer Magnetnadel durch den elektrischen Strom. Die elektrische Influenz wurde gedeutet (S. 23) als Kraftwirkung des influenzierenden Körpers auf bewegliche Elektrizitätsteilchen im influenzierten. In gleicher Weise kann man sich vorläufig die magnetische Influenz vorstellen. Es müßte demnach, da auch ein elektrischer Strom magnetische Influenz erregen kann, auch dieser im= stande sein, einen Magnetpol zu beeinflussen.

Daß dem wirklich so ist, kann man schon bei dem (S. 298, § 182) besprochenen Experiment, der Magnetisierung von Stahlstäben durch eine Drahtrolle, beobachten. Die Stäbe werden kräftig in die Rolle hinein und gegen sie hingezogen. Zuerst hat

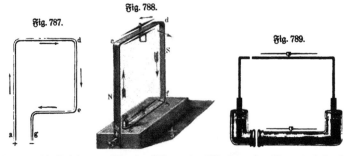

Fig. 787.   Fig. 788.   Fig. 789.

Ampère die Beziehung zwischen der Richtung der Ablenkung einer Magnetnadel und der Stromrichtung gefunden. Er brachte sie durch seine bekannte sogen. „Schwimm= regel" zum Ausdruck, welcher zufolge der Nordpol nach links, der Südpol nach rechts vom Strome abgestoßen wird, gesehen von einem mit dem Strome positiver Elektrizität schwimmend gedachten Beobachter, welcher das Gesicht dem Magnet= stäbchen zuwendet. Zum Nachweis dieser Wirkung hänge ich einen Magnetstab auf wie bei Demonstration der Anziehung und Abstoßung und nähere von unten einen mit Handgriffen versehenen langen Messingstab in nord=südlicher Richtung, durch welchen ein Strom von einigen hundert Ampere geleitet wird. Eine an dem Stabe befestigte, daran verschiebbare und drehbare Gliederpuppe, deren Arme sich ausstrecken lassen, ermöglicht den Sinn des Gesetzes zu verdeutlichen. Gewöhnlich befestigt man auf zwei Brettchen rechteckig gebogene Kupferdrähte, wie Fig. 787, wovon die Ebene des einen vertikal, die des anderen horizontal gerichtet wird; sie werden so gestellt, daß

---

[1]) Einen Stromwechsler zur Umwandlung von Gleichstrom in Drehstrom unter An= wendung einer einzigen Batterie beschreibt Kuhfahl, Z. 11, 163, 1898. Meiser u. Mertig in Dresden liefern diesen Apparat zu 24 Mk. Einen Stromverteilungsapparat nach Weinhold, Fig. 784, für 90 und 120° Phasenverschiebung, bestehend aus einem Rheostaten, ähnlich einem Grammering mit rotierenden Kontaktfedern, liefern Keiser u. Schmidt, Berlin, Johannisstr. 20. F. Ernecke, Berlin=Tempelhof, liefert ein Dreifach=Pachytrop und Teslamotor mit drei Spulen in Sternschaltung nach dem Schema Fig. 785 zu 190 Mk.

die Ebene des vertikalen in die Ebene des magnetischen Meridians, und zwei Seiten des horizontalen ebenfalls in diese Ebene fallen. Man bringt eine Magnetnadel über und unter die horizontalen, sowie seitwärts an die vertikalen Teile dieser Ströme. Ebenso bringt man eine kurze Inklinationsnadel seitwärts an die horizontalen und vertikalen Stromteile. Eine Nadel, wie Fig. 565 (S. 314) oder 572 (S. 316) ist hierzu sehr bequem. Fig. 788 (E, 18) zeigt eine andere Vorrichtung zu gleichem Zwecke.

Grimsehl (Z. 8, 209, 1895) konstruierte ein Element nach Fig. 789 aus zwei Teilen bestehend, welche Strom erzeugen, sobald sie miteinander in Berührung gebracht werden, was an daran befestigten Magnetnadeln zu erkennen ist.

Das Fundamentalgesetz der magnetischen Stromwirkung (Kraft von Laplace) wurde schon bald nach Entdeckung dieser Wirkungen durch Oerstedt von Biot und Savart im Jahre 1820 aufgefunden [1]). Zur gleichen Zeit hat sich Ampère mit Ermittelung der Wirkungen zweier Ströme aufeinander beschäftigt, welche sich aus dem Biot-Savartschen Gesetze (vgl. § 248, S. 410 ff. und § 255, S. 427) ableiten läßt.

247. Das magnetische Feld eines Stromes. Denkt man sich in einer Flüssigkeit ein (eventuell hohles) Magnetstäbchen von gleichem spezifischen Gewicht schwebend und außerdem in die Flüssigkeit einen gradlinigen, von elektrischem Strome durchflossenen Draht eingebracht, so muß sich infolge der magnetischen Wirkung des Stromes auf das Magnetstäbchen das letztere in bestimmte Stellung begeben. Die Einwirkung des Erdmagnetismus möge dabei außer acht bleiben, d. h. die Wirkung desselben als verschwindend klein gegen die des Stromes angenommen werden.

Aus Gründen der Symmetrie kann sich das Stäbchen nur entweder parallel oder senkrecht zum Drahte stellen und von diesen beiden Stellungen ist tatsächlich, dem Ampèreschen Gesetze zufolge, nur die letzte möglich.

Eine größere Anzahl solcher Magnetstäbchen würde sich also in Ebenen senkrecht zum Draht anordnen, und zwar stets senkrecht auf den vom Draht ausgezogenen Radien, also in konzentrischen Kreisen um den Draht herum. Ein dieselben darstellendes Modell kann leicht aus Draht angefertigt werden. Die zur Befestigung der Kreise dienenden radialen Drähte stellen zugleich die Niveaulinien dar, Fig. 790 (vgl. S. 416).

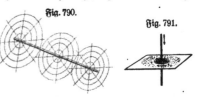

Fig. 790.   Fig. 791.

Steckt man einen geraden Draht senkrecht durch eine horizontal gestellte Glas- oder Kartonscheibe, bestreut letztere mit feinem Eisenpulver und leitet durch den Draht einen starken Strom, so ordnen sich beim Erschüttern der Scheibe die Eisenteilchen zu konzentrischen Ringen um den Draht, Fig. 791. Damit sich die Temperatur des Leiters beim Stromdurchgang möglichst wenig ändere, benutze ich ein etwa 1,5 cm weites Messingrohr, durch welches ein starker Wasserstrom geleitet wird. Zur Erzeugung des Stromes dienen die sechs großen Akkumulatorenelemente der Niederspannungsleitung (vgl. Bd. I$_{(1)}$, S. 116). An das Rohr ist ein Träger aus Holz angeklemmt, auf welchen zwei halbkreisförmige,

---

[1]) Man kann hier auch darauf hinweisen, daß wahrscheinlich die Veränderlichkeit des Erdmagnetismus durch elektrische Ströme bedingt ist. Siehe Weinstein, Die Erdströme. Braunschweig 1901, Friedr. Vieweg u. Sohn.

mit weißem Papier beklebte Bretter aufgelegt werden, so daß sie eine zum Rohr senkrechte Scheibe von 0,6 m Radius bilden und ohne Störung der Feilspänkurven abgenommen und wieder zusammengesetzt werden können.

Steht kein hinreichend starker Strom zu Gebote, so führt man den Draht durch ein möglichst enges Loch in einer horizontalen Glasplatte, welche sich auf dem Objekttisch des Horizontalprojektionsapparates befindet. Der Strom, welcher die elektrische Lampe speist (etwa 20 Amp.), ist dann gerade ausreichend [1]).

Nach v. Lommel erhält man auch Feilspänkurven auf einem vom Strome durchflossenen Kupferblech.

Soll nur gezeigt werden, daß eine konstante Kraft auf eine magnetische Masse wirkt, vermöge deren diese das Bestreben hat, um den Stromleiter zu rotieren, so können sogenannte Unipolarmaschinen benutzt werden [2]), deren Einrichtung durch

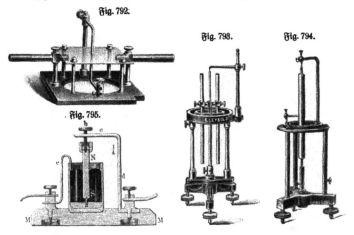

Fig. 792.

Fig. 793. Fig. 794.

Fig. 795.

die Apparate Fig. 793 (Lb, 25) und 794 (K, 24) veranschaulicht wird. Bei letzterem sind die zwei Magnetstäbe zu einem vereinigt, welcher zugleich Stromleiter ist.

Einen Magneten, der vermöge eines elektrischen Stromes um seine Achse rotiert, erhält man am einfachsten auf die in Fig. 795 im Durchschnitte dargestellte Weise. In ein Brettchen MM ist ein Trinkglas etwas eingelassen, auf dessen Boden ein Stückchen Holz gekittet ist, in welches man eine Stahlspitze geschraubt hat. Zum Magneten nimmt man ein etwa 9 cm langes und 6 bis 9 mm dickes Stück Rundstahl, das man auf der Drehbank an zwei Spitzen vollends rund macht, dann härtet, rein schmirgelt und magnetisiert. Man setzt diesen Magneten mit der Vertiefung, die er durch das Abdrehen bekommen hat, auf die Spitze im Glase, nach-

---

[1]) Fig. 792 (Lb, 25) zeigt einen solchen kleinen Apparat zu objektiver Demonstration der Kurven mittels des Projektionsapparates. — [2]) Verschiedenartige Formen wurden z. B. von dem Mechaniker Fessel konstruiert. Lecher hat neuerdings die Erklärung der Unipolarrotation bestritten, indes sind diese Bedenken von Olshausen, Beibl. 25, 469, 1901 widerlegt worden.

dem man auf den anderen Pol N eine Hülse aa, Fig. 796, aus beliebigem Material, am besten aus hartem Holze oder Bein, aufgeschoben hat. Ein Messingstreifen cd ist ebenfalls auf dem Brettchen MM befestigt und trägt eine stählerne Schraube b, deren reingeschliffene Spitze jener im Glase vertikal gegenüber steht. Die Schraube wird nun soweit gegen das obere Kernloch des runden Magneten herunter geschraubt, daß dieser zwischen beiden Spitzen noch etwas Spielraum hat, aber dieselben doch nicht verlassen kann. An einen Kupferdraht e ist ein kupferner Ring gebogen, der nicht ganz geschlossen ist, so daß man ihn federnd in das Glas drücken kann und er an der Wand desselben sich anlegt; er wird amalgamiert. In die Hülse aa gießt man etwas Quecksilber und in das Glas so viel, daß sein Auftrieb gerade den Magneten trägt und dieser also zwischen seinen beiden Spitzen eigentlich schwebt, folglich, da er im Quecksilber an derselben Stelle bleibt, sich ungemein leicht drehen kann. Die Kette wird mit dem Drahte e und dem Bügel cd verbunden, in welchem die Schraube b einen etwas festen Gang haben muß. Steckt man die Hülse aa an

Fig. 798.

Fig. 797.

Fig. 796.

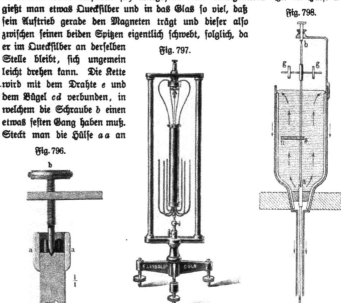

den Pol S, oder kehrt man den Strom um, so rotiert der Magnet in entgegengesetzter Richtung, und zwar immer ziemlich schnell (E, 18).

W. de Nicolejeve (Beibl. 20, 55, 1896) steckt zur Demonstration der Wirkung des Stromes auf einen Magnetpol eine Magnetnadel mit der Spitze auf einen Schwimmer.

Grimsehl (Z. 7, 189, 1894) demonstriert die Rotation eines Magnetpols mit einer von der Decke herabhängenden magnetisierten Stricknadel, deren Pol sich um das Ende einer vertikalen, mit einem galvanischen Element verbundenen Messingstange dreht. Der obere Zuleitungsdraht muß natürlich jeweils für einen Moment entfernt werden, wenn der Magnet gerade vorbei kommt.

Einen Rotationsapparat, bei welchem die beiden Nordpole zweier mit ihren Südpolen zusammengebundener Hufeisenmagnete um ein stromdurchflossenes Messingrohr kreisen, beschreibt Fleischmann (Z. 8, 361, 1895).

Fig. 797 (Lb, 75) zeigt einen Rotationsapparat nach König (3. 10, 250, 1897), bei welchem ebenfalls als Stromleiter eine Röhre dient, in deren Achse sich die Pole der rotierenden Magnete befinden. Die erforderliche Stromstärke beträgt 15 Amp. Hält man mit der Hand das Rohr fest, so rotiert das Magnetsystem; hält man letzteres fest, so rotiert das Rohr; läßt man beide frei, so rotieren Rohr und Magnetsystem in entgegengesetztem Sinne (Gleichheit von Wirkung und Gegenwirkung).

Jaumann (3. 14, 98, 1901) konstruierte einen Rotationsapparat, bei welchem sich ein Magnetstab ns, Fig. 798, an gläserner Achse ab mit den zur Kompensation des Auftriebes erforderlichen Gewichten gg in einer Quecksilbermasse dreht, welche in einem becherförmigen Glasgefäß enthalten ist. Der Strom tritt bei a ein und fließt von oben durch einen das Glasgefäß umgebenden vernickelten Kupferbecher zurück. Er nennt die Vorrichtung Magnetfähnchen und vergleicht die Drehung mit der einer Windfahne in stetig strömender Flüssigkeit mit ungleicher Strömungsgeschwindigkeit an verschiedenen Stellen (Quirlströmung).

Leitet man den Strom axial durch einen Magnetstab, so suchen sich die Moleküle am einen Ende im Sinne des Uhrzeigers um die Achse zu drehen, die am anderen in entgegengesetztem Sinne, d. h: der Magnetstab wird torbiert. Um die Wirkung auffällig zu machen, kann man einen Eisendraht vertikal aufhängen und mit einer auf ein Glasrohr gewundenen Magnetisierungsspirale umgeben. Das untere Ende des Drahtes trägt einen Spiegel, von welchem ein Lichtstrahl reflektiert wird, und taucht in einen Quecksilbernapf, durch welchen der Strom zugeführt wird (G. Wiedemann).

248. Biot-Savarts-Gesetz. Die Symmetrie erfordert, daß die Größe der Kraft auf einen Magnetpol in der Nähe eines gerablinigen Stromleiters, außer von dessen Stärke und derjenigen des Stromes, nur abhängig sei von der Entfernung desselben vom Stromleiter.

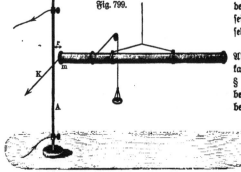

Fig. 799.

Um das Gesetz dieser Abhängigkeit zu ermitteln, kann man einen der in § 185 (S. 306, Fig. 545) beschriebenenElektromagnete benutzen, ihn in gleicher Weise aufhängen, Fig. 799, sodann in einiger Entfernung von dem einen Pole einen senkrechten Messing- oder Kupferstab aufstellen und durch diesen einen starken Strom hindurchleiten. Der Magnet wird aus seiner Anfangslage abgelenkt, kann aber durch passende Belastung des Fadens wieder in dieselbe zurückgeführt werden.

Wiederholt man den Versuch bei verschiedenen Abständen r und verschiedenen Polstärken m des Magneten, so ergibt sich, daß die Kraft K direkt proportional zu m und umgekehrt proportional zu r ist.

Ersteres ist nach dem Gesetz von der Superposition der Kräfte selbstverständlich, letzteres kann man mit aller Genauigkeit durch den Versuch Fig. 800 erweisen.

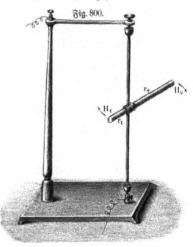

Fig. 800.

Ein Magnetstab ist verschiebbar senkrecht zu einer drehbaren Achse befestigt, durch welche ein Strom hindurchgeht. Es tritt niemals Drehung ein, wie man auch den Abstand der beiden Pole wählen mag. Seien nun die beiden Abstände r_1 und r_2 und die Intensitäten des magnetischen Feldes des Stromes in diesen Abständen bezw. H_1 und H_2 und $\pm m$ die Massen der beiden Magnetpole, so ist das gesamte Drehmoment $a\,H_1\,m\,r_1$ — $a\,H_2\,m\,r_2$, und da dieses, wie der Versuch zeigt, $= 0$ ist, so muß $H_1\,r_1 = H_2\,r_2$, somit $H.r = const$ sein, d. h. die Intensität des magnetischen Feldes ist umgekehrt proportional dem Abstande vom Stromleiter. Mißt man die Polstärke m in Centimikrowebern, den Abstand r in Centimetern und die Stromstärke i in elektrostatischen CGS-Einheiten, so ergibt sich

$$K = {}^2/_3 \cdot 10^{-10} \cdot \frac{m.i}{r}\ \text{Dynen},$$

vorausgesetzt, daß der Stromleiter als unendlich lang betrachtet werden kann.

Mißt man also die Stromstärke in Ampere, die Polstärke in Webern, den Abstand in Metern und die Kraft in Kilogrammen, so ist zu berücksichtigen, daß m Weber $= m \cdot 10^8$ Centimikroweber, i Ampere $= 3 \cdot 10^9 \cdot i$ CGS$_{el}$, r Meter $= r \cdot 100$ Centimeter und 1 Dyne $= 1/g \cdot 10^{-5}$ Kilogramm, also

$$K = \frac{2}{3} \cdot 10^{-10} \cdot \frac{m \cdot 10^8 \cdot 3 \cdot 10^9 \cdot i}{100 \cdot r} \cdot \frac{10^{-5}}{g}\ \text{Kilogramm},$$

oder

a) Technisch: $K = \dfrac{2}{g} \cdot \dfrac{m.i}{r}$ Kilogramm,

b) Gesetzlich: $K = 2 \cdot \dfrac{m.i}{r}$ Decimegadynen,

wenn m in Webern, i in Ampere und r in Metern gemessen sind und $g = 9,81$.

Die obige Formel für elektrostatische CGS-Einheiten ist unbequem wegen des Zahlenfaktors $^2/_3 \cdot 10^{-10}$. Dies hat den Anlaß zur Aufstellung der elektromagnetischen CGS-Einheit gegeben, welche, wie bereits erwähnt, $= 3 \cdot 10^{10}$ elektrostatischen ist. Eine Stromstärke von i CGS$_{el}$ ist somit gleich $3 \cdot 10^{10} \cdot i$ CGS$_{em}$, somit ist

c) Physikalisch: $K = 2 \cdot \dfrac{m.i}{r}$ Dynen,

wenn m Centimikroweber, i CGS$_{el}$ und r Centimeter bedeuten. Die elektrostatischen

CGS-Einheiten pflegt man bei den magnetischen Erscheinungen nicht anzuwenden, sie sollen deshalb hier auch im folgenden außer Betracht bleiben. Man könnte die elektromagnetische Stromeinheit also auch durch obige Gleichung definieren und sagen: Die Stromstärke 1 CGS hat ein Strom dann, wenn er, einen unendlich langen geradlinigen Leiter durchfließend, auf einen im Abstande 1 CGS (1 cm) befindlichen Magnetpol von 1 CGS (10^{-8} Weber) Stärke die Kraft 2 CGS (2 Dynen) ausübt. Die Dimensionen sind $cm^{1/2} g^{1/2} sec^{-1}$.

Zum Nachweis des Satzes kann man die Stromstärke mittels eines Voltameters oder eines Hitzdrahtgalvanometers mit starkem Nebenschluß ermitteln, eventuell auch durch ein Kalorimeter oder am einfachsten mittels des Quadrantenelektrometers durch Bestimmung der Spannungsdifferenz an den Enden des Stromleiters (eventuell an den Klemmen der stromerzeugenden Akkumulatorenbatterie) und Multiplikation derselben mit dem etwa aus den Dimensionen und dem spezifischen Widerstande berechneten oder mittels des Kompensationsverfahrens oder der Meßbrücke bestimmten Widerstande der Leitung [1]).

Als Stromleiter benutze ich dasselbe vertikal gestellte, wasserdurchflossene Messingrohr, welches bereits zur Demonstration der Feilspänkurven (siehe oben S. 407) gebraucht wurde.

Für $i = 1700$ Amp., $m = 180 . 10^{-8}$ Weber, $r = 0,04$ Meter berechnet sich

$$K = \frac{2}{9,81} \cdot \frac{180 . 10^{-8} . 1700}{0,04} = 1,8 \ \text{Kilogramm.}$$

In Übereinstimmung hiermit muß in eine an die Schnur gehängte Wagschale von 0,3 kg Gewicht ein Gewicht von 1 kg eingelegt werden, um die Kraftwirkung des Stromes auf den Magneten zu kompensieren, falls die Schnur direkt am Pol angreift. Anderenfalls ist noch das Verhältnis der Hebelarme zu berücksichtigen. Durch Messung der Kraft K können wir demnach auch die Stärke eines Stromes in Ampere bestimmen, denn es ergibt sich:

$$i = \frac{K . g . r}{2 . m} \ \text{Ampere.}$$

Ist $i = 1$ Ampere, $m = 1$ Weber, $r = 1$ Meter, so folgt $K = \frac{2}{g}$ Kilogramm; somit hat ein Strom die Stärke 1 Ampere, wenn er, durch einen unendlich langen, geraden Draht fließend, auf einen Magnetpol von 1 Weber Stärke in der Entfernung 1 Meter die Kraft 2 Decimegadynen $= \frac{2}{g}$ (etwa 0,204) Kilogramm ausübt.

Wollte man wirklich nach diesem Prinzip eine Messung der Stromstärke vornehmen, so müßte eine genauere Art der Kraftmessung benutzt werden, etwa das Prinzip der Drehwage. Man kann z. B. den eben benutzten langen Elektromagneten an dem Draht der Torsionswage horizontal aufhängen und in der Entfernung r von dem einen Pole einen senkrechten Metallstab aufstellen, durch welchen man den Strom hindurchleitet. Der Magnet wird aus seiner Anfangslage (Nord-Süd-Richtung) abgelenkt, kann aber durch entsprechende Drillung des Drahtes wieder in dieselbe zurückgeführt werden. Der Torsionswinkel ergibt in bekannter Weise (vgl. Bd. I(2), S. 749) die Größe der vom Strome ausgeübten Kraft.

---

[1]) Siehe auch Oosting, 8. 17, 27, 1904.

Eine andere Methode ist die, daß man die eine Hälfte des Magneten der Einwirkung des Stromes entzieht, etwa wie Fig. 801 zeigt. Hier bewegt sich der Pol S des durch das Gegengewicht Q[1])

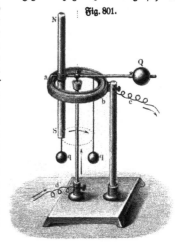

Fig. 801.

tarierten Magnetstabes in der Richtung der punktierten Kraftlinie, entsprechend der Ampèreschen Regel (vgl. S. 406), daß, wenn man sich mit dem Strome schwimmend denkt, man den Südpol nach rechts ausweichen sieht. Auf den Nordpol N kann der Strom nicht einwirken, da er durch den knieförmig gebogenen Draht a in die Quecksilberrinne b und von hier durch den Draht c zur Batterie zurückgelangt. Bei Ausführung des Versuches empfiehlt es sich, einen großen Magnetstab (0,5 m lang) und starken Strom (60 Amp.) zu nehmen, um kräftige Wirkung zu erhalten. Als Gegengewicht kann auch ein zweiter gleich großer und gleich gerichteter Magnet dienen. Die Kraft wird dadurch verdoppelt.

249. Magnetfeld eines Konvektionsstromes. Man denke sich eine unendlich lange gerade Stange, welche gleichmäßig, z. B. pro Centimeter mit 1 CGS elektromagnetisch $= 10$ Coulomb, geladen ist.

Wird diese Stange mit solcher Geschwindigkeit (1 cm in der Sekunde) in ihrer Richtung verschoben, daß an jeder Stelle pro Sekunde 10 Coulomb vorbeiwandern, so erzeugt sie um sich ein magnetisches Feld wie ein Stromleiter, durch welchen pro Sekunde 10 Coulomb fließen, d. h. in welchem ein Strom von 10 Amp. oder 1 CGS elektromagnetisch herrscht.

Denkt man sich nun die Stange statt mit 1 CGS elektromagnetisch mit 1 CGS elektrostatisch (pro Centimeter) geladen und fragt, mit welcher Geschwindigkeit muß nun die Verschiebung stattfinden, damit sich ein ebenso intensives magnetisches Feld herstellt, wie im vorigen Falle, so ergibt sich, da die Ladung nun den 3.10^{10}ten Teil der früheren beträgt, daß die Geschwindigkeit 3.10^{10}mal so groß sein muß, d. h. $= 3.10^{10}$ cm pro Sekunde $= 3.10^{8}$ m $= 300\,000$ km pro Sekunde. **Man müßte also die Stange mit der Geschwindigkeit des Lichtes „v" verschieben**[2]).

250. Blattmagnete. Nachdem man den Verlauf der Kraftlinien im magnetischen Felde eines geradlinigen Stromes kennen gelernt hat, sowie die Verteilung

---

[1]) Die Gewichte qq dienen dazu, den Schwerpunkt des drehbaren Systems so tief zu legen, daß dasselbe im stabilen Gleichgewicht ist. — [2]) Anstatt einer unendlich langen geraden Stange stellt man sich zweckmäßiger einen um seine Achse rotierenden Ring vor, welcher pro Centimeter mit 1 CGS geladen ist und auf einen im Zentrum befindlichen Magnetpol einwirkt (Warburg). Die Betrachtungen sind im übrigen dieselben. Die Kraft ist allerdings eine andere, entsprechend der eines Kreisstromes.

der Werte der magnetischen Kraft in demselben, liegt es nahe, sich zu fragen: Wie muß ein Stahlmagnet beschaffen sein, damit er ein genau gleichgeartetes magnetisches Feld erzeugt, wie ein elektrischer Strom?

Es läßt sich leicht nachweisen, daß derselbe die Form eines Blattmagneten oder einer magnetischen Doppelschicht haben muß.

Man denke sich sehr viele sehr kleine Magnetnadeln vertikal dicht nebeneinander gestellt, so daß ein plattenförmiger Stahlkörper entsteht, der auf einer der flachen Seiten die Nordpole der sämtlichen Nadeln enthält, auf der anderen die Südpole, somit auf der ersten Seite nordmagnetisch, auf der anderen südmagnetisch ist. Dies ist ein Blattmagnet. Eine ähnliche Wirkung könnte man auch dadurch erzielen, daß man in eine Holz- oder Ebonitplatte sehr viele kleine Löcher bohrte und in diese kleine Magnetnadeln einsetzte, alle in gleicher Richtung und in gleichen Abständen.

Es möge zunächst der Verlauf der Niveaulinien (=flächen) im Felde der Blattmagneten untersucht und danach entsprechend dem Satze, daß die Kraftlinien senkrecht

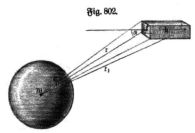

Fig. 802.

zu den Niveaulinien stehen (§ 21, S. 46; f. a. § 61, Bd. I₍₃₎, S. 725), der der Kraftlinien ermittelt werden.

Wären auf dem Quadratmeter σ Weber, so wäre die Intensität der Magnetisierung $= \sigma$ Weber pro Quadratmeter.

Die Dicke der Schicht, d. h. die Länge jeder Nadel, sei h, der Querschnitt einer Nadel $= f$, also die Menge Magnetismus am Pole einer jeden $\sigma . f$.

Es befinde sich nun in der Nähe des Blattmagneten ein Pol von m Weber und es sei zu ermitteln, wie groß die potentielle Energie desselben ist. Die von einer Nadel herrührende Energie ist, da die Polstärke $= \sigma . f$, wenn r und r_1 die Abstände von m vom näheren bezw. entfernteren Ende der Nadel sind (Fig. 802):

$$P = a . V . m = \Pi - a \sigma f \left(\frac{1}{r} - \frac{1}{r_1} \right) . m = \Pi - a \sigma f \frac{r_1 - r}{r^2} . m,$$

benn

$$\frac{1}{r} - \frac{1}{r_1} = \frac{1}{r} - \frac{1}{r + (r_1 - r)} = \frac{r + (r_1 - r) - r}{r^2 + r(r_1 - r)} = \frac{r_1 - r}{r^2},$$

da $r(r_1 - r)$ wegen der Kleinheit von $r_1 - r$ gegen r^2 vernachlässigt werden kann. Annähernd ist ferner $r_1 - r = h . \cos \alpha$, wenn α den Winkel zwischen h und r_1 bezeichnet, somit die Energie:

$$P = a . V . m = \Pi - a \sigma h \frac{f \cos \alpha}{r^2} . m.$$

Denkt man sich nun um den Pol, welcher der Einwirkung des Blattmagneten unterliegt, eine Kugel von 1 m Radius beschrieben, so schneiden die Radien, welche nach dem Umfange der einen Endfläche der Nadel gezogen werden, auf dieser Kugel eine kleine Fläche q heraus, welche die Projektion der Fläche f auf die Einheitskugel genannt wird. Projiziert man f ebenso auf eine Kugel vom Radius r, so ist die Größe der Fläche $f . \cos \alpha$. Da sich nun diese Fläche zu q verhält wie $r^2 : 1$, so ist $q = \frac{f . \cos \alpha}{r^2}$, somit die Energie $\Pi - a . \sigma . h . q . m$, oder, wenn das Produkt $\sigma . h$, die Stärke des Blattmagneten $= S$ gesetzt wird, $\Pi - a \cdot S \cdot q \cdot m$. Der von einer zweiten Nadel herrührende Betrag von Energie ist ebenso $- a \, S q_1 \cdot m$ u. s. w., also die gesamte Energie $= \Pi - a \, S (q_2 + q_1 + \cdots) m$. Nun bilden die Projektionen q, $q_1 \ldots$ zusammen die Projektion des ganzen Blattmagneten $= \omega$ (Fig. 803),

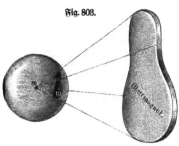

also ist die Energie

$$P = a \cdot V \cdot m = \Pi - a \, S \cdot \omega \cdot m.$$

Befände sich der Pol von m Weber Stärke dicht auf der anziehenden (negativen) magnetischen Seite des Blattmagneten, so wäre $\omega =$ der halben Kugeloberfläche vom Radius $1 = 2\,\pi$, somit die Energie $\Pi - a \cdot S \cdot 2\,\pi \cdot m$, auf der abstoßenden (positiven) Seite ergäbe sich ebenso $\Pi + a \cdot S \cdot 2\,\pi \cdot m$, folglich unterscheiden sich die Werte der potentiellen Energie zu beiden Seiten der magnetischen Doppelschicht um $a \cdot 4\,\pi \, S \cdot m$ Kilogrammeter.

Soviel Energie (oder Arbeit) hätte man also aufzuwenden, um die m Weber von der negativen Seite, von welcher der Pol angezogen wird, auf die positive zu bringen, von welcher er abgestoßen wird, umgekehrt würde man diese Energie gewinnen, wenn der Pol von der positiven Seite auf die negative gebracht würde.

Ebenso, wie früher (§ 21, § 47), setzen wir nunmehr, da immer nur Differenzen zweier Energiewerte in Betracht kommen, $\Pi = 0$, schreiben also:

$$P = \pm \, a \cdot S \cdot m \cdot \omega \text{ Kilogrammeter.}$$

Durch eine einfache Betrachtung ergibt sich aus dieser Formel der Verlauf der Niveaulinien bei bestimmter Form des Blattmagneten.

Derselbe habe die Form einer Halbebene, d. h. einer unendlich ausgedehnten Ebene, welche von einer geraden Linie begrenzt ist. Diese Linie stehe in der Fig. 804

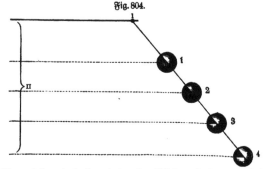

auf der Zeichnungsebene senkrecht und der Durchschnitt mit letzterer sei der mit I bezeichnete Punkt, der Durchschnitt der Halbebene selbst sei die von I aus nach links geführte stark ausgezogene gerade Linie.

Ein Magnetpol möge sich nun in der mit 1 bezeichneten Stellung befinden. Um seine potentielle Energie zu finden, hat man um ihn eine Kugel mit dem Radius

1 m zu konstruieren und auf diese die Halbebene zu projizieren. Hierzu zieht man die Projektionsstrahlen nach I und nach der unendlich fernen Begrenzung der Halbebene, in der Figur durch die Klammer II angedeutet. Zwischen diesen Projektionsstrahlen liegt ein sphärisches Zweieck auf der Kugel, welches durch dunklere Schraffierung kenntlich gemacht ist. Dieses ist ω.

Läßt man nun den Magnetpol successive in die Stellungen 2, 3, 4 ... rücken, welche alle auf der gleichen von I aus gezogenen Geraden liegen, so ist ohne weiteres

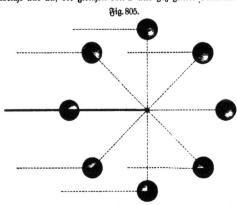

Fig. 805.

klar, daß für alle diese Stellungen ω und somit auch das Produkt $a . S$ $. m . \omega$ denselben Wert behält, d. h. diese von I aus gezogene Gerade ist eine Niveaulinie.

Wiederholt man die Konstruktion für alle möglichen von I ausgehenden Strahlen, wie in Fig. 805 angedeutet ist, so erkennt man nicht nur, daß alle diese Strahlen Niveaulinien sind, sondern auch, daß das Potential stetig zunimmt, wenn der Magnetpol um I herumkreist. In Fig. 806 ist diese Potentialzunahme in der Art dargestellt, daß die Werte der potentiellen Energie in

Fig. 806.

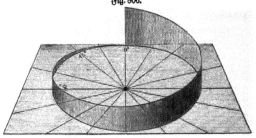

jedem Punkte der kreisförmigen Bahn als Ordinaten aufgetragen sind. Die entstehende Kurve, welche die Endpunkte dieser Ordinaten enthält, ist eine Schraubenlinie.

In Fig. 807 sind mehrere solcher Schraubenlinien gezeichnet und zugleich ist die Potentialhöhe auf verschiedenen Niveaulinien in gleicher Weise durch darauf errichtete Ordinaten dargestellt, deren Endpunkte in geraden horizontalen Linien in verschiedener Höhe liegen.

Aus diesem Verlaufe der Niveaulinien ist sofort ersichtlich, daß die Kraftlinien Kreise um die geradlinige Begrenzung (I) der Halbebene bilden, ganz wie dann, wenn diese Gerade von einem elektrischen Strome durchflossen und der Blattmagnet nicht vorhanden wäre.

Dem Verlaufe der Kraftlinien nach stimmt also das magnetische Feld des Blattmagneten, welches den Stromleiter zur Begrenzung hat, vollkommen überein mit dem magnetischen Felde eines durch den Stromleiter geleiteten Stromes.

Fig. 807.

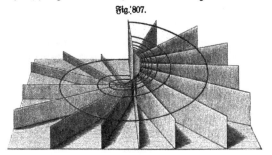

Es fragt sich nun weiter, wie ist die Verteilung der Werte der magnetischen Kraft beschaffen, ist sie ebenfalls die gleiche, wie im Falle der Erzeugung des Feldes durch den elektrischen Strom?

Wie früher (§ 24, S. 51) gezeigt, ist die Kraft

$$K = -\frac{dP}{ds} = \pm a . S . m . \frac{d\omega}{ds}.$$

Läßt man beispielsweise den Magnetpol um I kreisend aus der Stellung 1 in die Stellung 2, Fig. 808, rücken, wobei der zurückgelegte Weg $ds = r . d\beta$, so ist $d\omega$ das sphärische Zweieck auf Kugel 2, welches einem Centriwinkel $= d\beta$ entspricht. Es verhält sich nun $d\omega$ zum Inhalt der ganzen Kugeloberfläche, deren Radius $= 1$, wie $d\beta$ zum ganzen Umfang der Kugel, d. h.

Fig. 808.

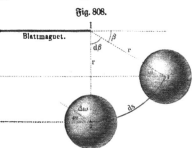

Blattmagnet.

$$d\omega : 4\pi = d\beta : 2\pi,$$

somit ist

$$d\omega = 2 . d\beta$$

und

$$K = a . S . m . \frac{2 d\beta}{r . d\beta},$$

oder

$$K = 2 a . S . \frac{m}{r} = \frac{2 . 10^7}{g} . S . \frac{m}{r} \text{ Kilogramm.}$$

Man sieht, daß in der Tat, ganz wie im Falle des elektrischen Stromes, die Kraft direkt proportional der Polstärke und umgekehrt proportional der Entfernung ist.

Die beiden magnetischen Felder werden in jeder Hinsicht einander gleich, wenn auch die absoluten Werte der Kraft gleich sind. Für den elektrischen Strom war

$$K = \frac{2}{g} \cdot \frac{i \cdot m}{r} \; \text{Kilogramm},$$

die Kräfte sind also gleich, wenn

$$\frac{2 \cdot 10^7}{g} \cdot S \cdot \frac{m}{r} = \frac{2}{g} \cdot \frac{i \cdot m}{r}$$

oder wenn

$$S = 10^{-7} \cdot i \; \text{Meter} \times \text{Weber pro Quadratmeter},$$

d. h. wenn die Stärke des Blattmagneten, d. h. das Produkt der Dichte in Weber pro Quadratmeter mal der Dicke in Meter, der zehnmillionte Teil der Stromstärke in Ampere ist.

Eine Versuchsanordnung, durch welche man dies nachweisen könnte, ist dargestellt in Fig. 809 (A Blattmagnet, B Stromleiter, C Magnetnadel). Der Blattmagnet A und der Stromleiter B wirken entgegengesetzt auf die Magnetnadel C und kompensieren sich bei gleicher Kraft.

Fig. 809.

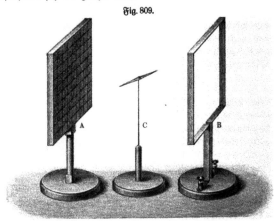

251. Potentielle Energie eines Magnetpoles im Felde eines Stromes. Nachdem bewiesen ist, daß das magnetische Feld eines geradlinigen Stromes von der Stärke i Ampere völlig übereinstimmt mit dem eines Blattmagneten von der Form einer Halbebene, welche den Stromleiter zur Begrenzung hat und dessen Stärke $10^{-7} \cdot i$ Meterweber beträgt, kann ohne weiteres ausgesprochen werden, daß auch die Werte der potentiellen Energie (welche ja nur durch die Kraftverteilung bedingt sind) in beiden Fällen übereinstimmen, daß also die potentielle Energie eines Magnetpoles von m Weber Stärke im Abstande r von einem geradlinigen Stromleiter sich bestimmt durch die Formel:

$$P = \pm \, a \cdot S \cdot m \cdot \omega = \pm \, a \cdot 10^{-7} \cdot i \cdot m \cdot \omega$$

oder

$$P = \pm \frac{1}{g} \cdot i \cdot m \cdot \omega \; \text{Kilogrammeter}.$$

Es läßt sich leicht zeigen, daß dieser Satz nicht nur für einen geradlinigen, sondern für jeden beliebigen Stromleiter gültig ist.

Kombiniert man z. B., wie es Fig. 810 andeutet, mit dem durch die Gerade OB begrenzten, nach rechts hin ausgedehnten Blattmagneten einen zweiten gleich starken, begrenzt von der Geraden CD, in umgekehrter Lage, d. h. so, daß er die entgegengesetzt magnetische Seite dem Pol A zuwendet, wie der erste, so muß die Wirkung, da sich die übereinander liegenden Teile der zwei Blattmagnete in ihrer Wirkung teilweise aufheben, dieselbe sein, als wären nur die zwei winkelförmigen Blattmagnete CGB und OGD vorhanden, denen als ω auf der Kugelfläche die beiden sphärischen Dreiecke cgb und xgy entsprechen, welche sich durch Subtraktion der den einzelnen Blattmagneten entsprechenden Projektionen $bgxs$ und $cdys$ ergeben, indem das doppelt schraffierte Stück in Wegfall kommt. Es stimmt dies

Fig. 810.

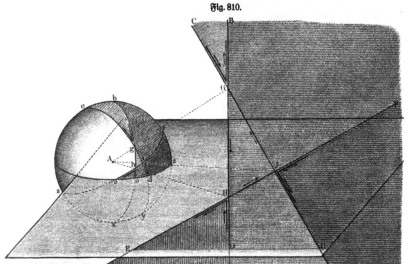

überein mit dem Satze, daß potentielle Energien sich algebraisch addieren, welchem zufolge, wenn $bgxs = \omega_1$ und $cdys = \omega_2$ gesetzt wird, die potentielle Energie, die von beiden Blattmagneten herrührt, sein muß:

$$a . S . m . \omega_1 - a . S . m . \omega_2 = a . S . m (\omega_1 - \omega_2).$$

Ersetzt man nun die beiden Blattmagnete durch den von oben nach unten verlaufenden Strom BO und den gleich starken von unten nach oben laufenden DC, so bleibt alles ungeändert, d. h. die von diesen beiden Strömen herrührende potentielle Energie beträgt $\frac{1}{g} . i . m (\omega_1 - \omega_2)$ Kilogrammeter.

Man kann nun die beiden Stromleiter im Kreuzungspunkte durchschneiden und sie so verbinden, daß der Strom von B über G nach C verläuft und von D über G nach O. Dadurch kann in keiner Weise die Kraft oder potentielle Energie geändert werden; man hat aber nun zwei Winkelströme, welche den winkelförmigen Blattmagneten, die sie umfließen, entsprechen, und zieht demgemäß den Schluß,

27*

daß die potentielle Energie, welche dem Strome $B\,G\,C$ entspricht, $= \dfrac{1}{g} \cdot i \cdot m \cdot (bgc)$

ist und die dem Strome $D\,G\,O$ entsprechende $\dfrac{1}{g} \cdot i \cdot m\,(yg\varepsilon)$, daß also auch für einen Winkelstrom der für einen geradlinigen Strom erwiesene Satz gültig bleibt, wenn unter ω die Projektion des Winkelstromes y auf die Kugel verstanden wird.

Nimmt man einen dritten Blattmagneten, entsprechend dem von unten nach oben laufenden Strome EF, hinzu, so wird die potentielle Energie analog dieselbe sein, als ob nur der dreieckige Blattmagnet HJG und die drei winkelförmigen Blattmagnete EHO, DJF und CGB vorhanden wären. Fügt man noch drei weitere winkelförmige Blattmagnete in entgegengesetzter Lage hinzu, wie es durch die eingezeichneten Winkel angedeutet ist, so reduziert sich die Wirkung auf diejenige der dreieckigen Doppelschicht HJG.

Ganz in derselben Weise addieren und subtrahieren sich die Werte der potentiellen Energie (§ 21, S. 46), d. h., da alle Faktoren bis auf die ω dieselben sind, die Flächenstücke ω auf der Kugel, und somit ist die potentielle Energie des Poles A infolge der Anwesenheit der dreieckigen Blattmagneten

$$P = \pm\, a \cdot S \cdot m \cdot \omega,$$

wenn ω die Projektion hgi des Dreiecks auf die Kugel bedeutet, und ganz dasselbe gilt für die Ströme, welche die einzelnen Blattmagnete ersetzen können, somit ist auch die potentielle Energie von m im Felde eines Dreieckstromes (HJG)

$$P = \pm\, \frac{1}{g} \cdot m \cdot i \cdot \omega \ \text{Kilogrammeter.}$$

Um diese Beziehungen möglichst deutlich zu machen, stelle ich die Stromleiter durch von der Decke bis zum Fußboden gezogene gefärbte Seile dar und zeichne die Projektionen mit Kreide auf eine schwarze Kugel [1]).

Zwei Dreieckströme, welche eine Seite gemeinschaftlich haben (in welcher also zwei entgegengesetzte und somit in ihrer Wirkung sich aufhebende, demnach überflüssige Ströme fließen), bilden einen Viereckstrom, für welchen der Satz somit ebenfalls gültig sein muß, und da wir durch weitere Anreihung von Dreiecken jede

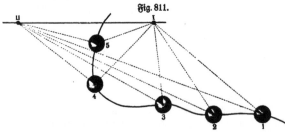

Fig. 811.

falls gültig sein muß, und da wir durch weitere Anreihung von Dreiecken jede beliebige Figur herstellen können, so ist obiger Satz für jeden beliebigen Stromkreis gültig, vorausgesetzt, daß unter ω die Projektion dieses Stromkreises auf die um den Magnetpol beschriebene Einheitskugel verstanden wird.

[1]) Unter der Bezeichnung „Induktionsglobus" von Max Kohl in Chemnitz zum Preise von 24 Mk. zu beziehen.

Fig. 811 stellt die Veränderungen von ω dar, während der Magnetpol eine beliebige Kurve durchläuft.

Wenn nun auch anscheinend die magnetischen Felder eines Stromkreises und eines denselben ausfüllenden Blattmagneten von der Stärke von $10^{-7} \cdot i$ in jeder Hinsicht identisch sind, so besteht doch in gewisser Hinsicht ein wesentlicher Unterschied. Wie S. 415 auseinandergesetzt, sind zu beiden Seiten des Blattmagneten die Werte der potentiellen Energie um $a \cdot S \cdot m \cdot 4\pi$ Kilogrammeter verschieden. Dasselbe gilt natürlich auch für den Stromleiter, doch gibt es hier keine starre Schicht, welche die Weiterbewegung des Magnetpoles wie beim Blattmagneten hindert, die potentielle Energie wird also bei einer zweiten Umkreisung ω abermals um 4π zu- oder abgenommen haben, so daß, wenn am Ende der ersten Umkreisung der Wert der potentiellen Energie

$$P = \frac{1}{g} \cdot i \cdot m \cdot \omega \pm \frac{1}{g} \cdot i \cdot m \cdot 4\pi$$

war, derselbe nach der zweiten Umkreisung

$$P = \frac{1}{g} \cdot i \cdot m \cdot \omega \pm \frac{2}{g} \cdot i \cdot m \cdot 4\pi$$

beträgt und allgemein nach n Umkreisungen des Stromleiters

$$P = \frac{1}{g} \cdot i \cdot m \cdot \omega \mp \frac{n}{g} \cdot i \cdot m \cdot 4\pi,$$

d. h. für den Fall, daß der Magnetpol um den Stromleiter herum kreisen kann, wären der Schraubenfläche, Fig. 807 (S. 417), noch unendlich viele Schraubengänge nach oben und unten beizufügen.

Während also im Falle des Blattmagneten zu jedem Punkte im Raume ein einziger Wert der potentiellen Energie gehörte, ist dies im Falle des Stromes nicht der Fall, man kann scheinbar, indem man den Magnetpol beliebig oft um den Stromleiter kreisen läßt, die potentielle Energie endlos immer weiter steigern oder abnehmen lassen.

Dieser Unterschied ist darin begründet, daß im Falle des vom Blattmagneten herrührenden Feldes die zur Bewegung des Magnetpoles aufgewandte Arbeit wirklich in Form von potentieller Energie aufgespeichert wird und als Bewegungsenergie wieder zum Vorschein kommt, wenn man den Magnetpol der magnetischen Kraft folgen läßt, ganz wie beim Aufziehen einer Uhrfeder die Arbeit sich als potentielle Energie aufspeichert und beim Aufrollen der Feder als Bewegungsenergie der Räder des Uhrwerkes wieder zum Vorschein kommt.

Im anderen Falle, wenn das Magnetfeld von einem galvanischen Strome herrührt, findet die Aufspeicherung von Energie nicht in Form eigentlicher potentieller Energie statt, sondern in Form von elektrischer Energie. Die Bewegung des Magnetpoles läßt in dem Stromleiter neben dem ursprünglich vorhandenen einen Induktionsstrom von gleicher Richtung entstehen, welcher etwa zur Ladung eines Kondensators dienen kann. Gibt man den Magnetpol frei, so daß er der magnetischen Kraft des Stromes folgen kann, so wird umgekehrt auf Kosten von Stromenergie unter Entladung des Kondensators Bewegungsenergie erzeugt.

252. Zug und Druck der Kraftlinien. Nach Faradays Theorie (S. 85) ist auch die Wirkung eines Stromes auf einen Magnetpol nicht das Ergebnis von dem Strom und dem Pol ausstrahlender Fernwirkungen, sondern die Kraftwirkung einer Art von Muskeln, die durch die magnetischen Kraftlinien dargestellt werden und das Bestreben haben, sich der Länge nach zu verkürzen, der Quere nach aus= zubehnen, d. h. in ihrer Richtung einen Zug, senkrecht dazu einen Druck auszu= üben. Konstruiert man nun nach dem

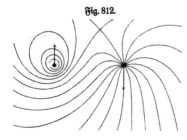

Fig. 812.

Gesetz vom Kräfteparallelogramm die resultierenden Kraftlinien, so ergibt sich ein System wie Fig. 812. Man kann in der Tat die durch den Pfeil dar= gestellte Kraft auf den Magnetpol auf= fassen als Wirkung des Zuges der nach unten gerichteten Kraftlinien und die auf den Stromleiter ausgeübte Gegenkraft als Wirkung des Druckes der sich von unten dagegen anpressenden Kraftfäden.

253. Niveau= und Kraftlinien im Stromfeld. Im Fall zweier paralleler gerader Ströme, Fig. 813, hat ω die Form eines sphärischen Zweiecks. Zur Kon=

Fig. 813.

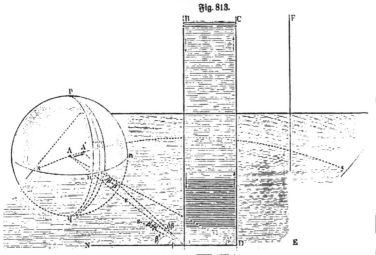

struktion der Niveaulinien des Systems zeichnet man zunächst eine Anzahl, etwa 16, äquibistante Radien (Niveaulinien) für den Strom I, sodann ebenso für den Strom II, bezeichnet die entsprechenden Energiebeträge durch + 1, + 2, + 3 ... bezw. — 1, — 2, — 3 ..., summiert an den Kreuzungspunkten die den betreffenden beiden Linien entsprechenden Zahlen und verbindet endlich alle Punkte, an welchen die so gefundenen Werte gleich sind. Die entstehenden Systeme von Niveaulinien sind in der oberen Hälfte von der Fig. 814 dargestellt. Wie man sieht, gehen die Kurven durch alle Durchschnittspunkte der durch gestrichelte gerade Linien angedeuteten

Niveaulinien der einzelnen Ströme. Die punktierten Kurven, welche die voll ausgezogenen Niveaulinien senkrecht durchschneiden, sind nach § 21 (S. 46) Kraftlinien.

Die Kurven für den Fall entgegengesetzter Ströme sind Kreise, denn auf jeder solchen Kurve muß P, somit ω konstanten Wert haben, dies ist aber bei einem Kreise der Fall, denn hier bilden die ω entsprechenden Zentriwinkel Peripheriewinkel auf gleichem Bogen, sind also gleich, folglich auch die zugehörigen ω. In diesem Felde

Fig. 814.

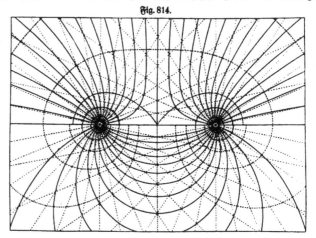

haben also die Niveaulinien den durch die stärker ausgezogenen Linien der unteren Hälfte von Fig. 814 angedeuteten Verlauf (Taf. II, Fig. 14).

Die Kraftlinien kann man leicht mit Ferrum alcoholisatum darstellen, indem man in eine Glasplatte zwei Löcher bohrt, sodann einen Draht im ersten Falle zweimal im gleichen Sinne hindurchführt (Fig. 815), im anderen durch das eine Loch hinunter-, durch das andere hinaufgehen läßt (Fig. 816) und nach dem Aufstreuen des Eisenpulvers die Platte erschüttert (E, 70; Projektion).

Fig. 815.   Fig. 816.

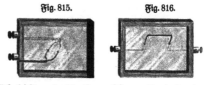

Nach dem Gesagten ergibt sich leicht, wie die Kurvenscharen für drei, vier oder mehr Ströme zu konstruieren sind, und man wird ebenso mit Hilfe von Eisenfeilspänen die Resultate verifizieren können [1].

v. Sommel (1893) macht den Verlauf der elektrischen Strom- und Äquipotentiallinien auf einer Metallplatte dadurch sichtbar, daß er dieselbe mit Feilspänen bestreut. Man erhält so direkt allerdings nicht die Niveaulinien, sondern die Magnetkraftlinien, allein da diese ebenfalls senkrecht zu den Stromlinien stehen, sind die beiden Kurvenscharen identisch.

---

[1] Über die Zeichnung von Kraftlinien elektrischer Ströme siehe Schülke, Z. 7, 286, 1894.

254. Magnetische Wirkung eines Kreisstromes. Ein Magnetpol von m Weber Stärke befinde sich in gleichem Niveau mit dem Zentrum eines Kreisstromes von der Stärke i Ampere. Man hat:

$$P = \frac{1}{g} \cdot i \cdot m \cdot \omega \ \text{Kilogrammeter}.$$

Es sei ab der senkrecht zur Ebene des Papiers gedachte Kreisstrom und m der Magnet-pol. Befindet sich letzterer etwa um x von dem Zentrum auf der Achse des Kreis-stromes (Linie senkrecht zur Kreisebene durch den Mittelpunkt) vom Zentrum ent-fernt, so ist ω die in Fig. 817 durch Schraffierung angedeutete Kugelhaube ω_1. Rückt m näher an den Kreis heran und gelangt schließlich in den Mittelpunkt, so

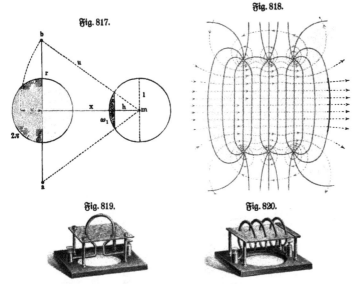

Fig. 818.

Fig. 817.

Fig. 819.   Fig. 820.

ist, wie aus Fig. 817 zu ersehen, ω gleich der halben Kugeloberfläche vom Radius 1 m, also $= 2\pi$ geworden, somit

$$P = \frac{2\pi}{g} m \ \text{Kilogrammeter}.$$

Die Form der Niveau- und Kraftlinien zeigen Taf. II, Fig. 13 für einen, Fig. 20 für zwei parallele Kreisströme [1]).

Ähnlich läßt sich der Verlauf der Kraftlinien in einer großen Drahtrolle, wie sie in Fig. 821 dargestellt ist, ermitteln. Zur Demonstration wird ein weißer Papierschirm, welcher in der Mitte mit einem den Dimensionen des Drahtringes entsprechenden Schlitz versehen ist, horizontal so aufgestellt, daß der Ring zur Hälfte

---

[1]) Fig. 818 (nach Jaumann) stellt den Verlauf der Kraft- und Niveaulinien für ein Solenoid aus drei Windungen dar. Die Apparate Fig. 819 (Lb, 21) und 820 (Lb, 25) dienen zur objektiven Darstellung der Feilspänkurven mittels des Projektionsapparates.

aus dem Schlitz hervorragt, und ſodann die Öffnung durch einen zweiten kleinen Papierſchirm geſchloſſen. Nachdem das Papier mit Feilſpänen beſtreut iſt, wird ein Strom von etwa 30 Amp. Stärke durch den Ring geleitet und der Papierſchirm angeſtoßen, worauf ſich weithin ſichtbare Feilſpänkurven ausbilden, die auch nach Aufhören des Stromes beſtehen bleiben und nach Abheben des Schirmes nach verſchiedenen Richtungen hin gezeigt werden können. Auch im Kleinen kann man mit Bandſpiralen (nach W. Weiler, 1892) ähnliche Wirkungen erzielen.

Taf. II, Fig. 18 zeigt den Verlauf von Niveau= und Kraftlinien für einen Magnetpol im Zentrum eines Kreisſtromes.

Der Meſſung direkt zugänglich iſt nicht die potentielle Energie, ſondern nur die Kraft. Es möge alſo zunächſt in dem gegebenen Beiſpiel die auf den Punkt wirkende Kraft berechnet werden. Früher (§ 24, S. 51) wurde nachgewieſen, daß, wenn bei der Verſchiebung eines Punktes um ds die potentielle Energie ſich um

Fig. 821.

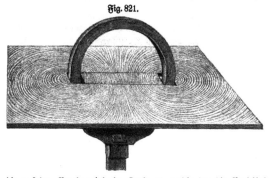

dP ändert, die auf den Punkt wirkende Kraft K, welche der die Verſchiebung be= wirkende Widerſtand leiſtet, alſo ihr entgegengeſetzt gerichtet, aber an Größe gleich iſt, beträgt

$$K = -\frac{dP}{ds} \text{ Kilogramm},$$

alſo im vorliegenden Falle:

$$K = -\frac{d\left(\frac{1}{g} \cdot m \cdot i \cdot \omega\right)}{ds} = -\frac{1}{g} \cdot m \cdot i \cdot \frac{d\omega}{ds}.$$

Läßt man m um $ds = x$ aus der Kreisebene heraustreten, ſo iſt ω nicht mehr 2π, ſondern nur noch ω_1. Der Zuwachs $d\omega$ von ω iſt ſomit eine Abnahme, d. h. er hat das negative Vorzeichen. Mit Rückſicht auf die Kleinheit von x und ſomit auch auf die der Höhe h der Kugelzone, um welche ω abgenommen hat, kann die Zone als Cylinderfläche betrachtet werden, es iſt alſo:

$$d\omega = -2\pi \cdot h,$$

da der Kreisumfang mit dem Radius $1 = 2\pi$ iſt. Aus der Ähnlichkeit der Drei= ecke Fig. 817 (S. 424) folgt weiter:

$$h : 1 = x : r,$$

da wegen der Kleinheit von x $u = r$ geſetzt werden kann. Somit iſt:

$$ds = h.r$$

und

$$K = \frac{1}{g} \cdot m \cdot i \cdot \frac{2\pi h}{h.r} = \frac{1}{g} \cdot m \cdot i \cdot \frac{2\pi}{r} \text{ Kilogramm.}$$

Gelingt es also, die von seiten des Stromes auf den Magnetpol ausgeübte Kraft in Kilogrammen zu messen, so ist es leicht, die Intensität des elektrischen Stromes in Ampere anzugeben, denn es folgt:

a) Technisch: $i = \frac{K.g.r}{2\pi.m}$ Ampere.

Setzt man beispielsweise $r = 1$ Meter und $m = 1$ Weber, so wird $i = 1$ Ampere, wenn

$$K = \frac{2\pi}{g} = \frac{2.3{,}141}{9{,}81} = \frac{6{,}282}{9{,}81} = 6{,}4 \text{ Kilogramm,}$$

d. h. der Strom hätte die Stärke 1 Ampere, wenn er durch einen kreisförmigen Leiter vom Radius 1 Meter fließend auf einen Magnetpol von der Stärke 1 Weber im Zentrum des Kreises die Kraft 6,4 Kilogramm ausüben würde.

b) Gesetzlich: $K = m \cdot i \cdot \frac{2\pi}{r}$ Decimegabynen,

$$i = \frac{K.r}{2\pi.m} \text{ Ampere.}$$

Wäre $r = 1$ Centimeter $= 0{,}01$ Meter, $m = 1$ CGS $= 10^{-8}$ Weber, so ergäbe sich, falls K die Kraft in Kilogrammen bedeutet:

$$i = \frac{K.g.0{,}01}{2\pi.10^{-8}} = \frac{K.g.10^6}{2\pi} \text{ Ampere,}$$

und es würde $i = 1$ Ampere, wenn

$$K = 6{,}4.10^{-6} \text{ Kilogramm,}$$

in Worten, die Stärke eines Stromes beträgt 1 Ampere, wenn dieser Strom durch einen kreisförmigen Leiter vom Radius 1 cm auf eine im Mittelpunkte befindliche magnetische Masse von der Größe 1 CGS eine Kraft gleich dem Gewichte von 6,4 Milligramm ausüben würde.

Da 1 Kilogramm, wie früher (Bd. I$_{(A)}$, S. 733) gezeigt, $= \frac{g}{10}$ Megabynen $= \frac{g}{10}$ $\cdot 10^6$ Dynen ist, so kann die Formel auch geschrieben werden:

$$K = \frac{2\pi.m.i}{g.r} \cdot \frac{g}{10} . 10^6 \text{ Dynen} = \frac{2\pi.m.i.10^5}{r} \text{ Dynen.}$$

Sei wieder $m = 1$ CGS, $r = 1$ cm, so ist:

$$K = \frac{2\pi.10^{-8}.10^5}{0{,}01} = \frac{2\pi.i}{10} \text{ Dynen.}$$

Würde nicht der ganze Kreis vom Radius 1 cm, dessen Umfang 2π ist, sondern nur ein Bogenstück von der Länge 1 cm, somit der 2πte Teil des Kreises auf den Magnetpol wirken, so wäre $K = \frac{i}{10}$ Dynen.

Als Centimeter-Gramm-Sekundeneinheit der Stromstärke (1 CGS) bezeichnet man nun die Stärke eines Stromes, welcher, einen Kreisbogen von 1 cm Länge und 1 cm Radius durchfließend, auf einen im Zentrum des Kreises befindlichen Magnetpol von der Stärke 1 Centimikroweber die Kraft 1 Dyne ausübt.

Wie man sieht, tritt diese Wirkung ein für $i = 10$ Ampere, es ist also

$1\, CGS = 10$ Ampere oder 1 Ampere $= \frac{1}{10}$ CGS-Einheit.

Man hat daher:

c) **Physikalisch:** $\quad K = \dfrac{2\pi . m . i}{r}$ Dynen,

falls alle Größen in CGS-Einheiten gemessen sind[1]).

Wäre ein Ring pro Centimeter Länge mit $1\,CGS_{el}$ (d. h. 10 Coulomb) geladen, so wäre bei 1 cm/sec Peripheriegeschwindigkeit, da sich durch jeden Querschnitt pro Sekunde die Elektrizitätsmenge 1 CGS bewegt, die Wirkung auf einen Pol im Zentrum gleich der von $1\,CGS = 10$ Ampere. Wäre pro Centimeter nur $1\,CGS_{el}$ angehäuft, so müßte sich der Ring mit der Geschwindigkeit 300 000 km pro Sekunde drehen, um die gleiche Wirkung hervorzubringen. (Vgl. § 249, S. 413.)

255. Biot-Savarts Elementargesetz. Denkt man sich den Kreis in kleine gleiche Stückchen von l Meter Länge zerschnitten, so ist die Wirkung jedes solchen Stromelementes auf den im Zentrum befindlichen Pol von m Weber Stärke bei der Stromstärke i Ampere, wenn r den Radius des Kreises in Metern bedeutet, da die Länge des Kreisumfanges $= 2\pi r$, also die Kraft auf die Längeneinheit $= {}^{1}/_{2}\pi r$ mal der Gesamtkraft,

$$K = \frac{1}{g} \cdot m \cdot i \cdot \frac{2\pi}{r} \cdot \frac{l}{2\pi r}$$

oder

a) **Technisch:** $\quad K = \dfrac{1}{g} \cdot m \cdot i \, \dfrac{l}{r^2}$ Kilogramm.

b) **Gesetzlich:** $\quad K = m \cdot i \cdot \dfrac{l}{r^2}$ Decimegadynen.

Ist $l = 1$, $r = 1$ und $m = 1$, so wird $K = i$ Decimegadynen, d. h. der Strom ist 1 Ampere, wenn er einen Bogen von 1 m Länge und 1 m Radius durchfließend auf 1 Weber im Zentrum die Kraft 1 Decimegadyne ($= 1/g$ Kilogramm) ausübt. Bedeuten m, i, l, r die betr. Größen gemessen in CGS-Einheiten, so wird

c) **Physikalisch:** $K = \dfrac{l}{2\pi r} \cdot \dfrac{1}{g} \cdot m \cdot 10^{-8} \cdot 10 \cdot i \cdot \dfrac{2\pi . 100}{r} \cdot g \cdot 10^{5}$ Dynen

$$= l \cdot \frac{m \cdot i}{r^2}\ \text{Dynen}.$$

Die Formel stimmt überein mit dem Coulombschen Gesetz für die magnetische Kraft, wenn die eine Polstärke $= l\,i$ ist.

256. Excentrischer Pol. Befindet sich der magnetische Punkt nicht im Mittelpunkte des Kreisstromes, sondern auf der Achse um x Meter vom Zentrum oder u Meter von der Peripherie entfernt (Fig. 807, S. 417), so daß $u = \sqrt{r^2 + x^2}$,

---

[1]) Ruoß, Z. 19, 95, 1906, benutzt die „magnetische Zeigerwage" (f. S. 306) zur Bestimmung der Stromstärke, indem er den mittleren Teil eines geradlinigen Kupferdrahts zu einem Kreisbogen von 10 cm Radius und 10 cm Länge gestaltet.

so wird die Kraft des Stromelementes $K = l.i.m/(r^2 + x^2)$ und die Komponente nach der Achse $K.r/\sqrt{r^2 + x^2} = l.r.i.m/(r^2 + x^2)^{3/2}$. Die Wirkung des ganzen Kreisstromes ist also $2\pi r.r.i.m/(r^2 + x^2)^{3/2}$ oder für großes x

$$K = 2\pi r^2.i.m/x^3.$$

Die anderen Kraftkomponenten heben sich auf, der Strom wirkt also wie ein Magnet vom Moment $\pi r^2.i$.

Man kann also auch sagen: Strom Eins ist der Strom, welcher, die Flächeneinheit umfließend, in die Ferne wie ein Magnet vom Moment Eins wirkt. Allgemein wirkt ein ebener geschlossener Strom i CGS, welcher die Fläche f Quadratcentimeter umfließt, in die Ferne wie ein senkrecht durch die Fläche gesteckter Magnet vom Moment $f.i$, oder genauer: Der Strom darf bezüglich seiner Wirkung nach außen durch zwei Blätter von der Größe und Richtung der Stromfläche und von dem gegenseitigen kleinen Abstande a ersetzt werden, von denen das eine mit Nordmagnetismus, das andere mit Südmagnetismus von der Flächendichte i/a bedeckt ist.

Gleiches folgt für die excentrische Lage des Poles auch aus der Gleichung:

$$K = -\frac{1}{g}.m.i.\frac{d\omega}{ds}.$$

Es ist nämlich ω eine Kugelhaube (Kalotte) von der Höhe z (Fig. 817, S. 424), also

$$\omega = 2\pi z,$$

und aus der Ähnlichkeit der Dreiecke folgt:

$$z:y = 1:u,$$

somit:

$$z = \frac{y}{u} = \frac{u-x}{u} = 1 - \frac{x}{u} = 1 - \frac{x}{\sqrt{r^2 + x^2}},$$

also:

$$\omega = 2\pi\left(1 - \frac{x}{\sqrt{r^2 + x^2}}\right)$$

und

$$\frac{d\omega}{ds} = \frac{d\omega}{dx} = \frac{d\left[2\pi\left(1 - \dfrac{x}{\sqrt{r^2 + x^2}}\right)\right]}{dx}$$

$$= -2\pi.\frac{\sqrt{r^2 + x^2} - x.\frac{1}{2}(r^2 + x^2)^{-\frac{1}{2}}.2x}{(\sqrt{r^2 + x^2})^2}.$$

Dieser Bruch vereinfacht sich, wenn man Zähler und Nenner mit $\sqrt{r^2 + x^2}$ multipliziert, zu

$$\frac{d\omega}{ds} = -2\pi\,\frac{r^2 + x^2 - x^2}{(\sqrt{r^2 + x^2})^3} = -2\pi\frac{r^2}{u^3},$$

somit:

$$K = \frac{1}{g}.m.i.2\pi.\frac{r^2}{u^3}.$$

Wie man sieht, geht für den Fall, daß m in den Kreismittelpunkt rückt, d. h. wenn $u = r$ wird, die Formel in die einfachere, zuerst gefundene über.

Besteht der Kreisring nicht aus einer, sondern aus n Windungen, so ist die gesamte Kraftwirkung die n-fache, da sich die Einzelwirkungen superponieren, d. h. sich gegenseitig nicht stören, sondern addieren. In diesem Falle ist also

$$K = \frac{1}{g}.m.i.2\pi.n.\frac{r^2}{u^3}.$$

Diese allgemeinere Formel hat den Vorzug, daß sie eine direkte Messung von Strömen in gebräuchlicher Stärke gestattet, da die Wirkung eines einzigen Stromleiters eine zu schwache ist, um ohne feine Meßinstrumente direkt gemessen werden zu können. Der erforderliche Apparat ist in Fig. 822 dargestellt.

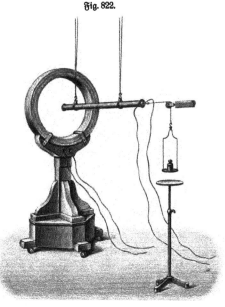

Fig. 822.

Ganz wie bei Bestimmung der Stärke eines Magnetpoles ist ein langer Elektromagnet horizontal aufgehängt und durch eine Schnur mit einer zunächst durch ein Stativ unterstützten Wagschale verbunden. Der Elektromagnet wird durch einen Strom so erregt, daß er seitens der Drahtrolle eine Anziehung erleidet, und nun legt man auf die Wagschale so viel Gewichte, bis durch deren Zug die magnetische Anziehung gerade kompensiert ist, d. h. die Wagschale nicht mehr gehoben wird.

Es war nach der früher (§ 185, S. 307) besprochenen Methode gefunden $m = 0.875 \cdot 10^{-4}$ Weber, ferner war $n = 950$ Windungen, $r = 0.37$ Meter, $u = 0.60$ Meter, $K = 0.955$ Kilogramm, somit

$$ i = \frac{K \cdot g \cdot u^3}{m \cdot 2\pi \cdot n \cdot r^2} = \frac{0.955 \cdot 9.81 \cdot 0.6^3}{0.875 \cdot 10^{-4} \cdot 2 \cdot 3.14 \cdot 950 \cdot 0.37^2} = 4.7 \text{ Amp.} $$

Offenbar liegt bei diesen Messungen eine Schwierigkeit darin, daß der mittlere Radius r bei einer Drahtrolle von so vielen Windungen nicht ohne weiteres zu bestimmen ist. Durch genaue Berechnung der Wirkung jeder einzelnen Drahtwindung läßt sich zwar diese Schwierigkeit beseitigen, indes führt die Rechnung zu komplizierten Formeln, weshalb hier darauf verzichtet werden soll, um so mehr, als es nicht die einzige Schwierigkeit ist, auf welche ein Versuch zu genauerer Messung stößt.

Vor allem ist die Vernachlässigung des zweiten Poles des Elektromagneten, welcher sich nicht unendlich weit, sondern nur 1,5 m von der Drahtrolle entfernt befindet und deshalb an der Kraftwirkung ebenfalls merklich Anteil nimmt, nicht zulässig. Es wird ein genaueres Resultat erhalten werden, wenn man statt des langen Magneten einen kurzen wählt und die Wirkung auf beide Pole betrachtet. Da nun die Wirkung auf beide Pole entgegengesetzt ist, benutzt man dieselbe am besten zur Drehung des Magnetstabes und kompensiert dieselbe durch eine zweite drehende Kraft, entweder durch Gewichte, wie bei der Versuchsanordnung gelegentlich der Bestimmung der Horizontalintensität des Erdmagnetismus (§ 192, S. 319), oder mittels eines gedrillten Drahtes, wie bei der ebendaselbst angedeuteten Methode, oder am einfachsten, nachdem man die Intensität des erdmagnetischen Feldes H ($= 0,2.10^{-4}$) bereits gemessen hat, indem man den Magnetstab durch den Erdmagnetismus in entgegengesetzter Richtung drehend einwirken läßt und die resultierende Gleichgewichtslage aufsucht.

Fig. 823.

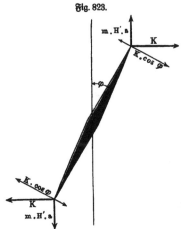

Zu diesem Zwecke gebraucht man

257. Die **Tangentenbussole**, bestehend aus einem kreisförmigen Stromleiter, in dessen Achse sich eine Bussole (Magnetnadel über einer Kreisteilung drehbar) befindet (Fig. 823).

Der vertikale Strich deutet die Richtung des Kreisringes und des magnetischen Meridians an. Auf die Magnetnadel wirken beiderseits zwei Kräfte, von welchen nur die zur Nadel senkrechten Komponenten zur Geltung kommen können, nämlich der Erdmagnetismus $= m.H'.a.\sin \varphi$ und die Kraft des Stromes $= K.\cos \varphi$. Gleichgewicht findet also statt, wenn

$$m.H'.a.\sin \varphi = K.\cos \varphi$$

oder

$$tg\,\varphi = \frac{K}{m.H'.a} = Const..i,$$

da die vom Strome ausgeübte Kraft K der Stromstärke proportional ist. Somit ist

$$i = C.tg\,\varphi,$$

wobei C den Reduktionsfaktor bedeutet.

Sind n Windungen vorhanden und ist die Magnetnadel exzentrisch in der Achse derselben aufgestellt, so wirken auf die Magnetnadel von der Länge l und Polmasse m, wenn sie um φ Grade abgelenkt ist, zwei Drehmomente, das des Erdmagnetismus $= a.H.m.\sin \varphi . \frac{l}{2}.2$ und das der n Stromkreise $= \frac{1}{g}.m.i.2\pi.n$ $.\frac{r^2}{u^3}.\cos \varphi . \frac{l}{2}.2$. Diese Momente halten sich das Gleichgewicht, somit ist

$$a.H.m.\sin \varphi . l = \frac{1}{g}.m.i.2\pi.n.\frac{r^2}{u^3}.\cos \varphi . l$$

oder

$$H.tg\,\varphi = 10^{-7}.i.2\pi.n.\frac{r^2}{u^3} \quad \text{und} \quad C = \frac{H.10^7.u^3}{2\pi n.r^2}.$$

Befindet sich die Nadel im Mittelpunkte der Windungen, so ist $u = r$.

Für die Sinusbussole ist die Ableitung dieselbe, nur ist das Drehmoment des Stromes einfacher $= \frac{1}{g}.m.i.2\pi.n.\frac{1}{r}.l$.

Der Radius der Tangentenbuſſole, welche ich zu dieſen Verſuchen benutze, beträgt 0,85 m. Die Magnetnadel ſteht etwa 1 m ſeitwärts und wird nebſt Teilkreis auf Glas auf einen Schirm projiziert, entweder an die Zimmerdecke oder unter Anwendung eines Spiegels oder totalreflektierenden Prismas auf einen ſeitlich ſtehenden Schirm. Zur Projektion dient eine achromatiſche Linſe mit großer Brennweite. Die elektriſche Laterne iſt etwa 4 m von der Magnetnadel entfernt aufgeſtellt.

Beiſpielsweiſe war bei dieſer in Karlsruhe benutzten Tangentenbuſſole:

$$u = 1,2\,m, \qquad r = 0,9\,m, \qquad n = 6, \qquad H = 0,2 . 10^{-4},$$

ſomit

$$i = \frac{10^7 . 0,2 . 10^{-4} . 1,2^3}{2 . 3,14 . 6 . 0,9^2} . tg\,\varphi$$

oder

$$i = 11,3 . tg\,\varphi \text{ Ampere.}$$

Hieraus ergibt ſich folgende Zuſammenſtellung zuſammengehöriger Werte von i und φ:

$\varphi =$	$i =$		$\varphi =$	$i =$		$\varphi =$	$i =$	
5°	0,99 Ampere		35°	7,82 Ampere		65°	24,2 Ampere	
10°	2,01	„	40°	9,50	„	70°	31,0	„
15°	3,03	„	45°	11,30	„	75°	41,9	„
20°	4,10	„	50°	15,5	„	80°	64,1	„
25°	5,26	„	55°	16,1	„	85°	129,0	„
30°	6,51	„	60°	19,6	„	90°	∞	„

In der einfachſten Form beſteht die Tangentenbuſſole aus einem ſtarken kupfernen Ringe (2 bis 3 mm dick und 1 bis 2 cm breit) von mindeſtens 3 dcm Durchmeſſer, deſſen Enden nicht zuſammengelötet, ſondern rechtwinklig abgebogen ſind, wie Fig. 824 zeigt. Zwiſchen die beiden Ausläufer des Ringes wird ein gefirnißtes Brettchen d von gleicher Breite wie das Kupfer gelegt, und dann das

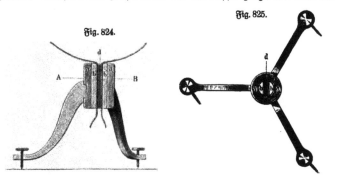

Fig. 824.

Fig. 825.

Ganze in die entſprechend weit gebohrte Öffnung des Cylinders a, a, Fig. 825 und Fig. 826, geſchoben und durch die ergänzenden Holzſtücke b, b darin befeſtigt. Der Cylinder a, a erhält drei Füße mit Stellſchrauben, und zwiſchen dieſen ragen die voneinander gebogenen Enden des Kupferſtreifens heraus, um an ſie mittels Klemmſchrauben, welche am zweckmäßigſten daran verlötet ſind, die zu leitenben Drähte zu befestigen. Letztere werden bis 1 m lang und 2 bis 3 mm dick genommen, mit Wolle umwickelt und umeinander herumgewunden, damit die vor-

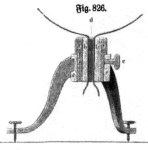

Fig. 826.

wiegende Einwirkung eines derselben verhütet und die Einwirkung der übrigen Stromteile durch die Entfernung vermieden wird.

Anstatt die Füße unmittelbar an dem Cylinder aa zu befestigen (Fig. 824), in welchen die Enden des Kupferstreifens gesteckt sind, kann man diesen zu einem Zapfen abbrechen, der sich in einem zweiten Cylinder cc (Fig. 826) drehen und durch eine Druckschraube e feststellen läßt, und erst an diesem Cylinder die Füße anbringen. Man erreicht dadurch den Vorteil, daß man den Ring unabhängig von den Füßen in die gehörige Stellung drehen kann.

Fig. 827.

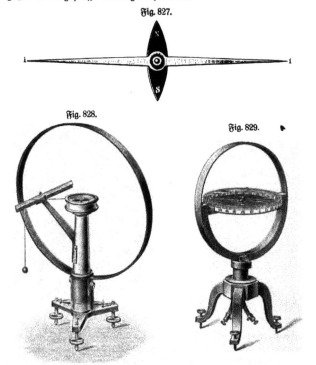

Fig. 828.

Fig. 829.

In den kupfernen Ring setzt man ein hölzernes, mit einer zum Ringe passenden kreisförmigen Vertiefung versehenes Gestell, welches bestimmt ist, eine Bussole mit nur 3 cm langer Magnetnadel zu tragen. Das Gestell muß so hoch sein, daß der Mittelpunkt der Nadel mit jenem des Kupferringes zusammenfällt.

Die kleine Magnetnadel trägt zweckmäßig aufgeklebte Fäden aus schwarzem Glase (vgl. S. 311), welche bis auf die Teilung reichen, oder einen rechtwinklig aufgesetzten Aluminiumzeiger (Fig. 827).

Die Fig. 828 (E, 68) und 829 (E, 150) zeigen zwei verschiedene Formen des Instrumentes, bei ersterer wird durch einen Faden direkt die Tangente gemessen. Will man die Nadel an einem Coconfaden aufhängen, so kann man an dem Kupferring die in Fig. 830 und 831 abgebildete Vorrichtung anbringen. Sie besteht aus einem Stückchen Holz, das oberhalb einen für den Ring a passenden Einschnitt hat.

Der Einschnitt muß etwas weniger tief sein, als
die Dicke des Ringes erfordert, damit der Träger
des Fadens mittels der beiden kleinen Holzschrauben c und des Holzstückchens b an der
passenden Stelle des Ringes festgehalten werden
kann. Von unten ist dieser Träger ebenfalls
ausgeschnitten, so daß dadurch die beiden Backen

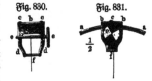

Fig. 830.　　　Fig. 831.

dd entstehen, durch welche der Nagel e gesteckt wird, der sich darin mit geringer Reibung drehen läßt. Auf diesen Nagel wird der Coconfaden aufgewickelt und läuft von da durch einen glatten Einschnitt über das Messingplättchen f, welches durch Schräubchen von unten auf die Backen dd befestigt ist; der Einschnitt des Messingplättchens befindet sich genau senkrecht über dem Zentrum der Teilung auf dem Tischchen. Um den Luftzug abzuhalten, bedeckt man das Ganze durch ein aus Scheiben mit Papierstreifen zusammengeklebtes Glasgehäuse.

Die Nadel kann in ihrer Ruhelage durch eine ähnliche Vorrichtung befestigt werden, wie sie bei der Buffole angegeben wurde (vgl. Fig. 560, S. 312). Beim Gebrauche stellt man die Tangentenbuffole so, daß die Ebene des Ringes mit dem magnetischen Meridian zusammenfällt, und richtet mittels der Stellschrauben der Füße den Tisch horizontal.

Damit die Schwingungen der Magnetnadel rascher aufhören, kann man in dem Gestelle unter der Nadel ein etwa 1 cm tiefes und 3 cm weites Glasgefäß anbringen, in welches mit $1/_6$ Wasser verdünntes Glycerin kommt. Die Hülse der Nadel erhält dann unten ein Stäbchen, an welches ein dünnes, etwa 2 cm breites Blech gelötet ist, welches, wenn die Nadel spielt, im Glycerin schwebt und durch den Widerstand des letzteren die Nadel zur Ruhe bringt. Eventuell dient auch zur Beruhigung ein kleiner Magnet oder ein Kommutator zur Umkehrung des Stromes.

Empfindlicher kann man die Tangentenbuffole dadurch machen, daß man einen dicken Draht mehrfach um einen hölzernen, mit einer Rinne versehenen Reifen windet. Ist hier jeder Ring für sich mit einer Klemmschraube versehen, so kann man dieselben beliebig kombinieren, um die Empfindlichkeit und den Widerstand den Umständen anzupassen (Fig. 836, S. 435).

Um den Fehler, der durch die Größe der Magnetnadel entsteht, ganz zu eliminieren, stellt man dieselbe nach Gaugain außerhalb der Ringebene (Fig. 832), so daß der Mittelpunkt der Nadel senkrecht zur Ringebene um $1/_4$ des Ringdurchmessers vom Mittelpunkte des Ringes absteht. Will man hier, wie beim vorigen Instrumente, durch mehrfaches Herumführen des Stromes größere Empfindlichkeit erzielen, so müssen die einzelnen Drahtwindungen, wie in Fig. 833, auf einem

Frick's physikalische Technik. II.　　　28

hölzernen Rahmen aufgewunden sein, so daß sie genau im Mantel der Kegelfläche liegen, deren Höhe $sr = \frac{1}{4} tu$ ist.

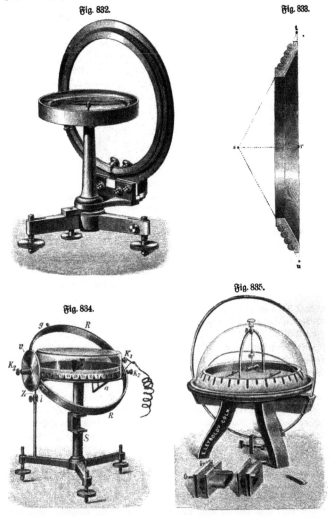

Fig. 832.

Fig. 833.

Fig. 834.

Fig. 835.

Poske (1889) gibt der Tangentenbussole eine Form, welche ermöglicht, die Ablenkung auch aus der Entfernung deutlich zu sehen (vgl. Fig. 829, S. 432, E, 150).

B. Kolbe (1890) versieht dieselbe außerdem nach Obachs Vorgang mit drehbarem Ring (Fig. 834). Sei der Neigungswinkel α, so kommt statt der vollen

Kraft des Stromes nur die horizontale Komponente in Betracht und die Gleich=
gewichtsbedingung wird:

$$H_1 . \cos \varphi . \cos \alpha = H . \sin \varphi$$

und die Endformel

$$i = \frac{10^7 . H . tg \varphi . \cos \alpha . r}{2 \pi n} \text{ Ampere,}$$

zentrale Lage der Nadel vorausgesetzt.

Grimsehl (8. 15, 292, 1902) demonstriert an einer zerlegbaren Tangenten=
bussole [1]) mit veränderlicher Windungszahl, daß die Tangente des Ablenkungswinkels
der Windungszahl proportional ist, sowie daß, wenn man z. B. den Strom in
einer Windung so reguliert, daß er ebenso wirkt, wie zwei Windungen zusammen,
dieser mit einer dritten Windung nun ebenso wirkt, wie drei Windungen u. s. w.
Das Tangentengesetz ergibt sich so ohne mathematische Entwickelung [2]).

Fig. 836.

Fig. 837.

258. Die Sinusbussole, Fig. 836, ist eine Tangentenbussole, bei welcher der
Ring der Nadel nachgedreht wird, bis beide wieder in derselben Ebene liegen, in
welchem Falle dann die Stromstärke dem Sinus des Ablenkungswinkels, welcher
auf dem horizontalen Kreise abgelesen wird, proportional ist. Die Empfindlichkeit

---

[1]) Zu beziehen von A. Krüß, Hamburg, Adolfsbrücke 7, zu 72 Mk. — [2]) Eine
Tangentenbussole nach Fig. 835 liefern Hartmann u. Braun in Frankfurt a. M.
Sie eignet sich zur Messung von Stromstärken bis 15 Amp. (10 Amp. = 60°) und kann
ohne den ringförmigen Leiter aus Kupfer (Preis 30 Mk.) als Schulgalvanometer (siehe
weiter unten S. 438, Fig. 843) Verwendung finden (Preis 75 Mk.). Die Magnete sind
einerseits im Interesse der Verringerung des Trägheitsmomentes und andererseits, um
sie möglichst groß und deutlich sichtbar zu machen, aus dünnwandigem Stahlrohr her=
gestellt. Feinere Tangentenbussolen liefern: Spindler u. Hoyer, Werkstätte für wissen=
schaftliche Instrumente, Göttingen, Walkmühlenweg 12. Hartmann u. Braun,
Elektrotechn. Fabrik, Bockenheim=Frankfurt a. M., Obere Königsstraße 9. Keiser u.
Schmidt, Fabrik physik. und elektr. Apparate, Berlin N., Johannisstr. 20. Physik.=
mechan. Institut von Prof. Dr. M. Th. Edelmann, München, Nymphenburgerstr. 82.

28*

des Instrumentes nimmt zu mit der Zahl der Windungen. Bei Strömen von einer gewissen Stärke wird es jedoch in jedem Falle unbrauchbar, da die Sinus nicht wie die Tangenten ins Unendliche wachsen. Ein anderer Nachteil ist die zeitraubende Einstellung, ein Vorteil die strenge Gültigkeit des Sinusgesetzes.

Ein sehr bequemes und brauchbares Instrument dieser Art ist die Sinus-Tangentenbussole von Siemens u. Halske, Fig. 837 [1]).

259. Galvanoskope. Nach ähnlichem Prinzip wie die Tangentenbussole wirken die verschiedenen Galvanoskope und Galvanometer, welche eventuell mit der Tangentenbussole geeicht werden können, falls man nicht z. B. ein Voltameter oder die Kompensationsmethode oder die kalorimetrische Methode vorzieht [2]).

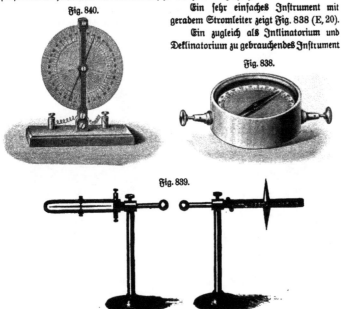

Fig. 840.

Ein sehr einfaches Instrument mit geradem Stromleiter zeigt Fig. 838 (E, 20).

Ein zugleich als Inklinatorium und Deklinatorium zu gebrauchendes Instrument

Fig. 838.

Fig. 839.

ist das in Fig. 839 abgebildete, bei welchem die Magnetnadel innerhalb eines an dem Ende mit Klemmschrauben versehenen kupfernen Bügels sich bewegen kann (W, 20).

Stöhrer konstruierte ein ähnliches Instrumentchen mit durchsichtiger Kreisteilung, aber vertikal stehendem Bügel für Projektion (Fig. 840 S, 20).

260. Der Multiplikator unterscheidet sich von dem Galvanoskop durch das Vorhandensein vieler Drahtwindungen, welche die Wirkungen des Stromes verviel-

---

[1]) Zu beziehen von Siemens u. Halske, Wernerwerk, in Berlin-Nonnendamm zu 287 Mk. — [2]) Einfache Galvanoskope werden z. B. als Stromrichtungszeiger beim Laden von Akkumulatoren gebraucht.

fältigen (Fig. 841 E, 95). Ich benutze zur Demonstration die große Drahtrolle
Fig. 533, S. 295, in welche ein Magnetstab an einer geklöppelten Seidenschnur
eingehängt wird. Ein in Wasser sich bewegender herabhängender Flügel dämpft
die Schwingungen. Schon ein sehr
kleines Kupfer-Zinkelement gibt einen
beträchtlichen Ausschlag.

Da die Schwingungsdauer eines
Magnetsystems sich bestimmt aus
der Formel

$$T = 2\pi\sqrt{\frac{K}{MH}},$$

worin K das Trägheitsmoment, M
das magnetische Moment und H die
Horizontalintensität bedeuten, so wird
die Nadel nur dann genügend rasch
schwingen können, wenn der Quotient
aus dem magnetischen Moment und
dem Trägheitsmoment möglichst groß
wird. Siemens suchte dies zu erreichen durch seinen Glockenmagneten,
bei dem der Polabstand, somit das
magnetische Moment und das Trägheitsmoment kleiner sind als bei
einer geraden Magnetnadel und zwar
so, daß, wenn das Moment $1/n$ beträgt, das Trägheitsmoment $1/n^2$
beträgt.

Sir William Thomson (der
jetzige Lord Kelvin) drückte das

Fig. 841.

Trägheitsmoment des Magnetsystems seiner astatischen Galvanometer dadurch herab,
daß er die bis dahin gebräuchlichen Magnetnadeln durch sogenannte Magazinmagnete
ersetzte. Diese stellt er in der Weise her, daß er auf einer Glimmer- oder Aluminiumscheibe übereinander eine Anzahl kurzer, magnetisierter Streifen
Uhrfederstahl, deren gleiche Pole alle nach derselben Seite
gerichtet sind, aufklebte (siehe Fig. 842).

Das Schulgalvanometer von Hartmann u. Braun
in Frankfurt a. M., Fig. 843, ist so konstruiert, daß es zerlegt und vor den Augen des Schülers unter Erklärung der
einzelnen Teile etwa in folgender Weise aufgebaut werden

Fig. 842.

kann: Man schiebe den einen Magneten in die untere Hülse des Gehänges: Kompaß
bezw. Magnetometer. Man stelle die eine Spule parallel gegen den Magneten: einfaches
Galvanometer. Ebenso stelle man die andere Spule, beide Windungen hintereinander
oder parallel geschaltet, eventuell verschiebe man die beiden Spulen symmetrisch
zum Magneten: Variation der Empfindlichkeit. Man setze die Kupferhülse in
den Hohlraum der Spulen: Gedämpfte Schwingungen. Man schalte die
Windungen der beiden Spulen gegeneinander: Differentialgalvanometer.
Man schiebe den anderen Magneten in die obere Hülse: astatisches Galvanometer.

Der Zeiger ist gegen ben Magneten brehbar, so baß bessen Spitze stets gegen bie
Schüler gerichtet werden kann, nachbem bie Winbungen ber Spulen parallel zur
Polachse bes Magnetes bezw. in ben magnetischen Meridian gebracht worben sinb.

Fig. 843.

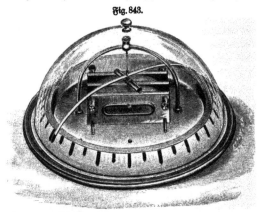

Die Empfinblichkeit mit einem Magneten ohne Astasierung, bei hintereinanber-
geschalteten Winbungen, beträgt 1° Ausschlag für 0,000 04 Ampere.

Ein sehr einfaches unb nichtsbestoweniger sehr empfinbliches unb nicht bifficil
zu behanbelnbes Nabelgalvanoskop, welches sich allerbings nur für sogenannte Null-

Fig. 844.

methoben, wie beim Gebrauch von Meßbrücke
unb Kompensator eignet, Fig. 844, konstruierte
Paschen[1]).

Eine leichte Magnetrose mit Achathütchen
schwebt auf einer Spitze im Inneren einer
Kupferhöhlung, welche umgeben ist von einer
Winbungsspule. Mit ber Magnetrose verbunben
ist ein leichter Zeiger, welcher über einer Grab-
teilung spielt. Das Ganze ist staubbicht von
einem Gehäuse eingeschlossen[2]), so baß unter
Glas nur ber Zeiger über ber Teilung sichtbar
ist. Die Magnetrose kann nie von ber Spitze
herunterglelten, sonbern legt sich beim Horizon-
talstellen bes Instrumentes von selbst auf bie Spitze, ohne biese zu beschäbigen, ba
bie Rose sehr leicht ist unb ba sie nur um Bruchteile eines Millimeters von ber Spitze
entfernt werben unb also auch nur um soviel auf bie Spitze herunterfallen kann.
Die Reibung bes Achathütchens an ber seinen Spitze bleibt erfahrungsgemäß bauernb
sehr gering im Vergleich zur Direktionskraft unb stört nicht. Das eiserne Gehäuse
schützt bie Magnetrose vor äußeren magnetischen Störungen, so baß bas Galvanoskop in ber Nähe von magnet-elektrischen Maschinen brauchbar bleibt. Im Inneren,

---

[1]) Zu beziehen von Gebr. Ruhstrat, Elektrizitätsgesellschaft in Göttingen, zu
35 Mk. — [2]) F. Braun konstruierte ein ähnliches Instrument mit Benzinfüllung zur
Beruhigung ber Magnetnabel.

zwischen Deckel und Spule, befindet sich ein Richtmagnet, welcher von außen vermittelst einer auf dem Deckel angebrachten Scheibe gedreht und mittels einer ebenfalls von außen zugänglichen Schraube gehoben und gesenkt werden kann. Drehen der Scheibe führt den Zeiger auf Null. Drehen der Hubschraube ändert die Empfindlichkeit. Ein Deckel mit Bajonettverschluß schützt diese beiden Justiervorrichtungen z. B. beim Transport. Das Instrument leidet nicht unter roher Behandlung und ist, sobald mittels dreier Justierschrauben ein freies Schwingen der Nadel erreicht ist, fertig zum Gebrauch.

Bei einem inneren Widerstande von 10 Ohm läßt sich leicht eine Stromempfindlichkeit von 1 Grad Nadelablenkung für 2×10^{-6} Amp. einstellen, was z. B. für Präzisionsmessungen mit der Meßbrücke oder für die Kompensation elektromotorischer Kräfte meist völlig ausreicht. Bei einem Widerstande von 600 Ohm steigt die erzielbare Stromempfindlichkeit auf 1 Grad Ablenkung für 2×10^{-7} Amp. Es kann so zur Beurteilung der Isolation von Leitungen verwendet werden. Bei mittlerer Empfindlichkeit beträgt die einfache Schwingungsdauer 2 bis 3 Sekunden, und nach drei einfachen Schwingungen steht die Nadel wieder still. Eine Widerstandsabgleichung mit fertig vorgerichteter 1 m langer Meßbrücke ist dann in wenigen Sekunden bis auf 0,1 mm genau vollzogen. Versehentlich angewandte zu große Stromstärken schaden nichts, so lange der Spulendraht nicht durchschmilzt.

Fig. 845. Fig. 846. Fig. 846 a.

261. **Das Vertikalgalvanometer** von Bourbouze, Fig. 845. Den Hauptbestandteil desselben bildet ein stählerner Wagebalken mit aufwärts gerichtetem, langem Zeiger. Durch Laufgewichte auf dem Wagebalken kann der Zeiger auf den 0=Punkt der dahinter befindlichen Skala eingestellt werden, ein anderes Gewicht am unteren Ende des Zeigers gestattet, ähnlich wie bei ganz feinen Präzisionswagen, den Schwerpunkt höher oder tiefer zu legen und damit die Empfindlichkeit zu regulieren. Der Wagebalken bewegt sich innerhalb eines großen flachen Multiplikatorrahmens[1].

[1] Zu beziehen von Köpping in Nürnberg.

Fig. 846 (E, 135) zeigt ein sehr empfindliches Instrument nach Szymánsky. Die Achse des geraden Magneten spielt auf seinen Nadelspitzen in Achatlagern, die Empfindlichkeit kann durch Auflegen von Reitergewichten auf einen Aluminiumstab reguliert werden.

Fig. 847.

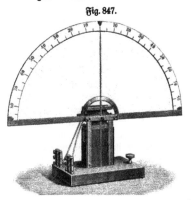

Fig. 849.

Fig. 848.

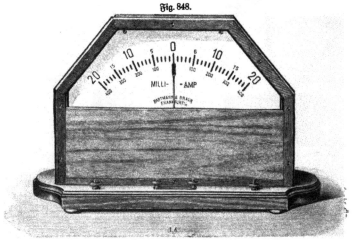

Fig. 847 (Lb, 85) stellt ein Vorlesungsgalvanometer nach Holtz (Z. 2, 222, 1889) dar mit Luftdämpfung und großem abnehmbarem, beiderseitig mit Skalen versehenem Teilkreis.

Leppin und Masche (Z. 12, 316, 1899) konstruieren das Vertikalgalvanometer so, daß der Zeiger nach unten gerichtet ist, was ermöglicht, die Masse des beweglichen Systems kleiner zu nehmen (Preis 40 bis 60 Mk.)[1].

¹) Hartmann u. Braun in Frankfurt a. M. liefern Standinstrumente zur Strom- und Spannungsmessung, welche nach zwei Seiten Ausschlag geben, somit keine Änderung

262. Wagegalvanometer. Fr. C. G. Müller (8. 10, 5, 1897) empfiehlt ein Wagegalvanometer, bei welchem, wie bei der gewöhnlichen Wage, durch Aufsetzen reiterförmiger Ge-
wichte die Kraftwirkung
kompensiert wird. Inner-
halb des mit Draht um-
wundenen Rahmens R,
Fig. 850, welchem durch die
Klemmen g_1 und g_2 der zu
untersuchende Strom zuge-
leitet wird, ist um eine
horizontale Schneide drehbar ein Magnetstab NS
angebracht, mit welchem
durch die Bügel $C_1 C_2$ das

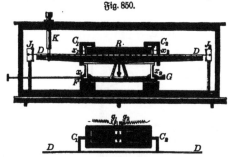

Fig. 850.

zum Aufsetzen der Reiter bestimmte Lineal DD in Verbindung steht. $FGx_1x_1x_2x_2$ ist die Arretiervorrichtung des Wagebalkens, K die Vorrichtung zum Verschieben der Reiter, J_1 und J_2 sind die Skalen[1]).

· **263. Magnetstromwage.** Zur Messung schwacher Ströme von 0,001 bis 0,01 Amp. (1 bis 10 Milliamp.) benutzt F. Kohlrausch eine empfindliche Federwage, an welcher eine magnetische Stahlnadel (Stopfnadel von 90 mm Länge) in eine vom Strom durchflossene Spirale hineinhängt und je nach der Stärke des

Fig. 851.

Fig. 852.

Stromes mehr oder weniger tief hineingezogen wird (Fig. 851). Die Nadel wird in dem Instrumente selbst magnetisiert, indem man einen kräftigen Strom durch-

---

der Zuleitungen bei Umkehrung der Stromrichtung erfordern, nach Fig. 848 (für Ströme von 20 bis 500 Milliampere und Spannungen von 2 bis 250 Volt), zu 150 Mk., ferner nach Fig. 849 zu 75 bis 105 Mk.

[1]) Zu beziehen von Präzisionsmechaniker O. Wanke in Osnabrück, mit 10 drähtigem Ampererahmen und 1000 drähtigem Voltrahmen, nebst Ampere- und Voltreitern, zu 120 Mk.

gehen läßt. Die Wickelung besteht aus etwa 10 000 Windungen feinsten Kupferdrahtes. Die Dämpfung wird durch ein quer an der Nadel befestigtes, fast den
ganzen Querschnitt der Röhre ausfüllendes Hornblättchen bewirkt[1]).

Fig. 853.

Fig. 855.

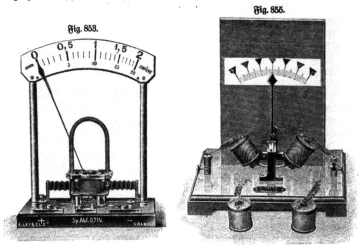

Fig. 854.

Die Fig. 852 (Lb, 55) zeigt ein Schulvoltmeter, Fig. 853 (Lb, 55) ein
Schulamperemeter, beide beruhen auf der Einstellung eines Magneten in die Richtung der Kraftlinien eines stromdurchflossenen Solenoids. Die Skalen sind auch
auf der Rückseite angebracht zum bequemeren Gebrauch für den Lehrer.

---

[1]) Eine andere Art der Konstruktion der Magnetstromwage ist durch Fig. 650 (S. 357)
angedeutet.

F. Braun konſtruierte ein ſehr empfindliches Wagegalvanometer, Fig. 854, deſſen Wagebalken einerſeits einen ſtimmgabelförmigen Magneten mit rechtwinklig umgebogenen in vertikalſtehende Spiralen eintauchenden Enden bildet, andererſeits eine in einer geſchloſſenen Hülſe ſich bewegende zur Dämpfung dienende Scheibe[1]).

Hierher gehört ferner Roſenthals aſtatiſches Mikrogalvanometer, welches bereits in Bd. I$_{(1)}$, S. 141 (Fig. 276) beſchrieben und abgebildet iſt[2]).

264. Aſtaſierung. Um die Empfindlichkeit eines Galvanometers zu erhöhen, kann man die Horizontalkomponente des erdmagnetiſchen Feldes abſchwächen in der Weiſe, daß man in die Nähe der Galvanometernadeln einen oder mehrere Magnet= ſtäbe ſo bringt, daß ihre Wirkung auf die Galvanometermagnete derjenigen des Erdmagnetismus entgegengeſetzt iſt.

Andere Mittel, um die Empfindlichkeit zu erhöhen, ſind die Aſtaſierung durch einen „Schutzring" aus weichem Eiſen, welcher die erdmagnetiſche Direktionskraft vermindert, oder bifilare Aufhängung der Magnetnadel in verkehrter Lage, wobei das durch die Schwere hervorgebrachte Drehmoment die Wirkung des Erd= magnetismus ſchwächt. Unter dem Aſtaſierungsfaktor verſteht man das Ver= hältnis der Direktionskräfte vor und nach der Aſtaſierung.

Zur Demonſtration eines aſtatiſchen Syſtems benutze ich wieder die große Drahtrolle Fig. 533, S. 295, und zwei miteinander verbundene Magnetſtäbe, von welchen ſich der eine in der Rolle, der andere darüber befindet.

265. Der aſtatiſche Multiplikator. So wie man für die Spannungsmeſſung verſchieden empfindliche Elektrometer gebraucht, ſo ſollte man auch mindeſtens drei Multiplikatoren haben; der eine derſelben ſollte 20 bis 30 Windungen von 1$^{1}/_{2}$ mm dickem Drahte, der andere zweimal 300 Windungen von 1 mm dickem Drahte, ſo daß man ſie einzeln, nacheinander oder nebeneinander, brauchen kann, und der dritte ebenſo zweimal 1000 Windungen von dünnerem Drahte, ſo fein, wie er etwa zum Überſpinnen der Darmſaiten genommen wird, haben. Die Einrichtung iſt bei allen im übrigen gleich und alle werden mit aſtatiſchen Nadeln verſehen; ſollte dadurch für irgend einen Zweck die Empfindlichkeit zu groß werden, ſo kann man zwiſchen den Klemmen einen Nebenſchluß anbringen, ſo daß nur ein Teil des Stromes die Windungen durchfließt. Für manche Zwecke braucht man jedoch noch empfindlichere Multiplikatoren von mehreren tauſend Windungen. Erlauben es die Mittel nicht, mehrere Multiplikatoren anzufertigen, ſo kann man ſich auch mit einem einzigen behelfen, dem man dann 1600 bis 2000 Windungen aus $^{1}/_{2}$ mm dickem Drahte gibt. Man läßt je 400 bis 500 dieſer Windungen für ſich in Klemm= ſchrauben auslaufen, ſo daß man dieſelben nacheinander oder nebeneinander gebrauchen kann, wie unten näher zu zeigen iſt. Es iſt bequem, wenn jede Partie des Drahtes mit anders gefärbter Seide überſponnen iſt, doch ſoll es bei ſehr empfindlichen Multiplikatoren weder grüne noch blaue Seide ſein, da beide Farben Eiſen enthalten können.

Der gut mit Seide überſponnene Draht wird auf ein Rähmchen von Holz, etwa wie Fig. 856, gewickelt, welches quadratiſch iſt und im Lichten etwa 5 bis

---

[1]) Zu beziehen von Hartmann u. Braun in Bockenheim zu 150 Mk. Ein Ver= tikalgalvanometer nach Fig. 855 liefert G. Lorenz in Chemnitz zu 28 Mk. — [2]) Zu beziehen von dem phyſik.=mechan. Inſtitut von Prof. Dr. Edelmann, München, zu 34 Mk.

6 cm Seite hat; zwei gegenüberstehende Seiten desselben sind so tief von oben und unten eingeschnitten, daß das Holz noch etwa 5 bis 10 mm stark bleibt, und also auch die Drahtwindungen innerhalb ebensoviel Abstand erhalten. Die Draht= windungen kommen in mehreren Schichten zwischen die oben und unten stehen= gebliebenen Zapfen zu liegen, so daß oberhalb ein Schlitz zwischen denselben offen bleibt, und also der Übergang von einer Seite zur anderen stets auf der unteren Seite gemacht wird. Die Drahtenden müssen auf derselben Seite des Brettchens hervorstehen, und die Windungen werden durch einen Faden zusammengebunden, um das Aufspringen zu verhüten, was aber bei ausgeglühtem Drahte nicht statt= findet. Der übersponnene Draht wird, am besten vor dem Aufwickeln, gefirnißt,

Fig. 856.

wozu man mit Mastix versetzten Schellackfirnis nimmt. Das fertige Rähmchen wird nun mittels von unten in die unteren Zapfen desselben geführter Holzschrauben auf ein quadratisches Brettchen befestigt, welches etwa 5 bis 10 cm mehr Seite hat als das Rähmchen, und mit Stellschrauben versehen ist. Anstatt der Schrauben kann man dem Rähmchen unten eine kleine Leiste geben und es zwischen Führungen, wie Fig. 857, auf das Brettchen schieben.

　　Auf die oberen Zapfen des Rähmchens befestigt man ebenfalls durch messingene Schrauben oder Stifte eine mit Papier bezogene hölzerne oder besser eine elfenbeinerne Platte (siehe § 4), auf welcher ein Kreis geteilt ist, dessen äußerer Limbus die Länge der Nadeln zum Durchmesser hat. In der Mitte erhält diese Platte einen

Fig. 857.

Fig. 858.

Fig. 859.

dem Schlitze in den Windungen parallelen schmalen Schlitz von Teilung zu Teilung, nachdem man vorher noch eine zu dem auszuschneidenden Durchmesser senkrechte Linie durch den Mittelpunkt gezogen hat, zur besseren Erkennung des letzteren. Die Mittellinie des Schlitzes entspricht dem 0=Punkt der Teilung.

　　Wenn viele Windungen auf ein solches Rähmchen kommen sollen, so muß sowohl der Raum für die Bewegung der inneren Nadel, als auch der Schlitz eng genommen werden. Man gibt dann den Seitenwänden eine größere Ausdehnung, wie Fig. 858. Sollten aber auf ein solches Rähmchen 500 und mehr Windungen eines Drahtes von $1/_2$ mm Dicke schön glatt aufgewickelt werden, so würden die Querstücke $a\,a$ eingebrochen und die Seitenwände weggedrückt werden, auch würden sich die Windungen zu weit in Schlitz und Nadelraum hineindrängen und dort Störungen veranlassen. Man läßt darum die Querstücke $a\,a$ nicht ganz durch die Seitenwände gehen und belegt dieselben mit einem Messingstreifen, Fig. 859, welcher etwa 1 mm dick und in zwei Lappen umgebogen ist, die man mit messingenen Stiften auf die Seitenwände befestigt. Diese Streifen werden auch um 2 mm ſchmäler genommen als die Querſtücke au; ſie bilden dann mit dieſen oben und unten einen Falz. Auf dieſen Falz legt man unten eine, oben zwei Meſſingplatten von 1 mm Dicke und ſo breit als der freie Raum des Rähmchens, und fügt auch noch zwei dünnere Plättchen von Blech oder Elfenbein bb oberhalb zwiſchen die beiden Mittelzapfen. Dadurch werden Nadelraum und Schlitz frei gehalten und das Rähmchen vor dem Zuſammendrücken ge-

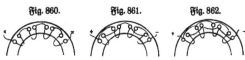

Fig. 860. Fig. 861. Fig. 862.

ſchützt; die Bleche über und unter dem Nadel-raume tragen noch zur raſcheren Beruhigung der Nadel bei. Wenn es ſich um die Aufwickelung von mehreren tauſend Windungen handelt, macht man das Rähmchen ganz von Metall und firnißt dasſelbe ſtark.

Die Fig. 860, 861, 862 zeigen die verſchiedenen Verbindungen für vier Drahtpartien.

Die Nadeln werden aus ſtählernen Stricknadeln genommen und erhalten in der Länge etwa 6 mm weniger, als der innere Raum des Rähmchens geſtatten würde, um die eine derſelben durch den Schlitz der geteilten Platte einführen zu können. Sie werden entweder in eine, wie Fig. 863, aus dünnem Drahte gewundene Doppelhülſe geſteckt, oder man läßt hier-zu zwei dünne ſilberne Scharnierdrähte durch einen dünnen Stift zuſammenlöten, wie Fig. 864 zeigt. Durch einen Strohhalm, an welchen man ein Draht-häkchen macht, kann man dieſelben allerdings auch ſtecken, aber ihre parallele Lage iſt darin nur wenig geſichert; beſſer iſt dies der Fall bei einem Elfenbeinſtäbchen. Aufgehängt werden die Nadeln gewöhnlich an einem einfachen Coconfaden, den man unterhalb an die Hülſe anknüpft und oben um einen etwas langen Schraubenkopf aufwickelt, der ſich in einem auf das Brettchen befeſtigten Träger befindet, Fig. 865. Dieſer Träger hat an ſeinem Ende einen wohlausgeglätteten Einſchnitt, in welchen der Faden zu liegen kommt, und dieſer Einſchnitt muß ſich ziemlich genau über dem Mittel-punkte der Teilung befinden, was aber leicht zu erlangen iſt, wenn das untere Ende des Trägers durch drei Schrauben auf das Brettchen befeſtigt wird. Mittels der Schraube, um welche der Faden gewickelt iſt, kann man das Nadelſyſtem heben und ſenken.

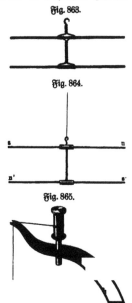

Fig. 863.

Fig. 864.

Fig. 865.

Cocons ſind wohl überall zu bekommen, und man kann ſich ſelbſt von den-ſelben den Seidenfaden auf eine Papierrolle abwickeln, wenn man ſie in warmes Waſſer legt. Da man zu mancherlei Zwecken ſolcher einfacher Seidenfäden bedarf, ſo muß man ſich ſchon einmal dieſe Mühe nehmen. Im Handel kann man nämlich ſolche Seide nicht wohl bekommen, indem die hierfür beſtimmten Fäden ſchon beim Abhaſpeln mindeſtens tripliert werden. Doch bedarf man auch zu manchen Zwecken

stärkerer Fäden, wozu dann diese letzteren sich besonders eignen, wenn man sie vorher in Seifenwasser gekocht hat. Man kann sie aus den Seidenzwirnereien —
sogenannten Seidenfabriken — leicht bekommen. Durch Auflösen schon fabrizierter
Seide erhält man kaum brauchbare Fäden[1]).

Die obere der beiden Nadeln dient zugleich als Index, während die untere
zwischen den Windungen sich bewegt; es ist sehr zweckmäßig, wenn die obere Nadel
irgendwo auf der geteilten Platte befestigt werden kann, weil sonst der Faden beim
Umhertragen leicht abreißen könnte, und das Wiederanknüpfen desselben die Geduld
manchmal sehr in Anspruch nimmt. Diese Befestigung ist auf mancherlei Weise
ausführbar; Fig. 866 zeigt eine solche nebst Rähmchen und Draht, wo a ein Lappen
aus Messingblech ist, welcher durch die Schraube b niedergehalten wird und, wenn

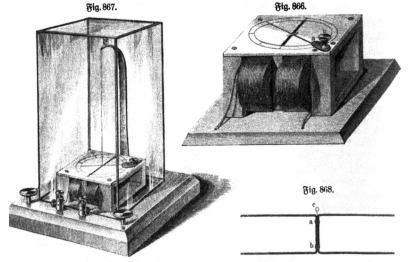

Fig. 867.　　　　　　　　　　Fig. 866.

Fig. 868.

sie gelüftet ist, seitswärts gelegt werden kann; unter diesen Lappen legt man das
eine Ende der Nadel und klemmt es ein. Es ist zweckmäßig, an den Faden ein
feines Häkchen zu binden und in dieses das Nadelsystem einzuhängen, weil dann
der Faden weniger leicht beim Einführen und Herausnehmen der Nadeln abgerissen
wird und man auch leicht mit den Nadelsystemen wechseln kann.

Gewöhnlich läßt man das zum Nordpol bestimmte Ende der Nadeln schwach
blau anlaufen und nimmt die stärkere Nadel zwischen die Windungen, weil hier der
wirksamere Platz ist. Fig. 867 zeigt einen solchen Multiplikator im ganzen.

Bei der Anfertigung astatischer Nadeln verfährt man so, daß man die Nadeln
zuerst mit dem Streichmagneten gleich stark streicht, dann sie an ihre Stelle bringt
und am Faden spielen läßt. Man magnetisiert nun noch eine solche Nadel und
gibt der stärkeren damit so lange längere oder kürzere Gegenstriche (jedesmal an

---

[1]) Wollastondrähte in Silber- oder Kupferhülle mit Platinkern von 0,001 bis
0,007 mm Durchmesser liefert W. C. Heraus, Hanau zu 2 bis 1 Mk. pro Meter, Quarz-
glasfäden von 0,004 mm Stärke, etwa 30 cm lang, in Bündeln von 1 g, zu 10 Mk.

beiben Polen), bis das Paar in der Minute nur noch vier oder noch weniger Schwingungen macht. Für Multiplikatoren zum gewöhnlichen Gebrauche treibt man die Gleichheit der Nadeln nicht weiter als auf zehn Schwingungen in der Minute. Durch Anbringung eines kleinen Magnetſtäbchens außerhalb des Inſtrumentes und nahe bei der einen Nadel läßt ſich, wenn nötig, zeitweilig die Aſtaſie vermindern.

A. Hempel (1888) empfiehlt eine aſtatiſche Nadel, beſtehend aus zwei Hufeiſenmagneten, welche ſo mit den Biegungen aneinander befeſtigt ſind, daß der nordmagnetiſche Schenkel des einen die Verlängerung des ſüdmagnetiſchen des anderen bildet (Fig. 868). Kolbe verbindet die beiden Hufeiſen durch Bewickeln mit ſeinem Kupferdraht bei a und b, nachdem ſie längs der Berührungsfläche eben abgeſchliffen wurden. c iſt eine aus dem Bindedraht gebildete Öſe.

Die Enden des Multiplikatordrahtes werden am beſten an Blechringe gelötet, Fig. 869, welche unter die Klemmſchrauben gelegt werden, Bd. I$_{(1)}$, S. 65, Fig. 112.

Fig. 871.

Fig. 870.

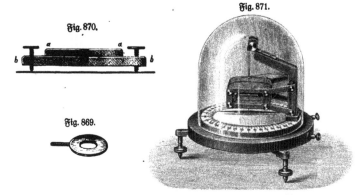

Fig. 869.

Über das Inſtrument wird ein Glasſturz geſtellt, oder ein aus Glasſcheiben mittels Papierſtreifen zuſammengepapptes Glasgehäuſe. Die Stellſchrauben und Klemmſchrauben müſſen ſich natürlich außerhalb des Glaſes befinden. Beim Gebrauche wird der Multiplikator ſo geſtellt, daß der Nullpunkt der Teilung nach Norden gerichtet iſt.

Sehr bequem iſt, wenn das Rähmchen mit den Drahtwindungen und Klemmſchrauben nebſt dem Glasgehäuſe auf einem beſonderen Brettchen aa, Fig. 870, ſteht, welches ſich um einen Zapfen des Brettchens bb, das die Stellſchrauben hat, drehen läßt, da man in dieſem Falle das Einſtellen der Nadeln durch Drehung des oberen Brettchens leichter bewirken kann.

Bertram bringt den Rahmen in einiger Höhe über der Kreisteilung an, wie aus Fig. 871 zu erſehen. Derſelbe kann leicht entfernt und durch einen anderen mit dickerem oder dünnerem Drahte, alſo weniger und mehr Windungen erſetzt werden. Gleichzeitig wird dadurch die Demonſtration und Erklärung des Inſtrumentes ſehr erleichtert. (W, 30, größere Form 75.)

Zweckmäßig iſt es, bei 90° und bei 270° dünne, etwa 5 mm hohe Meſſingſtifte ſenkrecht in die Platte mit der Teilung einzuſchrauben (Arretierung), damit die Nadeln nicht ganz herumgeworfen werden können.

Wenn man die obere Platte von Kupfer nimmt und sie mit Papier überzieht, um die Teilung darauf anzubringen, so dient sie ebenfalls als Dämpfer für die Schwingungen der Nadel, so daß diese dann eher zur Ruhe kommt.

Bei der Toeplerschen Luftdämpfung trägt das die Nadeln verbindende Stäbchen unten einen rechteckigen Flügel aus Glimmer, welcher fast genau den Querschnitt einer cylindrischen Kapsel, in der er sich drehen kann, ausfüllt. Die durch ihn gebildeten Abteilungen der Kapsel sind durch zwei feste, vom Umfange nahezu bis zur Mitte reichende Scheidewände, die sich nach Bedarf vor- und zurückschieben

Fig. 872.　　　　　　Fig. 873.　　　　　　Fig. 874.

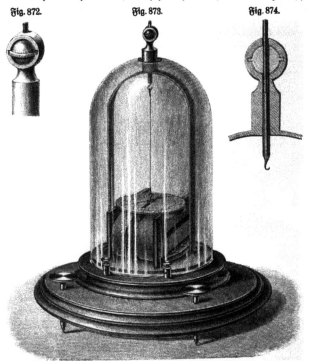

lassen, abermals in zwei Teile geteilt. Bewegt sich nun das Nadelsystem und damit der Schieber, so bewirkt derselbe auf der einen Seite Verdichtung, auf der anderen Verdünnung und infolge des geringen Zwischenraumes zwischen Kapsel und Flügel können sich diese Druckunterschiede nur sehr schwer ausgleichen. Infolgedessen wird Hin- und Herschwingen der Nadel fast ganz vermieden. (K, 120.)

Bei sehr empfindlichen Multiplikatoren ist es auch zweckmäßig, wenn man die Nadel heben und senken kann, ohne den Glassturz wegzunehmen. Man durchbohrt denselben zu dem Ende oberhalb und setzt auf den Träger des Cocoonfadens eine Hülse von Messing, wie sie die Figuren 872 und 873 in natürlicher Größe zeigen. Diese Hülse hat unten eine viereckige Öffnung und oben einen Ring mit zwei Ein-

ſchnitten; in dieſe Einſchnitte wird eine, nicht notwendig kugelförmige, Schrauben=
mutter geſchoben. Der Träger des Fadens iſt ein Häkchen, das ſich an einem vier=
eckigen Stifte befindet, welcher oberhalb in eine feine Schraube ausläuft; wird die
Mutter gedreht, ſo zieht ſie den Stift in die Höhe, da dieſer ſich in der viereckigen
Öffnung der Hülſe nicht drehen kann. Fig. 874 zeigt
einen Multiplikator, an dem alle dieſe Bequemlich=
keiten angebracht ſind. Das Rähmchen iſt nur zwiſchen
zwei auf das obere Brett geſchraubte Holzleiſtchen ge=
ſchoben. (W, 24 bis 100.)

Fig. 875.

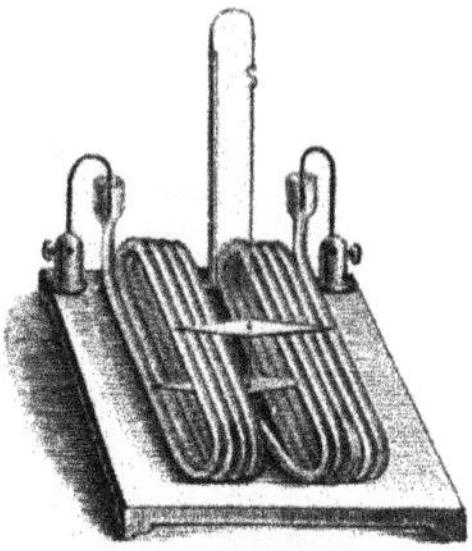

Will man die Einwirkung des elektriſchen Stromes
der Leidenerflaſche auf die Magnetnadel zeigen, ſo ent=
ladet man dieſelbe durch einen Multiplikator mit ſehr
langem, wenn auch dünnem, mit Guttapercha über=
zogenem Drahte (mindeſtens 200 Windungen), wobei
indeſſen die Vorſicht anzuwenden iſt, daß man mehrere
Centimeter einer naſſen hanfenen Schnur in den
Schließungsbogen bringt; man bedarf dabei nur einer
ganz mäßigen Ladung. — Daß der Strom im Elektrolyten gleichwertig iſt dem
in der metalliſchen Leitung, kann man nachweiſen mittels eines Galvanometers,
bei dem die Drahtwindungen
durch eine gewundene Glasröhre
(Fig. 875) erſetzt ſind, welche
mit der elektrolytiſchen Flüſſig=
keit gefüllt wird.

Fig. 876.

Fig. 877.

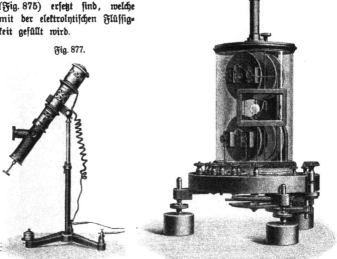

Fig. 876 gibt die Anſicht eines nach Muſter von Sir Thomſons Galvano=
meter gebauten aſtatiſchen Spiegelgalvanometers[1]) mit Siemensſchen Glocken=

---

[1]) Ein einfaches Thomſongalvanometer für Vorleſungszwecke beſchreibt Edelmann,
B. **8**, 116, 1894.

magneten. Bei dem Thomsongalvanometer sind über dem Magnetsystem an einer
Stange zwei Magnetstäbe angebracht, mit deren Hilfe man in der S. 443 er-
wähnten Weise die Empfindlichkeit des Apparates verändern kann. Auch das
Galvanometer mit Glockenmagneten besitzt zwei derartige Richtmagnete, die ihren

Fig. 878.   Fig. 879.

Platz unter der Grundplatte des Apparates gefunden haben und mit einem Räder-
werke in Verbindung stehen, das durch eine rechts am Sockel befindliche Korben-
schraube betätigt wird und gestattet, die relative Lage der Magnete und mithin ihr Gesamtmoment zu verändern oder sie beide um ihre Achse zu drehen
und so die Empfindlichkeit des Galvanometers zu beeinflussen. Die Instrumente
können nur als Spiegelgalvanometer gebraucht werden (vgl. Bd. I(1), S. 140 und
602 ff.).

Zur Herstellung intensiver paralleler Lichtbündel von 3 cm Durchmesser eignet sich die Liliputlampe mit kleiner, dem leuchtenden Krater naheliegender Kondenslinse von Grimfehl (Z. 19, 141, 1906), Fig. 877 ¹).

Fig. 878 (K, 130) zeigt eine verstellbare Deckenaufhängung für Reflexgalvanometer, Fig. 879 (K, 375) eine Vorrichtung für erschütterungsfreie Aufhängung nach Julius. Die seitlichen flügelartigen Dämpfer werden in Gefäße eingehängt, die mit Paraffinöl gefüllt sind ²).

Zur Projektion dienen die sogenannten Laterngalvanometer (z. B. von Mayer, Carls Rep. 8, 133 und Barker, Phil. Mag. [4] 50, 434). Bei letzterem tritt das von der Laterne ausgehende horizontale Lichtbündel in einen Apparat für Horizontalprojektion, in welchem als Objekt ein an einem Coconfaden hängender Zeiger und eine darunter befindliche durchsichtige Skala angebracht sind. Das eigentliche Galvanometer befindet sich unterhalb des untersten Spiegels, so daß also die Nadeln und der Galvanometerrahmen selbst der Einwirkung des Lichtes entzogen sind. Das Stäbchen, welches die astatischen Nadeln verbindet, geht durch eine Bohrung des unteren Spiegels und der Sammellinse hindurch und trägt oben den erwähnten Zeiger. Ähnlich eingerichtet ist Rühmkorffs Laterngalvanometer. Nachteilig ist bei den Laterngalvanometern, daß bei Anwendung starken Lichtes und leichter Magnetnadeln störende Luftströmungen entstehen, die den Zeiger nicht zur Ruhe kommen lassen.

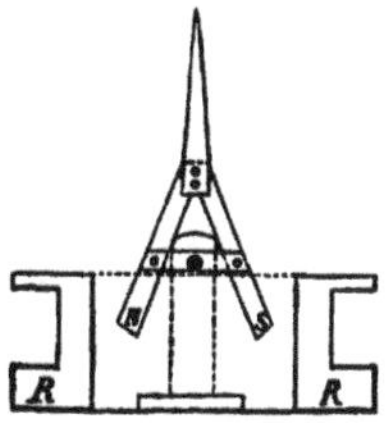

A. Becker (Dr. Meyersteins Nachf.) in Göttingen liefert ein Laterngalvanometer zu 260 bis 400 Mk.

Astatisches Vertikalgalvanometer. In einfachster Weise konstruiert Hirschmann ein solches, indem er über der Höhlung einer Drahtrolle einen kleinen Wagebalken befestigt, der an beiden Enden kleine Magnetstäbe in entgegengesetzter Stellung trägt. Dieselben können vertikal stehen oder zweckmäßiger, wie in Fig. 880, schief, so daß ihre oberen Enden in der Achse der Rolle zusammentreffen. An der Verbindungsstelle wird dann ein langer, vertikaler Zeiger befestigt, der die Bewegung des Systems erkennen und messen läßt.

Fig. 880.

266. Eichung von Spiegelgalvanometern. Um ein Galvanometer zur Bestimmung sehr schwacher Ströme in Ampere oder besser Milliampere (= 0,001 Amp.) oder Mikroampere (= 0,000 001 Amp.) zu eichen, schaltet man dasselbe in einen Stromkreis, welcher außerdem ein großes Daniellsches Element (oder mehrere kleine parallel geschaltet) enthält und einen Stöpselkasten mit hohen Widerständen. Ist e die elektromotorische Kraft des Elementes, r die Summe aller Widerstände (einschließlich des Galvanometerwiderstandes), so ist $i = \frac{e}{r}$ Ampere. Indem man nun durch Ausziehen oder Einsetzen von Stöpseln r und damit i ändert, jeweils den Ausschlag des Galvanometers abliest und die gefundenen Zahlen, die Galvanometerausschläge als Abscissen, die Stromstärken als Ordinaten in ein Koordinaten-

¹) Zu beziehen von A. Krüß in Hamburg und E. Leybolds Nachf. in Köln. G. Beck u. Co., Berlin NO., Georgenkirchstr. 64, liefern zu gleichem Zweck eine Nernst-Projektionslampe für 110 Volt und 3 bis 4 Amp. Strom, welche etwa 700 Kerzen Leuchtkraft hat. — ²) Über Panzergalvanometer s. Bd. I(1), S. 142. Sie sind zu beziehen von Siemens u. Halske, Berlin.

29*

system einträgt, erhält man eine Kurve, welche gestattet, zu jedem beliebigen Ausschlag sofort die entsprechende Stromstärke zu finden [1]).

267. Voltmeter. Da nach dem Ohmschen Gesetz $E = R . I$, d. h. die Spannungsdifferenz an den Enden einer Stromleitung, z. B. einer Galvanometerspule,
proportional der Stromstärke ist, welche das Galvanometer anzeigt, so kann man
die Skala des letzteren, wie schon (in § 105, S. 203) angegeben wurde, so
einrichten, daß sie statt der Stromstärke die Spannungsdifferenz zwischen seinen
Klemmschrauben angibt. Man könnte mittels eines solchen Voltmeters z. B. die
Spannungsdifferenz zwischen irgend zwei Punkten einer Leitung messen, wenn man
diese mit den Klemmschrauben des Galvanometers durch Drähte ohne nennenswerten Widerstand verbindet, doch ist Voraussetzung, daß durch Herstellung dieser

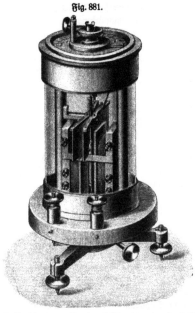

Fig. 881.

Verbindung, wodurch ein Teil des
Stromes in der Leitung in das
Galvanometer abgezweigt wird,
die zu messende Spannungsdifferenz nicht geändert wird. Damit
diese Voraussetzung erfüllt werde,
ist nötig, daß die Galvanometerspule aus vielen Windungen von
dünnem, schlecht leitendem Draht
bestehe, so daß nur ein schwacher
Strom hindurchgehen kann [2]).

Die meisten in der Technik
gebräuchlichen Voltmeter sind nach
diesem Prinzip eingerichtet und
unterscheiden sich deshalb von den
Amperemetern nur durch die Beschaffenheit der Spule, welche bei
letzteren aus wenig Windungen
von dickem, gut leitendem Draht
besteht, damit der zu messende
Strom durch Einschaltung des
Galvanometers möglichst wenig
geschwächt werde.

Ähnlich könnte man eine Druckdifferenz an zwei Punkten einer
Wasserleitung messen durch Abzweigung eines Stromes durch einen Wasserzähler, der
so geeicht ist, daß er nicht Stromstärken, sondern Druckdifferenzen anzeigt. Auch hier
müßte die Bedingung erfüllt sein, daß der durch den Wasserzähler fließende Strom
so minimal ist, daß durch das Anbringen desselben die zu messende Druckdifferenz in
der Hauptleitung nicht geändert wird.

Ein früher vielfach zu derartigen Messungen gebrauchtes, heute veraltetes
Instrument ist das Torsionsgalvanometer von Siemens, Fig. 881. Der

---

[1]) Über Multiplikations- und Zurückwerfungsverfahren s. Kohlrausch, Handbuch d. prakt. Physik, 10. Aufl., S. 484. — [2]) Solche Voltmeter liefern z. B. Siemens u.
Halske, Berlin-Nonnendamm.

Magnet ist ein Glockenmagnet, welcher zwischen vertikal stehenden Multiplikator-rahmen an Seidenfaden und Spiralfeder hängt. Zur Dämpfung der Schwingungen sind seitliche Flügel aus Glimmer angebracht, welche zwischen entsprechend gestellten Metallplatten spielen. Beim Stromdurchgang wird der Magnet abgelenkt und dann durch Drehen des Knopfes, an welchem die Spiralfeder hängt, wieder in die Null-lage zurückgebracht. Der Torsionswinkel gibt ein Maß für die Stromintensität.

Fig. 882.

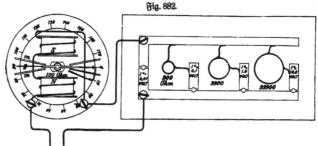

Sind die Ströme zu stark, so wird ein Zweigwiderstand eingeschaltet, wie das Schema Fig. 882 andeutet. Fig. 883 zeigt den Widerstandskasten für sich allein.

Für schwächere Ströme beträgt der Widerstand der Galvanometerwin-dungen 100 Ohm. Wird nun an dem Widerstandskasten der Stöpsel da eingesetzt, wo steht: $1^0 = 0{,}01$ Volt, so durchfließt der Strom das Gal-vanometer ungeschwächt. Setzt man aber den Stöpsel bei $1^0 = 0{,}1$ Volt ein, so muß er außerdem den Wider-stand von 900 Ohm, also im ganzen 1000 Ohm durchfließen, wird somit auf $^1/_{10}$ der früheren Stärke reduziert. Beim Einsetzen des Stöpsels bei $1^0 = 1{,}0$ Volt oder $1^0 = 10$ Volt werden ebenso die Zusatzwiderstände

Fig. 883.

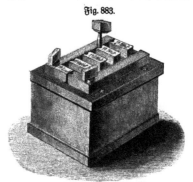

9900 bezw. 99 900 Ohm eingeschaltet, somit der Gesamtwiderstand erhöht auf 10 000 bezw. 100000 und die Stromstärke erniedrigt auf $^1/_{100}$ bezw. $^1/_{1000}$. Man ist so imstande, elektromotorische Kräfte von 0,01 bis 1700 Volt zu messen. Zu berücksichtigen ist dabei, daß durch das Anlegen des Torsionsgalvanometers an zwei Punkte einer Stromleitung die Spannungsdifferenz etwas vermindert wird, um so mehr, je schwächer der Strom, gewöhnlich etwa bei 50^0 Torsionswinkel um 1 Proz.

Für stärkere Ströme wird der Widerstand der Wickelung $= 1$ Ohm genommen. Das Instrument gestattet dann die Messung elektromotorischer Kräfte von 0,001 bis 170 Volt.

Vor allen früheren Galvanometern war das Siemens sche Torsionsgalvanometer zuerst durch die wertvolle Eigentümlichkeit ausgezeichnet, daß sein Widerstand genau

1 oder 100 Ohm ist. Hierdurch wird es nämlich möglich, dasselbe ohne Änderung der Skala direkt auch als Amperemeter, d. h. zu Stromintensitätsmessungen zu verwenden. Ist z. B. der Widerstand 1 Ohm und gibt das Instrument 1 Volt an, so weiß man zugleich, daß ein Strom von 1 Amp. Stärke das Instrument durchfließt. Sind sehr starke Ströme zu messen, so bringt man parallel zu dem Galvanometer einen Nebenschluß von $\frac{1}{9}$, $\frac{1}{99}$, $\frac{1}{999}$ u. s. w. Ohm an, so daß nicht der ganze Strom durch das Instrument hindurchfließt, sondern nur $\frac{1}{10}$, $\frac{1}{100}$, $\frac{1}{1000}$ u. s. w. Bedeutet also ohne Nebenschluß $1^0 = 1$ Volt, d. h. 1 Amp., so bedeutet er mit Nebenschluß bezw. 10, 100, 1000 u. s. w. Ampere. Man ist also imstande, mit dem Instrument für starke Ströme Intensitäten von 0,001 bis 1700 Amp. zu messen, mit dem für schwache von 0,0001 bis 170 Amp.

Stehen derartige Vorrichtungen zur Messung sehr starker Ströme nicht zu Gebote, so kann man sich durch folgendes vereinfachte Verfahren helfen. Man bringt den Stromleiter in die Form eines großen Kreises und beobachtet die ablenkende Wirkung auf eine in der Nähe befindliche Magnetnadel. Nun bildet man aus dünnerem Draht in mehreren, etwa n, Windungen einen Kreis von gleicher Größe und gleicher Lage gegen die Magnetnadel und sendet unter Einschaltung eines Rheostaten und eines Amperemeters einen solchen Strom hindurch, daß die Magnetnadel wieder dieselbe Ablenkung erfährt. Ist die Stärke dieses Stromes $= i$, die des zuerst benutzten, zu messenden Stromes $= J$, so muß, da die magnetische Wirkung der n Windungen mit i Ampere gleich der von einer Windung mit J ist, sein: $J = n \cdot i$ Ampere.

Am bequemsten legt man die Drahtkreise horizontal und stellt in die Mitte ein Vertikalgalvanometer, dessen Spule entfernt werden kann, aber auch nicht stört, wenn sie an ihrer Stelle belassen wird.

268. Anwendung des Galvanometers. Da sich mittels des Galvanometers Stromstärken weit bequemer messen lassen als mit den früher (S. 129, 191 und 202) beschriebenen Vorrichtungen, empfiehlt es sich, manche der früher ausgeführten Versuche unter Anwendung eines Galvanometers zu wiederholen. In erster Linie kommt hier in Betracht die Stromwärme, die z. B. zur Eichung eines Elektrometers oder Voltmeters dienen kann.

Ich benutze ein großes Kalorimeter aus Glas, in welchem sich eine dicke Eisendrahtspirale befindet, die an die Niederspannungsleitung (vgl. Bd. I$_{(1)}$, S. 116) angeschlossen wird. Die Wassermenge von $3,5 \cdot 1,8^2 \cdot 3,14 = 18,6$ Liter erwärmt sich in 90 Sekunden um 8^0. Hieraus folgt die Spannungsdifferenz der Drahtenden $= 11$ Volt. Dieselben werden mit dem Quadrantenelektrometer verbunden und der Ausschlag mit dem von Normalelementen verglichen.

Setzt man die Eichung des Elektrometers als richtig voraus, so kann mittels desselben Apparates das Ohmsche Gesetz nachgewiesen werden.

Ferner benutze ich eine etwa 4 m lange, 13 mm weite Eisenröhre, durch welche ein konstanter Wasserstrom und ein elektrischer Strom geleitet werden. Die Temperaturerhöhung des Wassers ergibt ebenso die Spannungsdifferenz der Enden, falls die Stromstärke bekannt ist und umgekehrt. Beispielsweise wurde bei einem Versuch gefunden: Die Stärke des Wasserstromes, gemessen durch Auffangen des ausfließenden Waſſers in einem Maßcylinder und Beobachtung der Zeit mit der Sekundenuhr $J = 3{,}5$ Liter in 60 Sekunden. Die Temperaturerhöhung

$$\theta = 48^0 - 6^0 = 42^0,$$

die elektriſche Stromſtärke $= 1710$ Amp. Hieraus ergibt ſich

$$e = \frac{J.\theta.427.g}{i} = \frac{3{,}5.42.427.9{,}81}{60.1710} = 6{,}61 \text{ Volt.}$$

Eine andere Anwendung des Galvanometers iſt die als Ampereſtundenzähler (1 Ampereſtunde $= 3600$ Coulomb) oder wenn Ampere- und Voltmeter zugleich benutzt werden, als Wattſtundenzähler. Ferner verſchiedenartige Meßmethoden, bezüglich deren auf F. Kohlrauſch, Prakt. Phyſik, verwieſen werden möge. (Die beigefügten Seitenzahlen beziehen ſich auf die 9. Auflage):

Prüfung eines Strommeſſers: Empiriſche Beſtimmung des Reduktionsfaktors S. 382; Widerſtandsbeſtimmung durch Bertauſchung S. 385; Widerſtandsbeſtimmung durch Strommeſſung S. 387; Elektromotoriſche Kraft in abſolutem Maß S. 430; Potentialdifferenz im Schließungskreiſe, Klemmenſpannung S. 432; Beſtimmung eines Magnetfeldes S. 443; Beſtimmung der Windungsfläche einer Drahtſpule S. 445; Meſſung einer Elektrizitätsmenge durch Dauerablenkung S. 529; Meſſung einer elektroſtatiſchen Kapazität S. 523 [1]).

269. Differentialgalvanometer iſt ein Galvanometer, deſſen Spulenhälften ſo geſchaltet ſind, daß ſie in entgegengeſetzter Weiſe auf die Magnetnadel einwirken, ſo daß man leicht die Gleichheit der dieſelben durchfließenden Ströme feſtſtellen kann. Es eignet ſich (nach Hausrath, 1905) insbeſondere zur Meſſung ſehr kleiner Widerſtände (übergreifender Nebenſchluß [2]).

270. Kompenſationsapparat. Sehr wertvolle Dienſte leiſtet das Galvanometer bei Meſſungen mittels der Kompenſationsmethode (§ 121, S. 224 [3]).

Bei den Kompenſationsapparaten von Siemens u. Halske tritt an Stelle des Meßdrahtes eine Serie von drei Normalwiderſtänden von 101,9, 1019 und

---

[1]) Siehe auch A. Linker, Elektrotechn. Meßkunde, Berlin 1906, Springer. Über ein Galvanometer zur Beſtimmung von Widerſtänden nach der Subſtitutionsmethode ſiehe Gray, Z. 19, 95, 1906. Über den Nachweis des Berlaufs der Niveau- und Stromlinien in einem Stanniolblatt durch Aufſuchen der Punkte, an welchen bei Berührung mit einem gerundeten Kupferſtift ein eingeſchaltetes Galvanometer gleichen Ausſchlag zeigt, ſiehe Schreber u. Springmann, Experimentierende Phyſik Bd. 2, 239, 1906. Durch Durchdrücken der betreffenden Stellen auf ein untergelegtes Papier und nachträgliches Berbinden durch Bleiſtiftlinien laſſen ſich die Niveaulinien erhalten. — [2]) Näheres findet man in Kohlrauſch a. a. O., S. 389. — [3]) Siehe Kohlrauſch a. a. O., S. 380 u. 434. Ein Kompenſator für elektrochemiſche Zwecke nach Fig. 884 iſt vom phyſikalmechan. Inſtitut Prof. Dr. Edelmann in München zu beziehen zu 110 Mk., und ein Kompenſator nach Feußner (Fig. 885, meſſend Spannungen von 0,014 bis 1400 Bolt, ſowie unter Zuhilfenahme geeigneter Zweigwiderſtände Stromſtärken von 0,1 Milliampere bis 1000 Ampere mit 0,1 proz. Genauigkeit) zu 410 Mk. Ähnliche Kompenſationsapparate liefern Gans u. Goldſchmidt, Berlin N. 65, Reinickendorferſtr. 96 (375 bis 450 Mk.); Keiſer u. Schmidt, Berlin N., Johanniſtr. 20 (450 bis 825 Mk.); Hartmann u. Braun, Frankfurt a. M., Fig. 886; The European Weston Electrical Instrument Co., Berlin S. 42, Ritterſtraße 88 (Fig. 887 nach Feußner 550 bis 650 Mk., Fig. 888 nach Pasqualini 275 bis 450 Mk.) u. a.

10190 Ohm, von welchen jeder nach Bedarf mit Hilfe eines Stöpsels kurz geschlossen werden kann. In den Hauptstromkreis ist ein Kurbelwiderstand eingefügt und in den Kompensationsstromkreis ein Taster. Sei dieser Kreis von 1019 Ohm abgezweigt und sei das eingeschaltete Normalelement ein Westonelement, dessen Spannung 1,019 Volt beträgt, so wird, wenn man so lange an den Kurbeln dreht, bis das Galvanometer beim

Fig. 884.

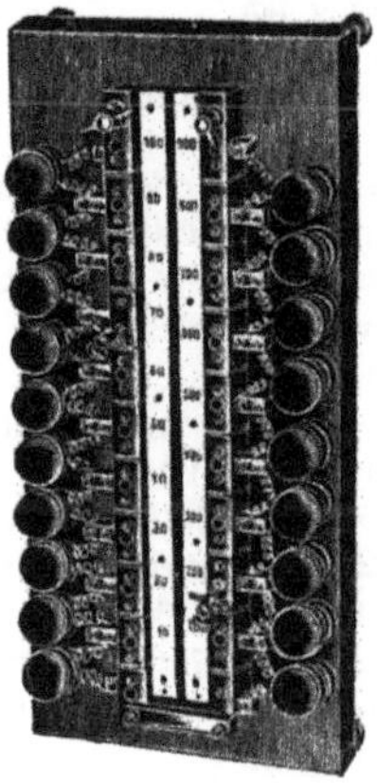

Fig. 885.

Fig. 886.

Niederdrücken des Tasters keinen Ausschlag gibt, die Spannungsdifferenz der Enden der 1019 Ohm genau 1,019 Volt sein, d. h. die Stromstärke beträgt 0,001 Amp.

Durch Multiplikation mit dem Gesamtwiderstande des Hauptkreises ergibt sich hieraus die gesuchte Spannung.

Hätte man statt des mittelsten Stöpsels einen der beiden anderen gezogen und in gleicher Weise kompensiert, so wären die Stromstärken bezw. 0,01 und 0,0001 Amp.

Fig. 887.

Um nach demselben Verfahren auch Spannungen zu bestimmen, die kleiner sind als die des Normalelementes, ermittelt man zunächst in beschriebener Weise die Stromstärke bei Anwendung einer Hilfsbatterie bei größerer Spannung und sucht dann benjenigen Widerstand auf (z. B. an einem eingeschalteten Meßdraht), an dessen Enden eine Spannungsdifferenz vorhanden ist, die ausreicht, die zu messende Spannung zu kompensieren[1]).

Der Kompensator nach Franke[2]) (Fig. 889) ist ausgezeichnet durch seine Einfachheit, Übersichtlichkeit und Bequem-

Fig. 888.

lichkeit, welche gestattet, ohne jegliche Rechnung und Korrektionen das Resultat direkt abzulesen[3]).

Ein Widerstand AB, welcher noch sehr kleine Unterteilungen zuläßt, in Fig. 890 ein Meßdraht über einer 100 teiligen Skala, ist mit einem Schieberrheostaten CD

---

[1]) Nähere Beschreibung siehe Raps, Zeitschr. d. österr. Ing.- u. Arch.-Ver. 1902, Nr. 28 u. 29. — [2]) Siehe Zeitschr. f. Instrumentenkunde 24, 93, 1904. — [3]) Zu beziehen von den Land- und Seekabelwerken, Köln-Nippes, Preis 140 bis 725 Mk. Der Apparat wird sowohl in einfacher wie auch in vollkommener Form ausgeführt. Der einfache Kompensator ist ebenso leicht zu bedienen, wie ein Präzisionsvolt- oder Amperemeter, nur mit dem Unterschiede, daß die Messung eine viel genauere ist.

verbunden, welcher 14 mal den Widerstand AB enthält; beide sind nebst einem Regulierwiderstande R in den Stromkreis eines Hilfsakkumulators H von etwa 2 Volt Spannung eingeschaltet. Ein Normalelement N nebst Galvanometer kann mit Hilfe beweglicher Schieberkontakte K_1 und K_2 an beliebigen Punkten des Rheostaten CD und des Meßdrahtes AB angelegt werden. Wählt man diese Punkte so, daß ihre Zahlenwerte der Spannung des Normalelementes entsprechen

Fig. 889.

(z. B. 1,0192 Volt für das Westonelement) und ändert mit Hilfe des Regulierwiderstandes R die Stromstärke des Akkumulators so lange, bis das Galvanometer die Stromlosigkeit des Normalelementes anzeigt, so entspricht das durch den Hilfsstrom des Akkumulators hergestellte Spannungsgefälle an den Widerständen genau den Zahlenwerten. Damit ist der Apparat geeicht und dient nun ohne weiteres

Fig. 890.

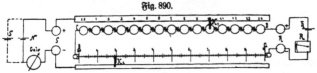

zur Messung von Spannungen von 0,1 bis 1,5 Volt, indem anstelle des Normalelementes die zu messende Spannung eingeschaltet und durch Verschieben der Schieber K_1 und K_2 kompensiert wird. Die hierbei abgelesenen Zahlen ergeben die wirklichen Werte ohne jegliche Rechnung. Dem Apparat können ferner noch Nebenschlüsse, Zusatzwiderstände und Spannungsteiler zur Messung sehr kleiner Spannungen bis herab zu 0,0001 Volt und hinauf bis 15 000 Volt beigegeben werden[1]).

---

[1]) Über den vom Mechaniker Otto Wolff nach Feußner (Methode von Du BoisReymond) gebauten Apparat s. Linker a. a. O., S. 67.

271. Meßbrücke. Auch für die Wheatstonesche Brücke (vgl. § 122, S. 226) wird zweckmäßiger als Elektrometer oder Hitzdrahtstrommesser ein feines Galvanometer zur Ermittelung der Stromlosigkeit der Brücke verwendet[1]).

Fig. 891.

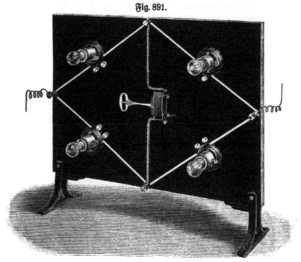

Fig. 892.

Ein besonders bequemes Widerstandsmeßinstrument ist das Universalgalvanometer von Siemens und Halske, bei welchem der Brückendraht um

---

[1]) Ein Modell mit vier Glühlampen (Fig. 891 E, 48) beschreibt Spies, Z. 12, 78, 1899.

die runde Fußplatte des Galvanometers gelegt ist. Bei der neuesten Ausführungsform ist das Galvanometer allerdings kein gewöhnliches, sondern ein Drehspulengalvanometer.

Durch Widerstandsbestimmungen wird wieder eine Reihe anderer Messungen
ermöglicht. Beispielsweise kann man den Quecksilberstand in Glasröhren messen,
die von Metallcylindern umgeben, also nicht direkt sichtbar sind. Diese Anordnung
ist nötig bei Messungen von Drucken über 400 Atm., welche von freien Glasröhren
nicht mehr ertragen werden. In die Röhre werden in gleichen Abständen Kontakte
eingeschmolzen, die durch dünnen Platindraht verbunden sind. Aufsteigen des Quecksilbers schaltet diesen Widerstand aus und
wird dadurch erkennbar.

Fig. 893.

Bezüglich nachstehender Verwendungen
sei verwiesen auf Kohlrauschs Handb.
d. prakt. Physik:

Fig. 894.

Kalibrierung eines Rheostaten oder Brückendrahtes S. 401; Widerstand galvanischer Elemente S. 419; Widerstand eines Galvanometers S. 422; Vergleichung
elektromotorischer Kräfte oder Spannungen S. 426 [1]).

[1]) Fig. 892 (Lb, 300) stellt eine Drahtbrücke nach Kohlrausch dar, bei welcher
der Meßdraht auf eine isolierende Walze aufgewickelt ist. Eine tellerförmige Meßbrücke
nach Fig. 893, mit den Vergleichswiderständen 0,11, 10, 100, 1000 Ohm, liefert die
Elektrizitätsgesellschaft Gebr. Ruhstrat, Göttingen, zu 175 Mk. Der Meßdraht ist
2,5 m lang. (Siehe Z. 15, 317, 1902.) Der Meßdraht ist auch allein, nach Fig. 894, zu
beziehen. Eine transportable Universalbrücke, bezeichnet als Ohmmeter, Meßumfang
0,001 bis 2 000 000 Ohm in Kasten, Fig. 895, liefert das physik.-mechan. Institut von
Prof. Dr. Edelmann, München, zu 185 Mk. Stöpselbrücken nach Fig. 896 sind zu
beziehen von Keiser u. Schmidt, Berlin, zu 390 bis 400 Mk.; solche nach Fig. 897
von Edelmann zu 1500 Mk. Eine neue umkehrbare Präzisionsbrücke (Fig. 898, beschrieben in der Physik. Zeitschr. 4, 675, 1903) liefert dieselbe Firma zu 250 bis 485 Mk.
Sie gestatten rasch durch Umstecken zweier Stöpsel die Verhältniszahlen umzutauschen.

Fig. 895.

Fig. 896.

Fig. 897.

Verschiedene Meßbrücken liefern die Land= und Seekabelwerke in Köln=Nippes zu 100 bis 585 Mt.; Hartmann u. Braun, Frankfurt a. M., Fig. 899; M. Kohl, Chemnitz, Fig. 900 (große Präzisionskurbeldekabenbrücke, Preis 780 Mt.), u. a.

Fig. 898.

Fig. 899.

Fig. 900.

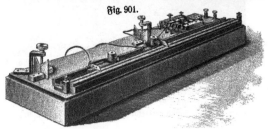

Fig. 901.

Zur Messung sehr kleiner Widerstände dient Thomsons Brücke (Fig. 901)[1]) (E, 275); vorzuziehen ist indes nach Hausrath (1905) die Methode der übergreifenden Nebenschlüsse beim Differentialgalvanometer.

Fig. 902.

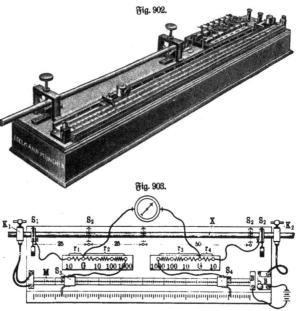

Fig. 903.

Fig. 903 zeigt eine Thomsonsche Doppelbrücke[2]) für Demonstration. Der Apparat besteht im wesentlichen aus einem Meßdraht mit Millimeterteilung und einer weithin sichtbaren Skala für die Hörer, zwei Schleifkontakten (Schiebern), zwei Klemmen zum Einspannen der zu messenden Widerstände, zwei Abzweigschneiden, deren eine in verschiedenen Entfernungen von der anderen (25, 50, 100

Fig. 904.

¹) Eine solche Brücke nach Fig. 902 (Meßbereich 0,000001 bis 10 Ohm) liefert das physik.- mechan. Institut von Prof. Dr. Edelmann, München, zu 275 Mk. — ²) Von Hartmann u. Braun, Frankfurt a. M., Preis 165 Mk. Siemens u. Halske fertigen Thomsons Doppelbrücke in der in Fig. 904 dargestellten Form, welche man in der Elektrotechn. Zeitschr. 1887, S. 476, näher beschrieben findet (Preis 350 Mk.).

und 103,6 cm) eingesetzt werden kann, zwei Vergleichsrheostaten von je 10, 10:10, 100, 1000 Ohm, so daß in beiden Zweigen Widerstandsverhältnisse von 10:10, 10:100 und 10:1000 oder umgekehrt hergestellt werden können, endlich aus einem Batterieschlüssel und den notwendigen Verbindungskabeln.

Der zu messende Widerstand, am besten ein dickerer, gradliniger Metallstab, wird in die Klemmen K_1 und K_2 eingespannt und in die auf geeignete Entfernung eingestellten Schneiden S_1 und S_2 eingelegt, die mit den äußeren Rheostatenstiften leitend in Verbindung gebracht werden. Die beiden inneren Rheostatenstifte werden mit den Schiebern S_3 und S_4 leitend verbunden. Das Galvanometer wird an G und G, die Stromquelle an B und B gelegt. Der eine Schieber S_3 wird zweckmäßig nicht ganz an das linke Ende des Meßdrahtes M gestellt; der andere S_4 auf dem Meßdraht alsdann so weit verschoben, bis bei wiederholtem Schließen und Öffnen des Batterieschlüssels das Galvanometer keinen Ausschlag gibt, also Gleichgewicht in allen Brückenzweigen besteht.

Bezeichnet man das Verhältnis der hierbei gesteckten Widerstände $\frac{r^1}{r^2} = \frac{r^3}{r^4} = n$ und den zwischen beiden Schiebern S_3 und S_4 ermittelten Widerstand mit r, so ist der durch die Schneiden S_1 und S_2 abgegrenzte Widerstand $x = r.n$.

Ist der zu messende Widerstand größer als 0,1 Ohm, so vertausche man die an 10 und 1000 liegenden Kabelpaare und dividiere durch n, also $x = \frac{r}{n}$.

Der verwendete Meßdraht ist so gewählt, daß Widerstände von 0,001 bis 10 Ohm mit dem vorstehenden Apparat gemessen werden können. Er ist bequem austauschbar gegen solche von kleinerem Durchmesser, so daß der Meßbereich sich nach oben verschiebt. Mit dünnem Meßdraht kann der Apparat unter Verwendung des einen der beiden gleichartigen Rheostaten und nur eines Schiebers als Wheatstonesche Brücke benutzt werden. Mit beiden Schiebern kann er auch als du Bois-Reymondscher Stromkompensator dienen.

272. Widerstandsänderung durch Magnetismus. Die auffällige Tatsache, daß sich der elektrische Widerstand von Wismut ändert, wenn dasselbe in ein magnetisches Feld gebracht wird, ermöglicht bequeme Messung intensiver magnetischer Felder. Man benutzt dazu nach Lenard eine kleine Spirale aus Wismut (Fig. 636, S. 346), welche in eine Wheatstonesche Brückenkombination eingesetzt wird[1]). Der Widerstand wächst von etwa 10000 bis 20000 Gauß proportional der Feldstärke, so daß er sich bei dieser Änderung verdoppelt.

273. Widerstandsthermometer (Bolometer). Wird ein Platindraht, welcher als zu untersuchender Widerstand in eine Wheatstonesche Brückenkombination eingesetzt ist, nach Herstellung des Gleichgewichtes erhitzt, so gibt das Galvanometer einen Ausschlag und man kann die Skala so eichen, daß ohne weiteres die Temperatur des Platindrahtes abgelesen werden kann. Das Siemenssche Platindrahtpyrometer[2]) besteht aus einem Platindraht von 10 Ohm Widerstand, welcher auf einen feuerfesten Toncylinder spiralförmig aufgewickelt und in eine Platinhülle ein-

---

[1]) Solche Spiralen liefern Hartmann u. Braun in Bockenheim zu 50 Mk. —
[2]) Zu beziehen von Siemens Brothers u. Co., Limited in London SW., Westminster, Queen Annes Gate 12, zum Preise von 330 Mk. ohne Galvanometer und Rheostat. Letztere kosten je 200 Mk.

geschlossen ist. Man kann auf diesem Wege natürlich auch aus größerer Entfernung Temperaturbeobachtungen machen (Thermophon).

Ebenso können sehr niedrige Temperaturen, z. B. von flüssiger Luft, durch
das Widerstandsthermometer bestimmt werden. Umgekehrt kann man auch den
Temperaturkoeffizienten des Widerstandes ermitteln.

Ein besonders empfindliches Hitzdrahtinstrument nach dem Bolometerprinzip[1])
beruht darauf, daß der zu messende Strom durch vier Hitzdrähte geleitet wird,
welche, wie bei der Wheatstoneschen Brücke, zu einem Viereck zusammengestellt
und so abgeglichen sind, daß der Brückenstrom verschwindet. Statt an ein Galvanometer wird nun aber die Brückenleitung in den einen Zweig einer anderen
Wheatstoneschen Brücke eingefügt, die ebenfalls so justiert ist, daß das Galvanometer auf Null steht. Dies wird nicht mehr der Fall sein, wenn der zu messende
Strom geschlossen wird, weil sich die Hitzdrähte erwärmen.

274. Thermoelektrizität. Ganz besonders bequem gestaltet sich die Beobachtung thermoelektrischer Kräfte mittels des Galvanometers oder überhaupt auf
Grund der Ablenkung der Magnetnadel durch elektrischen Strom. Man gießt zu

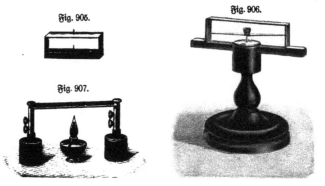

Fig. 905.

Fig. 906.

Fig. 907.

dem Ende in eine Form von Papier zwei vierkantige, etwa fingerdicke und 9 cm
lange Stäbe aus diesen beiden Metallen (für Spießglanz muß man die Papier-
form etwas dick umwickeln) und feilt sie vollends rein; sodann biegt man zwei
Kupferdrähte oder besser zwei Kupferstreifen, jeden zweimal rechtwinklig, und lötet
jeden mit Zinnlot, wie Fig. 905 zeigt, an eine der Stangen. Den Streifen, der
für das Wismut bestimmt ist, muß man aber vorher mit dem Lote verzinnen,
weil das Kupfer heißer werden muß (bis das Lot darauf fließt), als das Wismut
ertragen kann. Es ist bequem, wenn man vorher in jeder Stange eine Nadel-
spitze befestigt, um dann kleine Magnetnadeln darauf setzen zu können (W, 15),
doch genügt auch eine wie bei Fig. 906 (E, 13,50).

Beim Versuche stellt man die Stäbe mit der Ebene des magnetischen Meridians
parallel und erhitzt eine Lötstelle. Es entsteht eine beträchtliche Ablenkung der
Magnetnadel, die auch nach Entfernen der Flamme noch lange anhält und in die
entgegengesetzte übergeht, wenn man die andere Lötstelle erhitzt.

---

[1]) Paalzow u. Rubens, Wied. Ann. 37, 529, 1889.

Man kann auch, wie Fig. 907 (Lb, 4,25) andeutet, die Metalle zuerst erhitzen und dann zusammenbringen. Zum Nachweis des Stromes dient in diesem
Falle ein Galvanometer.

Einen kleinen thermoelektrischen Rotationsapparat nach Ritschie für Projektion erhält man, indem man auf den Pol eines Magneten eine Spitze aufsetzt und auf
diese ein Rad mit herabgebogenen kupfernen Speichen und eisernem Kranz. Erwärmt
man es einseitig durch eine kleine Spirituslampe, so kommt es in konstante Rotation.

Die Wirkung einer Thermosäule demonstriere ich an einem großen aus
0,5 m langen Eisen- und Zinkstäben in Zickzackform gebildeten Modell.

Wenn man an einen Multiplikator zwei kupferne Zuleiter schraubt, deren einer
in eine kleine Platte endet, und diese dann durch eine Weingeistlampe erwärmt, so
entsteht ein elektrischer Strom, wenn man diese erwärmte Platte mit dem kalten
Ende des anderen Drahtes berührt.

Fig. 908.

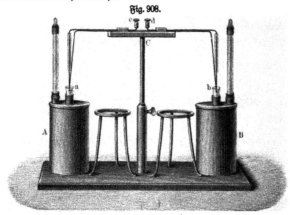

Nimmt man einen einige Centimeter langen und ½ bis 1 mm dicken Platindraht, dreht diesen gegen das eine Ende hin in eine Spirale von etwa drei oder
vier Umgängen, die 2 bis 3 mm weit sind, und verbindet ihn mit den beiden Zuleitern eines Multiplikators, so entsteht ein elektrischer Strom, wenn man die
Spirale durch die Weingeistlampe erwärmt. Der Strom geht von der erhitzten
Spirale gegen den kalten Teil des Drahtes.

Glüht man eine stählerne Stricknadel an einem Ende aus, verbindet sie mit
den Zuleitern eines Multiplikators und erwärmt sie dann an der Stelle, wo der
ausgeglühte und der noch harte Teil aneinander stoßen, so entsteht ebenfalls ein
elektrischer Strom, der in der Nadel vom weichen zum harten Teile geht; er dauert
an, wenn man mit der Lampe gegen den harten Teil fortrückt, so daß der im
Feuer befindliche Teil immer glühend ist. Wird eine ganz ausgeglühte Stricknadel
angewendet, so erhält man auch einen Strom, wenn man die Flamme auf gleiche
Weise an der Nadel fortführt; der Strom geht hier in der Richtung, in welcher die
Erwärmung in der Nadel fortschreitet.

Weiter können hier angereiht werden Thermosäulen aus Flüssigkeiten,
Thermoelektrizität der Kristalle, Thomsoneffekt (s. a. § 176, S. 292).

galvanomagnetifche Temperaturdifferenz, Halleffekt (f. a. § 217, S. 347), Ströme durch Erwärmung von circular=magnetifiertem Nickel, beßgleichen durch Deformation von folchem u. f. w.

Bei Thermoelementen, welche zu Temperaturbeftimmungen bienen follen, muß fich die kalt gehaltene Lötftelle in einem Bade von konftanter Temperatur, z. B. Eißwaffer, befinden[1]).

Fig. 908 (E, 28) zeigt einen Apparat nach E. Wiedemann u. Ebert. Man fieht rechts und links je eine Lötftelle des Thermoelementes. Durch Heben der heizbaren Gefäße können fie auf verfchiedene Temperatur gebracht werden[2]).

Zur Meffung fehr hoher Temperaturen empfiehlt Le Chatelier Thermo= elemente aus Platin und einer Legierung von Platin mit 10 Proz. Rhobium. Das Galvanometer muß mindeftens 200 Ohm Widerftand haben, damit man die Wider= ftandßänderungen des Elementes felbft infolge der Erhitzung ver= nachläffigen kann. (Siehe weiter unten § 298, S. 498 ff. u. § 300, S. 511 bei Drehfpulengalvanometer.)

275. Regulatoren mit Multiplikator. Einen elektromag= netifchen Gaßregulator nach Daneel (Z. 10, 260, 1897) zeigt Fig. 909. Er beruht auf der Wirkung eines Sole= noids *S* auf einen Stahl= magneten *M*, welcher von einer Federwage getragen wird und das Ventil trägt.

Auf die Leitungß= fähigkeit flüffiger Körper gründet fich der Strom= regulator von Kohl= raufch, Fig. 910. Mit einer Magnetnadel *n s* innerhalb eines Multi= plikatorrahmens ift der

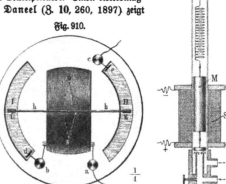

Fig. 909.

Fig. 910.

Metallbügel *h h* verbunden, deffen aus Kupferplatten beftehende Enden *f* und *g* in halbkreißförmige, mit Kupfervitriollöfung gefüllte Rinnen *I* und *II* eintauchen, in welche durch die Elektroden *d* und *e*, die bezw. mit den Klemmen *b* und *c* verbunden find, der Strom ein= bezw. außtritt. Wird der Strom ftärker oder fchwächer, fo dreht fich die Magnetnadel im einen oder anderen Sinne, es wird fomit Wider= ftand ein= bezw. außgefchaltet und die Stromänderung dadurch kompenfiert.

276. Nadeltelegraph. Die Einrichtung ift im wefentlichen die des aftatifchen Multiplikatorß[3]) (vgl. § 265, S. 443). Das aftatifche Syftem dreht fich um eine

---

[1]) Für einzelne Elemente verwendet man als Galvanometer zweckmäßig das für Projektion eingerichtete Mikrogalvanometer von Rofenthal (Bd. I(1), S. 141, Fig. 276). — [2]) Thermofäulen nach Rubens, Empfindlichkeit 1000 Mikrovolt für 1º C, liefern Keifer u. Schmidt, Berlin, zu 60 Mk. — [3]) Photographien des erften Gauß=Weberfchen Tele= graphen find zu beziehen von A. Spörhafe, Phyfik. Inftitut, Göttingen, Prinzenftr. 21, zu 12 Mk. Ein kleines Modell des Nadeltelegraphen mit Flafchenelement und Leitungß= draht liefern Warmbrunn, Quilitz u. Co. zu 36 Mk.

30*

horizontale Achse zwischen Spitzen. Durch einen Kommutator kann Ablenkung im einen oder anderen Sinne hervorgerufen werden. Um genügend viele Zeichen geben zu können, werden zwei Multiplikatoren nebeneinander benutzt.

277. Das ballistische Galvanometer ist ein gewöhnliches Galvanometer mit schwerem Magneten ohne Dämpfung (Fig. 911 Lb, 100). Sei T die Schwingungsdauer der Nadel, sei ferner die Ablenkung α, welche ein Strom von i Ampere hervorbringt, gegeben durch die Gleichung $C.i = tg\,\alpha$, und sei die Ablenkung durch einen kurzen Stromstoß $= \beta$, so ist die bei dem Stromstoß durch das Galvanometer hindurchgegangene Elektrizitätsmenge

Fig. 911.

$$\frac{C\,.\,T}{\pi} \cdot sin\frac{\beta}{2} \text{ Coulomb.}$$

Beweis: Wirkt auf einen drehbaren Körper, wie es die Magnetnadel des ballistischen Galvanometers ist, eine Kraft (z. B. die elektrodynamische Kraft des Stromes) drehend ein, so ist, wie bereits in Bd. $I_{(2)}$ auf S. 1266 gezeigt, die erzielte Winkelbeschleunigung

$$\varepsilon = \frac{d\,\omega}{d\,t} = \frac{\text{Drehungsmoment}}{\text{Trägheitsmoment}},$$

wenn ω die Winkelgeschwindigkeit bedeutet.

Bezeichnet man nun die Polstärke der Magnetnadel mit m, die Länge derselben mit l und die Intensität des vom Strome erzeugten Magnetfeldes mit H', so ist das Drehungsmoment $= a\,.\,H'\,.\,m\,.\,l$, somit, wenn das Trägheitsmoment $= \Sigma\mu\varrho^2$,

$$\frac{d\,\omega}{d\,t} = \frac{a\,.\,H'\,.\,m\,.\,l}{\Sigma\mu\varrho^3},$$

oder wenn das magnetische Moment $m\,.\,l$ der Magnetnadel $= M$ gesetzt wird,

$$\frac{d\,\omega}{d\,t} = \frac{a\,.\,H'\,.\,M}{\Sigma\mu\varrho^2}.$$

Die Intensität des Magnetfeldes H' ist der Intensität des Stromes i proportional, also

$$H' = G\,.\,i,$$

somit

$$\frac{d\,\omega}{d\,t} = a\cdot\frac{G\,.\,i\,.\,m}{\Sigma\mu\varrho^2}$$

und

$$\int\limits_0^\omega d\omega = \omega = \int\limits_0^t \frac{a\,.\,G\,.\,M}{\Sigma\mu\varrho^2}\cdot i\,d\,t = \frac{a\,G\,M}{\Sigma\mu\varrho^2}\int\limits_0^t i\,d\,t.$$

Nun ist $\int\limits_0^t i\,d\,t$ die gesamte das Galvanometer durchfließende Elektrizitätsmenge, welche Q Coulomb betragen möge, also

$$\omega = \frac{a \cdot G \cdot M}{\Sigma \mu \varrho^2} \cdot Q.$$

Die Winkelgeschwindigkeit ω läßt sich nun noch auf eine zweite Art berechnen.

Der Winkel, um welchen die Magnetnadel durch den Stromstoß abgelenkt wurde, ist $= \beta$, also der Weg, um welchen der Pol m entgegen der Wirkung des Erdmagnetismus verschoben wurde, $= s$ (Fig. 912), und, da die Kraft des Erdmagnetismus $= a \cdot H \cdot m$, worin H die Intensität

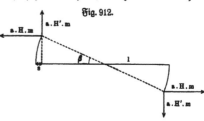

Fig. 912.

des erdmagnetischen Feldes, die bei der Drehung an einem Pol geleistete mechanische Arbeit

$$a \cdot H \cdot m \cdot s \quad \text{Kilogrammeter,}$$

somit an beiden Polen

$$2 \cdot a \cdot H \cdot m \cdot s = 2 \cdot a \cdot H \cdot m \cdot \frac{l}{2} \cdot (1 - \cos\beta) = a \cdot H \cdot M \cdot (1 - \cos\beta).$$

Das Resultat dieser Arbeit ist die Bewegungsenergie der Magnetnadel. Die Bewegungsenergie eines sich drehenden Körpers ist, wie in Bd. $I_{(\alpha)}$ auf S. 1266 gezeigt, $= \Sigma \mu \cdot \varepsilon \cdot \alpha \cdot \varrho^2$, wenn die am Radius l angreifende Kraft p eine Drehung um den Winkel α hervorgebracht, also die Arbeit $p \cdot l \cdot \alpha$ geleistet hat. Es ist also

$$p \cdot l \cdot \alpha = \Sigma \mu \cdot \varepsilon \cdot \alpha \cdot \varrho^2.$$

Das Gewicht p ist dabei gesunken um den Weg: $s = l \cdot \alpha$, welcher nach den Fallgesetzen $= \frac{g \cdot t^2}{2}$ ist, oder, da $g = l \cdot \varepsilon$,

$$s = \frac{l \cdot \varepsilon \cdot t^2}{2} = l \cdot \alpha,$$

so daß also

$$\alpha = \frac{\varepsilon \cdot t^2}{2}$$

und die kinetische Energie

$$= \Sigma \mu \cdot \varepsilon \cdot \frac{\varepsilon \, t^2}{2} \cdot \varrho^2 = \frac{\varepsilon^2 \cdot t^2}{2} \cdot \Sigma \mu \varrho^2.$$

Da ferner nach den Fallgesetzen $v = g \cdot t$ oder, wenn ω die Winkelgeschwindigkeit ist,

also $\quad v = l \cdot \omega \quad$ und $\quad g = l \cdot \varepsilon$,

$\quad\quad\quad l \cdot \omega = l \cdot \varepsilon \cdot t \quad$ oder $\quad \omega = \varepsilon t$,

so wird die kinetische Energie des sich drehenden Körpers

$$= \frac{\Sigma \mu \varrho^2 \cdot \omega^2}{2} \quad \text{Kilogrammeter.}$$

Wendet man diesen Satz an auf die bewegte Magnetnadel, zu deren Drehung die Arbeit $a \cdot H \cdot M \cdot (1 - \cos\beta)$ verbraucht wurde, so folgt:

oder

$$\tfrac{1}{2} \cdot \Sigma \mu \varrho^2 \cdot \omega^2 = a \cdot H \cdot M \cdot (1 - \cos \beta)$$

$$\omega = \sqrt{\frac{2 \cdot a \cdot H \cdot M \cdot (1 - \cos \beta)}{\Sigma \mu \varrho^2}},$$

also

$$\frac{a \cdot G \cdot M}{\Sigma \mu \varrho^2} \cdot Q = \sqrt{\frac{2 \cdot a \cdot H \cdot M \cdot (1 - \cos \beta)}{\Sigma \mu \varrho^2}},$$

und mit Berücksichtigung, daß

$$1 - \cos \beta = 2 \cdot \sin^2 \frac{\beta}{2},$$

$$Q = \frac{2 \cdot \sin \dfrac{\beta}{2}}{G} \sqrt{\frac{\Sigma \mu \varrho^2 \cdot H}{a \cdot M}}.$$

Benutzt man nun noch, um das unbekannte Moment M der Magnetnadel fortzuschaffen, die Gleichung für die Schwingungsdauer (S. 322):

$$T = 2 \pi \sqrt{\frac{\Sigma \mu \varrho^2}{a \cdot H \cdot M}},$$

so folgt

$$Q = \frac{H \cdot T}{G \cdot \pi} \cdot \sin \frac{\beta}{2}.$$

G ist die sogenannte Galvanometerkonstante. Um sie zu bestimmen, leitet man einen beliebigen konstanten Strom J durch das Galvanometer, welcher die Ablenkung α hervorbringen möge. Ebenso wie bei der Tangentenbussole (§ 257, S. 480) wirken nun auf die Magnetnadel zwei entgegengesetzte Drehmomente, welche sich das Gleichgewicht halten, und von welchen das durch den Erdmagnetismus hervorgebrachte $= a \cdot m \cdot H \cdot \sin \alpha \cdot l$ ist, das vom Strome herrührende, wenn H'' die von demselben erzeugte Feldintensität, $= a \cdot m \cdot H'' \cdot \cos \alpha \cdot l$, so daß also

$$a \cdot m \cdot H \cdot \sin \alpha \cdot l = a \cdot m \cdot H'' \cdot \cos \alpha \cdot l$$

oder

$$H \cdot \sin \alpha = H'' \cdot \cos \alpha.$$

Nun ist

$$H'' = G \cdot J,$$

also

$$G = \frac{H \cdot tg \alpha}{J}$$

und

$$Q = \frac{T \cdot J \cdot \sin \dfrac{\beta}{2}}{tg \cdot \alpha \cdot \pi} \quad \text{Coulomb.}$$

Man kann also das ballistische Galvanometer verwenden zur Bestimmung von Elektrizitätsmengen (Ladung von Kondensatoren), somit auch zur Bestimmung der elektrischen Kapazität, sodann namentlich aber auch zur Messung sehr kleiner Zeiträume, z. B. mittels des Helmholtzschen Pendelunterbrechers [1]).

---

[1]) Zu beziehen von dem physik.-mechan. Institut von Prof. Dr. Edelmann, München. Stromschlüssel für Kapazitätsbestimmungen und Isolationsmessungen liefern Gans u. Goldschmidt, Berlin N. 65, Reinickendorferstr. 96, zu 30 bis 55 Mk.

Rabacović verbindet zu letzterem Zwecke die beiden Belegungen eines Kondensators mit einer Stromquelle und parallel hierzu noch durch einen großen Widerstand. Soll z. B. die Fallzeit eines frei-
fallenden Körpers bestimmt werden, so
kann der Apparat Fig. 913[1]) benutzt
werden. Die Kugel K schließt dadurch,
daß sie an dem Elektromagneten E hängt,
die Leitung zum Kondensator. Wird nun
der Stromkreis des Elektromagneten geöffnet, so entladet sich der Kondensator
durch den parallel geschalteten Widerstand
bis die Kugel unten aufschlägt und hierdurch auch diese Leitung unterbrochen wird.
Mittels des ballistischen Galvanometers
mißt man nun die noch vorhandene Ladung
des Kondensators, welche natürlich um so
kleiner sein wird, je größer die Fallzeit
und je geringer die Anfangsladung, die
auf gleiche Weise festgestellt wird. Der
Magnetisierungsstrom wird möglichst
schwach genommen. Selbst bei nur 1 mm
Fallhöhe werden noch gute Resultate erzielt. Geschoßgeschwindigkeiten lassen sich
bei Wegstrecken von nur 8 cm bestimmen.

Fig. 913.

278. Elektromotoren. Die oben § 242 (S. 385 ff.) besprochenen Armaturmodelle
können natürlich ebensogut wie in einem durch Magnete hervorgerufenen Magnetfelde auch

Fig. 914. Fig. 915.

im Magnetfelde eines Stromes in Drehung versetzt werden. Ich benutze dazu die wiederholt erwähnte große Drahtrolle (Fig. 533, S. 295) nach Anleitung der Fig. 914 u. 915.

---

[1]) Zu beziehen von dem physik.-mechan. Institut von Prof. Dr. Edelmann, München.

Fig. 916 zeigt einen kompendiöser gebauten Elektromotor dieser Art von Stöhrer, der zu den ältesten überhaupt gebauten Elektromotoren gehört. Ein

Fig. 916.

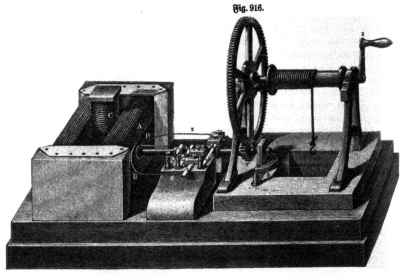

Fig. 917.   Fig. 918.

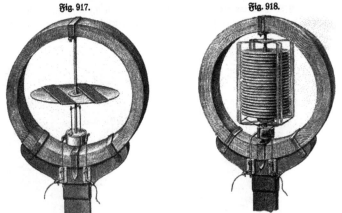

Elektromagnet dreht sich innerhalb eines mit Draht umwickelten Rahmens. Störend ist die starke Funkenbildung am Kommutator.

Die Fig. 917 und 918 deuten die Übergänge von den in den Fig. 914 und 915 dargestellten Polarmaturen zu den Cylinder= oder Trommelarmaturen an. Letztere entspricht Fig. 734 (S. 391).

Fig. 919 zeigt die Benutzung derselben Rolle mit Ringarmatur. Die Wirkung ist hierbei eine so kräftige, daß man nur schwache Ströme benutzen darf, um allzustarke Erschütterung des Gestelles zu vermeiden, obschon der Ring ausbalanziert ist.

Fig. 920 ist ein Modell eines Drehstrommotors, entsprechend den Modellen S. 404 [1]).

Bei den Modellen Fig. 921a und b ist der rotierende Teil einfach eine Magnetnadel. Fig. 922 (K, 170) zeigt den zugehörigen Kommutator [2]).

Fig. 919.

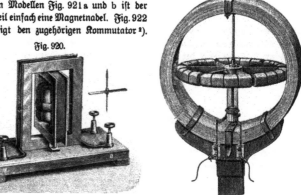

Fig. 920.

Fig. 921a.   **Fig. 921b.**   **Fig. 922.**

279. Magnetische Kraft in Solenoiden. Befindet sich im Mittelpunkte eines vom Strome i Ampere durchflossenen Kreises von r Meter Radius ein Pol von m Weber Stärke, so ist gemäß der auf S. 426 abgeleiteten Formel die auf ihn wirkende magnetische Kraft

$$ K = \frac{2\pi i . m}{g . r} \text{ Kilogramm} = \frac{4\pi i . m}{g . d} \text{ Kilogramm,} $$

wenn d den Durchmesser des Kreises bedeutet.

Für eine kurze Spule aus mehreren kreisförmigen Windungen ist der Ausdruck auf der rechten Seite mit der Zahl s der Windungen zu multiplizieren und an Stelle von r tritt die halbe Diagonale des Querschnittes der Spule. Bei einer

---

[1]) Zu beziehen von Ferdinand Ernecke, Berlin-Tempelhof, Ringbahnstr. 4. —
[2]) Keiser u. Schmidt in Berlin, Johannisstr. 20, liefern einen Demonstrationsapparat für Drehstrom nach Weinhold, bestehend aus Stromverteilungsapparat für 90° und 120° Phasenverschiebung (Fig. 921a, b und Fig. 784, S. 405), Doppelkupferspule für Zweiphasenstrom, Dreifachkupferspule für Dreiphasenstrom mit Magnetnadel oder Eisenscheibe und Eisenring, mit vier und sechs Kupferspulen mit Eisenscheibe oder Kurzschlußanker zu 135 Mk.

langen Drahtspule von s Windungen und l Meter Länge läßt sich jede Windung nach § 250 (S. 413 ff.) ersetzen durch einen Blattmagneten von der Stärke $10^{-7} \cdot i$, wenn i die Stärke des Stromes ist. Die Dicke eines solchen Blattmagneten wäre $= \frac{l}{s}$, somit, da die Stärke gleich der magnetischen Dichte σ mal der Dicke:

$$10^{-7} \cdot i = \frac{l}{s} \cdot \sigma.$$

Ist A der Querschnitt des Solenoids, so ist die Anzahl Weber auf einer Fläche eines Blattmagneten $= A \cdot \sigma$, folglich die Anzahl der Kraftlinien, welche davon ausgehen, d. h. die Zahl der Kraftlinien im Inneren des Solenoids, $= 4\pi \cdot A \cdot \sigma$. Nun ist nach Obigem

$$\sigma = \frac{10^{-7} \cdot si}{l},$$

also

$$N = 10^{-6} \frac{si}{\frac{10}{4\pi} \cdot \frac{l}{A}}.$$

Nach § 39 (vgl. S. 81) ist ferner die Feldintensität gleich der Zahl der Kraftlinien pro Quadratmeter, also

$$H = \frac{N}{A} = 10^{-6} \cdot \frac{si}{\frac{10}{4\pi} \cdot l} \text{ Kilogramm pro } g/10 \text{ Mikroweber.}$$

Es ist aber

$$K = a \cdot H \cdot m = \frac{10^7}{g} \cdot H \cdot m,$$

also

a) **Technisch:** $\quad K = \frac{4\pi \cdot si \cdot m}{g \cdot l}$ Kilogramm,

b) **Gesetzlich:** $\quad K = \frac{4\pi \cdot si \cdot m}{l}$ Decimegadynen.

Bei Anwendung des CGS-Systems kann man sagen, jede Windung wirkt wie ein Blattmagnet von der Flächendichte si/l, da die Dicke $= l/s$. Denkt man sich also die Spule in der Mitte zerschnitten und einen Magnetpol dahingebracht, so befindet sich dieser zwischen zwei Polflächen von der Flächendichte $\pm si/l$, also in einem Felde von der Stärke $4\pi si/l$. Beträgt seine Stärke m Centimikroweber, so ist also die Kraft

c) **Physikalisch:** $K = 4\pi si/l \times m$ Dynen.

280. Magnetischer Widerstand. Befindet sich in der Spule ein Eisenkern, so ist die durch denselben hindurchgehende Kraftlinienzahl

$$N = (1 + 4\pi\varkappa) H \cdot A$$

oder

$$N = \mu \cdot H \cdot A = \mu \cdot 4\pi \cdot \frac{s}{l} \cdot i \cdot 10^{-7} \cdot A \quad (^1/_4\pi \text{ Weber-}) \text{ Kraftlinien,}$$

somit

a) **Technisch:** $\quad N = \frac{4\pi \cdot si}{10^7 \frac{1}{\mu} \cdot \frac{l}{A}} = \frac{4\pi}{10^7} \cdot \frac{si}{R},$ wenn $R = \frac{1}{\mu} \cdot \frac{l}{A}.$

b) Gesetzlich: Ebenso.

c) Physikalisch: $N = \dfrac{\frac{4\pi \cdot si}{1}}{\frac{l}{\mu} \cdot \frac{}{A}}$ ($^1/_4\,\pi$ Centimikroweber=) Kraftlinien,

wenn i in CGS=Einheiten ($= 10$ Amp.), l in Centimetern und A in Quadrat= centimetern gemessen sind.

Streng gilt die Formel nur für einen unendlich langen oder einen ringförmig in sich zurücklaufenden Eisenkern, bei welchem die Kraftlinien sämtlich und voll= ständig im Eisen verlaufen. Das Gesetz erinnert in seiner Form sehr an das Ohmsche Gesetz, und man spricht deshalb von einem im Eisen verlaufenden magnetischen Strome, dessen Intensität N sich analog der eines elektrischen bestimmt als Quotient der „magnetomotorischen Kraft" $\dfrac{4\pi}{10^7} \cdot si$ (also $4\pi/10^7 \times$ Ampere= Windungen) und des „magnetischen Widerstandes" (Reluctanz) $\dfrac{1}{\mu} \cdot \dfrac{l}{A}$.

Auch letzterer folgt dem Ohmschen Gesetz, denn er ist proportional der Länge l des Stromleiters und umgekehrt proportional dem Querschnitt A desselben. Die Größe $\dfrac{1}{\mu}$ ist somit zu bezeichnen als „spezifischer magnetischer Widerstand". Für Luft ist $\mu = 1$, in Worten: der spezifische magnetische Widerstand $= 1$[1]).

Für sehr geringe Sättigung ist $\dfrac{10^7}{4\pi} \cdot \dfrac{1}{\mu}$ für Schmiedeeisen $= 674$, für Guß= eisen 1080; für halbe Sättigung für Schmiedeeisen $= 858$, für Gußeisen $= 1874$.

Die Zahlen der folgenden Tabelle geben die Beziehung zwischen der Zahl Amperewindungen auf 1 cm Länge (Eisenkern und Anker gleichmäßig bewickelt gedacht) und μ, sowie der magnetischen Dichte D der Pole, d. h. der Anzahl Centimikroweber auf 1 qcm Polfläche für Schmiedeeisen[2]).

$si/l =$	0,01	0,10	0,31	0,4	0,8	1,2	1,6	4,0
$\mu =$	213	365	736	2 500	3 710	3 560	3 300	2 060
$D =$	298	363	739	1 000	2 960	4 270	5 290	8 210
$si/l =$	8,0	16	24	32	40	80	120	1 192
$\mu =$	1300	736	513	396	328	172	120	15,21
$D =$	13 000	14 720	15 390	15 849	16 140	17 200	17 950	18 100

$si/l =$	2 880	4 856	6 880	14 640	15 904	20 000
$\mu =$	6,85	4,48	3,51	2,13	2,07	1,85
$D =$	19 700	21 700	24 100	31 000	32 800	37 000

Man kann hiernach im Maximum 37 000 Centimikroweber Magnetismus auf 1 qcm erzeugen, und hierzu muß das Verhältnis der Amperewindungen (si) zur Länge (l) 20 000 betragen.

Für fünfmal geglühten Stahlguß gelten folgende Werte:

$si/l =$	0,4	0,8	1,2	1,6	4,0	8	16	24	32	40	80	120
$\mu =$	1450	3500	3570	3280	2100	1320	747	524	405	331	177	123
$D =$	57,8	279	395	529	835	1020	1180	1260	1290	1320	1410	1520

(Für ungeglühten sind die für kleinere Werte si/l geltenden Zahlen erheblich kleiner.)

---

[1]) Man bezeichnet auch si als magnetomotorische Kraft und $\dfrac{4\pi}{10^7} \cdot \dfrac{1}{\mu}$ als spezifischen Widerstand. Wird im absoluten System i statt in CGS in Ampere gemessen, so wird die magnetomotorische Kraft $\dfrac{4\pi}{10} \cdot si$. — [2]) Nach Kohlrausch, Prakt. Physik.

Für Gußeisen ist:

$si/l =$	4	8	16	24	32	40	80	120
$\mu =$	81	141	182	163	145	129	85	65
$D =$	32,4	111,2	290	390	465	515	678	780

Für gehärteten Magnetstahl:

$si/l =$	16	24	32	40	80	120
$\mu =$	78	108	155	194	138	100
$D =$	122	260	495	771	1100	1190

Etwas größere Werte gibt Wolframstahl. Manganstahl dagegen ist bei 12 Proz. Mangangehalt kaum noch magnetisierbar.

Da sich aus der Kraftlinienzahl die Tragkraft ergibt, könnte man aus obiger Formel beispielsweise die Tragkraft des Elektromagneten S. 359, Fig. 654 aus der Zahl der erregenden Windungen berechnen oder umgekehrt aus der gemessenen Tragkraft die magnetische Permeabilität μ.

Für einen Hufeisenmagneten aus Schmiedeeisen waren: $i = 6$ Amp., $s = 230$, $A = 0,022^2 . \pi$ Quadratmeter. $l = 0,9$ Meter, somit

$$N = \frac{4\pi . 6 . 230 . 0,022^2 . \pi}{10^7 . 0,00085 . 0,9} = 1,8.10^{-3},$$

demnach die Tragkraft

$$K = 2 . \frac{10^7 . N^2}{8\pi . g . A} = \frac{2 . 10^7 . 1,8^2 . 10^{-6}}{8 . \pi^2 . 9,81 . 0,022^2} = 173 \text{ Kilogramm.}$$

Ist der Eisenkörper nicht aus einheitlichem Material, sondern aus verschiedenen Stücken von den Längen $l_1, l_2\ldots$, den Querschnitten $A_1, A_2\ldots$ und den spezifischen Widerständen $\frac{10^7}{4\pi} . \frac{1}{\mu_1}, \frac{10^7}{4\pi} . \frac{1}{\mu_2} \cdots$ zusammengesetzt, eventuell auch durch eine Luftschicht von der Länge l und dem Querschnitt A unterbrochen (z. B. ein Hufeisen magnet), so ist

$$N = \frac{si}{\frac{10^7}{4\pi}\left(\frac{1}{\mu_1}\frac{l_1}{A_1} + \frac{1}{\mu_2}\frac{l_2}{A_2} + \cdots + \frac{l}{A}\right)}.$$

Fig. 923 zeigt den Verlauf des sogenannten magnetischen Stromes bei dem in Fig. 924 perspektivisch dargestellten Elektromotor. Durch Abmessung der Strecken l_1, l_2, l

Fig. 923.

Fig. 924.

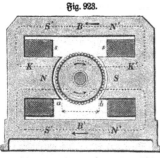

und der Querschnitte A_1, A_2, A könnte man also den Kraftlinienfluß bei einer solchen Maschine bestimmen. Weiter unten wird gezeigt, wie sich hieraus die Zugkraft ergibt.

281. Anziehung eines weichen Eisenkernes durch ein Solenoid. Da ein Eisenstab beim Einschieben in ein stromdurchflossenes Solenoid zum Magneten wird, wirkt das Solenoid anziehend auf denselben. Bringt man z. B. unter die Draht=spule Fig. 925 (E, 36) einen cylindrischen Eisenkern, welcher lose hineinpaßt, so wird dieser beim Durchgang des Stromes in die Höhe gehoben. Ich verwende einen solchen Apparat, bei welchem auf dem Eisenkerne eine Art Tisch befestigt ist, auf welchen sich ein Gehülfe stellen kann (Fig. 926); letzterer wird beim Stromschluß ebenfalls empor=gehoben. Beim Niederlassen wird der Strom allmählich abgeschwächt. Ferner kann ein Amboß untergesetzt und der Apparat nach Art eines Dampfhammers gebraucht werden.

Fig. 926.

Fig. 925.

282. Elektromagnetstromwage. Die Federamperemeter und Voltmeter von F. Kohlrausch beruhen auf der anziehenden Wirkung eines Solenoids auf einen Kern von weichem Eisen, welcher ähnlich wie die Nadel bei Fig. 851 (S. 441) an einer Federwage hängt[1]. Ein Modell einer solchen[2] zeigt Fig. 927 (E, 36). Nach gleichem Prinzip wirkt das Stromaräometer von Rab (1884) Fig. 928. In einer vom Strom durchflossenen Drahtspirale befindet sich ein cylindrisches Glasgefäß mit einer Flüssigkeit. Darin schwimmt ein Aräometer, dessen Gefäß einen Kern aus weichem Eisen enthält. Je nach der Stärke des Stromes wird dieses somit mehr oder weniger tief einsinken, da der Eisenkern stärker oder schwächer in die Spule hineingezogen wird[3].

---

[1] Zu beziehen von Hartmann und Braun, Bockenheim=Frankfurt a. M. — [2] Zu beziehen von Garbe, Lahmeyer u. Co., Deutsche Elektrizitätswerke in Aachen. — [3] Zu beziehen von Garbe, Lahmeyer u. Co., Deutsche Elektrizitätswerke in Aachen. Auch das Schulamperemeter (Fig. 929) und das Schulvoltmeter (Fig. 930) der Firma Hart=mann u. Braun in Frankfurt a. M. beruhen auf der Wirkung eines Solenoids auf einen Eisenkern, dieselbe wird aber durch eine geeignete Hebelübersetzung vergrößert (Preis 50 Mk., in Glasgehäuse 62 Mk.). Ein ähnliches Instrument liefert die Firma A. Krüß, Hamburg, zu 48 Mk.; ferner Keiser u. Schmidt, Berlin (40 Mk.).

Fig. 927.

Fig. 929.

Fig. 928.

Fig. 930.

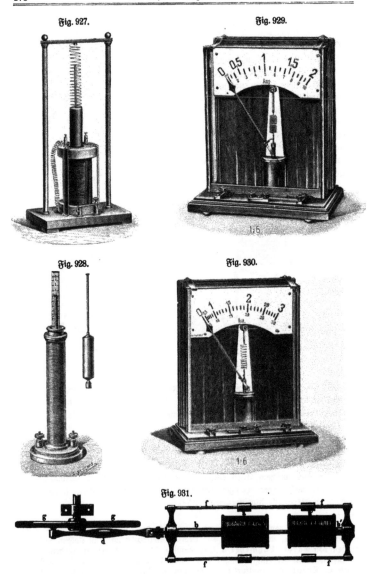

Fig. 931.

283. **Elektromotoren mit Solenoid.** Bei Pages' Motor, Fig. 931, werden zwei durch das Gestänge *ffff* verbundene Eisenstäbe *b* und *b'* alternierend in zwei

Spiralen *a* und *a'* hineingezogen und setzen vermittelst der Bleuelstange *d* das Schwungrad *g* in Umdrehung. (S, 75.)

Einen derartigen Motor mit vier Solenoiden zeigt Fig. 932 (K, 75).

Fig. 932.

Durch Verwendung mehrerer hintereinander gestellter Spiralen und geeigneter Kontaktvorrichtungen, welche von dem Eisenkern selbst in Funktion gesetzt werden, könnte man eine Art elektromagnetischer Kanone konstruieren, welche dem eisernen Projektil erhebliche Geschwindigkeit erteilt. Im Gegensatz zur gewöhnlichen Kanone ist die Grenze der Geschwindigkeit nicht durch die Geschwindigkeit der Gasmoleküle gegeben. (Elektrische Gesteinsbohrmaschinen, elektrische Rohrpost.)

284. Stromregulatoren. Krizik befestigt eine auf den Kontaktstreifen eines Rheostaten gleitende Kontaktrolle an einem Eisenkern, welcher je nach der Stromstärke mehr oder weniger in einen Eisenkern hineingezogen wird.

Bei dem Regulator von Brush schließt ein Eisenkern, welcher, je nachdem die Stromstärke mehr oder weniger als normal, in eine Spule hineingezogen wird, Stromkreise, die durch Elektromagnete die Kuppelung eines Rades mit einer rechts oder einer links sich drehenden Transmission bewirken. Das Rad ist der Knopf einer Schraube, durch deren Drehung im einen oder anderen Sinne mehr oder weniger Widerstand in den Stromkreis eingeschaltet wird.

Fig. 933 zeigt einen neueren selbsttätigen Regulator[1]). Die Auslösung des Motors, welcher Widerstände ein- oder ausschaltet, wird durch ein Spannungsrelais bewirkt, bestehend aus einer Federstromwage, welche Kontakte herstellt oder öffnet.

Fig. 933.

Lahmeyers Regulator ist ein in Quecksilber schwimmendes Stromaräometer (§ 282, S. 477), welches mit zunehmendem Strome tiefer eintaucht, also das Quecksilber im Gefäße höher hinauftreibt, so daß Widerstände, deren Enden sich im Gefäße befinden, durch das Quecksilber kurz geschlossen werden. Hierdurch wird ein zweiter Strom verstärkt.

285. Einwirkung eines Stromleiters auf weiches Eisen. Wird ein von einem starken elektrischen Strome durchflossener Kupferdraht mit feinem Eisenpulver bestreut, so bleibt dasselbe daran haften, so lange der Strom andauert.

---

[1]) Zu beziehen von den Siemens-Schuckertwerken, G. m. b. H., Berlin SW., Askanischer Platz 3.

Wird ein starker Strom an einem kurzen Stäbchen von weichem Eisen vorbei=
geleitet, so erhält dasselbe die Fähigkeit, Eisenfeilspäne anzuziehen, so lange der
Strom andauert.

Wird nämlich ein Eisenstäbchen einer Drahtrolle genähert, so suchen die beiden
an den Enden entstehenden Pole in entgegengesetztem Sinne zu kreisen und diese

Fig. 934.

schief gerichteten Kräfte setzen sich zu einer Resultante
zusammen, die das Stäbchen gegen die Drahtrolle
hindrängt. Fig. 934 zeigt die früher benutzte große
Rolle, an welcher zahlreiche Eisenstäbchen haften,
die sofort abfallen, wenn der Strom unterbrochen
wird.

Viel Effekt macht es, wenn man eine größere
Rolle Leitungsschnur über einen mit mittelgroßen
Eisenstiften bestreuten Tisch hält und nun plötzlich
Strom von etwa 40 Amp. hindurchleitet. Die
Stifte fliegen sofort gegen die Rolle hin und um=
hüllen dieselbe [1]).

286. Ampere= und Voltmeter mit Eisen.
Ein rohes Modell eines Amperemeters kann man
sich leicht aus dem Drahtring Fig. 533 (S. 295)
und einer Art Zeigerwage, welche statt der Wag=

schale ein passend gebogenes Stück Eisenblech trägt, selbst herstellen (Fig. 935).
Beim Stromdurchgange wird das Eisenblech von der Drahtspule angezogen, der
Zeiger also um so stärker abgelenkt, je größer die Stromstärke [2]).

Die Fig. 936 zeigt einen solchen in der Technik gebräuchlichen Strommesser.
Zu seiner Eichung schaltet man ihn mit einer geeichten Tangentenbussole in

Fig. 935.

denselben Stromkreis, so daß der Strom beide Instru=
mente hintereinander durchfließt. Man ändert dann
mittels eines Rheostaten den Strom so, daß die mit der

Fig. 936.   Fig. 937.

Tangentenbussole bestimmte Intensität 1, 2, 3 . . . Ampere beträgt, und trägt diese
Zahlen in die zunächst nicht numerierte Skala des Galvanometers bei den ent=
sprechenden Zeigerstellungen ein. Es genügt auch, beliebige Stromstärken anzuwenden

---

[1]) Siehe auch Bd. I (1), S. 632, Anm. 2. — [2]) Die Stromrichtung ist ohne Einfluß,
das Instrument somit auch für Wechselstrom verwendbar.

und die ganzen Werte durch graphische Interpolation aufzusuchen[1]). Fig. 937 zeigt ein Voltmeter gleicher Konstruktion. Die Instrumente bestehen lediglich aus einer Spule von dickem, bezw. dünnem Draht, in deren Innerem ein sehr dünnes Stückchen Eisenblech sich um eine exzentrische Achse drehen kann, welches seine Bewegung durch einen leichten Zeiger auf einem Grabbogen anzeigt.

Fig. 938.

Fig. 939.

Fig. 940.

Fig. 941.

·· Verschiedene Modelle für Projektion sind in den Fig. 938 (System Hummel=Schuckert) (K, 65); 939 (System Dobrowolsky) (K, 65) und 940 (System Uppenborn) (K, 65) abgebildet[2]).

---

[1]) Diese Instrumente, System Hummel, waren früher zu beziehen von der Elektrizitäts=Aktiengesellschaft vorm. Schuckert u. Co. in Nürnberg, heute liefern sie die Siemens=Schuckertwerke, Berlin. — [2]) Fig. 941 zeigt ein Demonstrationsinstrument der Firma Hartmann u. Braun mit Luftdämpfung, für Gleichstrom= und Wechselstrom zu gebrauchen (Preis 80 bis 91 Mk.) und zwar Amperemeter von 0 — 2 bis 0 — 40 Amp., Voltmeter von 0,5 — 3 bis 50 — 300 Volt. Das bewegliche System kann für Demonstrationszwecke herausgezogen werden. Dem beweglichen Eisenkern gegenüber steht ein ähnlicher cylindrisch gebogener fester Eisenkern. Der Z=förmige Dämpferflügel schwingt mit außerordentlich geringem Spielraum in einer geschlossenen bogenförmigen Kammer.

287. Elektromagnetische Dynamometer. Giltay[1]) beschreibt ein von ihm konstruiertes Bellatisches Elektrodynamometer, welches im wesentlichen einem Nobilischen Multiplikator (vgl. § 265, S. 443) gleicht, indes an Stelle einer Magnetnadel ein Bündel feiner, sorgfältig ausgeglühter Eisendrähte besitzt. Dasselbe eignet sich zur Messung schwacher Wechselströme. Wurde z. B. ganz leise in ein Siemensfches Telephon gesprochen, so gab das damit verbundene Instrument einen Ausschlag von 100 Skalenteilen. Bei kräftigem Hineinrufen betrug der Ausschlag 90° [2]).

Fig. 942.

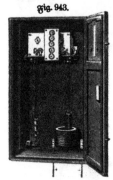

288. Elektromagnetische Elektrizitätszähler. Fig. 943 zeigt Arons Amperestundenzähler. Wenn man eine Pendeluhr, deren Pendellinse aus einem Magneten besteht, über einem Solenoid aufhängt, durch welches der Strom hindurchfließt (Fig. 943), so erfolgen, wenn das

Fig. 943.

Solenoid anziehend auf den Magneten wirkt, die Pendelschwingungen rascher, gerade so, als ob die Intensität der Schwerkraft zugenommen hätte, und zwar proportional der Stromintensität; die Uhr wird infolgedessen vorgehen, und zwar um so mehr, je länger der Stromfluß andauert. In der Abweichung dieser Uhr von einer normalen hat man somit ein Maß des Produktes $J.t$, wenn t die Dauer des Stromes bezeichnet. Nun bedeutet J die Anzahl von Coulomb, welche in einer Sekunde durch den Draht durchfließen, somit $J.t$ die Coulomb, welche während der ganzen Dauer des Stromes durchgeflossen sind. Da nun, wenn kein Strom durch die Spirale fließt, die Uhr ganz normal läuft, also kein weiteres Voreilen stattfindet, so würde die am Ende eines Monats abgelesene Voreilung angeben, wie viel Coulomb durch die Leitung geflossen sind, gleichgültig, ob der Strom kontinuierlich oder beliebig oft unterbrochen war. Man hätte einen Coulomb- oder Amperesekundenzähler.

Um ohne weitere Rechnung direkt die Amperestunden ablesen zu können, kombinierte Aron das Instrument derart mit einer gewöhnlichen Uhr, daß der Zeiger direkt die dem Voreilen der einen Uhr entsprechende Amperestundenzahl anzeigt.

---

[1]) Giltay, Wied. Ann. 25, 325, 1885. Ein Instrument dieser Art nach Fig. 942 liefert R. Müller-Uri, Braunschweig, zu 320 Mk. — [2]) Zu beziehen von P. J. Kipp u. Zonen, J. W. Giltay, Successeur, Delft, Holland, zu 240 Fr.

289. Anziehung und Abstoßung von Stromleitern durch Magnete. Das Gesetz der Gleichheit von Wirkung und Gegenwirkung verlangt, daß, ebenso wie ein Magnetpol das Bestreben hat, um einen Stromleiter zu rotieren, umgekehrt der Stromleiter um den Magnetpol zu rotieren suchen muß, wenn man ihn frei gibt, während man den Magnetpol festhält. Ein sehr einfacher Apparat zur Demonstration der Erscheinung ist in Fig. 944 (E, 12) dargestellt. Auch der bereits oben S. 410, § 247 besprochene Rotationsapparat (Fig. 797) eignet sich gut, wie schon an der angegebenen Stelle erwähnt ist. Andere Apparate zeigen die Fig. 945, 946 und 947 (E, 24).

Läßt man aus Zinkblech eine Schüssel, wie Fig. 948 zeigt, machen und über deren Mitte weg ein breites Kupferstäbchen löten, in welches ein dicker Kupferdraht geschraubt wird, der oben einen Quecksilbernapf trägt, füllt die Schüssel mit angesäuertem Wasser, stellt sie auf ein kleines in der Mitte durchbrochenes Tischchen, Fig. 945, setzt in den Quecksilbernapf die Stahlspitze des kupfernen Leiters, Fig. 949, dessen Ring in das gesäuerte Wasser taucht, und hält nun, wie in Fig. 945, den einen oder den

Fig. 944.   Fig. 945.

Fig 946.   Fig. 947.

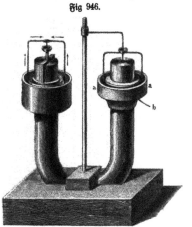

anderen Pol eines Magneten von unten her in die mittlere Öffnung der Schüssel, so beginnt der Ring eine entsprechende Rotation. Läßt man den inneren Ring der Zinkschüssel weit genug, so kann man die Magneten neben dem Querstäbchen heraufrücken, um seine Wirkung in verschiedenen Stellungen zu zeigen. Denselben Apparat in etwas veränderter Form zeigt die linke Seite der Fig. 946. Das Kupferstäbchen ist dabei zu einem Bügel aufgebogen, mittels dessen der ganze

31*

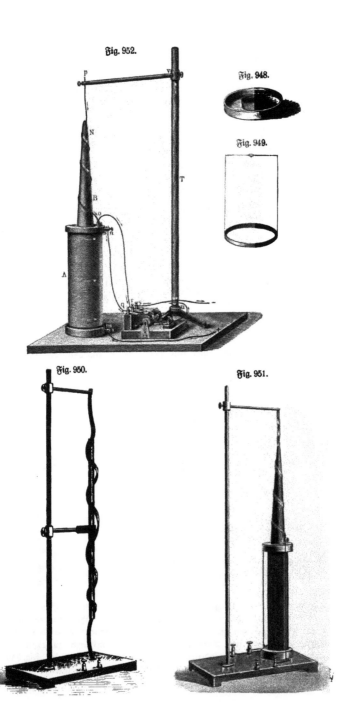

Fig. 952.

Fig. 948.

Fig. 949.

Fig. 950.

Fig. 951.

Apparat auf dem einen oder anderen Schenkel eines vertikalen Hufeisenmagneten aufgehängt werden kann. Man kann den Apparat etwa zwei bis drei Mal so groß machen als die Figur zeigt.

Einen anderen Rotationsapparat zeigt die rechte Seite von Fig. 946. Hier ist ein hölzernes Gefäß a a auf den Schenkel des Magneten geschoben und hält daran mittels einer in die Öffnung des Holzes befestigten Messingfeder. Das hölzerne Gefäß enthält Quecksilber und der Pol des Magneten hat oberhalb eine kleine Vertiefung, in welcher eine Spitze sitzt, von der aus mehrere gebogene Kupferdrähte in das Quecksilber reichen; oberhalb trägt die Spitze ein kupfernes Schälchen, welches Quecksilber enthält, worein ein von dem mittleren Stabe ausgehender Draht taucht; setzt man letzteren und den mit dem Quecksilber in a a kommunizierenden Draht b mit der Kette in Verbindung, so zeigt sich die Rotation.

Nach dem Prinzip des Ritschieschen Rotationsapparates (Fig. 946, links) kann man auch ein Thermoelement kontinuierlich um einen Magnetpol rotieren lassen. Man gibt ihm die Form Fig. 949, bringt aber mehrere Drahtbügel an. Diese bestehen aus dem einen Metall, der Ring aus dem andern. Letzterer wird einseitig erhitzt.

Auf- und Abwickeln eines biegsamen Leiters. v. Helmholtz verwendet einen etwa 50 bis 100 cm langen, schlaff hängenden Rauschgoldstreifen. Befestigt man einen Magnetstab vertikal und läßt den Rauschgoldstreifen zur Seite desselben herunter hängen, so windet er sich spiralförmig um den Magneten, sobald der Strom geschlossen wird. Fig. 950 (E, 20) und 951 (E, 56).

Bei Anwendung der zwei langen Elektromagnete, Fig. 545 (S. 306), welche man, zu einem einzigen vereinigt, vertikal aufhängt, kann man den Versuch mit einer gewöhnlichen Leitungsschnur machen. Ebenso bei dem Apparate Fig. 952.

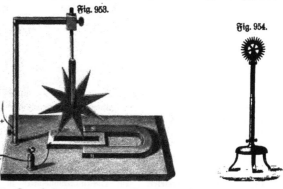

Fig. 953.

Fig. 954.

290. Der Zusammenhang von Strom und Stromleiter. Barlows Rad. Ein sternförmiges, kupfernes Rad, Fig. 953, ist so gelagert, daß die Spitzen gerade in eine Rinne mit Quecksilber eintauchen, welche mit dem einen Pole der Batterie in Verbindung steht. Der Strom tritt also in die gerade eintauchende Spitze ein, durchfließt das Rad in radialer Richtung und wird dann von der Schere aufgenommen, in welcher das Rad befestigt ist. Von hier gelangt er durch das Stativ

zur Batterie zurück. Nähert man nun der Quecksilberrinne den Hufeisenmagneten *n s,*
so gerät das Rad alsbald in lebhafte Rotation, indem die stromleitende Speiche
abgestoßen bezw., wenn der positive Strom von oben nach unten fließt, hineingezogen wird, wenn *n* und *s* beziehungsweise Nord- und Südpol des Magneten
sind. Da alsbald eine neue Speiche eintaucht, wird die Bewegung kontinuierlich.

Andere Formen zeigen die Fig. 954
und 955 (Lb, 36).

Statt des Rades kann man auch
eine kreisförmige Scheibe (vgl.
Fig. 962, S. 490) nehmen, was beweist,
daß der Strom bis zu einem gewissen
Grade fest mit den Molekülen verbunden ist, da er sich anderenfalls
nur in der Scheibe verschieben würde
(Hall-Phänomen), ohne daß diese
in Rotation käme.

Fig. 955.

Ich verwende eine solche Scheibe
von etwa 50 cm Durchmesser zwischen
den Polschuhen des großen Elektromagneten. Ein aufgemaltes Zeichen läßt
die Rotation auch aus der Entfernung
erkennen. Bei zu starker Erregung des
Magneten dreht sich die Scheibe nur
sehr langsam infolge des Arbeitsver-
brauches zur Erzeugung von Wirbelströmen.

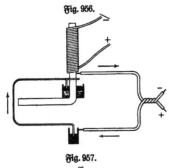

Fig. 956.

Rotationsapparate, welche Übergänge zwischen dem Barlowschen Rade
und den Elektromotorformen mit Kommutator bilden, beschreibt Ulfch (Z. 16, 82,
1903). Sie sind in den Fig. 956 und
957 dargestellt und wohl ohne weitere
Erklärung verständlich. Der letzte
Apparat ist streng genommen bereits

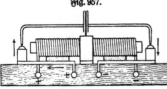

Fig. 957.

ein Kommutatorapparat, da nach einer halben Umdrehung die Endpunkte des beweglichen Leiters ihre Plätze vertauscht haben, so daß dieses Leiterstück nun in entgegengesetzter Richtung vom Strom durchflossen wird. Ersetzt man aber den einzigen
beweglichen Streifen durch mehrere gekreuzte, oder eine volle Scheibe, so entsteht
eine Vorrichtung, welche dem Barlowschen Rade ähnlich sieht.

291. Lippmanns Galvanometer. Ein Quecksilbermanometer ist derart
zwischen die beiden sehr nahen Pole eines starken Magneten gestellt, daß sich
diese zu beiden Seiten der horizontalen Biegung des Manometers befinden. Durch
zwei Platindrähte wird der Strom von oben nach unten durch das Quecksilber
in der horizontalen Biegung geleitet. Ganz wie das Barlowsche Rad erhält
infolgedessen das Quecksilber einen Bewegungsantrieb, welcher in diesem Falle
dazu führt, daß das Quecksilber in dem einen Manometerschenkel sich höher ein-

stellt, als in dem anderen, und zwar um so mehr, je größer die Intensität des Stromes[1]).

292. Biegsamer Stromleiter im Magnetfeld. Nach Cumming (1824) kann man die Erscheinungen sehr schön zeigen, wenn man einen Teil eines Stromkreises aus Blattgold herstellt und dieses in die Nähe von Magnetpolen bringt. Ein Beispiel der technischen Anwendung ist der Blattgoldtelegraph.

Zu weithin sichtbaren Versuchen benutze ich als biegsamen Leiter eine weiß angestrichene Schnur aus sehr dünnen Kupferdrähten, welche, schlaff in einem bogenförmigen Halter mit Stromzuführung hängend, in verschiedenen Stellungen einem großen Elektromagneten genähert wird.

Mühlenbein (1888) verwendet einen Stanniolstreifen, welcher zwischen zwei Magneten oder innerhalb eines mit Draht umwundenen Rahmens befestigt wird[2]) (Fig. 958 E, 45).

Fig. 958.

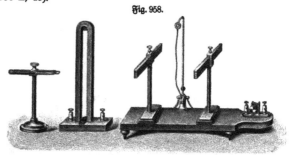

293. Gleitstück[3]). Nach dem Biot-Savartschen Elementargesetz (§ 248, S. 410) wirkt ein gerader Strom von der Länge l Meter auf einen Magnetpol von m Weber Stärke im Abstand r Meter mit der Kraft

$$K = \frac{1}{g} \cdot m \cdot i \cdot \frac{l}{r^2} \text{ Kilogramm.}$$

Mit derselben Kraft wirkt nach dem Gesetz der Gleichheit von Wirkung und Gegenwirkung der Magnet auf den Stromleiter. Da m/r^2 die Feldintensität, also $= H$ ist, kann man auch schreiben:

a) **Technisch:** $K = \dfrac{1}{g} \cdot i \cdot H \cdot l$ Kilogramm,

b) **Gesetzlich:** $K = i \cdot H \cdot l$ Decimegadynen,

c) **Physikalisch:** $K = m \cdot i \cdot l/r^2 = i \cdot H \cdot l$ Dynen,

wenn die Buchstaben die betreffenden Größen in CGS-Einheiten bedeuten.

Zum Nachweis dieses Satzes kann man in die Mitte der zur Erzeugung des Magnetfeldes dienenden Drahtrolle X (Fig. 959) einen horizontalen Kupferdraht ab

---

[1]) Eine Abbildung des Instrumentes findet sich in Hospitalier, L'énergie électrique, Paris 1890, Masson, S. 177. — [2]) Das nach diesem Prinzip konstruierte Saitengalvanometer von Einthoven und das einfachere von M. Edelmann werden erst später nach Erläuterung des Mikrostops besprochen. — [3]) Siehe auch Maschke, Z. 17, 158, 1904.

bringen, welcher das Ende eines Wagebalkens bildet und durch aufgelegte Gewichte auf der Wagschale am anderen Ende tariert ist. Die Stromzuführung geschieht durch

X

Fig. 959.

die Drähte cd mittels zweier Quecksilbernäpfe, in welche zwei an die Enden der isolierenden Drehachse des Wagebalkens angebrachte, mit a und b leitend verbundene Kupferscheibchen eintauchen. Wird das Magnetfeld erregt, so ist es nötig, eine der Formel entsprechende Zahl von Gewichten zuzulegen oder wegzunehmen. Nach § 279 (S. 473) ergibt sich, wenn $m = \dfrac{1}{a}$ gesetzt wird,

$$H = \frac{2\,\pi.si}{10^7.r},$$

somit

$$K = \frac{2\,\pi.si}{g.10^7.r} \cdot I.L \text{ Kilogramm,}$$

wenn mit I die Stromstärke in dem beweglichen Leiter bezeichnet wird und mit L dessen Länge. Beispielsweise war $s = 900$ Windungen, $i = 40$ Ampere, $I = 40$ Ampere, $L = 0,40$ Meter, $r = 0,57$ Meter.

Es folgt

$$K = \frac{2.3,14.900.40^2.0,40}{9,81.10^7.0,37} = 0,0996 \text{ Kilogramm.}$$

Einfacher gestaltet sich der Versuch, wenn die Drahtrolle horizontal gelegt wird. Man kann dann das Drahtstück ab selbst an den Enden mit Kupferrädchen ver-

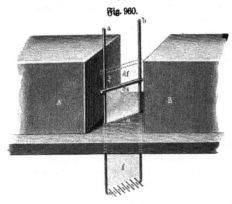

Fig. 960.

sehen und in zwei horizontalen Quecksilberrinnen rollen lassen. Die Messung der Kraft, welche etwa mittels der Torsionswage erfolgen könnte, ist indes schwieriger.

Ist die Stromfläche nicht senkrecht zu den Kraftlinien, sondern bildet sie mit denselben, wie in Fig. 960 angedeutet, den Winkel α (A und B seien zwei das Feld erzeugende Magnete), so ist, wenn ds die Länge des Gleitstückes,

$$K = \frac{1}{g} \cdot i.H.ds.\sin\alpha \text{ Kilogramm.}$$

Verschiebt man den Stromleiter ab, so wird dabei entweder Arbeit verbraucht oder gewonnen.

Es betrage die Verſchiebung x Meter, ſomit die Arbeit $K \cdot x$ Kilogrammeter, dann iſt, wenn die Bewegung im Laufe von t Sekunden erfolgte, die Arbeit pro Sekunde

$$K \cdot \frac{x}{t} = \frac{1}{g} \cdot i \cdot H \cdot L \cdot \frac{x}{t} \text{ Kilogrammeter,}$$

d. h. man findet den mechaniſchen Effekt eines durch magnetiſche Kräfte bewegten Leiters, indem man das Produkt von $\frac{1}{g} \cdot i$ mit Feldintenſität, Länge des Leiters und Weg dividiert durch die Zeit.

Mit Hilfe der in § 222 (S. 355, bezw. § 37, S. 71 ff.) dargelegten Kraftlinienkonſtruktion läßt ſich dieſer Fundamentalſatz weſentlich einfacher ausſprechen. Stellen wir uns das von L und x begrenzte Rechteck vor, deſſen Inhalt $L \cdot x$ Quadratmeter beträgt, ſo gehen durch dasſelbe, da auf 1 Quadratmeter H Kraftlinien entfallen, $H \cdot L \cdot x$ Kraftlinien. $H \cdot L \cdot x$ iſt alſo die Zahl Kraftlinien, welche von dem Leiter $a\,b$ bei ſeiner Bewegung geſchnitten werden. Nennen wir dieſe Zahl N, ſo wird der Effekt:

a) **Techniſch:** $\quad A = \dfrac{K \cdot x}{t} = \dfrac{i}{g} \cdot \dfrac{N}{t}$ Kilogrammeter pro Sekunde,

d. h. der mechaniſche Effekt iſt gleich dem $g$ten Teile der Stromſtärke mal der Zahl der pro Sekunde geſchnittenen Kraftlinien.

b) **Geſetzlich:** $\quad A = i \cdot \dfrac{N}{t}$ Watt.

Wird die gewöhnliche magnetiſche Einheit ſtatt des Weber benutzt, ſo darf natürlich nur der 10^8te Teil der in CGS=Einheiten gemeſſenen Kraftlinienzahl N in Rechnung gebracht werden. Bedeutet ferner i die Stromſtärke in CGS_{el}, ſo wird:

c) **Phyſikaliſch:** $\quad A = i \cdot 10 \cdot \dfrac{N \cdot 10^{-8}}{t} \cdot 10^7 = i \cdot \dfrac{N}{t}$ Erg.

Die Richtung der Bewegung bei der elektrodynamiſchen Wirkung ergibt ſich aus der ſogenannten Linkehandbreifingerregel, die lautet: „Man ſtrecke die erſten drei Finger der linken Hand aus, ſo daß ſie zueinander ſenkrecht ſtehen, der Mittelfinger die Richtung des poſitiven Stromes angibt und der Zeigefinger die Richtung der vom Nordmagnetismus ausgehenden Kraftlinien, dann gibt der Daumen die Richtung der Bewegung des Stromleiters an." Die Regel folgt unter Berückſichtigung des Geſetzes von Wirkung und Gegenwirkung ohne weiteres aus der Ampéreſchen Schwimmregel (S. 406). Fig. 961 (Lb, 4,50) zeigt ein Modell zur Verdeutlichung derſelben nach Weinhold. (B Bewegung, E Elektromotoriſche Kraft, M Magnetfeld.)

Fig. 961.

294. Stromſpeiche. Nach § 251 (S. 418 ff.) iſt die potentielle Energie eines Magnetpoles von m Weber im Felde eines Stromes von der Stärke i Ampere

$$P = \frac{1}{g} \cdot m \cdot i \cdot \omega \text{ Kilogrammeter.}$$

Umkreist der Strom die Fläche f im Abstande r von m und ist die Normale auf f um den Winkel α gegen r geneigt, so ist

$$\omega = \frac{f.\cos\alpha}{r^2},$$

somit

$$P = \frac{1}{g} \cdot m \cdot i \cdot \frac{f.\cos\alpha}{r^2} = \frac{1}{g} \cdot H.\, i\, f\cos\alpha.$$

Ebenso groß ist umgekehrt die potentielle Energie des Stromleiters im Felde von m Weber. Ist speziell die Stromfläche f eben und der Winkel, welchen dieselbe mit der Richtung der Kraftlinien bildet, $= 90^\circ$, somit $\alpha = 0$ und $\cos\alpha = 1$, so wird die Energie $P = \frac{1}{g} \cdot i . H. f$ Kilogrammeter.

Verschieben wir den Leiter oder ein Stück desselben um die Strecke $d\xi$ derart, daß sich die Stromfläche um df ändert, so ist dazu eine Kraft K erforderlich,

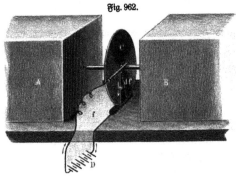

Fig. 962.

welche sich bestimmt durch die Gleichung

$$K = \frac{dP}{ds} = \frac{1}{g} \cdot i$$

$\cdot H \cdot \dfrac{df}{d\xi}$ Kilogramm.

Im Falle des Barlow schen Rades, Fig. 962, vergrößert sich bei Drehung der Stromspeiche die Stromfläche f etwa um das kleine Dreieck df. Wenn r der Radius der Scheibe (in Metern)

und $d\varphi$ der Winkel ist, um welchen sie sich in dem betrachteten Momente gedreht hat, so ist die Änderung der potentiellen Energie, somit die geleistete Arbeit

$$= \frac{1}{g} \cdot i . H. df = \frac{1}{g} \cdot i . H \cdot \frac{1}{2} r^2 d\varphi,$$

also für eine ganze Umdrehung

$$= \frac{1}{g} \cdot i . H \cdot \frac{1}{2} r^2 \int_0^{2\pi} d\varphi = \frac{1}{g} \cdot i . H. r^2 . \pi \text{ Kilogrammeter.}$$

295. Das Ampèresche Gestell dient dazu, stromdurchflossene Leiter zum Studium der auf sie wirkenden Kräfte leicht beweglich zu machen. In ein 3 cm dickes Brett von hartem Holze, Fig. 963, sind drei etwas starke Messingbleche a, b, c eingelassen, so daß ihr Rand mit dem Brette eben ist; sie sind aber der Länge nach in der Mitte etwas dicker als am Rande, und ihre Mitte steht daher etwas (beinahe 1 mm) über das Brett hervor. Auf allen dreien sitzen Klemmschrauben, wie Bd. I$_{(1)}$, S. 65, Fig. 112, oder sie haben über das Brett hervorstehende angelötete Drähte; außerdem sind a und c noch durch einen in eine Rinne des Brettchens eingelassenen dicken Kupferdraht unter sich und mit der Klemmschraube d verbunden.

Letztere hat die Öffnung zum Einstecken des Drahtes von oben und die Schraube von der Seite; auch kann statt ihrer das hervorstehende Ende des Drahtes, wenn es im Brette festgekeilt ist, und eine gemeinschaftliche Klemmschraube, wie Bd. I(1), S. 288, Fig. 748, dienen. Das mittlere Messingblech b steht mit der Klemm= schraube e in Verbindung. Außer diesen dreien sind noch zwei Bleche g, h auf dem Brette befestigt, und auf diesen die beiden weiteren i, k; letztere aber sind durch Holzschrauben, welche durch g, h hindurchgehen, so gehalten, daß sie sich unter den Köpfen derselben drehen lassen und beliebig fest auf g, h angezogen werden können.

k und i sind durch ein Stück= chen Holz verbunden, sie sind an das Holz durch Schrauben mit versenkten Köpfen von unten befestigt, lassen sich aber um diese leicht drehen. Es ist gut, wenn das Holz schwer ist, und man kann

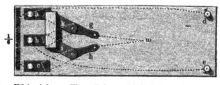

Fig. 963.

deswegen in die Mitte desselben Blei gießen. Man sieht wohl, daß man so, wenn a oder c mit dem positiven, b mit dem negativen Pole einer Kette verbunden werden, das Blech g mit dem positiven Pole verbunden hat, wenn die Bleche i, k

die ausgezogene Lage haben; bringt man sie aber in die punktierte Lage, so wird g mit dem negativen und h mit dem positiven Pol verbunden, während d und e stets mit denselben Polen verbunden bleiben; in einer mittleren Lage sind g und h außer Ver= bindung mit der Kette.

Auf die Enden der Bleche g, h sind die beiden 9 bis 12 mm starken Messingdrähte r s und r' s', Fig. 964, gesteckt und durch Schrauben von unten befestigt; sie sind beide oben rechtwinklig umgebogen und tragen an ihren Enden s, s'

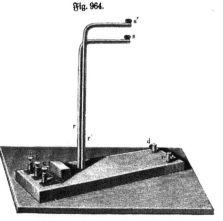

Fig. 964.

Quecksilbernäpfe, welche in einer Entfernung von etwa 4 bis 6 cm lotrecht über= einander stehen. Zu diesem Ende müssen die wagerechten Arme der Drähte gegen= einander laufen, wie die nach m laufenden punktierten Linien in Fig. 963 zeigen. Die Stäbe r s und r' s' werden durch dazwischen geschobene passende Holzstückchen ge= trennt gehalten und über diese weg mit Seide zusammengebunden, wodurch die Festigkeit bedeutend erhöht wird. Die Quecksilbernäpfe dürfen nur flach sein, und auf den Boden des oberen wird ein rundes Stückchen eines Uhrglases mittels Siegellack aufgekittet. Die Näpfe bestehen aus Messing= oder Kupferblech und werden auf die Enden der Drähte vernietet und zum Überflusse mit sicherer metallischer Verbindung auch mit Zinn verlötet, wenn man sie nicht gleich hart auflöten will. Vor dem Gebrauche müssen sie immer innerhalb stellenweise rein gekrazt oder frisch amalgamiert werden.

Die beweglichen Leiter. Was nun die in die Schälchen s, s' von Fig. 964 einzuhängenden Leiter betrifft, so werden dieselben aus etwa millimeterdickem Kupferdraht verfertigt und da, wo die beiden Drähte aneinandergebunden werden müssen, wird der eine gut mit Seide umwickelt. Die stählernen Spitzen derselben werden an das Kupfer verlötet, müssen aber jedenfalls vor dem Gebrauche mit der Schlichtfeile frisch gemacht werden, da Eisen in Berührung mit Kupfer leicht rostet, namentlich wenn mit Zinn gelötet wurde (mit Silber weniger). Es ist daher nicht zweckmäßig, diese Spitzen aus ganz feinem Drahte zu nehmen; man nimmt lieber etwas

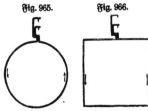

Fig. 965.   Fig. 966.

stärkere, von Stricknadeln stammende Drahtstückchen dazu, klopft den Kupferdraht etwas breit, durchbohrt ihn, steckt das zu einem Zapfen dünn gefeilte Ende des Stahldrahtes hindurch, vernietet und verlötet denselben; gehärtet braucht er nur an der Spize zu sein. Man muß besonders darauf sehen, daß auch der untere Draht, der keine Spize braucht und nur in das Quecksilber taucht, in der Drehungsachse des ganzen Leiters sich befinde, weil sonst das Quecksilber seiner Bewegung zu vielen Widerstand entgegensezt.

Die Leiter Fig. 965 und 966 werden so groß gemacht, als es die horizontalen Arme der senkrechten Messingstäbe am Ampèreschen Gestelle erlauben.

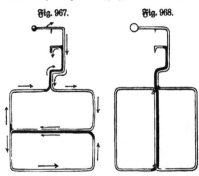

Fig. 967.   Fig. 968.

Leiter wie Fig. 967 und 968 sind vorzuziehen, weil sie für die Einwirkung des Erdstromes astatisch sind; der erstere dient für horizontale, der leztere für vertikale Ströme. Wo die Drähte übereinander weglaufen, wird entweder ein dünnes Korkplättchen dazwischen gelegt, oder man umwickelt den einen Draht mit Seide und bindet dann die Drähte mit Seidenfaden fest zusammen. Da aber diese Leiter sich nicht ganz herumdrehen können, so stoßen sie beim Umkehren des Stromes jedesmal an den horizontalen Armen des Gestelles an, und man muß sie umhängen, oder man muß von Anfang an die Drehung nach der freien Seite dirigieren.

Krebs biegt den unteren Haken der Leiter um den oberen, wie Fig. 969 zeigt, wenn hierbei die horizontalen Arme des Gestelles die Richtung Süd-Nord oder umgekehrt haben, also beim Versuche mit dem Erdmagnetismus die Ebene des Leiters die Richtung Ost-West oder nahezu diese Richtung hat, so kann sich der Leiter beim Stromwechsel immer um 180° drehen.

Bei der Konstruktion von Stöhrer (Fig. 970) hängt der Leiter auf einer Stahlspize mittels eines Stahlhütchens auf einem Stabe. Die Spize ist in einer am Stabe verschiebbaren Hülse befestigt, um die Höhe des Stabes etwas ändern zu können. Die Drahtenden laufen neben dem Stabe herab und sind unterwegs noch einmal durch einen isolierenden Ring in ihrer Lage gehalten; unten sind sie zugespitzt. Der Stab sitzt in der Mitte eines kreisförmigen Quecksilbergefäßes, Fig. 971, und die Enden des Drahtes tauchen in die beiden Abteilungen des Gefäßes. Frei kann sich hier der Apparat wohl drehen, aber der Strom kehrt sich nach jeder halben Drehung um, was wohl mindestens so unangenehm ist, als die Hemmung am Ampèreschen Gestell.

Weit zweckmäßiger ist deshalb die von Sturgeon (1842) angegebene Konstruktion, bei welcher der eine Quecksilbernapf den anderen ringförmig umgibt. Der Zuleiter des ersten ist dann eine vertikale Messingröhre, in welcher durch eine Glasröhre davon getrennt der Zuleiter des anderen Quecksilbernapfes aufsteigt. Das in

Fig. 969.   Fig. 971.

Fig. 972.

Fig. 970.

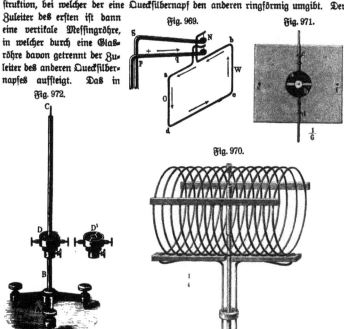

den zentralen Napf eintauchende Drahtende (Stahlspitze) kann zugleich den Drehpunkt des beweglichen Leiters bilden (W, 36 bis 46).

F. Ernecke führt den Apparat in der in Fig. 972 dargestellten Form aus. Auf einem eisernen Dreifuß erhebt sich eine Messingsäule, welche oben eine feine Stahlspitze trägt. Über diese Säule kann nach Belieben ein Quecksilbernapf mit zwei konzentrischen kreisförmigen oder mit zwei durch Zwischenwände getrennten halbkreisförmigen Quecksilberrinnen geschoben und in jeder Höhe festgestellt werden. Die beweglichen Leiter ruhen mittels eines Achathütchens auf der Stahlspitze. (E, 50.)

A. Raps änderte das Ampèresche Gestell so ab, daß dem beweglichen Leiter der Strom durch Friktionsrollen statt durch Quecksilbernäpfe zugeführt wird. (Vgl. Z. 7, 114, 1894.)

Eine Form des Ampèreschen Gestelles, bei welcher die Reibung auf ein Minimum reduziert ist, indem, wie Fig. 973 zeigt, sowohl das obere wie das untere Drahtende axial in Queckſilbernäpfe eintauchen, wobei das obere den Queckſilber- napf durchdringt, beſchreibt Brunhes (S. 7, 192, 1894[1]).

Fig. 973.

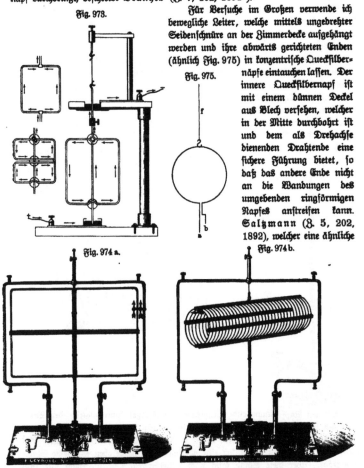

Für Verſuche im Großen verwende ich bewegliche Leiter, welche mittels ungedrehter Seidenſchnüre an der Zimmerdecke aufgehängt werden und ihre abwärts gerichteten Enden (ähnlich Fig. 975) in konzentriſche Queckſilber-

Fig. 975.

näpfe eintauchen laſſen. Der innere Queckſilbernapf iſt mit einem dünnen Deckel aus Blech verſehen, welcher in der Mitte durchbohrt iſt und dem als Drehachſe dienenden Drahtende eine ſichere Führung bietet, ſo daß das andere Ende nicht an die Wandungen des umgebenden ringförmigen Napfes anſtreifen kann. Salzmann (S. 5, 202, 1892), welcher eine ähnliche

Fig. 974 a.

Fig. 974 b.

Einrichtung (Fig. 975) auch für Verſuche im Kleinen empfiehlt, lötet an die Draht- enden Stückchen einer Stricknadel, um Verunreinigung des Queckſilbers durch Kupfer zu vermeiden, welche die Beweglichkeit des Leiters ſehr beeinträchtigt.

[1]) Bei dem von Leybolds Nachf., Köln, zu beziehenden Apparat, Fig. 974 (Preis 115 Mt.), ſind die beweglichen Leiter etwa 50 : 35 cm groß. Sie werden an dem feſten Leiter durch einen Faden aufgehängt, und ihre Enden tauchen in zwei übereinanderliegende Queckſilbernäpfchen.

Roack (1882) hängt die beweglichen Leiter an zwei langen dünnen, von der Decke des Lehrsaals herabhängenden Zuleitungsdrähten (also bifilar) auf. Man kann dabei, ohne starke Ströme nötig zu haben, selbst ziemlich große und schwere Leiter in Bewegung setzen.

Das Solenoid. Die gewöhnliche Form desselben zeigt Fig. 976. Der Draht fängt dabei in der Mitte an, ist nach einer Seite hin gewunden, geht dann durch die Achse des Schraubencylinders an das andere Ende und kehrt von hier in eben so viel Windungen zur Mitte zurück. Man muß dabei darauf sehen, daß der

Fig. 976. Fig. 977.

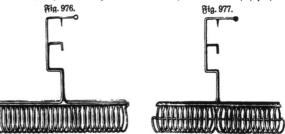

Strom in allen Ringen nach derselben Richtung umläuft und die Ringe nicht zu eng nehmen, jedenfalls nicht unter 6 cm Durchmesser. Enge Ringe geben freilich dem Apparate mehr die Form eines Magnetstabes, allein ihr Drehungsmoment ist zu klein, und dann geht das Solenoid nicht, trotz der vielen Umläufe. Die einzelnen Ringe werden an ein dünnes Holzstäbchen mittels Bindfaden oder Seide in gleicher Entfernung voneinander befestigt; leinener Faden muß nachher mit Schellacklösung getränkt werden. Bei der abgebildeten Form des Solenoids hält es aber schwer, den Ringen eine schöne Rundung zu geben; man erreicht das letztere viel besser, wenn man die Spirale zuerst ganz windet und auf das Stäbchen festbindet, sodann die beiden Drahtenden auf der den Windungen entgegenstehenden Seite des Stäbchens gegen die Mitte desselben zusammenführt,

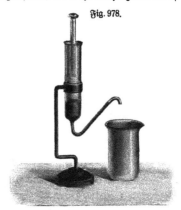

Fig. 978.

wie Fig. 977 zeigt, sie ebenfalls an das Stäbchen befestigt und dann erst die Enden gehörig biegt und mit Stahlspitzen versieht. Manche Solenoide gehen auch nicht, weil ihr Draht zu dünn ist, man muß lieber über 1 mm dicken, als schwächeren Draht nehmen; man hat hier viel weniger vom vermehrten Gewichte, als von der verminderten Stromstärke zu fürchten, da ein solches Solenoid, und noch mehr zwei derselben, dem Strome schon einen bedeutenden Widerstand entgegensetzen.

Zu empfehlen ist Aluminiumdraht, obschon sein Leitungswiderstand 2,3 mal so groß als der des Kupfers, da sein spezifisches Gewicht nur $1/3$ von jenem des Kupfers ist.

Über Quecksilbertropfgefäße siehe Bd. I₍₁₎, S. 578. Eine neue Form zeigt
Fig. 978 (E, 3,75). Das Eintropfen geschieht, indem man reines Quecksilber in
das weitere Rohr des gereinigten und getrockneten Apparates gießt, bis der Meniskus
(im weiten und im Kapillarrohr) ungefähr am oberen Knie der Kapillaren steht.
Ein leichter Druck auf den Kopf des darauf gesetzten Glaskolbens genügt, um
beliebig viele Tropfen oder auch eine größere Menge von Quecksilber zum Aus-
fluß zu bringen (siehe auch Grimsehl, S. 18, 34, 1905).

296. Einwirkung des Erdmagnetismus. Bei einem einfachen Ringe und
einem Solenoid kann man namentlich auch demonstrieren, daß sie schon durch den
Erdmagnetismus gerichtet werden. Das Ampèresche Gestell ist hierzu bei der
Stärke der magnetischen
Wirkungen nicht durch-
aus nötig, denn man
kann die Erscheinungen
auch schon bei schwimmen-
den Strömen zeigen.
Man nimmt hierzu ein
Wollastonsches Ele-
ment von nur etwa 10
bis 15 qcm Zink, welches
aus ganz dünnem Bleche
gefertigt wird. Hierzu
schneidet man zunächst
aus Kupferblech eine
Platte von der in Fig. 979
dargestellten Form,
schneidet eine Öffnung b
aus und lötet daran
einen Draht d d von 1
bis 2 mm Dicke mit
Zinn an. Jede der vier
Ecken e e e e erhält ein
kleines Loch. Die Zink-
platte wird in gleicher

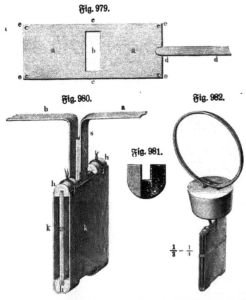

Fig. 979.

Fig. 980.　　　　　Fig. 982.

Fig. 981.

$\frac{1}{3} - \frac{1}{4}$

Größe wie die Platten a a gemacht und ebenfalls ein Draht angelötet. Die Kupferplatte wird dann so gebogen, wie Fig. 980 zeigt, und die Zinkplatte hineingesteckt.
Um dieselbe zu befestigen und doch von der Kupferplatte zu trennen, werden auf
die beiden halbkreisförmig gebogenen Streifen c c, Fig. 979, mit einem Ausschnitte
versehene Holzstückchen (Fig. 981) gesetzt und mit ihrem Ausschnitte unter die Zinkplatte geschoben; zwei gleiche Stückchen Holz kommen auch oben auf die Zinkplatte,
und über diese weg werden die beiden Kupferplatten durch die Löcher e e, Fig. 979,
mittels eines Drahtes zusammengebunden.
　　Man muß das Element so leicht als möglich machen, um den Draht stärker
und größer nehmen zu können. Wenn das Element zusammengesetzt ist, schiebt
man die Drähte durch einen Kork, biegt sie oberhalb zu einem Ringe und verlötet
sie mit Zinn. Man kann den Ring, wie Fig. 982 zeigt, aus mehreren Windungen

bilden und die durch den Kork gesteckten Enden zuletzt noch an die Platten löten. Hierbei wird zuerst das Zink angelötet, dann das Kupfer angeschoben und ebenfalls verlötet; die Drahtenden klopft man hierfür breit. Läßt man den so gefertigten Apparat auf etwas stark angesäuertem Wasser schwimmen, so stellt er sich von selbst so, daß sein Ring senkrecht zum magnetischen Meridian steht, oder folgt der Einwirkung eines Stahlmagneten, stellt sich auch parallel zu einem über ihm weggeleiteten starken geradlinigen Strome. Die Einwirkung eines Stahlmagnetes ist dabei am auffallendsten, wenn derselbe nur wenig größer ist als der Durchmesser des Ringes, und parallel mit dem horizontalen Durchmesser des letzteren nahe an den Draht gehalten wird. (W, 4,50.)

Carl nimmt ein ganzes Element mit cylindrischem Gefäß und läßt es auf Wasser schwimmen. Um ihm die nötige Stabilität zu verleihen, wird etwas Quecksilber hineingegossen [1]).

Den Verlauf der Kraftlinien bei einem geradlinigen bezw. kreisförmigen Stromleiter im Magnetfeld zeigen die Fig. 19, 17, 15 und 16, Taf. II. Man kann ebenso wie früher nach Faraday die Kraftwirkungen auffassen als hervorgebracht durch den Zug der Kraftfäden in ihrer Längsrichtung und deren Druck in der Querrichtung.

Fig. 12, Taf. II, demonstriert die Ablenkung der Stromlinien bei zwei punktförmigen Elektroden im Magnetfeld. (Hall-Phänomen.)

297. Das absolute Bifilargalvanometer von W. Weber besteht aus einer bifilar an den Zuleitungsdrähten aufgehängten Drahtrolle, deren Windungsebene nordsüdlich gerichtet ist.

Ist f die Gesamtfläche der Windungen, so ist das magnetische Moment der Rolle $= fi$ und das vom Erdmagnetismus hervorgerufene Drehmoment fiH. Ist ferner D das Direktionsmoment der bifilaren Aufhängung, so ist $i = D/(f.H)$ $.tg\,\alpha$ CGS, wenn α die Ablenkung bedeutet. Mißt man denselben Strom mit der Tangentenbussole, so läßt sich H eliminieren.

298. Drehspulelektromotoren mit Magnet. Die Rotation eines Solenoids um die Pole eines Magneten zeigt der Apparat Fig. 983. Ein auf messingenem Dreifuß stehender Hufeisenmagnet, der auch zu den in § 242 (S. 386) beschriebenen Rotationen gebraucht werden kann, hat mitten zwischen seinen Schenkeln eine geschlitzte, federnde Messingröhre a, in welcher sich der Stiel b verschieben läßt. An diesem Stiele steckt eine hölzerne Scheibe, in welche eine Quecksilberrinne eingedreht

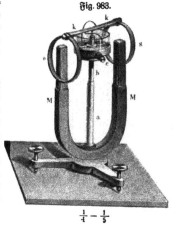

Fig. 983.

$\frac{1}{4} - \frac{1}{5}$

ist; um die Quecksilberrinne läuft noch eine zweite und in dieser steckt ein niedriger Glasring, um das Wegschleudern des Quecksilbers zu verhüten. Von zwei Klemm-

---

[1]) Einen Apparat zur Demonstration der Inklination beweglicher Ströme liefert F. Ernecke zu 18 Mk.

schrauben, deren eine bei *c* sichtbar ist, gehen amalgamierte Drähte in die beiden
Abteilungen der Quecksilberrinne.   Der Stiel *b* steht mit dem Quecksilber nicht in
Verbindung und hat oberhalb der Holzscheibe ein über 1 cm tiefes Loch, in welches
ein stählerner Stift locker paßt; letzterer Stift ist an das Kupferstück *k k* gelötet,
an dessen Enden sich zwei aus etwa je 12 bis 18 Windungen in zwei oder drei
Lagen gebildete hohle Spiralen *s s* befinden; sie sind an der Verbindungsstelle noch
besonders mit Seide umwickelt und mit Seide angebunden. Ein Ende der Spiralen
ist an *k k* gelötet, das andere ist länger und isoliert an *k k* gebunden bis zur Mitte,
wo es in das Quecksilber gekrümmt ist. Der Strom durchläuft beide Ringe in
gleicher Richtung, und die durch beide vorgestellte Spirale rotiert wie ein Elektromagnet,
sobald man die Klemmschrauben *c, c* mit einer galvanischen Kette verbindet.

Hängt man eine sehr leichte Drahtrolle oder eine der (S. 391 u. ff.) beschriebenen
Drahtarmaturen, aber ohne Eisenkern, wie Fig. 984 andeutet, zwischen den Polen
eines sehr kräftigen Magneten auf, so wird sie beim Durchgange eines Stromes
mit großer Kraft abgelenkt, auch wenn der Strom nur schwach ist. Hemmt man
die Drehung durch eine an der Achse an-
gebrachte Feder, welche bei der Drehung
gedrillt wird, so wird die Größe der entstehenden Torsion die Stärke des Stromes
beurteilen lassen. Man kann somit derartige Vorrichtungen auch als Galvanoskope oder Galvanometer verwenden,
d. h. als Instrumente zur Erkennung des
Vorhandenseins eines Stromes und zur
Messung seiner Stärke.

Fig. 985.

Fig. 984.

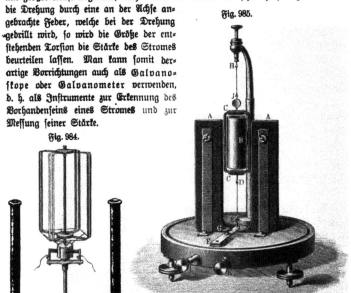

299. Die Drehspulengalvanometer haben vor den gewöhnlichen Galvanometern den großen Vorzug, daß sie fast vollständig unabhängig sind von Störungen
des erdmagnetischen Feldes. Sie sind gewissermaßen umgekehrt konstruiert, insofern
die Magnete feststehen und die Spule beweglich ist. Zum erstenmal wurde dieses
Prinzip angewendet von Sir William Thomson (1867), um die sehr schwachen
Ströme, welche durch transatlantische Kabel hindurchgehen, erkennbar zu machen[1]).

---

[1]) Instrumente für Kabeltelegraphie sind zu beziehen von Elliot Brothers.
London 36, Leicester Square.

Fig. 985 zeigt ein einfaches b'Arfonval=Galvanometer. Die Enden der aus sehr dünnem, umsponnenem Draht hergestellten leichten drehbaren Spulen CC stehen

Fig. 986.

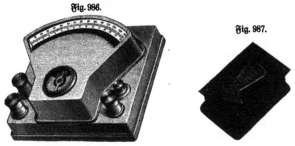

Fig. 987.

mit seinen Silberdrähten in Verbindung, die als Zuleiter des Stromes dienen. Der obere ist an dem verstellbaren Stift H befestigt, der untere an der Feder F, durch welche er angespannt werden kann.

Zur Unterstützung der Wirkung des Magneten ist der weiche Eisenkern B angebracht, welcher durch Influenz seitens der Magnetpole AA magnetisch wird. Um die Bewegung der Spule sichtbar zu machen, wird entweder ein leichter Zeiger daran befestigt oder ein Spiegel J^1).

Fig. 988.

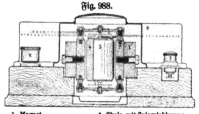

1. Magnet
2. Polschuhe
3. Kern
4. Bewegliche Spule mit Zeiger
5. Skala mit Spiegelablesung
6. Anschlußklemmen
7. Kontaktknopf
8. Vorschalt-Widerstand
9. Schutzkappe.

Besonders vollkommene Instrumente wurden zuerst hergestellt von der European Weston Electrical Instrument Co., Berlin S., Ritterstraße 88, nach Fig. 986 und 987, die innere Einrichtung zeigt Fig. 988.

Eine ähnliche Form des Drehspulengalvanometers wird von Siemens u. Halske hergestellt. Die bewegliche Spule befindet sich zwischen den Polschuhen eines Lamellenmagneten und umgibt einen dickwandigen eisernen Hohlcylinder. Die Windungen der Spule sind rechteckig und entweder frei oder auf einen

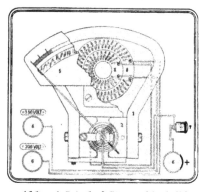

Rahmen aus elektrolytischem Kupfer gewickelt und sind ebenfalls aus elektrolytischem Kupferdraht hergestellt. Die Spule wird getragen von einem aus feinem Phosphor-

¹) Bei dem Galvanometer von Deprez ist der Rahmen C fest, dagegen der Eisenkern B beweglich, der Magnet A liegt horizontal.

draht gewalzten Bande, das zugleich als Stromzuführung dient und an einem Knopf befestigt ist, der das obere Ende der auf das Instrument aufgesetzten Messingröhre verschließt. Die Torsionselastizität wirkt der elektrodynamischen Kraft entgegen. Die zweite Stromleitung wird gebildet von einer ebenfalls aus feinem Phosphorbronzedraht gefertigten Spirale, die am unteren Teile der Spule angreift. Zur Regulierung der Empfindlichkeit dient ein magnetischer Nebenschluß, bestehend aus einem Bügel aus weichem Eisen, welcher sich durch eine Schraube mehr oder weniger über die Pole des Magneten verschieben läßt.

Stromstärke i und Ausschlag α hängen zusammen durch die Gleichung

$$i = \frac{C}{HF} \cdot \alpha,$$

worin C eine Konstante, H die Feldstärke und F die Windungsspule der Fläche bedeutet. Das Instrument wird deshalb um so empfindlicher, je größer H und F

Fig. 989.

Fig. 992.

Fig. 990.

Fig. 991.

und je kleiner C, d. h. je dünner und länger das Aufhängeband ist. Da die Schwingungsdauer vom Trägheitsmoment abhängt, muß dieses möglichst klein gewählt werden. Das Feld darf nicht zu stark und der Widerstand nicht zu klein sein, damit nicht die Dämpfung infolge induzierter Ströme unzulässig groß wird. Es werden zwei Millivolt- und Milliamperemeter gebaut, von denen das eine genau 1 Ohm, das andere genau 100 Ohm Widerstand aufweist. Beide haben 150 teilige Skala. Bei dem ersteren hat jeder Teilstrich den Wert eines tausendstel Ampere, bezw. eines tausendstel Volt. Bei letzterem gilt ein Skalenteil $^1/_{10000}$ Amp., bezw. $^1/_{100}$ Volt. Beide können zusammen mit geeigneten Vor- und Nebenschlußwider-

Fig. 993.

Fig. 994 a.

Fig. 994 b.

Fig. 995.

ständen zum Ermitteln beliebig großer Spannungen und Stromstärken verwendet werden. So kann man z. B. mit Hilfe des einohmigen Instrumentes messen: bei Verwendung eines Vorschaltwiderstandes von 9 Ohm bis 1,5 Volt, von 99 Ohm bis 15 Volt, von 999 Ohm bis 150 Volt, und mit einem Nebenschlusse von $1/_9$ Ohm bis 1,5 Amp., von $1/_{99}$ Ohm bis 15 Amp., von $1/_{999}$ Ohm bis 150 Amp., von $1/_{9999}$ Ohm bis 1500 Amp.

Fig. 989 gibt die Ansicht eines Vorschaltwiderstandes für das Milliamperemeter (Fig. 990), während Fig. 991 und Fig. 992 Nebenschlüsse für dasselbe von $1/_{99}$ Ohm und $1/_{999}$ Ohm darstellen. Zum Messen von Stromstärken, die größer als 150 Amp., benutzt man Nebenschlüsse aus Manganinblech, die in Paraffin gebettet sind und in der Weise gekühlt werden, daß die in ihnen entwickelte Stromwärme das Paraffin schmilzt, das nach Aufhören des Stromdurchganges wieder fest wird.

Fig. 993 zeigt ein ebenfalls als Strom- und Spannungsmesser zu gebrauchendes Instrument von 3 Ohm mit dem Temperaturkoeffizienten 0,00016 mit einem Nebenschlusse zusammengeschaltet, um zu Stromstärkemessungen bis 150 Amp. benutzt zu werden.

Als Hauptvorzüge dieser Drehspulenpräzisionsinstrumente sind zu nennen: die Genauigkeit, Zuverlässigkeit und Unveränderlichkeit ihrer Angaben und deren Unabhängigkeit von benachbarten magnetischen Feldern, direkte Zeigerablesung und aperiodische Zeigereinstellung; ferner der Umstand, daß sie keiner besonderen Aufstellung und Ausrichtung bedürfen, weder nach dem magnetischen Meridian noch nach der Horizontalen mit Hilfe einer Wasserwage, endlich ihre Unempfindlichkeit gegen mechanische Einflüsse, wie Erschütterungen u. dgl.

Die Fig. 994 und 995 geben eine Ansicht des neuen Universalgalvanometers von Siemens (vgl. S. 459), welches zu einem Universalinstrument für Telegraphen- und Telephonleitungen geworden ist, für Widerstandsmessungen, Isolationsmessungen (bis zwei Megohm), Außenstrommessungen, Strom- und Spannungsmessungen u. s. w. Die verschiedenen Umschalter sind so gewählt und so bezeichnet, daß bei einiger Überlegung Irrtümer nicht gut möglich sind, selbst wenn man mit der inneren Einrichtung der Schaltung nicht genau vertraut ist.

Unter Zuhilfenahme des Drehspulenprinzips hat die Firma auch einen empfindlichen und für die meisten Fälle der Praxis ausreichenden und bequem zu handhabenden Isolationsmesser (Fig. 996) konstruiert, mit dem ohne weiteres der vom Verbande deutscher Elektrotechniker aufgestellten Bedingung, daß die Isolation elektrischer Anlagen bei der Abnahme mit einer ihrer späteren Betriebsspannung gleichen Spannung ermittelt werden soll, genügt werden kann. Dieser Isolationsmesser ist ein sehr empfindliches Präzisionsvoltmeter, das gewöhnlich 30000 Ohm Widerstand besitzt. Für höhere Spannungen als 150 Volt dienen Apparate mit 60000 oder 120000 Ohm Widerstand, auch können drei Meßbereiche für verschiedene Betriebsspannungen, z. B. für 110, 220 und 440 Volt, in einem einzigen mit geeignetem Stöpselumschalter versehenen Instrument vereinigt werden. Schlägt bei Stromdurchgang der Zeiger des Isolationsmessers nach der verkehrten Seite aus, so dreht man an einem an der Vorderseite des Apparates befindlichen Hartgummiknopfe, und sofort bewegt sich der Zeiger in die Skala hinein. Durch diesen Stromwender ist also eine Vertauschung der Zuleitungsdrähte an den Klemmen des Instrumentes überflüssig gemacht. Ferner ist ein magnetischer Nebenschluß angebracht, der gestattet, die Empfindlichkeit des Apparates um ± 5 Proz. durch Drehen an der an der

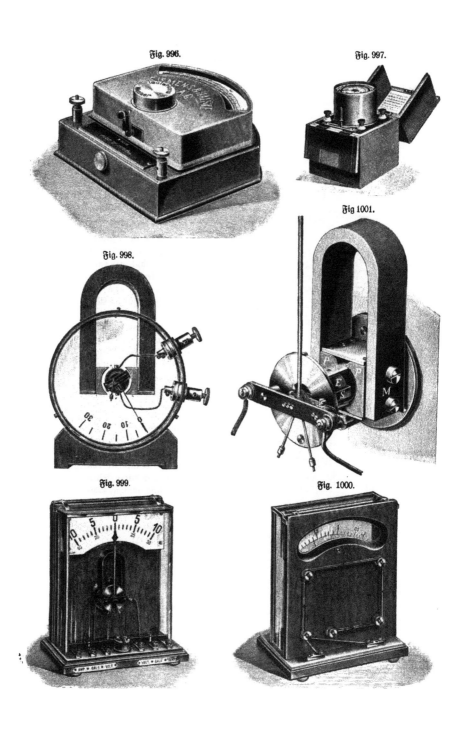

Fig. 996.

Fig. 997.

Fig 1001.

Fig. 998.

Fig. 999.

Fig. 1000.

Vorderseite angebrachten Kurbel (siehe Fig. 996) zu verändern [1]). Die Fig. 997 zeigt einen gewöhnlichen Isolationsmesser derselben Firma mit einer Batterie von

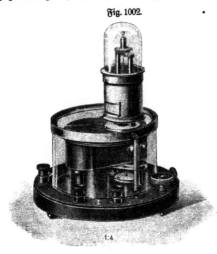

Fig. 1002.

1:4

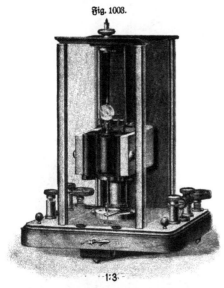

Fig. 1003.

1:3

Trockenelementen in einen Kasten eingebaut (Preis 40 bis 50 Mk.).

Ein Drehspulenampere= und Voltmeter für Projektion zeigt Fig. 998 [2]).

Verschiedene Formen von Drehspulenstrom= und Spannungsmessern liefert ferner die Firma Hart= mann u. Braun in Frank= furt a. M. Fig. 999 zeigt speziell das Schulgalvano= meter dieser Firma von vorn, Fig. 1000 von der Rückseite, Fig. 1001 die Ein= richtung der Drehspule welcher der Strom durch zwei Spiralen, die gleich= zeitig als Gegenkraft wirken, zugeführt wird. Eisenkern und Spule können zur Be= sichtigung herausgezogen werden, indem man die auf der Rückseite des In= strumentes befindliche Schraubenmutter abnimmt. Zeiger und Skala — letztere mit je 10 Teilstrichen von der Mitte nach beiden Seiten hin — sind weithin sicht= bar, eine zweite Skala auf der Rückseite erleichtert dem Lehrer die Beobachtung des Instrumentes [3]).

---

[1]) Über einen vielstufigen Strommesser siehe Feußner, Elektrotechnische Zeitschr. 1904, Heft 6. — [2]) Zu beziehen von dem physik.=mechan. Institut von Prof. Dr. Edelmann, München. — [3]) Instrumente einfachster Art ohne Gehäuse kosten 90 Mk., solche in großer Ausführung 54 × 48 × 22 cm, Zeigerlänge 30 cm, Skalenlänge 35 cm, etwa 250 Mk. Beim Gebrauch als Amperemeter (bis 10 Amp.) wird die Drehspule in Nebenschluß zu einem

Ein nur für Spiegelablesung bestimmtes Demonstrationsinstrument von Hart=
mann u. Braun zeigt Fig. 1003. In dem relativ engen Interferrikum zwischen
Polschuhen und Eisenkern schwingt eine rechteckige Spule mit zwei Wicklungen, deren
eine eine größere Anzahl Windungen feinen Drahtes von
etwa 50 Ohm enthält, während die andere weniger Win=
dungen dickeren Drahtes von etwa 5 Ohm Widerstand
aufweist. Je ein Ende der beiden Wicklungen führt
durch zarte Silberbändchen an je eine Klemme; die beiden
anderen Enden sind mit dem Aufhängebraht leitend ver=
bunden, und dieser führt zu den beiden anderen Klemmen
(Fig. 1004). In den meisten Fällen wird die feinere Wick=
lung (linkes Klemmenpaar) zu den Messungen benutzt
werden; die andere Wicklung wird dann am rechten
Klemmenpaar direkt oder durch Einschalten eines kleinen
Widerstandes kurz geschlossen, und dient so zur Dämpfung.

Fig. 1004.

Oberhalb trägt die bewegliche Spule einen Stengel,
um welchen ein leichter Planspiegel bequem drehbar ist.
Ein zweiter Stengel, genau zentrisch nach unten führend, trägt einen Doppelarm
mit Schalen, die für ballistische Messungen zur Aufnahme der auf der Grundplatte

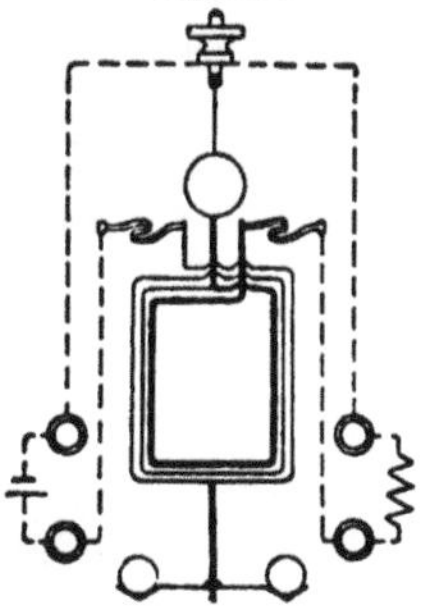

Fig. 1005.   Fig. 1006.

versorgten Kugeln dienen, wodurch das Trägheitsmoment erhöht wird. Diese dürfen
nur dann eingelegt werden, wenn die Drehspule zuvor arretiert worden ist. Der

kleinen, aus gewelltem Konstantanblech hergestellten Widerstand mittels beweglicher Kabel=
chen gelegt. Bei Benutzung als Voltmeter wird der Drehspule ein induktionsfreier Wider=
stand vorgeschaltet, so daß der Maximalausschlag nach beiden Seiten 50 Volt beträgt.
Für feinere Messungen ist das in Fig. 1002 dargestellte Instrument bestimmt (Preis
230 bis 250 Mk.), welches auch als Spiegelgalvanometer gebraucht werden kann. Es zeigt
Ströme an von nur $3 \cdot 10^{-8}$ bis $6 \cdot 10^{-9}$ Amp.

untere Stengel dient gleichzeitig als Senkel, sowie auch zur Arretierung, die durch einen Hebel vorne an der Grundplatte zu betätigen ist. Die vordere sorgfältig aus-

Fig. 1007.

gewählte Planglasplatte ist abnehmbar, um zum Spiegel bezw. zu den Einrichtungen für ballistische Messungen zu gelangen.

Die Empfindlichkeit, bezogen auf 1 mm Ausschlag bei 1 m Skalenabstand, beträgt für die Wicklung I: etwa 0,000 000 003 6 Amp., für Wicklung II: etwa 0,000 000 033 Amp. [1]).

[1]) Ein Laboratoriumsinstrument nach E. Wiedemann ist dargestellt in Fig. 1005 (K, 145). Die Empfindlichkeit beträgt 1 mm Ausschlag bei 1 m Skalenabstand für 0,000 000 03 Amp. Fig. 1006 (K, 80) zeigt ein Laterndrehspulengalvanometer. Keiser u. Schmidt, Berlin, liefern Instrumente zu 75 bis 105 Mk. Die Amperemeter haben Meßbereiche bis 1, 5, 10, 15, 20 und 50 Amp., die Voltmeter bis 3, 10, 15, 25, 50 und 120 Volt. Milliamperemeter und Millivoltmeter liefert dieselbe Firma zu 75 bis 160 Mk. Amperevoltmeter mit 6 Meßbereichen bis 3, 15 und 150 Volt und 0,15, 1,5 und 15 Amp. zu 240 Mk.; einfache Ampere- und Voltmeter nach Fig. 1007 zu 35 bis 40 Mk.; Universalvertikalgalvanometer mit 2 Empfindlichkeiten für Strom- und Spannungsmessungen nach Fig. 1008 zu 85 Mk. Ein ähnliches Instrument liefert F. Ernecke, Berlin-Tempelhof, Ringbahnstraße 4, zu 135 Mk. Vermöge einer Stöpselvorrichtung ist dieses letztere sowohl als Amperemeter wie als Voltmeter benutzbar und zwar ohne daß die stromzuführenden Drähte von den Klemmen abgenommen und an andere Klemmen gelegt werden müssen. Das Gehäuse ist ganz aus Glas, so daß jeder

Fig. 1008.

Teil des Galvanometers demonstriert werden kann. Die Drehspule hat einen verhältnismäßig kleinen Widerstand (zwischen 17 bis 21 Ohm), so daß auch Thermoströme sehr gut demonstriert werden können. So gibt z. B. ein zum Glühen gebrachter Kupferdraht, mit einem kalten Kupferdraht berührt (deren andere Enden an den Galvanometerklemmen liegen), schon einen

Fig. 1009.

Fig. 1014.

Fig. 1011.

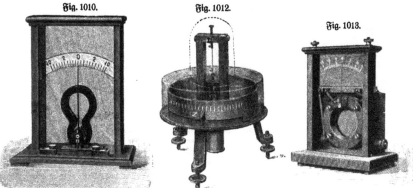

Fig. 1010.

Fig. 1012.

Fig. 1013.

Für technische Messungen besonders bequem sind die kombinierten Instrumente, bei welchen Spannung und Stromstärke gleichzeitig abgelesen werden kann. Fig. 1016

Fig. 1015.

Fig. 1016.

merkbaren Ausschlag. Dieselbe Firma liefert das Spiegelgalvanometer Fig. 1009 (Preis 135 Mt.) mit großer durch den Magnetisierungsstrom regulierbarer Empfindlichkeit und großem Spiegel, welcher ermöglicht, die Skala 15 m entfernt aufzustellen. Sie liefert weiter das in Fig. 1010 dargestellte Projektionsgalvanometer (Preis 95 Mt.). Die Empfindlichkeit beträgt 0,000092 Amp. pro Teilstrich. Bei 30 maliger Vergrößerung ist auf dem Schirm ein Teilstrich vom nächsten 7 cm entfernt, die Länge der Skala ist dann 2,80 m. Es kann auch mit Nebenschlüssen für Empfindlichkeiten von $^1/_{10}$, $^1/_{100}$ und $^1/_{1000}$ der obigen geliefert werden, so daß es für alle Versuche zu gebrauchen ist. Druck mit dem Finger auf eine Telephonmembran erzeugt 4 bis 10 cm Ausschlag. Fig. 1011 zeigt ein PräzisionsVolt und Amperemeter der Elektrizitätsgesellschaft Gebr. Ruhstrat, Göttingen (Preis 35 bis 70 Mt.); Fig. 1012 ein Vorlesungsgalvanometer des physik.mechan. Instituts von Prof. Dr. Edelmann in München, Preis 180 Mt., mit einer Empfindlichkeit 1 Grad = 0,000 000 1 Amp. Fernere Bezugsquellen sind: Gans u. Goldschmidt, Berlin N. 65, Reinickendorferstraße 96 (einfache Instrumente 21 bis 75 Mt., für Demonstration 90 Mt., für Projektion, Fig. 1013, 100 Mt., mit Kokonfaden 210 Mt., mit Platiniridiumfaden, Fig. 1014, 105 Mt.); A. Schoeller Frankfurt a. M.; Reiniger

u. Co., München=Laim; R. Abrahamson, Spezialfabrik elektr. Meßinstrumente, Berlin= Charlottenburg, Kantstr. 24; Beck u. Co., Berlin NO., Georgenkirchstr. 64; Veifa=Werke, Aschaffenburg; Nabir (Kabelbach u. Randhagen), Berlin=Rixdorf u. a. Fig. 1015 zeigt ein Registrierdrehspulenvoltmeter der A.=G. Danubia, Straßburg=Neudorf i. E.

Fig. 1017.

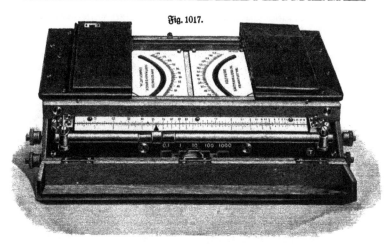

Fig. 1018.

(Lb, 520 bis 650) zeigt ein solches mit 4 Spannungs- und 4 Strommeßbereichen (bis 3, 150, 300, 600 Volt und 3, 7,5, 15, 30 Amp.) in Transportkasten [1]).

---

[1]) Hartmann u. Braun liefern kombinierte Strom- und Spannungsmesser von 0—1 bis 0—200 Amp. und 0—15 bis 0—300 Volt zu 270 bis 380 Mk.; ferner kombinierte Strom-, Spannungs- und Widerstandsmesser nach Fig. 1017 zu 110 Mk. Der Meßbereich

Ein Spiegelgalvanometer von Siemens u. Halske wurde bereits in Bd. I$_{(1)}$, S. 142 beschrieben.

Als Beispiel der Verwendung kann man z. B. die Stromwärme beim Durchleiten eines Stromes von 2000 Volt Spannung durch einen mit Glycerin gefüllten Glastrog bestimmen und daraus die Temperaturerhöhung des Glycerins berechnen.

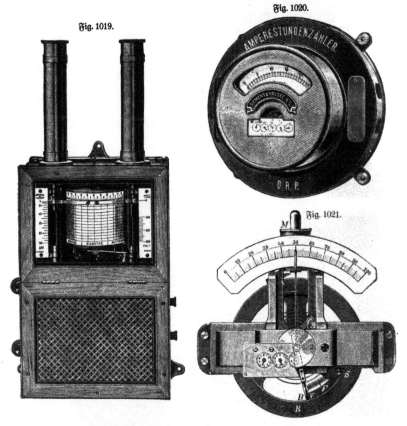

Fig. 1019.

Fig. 1020.

Fig. 1021.

300. Elektrizitätszähler. Auch auf Elektrizitätszähler kann das Drehspulenprinzip angewandt werden. Ein solches Instrument von Siemens u. Halske zeigt Fig. 1020, die innere Einrichtung Fig. 1021. Die Unruhe R wird durch den

der Brücke erstreckt sich von 0,05 bis 20000 Ohm. Die Meßbereiche für Strom und Spannung von 0 bis 200 Amp. bezw. 0 bis 300 Volt. Fig. 1018 zeigt ein als Ohmmeter geeichtes Drehspulengalvanometer für Messung von Widerständen von 0,01—10 Ohm bis 10000—10000000 Ohm derselben Firma; Fig. 1019 ein kombiniertes elektromagnetisches Registrierinstrument für Strom- und Spannungsmessung.

Elektromagneten M in regelmäßige Schwingungen versetzt und bringt bei jeder Schwingung den Zeiger auf Null zurück, indem der Sperrzahn des Mitnehmers AB in die Zähne des Rades Z eingreift und dieses mitnimmt, bis B bei V anschlägt,

Fig. 1024.

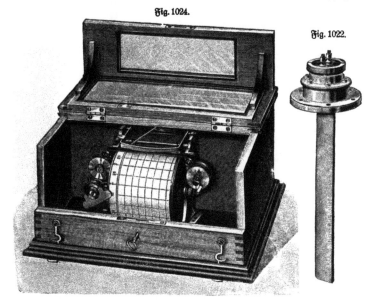

Fig. 1022.

ohne die Bewegung der Unruhe zu stören. Die Drehung von Z ist dabei um so größer, je größer der Ausschlag des Zeigers war, und diese Beträge summieren sich und werden durch das Zählwerk angegeben.

Fig. 1023.

301. Thermogalvanometer. Sehr bequem sind die Drehspulengalvanometer auch zur Temperaturmessung nach den früher (S. 467) besprochenen Methoden. So zeigt Fig. 1022 (K, 66) ein Widerstandsthermometer nach Hartmann u. Braun, Frankfurt a. M., Fig. 1023 den dazu gehörigen Anzeigeapparat [1]), Fig. 1024 (K, 675) ein registrierendes Thermogalvanometer. Die Verwendung von Thermoelementen zur Messung sehr niedriger Temperaturen, z. B. von flüssiger Luft, wurde bereits S. 465 erwähnt. Hierzu finden Eisen-Konstantanelemente Anwendung [2]).

---

[1]) Beschreibung in der Elektrotechn. Zeitschr. 27, 532, 1906. — [2]) Zu beziehen von Keiser u. Schmidt, Berlin N., Johannisstr. 20, zu 163 Mk., bis —240° brauchbar.

Fig. 1025.

$\frac{1}{4}$

$\frac{1}{10}$

Fig 1026.

Fig. 1027.

Fig. 1028.

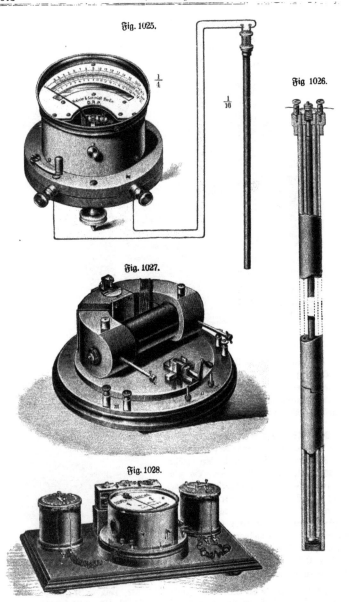

Fig. 1025 zeigt ein thermoelektrisches Pyrometer für Temperaturen bis 1600° nach Le Chatelier mit Drehspulengalvanometer[1]).

Die Metalle des Thermoelementes sind Platin und Platin=Rhodiumlegierung (10 Proz. Rh). Die Isolation erfolgt durch ein über die Drähte geschobenes un= glasiertes Porzellan= oder Tonrohr. Die Flammengase werden abgehalten durch ein über das Ganze geschobenes glasiertes Porzellanrohr (Fig. 1026).

Einzelne Thermoelemente liefert W. C. Heräus in Hanau.

Wird die eine Lötstelle auf 0°, die andere auf t° C gehalten, so ist die Spannung:

$t =$ 300 400 500 600 700 800 900 1000 1100 1200 1300 1400 1500° Celsius.
$E =$ 2,26 3,19 4,15 5,14 6,17 7,23 8,33 9,46 10,63 11,83 13,06 14,33 15,64 Millivolt.

Zur Eichung kann man Stoffe mit bekanntem Schmelzpunkt benutzen.

302. Eisenprüfapparat nach Köpsel. An Stelle eines konstanten Magneten wird hier ein (wenigstens teilweise) aus dem zu untersuchenden Eisen gebildeter Elektromagnet benutzt, während die Drehspule von konstantem Strome durchflossen wird. Da das Magnetfeld um so stärker wird, je besser die Eisensorte, wächst damit auch die Ablenkung des Zeigers. Fig. 1027 zeigt das Instrument, wie es von Siemens u. Halske, Berlin, geliefert wird, Fig. 1028 die zur Erzeugung des konstanten Stromes dienende Batterie von Trockenelementen nebst Rheostaten und Galvanometer. Zur Aufnahme einer Hysteresisschleife (S. 365) wird man sich zuerst die höchste Feldstärke mit Hilfe des Regulierwiderstandes einstellen — für die Prüfung von Stahl genügt es in weitaus den meisten Fällen, mit einem Felde von 150 Einheiten zu beginnen, für weiches Eisen sind fast immer 60 Einheiten ausreichend — am Milliamperemeter sich über die Stärke des Feldes unterrichten und an der Skala des Apparates die Zahl der Kraftlinien ablesen, die in der Probe induziert worden sind. Man geht alsdann allmählich zu kleineren Feldstärken über und nimmt bei jeder derselben die erwähnten beiden Ablesungen vor. Ist man bei der Feldstärke Null angelangt, so kommutiert man durch Drehen der an der Vorderseite des Apparates sichtbaren Kurbel (Fig. 1027) den Magnetisierungsstrom und beobachtet jetzt bei zunehmenden Feldstärken, die man bis zu dem Maximalbetrage ansteigen läßt, mit dem man vorher begonnen. Alsdann verringert man wieder die Feldstärken kommutiert beim Strome Null und geht wieder auf den Maximalbetrag des Feldes.

Einige in Fig. 1027 gezeichnete Windungen auf den Schenkeln kompensieren den Einfluß, welchen die Spule schon ohne Eisen hat. Der Apparat ist so auf= zustellen, daß der Erdmagnetismus die drehbare Stromspule nicht beeinflußt[2]).

303. Der Telautograph von Elisha Gray u. Ritschie kann als eine Kom= bination von zwei Drehspulengalvanometern betrachtet werden, deren bewegliche Teile durch Gelenkstangen mit einer Schreibspitze verbunden sind, die sich infolgedessen ebenso bewegt wie der entsprechende Stift eines Hebelsystems an der andern Station, durch welches zwei in die Galvanometerleitungen eingefügte Rheostaten betätigt werden[3]).

---

[1]) Zu beziehen von Keiser u. Schmidt, Berlin N., zu 300 Mk.; ferner von Siemens u. Halske, Berlin; Dr. H. Rohrbeck, Berlin NW., Karlstr. 20a; Hart= mann u. Braun, Frankfurt a. M.; Gans u. Goldschmidt, Berlin N. 65 (350 bis 625 Mk.); Siebert u. Kühn, Kassel (1 Element 150 Mk.) u. a. — [2]) Siehe Köpsel u. Rath, Zeitschr. f. Instrumentenkunde 1894, S. 391; 1898, S. 33; Elektrotechn. Zeitschr. 1894, S. 214; 1898, S. 411; Orlich, Zeitschr. f. Instrumentenkunde 1898, S. 39. — [3]) Siehe Deutsche Mechanikerzeitung 1901, S. 185.

304. Registrierapparate und Uhren. Der Registrierapparat von Siemens u. Halske mit Topfmagnet nach Romershausen (Fig. 1029; s. a. Fig. 658, S. 361) besteht aus einer zwischen den Schenkeln konaxial beweglich aufgehängten stromdurchflossenen Drahtspule, welche auf eine Federwage wirkt, deren Ausschlag auf einem berußten Papierstreifen registriert wird.

Die elektrische Uhr von Bain beruht auf der Wirkung fester Magnet=stäbe auf eine als Pendellinse dienende stromdurchflossene Drahtspule. Mit der Pendelstange ist ein kleines pendelartig aufgehängtes Messingstäbchen verbunden,

Fig. 1030.

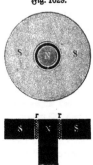

welches beim Hin= und Herschwingen sich ab=wechselnd rechts und links an einen Kontakt anlegt und dadurch den Strom kommutiert.

305. Gegenseitige Einwirkung von Strömen. Bringt man eine vom Strome (von etwa 40 Amp.) durchflossene Leitungsschnur in die Nähe einer

Fig. 1029.

gleichfalls vom Strome durchflossenen großen Drahtrolle (wie Fig. 533, S. 295), so zeigt sich ohne weiteren Apparat sehr lebhafte Anziehung oder Abstoßung, welche unmöglich ihre Ursache haben kann in den elektrostatischen Wirkungen der sehr geringen auf den Leitern angehäuften Elektrizitätsmengen, die sich eventuell aus den beobachteten oder berechneten Spannungen und der Kapazität der Leiter berechnen lassen. Die wahre Ursache ist, wie bei dem Apparat Fig. 959 (S. 488), die Ein=wirkung des vom feststehenden Strome erzeugten Magnetfeldes auf den beweg=lichen Leiter.

Sehr große Kraftwirkung erhält man mittels der in Fig. 1030 dargestellten Vorrichtung. Man zeigt dieselbe durch Anbringen von über Rollen geführten Schnüren, welche die bewegliche Drahtrolle festzuhalten suchen und mit Wagschalen mit Gewichten belastet sind.

Bei Verwendung des Ampèreschen Gestells muß man außer den beiden in Fig. 965 und 966 (S. 492) abgebildeten Leitern noch zwei in die Klemmschrauben d, e Fig. 964 (S. 491), passende Drähte von der Gestalt wie Fig. 1031 haben. Der eine muß so gekrümmt sein, daß das geradlinige Stück a b vertikal mitten zwischen den Klemmschrauben d und e, der Bogen aber rückwärts über das Brett hinaus steht; er dient dazu, die Anziehung und Abstoßung gegen die vertikalen Teile des Leiters, Fig. 966 und 968 (S. 492), zu zeigen, da die beiden Stäbe, welche diesen tragen, nicht auf ihn wirken, weil der Strom in beiden eine entgegengesetzte Richtung hat. Man muß jedoch eine ziemlich starke Stromquelle für diesen Versuch verwenden, da der Strom einen langen Weg zurückzulegen hat und sich teilen muß.

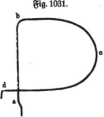

Fig. 1031.

Der zweite wie in Fig. 1031 gebogene Draht muß seinen geradlinigen Teil *a b* in horizontaler Richtung haben und so gebogen sein, daß dieser, wenn der Draht in die Klemmschrauben *d*, *e* gesteckt ist, dicht unter dem horizontalen Teile des Leiters Fig. 966 und 967 (S. 492) wegläuft, um die Einwirkung gekreuzter geradliniger Ströme zu zeigen.

Fig. 1032 zeigt ein zu dem Apparat Fig. 972 (S. 493) gehöriges Stativ zum Einspannen der festen Leiter [1]).

Mittels dieses beweglich aufgehängten Leiters fand Ampère folgendes fundamentale Gesetz: Zwei Ströme ziehen einander an, wenn sie gleich gerichtet, stoßen aber einander ab, wenn sie entgegengesetzt gerichtet sind; die Intensität dieser Wirkung hängt ab von der Länge der parallel nebeneinander herlaufenden Leitungsdrähte, von der Entfernung derselben und von der Stärke der sie durchlaufenden Ströme.

Fig. 1032.

Fig. 1033 a.   Fig. 1033 b.

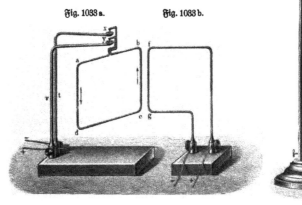

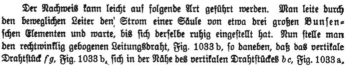

Der Nachweis kann leicht auf folgende Art geführt werden. Man leite durch den beweglichen Leiter den' Strom einer Säule von etwa drei großen Bunsenschen Elementen und warte, bis sich derselbe ruhig eingestellt hat. Nun stelle man den rechtwinklig gebogenen Leitungsdraht, Fig. 1033 b, so daneben, daß das vertikale Drahtstück *f g*, Fig. 1033 b, sich in der Nähe des vertikalen Drahtstückes *b c*, Fig. 1033 a,

---

[1]) Andere Gestelle für diese Versuche beschreiben Ehrhardt Z. 18, 258, 1905 und Heinrich, a. a. O. 273. Ein Kapillarquecksilbertropfer zum Füllen der Quecksilbernäpfe ist S. 495 beschrieben und in Fig. 978 abgebildet.

33*

aber außerhalb der Ebene des beweglichen Leiters befindet. Man beobachtet nun eine Anziehung oder eine Abstoßung zwischen den benachbarten vertikalen Stromarmen, je nachdem der Strom in ihnen gleich oder entgegengesetzt gerichtet ist. Sind die Ströme in bc, Fig. 1033a, und in fg, Fig. 1033 b, gleich gerichtet, so daß Anziehung zwischen ihnen stattfindet, so braucht man nur in dem beweglichen Stromleiter, Fig. 1033a, oder in dem festen, Fig. 1033 b, mittels Kommutators den Strom umzukehren, um die Anziehung in Abstoßung zu verwandeln.

Fig. 1036.

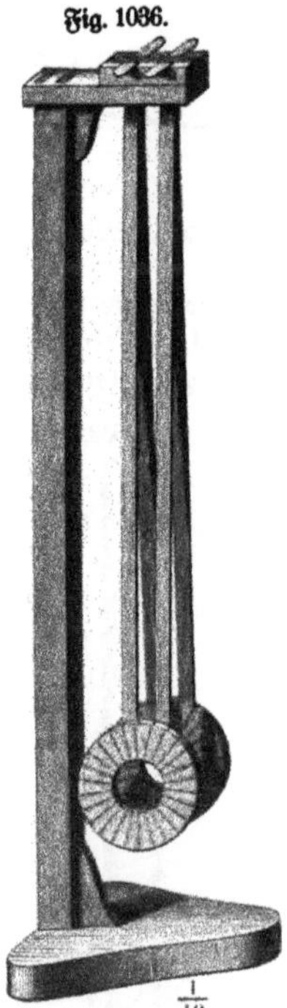

Zur Erzielung einer kräftigen Wirkung ist es zweckmäßig, statt des einfachen festen Drahtes, Fig. 1033 b, einen Drahtrahmen, Fig. 1034, anzuwenden, welcher aus 20 bis 30 Windungen eines 1 bis 2 mm dicken übersponnenen Drahtes gebildet ist. Die Wirkungen summieren sich dann nach dem bekannten Satze, daß mehrere gleichzeitig wirkende Kräfte sich in ihren Wirkungen nicht stören (§ 16, Bd. I$_{(2)}$, S. 660).

Ströme, welche nicht parallel sind, werden gekreuzte Ströme genannt. Liegen sie in derselben Ebene, so ist der Kreuzungspunkt derjenige Punkt, in welchem ihre Richtungen sich schneiden, anderenfalls ist es ein Punkt derjenigen Geraden, welche die einander

Fig. 1034.

Fig. 1035.

zunächst liegenden Punkte der beiden Ströme verbindet. Zwei gekreuzte Ströme suchen sich immer so parallel zu stellen, daß sie sich nach derselben Richtung hin bewegen, oder mit anderen Worten: es findet Anziehung zwischen denjenigen Teilen des Stromes statt, welche nach dem Kreuzungspunkte hinfließen, und ebenso zwischen denen, welche vom Kreuzungspunkte wegfließen. Abstoßung aber findet statt zwischen einem Drahtstück, in welchem der Strom nach dem Kreuzungspunkte hin-, und einem anderen, in welchem er von ihm wegfließt.

Sind z. B. ab und cd, Fig. 1035, zwei Ströme, deren Kreuzungspunkt r ist, so findet eine Anziehung zwischen den Teilen ar und cr statt, in welchen der Strom nach dem Kreuzungspunkte hingeht, und ebenso zwischen den Teilen rb und rd, in welchen er vom Kreuzungspunkte fortgeht; dagegen findet zwischen ar und rd, sowie zwischen cr und rb Abstoßung statt.

Die Anziehung und Abstoßung läßt sich (nach Buff) auch sehr gut zeigen, wenn man zwei Bandspiralen aus dünnem Kupferblech (deren Anfertigung später besprochen wird) an etwa 90 cm langen Zuleitungsstreifen parallel aufhängt, wie

Fig. 1036 zeigt. Man leitet durch beide einen Strom, schaltet aber in die eine derselben einen Kommutator ein. Ebenso v. Alth, ᘔ. 8, 164, 1895.

Die Anziehung zwischen gleich gerichteten Strömen läßt sich ferner (nach Roget) durch den Apparat Fig. 1037 zeigen. An dem metallenen Stative ist eine Spirale aus hartem Messingdrahte aufgehängt, deren Windungen einander ziemlich nahe liegen; unten hat sie ein kleines Gewicht und eine Spitze von Eisen oder Platin, welche, ohne Strom, das Quecksilber eines mit dem anderen Pole verbundenen kupfernen Schälchens nur gerade noch berührt; tritt der Strom ein, so verkürzt sich die Spirale, wodurch der Strom unterbrochen wird; das kleine Gewicht stellt aber sofort denselben wieder her und die Spirale gerät dadurch in oscillierende Bewegung.

Abstoßung zwischen den Teilen desselben Stromes. Diese Erscheinung läßt sich durch den Apparat Fig. 1038 zeigen (W, 5 bis 10). In ein Brettchen

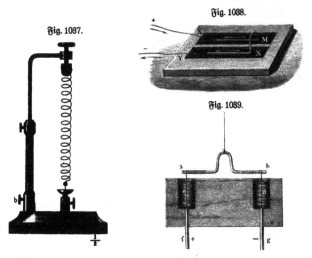

Fig. 1087.

Fig. 1088.

Fig. 1089.

werden zwei Rinnen M, N eingeschnitten und diese mit Quecksilber gefüllt. Auf das Quecksilber wird ein Bügel aus Eisendraht gelegt, welcher durchaus dick gefirnißt ist und nur an den Endflächen seiner horizontalen Arme rein metallisch gemacht wird. In das Quecksilber tauchen als Zuleiter zwei reingemachte Eisendrähte. Sobald der Strom geschlossen wird, schwimmt der Bügel von den Zuleitern weg gegen das andere Ende der Rinnen, falls der Strom genügend stark ist. Für schwächere Ströme eignet sich die von Faraday angegebene Abänderung desselben, Fig. 1089. a b ist ein kupferner Bügel, von welchem dünne, amalgamierte Kupfer-drähte in die beiden in Holz gebohrten Quecksilbergefäße c, d herabhängen. Der Bügel hängt, sorgfältig ins Gleichgewicht gebracht, an dem einen Arme einer emp-findlichen Wage. Sobald die beiden Drähte f, g mit der Stromquelle verbunden werden, steigt der Kupferbügel in die Höhe. Die Bewegung ist aber nur klein (W, 7,50).

306. Analogie zwischen Magneten und Solenoiden. Hängt man an das Ampèresche Gestell einen schraubenförmig gestalteten Draht, wie Fig. 1040, ein sogenanntes Solenoid, leitet den Strom hindurch und nähert ihm ein zweites vom Strome durchflossenes Solenoid, so zeigt sich, wie nach den Ampèreschen Gesetzen vorauszusehen, daß sie sich gegenseitig beeinflußen, derart, daß zwei vom Strome im gleichen Sinne umkreiste Enden sich abstoßen, zwei entgegengesetzt umkreiste sich dagegen anziehen. Die Wirkung ist also ganz dieselbe, wie wir sie bei

Fig. 1040.

Fig. 1041.

Magneten wahrnehmen. Legen wir in die Solenoide Stäbe aus weichem Eisen, wodurch sich dieselben in Elektromagnete verwandeln, so ändert sich in der Tat nichts hinsichtlich der Art der gegenseitigen Einwirkung, nur die Intensität der Kraft erscheint vergrößert.

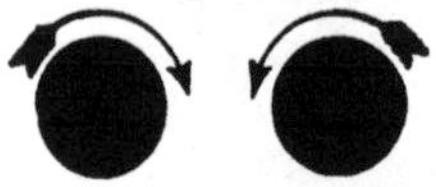

Was die Polarität der beiden Enden der Elektromagnete betrifft, so ist dasjenige Ende, welches, dem Beobachter zugewandt, vom Strome in demselben Sinne umkreist wird, in welchem sich der Zeiger einer Uhr dreht, der Südpol; dasjenige Ende dagegen, welches, in gleicher Weise betrachtet, vom Strome im entgegengesetzten Sinne der Drehung eines Uhrzeigers umkreist wird, der Nordpol des Elektromagneten (Fig. 1041).

Auffallender kann man die Wirkung zeigen, indem man an eine gewöhnliche Wage eine Spule mit feinem Draht anhängt, welche in eine zweite, große, stehende Spule eintaucht. Auch hier kann man die Verstärkung der Wirkung durch Einstecken eines Eisenkernes in die eine oder andere Drahtspule zeigen.

Spies (Z. 10, 31, 1897) beschreibt folgenden Versuch. Zwei Drahtrollen, jede etwa 15 kg schwer, wurden aufeinander gelegt und mit entgegengesetztem Strom

Fig. 1042.

beschickt, so daß sich infolge der Abstoßung ein geringer Gewichtsverlust der oberen Rolle ergab. Wurde nun ein Eisenkern in den Hohlraum eingeführt, so wurde die Abstoßung so kräftig, daß die obere Rolle in die Höhe flog und frei schweben blieb.

Fig. 1043.

307. Ampères Theorie des Magnetismus. Das Prinzip dieser Theorie besteht darin, jedes Molekül eines Magneten als beständig von einem Strome umflossen zu betrachten, welcher in sich selbst zurückkehrt und der Einfachheit wegen als kreisförmig angenommen werden kann. Man stellt sich nach dieser Theorie jeden auf der Achse des Magneten rechtwinkligen Querschnitt ungefähr auf die durch Fig. 1042 anschaulich gemachte Weise vor. Statt aller einzelnen elementaren Ströme eines jeden Querschnittes aber kann man sich diesen von einem einzigen Strome umkreist denken, welcher gleichsam die Resultierende der elementaren Ströme dieses Querschnittes ist, und somit läßt sich ein Magnetstab als ein System von unter sich parallelen geschlossenen Strömen denken, ungefähr so, wie es Fig. 1043 verdeutlicht.

Was hier von einem Magnetstabe gesagt ist, läßt sich auch auf eine Magnetnadel, kurz, auf jeden beliebig geformten Magnet anwenden

Um die Erklärung der Anziehung und Abstoßung der Pole in verschiedenen
Stellungen der Magnete gegeneinander recht anschaulich zu machen, zeichne man,
am besten auf Cylindern von Holz oder Pappe, die ungefähr 30 bis 40 cm lang
sind und 3 bis 5 cm im Durchmesser haben, Pfeile in der Weise, wie man in
Fig. 1043 sieht, welche die Richtung der Ströme darstellen; ferner bezeichne man
noch auf beiden Cylindern die Nordpole mit N, die Südpole mit S. Mit Hilfe zweier
solcher Modelle läßt sich, von den Sätzen des § 305 (S. 514 ff.) ausgehend, leicht be-
greiflich machen, warum gleichnamige Pole sich immer abstoßen und ungleichnamige
sich immer anziehen, in welcher Weise man sie auch übrigens einander nähern mag.

W. Weber versuchte weiter die elektrodynamische Kraft zwischen zwei Strömen
mit der elektrostatischen Kraft in Beziehung zu bringen. Denkt man sich zwei
gleichartig elektrisch geladene Stangen zunächst ruhend parallel nebeneinander gestellt
und nun mit stetig wachsender gleicher Geschwindigkeit in gleicher Richtung verschoben, so wird die anfängliche Abstoßung zwischen beiden infolge der hinzutretenden
elektrodynamischen Anziehung stetig geringer werden und schließlich in Anziehung
übergehen, da sich gleichgerichtete Ströme anziehen. Es müßte somit die Wirkung
zwischen zwei Elektrizitätsteilchen auch von deren Bewegungszustand abhängig sein,
und zwar selbst dann, wenn, wie im betrachteten Falle, der Abstand der Teilchen
sich nicht ändert, also die relative Geschwindigkeit = 0 ist. Da man sich dies
nicht wohl vorstellen kann, machte W. Weber die Annahme, daß im elektrischen
Strom die Hälfte Elektrizität als positive sich im einen Sinne bewegt, die andere
als negative im anderen, und daß die Abhängigkeit der Kraft von der relativen
Geschwindigkeit eine derartige ist, daß, wenn sich zwei Teilchen mit der Geschwindigkeit von 300 000 . $\sqrt{2}$ km pro Sekunde voneinander entfernen, die Gesamtwirkung
gerade = 0 ist. Man nennt deshalb die Geschwindig-
keit $v . \sqrt{2}$ auch die „kritische Geschwindigkeit"[1]).

Fig. 1044.

308. Kraft zwischen parallelen Strömen. Nach
§ 293 (S. 489) ist der Effekt

$$\frac{K \cdot x}{t} = \frac{i}{g} \cdot \frac{N}{t} \text{ Kilogrammeter pro Sekunde,}$$

also die Kraft zum Verschieben eines geraden Stromleiters um die Strecke x:

$$K = \frac{i}{g} \cdot \frac{N}{x} \text{ Kilogrammeter.}$$

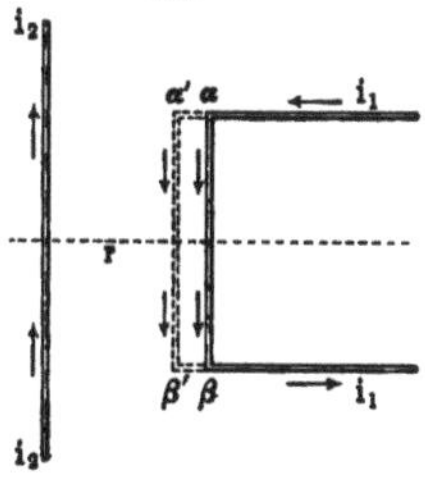

Wird das Magnetfeld erregt durch den geradlinigen Stromleiter links, im Abstande
r Meter, welcher von i_2 Ampere durchflossen wird (Fig. 1044), also auf einen
Magnetpol von m Weber wirkt mit der Kraft

$$K = \frac{2}{g} \cdot \frac{i_2}{r} \cdot m \text{ Kilogramm,}$$

---

[1]) Weiteres hierüber siehe G. Wiedemann, Elektrizität 4, S. 846 u. ff., 1898, und
H. Hertz, Ausbreitung der elektrischen Kraft, S. 256 u. ff. Die Webersche Annahme
stimmt nicht mit der Existenz einseitiger Ströme, z. B. in festem Jodsilber (O. Lehmann,
Flüssige Kristalle, S. 261), die natürlich die gleichen elektrodynamischen Kräfte ausüben,
wie Ströme, bei welchen sich beide Elektronen das Kation und das Anion verschieben.

so ist die Feldintenfität, b. h. die Kraft auf $g/10$ Mikroweber

$$H = \frac{2}{g} \cdot \frac{i_2}{r} \cdot \frac{g}{10^7} \text{ Kilogramm.}$$

Dies ist zugleich die Zahl Kraftlinien pro Quadratmeter. Da nun bei Verschiebung von $\alpha\beta$ in die Lage $\alpha'\beta'$, b. h. um die Strecke x eine rechteckige Fläche von der Größe $x.l$ bestrichen wird, wenn $l = \alpha\beta$, so ist die Zahl der geschnittenen Kraftlinien

$$N = 2 \cdot \frac{i_2}{r} \cdot \frac{xl}{10^7},$$

also

a) Technisch: $K = \frac{i_1}{g} \cdot \frac{2}{r} \cdot \frac{i_2 \cdot l}{10^7} = \frac{2}{g \cdot 10^7} \cdot i_1 \cdot i_2 \cdot \frac{l}{r}$ Kilogramm.

Beispielsweise ist die Kraft zwischen zwei Stromleitern von 0,1 m Länge und 0,01 m Abstand, wenn beide von 1 Amp. durchflossen werden:

$$K = \frac{2 \cdot 0,1}{9,81 \cdot 0,01 \cdot 10^7} = 0,000\,000\,2 \text{ Kilogramm.}$$

b) Gesetzlich: $K = \frac{2}{10^7} \cdot i_1 \cdot i_2 \cdot \frac{l}{r}$ Decimegadynen.

c) Physikalisch: $K = 2 \cdot i_1 \cdot i_2 \cdot \frac{l}{r}$ Dynen,

vorausgesetzt, daß alle Größen in CGS-Einheiten gemessen sind.

309. Potentielle Energie zweier Ströme aufeinander. Nach dem oben zitierten Satze ist die Arbeit zum Verschieben eines Stromleiters um die Strecke x:

$$A = K \cdot x = \frac{i}{g} \cdot N.$$

Für s parallele Leiter ist sie:

$$A = s \cdot \frac{i_1}{g} \cdot N,$$

wenn jede derselben vom Strome i_1 Ampere durchflossen wird.

Wird nun das Magnetfeld durch einen anderen Strom von der Stärke i_2 erzeugt, so ist

$$N = N_1 \cdot i_2,$$

wenn unter N_1 die Zahl Kraftlinien verstanden wird, welche der Strom 1 Amp. erzeugen würde. Somit ist

a) Technisch: $A = \frac{i_1 \cdot i_2}{g} \cdot s \cdot N_1 = \frac{i_1 \cdot i_2}{g} \cdot L$ Kilogrammeter,

wenn $s \cdot N_1 = L$ gesetzt wird. Der Faktor L heißt das Potential der beiden Ströme aufeinander; die Einheit wird 1 Henry genannt.

Der Satz gilt ganz allgemein, welche Form auch die Ströme haben mögen. L ist stets das Produkt der von 1 Amp. hervorgebrachten Kraftlinienzahl mit der Windungszahl.

b) Gesetzlich: $A = i_1 \cdot i_2 \cdot L$ Decimegadynen.

c) Physikalisch: $A = i_1 \cdot i_2 \cdot L$ Erg.

310. Die **Stromwage** von **Cazin** ist eine Wage, deren eine Wagschale durch ein Solenoid erseßt ist, welches konaxial über einem festen Solenoid schwebt. Bei der Wage von W. **Thomson**[1]) sind beide Seiten der Wage in dieser Weise vor= gerichtet und alle Solenoide werden von dem zu messenden Strome durchflossen, derart, daß auf der einen Seite Anziehung, auf der anderen Abstoßung eintritt. Durch Verschieben von Reitergewichten wird diese Wirkung kompensiert.

Bei der Wage von **Lord Rayleigh** ist die bewegliche Spule in der Mitte zwischen zwei festen von größerem Halbmesser. Bei der Wage von **Helmholz** wirkt eine größere Spule drehend auf eine mit einem Wagebalken verbundene kleine Spule.

Fig. 1045.

311. Elektrodynamometer[2]). Fig. 1045 (E, 150) stellt einen Apparat nach **Ober= beck** zur Demonstration des Prinzips dar.

Ich benuße die Kombination von zwei großen Drahtrollen, Fig. 1030 (S. 514), wo= bei der beweglichen der Strom durch biegsame Schnüre zugeleitet wird. Zur Messung der Kraft wird an der Achse eine Schnurtrommel befestigt.

Nach dem oben (§ 309) zitierten Saße, daß die Arbeit, welche nötig ist, einen Strom von der Stärke i_1 Ampere in das magne= tische Feld eines anderen Stromes zu bringen, sich bestimmt durch die Gleichung:

$$A = s \cdot \frac{i_1}{g} \cdot N \text{ Kilogrammeter,}$$

wenn N die Zahl der geschnittenen Kraft= linien beträgt, kann man ohne weiteres die Arbeit berechnen, die bei diesem Apparate erforderlich ist, die kleine Rolle aus der Lage, in welche sie um 90° gegen die andere verdreht ist, entgegen der Wir= kung des Stromes in parallele Lage zu bringen.

[1]) Zu beziehen von James White Ltd. in Glasgow. — [2]) Von dem physik.= mechan. Institut von Prof. Dr. Edelmann, München, ist das Dynamometer nach Weber mit einem in Schwefelsäure tauchenden dämpfenden Platinblech, mit durch Mikrometer drehbarem Torsionsknopf und auf Schlitten verschiebbaren festen Rollen zu beziehen zu 250 bis 280 Mk. Ein feines Elektrodynamometer mit eindrähtiger Auf= hängung nach Kohlrausch (1882) liefern Hartmann u. Braun, Frankfurt a. M., zu 276 bis 300 Mk. Siemens u. Halske liefern ein Elektrodynamometer für schwache Ströme nach Frölich (bewegliche Rolle kugelförmig, mit verschiebbarem Eisenkern; zwei feste Rollen, die eine leicht abnehmbar; Aufhängung mittels eines feinsten Platindrahtes nach oben und Spiralen von feinstem Kupferdraht nach unten, mit Dämpfung durch in Wasser tauchende Flügel; Wasserniveau durch Mariottesches Gefäß konstant erhalten; besonders zum Nachweis der Telephonströme geeignet) zu 385 Mk., Fig. 1046. Das Instrument ist vollständig wirbelstromfrei. Fig. 1047 zeigt ein astatisches Präzisions= elektrodynamometer von Hartmann u. Braun.

Fig. 1046.

Fig. 1047.

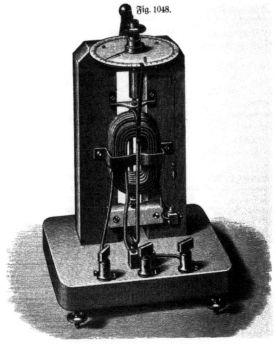

Fig. 1048.

Die Feldintensität, welche durch die feste Rolle hervorgebracht wird, beträgt:

$$H = \frac{2\pi i_2}{10^7 \cdot r_2} \text{ Kilogramm pro } g/10 \text{ Mikroweber,}$$

die Fläche der kleinen Rolle ist πr_1^2, also wird

$$N = \frac{2\pi i_2}{10^7 \cdot r_2} \cdot \pi r_1^2 \text{ Weberkraftlinien}$$

und

$$A = \frac{1}{g} \cdot s_1 \cdot s_2 \cdot i_1 \cdot i_2 \cdot \frac{2\pi^2 \cdot r_1^2}{10^7 \cdot r_2} \text{ Kilogrammeter,}$$

oder, wenn nur bis zu dem Winkel α gedreht wird,

$$A = \frac{1}{g} \cdot s_1 \cdot s_2 \cdot i_1 \cdot i_2 \cdot \frac{2\pi^2 \cdot r_1^2}{10^7 \cdot r_2} \cdot \cos\alpha.$$

Das Potential der beiden Ströme aufeinander ist:

$$L = s_1 \cdot s_2 \cdot \frac{2\pi^2 \cdot r_1^2}{r_2} \cdot \cos\alpha.$$

Das Drehungsmoment beträgt, wenn $i_1 = i_2 = i$:

$$D = \frac{1}{g} \cdot s_1 \cdot s_2 \cdot i^2 \cdot \frac{2\pi^2 \cdot r_1^2}{10^7 \cdot r_2} \cdot \sin\alpha,$$

also im ersten Falle:

$$D = \frac{1}{g} \cdot s_1 \cdot s_2 \cdot i^2 \cdot \frac{2\pi^2 \cdot r_1^2}{10^7 \cdot r_2} \text{ Kilogrammeter.}$$

Beispielsweise ergibt sich für $s_1 = s_2 = 100$, $r_1 = 0{,}02\,\text{m}$, $r_2 = 0{,}2\,\text{m}$, das Drehungsmoment

$$D = \frac{3{,}9}{9{,}8} \cdot i^2,$$

worin für i die Stromstärke in Ampere zu setzen ist. Für den wirklich benutzten Apparat ist $s_1 = 1120$, $s_2 = 900$, $i = 40$, $r_1 = 0{,}124$, $r_2 = 0{,}57$, also:

$$D = \frac{1120 \cdot 900 \cdot 1600 \cdot 4 \cdot \pi^2 \cdot 0{,}124^2}{10^7 \cdot 9{,}81 \cdot 0{,}57} = 30{,}7 \text{ Kilogramm} \times \text{Meter.}$$

Eine ältere Form des Elektrodynamometers ist das Torsionsdynamometer von Siemens u. Halske, Fig. 1048, welches namentlich zur genaueren Messung starker Ströme gebraucht wurde. Die Kraft, mit welcher sich die bewegliche Spule dreht, ist den beiden Stromstärken proportional, oder, wenn die beiden Kreise hintereinander vom gleichen Strome durchflossen werden, dem Quadrate der Intensität dieses Stromes. Hält also eine gespannte Federwage der Stromwirkung das Gleichgewicht, so ist die Angabe der Federwage ebenfalls dem Quadrate der Stromstärke proportional, oder die Stromstärke ist proportional der Quadratwurzel aus der Angabe der Federwage. Der bewegliche Stromleiter ist ein dicker, nahezu zu einem Rechteck gebogener Kupferdraht, welcher oben an einem ungedrehten Seidenfaden leicht beweglich aufgehängt ist, unten aber mit den Enden in Quecksilbernäpfe eintaucht, analog einem beweglichen Leiter am Ampèreschen Gestell. An der vorderen Seite des Rechtecks ist oben ein leichter Zeiger angebracht, welcher am Ende kurz umgebogen ist und zwischen zwei nahe nebeneinanderstehenden, seitlich an der Kreisteilung angebrachten Stiftchen spielen kann. Durch eine am Aufhängepunkte und auch an dem Rechteck befestigte, den Seidenfaden umgebende Spiralfeder wird das Rechteck, wenn kein Strom durchgeht, in solcher Lage gehalten, daß der Zeiger gerade auf den Nullpunkt der Teilung weist.

Der feste Stromleiter besteht aus mehreren rechteckigen Windungen von dickem Kupferdraht, die in einem entsprechenden Ausschnitte des hölzernen Stativs befestigt sind.

Fig. 1049.

Der Bequemlichkeit halber sind zwei solche Systeme von Windungen angebracht, von denen man das aus wenig Windungen von dickem Draht bestehende bei Messung sehr starker Ströme benutzt, das andere aus vielen Windungen von dünnerem Draht für schwächere Ströme. Die mittlere der in der Fig. 1048 sichtbaren Klemmschrauben ist mit beiden Systemen in Verbindung, die linke führt zum System der dicken Windungen, wird also bei Messung starker Ströme benutzt, die rechte führt zu den dünnen Windungen.

Wenn nun ein Strom durch die beiden Stromleiter durchfließt, wird das Rechteck abgelenkt. Der Zeiger verläßt also den Nullpunkt der Teilung. Nun ist

Fig. 1050.

aber die Spiralfeder an dem über der Teilung sichtbaren Messingknopf befestigt und läßt sich durch Drehen dieses Knopfes stärker anspannen. Man dreht so lange, bis der Zeiger wieder auf Null steht, d. h. die Torsionskraft der Spiralfeder der elektrodynamischen Wirkung gerade das Gleichgewicht hält.

Die Fig. 1049 u. 1050 zeigen neuere von Siemens u. Halske zu beziehende Präzisionsstrom- und Spannungsmesser, bei welchen der Magnet durch eine Drahtspule ersetzt ist, so daß sie ebensowohl für

Gleichstrom, Wechselstrom und Drehstrom benutzt werden können und zwar bei jeder beliebigen praktisch vorkommenden Frequenz und Stromkurvenform. Die Einstellung des Zeigers ist durch Luftdämpfung fast aperiodisch gemacht und der Einfluß der Temperatur und der Dauer der Einschaltung ist dadurch beseitigt, daß der weitaus größte Teil des Widerstandes aus Manganindraht gefertigt ist.

312. Wattmeter. Man kann zur Demonstration den bei der Messung der Anziehungskraft von Magnetstäben gebrauchten Apparat verwenden, wenn man die Magnetstäbe durch Solenoide ersetzt, und zwar den einen durch eine Spule mit sehr vielen Windungen von sehr feinem Draht, den anderen durch eine solche mit wenig Windungen von dickem Draht. Die Kraft, mit der die beiden Solenoide aufeinander wirken und die durch die aufgelegten Gewichtsstücke gemessen wird, ist proportional dem Produkte der Stromstärken. Von den beiden Spulen sei nun die mit dickem Draht direkt in die Stromleitung, innerhalb welcher der Verbrauch an

Fig. 1051.

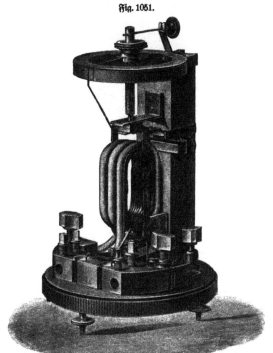

Watt gemessen werden soll, eingeschaltet, die mit dünnem Draht sei mit dem Anfang und Ende der Leitung verbunden und biete so viel Widerstand, daß durch den schwachen, durch sie abgezweigten Strom die Spannungsdifferenz zwischen Anfang und Ende der Stromleitung nicht merklich geändert werde. Dann ist in ihr, wie beim Torsionsgalvanometer, der Strom proportional der Spannungsdifferenz E, während der Strom in der dicken Spirale direkt der in Betracht kommende Strom J ist. Die Anziehung der beiden Spulen ist somit proportional $E \cdot J$, d. h. den Watt [1]).

---

[1]) Die Wattwage von Lord Kelvin gleicht der Stromwage (vgl. § 310, S. 521) und ist zu beziehen von J. White Ltd., Glasgow.

Fig. 1052.

Fig. 1053.

Fig. 1056.

Fig. 1054.

Fig. 1057.

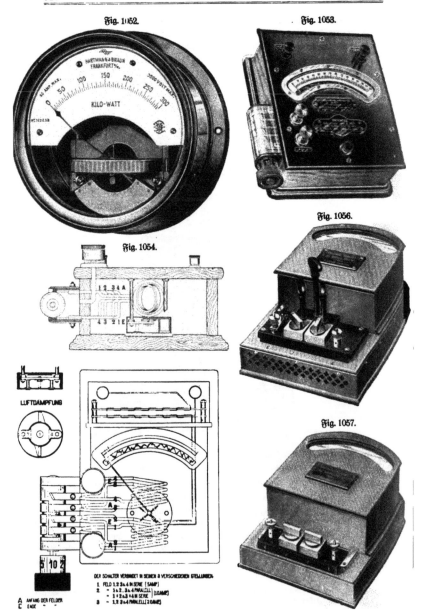

LUFTDÄMPFUNG

DER SCHALTER VERBINDET IN SEINEN 3 VERSCHIEDENEN STELLUNGEN

1   FELD 1,2 3u.4 IN SERIE (5 AMP)
2   = 1 u.2, 3 u.4 PARALLELL [10 AMP]
    = 1 u.2u.3 u.4 IN SERIE
3   = 1,2 3 u.4 PARALLELL (20 AMP)

A ANFANG DER FELDER
E ENDE "   "

Wird die Hebelwage durch eine Torsionswage ersetzt, d. h. das Instrument nach
Art des Torsionsdynamometers konstruiert, so erhält man ein namentlich für Unter-

Fig. 1055.

Fig. 1059.

1:6

suchungen bei Wechsel-
strömen sehr brauch-
bares Instrument,
wie es Fig. 1051
zeigt nach einer älte-
ren Konstruktion von
Ganz u. Co.[1]).

Fig. 1058.

HEKTO-WATT

[1]) Von der Firma
Helios in Köln be-
zogen. Ein Zusatzwider-
stand zur Voltspule
ermöglicht die Anwen-
dung des Instrumentes
auch bei sehr hohen
Spannungen. Watt-
meter in Dosenform
(Fig. 1052) mit direkter
Ablesung liefern Hart-
mann u. Braun in
Bockenheim zu 160 bis
250 Mk. Sehr bequem
sind die Weston-
Normalwattmeter
(Fig. 1053 und 1054).
Fig. 1055 zeigt ein Prä-
zisionswattmeter von Gans u. Goldschmidt, Berlin N., Reinickendorferstr. 96; Fig. 1056
ein Präzisionswattmeter von Siemens u. Halske für 100 und 200 Amp. und 30, 150 und
300 Volt (Preis 234 bis 312 Mk.), Fig. 1057 ein solches für 200 Ampere und 30 Volt;
Fig. 1058 ein tragbares Instrument der Firma Hartmann u. Braun; Fig. 1059 ein
aperiodisches Demonstrationswattmeter (10 Ampere, 125 Volt; Preis 165 Mk.).

313. Elektromagnetische Elektrizitätszähler. Bei Lieferung von elektrischen
Strömen im Großen ist es sehr wichtig, einen Zähler für die elektrische Energie
(Wattzähler) zu haben, da sich der Preis der Elektrizität nach den
dazu verbrauchten Pferdestärken (bezw. dem Brennstoffverbrauch
der Motoren zum Treiben der Dynamomaschinen) richtet[1]).
Bleiben Spannung und Stromstärke konstant, so genügt ein
Uhrwerk, welches angibt, wie viel Stunden hindurch der Strom
geschlossen war[2]). Ändert sich nun die Stromstärke, so können
elektrolytische Coulombzähler gebraucht werden (S. 197), ändert
sich auch die Spannung, so kann ein Aronscher Elektrizitätszähler (vgl. Fig. 943, S. 482) Ver-
wendung finden. Man hat nur
nötig, den Magneten durch eine
Spule mit feinem, dünnem Draht
zu ersetzen, der einen Nebenschluß
zwischen Anfang und Ende der
Stromleitung bildet. Es hat sich
als zweckmäßig erwiesen, in diesem
Falle die in Fig. 1060 dargestellte
Anordnung zu wählen, d. h. die als
Pendellinse dienende Spule quer zu
stellen und beiderseits in je eine
feste Spule hineinschwingen zu lassen.
Die Ströme erhalten dann solche
Richtung, daß die festen Spulen

Fig. 1060.

Fig. 1061.

Fig. 1062.

Fig. 1063.

anziehend auf die bewegliche wirken, also den Gang der Uhr nicht beschleunigen,
sondern verlangsamen (Fig. 1061).

[1]) Allerdings nur teilweise, da die jährlichen Auslagen für Verzinsung und Amorti-
sation des Anlagekapitals, sowie für Personal sehr viel größer sind, als diejenigen für
Brennmaterial. — [2]) Solche sog. Zeitzähler nach Aubert sind zu beziehen von dem
Elektrotechn. Institut in Frankfurt a. M., Kirchnerstr. 6. Siehe auch § 229, S. 368.

Bei den Motorzählern[1]) wird ein kleiner mit Tourenzähler verbundener Elektromotor durch den Strom betrieben und eine auf seiner Achse befindliche Kupfer- oder Aluminiumscheibe gleichmäßig gebremst. Hierzu eignet sich besonders die alsbald zu beschreibende Erregung von Wirbelströmen (s. § 320, S. 539).

314. Elektrodynamische Rotationsapparate. Um ein Quecksilbergefäß mit Scheidewand *A*, Fig. 1064, ist in einen unterhalb fortgesetzten Einschnitt *a a* ein

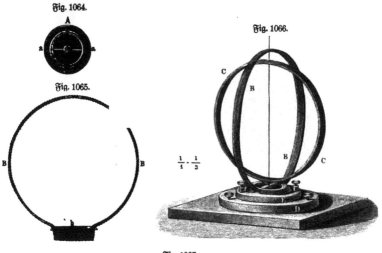

Fig. 1064.

Fig. 1066.

Fig. 1065.

$\frac{1}{4} \cdot \frac{1}{3}$

Fig. 1067.

$\frac{1}{3}$

aus etwa drei Lagen von je sechs Windungen übersponnenen Kupferdrahtes gebildeter Ring *B B* gelegt, wie Fig. 1065 im Durchschnitte zeigt. Die Enden des Drahtes sind amalgamiert und schief durch den Boden von *A* in die beiden Abteilungen der Quecksilberrinne geführt. In dem mittleren Zapfen *b* steckt, wie Fig. 1066 zeigt, ein

---

[1]) Wattstunden- und Coulombzähler für Gleichstrom in der Form Fig. 1062 und für Wechselstrom nach Fig. 1063 (offen) liefern Siemens u. Halske, Berlin. Ferner liefern Wattstundenzähler: F. W. Raschke u. Co., Dresden; H. Aron, Elektrizitätszählerfabrik, Berlin-Charlottenburg; Isaria-Zählerwerke, München X; John Busch, Elektrizitätszähler-fabrik, Pinneberg, u. a.

Stahldraht und um diesen kann sich an Elfenbeinhülschen, die in ihn gesteckt sind, ein zweiter aus gleich viel Lagen Draht gebildeter Ring *CC* leicht drehen. Das

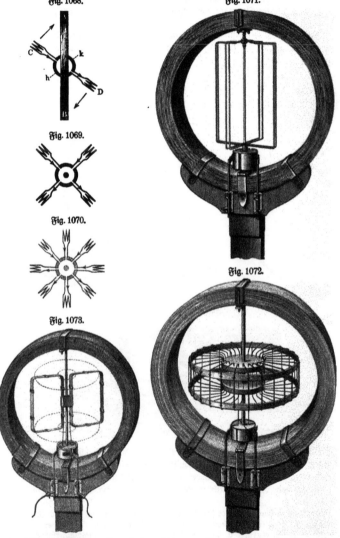

Fig. 1068.

Fig. 1071.

Fig. 1069.

Fig. 1070.

Fig. 1072.

Fig. 1073.

untere Elfenbeinhülschen ruht auf einem kleinen messingenen Ansatze des Stahlstiftes und die Enden des Ringes *CC* ragen in das Quecksilber. Die Quecksilberrinne *A*,

Fig. 1064, ist in einen Ausschnitt des mit Klemmschrauben versehenen Brettchens EE gesteckt. Dieses Brettchen hat unterhalb einen Zapfen, an welchem es sich in dem Brettchen DD, das mit Stellschrauben versehen ist, drehen läßt. Die Klemmschrauben sind auf Drähte gesetzt, welche in das Quecksilbergefäß reichen; in letzterem teilt sich der Strom in beide Ringe ziemlich gleich, wird aber nur im beweglichen umgekehrt. Es könnte auch der innere Ring an dem Stahlstift festgemacht sein und dieser mit einer Spitze in einem mit Messing ausgefütterten Loche des Zapfens b und mit seinem oberen Ende in einer Messingbüchse laufen, die in den äußeren Ring BB oben eingesteckt ist (W, 10).

Fig. 1067 zeigt eine andere Ausführungsform nach Garthe, Fig. 729 (S. 390) den zugehörigen Kommutator.

Bei Fig. 1030 (S. 514) ist die früher benutzte große Drahtrolle verwendet. Der Quecksilberkommutator ist durch einen Messingkommutator ersetzt, wie bei den früher besprochenen Armaturmodellen S. 390. Ebenso können alle früher besprochenen Armaturformen benutzt werden, wenn man den Eisenkern wegläßt oder durch ein Gestell aus Holz oder dergl. ersetzt, wie in den Fig. 1068, 1069, 1070, 1071, 1072 u. 1073 angedeutet ist. Man kann auch hier zeigen, daß dieselben Modelle, mit Schleifringen statt Kommutatoren versehen, sich durch Wechselstrom bezw. Drehstrom in Tätigkeit setzen lassen. Den Wechsel- oder Drehstrom erhält man durch Aufsetzen des entsprechenden Kommutators nebst damit verbundenen Schleifringen auf eine besondere Achse, welche man mit der Hand oder mittels eines Motors in Umdrehung versetzen kann. (Vgl. S. 402, Fig. 776.)

315. Elektrodynamische Motoren. Nennt man Z die Zugkraft in Kilogrammen, welche der Motor am Umfange einer Riemenscheibe von D Meter Durchmesser ausübt, und n die Tourenzahl pro Sekunde, so ist der Effekt des Motors:

$$\pi.D.n.Z \text{ Kilogrammeter.}$$

Nach § 292 (S. 487) und 309 (S. 520) läßt sich dieser Effekt auch aus der Stromstärke J und der Kraftlinienzahl N berechnen. Zu einer Umdrehung braucht ein Draht die Zeit $1/n$ Sekunde, die von ihm geleistete Arbeit beträgt also, da er bei einer Umdrehung zweimal N Kraftlinien schneidet,

$$\frac{1}{g}.J.2n.N \text{ Kilogrammeter.}$$

Ist die Armatur wie bei Fig. 1060 (S. 528) eine einzige Spule von a Windungen, somit $2a$ halbkreisförmigen Drähten, dann ist also der Effekt

$$2a.\frac{1}{g}.J.2n.N \text{ Kilogrammeter,}$$

folglich

$$\pi.D.n.Z = \frac{4a}{g}.J.N.n$$

und

$$Z = \frac{4a}{g.\pi}.\frac{J.N}{D} \text{ Kilogramm.}$$

Besteht die Spule entsprechend Fig. 748 (S. 393) aus zwei parallel geschalteten Hälften, so ist die Stromstärke in jedem Drahte nur die Hälfte, somit auch die Zugkraft. Gleiches gilt für alle in den Fig. 744 bis 746 (S. 393), Fig. 1068 bis

34*

1072 (S. 530) und auf Taf. III dargestellten Modelle. Bezeichnet man für ein solches die außen an der Armatur gezählten Drähte mit C, so ist $2\,a = C$, somit

$$Z = \frac{J.C.N}{g.\pi.D} \text{ Kilogramm.}$$

Beispielsweise war bei der Trommelarmatur, Fig. 1071 (S. 530), $i = 40$ Amp., $C = 28$, $H = 0{,}028$, $D = 0{,}075$, die Höhe der Windungen 0,47 m, die Breite 0,35, also $N = 0{,}028.0{,}47.0{,}35$ und

$$Z = \frac{40.28.0{,}47.0{,}35.0{,}028}{9{,}81.3{,}14.0{,}075} = 2{,}2 \text{ Kilogramm.}$$

Bei der Ringarmatur, Fig. 1072 (S. 530), war: $i = 500$ Amp., $C = 28$, $H = 0{,}025$, die Höhe der Windungen 0,16 m, der äußere Radius 0,25 m, der innere 0,1 m, also $N = 0{,}025.0{,}16\,(0{,}25\text{ bis }0{,}1)$ und

$$Z = \frac{500.0{,}025.0{,}16.0{,}15.28}{9{,}81.3{,}14.0{,}035} = 5 \text{ Kilogramm.}$$

Denkt man sich den Raum um die Drähte mit Eisen ausgefüllt, so hat man einen gewöhnlichen Elektromotor. In der Formel ändert sich dann H entsprechend dem auf S. 474 behandelten Satz, daß der magnetische Kraftfluß = magnetomotorische Kraft : magnetischen Widerstand.

316. Rotation ohne Stromunterbrechung zeigt der Apparat Fig. 1074. Der Strom tritt durch die Klemmschraube b ein, geht aus dem Quecksilbernäpfchen auf die

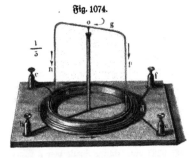

Fig. 1074.

Spitze o über, verzweigt sich in die unten mit Platinspitzen versehenen Drähte n und p und gelangt von hier in die Quecksilberrinne a und die Klemmschraube c. Um die Quecksilberrinne ist eine Kupferbandspirale dd gelegt, durch welche in der Richtung der Pfeile mittels Klemme c und f ein Strom hindurchgeleitet wird (Fig. 1075 E, 24). n und p suchen sich, weil zu dd gekreuzt, letzteren parallel zu stellen, es kann indes nur die horizontale Komponente der Kraft zur Wirkung gelangen, welche eine Bewegung des Drahtbügels im Sinne des Pfeiles g hervorruft (W, 18).

Man kann auch bei dem Apparat Fig. 945 (S. 483) anstatt des Magneten äußerlich um die Zinkschüssel ein Multiplikatorband legen, das aus einem etwa 9 m langen und 2 mm breiten, mit Seide umwickelten Kupferstreifen gebildet ist; ein einziges Element reicht für den Strom in diesem Bande aus.

Für Versuche in größerem Maßstab benutze ich das Barlowsche Rad in der in Fig. 1076 dargestellten Anordnung. In den wiederholt gebrauchten Drahtring ist eine um eine horizontale Achse drehbare Kupferscheibe eingesetzt, welche unten in einen länglichen Quecksilbernapf eintaucht. An der Achse ist ein kleines Kupferscheibchen angebracht, welches ebenfalls in einen Quecksilbernapf eintaucht. Den beiden Quecksilbernäpfen wird durch die Drähte Strom zugeführt, so daß also in der Scheibe der Strom von der Achse abwärts bis zum untersten Punkte der Peripherie verläuft oder umgekehrt, wie durch die drei kleinen Pfeile in Fig. 1076

Fig. 1075.

Fig. 1076.

Fig. 1077.

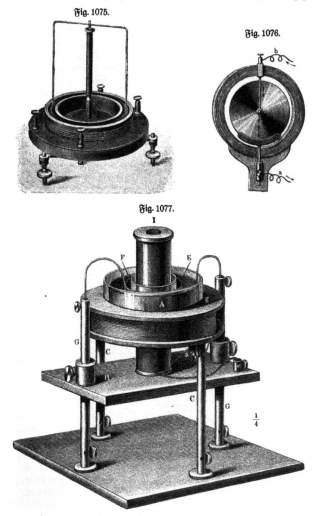

angedeutet ist. Natürlich kann auch ein aus einzelnen Speichen bestehendes Rad benutzt werden, bei welchem die Erklärung einfacher ist, insofern bei der zusammenhängenden Scheibe die Schwierigkeit auftritt, warum sich nicht einfach der Strom
in der Scheibe verschiebt.

317. Rotation von Flüssigkeiten. Um die Rotation von Flüssigkeiten zwischen festen Leitern zu zeigen, dient der Apparat von Bertin, Fig. 1077. Er besteht aus einem ringförmigen Glasgefäß A, welches auf dem vorstehenden inneren Rande der unteren Scheibe der Spirale g ruht; diese selbst ruht auf den Messingsäulen C, C, welche zugleich ihre Zuleitung bilden. In dem ringförmigen Glasgefäße befinden sich zwei konzentrische Reisen von Kupfer, welche durch Drähte mit den Säulen G, G verbunden sind; letztere dienen zur Einleitung des Stromes in die kupfernen Ringe.

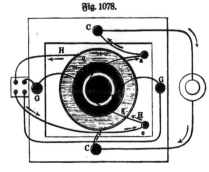

Fig. 1078.

Das verstellbare Brettchen H trägt die innere Spirale J und diese kann daher je nach ihrer Stellung mit ihrem oberen oder unteren Ende auf die Flüssigkeit wirken. Fig. 1078 zeigt die Art der Verbindung aller Teile, wenn nur ein Strom angewendet wird (W, 50).

Duboscq (1878) konstruiert den Bertinschen Apparat derart, daß sich die Rotation der Flüssigkeit mittels des Projektionsapparates objektiv machen läßt. Der Boden des ringförmigen Gefäßes wird zu diesem Zwecke aus Glas verfertigt, und das Licht von unten mittels eines Spiegels durchgeleitet (Fig. 1079 E, 8, nach Wein-

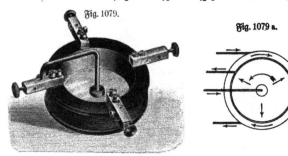

Fig. 1079.

Fig. 1079 a.

hold). Als Flüssigkeit dient Wasser mit Zusatz von $1/40$ Schwefelsäure und $1/40$ Salpetersäure, auf welches man etwas Lycopodium streut.

Gore (1885) bringt in einen 8 Zoll hohen und 2 Zoll weiten Glascylinder, der mit angesäuerter Kupfervitriollösung gefüllt ist, oben und unten flache Kupferblechspiralen als Elektroden ein. In mittlerer Höhe ist das Gefäß von einer Drahtspirale umgeben. In demselben hängt an einem Seidenfaden ein lackierter Kupferblechflügel und über der Flüssigkeit ebenfalls an demselben Seidenfaden ein Papierflügel. Kommt die Flüssigkeit in Rotation, so kann dies an der Drehung der Flügel leicht beobachtet werden.

Sechzehntes Kapitel.

Induktion.

318. Beziehung zur elektrodynamischen Kraft. Die schraffierte Fläche in Fig. 1080 bedeute den Nordpol eines Magneten, AB einen Stromleiter (oder eine Röhre), in welchem sich positive Elektrizität im Sinne des Pfeiles, d. h. von B nach A bewegt, der Kreis mit $+$-Zeichen in der Mitte sei eines der bewegten Teilchen. Nach der Ampèreschen „Schwimmregel" (§ 246, S. 406) übt der Strom bezw. das Teilchen auf den Magnetpol eine Kraft aus, vermöge deren er sich nach links bewegen muß. Ist der Magnetpol fest, dagegen der Stromleiter (die Röhre) beweglich, so verschiebt er sich nach dem Gesetz der Gleichheit von Wirkung und Gegenwirkung im Sinne des Pfeiles nach rechts. Diese Wirkung findet ihren Ausdruck in der sog. „Linke Hand-Dreifingerregel" (Daumen: Richtung der Verschiebung, Zeigefinger: Kraftlinienrichtung nach dem Südpol, Mittelfinger: Strom positiver Elektrizität, vgl. S. 489). Befindet sich also in der Röhre (dem Stromleiter) CD ein positives Teilchen und wird diese Röhre im Sinne des Pfeiles gegen A hin verschoben, wobei das bewegte Teilchen einen Strom im Sinne des Pfeiles darstellt, so erfährt es eine elektrodynamische Kraft, die es im Sinne des Pfeiles gegen D hintreibt.

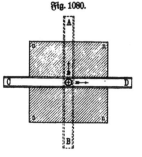

Fig. 1080.

Denkt man sich die Röhre (den Stromleiter) mit gleichviel positiven und negativen beweglichen Teilchen erfüllt, d. h. scheinbar unelektrisch, so werden sich, sobald man sie nach oben (gegen A hin) verschiebt, die positiven Teilchen gegen D, die negativen gegen C bewegen, man erhält einen Strom in der Richtung von C nach D, den Induktionsstrom. Seine Richtung wird durch die sog. „Rechte Hand-Dreifingerregel" (s. a. S. 543) gegeben, wenn die drei rechtwinklig zueinander gestellten Finger wieder die oben genannten Richtungen andeuten. Dem Ampèreschen Gesetze entsprechend übt dieser Induktionsstrom eine Kraft auf den Magnetpol aus, d. h. dieser wird sich gegen A hin zu bewegen suchen, also in der gleichen Richtung, in welcher der Stromleiter bewegt wird. Es hat somit den Anschein, als würde der Magnetpol durch eine Art Reibungskraft von dem bewegten Stromleiter mitgenommen. Diese Erscheinung ist die erste, welche man auf dem Gebiete der Induktion beobachtet hat, freilich ohne zunächst zu erkennen, daß dabei elektrische Ströme in Wirksamkeit treten.

Ist der Stromleiter, wie in der Figur, nicht in sich geschlossen, so wird nur eine sehr schwache Wirkung zustande kommen, die entgegengesetzten Elektrizitäten häufen sich an den Enden an, es entsteht eine Spannungsdifferenz und der Strom hört auf, sobald diese der induzierten elektromotorischen Kraft gleich geworden ist. Anders, wenn den angehäuften Elektrizitäten eine leitende Bahn geboten ist, auf welcher sie sich vereinigen können, wenn also die Enden des Stromleiters durch einen Draht miteinander verbunden werden oder wenn an Stelle des linearen

Stromleiters eine (z. B. scheibenförmig) ausgedehnte leitende Masse gesetzt wird. Infolge des geringen Leitungswiderstandes einer solchen bilden sich dann relativ kräftige Ströme, die eine sehr deutlich wahrnehmbare Wirkung auf den beweglich gemachten Magnetpol auszuüben vermögen. Dies ist der Fall bei der von Arago entdeckten Erscheinung des Rotationsmagnetismus.

319. Rotationsmagnetismus. Der Versuch läßt sich mittels der Schwungmaschine sehr leicht darstellen. Man lötet auf eine Scheibe aus starkem Kupferblech ab, Fig. 1081, ein Stück Messing c, welches mit einer auf die Achse der

Fig. 1081.

Schwungmaschine passenden Schraube versehen ist; an dieser Schraube wird nun die Scheibe rund und wohl eben gedreht. Auf den früher (Bd. I(3), S. 1233) beschriebenen Bügel der Schwungmaschine wird ein kreisrundes Brettchen AB, Fig. 1082, von etwa 2 dcm Durchmesser geschraubt, an welches außerhalb ein Ansatz gedreht ist; auf diesen paßt man einen Cylinder aus Pappe, Fig. 1083, in welchem durch Pappringe eine Glasscheibe so befestigt ist, daß, wenn die Kupferscheibe auf die Achse geschraubt

Fig. 1082.　　　　　Fig. 1083.

Fig. 1084.

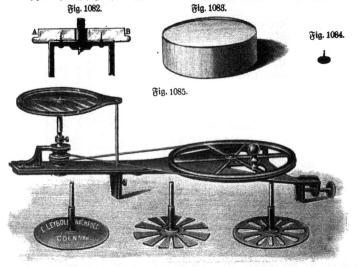

Fig. 1085.

und der Cylinder aus Pappe auf das Brettchen darüber gesteckt ist, die Kupferscheibe dicht unter dem Glase sich befindet, ohne aber an dieses zu streifen. Auf das Glas setzt man nun mittels eines sehr niedrigen Stativs, Fig. 1084, eine Magnetnadel, deren Länge beinahe dem Durchmesser der Kupferscheibe gleichkommt. Wird die Kupferscheibe in ihrem Gehäuse schnell gedreht, so folgt ihr die Magnetnadel in derselben Richtung[1]). Daß wirklich elektrische Ströme die Ursache der Er

---

[1]) Die Société Genevoise pour la constr. d'instr. de phys., Genf, Chemin Gourgas 5, liefert den Apparat mit vertikal stehender Scheibe, wodurch sich die Erscheinung bequemer demonstrieren läßt, zu 180 Frks.

scheinung sind, kann man leicht erweisen mittels einer zweiten Kupferscheibe, in welcher man mittels der Säge radiale Einschnitte anbringt (Fig. 1085 Lb, 56). Da nun die „Wirbelströme" nicht mehr zirkulieren können, hört die Wirkung auf. Aus gleichem Grunde ist auch die Wirkung verschiedener zusammenhängender Kupfer= scheiben wegen des wechselnden Widerstandes sehr ungleich stark, selbst wenn sie nebeneinander aus demselben Bleche geschnitten wurden.

Nach dem Gesetz der Gleichheit von Wirkung und Gegenwirkung muß auch um= gekehrt ein rotierender Magnet eine drehbare Kupferscheibe beeinflussen. Daß dies zutrifft, zeigt der Apparat Fig. 1086 (Lb, 18). Einen direkten Beweis für das Auftreten elektrischer Ströme liefert Faradays Scheibe, gewissermaßen die Umkehrung von Barlows Rad, d. h. eine Kupferscheibe, welche zwischen starken Magnetpolen drehbar ist [1]) (Fig. 1087 K, 55) und an der Achse und am Umfang durch schleifende Federn oder Quecksilberkontakte mit einer elektrischen Leitung in Verbindung steht, die aber nicht zu einer Batterie, sondern zu einem Galvanometer

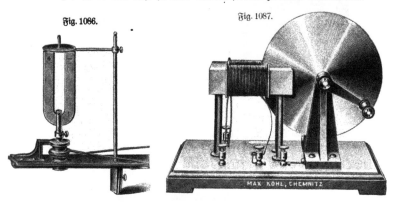

Fig. 1086.

Fig. 1087.

MAX KOHL, CHEMNITZ

führt. Dreht man die Scheibe, so zeigt das Galvanometer einen Strom von der einen oder anderen Richtung an, je nach dem Sinne der Drehung und um so stärker, je größer die Geschwindigkeit der Drehung.

Natürlich kann die Energie dieser induzierten Ströme nicht aus Nichts ent= stehen, sondern bedingt einen entsprechenden Verbrauch an mechanischer Arbeit. Man muß also, wie schon auf S. 535 hervorgehoben, bei Bewegung des induzierten Leiters einen Widerstand ähnlich der Reibung überwinden, d. h. die induzierten Ströme müssen stets solche Richtung haben, daß sie durch ihre magnetische Wirkung die Bewegung, welche man dem Stromleiter mitteilt, zu hindern suchen (Gesetz von Lenz). Der Arbeitsverbrauch kann leicht demonstriert werden, am auffälligsten wohl mit v. Waltenhofens Induktionspendel, d. h. einem Pendel, dessen aus Kupfer bestehende Linse zwischen Magnetpolen hindurchschwingt (Fig. 1088 Lb, 55) oder einer zwischen Magnetpolen an einem gedrillten Draht sich hin= und her= drehenden Kupfermünze, Fig. 1089 (K, 30).

---

[1]) Ich benutze dazu den großen Elektromagneten (S. 346, Fig. 635) mit nahe ge= stellten Polschuhen.

Ein großes Waltenhofensches Pendel mit etwa 8 m Schwingungsweite stelle ich durch eine an vier Schnüren an der Decke aufgehängte Kupferplatte dar, welche

Fig. 1088.

Fig. 1089.

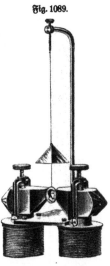

zwischen den Polschuhen des großen Elektromagneten hindurchschwingt (Fig. 1090). Wird der Strom geschlossen, so bleibt sie, durch eine unsichtbare Kraft gehalten, ohne das geringste Geräusch sofort stehen, sobald sie zwischen den Polschuhen angelangt ist.

Fig. 1090.

Die Hemmung einer rotierenden Kupferscheibe durch Annäherung eines Magneten kann man nach v. Lang (1885) dadurch zeigen, daß man die Kupferscheibe als Mutter auf eine Schraubenspindel aufschraubt und letztere rotieren läßt. Nähert man nun einen Magneten, so kann die Kupferscheibe der Drehung nicht mehr folgen und schraubt sich deshalb auf- oder abwärts.

H. Köpping in Nürnberg konstruiert zur Darstellung der Foucaultschen Ströme einen kleinen Apparat, bestehend aus einer zwischen zwei durch Holzleisten verbundenen Polschuhen rotierenden Kupferscheibe, die ähnlich wie ein Kreisel durch Abziehen einer Schnur in rasche Drehung versetzt wird. Ein kleines Zahnrad auf gleicher Achse, gegen welches ein Streifen Pergamentpapier andrückt, erzeugt einen Ton. Setzt man nun den Apparat auf die Pole eines Elektromagneten und schließt den Strom, so bleibt die Kupferscheibe fast plötzlich stehen, wie aus dem raschen Abfallen des Tones weithin zu hören ist. (Preis 25 bis 46 Mk.)

Interessant sind auch die Bewegungsänderungen eines gewöhnlichen (kupfernen) Kreisels beim Annähern eines Magneten, sowie (nach Colarbeau) die eines Quecksilberstrahles[1]).

Fig. 1091.

De Waha (3. 13, 319, 1900) weist darauf hin, daß ein an gedrilltem Faden aufgehängter Kupferring zwischen zwei Magnetpolen sich unter Umständen nicht dreht, obschon doch, eben weil er still steht, keine Induktionsströme darin auftreten können. Es geschieht dies dann, wenn die bei Drehung des Ringes um einen kleinen Winkel verlorene Torsionsenergie kleiner ist als die gleichzeitig zu leistende Arbeit.

320. Wirbelstrombremse. Die bremsende Wirkung, welche ein Elektromagnet auf eine rotierende Kupferscheibe ausübt, kann zur Konstruktion eines Bremsdynamometers benutzt werden, welches ebenso wirkt wie der Pronysche Zaum, insofern einfach die Reibung ersetzt ist durch die elektrodynamische Kraft zwischen Kupferscheibe und Elektromagnet. Fig. 1091 stellt eine solche Wirbelstrombremse von Siemens u. Halske dar. An Stelle der Kupferscheibe ist hier ein kupferner Ring mit dünnen stählernen Speichen benutzt, um den Übergang der Wärme aus dem Kupfer nach der Achse des Motors

Fig. 1092.

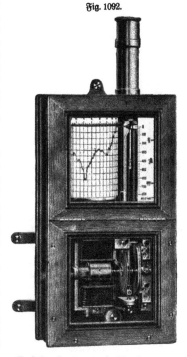

[1]) Solche Apparate sind zu beziehen von Prof. Dr. Edelmann in München.

unmöglich zu machen. Der auf Schneiden drehbare Elektromagnet ist, wie der Pronysche Zaum, mit einem langen Wagebalken versehen, an welchem sich ein Laufgewicht verschieben läßt.

Über die Verwendung der Wirbelstrombremse bei Motorzählern f. § 313 (S. 529 ¹).

Fig. 1093.

Fig. 1095.

Fig. 1094.

321. Erhitzung durch Wirbelströme. Die Energie, welche zur Erzeugung der Induktionsströme verbraucht wurde, findet sich natürlich schließlich wieder in der durch diese Ströme erzeugten Wärme. Um die Erwärmung einer zwischen Magnetpolen rotierenden Kupferscheibe recht auffällig zu zeigen, verwende ich eine solche von 40 cm Durchmesser, welche zwischen den möglichst genäherten Polschuhen des an einem Flaschenzug an der Decke aufgehängten großen Elektromagneten (vgl. S. 346, Fig. 635) rotiert. Dieselbe wird durch die Transmission des 8 pferdigen Gasmotors (Bd. I₍₁₎, S. 86) angetrieben. Sie erhitzt sich in kurzer

Zeit so stark, daß ein dagegen gerichteter Wasserstrahl vollständig verdampft, also weithin sichtbare Dampfwolken entstehen. Kleinere Apparate zu gleichem Zweck zeigen Fig. 1093 (Lb, 26), Fig. 1094 (K, 60) und Fig. 1095 (K, 75)²).

---

¹) Fig. 1092 stellt ein aperiodisches registrierendes Wattmeter für Einphasen= wechselstrom oder Drehstrom mit gleichbelasteten Phasen von Hartmann u. Braun, Frankfurt a. M., dar. Ein Drehfeld, erzeugt durch eine Hauptstrom= und zwei Neben= schlußspulen, wirkt auf eine Aluminiumtrommel und erzeugt dadurch ein Drehmoment, welches mittels geeigneter Übersetzung zur Aufzeichnung des Wattverbrauches verwertet wird. H. Abraham (Beibl. 29, 1008, 1905) benutzt eine zwischen Magnetpolen rotierende gezahnte Kupferscheibe zur Regulierung eines Synchronmotors, da diese bremsend wirkt in= folge der Wirbelströme, wenn letztere nicht im richtigen Momente das Magnetfeld passieren. — ²) Der große Foucaultsche Apparat zur Demonstration der Erwärmung einer zwischen Magnetpolen rotierenden Kupferscheibe, bestehend aus einem 1 m langen guß=

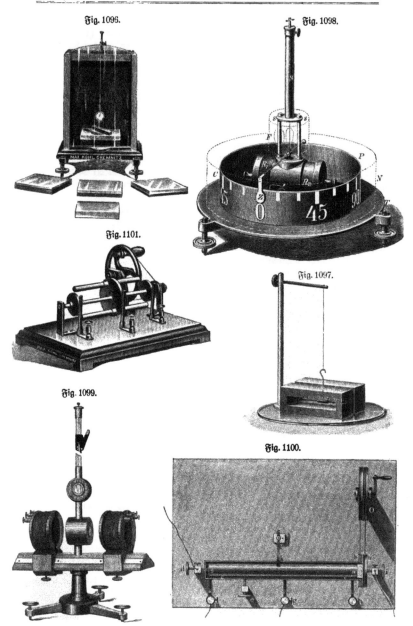

Fig. 1096.

Fig. 1098.

Fig. 1101.

Fig. 1097.

Fig. 1099.

Fig. 1100.

322. Dämpfung von Magnetnadeln. Eine schwingende Magnetnadel wird durch eine Kupferscheibe infolge der Induktionsströme gedämpft. Krebs (1885) benutzt, um dies zu zeigen, ein Stativ mit messingener Stange, an welcher sich eine horizontale kreisförmige Kupferscheibe auf- und abschieben und auch an beliebiger Stelle feststellen läßt. Oben auf der Stange ist eine Spitze angebracht, welche eine Magnetnadel trägt. Läßt man die Magnetnadel schwingen und schiebt dann die Kupferscheibe herauf, so kommen die Schwingungen bald zur Ruhe.

Apparate, welche die Kupferdämpfung bei Magnetometern und Galvanometern erläutern, sind in den Fig. 1096 (K, 100) und 1097 (E, 15, nach Weinhold) dargestellt; ein Vorlesungsgalvanometer mit Kupferdämpfung nach v. Beetz in Fig. 1098 und ein solches nach G. Wiedemann in Fig. 1099 (S, 190).

Die beiden Hülsen können, wie Fig. 1100 andeutet, eine einzige Röhre bilden, auf welcher eine Kontaktfeder, die etwa den positiven Strom abnimmt, in der Mitte schleift, während die beiden anderen, den negativen Strom aufnehmenden Federn auf den Enden schleifen. Die Röhre braucht nicht von dem Magneten isoliert zu sein, auch kann letzterer mit der Röhre rotieren, so daß man einfacher die Röhre ganz wegläßt und die Federn direkt auf dem Magneten schleifen läßt. Bei dem in Fig. 1101 (K, 27) dargestellten Modell bewegen sich zwei gleichgerichtete Magnetstäbe um die metallisch leitende Achse, von welcher der Strom durch Schleifringe und Kontaktfedern einem Multiplikator zugeleitet wird. Die Achse ist natürlich entbehrlich, wenn die beiden Magnetstäbe an den Schleifringen befestigt sind und selbst als Stromleiter dienen.

323. Unipolarmaschinen[1]) sind Modifikationen von Faradays Scheibe. Der Name rührt daher, daß bei den einfacheren nicht zwei gegenüberstehende entgegengesetzte Magnetpole benutzt werden, sondern nur ein Pol, wie Fig. 1102 zeigt. Es

Fig. 1102.

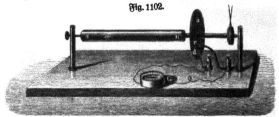

ist dabei für die Wirkung gleichgültig, ob der Magnetstab festgehalten wird, oder gleichzeitig mit der induzierten Scheibe rotiert[2]). Man kann auch die Scheibe in

eisernen Gestell mit Schwungrad von 50 cm Durchmesser, wird geliefert von Warmbrunn, Quilitz u. Co. zu 600 Mk. Eine Methode zur Bestimmung des mechanischen Wärmeäquivalents s. Baille u. Frey, Z. 12, 29, 1899.

[1]) Kleine Modelle von Unipolarmaschinen wurden früher von Fessel konstruiert. Eine Abbildung findet man in Eisenlohrs Lehrb. d. Physik, 11. Aufl., S. 596 und G. Wiedemann, Elektrizität 4, 120, 1898. Über neuere Formen (Homopolarmaschinen) s. Arnold, Die Gleichstrommaschine, 2. Aufl., Berlin 1906, Springer. — [2]) Im ersten Falle schneiden die Kraftlinien die Scheibe, im anderen Falle die feststehenden Zuleitungsdrähte zu den Kontaktfedern. Man schließt aus diesen Versuchen, ähnlich wie beim Barlowschen Rad auf das Haften der elektrischen Ströme im Stromleiter, so hier auf das des hypothetischen magnetischen Fluidums (der Kraftlinien) oder der Ampèreschen Ströme im Magneten.

Form einer Hülſe über den Pol hinüberziehen, und um den Apparat zu vervoll-
ſtändigen, auch den zweiten Pol mit einer ſolchen Hülſe verſehen. (Fig. 1100.)

324. Induktion in Drähten. Bei Anwendung maſſiver Kupfermaſſen (wie
bei der Faradayſchen Scheibe, Fig. 1087, S. 537) iſt der Induktionsſtrom im
allgemeinen in dieſer Metallmaſſe geſchloſſen, ähnlich wie die Stromlinien einer
wirbelnden Flüſſigkeitsmaſſe in ſich zurücklaufen. Nur ein kleiner Bruchteil des
Stromes gelangt in die äußere Leitung, welche zum Galvanometer führt. Solche
„Wirbelſtröme" oder „Foucault-Ströme" ſind deshalb für nützliche Verwertung in Stromleitungen verloren. Sollen
die Induktionsſtröme nutzbar gemacht werden,
ſo muß man dem Stromleiter Drahtform geben.

Fig. 1103.

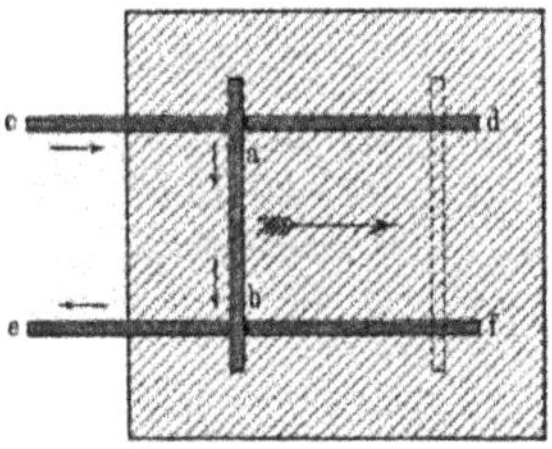

In einfachſter Weiſe läßt ſich die Induktion
in einem Drahte demonſtrieren, wenn man
eine mit die Galvanometerleitung verbundene
Leitungsſchnur vor einem ſtarken Elektro-
magnetpol oder einer ſtromburchfloſſenen Drahtrolle bewegt. Statt der Schnur kann man auch
einen Stab *ab* (Fig. 1103) verwenden, welcher
auf zwei parallelen Schienen *cd* und *ef* gleiten
kann. Die letzteren werden mit dem Galvanometer verbunden. (Das ſchraffierte
Viereck in der Figur bedeutet den Magnetpol.) Zu meſſenden Verſuchen eignet
ſich beſonders der Apparat Fig. 959 (S. 488), welcher zur Ermittelung der magnetiſchen Kraft auf einem beweglichen Leiter benutzt worden war.

Bezüglich der Richtung des Induktionsſtromes gilt die ſogenannte Rechte
Hand-Drei-Fingerregel: „Man halte die erſten drei Finger der rechten Hand
ſo, daß ſie rechte Winkel miteinander bilden und zwar den Daumen in die Richtung der Bewegung des Leiters und den Zeigefinger in die Richtung des magnetiſchen Feldes, dann gibt der Mittelfinger die Richtung der inbuzierten elektriſchen
Kraft an". Zweckmäßig iſt ein Modell wie Fig. 961 a. S. 489.

325. Inbuzierte Spannung. Die Arbeit, welche bei Verſchiebung eines
ſtromburchfloſſenen Leiters in einem Magnetfeld entgegen der magnetiſchen Kraft
zu leiſten iſt, wurde oben § 293 und 308 (S. 489 bezw. 519) gefunden $= \dfrac{i}{g} \cdot \dfrac{N}{t}$
Kilogrammeter pro Sekunde. Die Stromwärme ergibt ſich nach § 145 (S. 249)
$= \dfrac{1}{g} \cdot i \cdot E$ Kilogrammeter pro Sekunde, wenn E die elektromotoriſche Kraft des
Stromes in Volt bedeutet. Es beſteht ſomit allgemein die Beziehung:

$$\frac{i}{g} \cdot E = \frac{i}{g} \cdot \frac{N}{t}$$

oder

a) **Techniſch:** $E = \dfrac{N}{t}$ Volt,

gleichgültig, welches der Wert der Stromſtärke iſt, auch für den Wert Null, da man
ſich dieſem beliebig nähern kann, indem man den Widerſtand des Stromleiters
immer größer macht. In Worten ausgeſprochen lautet der Satz: Die inbuzierte

elektromotorische Kraft ist gleich der Zahl der pro Sekunde von dem Leiter geschnittenen Kraftlinien.

       b) **Gesetzlich:** Ebenso.

Bedeutet N nicht $\frac{1}{4\pi}$ Weberkraftlinien, sondern CGS-, d. h. $\frac{1}{4\pi}$ Centimitroweberkraftlinien, so muß man, da hierdurch die Zahl 10^8 mal zu groß würde, um die Formel wieder richtig zu stellen, mit 10^8 dividieren; es ist also

$$E = \frac{N}{t} \cdot 10^{-8} \text{ Volt},$$

wenn N in CGS-Einheiten gemessen wird, oder

       c) **Physikalisch:** $E = \frac{N}{t} \text{ CGS}_{el}$,

da 10^{-8} Volt ($= 1$ Centimitrovolt) $= 1 \text{ CGS}_{el}$.

    Ist beispielsweise die Feldintensität $= H \text{ CGS}_{el}$, die Länge des Leiters l Centimeter, die Geschwindigkeit, mit der er sich senkrecht zu den Kraftlinien bewegt, u gemessen in cm/sec, so ist

$$E = l \cdot H \cdot u \text{ CGS}_{el}.$$

    Hiernach ergeben sich die Dimensionen der elektromagnetischen CGS-Einheit $= \text{cm}^{3/2} \text{g}^{1/2} \text{sec}^{-2}$. Dieselbe kann definiert werden als die in einem Leiter von der Länge 1 cm, welcher sich im Felde 1 CGS senkrecht zu sich selbst und zur Feldrichtung mit der Geschwindigkeit 1 cm/sec bewegt, induzierte Spannung. Wird

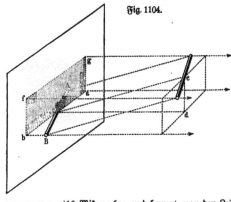

Fig. 1104.

z. B. an einem Orte, wo die totale Intensität des erdmagnetischen Feldes 0,45 CGS beträgt, ein senkrecht zur Inklinationsrichtung gehaltener Draht von 1 m Länge senkrecht zu sich selbst mit der Geschwindigkeit 1 m/sec bewegt, so beträgt die induzierte Spannung $100 \cdot 0,45 \cdot 100 = 4500$ Centimitrovolt.

    Beträgt, wie früher (S. 532), die Feldintensität in der Drahtrolle Fig. 959 (S. 488) $= 0,028$ Kilogramm pro $g/10$ Mikroweber, und bewegt man den Leiter, dessen Länge $= 0,55$ m, so, daß in 10 Sekunden die Strecke 0,5 m zurückgelegt wird, so ist $N = 0,028 \cdot 0,55 \cdot 0,5$ und

$$E = \frac{0,028 \cdot 0,55 \cdot 0,5}{10} = 750 \cdot 10^{-6} \text{ Volt} = 750 \text{ Mikrovolt},$$

wie sich leicht an einem in Mikrovolt geeichten Galvanometer nachweisen läßt.

    In der Form, daß die Spannung gleich der pro Sekunde geschnittenen Kraftlinienzahl ist, gilt das Induktionsgesetz ganz allgemein, auch für beliebig schiefe Richtung und schiefe Bewegung des Stromleiters (Fig. 960, S. 488).

Ist z. B. wie in Fig. 1104 ab die Projektion des Stromleiters AB auf die zu den Kraftlinien senkrechte Ebene, so ist die auf AB wirkende Kraft ebensogroß wie die auf ab wirkende. Ist ferner ec die wirkliche Bahn, cd deren Projektion, so ist die Arbeit bei der Verschiebung von AB längs ec ebenso groß wie die längs cd. Die Arbeit bei Verschiebung von ab um cd, d. h. bis fg, entspricht aber der durch $abfg$ hindurchgehenden Zahl Kraftlinien. Dies sind dieselben Kraftlinien, die auch AB bei der Verschiebung längs ec schneidet, somit gilt auch hier der obige Satz, wenn man nur unter N die Zahl der tatsächlich geschnittenen Kraftlinien versteht. Als Beispiel kann man die an den Enden eines Messingstabes auftretende Spannungs-differenz berechnen, wenn derselbe senkrecht zur Richtung der Inklinationsnadel ge-halten in der Richtung von Ost nach West durch das Zimmer bewegt wird. Nach § 192, S. 320 ist die Zahl der Kraftlinien pro Quadratmeter in diesem Fall $0{,}2 \cdot 10^{-4}$, also, falls der Stab 2 m lang und die Ge-schwindigkeit 3 m/sec, die Spannung $1{,}2 \cdot 10^{-4}$ Volt.

Fig. 1105.

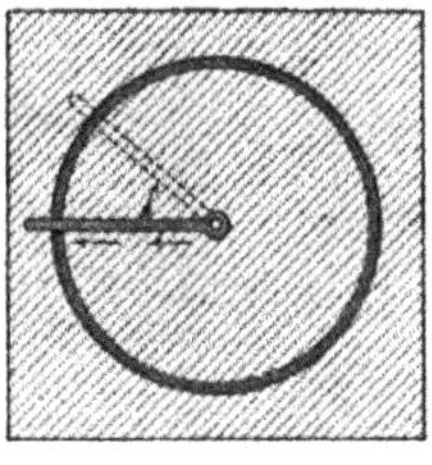

Auch für eine „Speiche" (Fig. 1105), welche sich um einen Punkt dreht, gilt der Satz $E = N/t$ in gleicher Weise wie für ein Gleitstück. Ein Beispiel ist das Barlowsche Rad (Farabays Scheibe) (Fig. 1087, S. 537). Man kann aber auch die induzierte Spannung leicht direkt ableiten. Die Arbeit bei der Drehung um den Winkel $d\varphi$ ist $= \frac{1}{g} \cdot i \cdot H \cdot \frac{1}{2} r^2 d\varphi$, somit die Arbeit pro Sekunde in Kilogrammetern $= \frac{1}{g} \cdot i \cdot H \cdot \frac{r^2}{2} \cdot \frac{d\varphi}{dt}$. Man hat also:

$$\frac{1}{g} \cdot E \cdot i = \frac{1}{g} \cdot i \cdot H \cdot \frac{1}{2} r^2 \frac{d\varphi}{dt}$$

oder

$$E = H \cdot \frac{r^2}{2} \cdot \frac{d\varphi}{dt} \text{ Volt,}$$

wobei $\frac{d\varphi}{dt}$ die Winkelgeschwindigkeit des Rades ist. Ähnlich berechnet sich die Leistung der sogenannten Unipolarmaschinen (§ 323, S. 542).

Man kann also sagen, daß Induktionsgesetz $E = N/t$ Volt gilt für jedes Element eines Leiters, gleichgültig, ob seine Bewegung eine fortschreitende oder drehende oder beides gleichzeitig ist. Auch wenn das Feld nicht, wie angenommen, homogen, sondern beliebig gestaltet ist, so gilt der Satz, da er für jedes Element des Leiters zutrifft, notwendig auch für deren Summe, d. h. für den ganzen Leiter.

Ein bequemer Apparat zur Erläuterung der Induktion in einem Leiterelement wurde von Pfaundler konstruiert. Auf einem Stativ (Fig. 1106) ist horizontal ein kräftiger Magnet oder Elektromagnet befestigt. Auf die beiden Pole desselben sind Holzkörper aufgesteckt, deren Oberfläche eine Niveaufläche darstellt. In dem einen derselben sind außerdem gebogene versilberte Kupferdrähte befestigt, welche die Kraftlinien darstellen. Die Oberfläche der Holzkörper ist in 30 abwechselnd weiß oder schwarz bemalte Felder eingeteilt, deren jedes eine gleiche Anzahl Kraftlinien einschließt. Man kann nun folgende Versuche ausführen:

Fig. 1106.

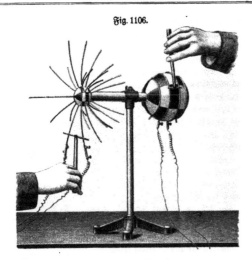

Fig. 1107.

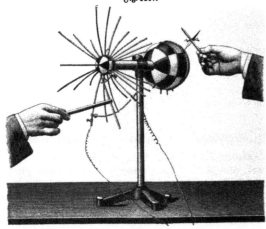

A. Nachweis, daß kein Strom entsteht, wenn durch den Leiter keine Kraftlinien geschnitten werden:

    I. Der Leiter bewegt sich auf einer Schnittebene durch die Magnetachse.

        a) Die Lage des Leiters ist senkrecht auf die Kraftlinien, seine Bewegungs-
           richtung parallel denselben (Fig. 1106, linke Seite).

        b) Die Lage des Leiters ist parallel zu den Kraftlinien, seine Bewe-
           gungsrichtung senkrecht zu denselben (analog wie Fig. 1107, linke
           Seite).

II. Der Leiter bewegt sich auf der Rotationsfläche einer Kraftlinie.

   a) Die Lage des Leiters ist senkrecht auf die Kraftlinien, seine Bewegungs-
richtung parallel benselben (Fig. 1108, linke Seite).

   b) Die Lage des Leiters ist parallel zu den Kraftlinien, seine Bewegungs-
richtung senkrecht zu benselben (Fig. 1107, linke Seite).

B. Der Leiter bewegt sich so, daß Kraftlinien geschnitten werden.

III. Der Leiter bewegt sich auf einer Niveaufläche.

   a) Die Lage des Leiters ist senkrecht zu den Parallelkreisen, seine Be-
wegungsrichtung parallel benselben (Fig. 1106, rechte Seite).

   b) Die Lage des Leiters ist senkrecht zu den Meridianen, seine Be-
wegungsrichtung parallel benselben (Fig. 1107, linke Seite).

Fig. 1108.

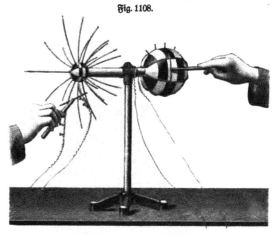

Der bewegliche Leiter ist, wie aus den Figuren zu ersehen, ein an einem Griff
befestigter versilberter Kupferdraht. Der Nachweis der entstehenden Ströme geschieht
mit Hilfe eines empfindlichen astatischen Galvanometers.

Um die Richtung des Induktionsstromes vorauszubestimmen, dient ein in
Fig. 1107 von der Hand rechts gehaltenes Stäbchen, um welches sich ein dazu
rechtwinkelig stehendes Kreuz, bestehend aus einer Magnetnadel und einem Pfeil,
drehen kann.

Man gibt dem Stäbchen die Richtung des beweglichen Leiters, worauf sich
dann die Magnetnadel in die Richtung der Kraftlinien einstellt und die Spitze
des Pfeiles diejenige Richtung angibt, nach welcher man den Leiter verschieben
muß, um in ihm einen nach der Spitze des Stäbchens gerichteten Strom zu erhalten.

Da jedes der 30 Felder gleichviel Kraftlinien enthält, bekommt man gleiche
Induktionsströme, wenn man irgend eines derselben mit dem Leiter überstreicht,
doppelt und dreifach so starke dagegen, wenn zwei und drei Felder überstrichen
werden.

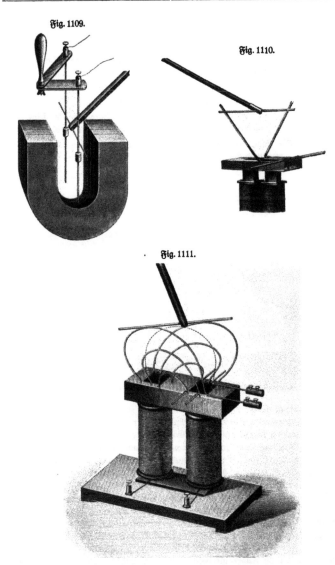

Fig. 1109.

Fig. 1110.

Fig. 1111.

Einfachere Apparate zu gleichem Zweck, unter Benutzung eines Hufeisenmagneten, beschreibt Szymánski (3. 7, 10, 1894), Fig. 1109, 1110 (K, 65) und 1111 (E, 65).

326. Induzierte Stromstärke. Aus der elektromotorischen Kraft ergibt sich die Stromstärke nach dem Ohmschen Gesetz:

$$J = \frac{E}{W} = \frac{N}{W.t} \text{ Ampere,}$$

vorausgesetzt, daß das durch den induzierten Strom erregte Magnetfeld die Kraftlinienzahl N nicht merklich beeinflußt.

Beispielsweise bewege sich in demselben Magnetfelde wie oben der Leiter ab, Fig. 959 (S. 488) (dessen Länge $= 0,4$ m), mit der Geschwindigkeit 4 m pro Sekunde, der Gesamtwiderstand sei 6 Ohm, also die Stromstärke

$$J = \tfrac{1}{6} E = \tfrac{1}{6} . 0{,}0395 . 0{,}4 . 4 = 0{,}0105 \text{ Ampere} = 10{,}5 \text{ Milliampere.}$$

327. Widerstandsbestimmung durch Induktion. Man könnte hiernach auch einen Widerstand bestimmen, denn es wird:

$$W = \frac{N}{J.t} \text{ Ohm.}$$

Bei einer Feldstärke $H = 1$ und einer Länge des Leiters von 1 m wird $N/t = 1$, wenn die Geschwindigkeit der Bewegung 1 m pro Sekunde beträgt, also $W = 1$ Ohm, wenn $J = 1$ Ampere. Wäre der Widerstand 2, 3, 4 ... Ohm, so müßte die Verschiebung, damit wieder die Stromstärke 1 Ampere hervorgerufen wird, mit der Geschwindigkeit 2, 3, 4 m pro Sekunde erfolgen. In diesem Sinne kann man einen Widerstand auch in Metern pro Sekunde messen.

328. Bestimmung von Kraftlinienzahlen. Es werde ein Gleitstück (§ 324, S. 543) auf zwei mit einem ballistischen Galvanometer verbundenen Schienen dicht vor dem Pol eines Magneten vorbeibewegt, so daß dabei alle von demselben ausgehenden Kraftlinien geschnitten werden.

Sei e die in dem Gleitstück induzierte elektromotorische Kraft, W der Widerstand des gesamten Schließungskreises (einschließlich Galvanometerspulen), also

$$i = \frac{e}{W},$$

so ist die durch das Galvanometer fließende Elektrizitätsmenge

$$Q = \int_0^t i\,dt = \int_0^t \frac{e.dt}{W} = \int_0^t \frac{dN.dt}{W.dt} = \frac{1}{W} \int_0^N dN = \frac{N}{W},$$

somit nach § 277 (S. 468):

$$\frac{N}{W} = \frac{T.J.\sin\frac{\beta}{2}}{tg\,\alpha.\pi},$$

also

$$N = \frac{W.T.J.\sin\frac{\beta}{2}}{tg.\alpha.\pi}.$$

Würde an Stelle des Gleitstückes eine Spule aus s Windungen verwendet, welche mit dem Galvanometer verbunden ist, so wäre die induzierte elektromotorische Kraft

$e = s \cdot \dfrac{dN}{dt}$, somit würde sich obige Formel[1]) verwandeln in

$$N = \frac{W.T.J. \sin \frac{\beta}{2}}{s . tg\,\alpha . \pi}.$$

329. Induktion in geschlossenen Leitern. Wie bereits bemerkt, ergibt sich die Induktion in einem beliebig geformten Leiter durch Summation der Wirkungen auf seine Teile.

Sei beispielsweise ein rechteckiger Stromleiter (Fig. 1112) gegeben, welcher senkrecht zu den Kraftlinien steht und in seiner Ebene parallel den Seiten ac und bd verschoben wird mit der Geschwindigkeit v, so ist die in ab induzierte elektromotorische Kraft $= H.v.\overline{ab}$ Volt. Eine ebenso große Kraft wird in cd induziert, und da nun beide in dem Stromkreise entgegengesetzte Ströme zu erzeugen suchen, so heben sie sich auf, es entsteht kein Strom. Ein solcher würde aber entstehen, wenn cd sich mit anderer Geschwindigkeit bewegte, so daß das Rechteck sich z. B. in $abc'd'$ verwandelte, wodurch die Anzahl der von demselben eingefaßten Kraftlinien sich ändern

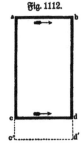

Fig. 1112.

würde. Allgemein wird in einem geschlossenen Stromleiter kein Strom induziert, wenn die Zahl der von ihm eingefaßten Kraftlinien ungeändert bleibt.

Ändert sich diese Zahl, so ist wieder (§ 325, S. 543)

$$E = \frac{N}{t} \text{ Volt,}$$

wobei nun N die in der Zeit t in das Rechteck eintretende oder daraus heraustretende Zahl von Kraftlinien bedeutet.

Gleiches gilt auch dann, wenn der Stromleiter nicht rechteckig, sondern z. B. kreisförmig ist oder irgend welche andere geschlossene Form hat, oder wenn sich die Kraftlinienzahl ändert durch Deformation des Stromleiters oder dadurch, daß der Leiter sich durch Stellen mit verschiedener Dichtigkeit der Kraftlinien hindurchbewegt. Zum Nachweis des Satzes benutzt man eine mit geeichtem Galvanometer verbundene Drahtrolle, welche man in das durch die feststehende, vom Strome durchflossene Rolle oder einen starken Magnetpol erzeugte Feld hineinbewegt oder darin dreht.

Noch auffallender wird der Versuch, wenn man an Stelle des Galvanometers eine elektrische Klingel oder einen kleinen Elektromotor benutzt. Bei Anwendung des großen Elektromagneten genügt es, eine Rolle von gewöhnlichem Klingeldraht langsam überzuschieben oder wieder zu entfernen, um die angeschlossene Klingel dauernd in Tätigkeit zu halten.

Bei Anwendung der großen Drahtrolle kann man ferner zeigen, daß Einschieben eines weichen Eisenkernes in die feststehende Rolle die Klingel ebenfalls zum Tönen bringt, weil hierdurch die eingeschlossene Kraftlinienzahl vergrößert wird. In kleinerem Maßstab kann man diese Erscheinungen demonstrieren mittels zweier Drahtrollen A, B (Fig. 1113). Auf die größere sind bis 100 und mehr Meter von dünnem übersponnenem Kupferdrahte gewickelt, und auf die kleinere etwa 30 m von $1\frac{1}{2}$ bis 2 mm Durchmesser; die letztere kann in die dünnwandige Höhlung der ersteren gesteckt werden, und ihre beiden Drahtenden sind deswegen oben durch den Griff

---

[1]) Siehe auch Kohlrausch, Prakt. Physik, 9. Aufl., S. 448.

herausgezogen. Die Drahtenden der Rolle können an Klemmschrauben verlötet werden, welche auf der Endscheibe stehen. Auch die Rolle *B* ist innerhalb so weit hohl, um einen etwa 9 bis 12 mm dicken Eisenkern hineinstecken zu können. Beim Gebrauche werden die Enden der Rolle *A* durch 1 bis 2 m lange Kupferdraht-spiralen mit dem entfernten Multiplikator verbunden; die Enden der Rolle *B* aber mit der Kette, und zwar ohne Eisenkern. Steckt man nun rasch *B* in die Höhlung von *A*, so zeigt der Multiplikator einen der Richtung der Windungen und des Stromes nach dem Induktionsgesetze entsprechenden Ausschlag; dasselbe findet statt, wenn man die Rolle *B* wieder entfernt, nachdem die Nadel vorher zur Ruhe gekommen[1]). Steckt

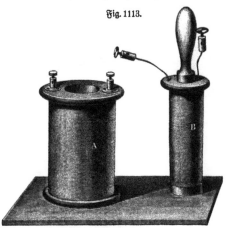

Fig. 1113.

[1]) Beppin u. Masche, Berlin, empfehlen für den Versuch eine primäre Rolle von 0,3 Ohm Widerstand und eine sekundäre von 300 Ohm, in Verbindung mit dem von ihnen gelieferten Vertikal-galvanometer. Um zu er-reichen, daß der schwache Draht der induzierten Spule vor Beschädigungen geschützt bleibt, aber doch sichtbar ist, damit auch die Richtung der Windungen erkannt werden kann, wird die sekundäre Spule mit transparentem Celluloid umkleidet. Die zur Verfügung stehenden Strommittel dürfen

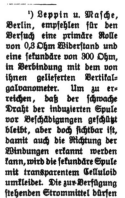

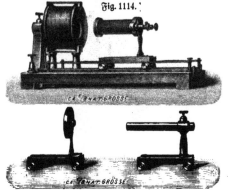

Fig. 1114.

CA. NAT-GRÖSSE

CA. NAT. GRÖSSE

nicht zu gering sein, wenigstens muß man eine Batterie von 6 Akkumulatoren von je 5 bis 6 Amp. maximaler Entladung oder 6 Bunsenelemente von 21 cm Höhe anwenden. Die Primärspule erträgt eine Stromstärke von 18 Amp. Steht Strom einer Zentrale von höherer Spannung zur Verfügung, so kann man umgekehrt die Spule mit vielen Windungen als primäre, die mit wenig Windungen als sekundäre benutzen, muß diese aber natürlich an ein Galvanometer anschließen, welches ebenfalls nur wenig Windungen auf seinen Spulen, d. h. geringen Widerstand besitzt. In solchem Falle kann man auch zwei Spulen mit gleichviel Windungen benutzen, um das Vorurteil zu beseitigen, daß die Windungszahl verschieden sein müsse, was in früheren Zeiten nötig war, als man nur über schwache Stromquellen und wenig empfindliche Galvanometer verfügte. Andere Apparate zu gleichem Zwecke sind dargestellt in den Fig. 1114 (E, 105) und 1115 (Lb, 22) und 1116 (K, 20) nach Weinhold.

man statt B einen Magneten hinein (Fig. 1117), so zeigt er dieselbe Wirkung wie
die Rolle B nach der Ampèreschen Hypothese, nur wirkt er stärker als die Rolle,
wenn hier nicht ein ziemlich kräftiger Strom angewendet wurde; ebenso wird die

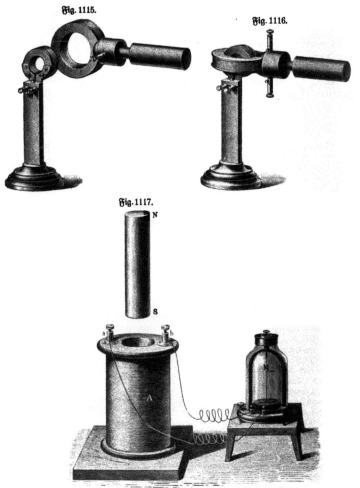

Fig. 1115.

Fig. 1116.

Fig. 1117.

Wirkung der Rolle durch den Eisenkern verstärkt, da die hypothetischen Ströme in
ihm, wenn er durch den Strom in B magnetisch geworden, nach derselben Richtung
rotieren wie in B. Der Multiplikator darf für solche Versuche nicht zu viele
Windungen und zu dünnen Draht haben, 200 bis 300 Windungen sind voll=
kommen genug.

Die Schwingungen der Magnetnadel eines Galvanometers ohne Dämpfung lassen sich infolge der Induktion in den Galvanometerwindungen dämpfen, wenn man diese kurz schließt, was natürlich nur möglich ist vor Beginn der Beobachtungen zur Feststellung des Nullpunktes.

Fröhlich (1883) empfiehlt in den Schließungskreis eine Drahtrolle einzufügen, in welcher sich ein Magnet befindet. Durch passendes Hin- und Herschieben dieses Magneten kann man leicht den Schwingungen entgegenwirkende Induktionsströme erzeugen und dadurch erstere beseitigen.

Die Größe der durch Einschieben eines Magnetstabes in eine Spule induzierten elektromotorischen Kraft ergibt sich als Produkt ihrer Windungszahl s mit der pro Sekunde eingebrachten Zahl von Kraftlinien. Die letztere wieder berechnet sich aus der Geschwindigkeit [1]), mit welcher der Magnetstab bewegt wird, und der Polstärke, da von m Weber $4 \pi m$ Kraftlinien ausgehen. Dauert das Durchschieben des Poles durch die Spule t Sekunden, so ist $E = s \cdot 4 \pi m/t$ Volt.

330. Widerstand eines Galvanometers. Durch die Dämpfung, d. h. das log. Dekrement der Schwingungen (s. Bd. I₍ₓ₎, § 563, S. 1811) einer Galvanometernadel, wenn die Spulen durch einen bekannten Widerstand kurz geschlossen werden, läßt sich in einfacher Weise der Widerstand der Spulen finden. Ferner lassen sich durch Beobachtung der Dämpfung eines schwingenden Magneten absolute Widerstandsmessungen ausführen [2]).

331. Erbinduktor [3]). Die Fläche eines kreisförmigen Stromleiters stehe senkrecht zu den Kraftlinien und werde plötzlich um 180° gedreht. Bei Drehung um 90° verschwinden alle ursprünglich eingeschlossenen Kraftlinien, bei Drehung von 90 bis 180° kommen sie aufs Neue hinein, indes in entgegengesetzter Richtung; der Sinn des Induktionsstromes bleibt also derselbe. Sei H die Intensität des Feldes in Kilogramm pro $g/10$ Mikroweber, F die Fläche des Kreises in Quadratmetern, so ist die Kraftlinienzahl $= F \cdot H$, und falls die Dauer der Drehung 1 Sekunde beträgt, die induzierte elektromotorische Kraft $= 2 \cdot F \cdot H$ Volt, und die Stromintensität $2 \dfrac{F H}{R}$ Ampere, wenn R den gesamten Widerstand des Kreises in Ohm bedeutet. Es ist dies zugleich die gesamte induzierte Elektrizitätsmenge Q in Coulomb, da der Strom eben nur während der Dauer der Bewegung besteht. Zur Messung dient das ballistische Galvanometer [4]) (vgl. § 277, S. 468).

Man kann sich das erdmagnetische Feld als Kombination eines Systems horizontaler und vertikaler Kraftlinien denken. Sei die Vertikalintensität V, so hat man für einen um eine horizontale Achse drehbaren Kreis $Q' = 2 \cdot \dfrac{V F}{R}$ Coulomb.

---

[1]) Größe, mittels eines Elektroskops nachweisbare induzierte Spannung der einen und anderen Richtung würde man also beispielsweise erhalten, wenn man den Magnetstab durch die Rolle hindurchschießen würde. — [2]) Bezüglich der Ausführungen der Versuche und Rechnungen sei verwiesen auf F. Kohlrausch, Lehrb. d. prakt. Physik, 10. Aufl., S. 426, § 94, S. 474, § 108, S. 479, § 109 und S. 499, § 116. — [3]) Erbinduktoren nach L. Weber liefern Hartmann u. Braun in Bockenheim bei Frankfurt a. M. zu 330 bis 900 Mk. — [4]) Die genaue Rechnung und Ausführung der Versuche siehe F. Kohlrausch, a. a. O., S. 486, § 111.

Die Inklination i ist bestimmt durch die Gleichung $tg\,i = \dfrac{V}{H}$, $i = \dfrac{Q'}{Q}$. Apparate für Demonstration sind dargestellt in Fig. 1118 (Lb, 35), und 1119 (E, 62).

Nach gleichem Prinzip läßt sich der Einfluß des Erdmagnetismus auf einen Stabmagneten bei verschiedener Lage desselben bestimmen[1]); ferner die Intensität eines starken Magnetfeldes[2]).

Fig. 1118.

Fig. 1119.

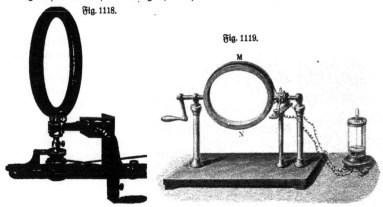

332. Funkenanker. Die Kraftlinienzahl läßt sich durch mechanische Bewegung auch dadurch vermehren oder vermindern, daß man einem Eisenkern, welcher in einer Draht= spule steckt, den Pol eines permanenten Magneten nähert oder ihn entfernt. Jedesmal wird ein an die Drahtspule angeschlossenes Galvanometer einen Ausschlag zeigen.

Stärkere Wirkungen erhält man natürlich, wenn man die beiden Pole eines Hufeisenmagneten gleichzeitig auf die beiden Enden des mit der Drahtspule um= gebenen Eisenkernes wirken läßt, bei hinreichend großer Windungszahl lassen sich sogar zwischen den genäherten Drahtspitzen kleine Fünkchen erhalten. Man kann den Eisenkern dem feststehenden Magneten nähern oder umgekehrt; im letzteren Falle ist eine Schlittenverschiebung, wie sie Fig. 1120 und 1121 zeigt, von Nutzen. Umgekehrt kann man auch den Magneten statt des Ankers mit Draht umwickeln. Sogar einfache Magnetstäbe sind ausreichend, um nach diesem Prinzip eine elek= trische Kraftübertragung im Kleinen herzustellen, deren Besprechung sich empfiehlt, wegen der Anwendung zur telephonischen Lautübertragung. Einen hierzu dienlichen Apparat zeigt Fig. 1122. Zwei starke, auf Stativen befestigte Magnetstäbe sind mit Spulen versehen, deren Klemmen 1, 2, 3 und 4 durch eine längere Leitung mit= einander in Verbindung gesetzt werden. Nähert man dem einen Magnetstab ein Eisenstück k, so wird ein federnd aufgehängtes Stückchen Eisenblech von dem anderen Magneten angezogen. Letzteres kann auch um den Stift H drehbar gemacht und mit einem langen Zeiger versehen werden, wodurch die Ausschläge weithin sichtbar werden.

Zu einer solchen Kraftübertragung kann man .auch einfach zwei Spulen von umsponnenem Draht verwenden, deren Enden miteinander in Verbindung gesetzt werden. In die eine läßt man einen an einer Federwage hängenden Magnetstab

---

[1]) Kohlrausch, a. a. O., S. 489, § 113. — [2]) Ebend. S. 490, § 114.

eintauchen. Schiebt man dann einen Magnetstab in die andere hinein oder aus ihr heraus, so gerät der erste in entsprechende Schwingungen.

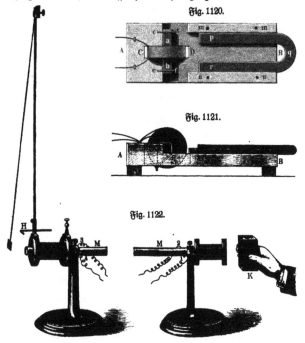

Fig. 1120.

Fig. 1121.

Fig. 1122.

333. Die magnetoelektrischen Maschinen.

Eine Verbesserung des Funkenankers wird dadurch herbeigeführt, daß man das Nähern und Entfernen des Ankers durch einen Rotationsmechanismus bewirkt (Fig. 1123 E, 27). Derartige Maschinen entstanden schon bald nach Entdeckung der Magnetinduktion durch Faraday. Fig. 730 (S. 890) zeigt die Konstruktion von Stöhrer. Der Anker ist hier hufeisenförmig gestaltet und die Windungen sind auf die beiden Schenkel des Hufeisens aufgebracht. Sie stehen mit einem Kommutator in Verbindung, welcher bewirkt, daß der Strom der Leitung stets in gleicher Richtung zugeführt wird[1].

Fig. 1123.

[1] Wenn eine solche Maschine nicht gebraucht wird, legt man auf die Stahlmagnete ein Stück weichen Eisens, welches beim Gebrauche wieder entfernt werden muß. Stahlmagnete müssen ganz besonders hart sein, weil sonst der Apparat durch das wiederholte Annähern

Ähnlich wie bei den Elektromotoren kann die Wirkung gleichmäßiger gemacht, d. h. der erzeugte pulsierende Gleichstrom in einen weniger stark pulsierenden verwandelt werden, wenn man zwei zueinander gekreuzte Anker verwendet und dementsprechend einen vierteiligen Kommutator. Es lagern sich dann zwei pulsierende Ströme übereinander, welche in ihren Phasen derart gegeneinander verschoben sind, daß der eine immer dann seine größte Stärke erreicht, wenn der andere unterbrochen ist, so daß sie sich gegenseitig ergänzen und einen ziemlich gleichförmigen resultierenden Strom liefern. Noch besser wird natürlich die Wirkung, wenn man die Zahl der Anker abermals verdoppelt und entsprechend einen 8 teiligen Kollektor verwendet u. s. w.

Man gelangt so zu der bereits früher besprochenen Scheibenarmatur oder, wenn man die Kerne der Spulen radial zur Achse setzt, wie z. B. bei Fig. 18 u. 22, Taf. III, zur Polarmatur (Fig. 2, Taf. III).

Auch die anderen früher (S. 390 ff., 531) als Elektromotoren benutzten Vorrichtungen können ohne weiteres als magnetoelektrische Maschinen Verwendung finden, also insbesondere die Doppel-T-Anker- oder Cylinderarmatur (Trommelarmatur), sowie die Ringarmatur.

334. Rotierende Spule ohne Eisenkern. Der einfachste Fall einer Cylinderarmatur ist eine in homogenem Magnetfelde rotierende Drahtrolle (Fig. 1030, S. 514). Ein einzelner von einem Ende der Achse bis zum anderen reichender halbkreisförmiger Draht derselben schneidet bei einer halben Umdrehung, indem er sich aus der Ebene der festen Rolle herausdreht, bis er sie wieder erreicht, sämtliche N-Kraftlinien, die durch die Rolle hindurchgehen. Die in ihm induzierte Spannung beträgt also, wenn n die Anzahl Umdrehungen pro Sekunde, somit $\frac{1}{2 \cdot n}$ die Dauer einer halben Umdrehung, $N \cdot 2 \, n$ Volt. Die Spannungen sämtlicher C Drähte, die man zählt, wenn man um die Rolle herumgeht, addieren sich, die resultierende Spannung ist also die C fache, falls die Windungen sämtlich hintereinander geschaltet sind. Besteht die Rolle wie gewöhnlich (um die Achse bequem durchstecken zu können) aus zwei parallel geschalteten Hälften, so ist die mittlere Gesamtspannung $^1/_2 \cdot N \cdot 2 \, n \cdot C$ oder

$$E = C \cdot N \cdot n \ \text{Volt}[1].$$

Die durch die Sekundärspule gehende Zahl von Kraftlinien ist: $F \cdot H$, wenn F die Querschnittsfläche der Sekundärspule in Quadratmetern ($= \pi R^2$, wenn R deren Radius) und H die Feldintensität ist, welche nach § 279 (S. 474)

$$= \frac{4 \pi s J}{10^7 \cdot d} \ \text{Kilogramm pro } g/10 \ \text{Mikroweber}$$

beträgt.

---

des Ankers infolge der Wirbelströme gar bald an Wirksamkeit verliert. Die Polflächen des Ankers müssen so gestellt werden, daß sie möglichst nahe vor den Polflächen des Magneten vorbeigehen, und dafür läuft die Umdrehungsachse des Ankers an den Spitzen zweier Schrauben, damit die Stellung reguliert werden kann. Als technische Anwendung können auch die Induktionstelegraphen von Wheatstone und Siemens u. Halske besprochen werden.

[1]) Wird zur Messung des Magnetismus an Stelle des Weber die 10^8 mal kleinere CGS-Einheit benutzt, so wird

$$E = C \cdot N \cdot n \cdot 10^{-8} \ \text{Volt}.$$

Würde die induzierte Spule um 90° gedreht im Verlaufe von t Sekunden, so wäre demnach die induzierte elektromotorische Kraft, wenn die Zahl der hintereinander geschalteten Windungen $C/4 = a$ gesetzt wird:

$$E = a \cdot \frac{N}{t} = a \cdot \frac{FH}{t} = a \cdot \frac{\pi R^2 \cdot 4 \pi s J}{10^7 \cdot d \cdot t} \text{ Volt.}$$

Setzt man die Drehung um 90° weiter fort, so treten ebensoviel Kraftlinien wieder in die Spule hinein, aber von der entgegengesetzten Seite, so daß abermals eine im gleichen Sinne wirkende elektromotorische Kraft von gleicher Größe entstände. Würde man die Drehung nochmals um 180° fortsetzen, so würde, da nun die Kraftlinienzahl abnimmt, sich die elektromotorische Kraft umkehren, im übrigen aber ihre Größe behalten. Für $a = 1120$ Windungen von 0,214 m mittlerem Radius bei vier Umdrehungen pro Sekunde und der Feldintensität 0,0395 Kilogramm pro

Fig. 1124.

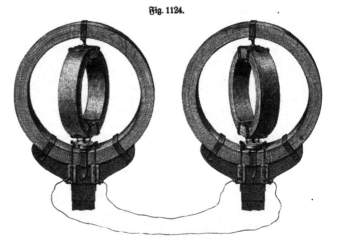

$g/10$ Mikroweber beträgt $E = 2.1120.3,14.0,214^2.0,0395.4 = 50$ Volt. Die Spannung ist also hinreichend groß, um sie mit einem gewöhnlichen Voltmeter messen zu können. Es ist ungefähr die mittlere Spannung, die das Voltmeter angibt, wenn die Schwingungsdauer der Nadel so groß ist, daß sie den Schwankungen der Spannung nicht folgen kann. Eine genauere Rechnung würde nämlich ein fortwährendes Schwanken der Spannung von Null bis zu einem Maximalwert und wieder zu Null ergeben. Wird die Rolle mit Schleifringen und Kontaktfedern zur Abnahme des Stromes versehen, so erfolgen die Schwankungen abwechselnd im einen und im entgegengesetzten Sinne, der Apparat liefert Wechselstrom.

Ein gewöhnliches Elektrometer oder Voltmeter mit Eisen würde auch in diesem Falle, da der Ausschlag nicht von der Stromrichtung abhängt, dieselbe mittlere Spannung zeigen. Um die Spannung in einem bestimmten Momente zu erfahren, müßte man die Schleifringe durch Kontaktknöpfe ersetzen, welche in diesem Momente die Federn berühren.

Früher (S. 556) wurde gezeigt, daß sich die Vorrichtung Fig. 1030 (S. 514) auch als Elektromotor gebrauchen läßt. Indem man also zwei solche Apparate verbindet, wie Fig. 1124 zeigt, kann man sich leicht eine elektrische Kraftübertragung herstellen. Dreht man die bewegliche Spule links, so kommt die auf der rechten Seite von selbst in Rotation. Ebenso umgekehrt. Man stellt den einen Apparat auf der einen Seite des Auditoriums auf, den anderen auf der entgegengesetzten.

335. Verstärkung der Induktion durch Eisenkerne. Da nach § 223 (S. 356) weiches Eisen die Eigenschaft hat, Kraftlinien in sich hineinzuziehen und gewissermaßen zu verdichten, und da nach § 325 (S. 543) die induzierte elektromotorische Kraft der Kraftlinienzahl proportional ist, ist man imstande, durch Anwendung von Eisen die Induktion bedeutend zu verstärken. So kann man z. B. trotz der kleinen Windungsfläche ähnliche Wirkungen wie mit dem Erdinduktor auch mit dem in Fig. 577 (S. 317) abgebildeten Apparate erhalten. Man bringt ihn in den magnetischen Meridian und stellt einen Multiplikator in solcher Entfernung auf, daß die Bewegung des Eisenkernes auf die Multiplikatornadel nicht mehr einwirkt. Ein Abstand von 2 bis 3 m genügt. Hat man sich dessen versichert, so setzt man den Multiplikator durch Drähte mit dem Apparat in Verbindung, hält den Eisenkern in der Richtung der Inklination fest und wartet, bis die Nadel ihre Gleichgewichtslage eingenommen hat. Dreht man nunmehr den Eisenkern innerhalb der Ebene des magnetischen Meridians um etwa 180°, doch so, daß die Achsen, an denen die Schneiden sich befinden, mit dem Stahllager in steter Berührung bleiben, so beobachtet man einen deutlichen Ausschlag der Nadel. Ist die Nadel wieder in ihre Gleichgewichtslage zurückgekehrt, so erfolgt der Ausschlag, wenn der Eisenkern wieder in die alte Lage zurückgeführt wird, in der entgegengesetzten Richtung (E, 45 bis 85).

336. Der Cylinderinduktor. Ein kleines Modell einer magnetoelektrischen Maschine mit Doppel-T-Anker zeigt Fig. 1125 (E, 56). Der Deutlichkeit wegen ist der Eisenkern des Ankers fortgelassen und nur die Drahtschleife beibehalten.

Größere Magnetinduktoren, wie Fig. 1126 (Lb, 28) und 1127 (Lb, 260), finden mannigfache Anwendung, z. B. zum Betrieb von Wechselstromklingeln, Wheatstones Zeigertelegraph, des Induktionstelegraphen von Siemens, der elektrischen Läuteapparate bei Eisenbahnen, Telephonstationen u. s. w.[1]), ferner als Zündapparate für Automobil- und stationäre Motoren[2]), Minenzündung[3]) u. s. w.

---

[1]) Siehe Katalog der Telephon-Fabrik A.-G. vorm. J. Berliner, Hannover, Kniestraße 18, S. 85. — [2]) Als Spezialität bauen solche Fr. Sturm, elektrotechn. Fabrik, Stuttgart; Keiser u. Schmidt, Berlin, u. a. Fig. 1128 (s. a. Fig. 789, S. 392) zeigt ein einfaches Maschinchen von Leppin u. Masche, Berlin. Es ist für gleichgerichtete Ströme und für Wechselströme eingerichtet und kann auch beim Durchleiten eines Stromes (von zwei Bunsenschen Elementen) als Elektromotor gebraucht werden, welcher z. B. dazu dienen kann, eine Influenzmaschine zu treiben. Bei der Benutzung als Elektrizitätserzeuger wirkt es etwa in der Stärke eines Bunsenschen Elementes. — [3]) Fig. 1129 zeigt eine solche Maschine von Siemens u. Halske, Wernerwerk, Berlin-Nonnendamm, mit Vorrichtung zur Vermeidung von Versagern, welche die Leitung erst einschaltet, wenn der Anker die nötige Geschwindigkeit hat. Fig. 1130 stellt die Maschine in Zink-Aluminiumgehäuse dar.

Fig. 1125.

Fig. 1126.

Fig. 1127.

Fig. 1130.

Fig. 1128.

Fig. 1129.

337. Armaturen ohne Eisen. Auch für die Trommelarmatur gilt dieselbe Gleichung wie für die einfache Drahtschleife oder Drahtrolle[1]). Ist beispielsweise die

Fig. 1131.

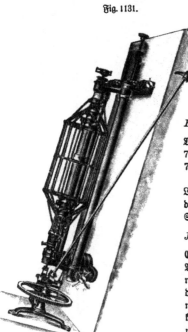

Zahl der Ankerdrähte bei dem Modell Fig. 1071 (S. 530) $C = 8$, ist die Feldintensität wie oben (S. 532) $= 0,028$, die Länge der Drähte $= 0,47$ m, die Breite der Windungen $= 0,35$ m und erfolgen 100 Umdrehungen in 12 Sekunden, so ist die induzierte Spannung:

$$E = 8 . 0,028 . 0,47 . 0,35 . \frac{100}{12} = 0,3 \text{ Volt.}$$

Würden die einfachen Drähte durch je 7 Windungen ersetzt, so würde sich $7 \times 0,3 = 2,1$ Volt ergeben.

Ist der Widerstand der äußeren Leitung $= R$, der innere Widerstand der induzierten Rolle $= W$, so ist die Stärke des induzierten Stromes:

$$J = \frac{E}{R + W} = \frac{C . N . n}{R + W} \text{ Ampere.}$$

Eine Trommelarmatur ohne Eisen findet Verwendung bei dem Rotationsinklinatorium von Wild (Fig. 1131)[2]). Hat die Achse die Richtung der Inklinationsnadel, so entsteht bei Drehung der Armatur kein Strom. Dies ist also das Erkennungsmittel, ob bei Änderung der Achsenrichtung die Inklinationsrichtung erreicht ist.

338. Armaturen mit Eisen[3]). Durch Einbringen von Eisenkernen kann man leicht die Verstärkung der induzierten elektromotorischen Kraft nachweisen, z. B. kann man auf die Achse ein auf einer Hülse befestigtes System von Eisenblechscheiben aufsetzen.

Das Eisen muß zerteilt sein, damit das Entstehen von Induktionsströmen in den Eisenmassen selbst und dadurch unnötiger Energieverlust vermieden wird.

Wurde in die Drahtrolle Fig. 750 (S. 394) ein wirklicher Trommelanker einer Dynamomaschine statt des Drahtmodells Fig. 1071 (S. 530) eingesetzt, für welchen war: $C = 40$, $n = 12$, Drahtlänge $= 0,17$, Breite $= 0,14$, so hätte, falls H, wie im

---

[1]) Setzt man an Stelle der Umdrehungszahl n pro Sekunde die gewöhnlich angegebene Tourenzahl pro Minute $v = 60 n$, schreibt man ferner $M = \frac{N}{2 . A}$, wenn A der Querschnitt der induzierten Spule, und $f = \frac{C . A}{30}$, so wird $E = f . M . v$ Volt. f heißt nach O. Frölich „Ankerkonstante", M „Magnetismus". — [2]) Zu beziehen von dem physik.-mechan. Institut von Prof. Edelmann, München, zu 1000 Mk. — [3]) Ein betriebsfähiges Modell, welches sehr übersichtlich die Einrichtung des v. Hefner-Alteneck'schen Trommelinduktors zeigt, ist in Fig. 751 (S. 395) abgebildet (K, 60). Ein nur aus Pappe hergestelltes Modell nach Fig. 750 (S. 394) liefert G. Lorenz in Chemnitz zu 22 Mk.

Falle ohne Eisen, $= 0{,}028$ gewesen wäre, $E = 40.0{,}028.0{,}17.0{,}14.12 = 0{,}817$ Volt sein müssen. In Wirklichkeit ergab sich wegen der Verdichtung der Kraftlinien beträchtlich mehr.

Unter Benutzung eines großen Elektromagneten mit aufgesetzten geeigneten Polschuhen (Fig. 6, Taf. III) an Stelle der induzierenden Drahtrolle kann man ferner zeigen, in wie hohem Maße auch Erhöhung der Feldintensität durch eingebrachtes Eisen die induzierte elektromotorische Kraft steigert.

Man kann ebenso eine Ringarmatur ohne Eisen herstellen (Fig. 1072, S. 530). Sei wieder C die Anzahl der außen am Ringe gezählten Drähte, also die Zahl der hintereinander geschalteten Windungen $C:2$ und N die gesamte Kraftlinienzahl, welche durch beide Ringhälften hindurchgeht, also die maximale Kraftlinienzahl, welche eine Windung einschließen kann, $N/2$, so ist für einen ganzen Umlauf einer Windung die mittlere elektromotorische Kraft $4 \cdot \dfrac{N}{2} = 2\,N$ Volt, folglich für alle Windungen $= C.N$ und für n Umläufe, d. h. für eine Sekunde

$$E = C.N.n \text{ Volt},$$

ebenso wie für den Trommelanker.

Bei dem betrachteten Apparate war der Querschnitt des Ringes $0{,}13 \times 0{,}13$ m $= 0{,}0169$ qm, $H = 0{,}061$, somit $N = 2.0{,}0169.0{,}061 = 0{,}00206$, ferner $C = 28$, somit für 10 Umdrehungen pro Sekunde

$$E = 28.0{,}00206.10 = 0{,}576 \text{ Volt},$$

wie man leicht mittels eines gewöhnlichen Demonstrationsgalvanometers von hohem Widerstand nachweisen könnte.

Bei einem anderen Versuch war $n = 5 \cdot \dfrac{75}{68}$,

$$E = 28.0{,}028.0{,}16.0{,}16.2.5 \cdot \frac{75}{68} = 0{,}215 \text{ Volt}.$$

Um den Einfluß des Eisens zu zeigen, benutze ich ein zweites Modell, bei welchem der Draht auf eine Rolle oxydierten oder lackierten Eisendrahtes von etwa 1 mm Stärke aufgewickelt ist.

Schematische Darstellungen verschiedener Armaturformen sind bereits oben S. 391 und 530 gegeben.

Fig. 1132.

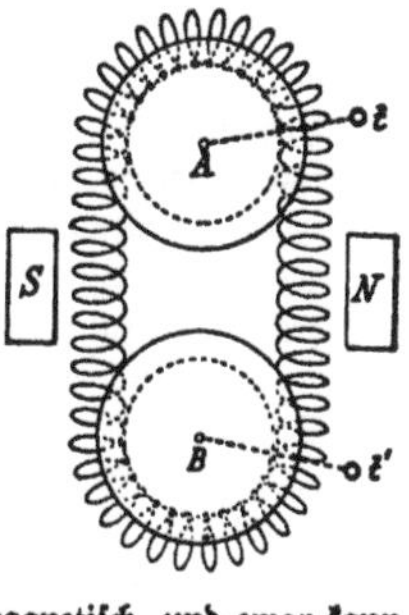

Ein eigenartiges Ringarmaturmodell ohne Eisen, welches in Fig. 1132 dargestellt ist, stellte F. J. Smith her aus einer steifen endlosen Kupferdrahtspirale, welche über die Metallrollen A und B ähnlich wie ein Riemen gelegt ist und sich beim Drehen derselben an den Magnetpolen S und N vorbeischiebt. Der Strom wird von zwei Klemmschrauben t und t' abgeleitet, welche mit den Achsen der Räder verbunden sind.

Die Wirkung eines Grammeringes mit Eisen kann auch auf den Fall der Induktion durch Einschieben eines Magnetstabes zurückgeführt werden. Zwischen den beiden Polen des Magneten NS (Fig. 1133) wird der Eisenring magnetisch, und zwar kann man sich denselben aus zwei halbringförmigen Magneten zusammengesetzt denken, von denen jeder seinen Südpol bei s, den Nordpol aber bei n hat, und die nach der Ampèreschen Theorie von Strömen umkreist werden, deren Richtungen durch die links und rechts von s und n gezeichneten Pfeile angegeben sind. Wird nun der Ring umgedreht, so drehen sich wohl die Spulen und die Kommutatorlamellen mit der Welle, dagegen bleiben die beiden Pole s und n an ihrem Orte. An-genommen, die Drehung erfolge im Sinne des Pfeiles mv, so nähern sich die Drahtwindungen auf dem Ringviertel as fortwährend dem Südpol auf der linken Seite von s und es wird daher in ihnen fortwährend ein Strom induziert, welcher die entgegengesetzte Richtung des links von s gezeichneten Pfeiles hat; dieser Strom bewegt sich somit durch die Drahtwindungen von a gegen s. Die Windungen auf dem Ringviertel ab entfernen sich fortwährend von dem Südpol auf der rechten Seite von s; es wird daher in ihnen ein Strom induziert, welcher die gleiche Rich-tung des rechts von s gezeichneten Pfeiles hat; dieser Strom bewegt sich somit durch die Windungen von s gegen b, nachdem er bei s sich mit dem von a nach s

Fig. 1133.　　　　　　　　Fig. 1134.

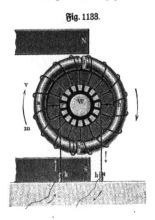 

fließenden Strome vereinigt hat. Die Windungen auf dem Ringviertel an entfernen sich fortwährend von dem links von n gelegenen Nordpol; es wird daher in ihnen ein Strom induziert, welcher die gleiche Richtung des links von n gezeichneten Pfeiles hat; dieser Strom bewegt sich von a gegen n. Die Windungen auf dem Ringviertel nb endlich nähern sich fortwährend dem rechts von n gelegenen Nordpol; es wird daher in ihnen ein Strom induziert, welcher die entgegengesetzte Richtung des rechts von n gezeichneten Pfeiles hat; dieser Strom bewegt sich durch die Drahtwindungen von n gegen b, nachdem er bei n sich mit dem von a gegen n fließenden Strome vereinigt hat.

Während also der Ring sich im Sinne des Pfeiles mv umdreht, fließen zwei Ströme durch die Drahtwindungen, der eine von a über s, der andere von a über n nach b, wo sie sich vereinigen. Von hier fließt der Strom durch die Kommutator-lamelle bi nach dem Drahtbündel ih und der Klemmschraube h in die äußere Leitung und kehrt aus dieser durch die Klemmschraube k, das Drahtbündel kr und die Kommutatorlamelle ra wieder in die Drahtwindungen zurück.

Ein ganz einfaches Modell, bestehend aus zwei zu einem drehbaren Ring zu-sammengesetzten halbkreisförmigen Magneten und zwei darüber geschobenen, an

Fig. 1135.

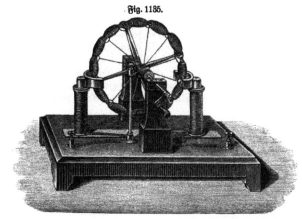

Fig. 1136. Fig. 1137.

Fig. 1138.

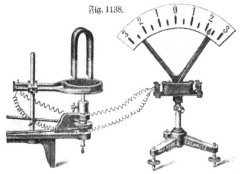

36*

einem Stative befestigten Induktionsspulen, sowie zwei geraden, zu einem Stabe vereinigten Magneten, nach Zwick's Angaben zeigt Fig. 1184 (E, 150 [1]).

Die bereits oben (S. 398) besprochene Modellmaschine von Bolte [2] kann sowohl mit Trommelinduktor wie auch Ringinduktor benutzt werden [3].

Zur schematischen Darstellung der Gramme schen Maschine bedient sich Pfaundler eines Modells von Pappe, welches sich leicht zerlegen und wieder aufbauen läßt (Fig. 1141 E, 40). An einer vertikalen Holztafel kann eine Scheibe aus Pappe rotieren. Die Achse der letzteren geht durch die Tafel hindurch und ist auf

---

[1] Ein ähnliches Modell mit feststehendem Magnetring und beweglichen Spulen liefert dieselbe Firma zu 140 Mk. Ein Modell, welches zu gleicher Zeit die Einrichtung der Gramme schen Maschine demonstrieren läßt und auch einen Strom liefert, der imstande ist, das Vertikalgalvanometer abzulenken (Fig. 1135), wird, nach Angaben von

Fig. 1139.

Pfaundler, von Dr. Houde! u. Hervert in Prag hergestellt (Preis 40 fl.). Durch einen starken Strom kann es auch als Elektromotor benutzt werden. Ein durch Umgehung des Kollektors und Anwendung blanken Drahtes für die Bewickelung des Ringes sehr vereinfachtes Modell einer Gramme schen Maschine (nach Weinhold) zeigt Fig. 1136 (E, 48). Dasselbe ist ebenfalls als Motor verwendbar. Ein kleines Modell zum Aufsetzen auf die Schwungmaschine stellt Fig. 1137 (Lb, 68) dar, ein einfacheres Fig. 1138 (K, 35). — [2] Zu beziehen von Leybolds Nachf. in Köln zu 175 Mk., Galvanometer dazu 20 Mk., Glühlampe auf Fuß 6,20 Mk. — [3] Magnetoelektrische Maschinen, welche mit einer kleinen Turbine für mindestens 3 1/2 Atm. Druck direkt gekuppelt sind zur Erzeugung starker Ströme von geringer Spannung, liefern nach Fig. 1139 (Lb, 200) P. Jenisch u. Boehmer, Berlin, Werkhof, Markusstr., speziell zum Betriebe kleiner galvanischer Bäder (Fig. 1140) zu 75 bis 125 Mk. Die Leistung beträgt bei dem kleineren Modell bei 2 bis 9 Atm. Wasserdruck 2 bis 9 Watt, bei den größeren 4 bis 18 Watt. Anschlußschläuche mit Verschraubung kosten extra 8,50 Mk. Die Anker werden auch für höhere Spannung gewickelt, so daß sich die Apparate zum Laden kleiner Akkumulatoren, zum Speisen kleiner Glühlampen und zum Betriebe von Induktionsapparaten eignen. Leybolds Nachf. liefern die Maschine auch zur Abnahme von Wechsel- und Drehstrom eingerichtet. Vor erstmaligem Gebrauche ist die Maschine zu ölen Zu diesem Zwecke gießt man in das untere Spurlager (unterhalb des Ankers) so viel Öl, bis dieses nicht mehr aus der seitlichen Mulde fließt. Um das obere Spurlager, welches während des Betriebes automatisch schmiert, zu ölen, wird die Antriebstrommel und die auf dem Lager liegende Gummiplatte entfernt. Man gießt nun in den oberen Ölbehälter reichlich zwei Fingerhüte voll Öl. Beim Zusammensetzen ist darauf zu achten, daß die beiden S-förmigen Ausflußöffnungen genau in der halben Höhe der Trommel liegen.

der Rückseite mit einer Kurbel versehen. Auf der Scheibe ist ein Eisenring mit
einigen Windungen von dickem Draht aufgemalt, wobei aber diejenigen Stellen,
wo der Eisenring direkt sichtbar ist, aus der Pappe ausgeschnitten und nur auf
Pauspapier, welches über diese Ausschnitte geklebt ist, aufgemalt sind, so daß der
weiße Hintergrund durch das Pauspapier durchscheint. Auf letzterem sind die Stellen,
welche den Polen der Magnete gegenüber liegen, mit verschiedenen Farben bemalt,

Fig. 1140.

die also ebenfalls durch das Papier durchschimmern. Dreht man die Scheibe, so
bleiben die den Magnetpolen gegenüberliegenden Stellen des Ringes immer gleich
gefärbt, so wie sie in Wirklichkeit immer nord-   **Fig. 1141.**
bezw. südmagnetisch bleiben. Die Kollektorstäbe
und Bürsten sind durch bronzefarbig angestrichene
Holzstäbchen ersetzt. Der hufeisenförmige Magnet
ist aus Holz hergestellt und kann, wenn er einen
Elektromagneten vorstellen soll, mit einer dicken
Schnur umwickelt werden.

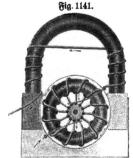

Hammerl (Z. 9, 33, 1896) hat das Modell
so abgeändert, daß man den Verlauf der Ströme
im Grammering nicht nur im Fall des Gleichstromes, sondern auch bei Wechselstrom und Drehstrom anschaulich sichtbar machen kann. In einem
vertikal stehenden Brette befindet sich eine 40 cm
weite, durch eine Glasscheibe verschlossene kreisförmige Öffnung. In der Mitte ist
eine drehbare Achse mit einer gleich großen Glasscheibe angebracht, auf welcher
eine Kartonscheibe mit der Zeichnung des Grammeschen Ringes befestigt ist, aus
welcher die Leitungen, Windungen und Kollektoren herausgeschnitten sind. Auf die
Rückseite der feststehenden Scheibe wird eine Kartonscheibe aufgesetzt mit Schlitzen
von solcher Gestalt, daß bei Beleuchtung auf der Rückseite Lichtpunkte hervortreten
infolge der Überdeckung der beiden Kartons, welche sich bei Drehung des beweglichen verschieben und den Verlauf der Ströme sichtbar machen. Der übrige Teil

der Dynamomaschine ist auf das Brett aufgemalt und wird durch schwächere Beleuchtung von vorn sichtbar gemacht. Durch ein auf die bewegliche Scheibe geklebtes Seidenpapier wird die Beleuchtung von der Rückseite gleichförmig gemacht (Fig. 1142 u. 1143 K, 75).

Fig. 1142.　　　　　　　　　　　　　　　　　Fig. 1143.

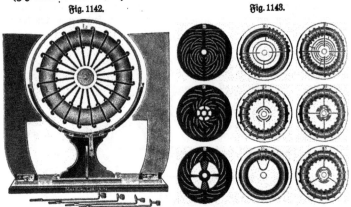

Fig. 1144.

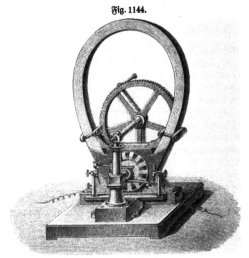

Eine kleine Maschine mit permanentem Magneten und Grammeschem Ring für Handbetrieb, etwa acht Bunsenschen Elementen entsprechend, zeigt Fig. 1144[1]).

---

[1]) Sie wird mit schwachem oder starkem Draht, je nachdem Ströme von großer oder geringer Spannung erzeugt werden sollen, geliefert von Warmbrunn, Quilitz u. Co., zu 700 Mk. Ein kleines Modell einer Gramme=Maschine mit Elektromagnet (Fig. 1145) liefern Keiser u. Schmidt in Berlin N., Johannisstr. 20, zu 125 bis 140 Mk., dazu

Eine größere Modellmaschine ist dargestellt in Fig. 1146 (K, 165). Die elektro=
technische Fabrik von C. u. E. Fein in Stuttgart liefert Dynamomaschinen mit

Fig. 1145.

Fig. 1146.

Schwungradmechanismus für Handbetrieb nach Fig. 1147[1]) und zwar zweipolige
Maschinen

für	100	150	220	350	500	Watt Leistung
bei	6 bis 30	6 bis 30	10 bis 65	10 bis 65	20 bis 110	Volt
und	0,20	0,30	0,45	0,75	0,90	PS Kraftbedarf

einen kleinen Motor mit Pacinottischem Ring zu 12,50 Mk. Die Maschine, welche nur
geringe Kraft erfordert, liefert 3 Amp. bei 12 Volt und vermag 30 ccm Wasser in der
Minute zu zersetzen, einen Platindraht von 0,2 mm Dicke und 12 cm Länge zum Glühen
zu bringen oder zwei Glühlampen von je 5 Volt Spannung zu speisen.

[1]) Die hier gezeichnete Form der Dynamomaschine ist indes neuerdings etwas ab=
geändert worden.

zu folgenden Preisen:

a) für Gleichstrom 95   135   175   215   265 Mk.
b) für Gleich-, Wechsel- und Drehstrom 120   165   210   260   310 „

Vierpolige Maschinen

für	150	220	350	500	725	Watt Leistung
bei	6 bis 30	6 bis 30	10 bis 65	10 bis 65	20 bis 110	Volt
und	0,30	0,45	0,75	0,90	1,40	PS Kraftbedarf

zu folgenden Preisen:

a) für Gleichstrom 125   165   200   250   310 Mk.
b) für Gleich-, Wechsel- und Drehstrom[1] 150   195   235   300   360 „

Fig. 1147.

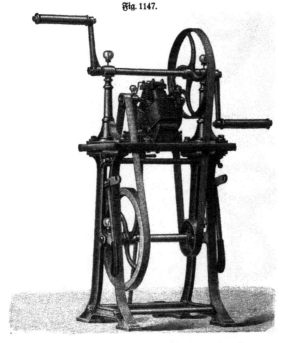

Die in Fig. 1148 dargestellte Dynamomaschine für Handbetrieb[2] liefert 65 Volt und 8 Amp., natürlich nur für sehr kurze Zeit, da auf die Dauer der Betrieb einer Handmaschine zu anstrengend ist[3].

[1] Letztere sind auch als Motoren, sowie als rotierende Umformer zu gebrauchen. Bei Verwendung als Wechselstrommaschinen beträgt die Spannung 75 Proz., als Drehstrommaschinen 65 Proz. der entsprechenden Gleichstromspannung. — [2] Zu beziehen von Th. Müller, elektrotechn. Fabrik, Zerbst in Anhalt, zu 400 Mk. — [3] Siehe ferner die Universalmaschine von Leybolds Nachf. in Köln (bei Wechselstrommaschinen S. 583, Fig. 1160). Bezüglich der Maschinen der Gebr. Fraas in Wunsiedel muß auf den Katalog der Firma verwiesen werden.

Fig. 1148.

Fig. 1149.

Fig. 1150.

Fig. 1151.

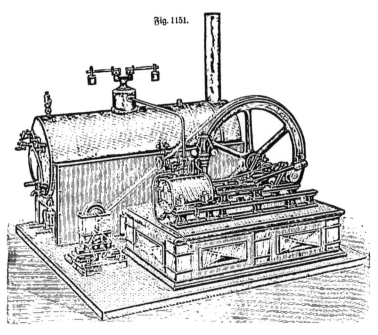

Bequem zu betreiben ist die mit zwei Pedalen versehene Maschine Fig. 1149, welche speziell zum Laden kleiner Akkumulatoren dient [1]).

339. Berechnung der Dynamomaschinen. Die Wirkung von magnetoelektrischen Gleichstrom- oder Wechselstrommaschinen mit Eisen ergibt sich aus der Formel für den magnetischen Widerstand (S. 474) ohne weiteres. Ist l_1 die Länge, welche die Kraftlinien in dem aus Gußeisen hergestellten Elektromagneten vom Querschnitt A_1 zurücklegen, l_2 die Länge in beiden Luftschichten (Querschnitt A_2)

Fig. 1152.

Fig. 1153.

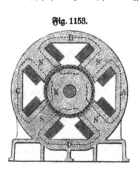

und l_3 in dem aus Schmiedeeisen bestehenden Ankerkern (Querschnitt A_3), so ist der magnetische Widerstand, falls der Magnetismus weit vom Sättigungswert entfernt ist [2]):

$$N = \frac{s\,i}{\dfrac{10^7}{4\,\pi}\cdot 0{,}00127\cdot\dfrac{l_1}{A_1} + \dfrac{10^7}{4\,\pi}\cdot\dfrac{l_2}{A_2} + \dfrac{10^7}{4\,\pi}\cdot 0{,}00085\cdot\dfrac{l_3}{A_3}}$$

und nach § 338 (S. 561)

$$E = C.\,N.\,n \ \text{Volt.}$$

Beispielsweise seien bei der in Fig. 1154 dargestellten Maschine die Dicke des Luftzwischenraumes zu beiden Seiten des Ankers = 0,003 m, die Dicke des Ankers

---

[1]) Zu beziehen von J. Carl Hauptmann, Elektromotoren-Werke, Leipzig, Eilenburgerstr. 11, zu 400 Mk. Eine Dynamomaschine mit Gasmotor zum Antrieb liefern Paul Gebhardt Söhne, Berlin C., Neue Schönhauserstr. 6, zu 375 Mk. Leybolds Nachf. in Köln liefern eine solche nach Fig. 1150 zu 415 Mk.; eine Dynamo zum Betrieb mit Dampfmaschinenmodell nach Fig. 1151 zu 580 Mk. Physikalische Musterbogen als Anleitung zur Selbstherstellung einer kleinen Flachringdynamomaschine liefert Hugo Peter, Verlagshandlung, Halle a. S, zu 5 Mk. Vgl. auch Hopkins, Der praktische Experimentalphysiker, S. 311. Elektrotechnische Wandtafeln nach C. Sternstein sind zu beziehen von der Creutzschen Verlagsbuchhandlung und Lehrmittelanstalt in Magdeburg; jede Serie 6 Tafeln 70 × 90 cm roh 10 Mk., auf Leinwand gezogen mit Stäben 19 Mk. Bezugsquellen größerer Dynamomaschinen sind angegeben in Bd. I(1), S. 109. Nachzutragen wären noch Rheinische Elektro-Maschinenfabrik G. m. b. H., Krefeld. Bezugsquellen für Dynamobürsten siehe Bd. I(1), S. 110; ferner: Galvanische Metallpapierfabrik A. G., Berlin N. 39. Schalttafeln für Schulen liefern auch Georg Beck u. Co., Berlin NO., Georgenkirchstr. 64. — [2]) Für eine vierpolige Maschine, welche in Fig. 1152 perspektivisch und in Fig. 1153 im Durchschnitt gezeichnet ist, hat man, wie die Durchschnittsfigur deutlich erkennen läßt, vier getrennte magnetische Kreise, die Kraftlinienzahl N ist somit für jeden einzelnen gemäß § 280 (S. 474 ff.) zu berechnen.

0,1 m und der Durchmesser des Eisenringes = 1,2 m. Derselbe bestehe, wie der Anker, aus Schmiedeeisen, und die drei Querschnitte A_1, A_2 und A_3 seien gleich groß = 3,14.0,05² qm. Die Windungszahl des Ringes sei 27, die Stärke des Magnetisierungsstromes = 40 Amp., die Zahl der Ankerdrähte 16, die Umbrehungszahl des Ankers 50 Touren pro Sekunde. Es ergibt sich:

$$N = \frac{27.40.4.3,14.3,14.0,05^2}{10^7\,(0,00085.(3,14.1,2-0,106)+0,006)} = 0,0117\,\frac{1}{4\pi}\text{ Weberkraftlinien,}$$

also

$$E = 16.0,0117.50 = 9,3 \text{ Volt.}$$

Fig. 1154.

Bei der Dynamomaschine ist im Gegensatz zur magnetoelektrischen der Magnetisierungsstrom nicht gegeben, sondern wird durch die Maschine selbst erzeugt, hängt also vom äußeren Widerstand ab.

Bei der eben betrachteten Maschine müßte also der Gesamtwiderstand der Leitung einschließlich Anker- und Magnetschenkelwiderstand

$$W = \frac{E}{J} = \frac{9,3}{40} = 0,233 \text{ Ohm}$$

gewählt werden, damit sie gerade die angegebene elektromotorische Kraft erzeugt.

Ist allgemein der Widerstand der äußeren Leitung = R, der der Drahtwindungen in der Maschine, d. h. der Magnetschenkelwickelungen und der im allgemeinen aus zwei parallelen Zweigen bestehenden Ankerbewickelung, der sogenannte innere Widerstand = W, so ist nach dem Ohmschen Gesetze $J = \dfrac{E}{R+W}$, somit $E = J.(R+W)$. Man findet also die sogenannte elektromotorische Kraft der Maschine, indem man die Stromintensität mit der Summe des äußeren und inneren Widerstandes multipliziert. Nennt man e die Klemmenspannung der Maschine, d. h. die Spannungsdifferenz zwischen den Klemmschrauben derselben, so ist ebenfalls nach dem Ohmschen Gesetze $J = \dfrac{e}{R}$ oder $R = \dfrac{e}{J}$, d. h. man findet den Widerstand der äußeren Leitung, indem man die Klemmenspannung in Volt durch die Stromstärke in Ampere dividiert.

Trägt man die elektromotorische Kraft als Funktion der Stromstärke in ein Koordinatensystem ein, so ergibt sich die „Charakteristik" der Maschine. Zweckmäßig zieht man ferner die Gerade, welche für jede Stromstärke den inneren Spannungsverlust angibt, deren Neigung α gegen die Abszissenachse gegeben ist durch die Gleichung $tg\,\alpha = r_a + r_m$, wenn r_a der Ankerwiderstand und r_m der Widerstand der Magnetschenkel. Subtrahiert man die Ordinaten der Geraden von denjenigen der Magnetschenkel, so ergibt sich eine neue Kurve, die „äußere Charakteristik", welche die Beziehung zwischen Stromstärke und Klemmenspannung darstellt.

Ändert man die Tourenzahl, so ändert sich entsprechend der Formel $E = C.N.n$ Volt auch die Charakteristik.

340. Ankerreaktion. Die Formel für die im Anker induzierte elektromotorische Kraft einer magnetoelektrischen Maschine gilt zunächst nur für den offenen Strom-

kreis, d. h. wenn die Spannung mittels eines Elektrometers oder Voltmeters von hohem Widerstande gemessen wird, ohne daß die Klemmen der Maschine durch einen Draht miteinander verbunden find.

Ist letzteres der Fall, werden also die Windungen auf dem Anker von einem Strome durchflossen, so wird das Ankereisen in einer Richtung senkrecht zu den ursprünglichen Kraftlinien magnetisiert, und durch Kombination des hierdurch erzeugten mit dem ursprünglichen Magnetfelde ergibt sich ein neues, dessen Kraftlinien den Luftraum schief durchsetzen, als würden sie von dem bewegten Anker mitgerissen oder fortgeblasen. Soll also in diesem Falle die Formel Anwendung finden, so muß berücksichtigt werden, daß die Kraftlinienzahl infolge der Vergrößerung des Luftwiderstandes und durch das Hinzutreten einer neuen magnetomotorischen Kraft geändert ist. Es ergibt sich also eine veränderte elektromotorische Kraft, und zwar ist die Änderung, die sogenannte Ankerreaktion oder Armaturreaktion, abhängig von der Intensität des in den Ankerwindungen fließenden Stromes.

Fig. 1155.

An einer größeren, mittels eines Elektromotors betriebenen Dynamomaschine, deren Magnetschenkel man etwa durch Akkumulatorenstrom erregt, läßt sich die Armaturreaktion leicht dadurch erkennen, daß bei geschlossenem Stromkreise die (aus Widerstand und Stromstärke berechnete) induzierte elektromotorische Kraft nicht dieselbe ist, wie bei offenem, und daß sie mit steigender Stromstärke (reguliert durch Rheostaten) sinkt, da die wirksamen Kraftlinien durch den Strom im Anker um so stärker weggeblasen werden, je mehr letzterer ansteigt.

Ein kleines Modell, bei welchem sich mittels einer über Anker und Polschuhe aufgelegten Glasscheibe und aufgestreuter Feilspäne dieses Wegblasen der Kraftlinien bei geschlossenem Stromkreise durch die entstehenden Feilspankurven erkennen läßt, zeigt Fig. 1155 [1].

Die Funkenbildung am Kollektor kann verhindert werden durch Anbringen sogenannter „Wendepole", kleiner Pole zwischen den Hauptpolen [2].

---

[1] Über Demonstration der Ankerreaktion siehe Weiler, Zeitschr. 8, 315, 1895. —
[2] E. H. Geist, Elektrizitäts-Aktien-Gesellschaft, Köln, liefert solche Maschinen, welche Belastungsschwankungen bei fester Bürstenstellung von Leer bis 100 Proz. Überlast ohne Funkenbildung zulassen.

341. Seriexmaschinen. Die Armaturreaktion ermöglicht eine Dynamomaschine so zu konstruieren, daß sie automatisch auf konstanten Strom reguliert. Man muß hierzu die Armaturreaktion durch Wahl dünner Magnetschenkel und großen Ankerquerschnitt genügend erhöhen. Steigt nämlich infolge Verminderung des äußeren Widerstandes die Stromstärke an, so werden die Kraftlinien des Magnetfeldes in höherem Maße fortgeblasen und die Stromstärke sinkt deshalb auf ihren früheren Wert zurück.

342. Nebenschlußmaschinen. Unter solchen versteht man die Dynamomaschinen, bei welchen nicht der Hauptstrom die Elektromagnete erregt, sondern ein von den Bürsten abgeleiteter Zweigstrom. Nimmt der äußere Widerstand ab, würde also die Stromstärke steigen, so wird der Strom im Nebenschluß und damit der Magnetismus der Schenkel infolge des Sinkens der Klemmenspannung schwächer und somit die Zunahme der Stromintensität kompensiert. Bei Zunahme des äußeren Widerstandes wird umgekehrt durch den Nebenschluß ein um so größerer Bruchteil des Gesamtstromes fließen, je größer der äußere Widerstand wird. Hierdurch wird der Magnetismus der Schenkel entsprechend gesteigert, also auch die Stromstärke.

Werden die Klemmen der Maschine kurz geschlossen, d. h. der Widerstand der Leitung = 0 gemacht, so geht kein merklicher Teil des Stromes durch die Magnetwicklungen, die Eisenkerne verlieren (theoretisch) ihren Magnetismus und die Maschine wird stromlos. Dies ist ein wesentlicher Vorteil gegenüber der Hauptstrommaschine, bei welcher bei genügender Betriebskraft die Stromintensität bei Kurzschluß so hoch anwachsen kann, daß die Isolation der Drähte durch Erglühen derselben zerstört wird. Ganz verschwindet übrigens auch bei Nebenschlußmaschinen der Strom nicht, da die Magnetschenkel noch remanten Magnetismus behalten, auch verschwindet bei größeren Nebenschlußmaschinen der Magnetismus nicht gleichzeitig mit dem magnetisierenden Strome, sondern unter Umständen so viel später, daß der Kollektor noch verbrennen kann.

Die Nebenschlußmaschinen eignen sich besonders zum Laden von Akkumulatoren, weil sie durch Umkehrung des Ladestromes sich nicht umpolarisieren lassen; auch wächst mit steigender Gegenkraft der Akkumulatoren der Strom in den Magnetschenkeln und damit die elektromotorische Kraft der Maschine.

343. Maschinen mit gemischter Wicklung (Gleichspannungsmaschinen). Die Praxis erfordert öfters, daß die Klemmenspannung von Maschinen bei wechselnder Belastung konstant bleibe. Die Nebenschlußmaschine verliert mit steigender Belastung infolge der Verluste im Anker und wegen der den Magnetismus der Feldmagnete abschwächenden Gegenwirkung des Ankers einen Teil ihrer Spannung. Die Hauptstrommaschine dagegen entwickelt gerade mit steigender Belastung höhere Spannung. Es ist also leicht einzusehen, daß durch passende Vereinigung dieser beiden Bewicklungsarten eine Maschine gewonnen werden kann, welche innerhalb gewisser Grenzen eine gleichbleibende Klemmenspannung liefert. Solche Maschinen mit Hauptstrom- und Nebenschlußwicklung heißen Verbund- (Compound-) Maschinen.

Hat man Akkumulatoren mit Compoundmaschinen zu laden, so pflegt man die Hauptstromwicklung auszuschalten.

Zum Nachweis, daß eine Dynamomaschine tatsächlich die berechnete Spannung und Stromstärke liefert, benutze ich eine Lahmeyermaschine für etwa 2 PS, Fig. 1156[1]), welche so vorgerichtet ist, daß sich sowohl die Spulen der Magnetschenkel, wie auch der Anker gegen anders gewickelte vertauschen lassen, so daß die Maschine sowohl als Hauptstrom-, Nebenschluß- und Verbundmaschine, wie auch

Fig. 1156.

für verschiedene Spannungen gebraucht werden kann. Sie ist, wie Fig. 139, Bd. I(1), S. 79 zeigt, auf einem mit Rollen versehenen eisernen Gestell angebracht und wird durch die den Fußboden durchbringende Transmission (8 PS) angetrieben, nachdem das Gestell zuvor auf untergeschobenen Klötzen am Fußboden festgeschraubt worden war. Durch einen Stockschlüssel, welcher auf das den Fußboden durchbringende Ende der Anlaßvorrichtung der Transmission aufgesetzt wird, kann letztere in Tätigkeit gebracht, sowie auch wieder abgestellt werden[2]). Über andere Formen von Dynamomaschinen siehe Bd. I(1), S. 78 u. ff. und S. 105 u. ff.[3]).

Fig. 1157.

Für Laboratoriumszwecke werden zuweilen Compoundmaschinen mit ausschaltbarer Hauptstromwicklung konstruiert. Man kann an einer solchen die drei Wicklungsarten der Dynamomaschine demonstrieren. Normal wirkt die Maschine als

[1]) Bezogen von den Deutschen Elektrizitätswerken (vorm. Garbe, Lahmeyer u. Co.) in Aachen. — [2]) Vgl. auch Bd. I(1), S. 86 u. ff. — [3]) Fig. 1157 zeigt eine Niederspannungsmaschine der Elektrizitätsgesellschaft Sirius, Leipzig, Bitterfelderstr. 2. Man ersieht aus dieser Figur deutlich, daß für solche Zwecke der Kollektor wesentlich größere Dimensionen erhalten muß als für schwächere Ströme bei höheren Spannungen.

Compoundmaſchine. Schaltet man die Hauptſtromwicklung aus, ſo hat man eine Nebenſchlußmaſchine, während man durch Öffnen des Nebenſchlußſtromkreiſes eine Hauptſtrommaſchine gewinnt [1]).

344. Arbeitsleiſtung bei Induktion. Ebenſo wie durch einen Strom pro Sekunde die Arbeit

$$\frac{1}{g} \cdot E. J. \, \text{kgm} = E. J \, \text{Watt} = \frac{1}{736} \cdot E. J \, \text{PS}$$

gewonnen werden kann, wird auch die gleiche Arbeit pro Sekunde verbraucht, wenn ein Strom durch Induktion in einer Magnetinduktionsmaſchine oder Dynamomaſchine erzeugt wird [2]).

Läßt man z. B. eine kleine Grammeſche magnetoelektriſche Maſchine bei offenem Stromkreiſe durch einen Gehilſen drehen und ſtellt dann plötzlich Kurzſchluß her, ſo tritt die bedeutende Erſchwerung im Gange der Maſchine infolge der Stromarbeit ſehr auffallend hervor.

Töpler bedient ſich eines Apparates analog der Atwoodſchen Fallmaſchine. Die Schnur trägt einerſeits ein Gewicht von 2 kg, das andere Ende iſt auf eine Trommel an der Achſe einer kleinen Dynamomaſchine aufgewickelt, ſo daß beim Herabſinken des Gewichtes die letztere mit zunehmender Geſchwindigkeit in Drehung verſetzt wird. Schließt man nun, während der Apparat im Gange iſt, plötzlich den Stromkreis, ſo wird das ſinkende Gewicht in ſeiner Bewegung aufgehalten. Ein beigegebener Hilfsapparat geſtattet ebenſo die Bewegungsenergie in potentielle Energie umzuſetzen, indem mit der Achſe im gewünſchten Momente durch Reibungskuppelung eine zweite Trommel verbunden wird, welche das Aufwinden eines ſchwereren Gewichtes beſorgt. Endlich kann ſie auch in gleicher Weiſe in Form von Bewegung eines Schwungrades aufgeſpeichert werden [3]).

Kuhfahl (Z. 10, 185, 1897) beſtimmt die Stromarbeit, indem er den Anker einer Dynamomaſchine, deren Feldmagnet durch Akkumulatorenſtrom erregt worden, mittels einer auf die Achſe gewickelten Schnur durch ein ſinkendes Gewicht in gleichmäßiger Umdrehung hält.

Zur genaueren Meſſung der Arbeit könnte man ein Transmiſſionsdynamometer verwenden (vgl. Bd. I(2), S. 1280); einfacher gebraucht man aber einen Elektromotor, deſſen Achſe leicht beweglich zwiſchen Spitzen gelagert iſt und an deſſen Geſtell, wie beim Pronyſchen Zaum, ein mit Wagſchale verſehener Hebel befeſtigt iſt. Man belaſtet dieſen ſo, daß er bei gleichmäßiger Drehung des Motors gerade horizontal ſteht.

Beiſpielsweiſe wurde gefunden, als der Stromkreis der Dynamomaſchine noch offen war (bei Leerlauf): 0,07 kg. Bei voller Belaſtung der Dynamomaſchine

---

[1]) Genaue Anleitung zur Berechnung von Dynamomaſchinen und Beſchreibung der techniſchen Konſtruktion findet man in den Lehrbüchern von E. Arnold, Berlin, Springer. Siehe ferner die Lehrbücher von G. Kapp, Fiſcher=Hinnen, Heinke, ferner Uppenborn, Kalender für Elektrotechniker, Strecker, Hilfsbuch für die Elektrotechnik, Riethammer, elektrotechniſches Praktikum, Müllendorff, Aufgaben aus der Elektrotechnik (Berlin, G. Siemens), E. Schulz, Beiſpiele zur Berechnung elektriſcher Maſchinen, Leipzig 1901, Hirzel, u. a. — [2]) Bei größeren Maſchinen ſind etwa 5 Proz., bei kleineren bis zu 20 Proz. und mehr für Arbeitsverluſte durch Reibungswiderſtände, Foucaultſche Ströme und dergleichen hinzuzuzählen. — [3]) Der Apparat iſt zu beziehen von O. Leuner, mechaniſches Inſtitut an der Techniſchen Hochſchule in Dresden, zu 90 Mk., dazu die beiden Nebenapparate zu 65 Mk.

war das erforderliche Gewicht 0,65 kg. Das erstere Gewicht entspricht der Reibungs-
arbeit, das letztere der Summe von dieser und der elektrischen Arbeit. Dieser allein
entspricht also das Gewicht 0,65—0,07 = 0,58 kg. Die Länge des Hebels
betrug 0,25 m, die Tourenzahl pro Sekunde 8, somit die Arbeit pro Sekunde
0,58.0,25.2 π.8 Kilogrammeter. Die Stromstärke war 9 Amp., also die elektromotorische Kraft x, da die Arbeit pro Sekunde $= \frac{1}{9,81}\cdot 9 . x$,

$$x = 0,58 . 0,25 . 2 . 3,14 . 8 . 9,81 . ^1/_9 = 14,7 \text{ Volt.}$$

Mit einem Voltmeter wurde bei offenem Stromkreise und gleich starker Erregung
der Magnetschenkel in der Tat eine elektromotorische Kraft von dieser Größe beobachtet. Bei einem anderen Versuch war das Gewicht bei Leerlauf 0,22, bei
Belastung mit Glühlampen (2 Amp.) 0,45, die Tourenzahl 13,4. Es ergibt sich
hieraus die elektromotorische Kraft = 21,7 Volt.

Um die zum Betriebe einer Dynamomaschine erforderliche Arbeit bequem übersehen zu können, ist es zweckmäßig, in das Schema, welches die Charakteristiken
für verschiedene Tourenzahlen darstellt, eine Schar Kurven (Hyperbeln) einzutragen,
von welchen jede sämtliche Punkte verbindet, für welche die Arbeit pro Sekunde
dieselbe (z. B. 1, 2, 3 Pferdekraft) ist. Man kann dann sofort ersehen, welche
Betriebskraft einer gegebenen Stromstärke und Tourenzahl entspricht und wie groß
die zugehörige Spannung oder der äußere und innere Widerstand ist.

345. Wirkungsgrad ist das Verhältnis der nutzbaren Stromarbeit zur gesamten. Ist die Spannungsdifferenz zwischen den Klemmschrauben, zwischen welchen
die Stromarbeit ausgenutzt wird (z. B. bei einer Lampe, einem Elektromotor, einer
elektrolytischen Zersetzungszelle, einem zu ladenden Akkumulator u. s. w.) $= e$, die
elektromotorische Kraft des Stromerzeugers (Dynamomaschine, galvanische Batterie,
Thermosäule, Akkumulatorenbatterie u. s. w.) $= E$, die Stromstärke $= J$, so ist die
nutzbare Stromarbeit $= e . J$ Watt, die gesamte Arbeit $= E . J$ Watt, somit der
Wirkungsgrad $\frac{e . J}{E . J} = \frac{e}{E}$.

Für die **Hauptstrommaschine** hat man:

$$\frac{1}{g} E . J = \frac{1}{g} (E - e) J + \frac{1}{g} \cdot e J,$$

wobei wieder E die elektromotorische Kraft und e die Klemmenspannung der Maschine
bedeutet.

Die Arbeit des Stromes zerfällt also in zwei Teile, die innere oder schädliche
Arbeit $\frac{1}{g} (E - e) J$, welche nur dazu gebraucht wird, die Maschine heiß zu machen,

und die äußere oder nützliche Arbeit $\frac{1}{g} e J$, welche im äußeren Stromkreise zur

Verfügung steht. Da $e = J . R$, also die äußere Arbeit $= \frac{1}{g} \cdot J^2 . R$, so hängt

dieselbe wesentlich von der Größe des äußeren Widerstandes R ab. Das Verhältnis
der äußeren Arbeit zur gesamten (äußeren und inneren) nennt man das **elektrische
Güteverhältnis.** Es ist $= \frac{J^2 R}{J^2 R + J^2 r} = \frac{R}{R + r}$ und wird also um so größer,

je größer der äußere Widerstand, es würde = 1 werden, d. h. die gesamte Arbeit
würde als äußere erscheinen, wenn $R = \infty$. Dann wird aber $J = 0$ und diese
günstigste Wirkung ist somit eine illusorische.

Ändert man nun bei konstanter Tourenzahl den äußeren Widerstand von 0
bis ∞, so ist zuerst die äußere Arbeit = 0, die Kraft wird also ausschließlich verbraucht zum Erhitzen der Maschine; nimmt nun R zu, so wächst die Arbeit immer
mehr bis zu einem Maximum und schließlich für $R = \infty$ wird überhaupt der
ganze Strom = 0, also auch die äußere Arbeit. Eine Hauptschlußdynamomaschine
leistet also bei einem gewissen äußeren Widerstande R die größte äußere Arbeit,
konstante Tourenzahl N vorausgesetzt. Jeder Tourenzahl N entsprechen ferner
bestimmte günstigste Werte des äußeren Widerstandes R, der elektromotorischen
Kraft E, sowie der Stromstärke J. Die größte zulässige Tourenzahl N_m und damit
die äußerste Grenze der möglichen äußeren Arbeit ist bestimmt durch die zulässige
Erhitzung der Maschine, die Abnutzung u. s. w.

346. Hochspannungsgleichstrommaschinen System Thury werden gebaut von
der Compagnie de l'industrie électrique in Genf [1]). Eine im Wiener elektrotechnischen Institut aufgestellte Maschine [2]) gibt 20 000 Volt bei 1 Amp. Sie ist
zweipolig und besitzt ruhenden Ringanker und Kollektor (mit Luftisolation) und
innen laufende Magnete und Bürsten. Zur funkenlosen Kommutierung dient ein
kleines Gebläse, welches durch eine direkt gekuppelte Luftpumpe getrieben wird, sowie
ein über der Maschine aufgebauter Satz von Kondensatoren, welche parallel zu den
Kollektorlamellen geschaltet sind. Da geraume Zeit verfließt, bis sich die Kondensatoren bis zu einer zur Funkenbildung ausreichenden Spannung geladen haben,
können Funken überhaupt nicht zustande kommen, da auch das Anwachsen der
Spannung durch den infolge der Rotation der Bürsten alsbald eintretenden Kurzschluß verhindert wird.

347. Zugkraft und Tourenzahl von Elektromotoren. Die Formel für die
induzierte elektromotorische Kraft bei Dynamomaschinen gibt zugleich die in Elektromotoren auftretende Gegenkraft, weil diese nichts anderes ist, als die infolge der
Rotation in den Ankerwindungen induzierte elektromotorische Kraft. Ist $E = C.n.N$
diese elektromotorische Gegenkraft in Volt, so ist die Arbeit des Stromes, also die
des Elektromotors pro Sekunde $= \dfrac{1}{g} \cdot E.J$ Kilogrammeter, falls man den Widerstand der Wicklungen als verschwindend klein annehmen kann. Nennt man Z die
Zugkraft in Kilogrammen am Umfange einer Riemenscheibe von D Meter Durchmesser, so ist die pro Sekunde geleistete Arbeit bei n Touren pro Sekunde auch
$= \pi D.n.Z$ Kilogrammeter, somit ist

$$ Z = \frac{EJ}{g \pi n D} = \frac{C.N.J}{g.\pi.D} \text{ Kilogramm.} $$

Da für einen Hauptstrommotor N proportional zu J wächst, ist somit für diesen
die Zugkraft proportional zum Quadrat der Stromstärke, falls der Magnetismus
weit von der Sättigung entfernt ist. Diese Motoren sind deshalb durch beträcht-

---

[1]) Siehe Elektrotechn. Zeitschr. 23, 1039, 1902. — [2]) Siehe Hochenegg, Das elektrotechn. Institut der k. k. techn. Hochschule in Wien, 1904, S. 47.

liche Anzugskraft ausgezeichnet, gehen aber bei plötzlicher Verminderung der Belastung leicht durch, d. h. die Tourenzahl wächst beständig.

Die Tourenzahl pro Sekunde ist $n = \dfrac{E}{CN}$, sie ist also für einen mit konstanter Spannung betriebenen Nebenschlußmotor, da bei diesem nach dem Ohmschen Gesetz auch die Stromstärke in den Magnetschenkelwicklungen, somit N
konstant sein muß, stets dieselbe, gleichviel ob der Motor wenig oder stark belastet
wird; der Motor reguliert seine Tourenzahl automatisch. Kann der Widerstand des
Motors nicht vernachlässigt werden, so ist die Klemmenspannung $\varDelta$ desselben
größer als E um den Betrag der zur Überwindung dieses Widerstandes W nötigen
Spannung, also $\varDelta = E + W.J$, somit

$$n = \frac{\varDelta - WJ}{C.N}.$$

Die Regulierung der Tourenzahl ist also in diesem Falle keine vollkommene, kann
aber verbessert werden durch Zufügung eines kleinen Hauptstrommagneten, wodurch
sich der Nebenschlußmotor in einen Verbundmotor verwandelt. Im Gegensatz zum
Hauptstrommotor ist aber die Anzugskraft relativ klein.

Wäre beispielsweise bei der in Fig. 1030 (S. 514) dargestellten Vorrichtung die
Klemmenspannung = 65 Volt und die Stromstärke = 3,1 Amp., so würde sich
die Umdrehungsgeschwindigkeit

$$n = \frac{65 - 4.560.8,14.0,214.0,00554}{4.560.0,061.8,14.0,214^2} = 2 \text{ Umdrehungen pro Sekunde ergeben,}$$

wenn der Widerstand des 2 mm starken Kupferdrahtes pro Meter zu 0,00554 Ohm
angenommen wird.

Hieraus folgt $e = 4.560.0,061.8,14.0,214^2.2 = 39,2$ Volt als Gegenkraft und

$$Z = \frac{39,2.3,1}{9,81.8,14.2.0,1} = 19,8 \text{ kg}$$

als Zugkraft am Umfange einer Riemenscheibe von 0,1 m Durchmesser, ein Resultat,
welches sich durch Anbringen einer Walze von 5 cm Querschnittsradius, auf welche
sich eine über Rollen geführte und mit 19,8 kg belastete Schnur aufwickelt, verifizieren ließe.

9. Durch Vergleich der Arbeit eines Elektromotors mit der zum Betrieb der stromerzeugenden Dynamomaschine erforderlichen Arbeit ergibt sich ferner der Wirkungsgrad einer elektrischen Kraftübertragung.

Wird eine Dynamomaschine mit einer zweiten verbunden, welche als Motor
wirkt, so wird ein Teil der elektrischen Stromarbeit in Bewegungsenergie umgesetzt.
Es sei zunächst angenommen, der Motor werde angehalten, so daß nur Wärme erzeugt wird, und sei R der Widerstand der Leitung, W_1 der innere Widerstand des
Generators, W_2 der des Motors, dann ist $J = \dfrac{E}{W_1 + R + W_2}$ und die pro Sekunde erzeugte Wärme im Generator $= \dfrac{1}{430.g} W_1 J^2$, in der Leitung $\dfrac{1}{430.g}.RJ^2$, im Motor
$\dfrac{1}{430.g}.W_2 J^2$. Gibt man nun den Motor frei, so kommt dieser in Tätigkeit und

erzeugt dadurch eine elektromotorische Kraft E_1, welche derjenigen des Generators entgegengesetzt ist. Die Stromstärke sinkt hierdurch auf den kleineren Wert

$$J' = \frac{E - E_1}{W_1 + R + W_2},$$

und damit wird auch die gesamte am Generator aufzuwendende Arbeit

$$\frac{1}{g} \cdot E J' = \frac{1}{g} \cdot \frac{(E_2 - E_1) \cdot E}{W_1 + R + W_2}$$

entsprechend kleiner.

Gleiches gilt für die in der Leitung frei werdende Wärme, welche nunmehr nur noch $\frac{1}{480 \cdot g} \cdot R \cdot J'^2$ Kalorien pro Sekunde beträgt.

Man kann den Wechsel der Stromintensität mittels eines Strommessers leicht dadurch zur Anschauung bringen, daß man den Motor etwa durch eine Bandbremse zunächst völlig zur Ruhe bringt und dann freigibt. Auffälliger wird der Versuch, wenn man in den Stromkreis einen Platindraht einschaltet, welcher durch den Strom bei ruhendem Motor gerade bis zum Rotglühen erhitzt wird. Gibt man nun den Motor frei, so wird der Draht alsbald dunkel, dreht man den Motor in entgegengesetzter Richtung, wie ihn der Strom zu drehen sucht, so kommt der Platindraht zur Weißglut. In diesem Falle unterstützen sich die Ströme von Generator und Motor, während sie bei normaler Drehung des Motors sich entgegenwirken.

v. Czudnochowski (3. 16, 288, 1903) empfiehlt, statt des Platindrahtes Serien von Glühlampen (eventuell von parallel geschalteten Gruppen) anzuwenden.

Der Wirkungsgrad des Motors ist das Verhältnis der mechanischen Arbeit $\frac{1}{g} \cdot E' \cdot J'$ zu der vom Generator aufgewendeten $\frac{1}{g} \cdot E \cdot J'$

$$= E' : E = 1 - \frac{J' \cdot (W_1 + R + W_2)}{E}.$$

Derselbe Effekt läßt sich mit kleiner oder großer Stromstärke übertragen, der Wirkungsgrad ist aber um so größer, je kleiner die Stromstärke J' und der gesamte Leitungswiderstand $(W_1 + R + W_2)$ sind und je größer die elektromotorische Kraft E des Generators ist. Eine Faradaysche Scheibe und ein Barlowsches Rad, als Generator und Motor verbunden, würden also eine höchst ungünstige Wirkung geben, man muß vielmehr Maschinen mit vielen Windungen und feinem Draht wählen, ähnlich wie im Falle mechanischer Kraftübertragung (Bd. I (2), S. 1280) große Riemengeschwindigkeit, d. h. kleine Spannung, vorzuziehen ist.

Hydraulische Kraftübertragung ist ein anderes Analogon. Sie kann entweder mit großer Stärke des Wasserstromes und geringer Druckdifferenz oder geringer Stromstärke und großer Druckdifferenz stattfinden, letzteres ist im allgemeinen zweckmäßiger.

Es ergibt sich ferner:

$$E' J' = E J' - J'^2 (W_1 + R + W_2) = J' [E - J' (W_1 + R + W_2)]$$

$$= \frac{E'}{W_1 + R + W_2} (E - E'),$$

$$E'^2 - E \cdot E' + E' J' \cdot (W_1 + R + W_2) = 0,$$

$$E' = \frac{1}{2} [E \pm \sqrt{E^2 : 4 - E' J' (W_1 + R + W_2)}].$$

Die Quadratwurzel muß notwendig reell bleiben, man kann also höchstens soweit gehen, bis $E^2 = 4 E' J' (W_1 + R + W_2)$, d. h. das Maximum der Wirkung tritt ein, wenn $E' = \frac{1}{2} E$. Der Nußeffekt ist dann $E' : E = \frac{1}{2}$ und $J' = \frac{1}{2} J$, d. h. das Maximum der Arbeitsleistung findet statt, wenn die Stromintensität auf die Hälfte gesunken ist.

348. Motorzähler. Da die Leistung eines Elektromotors ohne nennenswerten Ohmschen Widerstand in Watt gegeben ist durch das Produkt von Stromstärke und Kraftlinienzahl und letztere durch die Spannung des Magnetisierungsstromes, so kann derselbe als Watt-

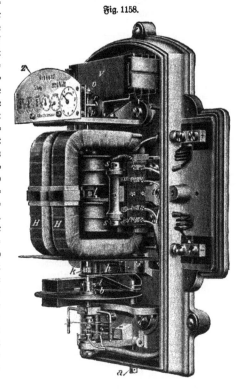

Fig. 1158.

meter und Elektrizitätszähler gebraucht werden, wenn die Leistung seiner Arbeit auf irgend eine Weise registriert wird. Das geschieht sehr bequem durch eine Wirbelstrombremse (S. 539), d. h. eine Aluminiumscheibe, welche zwischen Magnetpolen rotiert und dabei durch die entstehenden Wirbelströme gebremst wird. Sie dreht sich um so rascher, je größer Stromstärke und Spannung, so daß ein mit der Achse verbundenes Zählwerk in Wattstunden geeicht werden kann. Das Prinzip dieser Zähler wurde von Deprez angegeben. Beim Gebrauch wird die Ankerwicklung in den Stromkreis eingeschaltet, die Magnetwicklung als Nebenschluß an die Punkte angelegt, deren Spannungsdifferenz in Betracht kommt. Das Zählwerk registriert den Verbrauch direkt in Hektowattstunden oder Kilowattstunden [1]).

------

[1]) In Fig. 1158 ist ein Motorzähler von Siemens u. Halske Wernerwerk, Berlin-Nonnendamm, dargestellt. Andere Bezugsquellen von Motorzählern sind: Schuckert u. Co., Elektrizitäts-Aktiengesellschaft, Nürnberg; F. W. Raschke u. Co., Reick-Dresden; Deutsch-Russische Elektrizitätsgesellschaft, Berlin S., Neue Jakobstr. 6; Danubia, Aktiengesellschaft für Gaswerks-, Beleuchtungs- und Meßapparate, Wien-Straßburg-Neudorf i. E.; Allgemeine Elektrizitätsgesellschaft, Berlin; O. B. Hammar, Hamburg, Kaiser Wilhelmstr. 40; B. Ketterer Söhne, Furtwangen (Baden) u. a.

349. Gleichstrom-Gleichstromtransformatoren. Durch Verkuppelung von zwei Gleichstromdynamomaschinen für verschiedene Spannung, wie bei Fig. 223 und 224, Bd. I$_{(1)}$, S. 117, kann man, indem man die eine als Motor, die andere als Generator benutzt, leicht einen gegebenen Strom in solchen von höherer oder niederer Spannung transformieren. An Stelle solcher Doppelmaschinen können auch einfache Umformermaschinen gebraucht werden, bei welchen die beiden Wicklungen auf demselben Anker angebracht sind. Die beiden Kollektoren befinden sich natürlich auf entgegengesetzten Seiten.

Von besonderem Interesse ist die wiederholte Transformation, insofern, wenn man den transformierten Strom einem zweiten, dann einem dritten Transformator zuleitet, wiederholt mechanische in elektrische Energie umgesetzt wird und umgekehrt.

350. Wechselstrommaschinen. Jede magnetoelektrische Maschine liefert ohne Kommutator Wechselstrom. Um denselben abnehmen zu können, werden die Enden der Armatur zu Schleifringen geführt, von welchen der Strom durch Kontaktfedern oder Bürsten in gleicher Weise abgenommen wird, wie bei der Gleichstrommaschine vom Kollektor. Man kann also eine beliebige Gleichstrommaschine leicht in eine Wechselstrommaschine umwandeln, wenn man auf den Kollektor eine isolierende Hülse mit zwei Schleifringen aufstreift und diese mit zwei gegenüberstehenden Kollektorlamellen in Verbindung setzt (Fig. 777, S. 403). Allerdings müssen dann die Magnetschenkel durch besonderen Strom, etwa Batteriestrom, erregt werden, falls man nicht etwa außerdem den Kommutator benutzt und demselben einen Teil des Stromes entnimmt, welcher eben zur Speisung der Magnetschenkel zureicht. Zweckmäßiger bringt man in diesem Falle die Schleifringe auf der anderen Seite der Achse an, wie bei Fig. 220, Bd. I$_{(1)}$, S. 115. Benutzt man vier Schleifringe, von welchen das zweite Paar mit Kollektorlamellen verbunden ist, die um 90° abstehen von denjenigen, welche an das erste Paar angeschlossen sind (Fig. 778, S. 403), so liefert dieses zweite Paar Schleifringe einen Wechselstrom, der in seiner Phase um 90° gegen den des ersten Paares verschoben ist, d. h. immer dann seine größte Stärke erlangt, wenn der andere durch 0 hindurchgeht.

Ein solches System von zwei miteinander verketteten Strömen nennt man, wie bereits auf S. 404 erwähnt, Drehstrom oder Zweiphasenstrom. Um Dreiphasenstrom zu erhalten, muß man drei Schleifringe anbringen, welche mit drei unter 120° voneinander abstehenden Kollektorsegmenten verbunden sind [1].

---

[1] Kleine Handdynamomaschinen nach Fig. 1159, welche sowohl für Gleichstrom als auch Wechselstrom und Drehstrom für 90 und 120° Phasenverschiebung (12 Volt, 4 Amp.) zu gebrauchen sind, liefern Keiser u. Schmidt, Berlin, zu 160 Mk. Leybolds Nachf. in Köln liefern die in Fig. 1160 dargestellte Universaldynamomaschine mit Wechselstrommotor und Antriebgestell für Leistungen von 330, 550 und 770 Watt, bei 0,75, 1,1 und 1,5 PS Kraftbedarf, zu 500, 625 und 725 Mk.; dazu einen Anlaßwiderstand zu 45 Mk. Die Maschine arbeitet als Hauptstrommaschine, Nebenschlußmaschine, einphasige und dreiphasige Wechselstrommaschine und zwar in allen Fällen selbsterregend. Ferner kann sie benutzt werden als Hauptstrommotor, Nebenschlußmotor, einphasiger Wechselstromsynchronmotor und Drehstromsynchronmotor, als Umformer für Gleichstrom in einphasigen oder dreiphasigen Wechselstrom, von einphasigem Wechselstrom in dreiphasigen und Gleichstrom und von dreiphasigem Drehstrom in Gleichstrom und einphasigen Wechselstrom. Mittels eines Stöpselschaltapparates kann man die Magnetschenkelwicklungen, welche in vier Abteilungen ausgeführt sind, beliebig schalten. Als Gleichstromdynamo gibt die Maschine normal bei etwa 1900 bis 2000 Touren 110 Volt Netzspannung und 7 Amp. Durch Um-

Fig. 1159.

Fig. 1160.

Fig. 1162.

Fig. 1161.

Eine größere, sowohl mit Kollektoren wie auch Schleifringen versehene Dynamomaschine zeigt Fig. 1161 (K, 305 bis 1470).

Bei einer eigentlichen Wechselstrommaschine sind mehrere Spulen hintereinander geschaltet und die beiden Enden dieser Armatur zu Schleifringen geführt. Die Spulen werden bei der Rotation des Ankers durch ebenso viele abwechselnd entgegengesetzt gerichtete Magnetfelder geführt [1]).

351. Wechselstrom von veränderlicher Polwechselzahl kann nach Chabot[2]) dadurch erzeugt werden, daß man die Anschlußpunkte der Schleifringe statt an der Ankerwicklung an dem Kommutator anbringt, aber nicht fest, sondern vermittelst Bürsten, die sich an einem drehbaren Ring befinden, der durch eine Transmission

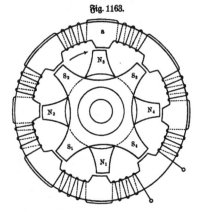

Fig. 1163.

mit veränderlichem Übersetzungsverhältnis mit der Achse der Maschine in Verbindung steht. Ist die Drehungsgeschwindigkeit des Ringes gleich der der Achse, so erhält man natürlich denselben Wechselstrom, wie wenn die Schleifringe mit festen Punkten der Wicklungen verbunden wären.

352. Maschinen mit stehender Armatur. Anstatt die Armatur zwischen den feststehenden Magnetpolen rotieren zu lassen, kann man auch umgekehrt verfahren, d. h. die Feldmagnete in Drehung versetzen, während die Armatur feststeht. Bei Mehrphasenmaschinen ergibt sich dabei der Vorteil, daß nur zwei Schleifringe nötig sind. Eine mehrpolige Maschine dieser Art ist schematisch in Fig. 1163 dargestellt. Fig. 1164 (Lb. 70) zeigt ein

schalten der Magnete mittels des Stöpselapparates wird ermöglicht, daß die Maschine bei 1200 Umdrehungen in der Minute 65 Volt und 7 Amp. leistet. Alle zwischenliegenden Spannungen sind durch Verschalten der Magnete und Abänderungen der Tourenzahl leicht zu erhalten. Als Hauptstrommaschine arbeitend, gibt die Maschine 100 bis 110 Volt und 7 Amp. bei 1900 bis 2000 Umdrehungen. Als einphasige Wechselstrommaschine leistet dieselbe normal 82 Volt effektiv (und 7 Amp.) bei induktionsfreier Belastung. Als dreiphasige Drehstrommaschine leistet sie 72 Volt (und 6,5 Amp.). Arbeitet die Universalmaschine als Motor, so leistet dieselbe als Gleichstrommotor etwa ⁹/₄ PS, als einphasiger Wechselstromsynchronmotor etwa ¼ PS, als Drehstromsynchronmotor etwa ⁹/₄ PS. Als Gleichstrom-Wechselstromumformer gibt die Maschine bei 110 Volt Gleichstromspannung 82 Volt Wechselstrom und 72 Drehstrom. Beim Gebrauch als Wechselstrom-Gleichstromumformer erhält man bei 82 Volt Wechselstromspannung 110 Volt Gleichstrom und 72 Volt Drehstrom. Als Drehstrom-Gleichstromumformer leistet die Maschine bei 72 Volt Drehstromspannung 110 Volt Gleichstrom und 82 Volt Wechselstrom. Über ähnliche Universalmaschinen der elektrotechnischen Fabrik C. u. E. Fein in Stuttgart siehe oben S. 567, ferner Bd. I(1), S. 115.

[1]) Die Firma Siemens-Schuckertwerke, Berlin, liefert Wechsel- und Drehstrommaschinen nach Fig. 1162, kleinere für Drehstrom zu 270 Mk., für Wechselstrom zu 425 Mk. Für 5 bezw. 10 Kilowatt sind die Preise 810 und 1070 bezw. 620 und 930 Mk. (Vergl. auch Bd. I(1), S. 114 u. ff.) — [2]) Chabot, Physik. Zeitschr. 3, 215, 1902.

einfaches Modell zum Betrieb mit der Schwungmaschine. Vollkommenere Modelle nach F. Braun (Z. 5, 186, 1892) zeigen die Fig. 1165 (Lb, 110) und 1166

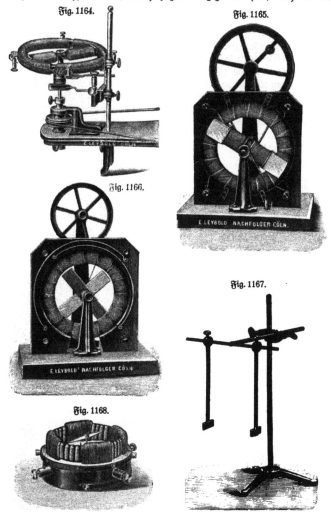

Fig. 1164.

Fig. 1165.

Fig. 1166.

Fig. 1167.

Fig. 1168.

(Lb, 90). Ähnliche Modelle für Dreiphasenstrom enthalten drei symmetrisch zu einem Stern zusammengefügte Magnete[1]. Zum Nachweis des Vorhandenseins eines

---

[1] Zu beziehen von Leybolds Nachf., Köln, Generator und Motor kosten 120 bezw. 100 Mk.

Drehfeldes kann die Vorrichtung Fig. 1167 (E, 10,50) dienen, bei welcher zwei Eisen=
stücke, an federnden Stielen befestigt, durch das Drehfeld in Schwingungen versetzt
werden. Einfacher benutzt man eine Magnetnadel, wie bei dem Modell Fig. 1168
(K, 95), oder zwei gekreuzte Magnetstäbe, wie bei der Anordnung Fig. 1136 (S. 563),
oder einer der früher beschriebenen Drehstrommotoren [1]) (vergl. S. 403 ff.).

Modelle zur Erklärung, daß die drei Leiter einer Dreiphasenstromleitung ent=
weder durch Stern= oder Dreieckschaltung verbunden werden können, zeigen
die Fig. 1169 (Lb, 34) und 1170 (Lb, 40 [2]).

Zur objektiven Darstellung der Spannungsänderungen und des Stromverlaufes
bei Drehstrom kann ein Modell dienen, bestehend aus einem Schirm mit einem
blauen und einem roten kreisrunden Fenster (Fig. 1171), welcher sich hinter einem
zweiten mit drei symmetrisch gelegenen strahlenförmigen Schlitzen von der Länge
der Kreisdurchmesser drehen läßt, derart, daß der Berührungspunkt der beiden Kreise
mit dem Mittelpunkt des Sternes zusammenfällt (Fig. 1172 K, 20). Bei Pro=

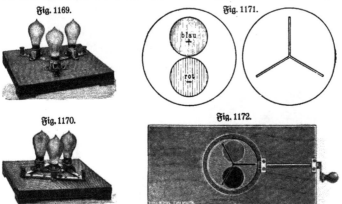

Fig. 1169.   Fig. 1171.

Fig. 1170.   Fig. 1172.

jektion sieht man drei farbige Striche, welche durch ihre Färbung die Richtung, durch
ihre Länge die jeweilige Stärke der Spannung bezw. des Stromes in den drei
Leitungen angeben [3]).

Mooser (Z. 13, 335, 1900) beschreibt ein Drehstrommodell, bei welchem
mit Hilfe eines Räderwerkes drei rechteckige Blechstreifen in Glasröhren in Um=
drehung versetzt werden. Das Wechseln des Stromes wird durch die verschiedene

[1]) Über ein Drehstrommodell zur Selbstanfertigung siehe Adami, Z. 17, 29, 1904.
Dasselbe stellt eine elektrische Drehstromkraftübertragung dar. Die Ringe werden aus
weichem Eisendraht (Blumendraht) gewickelt und durch Eintauchen in geschmolzenes
Paraffin oder Baumwachs befestigt. — [2]) Siehe hierüber Kohlrausch, Lehrb. d. prakt.
Physik, 10. Aufl., S. 528. — [3]) Modelle zur Darstellung der Vorgänge des Drehstromes
durch Analogien aus der Hydraulik hat v. Wurstemberger (Z. 9, 274, 1896) konstruiert.
Auf solche wurde bereits in Bd. I (2), S. 1432 hingewiesen (siehe auch Z. 16, 190, 1903).
Ein Modell zur Veranschaulichung des Drehstromes, bestehend aus drei in gleichen Ab=
ständen radial auf einer drehbaren Achse befestigten Sanduhren, beschreibt Heilbrun,
Z. 15, 289, 1902. Dasselbe ist zu beziehen von Keiser u. Schmidt, Berlin. Siehe ferner
Weber, Z. 12, 351, 1899.

Farbe der Seiten, sowie durch Pfeile angegeben. Den Wechsel der Stromstärke veranschaulicht der Wechsel der Breite. (Fig. 1173.)

Um die Umlaufsgeschwindigkeit eines Drehfeldes innerhalb weiter Grenzen bis auf 0 beliebig zu ändern, benutzt Chabot[1]) feststehende Schleifringe, deren Bürsten in Verbindung stehen mit Bürsten, welche neben den beiden Hauptbürsten auf dem Kommutator einer Gleichstrommaschine schleifen und sich mittels eines drehbaren Hebels unabhängig von jenen gemeinsam ohne Änderung ihrer gegenseitigen Lage verschieben lassen. Durch Einschaltung eines Zwischengetriebes mit verstellbarer Übersetzung kann man diese Bürsten mit beliebiger Geschwindigkeit umlaufen lassen.

Fig. 1173.

Ein Drehfeld im Raum läßt sich nach Chabot (a. a. O.) in der Weise herstellen, daß man drei Eisendraht- ringe, deren Ebenen sich rechtwinklig in ihrem Mittelpunkt schneiden, mit Wick- lungen versieht und im Innern einen um das Zentrum allseitig drehbaren Elektromagneten anbringt. Wird dieser Apparat durch fünf bis sechs Drähte mit einem zweiten gleichen verbunden, so bewegt sich der zweite Magnet im Raume genau ebenso wie der erste.

353. Drehstrom-Phasenmesser[2]). Lagert man zwei magnetische Drehfelder ent- gegengesetzter Drehrichtung übereinander, so erhält man ein magnetisches Wechsel- feld, welches die halbe Differenz der Phasen beider Drehfelder mißt (Analogon der Zusammensetzung zweier zirkularpolarisierter Wellen entgegengesetzter Drehrichtung zu einer linearpolarisierten). Ändert sich die Phasendifferenz um 2π, so durch- wandert das Azimut des resultierenden Wechselfeldes den Winkel π.

Zur Ausführung des Versuches werden zwei gekoppelte kleine Dreiphasen- generatoren mit je drei um 120° verschobenen Spulen eines Eisenringes ver- bunden. Als Phasenindikator dient ein Stück einer magnetisierten Stahlsaite, die in der Achse des Ringes so befestigt ist, daß der eine Pol im Zentrum frei schwingen kann.

Benutzt man als Generatoren mehrphasige Erdinduktoren, deren Achse senk- recht steht, so läßt sich auf diese Weise (z. B. in einem Schiff) die Kompaßstellung in die Ferne übertragen.

354. Maschine ohne Kollektor und Schleifringe (Induktormaschine). Da durch das Anlegen des Ankers bei dem Funkenanker Fig. 1120 (S. 555) auch in dem Stahlmagneten durch Influenzwirkung die Zahl der Kraftlinien erhöht wird, erhält man auch einen Induktionsstrom, wenn man die Spule statt auf den Anker auf einen Schenkel des Magneten aufbringt.

---

[1]) Chabot, Physik. Zeitschr. 3, 215, 1902. — [2]) Simon, Physik. Zeitschr. 5, 686, 1905.

Natürlich könnte der Magnet auch ersetzt werden durch einen Elektromagneten, welcher also mit zwei Wicklungen, einer primären und einer sekundären, zu versehen wäre.

Ebenso wie bei den anderen magnetoelektrischen Maschinen wird man zweck= mäßig das Nähern und Entfernen des Ankers durch eine Rotationsvorrichtung bewirken, d. h. mehrere Anker zu einem Zahnrad zusammenstellen.

Die Fig. 1174 zeigt schematisch das Prinzip einer solchen Maschine. Auf einen hufeisenförmigen Eisenkern ist eine Magnetisierungswicklung *ef* aufgebracht, welche die Magnetpole *n s* erzeugt. Der Anker *n's'* ist an einer drehbaren Welle befestigt, so daß er beim Umlauf der Welle in rascher Folge den Polen *n, s* sich nähert und

Fig. 1174.

sich wieder davon entfernt. Jedes= mal bei der Annäherung ent= stehen in ihm die entgegengesetzten Pole *s', n'*, welche wieder influen= zierend auf den Eisenkern des Elektromagneten einwirken und hierdurch die Pole *n s* verstärken.

Diese Verstärkung des Magnetismus, sowie das Verschwinden derselben bei Wieder= entfernung des Ankers bewirken das Entstehen von Induktionsströmen in einer zweiten, auf den Eisenkern aufgebrachten Wicklung *ab*. Man kann nun die Wir= kung dadurch verstärken, daß man eine größere Anzahl solcher Hufeiselektro= magnete zu einem Ring zusammenstellt (in der Figur sind nur zwei gegenüber= stehende gezeichnet) und die entsprechenden Anker zu einem auf die Welle aufgesetzten eisernen Zahnrad vereinigt, so daß also dieses Zahnrad ebensoviel Zähne hat, als

Fig. 1175.

Elektromagnetkerne vorhanden sind. Auch die letzteren wird man zu einem eisernen Stabe mit einer doppelten Reihe von Zähnen ver= einigen, um dem Ganzen Halt zu geben, und schließlich wird man sämtliche Magnetisierungs= spulen hintereinander schalten und ebenso die induzierten Spulen und Enden zu feststehen= den Klemmschrauben führen.

Eine derartige Maschine hätte noch den Nachteil, daß starke Schwankungen des Mag= netismus in den Eisenmassen auftreten, welche unnötigen Kraftverbrauch bedingen. Zweck=

mäßiger wird deshalb die Anordnung (wie z. B. bei der Maschine von Arnold) so getroffen, wie Fig. 1175 schematisch andeutet. Die unteren Schenkel der Magnete *s s* der Fig. 1174 sind zu einer zusammenhängenden Eisenmasse vereinigt und ebenso die gegenüberstehenden Enden der Anker *n' n'*. Die Magnetisierungswindungen sind reduziert zu einer einzigen auf dieser ringförmigen Eisenmasse aufliegenden Drahtrolle.

Die Zahl der oberen Ankerzähne ist nur halb so groß wie die Zahl der Zähne des Elektromagnetkranzes und letztere schließen sich eng aneinander. Rotiert nun der Anker, so bleibt der in ihm influenzierte Magnetismus, ebenso wie der der unteren vereinigten Magnetschenkel immer derselbe. Nur in den die induzierten Spulen tragenden Zähnen tritt insofern eine Änderung ein, als die Verstärkung bezw. Abschwächung des Magnetismus abwechselnd in der einen und anderen Hälfte der Zähne erfolgt.

Man kann nun die Vereinigung der induzierten Spulen in der Weise ausführen, daß man alle gleichzeitig induzierten Spulen hintereinander schaltet, wodurch zwei Stromkreise sich bilden, in welchen zwei in ihrer Phase um 90° verschobene Wechselströme entstehen. In diesem Falle dient die Maschine als Drehstrom- (Zweiphasenstrom-) Maschine. Man kann aber auch sämtliche Spulen hintereinander schalten, wodurch einfacher Wechselstrom erhalten wird, dessen Spannung indes, weil die Phasen der beiden Ströme nicht zusammenfallen, nicht die Summe der Spannungen der einfachen Ströme ist, sondern etwas geringer. Sollte die Maschine Gleichstrom erzeugen, so müßte ein Kommutator auf der Welle angebracht werden.

355. Spannung des Wechselstromes. In einem bestimmten Momente ist die in der beweglichen Rolle Fig. 1030 (S. 514) induzierte elektromotorische Kraft $= a \cdot \dfrac{dN}{dt}$ Volt. Ist die induzierte Rolle der induzierenden nicht parallel, sondern gegen sie um den Winkel θ geneigt, so ist die Zahl der von ihr eingeschlossenen Kraftlinien $N . \cos \theta$, somit $dN = N . \sin \theta . d\theta$ und die elektromotorische Kraft

$$= a . N . \sin\theta \cdot \frac{d\theta}{dt} = a . N . \sin\theta . 2\pi n \text{ Volt},$$

wenn n die Umdrehungszahl pro Sekunde.

Trägt man die Spannungen als Ordinaten, die Zeiten als Abszissen in ein Koordinatensystem ein, so erhält man eine Sinuslinie. Verbindet man die Enden der drehbaren Rolle der Fig. 1030 mit einem in Volt geeichten Goldblattelektrometer und versetzt die Rolle in gleichmäßige Drehung, so zeigen die Goldblättchen jeweils die größte Divergenz, wenn die beiden Rollen senkrecht aufeinanderstehen, fallen dagegen zusammen, wenn sie parallel sind. Nach jeder halben Umdrehung ändert sich der Sinn der Elektrisierung, indes zeigt das Elektrometer diese Änderung nicht an.

Denselben Versuch kann man natürlich auch mit einer Eisen enthaltenden Wechselstrommaschine machen. Den größten Ausschlag, welchen das Elektrometer zeigt, nennt man die maximale Spannung[1] der Wechselstrommaschine. Dreht man die Rolle sehr rasch, so haben die Goldblättchen weder Zeit, in die Ruhelage zurückzukehren, noch auch sich bis zum maximalen Ausschlag voneinander zu entfernen. Sie zeigen dann eine mittlere Spannung an, welche ebenso groß ist, wie wenn die Vorrichtung mit Kommutator versehen

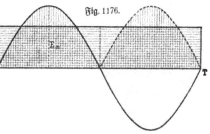

Fig. 1176.

wäre und somit Gleichstrom erzeugen würde. Die Bedeutung dieser mittleren Spannung wird besonders anschaulich, wenn man die Fläche einer halben oder in der zweiten Hälfte kommutierten ganzen Welle des Wechselstromes begrenzt von Abszissenachse und Sinuslinie berechnet und die Höhe (E) (Fig. 1176) eines

---

[1] Über Definition der Spannung siehe auch Fr. Emde, Zeitschr. f. Elektrotechnik, Wien 1905, Heft 50.

Rechtecks von gleicher Basis und gleichem Flächeninhalt ermittelt. Diese ist der fragliche Mittelwert der Spannung.

Nun ist

$$(E)\, 2\,\pi = 4 \int_0^{\frac{\pi}{2}} a . N . \sin \theta . 2\,\pi\, n . d\theta,$$

somit

$$(E) = 4 . a . N . n = C N n \text{ Bolt,}$$

d. h. man findet die mittlere Spannung einer Wechselstrommaschine auf dem Wege der Rechnung in gleicher Weise, wie die elektromotorische Kraft einer Gleichstrommaschine (vergl. § 338, S. 560 und § 339, S. 571).

Die maximale Spannung E_m ist, da $\sin \theta = 1$

$$E_m = a . N . 2\,\pi\, n \text{ Bolt,}$$

also ist

$$(E) : E_m = \frac{2}{\pi},$$

und dieselbe Beziehung gilt für die Stromstärke J. Somit ist:

$$(E) = 0{,}637 . E_m \quad \text{und} \quad (J) = 0{,}637\, J_m$$

oder

$$E_m = 1{,}571 . (E) \quad \text{und} \quad J_m = 1{,}571\, (J).$$

Ist nicht nur eine Spule vorhanden, sondern beträgt die Zahl der Spulen und Magnetfelder k, so finden bei einem Umlauf $\frac{k}{2}$ mal soviel Polwechsel statt wie zuvor. E ist demnach aus diesem Grunde $\frac{k}{2}$ mal so groß, außerdem muß es aber den k fachen Wert annehmen, da die k Spulen hintereinander geschaltet sind. In diesem Falle ist also

$$E = k^2 . a . N . \pi\, n . \sin \frac{2\,\pi}{T} . t.$$

Somit ist der maximale Wert, welchen die elektromotorische Kraft erreicht:

$$E_m = k^2 . a . N . \pi\, n \text{ Bolt.}$$

In jeder Periode, d. h. in T Sekunden, finden nun zwei Polwechsel statt, also in einer Sekunde $\frac{2}{T}$. Diese Zahl wird „Polwechselzahl" genannt und soll mit s bezeichnet werden.

In einer Sekunde finden nun n Umdrehungen statt und jeder Umdrehung entsprechen k Polwechsel. Somit ist die Polwechselzahl s auch $= k . n$, oder:

$$\frac{2}{T} = s = k . n$$

und

$$E_m = a . \pi . s . k . N \text{ Bolt.}$$

Ferner wird für k Spulen:

$$(E) = k^2 . 2 . a . n . N = 2 a s k . N.$$

Auch in diesem Falle ist also:

$$(E) = \frac{2}{\pi} . E_m \quad \text{und} \quad (J) = \frac{2}{\pi} . J_m.$$

Diese Mittelwerte von Spannung und Stromstärke sind nun aber nicht diejenigen, welche von gewöhnlichen Meßinstrumenten, z. B. Hitzdrahtvoltmetern, elektrischen Kalorimetern u. s. w. angegeben werden. Die Stromwärme pro Sekunde beträgt

$$\frac{1}{427.g} \cdot \frac{e^2}{r} = \frac{1}{427.g} \cdot i^2 . r$$ Kalorien. Hätte die Spannung bezw. Stromstärke

konstant den Maximalwert, so wäre in diesen Ausdrücken statt e bezw. i e_m und i_m zu setzen. Da nun der wirkliche Wert beständig zwischen 0 und dem Maximalwert schwankt, wird die tatsächlich beobachtete Stromwärme die Hälfte jener Ausdrücke sein müssen. Bezeichnet man also die gemessenen oder effektiven Werte von Spannung und Stromstärke mit E bezw. J, so ist

$$\frac{1}{427.g} \cdot \frac{E^2}{r} = \frac{1}{2} \cdot \frac{1}{427.g} \cdot \frac{E_m^2}{r}$$

und

$$\frac{1}{427.g} \cdot J^2 . r = \frac{1}{2} \cdot \frac{1}{427.g} \cdot J_m^2 . r,$$

also:

$$E = \frac{1}{\sqrt{2}} \cdot E_m$$

und

$$J = \frac{1}{\sqrt{2}} \cdot J_m,$$

oder

$$E = 1,111 \ (E), \qquad\qquad J = 1,111 \ (J),$$

und

$$(E) = 0,9003 \ E, \qquad\qquad (J) = 0,9003 \ J.$$

Auch gewöhnliche Amperemeter und Voltmeter mit Eisen zeigen, da auch der Magnetismus proportional J, also die ablenkende Kraft proportional J^2 ist, die effektiven Werte von Wechsel-

Fig. 1177.

strom, geben aber etwa um 5 Proz. zu kleine Zahlen.

Im allgemeinen sind die Angaben auch abhängig von der Periodenzahl und Kurvengestalt des Wechselstromes, von der Dauer des Stromdurchganges und der Temperatur der Umgebung und von Wirbelströmen, die sich in den Metallmassen der Instrumente bilden. Doch lassen sich auch Präzisionsinstrumente herstellen, welche diese Mängel nicht zeigen und mit Gleichstrom geeicht werden können, so daß ihre Angaben jederzeit direkt mit Normalelementen und Normalwiderständen kontrolliert werden können. Hierher gehören die Strom- und Spannungsmesser von Siemens u. Halske[1] (Fig. 1177). Es sind Elektrodynamometer,

---

[1] Vergl. Raps, Zeitschr. d. Österr. Ingenieur- u. Architektenvereins 1903.

bestehend aus einer festen und einer beweglichen Spule. Bei den Strommessern sind beide Spulen parallel geschaltet, da die aus feinem Draht gebildete bewegliche

Fig. 1178.

Spule natürlich nur einen kleinen Teil des Stromes aufnehmen darf. Um die Einstellung des Zeigers aperiodisch zu machen, ist eine Luftdämpfung angebracht. Sie besteht, wie aus Fig. 1178 ersichtlich, aus einem kreisförmig gebogenen Rohre, in dem sich eine Dämpferscheibe p, die mittels eines Armes b an der Achse des Instrumentes befestigt ist, bewegt. Die Dämpferscheibe ist an ihrem Rande verbreitert, um der vorbeistreichenden Luft noch einen möglichst großen Reibungswiderstand entgegenzusetzen.

Dieselbe Firma liefert elektrische Geschwindigkeitsmesser für Automobile, bestehend aus einer kleinen Wechselstrommaschine und einem Spannungszeiger, welcher statt in Volt in Kilometern pro Stunde geeicht ist (Preis 93 bis 200 Mk.).

356. Die Frequenz ist die Hälfte der Polwechselzahl eines Wechselstromes. Sie ist natürlich am einfachsten aus der Tourenzahl und Polzahl der Wechselstrommaschine zu ermitteln, falls man diese kennt, häufig ist dies aber nicht möglich.

Nach K. G. F. Schmidt[1]) wird am einfachsten gleichzeitig eine mit dem Wechselstrom gespeiste Glühlampe und der Unterbrechungsfunken einer elektromagnetischen Stimmgabel von bekannter Schwingungszahl auf eine bewegte Platte photographiert.

Bei dem Frequenzmesser (elektro-akustisches Tonometer) von Hartmann u. Braun[2]) (Fig. 710, S. 383 und Fig. 1179) wirkt ein verschiebbarer Wechselstromelektromagnet auf eine Serie abgestimmter Stahlzungen, von welchen natürlich diejenige am stärksten in Mitschwingung versetzt wird, deren Schwingungsdauer derjenigen des Wechselstromes entspricht[3]).

Mit zwei Magnetpaaren ausgerüstet, dient derselbe als Schlüpfungsmesser, d. h. zur Bestimmung des Unterschiedes von zwei Frequenzen, was z. B. von Bedeutung ist für den Betrieb von Wechselstrommotoren. Die Schlüpfung ist um so geringer, je mehr sich die Tourenzahl dem synchronen Lauf nähert.

K. E. F. Schmidt[4]) bestimmt langsame elektrische Schwingungen mittels Kundtscher Staubfiguren, welche durch eine Telephonmembran in einer Glasröhre erzeugt werden, die ihrerseits durch die Schwingungen betätigt wird.

---

[1]) K. G. F. Schmidt, Zeitschr. f. Instrumentenkunde 22, 166, 1902. (Stimmgabeln zur Bestimmung der Frequenz von Wechselströmen aus der Tonhöhe liefert Heinr. Stieberitz [Otto Brun Nachf.] in Dresden. Ein anderes Mittel ist das optische Telephon von M. Wien.) — [2]) Über die Verwendbarkeit skalenartig abgestimmter Stahlzungen zur Bestimmung der Frequenz wellenförmiger Ströme siehe Robert Kempf-Hartmann, Physik. Zeitschr. 2, 546, 1901. — [3]) Ähnlich eingerichtet ist Frahms Frequenzmesser, zu beziehen von Friedrich Lux, Ludwigshafen a. Rh. (Vgl. auch S. 384 und Bd. I(2), S. 1356.) Fig. 1180 zeigt einen Demonstrationsapparat für Schulen, Preis 350 Mk. — [4]) K. E. F. Schmidt, Ann. d. Phys. 7, 225, 1905.

357. Die **Wellenform** der Wechselströme ist im einfachsten Fall, wie oben (S. 589, Fig. 1176) gezeigt, eine Sinuslinie. (Vgl. Apparate zur Erzeugung von solchen Bd. I (₃), S. 1301 und 1329.)

Um bei dem Apparat Fig. 1030 (S. 514) nachzuweisen, daß die Stromwelle tatsächlich diese Form hat, verbindet man (nach Joubert) die Enden der induzierten

Fig. 1179.

Fig. 1180.

Rolle mit zwei isoliert auf das untere Ende der Achse gesetzten Schleifringen, von welchen Kontaktfedern den Strom abnehmen. Auf dem einen dieser Schleifringe befestigt man einen vorspringenden Metallstift und stellt die Feder so, daß sie nur mit dem Stift in Kontakt kommt. Verbindet man nun diese Feder mit einem in Volt geeichten Elektrometer und leitet die andere Feder zur Erde, bezw. zum Gehäuse des Elektrometers ab, so gibt der Ausschlag die der betreffenden Stellung des Stiftes entsprechende induzierte elektromotorische Kraft. Gibt man dem Stift nach-

Fig. 1181.

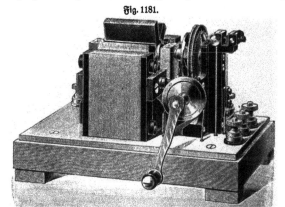

Fig. 1182.

einander verschiedene Stellungen auf dem Schleif- ringe, so wird der Ausschlag jeweils ein anderer und die graphische Darstellung dieser Ausschläge er- gibt die theoretisch berechnete Sinuslinie. Zweck- mäßig sind die Löcher, in welche der Stift ein- geschraubt werden kann, in regelmäßigen Abständen angebracht und mit der Gradzahl des entsprechen- den Winkels θ versehen.

Zur Untersuchung eines beliebigen Wechsel- stromes verwendet man einen Wechselstromsynchron- motor (Fig. 1181 Lb, 325), auf dessen Achse eine Vorrichtung angebracht ist, durch welche ein Ent- ladungskontakt in periodische Tätigkeit versetzt wird, und welche auf einer kreisrunden Scheibe montiert ist; diese Scheibe kann durch eine Kurbel in drehende Bewegung gesetzt werden. Auf solche Weise ist es möglich, den Kontakt in aufeinander folgenden Zeit- momenten zu öffnen und so auf den Papierstreifen des eingeschalteten Galvanometers die Spannungs- kurve des betr. Wechselstromes aufzeichnen zu lassen (Fig. 1182 Lb, 350).

Einen ähnlichen Apparat zur genauen Fest- stellung der Form von Wechselstromkurven, Kurven- indikator genannt, beschreibt Franke[1]). Er beruht darauf, daß, wie bei dem Verfahren von Joubert (1880), durch einen rotierenden Kontaktapparat (Fig. 1183) der Strom nur bei bestimmter Stellung des Ankers gegen die Feldmagnete durch

---

[1]) Zeitschr. f. Instrumentenkunde 21, 11, 1901.

ein Galvanometer geleitet wird. Unter Benutzung eines Spiegelgalvanometers kann die Stromkurve objektiv gemacht werden[1]). .

Fig. 1183.

Fig. 1184.

Fig. 1185.

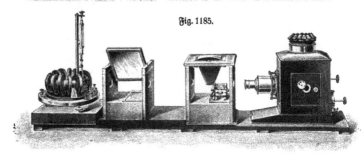

Ein direktes, eventuell photographisch fixierbares Bild der Schwingungsformen geben die sogenannten Oszillographen. Bei dem Oszillographen von Dubbell (1897) Fig. 1184 und 1185 (Lb, 850 bis 2100) hängt zwischen den Polen eines

---

[1]) Zu beziehen von den Land- und Seekabelwerken in Köln a. Rh.=Nippes zu 275 Mk. Ferner liefert Kurvenzeichner für Wechselströme Heinr. Stieberitz (Otto Brun Nachf.) Dresden.

kräftigen Elektromagneten ein U=förmig gebogener Streifen aus Phosphorbronze.
Durch diesen Streifen wird der zu beobachtende Strom geleitet. In der Mitte
des Streifens ist ein Spiegel befestigt, der durch die Stromänderungen Ab=
lenkungen erhält, welche dem Strome proportional sind. Um diese zu beobachten,
läßt man ein Lichtbündel auf den Spiegel und nach der Reflexion auf einen
photographischen Film oder einen zweiten Spiegel fallen. Film oder Spiegel
werden durch einen kleinen Synchronmotor in sehr rasche Schwingungen ver=

Fig. 1186.

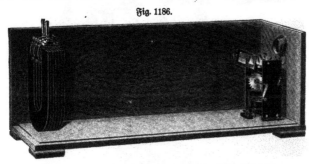

Fig. 1187.

setzt. Bei Verwendung des Spiegels wird der Lichtstrahl nun entweder mit
Hilfe eines großen Spiegels auf den Projektionsschirm oder auf ein kleines Zeichen=
tischchen gelenkt [1]).

Der (ältere) Oszillograph von Blondel (1893), dargestellt in Fig. 1186
und 1187 (Lb, 1400), unterscheidet sich vom vorigen dadurch, daß bei ihm ein
dünner Streifen aus Weicheisen, durch einen kräftigen Magneten polarisiert, in
veränderlichem magnetischen Felde zweier durch den zu untersuchenden Strom

---

[1]) Man kann damit weiter untersuchen: die Änderungen der Potentialdifferenz
und der Stromstärke beim Öffnen und Schließen eines induzierten Stromes, die Ladungs=
und Entladungsverhältnisse bei Kondensatoren, die Schwankungen der Spannungs= und
Potentialdifferenz in Dynamomaschinen, in Funkeninduktoren und in Gleichstrombogen=
lampen; die Phasenunterschiede bei Wechselstrommaschinen u. anderes.

durchflossenen Spulen steht. Der an dem Streifen angebrachte Spiegel kann bis zu 10 000 Schwingungen pro Sekunde ausführen.

Eine vereinfachte Form ist der Doppeloszillograph von Wehnelt[1]) (Fig. 1188 Lb, 120), mit welchem sich gleichzeitig die Kurven von zwei Wechselströmen projizieren lassen[2]).

358. Zusammensetzung von Wechselströmen. Man kann fragen, wie gestaltet sich der Verlauf dieser Wellenkurve, wenn man zwei Wechselstrommaschinen hintereinander schaltet?

Sind die beiden Maschinen gleich und arbeiten sie mit gleicher Phase, so daß die graphisch dargestellten Stromwellen für beide sich decken würden, so summieren sich natürlich die elektromotorischen Kräfte

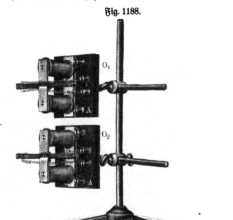

Fig. 1188.

wie bei Hintereinanderschaltung zweier galvanischer Elemente, und man erhält eine Wellenkurve von doppelter Amplitude, d. h. die erzeugte Spannung ist die doppelte.

Sind die beiden Maschinen in der Phase um 180° verschieden, so daß die von der einen erzeugte Spannung der anderen gerade entgegengesetzt ist, so heben sich die beiden Wellen vollkommen auf, es entsteht keine Spannung und kein Strom, ähnlich wie bei zwei gegeneinander geschalteten galvanischen Elementen[3]).

Sehr einfach kann dies nachgewiesen werden mit Hilfe eingeschalteter Glühlampen, sogenannter Phasenlampen, welche erlöschen, wenn sich die Ströme durch Interferenz aufheben, oder schwächer brennen, falls dies nur unvollkommen zutrifft. Sind die Frequenzen nicht genau gleich, so entstehen Schwebungen, d. h. langsame periodische Wechsel der Helligkeit.

Ist der Phasenunterschied ein beliebiger und sind auch die Amplituden der beiden Wellen verschieden, so muß durch genauere Konstruktion die resultierende Wellenkurve aufgesucht werden, indem man an jeder Stelle die beiden Werte der

---

[1]) Wehnelt, Verh. d. d. physik Ges. 5, 178, 1903. — [2]) Er kann auch benutzt werden zur Demonstration von Phasenverschiebungen, der Vorgänge beim Wechselstromlichtbogen und der Stromkurven von unterbrochenen Gleichströmen. Die Eigenschwingungen haben eine Dauer von etwa 0,003 Sekunden, Wechselströme mit einer Periode unter 0,01 Sekunde lassen sich also damit nicht untersuchen. — [3]) Gleiches gilt für die Rückleitung bei Dreiphasenstrom, da $i_1 = J . sin \varphi$, $i_2 = J . sin (\varphi - 120)$, $i_3 = J . sin (\varphi - 240)$, also in jedem Momente $i_1 + i_2 + i_3 = 0$, so daß die Rückleitung überflüssig wird und drei Leitungen zureichen.

Spannung mit Rücksicht auf das Vorzeichen addiert, ganz ebenso wie bei der Interferenz von Seilwellen. Die Fig. 1189 zeigt eine vereinfachte Methode dieser Konstruktion. Die beiden punktierten Wellenzüge sind die Komponenten, die voll ausgezogene Kurve der resultierende Wellenzug. Alle drei Wellenlinien erhält man,
wenn man die drei in starrer Verbindung zu denkenden Strahlen (Vektoren) 01,
02, 03, welche durch ihre Länge die maximale Spannung (Amplitude) der drei
Wellen angeben, wie Kurbeln gleichmäßig um den Punkt 0 rotieren läßt und für
die aufeinander folgenden Stellungen die Abstände ihrer Enden von der horizontalen
Linie, welche die Ordinaten der Wellenkurven bilden, abmißt.

Fig. 1189.

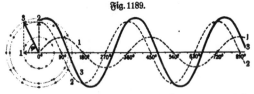

· Dabei ergibt sich die resultierende maximale Spannung 03 einfach nach dem
Parallelogramm der Kräfte als Diagonale des aus den Strahlen 01 und 02
gebildeten Parallelogramms.

Wie man sieht, ist die resultierende Spannungskurve in ihrer Phase gegen die
beiden anderen verschoben und zwar ist die Phasenverschiebung φ gegen 01 bestimmt
durch die Gleichung

$$tg\ \varphi = \frac{02}{01}.$$

Was für die maximalen Spannungen gilt, gilt auch für die mittleren, d. h. die
$\frac{2}{\pi}$ fachen Werte, welche wir e_1 und e_2 nennen wollen. Setzen sich also zwei Wechselströme, von welchen 1 in seiner Phase gegen 2 um 90° zurück ist, zusammen, so
entsteht ein resultierender Strom von der maximalen elektromotorischen Kraft
$e = \sqrt{e_1^2 + e_2^2}$, dessen Phasenverschiebung gegen 1 bestimmt ist durch die Gleichung

$$tg\ \varphi = \frac{e_2}{e_1}.$$

359. Induktions- und kapazitätsfreie Widerstände, wie sie für Untersuchungen
mit Wechselstrom nötig sind, bildet man sich am bequemsten aus Glühlampen,
welche auf einem Brett befestigt werden (vergl. Bb. I$_{(1)}$, S. 302). Heim (1893)
empfiehlt eine Lampenbatterie von folgender Einrichtung: „Die Lampen sind in
einer Anzahl Reihen angeordnet. Alle Lampen einer Reihe sind ein für allemal
hintereinander geschaltet. Zu beiden Seiten jeder Lampenreihe läuft eine Metallschiene, so daß also die Reihen der Lampen mit diesen Schienen abwechseln. In
der Mitte zwischen je zwei aufeinander folgenden Lampen ist eine kleine Kurbel
aus Metall angebracht, die mit dem Leitungsstück, das die beiden Lampen verbindet, in Kontakt und um ihren Befestigungspunkt drehbar ist. Die Länge dieser
Kurbeln ist so gewählt, daß sie sich auf jede der beiden, rechts und links von
ihnen befindlichen Schienen mit ihrem Ende nach Belieben auflegen lassen." Sollen
sämtliche Lampen parallel geschaltet werden, so werden die aufeinander folgenden

Schienen abwechselnd mit dem positiven und negativen Pol der Stromquelle verbunden und von den aufeinander folgenden Kurbeln einer Reihe jeweils die eine auf
die linke, die nächste auf die rechte Schiene gelegt. Durch Wegdrehen der Kurbeln
von den Schienen kann man eine Lampe nach der anderen ausschalten. Ähnlich
lassen sich auch die Lampen durch Drehen der Kurbeln hintereinander schalten oder
in Gruppen von 2, 3, 4 ... hintereinander verbunden parallel schalten[1]).

360. Boltainbuktion. Wie gezeigt, besteht das Wesentliche bei der Magnetinduktion darin, daß die Zahl der von einer Drahtspule umfaßten magnetischen
Kraftlinien wächst oder abnimmt, infolge davon, daß man entweder die Spule oder
den das Magnetfeld erregenden Magneten oder Stromleiter bewegt.

Von vorherein erscheint es demnach möglich, einen Induktionsstrom auch ohne
Bewegung zu erhalten, indem man den das Feld erzeugenden Strom anwachsen
oder abnehmen läßt. Tatsächlich findet auch in diesem Falle Induktion statt und
sie folgt demselben Fundamentalgesetz, d. h. die induzierte Spannung in Bolt ist
gleich der Zahl Kraftlinien, die pro Sekunde in die Spule hineintreten oder daraus verschwinden.

In einfacher Weise kann man diese „Boltainbuktion" zeigen, indem man einen
mit dem Galvanometer verbundenen Draht oder eine an einer Latte angebundene
Leitungsschnur in das magnetische Feld der großen Drahtrolle (S. 295, Fig. 533)
bringt und dasselbe verschwinden oder entstehen läßt.

Von dem einfachen Draht kann man übergehen zu einer aus mehreren Drähten
gebildeten Schleife und einer Rolle aus vielen Windungen. In letzterem Falle
kann man den Strom allmählich zu- und abnehmen lassen und den Induktionsstrom mit einer elektrischen Klingel nachweisen.

Zur Messung der Induktionsströme kann ein Elektrodynamometer oder Hitzdraht-
galvanometer dienen oder überhaupt ein für Wechselstrom geeigneter Strom- oder
Spannungsmesser. Zu Versuchen in kleinerem Maßstabe kann man die bereits oben
S. 551 benutzten Spulen verwenden.

Die Klemmschrauben a und b der induzierten Sekundär- oder Nebenspirale A
(Fig. 1190) werden durch Leitungsdrähte mit einem Multiplikator M in Verbindung
gesetzt und die induzierende Primär- oder Hauptspirale B in den Schließungsbogen
eines Bunsenschen Elementes gebracht, jedoch so, daß der Strom jederzeit leicht geschlossen und wieder unterbrochen werden kann. Es geschieht dies am einfachsten
mittels eines Quecksilbernäpfchens q, in welchem der von c kommende Leitungsdraht
beständig eingetaucht bleibt, während der von p kommende Draht nach Belieben in
q eingetaucht und dann wieder herausgezogen werden kann.

In dem Augenblick, in welchem die Kette durch Eintauchen des von p kommenden Drahtes in das Quecksilbernäpfchen q geschlossen wird und in der Hauptspirale B
ein Strom entsteht, erfährt die Nadel des Multiplikators eine Ablenkung, welche
anzeigt, daß auch in der Nebenspirale ein Strom von entgegengesetzter entstanden
ist (Schließungsinduktionsstrom).

_____

[1]) Der Apparat ist zu beziehen von dem Mechaniker des elektrotechnischen Instituts
in Hannover. Für feinere Messungen ist es zweckmäßig, um die Temperatur der
Kohlenfäden konstant zu erhalten, die Glasgefäße nicht evakuieren, sondern mit Öl füllen
zu lassen.

Läßt man den Hauptstrom geschlossen, so kehrt die Nadel des Multiplikators
nach einigen Schwingungen wieder auf den Nullpunkt zurück, in dem Augenblicke
aber, in welchem durch das Herausnehmen des von p kommenden Drahtes aus
dem Quecksilbernäpfchen q der Strom unterbrochen wird, findet eine abermalige
Ablenkung statt, entsprechend einem Strom von gleicher Richtung (Öffnungs=
induktionsstrom).

Fig. 1190.

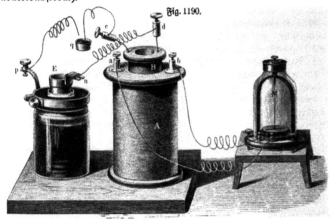

361. Verstärkung der Induktion durch Eisenkerne. Aus gleichen Gründen
wie bei der Induktion durch Bewegung lassen sich auch hier sämtliche Effekte der
Induktionsspirale dadurch bedeutend steigern, daß man in die Höhlung der Haupt=
spirale einen massiven Eisenstab oder, der schädlichen Wirbelströme wegen, besser ein
Bündel dünner Eisendrähte einlegt. Da hierbei die Stärke der Wirkung sehr
wesentlich von der Weichheit des Eisens abhängt, so muß dasselbe gut ausgeglüht
werden. Am besten ist es, wenn man sich den Draht aus einer Drahtfabrik im
ausgeglühten Zustande verschafft, wo derselbe unter Ausschluß der atmosphärischen
Luft geglüht wird. Man richtet die Stücke durch Streichen zwischen den Fingern
möglichst gerade, oder richtet sie so mittels eines hölzernen Hammers auf hölzerner
Unterlage[1]. Das Bündel wird mit Draht fest zusammengebunden und dann mit
Schellacklösung getränkt. Zuletzt umwickelt man dasselbe zwischen den Drahtringen
mit einem Bande, und firnißt noch einmal recht stark, worauf man die Enden mit
der Schlichtfeile eben richten und dann die Bindedrähte entfernen kann.

Insbesondere wird es auch zweckmäßig sein, den Unterschied der Wirkung zu
zeigen, wenn das Eisendrahtbündel in die induzierende Spule eingeschoben wird,
oder wenn ein Drahtbündel in einem Messingrohre oder ein massiver Eisen=
kern verwendet wird, und wie man durch Ausziehen des Drahtbündels die Wirkung
stetig abändern kann. Messingrohr und massiver Eisenkern geben Anlaß zur Bil=
dung von Wirbelströmen, welche die Energie nutzlos verzehren.

---

[1] Ich pflege einen mehrere Meter langen Draht auf elektrischem Wege zum Glühen
zu erhitzen, glühend zu strecken und nach dem Abkühlen in Stücke von der erforderlichen
Länge zu zerschneiden.

Ferner kann man den Unterſchied in der Wirkung eines ringförmig in ſich zurücklaufenden (geſchloſſenen) und eines ſtabförmigen (offenen) Eiſenkernes zeigen. Die letztere iſt wegen der entmagnetiſierenden Kraft der Pole an den Enden (vgl. § 224, S. 358) geringer.

362. Disjunktor. Um die Öffnungs- und Schließungsſtröme bei raſcher Stromunterbrechung mittels eines gewöhnlichen Multiplikators nachzuweiſen, iſt nötig, ſie voneinander zu trennen. Dies geſchieht durch den Disjunktor Fig. 1191. Er beſteht aus zwei voneinander iſolierten metallenen Rädern c, c', mit gleichviel ſehr flachen Zähnen $d, d, d \ldots$ und $e, e, e \ldots$, die aber bei einem (c') etwas breiter ſind als beim anderen. Die Zahnlücken ſind mit Elfenbein ausgefüllt. Beide Räder ſitzen auf der gleichen Achſe $a\,b$ und können durch eine Kurbel gedreht werden. Das eine Rad iſt aber nicht dauernd mit der Achſe verbunden, ſondern nur durch eine Stellſchraube, kann alſo nach Löſen dieſer Stellſchraube gegen das andere Rad verſtellt werden. Auf den Zähnen ſchleifen die Federn f, g, h, i. Man ſchaltet durch f und g das Rad c in den induzierenden Stromkreis ein und ebenſo durch h und i das Rad c' in den

induzierten. Sind nun die Räder ſo geſtellt, wie die Figur zeigt, und dreht man die Kurbel im Sinne des Uhrzeigers, ſo wird jeweils zuerſt zwiſchen f und g Verbindung her- geſtellt und dann erſt zwiſchen h und i, ebenſo wird die Verbindung zwiſchen f und g zuerſt unterbrochen, und dann erſt die zwiſchen h und i. Somit iſt alſo, wenn der induzierende Strom geſchloſſen wird, der induzierte Stromkreis noch nicht geſchloſſen, der Schließungsinduktionsſtrom kann alſo

Fig. 1191.

nicht zuſtande kommen, beim Öffnen des primären Stromkreiſes bleibt dagegen der ſekundäre zunächſt noch geſchloſſen, ſomit kann der Öffnungsinduktionsſtrom zuſtande kommen und das Galvanometer wird entſprechend abgelenkt. Verſtellt man nun das eine Rad gegen das andere, ſo daß die Zähne im entgegengeſetzten Sinne ver- ſchoben ſind, ſo geht nur der Schließungsinduktionsſtrom durch das Galvanometer. Stellt man die Räder ſo, daß die Zahnmitten zuſammenfallen, ſo gehen beide Ströme durch das Galvanometer, da die Zähne von c' breiter ſind als die von c, man beob- achtet alſo keine Ablenkung. (W, 24.)

Für kurz dauernde Verſuche genügt es, zwei gezackte Kupferſtreifen auf zwei Latten zu befeſtigen und mit einem die Federn f, g, h, i, Fig. 1191, tragenden Schlitten darüber hinzufahren.

363. Beſtimmung der Kraftlinienzahl. Da die induzierte Spannung der Kraftlinienzahl proportional iſt, kann man umgekehrt aus der Stärke des Induktions- ſtromes einen Schluß auf die Kraftlinienzahl ziehen und damit auf den magnetiſchen Widerſtand der betreffenden Eiſenſorte, ſpeziell wenn das Eiſen die Form eines geſchloſſenen Ringes beſitzt. Man umwickle den Eiſenkern mit s Drahtwindungen

Fig. 1193.

Fig. 1192.

Fig. 1195.

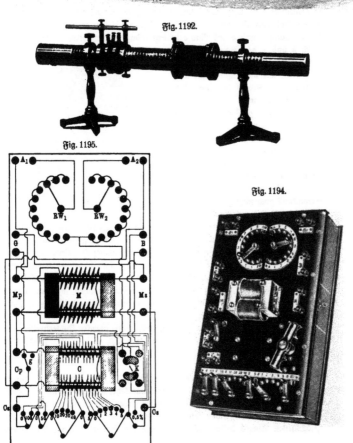

Fig. 1194.

und verbinde diese mit einem ballistischen Galvanometer. Nun lasse man die Kraftlinien plötzlich verschwinden (durch Unterbrechung des erzeugenden Stromes). Der
in den s Windungen erzeugte Induktionsstrom hat die elektromotorische Kraft
$\frac{s \cdot dN}{dt}$, wenn N die Gesamtzahl der eingeschlossenen Kraftlinien bedeutet und t die
Dauer des Stromstoßes. Die Stromintensität ist somit, wenn w den Widerstand
der ganzen Leitung in Ohm bedeutet, $\frac{s \cdot dN}{w \cdot dt}$, also die gesamte durch das Galvanometer durchgegangene Elektrizitätsmenge

$$= \int_0^t \frac{s \cdot dN \cdot dt}{w \, dt} = \int_0^N \frac{s \, dN}{w} = \frac{s \, N}{w} \text{ Coulomb.}$$

Dieselbe ist aber auch (vergl. § 277, S. 468)

$$= C \cdot \frac{T}{\pi} \cdot \sin \frac{\beta}{2},$$

somit ist

$$N = \frac{w}{s} \cdot \frac{T}{\pi} \cdot C \cdot \sin \frac{\beta}{2}.$$

Zweckmäßiger kommutiert· man den Strom (wegen des remanenten Magnetismus)
und halbiert das Resultat.

Fig. 1192 (K, 120) zeigt einen nach diesem Prinzip konstruierten Apparat von
Rowland zur Bestimmung der Verteilung des Magnetismus in einem Eisenstab, Fig. 1193 einen Eisenprüfapparat[1]) nach der zuerst von Hopkinson an-
gewendeten Methode[2]). Es genügt, den cylindrischen, in der Induktionsspule
steckenden Kern auszuwechseln, während das die Enden desselben verbindende Joch
beibehalten wird.

Die Fig. 1194 zeigt ein Kompensationsmagnetometer nach Corsepius[3]).
Das Verfahren beruht darauf, daß der von dem Probeeisen bei M (siehe Schema,
Fig. 1195) hervorgerufenen Induktionswirkung diejenige eines in Stufen eingeteilten
Kompensationsapparates C entgegengesetzt wird. Der variierbare Kompensator wird
so lange verstellt, bis sich in dem Galvanometer die Wirkung Null ergibt. Zur
Messung sind außer dem eigentlichen Magnetometer, dessen Bestandteile auf bezw.
unter dem Deckel eines Kastens montiert sind, und dem Galvanometer zwei kleine
Akkumulatorzellen und zwei Strommesser für etwa 2 Amp. erforderlich, welche ent-
weder nach den beiden Seiten ausschlagen oder mit Abstelleinrichtung versehen sind.

364. **Induktionskoeffizient** oder **elektrodynamisches Potential** ist der
Faktor, mit welchem die Änderungsgeschwindigkeit di/dt eines Stromes zu multiplizieren ist, um die Größe der durch diese Änderung zur Zeit t induzierten elektromotorischen Kraft e zu erhalten.

Ist z. B. über eine im Verhältnis zu ihrem Halbmesser r lange oder ringförmig zusammengebogene gleichmäßige Spule von der Länge l und der Windungs-

---

[1]) Zu beziehen von Hartmann u. Braun in Frankfurt a. M. — [2]) Nach dieser
Methode habe ich in Gemeinschaft mit Lahmeyer (Elektrot. Zeitschr. 9, 283, 1888) Untersuchungen über die magnetische Streuung einer Dynamomaschine ausgeführt. — [3]) Zu
beziehen von dem physik.-mechan. Institut von Prof. Dr. Edelmann in München.

zahl s eine kurze enge Spule von der Windungszahl a als Sekundärspule geschoben, so ist die vom Strom i Ampere in der ersteren hervorgerufene Kraftlinienzahl $\frac{4\pi . si . \pi r^2}{10^7 . l}$, somit, wenn der Strom i in der Zeit t entsteht oder verschwindet, die in der Sekundärspule induzierte Spannung $a . \frac{4\pi^2 . s . r^2}{10^7 . l} . \frac{i}{t}$ Volt, also der Koeffizient der gegenseitigen Induktion $L = \frac{a . 4\pi^2 . s . r^2}{10^7 . l}$. Derselbe ist somit gleich der Windungszahl a der induzierten Spule, mal der Kraftlinienzahl N_1, die der Strom 1 Amp. in der induzierenden Spule hervorruft. Die Einheit desselben heißt 1 Henry (oder Quadrant). Man hat demgemäß:

     a) Technisch: $L = a . N_1$ Henry, wenn $N_1 = \frac{4\pi^2 s r^2}{10^7 . l}$.

     b) Gesetzlich: Ebenso.

     c) Physikalisch: $L = a . 4\pi^2 . r^2 . s/l$ Centimeter,

denn die Dimension ist einfach eine Länge. Der Divisor 10^7 fällt hier nach § 280 (S. 474) fort.

     Die Bezeichnung Quadrant rührt daher, daß der Quadrant eines Erdmeridians $= 10^7$ m. Geht man nämlich vom technischen zum absoluten System über, so wird die Kraftlinienzahl, die der Strom 1 Amp. hervorbringt, 10^8 mal so groß, oder diejenige, die 1 CGS $= 10$ Amp. erzeugt, 10^9 mal so groß. Es ist also 1 Henry $= 10^9$ cm $= 10^7$ m $= 1$ Quadrant.

     Da $E = L . di/dt$, ist $\int E . dt = \int L . di$ oder, wenn W den Widerstand der Leitung bedeutet, $\int \frac{E}{W} . dt = \frac{L . i}{W}$. Die durch die Induktion in Bewegung gesetzte Elektrizitätsmenge Q ist aber $\int i . dt$, somit

$$Q = \frac{L . i}{W} \text{ Coulomb} \quad \text{oder} \quad W = L . i/Q \text{ Ohm,}$$

da Q mittels des ballistischen Galvanometers gemessen werden kann, läßt sich auf solche Weise ein Widerstand messen. Umgekehrt kann; wenn W bekannt, der Induktionskoeffizient

$$L = Q W/i \text{ Henry}$$

gefunden werden.

     Induktionsnormale für gegenseitige Induktion nach Fig. 1196 sind zu beziehen von Siemens u. Halske, Berlin. Sie dienen vornehmlich zur bequemen Eichung der ballistischen Galvanometer. Die Selbstinduktion jeder einzelnen Spule beträgt 0,01 Henry und ist gleich dem Werte der gegenseitigen Induktion. (Preis 85 Mk.) Beim Gebrauch derselben dient als Stromquelle eine kleine Wechselstrommaschine mit regulierbarer hoher Frequenz [1]. Man schaltet die zu vergleichenden induzierten Spulen als Zweige einer Wheatstoneschen Brücke gegeneinander [2]. Zur Beurteilung des Brückenstromes dient aber nicht ein gewöhnlicher Strommesser, sondern eine Art Telephon, wovon später berichtet wird.

---

     [1] Die größere Maschine (Fig. 1197) von normal 3500 Perioden pro Sekunde und bei Zuschalten von Widerstand in den Feldmagnetkreis des Motors bis 6000 Per. pro Sek. bei 110 Volt Betriebsspannung kostet 950 Mk., die kleinere Maschine (Fig. 1198) von normal 3000 Per. pro Sek. 890 Mk. — [2] Siehe Kohlrausch, Lehrb. d. prakt. Physik, 10. Aufl., S. 510.

365. Physiologische Wirkungen. Schraubt man an die Enden der aus vielen dünnen Windungen bestehenden induzierten Spule Handgriffe aus Blech, an das eine Ende der aus wenig dicken Windungen gebildeten Primärspule den Pol eines einfachen Elementes und an das andere eine Feile, über welche man mit dem

Fig. 1196.

Fig. 1198.

Fig. 1197.

anderen Polbrahte der Kette hin und her fährt (Fig. 1199), so erhält derjenige, welcher die Griffe des dünnen Drahtes mit benetzten Händen erfaßt, schon sehr fühlbare Erschütterungen; diese werden aber noch gesteigert, wenn man in die

Fig. 1199.

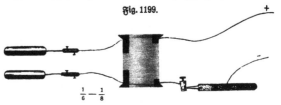

$\frac{1}{6} - \frac{1}{8}$

Höhlung der Drahtrolle einen Eisenkern, oder besser ein ganzes Bündel sehr dünner oxydierter Eisenstäbe legt.

Wenn die freien Enden des dünnen Drahtes nur kurz wären, so müßte man zwischen sie und die Handgriffe ein etwa 60 cm langes Stück von dünnem spiralig gewundenem Drahte einsetzen, weil manche Personen sehr empfindlich sind und die Arme auseinander schleudern, wodurch dann der Apparat leicht verdorben werden kann. Statt der dünnen Drähte nimmt man besser Leitungsschnüre. Zweckmäßig ist es, demjenigen, der die Griffe anfaßt, zu sagen, er solle sie nur fallen lassen,

wenn die Empfindung ihm läſtig werde, obwohl dies durch die krampfhafte Ver-
drehung der Hände Manchem faſt unmöglich wird. Statt einer Feile kann man zur
raſchen Unterbrechung des Stromes mit Vorteil ein Blitzrad (Fig. 490, S. 269)
verwenden. Auf einem Holzkloße ſtehen zwei Meſſingpfeiler, welche die metallene
Achſe eines meſſingenen Zahnrades Z tragen, deſſen Zähne etwa ſo geſchnitten ſind,
wie die Zähne des Steigrades einer gewöhnlichen Pendeluhr. An dem einen
Meſſingpfeiler iſt der Kupferdraht *a* befeſtigt, während ein zweiter Kupferdraht *b*
federnd gegen das Rad drückt. Man kann nun leicht dieſen Apparat in den
Schließungsbogen der Kette einſchalten; man braucht nur durch einen Draht das

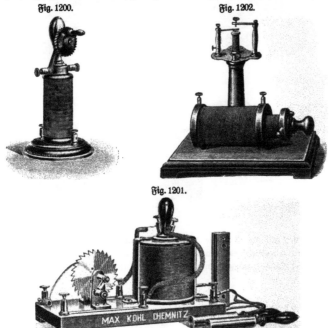

Fig. 1200.   Fig. 1202.

Fig. 1201.

MAX KOHL CHEMNITZ

eine Ende der Hauptſpirale *B* mit dem einen Pole des Bechers *g* zu verbinden,
dann einen Verbindungsdraht vom anderen Pole des Bechers nach der Schraubklemme *d* des Unterbrechungsrades zu führen und endlich eine Drahtverbindung
zwiſchen der Schraubklemme *f* und dem anderen Drahtende der Hauptſpirale *B*
herzuſtellen. So oft nun bei Umdrehung des Rades Z der federnde Draht *b* von
einem Zahne zum anderen überſpringt, erfolgt eine Unterbrechung und ein als-
baldiges Wiederſchließen des Stromes.

Die Fig. 1200 (K, 30) und 1201 (K, 36) zeigen kleine Induktionsapparate
mit Radunterbrecher.

Noch bequemer iſt der Wagnerſche Hammer (vergl. § 233, S. 375), inſofern
er den Strom ſelbſttätig unterbricht. Einen kleinen Apparat dieſer Art zeigt Fig. 1202

(E, 48). Solche Apparate werden vielfach zu medizinischen Zwecken benutzt, beispielsweise in der Form Fig. 1203 (E, 52) oder Fig. 1204 (K, 22). Um den letzteren
Apparat in Gebrauch zu nehmen, öffnet man das Kästchen, hebt das Element aus
der Gabel, welche die Leitung des Stromes nach dem Apparate hin bewirkt, nimmt
die Zinkplatte ab und füllt das Element mit weichem Wasser, bis dieses in gleichem

Fig. 1203.

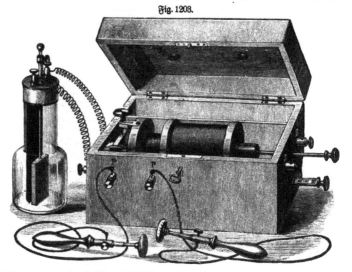

Niveau mit den im Kästchen befindlichen Ansätzen steht, auf denen die Zinkplatte ruht.
Hierauf nimmt man zwei bis vier Löffel von dem im Fläschchen befindlichen Salz

Fig. 1204.

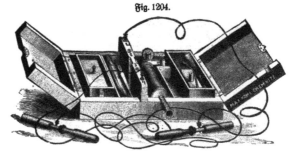

(Hydrargyrum bisulphuricum), rührt es in dem Wasser gut um und legt die Zinkplatte
wieder ein. Dann bringt man das Element zwischen die Gabel, doch so, daß die Platin-
drähtchen diese fest berühren. Die Wirkung des Elementes dauert 1 bis 1,5 Stunden.
Nach dem Gebrauch muß das Element gut gereinigt und ausgetrocknet werden.

Zur Abschwächung der Stromstärke dient das in der Induktionsspirale verschiebbare graduierte Messingrohr.

Die oberhalb des Kastens versenkten Messinghülsen dienen zur Aufnahme der Leitungsschnüre: 1 und 2 geben den Extrastrom, 3 und 4 den sekundären Induktionsstrom und 1 und 4 den gemischten und stärksten Strom, den der Apparat erzeugt [1]).

Einen vollkommeneren medizinischen Induktionsapparat nach Spamer zeigt Fig. 1205 (K, 35). A ist der hier schon halb herausgezogene Eisenkern, der in jeder Höhe von einer Schleiffeder gehalten wird und gestattet, den Strom auf das bequemste ganz beliebig abzuschwächen. Hinter E sieht man einen Zinkstab Z aus dem Elemente herausragen. Dieser ist durch eine Schraube in eine Messinggabel eingeklemmt, welche sich nach hinten zurücklegen läßt. Ist der Apparat außer

Fig. 1205.

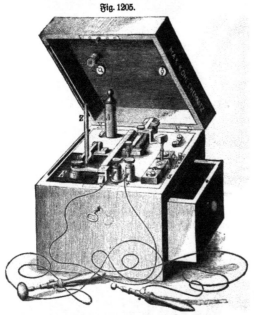

Gebrauch, so wird die Gabel zurückgelegt und die Öffnung des Elementes durch einen Gummipfropfen verschlossen. Steckt der Stöpsel, wie in der Figur, bei P, so erhält man den Extrastrom; steckt er bei S, so erhält man den sekundären Strom [2]).

Bei den Multiplexgasanzündern werden die Funken eines primitiven Induktors verwendet, die Gasflammen anzuzünden.

366. Selbstinduktion. Die Induktionserscheinungen beim Öffnen und Schließen eines Stromes komplizieren sich im allgemeinen dadurch, daß auch in der primären oder induzierenden Spule ein Induktionsstrom, der sogenannte Selbstinduktions-

---

[1]) Sehr kleine Induktionsapparate von 6,50 Mk. an liefert auch Ferdinand Groß in Stuttgart. — [2]) Experimentierkästen mit Induktionsapparat u. s. w. liefern Gebr. Mittelstraß, Magdeburg, Breite Weg 38, zu 14 bis 40 Mk. u. a.

strom oder Extrastrom, entsteht, da auch in dieser Spule die Zahl der von ihr umfaßten Kraftlinien sich in gleicher Weise ändert, wie in der induzierten.

Man kann das Auftreten des Extrastromes im einfachsten Falle erkennen durch die Verstärkung der Öffnungsfunken, wenn man in die Leitung eines galvanischen Elementes oder einer Batterie eine Drahtspule von vielen Windungen mit zerteiltem Eisenkern einschaltet. Die Stromunterbrechung bewirkt man durch Herausziehen des Leitungsdrahtes aus einem Quecksilbernapf. Der Unterschied der Größe der Funken ohne Spule und mit eingeschalteter Spule ist sehr auffällig, vorausgesetzt, daß in beiden Fällen mittels eines eingeschalteten induktionsfreien Rheostaten und Strommessers die Stromstärke auf gleiche Größe gebracht worden war.

Lohmann (Z. 13, 312, 1900) benutzt ein Barlowsches Rädchen mit Zinken. Bei Einschaltung einer Induktionsspule erscheinen die Öffnungsfunken viel heller als die Schließungsfunken, während bei Anwendung einer bifilar gewickelten Spule ohne Induktion der Unterschied weniger hervortritt.

Wenn man bei einer stark wirkenden Spule einen sehr dünnen Platindraht als Nebenschluß einschaltet, so kommt dieser jeweils beim Öffnen des Stromes für einen Moment zum Glühen. Wurde beispielsweise bei dem Elektromagneten von v. Feilitzsch und Holz (vgl. S. 339) als Nebenschließung ein 1/2 m langer, 0,065 mm dicker Platindraht eingefügt, so blieb dieser beim Durchgang des Stromes kalt, beim Öffnen wurde er dagegen momentan infolge des Extrastromes unter Funkensprühen verflüchtigt. Sella (Beibl. 24, 215, 1900) u. Kann (Z. 16, 284, 1903) benutzen statt des Platindrahtes eine Glühlampe.

Natürlich vermindert ein solcher Nebenschluß den Unterbrechungsfunken durch Ableitung des Extrastromes, er kann daher auch vorteilhaft Verwendung finden, um die Beschädigung von Kontakten durch Funkenbildung zu verhindern bei solchen Apparaten, welche häufige Stromunterbrechung in der Leitung eines Elektromagneten erfordern.

Schon die Selbstinduktions-Öffnungsfunken eines einzigen Trockenelements reichen aus, eine kleine Benzinflamme zu entzünden (Benzinzündmaschinen).

Spies (Z. 11, 266, 1898) demonstriert an einem eingeschalteten Strommesser, daß bei Inbetriebsetzung eines größeren Elektromagneten der Ausschlag nur langsam ansteigt und umgekehrt nach Unterbrechung des Stromes der Elektromagnet noch 10 Sekunden lang Strom durch ein im Nebenschluß liegendes Amperemeter zu liefern vermag.

Daguenet (1889) schaltet in den einen Zweig einer Wheatstoneschen Drahtkombination eine Glühlampe, in den anderen eine Spirale mit langem Draht, aber geringem Widerstande und bringt bei konstantem Strom das Galvanometer auf 0. Beim Öffnen und Schließen des Stromes schlägt es dann nach der einen oder anderen Seite aus.

Dvorschak[1] beschreibt eine Rogetsche Spirale, bei welcher durch Einschieben eines Eisenkernes infolge der Vergrößerung der Selbstinduktion die Wirkung bedeutend gesteigert wird. Schon mit einem Danielelement wird die Amplitude größer als 1 cm. Mit stärkeren Strömen und längeren Spiralen kann man weithin sichtbare Schwingungen mit mehreren Knotenpunkten erhalten[2].

---

[1] Dvorschak, Zeitschr. f. Instrumentenkunde 12, 197, 1892. — [2] Ähnlich Spies, Zeitschr. 10, 29, 1897.

367. Der Extrastromapparat. Schraubt man an die Enden eines auf eine
Spule aufgewickelten Drahtes metallene Handgriffe und verbindet sie unter Zwischenschaltung einer Feile auch mit der Kette, so erhält derjenige, welcher die Griffe
hält, wenn ein anderer mit dem zweiten Poldrahte der Kette über die Feile fährt,
Erschütterungen durch den Extrastrom. Fig. 1206 zeigt für diesen Fall die Zusammenstellung, Fig. 1207 die Verwendung des Blitzrades zu gleichem Zweck. Auch diese
Wirkung wird durch den Eisenkern bedeutend erhöht; darum zeigt sich dieselbe
besonders stark an den Spiralen der Elektromagnete.

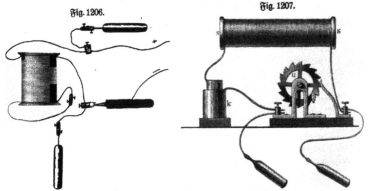

Fig. 1206.   Fig. 1207.

Einen kleinen Extrastromapparat, welcher eben nur Erschütterungen gibt, kann
man etwa, wie ihn Fig. 1208 in $1/2$ oder $1/3$ der wirklichen Größe zeigt, bauen.
Die Enden der Spirale sind unter den Klemmschrauben a und b, die Enden der
Kette in a und c eingeschraubt. Zwischen den einen Handgriff und seine Klemm-

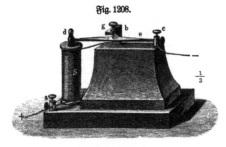

Fig. 1208.

schrauben schaltet man zweckmäßig noch eine mit Wasser
gefüllte Glasröhre ein, durch
deren Korke Drähte geführt
sind, deren Enden im Wasser
einen solchen Abstand erhalten,
daß die Erschütterungen nur
noch die gewünschte Stärke
haben.

Nach Donath kann auch
eine Hausklingel als Elektrisier-
apparat verwendet werden.

Auch die physiologischen Wirkungen der magnetoelektrischen Maschinen nach Art
derjenigen von Stöhrer (Fig. 730, S. 390) beruhen auf der Wirkung der Extraströme.
    Für elektrotherapeutische Zwecke werden billige Apparate dieser Art in ziemlich
kleinen Dimensionen angefertigt. Das Ganze ist dann in einem Holzkasten untergebracht, aus dem nur die Kurbel herausragt. (W, 22 bis 54.)
    Gruber (1885) ersetzt für Unterrichtszwecke den Kommutator durch eine Vor-
richtung, welche die Induktionsströme in ihrer natürlichen Richtung zu den Klemmschrauben leitet, so daß man bei Einschaltung eines Galvanometers zunächst nach-

weisen kann, daß wirklich die Ströme nach jeder halben Umbrehung ihre Richtung wechseln. Dabei kann ferner gezeigt werden, daß durch diese Ströme an und für sich keine phhsiologischen Wirkungen ausgeübt werden, indem man statt der Galvanometer-drähte Leitungsdrähte mit Handgriffen einsetzt. Wird nun aber die Vorrichtung so ab-geändert, daß die Induktionsströme jeweils in dem Momente, wo sie ihre größte Stärke erreichen, d. h. wenn der Anker gerade vor den Magnetpolen vorbeikommt, unterbrochen werden, so treten infolge der Extraströme sehr energische phhsiologische Wirkungen ein.

Geschöfer konstruierte den in Fig. 1209 (K, 22) dargestellten Apparat, welcher ebenfalls auffällig die Bedeutung der Extraströme für die phhsiologische Wirkung zur Anschauung bringt. In einer senkrecht befestigten, mit Draht bewickelten Spule kann sich ein leichter Eisencylinder auf und ab bewegen. Zwei an diesem befestigte Platinstifte stellen die elektrische Verbindung zwischen zwei Messingschienen her, so-lange kein Strom durch die Spule geht, und die Platinstifte durch die Schwere des Eisencylinders auf den beiden Schienen

Fig. 1209.

aufstehen. Das eine Ende des Spulen-drahtes ist mit der Klemme der einen Schiene, das andere mit einer von den Schienen isolierten Klemme verbunden. Eine dritte Klemme befindet sich auf der zweiten Schiene. Verbindet man die ersten beiden Klemmen mit einem Element, so wird der Eisenkern in die Spule eingezogen, der Strom dadurch aber nicht unterbrochen. Verbindet man dagegen die zweite und dritte Klemme mit dem Element, so wird der Kern eingezogen, dadurch aber der Strom unterbrochen, der Kern losgelassen, der Strom wieder geschlossen u. f. f. Ver-bindet man nun noch die erste und zweite Klemme mit Elektroden, welche man mit den Händen faßt, so spürt man die phhsiologische Wirkung des Extrastromes deutlich. Daß diese Wirkung nicht eine Folge der Stromunterbrechungen ist, ergibt sich sofort, wenn man die erste und dritte Klemme mit den Elektroden verbindet, da in diesem Falle keine phhsiologische Wirkung auftritt.

368. Der Selbstinduktionskoeffizient. Hat die Sekundärspule eines Induk-tionsapparates gleichviel Windungen wie die Primärspule, so ist die in der letzteren induzierte Spannung dieselbe, wie die in der ersteren. Man kann somit die beiden Spulen ihrer ganzen Länge nach vereinigen, ohne daß sich etwas ändert. Auch bei Anwendung einer einzigen Spule gelten also die früher S. 604 ab-geleiteten Gleichungen. Insbesondere ist der Induktionskoeffizient, in diesem Falle, Selbstinduktionskoeffizient genannt, wieder bestimmt durch die Gleichung

$$L = \frac{a \cdot 4\pi^2 \cdot r^2 \cdot s}{10^7 \cdot l} \text{ Henry, wobei nun } a = s \text{ zu setzen ist.}$$

Es lassen sich auch Normalspulen von bestimmter Selbstinduktion herstellen, durch Vergleich mit welchen sodann unbekannte Selbstinduktionen in gleicher Weise bestimmt werden können, wie unbekannte Widerstände durch Vergleich mit Normal-widerständen mittels der Wheatstoneschen Brücke. Ebenso können damit Koeffi-zienten der gegenseitigen Induktion gemessen werden, für welche ja dieselbe Einheit

39*

gebraucht wird [1]). Solche Normalspulen müssen, um Abhängigkeit der Widerstands= und Selbstinduktionswerte von der Frequenz des Wechselstromes zu vermeiden, statt aus massiven Drähten aus Bündeln voneinander isolierter Drähte von 0,1 mm Stärke gewickelt werden; auch müssen die Klemmen möglichst klein gehalten und möglichst weit aus dem Magnetfeld der Spule weggerückt sein.

Die vier Zweige einer Wheatstoneschen Brücke seien a, b, c, d, so daß im Falle des Gleichgewichtes $a/b = c/d$. In den Zweigen c und d mögen nun, hinreichend weit voneinander, die zu vergleichenden Selbstinduktionen L und L' ein= gesetzt werden, während a und b induktionsfrei sind. Werden nun die Widerstände derart abgeglichen, daß sowohl bei Dauerstrom, wie bei Schließung oder Öffnung das Galvanometer in Ruhe bleibt, so ist $L/L' = a/b = c/d$. (Methode von Maxwell.)

Bringt man nur in einen Brückenzweig, etwa c, die zu untersuchende Selbst= induktion L, bringt das Galvanometer zunächst bei Dauerstrom auf Null und öffnet nun den Strom, so erhält man einen Ausschlag, aus dessen Größe, wenn

Fig. 1210.

das Galvanometer ein ballistisches ist, ebenfalls auf die Größe der Selbstinduktion geschlossen werden kann. (Methode von Dorn [2]).

Da der Ausschlag des Galvanometers eine Elektrizitätsmenge mißt, kann man auch so ver= fahren, daß man ihn durch eine entgegengesetzt hindurchgesandte Elektrizitätsmenge kompensiert. Bringt man also die Selbstinduktion L Henry in den Zweig b, einen Kondensator von der Kapazität C Farad in den Zweig b, reguliert die Widerstände wieder so, daß das Galvanometer bei Dauerstrom wie bei Stromstößen in Ruhe bleibt, dann ist $L/C = a.d = b.c$, vorausgesetzt, daß die Widerstände in Ohm gemessen sind (Methode von Maxwell [3]).

Ebenso kann man natürlich die Bestimmung der Koeffizienten gegen= seitiger Induktion vornehmen, indem man die zu vergleichenden Sekundär= spulen als Brückenzweige verwendet oder auch den Vergleich eines gegenseitigen und eines Selbstinduktionskoeffizienten [4]).

Anstatt bei diesen Versuchen den Strom einfach zu öffnen oder zu·schließen, kann man auch beides abwechselnd bewirken, erhält aber dann Wechselströme, die nicht mehr mit dem Galvanometer, sondern nur mit dem Elektrodynamometer nachgewiesen werden können. Noch besser wird die Wirkung, wenn man den Strom kommutiert, d. h. an Stelle von pulsierendem Gleichstrom Wechselstrom verwendet, wie ihn etwa ein kleiner Induktionsapparat liefert [5]).

---

[1]) Fig. 1210 zeigt ein Normalhenry, wie es von Siemens u. Halske, Werner= werk in Berlin=Nonnendamm, geliefert wird (Preis 65 Mk.). Spulen von 0,5, 0,1, 0,05, 0,01, 0,005, 0,001 und 0,0001 Henry kosten 45 bis 35 Mk. Ferner liefern Selbstinduktions= normalien die Land= und Seekabelwerke in Köln a. Rh.=Nippes. — [2]) Siehe Kohlrausch, Lehrb. d. prakt. Physik, 10. Aufl., S. 505, § 117, Nr. 1. — [3]) Siehe Kohlrausch, a. a. O., S. 506. In gleicher Weise können Kapazitäten durch Vergleich mit Normalkapazitäten mit der Brücke bestimmt werden. — [4]) Vgl. Kohlrausch, a. a. O., S. 509. — [5]) Das mechan.= physik. Institut von Prof. Dr. Edelmann in München, Nymphenburgerstr. 82, liefert einen Vergleichsmaßstab für Konstanten der Selbst= und gegenseitigen Induktion, bestehend aus zwei Spulen, die sich mikrometrisch ineinander verschieben lassen (Fig. 1211), wobei ein Kommutator gestattet, sie entweder bezüglich ihrer Windungsrichtung gleich (größere

Werte des Selbstinduktionskoeffizienten) oder entgegengesetzt (kleinere Werte des Selbst=
induktionskoeffizienten) oder ganz getrennt voneinander (gegenseitige Induktionskoeffizienten)
zu schalten. Der Zeiger bestreicht drei Teilungen
und gibt die jeweiligen Werte in Henry an. (Preis
320 Mk.) Dieselbe Firma liefert den in Fig. 1212
dargestellten Universalapparat mit übersichtlichem
Schaltungsschema, welcher sämtliche gebräuch=
lichen Brückenmethoden zur Bestimmung und Ver=
gleichung von Selbst= und gegenseitigen Induktions=
koeffizienten sowie Kapazitäten zuläßt. Galvano=
meter und Batterie sind jederzeit durch Kommutator
vertauschbar. Ein feiner Regulierwiderstand dient
zur genauen Abgleichung des Wheatstone=Gleich=
gewichtes. Der Apparat ist eine komplette Brücke,
in sich selbst kontrollierbar, die Verhältniszahlen
sind umkehrbar. Sämtliche Widerstände haben
Chaperonsche kapazitätsfreie Wicklung. Fig. 1213

Fig. 1212.

Fig. 1211.

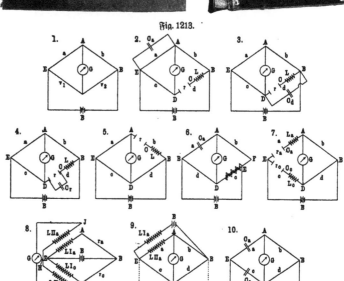

Fig. 1213.

zeigt die mit dem Apparat ausführbaren Methoden. Er ist mit Batterieschlüssel, Galvano=
meterschlüssel und Kurzschluß für das Galvanometer versehen. (Preis 350 Mk.)

Um bei Benutzung von Wechselstrom das Verschwinden des Brückenstromes genauer, als es durch ein Elektrodynamometer möglich ist, konstatieren zu können, dient das Sekohmmeter[1]), ein rotierender Doppelkommutator (Fig. 1214 und

Fig. 1214.

Fig. 1216.

Fig. 1215.

Fig. 1217.

1215), welcher zweckmäßig durch einen Elektromotor in gleichmäßiger Rotation gehalten wird. Durch diesen wird der von galvanischen Elementen gelieferte Gleichstrom, bevor er in die Meßanordnung eintritt, in Wechselstrom umgewandelt und dieser, ehe er in das Galvanometer gelangt, wieder in Gleichstrom. Hierdurch ist

---

[1]) Zu beziehen von derselben Firma (Preis 80 bis 110 Mk.).

es möglich, hochempfindliche Spiegelgalvanometer statt der weniger empfindlichen Elektrodynamometer zu verwenden.

Sehr geeignet zur Erzeugung des Wechselstromes ist auch die oben S. 605 (Fig. 1197) abgebildete Hochfrequenzmaschine von Siemens u. Halske. Die Fig. 1216 und 1217 zeigen Wechselstrombrücken dieser Firma[1]). Der Eisenkern in der Normalspule bei Fig. 1217 hat solche Form, daß die Veränderungen der Selbstinduktion proportional der Kernverstellung sind. Zur Beurteilung des Stromes wird statt des Elektrodynamometers gewöhnlich ein Telephon benutzt.

Fig. 1218.

Fig. 1218 (Lb, 600) zeigt ebenfalls einen verstellbaren Apparat zur Herstellung beliebig großer Selbstinduktionen innerhalb gewisser Grenzen. Er besteht aus zwei konzentrischen Selbstinduktionsspulen; die innere Spule läßt sich um eine horizontale Achse drehen und der Neigungswinkel an einem Teilkreise ablesen[2]).

369. Bestimmung von Dielektrizitätskonstanten. Die vorige Meßanordnung kann auch zur Vergleichung zweier Kapazitäten, somit zur Bestimmung von Dielektrizitätskonstanten (s. § 45, S. 99) verwendet werden, indem man in zwei Brückenzweige die zu vergleichenden Kapazitäten einschaltet, d. h. einen Luftkondensator und

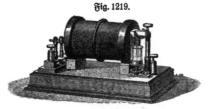

Fig. 1219.

Fig. 1220.

einen gleichbeschaffenen mit der zu untersuchenden Substanz als Dielektrikum. Sind die anderen beiden Brückenzweige gleich und reguliert man den Plattenabstand des Luftkondensators so, daß der Brückenstrom verschwindet, so sind auch die beiden Kapazitäten gleich, das Verhältnis der Schichtdicken gibt also die gesuchte Dielektrizitätskonstante[3]).

---

[1]) Erstere für Selbstinduktionen bis 0,001 Henry kostet 405 Mk.; letztere für 0,0001 bis 0,000 000 1 Henry (10^5 bis 10^8 cm) 275 Mk. — [2]) Siehe auch M. Wien, Wied. Ann. 57, 249, 1896. — [3]) Fig. 1219 (Lb, 170) zeigt einen Sinusinduktor nach Kohlrausch, zur Erzeugung sinusförmiger Wechselströme; Fig. 1220 einen ähnlichen kleinen Induktionsapparat nach Nernst zu gleichem Zwecke, zu beziehen von Prof. Dr. Edelmann in München zu 50 Mk. Über den Einfluß der Lade- und Entladezeit auf die Angaben von Elektrometern s. H. Fischer, Phys. Zeitschr. 7 376, 1906.

Grimsehl (S. 16, 21, 1903) benutzt zum Nachweis der Dielektrizitätskonstante drei Kondensatorplatten (Fig. 1221), von welchen die mittlere mit einem Pol eines

Fig. 1221.

Induktionsapparates verbunden wird, dessen anderer Pol unter Zwischenschaltung von Glühlampenwiderständen mit den beiden anderen Platten verbunden ist. Diese stehen außerdem in Verbindung miteinander durch ein Elektrodynamometer oder Vibrations= galvanometer. Sind ihre Abstände von der mittleren Platte gleich, so zeigt letzteres natürlich keinen Strom an; ein solcher tritt aber auf, sobald man auf der einen Seite, wie die Fig. 1221 zeigt, eine Glasplatte einschiebt. Indem man die eine oder andere Platte verschiebt, bis der Strom wieder verschwindet, hat man ein Mittel, die Dielektrizitätskonstante der Glasplatte zu bestimmen. (Methode von Nernst.)

370. **Verschiedenheit von Öffnungs= und Schließungsinduktionsstrom.** Die beim Öffnen des primären Stromes in einem Induktionsapparat verschwindende

Fig. 1222.

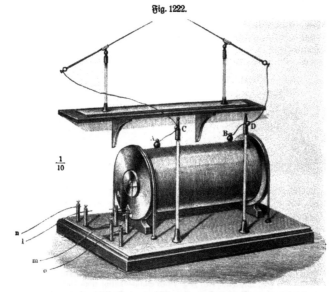

$\frac{1}{10}$

Kraftlinienzahl ist ebenso groß wie die beim Schließen entstehende. Demnach wäre zu erwarten, daß die Spannung des Schließungsinduktionsstromes der des Öffnungs= induktionsstromes gleich sei. In Wirklichkeit ist dies aber durchaus nicht der Fall.

Der Grund ist die Selbstinduktion in der primären Rolle. Infolge der beim Schließen auftretenden Gegenkraft kann der Strom nur langsam seine volle Stärke erreichen, die Zeit, in welcher die Kraftlinien in die induzierte Spule hineintreten, ist somit relativ groß und demgemäß die induzierte Spannung klein. Umgekehrt verhält es sich bei der Öffnung des Stromes. Die Kraftlinien verschwinden in außerordentlich kurzer Zeit, die induzierte Spannung ist infolgedessen relativ beträchtlich und es entsteht die Täuschung, als erzeugte der Apparat überhaupt nur diesen Strom.

Obschon also ein Induktionsapparat alternierend beide Elektrizitäten in gleicher Menge liefert, so kann man doch, ähnlich wie bei einer galvanischen Batterie oder einer Influenzmaschine, einen positiven und negativen Pol unterscheiden. Besonders auffällig tritt dies hervor bei Apparaten, deren Sekundärspule soviele Windungen besitzt, daß die induzierte Spannung ausreicht, längere Funken bei Verbindung mit einem Henleyschen Entlader hervorzubringen. Stellt man die Spitzen des Entladers (Fig. 1222) sehr weit auseinander, so springt nur der beim Öffnen des induzierenden Drahtes bewirkte Funke über, was man unter Berücksichtigung der Richtung der Drahtwindungen aus der Abweichung eines eingeschalteten Multiplikators erkennt. Bei schwachem Gange des Apparates kann man die Art der Elektrizität auch mittels eines Elektrometers untersuchen, dessen Knopf man mit Seide umwickelt hat. Die höhere Spannung des Öffnungsinduktionsstromes ermöglicht geradezu, mit dem Induktorium Leidener Flaschen zu laden. Hierzu läßt man die Funken von der einen Spitze in den Knopf der Flasche in der größtmöglichen Entfernung überspringen, während das andere Ende entweder in die Erde abgeleitet oder mit dem äußeren Belege der Flasche verbunden ist; statt dessen kann man auch das eine Drahtende wie gewöhnlich mit der einen Spitze des Ausladers, das andere mit dem äußeren Belege und das innere Belege mit der ersten Spitze verbinden und beide Spitzen auf die größte Funkenlänge stellen. Ohne diese Funkenstrecke erhält man keine Ladung.

371. Funkeninduktoren. Sinsteben ist es (1846) zuerst gelungen, durch Vermehrung und durch möglichst vollständige Isolierung der Drahtwindungen der Induktionsspirale Funkeninduktoren, d. h. solche Induktionsapparate zu konstruieren, welche elektrische Funken zu liefern imstande waren. Wesentlich verbessert wurden die Apparate von Rühmkorff[1]), nach welchem sie auch heute noch benannt werden. Der Eisenkern, dessen Länge bei gewöhnlichen Apparaten zwischen 10 und 800 mm und dessen Dicke 10 bis 52 mm beträgt, wird aus Drähten von schwedischem Borgwitseisen von 0,6 bis 2 mm Durchmesser hergestellt. Bei zu dünnen Drähten ist die Kraftlinienzahl zu klein, bei zu dicken der Verlust infolge von Wirbelströmen zu groß. Um den Eisenkern wird eine Lage Papier gewickelt und darüber die Primärwickelung aus zwei bis vier Lagen von mit Baumwolle besponnenem Kupferdraht von 0,7 bis 3 mm Durchmesser. Für Akkumulatorenbetrieb nimmt man zwei Lagen von dickem Draht, für Betrieb mit Zentralen-Strom vier Lagen von dünnerem. Jedenfalls erhält die induzierende Rolle eine

[1]) Die französische Schreibweise des Namens ist Ruhmkorff (s. S. 5, 107, 1891). Rühmkorffs Nachfolger ist J. Carpentier, Ingénieur constr., 20 rue Delambre, Paris. Siehe auch E. Ruhmer, Konstruktion, Bau und Betrieb von Funkeninduktoren, Leipzig 1904, Hachmeister u. Thal; ferner: Die Funkeninduktoren und Stromunterbrecher auf der Pariser Weltausstellung 1900, physik. Zeitschr. 2, 501 und Klingelfuß, Ann. d. Physik 5, 837, 1901 u. 1198, 1902; Elektrotechn. Zeitschr. 22, 830, 1901.

gerade Zahl von Drahtlagen, damit ihre Enden auf derselben Seite heraustreten, um sie bequemer zum Unterbrecher zu führen. Da die induzierende Spirale nicht isoliert sein kann, indem ihre Teile mit dem Stromunterbrecher und der Kette in Verbindung sind, so muß man sich gegen das Abströmen der Elektrizität von der induzierten Spirale auf die induzierende durch dicke isolierende Schichten schützen[1]). Zwischen Primär- und Sekundärspule wird deshalb eine 3 bis 10 cm starke Glasröhre eingeschoben, welche beiderseits erheblich über die Sekundärspule vorragt, so daß das Überschlagen von Funken über den Rand desselben von einer Spule zur anderen unmöglich ist[2]).

Bei neueren Apparaten wird diese Röhre gewöhnlich aus Ebonit hergestellt und läßt sich mit geringem Spiel in eine Mikanitröhre einschieben, auf welche die Sekundärspule aufgewickelt ist[3]).

Bei kleineren älteren Apparaten wurden einfach auf die Enden der Glasröhre dicke Spiegelglasscheiben mit entsprechend ausgeschliffenen Öffnungen aufgekittet und dazwischen der induzierte Draht aufgewunden. Das innere Drahtende wurde auf der inneren Seite der Glasscheibe in einem Glasrohre heraufgeführt und eine Scheibe aus gefirnißter Pappe oder Hartgummi, mit einem für die Glasröhre passenden Einschnitt, innen an die Glasscheibe angelegt, damit das Aufwickeln ordentlicher von statten gehen konnte. Derart gewickelte Spulen erweisen sich unsymmetrisch. Stellt man nämlich die Enden des Entladers so weit auseinander, daß keine Funken überspringen können, und nähert einen Leiter denselben, so zeigen sich an dem äußeren Drahte längere Funken als am inneren, doch werden auch diese länger, wenn man das äußere Ende ableitend mit der Erde verbindet.

Zum Bewickeln der Sekundärspule dient mit Seide umsponnener sehr feiner Draht. Bei kleinen Apparaten, welche keine erhebliche Spannung geben sollen, kann derselbe ohne weiteres aufgewickelt werden. Zweckmäßiger ist aber, ihn zu firnissen. Es ist dies eine langwierige Arbeit, wenn der Draht auf der Rolle sich nicht verkleben soll, d. h. wenn man sich die Möglichkeit offen halten will, ihn allenfalls wieder zu irgend einem anderen Zwecke zu verwenden. Rasch geht die Arbeit nur im Freien, wo man sich von dem Haspel oder der Spule, welche den Draht trägt, so weit entfernen kann, daß der Firnis trocknet, bis der Draht zum Aufwickeln

---

[1]) Es geschah dies bei älteren Apparaten dadurch, daß man die induzierende Rolle beiderseits um einige Centimeter kürzer nahm als die induzierte und den Raum durch Guttapercha ausfüllte. Die Zuleitungsdrähte wurden natürlich ebenfalls dick in Guttapercha gehüllt. — [2]) Tesla empfiehlt, bei Hochfrequenztransformatoren den Raum zwischen dieser Röhre und den beiden Spulen vollständig mit einem festen (harzartigen) oder flüssigen Isolator auszufüllen, derart, daß auch nicht einmal Luftbläschen vorhanden sind. Ist nämlich letzteres der Fall, so finden in den Bläschen oder Luftschichten alternierende Entladungen (wie in Ozonröhren) statt, welche dieselben allmählich erwärmen, dadurch die Durchschlagsfestigkeit des isolierenden Materials verschlechtern und schließlich das Durchschlagen der Funken an der betreffenden Stelle veranlassen. Einen älteren Rühmkorff aus dem Jahre 1858 (Fig. 1222, S. 616), bei welchem die eingekittete Glasröhre durchschlagen war, habe ich dadurch wieder instand gesetzt, daß mittels einer dampfdurchströmten Blechröhre das zersprungene Rohr herausgeschmolzen und durch ein neues stärkeres ersetzt wurde. Der Apparat wurde hierdurch wieder vollkommen brauchbar und dient seit 17 Jahren zu allen Demonstrationsversuchen. — [3]) Für größere Induktorien werden zwei oder drei ineinander passende Hartgummiröhren verwendet. Die Hartgummiröhren werden nicht aus einer dicken Gummischicht hergestellt, sondern durch vielfaches Übereinanderwickeln einer dünn ausgewalzten Gummiplatte über einen Dorn.

kommt. Für etwas größere Spannungen wird es notwendig, auch noch die einzelnen Lagen nach dem Aufwickeln zu firnissen; man braucht dann allerdings kein Papier und die Windungen werden dichter, aber man muß jede Lage gut austrocknen lassen. Das Austrocknen kann durch Erwärmen über der Spirituslampe befördert werden. Man wiederholt den Anstrich ein- bis zweimal.

M. Kohl[1]) in Chemnitz versieht die Drähte mit weicher Isolation, wodurch ein Verletzen der Spule beim Transport ausgeschlossen sein soll.

Tesla empfiehlt, den induzierten Draht vor dem Aufwickeln (wo möglich im Vakuum) so lange in Paraffin zu kochen, bis alle Luft aus der Bewicklung ausgetrieben ist, und ihn dann beim Aufwickeln in geschmolzenem Paraffin laufen zu lassen. (Besser als das kristallinische Paraffin wäre wohl eine Mischung von Kolophonium und Leinölfirnis [Elektralack?] oder eine ähnliche amorphe Masse.)

Ruhmer leitet den Draht zunächst über einen Glasstab in eine Pfanne mit geschmolzener Harzmischung, sodann durch eine Klemme aus Leder über der Pfanne, welche überschüssiges Harz abstreift und dann erst auf die Spule. Die Rolle, von

Fig. 1223.

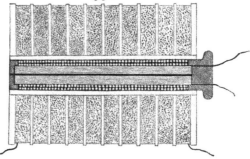

welcher der Draht abgewickelt wird, läßt Ruhmer sich nicht auf einem festen Dorn drehen, sondern auf einem starken Bindfaden, so daß sie etwas nachgeben kann, da sonst der Draht zu leicht reißt. Beim Aufwickeln der vorletzten Schicht pflegt man vor dem Aufbringen der ersten Windung einen Seidenfaden unterzuschieben, der dann durch den Draht festgehalten wird und dazu dient, das obere Drahtende der Spule festzubinden. Gewöhnlich nimmt man, um Beschädigungen zu vermeiden, an den Anfang und das Ende einer Spirale dickeren, etwa millimeterdicken Draht. Um zu verhindern, daß Teile des Drahtes aufeinander zu liegen kommen, welche eine große Spannungsdifferenz zeigen, teilt man nach Poggendorff die Induktionsspirale in mehrere Abteilungen (Fig. 1223). Wären diese im gleichen Sinne

---

[1]) Alte unbrauchbare Induktoren werden von dieser Firma wieder instand gesetzt. Jos. Kravogl, Spezialist für Kleinfunkeninduktorenbau in Brixen a. E. (Süd-Tirol) erklärt sich bereit, kleine Funkeninduktoren auch der allergewöhnlichsten Handelsware in Reparatur zu nehmen mit Garantie, daß der Apparat nach derselben das drei- bis vierfache leiste wie früher. Er fabriziert ferner ein Spezialinduktorium (Preis 38 Mk.) mit nur 90 g Induktionsdraht (Wickellänge 4,8 cm), welches, mit zwei Flaschenelementen betrieben, 20 bis 26 mm Funkenlänge gibt. Ein an einem Pol aufgehängter besponnener Leitungsdraht erscheint mit Lichtbüscheln dicht besät, Lichtbüschel werden bis auf 4 cm Elektrodendistanz erhalten.

gewickelt, so müßte der Verbindungsdraht einer Spule mit der nächsten von außen bis nach innen geführt, also besonders gut isoliert sein und durch eine Glas- oder Guttapercharöhre laufen, wobei dann die S. 618 erwähnte Auffutterung durch eine geschlitzte Pappscheibe ebenfalls nötig würde. Stöhrer überwand diese Schwierigkeit dadurch, daß er die Spulen abwechselnd entgegengesetzt wickelte, wobei natürlich immer zwei aufeinander folgende äußere oder innere Enden zu verbinden sind, damit der Strom in stets gleicher Richtung die Primärspule umkreist. Fig. 1224 zeigt schematisch die Einrichtung eines neueren Funkeninduktors nach Ruhmer[1]), welcher in vielen senkrechten, durch Isolierscheiben getrennten Sektionen von ein bis mehreren Millimetern Breite gewickelt ist.

Härben[2]) gibt folgende Regeln für den Bau von Funkeninduktoren von 75 bis 500 mm Schlagweite: Die Sekundärspule setzt sich zusammen aus 18 bis 125 dünnen flachen Spulen (2 bis 3,5 mm dick), hergestellt aus mit Seide umsponnenem Draht von 0,07 bis 0,25 mm Dicke, deren Durchmesser etwa 10 mm innen und außen kleiner ist als der des Mikanitrohres, auf welches sie unter

Fig. 1224.

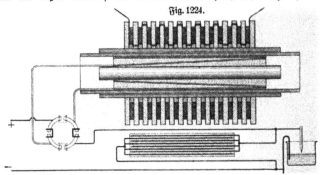

Zwischenfügung von Mikanitscheiben geschoben werden, sowie der der Hartgummihülse, welche zum Schutz über die fertige Spule geschoben wird. Der äußere Durchmesser des ersteren beträgt 22 bis 118 mm, die Dicke 2 mm, der äußere Durchmesser der Ebonithülse 60 bis 135 mm.¦

Zum Wickeln der scheibenförmigen Spulen dient eine Schablone, bestehend aus einer auf die Drehbankspindel aufzuschraubenden Scheibe von gleichem Durchmesser wie die Spule und einem ,der Höhlung und der Dicke der Spule ¦entsprechenden zapfenförmigen Ansatz, auf welchen eine zweite gleichgroße lose Scheibe aufgeschraubt wird. Letztere ist dicht über dem Zapfen durchbohrt, um das durch einen angelöteten stärkeren Draht von 0,3 bis 0,4 mm Dicke und 120 mm Länge verstärkte eine Ende der Wicklung durchstecken zu können. Ist der Zwischenraum zwischen den beiden Scheiben vollgewickelt, so wird das in gleicher Weise wie der Anfang verstärkte Ende des Drahtes mit einem Seidenfaden festgebunden, um das Aufrollen zu verhindern und nun die ganze Schablone samt der Spule in ein bereitstehendes Bad aus 4 Tln. Wachs, 1½ Tln. Kolophonium und 0,3 Tln. Guttapercha auf 80 bis 120° erhitzt eingesetzt. Der gußeiserne Topf, in welchen diese Mischung

---

[1]) Ruhmer, Konstruktion u. s. w. (vgl. S. 617 Anm. 1). — [2]) Härben, Mechaniker 1900, Nr. 14, 15 u. 17.

bis zu halber Höhe eingefüllt ist, besitzt einen luftdicht schließenden Deckel und wird nun mit einer Handluftpumpe evakuiert. Nach gehörigem Durchtränken, was besonders durch siebförmige Durchlöcherung der losen Scheibe gefördert wird, nimmt man die Schablone heraus, läßt erkalten und zieht dann die Spule (eventuell unter nochmaligem raschem Anwärmen der Schablone) herunter, nachdem man die Seite, wo die Wicklung angefangen hat, mit Kreide oder Firnis bezeichnet hat.

Fig. 1225 zeigt eine Schablone zum Spulenwickeln nach Ruhmer [1]).

Sind die Spulen hergestellt, so werden sie abwechselnd verdreht, d. h. immer bezeichnete Seite an bezeichnete und unbezeichnete gegen unbezeichnete auf das Mikanitrohr geschoben und immer Anfang der einen mit Anfang der folgenden bezw. Ende mit Ende verbunden, so daß der Strom, trotz der abwechselnd entgegengesetzten Lage der Spulen, die ganze Reihe in gleichem Sinne durchläuft. Die Anzahl der Spulen muß eine gerade sein, damit sich sowohl Anfang wie Ende der ganzen Serie oben befinden. Sowohl beim Wickeln als Verbinden wird von Zeit zu Zeit mit dem Galvanometer geprüft, ob der Draht nicht etwa abgerissen ist. Ferner kann man eine Primärspule nebst Kondensator mit veränderlicher Kapazität (vergl. Bd. I(1), S. 124, Fig. 236) benutzen, um bei jeder neu aufgesetzten Teilspule zu prüfen, ob der Funke durch dieselbe wirklich größer wird, d. h. ob die Spule verkehrt angelegt ist oder umgedreht werden muß. Schließlich werden an den Enden noch Mikanitscheiben angelegt. Das Ganze wird in eine Blechbüchse hineingesteckt, deren Weite dem inneren Durchmesser der Ebonithülse entspricht. Man füllt die Büchse mit geschmolzener Mischung von Wachs, Kolophonium und venetianischem Terpentin oder mit Paraffin von etwa 80°, entfernt sorgfältig alle Bläschen und läßt im Laufe von zwei bis drei Tagen die Temperatur allmählich abnehmen.

Fig. 1225.

Nach Ruhmer erfolgt auch das Umgießen der sekundären Spulen am besten im Vakuum. Die Spule wird zu dem Zwecke in einem Pappcylinder und mit einem Pappcylinder als Kern unter einen Rezipienten mit Tubulus am oberen Ende gebracht. Man evakuiert (zuletzt mit der Quecksilberluftpumpe) bis zu möglichst hohem Vakuum. Sodann läßt man durch einen Hahn am Tubulus geschmolzene und entlüftete Isoliermasse eintreten. Die überschüssige Masse wird nach dem Erstarren auf der Drehbank durch Abdrehen entfernt. Schließlich wird, nachdem die Ebonithülse aufgeschoben ist und die Enden mit starken hölzernen Flanschen versehen sind, in welchen Klötze aus Hartgummi mit Messingeinlage zur Aufnahme der Klemmschrauben befestigt sind, in das Mikanitrohr das Hartgummirohr, welches die Primärspule enthält, eingeschoben, so daß es beiderseits gleichviel hervorragt.

Nach Klingelfuß haben die in beschriebener Weise hergestellten Spulen im Hinblick auf die hohen, darin auftretenden Spannungen des Selbstinduktionsstromes

[1]) a. a. O.

schwerwiegende Mängel. Zunächst kommen infolge des Hin= und Herwickelns der Drahtlagen durch das Aneinanderreihen zweier Spulen Leiterteile von großer Spannungsdifferenz in eine derartige Annäherung, daß ein Überspringen des Funkens leicht möglich wird. Gibt man den Teilspulen einen größeren gegenseitigen Abstand, so kann der verfügbare Wickelraum nicht in wünschbarer Weise ausgenutzt werden.

Ein weiterer schwerwiegender Übelstand so hergestellter Spulen liegt in den Ver= bindungsstellen (Lötstellen) zwischen den benachbarten Spulen, deren Spitzenwirkungen unkontrollierbar sind. Diese Spitzenwirkungen sind zunächst Verlustquellen und führen schließlich eine vorzeitige Zerstörung der Isolation der Windungen herbei.

Eine dem vorliegenden Zwecke entsprechende Spule sollte demnach möglichst aus einem einzigen fortlaufenden Drahte bestehen. Klingelfuß beginnt deshalb das Wickeln am Stirnende einer Spule und legt die Drahtwindungen, z. B. am inneren Durchmesser der Spule anfangend, aufeinander bis zum äußeren Durch= messer, so daß eine Drahtlage in Form einer Spirale entsteht. Hierauf wird der Draht in einer zweiten am äußeren Spulendurchmesser beginnenden Lage bis zum inneren Durchmesser derselben fortschreitend, so wieder eine rücklaufende Spirale bildend, gelegt; und so fort, bis die Spule die gewünschte Länge erhalten hat. Auf diese Weise kann man den Draht ununterbrochen in seiner ganzen Länge fortwickeln,

Fig. 1226.

und umgeht so die Verbindungen, die bei Teilspulen nötig sind. Die größte Potentialdifferenz ist die zwischen dem Drahtanfang der ersten und Ende der zweiten Lage, und das wiederholt sich unverändert durch die ganze Spule. Der zunehmen= den Potentialdifferenz längs des Drahtes innerhalb je zweier Lagen entsprechend, wird beim Aufwickeln die Dicke des Dielektrikums zwischen zwei Lagen mit zu= nehmender Drahtlänge vergrößert. Dadurch erhält man eine Wicklung, wie in Fig. 1226 im Schnitt durch die Lagen dargestellt ist. Mit jeder neuen Lage ent= fernen sich die Leiterteile in gleichem Maße durch die ganze Länge der Spule, so daß das Ende der n ten Lage genau n mal so weit vom Spulenanfang entfernt ist, als das Ende der zweiten Lage vom Anfang der ersten. Es wird also vollkommene Pro= portionalität zwischen der in jeder Lage untergebrachten Drahtlänge und der Potential= zunahme pro Lage erreicht und damit die Möglichkeit, die Isolationsstärke so zu wählen, um ein Durchschlagen innerhalb der Spulen zur absoluten Unmöglichkeit zu machen.

So hergestellte Spulen haben sich nach Klingelfuß erheblich leistungsfähiger gezeigt als die besten bis dahin bekannt gewordenen Induktorien, sowohl in bezug auf die erreichbare Funkenlänge, wie auch die Intensität der Funken und die Haltbarkeit der Spulen. Beispielsweise wurden Spulen von 1000 Windungen her= gestellt, die auch bei längerer Beanspruchung Spannungen von 100000 Volt aus= hielten, ohne Schaden zu nehmen. Fig. 1227 zeigt einen Klingelfußschen Induktor für 1,5 m Funkenlänge, wohl der größte bis jetzt hergestellte Apparat. Die kräftigen blauen Funken sind von einer außerordentlich breiten flammenartigen Aureole umgeben, während bei älteren

Apparaten infolge der unnötig großen Windungszahl und des dadurch bedingten großen inneren Widerstandes nur dünne fadenartige Funken erhalten wurden[1]).

Nach Walter[2]) hat die Klingelfußsche Ausführung der Sekundärspule mit relativ wenig Windungen den Nachteil, daß die Stärke des Primärstromes sehr beträchtlich genommen werden muß, z. B. erforderte ein 50 cm-Induktor bei 110 Volt 45 bis 50 Amp., während ein 50 cm-Induktor mit nahe 4 facher Zahl von Sekundärwindungen nur etwa 10 Amp. gebrauchte.

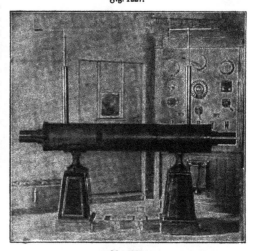

Fig. 1227.

Fig. 1228.

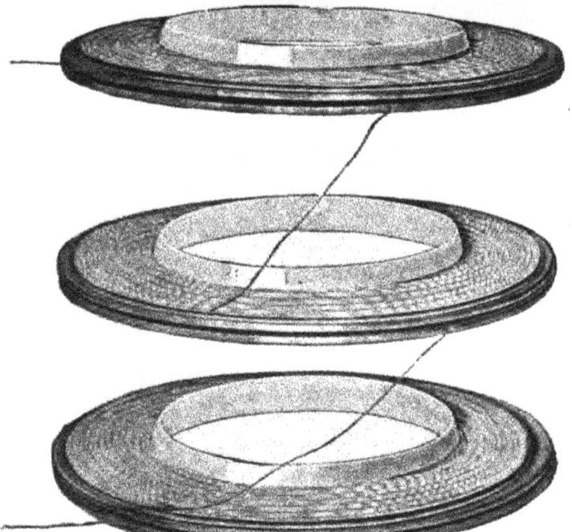

---

[1]) Apps in London baute einen Apparat mit 75 cm Funkenlänge für das dortige polytechnische Institut, ferner einen solchen mit 90 cm Funkenlänge (s. Spottiswoode, Phil. Mag. (5) 3, 30, 1877); Heinze in Boston fertigte einen solchen von 85 cm Funkenlänge. Große Funkeninduktoren liefern: Dr. Max Levy, Berlin; Max Kohl, Chemnitz; Allgemeine Elektrizitätsgesellschaft, Berlin; Siemens u. Halske, Berlin; F. Ernecke, Berlin; W. A. Kirschmann, Berlin; Keiser u. Schmidt, Berlin; Friedr. Dessauer, Aschaffenburg; H. Boas, elektrotechnische Fabrik, Berlin O., Krautstr. 52; Seifert u. Co., Hamburg; Voltohm, A.-G., Frankfurt a. M.; Reiniger, Gebbert u. Schall, Erlangen; Leybolds Nachf., Köln; Carpentier, Paris; Ducretet, Paris; Gaiffe, Paris; Ruhmers physik. Laboratorium, Berlin SW. 48, Friedrichstr. 248 (5 bis 100 cm Schlagweite, 150 bis 3700 Mk.); Berliner, elektrotechn. Laboratorium, Berlin SW., Besselstr. 20; Polyphos, Elektrizitätsgesellschaft m. b. H., München, Schillerstr. 16; Kröplin u. Strecker, physik.-mechan. Werkstätten, Hamburg-Altona, Am neuen Pferdemarkt; Leppin u. Masche, Berlin u. a. — [2]) Walter, Ann. d. Physik 15, 409, 1904.

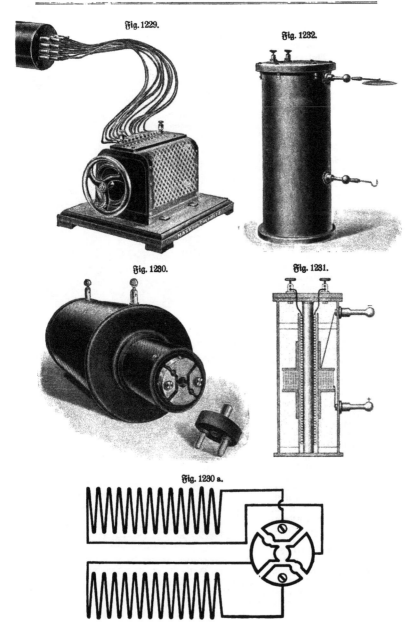

Fig. 1229.

Fig. 1232.

Fig. 1230.

Fig. 1231.

Fig. 1230 a.

Boas stellt die Eisenkerne nicht aus Draht, sondern aus dünnem Dynamoblech her. Die Länge beträgt etwa das doppelte der Funkenlänge, so daß die rückwärtig außerhalb des Eisens verlaufenden Kraftlinien nur in geringer Zahl die Sekundärspule durchsetzen. Die Primärspule ist direkt auf den Eisenkern aufgewickelt. Die Sekundärspulen werden, wie Fig. 1228 zeigt, ohne innere Verbindungen hergestellt. Die Isolation zwischen den einzelnen Drahtlagen ist derart keilförmig hergestellt, daß die Isolationsdicke proportional dem Potentialanstieg zwischen den Drahtenden zunimmt. Gleiches gilt für die scheibenförmigen Abteilungen der Sekundärspule. Hierdurch wird nicht nur der Durchschlagswiderstand erhöht, sondern auch die Kapazität vermindert, sowie der Verlust durch Nebenschlußleitung im Dielektrikum. Alle Spuren von Luft in der Sekundärspule sind sorgfältig beseitigt, da die sich bildenden Stickoxyde namentlich bei Anwesenheit von Feuchtigkeit sowohl das Kupfer wie die Isolation zerstören. „Der Nichtbeachtung dieser Vorsichtsmaßregel, schreibt er, ist es zuzuschreiben, daß ein großer Teil der im Handel erhältlichen Funkeninduktoren mit der Zeit in seiner Leistung erheblich zurückgeht."

Gewöhnlich erfolgt die Wickelung so, daß die Stromwärme in Primär- und Sekundärspule gleich ist.

Zum Betrieb mit höherer Spannung gibt Boas einen Transformator bei, welcher die Spannung soweit heruntersetzt, daß die sekundäre Stromkurve unsymmetrisch wird. Fig. 1229 (K, 140) zeigt ein Pachytrop zum Betrieb mit verschiedenen Spannungen; Fig. 1230 ein Induktorium mit Stöpselschaltung von Boas. Letztere wird durch Fig. 1230 a erläutert.

Jean (Compt. rend. 46, 186, 1858) beschreibt einen Induktor mit 30 cm Funkenlänge, dessen Windungen nach Poggendorffs Vorschlag durch eine Flüssigkeit (Terpentinöl) isoliert waren. Um die zwischen den Drähten bleibenden Luftblasen zu entfernen, war es nötig, die Durchtränkung mit Terpentinöl im Vakuum auszuführen.

In neuerer Zeit hat man diesem bereits im Jahre 1854 gemachten Vorschlage wieder mehr Beachtung geschenkt. Beim Betriebe eines solchen Ölinduktors entstehen (nach Tesla) Strömungen, welche die schädlichen Luftbläschen von selbst entfernen, so daß es also am zweckmäßigsten ist, den ganzen Apparat in einen mit Öl gefüllten Kasten aus Holz einzusenken, wodurch zugleich das Überspringen von Funken auf der Außenseite der sekundären Spule verhindert wird.

Rabiguet in Paris setzt die Sekundärspule in ein mit Paraffinöl gefülltes Gefäß; Rochefort u. Wydts in Paris verwenden eine dickflüssige Kohlenpasta[1]).

---

[1]) Solche Funkeninduktoren mit geleeartiger Isolation (System Wydts, D. R.-P. Nr. 96823) liefert Elektra, G. m. b. H., Düsseldorf und E. Liesegang, daselbst. Die Sekundärspule hat, wie aus Fig. 1231 zu sehen, sehr geringe Breite, zur Aufnahme der Isolationsmasse dient ein cylindrisches Gefäß Fig. 1232. Die Apparate sind durch geringen Energiebedarf ausgezeichnet, z. B. nur 4 Amp. bei 6 Volt für 20 bis 25 cm Funkenlänge, während ältere Apparate das sechsfache verbrauchen. Ferner wird als Vorzug derselben gerühmt, daß sich mehrere parallel oder hintereinander schalten lassen, falls man größere Stromstärke oder Spannung erzielen will, wie bei galvanischen Batterien. Preis bei 30 bezw. 50 cm Funkenlänge 368 bezw. 800 Mk. einschließlich Kondensator, aber ohne Unterbrecher (Preis 45 bis 180 Mk.).

372. Unterbrecher [1]**).** Eine wesentliche Bedingung guter Wirksamkeit eines Funken=
induktors ist ein guter Unterbrecher. Ein solcher darf den Strom nicht allzu rasch
nach der Schließung unterbrechen, da im Momente der Schließung der Extrastrom im

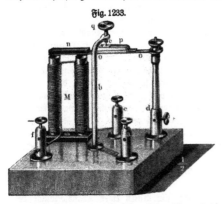

Fig. 1233.

induzierenden Drahte zunächst
die volle Wirkung des induzieren=
den Stromes hindert, also eine
wenn auch nur kurze Zeit nötig
ist, bis der Strom auf sein
Maximum angewachsen ist.
Halske machte darauf auf=
merksam, daß sich dies durch
eine am Stiele des magneti=
schen Hammers anzubringende
Feder erreichen lasse. Dieselbe
preßt sich, so lange kein Strom
durchgeht, gegen die Spitze an
und stellt so den Kontakt her.
Wird dann der Strom ge=
schlossen und der Hammer an=
gezogen, so dauert es noch einige Zeit, bis auch die Feder die Spitze verläßt und
so auch der Kontakt unterbrochen wird. Man erreicht hierdurch zugleich den weiteren
Vorteil, daß die periodisch sich wiederholenden Attraktionen, welche die Schwin=
gungen des federnden Hammerstieles unterhalten, in dem Momente erfolgen, in

Fig. 1234.

welchem derselbe die Ruhelage
passiert, und daß sie infolge
dessen am stärksten zur Wir=
kung gelangen.
Fig. 1233 zeigt einen
solchen Apparat. M ist der
kleine Elektromagnet aus sehr
gut ausgeglühtem Eisen, oder
noch besser aus zwei Draht=
bündeln. Derselbe hat nur
eine einzige Lage von Win=
dungen. Die Säule d trägt
die Messingfeder o o, auf deren
Ende sich der Anker n befindet.
An manchen Apparaten trägt
die Säule d noch einen kurzen
Arm, durch welchen hindurch

eine Schraube auf die Feder o o wirkt, um den Abstand des Ankers vom Magneten
regulieren zu können. Die Feder o o trägt die erwähnte zweite, p, auf welcher
ein Platinplättchen angelötet ist. Gegen dieses Plättchen ist die Platinspitze der
Schraube q gerichtet und steht mit ihm in Berührung, so lange M nicht magne=
tisch ist. Der Draht des Elektromagneten steht mit den Klemmschrauben e und f,

[1]) Vergl. auch Dvorschak, Zeitschr. f. Instrum. 11, 423, 1891.

jener der Kette mit d, f, und jene des Induktionsapparates mit den Klemmschrauben a, e in Verbindung; o steht in Verbindung mit b und b mit a. Tritt nun der Strom bei d ein, so geht er durch o, p, q, b, a, den Induktionsapparat e, M, f. (W 15.)[1]

Fig. 1235.

Bei manchen käuflichen Apparaten ist die Platinspitze, welche mindestens etwa 5 mm Dicke haben muß, wenn die

---

[1] Induktoren mit Platinunterbrecher nach Fig. 1234, Funkenlänge 5 bis 30 cm, liefert F. Ernecke zu 130 bis 450 Mk. Reifer und Schmidt liefern solche von 15 bis 50 cm Funkenlänge zu 305 bis 1165 Mk. Hartmann und Braun, A.-G., Frankfurt a. M., liefern den kleinen Apparat Fig. 1235, Übersetzungsverhältnis 1 : 10, zu 105 Mk. Ein zerlegbares Induktorium nach Fig. 1236 ist zu beziehen von Kröplin und Strecker, Hamburg-Altona.

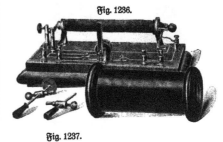

Fig. 1236.

Fig. 1237.

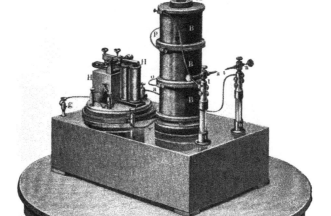

Wirksamkeit dauernd sein soll, zu schwach ausgeführt, so daß zu starke Erwärmung und infolgedessen Abnutzung eintritt. Zehnder kühlt die Spitze bei länger dauerndem Gebrauch mittels eines von einer Wasserluftpumpe gelieferten Luftstromes.

Stöhrer läßt die Spitze exzentrisch gegen eine auf einer Feder befestigte Platte drücken, die sich drehen läßt, so daß, wenn die Kontaktstelle sich oxydiert hat,

Fig. 1238.

eine andere Stelle der Platte mit der Spitze in Berührung gebracht werden kann. Um die Schwingungen der zusammengebogenen Feder zu dämpfen, wird ein Kork zwischen deren Schenkel eingeschoben. (Fig. 1237.) Der Anker wird durch eine Spiralfeder von seinem Magneten abgezogen, welche willkürlich gespannt werden kann; je stärker sie gespannt ist, desto länger dauert die induzierende Wirkung.

Deprez hat die Vorrichtung noch weiter dahin vervollkommnet, daß sich die Spannung der Halskeschen Feder (S. 626) regulieren läßt. (Fig. 1238 E, 50.) Diese Deprezunterbrecher[1] sind brauchbar bis 250 mm Schlagweite. Sie haben den Vorzug hoher Unterbrechungszahl, aber den Nachteil, daß bei stärkeren Strömen die Kontaktflächen leicht zusammenkleben[2].

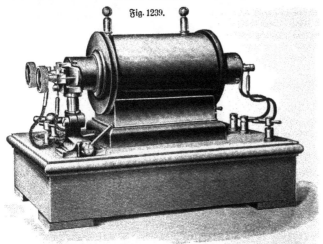

Fig. 1239.

Einen verbesserten Federunterbrecher für Induktorien konstruierte Dessauer (3. 12, 93, 1899). Er erwärmt sich weniger und hat nicht den Fehler des Deprezinterruptors, der Intensität der Entladung Eintrag zu tun.

[1] Keiser u. Schmidt, Berlin, liefern Deprezunterbrecher zu 20 bis 50 Mk. —
[2] Fig. 1239 zeigt einen damit ausgestatteten Induktor von Hans Boas, elektrotechn. Fabrik, Berlin O., Krautstr. 52.

Ein anderer modifizierter Platinunterbrecher ist der Bril=Unterbrecher Fig. 1240 a und b (Lb, 55 bis 65). Der Platinkontaktstift befindet sich bei P auf einer besonderen Feder F_1, der Hammer bei H auf einer zweiten Feder F_2. Wird der Hammer angezogen, so bewegt sich zunächst die Feder F_2, und es dauert eine gewisse Zeit, bevor die Schraube S_1 die Feder F_1 berührt, wodurch der Platin= kontakt P aufgehoben und der Strom im Primärkreis plötzlich geöffnet wird. Durch diese verlängerte Kontaktdauer wird der Eisenkern des Induktors bis zur Sättigung magnetisiert, wodurch in der sekundären Spule eine wesentlich größere elektro= motorische Kraft induziert

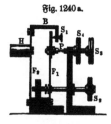

Fig. 1240 a.

Fig. 1240 b.

wird, als beim einfachen Platinunterbrecher. Durch S_1 wird die Dauer des Kon= taktes reguliert; je weiter S_1 von der Feder F_1 ent= fernt ist, um so länger ist die Zeit des Stromschlusses, und um so plötzlicher erfolgt die Unterbrechung. Man kann auf diese Weise die Intensität der Entladung variieren. Um den Brilunterbrecher in Tätigkeit zu setzen, wird die Schraube S_2 so lange gedreht, bis der Vibrator F_1 bei freier Stellung in der Mitte der Brücke B steht; dann wird Schraube S_1 bis in eine Entfernung von

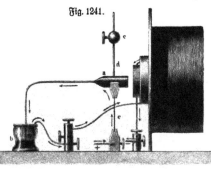

Fig. 1241.

ungefähr $1^1/_2$ mm vom Vi= brator gebracht. Darauf dreht man Schraube S_3, bis die Platinspitze P den Vi= brator leicht berührt; diese Stellung wird dann durch Schraube S_4 fixiert.

Quecksilberunter= brecher. Eine wesentliche Bedingung, die ein guter Unterbrecher erfüllen muß, ist die, daß die Unterbrechung so rasch wie möglich geschehe. Je rascher sie geschieht, um

so größere Spannung kann (bis zu gewisser Grenze) an den Enden des indu= zierten Drahtes erhalten werden. Wenn nun auch die Unterbrechung des Kon= taktes bei allen Arten von Stromunterbrechern sich momentan vollzieht, so wird dennoch dadurch der Strom nicht momentan unterbrochen, indem sich bei Ent= fernung der Kontaktteile voneinander zwischen beiden ein kleiner Lichtbogen her= stellt, der den Durchgang des Stromes noch so lange ermöglicht, bis er bei allzu groß werdender Distanz schließlich erlischt. Man muß somit suchen, diesen Licht= bogen möglichst rasch auszulöschen. Am einfachsten gelingt dies nach Foucault durch Anwendung eines Quecksilberunterbrechers, bei dem das Quecksilber mit einer Schicht Alkohol bedeckt wird. Sowie der Kontakt unterbrochen wird, tritt der Alkohol zwischen Spitze und Quecksilber und vereitelt die Bildung eines Lichtbogens wenigstens bis zu gewissem Grade. Fig. 1241 zeigt die wesentliche Einrichtung eines solchen Unterbrechers, wie sie sich leicht an jedem Apparate anbringen läßt. Der Hammer *a* taucht mittels eines Platindrahtes, der an das Ende eines Kupferdrahtes gelötet ist, in das in *b* befindliche Quecksilber; das Quecksilber wird mit Weingeist

Fig. 1242.

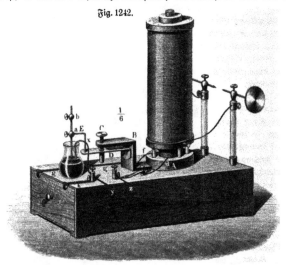

so hoch übergossen, daß der Draht durch die Bewegung des Hammers den Wein= geist nicht verlassen kann. Man kann nun mehr oder weniger Quecksilber anwenden,

Fig. 1243.

so daß das Verhältnis der Zeit, während welcher die Säule geschlossen ist, zu der Zeit, während welcher dieselbe offen ist, willkürlich hergestellt werden kann. Auch die Größe der Hammerbewegung hat man in seiner Gewalt, indem man das Draht= bündel verschiebt. Die auf dem Stifte *d* verschiebbare Kugel *c* dient zur Regulierung der Hammerschwingungen, welche durch die Feder *e* und nicht durch ein Gelenk ver= mittelt werden. Die Feder *e* besteht aus hart gehämmertem Messing.

Fig. 1242 zeigt einen ganzen Induktor mit Quecksilberunterbrecher älterer Fig. 1243 einen solchen neuerer Konstruktion.

Wird der Apparat in Tätigkeit gesetzt, so springen zwischen den Enden des Entladers Funken über, und zwar um so längere, je langsamer der Unterbrecher geht, d. h. je höher man die Kugel, Fig. 1243, stellt; auch dadurch werden die Funken länger und kräftiger, daß man das Quecksilber im Gefäße so stellt, daß der in-duzierende Strom länger geschlossen als offen ist. Die Breite und Dicke der Feder sollte nach der Größe des Apparates und nach der Stromstärke sich richten; da dies nun nicht sein kann, so haben vollkommenere Apparate für die Unterbrechung des Stromes, wie in Fig. 1244 u. 1245, einen eigenen Elektromagneten und eine Vor-richtung, um die Entfernung des Ankers vom Magneten zu ändern. Das Ganze ist als selbständiger Apparat ausgeführt und der Elektromagnet wird, um Störungen des Primärstromes zu vermeiden, aus einer besonderen Stromquelle gespeist, wozu ein einziges Element genügt. Das Messing-stück a enthält eine kurze Zahnstange b mit Getriebe; auf der Zahnstange ist die ziemlich starke Messingfeder (2 cm breit und 1/2 mm dick), auf welcher die kupferne Schiene e f ruht; diese Schiene trägt einer-seits den Anker k und andererseits zwei, wenigstens unterhalb, aus Platin bestehende Stifte g, h, welche in die Gefäße m n tauchen. Auf der Schiene e f sitzt auch noch der Stift i, an welchem die Kugel l verschiebbar ist zur Regulierung der Ge-schwindigkeit der Pendelbewegung des Ankers, und der Sattel o, um das Gleich-gewicht herzustellen, so daß die Feder im Ruhezustande vertikal und gerade ist. Die Zahnstange dient dazu, den Anker in beliebige Entfernung vom Elektromagneten zu bringen; darum muß aber auch die

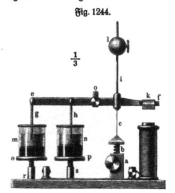

Fig. 1244.

$\frac{1}{3}$

Fig. 1245.

Stellung der Gefäße m und n reguliert werden können. Sie stehen zu dem Ende auf den kleinen messingenen Tischchen o, p, welche in den Ständern r, s sich verschrauben lassen; diese Ständer selbst stehen auf den kupfernen Schienen 1 und 2. Das Quecksilber wird nun mit den Tischchen entweder dadurch metallisch verbunden, daß ein am Tischchen befestigter Draht über den Rand des Glases weg in das Quecksilber geführt wird, oder die Gläser sind durchbohrt, und ein Platindraht reicht von unten in das Quecksilber und wird in ein kleines Loch des Tischchens gesteckt. Es ist wesentlich, daß die beiden Stifte g, h gleichzeitig das Quecksilber verlassen, man muß darum auf genaue Einstellung sehen. Mit der Klemmschraube 4 wird das eine Ende der Induktionsspirale verbunden, deren anderes Ende an die Kette derselben geht; der zweite Pol der Kette ist mit 5 ver-bunden. In die Klemmschrauben 6, 7 kommen die Poldrähte der eigenen Kette des Unterbrechers; *m* ist also das Queckſilbergefäß für den Induktionsapparat, *n* jenes für den Unterbrecher ſelbſt.

Wenn die Bewegungen des Ankers heftig werden, ſo kann Weingeiſt oder Queckſilber herausgeſpritzt werden; um dies zu verhüten, kann man einen Kautſchul-

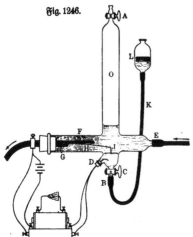

Fig. 1246.

deckel auf die Queckſilbergefäße ſtreifen, der in der Mitte ein Loch hat. Weingeiſt muß übrigens ſo viel über dem Queckſilber ſein, daß der Stift nie aus ihm heraustreten kann, weil ſonſt der Weingeiſt durch den Funken entzündet würde. Der Stift ſoll im Ruhezuſtande der Feder nicht in das Queckſilber reichen, ſo daß der Apparat, auch wenn die Poldrähte geſchloſſen ſind, erſt dadurch in Tätigkeit geſetzt wird, daß man dem Stift *i* einen kleinen Stoß gibt. Ebenſo unterbricht man durch Anhalten dieſes Stiftes mittels eines Glasſtabes die Tätigkeit des Apparates. Anſtatt des Weingeiſtes kann auch gereinigtes Erdöl angewendet werden.

Grimſehl (§. 13, 235, 1900) beſchreibt den in Fig. 1246 dargeſtellten Queckſilberunterbrecher. Durch ein T-förmiges Glasrohr, deſſen vertikaler oben ge-ſchloſſener Teil als Windkeſſel dient, tritt von rechts her Waſſer aus der Waſſer-

Fig. 1247.

leitung ein und fließt links durch eine Zungenpfeife ab. An der Zunge derſelben iſt ein Kontaktſtift angebracht, welcher in Queckſilber eintaucht, das in dem nach unten gehenden Teile des Glasrohres enthalten iſt. Durch einen Schlauch iſt damit ein be-wegliches Gefäß mit Queckſilber verbunden, ſo daß ſich der Stand des Queckſilbers leicht paſſend ändern läßt. Infolge der Anweſenheit des Waſſers erfolgen die Stromunterbrechungen sehr rasch und entstandenes Quecksilberoxyd wird sofort nach der Bildung von dem Wasser fortgeschwemmt, so daß der Kontakt blank bleibt. In einem im Abfluß angebrachten Sammelgefäß häuft es sich an, so daß keine Verluste entstehen.

Fig. 1248.

Fig. 1249.

Motorunterbrecher. Für größere Frequenz dienen die Motorunterbrecher, bei welchen an Stelle des Wagnerschen Hammers ein kleiner Elektromotor die Stromunterbrechungen bewirkt (Fig. 1247 K, 235 und 1248 E, 110). Fig. 1249 zeigt einen solchen Unterbrecher mit Doppelkontakt, wie zu den WnbtsInduktorien (S. 625) geliefert wird. Die Regulierung der Geschwindigkeit geschieht mit Hilfe eines Widerstandes.

Einen eigenartigen Quecksilberunterbrecher hat Carl Hirn (1884) angegeben. Er läßt den magnetischen Hammer ein kleines Gefäß aus Glas in Bewegung setzen, in

Fig. 1250.

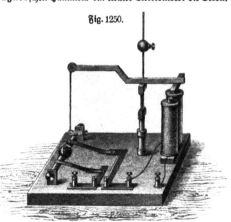

welchem sich etwas Quecksilber befindet. Je nach der Lage, welche das Gefäß annimmt, kommt das Quecksilber mit einem eingeschmolzenen Platindraht in Kontakt, stellt so Stromschluß her oder fällt wieder zurück und öffnet den Stromkreis[1]. Um die Oxydation der Quecksilberoberfläche zu hindern, ist der Raum darüber nicht

---

[1] Noch zweckmäßiger wäre es vielleicht, zwei getrennte Quecksilbermassen ev. unter Alkohol oder im Vakuum abwechselnd in und außer Kontakt zu bringen.

mit Luft, sondern mit Wasserstoff gefüllt. Bei der Anfertigung des Apparates ist es nötig, das Quecksilber im Gefäß in einer Wasserstoffatmosphäre auszukochen und es durch Abschmelzen des Verbindungsrohres mit dem Wasserstoffbehälter hermetisch zu verschließen (Fig. 1250 u. 1251).

Bei dem Turbinenunterbrecher von Boas[1]) (Fig. 1252) wird mittels einer kleinen Turbine mit vertikaler Achse Quecksilber aus einem gußeisernen Behälter angesaugt und aus einer Düse zentrifugal herausgeschleudert. Der Quecksilberstrahl trifft auf einen mit Aussparungen versehenen Metallring; je nach der Zahl der letzteren und der Umdrehungszahl der rotierenden Düse läßt sich die Zahl der Unterbrechungen bis zu mehreren Hundert pro Sekunde steigern. Das Quecksilber muß so hoch mit Alkohol bedeckt werden, daß auch die Düse damit bedeckt ist. Fig. 1253 (Lb, 120) zeigt die Einrichtung des Unterbrechers im Durchschnitt.

Die Einschnitte des Segmentringes sind in der Regel so dimensioniert, daß die Dauer des Stromschlusses gleich der Dauer der Stromöffnung ist. Für manche

Fig. 1251.

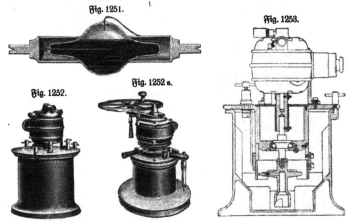

Fig. 1253.

Fig. 1252 a.

Fig. 1252.

Induktoren ist es bei niedriger Betriebsspannung notwendig, die Dauer des Stromschlusses länger zu wählen, als die Dauer der Stromöffnung; für solche Fälle werden Ringe geliefert, bei denen die Segmente breiter sind als die Aussparungen.

Bei dem Unterbrecher von Levy (Fig. 1254) steht umgekehrt der Quecksilberstrahl fest und der Metallring mit den Aussparungen wird in Umdrehungen versetzt. Die Dauer des Stromschlusses läßt sich regulieren[2]).

Bei dem neuesten Unterbrecher von Boas[3]) (Fig. 1255) spritzt ein feststehender intermittierender Quecksilberstrahl gegen einen davor befindlichen Kontakt, der vermittelst Schraube und Schlittenverschiebung um ein gewisses Maß vor der Düse hin= und herbewegt werden kann.

[1]) Zu beziehen von der Allgemeinen Elektrizitätsgesellschaft in Berlin. Siehe auch physik. Zeitschr. 2, 504, 1901. Über die Benutzung dieses Unterbrechers als Umschalter siehe Zenneck, Ann. d. Phys. 20, 584, 1906 und Boas, a. a. O., S. 1047. — [2]) Die Allgemeine Elektrizitäts=Gesellschaft Berlin liefert Turbinenunterbrecher für Wechselstrom, welche auch als Wechselstrom—Gleichstrom=Umformer benutzt werden können zum Laden von Akkumulatoren. — [3]) Elektrotechn. Fabrik, Berlin O., Krautstr. 52.

Fig. 1254.

Fig. 1255.

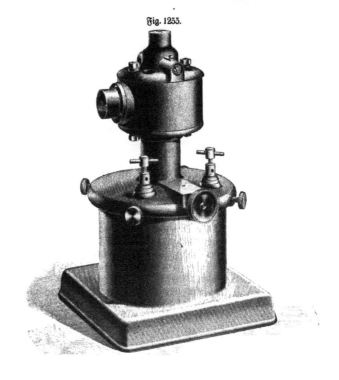

Die rotierenden Quecksilberunterbrecher können unter Umständen zu gefährlichen Explosionen Anlaß geben, wenn nämlich die durch Zentrifugalkraft bewirkte Senkung des Alkohols oder Petroleums bei großer Rotationsgeschwindigkeit in der Mitte so tief wird, daß der Unterbrechungsfunke an der Oberfläche der Flüssigkeit entsteht und das Gemisch von Gas und Luft entzündet. Neuere Unterbrecher von Reiniger, Gebbert u. Schall in Erlangen sollen diesen Fehler nicht besitzen[1]). Boas schätzt den Explosionsdruck auf höchstens 6 Atm., und verwendet deshalb starke Eisengefäße, welche denselben sicher ertragen.

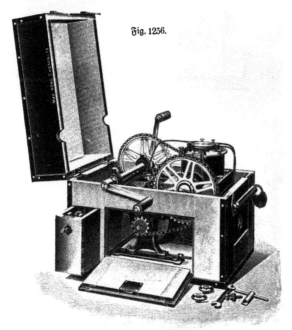

Fig. 1256.

Nach Ruhmer wird das mit Petroleum oder Paraffinöl verschlammte Quecksilber zuerst in Benzin und dann in heißer Sodalösung und schließlich mit Wasser ausgewaschen. Bei Anwendung von Alkohol genügt Wasser.

Fig. 1256 (K, 580) zeigt eine transportable Dynamomaschine zum Betrieb eines Induktors mit rotierendem Unterbrecher (geöffnet; sie gibt, von zwei Personen gedreht, 30 Volt und 6 Ampere). Der Unterbrecher besteht aus einer eisernen Kapsel, deren Deckel eine senkrechte Achse trägt, an welcher eine Scheibe aus Hartgummi befestigt ist. Am Deckel sind ferner, von demselben isoliert, zwei Federn mit Rollen befestigt. Die Rollen werden von der Hartgummischeibe auseinandergehalten. Die Scheibe besitzt aber Aussparungen, und wenn die Achse mit der Scheibe gedreht wird, so kommen die Rollen miteinander in Berührung, sobald die

---

[1]) Vergl. Elektrotechn. Zeitschr. 23, 107, 1902.

Ausſparung zwiſchen die Rollen gelangt. Die eiſerne Kapſel wird mit Petroleum zu ³/₄ gefüllt. Auf dem Deckel befinden ſich zwei Rohre mit aufſchraubbaren Deckeln, durch welche Petroleumdämpfe, die durch die Unterbrechungen entſtehen können, abziehen.

Elektrolytiſche Unterbrecher. Da infolge der Selbſtinduktion der Primär-ſtrom nur allmählich auf ſeinen vollen Wert anſteigt, dürfen die Stromunter-brechungen nicht ſo raſch erfolgen, daß die volle Stromſtärke überhaupt nicht erreicht wird. Die Größe dieſer Zeitdauer hängt von der Beſchaffenheit des Induktoriums ab, außerdem aber von der Betriebs-ſpannung, und zwar ſo, daß ſie für kleinere Spannungen größer wird. Unter-brecher mit großer Frequenz, alſo auch kurzer Stromſchlußdauer, welche nur kleine Betriebsſpannung zulaſſen[1]), ſind ſomit unzweckmäßig. Die Funkenlänge bleibt dann weit hinter der maximalen zurück[2]).

Fig. 1257.

Sehr vorteilhaft ſind dagegen für Ströme von großer Frequenz die elektro-lytiſchen Unterbrecher, zu deren Betrieb hohe Spannung verwendet werden kann.

Bei dieſen ſind allerdings nicht, wie man aus der Be-zeichnung ſchließen könnte, elektrolytiſche Vorgänge, ſondern, wie Simon ge-zeigt hat, lediglich Wärme-wirkungen die Urſache der Unterbrechungen. Aller-dings überlagern bei der Wehneltſchen Form[3]) elektrolytiſche Einflüſſe den eigentlichen Unter-brechungsvorgang, ſo daß die Wirkung nur eine einſeitige iſt.

Eine beſonders halt-bare und leicht ſelbſt herſtellbare Form, welche

Fig. 1258.

¹) Man wendet gewöhnlich nicht über 4 bis 6 große Kohlenelemente zur Erregung des Induktors an, nur an den ganz großen Apparaten werden 6 bis 12 verwendet. — ²) Siehe Simon, Naturw. Wochenſchr. 16, 360, 1901. — ³) Über den Wehneltunterbrecher ſiehe Elektrotechn. Zeitſchr. 23, 892, 1902. Die Fig. 1257 (E, 75) und 1258 (E, 170) zeigen gebräuchliche Formen desſelben. (Der Apparat iſt der Firma Ernecke patentiert, dieſelbe liefert auch einen Unterbrecher für ſchnellſte Unterbrechung zu 280 Mk. und einen ſolchen mit automatiſcher Einſtellung auf konſtante Anodenlänge ſpeziell für Wechſelſtrom zu 110 bis 200 Mk.)

auch von F. Ernecke zu beziehen ist, beschreibt Zehnder[1]). Eine 5 mm dicke Messingstange S (Fig. 1259 u. 1260) ist in der oben geschlitzten und deshalb federnden 8 mm weiten Messingröhre M verschiebbar und wird durch den Stellring RK in passender Lage gehalten. Der unten angesetzte Platinstift P durchbringt zunächst die untere Einschnürung der Messingröhre und sodann die Specksteindüse D. Über letztere und das Messingrohr ist zum Schutz gegen die Einwirkung der Schwefelsäure ein Kautschukschlauch gezogen, und auf diesen ist die Glasröhre A A aufgesteckt. Die Befestigung erfolgt mittels einer Flansche auf dem paraffinierten und mit Asphaltlack überzogenen Holzdeckel H. Als negative Elektrode dient entweder eine Bleiplatte (in

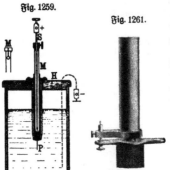

Fig. 1260.

Fig. 1259 punktiert) oder für Dauerbetrieb ein wasserdurchflossenes Bleischlangenrohr, dessen sechs bis acht Windungen durch dicken Bleidraht in einigen Millimetern Abstand voneinander gehalten werden. Das Gefäß ist ein einfaches Elementenglas, welches die übliche oder etwas verdünnte Akkumulatorsäure enthält. Bei Nichtgebrauch wird der Deckel mit der positiven Elektrode herausgehoben, damit die Elektrode nicht angegriffen wird. Hat sich die Bohrung der Specksteindüse erheblich erweitert, so wird dieselbe durch eine neue ersetzt, da sonst das Messingrohr von der Säure angegriffen wird.

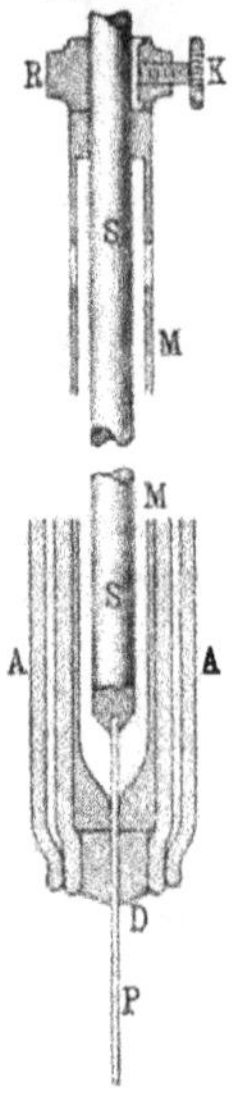

Fig. 1259.

Fig. 1261.

Während bei dem Wehneltunterbrecher die Unterbrechungen unmittelbar an der Anode stattfinden, geschieht dies bei dem Simonunterbrecher[2]) in einem Diaphragma aus isolierendem Material zwischen den Elektroden. Derselbe eignet sich deshalb besonders für Betriebsspannungen von 110 Volt aufwärts und hat den Vorzug, daß er keinen Platinverbrauch bedingt und von der Stromrichtung völlig unabhängig ist.

Daß ein gewisser Betrag von Selbstinduktion im Stromkreise Vorbedingung ist für die Wirkung des Wehneltunterbrechers, kann man zeigen, indem man als Primärspule eine Spule von relativ wenig Windungen auf einem langen zerteilten Eisenkern benutzt und als Sekundärspule einen Kupfercylinder (Fig. 1261 E, 10). Schiebt man letzteren allmählich auf, so steigt die Unterbrechungszahl (Tonhöhe) bedeutend und schließlich versagt der Unterbrecher, der Platinstift wird glühend. Auch bei einem gewöhnlichen Unterbrecher kann man eine ähnliche Rückwirkung des Sekundärstromes beobachten. Schaltet man nämlich parallel zur Primärspule eine Glühlampe und nähert die Enden des Sekundärkreises einander so weit, daß kurze Funken übergehen, so wird nach Sella (Beibl. 24, 215, 1900) das Leuchten der

[1]) L. Zehnder, Ann. d. Physik 12, 417, 1903. — [2]) Siehe Wied. Ann. 68, 1860, 1899, und Ruhmer, Physik. Zeitschr. 2, 445, 1901. Er ist zu beziehen von Siemens u. Halske, Berlin.

Glühlampe vermindert oder hört ganz auf, infolge der Verminderung der Selbstinduktion durch den Sekundärstrom, welcher die Kraftlinien gewissermaßen fortbläst
(vgl. § 381, S. 657), d. h. ein entgegengesetztes Feld erzeugt.

373. Kondensator. Wie oben S. 617 bemerkt, ist die Zeit, in welcher die
Kraftlinien beim Öffnen des Stromes verschwinden, eine wesentlich kleinere, als
die Zeit der Entstehung beim Schließen. Dieser Unterschied wird teilweise verwischt durch die Wirkung des Extrastromes, welcher beim Öffnen gleiche Richtung
hat mit dem primären, so daß auch nach der Unterbrechung noch eine Spannungsdifferenz auftritt, welche die Fortdauer der elektrischen Strömung in allmählich sich
schwächender Stärke bedingt. Wie Fizeau gezeigt hat, läßt sich dies verhindern,
indem man die Enden der Primärspule mit den Belegungen eines Kondensators in
Verbindung bringt. Die große Kapazität desselben bedingt, daß eine erhebliche
Zeit bis zur Ladung, d. h. bis zur Erreichung der vollen Spannung verfließen
würde, wenn diese konstant wäre. Da aber die Spannung des Extrastromes nur
sehr kurze Zeit anhält, wird überhaupt keine erhebliche Spannung erreicht, und
somit kommt die schädliche Wirkung derselben durch Verlängerung der Unterbrechungs-
dauer völlig in Wegfall. Der Kondensator nimmt also den Öffnungsextrastrom auf,
indem er dadurch zu einer bestimmten Spannung geladen wird und entladet sich
gleich darauf rückwärts durch die Primärspule. Eine solche Entladung ist im allgemeinen eine oscillatorische, außerdem aber eine gedämpfte, wie bei jedem aus
Kondensator, Widerstand und Selbstinduktion bestehenden System, die Größe des
Kondensators ist deshalb durchaus nicht gleichgültig. Läßt man die Kapazität von
kleinem Werte an immer mehr wachsen, so erfolgt die Entladung zunächst aperiodisch und mit aufsteigender Kapazität immer rascher, bis schließlich der Nullpunkt überschritten wird und eine Oscillation beginnt. Die Dauer derselben wächst nun mit
zunehmender Kapazität. Demgemäß wird die Wirkung des Kondensators ver-
schlechtert und man wird die beste Wirkung des Induktoriums erhalten bei der
Kapazität, welche die kleinstmögliche Schwingungszeit bedingt.

Nach Klingelfuß[1] braucht man übrigens nur die Magnetisierungsstromstärke
zu erhöhen, um auch bei erhöhter Kapazität wieder die maximale Funkenlänge zu
erhalten und zwar läßt sich diese gegenseitige Steigerung bis zur Grenze der
Leistungsfähigkeit des Apparates fortsetzen. „Während nun aber anfänglich der Funke
dünn wie eine Stricknadel anzusehen war, wurde er mit erhöhter Kapazität dicker
und dicker, bis er bei 500 Blättern schließlich das Aussehen eines fingerdicken
Bandes von 30 cm Länge hatte.“ Die nähere Untersuchung ergab, daß diese
Funken sich aus zahlreichen gleichgerichteten Partialentladungen zusammensetzen,
deren zeitliche Abstände mit Vergrößerung der Kapazität wachsen. Beispielsweise
erfolgten bei Vergrößerung der Kapazität des Kondensators von 0,16 auf 1,60 Mikrofarad die Teilentladungen viermal langsamer. Im „Normalzustand“ befinden sich
nach Klingelfuß Kapazität und Stärke des Primärstromes, wenn die maximal zulässige Funkenlänge damit eben erreicht werden kann, aber nicht mehr, wenn entweder
die Kapazität vergrößert oder die Stromstärke verkleineit wird. Um den Normalzustand herzustellen, d. h. für jede Stromstärke die passende Kapazität auswählen zu
können, muß der Kondensator abstöpselbar oder mit einer anderweitigen Vorrichtung zur Regulierung der Kapazität (vgl. Bd. I$_{(1)}$, S. 124, Fig. 236) versehen sein.

---

[1] Klingelfuß, Ann. d. Physik 5, 860, 1901.

Um die Möglichkeit zu gewinnen, die Leistung von Induktoren vorauszuberechnen, stellte Klingelfuß eine Anzahl Sätze von Spulen von je 1000 Windungen her, die nach und nach über einen auf stets gleiche Magnetisierung gebrachten Eisenkern geschoben wurden, und bestimmte jeweils die erreichbare Funkenlänge. Er kam auf diese Weise zu dem Ergebnis:

1) daß die Funkenlänge bei gleicher Magnetisierung proportional der Windungszahl wächst;

2) daß bei Anwendung von Eisenkernen von nahezu geschlossener Form[1] die erreichbare Funkenlänge bei gleicher Windungszahl nahezu doppelt so groß ist, als bei stabförmigen Eisenkernen;

Fig 1262.

3) daß die Spannung Δ_2 der Funkenentladungen sich bestimmen läßt aus der Spannung Δ_1 des primären Extrastromes in Volt und dem Windungsverhältnis $n_2 : n_1$ der sekundären und primären Spule

$$\Delta_2 = \Delta_1 \frac{n_2}{n_1} \text{ Volt;}$$

4) daß sich die Schwingungsdauer T (Eigenschwingung) des primären Kreises berechnen läßt aus der Kapazität K des Kondensators und der Spule in Farad und der Stärke des Magnetisierungsstroms J_1 in Ampere nach der Formel

$$T = \frac{\Delta_1 2 \pi K}{J_1 10^6} \text{ Sekunden;}$$

5) daß sich somit die Sekundärspannung ergibt zu

$$\Delta_2 = \frac{J_1 T 10^6}{2 \pi K} \cdot \frac{n_2}{n_1} \text{ Volt,}$$

oder, da

$$T = 2 \pi \sqrt{LK} \text{ Sekunden,}$$

---

[1] Einen Apparat dieser Art von Boas zeigt Fig. 1262.

worin L ben Selbstinbuktionskoeffizienten ber primären Spule, K bie Kapazität ber letzteren unb bes Kondensators samt ben Zuleitungsbrähten bebeuten,

$$\varDelta_2 = J_1 \cdot 10^6 \sqrt{\frac{L}{K}} \cdot \frac{n_2}{n_1} \text{ Bolt.}$$

Bei älteren Apparaten besteht ber Kondensator aus einem 3 bis 4 m langen unb 2 bis 3 dcm breiten Streifen aus Wachstaffet, ber beiberseits bis auf 1 bis $1\frac{1}{2}$ cm vom Ranbe mit Stanniol belegt ist; bas Stanniol ist mittels Schellacklösung aufgeklebt. Dieser Kondensator befindet sich in einem unter bem Brette, welches die Jnbuktionsrolle trägt, befindlichen Kasten, in welchem er mehrfach hin= unb hergelegt ist. Man kann indessen anstatt eines einzigen Streifens von Wachstaffet auch einzelne Blätter von Jsolierpapier, z. B. paraffiniertem Papier (vergl. Bb. I (1), S. 545 u. 533) unb von Stanniol verwenden unb bieselben so schichten, baß zwischen je zwei Stanniolblätter zwei Papierblätter zu liegen kommen [1]). Die Stanniolblätter werben ringsum etwa 1 bis 2 cm kleiner genommen als bie Wachstaffetblätter, unb große Apparate enthalten bis 50 solcher Schichten. Alle ungeraden Stanniol=

Fig. 1263.

Fig. 1264.

Fig. 1265.

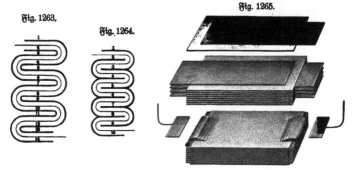

blätter werben burch eingelegte Stanniolstreifen, welche um bie Wachstaffetblätter herumgehen, unter sich auf berselben Seite verbunben unb ebenso alle geraden Stanniolblätter auf ber entgegengesetzten Seite. Bei neueren Apparaten ragen bie Stanniolblätter abwechselnb auf ber einen unb anberen Seite vor, wie Fig. 1265 nach Ruhmer anbeutet.

Nach Härben beträgt bie belegte Fläche gewöhnlich 4,3 bis 42 qm, bie Zahl ber Zinnfolien 60 bis 140. Die Folien werben schräg abgeschnitten unb abwechselnb eine ber vorspringenden Ecken nach rechts unb links gelegt unb alle rechts, sowie alle links vorspringenden Ecken zusammengebrückt unb mit je einem Enbe ber Primär= spule verbunben.

Den Kasten bes Kondensators bilbet am besten ein unterhalb bes Apparates befindliches Schubfach, an bessen vorberer Wand a, Fig. 1266, zwei kupferne Febern b sich befinden; biese Febern legen sich beim Hineinschieben hart unter bie hervor= ragenden Enben zweier Klemmschrauben, welche sich auf bem Boben über bem Schub=

---

[1]) Man kann bie Stanniolblätter 2, 3, 4, 5 ... (Fig. 1263), welche sich unmittelbar berühren, als ein einziges ansehen, woburch bas Schema so wirb, wie Fig. 1264, woraus man sieht, baß man nur bie eben angegebene Verbinbung zu machen hat.

fache befinden. Jede dieser Kupferfedern steht durch Stanniolstreifen mit einer der beiden Belegungen des Kondensators, bezw. mit den geraden oder mit den ungeraden

Fig. 1266.

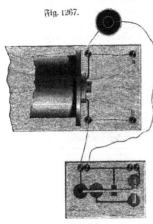

Fig. 1267.

Stanniolblättern in Verbindung, so daß durch bloßes Hineinschieben des Schiebfaches, welches den Kondensator enthält, dieser mit den beiden über ihm befindlichen Klemmschrauben a b (Fig. 1267) verbunden ist und durch Herausziehen außer Verbindung mit dem Apparate gesetzt werden kann, was für den Unterricht besonders vorteilhaft ist.

Bei den von Rühmkorff gefertigten Quecksilberunterbrechern sind, wie Fig. 1268 zeigt, zugleich zwei Kommutatoren g, h und Klemmschrauben für die Verbindung mit dem Kondensator vorhanden; durch r, s kommt und geht der Hauptstrom, durch p und q der Strom für den Unterbrecher; l, m führen zur Induktionsspirale, n, o (Fig. 1222, S. 616) zum Kondensator, der auf keine andere Art eingeschaltet werden kann, als zugleich mit der Kette.

Die beiden Klemmschrauben a und b (Fig. 1267) gestatten, an seiner Stelle entweder die Einschaltung der Belege einer großen Leidener Flasche, oder die Einschaltung zweier Drähte mit Handgriffen zum Nachweis des Extrastromes.

Fig. 1268.

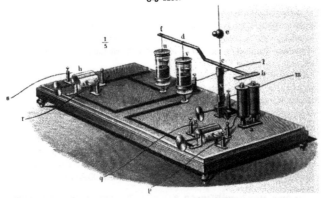

Die Wirkung des Kondensators wird auffällig genug durch bloße Ausschaltung desselben. Bei Weglassung des Unterbrechers und Kondensators kann der Induktor selbstverständlich auch als einfacher Induktionsapparat mit Wechselstrom betrieben werden[1]).

Fig. 1269.

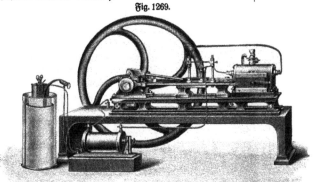

374. Die Anwendung der Funkeninduktoren im allgemeinen wird erst weiter unten besprochen. Schon an dieser Stelle kann man aber auf ihre Verwendbarkeit zu Zündwirkungen, z. B. bei Gas-motoren (Fig. 1269 Lb, 350), sowie bei Minenzündungen hinweisen. Ein kleiner Zündinduktor ist dargestellt in Fig. 1270 (E, 40).

Fig. 1270.

Eine weitere interessante An-wendung wird bei Zeitbestimmungen mittels des Stimmgabelchrono-graphen (s. S. 379, § 238) gemacht[2]).

Nach ähnlichem Prinzip kon-struiert, doch wesentlich einfacher, ist Moennichs Fallmaschine (Fig. 1271). Bei derselben fällt der Körper inso-fern nicht ganz frei herunter, als er längs eines vertikalen Drahtes gleitet, so daß immer eine, wenn auch nur geringe Reibung vorhanden ist, die Fallräume also zu kurz werden sollten. Tatsächlich ist dies indes nicht der Fall, da bei dem Stromunterbrecher eine ähnliche Unvollkommenheit hinzu-

---

[1]) Physikalische Musterbogen als Anleitung zur Selbstherstellung eines Induk-tionsapparates liefert Hugo Peter, Verlagshandlung Halle a. S., zu 5,20 Mk. Über ein Hochspannungsvoltmeter zur Bestimmung von der mit Funkeninduktoren erzeugten Spannung siehe von Czudnochowski, Z. 16, 346, 1903. — [2]) Ein Stimmgabelchrono-graph neuester Konstruktion (nach Carl) auf Schraubenwalze registrierend, ist zu be-ziehen von Dr. Edelmann zu 265 Mk.; ein Sekundenpendel mit galvanischem Sekunden-schlusse zu 140 bis 220 Mk. und Registrierapparat dazu zu 45 Mk.

tritt, die die erste gerade kompensiert. Der fallende Körper B hat, um den Luft=
widerstand möglichst zu vermeiden, die Form eines an beiden Enden abgerundeten
Cylinders, der in der Mitte mit einem vorspringenden scharfen Wulst versehen ist.
Parallel zu dem Führungsdrahte, welcher vor dem Versuche gut gereinigt, durch
die Mutter n straff angezogen und durch die Stellschrauben des Statios genau

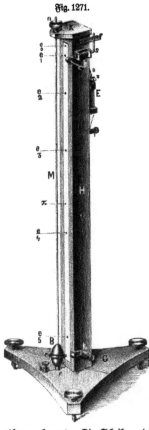

Fig. 1271.

vertikal gerichtet wird, verläuft ein längs einer
Metallschiene an der Säule des Statios auf=
geklebter und mit Jodkaliumkleister (Kleister,
dem Jodkaliumlösung zugesetzt ist) bestrichener
Papierstreifen. Die Metallschiene und der
Führungsdraht werden mit den Polen eines
Induktionsapparates von 1 bis 2 cm Schlag=
weite verbunden, bei dessen Erregung von
dem scharfen Rande des fallenden Körpers
durch den Papierstreifen auf die Metallschiene
Funken überspringen und dort infolge von
Jodausscheidung blaue Flecken erzeugen.

Der Unterbrecher des Induktionsapparates
ist so eingerichtet, daß die Stromunterbrechungen
und somit auch die Funken in genau gleichen
Zeitintervallen erfolgen, so daß also die Wege
zwischen je zwei Punkten, welche der fallende
Körper auf dem Papierstreifen markiert (c_0,
c_1, c_2 . . . c_5) gleichen Zeiten entsprechen. Er
besteht aus einer Messingscheibe von 10 cm
Durchmesser auf stählerner, in Stahlspitzen
laufender Achse. Auf der Achse steckt ein
Elfenbeincylinder, in welchem an einer Stelle
ein Platinstreifen parallel zur Achse eingelegt
ist, der mit dem einen Pole einer elektrischen
Batterie von vier kräftigen Bunsenschen
Elementen in leitender Verbindung steht,
während der andere Teil des Schließungs=
drahtes unter Zwischenschaltung des Induktions=
apparates und des Elektromagneten E in einer
Feder mit Platinansatz enbigt, die gegen den
Elfenbeincylinder schleift, so daß momentaner
Stromschluß und Unterbrechung eintritt, so=
bald die Feder mit dem Streifen in Be=

rührung kommt. Die Scheibe wird einfach durch Anschlagen mit der Hand in
Drehung versetzt und behält die erteilte Geschwindigkeit, ähnlich wie ein Kreisel,
für die Zwecke des Versuches hinreichend lange bei. Sobald der Stromschluß ein=
tritt, kommt der Elektromagnet E in Tätigkeit, zieht den Sperrhaken s an sich und
befreit dadurch den Hebelarm s, der von demselben gehalten wurde, aber vermöge
einer um die Drehachse gewickelten Spiralfeder das Bestreben hat, sich so zu drehen,
daß der andere gabelförmige Arm b, auf welchen sich anfänglich der fallende Körper
aufstützt, unter diesem rasch weggedreht wird, bis durch Anschlagen von s an die

Feder / eine weitere Drehung unmöglich gemacht wird. Der Körper fällt infolgedessen und verzeichnet, wie bemerkt, da der Unterbrecher gleichmäßig weiter
funktioniert, die Fallräume in gleichen Zeiten. Die Punkte können leicht mit dem
Finger weggewischt und der Versuch wiederholt werden [1]).

Aus der bekannten Fallgeschwindigkeit kann man umgekehrt die Dauer kleiner
Zeiträume bestimmen.

Zu gleichem Zwecke kann an Stelle des vertikalen Maßstabes ein Kreisbogen
verwendet werden, der mit einem Pendel hin- und herschwingt.

375. Transformatoren. Vollkommenere Induktionserscheinungen als mit
pulsierendem (zerhacktem) Gleichstrom erhält man mit Wechselstrom. Hier kann keine
Einseitigkeit des induzierten Stromes, wie bei pulsierendem Gleichstrom, auftreten,

Fig. 1273.

Fig. 1272.

insofern bei jedem Stromwechsel
in der primären Rolle auch die
Einseitigkeiten des induzierten
Stromes die entgegengesetzten
werden. Der Induktionsapparat
wird in diesem Falle Transformator genannt. Schon
die oben beschriebenen Drahtrollen (Fig. 1030, S. 514)
können als Transformator be-
nutzt werden, wenn man sie dauernd zusammengeschoben läßt und durch die eine
Wechselstrom hindurchleitet, wobei in der anderen Wechselstrom induziert wird, welchen
man z. B. durch eine angeschlossene elektrische Klingel oder einen kleinen Elektromotor nachweisen kann [2]).

Stärkere Wirkungen erhält man natürlich bei Verwendung von Eisenkernen in
den Spulen, und die vollkommenste Wirkung wird erzielt, wenn der Kreis geschlossen
ist, d. h. wenn an Stelle von „offenen" Eisenkernen ein in sich zurücklaufender
sogenannter „geschlossener" Eisenkern tritt. Die induzierende und induzierte Spule
können dann auch nebeneinander gewickelt werden, wie Fig. 1273 andeutet.

Als Modell eines Transformators mit geschlossenem Eisenkern kann beispielsweise ein aus Draht gewickelter Eisenring dienen, auf welchen man einige induzierende
und einige induzierte Windungen von Kupferdraht oder Leitungsschnur aufwickelt.

---

[1]) Zu beziehen von F. Ernecke in Berlin. — [2]) Ein kleines Transformatormodell
nach Fig. 1272 ist zu beziehen von C. u. E. Fein, elektrotechn. Fabrik, Stuttgart, zu 40 Mk.

Einen praktisch brauchbaren Transformator dieser Konstruktion, welcher als Kerntransformator bezeichnet wird, zeigt Fig. 1274 (nach einem Apparat von Helios in Köln).

Anstatt, daß man wie bei Fig. 1273 den induzierenden und induzierten Draht um einen Eisenring, d. h. eine Rolle Eisendraht, wickelt, kann man dieselben auch umgekehrt zu einer Rolle zusammenlegen und diese Rolle mit Eisendraht umwickeln. Diese Form wird als Manteltransformator bezeichnet.

Fig. 1275 zeigt den Querschnitt eines Manteltransformators, welcher in Fig. 1276, von außen gesehen, dargestellt ist. Die beiden Spulen sind hier nicht mit Eisen-

Fig. 1275.

Fig. 1276.

draht umwickelt, sondern dadurch in eine Eisenmasse eingeschlossen, daß man sie auf einen ebenso wie beim Doppel-T-Anker (§ 242, S. 392) gestalteten, mit zwei Nuten versehenen, aus Blechscheiben gebildeten Eisen-kern aufgewickelt und diesen in eine genau anschließende cylindrische eiserne Hülle eingeschoben hat.

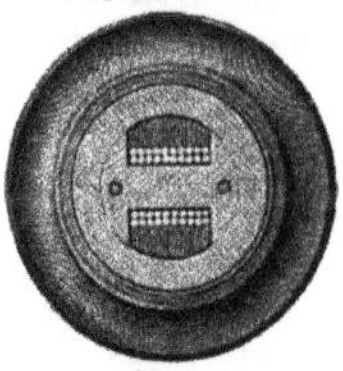

Beim Durchleiten des induzierenden Stromes wird der Eisenkern ebenso magnetisch wie der des Doppel-T-Ankermotors und influenziert in der umhüllenden Eisenmasse, welche als Rückschluß für die magnetischen Kraftlinien dient, den entgegengesetzten Magnetismus.

In gleicher Weise könnte man jede andere der früher beschriebenen Elektromotorformen als Trans-

Fig. 1274.

formator benutzen, indem man die induzierende Windung und die induzierte ent-weder beide auf den Ankerkern oder beide auf die Magnetschenkel, oder die eine auf den Anker, die andere auf die Magnetschenkel aufwindet.

Bei Anwendung einer Ringarmatur z. B. sind zwei Spulen parallel geschaltet, wie bei Fig. 777 (S. 403) für eine der beiden Wicklungen angedeutet ist.

Führt man zu drei oder vier Punkten der Bewicklung Zuleitungen und leitet durch diese Drei- bezw. Zweiphasenstrom ein, so entsteht in der ebenso gestalteten Sekundärbewicklung induzierter Drei- oder Zweiphasenstrom; man hat also einen Drehstromtransformator (Fig. 778, S. 403), der als Kombination mehrerer einfacher

Transformatoren betrachtet werden kann. Gleiches gilt für andere Armaturformen, z. B. die Polarmatur [1]). Einfacher verwendet man indes zur Transformation von Zwei- oder Dreiphasenstrom für jeden der zwei bezw. drei zu Drehstrom verketteten Wechselströme einen besonderen Transformator [2]).

Als Modell eines offenen Transformators kann ein cylindrisches Eisendrahtbündel dienen, auf welches zwei Drahtrollen aufgeschoben sind, oder das Spulensystem eines Rühmkorffschen Funkeninduktors.

Fig. 1277.

Fig. 1279.

Fig. 1278.

Die erzielte Stromstärke und Spannung macht man am besten anschaulich, indem man als äußeren Widerstand Glühlampen verwendet. Bei Anwendung eines Rühm-

[1]) Ein Modell für Drehstrom zeigt Fig. 1277 (K, 60). — [2]) Große Transformatoren liefern z. B. die Siemens-Schuckertwerke, Berlin SW., Askanischer Platz 3 (Öltransformatoren bis 10500 Volt); Bergmann-Elektrizitätswerke, A.-G., Berlin N., Oudenarderstraße 23 bis 32; C. H. Geist, C. A. G., Köln u. a. Fig. 1278 zeigt einen Laboratoriumstransformator nach Koch u. Sterzel, Dresden-A. mit 2 × 6 Abteilungen zu 100 Volt, Leistung 2 K V A. Ein größerer Laboratoriumstransformator derselben Firma für 15 K V A ist in Fig. 1279 dargestellt. Vergl. auch Bd. I (1), S. 116, Fig. 221. Für höhere Spannungen werden die Transformatoren in einen Behälter mit Öl gesetzt. Fig. 1280 stellt einen solchen Öltransformator der Allgemeinen Elektrizitätsgesellschaft Berlin dar; Fig. 1281 dessen innere Einrichtung.

korffschen Funkeninduktors mittlerer Größe kann man etwa 60 Glühlampen von 16 Normalkerzen und 65 Volt, allerdings nicht mit normaler Stärke, zum Leuchten bringen.

Ein hübsches Modell eines kleinen offenen Transformators beschreibt B. v. Lang (1893). Der aus dünnen Drähten gebildete Eisenkern ist 48 cm lang und be-

Fig. 1280.

steht aus zwei Hälften, von welchen eventuell nur die eine benutzt werden kann. (Um starke Wirkungen zu erhalten, ist es natürlich zweckmäßiger, den Kern nicht zu zerschneiden.) In der Mitte ist eine nur aus Draht gebildete Spule von 1,5 mm starkem doppelt mit Seide übersponnenem Kupferdraht in sechs Lagen zu je 26 Windungen gewickelt aufgeschoben. Der Eisenkern steht senkrecht und die Spule befindet sich, wenn nur die eine Hälfte benutzt wird, am unteren Ende, wenn beide Hälften benutzt werden, in der Mitte.

Die sekundäre Spule ist aus 0,6 mm starkem Kupferdraht gewickelt,

Fig. 1281.

hat 48 mm Höhe und 12 Ohm Widerstand. Dieselbe ist imstande, eine Glühlampe von 50 Volt und 12 Ohm Widerstand (kalt) ins Leuchten zu bringen, wenn durch die primäre Spule ein Strom von 7 Amp. und 32 Volt bei etwa 43 Perioden pro Sekunde hindurchgeht. Verschiebt man die Spule längs des Eisenkernes, so zeigt sich sehr auffällig die Abnahme des induzierten Stromes mit der Entfernung von der primären Spule. „Der innere Durchmesser (4,6 cm) der sekundären Spule ist so groß gewählt, um zwischen sie und den Eisenkern noch einen Kupfercylinder schieben zu können. Dieser ist 7 cm lang und 170 g schwer und hebt das Leuchten der Glühlampe gänzlich auf, wenn er zwischen die sekundäre Spule und den Eisenkern geschoben wird. Die primäre Stromstärke steigt hierbei auf 8 Amp.; die in dem Kupfercylinder induzierten kräftigen Ströme wirken nämlich ebenfalls induzierend auf die sekundäre Spule, heben aber wegen

Fig. 1282.

ihrer Phasendifferenz die Wirkung der primären Spule auf." Eine Sekundärspule von gleicher Beschaffenheit wie die Primärspule ergab niedrig gespannten Induktionsstrom, mit welchem sechs parallel geschaltete Glühlampen gespeist werden konnten, auch konnte damit ein kleiner Doppel-T-Ankerelektromotor oder eine größere Zahl parallel geschalteter, gewöhnlicher Klingeln in lebhafte Tätigkeit gebracht werden.

Bei einem ähnlichen Transformatormodell mit unzerschnittenem Eisenkern (Fig. 1282) erhielt ich in der Sekundärspule so viel Energie, daß damit acht hintereinander geschaltete Glühlampen von 65 Volt und 16 Normalkerzen zum hellen Leuchten gebracht werden konnten.

Ist die Zahl der Kraftlinien, welche im Maximum durch die innere Rolle hindurchgehen, wenn man Wechselstrom durch die äußere leitet, $= N$, so ist, da während des vierten Teiles der Periode, also während $\frac{T}{4}$ Sekunden, die Kraftlinienzahl von 0 auf N anwächst, $E = \dfrac{N}{\frac{T}{4}} = \dfrac{4 N}{T}$ Volt die in einer Windung induzierte Spannung, also die Gesamtspannung, wenn a die Zahl der induzierten Windungen ist,

$$E = a \cdot \frac{4 N}{T} \text{ Volt.}$$

Für den Eisenring Fig. 651 (S. 359) ist nach § 280 (S. 476)

$$N = \frac{s i}{\frac{10^7}{4 \pi} \cdot 0,000\,85 \cdot \frac{l}{A} \cdot T},$$

also:

$$E = a \, \frac{16 \cdot \pi \cdot s i \cdot A}{8500 \cdot l \cdot T} \text{ Volt.}$$

Bedeutet s die Polwechselzahl, so wird

$$E = a \cdot \frac{4 N}{T} = 2 \cdot a \cdot s \cdot N \text{ Volt.}$$

Zu derselben Formel gelangt man durch folgende Betrachtung. Bei einem Polwechsel gehen N Kraftlinien aus der Spule heraus und ebensoviele von entgegen-

gesetzter Richtung hinein, die Gesamtänderung beträgt also 2 N und bei zwei Pol=
wechseln ε . 2 N, somit ist die induzierte Gesamtspannung, wie oben, = 2 . a . ε . N Volt,
vorausgesetzt, daß der sekundäre Kreis offen ist. Man kann diese induzierte Kraft
mit einem in Volt geeichten Elektrometer oder mittels eines Voltmeters von hohem
Widerstande messen und derart die Formel bestätigen.

Nennt man die Zahl Kraftlinien, welche 1 Amp. hervorbringt, N_1 und den
Maximalwert des Stromes i_m, so ist $N = N_1 . i_m$, also

$$E = 2\varepsilon . a . N_1 . i_m = 2\varepsilon . L . i_m \text{ Volt,}$$

wenn man $L = a . N_1$ setzt. Dieser Faktor ist der Koeffizient der gegenseitigen
Induktion oder das Potential der Ströme aufeinander (vergl. S. 520 u. 604) in
Henry, d. h. das Produkt von Windungszahl des induzierten Leiters mit der von ihm
umschlossenen Zahl von Kraftlinien, wenn in dem induzierenden Stromleiter ein
Strom von 1 Amp. Stärke fließt [1].

Da allgemein

$$E = a . \frac{N}{t} = a . N_1 . \frac{i}{t} = L . \frac{i}{t}$$

ist, wenn i die Zunahme des Stromes in t Sekunden bedeutet, so wird $E = L$ Volt
für $i = 1$ Amp. und $t = 1$ Sek., entsprechend der Definition (S. 604):

„Der Koeffizient der gegenseitigen Induktion ist die induzierte Spannung in
Volt, wenn sich die Stärke des induzierenden Stromes in 1 Sek. um 1 Amp. ändert."

Nach § 355, S. 589 ist:

$$E_m = \frac{\pi}{2} . E = \varepsilon . \pi . L . i_m ,$$

also auch

$$E = \varepsilon \pi L . i .$$

Für den Fall der beweglichen Rolle in Fig. 1030 (S. 514) ist der Induktionskoeffizient
nach § 309, S. 520 u. § 311, S. 523:

$$L = s_1 . s_2 . \frac{2 \pi^2 . r_1^2}{r_2} . cos \alpha \text{ Henry} [2].$$

376. Transformatoren mit nur einer Wicklung. Es ist nicht durchaus nötig,
daß primäre und sekundäre Wicklung voneinander getrennt seien. Man kann z. B.
einige Windungen in der Mitte einer Drahtspule als primäre oder induzierende
Spule benutzen und die ganze Spule als sekundäre oder induzierte Spule.

Nach diesem sogenannten S p a r s y s t e m werden namentlich Kleintrans=
formatoren oder Divisoren nach dem Drahtmanteltypus (Fig. 1283) zur Ver=
teilung von Wechselstrom beim Betrieb von Osmiumlampen hergestellt [3].

---

[1] Fremde Kraftlinien, d. h. solche, die nicht dem induzierenden Strome zugehören,
kommen natürlich nicht in Betracht. — [2] Ein Wechselstromtransformator, bei welchem
mittels schleifender Kurbeln die Zahl der induzierenden und induzierten Windungen ge=
ändert werden kann, ist zu beziehen von A. Gaiffe, Paris. — [3] Zu beziehen von Nostiz
u. Koch, Fabrik elektrischer Apparate in Chemnitz i. S., Zwickauerstr. 3 (Preise 8 bis
90 Mk.). Neuerdings wird eine von Fig. 1283 (System Koch) abweichend gebaute Type
mit geringerer Leerlaufsarbeit und besserer Ventilation fabriziert (die Eisendrähte zu
einzelnen Bündeln vereinigt zur Schwächung der Wirbelströme), welche der Firma unter
D. R. G. M. Nr. 293 821 gesetzlich geschützt ist. Fig. 1284 zeigt Kleintransformatoren von
Koch u. Sterzel, Dresden=A, Zwickauerstr. 42, nach dem Blechkern=Gehäusetyp, welche
ebenfalls geringere Leerlaufsarbeit und bessere Ventilation besitzen als die älteren Draht=
manteltransformatoren. (Preise 17 bis 650 Mk.)

Fig. 1283.

Fig. 1284.

Fig. 1285.

Fig. 1286.

Solche Divisoren bieten gegenüber der Hintereinanderschaltung der Lampen den Vorteil der völligen Unabhängigkeit jeder Lampe bezüglich ,der Löschung; es wird

Fig. 1287.

Fig. 1289.

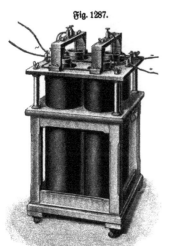

Fig. 1288 a.

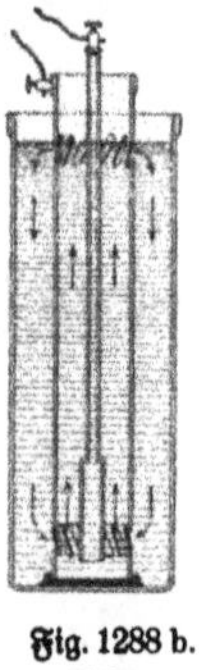

Fig. 1288 b.

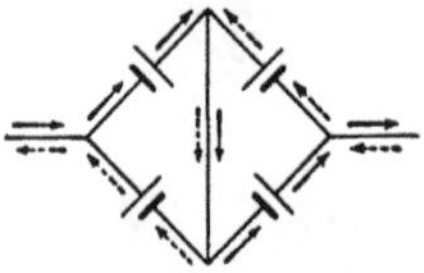

babei verhindert, daß Durchbrennen einer Lampe auch die übrigen zum Erlöschen bringt, und daß dieselben bei verschiedenem Widerstand ungleich hell brennen.

Eine Spezialform kleiner Transformatoren (wie Fig. 1284) kann nach Koch in Verbindung mit seinem Wechselstromgleichrichter (Fig. 1285 und 1286)[1]) zum Laden von Akkumulatoren und zum Betrieb galvanoplastischer Bäder mit Wechselstrom dienen. Dieser Gleichrichter besteht aus einem durch einen starken permanenten Magneten polarisierten Anker, welcher unter dem Einfluß von wechselstromdurchflossenen Feldspulen synchron zur Wechselspannung schwingt, derart, daß er sich je nach der Stromrichtung an den einen oder anderen von zwei festen Kontakten anlegt und stets in dem Momente, wo der Strom Null ist, den Kontakt wechselt, so daß keine Funken entstehen können. Auf solche Weise wird abwechselnd während der ersten Hälfte der Periode ein Stromimpuls aus der einen Niederspannungsabteilung

---

[1]) Zu beziehen von Koch u. Sterzel zu 200 bis 680 Mk. — Mechanische Wechselstromgleichrichter, unter Benutzung eines Kollektors konstruiert, liefert G. Gaiffe, Constructeur, Paris, rue Méchain. Über elektrolytische Gleichrichter (Gleichrichtzellen) von Pollack s. Bd. I(1), S. 73. Neuerdings liefert solche Zellen (System O. de Faria) E. Ducretet, Constructeur, Paris, 75 rue Claude-Bernard, nach Fig. 1287. Die Fig. 1288 a und b zeigen innere Einrichtung und Schema des Stromverlaufs.

entnommen und während der anderen Hälfte ein gleichgerichteter Impuls aus der anderen, so daß die Leitung von pulsierendem Gleichstrom durchflossen wird. Durch Parallelschaltung von Akkumulatoren können die Pulsationen unmerklich gemacht werden, so daß sich der auf solche Art umgewandelte Wechselstrom wie gewöhnlicher Gleichstrom verwenden läßt. Fig. 1289 zeigt eine komplette Ladestation für Akkumulatoren.

377. Drosselspule. Ist die primäre und sekundäre Windungszahl eines Spartransformators dieselbe, so hat man eine sogenannte Drosselspule (vergl. S. 672, Fig. 1326), in welcher durch Selbstinduktion eine Gegenkraft geweckt wird von derselben Größe, wie sie in einer Sekundärspule von derselben Windungszahl auftreten würde. Man kann also die Größe derselben auf Grund dieser Betrachtung ohne weiteres hinschreiben. Indes kann man sie auch direkt ableiten. Nennt man die Gesamtzahl Kraftlinien, welche den Querschnitt der Spule erfüllt, N, so ist die in einer Windung bei einem Polwechsel eintretende Änderung der Kraftlinienzahl $2N$, da zunächst N Kraftlinien verschwinden und alsdann ebensoviele, aber in entgegengesetzter Richtung in die Windung hineintreten, was hinsichtlich der Induktion denselben Effekt hat, als wenn nochmals N Kraftlinien verschwinden würden. Finden nun pro Sekunde s Polwechsel statt, ist s die Polwechselzahl, so ist die Änderung der Kraftlinienzahl pro Sekunde, also die induzierte Spannung (elektromotorische Kraft der Selbstinduktion) $= s \cdot 2 \cdot N$ Volt. Ist s die Windungszahl der Spule, so ist die gesamte induzierte Spannung, da sich die elektromotorischen Kräfte der einzelnen Windungen summieren, $= s \cdot s \cdot 2N$. Bezeichnet man, wie oben (S. 649), die Zahl Kraftlinien, welche der Strom 1 Amp. hervorruft, mit N_1, das Produkt $s \cdot N_1$, den Selbstinduktionskoeffizienten (vergl. S. 611) mit L, so wird

$$E = 2s \cdot L \cdot i_m \text{ Volt,}$$

wenn i_m der maximale Wert der Stromstärke ist. Die maximale induzierte Spannung ist:

$$E_m = \frac{\pi}{2} \cdot E = s \pi L \cdot i_m \text{ Volt.}$$

Da ferner die effektive Spannung und Stromstärke dieselben Multipla der Maximalwerte sind (vergl. § 355, S. 589), folgt:

$$e = s \pi L \cdot i \text{ Volt,}$$

$$i = \frac{e}{s \pi L} \text{ Ampere.}$$

Selbst wenn also die Spule keinen Ohmschen Widerstand hätte, würde dennoch bei gegebener Spannung e die Stromstärke nicht ins Unendliche anwachsen, sondern einen Wert von solcher Größe annehmen, als ob die Spule einen Widerstand von $s \pi L$ Ohm hätte.

Man nennt diesen Widerstand $s \pi L$ die Induktanz. Zur Bestimmung des Selbstinduktionskoeffizienten kann also auch die Gleichung dienen:

$$L = \frac{e}{s \pi i} \text{ Henry.}$$

Eine andere Art der Ableitung der Formel ist folgende. Ist T die Dauer der Periode des Wechselstromes, so tritt in der Zeit $T/4$ die Zahl $N_1 \cdot i_m$ Kraftlinien in die Spule, somit in 1 Sekunde $\dfrac{4 N_1 \cdot i_m}{T}$, demgemäß ist

Nun ist

$$E_m = \frac{\pi}{2} \cdot E = \frac{\pi}{2} \cdot \frac{4 \cdot L \cdot i_m}{T}.$$

$$s = 2n = \frac{2}{T}, \quad \text{also} \quad T = \frac{2}{s}$$

und

$$E_m = s \pi L \cdot i_m.$$

Beispielsweise ist der Selbstinduktionskoeffizient der großen Drahtrolle Fig. 533 (S. 295), da die Zahl der Windungen 900 und der mittlere Radius 0,57 m beträgt,

$$L = 900^2 \cdot \frac{4 \cdot 3,14^2 \cdot 0,57^2}{10^7 \cdot 2 \cdot 0,57} = 9 \text{ Henry.}$$

Die beim Durchgange eines Wechselstromes von 1 Amp. Stärke und 100 Polwechseln pro Sekunde, d. h. wenn die Frequenz des Wechselstromes 50, somit die Dauer einer Periode $^1/_{50}$ Sekunde beträgt, auftretende Gegenkraft ergibt sich zu:

$$E = 100 \cdot \pi \cdot 9 = 2826 \text{ Volt.}$$

Man müßte also, um Ströme von dieser Stärke durch die Rolle hindurchsenden zu können, die Windungen der Spule außerordentlich sorgfältig isolieren.

Aus gleichen Gründen, wie beim Induktionskoeffizienten der gegenseitigen Induktion (S. 604) kann auch hier definiert werden

a) Technisch: 1 Henry ist die Selbstinduktion eines Leiters, in welchem Steigerung der Stromstärke um 1 Ampere pro Sekunde die elektromotorische Kraft 1 Volt hervorruft.

b) Gesetzlich: Ebenso.

c) Physikalisch: Der Selbstinduktionskoeffizient ist 1 CGS, wenn die Stromstärke 1 CGS ($= 10$ Amp.) soviel Kraftlinien erzeugt, daß das Produkt der Kraftlinienzahl (d. h. Feldintensität mal Windungsfläche) mit der Windungszahl $= 1$ wird. Da nun eine in $^1/_4 \pi$ Weber endigende Kraftröhre 10^8 an $^1/_4$ CGS endigende Kraftlinien in sich enthält (weil 1 CGS $= 10^{-8}$ Weber), so wird beispielsweise bei der Windungszahl 1 und bei der Selbstinduktion 1 Henry, welche der Erzeugung einer $^1/_4 \pi$ Weberkraftlinie durch 1 Amp. entspricht, die Stromstärke 1 CGS ($= 10$ Amp.) 10 $^1/_4 \pi$ Weberkraftlinien $= 10^9$ $^1/_4 \pi$ CGS-Kraftlinien erzeugen, d. h. die Selbstinduktion 1 Henry ist gleich 10^9 CGS oder 1 CGS $= 10^{-9}$ Henry.

Die Dimension des Selbstinduktionskoeffizienten ist $=$ Kraftlinienzahl : Stromstärke, also eine Länge. Man kann deshalb auch sagen, die CGS-Einheit desselben ist das Centimeter[1]).

378. Übersetzungsverhältnis. Die Spannung an den Klemmen der primären Spule beträgt, wenn deren wahrer Widerstand vernachlässigt werden kann:

$$E_1 = s \pi L_1 \cdot i,$$

die Sekundärspannung ist:

$$E_2 = s \pi L_2 \cdot i,$$

---

[1]) Weil das Henry gleich einer Milliarde Centimeter, d. h. gleich der Länge des Erdquadranten ist, hat man auch statt Henry die Bezeichnung Quadrant (s. a. S. 604) eingeführt, die sich indes nicht empfiehlt, insofern sie irreleitet, denn tatsächlich ist eben ein Selbstinduktionskoeffizient etwas anderes als eine Länge, wenn auch seine Dimension dieselbe ist.

vorausgesetzt, daß die Spule offen ist, somit ihr Widerstand nicht in Betracht kommt. Hieraus folgt:

$$E_2 : E_1 = L_2 : L_1 = s_2 : s_1,$$

wenn die Rollen nahezu gleiche Form haben und s_2 und s_1 ihre Windungszahlen bedeuten. Sind diese Windungszahlen gleich, so ist hiernach die Sekundärspannung gleich der primären, hat die Sekundärspule 1000 mal soviel Windungen wie die primäre, so ist auch ihre Spannung die tausendfache und umgekehrt. Man bezeichnet deshalb das Verhältnis der Windungszahlen als Übersetzungsverhältnis.

Beispielsweise werde durch die Windungen des Eisenringes Fig. 651 (S. 359) Wechselstrom von der Stärke 40 Amp. und der Frequenz 50 geleitet. Es sei ferner um den Ring eine sekundäre Spule von 10 000 Windungen gelegt.

Nach § 280, S. 476 ist die Kraftlinienzahl für 40 Amp. = 0,0392, somit

$$E = 10\,000 . 4 . 50 . 0,0392 = 78\,400 \text{ Volt.}$$

Der Selbstinduktionskoeffizient der Primärspule ist: $\dfrac{32 . 0,0392}{40}$, somit die Spannung an den Klemmen der Primärspule:

$$E = 4 . 50 . 32 . 0,0392 = 250 \text{ Volt.}$$

Das Umsetzungsverhältnis des Transformators beträgt $\dfrac{78\,400}{250} = \dfrac{10\,000}{32}$, d. h. es ist in der Tat gleich dem Verhältnis von Sekundär- und Primärwindungszahl.

379. Wärmeerzeugung durch Induktion. Sind die beiden Spulen eines Transformators gleich beschaffen, so wird einfach die Energie von der primären auf die sekundäre Spule übertragen, ohne daß eine Änderung der Spannung stattfindet. Eine Sekundärspule von wenig Windungen von dickem Draht ergibt zwar geringe Spannung, aber infolge des geringen Widerstandes große Stromstärke, also auch, da die Stromwärme pro Sekunde $= \dfrac{1}{g . 430} . r . i^2$ ist, d. h. zunimmt mit dem Quadrate der Stromstärke, beträchtliche Wärmewirkungen.

Wird z. B. um einen ringförmigen oder stabförmigen Elektromagneten aus zerteiltem Eisen, durch welchen man einen Wechselstrom einer vierpferdigen Wechselstrommaschine leitet, ein etwa 2 cm dickes Kupferseil in einer oder zwei Windungen herumgelegt, so entstehen beim Zusammenbringen der Enden, namentlich wenn diese mit Blei überzogen sind, laut klatschende Funken, welche deutlich die große Stärke der Ströme und ihre Wärmewirkungen erkennen lassen.

Fig. 1290.

Fig. 1291.

Baille u. Féry (3. 12, 29, 1899) benutzen einen am Arm einer gedämpften Wage befestigten Kupfercylinder mit Thermometer, welcher sich in einem magnetischen Drehfeld befindet, zur Bestimmung des mechanischen Wärmeäquivalents. Die Geschwindigkeit des Drehfeldes ergibt sich aus der Tourenzahl der stromerzeugenden Maschine.

Um anzudeuten, wie die Stromwärme kalorimetrisch gemessen werden kann, kann man eine kleine Glühlampe mit Sekundärspule beim v. Langschen Trans-

Fig. 1292.

formator (S. 648) in ein Gefäß mit Wasser setzen nach Anleitung von Fig. 1290 (E, 18).

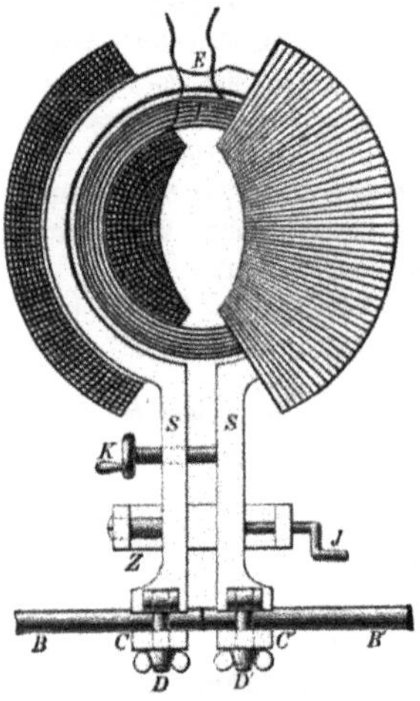

Ein hohler, wassergefüllter Kupfer-ring (Fig. 1291 E, 12) erwärmt sich rasch soweit, daß das Wasser kocht, ein aus zwei Teilen zusammengelöteter Kupferring zer-fällt, da das Lot schmilzt.

380. Schweißen durch Elektrizität nach Elihu Thomson. Ein Transformator, be-stehend aus der primären Spule P, Fig. 1292, welche von den Strömen einer gewöhnlichen Wechselstrommaschine durchflossen wird, und dem die sekundäre Spule darstellenden ringförmig ge-bogenen, sehr starken Kupferstab SES, beide umgeben von einem dicken, aus aufgewickeltem Eisendraht bestehenden Mantel, liefert Induktions-ströme von außerordentlich großer Intensität. Die zu verschweißenden Stabenden werden in Klemmen C, C' an den Enden des Kupferstabes eingespannt und durch die Schraube Z fest zu-sammengepreßt. Damit der Kupferring hierzu [genügend federnd sei, ist er bei E etwas abgeschwächt. Sobald der primäre Strom geschlossen wird, erhitzt sich

Fig. 1293.

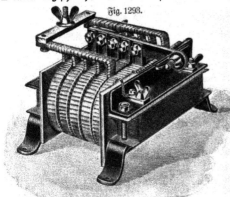

bie Kontaktstelle der zu verschweißenden Enden, diese werden glühend und schmelzen alsbald zusammen. Sofort wird der Strom wieder unter-brochen [1].

Hiorths kontinuierlich wirkender Induktionsofen ist ein Transformator, dessen induzierte Spule durch einen Tiegel mit dem Eisenerz ersetzt ist. Hierdurch werden die kostspieligen Elektroden erspart. Der Betrieb ist

insofern kontinuierlich, als der Tiegel sofort durch einen anderen ersetzt werden kann ohne Unterbrechung des Stromes.

---

[1] Einen kleinen Transformator mit innerem Eisenkern zu gleichem Zweck liefert Helios, E. A. G., in Köln zu etwa 500 Mk. Fig. 1293 zeigt einen Kleintransformator von Koch u. Sterzel, Dresden A. Einen kleinen Demonstrationsapparat für elektrische Schweißung nach Fig. 1294 liefert die elektrotechnische Fabrik von C. u. E. Fein in Stutt-gart. Über einen größeren Apparat s. Bd. I(1), S. 459, Fig. 1416.

381. Reaktion der Sekundär- auf die Primärspule. Wird die Sekundärspule eines Transformators geschlossen, so daß ein Strom zustande kommt, so wirkt
das von ihm erzeugte magnetische Feld dem der Primärspule entgegen, letzteres
wird gewissermaßen fortgeblasen, somit die Selbstinduktion der Primärspule bedeutend vermindert und die Stromintensität erhöht. Je mehr man also einen Trans-

Fig. 1294.   Fig. 1294 a.

formator „belastet", um
so mehr Strom nimmt
die Primärspule auf,
während der Leerlauf-
strom nur geringe Stärke
besitzt.

Auch aus dem Gesetze
der Erhaltung der Energie
folgt ohne weiteres, daß
die im Sekundärkreise
auftretende Energie nur
dem Primärkreise ent-
stammen kann.

Benutzt man einen
horizontalen, mit Draht
bewickelten Eisenring als

Fig. 1294 b.

Transformator, so kann man durch Auflegen einer Glasplatte und Aufstreuen von
Feilspänen leicht direkt nachweisen, wie bei Schließung des sekundären Stromes die
Kraftlinien aus dem Eisen heraustreten („fortgeblasen" werden).

Schiebt man bei dem Transformatormodell von v. Lang (S. 648) zwischen
Sekundärspule und Eisenkern einen Kupfercylinder, so werden die magnetischen
Kraftlinien durch die Induktionsströme in letzterem fortgeblasen, vermögen also nicht
durch den Ring hindurch zu bringen. Man erkennt dieses daran, daß der Eisenkern
vor dem Ringe imstande ist, ein Stück weiches Eisen anzuziehen, dahinter nicht.
Setzt man eine durch eine passende Drahtspule kurz geschlossene Glühlampe auf die
obere Fläche des Eisenkernes, so gerät die Glühlampe durch die induzierten Wechselströme in Weißglut (Fig. 1295a). Schiebt man aber eine Kupferplatte zwischen

Frick's physikalische Technik. II.   42

Eisenkern und Glühlampe, so erlischt die letztere (Fig. 1295 b). Es wird also durch die Kupferplatte eine Schirmwirkung ausgeübt. Die Kraftlinien, anstatt gerade in die Höhe zu gehen, biegen sich nunmehr um, so daß sie nicht durch die Glüh- lampenspule gehen. Beim Einbringen der Kupferplatte zwischen Eisenkern und Glüh-

Fig. 1295 a.　　　　　　　　　　　　Fig. 1295 b.

lampe hat man übrigens vermöge der Repulsion einen gewissen Widerstand zu über- winden, welcher sich so äußert, als ob man die Kupferplatte durch eine zähe Masse führt. (E, 78.)

Spies (3. 11, 276, 1898) demonstriert an einem in die Primärleitung eines Transformators eingeschalteten Amperemeter, daß die primäre Rolle bei gleich- bleibender Spannung desto mehr Strom auf- nimmt, je mehr man die sekundäre mit parallel geschalteten Lampen belastet.

382. **Messung hoher Spannungen und Stromstärken.** Die Möglichkeit, eine hohe Span-

Fig. 1297.

Fig. 1296.

nung auf niedrigen Wert herunterzutransformieren, ermöglicht, hochgespannten Wechselstrom mittels gewöhnlicher Voltmeter zu messen, da man nur nötig hat, einen Meßtransformator (Spannungstransformator) einzuschalten. Gleiches gilt für die Messung sehr starker Wechselströme.

Verschiedene Formen solcher Meßtransformatoren nach Siemens u. Halske (Wernerwerk, Berlin-Nonnendamm) zeigen die Fig. 1296 (Stromtransformator) und

Fig. 1298.

Fig. 1299.

Fig. 1300.

42*

Fig. 1297 (Spannungstransformator); einen tragbaren Präzisionsstromwandler mit mehreren Meßbereichen Fig. 1298; einen nach Art eines Spartransformators mit nur einer Wicklung versehenen Reguliertransformator zur beliebigen Änderung der Spannung durch Ab- und Zuschalten von Windungen Fig. 1299[1]).

Fig. 1301.

383. Induktionsströme höherer Ordnung. Leitet man den Strom einer Wechselstrommaschine etwa in die primäre Spule eines als Transformator gebrauchten Rühmkorffschen Induktionsapparates[2]), so erhält man in der sekundären Spule hochgespannten Wechselstrom. Diesen kann man durch haarfeine Drähte auf größere Entfernung fortführen und in die sekundäre Spule eines zweiten Rühmkorffschen Induktors leiten. Aus der primären Spule des letzteren erhält man dann starken, niedrig gespannten Wechselstrom, mit welchem man Glühlampen speisen oder einen Wechselstrommotor treiben kann. Mittelgroße Funkeninduktoren sind hierzu schon ausreichend. Diese wiederholte Transformation ist technisch von Wichtigkeit, weil die Kosten der dünnen Fernleitung wesentlich geringer sind als diejenigen einer dicken, welche erforderlich wäre, den ursprünglichen Strom unverändert in die Ferne zu übertragen.

384. Elektroinduktive Abstoßung[3]). Besonders gut eignet sich das oben (S. 648) beschriebene Transformatormodell von v. Lang. Auf ein cylindrisches

---

[1]) Einen größeren Stromtransformator für Eichzwecke von Koch u. Sterzel in Dresden zeigt Fig. 1300. Fig. 1301 zeigt einen Spannungsteiler für Laboratorien mit 24 Stufen zu 5·Volt von 0 bis 120 Volt, Leistung 3 KVA derselben Firma. — [2]) Besser eignen sich natürlich die im Handel, z. B. von Helios in Köln (vgl. S. 656), zu beziehenden Transformatoren. — [3]) Eine Anzahl interessanter Versuche über diese auffällige Erscheinung beschreibt Elihu Thomson in einer populären Schrift: „Was ist Elektrizität?", übersetzt von H. Discher, 1890.

Eisendrahtbündel von etwa 50 cm Länge und 2 bis 3 cm Durchmesser, welches, senkrecht stehend, in einem Fuße befestigt ist, ist unten eine kurze Primärspule aus 6 Lagen zu 26 Windungen 2 mm starken Kupferdrahtes aufgeschoben, durch welche man den Strom einer Wechselstrommaschine von etwa 70 bis 100 Volt Spannung hindurchsenden kann. Die entweder ähnlich beschaffene oder aus mehr Windungen von feinerem oder weniger von dickerem Draht gebildete Sekundärspule ist auf dem Eisenkern leicht verschiebbar (Fig. 1302 K, 27).

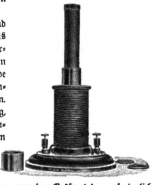

Fig. 1302.

Schließt man nun den Primärstrom, während die Sekundärspule offen ist, so zeigt sich nichts Auffallendes. Schließt man aber die Sekundär= spule, so steigt sie sofort an dem Eisenkern in die Höhe und bleibt in bestimmtem Abstande von der Primärspule, der sich nach der Strom= stärke in dieser richtet, frei schwebend stehen.

Besonders auffallend wird die Erscheinung, wenn als Sekundärspule ein Ring aus Alu= minium[1]) oder Kupfer verwendet wird. Beim plötzlichen Schließen des Stromes wird ein

solcher mehrere Meter hoch über den Eisen= kern in die Luft geschleudert und zum Festhalten ist eine ganz beträchtliche Kraft, etwa von der Größe 1 kg, erforderlich (Fig. 1303 E, 78, einschließlich der folgenden Apparate).

Fig. 1303.

Fig. 1305.

Fig. 1304.

Bei der Einrichtung Fig. 1304 (E) wird der schwebende Kupferring durch drei Fäden gehalten, bei Fig. 1305 (E, 10) ist er durch eine Kupferplatte ersetzt, die an einem Hebel mit Gegengewicht befestigt ist.

Die Erscheinung erklärt sich dadurch, daß der Sekundärstrom um $\frac{1}{4}$ Wellen= länge in seiner Phase gegen den Primärstrom verschoben ist, und daß durch Hinzu=

---

[1]) W. v. Lang verwendet Serviettenringe aus Aluminium=Mannesmannrohr.

treten der Selbstinduktion eine abermalige Verschiebung von nahezu ¼ Wellenlänge eintritt, so daß Primär- und Sekundärstrom in jedem Momente entgegengesetzt sind und sich daher abstoßen. Die Wirkung ist deshalb eine so kräftige, weil der Magnetismus des Eisenkernes im gleichen Sinne wirkt, wie der Primärstrom, oder weil das magnetische Feld des Primärstromes infolge der Anwesenheit des Eisenkernes ein sehr intensives ist.

Beim Schweben des Kupferringes kann man (nach v. Lang) beobachten, daß die Stromstärke von 10 Amp. auf 10½ Amp. steigt, während die Spannung auf 46 Volt sinkt. Diese Differenzen wären natürlich viel beträchtlicher, wenn man den Ring von der Stelle, wo er schwebt, zur Spule herunterbrückt, was aber einen Gesamtbruck von 0,6 kg erfordert.

Ein Kupferring, der nur aus einer Windung 4 mm dicken Drahtes besteht, schwebt bei der Stromstärke von 10 Amp. in einer Höhe von 4,5 cm. Bringt man dann noch über den Eisenkern von oben den früher benutzten Aluminium- oder Kupferring und nähert denselben dem einfachen Ringe, so wird letzterer angezogen und kann auf diese Weise bis zu einer Höhe von 13 cm gehoben werden.

Ein anderer Versuch ist folgender: Der Apparat mit halbem Eisenkern wird umgekehrt aufgestellt, so daß die primäre Spule sich am oberen Ende befindet. Darüber befindet sich im Abstande von 4 mm eine runde Scheibe aus 1 mm dickem Kupferblech, die um ihre Achse sehr leicht beweglich ist und von einer in einem Stativ befestigten Schere gehalten wird. „Man nähert dieses Stativ so weit dem Apparate, daß die Kupferscheibe, von oben gesehen, den ganzen Eisenkern bedeckt und ihr Rand mit dem des Kernes zusammenfällt. Hält man nun, während ein mäßiger Strom durch die Spule geht, über die drehbare Kupferscheibe einen der früher benutzten Aluminiumringe oder den dicken Kupferring etwas exzentrisch zu dem Eisenkern, so gerät die Scheibe in Rotation, und zwar vom Eisenkern nach dem Ring zu. Die in der Scheibe und in dem

Fig. 1306.

Ringe induzierten Wechselströme ziehen sich nämlich wie in dem früheren Experimente an. Diese Anziehung würde aber keine Bewegung zur Folge haben, wenn die Induktion in der Kupferscheibe überall die gleiche wäre, sie ist aber über dem Eisenkern natürlich viel stärker, so daß die Kupferscheibe sich in dem angegebenen Sinne bewegen muß."

Die Fig. 1306 (E, 6,75) zeigt eine Abänderung des Versuches unter Benutzung einer auf einem Achathütchen drehbaren Kupferscheibe und einer darübergehaltenen halbkreisförmigen Kupferplatte. Bewegt man letztere langsam konzentrisch (in Richtung der punktierten Linie der Fig. 1306) um das Achathütchen herum, so findet man eine Stellung der halbkreisförmigen Scheibe, bei der die Schnelligkeit der Rotation der kleinen Scheibe ein Maximum wird. Bringt man die Schirmscheibe in eine Stellung, die um 180° von der zuletzt gekennzeichneten entfernt ist, so kehrt die kleine Scheibe ihre bisherige Drehungsrichtung um.

Andere Modifikationen des Versuches zeigen die Fig. 1307 (K, 120) und 1308 (E, 4). Im letzteren Fall ist die Scheibe durch eine in Wasser schwimmende Kugel ersetzt.

Schaltet man die oben zum Versuche mit der Glühlampe benutzte sekundäre Spule zur primären parallel und hält sie an Stelle des Ringes über die Kupferscheibe, so dreht sich letztere ebenfalls, aber die Drehrichtung kehrt sich um, wenn man die Spule umkehrt. Es ist dies dasselbe Prinzip, auf welchem die von Bláthy konstruierten Wechselstromzähler beruhen.

Fig. 1307. **Fig. 1308.**

385. Das Induktionsgyroskop. Die elektroinduktive Abstoßung kann zum Nachweis von Wechselströmen und zu deren Messung benutzt werden. Zu gleichem Zwecke können ferner verschiedene Formen von Wechselstrommotoren dienen. Eine eigenartige hierher gehörige Vorrichtung ist das Induktionsgyroskop von Fonvielle. Über einem Galvanometerrahmen (Fig. 1309) G befindet sich ein verstellbarer Hufeisenmagnet M. In das Innere des Rahmens kann eine sternförmig ausgeschnittene, auf einer Spitze leicht drehbare Eisenscheibe H eingeschoben werden. Leitet man nun durch die Drahtwindungen des Rahmens die Wechselströme eines Induktoriums oder durch einen kontinuierlich in Bewegung gehaltenen Kommutator alter-

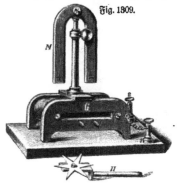

Fig. 1309.

nierend gemachte Ströme eines galvanischen Elementes, so kommt die Eisenscheibe in lebhafte Drehung [1]).

386. Induktionsmotoren. Während die Synchronmotoren ebenso gebaut sind wie Wechselstrommaschinen, d. h. aus zwei Teilen bestehen, dem feststehenden Stator und dem sich drehenden Rotor, welchen beiden Strom zugeführt wird (gewöhnlich dem Stator Gleichstrom, dem Rotor Wechselstrom), erfolgt die Stromzuführung bei den Asynchronmotoren nur zum Stator und zwar in Form von Wechselstrom, welcher ohne weiteres Strom in den Windungen des Rotors induziert wie in der Sekundärspule eines Transformators, weshalb diese Motoren auch Induktionsmotoren heißen. Die Synchronmotoren können — daher ihr Name — nur Arbeit leisten, wenn sie synchron mit dem Generator laufen. Bei den Asynchronmotoren ist umgekehrt in diesem Fall die Arbeit Null, sie wird aber um so größer, je

---

[1]) Leybolds Nachf., Köln, liefern das Instrument zu 70 Mk.; dazu einen nach dem Prinzip des magnetischen Hammers eingerichteten selbsttätigen Kommutator für Batterieströme zu 70 Mk.

größer die „Schlüpfung", d. h. je mehr ihre Umlaufsgeschwindigkeit von dem synchronen Gang abweicht. Infolge der Erzeugung von Induktionsströmen in dem

Fig. 1310.

Fig. 1312.

Fig. 1311.

Fig. 1314.

Fig. 1313.

Anker wird derselbe mitgenommen durch das Drehfeld aus gleichen Gründen wie die Kupferscheibe bei dem Apparat Fig. 1076 (S. 533).

Bringt man beispielsweise in das Innere eines mit drei um 120° voneinander abstehenden Spulen versehenen Ringes aus Eisendraht eine Eisenblechscheibe, welche

um die Achse der Eisendrahtrolle rotieren kann, wie Fig. 1310 zeigt, so kommt die=
selbe in kontinuierliche Rotation, sobald man den drei Spulen Dreiphasenstrom
zuführt. Besser als die Scheibe würde ein den ganzen Hohlraum ausfüllender
Eisencylinder sein.

Um das Zustandekommen der Induktionsströme zu erleichtern, bringt man auf
derartigen sogenannten Kurzschlußankern eine in sich geschlossene Drahtwindung
an, welche z. B., wie Fig. 1311 zeigt, aus Kupferstäben bestehen kann, die ohne
Isolation in Nuten des eisernen Ankers eingelegt und an den Enden durch Kupferringe

Fig. 1317.

Fig. 1315.

verbunden sind (Käfig=
anker). Die Fig. 1312
zeigt die Gesamtansicht
eines solchen Motors.

Verschiedene Modelle
sind in Fig. 1313, 1314
(E, 120), Fig. 1315 (K,
55) und Fig. 1316 (E,
115[1]) dargestellt.

Um die Geschwindig=
keit eines Induktions=
motors regulieren zu
können, ist es notwendig,
in die Kurzschlußwicklung

Fig. 1316.

Rheostaten einzufügen. Zu diesem Zwecke wird die Wicklung nicht direkt auf dem
Anker in sich geschlossen, sondern wie bei Fig. 1317 mit Schleifringen versehen, von
welchen der Strom zu einem Rheostaten geführt wird.

Ein solcher Rheostat ist auch zum Anlassen (größerer Motoren) erforderlich, da
der Induktionsstrom im Anker die Entstehung des magnetischen Feldes, d. h. die
Selbstinduktion in den Primärspulen beeinträchtigt, so daß diese, so lange der Anker
nicht rotiert, da sich der Apparat wie ein Transformator mit kurz geschlossener
Sekundärspule verhält, dem Durchgange des Stromes zu wenig Widerstand ent=
gegensetzen würden und beschädigt werden könnten. Dieser Anlaßwiderstand kann

---

[1] Siehe Weiler, Die Dynamomaschine, S. 68.

sich auch im Innern der Maschine befinden und eventuell durch geeignete Vorrichtungen automatisch eingeschaltet werden [1]).

Fig. 1318.

Fig. 1319.

387. Die **Motorzähler** für **Wechselstrom** gehören ebenfalls zu den Induktionsmotoren. Fig. 1319 zeigt einen solchen der Siemens-Schuckertwerke, Berlin.

Fig. 1320.

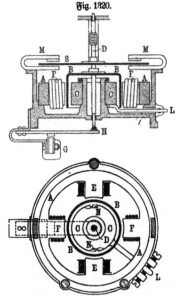

Das Drehfeld wird gebildet durch einen
ringförmigen, aus dünnen Blechen hergestellten Eisenkörper *A*, wie aus Fig. 1320
ersichtlich, der vier radial nach innen gerichtete Polansätze *EE* und *FF* besitzt.
Innerhalb dieses Ringes befindet sich in
einigem Abstande von den Polansätzen ein
feststehender, ebenfalls geblätterter Eisenkern *C*, über den eine äußerst leichte,
um eine Achse *D* drehbare Aluminiumtrommel *B* gestülpt ist.

[1]) Rühlmann, Grundzüge der Wechselstromtechnik, Leipzig 1904, O. Leiner, S. 446 ff.
Fig. 1318 stellt einen Asynchronmotor der
Siemens-Schuckertwerke in Berlin dar.
Er ist mit Vorrichtung zum Abheben der
Bürsten versehen, da diese unnötig werden,
sobald der Motor synchronen Gang erreicht
hat. Liegen nämlich die Bürsten auf, so ist
der Anlaßwiderstand eingeschaltet, sind sie
abgehoben, so ist der Anker kurzgeschlossen.
Andere Bezugsquellen von Drehstrommotoren
wurden bereits in Bd. I(1), S. 79, 81, 82,
genannt. Zuzufügen ist noch Sachsenwerk,
Licht- und Kraft-Aktiengesellschaft, Nieder-
sedlitz-Dresden und C. Wüst u. Co. in Seebach-Zürich (Mehrphasenwechselstrommotoren
mit abstufbarer Tourenzahl, zwei bis sechs Geschwindigkeiten).

388. **Wechſelſtromſignalapparate.** Der Umbrehungsfernzeiger von
Siemens u. Halske (Fig. 1321) beſteht aus Geber und Empfänger.

Der Geber iſt eine kleine Wechſelſtrommaſchine, welche mit der Achſe, deren
Umbrehungszahl gemeſſen werden ſoll, gekuppelt iſt und durch Gleichſtrom, der an
den Klemmen 4 und 5 (Fig. 1321) zufließt, erregt wird. Die Konſtruktion iſt ſo
ausgeführt, daß alle ſtromführenden Teile, die Erregerwicklung, ſowie die Spulen,

Fig. 1321.   Fig. 1322.

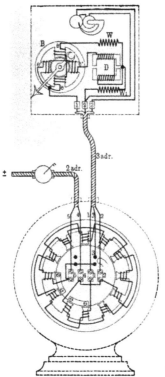

in denen der Wechſelſtrom induziert wird
(Stator), feſtſtehen, wogegen der einzig ſich
drehende Teil (Rotor) aus an der Peripherie
eines Rades angebrachten unterteilten Eiſen-
blöckchen gebildet wird.

Die Achſe des Rotors wird mittels einer
Kette, Spiralſchnur oder dergl. von der
Welle angetrieben, deren Geſchwindigkeit ge-
meſſen werden ſoll.

Der erzeugte Wechſelſtrom wird durch zwei Leitungen über die Klemmen 1 und
2 auf den Empfänger übertragen, deſſen Zeiger einen entſprechenden Ausſchlag angibt.

Der Empfänger iſt ein Spannungszeiger für Wechſelſtrom (nach Ferraris-
ſchem Prinzip) und beſteht im weſentlichen aus einem aus dünnen Blechen her-
geſtellten Eiſenring B, welcher mit vier radial nach innen gerichteten Polanſätzen
verſehen iſt. Auf dieſe Polanſätze ſind Spulen mit hoher Windungszahl e, e und
e', e' geſteckt.

In der Mitte des Eiſenringes befindet ſich ein ebenfalls aus geblättertem
Material hergeſtellter Eiſenkern, der jedoch von den Polanſätzen einen ſolchen Ab-

stand hat, daß eine über den Kern gestülpte Aluminiumtrommel zwischen Kern und Polansätzen sich frei drehen kann. Die Trommel wird von einer Achse getragen, auf welcher auch der Zeiger sitzt. Dadurch, daß in die eine Zweigleitung eine Drosselspule eingeschaltet ist, entsteht eine Phasendifferenz der beiden Zweigströme, so daß dieselben wie Zweiphasenstrom ein Drehfeld erzeugen und der durch zwei Spiralfedern gehaltenen Aluminiumtrommel eine Ablenkung erteilen, die von der Rotationsgeschwindigkeit des Gebers abhängt.

Die Skala des Empfängers, Fig. 1322, ist so geeicht, daß diese Rotationsgeschwindigkeit unmittelbar abgelesen werden kann.

Rowlands Mehrfachtypendrucktelegraph. Als Sender dient eine kleine Wechselstrommaschine, als Empfänger ein kleiner synchroner Wechselstrommotor. Die Zeichenübermittelung geschieht dadurch, daß bei jedem Zeichen ein oder mehrere halbe Wellenlängen des Wechselstromes unterdrückt werden und dadurch ein Relais ausgelöst wird.

389. Rotierende Umformer. Verwendet man einen Wechselstrom- oder Drehstrommotor zum Betriebe einer Gleichstrom-Dynamomaschine, so hat man eine Doppelmaschine, welche auf Kosten von Wechsel- oder Drehstrom Gleichstrom erzeugt und die deshalb als Wechselstrom-Gleichstrom- bezw. Drehstrom-Gleichstromtransformator bezeichnet wird.

Die beiden Maschinen können zu einer einzigen vereinigt werden, indem man beide Ankerwicklungen auf dem gleichen Eisenkerne anbringt (vgl. Bd. I$_{(1)}$, S. 117), auch können die beiden Wicklungen zu einer einzigen vereinigt werden.

Man kann damit umgekehrt auch aus Gleichstrom Wechsel- oder Drehstrom erzeugen. Leitet man beispielsweise den Grammering einer magnetoelektrischen Maschine durch den Kommutator Gleichstrom zu, so daß sie als Motor läuft, so kann aus Schleifringen, welche mit zwei biametral gegenüberliegenden Kommutatorstäben verbunden sind, Wechselstrom entnommen werden. Aus drei mit um 120° voneinander abstehenden Kollektorsegmenten verbundenen Schleifringen kann man Drehstrom entnehmen u. s. w. Solche Umformer heißen Gleichstrom-Wechselstrom- (bezw. Drehstrom-) Einankerumformer. (Siehe a. S. 582 Anm. 1.)

390. Wechselstromleitungen mit Selbstinduktion. Die Wirkung der Selbstinduktion in einer Stromleitung läßt sich etwa vergleichen der Wirkung, welche ein Wasserrad in einer hin- und hergehenden Wasserstrom führenden Wasserleitung hervorbringen würde, wenn dasselbe mit einem schweren Schwungrade in Verbindung gesetzt würde. Durch den hin- und hergehenden Strom würde das Schwungrad in oscillierende Bewegung kommen und dem Durchgang des Stromes vermöge seiner Trägheit um so größeren Widerstand bieten, je rascher die Stromwechsel erfolgen. e_2 ist die elektromotorische Kraft der Selbstinduktion, somit bestimmt durch die Gleichung

$$e_2 = s.\pi.L.i \text{ Bolt.}$$

Leitet man Wechselstrom hintereinander durch einen Widerstand W, Fig. 1323, und eine Spule mit Selbstinduktion S, und schaltet an verschiedenen Stellen der Leitung Amperemeter A, B, C ..., ferner in den Nebenschluß zum Widerstande W ein Boltmeter a, in den Nebenschluß zu S ein Boltmeter b und in den Nebenschluß zu W und S ein Boltmeter c ein, so könnte man erwarten, daß entsprechend den

Pulsationen des Stromes, welche genügend langsam sein mögen, um die Schwankungen der Zeiger deutlich beobachten zu können, alle sechs Meßinstrumente gleichzeitig Zunahme und Abnahme des Stromes bezw. der Spannung anzeigen würden.
Dies ist indes nicht der Fall. Nur die Amperemeter stimmen in ihren Angaben
überein, d. h. der Strom hat überall dieselbe Phase und ebenso folgt auch das
Voltmeter a den Zeigern der Amperemeter, d. h. in dem sogen. Ohmschen Widerstande W haben Strom
und Spannung dieselbe
Phase. Anders dagegen
verhalten sich die Volt-
meter b und c.

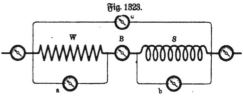

Fig. 1823.

Wächst die Strom-
stärke in der Spule S
an, so entsteht die ent-
gegengerichtete elektromotorische Kraft der Selbstinduktion, welche in ähnlicher Weise
wirkt, als ob der Widerstand der Spule erhöht würde. Obschon also nur ein
schwacher Strom vorhanden ist, wächst die Spannung rasch an, sie eilt dem
Strome voraus. Sinkt die Stromstärke, so wirkt die Selbstinduktion so, als ob
der Widerstand der Spule vermindert würde; während sich also die Spannung
der 0 nähert, wächst die Stromstärke an, d. h. auch in diesem Falle ist die
Spannung in ihrer Phase der Stromstärke voraus, und zwar läßt sich leicht er-

Fig. 1824.

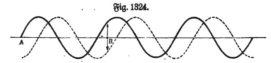

sehen, daß die Phasendifferenz (der Voreilungswinkel) 90° betragen muß, da stets
dann die Selbstinduktion den größten Wert erlangt, wenn die Stromstärke ihren
Sinn umkehrt, d. h. durch den Wert 0 geht. (Fig. 1324, die punktierte Linie stellt
die Spannung dar.)

Hätte die Spule keinen Widerstand, so würden somit die Ausschläge des Voltmeters b um ein Viertel der Periode früher erfolgen, als die Ausschläge der Amperemeter A, B, C und des Voltmeters a.

Fig. 1825.

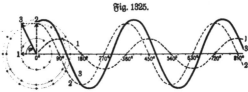

Da die Spannungsdifferenz an den Enden der Spule $\varepsilon \pi L . i$ Volt beträgt,
so hat die Spule scheinbar einen Widerstand von $\varepsilon \pi L$ Ohm. Man nennt
denselben die Induktanz (vgl. § 377, S. 653).

Das Voltmeter c wird eine Spannung angeben, die sich zusammensetzt aus
den von den Voltmetern a und b angegebenen Spannungen und in ihrer Phase von
beiden abweicht. Wir finden Größe und Phase dieser Spannung gemäß der Kon-

ſtruktion Fig. 1325, da die elektromotoriſche Kraft der Wechſelſtrommaſchine, welche nötig iſt, den Strom durch den Widerſtand W zu treiben, und die wechſelnde elektromotoriſche Gegenkraft der Spule S ſich ſummieren. 01 ſei die Spannung an den Enden von W (die Spule S als widerſtandslos angenommen), 02 die Spannung an den Enden von S, dann iſt 03 die Spannung, welche das Voltmeter c anzeigt. Dies wird auch dann noch gelten, wenn W und S zuſammenfallen, d. h. wenn der Widerſtand W der Widerſtand der Spule S iſt.

In einem ſolchen Falle tritt alſo eine Phaſenverſchiebung zwiſchen Strom und Spannung ein, derart, daß die Spannung dem Strome um einen Winkel φ voraneilt, welcher ſich beſtimmt aus der Gleichung

$$tg\,\varphi = \frac{e_2}{e_1}.$$

e_1 iſt die Spannungsdifferenz an den Enden eines Leiters von W Ohm Widerſtand beim Durchgange eines Stromes von i Ampere, ſomit nach dem Ohmſchen Geſetze

$$e_1 = W.i,$$

alſo:

$$tg\,\varphi = \varepsilon.\pi.\frac{L}{W}.$$

Die Größe der reſultierenden Kraft ergibt ſich nach dem pythagoräiſchen Lehrſatze:

$$e^2 = e_1^2 + e_2^2$$

zu

$$e = \sqrt{e_1^2 + e_2^2} = \sqrt{(i.W)^2 + (\varepsilon.\pi.L.i)^2}\ \text{Volt}.$$

Gleiches gilt für die mittleren Spannungen.

Wie bemerkt, wirkt die Selbſtinduktionsſpule wie ein Widerſtand. Denkt man ſich die mittlere Spannung E nach dem Ohmſchen Geſetze hervorgebracht durch Überwindung eines Widerſtandes W', ſo iſt, wenn J die mittlere Stärke des Stromes in Ampere:

$$E = J.W'\ \text{Volt},$$

alſo

$$J = \frac{E}{W'} = \frac{E}{\sqrt{W^2 + (\varepsilon.\pi.L)^2}}\ \text{Ampere}$$

oder

$$W' = \sqrt{W^2 + (\varepsilon.\pi.L)^2}\ \text{Ohm}.$$

Dieſen gedachten Widerſtand W' nennt man den ſcheinbaren Widerſtand (die Impedanz) der Spule. Er läßt ſich darſtellen als Hypotenuſe eines rechtwinkligen Dreiecks, deſſen Katheten der Ohmſche Widerſtand und die Induktanz ſind. Iſt letztere = 0, ſo wird der ſcheinbare Widerſtand gleich dem wahren.

Beiſpielsweiſe mögen in die Stromleitung die früher (§ 305) benutzten beiden Drahtrollen (Fig. 1030, S. 514) eingefügt werden, und zwar hintereinander, ſo daß ſie eine einzige Rolle von 1120 Windungen, 0,425 m mittlerem Durchmeſſer und 0,24 m Höhe darſtellen. Ein Strom von der Stärke i Ampere erzeugt in dieſer Rolle die Kraftlinienzahl

$$N = \frac{s.i}{\dfrac{10^7}{4\pi}.\dfrac{l}{A}},$$

wenn

$$s = 1120,\ A = \pi/4.\ 0{,}425^2\ \text{und}\ l = \sqrt{0{,}425^2 + 0{,}24^2},$$

da die Rolle nicht unendlich lang ist, somit für l die Diagonale des aus Durch= messer und Höhe gebildeten Rechtecks genommen werden muß (§ 279, S. 474). Demgemäß ist der Selbstinduktionskoeffizient

$$L_1 = 1120 \cdot \frac{N}{i} = \frac{1120^2 \cdot \pi^2 \cdot 0{,}425^2}{10^7 \cdot \sqrt{0{,}425^2 + 0{,}24^2}} = 0{,}56 \text{ Henry.}$$

Der Widerstand der beiden Drahtrollen beträgt 4,5 Ohm. Es mögen außerdem in den Kreis eingeschaltet sein vier parallel geschaltete Reihen von je 10 Glüh= lampen mit 212 Ohm gemeinsamem Widerstand, so daß also der Gesamtwiderstand der Stromleitung gleich 216,5 Ohm ist. Die Enden der Leitung mögen durch eine Wechselstrommaschine oder einen Transformator auf 550 Volt gebracht werden. Die Tourenzahl sei 1200, somit $s\pi = 251$, dann ist

$$J = \frac{550}{\sqrt{216{,}5^2 + 251^2 \cdot 0{,}56^2}} = 2{,}12 \text{ Ampere.}$$

Der Betrag der Phasenverschiebung ergibt sich aus der Gleichung

$$tg\, 2\varkappa\varphi = \frac{s\pi L}{W} = \frac{251 \cdot 0{,}56}{4{,}5} = 31{,}2.$$

Die Verschiebung beträgt demnach 88° 10'.

Für eine Rolle aus 11×19 Windungen ergab sich beim Durchleiten von 29 Ampere eine Spannungsdifferenz der Enden von 35 Volt. Demgemäß war ihr wahrer Widerstand $= \frac{35}{29} = 1{,}22$ Ohm.

Da der Radius $= 0{,}18$ m war, ist der Selbstinduktionskoeffizient

$$= \frac{4\pi \cdot 11^2 \cdot 19^2 \cdot \pi \cdot 0{,}18^2}{10^7 \cdot 0{,}26} \text{ Henry,}$$

somit für eine Polwechselzahl $= 100$ die Induktanz $= 6{,}8$ und die Impedanz $= \sqrt{1{,}44 + 46{,}2} = 6{,}9$ Ohm.

Für eine Spule von 0,7 m Länge und 0,05 m Querschnittsradius und 259 Win= dungen ergab sich beim Durchleiten von 30 Amp. eine Spannung von 17 Volt, somit war ihr wahrer Widerstand $17/30 = 0{,}6$ Ohm, der Selbstinduktions= koeffizient

$$L = \frac{4\pi \cdot 259^2 \cdot \pi \cdot 0{,}05^2}{10^7 \cdot 0{,}7} \text{ Henry}$$

und bei $s = 100$ Polwechseln die Induktanz

$$s\pi L = 3 \cdot 10^{-3},$$

somit die Impedanz

$$= \sqrt{0{,}6^2 + (3 \cdot 10^{-3})^2} = 3 \cdot 10^{-3} \text{ Ohm.}$$

Die Phasenverschiebung ergibt sich aus der Gleichung:

$$tg\, \varphi = \frac{s\pi L}{W} = \frac{3 \cdot 10^{-3}}{0{,}6} = 5 \cdot 10^{-3}$$

zu weniger als 1°.

Wurde die Spule über einen Eisenkern geschoben, so ergab sich bei 13 Amp. eine Spannungsdifferenz von 150 Volt, somit eine Impedanz $= \frac{150}{13}$ Ohm, also

$$\frac{150}{13} = \sqrt{0{,}6^2 + (s\pi L)^2}$$

ober

$$107{,}5 = 0{,}36 + (100 . \pi . L)^2,$$

$$L = \frac{10{,}8}{314} = 0{,}033 \text{ Henry};$$

$$tg \; \varphi = \frac{10{,}8}{0{,}6} = 17{,}3, \quad \varphi = 86{,}5^0.$$

Man sieht hieraus, in wie hohem Maße das Einbringen eines Eisenkernes den scheinbaren Widerstand einer Spule erhöht. Die Erhöhung ist aber insofern nur eine scheinbare, als derselben kein Energieverbrauch, keine Zerstörung von elektrischer Energie durch Bildung von Stromwärme entspricht. Man kann deshalb Spulen mit hoher Selbstinduktion (Drosselspulen[1]), Fig. 1326 K; vgl. § 377, S. 653) mit Vorteil dazu benutzen, den Strom zu schwächen, da sie nicht wie induktionsfreie Widerstände (Rheostaten) Energievergeudung bedingen.

Fig. 1326.

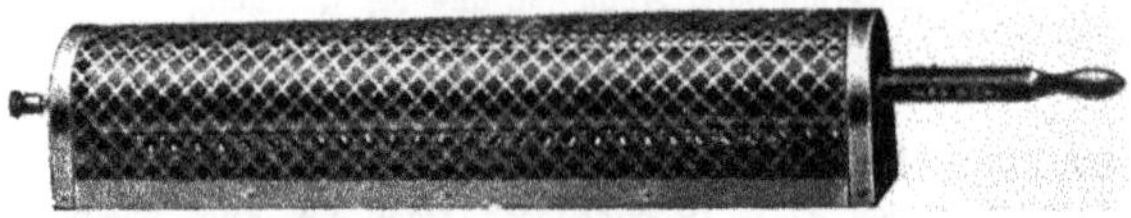

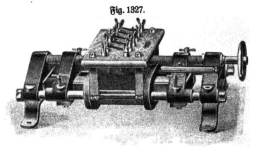

Bei sehr hoher Frequenz würde es durch Steigerung der Spannung eher gelingen, die Isolierschichten zu durchschlagen, als einen Strom von erheblicher Stärke durch die Drahtwindungen hindurchzuleiten. „Wechselstrom von hoher Frequenz geht eher durch einen Granitblock als durch eine Kupferdrahtspirale" (Steinmetz). In solchem Falle, d. h. bei großer Frequenz, ist es, um merkliche Selbstinduktion

Fig. 1327.

zu erhalten, durchaus nicht nötig, daß die Zahl der Windungen beträchtlich sei, sie kann selbst 1 sein, d. h. der Stromkreis kann eine einfache, in sich zurücklaufende Leitung sein, ja dieselbe kann sogar ungeschlossen sein, z. B. ein Stück geraden Drahtes, da auch in diesem Falle hinsichtlich der Induktionswirkung der Strom durch Verschiebung im Dielektrikum ähnlich wie der magnetische Strom in Fig. 652 (S. 359) als geschlossen zu betrachten ist.

Auch die momentane Spannung bei Wechselströmen ergibt sich, wenn die Leitung Selbstinduktion enthält, nicht einfach aus der Gleichung $E = E_m . \sin 2 \pi \frac{t}{T}$ (vgl. S. 589). Da sich nämlich die elektromotorische Kraft und somit die Stromstärke fortwährend ändert, wird durch Selbstinduktion eine entgegengesetzte elektro-

---

[1]) Fig. 1327 zeigt eine Handabregulierdrosselspule der Firma Koch u. Sterzel, Dresden=A., Zwickauerstr. 42.

motorische Kraft geweckt, deren Größe sich, falls s die Windungszahl ist, bestimmt nach der Formel

$$E = s \cdot \frac{dN}{dt} \text{ Bolt.}$$

Sei nun die Zahl Kraftlinien, welche der Strom 1 Amp. in der Leitung fließend erzeugt, $= N_1$, sei ferner die Änderung der Stromstärke in der Zeit $dt = dJ$, so ist $dN = N_1 \cdot dJ$ unb

$$E = s \cdot N_1 \cdot \frac{dJ}{dt} = L \cdot \frac{dJ}{dt}.$$

Die wahre elektromotorische Kraft wird also erhalten, indem man von der für den offenen Stromkreis berechneten und mit dem Elektrometer zu messenden diese Selbstinduktion in Abrechnung bringt. Es wird

$$E = E_m \cdot \sin 2\pi \frac{t}{T} - L \cdot \frac{dJ}{dt},$$

$$J = \frac{E_m}{W} \cdot \sin 2\pi \frac{t}{T} - \frac{L}{W} \cdot \frac{dJ}{dt},$$

wenn W ben gesamten Widerstand der Leitung bedeutet. Durch Integration der Differentialgleichung ergibt sich

$$J = \frac{E_m}{\sqrt{W^2 + (\varepsilon \pi L)^2}} \cdot \sin 2\pi \left(\frac{t}{T} - \varphi \right).$$

391. Wechselstromleitungen mit Kapazität. Gerade den entgegengesetzten Einfluß wie die Selbstinduktion hat die Kapazität. Würde man beispielsweise bei der Wasserleitung zu beiden Seiten des oben (§ 390, S. 668) er-wähnten Hindernisses Windkessel anbringen, in welche das Wasser einströmen kann, so kann das Hindernis sehr groß sein, ja man könnte bei genügender Größe der Windkessel die Leitung zwischen beiden völlig unter-brechen, es würde das Hin- und Herströmen des Wassers dennoch mit gleicher Leichtig-keit erfolgen, als wenn die Leitung nicht unter-brochen wäre.

Dasselbe gilt für den elektrischen Wech-selstrom, wenn man in die Leitung einen

Fig. 1328.

Kondenſator[1]) einſchaltet. Die Leitung kann durch den Kondenſator völlig unterbrochen ſein und man kann dennoch Wechſelſtröme durch die Leitung ſenden, welche
z. B. eingeſchaltete Glühlampen zum Glühen bringen. Der Strom im einen Sinne
ladet den Kondenſator im einen Sinne, der entgegengeſetzte entladet ihn wieder und
bringt die entgegengeſetzte Ladung hervor.

Leitungen mit Kapazität ſind z. B. unterirdiſche Kabel (Fig. 1329 Lb, b),
deren Kupferleitung die innere Belegung einer Leidener Flaſche repräſentiert, während
die feuchte Erde die zweite Belegung darſtellt.

Wird an Stelle der Spule S in Fig. 1323 (S. 669) ein ſolcher Kondenſator eingeſchaltet, ſo wird ſich dem anſteigenden Strome kein Widerſtand entgegenſtellen, im
Gegenteil kann ſich die Elektrizität in den noch ungeladenen Kondenſator gewiſſermaßen wie in einen leeren Raum hineinſtürzen, es kann keine Spannung auf-
kommen, welche die Nadel des Voltmeters in Bewegung bringen könnte. Erſt wenn
ſich der Kondenſator gefüllt hat, ſomit die Stromſtärke ſchwach wird, ſteigt die
Spannung an. Während alſo im Falle der Selbſtinduktion die Spannung dem
Strome um 90° voreilt, bleibt ſie im Falle des Kondenſators um 90°
gegen den Strom zurück, und der Strahl 02 in Fig. 1325 (S. 669) müßte ſomit
ſtatt nach oben nach unten gezogen werden. In Fig. 1323 würde, wenn man ſich
die Kapazität an Stelle der Selbſtinduktion geſetzt denkt, das Voltmeter b die
Spannung jeweils ¼ Periode ſpäter anzeigen als das Voltmeter a.

Was die Größe desſelben anbelangt, ſo ergibt ſie ſich leicht aus folgender
Betrachtung.

In der Zeit $T/4$ ſtrömt dem Kondenſator die Elektrizitätsmenge $C.E_m$ zu,
wenn C die Kapazität und E_m die maximale Spannung. Letztere iſt gleich $\pi/2$ mal
der mittleren Spannung e, ſomit die Ladung des Kondenſators $= C.\dfrac{\pi}{2}.e$. Iſt
nun die Stromſtärke i, ſo iſt die in der Zeit $T/4$ Sekunden eingefloſſene Elektrizitätsmenge $i.\dfrac{T}{4}$ Coulomb, ſomit

$$i.\frac{T}{4} = C.\frac{\pi}{2}.e,$$

ober, da $\varepsilon = 2n = 2/T$,

$$i.\frac{1}{2\varepsilon} = C.\frac{\pi}{2}.e \quad \text{und} \quad e = \frac{i}{\varepsilon.\pi.C} \text{ Bolt} \quad \text{ober} \quad i = \frac{e}{\dfrac{1}{2\pi C}} \text{ Ampere.}$$

Obſchon alſo der Kondenſator in Wirklichkeit unendlich großen Widerſtand beſitzt und demgemäß, an eine Gleichſtromquelle angeſchloſſen, keinen Strom durch ſich
hindurchgehen laſſen würde, verhält er ſich, an eine Wechſelſtromleitung angeſchloſſen,
wie ein Draht vom Widerſtand $\dfrac{1}{\varepsilon \pi C}$ Ohm (Kapazitanz oder Kondenſanz). Iſt

---

[1]) Fig. 1328 zeigt einen Hochſpannungs-Ölkondenſator von Boas in Berlin, für
20 000 Volt Spannung. Kondenſatoren bis 3000 Volt liefert Ruhmer, Berlin SW. 48,
Friedrichſtr. 248.

beispielsweise $C = 8.10^{-6}$ Farad, $i = 0,5$ Amp. und $z = 100$, so folgt die Spannung an den Klemmen des Kondensators

$$e = \frac{0,5}{100 \cdot \pi \cdot 8 \cdot 10^{-6}} = 200 \text{ Volt.}$$

Bedeutet W den Ohmschen Widerstand der Leitung, so ist die Spannung, welche das Voltmeter c (Fig. 1323) anzeigt, ähnlich wie oben bestimmt durch die Gleichung

$$e^2 = e_1^2 + e_2^2 = (i \cdot W)^2 + \left(\frac{i}{z \cdot \pi \cdot C}\right)^2,$$

und somit ist der scheinbare Widerstand

$$W' = \sqrt{W^2 + \left(\frac{1}{z \pi C}\right)^2} \text{ Ohm.}$$

Die Formel gilt natürlich auch dann, wenn W und C nicht getrennt sind, sondern z. B. W der Widerstand eines Kabels von der Kapazität C ist.

Die mittlere Stromstärke ist:

$$i = \frac{e}{\sqrt{W^2 + \left(\frac{1}{z \pi C}\right)^2}} \text{ Ampere.}$$

Die Phasendifferenz zwischen Spannung und Strom ergibt sich aus der Gleichung

$$tg\,\varphi = \frac{e_2}{e_1} = \frac{1}{z \pi C W},$$

da die Fig. 1325 (S. 669) sich nur insofern ändert, als e_2 die entgegengesetzte Richtung hat, wie im Falle der Selbstinduktion.

Beispielsweise ergab sich bei einem Paraffinkondensator, welcher unter Zwischenfügung von zwei parallel geschalteten Glühlampen (zur Bestimmung der Stromstärke aus dem Helligkeitsgrade) mit zwei Klemmen verbunden wurde, auf welchen mittels eines Transformators die Spannung 1950 Volt (mit dem Elektrometer beobachtet) erhalten wurde, eine Stromstärke von 0,86 Amp., woraus sich die Kapazität des Kondensators, da $W = 0$ gesetzt werden kann, zu 1,83 Mikrofarad berechnet. Wurde vor denselben Kondensator eine Serie von 60 hintereinander geschalteten Glühlampen eingeschaltet, so ergab sich bei 970 Volt Spannung eine Stromstärke von 0,39 Ampere. Da der Widerstand der 60 Glühlampen zusammen (heiß) sich zu 5448 Ohm ergibt, so stimmt die beobachtete Stromstärke mit der aus obiger Formel berechneten nahe überein.

Wird an einen Wechselstromtransformator, dessen Klemmenspannung 2000 Volt beträgt, ein Kondensator von acht Mikrofarad Kapazität angeschlossen, so ist die Stromstärke, wenn der Widerstand der Zuleitungen vernachlässigt werden kann:

$$J = 2000 \cdot 100 \cdot 3{,}14 \cdot 8 \cdot 10^{-6} = 5 \text{ Ampere}$$

und der scheinbare Widerstand des Kondensators $= 400$ Ohm.

Wittmann (Z. 19, 329, 1906) benutzt zur Demonstration der Phasenverschiebungen Wechselstromanzeiger, welche der Stromwellenzahl entsprechend schwingen. Die eine Type ist dem Blondelschen Weicheisenoszillographen nachgebildet. Eine Galvanometerspule W (Fig. 1330 a bis c) wirkt auf ein bewegliches weiches Eisenstück, welches dadurch stark magnetisch polarisiert wird, daß es sich zwischen den Polen NS eines starken Hufeisenmagneten befindet. Es wird getragen von einem auch als Schwingungsachse dienenden gespannten Neusilberdraht D.

Mittels eines T-förmigen Kartons ist es mit einem Planspiegel T versehen, welcher von den Polenden hervorragt. Die Eigenschwingungszahl beträgt 55,87 pro Sekunde. Die Spule besteht aus 0,5 mm Kupferdraht, hat 1,4 Ohm Widerstand und 0,000 497 Henry Selbstinduktion.

Eine zweite Type ist ein Solenoidgalvanometer mit feststehendem Hufeisenmagneten, zwischen dessen Polen die mit Neusilberdrähten als Zuführung versehene Spule auf einem leichten Kupferrähmchen 10 Windungen von 1 mm starkem isoliertem Kupferdraht enthält. Um das Magnetfeld gleichförmiger zu machen, ragt in den Hohlraum der Spule ein Weicheisenröhrchen, welches an dem Halter des Magneten befestigt ist. Das auf den Spulenrahmen geklebte T-Kartonstück hält den Planspiegel, welcher vor den Polenden vorragt. Der Selbstinduktionskoeffizient ist 0,000 069 Henry, der Widerstand 0,86 Ohm.

Fig. 1330.   Fig. 1331.

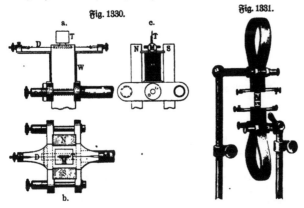

Man stellt einen dieser Apparate so auf, daß die Achse des beweglichen Teils horizontal ist, richtet auf den Spiegel ein konvergentes Strahlenbündel, welches reflektiert auf einen sich um die vertikale Achse drehenden Spiegel fällt und fängt den reflektierten Strahl auf einem Schirm auf. Dort entsteht eine Sinoidale von 2 m Höhe. Um auch die Null-(Zeit-)Linie zu erhalten, läßt man einen geringen Teil des einfallenden Lichtes auf ein hinter dem schwingenden Spiegel befindliches feststehendes Spiegelchen fallen. Damit die Wechselstromkurve auf dem Schirm unbeweglich erscheint, dient als vertikaler Spiegel ein Planspiegel, welcher durch einen mittels desselben Wechselstroms betriebenen Synchronmotor (phonisches Rad) in alternierende Bewegung versetzt wird. Hierzu wird auf die Achse des Motors ein Exzenter von Spiralform gesetzt, gegen welchen mit gelinder Federspannung ein von der Spiegelachse hervorragender Arm andrückt. Damit während des Zurückschnellens des Spiegels kein störendes Licht auf den Schirm fällt, wird an der Motorachse ein geeigneter schwarzer Papierschirm angebracht.

Zur Ausführung der Versuche werden zwei Apparate mit parallelen horizontalen Achsen so eingestellt (Fig. 1331), daß die von ihren Spiegeln, sowie von dem festen Spiegel reflektierten Strahlen zusammenfallende Bilder der kleinen runden beleuchteten Öffnung des Diaphragmas, aus welchem die Strahlen austreten, auf dem Schirm erzeugen. Dient der eine Apparat als Strommesser, der andere als Spannungsmesser an einem induktionsfreien Widerstande, so fallen die beiden Wellenkurven zusammen, Strom und Spannung sind phasengleich. Bei induktivem Widerstand bleibt der Strom hinter der Spannung zurück, bei Ersatz durch Kapazität eilt er ihr vor. Ebenso ist der Gebrauch bei Verzweigung eines Stromes. Kreuzt man die Apparate, so ergeben sich Lissajoussche Figuren.

392. Leitungen mit Kapazität und Selbstinduktion. Die Wirkung der Kapazität ist ähnlich derjenigen der Selbstinduktion, aber umgekehrt, so daß sich beide kompensieren können. Selbstinduktion läßt sich vergleichen mit Trägheit, Kapazität mit Elastizität. Man denke z. B. in eine Röhrenleitung, in welcher hin- und hergehende Wasserströme erzeugt werden, einen Kolben eingeschoben, welcher ein Schwungrad in oscillierende Bewegung versetzt. Derselbe wird einen scheinbaren Widerstand darstellen, welcher um so größer ist, je größer die Masse des Schwungrades. Man könnte diesen Widerstand des Kolbens vermindern, indem man ihn aus einer federnden Masse gestaltet oder zwei Kolben verwendet, welche durch eine Spiralfeder verbunden sind, die in der Mitte auf das Schwungrad wirkt.

In ähnlicher Weise kann durch Zufügung eines Kondensators der durch die Selbstinduktion erzeugte scheinbare Widerstand beseitigt werden. Sind Selbstinduktion und Kapazität zugleich (hintereinander) eingeschaltet, so ist nämlich

$$i = \frac{e}{\sqrt{W^2 + \left(\varepsilon \pi L - \dfrac{1}{\varepsilon \pi C}\right)^2}} \text{ Ampere}$$

und die momentane Stromstärke

$$J = \frac{E_m}{\sqrt{W^2 + \left(\varepsilon \pi L - \dfrac{1}{\varepsilon \pi C}\right)^2}} \cdot sin\, 2\,\pi\left(\frac{t}{T} - \varphi\right) \text{ Ampere.}$$

Die Phasenverschiebung ergibt sich aus der Gleichung:

$$tg\, 2\,\pi\,\varphi = \frac{\varepsilon \pi L - \dfrac{1}{\varepsilon \pi C}}{W}.$$

Beispielsweise ist die Stromstärke, wenn die S. 295 erwähnte Rolle (Fig. 583, $W = 9$ Ohm, $L = 9$ Henry) und der Kondensator von 8.10^{-6} Farad hintereinander an eine Wechselstrommaschine von 72 Volt und der Polwechselzahl 100 angeschlossen werden:

$$i = \frac{72}{\sqrt{81 + \left(314.9 - \dfrac{1}{314.8.10^{-6}}\right)^2}} = 0{,}0288 \text{ Ampere.}$$

Wollte man eine Selbstinduktionsspule herstellen, welche die durch den Kondensator bewirkte Phasenverschiebung gerade aufhebt, so müßte sein:

$$\varepsilon \pi L - \frac{1}{\varepsilon \pi C} = 0.$$

Aus der Gleichung $\varepsilon \pi L - \dfrac{1}{\varepsilon \pi C} = 0$ folgt:

$$\varepsilon = \frac{1}{\pi}\sqrt{\frac{1}{LC}}$$

und, da nach § 355 (S. 590) $s = \frac{2}{T}$, wenn T die Dauer einer ganzen „Periode" oder „Schwingung" bedeutet,

$$T = 2\pi \sqrt{CL} \quad \text{Sekunden}$$

und

$$i = \frac{e}{\sqrt{W^2 + \left(\frac{\pi L}{\pi \sqrt{CL}} - \frac{\pi \sqrt{CL}}{\pi C}\right)^2}}$$

oder

$$i = \frac{e}{W} \quad \text{Ampere},$$

d. h. in diesem Falle gilt auch für den Wechselstrom das gewöhnliche Ohmsche Gesetz; der scheinbare Widerstand der Selbstinduktion ist verschwunden.

Beispielsweise müßte die Kapazität des Kondensators, welcher, hinter die in § 377 (S. 654) besprochene Rolle (Fig. 533, S. 295) geschaltet, deren Selbstinduktion gerade kompensiert, da $\frac{1}{s} = \pi \sqrt{C.L} = 0,01$, sein:

$$C = \frac{1}{L}\left(\frac{0,01}{s\pi}\right)^2 = \frac{1}{10^4.9.3,14} = 3,54.10^{-6} \text{ Farad} = 3,54 \text{ Mikrofarad}.$$

Die Stromstärke ergibt sich zu:

$$i = \frac{72}{9} = 8 \text{ Ampere}.$$

Zur Demonstration benutze ich die Sekundärspule eines Funkeninduktors, in welche zur Verstärkung der Selbstinduktion ein Bündel von Eisendrähten eingeschoben werden kann. Sie wird in Serie mit einem Kondensator von etwa 6 Mikrofarad und 20 hintereinander geschalteten Glühlampen an einen 2000-Volt-Transformator angeschlossen. Man schließt zunächst den Kondensator kurz, während der Eisenkern ausgezogen ist. Die Glühlampen brennen hell. Schiebt man nun den Eisenkern ein, so erlöschen sie infolge der Erhöhung der Impedanz. Wird jetzt der Stromkreis durch Einschaltung des Kondensators unterbrochen, so brennen sie ebenso hell wie zuvor. Beseitigt man nun aber die hohe Selbstinduktion durch Herausziehen des Eisenkernes, so erlöschen sie wieder, und erst wenn man den scheinbaren Widerstand des Kondensators durch Kurzschließen beseitigt, erlangen sie wieder die anfängliche Helligkeit. Natürlich kann die Stromstärke auch durch ein Amperemeter beurteilt werden.

393. Verzweigte Wechselstromleitungen. Der scheinbare Widerstand ist nach § 392 (S. 677)

$$W_s = \sqrt{W^2 + \left(s\pi L - \frac{1}{s\pi C}\right)^2}.$$

Setzt man $W = \omega_1$ und $s\pi L - \frac{1}{s\pi C} = \omega_2$, also $W_s = \sqrt{\omega_1^2 + \omega_2^2}$, so heißt $\omega = \omega_1 + \omega_2 \sqrt{-1}$ der „Widerstandsoperator" der Leitung.

Zur Auffindung der Stromverteilung in verzweigten Leitungen dienen die in der ursprünglichen Form für Gleichstrom gültigen Sätze, wenn man an Stelle der scheinbaren Widerstände deren Widerstandsoperatoren setzt. Die entstehenden Gleichungen zerfallen in je zwei, da die reellen und imaginären Teile für sich gleich sein müssen. Sie gestatten also die Berechnung der gesuchten ω_1 und ω_2, somit auch des gesuchten W_s.

Beispielsweise verzweige sich eine Leitung in zwei Zweige von den Widerständen W_1 und W_2, so daß also für Gleichstrom der gemeinsame Widerstand

$$\frac{W_1 . W_2}{W_1 + W_2}$$

wäre. W_1 enthalte einen Kondensator von der Kapazität C. Dann ist

$$\text{für } W_1: \qquad \omega_1 = W_1, \qquad \omega_2 = -\frac{1}{\varepsilon\,\pi\,C},$$

$$\text{für } W_2: \qquad \omega_1 = W_2, \qquad \omega_2 = 0,$$

also der Widerstandsoperator Ω_1 von $W_1 = W_1 - \frac{1}{\varepsilon\,\pi\,C}\cdot\sqrt{-1}$,

„   „   „ Ω_2 „ $W_2 = W_2$,

und der resultierende Operator

$$\Omega = \frac{\Omega_1 . \Omega_2}{\Omega_1 + \Omega_2} = \frac{\left(W_1 - \dfrac{1}{\varepsilon\,\pi\,C}\cdot\sqrt{-1}\right)W_2}{W_1 - \dfrac{1}{\varepsilon\,\pi\,C}\cdot\sqrt{-1} + W_2}.$$

Sei der Widerstand der den Kondensator enthaltenden Leitung $W_1 = 0$, so folgt:

$$\Omega = \frac{W_2}{1 + W_2 . \varepsilon\,\pi\,C . \sqrt{-1}} = \frac{W_2}{1 + (W_2 . \varepsilon\,\pi\,C)^2} - \frac{W_2^2 . \varepsilon\,\pi\,C . \sqrt{-1}}{1 + (W_2 . \varepsilon\,\pi\,C)^2},$$

somit ergibt sich der gesuchte scheinbare Widerstand der zwei Zweige [1]):

$$W_s = \sqrt{\left(\frac{W_2}{1 + (W_2 . \varepsilon\,\pi\,C)^2}\right)^2 + \left(\frac{W_2^2\,\varepsilon\,\pi\,C}{1 + (W_2 . \varepsilon\,\pi\,C)^2}\right)^2} = \frac{W_2\sqrt{1 + (W_2\,\varepsilon\,\pi\,C)^2}}{1 + (W_2\,\varepsilon\,\pi\,C)^2}.$$

Diese Formel gilt z. B. für einen Kondensator mit leitendem Dielektrikum, wobei der Kondensator mit isolierendem Dielektrikum als ein Zweig, die leitende Zwischenschicht als zweiter Zweig betrachtet wird. Ebenso für eine Induktionsrolle mit Kapazität.

Wird eine Anzahl Glühlampen in Serie in eine Wechselstromleitung eingeschaltet und nun zu einem Teil derselben ein Kondensator als Nebenschluß angelegt, so brennen die in Parallelschaltung zum Kondensator befindlichen Glühlampen dunkler, die übrigen heller als zuvor.

Durch Parallelschaltung eines Kondensators mit einer Spule mit Selbstinduktion kann man in letzterer stärkeren Strom mit entsprechend stärkerer Phasenverschiebung (so daß die Arbeit gleich bleibt) erhalten.

Schaltet man in einen Zweig einer Wechselstromleitung einen Kondensator, in den anderen eine Spule mit Selbstinduktion, so kann man in beiden Zweigen eine Phasenverschiebung von 90° erzeugen, also aus einfachem Wechselstrom „Drehstrom" erzeugen.

Ebenso wie ein Kondensator wirkt eine Zersetzungszelle, z. B. ein Gefäß mit Sodalösung, in welches Eisenbleche als Elektroden eingesenkt sind, vorausgesetzt, daß

---

[1]) Weiteres siehe Arnold, Theorie der Wechselströme und Transformatoren von J. L. La Cour, Berlin 1902, Springer.

die elektromotorische Kraft unzureichend ist, wirkliche Zersetzung hervorzurufen, besser eine Aluminium-Gleichrichtzelle (S. 168 und Bd. I$_{(1)}$, S. 73)[1]).

394. Skineffekt (Widerstand bei hoher Frequenz). Infolge der Selbstinduktion ändert sich auch die gleichmäßige Verteilung der Stromfäden im Inneren eines Leiters, welche bei zunehmender Frequenz gegen den Umfang gedrängt werden und bei sehr hoher Wechselzahl nur eine dünne Schicht unter der Oberfläche des Leiters einnehmen. Infolgedessen erscheint der Widerstand des Leiters größer als für Gleichstrom, und zwar für große Polwechselzahl ε im Verhältnis $\dfrac{4\,\pi.\,l}{W}$, wenn l Meter W Ohm Widerstand haben[2]). Zur Fortleitung solcher Ströme kann man also ebensogut Röhren verwenden, die wesentlich billiger sind als massive Kupferleiter.

Es läßt sich ferner nach Stefan durch Rechnung zeigen, daß auch eine Phasendifferenz der inneren Stromfäden gegen die äußeren vorhanden ist von um so größerem Wert, je näher dieselben bei der Achse liegen.

395. Messung von Selbstinduktion und Kapazität. Wie bereits a. S. 611 beschrieben wurde, lassen sich diese Größen unter Verwendung einer Wheatstone-schen Brückenkombination bestimmen. Bequemer wird die Ausführung der Versuche unter Anwendung von Wechselstrom.

Zur Bestimmung eines Selbstinduktionskoeffizienten kann man auch einfach diese Selbstinduktion L und einen annähernd äquivalenten Ohmschen Widerstand W hintereinander in dieselbe Wechselstromleitung einfügen und die Spannungsdifferenz an den Enden eines jeden der beiden Widerstände E und E' mittels eines Elektrometers oder eines als Voltmeter eingerichteten Elektrodynamometers bestimmen. Man hat dann

$$E^2 : E'^2 = (W^2 + (\varepsilon\,\pi\,L)^2) : W^2.$$

W. Peukert[3]) benutzt zur Bestimmung von Selbstinduktionskoeffizienten L die elektroinduktive Abstoßung. Die zu untersuchende Spule wird mit vertikaler Achse an einer empfindlichen Wage an Stelle der Wagschale angebracht und durch Gewichte auf der anderen Wagschale tariert. Darunter wird koaxial eine zweite feststehende Spule (eventuell mit zerteiltem Eisenkern) angebracht, durch welche Wechselstrom geleitet wird. Der Stromkreis der beweglichen Spule wird durch einen induktionsfreien Widerstand R und eine parallel dazu geschaltete Kapazität C geschlossen. Ändert man nun den Widerstand und die Kapazität so lange, bis keine Abstoßung der oberen Spule mehr stattfindet, die Wage also im Gleichgewicht bleibt, so muß die Phasenverschiebung zwischen induzierter elektromotorischer Kraft und induziertem Strom Null geworden sein, d. h. die Abstoßung bewirkende Selbstinduktion ist durch die Kondensatorwirkung oder die Selbstinduktionsspannung durch die Kondensatorspannung aufgehoben. Es ist dann

$$L = \frac{R}{\varepsilon\,\pi\,\sqrt{1 + (\varepsilon\,\pi\,C)^2\,R^2}} \text{ Henry.}$$

---

[1]) Derartige elektrolytische Kondensatoren sind zu beziehen von der Firma Griffon G. m. b. H., Geschäftsstelle Berlin N., Friedrichstr. 131 d. — [2]) Eine elementare Ableitung einiger wichtiger Formeln über den Wechselstrom gibt Bermbach, Z. 14, 79, 1901. — [3]) W. Peukert, Elektrotechn. Zeitschr. 26, 922, 1905.

396. Die Arbeit eines Wechselstromes. Durch die Gegenkraft der Selbst=
induktion wird die elektrische Energie des Stromes in magnetische umgewandelt.
Denkt man sich einen Stromleiter völlig in Eisen eingebettet, so wird beim Durch=
leiten des Stromes der ganze Eisenkörper in der Nähe des Leiters magnetisch
polarisiert werden, d. h. die Moleküle desselben werden sich so drehen, daß ihre
magnetischen Achsen die Richtungen der Kraftlinien annehmen, ähnlich wie die Feil=
späne bei dem Versuch Fig. 821 (S. 425).

Die Erscheinungen des Diamagnetismus weisen darauf hin, daß auch die Luft
magnetisch polarisiert wird, und zwar stärker als Wismut, denn nur dadurch läßt
sich die Abstoßung eines Wismutstäbchens von den Magnetpolen erklären. Da
ferner diese Abstoßung auch im luftleeren Raume eintritt, so kann es nicht die Luft
selbst sein, welche magnetisch polarisiert wird, sondern ein feines Medium, das sich
mit der Luftpumpe nicht entfernen läßt und die Zwischenräume zwischen den Luft=
teilchen ausfüllt, der Äther. Die magnetischen Achsen der Ätherteilchen würden
sich also nach dieser Ansicht, sobald der Stromkreis geschlossen wird, in konzentrische
Ringe um den Stromleiter herum anordnen oder in größerer Entfernung ähnlich
wie die Moleküle eines Eisenstabes (§ 205, S. 335) in parallele Stellung und
würden dann beim Aufhören des Stromes wieder in ihre ungeordneten Stellungen
zurückkehren. Man sagt deshalb, in der Nähe des Leiters existiert, solange der
Strom andauert, ein „magnetisches Feld".

Zur Parallelrichtung der Teilchen ist ein gewisser Aufwand an Arbeit er=
forderlich, ähnlich wie beispielsweise zum Aufziehen einer Uhrfeder. Diese Arbeit
ist nicht verloren, denn es entsteht keine Wärme oder andere Energieform, sie muß
also als potentielle Energie im Magnetfelde aufgespeichert sein und sich auf irgend
eine Weise wiedergewinnen lassen. In der Tat kommt sie beim Öffnen des Stromes
wieder zum Vorschein als Energie des Öffnungsextrastromes, der die gleiche Rich=
tung hat wie der ursprüngliche Strom, denselben also verstärkt.

Die Selbstinduktion bedingt also wohl einen scheinbaren Widerstand, aber
keinen Arbeitsverbrauch. Gleiches gilt für die Kapazität. Bei dem einen Strom=
stoß wird elektrische Energie in dem Kondensator aufgespeichert, bei dem folgenden,
der entgegengesetzte Richtung hat, wird sie durch Entladung des Kondensators der
Leitung vollständig wieder zurückgegeben. Wäre nur der Ohmsche Widerstand
$w = e_1/i$ (Fig. 1325, S. 669) vorhanden, so wäre die Stromarbeit

$$A = \frac{1}{g} \cdot e \cdot i = \frac{1}{g} \cdot i^2 \, w \text{ Kilogrammeter pro Sekunde.}$$

Kommt Selbstinduktion oder Kapazität hinzu, so ändert sich hieran nichts. Nun
ist aber nach Fig. 1325 $e_1 = e \cdot \cos \varphi$, also auch die effektive Spannung $E_1 = E$
$\cdot \cos \varphi$ Volt und, wenn J die effektive Stromstärke in Amp. bedeutet,

a) Technisch: $A = \frac{1}{g} \cdot E \cdot J \cdot \cos \varphi$ Kilogrammeter pro Sekunde,

b) Gesetzlich: $A = E \cdot J \cdot \cos \varphi$ Watt,

c) Physikalisch: $A = E \cdot J \cdot \cos \varphi$ Erg (E und J in CGS gemessen),

d. h. man findet die Arbeit eines Wechselstromes aus effektiver Strom=
stärke und Spannung wie diejenige eines Gleichstromes, nur ist noch
mit dem Kosinus der Phasenverschiebung (dem „Leistungsfaktor") zu
multiplizieren.

Hierdurch erklärt sich z. B., daß bei dem Versuch S. 671 trotz der hohen Spannung von 300 Volt an den Enden der Spule, deren Widerstand doch nur 4,5 Ohm beträgt, keine erhebliche Arbeit in derselben geleistet wird, denn die Arbeit ist

$$2,12.300 . cos \ 88^0 \ 10' = 0,204 \ Watt.$$

In den Glühlampen ist die Stromarbeit $2,12.450 = 950$ Watt. Wird die S. 295 erwähnte Rolle (Fig. 533) aus 3 mm starkem Kupferdraht, deren Ohmscher Widerstand $3,14.1,4.900.0,00227 = 9$ Ohm beträgt, an eine Wechselstrommaschine von 72 Volt Klemmenspannung und 100 Polwechsel pro Sekunde angeschlossen, so würde, da $L = 9$ Henry, die Stromstärke

$$= \frac{72}{\sqrt{81 + (100 . 3,14 . 9)^2}} = 0,0255 \ Ampere.$$

Der scheinbare Widerstand der Rolle wäre, wenn der Draht an sich keinen Widerstand hätte, 2826 Ohm.

Die Spannung eilt der Stromstärke vor um einen Winkel φ, der sich ergibt aus der Gleichung: $tg \ \varphi = 100 . 3,14 . 9 / 9 = 314$, somit $\varphi = 89^0 \ 49'$.

Die Stromwärme in der Rolle pro Sekunde beträgt also

$$\frac{72 . 0,0255 . 3,6}{9,81 . 10^3 . 430} = 1,56 . 10^{-6} \ Kalorien.$$

Bei dem in § 391 (S. 674) betrachteten Kondensator bleibt, wenn das Dielektrikum nicht gut isoliert, sondern nur 9 Ohm Widerstand hat, die Spannung gegen den Strom zurück um $88^0 \ 42'$, und die Stromwärme ist $= 0,0536$ Kalorien.

In Leitungen ohne Selbstinduktion und Kapazität sind Stromstärke und Stromarbeit natürlich bei Wechselstrom dieselben wie bei Gleichstrom, d. h. durch das Ohmsche und Joulesche Gesetz bestimmt. Aber auch für Leitungen mit Selbstinduktion und Kapazität gelten das Ohmsche und Joulesche Gesetz, wenn die Bedingung erfüllt ist

$$\varkappa \pi L - \frac{1}{\varkappa \pi C} = 0$$

oder (vgl. § 392, S. 678)

$$T = 2 \pi \sqrt{C L.}$$

In diesem Falle ist der Leistungsfaktor $= 1$, die Arbeit also die größtmögliche. Es ergibt sich der Satz:

„Die Stromarbeit eines Wechselstromes wird ein Maximum, wenn seine Periode oder Schwingungsdauer das 2π-fache der Wurzel aus Selbstinduktion und Kapazität ist.“

397. Wattmeter für Wechselstrom. Das Elektrodynamometer kann auch im Falle des Wechselstromes als Wattmeter benutzt werden, da bei Umkehr der Stromrichtung die Stromrichtung sowohl in der feststehenden Amperemeterspule, wie in der beweglichen Voltmeterspule sich umkehrt, die Richtung der Ablenkung also dieselbe bleibt [1]).

Ein solches Wattmeter kann auch dazu dienen, die magnetische Permeabilität einer Eisensorte zu bestimmen. Die zu untersuchende Eisenprobe wird zu einem

---

[1]) Die Form, in welcher ein solches Wattmeter für Präzisionsmessungen von Siemens u. Halske in Berlin geliefert wird, ist in Fig. 1056 (S. 526) dargestellt. Fig. 1332 zeigt einen tragbaren Ferraris-Leistungsanzeiger derselben Firma.

magnetischen Kreis geformt, welcher ausschließlich aus dieser Eisensorte besteht, und alsdann der Wattverbrauch in herumgelegten Drahtwindungen mittels des Wattmeters gemessen, außerdem Stromstärke und Spannung bestimmt. Fig. 1333 zeigt einen solchen Apparat nach Richter[1]), welcher von der Firma Siemens u. Halske geliefert wird.

Fig. 1332.

Fig. 1333.

398. Phasenmesser. Aus Vorstehendem folgt, daß man sich über die Größe der vorhandenen Phasenverschiebung leicht in der Weise orientieren kann, daß man möglichst gleichzeitig eine Wattmeterablesung, eine Spannungszeiger- und eine Stromzeigerablesung vornimmt, das Produkt Volt × Ampere bildet und mit diesem in die gefundenen Watt dividiert[2]).

Als Phasometer bezeichnet man eine Art Drehstrommotor mit Kurzschlußanker. Zur Bestimmung des Leistungsfaktors eignet er sich nur bei sinusähnlichen Strömen und kleinen Phasenverschiebungen. Dagegen kann er zur Vergleichung von Selbstinduktions-koeffizienten nach einer Nullmethode benutzt werden[3]).

Fig. 1334.

399. Drehstrom-arbeit. Auch hinsichtlich der Stromarbeit bietet der Drehstrom nichtsprinzipiell neues. Eine Vorrichtung zur Demonstration für Projektion (Fig. 1334) beschreibt Rinkel (Z. 16, 190, 1903). Sie ist zu beziehen von Leybolds Nachf. in Köln zu 68 Mt. In einem kreisförmigen Gestell sind drehbare Glasplatten, von denen jede für Ein-Phasenstrom einen, für Zwei- und Drei-Phasenstrom vier bezw. drei gleichabstehende radiale

[1]) Richter, Elektrotechn. Zeitschr. 1902, S. 491 und 1903, S. 341. — [2]) Direkt zeigende Phasenmesser (Elektrodynamometer) liefern Hartmann u. Braun in Frankfurt a. M. — [3]) Siehe auch Teichmüller, Elektrotechn. Zeitschr. 18, 569, 581, 616, 648, 663, 1897.

schwarze Striche enthält, die auf der einen Platte Ströme, auf der anderen Spannungen andeuten. Die Platten sind im Gestell gegeneinander verschiebbar. Darüber befindet sich eine feste geschwärzte Platte mit zwei sich im Mittelpunkt der Strahlen berührenden durchsichtigen Glasflächen. Der sichtbare Teil der Strahlen stellt die Momentanwerte von Strom und Spannung dar, der Winkel zwischen den Strichen zwischen den Strom- und Spannungsplatten ergibt die Phasenverschiebung.

400. Magnetische Energie.

Infolge der Selbstinduktion ist zur Erzeugung eines Stromes von der Intensität i Ampere, so lange die Stromstärke noch keinen konstanten Wert angenommen hat, also zur Erhöhung der Stromstärke vom Werte o bis zum Werte i in einer kurzen Zeit t, eine größere elektromotorische Kraft erforderlich, als dem Ohmschen Gesetze entspricht. Ist r der Gesamtwiderstand der Stromleitung in Ohm, so wäre letztere $r.i$ Volt. Da aber die Gegenkraft der Selbstinduktion, wenn N die Gesamtzahl der erzeugten Kraftlinien und s die Windungszahl des Stromleiters bedeutet, $s.\frac{N}{t}$ Volt beträgt, so ist die wirklich erforderliche elektrische Spannung:

$$e = r.\imath + s \cdot \frac{N}{t} \text{ Volt,}$$

somit die Stromarbeit pro Sekunde:

$$\frac{1}{g} \cdot e.i = \frac{1}{g} \cdot r.i^2 + \frac{1}{g} \cdot s.i \cdot \frac{N}{t} \text{ Kilogrammeter.}$$

Von dieser gesamten Stromarbeit ist $1/g.r.i^2$ derjenige Teil, welcher in Form von Wärme im Stromleiter zum Vorschein kommt. Der andere Teil dient zur Erzeugung des magnetischen Feldes und ist als magnetische Energie in dem den Stromleiter umgebenden Medium angehäuft.

Die gesamte in t Sekunden, d. h. während des Anwachsens des Stromes von o bis i Ampere angehäufte magnetische Energie beträgt, da man als mittlere Stromstärke $1/2 i$ betrachten kann:

$$\frac{1}{2.g} \cdot s.i.N = \frac{i^2}{2.g} \cdot L \text{ Kilogrammeter,}$$

wenn man das Produkt $s.N/i$, den Selbstinduktionskoeffizienten, wie oben (S. 653), mit L bezeichnet. Ist Eisen in der Nähe des Stromleiters, ist dieser z. B. eine Elektromagnetspule, wobei sich die magnetische Energie vorzugsweise im Eisenkern anhäuft, so muß N nach der für den magnetischen Widerstand gegebenen Formel (§ 280) berechnet werden.

Ebenso groß ist natürlich die magnetische Energie eines permanenten Stahlmagneten, in welchem gleichviel Kraftlinien verlaufen, wie in dem Elektromagnetkern.

Beispielsweise ist für einen ringförmig in sich zurücklaufenden Elektromagneten, Fig. 651 (S. 359), da nach § 280 (S. 474):

$$N = \frac{si}{\dfrac{10^7}{4\pi} \cdot \dfrac{1}{\mu} \cdot \dfrac{l}{A}} \quad \text{oder} \quad si = \frac{10^7}{4\pi} \cdot \frac{1}{\mu} \cdot \frac{l}{A} \cdot N,$$

die magnetische Energie:

$$\frac{1}{2g} \cdot \frac{10^7}{4\pi} \cdot \frac{1}{\mu} \cdot \frac{l}{A} \cdot N^2 \text{ Kilogrammeter.}$$

Unter benselben Voraussetzungen wie früher ist

$$\frac{1}{2\,g}\cdot s.\,i.\,N = \frac{32.40.\,0,0392}{2.9,81} = 2,55 \text{ Kilogrammeter.}$$

Die Arbeit, welche aufgewendet werden muß, um den Ring magnetisch zu machen, wenn die Zahl der Windungen 320 beträgt, ist 25,5 kgm.

Ein Stahlmagnet von der Form eines halben Ringes, welcher durch einen halbringförmigen Anker geschlossen ist, ähnlich wie der Elektromagnet Fig. 654 (S. 359), hätte dieselbe magnetische Energie, wenn an jedem Pole die magnetische Masse $\frac{1}{4\,\pi}.\,N$ Weber angehäuft wäre (§ 222).

Die Formel gilt auch dann, wenn der Anker nicht vorhanden ist und der Magnet cylindrische oder prismatische Form besitzt, doch ist der Wert von N ein anderer. Ist beispielsweise die Polstärke eines l Meter langen Magnetstabes von A Quadratmeter Querschnitt $= m$ Weber, so ist seine magnetische Energie, da $N = 4\,\pi\,m$ sein muß:

$$\frac{2\,\pi.\,10^7}{g}\cdot\frac{1}{\mu}\cdot\frac{l}{A}\cdot m^2 \text{ Kilogrammeter.}$$

401. Die elektromagnetische Energie. Bezeichnet man $\frac{N}{A}$, b. h. die Anzahl Kraftlinien pro Quadratmeter oder die Feldintensität (nach § 192, S. 318), mit H (sowohl im Falle der magnetischen wie der elektrischen Polarisation, § 23, S. 50) und $A.\,l$, b. h. das Volumen des betrachteten Teiles des Mediums in Kubikmetern, mit v, so ist:

$$\text{die magnetische Energie} = \frac{10^7.\,v.\,H^2}{8\,\pi.\,g.\,\mu} \text{ Kilogrammeter.}$$

Im allgemeinen hat man immer neben magnetischen Kraftlinien auch elektrische, d. h. neben magnetischer Energie elektrische. Der Ausdruck für letztere ist ganz ähnlich. Sie entspricht der Arbeit, welche zur Erzeugung der dielektrischen Polarisation erforderlich ist.

Bezeichnen: l die Dicke des Dielektrikums, A die belegte Fläche, Q die Labung, E die Spannung, C die Kapazität und η die Dielektrizitätskonstante, so ist nach § 46 (S. 103) die Energie

$$\frac{1}{2\,g}\cdot E.\,Q \text{ Kilogrammeter,} \quad C = \frac{Q}{E} \text{ Farab} = \frac{\eta.\,A}{9.\,10^9.\,4\,\pi\,l} \text{ Farab,}$$

also die Energie

$$\frac{1}{2\,g}\cdot\frac{Q^2}{C} = \frac{2\,\pi.\,9.\,10^9}{g}\cdot\frac{1}{\eta}\cdot\frac{l}{A}\cdot Q^2 \text{ Kilogrammeter.}$$

Beispielsweise wäre in dem Glase einer Batterie von Leidener Flaschen, welche eine Glasstärke von 2 mm (Dielektrizitätskonstante $= 8$) und eine belegte Oberfläche von 0,282 qm besitzen, wenn sie mit 200 Mikrocoulomb geladen ist, die Energie

$$\frac{2.\,\pi.\,9.\,10^9.\,0,002.\,4}{9,81.\,8.\,0,282.\,10^5} = 0,204 \text{ Kilogrammeter}$$

enthalten. Die Spannungsdifferenz der Belegungen ist dabei 20 000 Volt.

Da $4\,\pi\,Q = N$ und $N = A.\,H$, ist auch, entsprechend der Formel für die magnetische Energie,

$$\text{die elektrische Energie} = \frac{9.\,10^9.\,v.\,H^2}{8\,\pi.\,g.\,\eta} \text{ Kilogrammeter,}$$

und somit die gesamte, die sogenannte elektromagnetische Energie, die Summe dieser beiden Ausdrücke. Diese Energien spielen bei elektrischen Störungen, insbesondere bei der später zu besprechenden elektrischen Strahlung, dieselbe Rolle wie kinetische und potentielle Energie bei dem Federpendel oder bei der Wellenbewegung in elastischen Medien. Der magnetischen entspricht die kinetische Energie der trägen Masse, der elektrischen die potentielle Energie der Federspannung. Bei elektrischen Schwingungen sind die Maximalbeträge beider Energien einander gleich, da die Gesamtenergie abwechselnd vollständig in magnetische und dann wieder in elektrische übergeht.

Maxwell hat auch Gleichnisse ersonnen, welche die Natur der magnetischen und elektrischen Energie veranschaulichen.

Beispielsweise kann man sich um einen geradlinigen cylindrischen Stromleiter den Äther derart in wirbelnder Bewegung denken, daß der Leiter völlig von kreisförmigen Wirbelringen eingeschlossen wäre, die selbst wieder von konzentrischen anderen Wirbelringen umgeben sind u. s. w.

Die Fig. 1335 stellt einen durch den Stromleiter gelegten Durchschnitt durch diese Wirbelringe dar, und zwar nur für die obere Hälfte des Feldes. Der Strom-

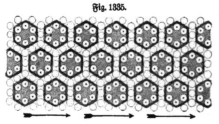

Fig. 1335.

leiter ist in der Figur nicht angedeutet, sondern an Stelle der langen Pfeile an der unteren Seite der Figur zu denken.

Es ist ersichtlich, daß, wenn die Wirbelringe unmittelbar aneinander liegen würden, infolge von Reibung gegenseitige Störung der Bewegung eintreten müßte, welche nur dadurch vermieden werden kann, daß man, wie in der Figur angedeutet, kleine runde Körperchen dazwischen bringt, welche sehr leicht beweglich sind und gewissermaßen die Rolle eines Schmiermaterials versehen.

Damit die Wirbelringe den Raum stetig ausfüllen, ist ferner angenommen, daß sie im Querschnitte nicht rund, sondern sechseckig sind, etwa vergleichbar endlosen Riemen, welche über je sechs Rollen geführt sind.

Acceptiert man dieses Gleichnis, so ist klar, daß die Wirbelbewegung zustande kommen muß, wenn man die unterste Reihe der Zwischenkörperchen in der Richtung der Pfeile verschiebt. Da die nun tatsächlich eintritt, wenn durch den dort befindlichen Stromleiter ein Strom gesandt wird, so wäre der elektrische Strom zu deuten als eine Bewegung der Zwischenkörperchen im Sinne der Pfeile.

Die Körperchen zwischen zwei Wirbeln drehen sich, verändern aber nicht ihre Lage, d. h. außerhalb des Stromleiters ist kein Strom vorhanden.

Beginnt der Strom in einem bestimmten Momente, so kommen nicht momentan alle Riemen in Umlauf, vielmehr zunächst die erste Reihe, dann durch Vermittelung der Zwischenkörperchen die zweite u. s. w., so daß also das magnetische Feld mit endlicher Geschwindigkeit (tatsächlich mit der Geschwindigkeit von 300 000 km pro Sekunde) im Raume fortschreiten muß.

Gesetzt nun, es sei zu dem betrachteten Stromleiter parallel ein zweiter gerader Stromleiter vorhanden, und es sei die Bewegung der Riemen gerade bis zu diesem fortgeschritten, so wird sie durch ihn hindurch sich zunächst nicht fortsetzen können, sondern, anstatt die Riemen im Inneren in Umlauf zu setzen, zunächst die kleinen Zwischenkörperchen zum Gleiten oder Strömen bringen, d. h. einen Schließungs= induktionsstrom von entgegengesetzter Richtung, wie der Primärstrom, hervor= rufen, bis durch die im Leiter sehr geringe Reibung der Zwischenkörperchen an den dort befindlichen Riemen diese nach und nach in gleich raschen Umlauf gekommen sind, so daß nur noch Rotation, kein Wandern der Zwischenkörperchen mehr stattfindet.

Wird der Primärstrom plötzlich abgestellt, so werden zunächst alle Riemen ver= möge ihrer Trägheit weiter umzulaufen suchen, ähnlich wie das Räderwerk einer Fabrik, wenn die Dampfleitung der Betriebsmaschine plötzlich abgestellt wird, und sie werden deshalb die Zwischenkörperchen sowohl im Sekundär=, wie im Primär= leiter zum Wandern veranlassen, entsprechend der Entstehung des gleichgerichteten Öffnungsinduktionsstromes und des Extrastromes [1]).

Die Analogie geht also so weit, daß selbst die Induktionserscheinungen als Wirkungen der Wirbelbewegung gedeutet werden können. Wir haben nur an= zunehmen, daß die Zwischenkörperchen sich an den wirbelnden Massen so stark reiben, daß ein gegenseitiges Gleiten ebenso ausgeschlossen ist, wie bei ineinander greifenden Zahnrädern oder Zahnstangen, während bei leitenden Körpern die Reibung geringer ist und sogar gleich Null sein könnte, ebenso wie der Widerstand derselben, wenigstens theoretisch, gleich Null sein kann.

Nimmt man nun an, der Sekundärleiter sei nicht in sich geschlossen, sondern eine kurze gerade Stange, so wird die Verschiebung der Zwischenkörperchen in ihm

Fig. 1336.

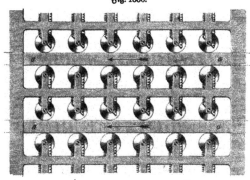

nicht anders möglich sein als derart, daß sie am einen Ende austreten, während am anderen Ende eine gleiche Zahl eintritt. Infolge der Unmöglichkeit des Gleitens an den Riemen außerhalb des Leiters, d. h. im Dielektrikum, ist die dielektrische Verschiebung nur möglich, wenn eine elastische Deformation der Riemen eintritt. In Fig. 1336 ist der größeren Anschaulichkeit halber an Stelle der Ströme von Zwischenkörperchen, welche aus dem rechter Hand zu denkenden Sekundärleiter aus= treten, eine Anzahl Zahnstangen aa, aa, gedacht und an Stelle der elastischen

———
[1]) Über Demonstrationsmodelle hierzu s. Boltzmann, Vorlesungen über Maxwells Theorie, und Ebert, Wied. Ann. 49, 642, 1893.

Riemen Paare von Zahnrädern, welche in die Zahnstangen eingreifen und durch je zwei Spiralfedern miteinander verbunden sind. Man erkennt deutlich, wie die eine Feder gedehnt und die andere zusammengedrückt wird. Der mechanischen Kraft, welche diese Deformation hervorruft, entspricht die elektromotorische Kraft des Induktionsstromes oder die Spannungsdifferenz der Enden des Sekundärleiters. Würde man ein solches Ende abtrennen, ehe die Zahnstangen sich rückwärts verschieben, d. h. die angesammelten Elektrizitäten sich rückwärts ausgleichen können, so hätte man einen geladenen Konduktor. Der elektrischen Spannung geladener

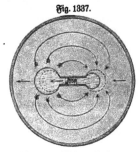

Fig. 1337.

Konduktoren würde also tatsächlich eine elastische Spannung des Dielektrikums entsprechen. Natürlich handelt es sich nur um Analogien, wirkliche mechanische Deutung der elektrischen Erscheinungen ist nicht möglich.

Um die Ähnlichkeit von dielektrischer Verschiebung und elastischer Verschiebung anschaulich zu machen, eignet sich auch folgendes Gleichnis (Fig. 1337). An den beiden Enden eines Cylinders seien Blasen aus einer leicht ausdehnbaren Membran befestigt. Cylinder und Blasen seien mit Wasser gefüllt und das Ganze befinde sich in einer sehr weichen, elastischen Gallerte, welche von einem starren Gefäße umschlossen wird, ohne aber mit diesem in fester Verbindung zu sein. Im Inneren des Cylinders befinde sich ferner ein dicht anschließender Kolben, welcher durch eine Feder nach links gedrückt wird, so daß die dort befindliche Blase sich ausdehnt, während die auf der rechten Seite zusammenschrumpft, da sie durch die nachgiebige Gallerte

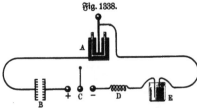

Fig. 1338.

infolge der Vergrößerung der linken Blase zusammengedrückt wird. Der Druck der Feder wird den Kolben nur um eine bestimmte kleine Strecke verschieben können, da alsdann die elastische Rückwirkung der Gallerte analog der elektrischen Spannung die weitere Verschiebung hindert. Durch jeden Querschnitt des Cylinders fließt gleichviel Wasser von rechts nach links, und diese Strömung schließt sich außerhalb des Cylinders durch die gleich starke von links nach rechts gehende Verschiebung der Gallerte, analog der dielektrischen Verschiebung.

Läßt die Kraft der Feder nach, so entsteht eine Rückströmung, wobei wieder die Stromintensitäten in Wasser und Gallerte gleich sind.

Wie also auch scheinbar ein Strom unterbrochen sein mag [1]), er verhält sich stets wie ein Strom inkompressibler Flüssigkeit, der in sich selbst zurückläuft und dessen Strömung durch ein irgendwo in der Leitung eingeschaltetes Pumpwerk hervorgebracht wird.

---

[1]) Fig. 1338 stellt schematisch einen komplizierten Fall dieser Art dar. *A* ist eine Leidener Flasche, *B* ein Paar Spitzenkämme, *C* ein elektrisches Pendel, *D* ein Rheostat, *E* eine Zersetzungszelle.

Das genaue Analogon dieses mechanischen Gleichnisses bildet die Ladung einer Batterie Leidener Flaschen mittels einer Influenzmaschine.

Zum Betriebe der Influenzmaschine ist mechanische Kraft notwendig, welcher die durch die angesammelte Elektrizität auf die rotierende elektrische Scheibe ausgeübte Kraft entgegen wirkt, wie man leicht erkennt, wenn man die Kurbel los läßt. Die Scheibe bewegt sich dann rückwärts, und die Batterie verliert ihre Ladung, d. h. die durch die Arbeit bei Drehung der Kurbel unter Überwindung der elektrischen Gegenkraft in Form elektrischer Energie aufgespeicherte potentielle Energie verwandelt sich wieder rückwärts in Bewegungsenergie und ermöglicht die Leistung mechanischer Arbeit.

Wächst die elektromotorische Kraft über eine gewisse Grenze, so tritt plötzliche Durchbrechung des Dielektrikums unter Funkenerscheinung oder anders gearteter leuchtender Entladung ein, und der Strom geht durch den entstandenen Kanal ähnlich wie durch einen Leiter hindurch.

Würde man etwas Wasser aus der linken Kugel entnehmen und in die rechte einbringen, so würde der Kolben entsprechend nachrücken. Würde man die beiden Blasen durch eine enge Röhre miteinander verbinden, so würde ebenfalls der Kolben durch den Druck der Feder fortschreiten und es entstände nunmehr eine in sich zurücklaufende Wasserströmung, während die dielektrische Verschiebung und die elektrische Spannung unverändert bestehen bleiben.

· Bei dem gewöhnlichen elektrischen Strome entspricht der auf den Kolben wirkenden Kraft der Feder die elektromotorische Kraft des galvanischen Elementes, welches den Strom erzeugt, dem in sich zurückkehrenden Wasserstrome der in sich geschlossene elektrische Strom, der Spannung der Gallerte die elektrische Spannung zwischen den Klemmen des Elementes.

Die bei Verschiebung des Kolbens geleistete mechanische Arbeit wird aufgespeichert als potentielle Energie der elastisch gespannten Gallerte. Beim Rückgang des Kolbens verwandelt sich diese potentielle Energie wieder umgekehrt in mechanische.

Die Verteilung der Spannung außerhalb des Drahtes kann man sich am besten so klar machen, daß man sich die beiden Blasen zu cylindrischen Schläuchen von gleicher Größe verlängert denkt, diese alsdann ringförmig zusammengebogen und zu einer einzigen Leitung vereinigt, so daß das komprimierte Wasser auf der einen Seite sofort auf die andere überströmen kann. Wird nun der Kolben in dem festen Cylinder mit geeigneten Ventilen versehen und wie ein Pumpenkolben zur Erzeugung eines konstanten Stromes fortwährend hin- und herbewegt, oder wird etwa durch eine in den Cylinder eingesetzte Archimedische Schraube eine kontinuierliche Wasserbewegung hervorgerufen, so wird, ganz wie im Falle getrennter Blasen, die Schlauchhälfte der einen Seite aufgebläht, die auf der anderen zusammengezogen, wobei die Spannung längs des Ringes stetig von Überdruck in Unterdruck übergeht, und das den Raum ausfüllende elastische Medium ist infolge dieser Spannungen verschoben, nicht genau so wie in Fig. 1337 angedeutet, aber in ganz ähnlicher, leicht zu übersehender Weise. (Vgl. auch Fig. 1349, S. 699.)

Diese Spannung des Dielektrikums entsteht während des Anwachsens des Stromes und bleibt dann weiterhin unverändert, sobald der Strom stationär geworden. Ein veränderlicher Strom besteht also stets aus Leitungsstrom und Verschiebungsstrom, der stationäre ist nur Leitungsstrom.

402. Hysteresis. Ist das Eisen hart, d. h. ist Koerzitivkraft (vgl. S. 364) vor=
handen, so verschwinden mit dem magnetisierenden Strome nicht alle gebildeten
Kraftlinien, und zu ihrer Zerstörung muß, wenn der Strom seine Richtung umkehrt,
also der entgegengesetzte Magnetismus erzeugt wird, ein entsprechender Betrag an
Arbeit aufgewendet werden, welcher als Wärme zum Vorschein kommt, gerade als
ob sich der Drehung der Moleküle eine Art Reibung entgegenstellte. Trägt man die
Kraftlinienzahl (pro Quadratmeter) in ein Koordinatensystem als Ordinate ein,
während die magnetomotorische Kraft (Amperewindungen pro Meter) die Abszisse

Fig. 1339.

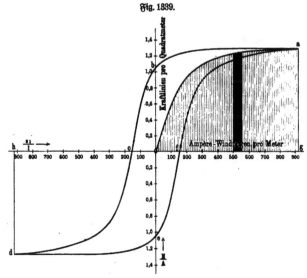

bildet (Fig. 1339), so wird die einer kleinen Änderung der Stromstärke von di
bei der Kraftlinienzahl N entsprechende Änderung der magnetischen Energie nach obigem

$$dP = \frac{1}{g} \cdot s \cdot N \cdot di \text{ Kilogrammeter,}$$

abgesehen von konstanten Faktoren, dargestellt durch den stärker schraffierten Flächen=
streifen.

Erfolgt die Magnetisierung längs der sogenannten jungfräulichen Kurve von
0 bis a, so würde die zwischen dieser Kurve und der Abszissenachse, sowie der durch
a zur Ordinatenachse gezogenen Parallelen liegende schraffierte Fläche die gesamte
aufgewandte Magnetisierungsarbeit darstellen, welche in Form der erzeugten magneti=
schen Energie aufgespeichert ist. Würde nun beim Abnehmen des magnetisierenden
Stromes dieselbe Magnetisierungskurve durchlaufen, so würde auch dieselbe, aber
negative Arbeit geleistet, d. h. die aufgespeicherte magnetische Energie würde sich
vollständig in elektrische Energie (des Selbstinduktionsstromes) zurückverwandeln.
Dies trifft in der Tat genau zu für eine paramagnetische Substanz ohne Koerzitiv=
kraft, z. B. für Sauerstoff. Bei Eisen folgt aber der Magnetismus bei abnehmender

Stromstärke nicht jener Kurve, sondern der tiefer liegenden fa, so daß die zurück-erstattete Energie entsprechend der von fa begrenzten Fläche kleiner ist. Läßt man den Strom weiter abnehmen bis d und dann wieder zunehmen, so folgt der Magnetismus der Kurve dba, d. h. die aufzuwendende Arbeit ist nun größer als anfänglich. Bei steigendem Strom ist also jeweils infolge der Koerzitivkraft mehr Arbeit aufzuwenden, als bei sinkendem Strom zurückerstattet wird und zwar ent-spricht der Mehrbetrag dem Flächeninhalt des Diagramms $abde$, der sogenannten Hysteresisschleife.

Fig. 1340.

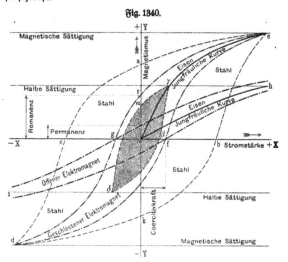

Hysteresisschleifen.

Da die Koerzitivkraft eine Art Reibung ist, welche überwunden werden muß, kommt diese verlorene Arbeit zum Vorschein in Form von Wärme; das Eisen er-hitzt sich unter Einfluß des Wechselstromes und zwar um so mehr, je größer seine Koerzitivkraft ist. Der Elektrotechniker muß natürlich suchen, diese Arbeitsverluste und schädlichen Erwärmungen tunlichst zu vermeiden, d. h. er darf da, wo Wechsel-ströme auf Eisen einwirken, nicht beliebiges Eisen verwenden, sondern nur solches von ausgesucht geringer Koerzitivkraft, d. h. er muß für jede zu verwendende Eisensorte die Form der Hysteresisschleife feststellen (vgl. S. 365). Die Fläche der-selben kann mittels des Polarplanimeters (vgl. Bd. I$_{(1)}$, S. 353) ermittelt werden.

Als normale Hysteresisschleife betrachtet man diejenige für einen geschlossenen, d. h. ringförmig in sich zurücklaufenden Eisenkern, in welchem außer dem durch die Koerzitivkraft bedingten permanenten Magnetismus ein weiterer Betrag zurück-bleibt, der beim Zerschneiden des Ringes verschwinden würde. Den gesamten zurück-bleibenden Magnetismus, der durch die Strecke ob dargestellt wird, nennt man den remanenten Magnetismus (vgl. § 228, S. 363). Die Koerzitivkraft wird gemessen durch die magnetomotorische Kraft oc, welche den remanenten bezw. permanenten Magnetismus zu zerstören vermag. Sie ist für einen geschlossenen

44*

Eisenkern dieselbe wie für einen offenen, so daß also die Hysteresisschleifen für beide Fälle, wie in Fig. 1340 skizziert ist, sich in der Abszissenachse schneiden. *c r g d f c* ist hier die Schleife für einen geschlossenen, *h i* biejenige für einen offenen Kern derselben Eisensorte [1]). Der Flächeninhalt beider Schleifen wäre derselbe, falls auch die letztere (geschezte Schleife genannt) bis zum Grenzwert (der Sättigung) ausgedehnt werden könnte, wie die erstere, was sich aber praktisch nicht erreichen läßt.

Für Stahl hätte, gleichen Grenzwert und gleichen Verlauf der jungfräulichen Kurve vorausgesetzt, die Schleife etwa die Form *c a e d k b c*, die Koerzitivkraft *o e* hat beträchtlich größeren Wert. Für den Fall, daß die Magnetisierung nur bis zu halber Sättigung getrieben wird, hätte die Schleife die Form *γ δ*.

Nach Warburg (3. 14, 177, 1901) wird eine Eisenscheibe im Drehfelde (siehe S. 404) hauptsächlich durch Hysteresis mitgenommen, da der influenzierte Magnetismus etwas nachbleibt.

Hierauf gründet sich auch der Hysteresismesser von Blondel-Carpentier [2]) (Fig. 1341 Lb, 400). Man bringt den dem Apparat beiliegenden Eisenring in die

Fig. 1341.

dafür bestimmte Rinne unter der Glasplatte und dreht mittels der Kurbel den Magneten so rasch, daß derselbe etwa zwei bis drei Umdrehungen in der Sekunde macht. Der Zeiger wird eine bestimmte Stelle einnehmen. Nun dreht man die Skala, bis ihr Nullpunkt mit dem Zeiger zusammenfällt, dreht den Magneten nun in entgegengesetztem Sinne, aber mit derselben Geschwindigkeit. Der Zeiger schlägt nach der anderen Seite aus, und man macht nun die Ablesung. Jetzt bringt man an die Stelle des Eisenringes einen solchen von gleichen Dimensionen (äußerer Durchmesser 55 mm, innerer Durchmesser 38 mm, Dicke 4 mm) aus derjenigen Eisensorte, deren Hysteresiskoeffizienten man bestimmen will, und verfährt im übrigen wie vorhin. Die Ausschläge sind den Hysteresiskoeffizienten direkt proportional, und da derjenige des mitgelieferten Eisenringes — nach einer anderen Methode bestimmt — bei Lieferung des Instrumentes angegeben wird, sofort zu berechnen [3]).

Warburg benutzt zur Demonstration den Apparat für Rotationsmagnetismus, indem er die Kupferscheibe durch eine Eisenscheibe ersetzt und den Magnetstab an einem Messingdraht aufhängt. Im Gegensatz zu dem Versuch mit der Kupferscheibe erweist sich die Ablenkung des Magnetstabes als völlig unabhängig von der Rotationsgeschwindigkeit, während sie bei der Kupferscheibe damit wächst. Ferner demonstriert Warburg die starke Dämpfung, welche eine Eisenscheibe auf einen über ihr schwingenden Magneten ausübt.

---

[1]) Über Hysteresiskurven siehe Riethammer, Elektrotechn. Zeitschr. 19, 669, 1898; über Versuche an Eisenellipsoiden: Holitscher, ebenda 22, 100, 1901. — [2]) Siehe Zeitschr. f. Instrumentenkunde 19, 259, 1899. — [3]) Die Hysteresis ist 1 CGS, wenn die Magnetisierungsarbeit für einen Cyklus pro Kubikcentimeter 1 Erg beträgt. Die Koerzitivkraft wäre 1 CGS, wenn die Feldintensität 1 CGS notwendig ist, den zuvor bis zur Sättigung entgegengesetzt magnetisierten Magneten wieder unmagnetisch zu machen.

Die Energievergeudung in Erg pro Kubikzentimeter bei einem Kreisprozeß zwischen den Grenzen $\pm H$ in CGS bezw. $\pm \mu . H = B$ beträgt für:

Schmiedeeisen . . . . 6700 ($H = 200$, $B = 18650$)
Stahlguß . . . . 20400 ($H = 156$, $B = 18320$)
Gußeisen . . . . 34300 ($H = 155$, $B = 9900$)
Magnetstahl . . . . 211000 ($H = 234$, $B = 16220$).

Da die durch Hysteresis pro Sekunde erzeugte Wärme der Zahl von Perioden pro Sekunde proportional ist, so verwendet man zur Demonstration derselben Wechselströme von möglichst hoher Frequenz. Man kann zunächst den Unterschied zwischen Benutzung eines zerteilten und unzerteilten Kernes aus Messing oder Eisen dar- legen und dann den Unterschied zwischen einem zerteilten Eisen- und einem zer- teilten Messingkern, bei welchem letzteren keine Erwärmung durch Magnetisierungs- arbeit eintritt und auch, wie an dem Wattmeter oder an dem Gange des die Wechselstrommaschine treibenden Elektromotors zu erkennen, kein Energieverbrauch.

Leitet man denselben Strom hintereinander durch einen Kupferdraht und einen Eisendraht von gleichem Widerstande, so wird der Eisendraht viel rascher und stärker glühend als der Kupferdraht, obschon die Stromwärme (Joulesche Wärme) in beiden dieselbe ist.

403. Wirkungsgrad eines Transformators. Ist die nutzbar abgegebene Energie $= \frac{1}{g} E . J . \cos \varphi$, die Stromwärme in der Primärwicklung $= \frac{1}{g} \cdot W_1 . J_1^2$, die- jenige in der Sekundärwicklung $= \frac{1}{g} \cdot W_2 J_2^2$ und die Magnetisierungsarbeit (ein- schließlich Verlusten durch Wirbelströme und Erzeugung mechanischer Vibrationen), in Kilogrammetern gleich A, so ist der Wirkungsgrad des Transformators[1]):

$$\gamma = \frac{\frac{1}{g} \cdot E . J . \cos \varphi}{\frac{1}{g} (E . J . \cos \varphi + W_1 J_1^2 + W_2 J_2^2) + A} .$$

In einfacher Weise kann man den Wirkungsgrad zur Anschauung bringen, indem man zeigt, wie viele Glühlampen durch den ursprünglichen Strom und wie viele durch den transformierten zum normalen Glühen gebracht werden können.

Ebenso wie bei Transformatoren kommen natürlich auch bei Wechselstrom- maschinen die Hysteresisverluste in Betracht.

404. Gleichrichter. Zur Umformung von Wechselstrom in Gleichstrom können die elektrolytischen Gleichrichter (vergl. Bd. I(1), S. 73) dienen[2]) oder die mechanischen Gleichrichter (Fig. 124, ebd. S. 73).

Der Grisson-Gleichrichter besteht aus einer Gruppe eiserner, mit Natronsalz- lösung gefüllter Zellen, in welchen sich zwei schräg liegende ebene Elektroden be- finden, von welchen die obere aus Aluminium besteht und mit einem Mantel von Aluminiumhydroxyd umgeben ist, dessen Maschen so ausgebildet sind, daß sie die

---

[1]) Sind Transformatoren beständig in einen Stromkreis eingeschaltet, so bedingen die Hysteresisverluste erheblichen unnötigen Energieverbrauch (Leerlaufarbeit). Man hat deshalb auch solche mit selbsttätigem Stromabsteller konstruiert. — [2]) Zu beziehen von der Firma Grisson, G. m. b. H., Geschäftsstelle Berlin N., Friedrichstr. 131 d. (Preis für 5, 25 und 50 Amp. 75, 200 und 280 Mk.) Vgl. auch S. 652, Anm.

ausgeschiedenen feinen Sauerstoffbläschen durch Abhäsion festhalten, wozu auch die schräge Lage beiträgt. Die in Fig. 1342 dargestellte Gruppe von Zellen ist ausreichend für 25 Amp. (die größere Type für 50 Amp.) und bis 120 Volt Wechselstromspannung. Die Verbindung ist in Fig. 1343 dargestellt. Der von der Wechselstromquelle W links kommende positive Strompuls kann nur durch Zelle 1 zur Gleichstromverbrauchsstelle von + nach — fließen und durch Zelle 4 zur Wechselstromquelle zurückkehren, während der im nächsten Moment von der Wechselstrom-

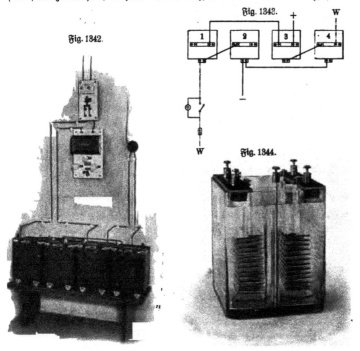

Fig. 1343.

Fig. 1342.

W　　Fig. 1344.

quelle rechts ausgehende positive Stromstoß nur durch Zelle 3 zur Gleichstromverbrauchsstelle ebenfalls von + nach — fließen und durch Zelle 2 zur Wechselstromquelle zurückkehren kann.

Vor Inbetriebsetzung müssen die Zellen polarisiert werden. Zu diesem Zwecke ist ein Anlasser mit Widerstand und zwei Glühlampen zur Erkennung der Stromstärke nötig. Mit fortschreitender Polarisierung bei geöffnetem Gleichstromkreis werden die Glühlampen allmählich dunkel. Erst wenn dies geschehen ist, wird der Gleichstromkreis angeschlossen. Ist die Lösung verdorben, so werden die Lampen nicht dunkel; sie muß dann durch frische ersetzt werden. Die Temperatur darf nicht über 50° steigen. Der erzeugte Gleichstrom zeigt nur schwache Undulationen; indes lassen sich auch diese beseitigen durch Parallelschaltung eines Grisson-Kondensators (Fig. 1344) zur Gleichstromverbrauchsstelle. Dieser ist nichts anderes als eine Gleichrichtzelle derselben Art von großer Kapazität. Er besitzt in einer Größe von 25 × 25 × 30 cm bei einer Spannung von 110 Volt und 50 Perioden eine Kapazität von über 100 Mikrofarad, da die dünne Sauerstoffschicht als Dielektrikum wirkt. Natürlich muß die Zelle, um als Kondensator wirken zu können, zuerst polarisiert werden, was wieder durch das Dunkelwerden einer hinter dieselbe geschalteten Glühlampe erkannt wird.

Der mechanische Gleichrichter von Koch, bei welchem der Anker eines polarisierten Unterbrechers durch geeignete Verwendung von Selbstinduktion und Kapazität im Erregerstromkreis synchron und konphas zur Phase des Wechselstromes schwingt und, beeinflußt durch die Spannung der zu ladenden Batterie, einen Kontakt im Hauptstromkreis steuert derart, daß nur Stromimpulse gleicher Richtung zugelassen werden und Schließung und Öffnung genau in die Zeiten der Spannungsgleichheit zwischen Batterie und Wechselstrom fallen, wurde bereits auf S. 652 beschrieben und abgebildet[1]).

Fig. 1345.

Der Wirkungsgrad einer solchen direkt mit dem Wechselstrom einer Centrale betriebenen Gleichrichteranlage richtet sich in der Hauptsache nach dem Spannungsverhältnis zwischen Batterie und Wechselstrom. Man wählt zur Erreichung des günstigsten Nutzeffektes die Spannungsverhältnisse derart, daß die Wechselstrommittelspannung noch 5 bis 10 Proz. über der maximalen Klemmenspannung der Batterie liegt.

Liegt die Wechselstromspannung ungünstig zur Batteriespannung, so empfiehlt sich die Beschaffung eines Wechselstromtransformators geeigneter Übersetzung. Bei kleineren Apparaten und in Fällen, wo auf den Wirkungsgrad kein oder nur geringes Gewicht gelegt wird, kann die Ladestromstärke mit Widerständen geregelt werden.

Nostiz u. Koch liefern ferner einen Hochspannungsgleichrichter (Fig. 1345), dazu bestimmt, den Sekundärstrom eines Hochspannungstransformators (Fig. 1346) in pulsierenden Gleichstrom umzuwandeln, speziell zum Betrieb von Röntgenröhren. Zur Speisung dieses Transformators wird entweder Wechselstrom einer Zentrale benutzt oder, falls nur Gleichstrom zur Verfügung steht, Wechselstrom eines Gleichstrom-Wechselstrom-Einanker-Umformers, welcher mit dem Gleichrichter direkt gekuppelt ist und an Stelle des im ersteren Falle zum Betriebe dienenden Wechselstrommotors tritt. Der Hochspannungstransformator ist (im Gegensatz zu einem Funkeninduktor)

---

[1]) Beschrieben in der elektrot. Zeitschr. 1901, Heft 41; zu beziehen von Nostiz u. Koch, Fabrik elektrischer Apparate in Chemnitz i. S. (ältere Patente von J. Koch) und Koch u. Sterzel, Dresden A, Zwickauerstr. 42 (neuere Patente von J. Koch).

mit geschlossenem Eisenweg ausgeführt. Er besitzt daher geringe Streuung und hohen Wirkungsgrad. Entsprechend den ungewöhnlich hohen Spannungen ist er mit vorzüglicher Isolation ausgestattet. Der Primärstrom beträgt beim Betrieb von Röntgenstrahlen mit etwa 1 Milliampere hochgespanntem Gleichstrom etwa 8,5 Amp. Die Primärleistung ist für diesen Fall etwa 360 Watt. Bei offenem Sekundärkreis findet der Spannungsausgleich in Gestalt einer Funkengarbe statt, deren Länge von dem Polabstand, etwa 40 cm, begrenzt wird. Die zufällige Berührung der Hochspannungsquelle hat sich übrigens als durchaus gefahrlos erwiesen.

Der Gleichrichter besteht im wesentlichen aus einem horizontalen auf vertikaler Hartgummiachse befestigten Metallstab, welcher, synchron zur halben Periodenzahl der Wechselspannung umlaufend, zeitweilig eine leitende Brücke zwischen zwei diametral gegenüber gestellten, isolierten Kugelelektroden herstellt, von denen die eine mit dem einen Hochspannungspol des Transformators, die andere mit der Anode der Röntgenröhre verbunden ist.

Fig. 1346.

Das Vorbeieilen dieses Stabes an den Kugelelektroden fällt bei richtiger Einstellung zeitlich stets mit dem gleichnamigen (positiven) Wechsel jeder zweiten Periode der Hochspannung zusammen. Dabei erfolgt jedesmal der Stromübergang durch den Metallstab und durch die Röntgenröhre nach dem anderen Hochspannungspol. Nachdem die Hochspannung ihren Scheitelwert überschritten, und auch der Abstand der weiter eilenden Stabenden von den Kugelelektroden ein gewisses Maß erreicht hat, reißt der in Gestalt von Funken übergehende Strom wieder ab und der Hochspannungskreis bleibt für eine halbe Umdrehung stromlos.

Der rotierende Metallstab ist nebst den Kugelelektroden vollständig in einer Hartgummikapsel eingeschlossen, die von einem Metallkreuz auf vier Hartgummisäulen getragen wird. Durch Drehung des Kreuzes um die Vertikalachse werden die Kugelelektroden während des Betriebes in die Stellung gebracht, bei der die Röntgenröhre das ruhigste und hellste Licht gibt. Diese Einstellung kann in der Folge unverändert beibehalten werden. Bei der für Anschluß an Gleichstromzentralen bestimmten Type trägt die durch einen Hartgummistab verlängerte Achse des Umformers den Hochspannungsgleichrichter, der somit direkt mit dem Anker gekuppelt ist. Bei der für Anschluß an Wechselstromzentralen bestimmten Type ist der Hochspannungsgleichrichter auf einem kleinen Motor befestigt, der von selbst in die erforderliche Synchrongeschwindigkeit hineinläuft. Der Eigenwert dieses Motors beträgt etwa 60 Watt.

Die Messung der Strommittelwerte im Hochspannungskreise kann mittels eines isoliert aufgestellten Milliamperemeters erfolgen[1]).

Walter[2]) weist darauf hin, daß sich auch ein gewöhnlicher Funkeninduktor leicht in einen Funkentransformator mit geschlossenem Eisenkern zum Betrieb mit Wechselstrom[3]) umwandeln läßt. Die Zahl der Primärwindungen wird dabei kleiner gewählt. Der Eisenkern besteht aus zwei lamellierten Eisencylindern, die durch Jochstücke verbunden sind.

405. Rotationen im elektrostatischen Drehfeld (ähnlich denjenigen von Arnd f. S. 102) unter Benutzung von Wechselstrom zur Erzeugung des Drehfeldes beschreibt B. v. Lang[4]). Die Pole AB der Sekundärspule eines Transformators werden hierbei zweimal verbunden, und zwar immer durch einen Widerstand und Kondensator in beiden Zweigen, aber in umgekehrter Ordnung (Fig. 1347). Die Spannung zwischen C, D ist um 90° gegen die· zwischen A, B verschoben. Da auch die Spannungen AC gegen BC und AD gegen BD um 90° verschieben sind, so sind die Phasen der Spannung auf den vier Punkten $ACBD$ immer um 90° verschieden. Damit die Spannung AC gleich BC und $AD = BD$ werde, muß $R . C . 2 \pi n = 1$ sein, wenn R die Größe der·

Fig. 1347.

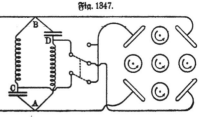

Widerstände, C die Kapazität der Kondensatoren und n die Frequenz des Wechselstromes bedeuten. Für 2500 Perioden pro Minute (Spannung 10000 Volt) und $C = 0,001 . 10^{-6}$ Farad wird $R = 3,8$ Megohm. Zweckmäßig sind Wasserwiderstände; als Kondensatoren dienen Bechergläser von 10,5 cm Höhe und 18 cm Umfang, außen und innen bis 1,5 cm vom Rande mit Stanniol belegt, innen bis zu gleicher Höhe zum Einstecken der Zuleitungen mit Graphit gefüllt; als Polplatten Drahtgitter von 12×7 cm an Holzklötzen befestigt. Die Drehkörper sind Papiercylinder aus einem Blatt Schreibpapier von 10×20 cm gebildet und mit Boden versehen. In der Mitte des letzteren befindet sich ein Loch, um sie auf ein Hütchen aus Holz mit Achatfutter auf einer feinen Spitze setzen zu können. Selbst Schachteln von 20 cm Durchmesser können in Drehung versetzt werden, ebenso Stücke von Schwefel, Paraffin, Quarz u. s. w., auch wenn sie nicht rund sind. Zum Aufhängen dient dabei ein 70 cm langer Seidenfaden.

406. Elektrische Schwingungen. In einen sogenannten Schwingungskreis, bestehend aus einem in sich zurücklaufenden Leiter, welcher Selbstinduktion, z. B. in Form einer eingeschalteten Drahtspirale, und Kapazität, etwa in Form eines eingeschalteten Kondensators, enthält (Fig. 1348), möge plötzlich ein Magnetstab ein-

---

[1]) Der Preis einer Anlage beträgt 1900 bis 2200 Mk. — [2]) Walter, Ann. d. Physik 15, 407, 1904. — [3]) Nach Fr. J. Koch, Ebenda 14, 547, 1904. — [4]) B. v. Lang, Sitzungsber. d. Wien. Akad. 115, IIa, 212, 1906.

geschoben und dadurch eine elektromotorische Kraft induziert werden, welche die Bewegungen des Kondensators entgegengesetzt ladet. Ist der Magnetstab zur Ruhe gekommen, also die elektromotorische Kraft Null geworden, so sollte man vermuten, daß sich die geschiedenen Elektrizitäten einfach wieder vereinigen und daß damit die Strömung ein Ende hat. Infolge der Wirkung der Selbstinduktion gestaltet sich aber der Vorgang komplizierter. Gleichen sich nämlich die Elektrizitäten aus, so bildet sich im Innern der Drahtspirale ein magnetisches Feld, das wegen Mangels einer Koerzitivkraft wieder verschwinden muß, sobald die Ausgleichung erfolgt ist. Dabei verwandelt sich die darin aufgespeicherte magnetische Energie in die elektrische

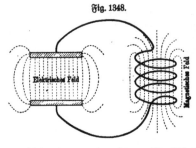

Fig. 1348.

Energie des Extrastromes, welcher dieselbe Richtung hat wie die Ausgleichsströmung. Auch nach vollzogenem Ausgleich hört also der Strom nicht auf, sondern dauert mit gleicher Richtung fort, es fließt demnach mehr positive Elektrizität in die negative Belegung, als zum Ausgleich notwendig ist, d. h. diese ladet sich positiv, und umgekehrt fließt aus der positiven mehr positive Elektrizität heraus, als sie enthält, d. h. sie erscheint nun negativ geladen. Die Elektrizität verhält sich scheinbar, wie man sieht, infolge der Selbstinduktion, wie die träge Masse eines Pendels, welches, nachdem es bis zur Ruhelage heruntergefallen, dort nicht stehen bleibt, sondern seine Bewegung fortsetzt, um nun ebenso hoch nach der entgegengesetzten Seite hinaufzusteigen. Und ebenso wie nun das Pendel wieder zurückschwingt, findet auch aus den neugeladenen Bewegungen des Kondensators alsbald ein Rückstrom statt, welcher wieder nicht zu einem Ausgleich führt, sondern infolge der abermaligen Bildung eines Extrastromes zu einer nochmaligen Umkehrung der Ladungen der Belegungen u. s. w.

Noch passender erscheint der Vergleich mit einer in einer weiten U-Röhre pendelnden Wassermasse (Bd. I (3), Fig. 3630, S. 1434). Erzeugt man auf irgend eine Weise, z. B. durch Saugen an einem Schenkel, vorübergehend eine Niveaudifferenz, so pendelt das Wasser alsbald zurück, schießt aber über die Ruhelage hinaus, bis die Niveaudifferenz die entgegengesetzte geworden ist, um dann wieder zurückzuschwingen und so fort.

Analoges beobachtet man, wenn eine größere Wassermasse durch ein Pumpwerk mit Windkesseln in einer weiten in sich zurücklaufenden Leitung in Bewegung gesetzt wird. Hört die Pumpe auf zu wirken, so wird, falls der Widerstand gering ist, das Wasser infolge der angenommenen Geschwindigkeit nach dem Trägheitsgesetze selbst dann nicht in Ruhe kommen, wenn die Druckdifferenz der Kessel = 0 geworden ist, es wird vielmehr vermöge seiner lebendigen Kraft in den Kessel, in welchem vorher Unterdruck vorhanden war, mit Gewalt hineinschießen und dort Überdruck erzeugen, während umgekehrt aus dem anderen Kessel noch immer mehr Wasser nachgezogen wird, so daß dort Unterdruck entsteht. Die beiden Kessel haben also nach einiger Zeit ihren Druckzustand völlig umgekehrt und werden somit nun eine Wasserströmung in entgegengesetztem Sinne hervorrufen, welche ihrerseits abermals

Umkehrung der Druckverteilung bedingt, so daß aufs neue Strömung im anfänglichen Sinne eintritt u. s. w., kurz, es wird das Wasser in der Leitung hin und her
pendeln, und die pendelnde Bewegung wird so lange andauern, bis alle Bewegungsenergie durch Reibung in Wärme umgesetzt ist. Die „Dämpfung" der Schwingungen, die Abnahme der Schwingungsweite pro Sekunde, wird um so kleiner sein,
je geringer der Reibungswiderstand.

Bei dem in Fig. 1849 dargestellten Gleichnis ist angenommen, daß eine Pumpe
Wasser in Blasen hineintreibt bezw. heraussaugt, die von einer elastischen Gallerte
umgeben sind (s. S. 688). Die Spannung der
Gallerte entspricht der elektrischen Spannung,
ihre Verschiebung der dielektrischen Verschiebung.

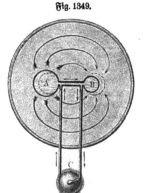

Fig. 1849.

Ein anderes Analogon ist ein mit Federn
kombiniertes, oszillierendes Schwungrad, dessen
Masse die Selbstinduktion repräsentiert, während
die Federn die Kapazität vorstellen (§ 567, Bd. I (2),
S. 1316). Ein solches, durch Federkraft in
Schwingung gehaltenes Schwungrad hat eine
bestimmte Schwingungsdauer, welche sich aus
der allgemeinen Pendelformel ergibt.

Sucht eine periodisch wirkende Kraft dieses
oszillierende Schwungrad dauernd in Schwingung zu halten, so gelingt es nur dann ohne
erhebliche Mühe, wenn ihre Periode mit der
Schwingungsdauer des Schwungrades übereinstimmt, wenn sie synchron (unison) wirkt, wenn
die Schwingungen nicht „erzwungen" sind.

Ähnliches beobachtet man nun auch, wie oben (S. 677) gezeigt, bei Einwirkung
einer periodisch wechselnden elektromotorischen Kraft auf eine Leitung, welche Kapazität
und Selbstinduktion enthält.

Der scheinbare Widerstand verschwindet, wenn die Dauer einer ganzen Schwingung (vgl. § 392, S. 678, und § 396, S. 682).

$$T = 2\pi \sqrt{CL} \text{ Sekunden,}$$

wobei C die Kapazität in Farad und L die Selbstinduktion in Henry bedeutet.

Hat die Periode eines Wechselstromes diese Dauer, so erreicht er seine größte
Stärke; dieser Wert von P ist also die Eigenschwingungsdauer des Schwingungskreises.

Eine andere Ableitung ist folgende. Nach § 364, S. 604 ist

$$E = L \cdot \frac{dJ}{dt}, \text{ ferner hat man } J = -C \frac{dE}{dt},$$

also

$$\frac{d^2E}{dt^2} = -\frac{E}{CL} \text{ und } \frac{dE}{dt} \cdot \frac{d^2E}{dt^2} = -\frac{E}{CL} \cdot \frac{dE}{dt},$$

woraus durch Integration folgt:

$$\left(\frac{dE}{dt}\right)^2 = -\frac{1}{CL}\left(E^2 + a\right),$$

wenn a eine Konstante. Somit sind

$$\frac{dE}{dt} = -\frac{1}{\sqrt{CL}}\sqrt{E^2 + a} \quad \text{und} \quad t = \sqrt{CL}.arc\,cos\,\frac{E}{a}$$

oder:

$$E = a.cos\,\frac{t}{\sqrt{CL}}.$$

Hiernach wechselt die Spannung nach dem Pendelgesetz, und die Dauer einer ganzen Schwingung ist

$$T = 2\pi\sqrt{CL}\;\text{Sekunden}.$$

Würde beispielsweise ein Kondensator von zwei Mikrofarad Kapazität geschlossen durch eine dicke Kupferdrahtspirale von zehn Windungen von 1 m Radius, deren Selbstinduktionskoeffizient nach § 390 (S. 668 ff.) sich bestimmt zu

$$2\pi^2.10^{-5} = 19{,}6.10^{-5}\;\text{Henry},$$

so folgt:

$$T = 2\pi\sqrt{2.10^{-6}.19{,}6.10^{-5}} = 2\pi\sqrt{3{,}91.10^{-10}} = 0{,}000\,124\;\text{Sekunden}.$$

Pro Sekunde würden also etwa 8100 Schwingungen erfolgen.

Für zwei Leidener Flaschen von zusammen 5 qm Belegung und 0,002 m Glasdicke ergibt sich die Kapazität

$$C = \frac{5.3}{9.10^9.4\pi.0{,}002} = 0{,}067.10^{-6}\;\text{Farad}.$$

In einem kreisförmigen Entlader, bestehend aus zehn Windungen von 1 m Durchmesser, also der Selbstinduktion

$$L = \frac{4\pi.10.10}{10^7.1},$$

entstehen Schwingungen von der Dauer

$$T = 2\pi\sqrt{0{,}067.10^{-6}.\frac{4\pi}{10^3}} = \frac{1}{17\,600},$$

d. h. pro Sekunde 17 600 Schwingungen.

Man ersieht aus diesen Beispielen, wie außerordentlich fein ein Fluidum sein müßte, welches so rasche Schwingungen auszuführen vermag, wie sie durch Kondensatorentladungen erhalten werden, und zwar unter verhältnismäßig ungünstigen Bedingungen. Durch Verkleinerung der Kapazität und Selbstinduktion lassen sich noch außerordentlich viel kleinere Perioden, somit weit größere Schwingungszahlen erhalten.

Hat der Schließungskreis einen erheblichen Widerstand W, so ist, wie nähere Berechnung ergibt:

$$T = 2\pi\sqrt{C.L}.\frac{1}{\sqrt{1 - CL\left(\frac{W}{2L}\right)^2}}\;\text{Sekunden}.$$

Werden zwei entgegengesetzt geladene Leiter von den Kapazitäten C_1 und C_2 durch einen Draht vom Widerstande W und der Selbstinduktion L verbunden, so ist, falls

$$W < 2\sqrt{L\left(\frac{1}{C_1} + \frac{1}{C_2}\right)}\;\text{Ohm},$$

$$T = \frac{4\pi L}{\sqrt{4L\left(\frac{1}{C_1} + \frac{1}{C_2}\right) - W^2}}\;\text{Sekunden}.$$

Durch diese Formel ist z. B. die Dauer der Schwingungen bei Entladung einer Leidener Flasche durch eine Spule mit vielen Windungen aus dünnem Draht bestimmt.

Davon, daß tatsächlich Entladungen einer Leidener Flasche oszillatorischer Natur sind, kann man sich auf verschiedene Weise überzeugen. Zuerst führte darauf die Erscheinung, daß, wenn man z. B. eine Nähnadel nach Fig. 1350 (E, 7) durch den Entladungsstrom magnetisiert, die Pole auch bei gleicher Ladung der Flasche entgegengesetzte werden können [1]).

Ein anderer Versuch zum Nachweis der oszillierenden Flaschenentladung kann mittels des in Fig. 1351 dargestellten Knochenhauer-v. Oettingenschen Apparates ausgeführt werden. Zwei Leidener Flaschen mit verschiebbaren Knöpfen werden auf einer Metallplatte einander nahe aufgestellt, so daß die Funkenstrecke bei b 18 mm beträgt. Der Flasche rechts wird ein gleichfalls mit der Metallplatte leitend verbundener Knopf genähert, so daß die Strecke a 10 mm beträgt. Dieser Entlader sowie die Flasche links werden mit den Konduktoren einer Influenzmaschine verbunden. Außerdem werden die beiden Knöpfe der Flaschen durch ein mit Wasser

Fig. 1350.   Fig. 1351.

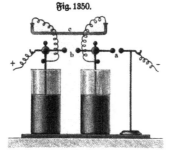

gefülltes Glasrohr verbunden, so daß beide gleichzeitig geladen werden. Sobald die Spannung hinreichend groß geworden, erscheint ein Funke bei a, gleichzeitig aber auch bei der fast doppelt so großen Strecke b. Es muß also die Flasche links während der Entladung die a entgegengesetzte Spannung erhalten haben.

Holtz (Z. 7, 117, 1894) bringt die Oszillationen der Entladungsfunken zur Anschauung, indem er sie zwischen zwei Spitzen entstehen läßt, welche am Rande einer Ebonitscheibe befestigt sind, die durch einen Umdrehungsmechanismus (Fig. 1352) in rasche Rotation versetzt werden kann [2]). Man sieht dann nicht einen leuchtenden Kreis, sondern einzelne auf einem Kreise verteilte Gruppen von Funken.

W. König (Z. 12, 293, 1899) weist die Oszillationen nach, indem er durch die Funkenstrecke einen Papierstreifen zieht, auf welchem mehrere Löcher entstehen.

Einen ähnlichen Apparat zeigt Fig. 1353 (Lb, 90).

Heusing (Z. 18, 159, 1905) läßt zwischen den möglichst nahegebrachten, auf einer Siegellackstange befestigten Elektroden eine auf die Schwungmaschine gesetzte

---

[1]) Unter anomaler Magnetisierung oder dem Waltenhofenschen Phänomen versteht man die eigentümliche Erscheinung, daß bei plötzlicher Stromunterbrechung der bleibende Magnetismus geringer ausfällt als bei allmählicher, ja sogar entgegengesetzten Sinn haben kann. — [2]) Zu beziehen von Mechaniker Wittig in Greifswald zu 80 Mk.

Scheibe von steifem Papier von 15 bis 20 cm Durchmesser rotieren. Die Leidener Flasche wird mit einem Induktorium verbunden und durch einmaliges Herausziehen der Spitze aus dem Quecksilber eine einzelne Entladung erzeugt. Auf der Scheibe findet man dann 4 bis 20 Durchbohrungen.

Eine weitere von König angegebene Methode besteht darin, daß er die aus einem Strohhalm verfertigte Spitze einer schreibenden Stimmgabel, welche eine mit dünnem Asphaltlack bedeckte Metalltrommel berührt, mit dem einen Pol verbindet und sodann die Trommel mit Lichtenbergschem Pulver bestäubt. Die Wellenlinien treten abwechselnd gelb und rot hervor und man kann aus der Zahl der Wellen jeder Abteilung ohne weiteres die Dauer der Oszillation erkennen.

K. E. F. Schmidt (Ann. d. Physik 7, 225, 1902) bestimmt die Frequenz langsamer elektrischer Schwingungen mittels eines Telephons, dessen Membran in einer angeschlossenen Glasröhre Kundtsche Staubfiguren erregt.

Fig. 1353.

Fig. 1352.

Zehnder[1]) beschreibt eine einfache Methode zur Ausführung der Versuche von Febbersen[2]), welcher bekanntlich die oszillierende Natur der Entladungsfunken mittels des rotierenden Spiegels erkannte. Er empfiehlt ferner das Auseinanderziehen der zwischen zwei vertikalen, etwas divergierenden Eisenstangen übergehenden Funken durch Durchblasen eines Luftstromes oder vermittelst magnetischer Kräfte[3]).

Zu messenden Versuchen dient der Pendelunterbrecher von Helmholtz (Fig. 1354), bei welchem durch ein fallendes Pendel zwei gegeneinander verstellbare Kontakte umgeschlagen werden[4]).

Aus der gemessenen Schwingungsdauer kann z. B. die Kapazität bezw. Dielektrizitätskonstante ermittelt werden.

---

[1]) Zehnder, Ann. d. Physik 9, 899, 1902. — [2]) Febbersen, Pogg. Ann. 116, 132, 1862. — [3]) Über objektive Darstellung von oszillatorischen Entladungen mittels des Oszillographen siehe Wittmann, Ann. d. Physik 373, 1903. — [4]) Zu beziehen von dem physik.-mechan. Institut von Prof. Dr. Edelmann in München zu 480 Mk.

407. Elektrische Schwingungen in dicken Leitern. Bereits in § 394 (S. 680) wurde erwähnt, daß bei Wechselstrom nicht wie bei Gleichstrom die Stromdichte an allen Stellen des Leiterquerschnittes dieselbe ist, vielmehr um so geringer, je näher die betreffende Stelle der Achse liegt. Bei den hier in Betracht kommenden hohen Wechselzahlen können diese Differenzen so beträchtlich werden, daß das Innere des Leiters so gut wie vollständig frei von Strom ist und nur eine etwa 0,01 mm dicke Schicht an der Oberfläche die Leitung des Stromes besorgt. Man kann also sagen,

Fig. 1354.

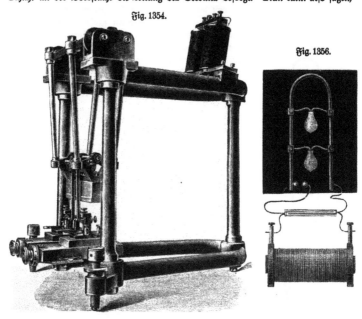

Fig. 1356.

Fig. 1355.

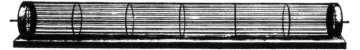

schnelle elektrische Schwingungen breiten sich ähnlich wie statische Elektrizität nur an der Oberfläche der Körper aus.

Zur Demonstration kann der elektrodynamische Käfig von Hertz (Fig. 1355) dienen, d. h. ein in die Leitung eingeschalteter Drahtkäfig, welcher auch in der Achse von einem Draht durchzogen ist. Letzterer bleibt stromfrei, wie man an einer eingeschalteten Glühlampe sehen kann.

Es ist ferner klar, daß infolge der eigenartigen Stromverteilung der galvanische Widerstand der Leiter bedeutend erhöht erscheint und nicht mehr proportional ihrem Querschnitt, sondern proportional ihrer Oberfläche anzunehmen ist.

Die außerordentliche Vergrößerung des scheinbaren Widerstandes (Impedanz, vgl. S. 670) bei so hoher Wechselzahl, wie sie durch Kondensatorentladungen erhalten wird, zeigt Tesla mittels einer dicken Kupferstange, welche wie in Fig. 1356 durch Glühlampen überbrückt und unter Zwischenschaltung einer Funkenstrecke in den Entladungskreis eines Kondensators eingeschaltet wird, dessen Belegungen mit den Klemmen eines Funkeninduktors in Verbindung stehen. Selbst ein massiver Kupferblock, durch welchen eine Glühlampe kurz geschlossen wird, hat bei genügend hoher Wechselzahl so große Impedanz, daß die Lampe zum Glühen gebracht wird.

Zweckmäßig verwendet man zu diesen Versuchen einen großen Rühmkorffschen Funkeninduktor, in dessen Primärspule Wechselstrom von einer etwa drei-

Fig. 1358.

pferdigen Wechselstrommaschine eingeleitet wird. Die Elektroden werden mit den inneren Belegungen von zwei großen Batterien Leidener Flaschen verbunden, deren äußere Belegungen durch den dicken Kupferdraht

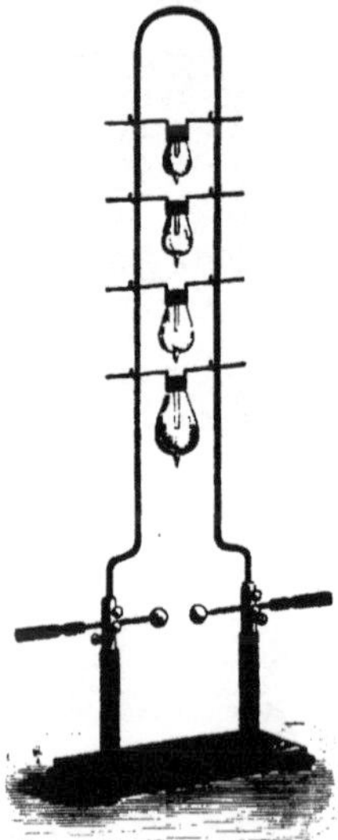

Fig. 1357.

verbunden sind. Damit an den Kontaktstellen die Stanniolbelegung der Leidener Flaschen nicht verbrannt und das Glas erhitzt wird, ist es nötig, die Flaschen innen einige Centimeter hoch mit Feil= oder Drehspänen zu füllen und außen einen durch Schrauben zusammengezogenen Blechreif mit Stanniolunterlage oder einen Boden aus Bleiblech anzulegen, an welchem der Leitungsdraht mit einer Klemmschraube befestigt wird.

Die Schwingungszahl der Kondensatorentladungen bestimmt sich natürlich auch in diesem Falle nach der in § 406 (S. 699) gegebenen Formel und steht in keinem Zusammenhange mit der Periodenzahl des zur Speisung des Induktionsapparates verwendeten oder in dessen Sekundärspule induzierten Wechselstromes. Auch ist nicht etwa anzunehmen, daß sich die Schwingungen zum Teil durch die an die Kondensatoren angeschlossene Sekundärspule des Induktionsapparates fortpflanzen, da infolge der hohen Selbstinduktion diese Spule für Wechselströme von so außerordentlich hoher Frequenz, wie sie durch die Kondensatorentladungen entstehen, ganz undurchdringlich ift, fomit als nicht vorhanden betrachtet werden kann. Es verhält sich damit ähnlich, wie wenn an ein langes und daher langfam schwingendes Pendel mit schwerer Linfe ein fehr kurzes, daher rasch schwingendes leichtes Pendel an= gehängt wird. Die beiden Pendel ftören sich gegenfeitig gar nicht, das kurze Pendel schwingt am langen, wie wenn es an einem feften Aufhängepunkte an= gebracht wäre.

Fig. 1357 (E, 45) zeigt Leibener Flaschen zu diefem Verfuche und Fig. 1358 (E, 28) eine andere Form der Ausführung des Drahtbügels. Um durch die Entladungs= funken nicht geblendet zu werden, kann man diefelben, wie Fig. 1359 (E, 22) zeigt, in einer undurchfichtigen ifolierenden Büchfe überfpringen laffen.

Als Elektroden find nach Himftedt dicke Zinkftäbe am zweckmäßigften.

Werden nach Claube (1894) eine Serie Glühlampen und ein Kondenfator in eine Wechfelftromleitung eingefchaltet, fo daß die Glühlampen nur fchwach leuchten,

Fig. 1359.

fo kommen diefelben zu heller Weißglut, fobald man außerdem eine Funkenftrecke einfchaltet.

Eytman (Z. 16, 29, 1903) ändert den Drahtbügelverfuch in der Weife ab, daß er einen parallelen zweiten Drahtbügel anbringt, durch welchen der Strom zurückgeleitet wird. Dann ift keine Selbftinduktion vorhanden, die denfelben über= brückende Lampe erlifcht alfo. Sie leuchtet aber wieder auf, wenn der zweite Bügel entfernt oder in eine zum erften fenkrechte Lage gebreht wird.

Daß fich die Schwingungen auf der Oberfläche ausbreiten, kann man nach Töpler bei dem obigen Verfuche (Fig. 1356, S. 703) leicht zeigen, indem man den dicken Leiter mit einem fehr dünnen, aber ausgedehnten Kupferblech in Ver= bindung bringt, welches den gefamten Querfchnitt kaum erheblich ändert, aber die Oberfläche bedeutend vergrößert. Die Lampen verlieren fofort bedeutend an Hellig= keit oder erlöfchen ganz. Wird die obere Biegung des dicken Drahtes durchgefchnitten, fo leuchten die Lampen nur wenig ftärker als zuvor.

408. Seitenentladung. An Stelle der Glühlampen bei dem Verfuch Fig. 1356 (S. 703) können auch kleine Funkenftrecken benutzt werden. In diefer Form ift der Verfuch feit alter Zeit unter obigem Namen bekannt. Da fich die kleinen Fünkchen auf größere Entfernung nicht direkt beobachten laffen, verwendet man fie zweckmäßig zur Entzündung von Knallgas in einer elektrifchen Piftole (Fig. 1360).

An dem gewöhnlichen scherenförmigen Auslader, Fig. 1360, befestigt man zwei
Drähte ab, wovon der eine a an den Knopf einer elektrischen Pistole, der andere
b aber unmittelbar zum äußeren Belege der Flasche geführt wird, mit welcher auch

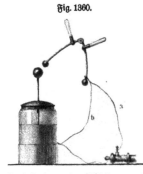

Fig. 1360.

die Pistole selbst verbunden ist. Wird b hinlänglich stark genommen, so entzündet sich die
Pistole nicht, wohl aber, wenn b ein dünner
Draht ist. Man muß den Draht b etwas
kurz nehmen und ihn beim Versuche gespannt
halten, damit überall Berührung stattfindet,
auch darf die Schlagweite in der Pistole nicht
zu klein sein.

Biegt man einen Draht, durch welchen die
Entladung einer Leidener Flasche hindurchgeht,
zu einer Ω-förmigen Schleife (Priestley 1769),
so springt ein Funke da über, wo sich die beiden
Teile des Drahtes am nächsten kommen, insofern
der Widerstand der Selbstinduktion so beträchtlich
ist, daß längs der Schleife etwa derselbe Spannungsabfall auftritt, wie längs einer
schlechtleitenden Hanfschnur, wenn man diese an Stelle des Drahtes setzte.

Fig. 1361.

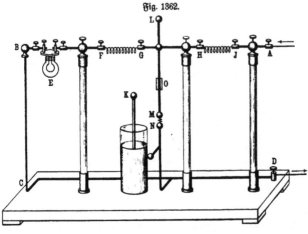

Fig. 1362.

Entladet man eine Leidener Flasche durch einen sehr dünnen Draht im vollkommen finsteren Zimmer (so daß auch der Funke verdeckt ist und sein Licht nicht
blendet), so sieht man den Draht der ganzen Länge nach mit Lichtstrahlen besetzt,

wie Fig. 1361 zeigt, es tritt eine sogenannte Seitenentladung nach der Luft ein, wie schon van Marum bei seiner großen Elektrisiermaschine beobachtete.

Die Versuche sind von besonderem Interesse, insofern bei Blißschlägen häufig derartige Seitenentladungen stattfinden an Stellen, wo man sie nicht erwartet hatte.

Ferner beruhen hierauf die Blißschußvorrichtungen bei elektrischen Anlagen, insofern man die gefährdete Leitung an einer Stelle einer Erdleitung (Blißableiter) so nahe bringt, daß der Bliß diesen kürzeren Weg vorzieht (Platten-, Rollen-, Walzenblißableiter; siehe auch Bd. II(3), Entladungen).

Apparate zur Demonstration der Funktion solcher Blißschußvorrichtungen beschreibt Penseler (Z. 16, 146, 1903). Die Oberleitung ist dargestellt durch AB, Fig. 1362, die Erdleitung durch CD. Bei A und D wird eine Batterie angeschlossen. Bei E wird eine Glühlampe oder ein Galvanometer eingeschaltet, bei FG und HJ Selbstinduktionsspulen. Bringt man etwa mittels des Ausladers den Knopf K der Leidener Flasche mit L in Verbindung, so erfolgt die Entladung in Form eines Funkens zwischen M und N, da die Selbstinduktionsspulen den Eintritt in die Leitung hindern. Erseßt man aber die eine oder andere derselben durch einen geradlinigen Draht, so bleiben die Funken zwischen M und N aus, die Entladung wählt nun den Weg durch die Leitung.

Bei O kann eine Bleisicherung eingeschaltet werden, welche abschmilzt, wenn durch den zwischen M und N übergehenden Funken ein Lichtbogen eingeleitet wird.

409. Induktionsscheiben nach **Rieß.** Besonders deutlich läßt sich das Vorhandensein von Schwingungen in einem Schwingungskreis durch die Induktionswirkungen nachweisen. Man läßt zwei Scheiben von Holz machen von etwa 3 dem Durchmesser und 3 bis 4 cm Dicke; sie werden am besten

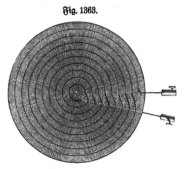

Fig. 1363.

aus zwei oder drei Brettchen zusammengeleimt, damit sie sich später nicht werfen, und dann auf der Drehbank rund und einerseits eben gedreht. Auf der ebenen Seite erhalten sie in der Entfernung von 1 bis 1,5 cm Rinnen von 5 mm Tiefe, welche man, wie in Fig. 1363, zu einer Spirale schneidet. Man muß darauf sehen, daß diese Schnitte in beiden Scheiben symmetrisch geführt werden, damit sie beim Aufeinanderlegen sich decken. Man firnißt die Rinnen und legt einen etwa 2 mm dicken Kupferdraht hinein, der durch kleine, schief eingeschlagene Stifte gehalten wird. Das eine Ende des Drahtes führt man nahe an der Mitte durch die Scheibe und auf der äußeren Seite wieder gegen den Rand; das andere führt man am äußeren Ende der Spirale über die cylindrische Fläche der Scheibe dem inneren Ende entgegen. Beide Enden werden durch darüber eingeschlagene Drahthaften hinreichend befestigt. Die Rinnen füllt man dann mit Harz oder Schellack aus, welches mit einem heißen Eisen eingeschmolzen wird und noch über die Scheibe hervorragt. Man ebnet dann alles wieder sauber und firnißt die Scheiben mit Schellack, wobei dann auch das Harz Glanz bekommt. Von den beiden Scheiben erhält die eine drei niedere Füße von Holz und die andere des bequemeren Anfassens wegen einen Knopf.

45*

Die Versuche werden einfach so angestellt, daß man zwischen die beiden Scheiben eine Glasplatte legt und die beiden Drahtenden der einen Scheibe nahe aneinander biegt, während man durch den Draht der anderen Scheibe eine Flasche entladet. Bei jeder Entladung sieht man auch zwischen den Enden des anderen Drahtes einen Funken überspringen (Fig. 1364). Fig. 1365 (K, 50) zeigt die Scheiben in vertikaler Anordnung.

Werden die Konduktoren der Influenzmaschine mit zwei großen Leidener Flaschen verbunden, deren äußere Belegungen durch einen Draht miteinander in Verbindung stehen, und wird letzterem eine kleine

Fig. 1364.

Fig. 1365.

Rolle Guttapercha = Kupferdraht genähert, deren Enden etwa 2 bis 3 cm voneinander abstehen, so springen zwischen diesen Funken über, in gleichem Takte, wie zwischen den Konduktoren der Maschine. Besser gelingen alle diese Versuche mittels des Funkeninduktors. Der letztere Versuch wird sehr auffällig, wenn man den die äußeren Belegungen der Flaschen verbindenden Draht zu einem Ring von etwa 10 Windungen von 1 m Durchmesser zusammenwickelt und ihm einen gleich beschaffenen Ring, Fig. 1366 (E, 9,50), dessen Enden mit einer Glühlampe verbunden sind, auf mehr oder minder großen Abstand nähert. Schon bei etwa 1 m Entfernung leuchtet die Glühlampe (für 65 Volt) deutlich auf und das Leuchten wird immer heller, je mehr man sich dem primären Ring nähert, ja bei einigen Centimetern Abstand so intensiv, daß die Glühlampe in Gefahr kommt, zerstört zu werden. Als Stromquelle zur Speisung der Leidener Flaschen dient dabei zweckmäßig ein mit Wechselstrom betriebener Funkeninduktor unter Anwendung eines dem in Fig. 1367 (E, 25) dargestellten ähnlichen Zinkstabentladungsapparates.

Einen einfachen Hochspannungstransformator, bei welchem die Sekundärspule auf einen 30 cm hohen, 3 cm weiten Standcylinder und die Primärspule auf eine 10 cm weite Flasche mit abgesprengtem Boden gewickelt wurde, beschreibt Grimsehl, Z. 13, 92, 1900 (vergl. auch Fig. 1368 Lb, 25).

Govi (1882) läßt (wie schon Bichat 1875) die Entladungen einer Influenzmaschine durch den dünnen Draht eines Induktoriums durchgehen, wobei in den Schließungskreis ein Kondensator und eine Funkenstrecke eingeschaltet sind. Es entstehen dann in der Spirale aus dickem Drahte galvanische Ströme, die an einer Feile Funken und zwischen Kohlenspitzen einen kleinen Lichtbogen erzeugen. Die

Ströme sind natürlich Wechselströme, können also nicht direkt benutzt werden, um die Zersetzung von Wasser, das Magnetisieren von Eisen u. dergl. nachzuweisen, wohl aber gelingt dies, wenn die entgegengesetzten Ströme durch eine

Fig. 1366.　　　　　　　　　　　　　　Fig. 1367.

geeignete Vorrichtung getrennt werden. Leitet man die alternierenden Ströme durch die induzierende Spirale eines zweiten Induktoriums, so erregen sie in der induzierten die gewöhnlichen Induktionsströme von hoher Spannung.

Um die Frequenz konstanter elektrischer Schwingungen von der Größenordnung 2800 in der Sekunde nachzuweisen, benutzt K. E. F. Schmidt ein Telephon, vor welches eine Röhre zur Erzeugung Kundtscher Staubfiguren gesetzt wird (Zeitschr. f. Instrumentenkunde 22, 166, 1902).

Fig. 1368.

410. Bestimmung der Dielektrizitätskonstante. Verbindet man die Sekundärspule eines Hochfrequenztransformators mit einer Wheatstoneschen Brückenkombination, deren Widerstände durch Kapazitäten ersetzt sind und welche in der Brücke als Indikator der Stromlosigkeit eine kleine Funkenstrecke enthält, so kann man eine Kapazität oder Dielektrizitätskonstante bestimmen und zwar auch dann, wenn, wie z. B. bei gewöhnlichem destilliertem Wasser, relativ beträchtliches Leitungsvermögen vorhanden ist (Methode von Nernst). Schematisch zeigt dies die Anordnung Fig. 1369. a und a' sind zwei gleiche Leidener Flaschen, C' ein Kondensator von veränderlicher Kapazität, C der zu messende Kondensator.

Fig. 1369.

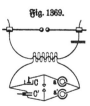

411. Resonanz bei Schwingungskreisen. Wenn ein Pendel in gleichem Takte, in dem es schwingt, fortdauernd schwache Stöße erhält, wird die Amplitude und damit die in ihm aufgespeicherte Energie immer größer, denn die Energie, die ihm jeder einzelne Stoß mitteilt, verbleibt, und da alle Stöße in gleichem Sinne wirken, müssen sich die mitgeteilten Energiemengen summieren.

Fig. 1373.

Fig. 1870.

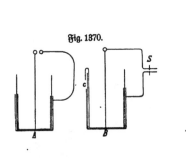

Fig. 1371.

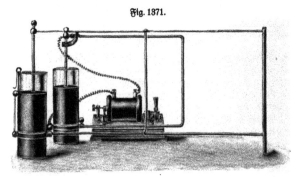

Fig. 1372.

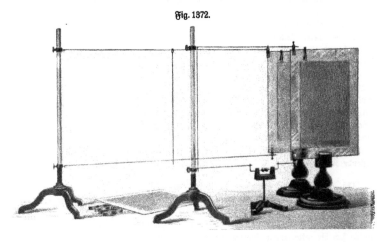

Gleiches gilt, wenn ein Schwingungskreis induzierend einwirkt auf einen anderen, falls seine Periode übereinstimmt mit der Schwingungsbauer der Leitung, d. h. der Dauer der Schwingungen, die jeder beliebige Stromimpuls hervorruft. Wenn auch die induzierende Wirkung für sich nur schwach ist, und eine einzelne Schwingung eine kaum merkbare induzierte Spannung hervorrufen könnte, so wird auch in diesem Falle durch die Summation der Wirkungen die induzierte Spannung bedeutend verstärkt.

Werden z. B. (nach Lodge, 1890) zwei nach Art einer Maßflasche eingerichtete Leidener Flaschen A und B (Fig. 1870) derart gegenübergestellt, daß die Schließungs= kreise parallel verlaufen, und wird die eine Flasche mit einer Influenzmaschine in Verbindung gesetzt, so entladet sich bei jeder Entladung der ersten Flasche infolge der induzierenden Wirkung ihres Schließungskreises auf den der zweiten auch die letztere, vorausgesetzt, daß Schließungskreise und Flaschen kongruent find. Verstimmt man aber das zweite System, indem man den Schließungskreis durch Verschieben eines beweglichen Gleitstückes S verlängert oder verkürzt, so tritt die Resonanz nicht mehr ein. Ebenso hindert Zwischenschieben eines Metallschirmes zwischen die beiden

Apparate die Induk= tion, während Glas= oder Holzplatten ohne Einfluß find[1]).

Noack (3. 15, 95, 1902) nimmt zur Ausführung des Reso= nanzversuches bei Leidener Flaschen zur Verbindung der bei= den Belegungen eine Geißlersche Röhre (Fig. 1373 K, 4).

412. Wellen= meffer. Nach ähn= lichem Prinzip kann eine Vorrichtung kon= ftruiert werden zur Er= mittelung der Schwin= gungsbauer der in einem Schwingungs= kreis auftretenden elektrischen Schwin=

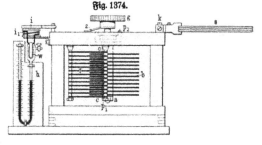

Fig. 1374.

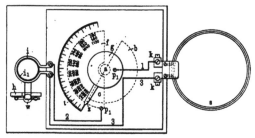

Fig. 1375.

gungen, insofern ein genäherter Schwingungskreis von bekannter (veränderlicher) Schwingungsbauer erst bei Übereinstimmung der Schwingungszahlen anspricht wird.

Dönitz (Elektrotechn. Zeitschr. 24, 920, 1903) beschreibt einen Wellenmeffer, bestehend aus einem Schwingungskreis von veränderlicher Kapazität und Selbst=

') Zu beziehen von P. Gebhardt Söhne, Berlin C., Neue Schönhauserftr. 6 (Fig. 1371). Fig. 1372 (E, 54) zeigt eine andere Ausführungsform nach Spies, wobei die Flaschen durch Franklinsche Tafeln erfetzt find.

induktion, in welchem zur Erkennung des Ansprechens und Beurteilung der Stromstärke ein Rießsches Luftthermometer eingeschaltet ist. Der Kondensator ist ein Plattenkondensator, bestehend aus einem Satz feststehender halbkreisförmiger Platten (Fig. 1374),

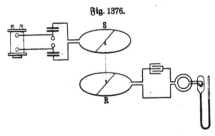

Fig. 1376.

zwischen welche ein zweiter Satz solcher Platten, der an einer mit Zeiger versehenen drehbaren Achse befestigt ist (Fig. 1375), mehr oder weniger weit hineingeschoben werden kann. Die Regulierung der Selbstinduktion erfolgt durch Umstöpselung. Soll eine Wellenlänge gemessen werden, z. B. in dem Schwingungskreis S, Fig. 1376, so wird der Wellenmesser damit lose gekuppelt, d. h. in die Nähe gebracht, so daß der daran befestigte Ring R von magnetischen Kraftlinien geschnitten wird, doch nur so, daß die Wirkungen eben noch wahrzunehmen sind, da sonst eine Rückwirkung auf das zu messende System eintreten würde.

413. Hochfrequenztransformatoren nach Tesla[1]). Stehen Primärspule und Sekundärspule eines Induktoriums in Resonanz, d. h. ist ihre Eigenschwingungsdauer die gleiche, so können infolge der fortgesetzten Verstärkung der Schwingungen

Fig. 1377.

im Sekundärkreis durch die primären, wie zuerst Tesla gezeigt hat, außerordentlich hohe Spannungen erhalten werden, wie sie bei gewöhnlichen Rühmkorffschen Funkeninduktoren nicht auftreten.

Um das Ausströmen der Elektrizität aus der Sekundärspule zu verhindern, brachte Tesla, wie Fig. 1378, O, andeutet, die ganze Induktionsrolle in einem mit

---

[1]) Einen kleinen Teslatransformator zeigt Fig. 1377 (Lb, 100).

Öl gefüllten Kasten an. Wesentlich ist, daß das Öl durchaus rein und staubfrei ist. Es darf deshalb nur im Vakuum, nicht aber mit Natrium oder Phosphorsäure getrocknet werden. A ist ein mit gewöhnlichem Wechselstrom gespeister Funken= induktor, dessen Klemmen unter Zwischenschaltung einer Funkenstrecke J mit der primären Spule des Öltransformators C verbunden sind, dessen sekundäre Klemmen mit dem Entlader D in Verbindung stehen. Im Nebenschluß zu den sekundären Klemmen des Induktors A ist der Kondensator B angebracht. Zur Erhöhung der Wirkung wird das Zustandekommen eines Lichtbogens in der Funkenstrecke J entweder mittels eines Gebläses oder durch einen genäherten Magneten, dessen Pole durch Glimmerüberzug gegen Überspringen von Funken geschützt sind, unmöglich gemacht.

D'Arsonval (Physik. Zeitschr. 1, 490, 1900) verwendet einen rotierenden Funkenlöscher[1]), bestehend aus einem Funkenmikrometer, welches derart in rasche Rotation versetzt werden kann, daß die Kugeln Parallelkreise von etwa 30 cm Durch=
messer beschreiben; der dabei entstehende Luftstrom wirkt ebenso wie ein Gebläse.

In Fig. 1379 (K, 35) ist ein Hochspannungstrans=
formator in vertikaler Anordnung dargestellt.

Fig. 1378.

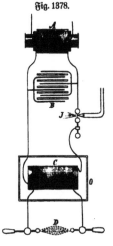

Fig. 1379.

Der Primärstromkreis (Rückseite der Figur) besteht aus einer einzigen Windung von blankem Kupferdraht, der Sekundärstromkreis aus einer Kupferdrahtspirale, die einen verstellbaren Anschluß trägt.

Zwischen den Elektroden gehen Funkenströme ähnlich wie bei einer Influenz= maschine über, oder, falls die Elektroden weit auseinander gezogen sind, Büschel, die aber keine Einseitigkeit erkennen lassen wie bei einem gewöhnlichen Induktorium, auch bei Umkehrung des Primärstromes, woraus deutlich zu ersehen ist, daß es sich um Wechselströme handelt.

---

[1]) Über rotierende Unterbrecher zur Erzeugung oszillierender Ströme von sehr hoher Frequenz durch Ladung und Entladung eines Stromkreises mit Kapazität und Selbstinduktion, wie sie von Tesla konstruiert worden sind, siehe elektrotechn. Zeitschr. 19, 671, 1898. Über Himstedts Transformator siehe Wied. Ann. 52, 475, 1894. Bezugs= quellen für Teslaapparate sind Siemens u. Halske, Ruhmer, Kohl, Ernecke, Ley= bolds Nachf., Keiser u. Schmidt, Calderoni u. Co. (Budapest) und andere Firmen.

Da in den Zuleitungen von den Kondensatoren zu dem Transformator bedeutende Energieverluste durch Strahlung auftreten und durch die Selbstinduktion eine Vergrößerung der Schwingungsdauer hervorgebracht wird, ist bei einer neuen von der Elektr.-Aktiengesellschaft vormals Schuckert u. Co. (S. 15, 48, 1902) ausgeführten Konstruktion der Kondensator in die Spulen eingebaut und das Ganze in einen mit Öl oder Paraffin gefüllten Behälter gesetzt.

Wegen ihrer hohen Frequenz und hohen Spannung nennt man die Ströme auch Hochfrequenzströme und den Transformator Hochfrequenztransformator.

Fig. 1380.

Einen Teslastrom, welcher ausreicht, eine Glühlampe zu speisen, kann man durch den menschlichen Körper hindurchgehen lassen, ohne daß die betreffende Person eine Empfindung davon hat. Die Schwingungen bringen überhaupt nicht in den Körper ein, sondern verlaufen wegen des Skineffekts (vgl. § 394, S. 680) nur an der Oberfläche.

Wird nach Töpler in einen Teslatransformator, bestehend aus einer Primärspule von 10 Windungen (4 cm Durchmesser) und einer Sekundärspule von drei Windungen, an welchen eine Fünf-Kerzen-Glühlampe angeschlossen ist, ein zerteilter Eisenkern eingeschoben, so wird die Intensität des Glühens vermindert. Dasselbe findet statt, wenn ein dünnes Metallrohr (Stanniolblatt auf Glasrohr) eingeschoben wird. Im zweiten Falle werden aber die Primärfunken lauter, im ersten Fall schwächer.

Bequemer und reinlicher als der Öltransformator ist der Lufttrans-
formator[1]). Ich benutzte früher einen solchen nach Fig. 237 (Bd. I$_{(1)}$, S. 124).
Auf dem aus Holz und Glasröhren zusammengesetzten Gestell ist außen eine primäre
Leitung von 10 Windungen, innen in etwa 25 cm Abstand von der ersteren die
sekundäre von 100 Windungen eingetragen. Die Funkenlänge an letzterer beträgt
32 cm. Die Resonanzbedingung läßt sich indes hier nicht erfüllen. Dies ist dagegen der Fall bei dem Apparat von Elster und Geitel (Fig. 1380 E, 140); die
Spannung wächst hier infolgedessen so an, daß an den letzten Windungen der induzierten Spule kräftige Büschelentladungen in die Luft stattfinden[2]).

Elster und Geitel (3. 9, 139, 1896) empfehlen folgende Versuche: 1) Der
untere Pol wird abgeleitet; dann fahren aus dem oberen lange Büschel heraus.
2) Verbindet man beide Pole isoliert mit den Armen eines Auslabers, so erhält
man lange Funken. 3) Stellt man den Erregerfunken kurz und läßt die Sekundärfunken über Holz hingleiten, so wird dieses entzündet. 4) Eine Glühlampe, deren
cylindrischer Ansatz mit zur Erde abgeleitetem Stanniol umwickelt ist, gerät ins
Glühen. 5) Wird mit dem obersten Pol eine Metallscheibe von 20 cm Durchmesser
verbunden, so sinkt die Funkenlänge von 15 auf 1 cm. Eine kleine Leidener
Flasche von 50 qcm Oberfläche bringt die Spannung auf 0. 6) Berührt man den
Transformatorpol mit der Hand, so erlischt die Wirkung, schließt man den Transformator kurz, so verspürt man keine Erschütterungen, wie bei einem gewöhnlichen
Induktionsapparat. 7) Läßt man von dem Pol des Transformators Funken auf
den Knopf einer Leidener Flasche überspringen, so bleibt sie ungeladen; versieht
man aber den Knopf mit einer feinen Spitze, so erhält sie (nach Himstedt) in
20 bis 30 cm Entfernung eine beträchtliche positive Ladung.

Bei einem von mir gebrauchten Apparate, welcher von den Herren Müller
(inzwischen verstorben) und Laulisch, technischen Assistenten des Karlsruher physikalischen Instituts, gebaut wurde, gehen von dem oberen Pole der Sekundär-
spule (der untere ist abgeleitet) etwa 30 cm lange reich verzweigte Büschel in die
Luft hinaus, deren Hauptäste auch im nicht verdunkelten Zimmer zu sehen sind.
Die Primärspule ist so vorgerichtet, daß sich, wie bei dem später (siehe § 418,
S. 719) zu besprechenden Resonator von Oudin, die Zahl der Windungen durch
Drehen an den Griffen eines Rades ändern läßt. Dabei zeigt sich sehr auffällig
die Verschlechterung der Wirkung, wenn die Resonanzbedingung nicht erfüllt ist.
Nur bei ganz bestimmter Stellung des Rades, d. h. der Kontaktrolle, also bei
bestimmter Länge der Primärwindungen, haben die Büschel die angegebene Länge.
Eine kleine Drehung im einen und anderen Sinne bewirkt sofort eine bedeutende
Verkürzung, und bei größeren Drehungen verschwinden sie fast ganz.

An Stelle der Leidener Flaschen ist bei diesem Transformator ein Satz von
Franklinschen Tafeln benutzt und zum Betrieb des Rühmkorffschen Funkeninduktors dient Wechselstrom. Die Funken zwischen den Zinkelektroden werden nicht

---

[1]) Siehe auch Grimsehl, 3. 13, 92, 1900 und Kapp, ebenda 13, 278; Drude, Ann.
d. Physik 16, 116, 1905. — [2]) Bei der Ausführung von M. Kohl enthält die primäre
Spule sechs Windungen eines 4 mm starken, mit Kautschuk isolierten Kupferdrahtes, der
auf eine Holzspule aufgewickelt ist. Die eine Sekundärspule wird aus 500 dicht nebeneinander liegenden Windungen eines 0,3 bis 0,4 mm starken, mit Seide übersponnenen
Kupferdrahtes gebildet, der auf ein Glasrohr aufgewickelt ist, die zweite besteht aus
ungefähr 275 Windungen eines 0,75 mm starken Kupferdrahtes (K, 66).

ausgeblasen. Die Zahl der Primärwindungen beträgt 13, die der Sekundär=
windungen 1070 [1]), der Durchmesser der letzteren 11 cm, der anderen 21 cm.

Resonanzinduktorien [2]). Bei den gewöhnlichen Induktorien ist die
Resonanzbedingung nicht erfüllt, weil die Selbstinduktion der Sekundärspule viel zu
groß ist. Die Kapazität der=

Fig. 1381.

selben müßte außerordent=
lich klein sein, damit, wie
es die Resonanz erfordert,
das Produkt $C.L$ denselben
Wert erhielte, wie für die
Primärspule, bei welcher im
Gegenteil nicht L, sondern,
des angeschlossenen Konden=
sators wegen, die Kapazität C
besonders großen Wert hat.
Durch geeignete Wahl des
Kondensators kann man
aber die Bedingung erfüllen.
Bei kleinen Apparaten beob=
achtet man auch in diesem
Falle keine erhebliche Ver=
stärkung der Wirkung, weil
die Schwingungen so rasch
verlaufen, daß der Magne=
tismus des Eisenkernes nur
unter sehr großen Hysteresis=

Fig. 1382.

---

[1]) Fig. 1381 zeigt einen Hochfrequenztransformator in liegender Anordnung, wie er
von Reiniger, Gebbert u. Schall, elektrotechn. Fabrik in Erlangen, geliefert wird
(Preis 125 bis 200 Mk.). — [2]) Siehe Seibt, Elektrotechn. Zeitschr. 25, 276, 1904.

verlusten zu folgen vermag. Bei größeren ist von wesentlichem Einfluß auch die Dämpfung der Schwingungen durch den Widerstand[1]). Bei den eigentlichen Resonanzinduktorien resoniert die Sekundärspule auf Wechselstrom, der durch die Primärspule geleitet wird.

Mit den in der Sekundärspule auftretenden Schwingungen hängen wohl auch Erscheinungen zusammen, welche Dunker u. Behm (Z. 13, 88, 1900) beschreiben. Sie beobachteten beim Laden großer Flaschen mittels des Induktoriums hochgespannte Induktionsfunken in der Primärspule, welche Funken von mehr als 3 cm Länge erzeugen konnten. Wurde ein Blatt Papier in der Nähe des Induktors auf den Tisch gelegt, darauf eine Glasplatte und darüber ein zweites Blatt, so konnte man durch Verbindung der Blätter dieser Franklinschen Tafel Funken erhalten. Stellte sich eine Person in die Nähe der Flaschen, so konnte man kleine Funken aus den Fingerknöcheln ziehen. War der Kondensator an die Gasleitung angeschlossen, so gaben alle möglichen Gegenstände im Zimmer Funken, z. B. die ganze Gasleitung im Zimmer, die galvanischen Elemente, der eiserne Ofen u. s. w.

414. Erzeugung elektrischer Schwingungen durch elektrolytische Kondensatoren. Solche werden erzielt durch den Grisson-Resonator[2]), einen auf Resonanz abgestimmten elektrischen Schwingungskreis, in welchem eine Selbstinduktion bezw. eine Verbrauchsstelle zu einer Kapazität in Reihe geschaltet ist und in welchem die Funkenstrecke nach eingeleiteter Schwingung mechanisch kurz geschlossen wird. Die Kapazität ist ein Grisson-Kondensator (vgl. S. 680). Derselbe ist in Fig. 1383 mit G bezeichnet. C ist ein rotierender Kommutator von ähnlicher Einrichtung wie Fig. 776 (S. 402). Wird der Stromkreis geschlossen, so ladet sich der Kondensator stoßweise in außerordentlich kurzer Zeit, und da nach erfolgter Ladung zwischen den auf dem Kollektor schleifenden Bürsten und der Gleichstromquelle keine Potentialdifferenz besteht, so ist auch ein von der Stromquelle nach dem Kondensator fließender Strom nicht mehr vorhanden. Bei Drehung des Kollektors

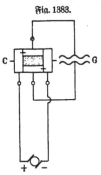

Fig. 1383.

kann somit der Stromweg geöffnet werden, ohne daß ein Öffnungsfunke zwischen den Bürsten und dem Kollektor entsteht. Bei weiterer Drehung erfolgt alsdann wieder ein Stromschluß, durch welchen der Kondensator auf das entgegengesetzte Potential geladen wird. Diejenige Elektrode, welche zuerst positiv war, wird negativ und die negative positiv u. s. w. Funken am Kollektor treten nicht auf. In der Gleichstromleitung erhält man pulsierenden Gleichstrom. Bei dem Grisson-Resonator werden diese pulsierenden Ströme durch die Primärspule eines Resonanzinduktoriums geleitet, welches Transformation auf hohe Spannung bewirkt. Hier

---

[1]) Siehe Walter, Z. 12, 226, 1899; Zeitschr. f. Instrumentenkunde 19, 288, 1899. Eigentliche Resonanzinduktorien werden gebaut von Ruhmer, Berlin; Resonanztransformatoren (Funkentransformatoren) mit geschlossenem Eisenkern nach Fig. 1382 von Koch u. Sterzel, Fabrik elektrischer Apparate, Dresden=A., Zwickauerstr. 42. Dieselbe Firma liefert Laboratoriumstransformatoren mit vielfacher Spannungsunterteilung für alle Nieder= und Hochspannungen bis 200 000 Volt. Über die Funkentransformatoren von Klingelfuß siehe Bd. I (1), 122. — [2]) Zu beziehen von der Firma Grisson, G. m. b. H., Geschäftsstelle Berlin N., Friedrichstr. 131 d, zu 1925 Mk. einschl. Zubehör.

durch fallen die Unzuträglichkeiten fort, welche die Verwendung von Unterbrechern bedingt (Explosionen, starkes Geräusch, Geruch, Erwärmung u. s. w.), es kann damit ein ununterbrochener Dauerbetrieb aufrecht erhalten werden [1]).

Die Schließungsfunken sind gleich gerichtet. Schaltet man aber das Induktorium in den Wechselstromkreis, so erhält man Wechselstrom von hoher Spannung.

415. Physiologische Wirkungen des Magnetismus. Durch Betrieb eines geeigneten Wechselstromelektromagneten (Resonanzmagnet) mit Wechselströmen, wie sie durch Verwendung von zwei Grisson-Kondensatoren [2]) in Verbindung mit einem rotierenden Kommutator erhalten werden können, wie oben beschrieben wurde, soll es möglich sein, die Einwirkung des Magnetismus auf das Nervensystem zu demonstrieren. Nähert man z. B. das Auge dem Magneten, so empfindet man eine lebhafte Flimmererscheinung selbst bei geschlossenen Augen.

416. Erzeugung ungedämpfter Schwingungen durch den Lichtbogen. Schaltet man in den Stromkreis eines Lichtbogens Selbstinduktion, z. B. die Primärspule eines Induktoriums und parallel dazu einen Kondensator, so kann sich der Lichtbogen bei geeigneter Störung in einen Funkenstrom auflösen, d. h. man erhält andauernde, sehr rasche Schwingungen. Ruhmer läßt zu diesem Zwecke den Lichtbogen zwischen sogenannten Effektkohlen in einem magnetischen Felde brennen [3]).

Fig. 1384.

Die Sekundärspule des Induktoriums liefert dann Hochfrequenzstrom. Poulsen erzielte ungedämpfte, d. h. konstant andauernde Schwingungen durch einen in Wasserstoff brennenden Bogen. Neuerdings hat man auch durch Kühlung der Elektroden diesen Effekt erreicht.

417. Ungeschlossene Ströme. Einen Apparat zur Erzeugung lang andauernder Schwingungen durch Resonanz nach Ebert [4]) zeigt Fig. 1384 (Lb, 100). Der primäre Schwingungskreis besteht aus einer Drahtspule, zwei Luftkondensatoren und der in einem Holzkästchen angebrachten Funkenstrecke; der sekundäre Kreis aus einer auf die gleiche Rolle gewickelten induzierten Spule, deren Enden ebenfalls mit einem Kondensator verbunden sind. Die Platten dieses Kondensators können weit auseinander gezogen werden, so daß man eigentlich überhaupt nicht mehr von einem Kondensator sprechen kann, sondern

---

[1]) Über eine Maschine zur Erzeugung von Wechselströmen sehr hoher Frequenz für Versuche über elektrische Resonanz siehe K. E. F. Schmidt, Ann. d. Physik 14, 22, 1904. — [2]) Zu beziehen von der Firma Grisson, G. m. b. H., Berlin N., Preis 1275 Mk. — [3]) Ruhmers phys. Laboratorium, Berlin SW., Friedrichstr. 248: Unterbrecher 200 Mk., Vorschaltwiderstand 50 Mk., Drosselspule 50 Mk., Kondensator (31 Mikrofarad) 500 Mk. — [4]) Siehe Ebert, Wied. Ann. 48, 549, 1893 und 53, 144, 1894.

nur von einer offenen Spule, deren Enden mit plattenförmigen Konduktoren verbunden sind. Da auch in solchem Falle noch Schwingungen auftreten können, sowie
Resonanz, folgt, daß es eigentliche un geschlossene Ströme hinsichtlich der Induktionswirkungen nicht gibt, sondern die dielektrische Verschiebung im Isolator in
gleicher Weise zur Selbstinduktion der Stromleitung beiträgt, wie ein entsprechendes
Stück einer vom Strome durchflossenen Drahtleitung. Auch in diesem Falle wird
demgemäß die Schwingungsdauer nach der in § 392 (S. 678) abgeleiteten Formel

$$T = 2\pi\sqrt{CL} \text{ Sekunden}$$

zu bestimmen sein.

Dies gilt auch für einen völlig offenen elektrischen Leiter, z. B. eine Drahtspirale, welche an den Enden mit Konduktoren oder Kondensatorbelegungen verbunden ist, oder auch einen einfachen stabförmigen Leiter. Würde man z. B. durch
Einschieben eines Magnetstabes in die
Spule oder durch Vorbeibewegen am
Stabe, eventuell auch durch Influenz
mittels eines vorübergehend genäherten
elektrischen Körpers, eine elektromotorische
Kraft induzieren, durch welche die Enden
entgegengesetzt elektrisch werden, und
nun das System sich selbst überlassen,
so würden sich die Ladungen durch den
Leiter ausgleichen, aber durch Selbstinduktion einen entgegengesetzten Strom
hervorrufen, der die Enden im entgegengesetzten Sinne elektrisch macht,
wie zuvor; darauf würde abermals
Ausgleichung und Ladung im ursprünglichen Sinne erfolgen u. s. w., kurz, die
Elektrizität würde zwischen den beiden
Konduktoren hin und her pendeln mit
einer Schwingungsdauer, welche sich
nach obiger Formel bestimmt.

418. Oubins Resonator[1].
Bereits oben, S. 650, § 376 wurde
darauf hingewiesen, daß die Primärspule
eines Transformators auch ein Teil der
Sekundärspule sein kann. In der Tat
ändert sich nichts an der Wirkung des
Teslatransformators, wenn man die Primärspule an das untere Ende der Sekundärspule anschließt, so daß sie einen Teil derselben bildet. Man hat dann den
Resonator von Oubin[2].

Fig. 1385.

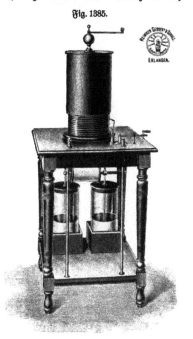

[1] Siehe Compt. rend. 1898, p. 1632. Derselbe ist seit 1896 für therapeutische Zwecke
in Gebrauch. (Nach Blondel, Elektrotechn. Zeitschr. 22, 688, 1901.) — [2] Der Original-
apparat ist zu beziehen von E. Ducretet, Constructeur, Paris, 75 rue Claude-Bernard.
Fig. 1385 zeigt eine Art der Ausführung von Reiniger, Gebbert u. Schall, elektrotechn.
Fabrik Erlangen (Preis 250 Mk.); Fig. 1386 (Lb, 120) die Spule allein. Ruhmers phys.

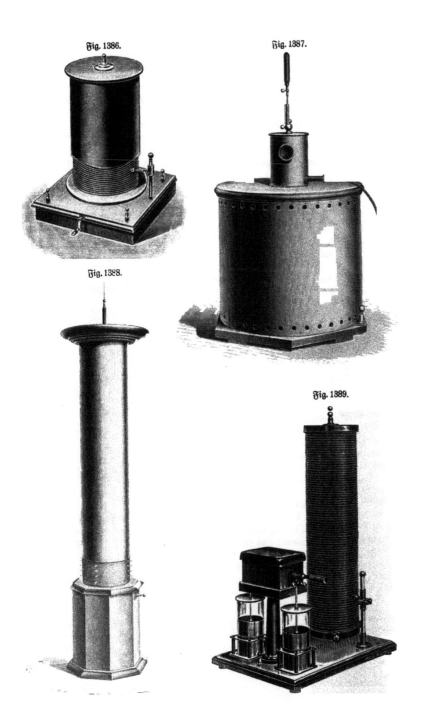

Fig. 1386.

Fig. 1387.

Fig. 1388.

Fig. 1389.

Bei der Konstruktion Fig. 1389 (K, 150) wird die Einstellung der Primärspule auf Resonanz dadurch bewirkt, daß man die ganze Spule mittels der unten angebrachten Handgriffe um ihre Achse dreht. Bei Fig. 1390 (K, 150) ist die Primärspule neben der sekundären angeordnet und die Abgrenzung der Länge wird durch eine Klemme, die an beliebiger Stelle angesetzt werden kann, bewirkt. Bei dieser Anordnung ist besonders deutlich, daß die Wirkung nicht, wie bei dem gewöhnlichen Transformator, dadurch zustande kommt, daß die von der Primärspule erzeugten Kraftlinien durch die Sekundärspule hindurchgehen, daß vielmehr durch die in der Primärspule auftretenden Schwingungen direkt ein Schwingungszustand in der Sekundärspule veranlaßt wird.

Fig. 1391 (K, 180) zeigt einen horizontalen Resonator mit getrenntem, drehbarem Reguliersolenoid.

Fig. 1390.

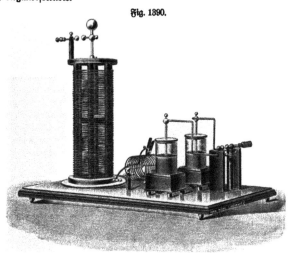

Nach Guilleminot kann Dubins Resonator anstatt in Form einer cylindrischen, auch in Form einer ebenen Spirale ausgeführt werden, z. B. so, daß die Primärwindungen außen, und der Konduktor innen im Zentrum sich befindet[1].

419. Schwingung in mehreren Abteilungen. Ähnlich wie bei Seilwellen, Saitenschwingungen, schwingenden Luftsäulen u. s. w., sich mehrere schwingende Abteilungen ausbilden können, ist dies, eben weil die Selbstinduktion der Trägheit und die Kapazität der Elastizität entspricht, auch bei elektrischen Schwingungen der Fall.

Laboratorium, Berlin SW. 48, Friedrichstr. 248, liefert ein Resonanzinduktorium für diesen Versuch zu 1250 Mk., eine Leidenerflaschen-Anordnung mit Funkenstrecke (Fig. 1387) zu 400 Mk. und eine große Resonanzspule auf Holzsockel (Fig. 1388) zu 500 Mk. Es bilden sich bei Verwendung dieser Apparate Büschelentladungen bis zu 1 m Länge.
[1]) Solche Apparate liefern Rabiguet et Maffiot, Constructeurs, Paris 13 et 15 Boulevard des Filles Du Calvaire.

Frick physikalische Technik. II.

Fig. 1391.

Fig. 1393.

Fig. 1392.

Fig. 1394.

Seibt[1]) hat ben Dubinschen Resonator zu diesem Zwecke durch eine lange Spule mit engen Windungen ersetzt, neben welcher, wie in Fig. 1392, 1393, 1394, parallel ein zur Erde abgeleiteter Draht befestigt ist, um burch Influenzwirkung die Ausstrahlungen zu verstärken. M. Kohl in Chemnitz benutzt noch einen zweiten berartigen Draht auf ber entgegengesetzten Seite, so baß die Ausstrahlungen nach zwei Richtungen stattfinden unb einen größeren Flächenraum erfüllen.

Fig. 1395 zeigt die Ausführung bes primären Schwingungskreises nach Ernecke, Berlin[2]), Fig. 1396 die Verbindung bes Apparates mit dem Jnbuktorium unb mit ber Resonanzspule. Es genügt ein Jnbuktorium von 20 bis 30 cm Schlagweite mit Deprez- ober Turbinenunterbrecher.

Aus ber Gebrauchsanweisung entnehme ich bas Folgende: Die Klemme E muß gcerbet sein. Man vermeibe die Berührung bes in Fig. 1396 als Doppellinie

Fig. 1395.

gezeichneten, in der Ausführung rot gefärbten Leitungsbrahtes, benn berselbe liegt an bem anberen, nicht geerbeten Pole bes Jnbuktoriums. Zuerst reguliere man an ber vorberen Selbstinbuktion mit bem Kontakt K_1 unb lasse ben Kontakt K_2 zunächst in ber Ruhestellung ber Fig. 1396. Erst wenn die Selbstinbuktion L_1 vollständig eingeschaltet, die gewünschte Schwingungszahl aber noch nicht erreicht ist, reguliere man mit bem Kontakte K_2. Bei ber Außerachtlassung bieser Vorschrift gehen von bem Kontakte K_1 Fünkchen nach ber Hand bes Experimentators über. Dieselben sinb zwar ungefährlich, können aber bei längerem Experimentieren lästig werden.

Zur Demonstration ber Resonanz verbinbet man zwei kleine Spulen von verschiebener Windungszahl (eine gelbe unb eine grüne, Fig. 1897) mit bem Punkte P (Fig. 1396). Die Leibener Flaschen sinb in Reihe geschaltet.

¹) Siehe Elektrotechn. Zeitschr. 23, 388 u. 409, 1902. — ²) Preis 180 Mk., Resonatorspule 68 Mk., zwei kleinere Spulen 36 Mk.

46*

a) Ist die Schwingungszahl mittels des Rollenkontaktes richtig eingestellt, so zeigen sich an dem oberen Teile der abgestimmten Spule lebhafte Büschelentladungen, während die andere Spule dunkel bleibt (Fig. 1397). Durch Veränderung der Schwingungszahl kann man die Rollen der beiden Spulen vertauschen. Die gelbe Spule erfordert eine geringere Schwingungszahl als die grüne.

b) Um sich zu überzeugen, daß die Spule im Zustande der Resonanz in $^1/_4$ Welle schwingt, ziehe man mittels eines metallenen Gegenstandes Funken aus den Windungen.

c) Durch Nähern der Hand oder eines Stanniolblattes kann man die Spule leicht verstimmen, so daß das Leuchten aufhört.

d) Ist die Selbstinduktion von vorn-
herein etwas zu groß eingestellt,
so daß die Spule eben dunkel
bleibt, so kann man sie durch
Nähern der Hand wieder ab-
stimmen. Nähert und entfernt

Fig. 1397.

Fig. 1396.

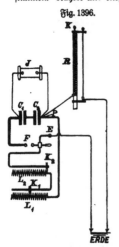

man abwechselnd die Hand, so verlängern und verkürzen sich die Büschel, denn z. B. durch Nähern der Hand wird die Kapazität der Spule ver- größert, also die Dauer der Eigenschwingung länger.

e) Auch durch Anhängen eines Metallgegenstandes, etwa einer Kugel oder einer Platte, kann man die Spule leicht verstimmen und durch Ver- mehrung der Selbstinduktion wieder in den Resonanzzustand zurück- führen. Die Kapazität der Gegenstände wirkt hier so, als ob die Spule länger wäre.

Benutzt man die 2 m lange Spule, so erhält man die Erscheinung Fig. 1392, wenn beide Leidener Flaschen parallel, die Selbstinduktion L_1

ganz und die Selbstinduktion L_2 etwa ³/₄ eingeschaltet sind. An dem freien Ende entsteht ein sehr kräftiger Spannungsbauch. Zwischen der Spule und dem Parallelbraht beobachtet man ein kontinuierlich verlaufendes, bläulichweißes Lichtband von nicht unerheblicher Leuchtkraft. In diesem Falle entspricht die Länge der Spule dem vierten Teile der Wellenlänge. Werden beide Flaschen in Reihe, die Selbstinduktion ³/₄ eingeschaltet, so ist der Spannungsbauch am Ende geringer als bei dem vorhergehenden Versuch. Die Länge der Spule entspricht ³/₄ der Wellenlänge.

f) Ebenso lassen sich ⁵/₄ (Fig. 1893) und auch noch ⁷/₄ Wellen darstellen. Dabei wird die Leuchtkraft immer schwächer und die Erscheinung verwaschener. Bei ben kürzeren Wellen nähert man entsprechend den Parallelbraht.

g) Verbindet man das obere Ende der Spule mit dem Parallelbraht oder auch birekt mit der Erde, so erhält man baselbst stets einen Knoten der Spannung. Fig. 1894 zeigt die Abstimmung auf L_1 etwa zu ¹/₂ Welle. Das akustische Analogon davon ist ein beiderseits offenes Rohr. Desgleichen lassen sich die Obertöne ⁴/₄ und ⁶/₄ Wellen herstellen.

Kohl konstruierte, um bei den Versuchen außer der Selbstinduktion auch die Kapazität ändern zu können, besonders hierzu geeignete Flaschen, die sich leicht gegeneinander austauschen lassen. Zu diesem Zwecke ruht jede Flasche lose in einem Gestell, das mit einer Ableitungsklemme versehen ist und einen guten Kontakt mit bem äußeren Belage gewährleistet; zwei solche Gestelle sind auf einer gemeinschaftlichen polierten Mahagonigrundplatte vereinigt. Die inneren Armaturen, die mit den inneren Flaschenbelegen in leitender Verbindung stehen, lassen sich in einfacher Weise herausziehen. Die senkrechten Stäbe, die an ihrem oberen Ende eine Zuleitungsklemme tragen, sind mit schleifenförmigen Federn aus Uhrfederstahl ausgerüstet, die sich an die innere Wandung der Flaschen leicht und doch fest anschmiegen, ohne den Stanniolbelag beim Auswechseln der Flaschen zu beschädigen. Zur Anregung der Schwingungen benutzt Kohl die von Braun angegebene Methode, wobei der Schwingungskreis nicht mit der Sekundärspule verbunden, sondern lose gekoppelt ist, wie Fig. 1898 andeutet. Er enthält eine Primärspule, welche induzierend wirkt auf eine Sekundärspule, an welche die Resonanzspule angeschlossen ist [1].

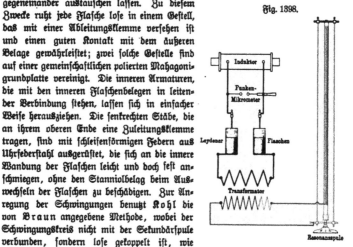

Fig. 1898.

Eine 3,5 m lange Abstimmungsspule mit verschiebbarem Parallelbraht nach Fig. 1899 liefern Paul Gebhardt Söhne, Berlin C, Neue Schönhäuserstr. 6, zu 80 Mk.

[1] Über Bezugsquellen von Teslaapparaten siehe auch S. 713, Anm. 1, sowie S. 719, Anm. 1.

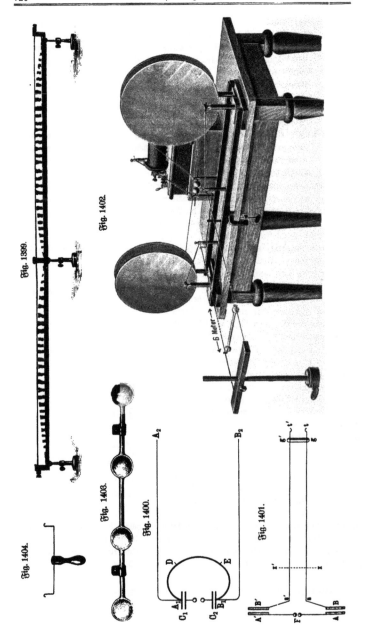

Fig. 1399.

Fig. 1402.

Fig. 1404.

Fig. 1403.

Fig. 1400.

Fig. 1401.

420. Schwingungen in geraden Drähten. Da auch ein gerader Leiter Selbst-induktion besitzt, also elektrische Resonanz zeigen kann und da es zur Erzeugung der Resonanzschwingungen unnötig ist, daß magnetische Kraftlinien wie beim Trans-formator in die Resonanzleitung hineintreten oder daraus herausgehen, vielmehr abwechselnde Elektrisierung des einen Endes im einen und anderen Sinne genügt, müssen sich solche Schwingungen auch bei geraden Drähten beobachten lassen. Der Apparat nimmt dadurch die schematisch in Fig. 1400 dargestellte von Braun[1]) an-gegebene Form an. Man kann entweder nur einen Draht an einer Kondensator-platte befestigen, ähnlich wie bei Fig. 1410, S. 733, oder der Symmetrie halber zwei Drähte $A_1 A_2$ und $B_1 B_2$, Fig. 1400, verwenden, oder auch einen derselben durch eine Erdleitung ersetzen. Bei A_1 und B_1 bilden sich dabei Knotenpunkte, bei A_2 und B_2 Schwingungsbäuche; auch können mehrere schwingende Abteilungen sich bilden, wie man z. B. durch angehängte Geißlersche Röhren nachweisen kann.

Weniger zweckmäßig ist es, die Drähte statt bei A_1 und B_1 etwa bei D und E zu befestigen, eine Anordnung, die als die Lechersche bezeichnet wird (DE heißt „Brücke"), weil die Spannungsdifferenz der Punkte DE natürlich kleiner ist als die von A_1 und B_1. Zum mindesten muß der Abstand der Lecherschen Drähte möglichst groß genommen werden. Fig. 1401 stellt diese Anordnung schematisch dar; Fig. 1402 (E. 120) einen vollständigen Apparat.

A und A', Fig. 1401, sind quadratische Blechplatten von 40 cm Kantenlänge; sie sind mittels eines 100 cm langen Drahtstückes verbunden, das in der Mitte durchschnitten ist und daselbst in F zwei Messingkugeln von etwa 3 cm Durchmesser enthält. Die beiden Messingkugeln haben einen Abstand von etwa 0,75 cm von-einander und stehen mittels eines dünnen Drahtes in Verbindung mit den Polen eines kräftigen Induktoriums. Den Platten A und A' gegenüber stehen zwei gleich große Platten B und B' in einer Entfernung von etwa 4 cm. Von diesen Platten BB' führen zwei Drähte gegen s und s' und von da parallel bis t und t'. Der Abstand der parallelen Drähte voneinander sei 30 cm (zwischen 10 und 50 cm), die Länge st 600 cm (mindestens 400 cm), der Durchmesser dieser parallelen Drähte 1 mm. An den Enden t und t' ist je eine Schnur befestigt, welche in der Ver-längerung der Drähte noch etwa 100 cm weiter führt und ein leichtes und bequemes Spannen derselben ermöglicht.

Über die Drahtenden t und t' legt Lecher eine ausgepumpte Glasröhre gg', welche am besten mit Stickstoff und einer Spur Terpentinöldampf gefüllt ist und die Stelle eines zwischen t und t' zu setzenden, weniger gut wirkenden Funkenmikrometers vertritt. Infolge der Potentialschwankungen bei t und t' kommt die Röhre zum. Leuchten[2]).

Legt man nun quer über die Drähte einen metallischen Leiter, Fig. 1404, so sollte man annehmen, daß nun der Ausgleich der Elektrizität durch diese gut leitende Brücke stattfinden, also die zur ihr im Nebenschluß liegende Geißlersche Röhre dunkel bleiben sollte. Im allgemeinen tritt dies auch ein, bei bestimmter Stellung der Brücke xx' (an einem sogenannten Knotenpunkte) dagegen leuchtet die Röhre fast ebenso hell wie zuvor, indem der hinter der Brücke xx', Fig. 1401, liegende Leitungsdraht $xx' gg'$ sich in Resonanz befindet zu dem von oszillatorischen Strömen

---

[1]) Siehe Braun, Physik. Zeitschr. 3, 143, 1902; Ann. d Phys. 8, 199, 1902. —
[2]) Lechersche Röhren nach Fig. 1403 liefert Gundelach, Gehlberg i. Thür. zu 8 Mk. Über die Verwendung eines Bolometers siehe Rubens, Wied. Ann. 42, 154, 1891.

durchflossenen Kreise $A A' x x'$ vor der Brücke, oder indem die von dem Strome $A A' x x'$ erzeugten Kraftlinien, welche durch $x x' g g'$ hindurchgehen, in letzterem System induzierte Ströme hervorrufen, die selbst wieder umgekehrt auf $A A' x x'$ induzierend wirken und so einige Male ein Hin- und Herpendeln der Elektrizität in dem System veranlassen, derart, daß die Stromrichtungen zu beiden Seiten der Knotenpunkte x und x' entgegengesetzt sind.

Werden die Leitungsdrähte genügend lang genommen, so kann man auf ihnen mehrere solcher Knotenpunkte erhalten, und zwar ohne daß es nötig wäre, weitere Brücken überzulegen. Verstimmt man die Abteilung $x x' g g'$ durch Anhängen von Stanniolfahnen oder Zufügen von Drahtstücken an den Enden, so muß die Brücke an eine andere Stelle geschoben werden, um die Röhre wieder zum Leuchten zu bringen.

Bilden sich mehrere Knotenpunkte aus, so kann man alle gleichzeitig überbrücken, ohne das Leuchten der Röhre zu stören [1]).

Bringt man eine elektrodenlose Vakuumröhre mit einem Draht in Berührung und fährt mit derselben den Draht entlang, so leuchtet dieselbe jeweils auf, so oft sie auf einen Knotenpunkt trifft, umgekehrt erlischt sie an den Schwingungsbäuchen. Man verwendet hierzu nach Boller am besten Uranglasröhren mit verdünntem Kohlenwasserstoff von etwa 0,1 mm Druck gefüllt, mit äußeren Stanniolbelegen.

Bei einem Versuche von Lecher war beispielsweise der Radius der Kondensatorplatten $R' = 0,0896$ m, der Abstand derselben $\delta = 0,099$ m, sowie die Kapazität

$$C = \frac{R'^2}{9.10^9 .4\,\delta} = \frac{0,0896^2}{9.10^9 .4.0,099} = 0,227.10^{-10} \text{ Farad.}$$

Ferner war der Abstand der Brücke vom freien Ende der Drähte $= 1,3$ m, der Querschnittsradius der Drähte $= 0,0005$ m und der Abstand der Drähte $d = 0,31$ m.

Hieraus berechnet sich die Schwingungsdauer [2])

$$T = 570.10^{-10} \text{ Sekunden}$$

und, da der Abstand zweier Brücken $= 9,4$ m gefunden wurde, also die Wellenlänge $\lambda = 18,8$ m,

$$v = \lambda : T = 330\,000 \text{ km pro Sekunde.}$$

Bei einem Vorlesungsversuch war die Plattenseite 0,4 m, der Abstand 0,07 m, also die Kapazität

$$C = \frac{0,4^2 .2}{9.10^9 .4\,\pi .0,07} = 0,04.10^{-9} \text{ Farad.}$$

Der Selbstinduktionskoeffizient, d. h. Windungszahl $(= 1)$ mal Kraftlinienzahl pro Ampere war:

$$L = \frac{4\,\pi}{10^7 .0,8} = 16.10^{-7} \text{ Henry,}$$

also

$$T = 2\,\pi \sqrt{L.C} = 5,024.10^{-8} \text{ Sekunden.}$$

Gemessen wurde $\lambda/2 = 7,50$ m, somit folgt

$$v = \lambda/T = 8.10^8 \text{ m/sec.}$$

---

[1]) Da die Schwingungen des offenen Oszillators $A A'$ zu rasch erlöschen, läßt man die erste Brücke $x x'$ stets aufliegen, so daß durch sie ein Schwingungskreis analog Fig. 1400 gebildet wird. — [2]) Siehe Drude, Physik des Äthers, S. 458.

Fig. 1405 (Lb, 50) stellt einen Apparat nach Weinhold dar, welcher schon bei einer Drahtlänge von 3,5 m und bei Anwendung eines Induktoriums von 6 cm Funkenlänge gut funktioniert.

Fig. 1405.

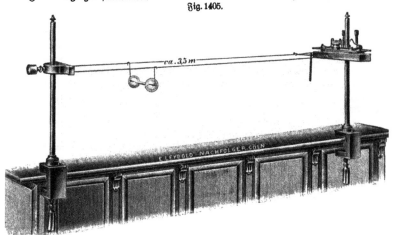

Fig. 1406 (E, 50) zeigt die Einrichtung des Os-zillators[1]).

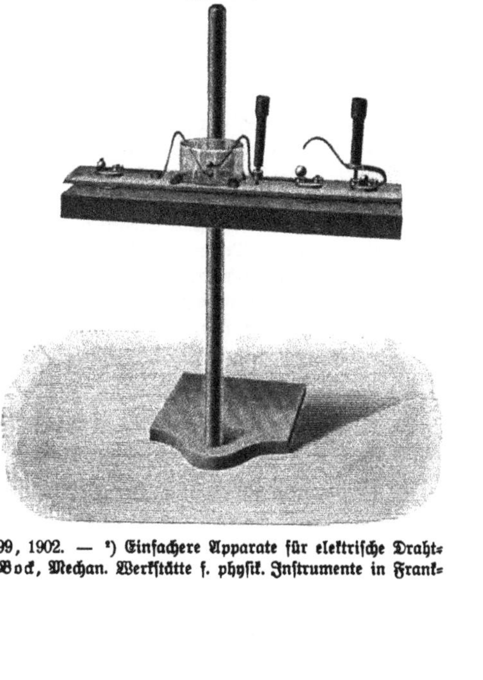

Einen einfachen Appa-rat setzt Milewski (3. 16, 160, 1903) zusammen aus zwei Röhrenkonden-satoren R nach Anleitung von Fig. 1407. Die Lecher-schen Drähte werden an die äußeren Belegungen B B angelegt; die Zuleitungen vom Induktorium an die Klemmen K K[2]).

Größere Genauigkeit als Lecher erzielte Blond-lot durch Anwendung eines ringförmigen, die Funken-strecke und diametral gegen-überliegend einen Konden-

Fig. 1406.

[1]) Über neuere Demon-strationsmethoden siehe auch Zehnder, Ann. d. Physik 9, 899, 1902. — [2]) Einfachere Apparate für elektrische Draht-wellen liefert ferner Heinrich Bock, Mechan. Werkstätte f. physik. Instrumente in Frank-furt a. M., Egenolfftr. 29 a.

fator enthaltenben Primärleiters, zu welchem eine in die Lecherſchen Drähte aus=
laufenbe ſelunbäre Ringleitung parallel aufgeſtellt war[1]).

Arons konnte mit einem evakuierten Rohre mit zwei parallelen Drähten die
Entſtehung der Schwingungen birekt burch die Ausſtrahlungen beobachten. Er
ſchließt zu bieſem Zwecke Drähte in ein auf 10 bis 20 mm Queckſilber evakuiertes
Glasrohr von 2,5 m Länge unb 6 cm Durchmeſſer ein (Fig. 1408). Die beiden
Aluminiumbrähte von 2 mm Durchmeſſer ſind in 3 cm Abſtand gezogen und zu
zwei in etwa 3,5 m vom Glasrohr entfernten Zinkplatten geleitet, welche ben er=
regenben Platten gegenüberſtehen.   Zwiſchen Glasrohr und Zinkplatten befinbet ſich
eine verſchiebbare Brücke auf ben Drähten, ebenſo im Glasrohr ba, wo ber Hahn
angeſetzt iſt.   Die Drähte bleiben an ben Knotenſtellen bunkel, leuchten bagegen an
ben Bäuchen, wie in ber Figur angebeutet, in bläulichweißem Lichte[2]).

Righi (Beibl. 23, 275, 1899) befeſtigte die Lecherſchen Drähte auf einem
Glasſtreifen, auf welchem mit Gummi Zinkſpäne aufgeklebt ſind. Man ſieht bann
von ben Schwingungsbäuchen im halbbunkeln Raume zahlreiche Funken auf die
Zinkſpäne übergehen, welche an ben Knoten fehlen.

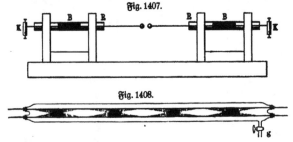

Fig. 1407.

Fig. 1408.

Coolibge[3]) gelang es nach bem Blonblotſchen Verfahren, bas Leuchten ber
Drähte birekt in freier Luft zu erhalten.   Der in Fig. 1409 (K, 75) bargeſtellte
Apparat beſteht, in ber Form, welche ihm die Firma Leybolds Nachf. gegeben hat,
aus bem Erreger auf einem Stativ mit Glasſäule, zwei Kupferbrähten, je 5,5 m
lang unb 0,2 mm ſtark, ferner ſechs Brücken von verſchiebener Länge und einer Ab=
ſpannvorrichtung für die Drähte, ebenfalls auf Stativ mit iſolierenber Glasſäule.

Um möglichſt ſtarke Schwingungen im Sekunbärkreis bes Erregers zu erhalten,
iſt bieſer bem Primärſchwingungskreis gleich groß und ihm aufs äußerſte ge=
nähert.   Die beiden Kreiſe ſind, um bies zu erreichen, ohne baß Funken in den
Sekunbärkreis überſpringen, nur burch Glimmerplatten von zuſammen 2 mm Stärke
getrennt unb befinben ſich in einem Ölbabe.   Der Primärkreis iſt zweiteilig aus=
geführt.

Von ben Zuleitungsklemmen befinbet ſich eine an ber Seite bes Glasgehäuſes,
während die andere von einem Glasſtabe getragen wird, burch ben die Leitung
burch ben Deckel herabgeführt wird.   Ein Hartgummimantel, ber ſich über bas
Glasgehäuſe ſchieben läßt, bient bazu, ben Apparat abzublenden.

---

[1]) W. Donle, Wieb. Ann. 53, 178, 1894, vermochte ſo Wellen von nur 0,6 bis
0,8 m Länge zu erzeugen. — [2]) C. Gundelach, Gehlberg i. Thür., liefert Aronsſche
Röhren zu 30 Mk. — [3]) Coolibge, Wieb. Ann. 67, 578, 1899 unb Z. 13, 245. 1900.

Der Sekundärschwingungskreis endet in zwei kleinen Klemmen, worin die beiden dünnen Kupferdrähte eingespannt werden. Der gegenseitige Abstand beträgt 20 mm, ein Wert, der durch die Versuche als günstigster gefunden wurde. Die freien Enden der Drähte sind zu Ösen umgebogen; diese werden auf den kleinen Glasstab aufgeschoben, der in die Abspannvorrichtung des zweiten Stativs eingeklemmt wird.

Die sechs dem Apparat beigegebenen Brücken sind von verschiedener Länge. Die größte Brücke wird hinter dem Erreger aufgelegt; ihre Mitte wird zur Erde abgeleitet. Nach dem anderen Ende der Drähte zu nehmen dann die Brücken, die in der Reihenfolge auf die Knotenpunkte gelegt werden, in der Größe ab.

Fig. 1409.

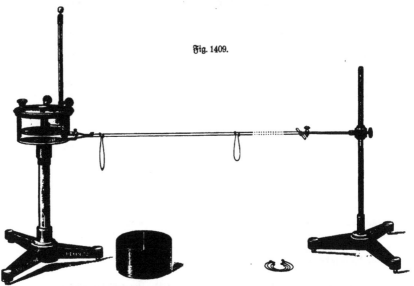

Zum Betriebe des Erregers verwendet man einen Teslaapparat, der von einem Funkeninduktor gespeist wird. Die Sekundärklemmen des Induktors werden mit den beiden Belegen einer 26 cm hohen Leidener Flasche verbunden. Ferner wird ein Stromkreis so gebildet, daß Flasche, ein Funkenmikrometer und die Primärwicklung eines Elster- und Geitelschen Transformators hintereinander geschaltet sind. Von den Klemmen der Sekundärspule (mit feiner Bewicklung) dieses Transformators werden dann Leitungen zum primären Schwingungskreis des Erregers geführt.

Das Zimmer muß für die Versuche möglichst dunkel gehalten werden, die Funkenstrecken müssen abgedeckt sein, da die Leuchterscheinung der Drähte, wenn auch deutlich, doch schwach ist.

Bei einem auf diese Weise zusammengestellten Apparate wurde die Wellenlänge zu 110 cm gefunden, man konnte an fünf Knotenpunkten, die 55 cm voneinander entfernt waren, Brücken anlegen. Als Isolation waren zwischen die beiden Schwingungskreise des Erregers zwei Glimmerplatten von zusammen 0,5 mm Stärke eingelegt.

Schaum u. Schulze[1]) empfehlen folgende Demonstrationsmethoden:

1) Die durch ein Kapillarrohr geschützten Drähte werden in eine mit Chininsulfatlösung gefüllte Glasröhre gebracht oder ein mit Baryumplatincyanür bestrichener Pappstreifen an die Drähte angelegt. An den Bäuchen der elektrischen Kraft entsteht intensives Leuchten durch Fluoreszenz. Die Drähte werden dabei nicht horizontal, sondern übereinander angeordnet, wozu, da der Blondloterreger horizontal ist, an diesen zunächst entsprechend gebogene etwa 6 cm lange Kupferdrähte angesetzt werden. Berührt man die Rückseite des Schirmes mit der Hand, so wird an der berührten Stelle das Leuchten besonders intensiv. Wellen von 80 cm Länge sind besonders geeignet.

2) Bringt man ein geladenes Elektroskop in die Nähe eines Bauches der elektrischen Kraft, so wird es schnell entladen, sowohl bei positiver, wie bei negativer Ladung, bei ersterer jedoch bedeutend schneller. In der Nähe eines Knotens behält es seine Ladung.

3) An den Bäuchen tritt das Dampfstrahlphänomen[2]), erhöhte Kondensation des Dampfstrahles, auf, während es an den Knoten ausbleibt.

4) Ozonbildung ist an den Stellen der Bäuche der elektrischen Kraft durch Anlegen von Jodkaliumstärkepapier nachweisbar.

421. Multiplikationsstab ist ein von Slaby[3]) eingeführter Wellenmesser. Er beruht auf der bereits von Oudin beobachteten Tatsache, daß, wenn im Spannungsbauch eines Schwingungsleiters ein Draht, dessen Länge gleich der halben Wellenlänge ist, angeschlossen wird, die Endspannung auf das Mehrfache gesteigert werden kann, wenn man diesen Draht zur Spule wickelt, um so mehr, je größer die Selbstinduktion und je kleiner die Kapazität der Spule. Der Multiplikationsstab besteht deshalb aus möglichst feinem Draht mit tunlichst dünnem Isolationsmittel. Er darf nicht unmittelbar an das schwingende System angeschlossen werden, sondern muß in einem gewissen Abstande gehalten werden, damit keine Verzerrung der Welle hervorgebracht wird.

422. Fortschreitende Wellen in einem geraden Drahte. Ein primärer Leiter, bestehend aus zwei quadratischen Messingplatten AA', Fig. 1410, von 40 cm Seitenlänge, welche durch einen 60 cm langen Kupferdraht verbunden sind, in dessen Mitte sich die Funkenstrecke befindet, sei 1,5 m über dem Fußboden in einem geräumigen Saale aufgestellt. Hinter die Platte A setze man eine gleich große Platte P und führe von der letzteren einen 1 mm starken Kupferdraht über m und n, welcher etwa 30 cm über der Funkenstrecke liegt, nun geradlinig und senkrecht zur Ebene von AA' etwa 60 m weit fort und dann zu einer Erdleitung. Daß in diesem Drahte fortschreitende Wellen entstehen, kann nachgewiesen werden durch Annäherung des gezeichneten viereckigen Stromleiters mit Funkenmikrometer, da die Entladungen der Funkenstrecke von einem feinen Funkenspiel des Mikrometers begleitet werden, und zwar am deutlichsten, wenn der sekundäre Leiter auf die Oszillationen in der

---

[1]) Schaum u. Schulze, Ann. d. Physik 13, 422, 1904. — [2]) R. v. Helmholtz, Wied. Ann. 32, 1, 1887. — [3]) Slaby, Elektrotechn. Zeitschr. 24, 1007, 1903.

primären Leitung abgestimmt ist; die fortschreitenden Wellen sind also von gleicher Schwingungsdauer wie die primären (H. Hertz).

Wird der Draht abgeschnitten, etwa auf 8 m Länge, so werden die Wellen vom freien Ende reflektiert und bilden mit den ankommenden stehende Schwingungen; man beobachtet dann mit Hilfe des sekundären Leiters in Abständen von

Fig. 1410.

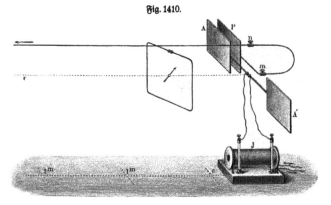

etwa 2,8 m (gleich der halben Wellenlänge) Knotenpunkte, d. h. Orte, wo das Mikrometer funkenlos bleibt.

Besser verwendet man statt des offenen Oszillators nach Braun einen Schwingungskreis (s. Fig. 1400, S. 726).

Braun fand auch, daß man die Drahtwellen dazu benutzen kann, einen zweiten geschlossenen Schwingungskreis anzuregen, wie dies Fig. 1411 andeutet.

Durch Verschieben der Gleitstücke $G_1 G_1$ und $G_2 G_2$ kann man die Selbstinduktion des zweiten Schwingungskreises so lange abändern, bis die Wirkung ein Maximum wird. R bedeutet ein Rießsches elektrisches Thermometer, welches die durchströmenden Energiemengen zu erkennen

Fig. 1411.

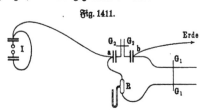

gestattet. Wurde die Brücke $G_2 G_2$ entfernt, so daß die Energie von a über $G_1 G_1$ und b zur Erde abströmte, so betrug der Ausschlag des Thermometers 1 cm. Wurde nun $G_2 G_2$ aufgelegt, so stieg er sofort auf 20 cm. Wurde $G_1 G_1$ verschoben und dadurch die Resonanz gestört, so wurde der Ausschlag sofort erheblich kleiner, ebenso bei stärkerer Dämpfung der Schwingungen im Kreise I durch eingeschaltete Widerstände [1].

---

[1] Drude (Ann. d. Physik, 9, 611, 1902) gibt eine genauere Methode an, um nach der Braunschen Resonanzmethode die Periode der oszillierenden Kondensatorentladung zu bestimmen. Sie eignet sich sowohl für sehr kleine Wellen, als auch für solche bis gegen 500 m Länge.

423. Bestimmung der Dielektrizitätskonstante. Bringt man an t und t' (Fig. 1401, S. 726) die Platten eines Kondensators an, z. B. eines Luftkondensators nach Kohlrausch, so ändert sich die Lage der Knotenpunkte je nach der Kapazität; man kann demnach die Methode auch benutzen, um Kapazitäten oder Dielektrizitätskonstanten zu vergleichen, indem man beispielsweise nach Zwischenschiebung eines Dielektrikums (Glas, Ebonit u. s. w.) zwischen die Kondensatorplatten diejenige Entfernung derselben aufsucht, bei welcher die Wellenlänge wieder dieselbe ist, wie wenn sich Luft dazwischen befindet.

Befindet sich ein Draht nicht in Luft, sondern in einem Medium von der Dielektrizitätskonstante η und der magnetischen Permeabilität (Magnetisierungskonstante) μ, so ist die Geschwindigkeit [1]) der Wellen $= v : \sqrt{\mu \cdot \eta}$, wenn v die Geschwindigkeit in Luft bedeutet.

Man kann also die elektrischen Schwingungen auch dazu benutzen, eine der Konstanten μ und η zu bestimmen.

Leitet man beispielsweise nach E. Cohn das Becher sche Drahtsystem zuerst durch Luft, dann durch Wasser, so ergibt sich die Wellenlänge in Wasser beträchtlich kleiner. Da nämlich für Wasser ebenso wie für Luft $\mu = 1$, ist das Verhältnis der Geschwindigkeiten in Luft und Wasser:

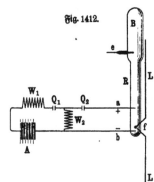

Fig. 1412.

$$v : v . \sqrt{\eta} = 1 : \sqrt{\eta}.$$

Nun ist auch, wenn λ, λ' die Wellenlängen in Luft und Wasser bezeichnen, da

$$\frac{1}{T} \cdot \lambda = v \text{ und } \frac{1}{T} \cdot \lambda' = v . \sqrt{\eta},$$

$$1 : \sqrt{\eta} = \lambda : \lambda',$$

somit

$$\eta = \left(\frac{\lambda}{\lambda'} \right)^2.$$

Zur scharfen Bestimmung der Lage der Knotenpunkte eignet sich das Verfahren von Zehnder (Fig. 1412). A ist eine Akkumulatorenbatterie von 600 Elementen, R die Geißlersche Röhre, f die Funkenstrecke, L und L die Becher schen Drähte, W_1 und W_2 regulierbare Widerstände, Q_1 und Q_2 Quecksilberstromschlüssel.

Um konstante Resultate zu erzielen, wird in die Röhren nach Warburgs Methode metallisches Natrium eingeführt. Hierzu wird die Erweiterung B der Röhre R nach dem Auspumpen bis auf etwa 1,5 mm Druck in auf 300° erwärmtes Natriumamalgam eingetaucht und mittels der Elektrode e Akkumulatorstrom in der Richtung von Natriumamalgam zur Elektrode e durch die Glaswand hindurchgeleitet. Infolge Absorption des Sauerstoffs durch das in die Röhre wandernde metallische Natrium sinkt dabei der Druck auf 1,2 mm. Die lichte Weite der Röhren beträgt 7 mm; da, wo die Elektroden eingeschmolzen sind, sind kleine Kugeln angeblasen. Die Aluminiumdrähte, welche die Funkenstrecke bilden, müssen in sehr kleinem Abstande stehen (etwa 0,02 mm).

---

[1]) Vergl. Drude, a. a. O., S. 877.

Die Widerstände W_1 und W_2 bestehen aus U-förmigen Röhren von bezw. 7 und 5 mm lichter Weite mit Cadmiumelektroden, von welchen die im längeren Schenkel verschiebbar ist. Sie werden mit konzentrierter Lösung von Jodcadmium in Amylalkohol gefüllt. Die Länge der Flüssigkeitssäulen läßt sich von 0 bis 20 bezw. 15 cm regulieren [1]).

P. Drude kombinierte das Zehndersche Verfahren mit einem Boltzmannschen, indem er die Funkenstrecke in einer Zehnderschen Röhre einerseits mit den beiden Polen einer Zambonischen Säule, andererseits mit Knopf und Gehäuse eines Elektroskops verband. Das Auftreten der Fünkchen verursachte dann Entladung der Trockensäule, somit Zusammenfallen der Blättchen des Elektroskops. Eine Ansicht des Drudeschen Apparates gibt Fig. 1413.

Beim Gebrauch verfährt man in folgender Weise: „Es wird ein Bügel B_2 (ein 2 cm langes, mit Häkchen versehenes Drahtstück von 1 mm Dicke) über die Drähte DD an ihrer Eintrittsstelle P ins Wasser übergelegt. Das Induktorium wird in Gang gesetzt und die Entladungskugeln des Erregers werden möglichst weit

Fig. 1413.

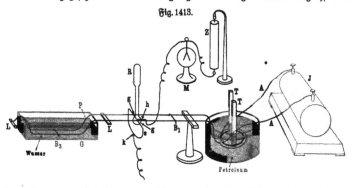

(etwa $\frac{1}{2}$ mm) auseinander gezogen, indem man den einen Träger T eines Erregerdrahtes etwas verschiebt; sofort fallen die Goldblätter des Elektroskops M zusammen. Sodann wird eine zweite Brücke B_1 zwischen Erreger und Zehnderscher Röhre R über die Drähte DD gelegt. Dann spreizen sich die Goldblätter im allgemeinen wieder. Nur bei einer bestimmten Lage von B_1 fallen die Goldblätter wieder zusammen. Diese Lage wird aufgesucht durch Verschieben von B_1, und es wird dann B_1 dort belassen. Bei der getroffenen Anordnung liegt B_1 etwa 36 cm von B_2 entfernt.

Schließlich wird die Brücke B_2 mit Hilfe einer Pinzette allmählich ins Wasser geschoben. Bei Verschiebung um 2 cm gehen plötzlich die Goldblätter auseinander und stehen ruhig. Diese Distanz entspricht $\frac{1}{4}$ Wellenlänge der Schwingung im Wasser. Bei weiterem Verschieben von B_2 fallen die Goldblätter wieder zusammen, um, falls B_2 auf 6 cm verschoben ist, sich wieder ruhig zu spreizen. Man erhält so in dem kleinen Troge vier Stellen des B_2, für welche sich die Goldblätter spreizen

---

[1]) Vakuumröhren und Widerstände sind gebrauchsfertig zu beziehen von Glasbläser J. Kramer in Freiburg i. B., die Akkumulatorenbatterie von Mechaniker Fr. Klingelfuß in Basel.

(Bäuche der elektrischen Kraft) und vier dazwischen liegende Stellen kräftigsten Zusammenfallens (Knoten der elektrischen Kraft). Je nach der Intensität der Schwingungen, d. h. der Distanz, welche man den Entladungskugeln des Erregers gibt, sind entweder die Knotenstellungen oder die Bäuche schärfer zu ermitteln. — Die Distanz aufeinander folgender Knoten oder Bäuche beträgt beim Wasser für 17° C nahezu 4 cm, die halbe Welle in Luft (Entfernung des B_1 vom Wasser) beträgt 36 cm.

Auf diese Weise ergab sich für destilliertes Wasser $\eta = 81$.

Übrigens findet beim Eintritt der Wellen in das Wasser infolge dieses hohen Wertes der Dielektrizitätskonstante des Wassers teilweise Reflexion der Wellen statt, so daß die Intensität der in das Wasser eintretenden Wellenbewegung, wie die Theorie ergibt, 0,23 mal geringer ist als die Intensität der auftreffenden Wellenbewegung.

Neuerdings hat Drude den Apparat noch wesentlich verbessert. Insbesondere wird zur Speisung der Funkenstrecke nicht mehr ein Induktorium, sondern ein Teslatransformator benutzt[1]).

424. Sehr schnelle elektrische Schwingungen. Bei den letzten Versuchen wurden elektrische Schwingungen benutzt, welche noch 100 mal schneller sind, als die bei der oszillierenden Flaschenentladung. Solche Schwingungen entstehen nach H. Hertz, wenn die Entladung zwischen zwei Stücken gut leitenden Drahtes stattfindet

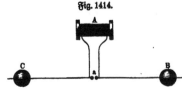

Fig. 1414.

und die Zufuhr der Elektrizität eine genügend reichliche ist, um das Gas längs der Funkenstrecke während der Dauer der Oszillationen gut leitend zu erhalten. Zu diesen Versuchen ist ein großer Funkeninduktor A (52 cm lang, 20 cm Durchmesser) nötig, dessen Klemmen, wie Fig. 1414 andeutet, mit zwei geradlinigen, je 1,3 m langen, 5 mm starken Kupferdrähten verbunden sind, welche bei a, wo die Entladung stattfindet, mit Messingkugeln von 3 cm Durchmesser und ³/₄ cm Abstand versehen sind. Zur Änderung der Schwingungsdauer kann man noch verschieden große Konduktoren B, C (30 cm Durchmesser) in verschiedener Entfernung von der Funkenstrecke aufschieben.

Righi (1893) empfiehlt einen Erreger, bestehend aus zwei geraden Messingröhren, welche beiderseits in Kugeln von 4 cm Durchmesser endigen (Gesamtlänge mit den Kugeln etwa 62 cm) und auf welchen sich zwei kreisförmige Kupferscheiben von 34,5 cm Durchmesser verschieben lassen. Gewöhnlich stehen die Kupferscheiben in etwa 43 cm Abstand voneinander. Die beiden mittleren Kugeln, welche die eigentliche Funkenstrecke von 2 bis 5 mm Länge bilden, befinden sich in einem Glasgefäße innerhalb eines dickflüssigen Gemenges von Vaselinöl und Vaseline. Den beiden äußeren Kugeln gegenüber stehen zwei andere, welche mit den Polen einer Influenzmaschine ohne Leidener Flaschen und etwa 30 cm Funkenlänge verbunden sind und durch die Funken, welche bei möglichst großer Länge noch weiß und glänzend sein sollen, dem Erreger die Elektrizität zuführen.

---

[1]) Drude, Ann. d. Physik 8, 336, 1902. Der Apparat ist zu beziehen von Mechaniker W. Schmidt in Gießen.

Es lassen sich so bis vier Milliarden Schwingungen pro Sekunde erzeugen. Bei diesen Versuchen ist nicht, wie bei der oszillatorischen Flaschenentladung, der Schließungskreis vorwiegend metallisch, sondern der Strom verläuft größtenteils als dielektrische Verschiebung (s. Fig. 1418, S. 739), ähnlich wie bei dem Gleichnis Fig. 1337 (S. 688) und Fig. 1349 (S. 699). Die Formel für die Schwingungsdauer erleidet in solchen Fällen eine kleine Änderung, sie lautet nun:

$$T = \pi \sqrt{2\,C\,L} \ \text{ Sekunden [1]}.$$

Die Bestimmung des Selbstinduktionskoeffizienten ist hierbei mit einigen Schwierigkeiten verbunden, läßt sich aber durchführen, wenn man auf große Genauigkeit verzichtet. Wären beispielsweise zwei kugelförmige Konduktoren durch einen geraden Draht von l Metern Länge und R Metern Querschnittsradius verbunden, so ergäbe sich annähernd [2]

$$L = 2 \cdot 10^{-7} \cdot l \cdot \log nat \ \frac{l}{R} \ \text{Henry}.$$

Wäre ferner der Radius der beiden Kugeln R' Meter, also deren Kapazität nach § 35 (S. 68)

$$C = \frac{R'}{9 \cdot 10^9} \ \text{Farad},$$

so würde folgen

$$T = \pi \sqrt{\frac{2\,R'}{9 \cdot 10^9} \cdot 2 \cdot 10^{-7} \cdot l \cdot \log nat \ \frac{l}{R}} \ \text{Sekunden}.$$

Sei etwa der Kugelradius $R' = 0,15\,\text{m}$, der Halbmesser des Drahtquerschnittes $R = 0,0025\,\text{m}$ und die Länge des Drahtes $l = 1,2\,\text{m}$, so ergibt sich

$$T = 3,14 \cdot \sqrt{\frac{4 \cdot 0,15 \cdot 10^{-7} \cdot 1,2}{9 \cdot 10^4} \cdot \log nat \ \frac{1,2}{0,0025}} = 2,21 \cdot 10^{-8} \ \text{Sekunden},$$

somit eine Schwingungszahl von 45 200 000 pro Sekunde.

425. Resonanz bei schnellen Schwingungen nach Hertz. Wird, wie bei Fig. 1415, ein Stromleiter $abcd$ in Form eines Quadrates von 75 cm Seitenlänge (bestehend aus 2 mm starkem Kupferdraht) in 30 cm Abstand von dem Oszillator ABC auf Siegellackstangen isoliert aufgestellt, so entstehen an dem in die Mitte der dem Entladungsapparate abgewendeten Seite eingeschalteten Funkenmikrometer M Fünkchen bis zu 0,9 mm Länge. Berührt man die beiden Pole des Entladungsapparates mit isolierten Metallkugeln von 8 cm Durchmesser, wodurch die Schwingungsdauer der primären Oszillationen geändert wird, so kann bei passender An-

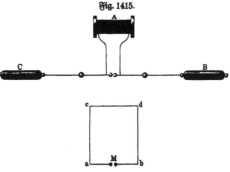

Fig. 1415.

---

[1]) Die Ableitung siehe Drude, Physik des Äthers, S. 395. — [2]) Ebenda S. 396.

näherung der Kugeln die Funkenlänge des sekundären Kreises auf 2,5 mm gebracht werden, berührt man dagegen mit sehr großen Konduktoren, so sinkt die Funkenlänge auf einen kleinen Bruchteil eines Millimeters. Werden die beiden Konduktoren des Funkenmikrometers mit den Platten eines Luftkondensators verbunden, so wirkt Annäherung derselben ebenso zunächst förderlich, dann schädlich. Ähnlich wirkt Verschiebung der Konduktoren B und C. Werden diese einander auf 1,5 m genähert, so erreicht die Funkenlänge das Maximum von 3 mm, bei weiterer Annäherung sinkt sie auf 1 mm. In allen Fällen wird die größte Wirkung erhalten, wenn die Schwingungsdauer im primären und sekundären Kreise die gleiche ist (elektrische Resonanz).

Sollen die Versuche gelingen, so müssen die Kugeln des Erregers, zwischen welchen der Funke überspringt, sehr rein gehalten werden, gut poliert und völlig frei von kondensiertem Wasserdampf sein. Der Primärfunke, dessen Länge zweckmäßig = 0,75 cm groß gewählt wird, hat dann einen scharfen lauten Knall und

Fig. 1416.

weißliche, nicht rötliche Farbe. Ist dies nicht der Fall, so verhält sich die Funkenstrecke nicht wie ein Stück der metallischen Leitung, und die Oszillationen des Erregers, somit auch des Resonators, finden nicht statt.

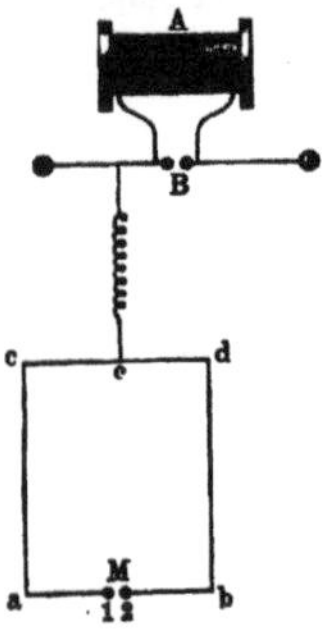

426. Interferenz elektrischer Schwingungen. Wird, wie Fig. 1416 zeigt, der viereckige Draht, welcher beim vorigen Versuche als sekundärer Stromleiter diente, mit einem der Drähte des Entladungsapparates durch einen beliebigen Draht in Verbindung gesetzt, so pflanzen sich die elektrischen Schwingungen in ersterem in diese Seitenleitung hinein fort und verzweigen sich in die beiden Teile des viereckigen Leiters zu beiden Seiten der Ansatzstelle. Sind diese, wie in der Figur angenommen, gleich, so kommen die Wellen gleichzeitig an den beiden Kugeln des Funkenmikrometers M an, es kann also kein Funke entstehen. Dies ist aber möglich, wenn die Ansatzstelle nicht symmetrisch liegt, und man beobachtet in der Tat Funken (3 bis 4 mm lang), die um so stärker ausfallen, je größer die Wegdifferenz der beiden Wellen (H. Hertz).

427. Induktionswirkungen ungeschlossener Ströme. Die Ströme in der Seitenleitung sind, wie durch den in Fig. 1417 dargestellten Versuch nachgewiesen werden kann, ebenfalls imstande, induzierende Wirkungen auszuüben. Befestigt man nämlich an dieselbe statt des viereckigen Stromleiters den Konduktor C und nähert den viereckigen Leiter (80 cm breit, 125 cm lang) von der Seite her, so zeigen sich an dem Mikrometer 1 bis 2 mm lange Funken. Eine Verstärkung der Wirkung wird erzielt, wenn durch Anhängen eines zweiten gleichen Konduktors C' (Gegengewicht genannt) an die freie Seite des Entladungsapparates die Bildung der Schwingungen begünstigt wird.

Der Versuch gelingt auch mit einem offenen sekundären Leiter, wenn z. B. als solcher ein in der Mitte durch ein Funkenmikrometer unterbrochener geradliniger Kupferdraht in 60 cm Abstand gewählt wird, dessen Enden mit Kugeln von 10 cm Durchmesser versehen sind. Selbst in 3 m Entfernung ist noch schwache Wirkung bemerkbar (H. Hertz).

Man kann aus diesen Versuchen schließen, daß, wie es auch die Maxwellsche Theorie verlangt, nicht nur ein elektrischer Strom, sondern auch dielektrische Verschiebung ein Magnetfeld erzeugt.

In einem ringförmig zusammengebogenen, aber an einer Stelle offenen Stromleiter, in welchem plötzlich auf irgend eine Weise, z. B. infolge der Bewegung eines Magnetstabes in der Richtung der Achse des Kreises, eine elektromotorische Kraft auftritt und einen „ungeschlossenen Strom" erzeugt, entsteht ein Magnetfeld, ebenso wie wenn die Lücke a b (Fig. 1418) metallisch geschlossen wäre, wenn auch die Intensität des Stromes und somit die Zahl magnetischer Kraftlinien eine erheblich kleinere ist, als in letzterem Falle. Nun findet in dem punktierten Verbindungsstück in dem Dielektrikum in Wirklichkeit nur „dielektrische Verschiebung" (vergl. S. 688) statt. Dieser Verschiebungsstrom muß also in gleicher Weise Kraftlinien erzeugen, wie der entsprechende „Leitungsstrom", somit auch Induktionswirkungen ausüben wie dieser, was Hertz tatsächlich konstatieren konnte.

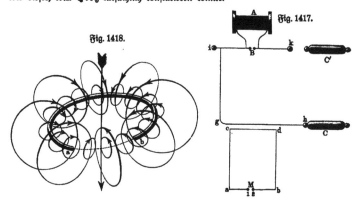

Fig. 1417.

Fig. 1418.

428. Induktion durch dielektrische Verschiebung. Bringt man bei dem Versuche § 425 (S. 737) den Resonator in verschiedene Lagen zum Oszillator, so wird das Funkenspiel zwischen den Enden des Resonators bald stärker, bald schwächer, oder hört auch wohl ganz auf. Zur Erklärung dieser Verschiedenheiten ist zu berücksichtigen, daß die Einwirkung des Oszillators auf den Resonator in doppelter Weise stattfindet, durch (elektrodynamische) Induktion und durch (elektrostatische) Influenz.

Erstere erreicht ihr Maximum dann, wenn der Resonator möglichst viel Kraftlinien des den Oszillator umgebenden magnetischen Feldes einschließt, also, da nach § 247 (S. 407) diese Kraftlinien konzentrische Kreise um den Erreger bilden, wenn der Resonator in einer durch den Erreger gehenden Ebene liegt und diesem möglichst nahe ist.

Dreht man den kreisförmig gedachten Resonator in seiner Ebene um seinen Mittelpunkt, so werden die Funken an der Unterbrechungsstelle am stärksten, wenn diese dem Primärleiter abgewandt, am schwächsten, wenn sie ihm zugewandt ist, weil im ersten Falle zur elektromagnetischen Wirkung die elektrostatische sich addiert.

Steht die Resonatorebene senkrecht auf einer durch den Primärleiter gelegten Ebene, und zwar so, daß ihre Achse den Primärleiter in der Funkenstrecke senkrecht

47*

trifft, so gehen ebensoviele magnetische Kraftlinien durch die Resonatorfläche nach der einen, wie nach der entgegengesetzten Richtung, es ist somit nur elektrostatische Wirkung vorhanden. Bei Drehung des Resonators erreichen die Funken ein Maximum, wenn die Funkenstrecke möglichst weit von der durch den Primärleiter gelegten Ebene entfernt ist, sie verschwinden ganz, wenn sie in diese Ebene fällt.

Fällt der Mittelpunkt des Resonators in die Funkenstrecke des Erregers und ist seine Ebene senkrecht zum Primärleiter, so treten bei keiner Stellung der sekundären Funkenstrecke Funken auf, da in diesem Falle sowohl die magnetische wie die elektrische Wirkung = 0 ist.

Bringt man in die Nähe des Primärleiters etwa einen parallelen Leiter, in welchem durch Induktion Schwingungen entstehen, so tritt eine entsprechende Verschiebung der Orte ein, an welchen die Sekundärfunken ihr Maximum erreichen oder verschwinden. Diese Erscheinung hat Hertz dazu verwertet, nachzuweisen, daß sich dielektrische Verschiebung hinsichtlich der Induktionswirkungen ebenso verhält, wie ein eigentlicher Strom.

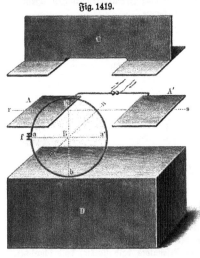

Fig. 1419.

Die Fig. 1419 zeigt die wesentlichen Teile des von Hertz (1887) ersonnenen Apparates, welche man sich noch durch ein leichtes Holzgestell verbunden zu denken hat.

Der primäre Leiter A A' besteht aus zwei quadratischen Messingplatten von 40 cm Seitenlänge, welche durch einen 70 cm langen, ¹/₂ cm starken Kupferdraht verbunden sind. In der Mitte des letzteren ist eine ³/₄ cm lange Funkenstrecke eingeschaltet, deren Pole gut polierte Messingkugeln bilden. Diese werden mit den Polen eines größeren Induktionsapparates verbunden, wie bei den Versuchen in § 425 (S. 737). Der sekundäre Leiter B ist ein genauer Kreis aus 2 mm starkem Kupferdraht, unterbrochen durch das Funkenmikrometer f. Da bei den gewählten Dimensionen Resonanz zwischen dem primären und sekundären Leiter besteht, so können bei günstiger Lage des sekundären Leiters in dem Mikrometer Funken von 6 bis 7 mm Länge erhalten werden. Um das Mikrometer an verschiedene Orte des Kreises bringen zu können, ist letzterer auf der drehbaren Achse mn befestigt, welche in die Ebene der Platten A und A', und zwar in die Mittellinie mn derselben fällt. Der geringste Abstand zwischen A A' und B beträgt 12 cm.

Fällt die Funkenstrecke f in die horizontale Ebene von A A', also in die Punkte a und a', so ist sie völlig funkenfrei. Schon eine geringe Drehung aus dieser Lage läßt Funken erscheinen, welche an Länge und Intensität immer mehr zunehmen, je weiter sich die Funkenstrecke von der Gleichgewichtslage entfernt, und eine maximale

Länge von 8 mm erreichen, wenn sie in den höchsten Punkt b' oder den tiefsten b tritt. Bedingung, daß diese Erscheinung in voller Reinheit auftrete, ist, daß sich kein fremder Körper (also auch nicht der Beobachter) in der Nähe befindet.

Wie ein fremder leitender Körper die Erscheinung beeinflußt, wird gezeigt mit Hilfe der Vorrichtung C, welche, wie aus der Figur zu ersehen, aus drei Stücken Blech zusammengelötet ist. Die Schwingungen in AA' erregen durch Influenz und Induktion auch Schwingungen in C, welche ihrerseits wieder solche in B erzeugen, die sich mit den dort direkt durch AA' hervorgebrachten zusammensetzen. Der Erfolg ist der, daß die Punkte, in welchen bei Drehung des Kreises B die Funken verschwinden, nicht mehr a und a' sind, sondern nach oben verschoben erscheinen, und daß im Punkte b die Funkenlänge ab-, in b' zugenommen hat. Durch Annäherung eines gleichgeformten Leiters wie C von unten her könnte man diese Änderung wieder kompensieren. Das Gleiche ist nun aber auch, wie der Versuch zeigt, möglich, wenn man von unten her einen Klotz D aus isolierendem Stoff (Zusammenstellung von Büchern, Asphaltblock, Paraffin, Schwefel, Holztrog mit Petroleum u. s. w.) nähert, in welchem elektrische Ströme unmöglich sind, sondern nur dielektrische Verschiebung (wie im Glase einer Leidener Flasche) stattfinden kann. Es folgt somit, daß oszillierende dielektrische Verschiebungen dieselbe Induktionswirkung ausüben, wie oszillierende Ströme in Leitern. Läßt man den isolierenden Block allein wirken, so wird der Funke im höchsten Punkte b' stärker, in b schwächer und die Nullpunkte erscheinen nach unten verschoben. Am besten geeignet erwies sich bei den Versuchen von Hertz ein Asphaltblock von 1,4 m Länge, 0,9 m Höhe und 0,4 m Breite (Gewicht 800 kg).

429. Variable Ströme in Leitungen mit Selbstinduktion. Hat eine Leitung den Selbstinduktionskoeffizienten L und ist die momentane Stromstärke I, so ist die elektromotorische Kraft der Selbstinduktion $= \dfrac{d(L.I)}{dt}$. Wirkt also auf diese Leitung, deren Widerstand $= R$ Ohm sei, die elektromotorische Kraft E Volt, so ist nicht

$$E = RI,$$

sondern

$$E = RI + \frac{d(LI)}{dt},$$

woraus folgt:

$$I = I_1 + (I_0 - I_1)\, e^{-\frac{R.t}{L}},$$

wenn I_1 die dem dauernden Zustande entsprechende Stromstärke und I_0 der Anfangswert. Denn setzen wir diesen Wert von I in die Differentialgleichung für E ein, so folgt:

$$E = R\left[I_1 + (I_0 - I_1)\, e^{-\frac{Rt}{L}}\right] - (I_0 - I_1)\, R.e^{-\frac{R}{L}.t} = R.I_1,$$

was dem Ohmschen Gesetze entspricht, also richtig ist.

Die gesamte in der Zeit t die Leitung durchfließende Elektrizitätsmenge ergibt sich zu:

$$\int_0^t I\,dt = I_1 t + (I_0 - I_1)\frac{L}{R}\left(1 - e^{-\frac{Rt}{L}}\right)$$

ober für sehr großes t:

$$= I_1 t + (I_0 - I_1)\,\frac{L}{R}.$$

Die Arbeit des Stromes in der Zeit t wird für großes t

$$\int_0^t \frac{1}{g}\cdot R I^2 . dt = \frac{R}{g}\int_0^t I^2\, dt = \frac{1}{g} R . I_1^2 . t + \frac{1}{g} L\,(I_0 - I_1).$$

Das erste Glied der Summe ist die Arbeit, welche zur Erwärmung des Stromkreises verbraucht würde, wenn die Stromstärke konstant I_1 wäre, das zweite Glied ist bedingt durch die Erzeugung des Magnetfeldes.

430. Stromerscheinungen in Kabeln[1]. Legt man das eine Ende eines Kabels an den einen Pol einer Batterie, deren anderer Pol ebenso wie das andere Ende des Kabels zur Erde abgeleitet ist, so könnte man dem Ohmschen Gesetze entsprechend erwarten, daß sich in dem Kabel ein gleichmäßiger Abfall des Potentials ausbilden würde, wie in § 57 (S. 135) dargelegt, so daß man, wenn die Spannungen als Ordinaten, die Entfernungen vom geladenen Ende als Abszissen in ein Koordinatensystem eingetragen würden, eine gerade Linie erhielte.

Fig. 1420.

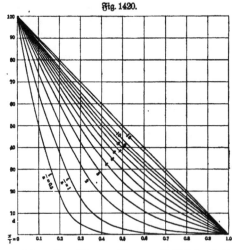

Wäre z. B., wie in Fig. 1420, die Spannung des Batteriepols 100 Volt, die Länge des Kabels = 1 km, so müßte der Spannungsabfall durch die von Punkt 100 auf der Ordinatenachse zum Punkte 1 auf der Abszissenachse gezogene Gerade dargestellt werden.

In Wirklichkeit ist dies auch der Fall, aber erst einige Zeit nach Anlegung des Kabelanfangs an den Batteriepol. Im ersten Moment dagegen ist die Spannungsverteilung eine wesentlich andere, und zwar derart, daß nur der Kabelanfang die volle Spannung besitzt und von da an die Spannung rasch abfällt und in einiger Entfernung noch 0 ist. Es bringt also die Spannung nur allmählich im Kabel vor, ähnlich wie die Wärme in einem Stabe, welcher an einem Ende erhitzt, am anderen kalt gehalten wird, ebenfalls nur allmählich vordringt, so daß sich erst nach längerer Zeit ein stationärer Temperaturabfall herstellt. Die verschiedenen

---

[1] Siehe auch O. Frölich, Handbuch der Elektrizität und des Magnetismus, Berlin 1887, Springer, S. 365.

Kurven in Fig. 1420 zeigen diesen Spannungsabfall im Kabel für die Zeiten 0,5, 1, 2, 3, 4, 5, 6, 7, 8, 9, 10 ... 15 in einer willkürlichen Zeiteinheit.

Stellt man die Werte der Spannung an einem bestimmten Punkte des Kabels dar, indem man als Abszissen die Zeiten, als Ordinaten die Spannungen in ein Koordinatensystem einträgt, so ergeben sich für die Abstände 0,1, 0,2, 0,3, 0,4, 0,5, 0,6, 0,7, 0,8 und 0,9 vom Kabelanfang die in Fig. 1421 dargestellten Kurven.

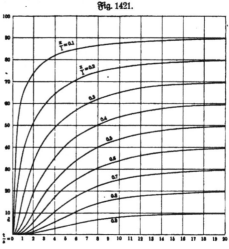

Fig. 1421.

Aus der Verteilung der Spannung läßt sich nach dem Ohmschen Gesetze für jeden Punkt des Kabels die Stromstärke ableiten, da sie stets proportional sein muß der Tangente an die Kurve der Spannung (Fig. 1420). Es ergibt sich so das System der Kurven Fig. 1422, wobei die Ordinaten die Stromstärken, die Abszissen die Abstände vom Kabelanfang darstellen und die höchste Kurve für die Zeit 0,5, die niedrigste (eine zur Abszissenachse parallele Gerade) für die Zeit nach Eintritt des stationären Zustandes gilt.

Wie man sieht, ist die Stromstärke während des veränderlichen Zustandes nicht wie bei konstantem Strom in allen Teilen der Leitung dieselbe, sondern

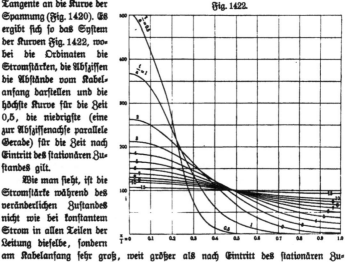

Fig. 1422.

am Kabelanfang sehr groß, weit größer als nach Eintritt des stationären Zustandes, und in einiger Entfernung vom Kabelanfang = 0.

Hiernach könnte es scheinen, als sei in diesem Falle der Satz (§ 401, S. 686), daß ein Strom stets in sich geschlossen sei, unrichtig. Dies ist indes nicht der Fall, da sich die Stromfäden, welche scheinbar in einiger Entfernung vom Kabelanfang

enbigen, im umgebenben Dielektrikum als Linien ber bielektrischen Verschiebung fort=
setzen, mit anberen Worten, ber starke Strom, ber im erſten Moment in baß
Kabel eintritt, gelangt nicht an baß Enbe, weil er bazu verbraucht wirb, baß
Kabel ähnlich wie eine Leibener Flasche zu laben. Da bieser Strom stärker ist als
ber stationäre, so bebingt er eine weit stärkere Abnutzung ber Stromquellen
(Batterien), als wenn nur ber stationäre Strom in Betracht käme.

Den zeitlichen Verlauf beß Stromeß an verschiebenen Punkten beß Kabelß zeigt
Fig. 1423. Die Abzissen bebeuten in bieser Figur bie Zeiten, bie Orbinaten bie
Stromstärken, bie einzelnen Kurven gelten für bie einzelnen Stellen beß Kabelß,
z. B. bie oberste für ben Anfang, bie unterste, bie sogenannte „Kurve beß an=
steigenben Stromeß", für baß Enbe.

Man sieht, baß am Enbe beß Kabelß erst nach Verlauf einiger Zeit ber Strom
einen merklichen Wert erlangt, bann rasch ansteigt unb sich bann langsam bem

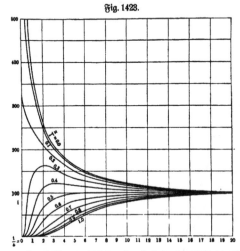

Fig. 1423.

stationären Werte nähert,
wie man leicht an einem
eingeschalteten Galvano=
meter beobachten kann.

Diese Tatsache ist von
großer Bebeutung für bie
Kabeltelegraphie, ba eß sich,
um rasch telegraphieren zu
können, barum hanbelt,
bie Instrumente so zu kon=
struieren, baß bieselben
schon reagieren, wenn eben
ber Strom anzusteigen be=
ginnt, ba baß Abwarten
beß stationären Stromeß
zu lange aufhalten würbe.

Da ein solcheß Instru=
ment infolge von Reibungs=
wiberstänben u. s. w. ben
Strom erst anzeigt, wenn
er eine bestimmte Stärke erlangt hat, so erhält ber Beobachter ben Einbruck, als
ob überhaupt erst nach einer bestimmten Zeit, welche z. B. bei einem von Prof.
H. F. Weber in Zürich auß Glühlampen unb angehängten Konbensatoren her=
gestellten „künstlichen Kabel"[1] 6 Sekunben beträgt, ber in baß Kabel hinein=
geschickte Strom am Enbe ankäme unb nun, erst rasch, bann langsam, seinen
normalen Wert annähme. In Wirklichkeit tritt ber Strom, inbeß allerbings mit
äußerst geringer Stärke, schon fast im gleichen Moment auf, in welchem ber Anfang
beß Kabelß an bie Batterie gelegt wirb, ba bie wahre Fortpflanzungsgeschwindig=
keit elektrischer Störungen 300 000 km pro Sekunbe beträgt. Die beobachtete „Ver=
zögerung" erweist sich naturgemäß um so größer, je größer bie Reibungswiber=
stänbe u. s. w. in bem benützten Galvanometer sinb, b. h. je weniger empfinblich
bieseß ist.

[1] Zu beziehen zum Preise von 15000 Mk. von bem Ebelmannschen Institut in
München.

Bei verſchieden langen, im übrigen aber gleichartigen Kabeln verhalten ſich die Verzögerungen wie die Quabrate der Längen. Benutzt man alſo beiſpiels‑weiſe nur die Hälfte des Weberſchen Kabels, ſo beträgt die Verzögerung nur $^6/_4 = 1{,}5$ Sekunden.

Dieſer Satz iſt ein Spezialfall eines allgemeineren, welcher lautet: „Die Zeiten, bei welchen in verſchiedenen Kabeln an einander entſprechenden Stellen dieſelbe Spannung und Stromſtärke eintritt, verhalten ſich wie die Probukte **Wiberſtand unb Kapazität**.“ Eine Anwendung dieſes Satzes auf die Kurve des anſteigenden Stromes zeigt Fig. 1424. Die drei Kurven ſind die Kurven des anſteigenden Stromes für drei Kabel, deren Längen ſich wie $1:2:3$, deren Probukte Wiberſtand

Fig. 1424.

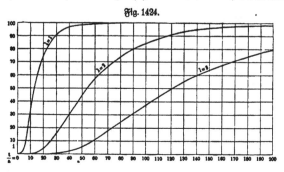

× Kapazität ſich alſo wie $1:4:9$ verhalten. Die Abſziſſen bedeuten hundertſtel Sekunden. Legt man irgendwo eine zur Abſziſſenachſe parallele Gerade, ſo ver‑halten ſich die Abſtände der Schnittpunkte mit den drei Kurven vom Anfang, b. h. die Zeiten, zu welchen die Stromſtärke in den drei Kabeln denſelben Wert erlangt, ſtets wie $1:4:9$.

Wird der Kabelanfang nach Eintritt des ſtationären Stromes an die Erde gelegt, ſo wird der Strom am Ende ebenfalls nicht ſofort $= 0$, ſondern fällt erſt raſch, bann langſam ab, und die graphiſche Darſtellung ergibt eine Kurve, welche gerade umgekehrt verläuft wie die Kurve des anſteigenden Stromes und aus dieſer er‑halten wird, indem man ſie einfach umlegt (Fig. 1425).

Fig. 1425.

Wird der Kabelanfang abwechſelnb poſitiv, bann negativ gelaben, ſo ſchreiten im Kabel elektriſche Wellen fort, deren Fortpflanzungsgeſchwindigkeit proportional zu

$$\sqrt{\frac{n}{C \cdot W}}$$ iſt, wenn n die Anzahl der Wellen in der Zeiteinheit, C die Kapazität unb W der Wiberſtand des Kabels. Da die Kapazität abhängt von der Dielektrizitäts‑konſtante, kann man auch ſagen, die Fortpflanzungsgeſchwindigkeit ſei um ſo geringer, je größer die Quabratwurzel aus der Dielektrizitätskonſtante.

Wird alſo etwa blanker Draht aus Luft in Petroleum geführt, b. h. in ein Medium von größerer Dielektrizitätskonſtante, ſo ſchreiten im Petroleum die Wellen langſamer fort. Es iſt von Intereſſe, hierauf hinzuweiſen, weil ſich in gleicher Weiſe die Brechung des Lichtes erklärt, b. h. durch die geringere Fortpflanzungs‑geſchwindigkeit im Petroleum wegen deſſen größerer Dielektrizitätskonſtante.

Ist s_0 die höchste Spannung am Anfang des Kabels, s diejenige in der Entfernung x vom Anfang, so ist

$$s = s_0 \cdot e^{-\sqrt{c.w.n.}}$$

Die Schwächung ist also um so beträchtlicher, je größer die Schwingungsanzahl und je größer das Produkt Kapazität × Widerstand.

Ist das Kabel z. B. von einer eisernen Schutzhülle umgeben, so kommt auch (abgesehen von der Erzeugung von Wirbelströmen) die Erzeugung von magnetischer Energie in diesen Eisenmassen, d. h. die Selbstinduktion in Betracht und zwar erweist sich die Fortpflanzungsgeschwindigkeit auch umgekehrt proportional der Quadratwurzel aus der magnetischen Permeabilität.

In ähnlicher Weise wie die Kapazität wirken deshalb auch z. B. von Strecke zu Strecke eingeschaltete Selbstinduktionsspulen, welche, da sie hinsichtlich des scheinbaren Widerstandes der Leitung der Kapazität entgegenwirken, geeignet sind, die Intensität (Stromstärke) der Wellenströme zu vergrößern, obschon sie deren Fortpflanzungsgeschwindigkeit beeinträchtigen. Hiervon wird bei Telephonie auf große Entfernungen praktischer Gebrauch gemacht (Pupinspulen).

431. Energiestrom. Der Sitz der elektrischen Energie ist das Dielektrikum außerhalb der Drahtleitung. In besonders deutlicher Weise zeigt sich dies bei elektrischer Kraftübertragung mit Wechselstrom oder Drehstrom. Die Primärmaschine erhält die Energie von einer Turbine oder Dampfmaschine und überträgt sie in unsichtbarer Weise durch die Luft auf die Armatur, innerhalb deren das Magnetkreuz oder der Magnetkranz rotiert. Nun schreitet die Energie der Drahtleitung entlang bis zur Sekundärmaschine, wo sie in ebenso unsichtbarer Weise durch die Luft auf deren Magnetkreuz (Magnetkranz) und die damit in Verbindung stehenden zu betreibenden Arbeits-Maschinen übergeht.

Wird der Wechselstrom auf seinem Wege einmal oder mehrmals transformiert, so muß jeweils die Energie in ganz unmerklicher Weise durch die Luft und andere Dielektrika von den induzierenden auf die induzierten Windungen der Transformatoren übergehen.

Während man also bei Kraftübertragung durch Gleichstrommaschinen, wo eine ununterbrochene Leitung den Strom fortführt, annehmen könnte, auch die Energie bewege sich in dieser Leitung, ist es bei Kraftübertragung durch Wechselstrom, wo Kontinuität der metallischen Leitung nicht vorhanden ist, vielmehr beliebig viele Unterbrechungen vorhanden sein können, ohne daß die Möglichkeit der Energieübertragung aufhört, völlig ausgeschlossen, daß die metallische Leitung der Weg sei, durch welchen die Energie fortschreitet, diese kann lediglich dem Flusse der Energie eine bestimmte Richtung geben.

Ist die Ansicht richtig, so muß Unterbrechung der Kontinuität des Dielektrikums die Fortpflanzung der Energie unmöglich machen. In der Tat hat man nur die induzierten Windungen der Primär- oder Sekundärdynamo oder eines Transformators durch eine geschlossene metallische Hülle von den Primärwindungen zu trennen, um jede Kraftübertragung zu verhindern.

Obschon wir also in dem Dielektrikum keinerlei Bewegung oder sonstige Veränderung sehen, ist die elektrische Energieübertragung eine derartige, als ob eine endlose Reihe von unsichtbaren Zahnrädern im Dielektrikum den Übergang der

Energie vermittelte, während die Drahtleitung nur gewiſſermaßen den Zapfen dieſer Räder zur Stütze dient und durch deren Reibung ſich erwärmt.

Bei einer mehrere hundert Meter langen Transmiſſionswelle würde man beob= achten können, daß die Übertragung der Bewegung nicht momentan ſtattfindet, ſondern etwa mit der Geſchwindigkeit des Schalles im Eiſen. Wäre beiſpielsweiſe die Länge der Transmiſſionswelle 5000 m, ſo würde faſt genau eine Sekunde ver= fließen, bis die Drehung, die man dem einen Ende mitteilt, am anderen ankommt. Für den Fall der Fortleitung der elektriſchen Energie gilt Ähnliches, doch iſt die Fortpflanzungsgeſchwindigkeit bedeutend größer, nämlich 300 000 000 m pro Sekunde [1]).

Würde man ſtatt einer maſſiven Transmiſſionswelle eine Stahldrahtſpiralfeder verwenden, bei welcher ſich die dem einen Ende mitgeteilte Bewegung nicht nur einfach fortpflanzt, ſondern teilweiſe als potentielle Energie durch elaſtiſche Ver= drehung der Feder anhäuft, ſo würde die Übertragung eines Bewegungsantriebes weit langſamer erfolgen als mit der Geſchwindigkeit von 5000 m pro Sekunde, zumal wenn die Feder ebenſo wie die Welle in zahlreichen Lagern mit Reibung liefe. Noch geringer wäre die Geſchwindigkeit, wenn von Strecke zu Strecke ein Schwung= rad angebracht wäre, deſſen Trägheitswiderſtand überwunden werden müßte.

Gleiches gilt für ein elektriſches Kabel, welches infolge der leitenden Außen= ſchicht ähnlich wie eine große Leidener Flaſche wirkt, ſo daß die am einen Ende eingeleitete Energie dazu verbraucht wird, dieſen langgeſtreckten Kondenſator zu laden, eventuell, falls auch Selbſtinduktionsſpulen eingeſchaltet ſind, um die magne= tiſche Energie der Eiſenkerne in dieſen Spulen zu erzeugen. Der Reibung in den Lagern entſpricht der galvaniſche Widerſtand.

Wird ein Kondenſator oder ein galvaniſches Element A, wie die Fig. 1426 an= deutet, durch einen Draht geſchloſſen, ſo daß ein elektriſcher Strom zuſtande kommt, ſo wandert die elektriſche Energie von A aus durch das den Draht umgebende Dielektrikum in den Raum hinaus längs Stromlinien, welche die Schnitte der magnetiſchen Niveauflächen mit den elektriſchen ſind. Eine magnetiſche Niveaufläche iſt in der Figur die Ebene der Zeichnung, die Energieſtromlinien ſind ſomit die ſenkrecht durch die elektriſchen Kraftlinien (punktiert) gezogenen elektriſchen Niveaulinien. Durch die Kraftlinien werden zwiſchen je zwei Stromlinien Energiezellen abgegrenzt, die ſich in der Richtung der Pfeile weiterbewegen und ihren Energieinhalt an den Draht abgeben, wo er ſich in Wärmeenergie verwandelt.

Fig. 1426.

Je geringer der Widerſtand des Leiters, um ſo weniger Energie vermag in denſelben einzudringen, ein Leiter vom Widerſtande 0, wie es manche Metalle in der Nähe des abſoluten Nullpunktes der Temperatur zu ſein ſcheinen, würde gar keine Energie in ſich eindringen laſſen.

---

[1]) Siehe auch M. Abraham=Föppl, Theorie der Elektrizität, Leipzig 1904, Teubner; E. Cohn, Das elektromagnetiſche Feld, Leipzig 1900, Hirzel; Ebert, Magnetiſche Kraft= felder, Leipzig 1897, Barth. Boltzmann, Vorleſungen über Maxwells Theorie der Elektrizität und des Lichtes, Leipzig 1893, Barth.

An der Oberfläche des Drahtes tritt eine Brechung der Energiestrom=
linien ein, da diese im Innern des Drahtes senkrecht zur Oberfläche verlaufen
müssen, weil jeder Drahtquerschnitt eine Äquipotentialfläche ist und die elektrischen
Kraftlinien (identisch mit den Stromlinien des elektrischen Stromes) der Draht=
oberfläche parallel verlaufen.

Bei Wechselströmen hoher Frequenz vermag die Energie nur in geringe Tiefe
unter die Drahtoberfläche einzudringen.

Der Fall der Entstehung eines Induktionsstromes in einem ringförmigen
Leiter ist in Fig. 1427 dargestellt. Zur Erzeugung des Stromes kann ein Magnet=
stab (durch die schattierte runde Stelle in der Mitte
angedeutet) in den Ring hineingeschoben oder heraus=
gezogen oder ein Elektromagnet erregt oder außer
Tätigkeit gesetzt werden. Den gleichen Effekt würde
es auch haben, wenn der Elektromagnet durch ein
stromdurchflossenes Solenoid oder eine rotierende,
elektrisch gemachte Scheibe ersetzt würde. Bei Ver=
wendung von Wechselstrom oder alternierender Ladung
oder Rotationsrichtung der Scheibe würde natürlich
Wechselstrom induziert, d. h. die Spiralen, welche
die Stromlinien der Energie und die elektrischen
Kraftlinien darstellen, würden ihre Rolle abwechselnd

Fig. 1427.

vertauschen. Die in die Drahtoberfläche eintretenden Energiezellen strömen in allen
Fällen schräg zur Oberfläche hin, d. h. während des Eintritts verschieben sich die
Ausgangspunkte der Kraftlinien, also die elektrischen Ladungen, von denen sie ihren
Ausgang nehmen, wie dies auch notwendig ist, falls ein elektrischer Strom zustande
kommen soll. Bei Fig. 1427 kann man besonders leicht übersehen, daß die Ver=
schiebung, somit die Stromstärke an allen Punkten der Leitung dieselbe sein muß.
(Vgl. § 401, S. 685.)

Nachträge zu Band II.

Abteilung 1:

Zu S. 8, § 4. Eine einfache Form des Goldblattelektroskops beschreiben Schreber u. Springmann, Experimentierende Physik, Bd. 2, S. 128. Die Blattgoldstreifen werden mit der Schere ausgeschnitten zugleich mit dem auf beiden Seiten anliegenden Papier in den käuflichen Heftchen.
Eine neue Form des Gabelelektroskops ist angegeben von Busch in Z. 20, 105, 1907.

Zu S. 17, § 8. Bei dem in Fig. 32 dargestellten Versuch ergäbe sich bei 0,5 m Abstand der Kugelmittelpunkte $K = 445 . 10^{-6}$ Decimegadynen, also

$$m = 0,5 \sqrt{\frac{445 . 10^{-6}}{9 . 10^9}} = 0,11 . 10^{-6} \text{ Coulomb} = 0,11 \text{ Mikrocoulomb.}$$

Tatsächlich war bei $r = 0,35$ m das nötige Zulagegewicht $= 0,0003$ kg $= 0,0003 . 9,81$ Decimegadynen, somit ohne Rücksicht auf Influenz und den Fehler in der Bestimmung von r, insofern bei geringerem Abstand der Kugelmittelpunkt nicht auch Schwerpunkt ist,

$$m = 0,35 \sqrt{\frac{0,0003 . 9,81}{9 . 10^9}} = 0,2 . 10^{-6} \text{ Coulomb.}$$

Zu S. 48, § 21. Es empfiehlt sich, nachdem oben (S. 17) die Ladung eines kugelförmigen Konduktors von 0,1 m Radius zu $0,2 . 10^{-6}$ Coulomb bestimmt worden ist, die Spannung in verschiedenen Abständen von demselben zu berechnen. Sie ergibt sich in 1 m Abstand $= 9 . 10^9 . 0,2 . 10^{-6} = 1800$ Volt, in 0,5 m $= 3600$ Volt, in 2 m $= 900$ Volt u. s. w. Man kann ferner Niveaulinien (Kreise) ziehen für gleiche Spannungsunterschiede, z. B. von je 100 Volt. Ist an einer Stelle die Spannung E Volt, so ist dort die potentielle Energie von m Coulomb $= E . m$ Joule.

Zu S. 49, § 22. Über die Darstellung elektrischer Kraftlinien siehe auch G. Mie, Z. 19, 154, 1906.

Zu S. 51, § 24. Zweckmäßig bestimmt man in dem Felde des mit $0,2 . 10^{-6}$ Coulomb geladenen kugelförmigen Zinkblechkonduktors aus den Abständen der oben gezeichneten Niveaulinien die Feldintensität. So ist z. B. im Abstand 1 m die Spannung 1800 Volt, in 2 m 900 Volt, somit die Feldintensität dazwischen $H = \dfrac{900}{9 . 10^9} = 10^{-7}$ Decimegadynen oder eine Centidyne pro $\frac{1}{9}$ Millimikrocoulomb. Zwischen 0,5 m (3600 Volt) und 1 m wird $H = \dfrac{1800}{0,5 . 9 . 10^9}$ u. s. w.

Zu S. 56, § 28. Für die oben betrachtete mit $0,2.10^{-6}$ Coulomb geladene Kugel ergibt sich die Spannung, da $R = 0,1\,\mathrm{m}$, $E = 9.10^9 \cdot \dfrac{0,2.10^{-6}}{0,1}$

$= 18\,000$ Volt. Man kann dies ebenfalls in das zuvor gezeichnete System der Niveaulinien eintragen und, indem man die Spannungen als Ordinaten, die Abstände als Abszissen in ein Koordinatensystem einzeichnet, eine Kurve konstruieren, welche die Spannung auf dem Konduktor und in der Nähe desselben darstellt (entsprechend dem Modell Fig. 2228 in Bd. I$_{(2)}$, S. 725).

Zu S. 57, § 29. Um genaue Ablesung des Elektrometers zu ermöglichen, verbindet K. Kurz (Phys. Zeitschr. 7, 375, 1906) das Blatt mit einem feinen Faden. Noch besseren Erfolg erzielt Th. Wulf (Phys. Zeitschr. 8, 246, 1907), indem er statt der Blättchen äußerst feine Quarzfäden verwendet, die durch Kathodenzerstäubung platiniert wurden und am unteren Ende miteinander verbunden und durch ein kleines Gewichtchen aus Stanniol gespannt sind. Wird ihnen Elektrizität zugeführt, so tritt eine Ausbauchung ein, die durch Projektion sichtbar gemacht oder mittels des Mikroskops beobachtet werden kann.

Zu S. 63, § 32. Über Messung des Potentials mit dem Tropfenkollektor s. H. Wolff (B. 19, 219, 1906).

Zu S. 67, § 34. Die Arbeit zum Laden des oben betrachteten kugelförmigen Konduktors mit $0,2.10^{-6}$ Coulomb Ladung und $18\,000$ Volt Spannung wäre

$= \dfrac{1}{2} \cdot 0,2.10^{-6} \cdot 18\,000 = 0,0018$ Joule. Die Entladungswärme beträgt demnach $\dfrac{0,0018}{4189} = 4,3.10^{-8}$ Kalorien.

Zu S. 69, § 35. Leybolds Nachf. in Köln liefern einen Pendelentlader zur Messung der Kapazität eines Elektrometers nach Noack zu 15 Mk.

Fig. 1428.

Zu S. 88, § 43. Bei dem in Fig. 189, S. 117 abgebildeten Kondensator beträgt die belegte Fläche eines einzelnen Blattes $0,33 \times 0,49 = 0,16\,\mathrm{qm}$. Zwei Kondensatoren dieser Art enthalten zusammen 60 Pakete zu je 14 Blatt, haben also, da (für paraffiniertes Papier) $\eta = 2$ gesetzt werden kann, die Kapazität

$$C = \frac{2 \cdot 0,16 \cdot 14 \cdot 60}{9.10^9 \cdot 4\pi \cdot 0,3.10^{-3}} = 8.10^{-6} \text{ Farad} = 8 \text{ Mikrofarad.}$$

Einen Doppelkugelkondensator zur genaueren Messung der Kapazität des Elektrometers nach Noack zeigt Fig. 1428 (Lb. 22). Wird das Elektrometer mit dem unteren Kondensator verbunden und auf P Volt geladen, sodann der zweite Kondensator aufgesetzt und Verbindung zwischen den beiden äußeren Kugeln hergestellt, so sinkt das Potential auf p Volt. Die Kapazität beider Kondensatoren ergibt sich aus der Gleichung $K : k \left(\dfrac{P}{p} - 1 \right)$, wo k die Kapazität jedes einzelnen Kondensators bedeutet. Nunmehr wird das Elektrometer nebst dem Doppelkugelkondensator auf das Potential P geladen, der Kondensator entfernt, das Potential P' abgelesen, das Elektrometer entladen und der Kondensator wieder angeschlossen; das Potential hat jetzt den Betrag p.

Aus der Formel $x = K \left(\dfrac{P}{P'} - \dfrac{p}{P'} \right)$ läßt sich die gesuchte Kapazität x des Elektrometers berechnen.

Ein Plattenkondensator zur Bestimmung der Dielektrizitätskonstanten nach
Roack ist in Fig. 1429 (Lb, 85) abgebildet. Die Entfernung der Platten läßt sich
an einer Trommel auf
0,01 mm genau ablesen.

Zu S. 92, § 44.

Fig. 1429.

Ein Cylinderelektro-
meter nach Bichat
und Blondlot, verein-
facht nach Roack, zeigt
Fig. 1430 (Lb, 110).
Dasselbe genügt für
Schulversuche. Die
Firma liefert aber auch
noch ein vollkommeneres
Instrument dieser Art.

Die Wage wird
zunächst mit Hilfe des
angebrachten Senkels

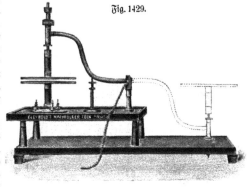

genau eingestellt, die Arretierung gelöst und mit Hilfe der am Wagebalken verstellbaren Schraube der Zeiger auf 0 eingestellt. Der isolierte Cylinder wird nun
auf das zu messende Potential P gebracht. Der innere Cylinder wird dadurch ge-

Fig. 1430.

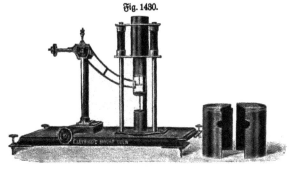

hoben, und es müssen, um wieder Gleichgewicht herzustellen, auf die Wagschale m
Milligramm aufgelegt werden. Aus der Gleichung

$$0{,}981 \cdot m = {}^1/{}_1\, P^2 : log\ nat\ \frac{R}{r},$$

in welcher R und r die Radien der beiden Cylinder bedeuten, erhält man die gesuchte Spannung in elektrostatischen Einheiten.

Bei einer neuen Form des Feuer-Warn-Apparates für chemische Waschanstalten von O. Behm ist der bewegliche Teller nicht horizontal an einem Wagebalken, sondern an einem pendelnden Draht vertikal befestigt.

Zu S. 109, § 49. Von Pfaundler wurde neuerdings die Konstruktion einer Leidener Batterie mit Umschaltvorrichtung von Parallel- auf Kaskadenschaltung angegeben (Sitzungsber. d. Wien. Akad., Math. nat. Kl., 115, Abt. IIa, Heft 2).

Zu S. 129, § 54. Man könnte auch zur Erläuterung des Begriffs der Stromstärke ein Hitzdrahtinstrument mittels einer Maßflasche oder durch wiederholte Entladung von Kondensatoren mittels eines rotierenden Umschalters eichen.

Zu S. 137, § 59. Man kann sich vorstellen, daß in den Metallen die positiven Elektronen mit Atomen verbunden sind, die negativen Elektronen dagegen sich frei bewegen können. Erstere können in einen angrenzenden Elektrolyten übertreten, letztere nicht, da in einem Elektrolyten die Elektronen immer nur mit materiellen Atomen verbunden wandern können. Je mehr positive Jonen in die Lösung übertreten, um so stärker wird die zurückbleibende negative Ladung des Zinks, welche sie dem Coulombschen Gesetz entsprechend zurückzieht, so daß schließlich ein Gleichgewichtszustand erreicht wird, bei welchem der weitere Übertritt von +-Zinkionen in die Lösung unmöglich wird, eine konstante Spannungsdifferenz zwischen Metall und Säure, die das Maß der auftretenden elektromotorischen, d. h. Jonen in Bewegung setzenden Kraft bildet. Die Messung derselben stößt auf die Schwierigkeit, daß, um die Schwefelsäure mit dem Elektrometer zu verbinden, ein Kupferdraht eingetaucht werden muß, der sich im Prinzip ebenso wie das Zink verhalten, d. h. positive Jonen in die Lösung aussenden wird, so daß das Elektrometer die algebraische Summe der beiden Spannungen anzeigen wird. In einem Falle kann man aber die Spannungsdifferenz zwischen Metall und Flüssigkeit direkt bestimmen, nämlich bei Quecksilber, welches in eine Quecksilbersalzlösung, z. B. von Quecksilbersulfat, austropft. Quecksilber ist ein sog. edles Metall, d. h. es hat eine sehr geringe Lösungstension. Infolge der raschen Ausdehnung der Tropfenoberfläche überwiegt der osmotische Druck der in der Lösung vorhandenen +Hg-Jonen über die Lösungstension. Diese +-Jonen scheiden sich auf den Quecksilbertropfen aus, die Lösung wird also negativ geladen, bis schließlich die Spannungen zur Quecksilber und Lösung genau gleich sind, indem in gleicher Zeit ebensoviel +Hg-Jonen in das Quecksilber hineingehen, wie heraustreten. Eine solche Tropfelektrode kann also dazu dienen, die Quecksilberlösung mit dem Elektrometer zu verbinden, ohne daß eine neue Potentialdifferenz auftritt, man kann sonach damit die Spannung zwischen ruhendem Quecksilber und der Lösung messen. Für sog. 1 Normal-Lösung, d. h. eine solche, die ein Grammolekül im Liter enthält, findet sich diese Spannung $= -0,99$ Volt.

Kombiniert man nun z. B.

$$\text{Hg}/\text{HgSO}_4(1\,\text{n})/\text{ZSO}_4(1\,\text{n})\text{Zn},$$

was die Spannung 1,514 Volt ergibt, so folgt

$$\text{Zn}/\text{ZnSO}_4 = 0,524 \text{ Volt}.$$

So findet sich beispielsweise für 1 n-Lösungen bei:

Zink	$+0,51$ Volt	Blei	$-0,10$ Volt
Eisen	$+0,06$ „	Kupfer	$-0,60$ „

Die Menge der entstehenden Elektrizität zeigt man zweckmäßig dadurch, daß ein großer Kondensator wie Fig. 189, S. 117 von 8 Mikrofarad durch eine Batterie wie Fig. 225, S. 119 in Bb. I(1) momentan geladen wird, während selbst eine große zusammengesetzte Influenzmaschine dazu lange Zeit braucht.

Zu S. 142, § 62. Nach W. Ostwald, Abhandl. u. Vorträge 1904, S. 377
würde die Zambonische Säule richtiger nach J. W. Ritter (1801) benannt.

Zu S. 153, § 67. Mix u. Genest, Telephon= und Telegraphenwerke in
Berlin, liefern das in Fig. 1431 dargestellte Mammut=Element mit hoher
Kapazität für besonders starken Strom.

Zu S. 170, § 84. Am einfachsten kann man die Abnahme der elektro=
motorischen Kraft eines Kupferzinkelementes erläutern, wenn man sich dasselbe mit
Zinkvitriollösung statt Schwefelsäure ge=
füllt denkt. Die Kupferplatte würde sich

Fig. 1431.

dann mit Zink überziehen, man hätte
also zwei Zinkplatten in der Flüssigkeit.

Zu Groves Gasbatterie ist zu
bemerken, daß der Preis natürlich des
schwankenden Platinpreises wegen er=
heblichen Änderungen unterliegt.

Zu S. 180, § 91. Die Type T
der Trockenelemente von Siemens und
Halske, Wernerwerk, Berlin=Nonnen=
damm, eignet sich auch zu Versuchen
in Laboratorium und Hörsaal an Stelle
gewöhnlicher galvanischer Elemente und
kleinerer Akkumulatoren. Sie zeichnet
sich nach Angabe der Firma außer durch
große Leistungsfähigkeit bei Strom=
abgabe aus durch Regenerierfähigkeit
nach dem Gebrauch, Gleichmäßigkeit der
Elemente untereinander und Haltbarkeit
in unbenutztem Zustand (Preis 1 bis
3,25 Mk.). Adolph Wedekind, Fabrik
galvanischer Elemente in Hamburg,
Neuerwall 36, empfiehlt als außer=
ordentlich leistungsfähig seine „Ferabin"=Trockenelemente, Spannung 1,9 bis 2 Volt.
Bei konstanter Stromentnahme von 0,2 Amp. (bei Type IV) mittlere Spannung
1,03 Volt, Kapazität 98,83 Amperestunden, äußere Energie 101,8 Wattstunden.
(Beschreibung in der Elektrotechnischen Zeitschr. 27, 818, 1906.)

Die chemische Fabrik Busse in Hannover=Langenhagen fabriziert ein „Rapid=
Batteriesalz" für Naß= und Trockenelemente, welche damit bei ununterbrochener
Stromentnahme 26,20 Amperestunden geben. Das Salz amalgamiert die Elemente
zugleich selbsttätig. Es kristallisiert nicht aus, die Elemente trocknen auch nicht ein
und gefrieren nicht im Winter. Für nasse Elemente braucht man (statt Salmiak)
300 g pro Liter, für Trockenelemente 500 g. Der Preis pro 50 kg beträgt 36 Mk.

Zu S. 191, § 99. In einem großen Voltameter (Elektroden Bleiröhren, an
den unwirksamen Stellen mit Kautschukschlauch überzogen, Gefäß ein Akkumulator=
kasten aus Glas) wurden in zwei Minuten 800 ccm Wasserstoff erhalten, direkt ge=
messen, = 560 ccm reduziert auf 0° und 760 mm, somit in einer Minute 280 ccm.
Demnach war die Stromstärke, da 1 Amp. pro Minute 7 ccm Wasserstoff ent=

wickelt, 280/7 = 40 Amp. Derselbe Strom floß durch eine in ein Kalorimeter eingesenkte Eisenspirale. Mit dem Elektrometer gemessen, ergab sich die Spannungs=differenz an deren Enden = 12 Volt, also der Widerstand der Spirale = 12/40 = 0,3 Ohm und die Wärmemenge in zwei Minuten = $\dfrac{40^2 \cdot 0,3 \cdot 120}{4190}$ = 14 Kalorien, somit die Temperaturerhöhung, da die Wassermenge 5,5 Liter betrug, 14/5,5 = 2,5°. Tatsächlich wurde. an einem eingesenkten Demonstrationsthermometer diese Tempe=raturerhöhung festgestellt.

Zu S. 217, § 120. Einen Rheostaten mit zwei Kurbeln, welcher sowohl als Vorschaltwiderstand bei großer Stromstärke wie auch als Abzweigwiderstand (siehe

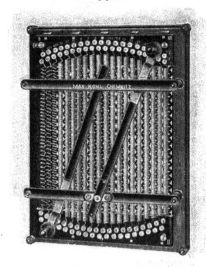

Fig. 1432.

Bd. I$_{(1)}$, S. 56) zur Entnahme kleiner Stromstärken zu ge=brauchen ist, nach W. Brüsch zeigt Fig. 1432 (K, 80 bis 120). Den Gebrauch als Ab=zweigwiderstand erläutern die Fig. 1433 und 1434 (letztere für kleine Stromstärken).

Zu S. 250, § 145. In dem Ausdruck für γ sind e_1 und e_2 zu vertauschen. Das Endresultat ist indes richtig.

Zu S. 255, § 150. Daß sowohl Sauerstoff, wie Wasser=stoff je $^1/_2$ Coulomb trans=portieren, wäre nur dann richtig, wenn ihre Wanderungs=geschwindigkeiten gleich wären. Die betreffende Stelle ist in fol=gender Weise abzuändern: Zur Ausscheidung von 1 kg Wasser=stoff sind 96 540 000 Coulomb erforderlich. Ein Teil davon wird durch die zur Kathode wandernden Wasserstoffionen dahin transportiert, der andere Teil wird dort frei infolge davon, daß die Sauerstoffionen nach der ent=gegengesetzten Richtung wandern, also eine entsprechende Zahl von Wasserstoffionen zurückbleibt. Nach den Ergebnissen der kinetischen Gastheorie besteht 1 kg Wasser=stoff aus 6,4.10^{26} Atomen, somit gibt 1 Wasserstoffatom die Elektrizitätsmenge $\dfrac{96\,540\,000}{6,4\,.\,1\overset{0}{0}^{26}}$ = 0,156.10^{-18} Coulomb an die Kathode ab. Diese Menge heißt das „Elementarquantum". Ebensoviel gibt jedes andere einwertige Atom ab, z. B. ein Atom Silber. Ein zweiwertiges Atom, z. B. ein Sauerstoffatom, gibt dagegen (an die Anode) die doppelte Menge ab, denn auf je zwei sich ausscheidende Wasserstoff=atome kommt ein Sauerstoffatom. Allgemein ist die „Valenzladung" eines Atoms von der Wertigkeit w = 0,156.10^{-18}. w Coulomb, denn zur Ausscheidung von 1 kg des betreffenden Stoffes sind 96 540 000. w Coulomb nötig. Um diese Regel=mäßigkeiten zu erklären, nimmt man an, die Elektrizität bestehe aus „Elektronen" in ähnlicher Weise wie die Materie aus Atomen, und in einem Wasserstoffion sei ein Wasserstoffatom mit einem negativen Elektron verbunden, in einem Sauerstoffion ein Sauerstoffatom mit zwei positiven Elektronen.

Zu S. 261, § 153, Anm. 1. Die transportierte und die frei gewordene Elektrizitätsmenge sind nur dann einander gleich, wenn die Wanderungsgeschwindigkeiten der Jonen einander gleich sind. Der Text ist deshalb in folgender Weise abzuändern: Die Cu-Jonen seien durch die kleinen Kreise der Fig. 1435 dargestellt, die SO₄-Jonen durch die großen. Die erste Zeile zeigt die beiden Jonenarten gleichmäßig gemischt, die zweite stelle den Zustand dar, nachdem der Strom, dessen Stärke 1/s Amp. beträgt, eine Sekunde lang hindurchgegangen ist. Die Geschwindigkeit der Anionen sei U Meter pro Sekunde, die der Kationen,

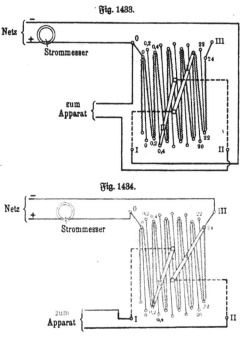

Fig. 1433.

Strommesser

Netz

zum Apparat

Fig. 1434.

Strommesser

Netz

zum Apparat

welche für CuSO₄ nur halb so groß als U ist, V. Man kann sich also den die Anionen enthaltenden Raum um U Meter nach rechts verschoben denken, so daß, da der Querschnitt zu 1 qm angenommen wurde, U ohm hinter die Elektrode treten, welche, wenn die Molekularkonzentration der Lösung η Kilogramm-Mol pro Kubikmeter beträgt, η . U Kilogramm-Mol SO₄-Jonen enthalten, während aus gleichem Grunde η . V Kilogramm-Mol Cu-Jonen nach links gewandert sind, was zur Folge hat, daß

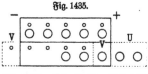

Fig. 1435.

rechts η . V Kilogramm-Mol SO₄-Jonen frei zurückgeblieben sind, die ihre Elektrizität ebenfalls an die Anode abgeben.

Da 1 Kilogramm-Mol mit der Elektrizitätsmenge 96 540 000 . w Coulomb verbunden ist, beträgt die in einer Sekunde an die Anode abgegebene Elektrizitätsmenge (U . η + V . η) . 96 540 000 . w Coulomb[1]), welche, da die Stromstärke 1/s Ampere ist, auch gleich 1/s Coulomb sein muß. Man hat also:

---

¹) Ebenso groß ist die gleichzeitig an die Kathode abgegebene Elektrizitätsmenge.

48*

$$\frac{1}{s} = (U + V) . \eta . 96\,540\,000 . w,$$

$$V : U = n : (1 - n) \qquad \text{und} \qquad A = \frac{1}{s . \eta},$$

also

$$U = \frac{A . (1 - n)}{w . 96\,540\,000} \text{ Meter pro Sekunde,}$$

$$V = \frac{A . n}{w . 96\,540\,000} \qquad \text{„ „ „}$$

oder, da

$w = s,$ $\qquad n = 1/s$ und $A = 7,6$ Mho pro Kilogramm-Mol,

$\qquad U = 0,000\,000\,272$ m pro Sekunde bei 1 Volt pro Meter,

$\qquad V = 0,000\,000\,136$ „ „ „ „ „ „ „ .

Trotz dieser geringen Geschwindigkeit von nur etwa 2 Zehntausendstel Millimeter pro Sekunde für die Anionen und halbsoviel für die Kationen ist die treibende Kraft sehr groß. Sie beträgt für 1 Kilogramm-Mol, d. h. für 63 kg Kupferionen

$$\frac{E}{l} . m = 2 . 96\,540\,000 \text{ Decimegadynen, da } E = 1 \text{ Volt und } l = 1 \text{ m, ist also}$$

für 63 mg Cu-Jonen etwa gleich der Schwere (Gewicht) von 20 kg.

Zu S. 276, § 162. Der Text[1] würde besser durch den folgenden ersetzt: Die Stromarbeit im Verlaufe von t Sekunden beträgt $e . i . t$ Joule; die durchgegangene Elektrizitätsmenge ist, falls gerade 1 Kilogramm-Mol ausgeschieden wurde, $i . t = 2 . 96\,540\,000$ Coulomb. Für eine geringe Verschiebung der Jonen ist somit die Stromarbeit $d e . 2 . 96\,540\,000$ Joule. Diese Arbeit wird vom osmotischen Druck p geleistet, welcher gleich dem Gasdruck derselben Quantität gelösten Stoffes bei gleicher räumlicher Konzentration ist, also dem Gesetz genügt

$$\frac{p . v}{\tau} = R \text{ oder } p = \frac{R . \tau}{v},$$ worin für 1 Kilogramm-Mol $R = 8310$[2], v das Volumen, welches dieses Kilogramm-Mol einnimmt, in Kubikcentimetern, p den Druck in Decimegadynen pro Quadratmeter und τ die absolute Temperatur bedeutet. Bei der kleinen Verschiebung der Jonen ändert sich die Konzentration, somit auch v. Die Änderung sei dv, also die geleistete Arbeit $p . dv = R . \tau . \frac{dv}{v}$ Joule, so-

mit $d e = \frac{8310 . \tau . dv}{2 . 96\,540\,000 . v}$ und $e = \frac{8310 . \tau}{2 . 96\,540\,000} \log nat \frac{v_2}{v_1}$ oder, da sich die Volumina v_1 und v_2 umgekehrt wie die Konzentrationen c_1 und c_2 verhalten:

$$e = \frac{83\,100 . 2,303 . \tau}{2 . 96\,540\,000} . \log \frac{c_1}{c_2} \text{ Volt.}$$

Zu S. 295, § 181. Große Drahtrollen zur Erzeugung homogener magnetischer Felder für messende Demonstrationsversuche über elektrodynamische Wirkungen und Induktion wie in Fig. 533 (S. 295) benutze ich seit 1889 sehr vielfach in meinen Vorlesungen, wie schon aus der früheren Auflage dieses Buches, sowie aus Müllers

---

[1]) Zeile 3 von unten ist statt 0,819 zu setzen 0,0224 (zweimal), ebenso in Zeile 2 von unten. Zeile 2 von unten ist statt 0,849 zu setzen = 210. — [2]) Nach Bd. I(3), S. 1508 ist das Volumen eines Grammoleküls bei $\tau = 273°$ und $p = 1$ Atm. = 101 366 Decimegadynen pro Quadratmeter 22,4 Liter, somit das Volumen von 1 Kilogramm-Mol = 22,4 cbm und $R = \frac{101\,366 . 22,4}{273} = 8310$.

Grundriß der Physik, 14. Aufl., zu ersehen ist. Neuerdings hat auch Grim-sehl[1]) einen zu gleichen Zwecken dienenden magnetischen Feldapparat, Fig. 1436 und 1437 (Lb, 300), konstruiert, bei welchem eine mit zwei Windungs-schichten von 10 und 100 Windungen ver-sehene Spule von 31,4 cm Radius zur Anwendung kommt. Fig. 1437 zeigt die Verwendung zum Nachweis der pondero-motorischen Wirkung des Feldes auf einen strom-durchflossenen Leiter und Fig. 1436 den Gebrauch zur Ableitung der elek-tromagnetischen Span-nungseinheit, indem die Speiche eine bestimmte Zahl Kraftlinien pro Se-kunde schneidet.

Fig. 1436.

Zu S. 300, § 184. Einen verbesserten Appa-rat zu genauer Bestäti-gung des Coulombschen Gesetzes beschreibt Ruß-ner (3. 20, 96, 1907).

Zu S. 319, § 192. Zweckmäßiger läßt man die Fäden an den Enden angreifen. Dann ist für
$m = 186 . 10^{-6}$ Weber
$K = 10^7 . H . 186 . 10^{-6}$
$= 0,0372$ Decimega-dynen, somit $H = 0,2 . 10^{-4}$ Decimegadynen pro Decimikroweber.

Fig. 1437.

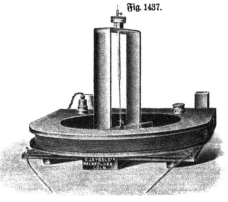

Zu S. 360, § 225. Die Polflächen bei einem Hufeisenelektromagneten maßen $0,022^2 . \pi$ Quadratmeter, die Tragkraft war 2200 Decimegadynen. Hieraus folgt, da $K = \dfrac{10^7}{4\pi} \dfrac{(4\pi . m)^2}{A}$, die Stärke jedes der beiden Pole $m = \sqrt{\dfrac{A . K}{4\pi . 10^7}}$

$$= \sqrt{\frac{0,022^2 . \pi . 2200}{4\pi . 10^7}} = 0,000160 \text{ Weber} = 160 \text{ Mikroweber.}$$

---

[1]) In Bd. II, Heft 2 der Abhandl. zur Didaktik und Philosophie der Naturwissenschaft, Berlin 1907, Springer.

G. C. Schmidt demonstriert Romershausens Glockenmagneten mit einem geraden Elektromagneten (Kern 2,5 cm, Durchmesser, 13 cm Höhe, 4 Lagen Windungen von dickem Draht), durch welchen der schwache Strom eines Trockenelementes geleitet wird, wobei er kaum den aufgeschliffenen plattenförmigen Anker zu tragen vermag. Stülpt man nun aber über die Drahtspirale eine genau passende Eisenröhre von 2 mm Wandstärke, die oben mit einer dicken Eisenplatte abgeschlossen ist, so trägt der Elektromagnet mehr als einen Zentner.

Fig. 1438.

Zu S. 427, § 256. Calberoni u. Co. in Budapest liefern den in Fig. 1438 dargestellten Apparat.

Zu S. 429, § 256. Befand sich der Pol von 180.10^{-6} Weber im Zentrum der Rolle, deren beide Hälften parallel geschaltet waren, so daß $s = 450$, $i = 40$ Amp. und der Durchmesser $d = 0,76$, so war $K = \dfrac{4\pi.450.40}{10^7.0,76} \cdot 180.10^{-6} = 52$ Decimegabynen.

Zu S. 431, § 257. Für eine kleinere Tangentenbussole, deren Nadel sich im Centrum eines Ringes von 1 m Durchmesser befand, war $r = 0,5$ m und $n = 10$, somit

$$i = \frac{10^7.0,2.10^{-4}.0,5}{2.3,14.10} \cdot tg\,\varphi = 1,6.tg\,\varphi \text{ Amp., also für}$$

$\varphi =$	10^0	20^0	30^0	40^0	50^0	60^0	70^0	80^0	90^0
$i =$	0,277	0,582	0,925	1,342	1,910	2,76	4,38	9,10	∞

Zu S. 454, § 268. Bei Füllung des Kalorimeters mit 18 kg Wasser stieg die Temperatur um 10^0 in 120 Sekunden, wenn die Spannung an den Enden der Spirale auf 9 Volt gehalten wurde. Demgemäß war die Stromwärme $= \dfrac{18.10}{120}$ $= \dfrac{9}{41\frac{1}{89}}$ Kalorien pro Sekunde, somit $i = 700$ Amp.

Im Falle des Eisenrohres wurde bei stationärem Strom beobachtet die Durchflußmenge 4 kg in 60 Sekunden und Temperaturerhöhung von 35^0 bei einer Stromstärke von 1600 Amp. Somit war die Stromwärme $\dfrac{4.35}{60} = \dfrac{1600.e}{4189}$ Kalorien pro Sekunde, also $e = 6,2$ Volt, wie mittels des Quadrantenelektrometers oder Hitzdrahtvoltmeters konstatiert werden konnte. Umgekehrt könnte man Strom- oder Spannungsmesser auf diese Weise eichen.

Wurde der Strom durch einen parallelepipedischen mit 6 kg Glyzerin gefüllten Glastrog geleitet, so stieg bei der Spannungsdifferenz 1100 Volt die
Temperatur in 60 Sekunden um 7°. Sieht man ab von der geringen Zersetzungs-
arbeit, so ist, da die spezifische Wärme des Glyzerins = 0,57, die Stromwärme

$$= \frac{6 \cdot 0{,}57 \cdot 7}{60} = \frac{1100 \cdot i}{4189}$$ Kalorien pro Sekunde, somit $i = 1{,}5$ Amp., wie mittels

eines eingeschalteten Amperemeters konstatiert wurde.

Zu S. 455, § 270. Über Schulmeßbrücken siehe auch Kolbe, Z. 20, 79,
1907. Als Brückendraht wird Konstantan empfohlen.

Zu S. 464, § 271. Bei einer Stöpselbrücke fand sich $x : 2{,}4 = 10 : 10$
oder $x : 24{,}1 = 10 : 100$ oder $x = 241{,}3 = 10 : 1000$, somit beziehungsweise:
$x = 2{,}4$ Ohm, $x = 2{,}41$ Ohm, $x = 2{,}413$ Ohm. Wenn also auch der Normalwiderstand nur bis Zehntel Ohm reicht, so kann man doch mittels der Verhältnisse
10 : 100 und 10 : 1000 auch Hundertstel bezw. Tausendstel Ohm bestimmen. Bei
einer Drahtbrücke war $x : 2 = 56 : 44$, somit $x = 2{,}54$ Ohm. Die Dezimalen
ergeben sich hier also auch dann, wenn der Normalwiderstand nur ganze Ohm
enthält.

Zu S. 466, § 274. Ein Rheostat von 4501 Ohm wurde verbunden mit
einem Normalelement von 1,43 Volt, dessen innerer Widerstand zu vernachlässigen

ist. Die Stromstärke war also $i = \frac{1{,}43}{4501} = 3{,}2 \cdot 10^{-4}$ Amp. Wurde nun an den

Enden von 1 Ohm am Rheostaten ein Strom zum Spiegelgalvanometer ab-
gezweigt, d. h. von zwei Punkten, deren Spannungsdifferenz $3{,}2 \cdot 10^{-4}$ Volt betrug,
so ergab sich ein Ausschlag von 1 Skalenteil. Ein Wismut-Antimonelement,
welches nach § 173, S. 285 bei 100° 10^{-3} Volt erzeugt, muß also einen Ausschlag

von $\frac{10^{-3}}{3{,}2 \cdot 10^{-4}} = 31{,}4$ Teilstrichen hervorbringen.

Zu S. 470, § 277. Die Firma Gans u. Goldschmidt, Berlin N 65,
Reinickendorferstr. 96, liefert einfache Ladeschlüssel nach Fig. 1439 für Kapazitätsbestimmungen zu 30 Mk.; Doppelschlüssel für Lade- und Isolationsschaltungen

Fig. 1439. Fig. 1440. Fig. 1441.

(Fig. 1440) zu 55 Mk., einen Federkommutator für Isolationsmessungen und Kapazitätsbestimmungen (Fig. 1441) zu 40 Mk. Hartmann u. Braun in Frankfurt a. M.
liefern noch größere Auswahl solcher Schlüssel.

Zu S. 511, § 301. Siemens u. Halske A.-G., Wernerwerk, Berlin-Nonnendamm, liefern Thermoelemente zu den nachfolgenden Preisen: Platin-Platinrhobium
138 bis 175 Mk., Platin-Platiniridium 125 Mk., Silber-Konstantan 30 Mk.;
Kupfer-Konstantan 12 bis 30 Mk. Schutzrohre dazu zu 9 bis 80 Mk., Galvanometer 160 bis 180 Mk., registrierende Pyrometer 630 bis 980 Mk., Kompen-
sationsschaltung für thermoelektrische Messungen nach Lindeck 830 Mk.

Zu S. 539), § 306. Wäre beispielsweise $i_1 = i_2 = 40$ Amp., $r = 0,1$ m,

$$= \text{u. so war } \bar{x} = \frac{2.1400}{\ldots.0,1} = 0,0032 \text{ Decimegabynen.}$$

Der Berechnung eines geschlossenen Stromes, wie Fig. 1112, S. 550 andeutet, muß man für die Änderung der Zahl der von dem Stromleiter umschlossenen Kraftlinien zu verfahren. Nun ist nämlich, da die Wirkung auf ab entgegengesetzt gerichtet ist, i in dem N_1 und N_2 die geschnittenen Kraftlinien bedeuten,

$$\bar{x} = \frac{\ldots - N_2}{\ldots} = \cdot \frac{N}{\tau} \text{ Decimegabynen.}$$

Wenn der geschlossene Stromleiter nicht nur aus einer, sondern aus s Windungen, so ist $\bar{x} = \cdot \frac{N}{\tau}$ Decimegabynen.

Zu S. 520, § 309. Die Arbeit zum Verschieben eines Stromleiters um die Strecke x ist $\bar{x} = \frac{N}{\tau}$, $A = K.x = i.N$ Joule. Für eine Spule von s Windungen, welche N Kraftlinien aufnimmt, ist, wenn i_1 die Stromstärke in ihr bedeutet, $A = s_1.i_1.N$ Joule. Wird das Magnetfeld erzeugt durch einen Strom von der Stärke i_2 Amp. in einer Windung, welche vom Strom 1 Amp. durchflossen N_1 Kraftlinien durch die Spule senden würde, so daß $N = N_1.i_2$, so ist $A = s_1.i_1.N_1.i_2$ Joule. Ersetzt man die eine Windung durch eine Spule von s_2 Windungen, so wird die Kraftlinienzahl s_2 mal so groß, also $A = i_1.i_2.s_1.s_2.N_1$ $= \ldots$ Joule, wenn $s_1.s_2.N_1$, das „Potential der Ströme aufeinander", $= L$ gesetzt wird.

Zu S. 323, § 311. Bei dem Apparate Fig. 1030, S. 514, sei die innere Rolle zur äußeren gekreuzt, so daß sie die größtmögliche Zahl Kraftlinien N umfaßt. Die zur Drehung bis Parallelstellung erforderliche Arbeit ist nach dem Vorigen, wenn s_1 die Windungszahl und i_1 die Stromstärke in der drehbaren Spule bedeuten, $A = i_1.s_1.N$ Joule. Dreht man nur, bis die Spulen den spitzen Winkel α miteinander bilden, so ist die Arbeit, da nun die eingeschlossene Kraftlinienzahl nur $N.\cos\alpha$ beträgt, $A = s_1.i_1.N.\cos\alpha$ Joule. Die Feldintensität in der äußeren Rolle vom Radius r_2 Meter ist, wenn dieselbe vom Strom r_2 Ampere durchflossen wird, $H = \dfrac{2\pi.i_2.s_2}{10^7.r_2}$ Decimegabynen pro Decimikroweber. Dies ist auch die Kraftlinienzahl pro Quadratmeter, somit beträgt die Zahl der im Maximum von der drehbaren Rolle umschlossenen Kraftlinien $N = \dfrac{2\pi i_2.s_2}{10^7.r_2}.\pi r_1^2$, wenn r_1 den Radius dieser Rolle bezeichnet. Demnach ist $A = i_1.i_2.s_1.s_2.\dfrac{2\pi^2.r_1^2}{0\ .\ r_2}.\cos\alpha$ $= i_1.i_2.L$ Joule, wenn L das Potential der Ströme aufeinander bedeutet.

Um die Spule um den Winkel $d\alpha$ zu drehen, ist die Arbeit $i_1.i_2.s_1.s_2.\dfrac{2\pi^2.r_1^2}{10^7.r_2}.\sin\alpha.d\alpha$ erforderlich, oder wenn die Kraft p am Hebelarm l wirkt, $dA = p.l.d\alpha$, das Drehmoment, wenn die Spulen den Winkel α miteinander bilden,

$$i_2.s_1.s_2.\frac{2\pi^2.r_1^2}{10^7.r_2}.\sin\alpha \text{ Decimegabynen mal Meter.}$$

S. 528, Anmerk. 2. Die dort genannte Firma heißt jetzt: Vereinigte chemische Institute Frankfurt-Aschaffenburg.

Zu S. 545, § 325. K. T. Fischer benutzt ein nach dem Prinzip von Barlows Rad konstruiertes „Induktionsrädchen", welches von Hartmann u. Braun in Frankfurt a. M. in der in Fig. 1442 dargestellten Form geliefert wird, als „Kraftlinienzähler", d. h. zur Bestimmung der magnetischen Feldintensität (f. Verh. d. d. phyf. Gef. 7, 438, 1905). Das durch den Schlüffel C aufziehbare, sehr kräftige Uhrwerk U kann leicht in der Hand gehalten werden. Die Feststellung der Touren

Fig. 1442.

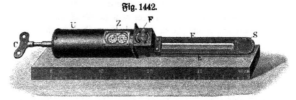

zahl erfolgt durch den Tourenzähler Z oder den Hartmann-Kempffchen Frequenzmeffer F, beftehend aus 14 Federn und erregt von der Achfe, von welcher das Scheibchen S angetrieben wird. Die Umdrehungszahl beträgt 50 pro Sekunde, der Radius 1,596 cm, der Achfenradius 0,05 cm, alfo die ausgenutzte Fläche 8 qcm. Die Dicke des für die Meffung nötigen Teiles beträgt nur 3 mm, fo daß der Apparat auch in fehr engen Zwifchenräumen verwendbar ift. Zur Erkennung von Thermoeffekten wechfelt man die Umdrehungsrichtung. Als Galvanometer dient gewöhnlich ein Zeigermillivoltmeter für 0 bis 1,5 Millivolt.

Fig. 1443.

Zu S. 573, § 340. Dynamomafchinen mit Wendepolen nach Fig. 1443 find zu beziehen von den Mitteldeutfchen Elektrizitätswerken, G. m. b. G., Berlin SW., Lindenftr. 112.

Zu S. 649, § 375. Die Polwechfelzahl s ift das doppelte der Frequenz n, d. h. der Anzahl der Perioden pro Sekunde, diefe felbft das Reziproke der Dauer einer Periode T. Somit ist $T = \frac{1}{n} = \frac{2}{s}$, hieraus ergibt sich die Umformung des Ausbrucks für E.

Zu S. 650, § 375. Auf Seite 650, erste Zeile oben soll stehen statt: zwei Polwechseln s Polwechseln.

Zu S. 663, § 386. Über die Einrichtung und Wirkungsweise der Asynchron-motoren findet man näheres in den Lehrbüchern der Wechselstromtechnik von E. Arnold, Berlin, Springer, speziell in dem noch im Druck befindlichen Band V „die asynchronen Wechselstrommaschinen von E. Arnold und J. L. la Cour".

Zu S. 671, § 390. Statt $tg\, 2\varkappa\varphi$ ist zu setzen $tg\,\varphi$.

Zu S. 677, § 392. Statt $tg\, 2\varkappa\varphi$ ist zu setzen $tg\,\varphi$.

Zu S. 683, § 398. Hartmann u. Braun, A.-G., in Frankfurt a. M. liefern birekt zeigende Phasenmesser zur Bestimmung der Phasenverschiebung von Strom und Spannung in Form eines Doppelwattmeters mit festem Hauptstromfeld und mit zwei gekreuzten, teilweise gegeneinander wirkenden, parallel geschalteten, beweglichen Spannungsspulensystemen, von welchen bem einen eine gewisse Vorwärtsverschiebung und bem anderen eine entsprechende Rückwärtsverschiebung gegen die Spannung erteilt ist. Der Ausschlag ist dem zu messenden Phasenverschiebungswinkel nahezu proportional.

Zu S. 684, § 400. Statt ri ist zu setzen $\frac{1}{2}\,ri$, und statt $\frac{1}{g}\,ei = \frac{1}{g}\cdot ri^2$

$+ \frac{1}{g}\cdot si\cdot\frac{N}{t}$ soll es heißen $\frac{1}{2g}\,ei = \frac{1}{4g}\cdot ri^2 + \frac{1}{2g}\cdot si\cdot\frac{N}{t}$.

Zu S. 708, § 409. Die Höhe der Belegung der beiden Leibener Flaschen war 0,32, beren Durchmesser 0,18, die Glasbicke 0,007 m, somit die Kapazität

$$C = \frac{4,5\,(\pi\cdot 0,18\cdot 0,32 + \pi\cdot 0,09^2)}{9.10^9.4\,\pi\cdot 0,007} = 10^{-9} \text{ Farab.}$$

Der Durchmesser des kreisförmigen aus 10 Windungen bestehenden Schließungskreises war 1 m, somit ber Selbstinbuktionskoeffizient

$$L = \frac{10.4\,\pi.10\,.\,\pi.0,5^2}{10^7} = 9.10^{-5} \text{ Henry}$$

und

$$T = 2\,\pi\sqrt{10^{-9}.9.10^{-5}} = 1,88.10^{-6} \text{ Sekunden}$$

ober $n = 0,532.10^6 = 0,532$ Millionen Schwingungen pro Sekunde, also die Impedanz $= 532\,000.\pi.9.10^{-5} = 150$ Ohm und, ba die Spannung auf den Belegungen etwa 10 000 Bolt betrug, die Labung 10^{-5} Coulomb und insofern diese in ber Zeit $T/4$ durch ben Schwingungskreis floß, die Stromstärke in biesem $i = \frac{10^{-5}.4}{1,88.10^{-6}} = 21,3$ Ampere, also die Spannungsbifferenz an den Enden ber Primärspule $e = 10.150.21,3 = 32\,000$ Bolt; besgleichen, ba bas Übersetzungsverhältnis $= 1$, die Spannung an ben Enden ber Rolle von 10 Windungen.

Zu S. 728, § 420. Die Zahl s im Zähler von C ist zu streichen.

Figurenerklärung zu Tafel I.

Die Figuren[1]) stellen den Verlauf von Niveau- und Kraftlinien, sowie den entsprechenden Polarifationszustand dar in folgenden Fällen:

Fig. 1. Zwei entgegengesetzte gleich starke Pole.
 „ 2. Zwei gleichnamige gleich starke Pole.
 „ 3. Zwei entgegengesetzte gleich starke Pole, gleichsinnig ⎫ in homogenem
 „ 4. Zwei   „   „   „   „   , entgegengesetzt ⎭ Felde.
 „ 5. Zwei zugespitzte Elektroden.
 „ 6. Eine elektrisch geladene Nadel.
 „ 7. Zwei entgegengesetzt elektrisch geladene Nadeln.
 „ 8. Ein ellipsoidischer Konduktor in ähnlicher leitender Hülle.
 „ 9. Zwei gleichnamige, ungleiche Konduktoren.
 „ 10. Zwei entgegengesetzte, ungleiche Konduktoren.
 „ 11. Drei entgegengesetzte, ungleiche Konduktoren.
 „ 12. Plattenkonbensator.
 „ 13. Drahtgitter.
 „ 14. ⎫
 „ 15. ⎬ Transversal magnetisierter Cylinder in homogenem Felde.
 „ 16. ⎭
 „ 17. Zwei transversal magnetisierte Cylinder.

Figurenerklärung zu Tafel II.

Die Figuren[2]) stellen Niveau-, Strom- und Kraftlinien sowie den entsprechenden Polarifationszustand dar in folgenden Fällen:

Fig. 1. Eine viereckige Elektrode und eine kreisförmige Hohl-Elektrode.
 „ 2. Vier punktförmige Elektroden und eine kreisförmige Hohl-Elektrode.
 „ 3. Kreisförmige Platte mit einer punktförmigen und einer nadelförmigen
 „ 4. ⎫ Zwei bogenförmige Elektroden.   [Elektrode.
 „ 5. ⎭
 „ 6. Nadel quer zwischen zwei nadelförmigen Elektroden.
 „ 7. Drei gebogene Elektroden.
 „ 8. Drei punktförmige Elektroden.
 „ 9. ⎫ Vier punktförmige Elektroden.
 „ 10. ⎭
 „ 11. Sechs punktförmige Elektroden.
 „ 12. Zwei punktförmige Elektroden in magnetischem Felde.
 „ 13. Kreisstrom.
 „ 14. Zwei parallele gerade Ströme.

---

[1]) Die Originale zu den Figuren 9 bis 17 der Tafel I findet man in „Maxwells Elektrizität und Magnetismus".
[2]) Die Berechnung der Figuren 1 bis 12 der Tafel II findet man in „Holzmüllers Theorie der isogonalen Verwandtschaften", die Originale der Figuren 13, 15, 16, 19 und 20 in dem genannten Buche Maxwells.

Fricks physikalische Technik. II.

Fig. 15. Kreisstrom, gleichsinnig, in homogenem Felde.
„ 16. „ entgegengesetzt, „ „ „ ·
„ 17. „ gekreuzt, „ „ „ ·
„ 18. Magnetpol und Kreisstrom.
„ 19. Einzelner Stromleiter in homogenem Magnetfelde.
„ 20. Zwei Kreisströme.

Die Kraft- und Stromfäden sind abwechselnd rotgelb und grüngelb angelegt, und zwar in um so dunklerem Ton, je größer die Feld- bezw. Stromintensität an der betreffenden Stelle. Die einseitige Schattierung deutet den Verlauf der Niveaulinien und den Potential-abfall (Polarisationszustand, bezw. Stromrichtung) an.

Figurenerklärung zu Tafel III.

Die Figuren stellen einige Haupttypen[1]) einfacher Ankerwickelungen für Dynamo-maschinen dar, und zwar:

I. Pol- und Trommelarmaturen.

Fig. 1. Polarmatur, 2 Spulen parallel.
„ 2. „ 2 Serien von je 2 Spulen parallel.
„ 3. „ 2 Serien von je 4 Spulen parallel.
„ 4. „ 4 Spulen parallel.
„ 5. Trommelarmatur, 2 Spulen parallel.
„ 6. „ 2 Serien von je 2 Spulen parallel.
„ 7. „ 2 Serien von je 4 Spulen parallel.
„ 8. „ 4 Spulen parallel.
„ 9. Polarmatur, 2 Spulen hintereinander.
„ 10. „ 2 Serien von je 2 Spulen.
„ 11. „ 1 Spule und 2 parallele Spulen hintereinander.
„ 12. „ 4 Spulen hintereinander.
„ 13. Trommelarmatur, 2 Spulen hintereinander.
„ 14. „ 2 Serien von je 2 Spulen.
„ 15. „ 1 Spule und 2 parallele Spulen hintereinander.
„ 16. „ 4 Spulen hintereinander.

II. Spulen- und Scheibenarmaturen.

Fig. 17. Spulenarmatur, 2 Spulen parallel.
„ 18. „ 2 Serien von je 2 Spulen parallel.
„ 19. „ 2 Serien von je 4 Spulen parallel.
„ 20. „ 4 Spulen parallel.
„ 21. Scheibenarmatur, 2 Spulen parallel.
„ 22. „ 2 Serien von je 2 Spulen parallel.
„ 23. „ 2 Serien von je 4 Spulen parallel.
„ 24. „ 4 Spulen parallel.
„ 25. Spulenarmatur, 2 Spulen hintereinander.
„ 26. „ 2 Serien von je 2 Spulen.
„ 27. „ 1 Spule und 2 parallele Spulen hintereinander.
„ 28. „ 4 Spulen hintereinander.
„ 29. Scheibenarmatur, 2 Spulen hintereinander.
„ 30. „ 2 Serien von je 2 Spulen.
„ 31. „ 1 Spule und 2 parallele Spulen hintereinander.
„ 32. „ 4 Spulen hintereinander.

[1]) Der Vollständigkeit des Systems halber sind auch einige, z. B. die Wobicka-wickelungen, aufgenommen, welche unnötige Komplikationen darstellen.

III. Gramme- und Wobickaringarmaturen.

Fig. 33. Grammering, 2 Spulen parallel.
  „ 34.   „   2 Serien von je 2 Spulen parallel.
  „ 35.   „   2 Serien von je 4 Spulen parallel.
  „ 36.   „   4 Spulen parallel.
  „ 37. Wobickaring, 2 Spulen parallel.
  „ 38.   „   2 Serien von je 2 Spulen parallel.
  „ 39.   „   2 Serien von je 4 Spulen parallel.
  „ 40.   „   4 Spulen parallel.
  „ 41. Grammering, 2 Spulen hintereinander.
  „ 42.   „   2 Serien von je 2 Spulen.
  „ 43.   „   1 Spule und 2 parallele Spulen hintereinander.
  „ 44.   „   4 Spulen hintereinander.
  „ 45. Wobickaring, 2 Spulen hintereinander.
  „ 46.   „   2 Serien von je 2 Spulen.
  „ 47.   „   1 Spule und 2 parallele Spulen hintereinander.
  „ 48.   „   4 Spulen hintereinander.

Die äußere Leitung ist bei allen Figuren durch punktierte Linien dargestellt, und zwar so, daß die Richtung dieser Linien zugleich die Lage der Bürsten am Kollektor angibt. Bei den Figuren 12, 16, 28, 32, 44 und 48 ist in letzterer Hinsicht der Kleinheit des Kommutators wegen eine Ausnahme gemacht. Es ist leicht zu übersehen, wie in diesen Fällen die Bürsten angelegt werden müssen, damit der Strom stets in derselben Richtung in die Leitung eintritt.

Lightning Source UK Ltd.
Milton Keynes UK
UKHW020346090119
334943UK00008B/1307/P